高等学校教学用书

氧化铝厂设计

符　岩　张阳春　编著

北　京
冶金工业出版社
2008

内容提要

本书是一部全面论述氧化铝厂设计方面的高等学校教材。全书共分13章，在全面、系统地介绍氧化铝厂设计的基本原理、设计程序和设计内容的基础上，重点阐述了氧化铝生产方法和工艺流程的选择、主要工艺设备的选择与计算、工厂布置、产品方案及生产规模的确定、物料衡算与热量衡算的基本原理和方法、高压溶出车间及氢氧化铝焙烧车间工艺设计，并结合冶金工艺计算介绍了主要工艺设备的选型和数量计算示例，同时论述了非工艺专业设计的基本知识，包括氧化铝厂的环境影响和环境保护设计、建设项目投资概算等内容。

本书较全面地反映了目前国内外氧化铝生产技术和设计的成就及发展方向，具有较强的理论和实用价值。本书可作为高等学校冶金工程专业本科生教材、工厂科技人员培训教材，同时可作为从事氧化铝生产、设计、开发和研究的工程技术人员的参考书。

图书在版编目(CIP)数据

氧化铝厂设计/符岩，张阳春编著.—北京：冶金工业出版社，2008.8

高等学校教学用书

ISBN 978-7-5024-4336-8

Ⅰ.氧…　Ⅱ.①符…　②张…　Ⅲ.氧化铝—化工厂—设计—高等学校—教材　Ⅳ.TQ08

中国版本图书馆CIP数据核字(2008)第077406号

出 版 人　曹胜利

地　　址　北京北河沿大街嵩祝院北巷39号，邮编100009

电　　话　(010)64027926　电子信箱　postmaster@cnmip.com.cn

责任编辑　张熙莹　美术编辑　李　心　版式设计　张　青

责任校对　侯　瑂　责任印制　牛晓波

ISBN 978-7-5024-4336-8

北京鑫正大印刷有限公司印刷；冶金工业出版社发行；各地新华书店经销

2008年8月第1版，2008年8月第1次印刷

787mm×1092mm　1/16；33.25印张；889千字；517页；1-3000册

69.00元

冶金工业出版社发行部　电话：(010)64044283　传真：(010)64027893

冶金书店　地址：北京东四西大街46号(100711)　电话：(010)65289081

（本社图书如有印装质量问题，本社发行部负责退换）

前　言

铝工业自问世以来发展十分迅速，到20世纪50年代中叶，铝的产量已超过铜而居有色金属之首，产量仅次于钢铁。1990年世界原铝产量为1600多万吨，约占世界有色金属总产量的40%，2006年世界原铝产量达到3300万t。

冰晶石－氧化铝熔体电解仍然是目前工业生产金属铝的唯一方法，每生产1 t金属铝消耗近2 t氧化铝。世界上90%以上的氧化铝用于生产电解铝。一百多年来，氧化铝工业得到迅速发展，2006年世界氧化铝产量达到6600万t。

现代氧化铝厂面临着科学技术快速发展、优质铝矿资源日益减少、世界能源危机日益加深、市场竞争明显加剧、清洁生产和环境保护的法律法规日趋完善而要求越来越高的挑战，因此要求所设计的氧化铝厂能够适应这种新的形势。编著者根据长期从事专业教学及科研工作的经验，特别是广泛吸取近年来有关氧化铝生产、化工设计等科技新成果和新经验编著了本书。本书全面、系统地介绍了氧化铝厂设计的基本原理、设计程序和设计内容，较全面地反映了目前国内外氧化铝生产技术和设计的成就及发展方向，具有较强的理论和实用价值。

本书是为高等学校本科生教学和企业工程技术人员培训而编写的教材。本书内容广泛，综合性、实用性强，可作为高等学校冶金工程专业教学用书，使学生了解氧化铝厂设计的程序和主要内容，掌握设计的基本方法和基本技能，培养学生综合分析和解决实际工程问题的能力。本书同时可作为企业科技人员的培训教材，还可作为从事氧化铝生产、设计、开发和研究的工程技术人员的参考书。

本书共分13章。第1、5、6、8章由东北大学张阳春和符岩合编，第2、3、4、7、10、11、13章由张阳春编写，第9、12章由符岩编写。符岩校阅定稿。张阳春教授从事氧化铝生产工艺的教学和科研工作40余年，为有色冶金专业的人才培养做出了贡献，他为本书付出了毕生的心血。范川林参加了书稿整理工作。参加书稿打字和校对工作的有张跃红、马林芝、李康建、高小立、薛红伟、田宝喜、谢绍飞、张卓、石为喜、畅永锋、郭瑞等。

东北大学翟秀静教授在审订过程中提出了宝贵意见。本书编著过程中参阅了国内外的有关文献资料，在此表示衷心感谢。

由于作者学识水平所限，书中的不足恳请读者批评指正。

编著者

2007年5月于东北大学

目　　录

1 绪 论

1.1 氧化铝工业及铝土矿资源

1.1.1 氧化铝工业的发展

氧化铝是炼铝的基本原料，冰晶石-氧化铝熔体电解仍然是目前工业生产金属铝的唯一方法，每生产 1 t 金属铝消耗近 2 t 氧化铝。世界上 90% 以上的氧化铝用于生产电解铝，氧化铝工业的盛衰主要取决于电解铝工业的发展状况。

电解炼铝以外使用的氧化铝称之为非冶金用氧化铝或多品种氧化铝。世界上多品种氧化铝的开发十分迅速，并已在电子、石油、化工、耐火材料、精密陶瓷、军工、环境保护及医药等许多高新技术领域获得了广泛的应用。目前多品种氧化铝达 300 多个品种。

1894 年世界上第一个拜耳法生产氧化铝的工厂投产，日产氧化铝量仅 1t。一百多年来，随着世界对金属铝需求量的增加，氧化铝工业得到迅速发展，1995 年全世界已有 68 个氧化铝厂在生产，生产冶金用氧化铝 4740 万 t，产出多品种氧化铝 369 万 t，合计 5109 万 t。2001 年世界氧化铝总产能已达 6100 万 t，氧化铝产量达到 4850 万 t，2006 年氧化铝产量达到 6600 万 t。近十年世界和我国的氧化铝、原铝产量情况见表 1-1。

表 1-1 1996～2006 年世界和我国氧化铝、原铝产量统计

项 目	1996 年	1997 年	1998 年	1999 年	2000 年	2001 年	2002 年	2003 年	2004 年	2005 年	2006 年
世界氧化铝产量/万 t	4084.1	4239.7	4504.3	4578.4	4811.9	4848.8	4978.5	5259.1	5487.2	5615.7	6600
我国氧化铝产量/万 t	254.6	293.6	334.0	383.7	432.8	474.7	545.0	611.2	698.0	853.6	1300
世界原铝产量/万 t	2084.0	2180.0	2255.6	2368.6	2441.8	2443.6	2607.6	2800.5	2992.3	3189.5	3335
我国原铝产量/万 t	177.1	203.5	233.6	259.9	279.4	337.1	432.1	554.7	667.1	780.6	880

目前，世界上生产氧化铝的国家有 30 余个，氧化铝厂 85 座。主要集中在澳大利亚、美国、巴西、中国和俄罗斯，这 5 个国家氧化铝产能占世界总产能的 70% 左右，其中澳大利亚铝土矿资源得天独厚，氧化铝产能占世界总产能的 25% 左右。全球氧化铝厂中规模在 100 万 t/a 以上的有 30 家，生产能力占全球总产能的 50% 以上，其中 300 万 t/a 以上的 3 家均在澳大利亚（格拉斯通（Gladstone）氧化铝厂，产能 365 万 t/a；宾加拉（Pinjarra）氧化铝厂，产能 320 万 t/a；沃斯利（Worsley）氧化铝厂，产能 310 万 t/a）。世界氧化铝的生产经营主要集中在 6 家跨国企业集团手中，其中美铝和加铝控制了全球 30% 以上的氧化铝生产能力。

氧化铝工业的快速发展促进其生产技术和装备水平不断提高，工厂规模不断扩大（最大规模达到 365 万 t/a），生产工艺不断改进，使生产设备日益大型化和高效化。例如，溶出设备的单台容积已达到 420 m^3，分解槽单台容积达到 4500 m^3，单层沉降槽直径达 30～40 m，真空式赤泥过滤机过滤面积达 100 m^2，叶滤机过滤面积达 400 m^2 等。以现代微机为基础的自动监控装置和计算机管理系统的应用，使能耗和劳动力消耗大幅度降低，生产成本下降。从 20 世纪 50 年代初期至2000年,每吨氧化铝综合能耗从30 GJ降至9~12GJ,人工消耗由10工时降为0.9~1.2工时。

我国氧化铝工业是从1954年7月山东铝厂投产开始的,之后陆续建成郑州铝厂、贵州铝厂、山西铝厂、中州铝厂和平果铝厂,形成了六大氧化铝工业基地,其基本情况见表1-2,详细情况见附录1。

表1-2 我国六大氧化铝厂基本情况

厂 名	生产方法	投产时间	2002年产量/万t	2003年产量/万t	2003年碱耗①/kg	综合能耗②/GJ
山东铝厂	烧结法为主	1954年	84.9	95.0	81.2	36.7
郑州铝厂	混联法	1965年	127	137.5	63.0	29.4
贵州铝厂	混联法	1978年	65.5	75.2	68.1	38.2
山西铝厂	混联法	1987年	136.7	141.6	58.2	33.7
中州铝厂	烧结法为主	1992年	80.5	85.1	62.3	40.1
平果铝厂	拜耳法	1995年	45.1	68.9	64.5	12.6
总 计			539.7	603.3		

① 碱耗指生产1 t成品Al_2O_3的碱耗量;

② 综合能耗是指生产1 t成品Al_2O_3的能耗。

自1954年起始以来,我国氧化铝产量基本上以每十年翻一番的速度高速发展,特别是进入21世纪以来,氧化铝产量增长更加迅猛,2000年产量突破400万t,2002年产量突破500万t,2005年产量突破800万t,2006年产量突破1300万t。我国氧化铝产量增长情况见表1-3。

表1-3 我国氧化铝产量增长情况

年 份	1954年	1966年	1970年	1980年	1990年	1999年	2000年	2001年	2002年	2003年	2004年	2005年
产量/万t	3.5	45.8	52.7	85.5	146.4	383.7	432.8	474.7	545.0	611.2	698.0	853.6

我国氧化铝工业经过几十年的发展,现已进入快速增长期。为了解决氧化铝供不应求矛盾,多年来国内原有氧化铝厂进行改扩建,中铝公司所属6座氧化铝厂生产规模,从630万t/a扩建到940万t/a,新增310万t/a,其中山西铝厂新增80万t/a,郑州铝厂新增70万t/a,平果铝厂、山东铝厂、贵州铝厂和中州铝厂各新增40万t/a。目前这些改扩建工作已基本完成,并顺利投入生产。

据不完全统计,当前除中铝公司外,在建和拟建氧化铝项目有25个,规划总规模2380万t/a,其中一期建设总规模便达到了1400万t/a,目前已有晋北铝业、中美铝业、开曼铝业、义翔铝业、阳泉铝业等氧化铝厂建成投产,其余项目也将于两三年内建成,开创了我国铝工业发展史上最辉煌年代,也将改变我国氧化铝依赖进口和受制于人的局面。2005年全国生产氧化铝853.6万t,其中中铝公司所属6家氧化铝厂共生产787万t。2006年上半年全国生产氧化铝563万t,其中中铝公司生产470万t,公司外企业生产93万t。可以看出中铝外企业氧化铝产量增加迅猛。预计2006年全国氧化铝产量将达到1300万t,其中铝公司将达到900万t,中铝公司以外企业将达到400万t。

我国氧化铝工业从1954年起始,历经50多年的发展,不仅氧化铝产量剧增,而且技术水平也取得了巨大的进步:烧结法的熟料强化烧结技术和熟料溶出技术、拜耳法的强化溶出技术、管道化溶出技术等,使我国一水硬铝石生产氧化铝工艺技术达到了世界先进水平。

1.1.2 铝土矿资源概况

铝在地壳中的平均含量为8.8%,但目前铝的可利用矿产资源仅为铝土矿、霞石和明矾石,而95%以上的氧化铝是从高品位的铝土矿提取的。就全球范围来看,铝土矿资源丰富,人类并不缺少铝土矿资源,目前全球可用来生产氧化铝的铝土矿储量有240亿t,储量基础350亿t,按现有生产规模计算可保证开发近200年。但中国铝土矿资源不丰富,保障程度只有十几年,远不能满足发展需要。全球铝土矿资源量估计约550亿~750亿t,其中,南美33%、非洲27%、亚洲17%、大洋洲13%、其他地区(北美、欧洲)10%。世界铝土矿储量分布见表1-4。

表1-4 世界铝土矿储量分布 (亿t)

国家或地区	储量	储量基础	国家或地区	储量	储量基础
几内亚	74.0	86.0	圭亚那	7.0	9.0
澳大利亚	38.0	74.0	苏里南	5.8	6.0
巴西	39.0	49.0	委内瑞拉	3.2	3.5
牙买加	20.0	25.0	俄罗斯	2.0	2.5
印度	7.7	19.0	其他	41.0	47.0
中国	7.2	20.0	世界总计	240.0	350.0

国内外铝土矿的组成特点:世界铝土矿大多是三水铝石型($Al_2O_3 \cdot 3H_2O$)或三水铝石-一水软铝石混合型,仅中国、俄罗斯、希腊等少数国家有一水硬铝石型铝土矿,因此大多都采用拜耳法生产氧化铝。

我国共探明近300处铝土矿区,铝土矿资源已知储量达13.86亿t,工业储量约5.6亿t。其中价值高的可作耐火材料的高铝低铁铝土矿资源已知储量占30%,应当充分合理利用。我国铝土矿分布高度集中,主要分布在山西、贵州、河南和广西,其储量占全国总储量的90%。已查明的铝土矿矿床以大、中型为主,储量大于2000万t的大型矿床拥有的储量占全国总储量的47.3%,储量在500万~2000万t之间的中型矿床拥有的储量占全国总储量的37.6%。

我国铝土矿绝大多数为高铝、高硅、低铁的一水硬铝石-高岭石型矿石,铝硅比多在4~7之间(但也有一定数量的铝硅比大于9的高质量矿石)。矿石中主要矿物为一水硬铝石、高岭石和多水高岭石,其中一水硬铝石占50%~60%,高岭石和多水高岭石占30%~40%;次要矿物为石英、云母、绿泥石、方解石、针铁矿、少量的赤铁矿和硫化物。我国铝土矿矿区矿石的主要化学成分见表1-5。

表1-5 我国铝土矿矿区矿石的主要化学成分

省份	矿石类型	化学成分(质量分数)/%			铝硅比 A/S	占全国铝土矿量比例/%
		Al_2O_3	Si_2O_3	Fe_2O_3		
广西	铁-一水硬铝石	58~60	5.0~6.0	15.0~17.0	9.9	12.2
贵州	高岭石-一水硬铝石	67~68	8.8~11.1	2.2~3.0	6.1~7.8	18.1
河南	高岭石-一水硬铝石	64~71	7.5~13.7	3.0~5.1	4.7~9.4	16.4
山东	高岭石-一水硬铝石	54~61	15.0~22.0	5.0~9.0	3.7~3.9	3.8
山西	高岭石-一水硬铝石	63~65	2.0~3.0	11.0~13.0	5.0~5.6	16.0

1.2 氧化铝厂设计的特点

由于氧化铝生产的原料性质、工艺条件、技术要求的特殊性给设计带来的影响,使得氧化铝厂设计除具有一般工程设计的共同点外,还形成了如下特点:

(1) 政策性强。氧化铝厂是资源密集型、资金密集型企业,是以大量的自然资源(铝土矿、石灰石、燃料、水、土地等)和巨额资金来支撑和发展的,并对环境有一定影响的大型企业,其直接关系到国家和地方资源、人力和资金的全面协调、合理利用和可持续发展战略的要求和规划。因此,氧化铝厂设计工作的整个过程都必须遵循国家和地方的有关方针政策,从我国国情出发,以节能、省材、节水、节地、资源综合利用和发展循环经济为重点,使企业节约发展、平安发展、大力提高经济效益、保护生态环境。平安发展就是以人为本,确保安全生产和生产操作人员的人身安全,必须要有预防和减少燃烧、爆炸、人身伤亡及机械事故的各种措施;保护环境不被污染,避免给国家和人民造成重大经济损失及损害人们的身体健康。

(2) 技术要求高。氧化铝生产方法有多种(如拜耳法、烧结法、联合法等),而生产方法不同,各车间和工序的工艺流程也不同,但是整个工厂的前部分为原料处理系统,后部分为纯化工过程,是溶液和热量的闭路循环系统,有些车间是在高温、高压条件下进行生产,且有碱腐蚀性和结疤危害性。氧化铝厂工艺流程长,主要生产车间和工序多,处理的物料量大,设备繁多,使得工厂布置、设备选择与计算、生产操作和控制等较为复杂,对设计提出了很高的技术要求。为此,需要设计人员尽力采用国内外最新技术成果,努力提高设计水平,其中包括设计工作广泛采用CAD技术,以大大提高设计效率和设计水平。

(3) 经济性强。氧化铝厂是资源耗用大户,每生产1 t氧化铝需要1.5~2.5 t铝土矿、10~15 t新水、350~500kW·h电能和1 t煤,一个氧化铝厂每年需要几十万吨至几百万吨铝土矿,以及大量的水、电和燃料消耗。同时,氧化铝厂工艺流程长、设备繁多,使其工程建设投资较大。对此,氧化铝厂设计人员必须有经济观点,在确定生产方法、设备选型、车间布置和管道布置等方面,都要认真进行技术经济分析,注重经济效益,达到技术先进、经济合理和环境保护的设计要求。

(4) 综合性强。氧化铝厂设计内容涉及面广,设计的综合性强。在一般情况下,氧化铝厂工程设计是由各专业,包括工艺、设备、土建、自控、电气、总图运输、供排水、采暖通风、“三废”处理和技术经济等众多的专业设计人员,紧密合作,协同配合,共同努力完成。其中工艺设计起着贯穿全过程,并组织协调各专业设计工作的作用。

1.3 氧化铝厂建设项目的立项和设计招标

一个氧化铝厂建设工程项目,从设想到建设,即从立项、建设、完成施工并投入生产的整个阶段,称为工程基本建设过程。基本建设可分为设计、制造、安装、试车和生产几个过程。

1.3.1 立项

建设单位在建设一个工程项目之前,首先要经过详细认真的调查研究,并报主管部门审批立项后,才能委托设计单位进行设计。

立项情况一般根据项目的规模大小可分为三类:

(1) 国家级大型项目。如山西铝厂(300万t/a)、平果铝厂(85万t/a),这类项目需经过部委或国务院批准后才能立项,主要考虑此类重大项目在全国布局的合理性及资金筹措,因为此类大型项目需投资几十亿元至几百亿元,需要制订资金筹措方案。

(2) 中型项目。由地方政府主管部门批准,此类项目主要考虑地区的需求合理,由于资金相对较少,所以较易解决。

(3) 小型项目。通常由氧化铝厂本身发展需要而建设,只需报本地区主管部门批准即可立项,进行建设。

1.3.2　招标

为了能使投资项目较好地建设,立项后,建设单位应采用招标方式,从投标的设计单位中选定设计方案优秀的单位并委托设计。

在招标中,应由有关专家严格审查并确定标底,超过与低于标底的设计方案都不是优化的方案,因此,要严格把关,防止以不正当方式进行竞标。在设计与建设中还要防止多次承包,以保证工程质量。

经招标后,中标的设计单位以建设单位上级主管部门的批文为依据,同时根据建设单位提供的设计要求及设计参数开展设计工作。

1.4　氧化铝厂设计的作用和任务

1.4.1　氧化铝厂设计的作用

氧化铝厂设计,就是以科学原理(即有关专业工程与工艺的基础知识)为指导,以生产实践和科学实验为基础,根据氧化铝厂建设工程的要求,对该工程所需的技术、经济、资源、环境等条件进行综合分析与论证,并全部用文字、表格和工程图纸表达形式编制一种建设文件的活动过程。其目的是从特定的原料得到所需要的氧化铝产品。

随着近代氧化铝工业快速发展,氧化铝厂设计的作用越来越重要:

(1) 在氧化铝生产中,通过运用氧化铝设计方面的知识和方法,可以实现对氧化铝厂(或车间)的改造和扩建,对单元操作设备或整个装置进行生产能力标定和技术经济指标评定,同时对工艺流程进行评价,消除薄弱环节和不合理现象,同时挖掘生产潜力等。

(2) 要使科学研究成果实现工业化,必须通过工程设计才能推广应用到生产中去,转化为现实的工业化生产力。

(3) 设计是氧化铝厂基本建设的一个首要环节,是对项目在技术经济等方面进行全面安排和规划的过程,是整个工程的灵魂,对工程建设起着主导和决定性作用。设计工作在建设项目确定以前,为项目决策提供科学依据;在建设项目确定以后,为工程项目提供设计文件,并为基建施工和投产提供前提条件或依据。要建成一个技术先进和经济效益高的工艺装置、车间或工厂,重要的先决条件是要有高质量、高水平的设计。提高设计的质量和速度,对基本建设事业的发展起着关键性的促进作用。

氧化铝厂设计对新厂(车间或装置)建设、老厂改造挖潜、小试或中试装置建立都具有极其重要的作用,工程设计是生产的前导,是将科技成果转变为现实生产力的桥梁和纽带。做好工程设计工作,对工程项目建设中节约投资和建成投产后取得好的经济效益起着决定性作用,对提高国家的科学技术水平也有重要作用。

1.4.2　氧化铝厂设计的任务

氧化铝厂设计要体现国家有关政策,以达到技术先进、生产安全可靠、经济效益和环境效益优良为目标。根据所处理的铝矿石的特点、生产实践和矿石的性能试验成果,确定合理的生产方法和工艺流程;选择适宜的工艺设备和技术条件,进行合理的工厂布置,设计适宜的厂房结构和辅助设施;确定适宜的劳动组织和劳动定员,充分考虑矿物资源的综合利用和环境保护;设计工作要确保建成的氧化铝厂生产过程的正常进行,基建投资发挥最大的效益,为获得较高的技术经济指标创造条件。

氧化铝厂设计是由多种专业设计人员共同创造的集体成果,它需要设计人员在外部约束条件的制约下,以工艺专业为龙头,其他各专业设计人员紧密配合、精心设计,以高度的责任感和具备的实际经验,构思各种可能方案,经过反复比较,选择其中优化的方案。

做好氧化铝厂设计工作,要求设计人员具备各方面的知识,包括熟悉氧化铝生产方法和工艺流程、了解先进的生产技术、掌握各种工艺设备的性能及计算方法、熟悉设计中涉及的规范和技术经济分析等。工艺设计人员通过调查、参观、查阅资料和进行计算等工作,不断了解和掌握新产品、新工艺的流程及设备。在设计中必须仔细认真,切不可一知半解、疏忽大意,否则会走弯路,甚至返工,延误时间,造成经济损失,不利于工程建设。

1.5 氧化铝厂设计的原则

氧化铝厂设计工作应遵守以下主要原则:

(1) 必须遵守国家的法律法规。设计方案的确定应符合国家工业建设的方针政策及有关规定,贯彻执行行业设计有关的标准、规范和规定,特别应贯彻执行提高经济效益和促进技术进步的方针。

标准一般针对企业的产品,规范则主要指设计所要遵循的规程,但标准与规范是不可分割的两个方面。标准与规范按指令性可分为:强制性标准(为保障人体健康、人身和财产安全的法律、行政法规规定强制执行的标准)和推荐性标准(不具有强制性,任何单位均有权决定是否采用,违反这类标准不构成经济或法律方面的责任)两类;按发行单位可分为国家标准(由国务院标准化行政主管部门制定,代号为 GB)、行业标准(是由国务院有关的行政主管部门制定,其中建设部发行的,代号为 JGJ、CJJ 等;原化学工业部发行的,代号为 HG;原冶金部发行的,代号为 YS;国家环保总局发行的,代号为 HJ 等)、地方标准(由省、自治区和直辖市标准化行政主管部门制定)和企业标准(由企业自行制定)四类。

设计规范是工程设计必须遵循的准则,其内容一般包含总则、规范条文、数据表格、条文说明等。常用标准代号及设计规范见附录 2。

经济和技术是人类社会进行物质生产活动时始终并存的两个方面,二者相互促进又相互制约。经济发展是技术进步的动力和方向,而技术进步是推动经济发展、提高经济效益的重要条件和手段,经济的发展离不开技术的进步。社会文化需要的增长、国民经济的发展,都必须依靠技术的进步和应用,技术与经济社会发展之间的关系日益密切和深化。据分析,在 20 世纪初,劳动生产率的提高主要靠增加人力和设备,技术进步的作用仅占 5% ~10%,而当今世界劳动生产率的提高主要靠技术进步,其比重约为 60% ~80%。

(2) 采用先进技术。根据我国的实际情况,设计中应尽量采用先进的生产技术、工艺、主要设备、新型材料和现代管理方法。同时应尽量采用国内外成熟的先进技术,即所采用的新工艺、新设备和新材料必须遵循工业性试验或通过技术鉴定的原则,以确保氧化铝厂具有技术先进性、适用性和可靠性。

(3) 节能降耗和资源综合利用。我国是一个人口众多,资源相对贫乏,生态环境脆弱的发展中国家,建设节约型社会就是要以尽可能减少资源消耗,满足人们日益增长的物质和文化需要,以尽可能低的经济成本保护好生态环境,实现经济社会可持续发展。设计中必须贯彻“把节约资源作为基本国策,发展循环经济,加快建设资源节约型、环境友好型社会,促进经济发展与人口、资源、环境相协调”的发展战略,必须贯彻大力节能、节材、节水、节地和资源综合利用的原则。

1) 遵循节约用能和科学用能的原则,在设计中必须注重降低能耗。例如,选择低能耗和高效率的先进设备,要为矿浆自流运输创造条件,减少或避免物料反向输送,尽可能回收利用高温物料冷却时放出的热量,工程建筑、采暖、照明等设施采取有效的节能措施等;科学用能就是深入研究用能系统的核心装置和用能过程中物质和能量转化规律,是节能的一个根本条件和途径。

2) 原材料节约,铝土矿资源开发利用的节约和材料利用的节约。必须严格设计规范、生产规程等技术标准和材料消耗核算制度,减少损失浪费,提高原材料利用率。

3) 节约用水,特别是在缺水地区的工厂必须节约用水,避免与农业争水,影响农业灌溉。工厂必须有废水处理设施,并提高水的重复利用率,使新建氧化铝厂生产用水的重复利用率在92%以上(设计值)。

4) 节约用地,主要是在设计中进行厂址选择和总体布置时,应尽可能利用荒、劣地,不占或少占良田耕地,并在可能条件下考虑逐步造地还田,扩大农垦面积。

5) 资源综合利用,在矿产资源开采过程中对具有开发利用价值的共生、伴生矿进行综合开发与利用;对生产过程中产生的废渣、废水、废气、余热、余压等进行回收和综合利用;建设项目中的资源综合利用工程应与主体工程同时设计、同时施工、同时投产;企业对其生产过程中产生的废物,暂时不具备利用条件的,如赤泥和尾矿,应考虑稳妥的堆存设施,并应积极开展综合利用的试验研究,同时应积极支持其他单位开展综合利用,使其变废为宝。

(4) 保护生态环境。必须严格执行国家和地方有关生态环境保护与水土保持的法律及法规。

生态环境是指人类周围的一切有生命的自然环境,它包括人类自身在内的地球生物圈,其中有无数大大小小的生态系统,是人类赖以生存发展的必要条件和唯一场所。水和土地是人类生活和生产活动不可缺少的自然资源和基地。因此,必须在满足当代人需要的同时,不破坏后代满足其自身需要的环境,在经济社会发展的同时,保护好生态环境和水土保持,实现资源的可持续发展。

保护生态环境的措施:

1) 在建设项目主体工程重大方案决策时,应充分考虑贯彻清洁生产法,从源头上减少废物的产生,即减少污染物的排放量;所确定的工艺流程、生产方法及选择的设备,应当节能、降耗、不排放污染物,从根本上解决氧化铝生产项目污染环境的问题。

2) 以防为主的同时,对一些暂时无法杜绝的污染源和污染物,还要有积极妥善的治理措施,即必须有"三废"治理工程,使废水、废渣、烟气和粉尘等有害物质的排放符合国家规定的标准,以确保生态环境不受污染、饮用水安全和食品安全。

(5) 安全生产与卫生。必须严格遵守工业企业安全生产与卫生的有关法规和规范,以保障职工在生产过程中的安全与健康。

工业企业的安全生产与卫生规定,是为保障职工在生产中的安全与健康,在法律、技术、设备、组织制度和教育方面所采取的相应措施。针对氧化铝厂生产操作多在高温、高压和碱液腐蚀条件下进行,设计中必须重视防火、防爆和防腐蚀的安全措施,并应尽量提高工厂的自动化水平。

(6) 立足自主创新以加快提高我国科学技术水平。自主创新包括原始创新、集成创新(使各种相关技术有机融合,形成具有市场竞争力的产品或服务)和引进技术基础上的消化吸收创新。凡能自行设计或合作设计的,就不应委托或单独依靠国外设计。引进国外先进技术是我国企业提高自身技术水平,实现"后发优势"的一个重要途径,即引进技术或设备应立足于加速提高我国科学技术水平,增进我国自主创新能力。但是如果处理不好技术引进和消化吸收的关系,就可能出现无止境地引进或陷入“引进、落后、再引进、再落后”的恶性循环,形不成“后发优势”。而且必须讲究经济效果,根据实际需要和可能,事先做好可行性研究,以确定是否引进,同时应把引进技术与消化吸收、再创新有机结合起来。

(7) 节约投资。应充分利用建厂地区的自然条件,在经济合算的前提下,原料、水、电、燃料以及某些公共设施应尽可能与当地其他企业协作(包括共同投资、有偿补贴等),以减少基建投资。

(8) 选用最佳方案。厂址和主要工艺流程及设备应进行多方案比较分析后,确定选用最佳方案。

(9) 留有余地。因投资和市场需要及配套的建设速度等原因需要分期建设的氧化铝厂,则在第一期设计时应考虑后期建设的需要,在设备平面配置、设备能力和主要管道等方面留有余地,以节约总投资和减少改造工程量。

1.6 氧化铝厂设计的程序

从广义上讲,氧化铝厂设计工作基本程序可分为三大阶段:

(1) 设计前期工作阶段。此阶段包括接受委托,参加编制项目建议书;参加厂址选择,编制厂址选择报告;进行技术考察,编制预可行性研究报告,编制可行性研究报告;还必须了解铝土矿和石灰石矿山的地质勘探情况,参与制订工业指标,参加审查矿山地质勘探报告,配合采样设计,配合厂区地形测量和工程地质勘察;参加签订有关协议,了解和掌握采矿供矿情况等;进行厂址复查,提出建厂区域地质初勘要求。

(2) 设计工作阶段。此阶段包括开展初步设计、进行设备及主要材料的采购、提出详勘要求和开展施工图设计工作。

设计工作是对拟建项目建设计划的具体化,是对工程的实施在技术上和经济上进行的全面而详尽的设计和安排,是项目组织施工的依据。

根据我国政府现行基本建设项目管理程序的有关规定,氧化铝厂设计工作阶段一般采用两段设计,即初步设计(又称基础设计或方案设计)和施工图设计(又称详细设计)。而对于大型氧化铝厂或拟用技术较复杂且尚待试验的新工艺、新设备的氧化铝厂,为了有针对性地解决初步设计所遗留的问题或满足某种特殊需要,允许在施工图设计前增加一段技术设计,即按所谓三段设计进行。技术设计是根据已批准的初步设计编制的,其目的在于更详细地确定初步设计中所选定的工艺流程、设备的选型和建筑方案,将初步设计中的基建投资及经营费用概算提高为较精细的预算。因此,技术设计是对初步设计进行调整和充实,其内容通常无多大变动,只是比初步设计更为详尽一些。

初步设计侧重方案,供政府职能部门和建设单位或业主进行审查与决策,而施工图设计才是真正进行具体的氧化铝厂设计阶段。

(3) 参加现场施工至投产总结工作阶段。在施工图设计完成之后,进入现场施工和试车投产等工作阶段,需要有少数的各专业设计人员(或代表)参加工作,此阶段的工作包括:

1) 参加施工现场对施工图的会审,向建设单位和施工单位交代设计意图,解释设计文件,及时处理设计中出现的有关问题,补充或修改设计图纸,提出对设备、材料等的变更意见。

2) 了解和掌握施工情况,监督施工与安装质量,保证施工符合设计要求,及时纠正施工中的错误或遗漏部分。

3) 参加试车前的准备工作和试车投产,及时处理试车过程中暴露出来的设计问题,并向生产单位说明各工序的设计意图,为工厂顺利投产做出贡献。

4) 坚持设计原则,除一般性问题就地解决外,对涉及设计方案的重大问题,应及时向上级及有关设计人员报告,请示处理意见。

5) 参加工程验收,必要时还要参加或负责处理遗留技术问题。

6) 在工厂进入正常生产后,为了总结经验,设计人员应对设计中的各项设计方案是否合理,新工艺、新技术、新设备和新材料的采用情况和效果,发生了哪些重大问题等内容进行全面性总结和现场设计回访,以不断提高设计水平,还须参加项目后评价。

氧化铝厂设计基本程序如图 1-1 所示。

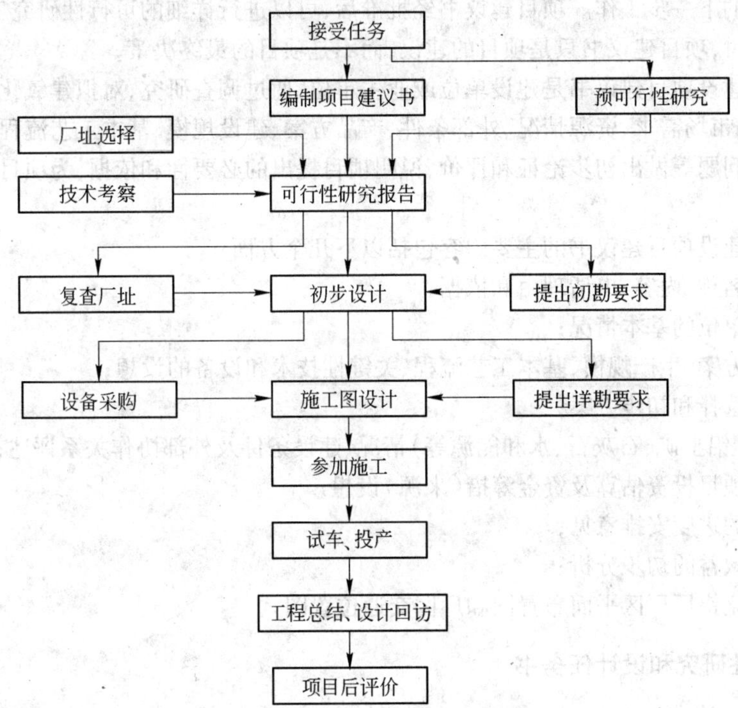

图 1-1 氧化铝厂工程设计基本程序图

在氧化铝厂设计的全部程序中,考虑初步设计和施工图设计的工作量,一般把整个设计过程划分为初步设计和施工图设计两大阶段。对于简单、成熟的小型装置,可简化设计内容,直接进行施工图设计。

1.7 氧化铝厂设计的内容

氧化铝厂的设计,大体可分为以下几种类型:

(1) 新建氧化铝厂的设计。此种类型的设计,要求比较全面,要求完成从建厂调查、厂址选择到施工图设计等一整套任务。

(2) 现有氧化铝厂或车间的扩建或改建设计。这是为适应扩大生产规模或增加产品品种改革重大的生产工艺等而提出的设计任务。

(3) 技术措施性工程项目的设计。这是现有氧化铝厂由于改革工艺或局部采用新技术、新设备而提出的设计任务,其设计工作量较少,一般由原工厂承担,经费来自工厂的技术措施费用。

由于氧化铝厂设计的类型不同,其内容和要求也不尽相同,下面主要介绍新建氧化铝厂的设计内容。由中标的设计单位接受建设单位的委托,开始以下的设计工作。

1.7.1 项目建议书

项目建议书是氧化铝厂项目基本建设程序中最初阶段的工作,是建设单位(业主)向国家提出要求建设某一项目的建议文件,是对建设项目的轮廓设想(实际上就是寻找投资机会)和立项的先导,是为建设项目取得资格而提出的建议。其主要作用是推荐一个拟建项目,论述其建设的必要性、建设条件的可行性和获得经济效益的可能性,以供国家或有关管理部门选择并确定是否进行有关项目的下一步工作。项目建议书经批准后,可以进行详细的可行性研究工作,但并不表明项目非上不可,项目建议书只是项目的建议,而不是项目的最终决策。

氧化铝厂建设项目建议书是建设单位或业主单位,通过调查研究,对拟建氧化铝厂项目的主要原则问题,如市场需求、资源情况、外部条件、产品方案、建设规模、基本工艺流程、基建投资、建设效果和存在问题等做出初步论证和评价,说明项目提出的必要性和依据,为项目初步决策提供依据。

氧化铝厂建设项目建议书的主要内容包括以下几个方面:

(1) 项目名称、内容、申请理由和依据;

(2) 申办单位的基本情况;

(3) 产品方案、生产规模、基本工艺流程、关键性技术和设备的设想;

(4) 厂址选择和初步方案;

(5) 资源(铝土矿、石灰石、水和能源等)情况、建设条件及外部协作关系评述;

(6) 建设项目投资估算及资金筹措(来源)设想;

(7) 项目的进度安排意见;

(8) 经济效益的初步分析;

(9) 附氧化铝厂厂区平面布置图和厂区交通位置图。

1.7.2 可行性研究和设计任务书

1.7.2.1 可行性研究

A 可行性研究的意义

可行性研究也称为技术经济论证。它是所有工程项目投资前,在进行详细、周密、全面调查研究和科学预测的基础上,经过论证项目(方案)的技术、经济以及建设的可能性,从而为项目投资决策提供可靠依据的一种科学研究方法。

工程项目建设的目的是为满足社会需要并获得尽可能大的经济社会效益,但是影响经济社会效益的因素错综复杂,并受着客观规律的制约,是不以人们的主观意志为转移的。因此,在工程项目投资前,必须进行调查研究,经过技术经济评价,从技术(先进、适用和可靠)、经济(合理)、环境(空气和水的污染与防治)及建设条件(可行性)等方面实事求是地论证项目是否可行,最终做出项目是“可行”或“不可行”的结论,这项工作就是可行性研究。其目的就是通过可行性研究工作,提高投资决策水平,避免或减少决策失误,以提高经济建设的综合效益。因此,可行性研究是国际上确定工程项目普遍采用的方法,视为投资前期一个重要程序和投资决策的依据,被称为“决定工程项目命运的关键”。尤其像氧化铝厂这一类建设项目,工程复杂,需要巨额的人力、物力和财力投入,建设周期长,对原料供应、供排水、排渣、交通运输和其他外部条件都有严格的要求,只有在建设前经过可行性研究认为可行的项目,才能依次进行设计和施工。国内外经验证明,凡是遵守基建程序和进行高质量的可行性研究的项目,一般成功的多,失误的少,绝大多数都能顺利地保证质量、按照设计投资和工期建成,一旦建成投产,一般都能较快地达到设计规模和设计指标,实现预期的效果。有些国家建立了从事可行性研究的咨询公司。

1980 年,我国恢复了在世界银行的合法席位。世界银行对我国的建设项目提供贷款时,首先就要审查建设项目的可行性研究,然后才能决定是否提供贷款。由于有了这种提供贷款的决策程序,使得世界银行贷款项目的成功率高达 95% 以上。在这样的背景下,我国从西方引进了项目可行性研究技术,以加强项目的投资决策分析。

1981 年,国务院颁布的《技术引进项目和设备进口工作暂行条例》规定并提出了《可行性研究报告内容要求》的提纲。1983 年国家计委制定颁布了《关于建设项目进行可行性研究的试行管理办法》,明确规定了可行性研究的任务、项目范围、编制程序、编制内容、预审和复审等内容,把可行性研究作为重要组成部分列入项目建设程序之中,并规定建设项目必须进行可行性研究,对于那些没有可行性报告的建设项目一律不予审批,从而为全面开展可行性研究工作提出了统一的标准和要求,将可行性研究纳入了基本建设程序。1987 年 9 月国家计委颁布了《建设项目经济评价方法与参数》第一版,至 1993 年国家计委又颁布了《建设项目经济评价方法与参数》第二版,标志着我国已进入了项目投资科学化、民主化的新阶段。

在我国氧化铝厂基本建设前期工作中,对拟建项目的决策,过去一直是沿用设计任务书的形式,而目前一般都采用可行性研究报告的形式,为上级单位提供决策依据。

氧化铝生产项目可行性研究报告,是根据上级批准的项目建议书进行编制的。其任务是对拟建氧化铝厂建设中的原则问题,如市场需求、资源条件、产品方案、生产规模、工艺技术路线(即把原料加工成为产品的方法,包括生产方法、工艺流程、工艺设备和技术方案等)、厂址、外部条件、基建投资、建设进度、经济效益和竞争能力等进行分析论证,从而为该项目是否建设、如何建设做出结论并编制可行性研究报告,为投资决策提供可靠的依据。

B　可行性研究的类别

可行性研究按阶段分为:

(1) 机会研究:是鉴别机会,寻找投资用于哪些方面才能获得最大效益的研究,或者说哪些方面最有投资机会的研究。通常是对于若干个投资机会或项目设想进行鉴别,以确定投资项目和投资方向,并通过投资机会的鉴定,判断该项目的投资可行性和有无深入研究的价值和必要。机会研究有两重含义:一是对地区发展潜力的研究,包括资源、建设条件、投资环境、市场需求、技术发展趋势等的综合调查分析,寻求合理的投资方案;二是对拟定项目的分析研究,如项目的发展前景、发展条件、资源、市场供需缺口及前景,产品结构及变化趋势,项目投产后产品进入市场的前景及对市场的影响,投资及效益等,初步判断项目投资是否有好的效果。如果结论认为存在投资机会则可以做下一步工作,否则应放弃。其研究费用为投资总额的 0.25% ~1.5%。

(2) 初步(预)可行性研究:对于一些复杂的工程,在进行最终可行性研究之前,有时需要进行初步可行性研究,也称为预可行性研究,其着重论证拟建项目的必要性和可行性,以判断投资机会是否确实有希望,应否进行最终可行性研究,需要对哪些关键性问题进行专门研究,如市场调查、实验室试验、半工业性或工业性试验等。此阶段可行性研究主要采用简单投资估算的方法确定基建投资费用。其精确度为 ±20%,所需研究费用为投资总额的 0.25% ~1.5%。

初步可行性报告与项目建议书同时编写。

(3) 最终(详细或技术经济)可行性研究:其内容和初步可行性研究基本相同,只是所用资料和计算的详细程度不同。这一阶段是在占有充分的可靠资料基础上,对工程项目进行深入的技术经济论证,通过对可行的多方案比较,寻求在一定的生产条件下,完成相同的生产任务的投资最省、成本最低的最佳方案。工程项目越大,内容越复杂,最终可行性的要求越高,需要的时间越长。此阶段投资估算的精确度为±10%,所需研究费用,小型项目为总投资的1.0%~3.0%;大型工程为总投资的0.2%~1.0%。

C 可行性研究的原则

承担可行性研究的单位或部门,在进行可行性研究中应遵循以下原则:

(1) 科学性原则。要求按客观规律办事,因此必须做到:

1) 用科学的方法和认真负责的态度收集、分析和鉴别原始数据和资料,以确保数据和资料的真实性与可靠性。

2) 要求每一项技术经济指标都有科学依据,是经过认真分析计算得出来的。

3) 可行性研究报告的结论不能掺杂任何主观成分。

(2) 客观性原则:要求坚持从实际出发、实事求是的原则,可行性研究要根据项目的要求和具体条件进行分析与论证,从而得出可行或不可行的结论。项目所需条件必须是客观存在的,而不能主观臆造。

(3) 公正性原则:可行性研究要尊重事实、尊重实际,不能弄虚作假,不能一味按领导旨意办事。

D 可行性研究的主要内容

可行性研究完成后,应编制可行性研究报告。一般氧化铝厂建设项目的可行性研究报告应包括以下基本内容:

(1) 总论:包括提出建厂的背景、依据、必要性和意义。主要是从地方经济发展的需要和企业发展的战略高度,研究项目的合理投资时机。考虑新建氧化铝厂是否必要,主要与项目投资者的主观投资目的有关。项目必要性分析主要考虑项目产品的市场潜力、投资者的发展战略和发挥投资者的优势等三个方面。

(2) 市场需求预测和拟建规模:即对氧化铝产品的需求、价格、销售量进行预测,对拟建规模和产品方案进行研究并推荐最佳方案。

(3) 铝矿石资源及供矿情况的评述。

(4) 厂址选择方案的比较与结论性意见。

(5) 工艺技术方案:包括工艺技术方案的选择、物料平衡、消耗定额和主要设备的选择等。

(6) 外部条件(外部运输、供水、供电、燃料及生产中所需材料供应情况)的论证。

(7) 公用辅助设施、厂内外交通和运输方式的初步选择。

(8) 全厂布置方案的初步选择。

(9) 安全生产和工业卫生。

(10) 环境保护和"三废"治理方案,以及矿产资源综合利用方案。

(11) 企业组织、劳动定员和人员培训计划。

(12) 建设工期和实施进度的安排建议。

(13) 投资估算和资金筹措。

(14) 主要技术经济指标、经济效益和社会效益分析(也可称为国民经济评价)。

(15) 提出存在问题和解决办法(或途径)的建议。

(16) 附图,包括厂区总平面图、工艺流程图和交通位置图等。

E 可行性研究报告的重要作用

可行性研究报告经上级主管部门批准后,一般可起到如下作用:

(1) 作为平衡国民经济建设计划、确定工程建设项目、编制和审批设计任务书的依据。

(2) 作为项目投资决策的根据。一方面是作为投资者或企业本身是否建设该项目的依据;另一方面是作为投资的主管部门审批项目的依据。

(3) 作为筹措资金、向银行申请贷款和控制基建投资的初步依据。我国银行都有明确规定,根据提出的可行性研究报告,对贷款项目进行全面分析评估后,才能确定是否能给予贷款。世界银行等国际金融组织把可行性研究作为建设项目申请贷款的先决条件,只有他们审查可行性研究报告后,认为这个项目经济效益好,有偿还能力,不会有很大风险时,才同意贷款。

(4) 作为开展工程设计的依据和基础。在可行性研究报告中,对产品方案、建设规模、厂址、工艺流程、主要设备、总图布置、供水和供电等都进行了方案论证和选优,确定了建设原则和方案。因此,工程设计必须以此为基础,作为进行初步设计的依据。

(5) 作为申请建设施工的依据。当地政府和环保部门以可行性研究报告中拟定的建设方案、建设项目对环境影响的评价等是否符合市政或区域规划及当地环保要求为依据,审批建设执照。

(6) 作为建设单位与建设项目有关各部门或单位签订合作、协作合同或协议的依据。建设项目的生产原料、辅助材料、燃料、供水、供电、基建材料、外协件、运输和修理等都需要取得协作供应的协议或合同,有时还要签订产品销售合同,这些都是以可行性研究报告作为依据。

(7) 作为工程建设安排前期工作,如补充地质勘探、地形测量和矿石性能工业性试验等的依据。

(8) 作为从外国引进技术和引进设备与国外厂商谈判签约的依据。

(9) 作为编制采用新技术和新设备研制计划的依据。

(10) 作为大型、专用设备预选订货的依据。

(11) 作为建设单位进行建设准备工作,如项目组织管理和实施计划工作等的依据。

(12) 为项目建设提供基础资料数据,如地质、地形、水文、气象及矿石加工试验研究等资料。

可行性研究报告,原则上不能代替初步设计,但在条件具备,委托单位或上级主管部门有特殊要求时,可做到初步设计的深度。

1.7.2.2 设计任务书

设计任务书是确定基本建设项目及其轮廓、编制初步设计文件的主要依据。所有新建、改建和扩建项目,在编制初步设计之前,都要根据国家发展国民经济的长远规划和建设布局,按照项目的隶属关系,由上级主管部门组织计划、设计和建设等单位编制设计任务书。

设计任务书的编制可分为两种情况:

(1) 拟建项目经过可行性研究阶段,由上级主管部门对可行性研究报告审批,并对工程建设的主要原则问题(如建厂规模、产品方案及用户、厂址、供矿方式、生产方法或基本工艺流程、交通运输、供水、供电、燃料、装备水平、投资控制、建设进度、施工单位、存在问题及解决办法或途径、补充试验及补充勘探安排)进行批复,其批复的文件就是设计任务书(可行性研究报告为设计任务书的附件)。

(2) 拟建项目未经可行性研究,即设计任务书是在项目建议书的基础上编制的。这种设计任务书的编制仅有两种方式:一种方式是由上级主管部门主持编制、设计单位仅是参加,这时设计内容在符合国家有关基本建设规定的情况下,由主持单位酌情掌握;另一种方式是上级主管部门委托设计单位代行编制的,其成果成为设计任务书草案,它必须经过上级主管部门审查批准,方能成为上级正式下达的设计任务书。其文件包括正文和附件(任务书的编制说明)两部分:正文部分是一些原则问题(与前述一致)的结论性意见,附件是对正文中确定的原则问题的详细说明。它的内容和深度与可行性研究报告的内容和深度一致。其主要内容包括：

1）生产规模、服务年限、产品方案、产品质量要求和主要技术经济指标。

2）建厂地区或具体厂址。

3）矿产资源、主要原材料、燃料、水和电的供应，交通运输条件。

4）工艺流程、车间组成、主要工艺设备及装备水平的推荐意见。

5）环境保护和“三废”治理、劳动安全和工业卫生要求。

6）建设期限及建设程序。

7）投资限额。

8）要求达到的经济效果。

设计任务书一般附有说明，即对上述内容作出简要说明。对拟采用的新技术、新工艺、新设备以及存在的问题，也予以说明，并规定需要开展试验研究项目的具体安排和进度要求。

1.7.3　编制初步设计

1.7.3.1　初步设计的内容和深度

初步设计是在上级主管部门下达设计任务书之后，由设计承担单位根据设计任务书的内容和要求，在掌握了充分和可靠的主要资料基础上进行编制的。它是将设计任务书所规定的原则问题具体化的一项设计。

（1）初步设计的内容和深度应能满足下列要求：

1）上级主管部门审批；

2）编制基本建设投资计划，控制工程拨（贷）款；

3）建设单位组织主要设备订货、进行生产准备（如签订协议、培训工人等）和征购土地工作；

4）施工单位进行施工准备；

5）设计单位编制施工图设计（或技术设计）文件。

氧化铝厂的整个初步设计是在工程负责人（也称工程项目总设计师或工程项目总负责人）的组织下，由各专业共同完成，各专业分篇编写其专业说明书、绘制设计图纸、编制设备清单及核算表，然后由工程负责人组织有关专业汇总或亲自汇总成设计文件。

初步设计文件一般分成以下四卷：第一卷：设计说明书；第二卷：设计图纸；第三卷：设备清单和材料清单；第四卷：总概算书。

（2）新建氧化铝厂设计是以氧化铝生产工艺为主体，其他有关专业（设备、动力和仪表、水道及采暖通风、机修、总图运输和技术经济等）相辅助的整体设计。在设计过程中，要解决一系列将来在建设和生产中可能出现的问题，因此，氧化铝厂设计通常是分为以下几部分来完成的：

1）总论和技术经济部分：总论部分应简要地论述主要的设计依据，重大设计方案的概述与结论，企业建设的进度和综合效果，以及问题与建议等，还包括规模、厂址，以及原材料、燃料、水、电等的供应和产品品种的论述。技术经济部分包括主要设计方案比较，劳动定员与劳动生产率，基建投资，流动资金，产品成本及利润，投资贷款偿还能力，企业建设效果分析及综合技术经济指标等；

2）工艺部分：包括设计依据及生产规模，原材料、燃料等的性能、成分、需要量及供应，产品品种和数量，工艺流程和指标的选择与说明，工艺过程冶金计算，主要设备的计算与选择，车间组成及车间配置和特点，厂内外运输量及要求，主要辅助设施及有关设计图纸等；

3）总图运输部分：企业整体布置方案的比较与确定，工厂总平面布置与竖向布置、厂内外运

输(运输方式、车站及接轨站的确定)及厂内外道路的确定及有关设计图纸等;

4) 工业建筑及生活福利部分:包括有关土壤、地质、水文、气象和地震等的资料,主要建(构)筑物的设计方案比较与确定,行政福利设施和职工住宅区的建设规划,主要建筑物平、剖面图,建筑一览表等;

5) 供电及自动控制部分:供电部分包括供电系统的确定,主要电力设备的选择,防雷设施及线路接地的确定,集中控制系统的选择,室内外电气照明设计图纸等。自动控制包括各种检测仪表和自动控制仪表的选型,控制室的设计及电子计算机控制系统等;

6) 热工和燃气设施部分:包括锅炉、软水站、空压机房、炉气压缩机、重油库及泵房、厂区热力管网等的设计;

7) 机修部分:包括机修、管修、电修、工具修理、计器及车辆修理等,确定机修体制、任务及车间组成、主要设备的选型和配置;

8) 给排水部分:确定水源和全厂供排水量,全厂供排水管网和供水、排水系统的设计等;

9) 采暖通风;

10) 安全生产和工业卫生;

11) 环境保护和"三废"处理;

12) 消防措施;

13) 化验及检测;

14) 工程投资概算:包括建筑工程费概算、设备购置及安装概算、主要工业炉费用概算、器具和工具的购置概算、总概算及概算书等。

1.7.3.2 工艺专业初步设计的内容

氧化铝生产工艺设计是整个氧化铝厂设计的主体或基础,也是从事氧化铝厂设计和生产的工程师应当掌握的基本技能之一。

氧化铝生产工艺专业编写的初步设计说明书应包括的内容:

(1) 绪论。主要说明设计的依据,生产规模和服务年限,原料的来源、数量、质量、特性及供应条件,产品品种及数量,厂址及其特点,运输、供水、供电及"三废"治理条件,采用的工艺流程及自动化控制水平,主要技术经济指标等。

(2) 工艺流程和指标。从原料及当前技术条件出发,通过数种方案的技术经济比较,说明所采用的工艺流程的合理性和可靠性;详细说明所采用的新技术、新设备和新材料的合理性、可靠性及预期效果;简要说明全部工艺流程及车间组成;介绍工作制度(是指年工作天数、每天工作时数、每班工作时数,设备运转率)及各项技术操作条件,确定综合利用、"三废"治理及环境保护的措施等。

(3) 冶金计算。包括生产过程物料平衡计算及某些设备系统的热(能量)平衡计算,以确定原材料、燃料、碱(或碱液)及其他主要辅助材料的数量和成分等。

(4) 主要设备的选型设计和数量计算。包括定型设备型号、规格、数量的选择确定原则和计算方法;非定型主体设备(如沸腾焙烧炉等)的结构设计、确定设备的主要尺寸、结构,构筑材料的规格、数量及具体要求;主要设备选择方案的比较说明;机械化、自动化装备水平的说明等。

(5) 车间设备配置建议。按地形和运输条件确定的各车间布置关系的特点及物料运输方式和运输系统的说明;配置方案的技术经济比较及特点;关于新建、扩建和远近结合问题的说明等。

(6) 提出"三废"处理方法或技术的建议。

(7) 设计中存在的主要问题和解决问题的建议。

(8) 附表。包括主要设备明细表,主要基建材料表,主要技术经济指标,主要原材料、燃料、动力消耗表,劳动定员表,概算书等。

(9) 附图。包括工艺流程图,设备连接图,主要车间配置图及必要的非定型主体设备总图等。

1.7.3.3 工艺专业应为其他专业提供有关资料

工艺专业除完成本专业的初步设计说明书及有关图表外,还需要分别给其他各专业提供有关资料。简要说明如下:

(1) 土建专业。各层楼板、主要操作台的荷重要求,车间防温、防腐、防水、防震、防爆和防火等的要求,对厂房结构形式及地面、楼板面的要求,各种仓库的容积及对仓壁材料的要求,各种主要设备的质量及起重设备的质量及起重运输设备的能力等。

(2) 动力、仪表和自动化专业。用电设备的容量、工作制度及电动机的台数、型号、功率,交流或直流电的负荷及对电源的特殊要求,防火、防爆、防高温、防腐蚀的要求,蒸汽和压缩空气用量及压力,要求检测温度、压力、流量等的项目及其测量范围、记录方式等,要求建立信号联系的项目及装设电话的地点,要求电子计算机控制的项目及要求等。

(3) 给排水(水道)专业。车间的正常用水量和最大用水量及对水温、水压和水质的要求,并说明停水对生产的影响及是否能用循环水、排水量、排水方式、排水温度和污水排出量及其主要成分等。

(4) 采暖通风专业。产生灰尘、烟气、蒸汽及其他有害物质的程度和地点,散热设备的散热量或表面面积和表面温度,厂房的结构形式(如敞开式、天窗式、侧窗式等),要求采暖或通风的地点及程度,并说明车间的湿度及结露情况。

(5) 机修专业。金属结构的质量,机电设备及防腐设备的种类、规格、台数和质量,需要经常或定期检修的检修件数目及质量,各种铸钢件、铸铁件、铆焊件、耐火材料和防腐材料等的年消耗量或消耗定额等。

(6) 总图运输专业。各车间的平面布置草图,主要原材料、燃料、主要产品和副产品的年运输量、运输周期、运输方式、运输路线、装卸方式及要求,各车间物料堆放场地的大小等。

(7) 技术经济专业。氧化铝厂年度生产物料平衡表及 Al_2O_3 和 Na_2O 平衡表,各项主要技术经济指标,主要原材料、燃料、水和电等的消耗定额,各生产车间的工作制度及劳动定员,方案比较及工艺流程图等。

1.7.4 编制施工图设计

1.7.4.1 编制施工图设计应具备的基本条件

基本条件有:

(1) 初步设计已经过上级主管部门审查批准;

(2) 初步设计遗留问题和审查初步设计时提出的重大问题已经解决;

(3) 施工图设计所需的地形测量、水文地质和工程地质详勘资料已经具备;

(4) 主要设备订货基本落实,并已具备设计所需的资料;

(5) 已签订供水、供电、外部运输和征地等协议;

(6) 已经了解施工单位的技术力量和装备情况;

(7) 施工图设计所需要的其他资料已经具备。

1.7.4.2 施工图设计应达到的基本要求

基本要求有:

(1) 满足设备和材料的订货要求;

(2) 满足非标准设备和金属结构件的制作要求;

(3) 作为施工单位编制施工预算计划的依据;

(4) 据以进行施工;

(5) 作为竣工投产与工程验收的依据。

1.7.4.3 氧化铝厂施工图设计的内容

氧化铝厂施工图设计包括施工图设计图纸和施工图设计说明两部分。

A 施工图设计图纸

施工图设计图纸(简称施工图)是进行生产工艺设备和构件(包括管道、流槽等)配置、制作、安装、编制工程项目预算和施工组织设计的依据。施工图应根据上级主管部门批准的初步设计进行绘制,其目的是把设计内容变为施工文件和图纸。图纸的深度以满足施工或制作的要求为原则,同时应满足预算专业能够编制详细的工程预算书的要求。

施工图一般以车间为单位进行绘制。工艺专业应对初步设计的车间配置图进行必要的修改和补充,绘制成施工条件图,提供给各有关专业作为绘制施工图的基础资料。此外,对初步设计阶段提供给各专业的资料也要进行必要的修改和补充。

工艺专业通常应绘制下列类别的施工图:

(1) 设备安装图。分为机组安装图和单体设备安装图两种。由各类主要设备(两种以上设备)组成的系统为机组。机组安装图是按工艺要求和设备配置图准确地表示出车间(或厂房)内某部分设备和构件安装关系的图样,一般应有足够的视图和必要的安装大样图,在图中应表示出工艺设备、辅助设备和安装部件的外部轮廓、定位、主要外形尺寸和固定方式等,有关建(构)筑物和设备基础,设备明细表和安装部、零件明细表,必要的说明和附注解。单体设备安装图包括普通单体设备安装图和特殊(非标准)零件安装图及其零件图(国标、部标或产品样本中已有的产品等除外)。

(2) 非标准零件及与设备有关的构件(如管道、流槽、漏斗、支架和闸门等)的制造图(型材和板材制成的零件,标上实物形状及尺寸即可)。

(3) 管道安装图:包括矿浆、蒸汽、压缩空气、真空和碱液管道图等。管道安装图包括管道配置图、管道及配件制造图和管道支架制造图等。

(4) 施工配置图:根据已绘制的设备和管道安装图汇总后制成详细准确的施工配置图(包括具有所有管道和仪表的工艺流程图和设备管口方位图等),以便施工安装。

(5) 生产工艺流程图和设备连接图(对初步设计有所改变时才绘制)。

B 施工图设计说明

在施工图设计阶段,凡对初步设计有所修改或补充的部分项目,若以图纸尚不能充分表达设计意图,或者某些设计内容没有必要采用图纸来表达的,均应编制施工图设计说明,即用文字表达并以独立的图纸形式编制。对一般的施工说明(如某些设备的操作条件,某些设备或设施使用注意事项等)应尽可能编入有关的图纸中去,而不应写入施工图设计说明中。

1.7.5 工艺流程图的绘制

用图形的形式描述生产流程称为工艺流程图。按工艺流程图的作用和内容的不同,可分为工艺流程简图(或工艺流程图)、设备连接图和施工图三种形式。

1.7.5.1 工艺流程图

工艺流程图由文字、方格、直线和箭头构成,表示从原料到产品的整个过程中原料、燃料、添加剂、水、蒸汽、中间产品、成品和“三废”物质等的名称、走向，以及引起的物料发生物理化学变化的主要生产工序名称，或简述为表示全部的工艺物料和产品所经过的设备或工序的顺序图。例如，拜耳法生产氧化铝基本工艺流程图（图1-2）中，原料（铝土矿，石灰石）、燃料（重油或燃气）、添加剂（苛性碱液、絮凝剂等）、中间产品（溶出矿浆、粗液、精液、氢氧化铝、蒸发母液等）和“三废”物质（废气、赤泥）等的下方都画上一条实线；成品（氧化铝）在名称下方加一根实线或两根平行实线。生产工序名称尽可能明确该工序的特点，即尽可能地将该工序的功能、设备名称、生产方法表示出来。每个工序名称都打上一个实线外框。如图中的湿磨、溶出、稀释、沉降分

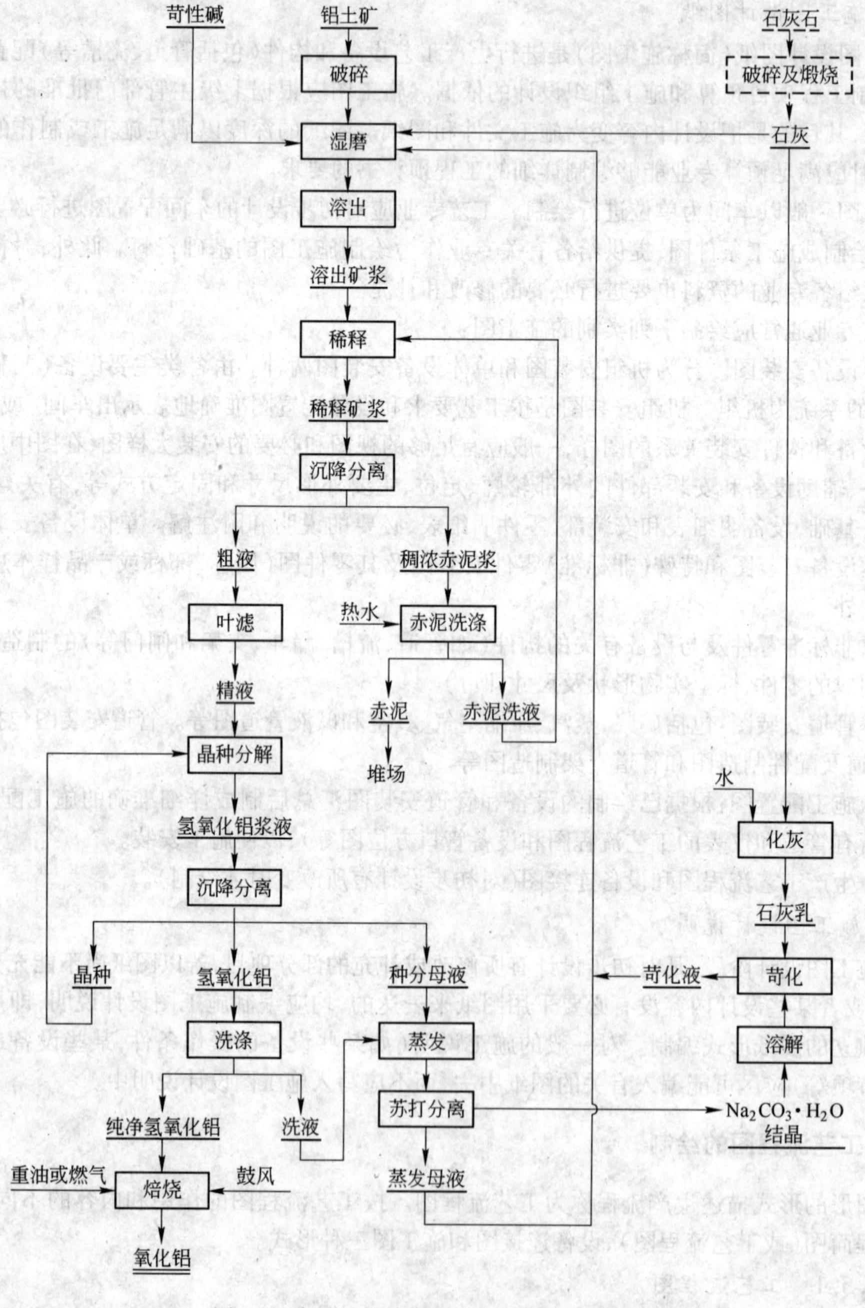

图1-2　拜耳法生产氧化铝基本工艺流程图

离、叶滤、晶种分解、蒸发和焙烧等。上下工序之间和工序与物料之间用实线联系，并加箭头表示物料方向，称为流程线。流程线一般以水平和垂线绘制，有时也可用斜线绘制，当线段有交叉时，后绘线段在交叉处断开或打半圆折通过。当流程线段过长或交叉过多时，为了保持图面清晰，可在线段始端和末端直接用文字标明物料的来向和去向。如果工艺流程中有备用方案，即可能延伸生产工序或外加某种工序时，则此工序及其后续的工序和物料等的名称外框线、物料名称下方实线以及流程线等都用虚线表示。如图 1-2 中的石灰石煅烧、石灰石便属此类。

1.7.5.2 设备连接图

设备连接图是将工艺流程中的设备和物料用流程线连接成为一体的图形，图中画出的设备和物料大致与实物相似。高压溶出设备连接图如图 1-3 所示。

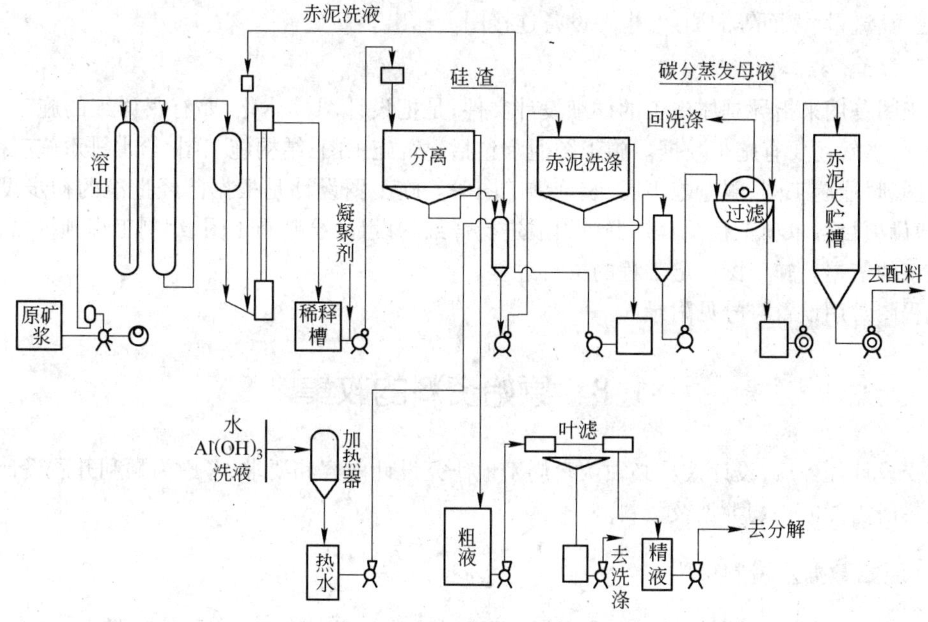

图 1-3 高压溶出设备连接图

设备连接图具有下列特点：

(1) 图中表示设备或物料的图形只是原物的形象化，对每一个图形来说，其结构轮廓和比例尺寸与原物大致相似。但各个图形的绘制可以是不同的比例，只要设备连接图内的各种图形协调相称即可；

(2) 在通常情况下，流程中的设备和物料都按先后由左至右、由上至下排列，无须考虑这些设备和物料在实际中所处的位置和标高。但是为了保持整个设备连接图的清晰，也可不按由左至右、由上至下排列；

(3) 各个图形之间应有适当的距离，以便布置流程线，避免图中的流程线过多的时疏时密；

(4) 流程线的始端接图形物料的出口，末端箭头指向图形物料的入口，与物料流的方向和位置吻合。流程线除绘出物料方向外，交叉时后绘线段同样在交叉处断开或打半圆折通过；流程线段过长或交叉过多时，也可在线段的始端和末端用文字标明物料的来向和去向；

(5) 工艺流程中在不同工序采用规格相同的设备时，应按工序的顺序分别绘制；在同一工序使用多台规格相同的设备时，只绘一个图形，如用途不同则应按用途分别绘制；同一张图纸上的相同设备图形大小和形状应相同；

(6) 设备连接图一般不列设备表或明细表。物料名称可在图形旁标注。设备名称、规格和数量也在设备图形旁标注,如 $\phi800$ 离心机三台,标为:$\frac{\text{离心机}-3}{\phi800}$;外专业设备和构筑物用其名称、数量和专业名称表示,如矿仓两座,标为:$\frac{\text{矿仓}-2}{\text{土建专业}}$、废气锅炉一座,标为:$\frac{\text{废气锅炉}-1}{\text{热工专业}}$;

(7) 在设备连接图上标写设备和物料的名称有时显得太过紊乱,特别对比较复杂的设备连接图更是如此,为使图纸比较清晰,可将图中的设备和物料编号,并在图纸下方或显著位置按编号顺序集中列出设备和物料的名称;

(8) 为了给工艺方案讨论和施工流程图设计提供更详细的资料,常将工艺流程中关键的技术条件和操作条件,如温度、压力、流量、液面、时间和组成等标写在图形的相关部位上;测量控制温度、压力、流量、液面等的测点,也在设备连接图上标出。

1.7.5.3 施工图

施工图是用来指导具体施工的详细设计文件,是把设计图具体化,要有很详细的施工说明,注意事项,当然还要有施工数据。施工图通常包括建筑施工图、结构施工图、给水排水施工图、电气施工图、暖通施工图、弱电施工图、装饰施工图等。施工图设计是根据已经批准的初步设计文件,对建设项目各单项工程及建筑群体组成进行详细的设计,绘制施工图、编制工程预算书,作为工程施工的依据。施工图决定工程的执行过程。

流程图常用设备符号见附录3。

1.8 原始资料的收集

接受设计任务后,设计人员必须认真周密地研究设计内容和要求,考虑为顺利开展设计工作如何收集所需要的一切数据及资料。

1.8.1 原始数据及资料

基础资料包括厂址区域的地形、气象、工程地质和水文等资料,人文及地理情况,矿产资源、技术经济条件,原材料、燃料及其他动力供应、交通运输及施工条件等情况。

生产方法及工艺流程资料包括:

(1) 各种氧化铝生产方法及其工艺流程:包括生产方法的原理、基本流程及特点、操作规程、控制指标、主要设备、生产安全可靠情况、各工序的工艺流程和主要技术经济指标;

(2) 各种氧化铝生产方法的技术经济比较:包括产品成本、原材料的用量及供应的可能性、“三废”的处理、生产自动化水平、基本建设投资、工厂占地面积、主要基建材料的用量和设备制作的复杂程度等。

掌握了氧化铝生产方法和工艺流程的资料后,就可以着手进行可选方案的技术经济比较,最后找出技术上最先进、经济上最合理、切实可行的生产方法及其工艺流程方案。

工艺资料包括:

(1) 物料衡算:包括生产过程和化学反应、各过程所需原料和中间产品的质量及物理化学性质、产品的质量等级和物理化学性质、各反应过程的转化率、溶出率和回收率等;

(2) 热量衡算及设备计算:包括原料、中间产物和产品的比热容、生成热、燃烧热、传热系数等与传热有关的热力学数据;各种温度、压力、流量等生产控制参数;设备的容积、结构、材质、主要设备图等;

(3) 车间布置:包括平面、立面布置情况;防火、防爆措施;设备的检修和吊装要求;控制室和配电室的布置;

其他资料: 包括非工艺专业,如自控、土建、电力、采暖通风、给排水、供热和废水处理等资料;概算资料;原材料供应,总图运输资料;劳动保护,安全卫生资料;"三废"排放及处理方法等。

1.8.2 资料的来源

资料的来源有:

(1) 设计单位的资料:包括可靠性研究报告、初步设计说明书、施工图及施工说明书、投资概(预)算书、标准设计图集、标准与规范等。

(2) 向科研单位收集有关资料:包括小试研究报告、中试研究报告及鉴定报告、中试试验生产工艺操作规程、中试装置设计资料、基础设计资料和有关产品或技术的国外文献。

(3) 向氧化铝厂收集有关资料:包括车间原始记录、各种生产报表、工艺操作规程、设备岗位操作规程、设备维护检修规程、劳动保护及安全技术规程、车间化验分析研究资料、工厂中心试验室或研究所的试验研究报告、供销科的产品目录和样本及有关设备的价格、全厂职工的劳动及福利资料等。

(4) 向建设单位收集资料:包括厂址选择的原始资料、设计的基础资料(如人文、地理、气象、水文、地质等资料)、基本建设决算书、施工技术汇总、试车总结及原始记录。

(5) 在设计过程中为设计的开展而进行的试验的有关资料:包括委托有关科研单位、高等院校等进行的铝矿加工性能试验等资料。

(6) 有关产品样本、目录、销售和价格等资料。

(7)《氧化铝生产计算手册》、有关工具书、杂志、文献和专利、《氧化铝生产工艺学》、《氧化铝生产过程与设备》、《氧化铝生产考察报告》、《有色冶金炉设计》和《化工设计》等书籍。

由于技术的保密以及专利的限制,在氧化铝生产装置所需数据中最重要的工艺数据及冶金反应工程数据,应该由建设单位及相关的科研单位提供,部分查阅的数据主要提供设计时参考。

在收集与生产过程有关的物理化学参数资料时,应注意其可靠性、准确性和适用范围。一些特殊物质的物化数据难以获得或查找不全时,可根据物理化学基本定律进行计算。

1.9 氧化铝厂设计的发展动向

现代氧化铝厂面临着科学技术快速发展、优质铝矿资源日益短少、世界能源危机日趋加深、市场竞争明显加剧、清洁生产和环境保护的法律法规日趋完善而要求越来越高的挑战,因此要求所设计的氧化铝厂能够适应这种新的形势。氧化铝厂设计的发展动向有以下几个方面:

(1) 由于现代科学技术的发展,电解铝、电子、化工等工业对氧化铝生产在产量、质量、品种等方面提出了更多更高的要求,而优质铝矿资源日益紧缺,能源危机日益加深,这就要求必须尽量采用高效、低耗的大型冶金设备及生产过程的强化技术。因此氧化铝生产工艺设备的大型化和生产过程的强化是近年来的主要设计动向。例如,铝土矿溶出过程采用间接加热管道化溶出技术、氢氧化铝焙烧采用流态化焙烧炉等。

(2) 随着优质铝矿资源的日益减少,要求人们最大限度地综合利用铝矿资源,而单纯的氧化铝生产工艺已经不能满足要求,往往需要采用选矿、冶金、化工等联合流程,这就给设计和研究工作带来许多复杂的课题。

(3) 氧化铝工业是能耗较大的有色冶金工业部门,世界能源危机给西方国家铝工业造成很大的冲击，例如，1982 年美国铝厂开工率为 60%，年产原铝量降至 325 万 t；日本于 1982 年关闭了半数以上铝厂，原铝产量只有 30 万 t 左右，这直接影响到氧化铝工业的发展。因此，各国都特别重视节能，把节能看成是一种特殊的能源开发，并取得很好的效果。我国是一个能源比较丰富的国家，特别是煤炭的探明储量居世界第三位，1980 年原煤产量仅次于美国，但仍满足不了全国工业生产能力的需要，而商品能源的利用率又较低。因此，我国制定了"实行开发与节约并重，近期把节能放在优先地位"的能源方针。由于我国氧化铝工业处理的铝土矿矿石类型（一水硬铝石型）和方法（混联法和烧结法）决定了能耗高、生产成本高，在国际市场的竞争力薄弱。因此，节约能源、降低能耗是氧化铝生产一项十分突出的任务。氧化铝厂设计必须尽可能改造现有生产技术，采用和推广成熟的节能降耗新工艺、新设备和新技术，使氧化铝厂成为节能型企业。

（4）生产过程的控制和自动化是设计现代氧化铝厂的重要标志，这对于生产工艺条件最佳化、保持生产平稳和提高各项技术经济指标等起到十分重要的作用。近 20 年来随着各种检测和分析仪表的不断完善、电子计算机的发展和应用、生产工艺设备的改进和大型化，生产过程的控制和自动化已达到了一个新的水平。在新设计的大中型氧化铝厂中，越来越广泛地采用数字电子计算机取代工厂控制室的传统控制装置，使操作过程全盘自动化和工艺条件最佳化。但是由于自动化设备价格昂贵及其他有关原因，使氧化铝厂实现全盘自动化受到限制，所以在设计时，仍要考虑建立集中控制室（中心）的传统控制装置问题，并加强和完善现有各生产工序的计量及专用检测仪表和控制系统的配套使用，逐步扩大微型计算机在各工序的使用范围。在经济可能的条件下，装备过程控制计算机，实现高级自动化。

（5）随着生产设备大型化和工艺过程机械化、自动化的发展，各工序之间的关系更为密切，工艺改变的周期大为缩短，由此对建筑结构的形式和要求也发生了较大的变化。国外近 20 年来工业建筑的特点是：以混凝土和钢材为主材的轻质高强度制品，用高效和灵活的工业方法，建造大跨度、大柱距、大面积的合并厂房；厂房结构由封闭式改为敞开式，甚至不少车间是露天无厂房，在多雨地区也只采用简易厂房。这样就大大减少了钢材用量，节约用地，降低土建投资，并便于紧凑地布置生产流程，合并车间，有利于扩建和改建。

（6）随着工业的发展，各国对环境保护的要求日益提高，要求有更高的卫生标准和安全标准。许多国家制定了相应的环保法规，使氧化铝生产企业排放的污染物数量降到最低程度，否则，予以罚款，甚至令其停产。环境保护是我国的一项基本国策，并制定了相应的"三废"排放标准和有关卫生规定，还制定了有关清洁生产的法律和法规。因此，氧化铝厂设计必须充分考虑实施清洁生产的措施，"三废"（废渣、废水、废气）及冶金炉窑中排放热能的利用、综合治理等工程的设计。

1.10 氧化铝厂建设项目设计的组织及机构

1.10.1 氧化铝厂项目设计组织

氧化铝厂设计需要众多的专业技术人员相互合作，共同解决设计中的一系列问题。因此，要有合理的设计组织，需要设立专职的项目负责人，负责项目的进度、控制投资和各专业之间的协调。为了保证设计质量，每个专业要有各专业的负责人，负责对各专业的重要设计内容进行审核，重大技术问题还需由设计院的总工程师审定。主要包括：

（1）组织设计班子，安排阶段设计计划。可行性研究报告经批准后，计划管理部门与建设单位签订设计合同；由设计院院长任命设计总负责人或设计项目负责人，计划管理部门同设计负责人与各设计室商定落实专业负责人和主项负责人，组成工程设计组；计划管理部门与设计总负责人安排阶段设计任务，并下达给各个设计室。

(2) 了解主管部门的意见，进一步落实设计条件。设计总负责人组织工程设计组成员，研究可行性研究报告的内容及上级的审批意见，并提出工程的设计指导思想；设计总负责人组织有关专业进行技术经济比较，如发现可行性研究报告有重大不合理的问题，应及时向主管部门反映并提出建议；设计总负责人根据建设单位提供的正式设计基础资料，组织有关专业人员复核，以保证设计质量。

(3) 确定全厂生产工艺总流程及全厂性的设计方案。工艺专业负责人组织有关人员设计全厂生产工艺总流程，并经物料衡算和热量衡算，提出推荐方案，与设计总负责人研究后予以初步确定；设计总负责人根据全厂生产工艺流程方案，组织有关专业研究原材料和副产品的综合利用、"三废"的处理原则，提出工厂的组成和全厂单项工程的名称、规模及技术要求；设计总负责人组织有关专业编制设计方案，进行方案审核，并根据审核意见与建设单位研究讨论和修改后报院，由技术管理部门会同计划管理部门组织院级审查。

(4) 确定车间设计方案和各专业重大技术方案及设计标准。由主项负责人按生产工艺流程的要求，进行车间工艺流程方案的比较，经物料平衡、热量平衡和主要工艺设备计算后，做出车间布置方案；组织有关专业相互研究协调，并经专业负责人认可后提出推荐方案；各专业根据设计总负责人和工艺专业的要求，提出本专业的重大技术方案、设计原则和设计标准，经专业组讨论和补充后，提交设计总负责人审查。

(5) 估算工作量和安排工程进度。由设计总负责人组织各专业主项或专业估算设计工作量；各专业负责人配合设计总负责人编制设计开工报告；设计总负责人编制工程进度表；主管院长或总工程师批准开工报告；计划管理部门协助设计总负责人落实各专业人员的配备。

(6) 开工报告。由主管院长或计划管理部门负责人主持开工报告会，设计总负责人向参加本工程设计的全体人员和有关人员做开工报告。专业负责人组织本专业人员讨论开工报告，并做好签订协作表的准备。

1.10.2　氧化铝厂项目设计机构

承担设计任务的单位是设计院（或设计研究院）。其院长为企业单位的法人代表，全面负责设计院的生产经营、技术进步和行政管理工作。总工程师协助院长负责全院的技术工作，总经济师则协助院长负责全院经营管理、财务审计工作。下设计划管理部门和技术管理部门，计划管理部门负责经营计划工程设计的管理工作，技术管理部门负责设计质量、基础工作和技术开发等管理工作。有色冶金设计院设有工艺、设备、土建、动力和仪表、水道及采暖通风、机修、总图运输和技术经济等专业室作为生产部门，还有文印、资料和财务等非生产部门。此外，还有工程成品的文件和图纸审定的质量认证体系等。

1.11　设计部门与其他部门的关系

氧化铝厂设计工作与社会上的许多相关部门有密切的关系，因此，设计人员和设计部门只有正确处理好各方面的关系，才能把设计工作做得更好。

(1) 建设单位。建设单位是设计院为之服务的单位，设计院称之为业主。从建设单位将设计项目委托给设计院，与设计院签订了合同开始，直到一个工厂或一套装置建成，被验证达到设计指标，在这段时间内，设计人员一直要与建设单位保持密切的关系。一般建设单位会成立一个项目筹备组，并设某些分支机构。设计单位与建设单位的密切关系体现在以下几个阶段：

1）投标：对于大、中型氧化铝厂工程项目，建设单位都采取招标方式从众多的设计单位中挑选设计方案优秀的设计单位。建设单位发出标书后，设计单位要努力理解其指导思想和意图，精心设计方案、争取中标。

2）收集工程资料：在项目设计前期工作阶段，设计人员要认真听取建设单位对项目从整体规划布局到具体细节的要求，组织设计人员到建设单位实地考察、勘察现场工程建设条件，充分掌握第一手资料。

3）介绍设计方案：在项目设计工作阶段，更应与建设单位加强联系，与项目筹备组人员一起讨论，让他们了解设计方案和设计思路。建设单位也可以组织人员到设计院，参与设计过程，与设计人员一起讨论研究，及早发现出现的失误与不妥，避免造成经济损失与生产操作上的不便等。

4）设计能力标定：在项目设计完成后，设计院需要将设计成品交给建设单位，同时需要将设计思想、设计内容交代清楚，直到协助建设单位试车投产成功。在正常生产后，还需对建设项目的设计能力和设计指标进行标定。

（2）技术研究单位。一套创新的生产装置成品的设计，是技术研究单位开发的产品或技术转化成生产力的体现。技术研究单位与设计院没有合同关系，但业务上却有着紧密的联系。设计院把技术研究单位称为技术方，其必须在设计院进行设计工作之前，向设计院提交完整的基础设计资料。在设计工作中，设计方与技术方要经常讨论，互相交换意见，设计方需在工程方面对技术把关。在装置建成后，设计方要协助技术方试车、调试。

（3）项目审批部门。项目审批部门有氧化铝厂建设项目所属地区的经济委员会、计划委员会、建设委员会等。设计院需要协助建设单位向这些部门报批项目，为建设单位报批项目提供所需的文件及图纸。

（4）管理部门。规划局、消防局、环保局、劳动安全局、标准办、压力容器监测站和卫生防疫站等是对项目进行各方面管理的部门。设计院的设计文件和图纸内容须由这些管理部门审查，必须符合国家有关的规定；对其中存在的不妥之处，应遵照这些管理部门的意见进行修改。

（5）施工单位。一般来说，在设计工作完成之后设计院才与施工单位发生关系。设计人员需要对施工单位进行一次设计思想和设计内容的交底。施工单位的专业设置与设计院基本一致时，两单位专业对口的人员应进行相互交流，以便施工单位能更好地实现设计院的设计思想。在项目的施工阶段，设计院需派遣人员去现场配合施工。施工结束后，设计院与建设单位一起参与对施工质量进行验收及签字。

（6）工程建设监理部门。工程建设监理部门是针对工程项目建设而设置的，社会化、专业化的工程建设监理单位必须接受业主的委托和授权，根据国家批准的工程建设项目文件、有关工程建设的法律法规和工程建设监理合同以及其他工程建设合同开展工作，目的在于实现项目投资的微观监督管理活动。这种监督活动主要针对项目建设的设计阶段（含设计准备）、招标阶段、施工阶段以及竣工验收阶段。

在进行工程设计之前还要进行勘察（地质勘察、水文勘察等），故这一阶段又叫做勘察设计阶段。在工程建设监理过程中，一般是把勘察和设计分开来签订合同，但也有把勘察工作交由设计单位委托，由业主与设计单位签订工程勘察设计合同。勘察设计阶段工程监理的主要工作包括：

1）编制工程勘察设计招标文件；

2）协助业主审查和评选工程勘察设计方案；

3）协助业主选择勘察设计单位及签订工程勘察设计合同书；

4）监督管理勘察设计合同的实施；

5）核查工程设计概算和施工图预算，验收工程设计文件。

工程建设勘察设计阶段监理的主要工作是对勘察进度、质量和投资进行监督管理。其内容是依据勘察设计任务批准书编制勘察设计资金使用计划、勘察设计进度计划和设计质量标准要求，并与勘察设计单位协商一致，圆满地贯彻业主的建设意图；对勘察设计工作进行跟踪检查、阶段性审查；设计完成后工程监理要进行全面审查。审查的主要内容有：

1）设计文件的规范性、工艺的先进性和科学性、结构的安全性、施工的可行性及设计标准的适宜性等；

2）设计概算或施工图预算的合理性及业主投资的许可性。若超过投资限额，除非业主许可，否则需要修改设计；

3）全面审查勘察设计合同的执行情况，最后核定勘察设计费用。

2 氧化铝厂厂址选择

2.1 厂址选择的意义和方法

氧化铝厂建设必须有适宜的厂址,厂址包括厂区、水源地、赤泥堆场及生活区的具体坐落位置。厂址选择是氧化铝厂基本建设中的一个重要环节,也是建设前期工作的主要内容和重要组成部分之一。在项目建议书、可行性研究(或设计任务书)中,甚至初步设计等阶段工作中,均不同程度地涉及厂址选择问题。一般来说,厂址选择工作安排在可行性研究(或设计任务书)阶段为宜。但是在有条件的情况下,在编制项目建议书阶段即可开始厂址选择工作,厂址选择报告也可以先于可行性研究报告提出,然而它属于预选,仍应视为是可行性研究的一部分。

厂址选择是氧化铝厂设计前期工作中一项政策性和技术性很强、涉及面很广、影响面很深的综合性技术经济工作。从客观上说,它是实现国家长远计划与工业布局规划的一个具体步骤和基本环节。从微观上讲,厂址选择是具体的工业企业建设和设计的前提。厂址选择是否得当,对国民经济发展、企业本身的投入和建设后的运营成本及经济效益的影响是巨大的、长期的,一旦失误造成的后果是难以改变的。由于厂址选择是一项政治、经济和技术紧密结合的综合性工作,是百年大计,在项目总设计时必须给予足够重视,切实做好此项工作。

厂址选择时,一般是在上级主管部门或建设单位组织下,会同当地政府及有关专业职能机构、勘察、设计等单位人员参加,组成工作组,共同进行现场踏勘和调查研究。其目的是收集必要的资料,听取多方面的意见,以及提出多种可能的厂址方案,进行综合性技术经济比较,推荐最佳方案。在厂址选择工作组提出厂址方案后,由设计单位进行全面的技术经济分析、比较和论证,最后完成厂址选择任务。目前,多数企业的厂址选择工作都是以设计单位为主进行的。

大型氧化铝厂应专门编制厂址选择报告,并呈报上级主管部门审查批准。中小型氧化铝厂的厂址选择问题,在可行性研究报告中叙述,不另审批。

厂址选择工作的内容包括两种情况:一种是新建企业时,其内容包括选点和定址两部分。选点是按照建厂条件在较大范围内进行选择,如按照地形条件、运输条件、公用工程(水、电、气)及其供应情况、协作条件等,从中选出一个比较合适的地区。定址是从选点选出的地区可供建厂的几个地点中,通过详细的比较,确定工程项目具体所在的厂址。另一种情况是原有氧化铝厂扩建或改建时,应在原厂址附近选择厂址,但必须对老厂现状进行调查。

2.2 厂址选择的原则及指标

2.2.1 厂址选择的原则

厂址选择的原则有:

(1) 必须符合国家工业布局、城市或地区规划的要求。厂址位置选择要贯彻执行国家工业布局“大分散,小集中,多搞小城镇”方针,按照“工农结合,城乡结合,有利生产,方便生活”的原则和居住区规划,使之符合工业布局总体规划及城市建设规划的要求。厂址选择应按上级主管部门批准的规划,在指定的区域内进行,使其符合城镇的总体规划,使厂区和居住区的相对位置符合城镇功能的要求。当有条件时,尽可能利用现有居民点、交通运输设施和公用工程设施。

(2) 靠近原料和燃料基地。厂址应尽量靠近原料、燃料和辅助材料基地。厂址选择要为合理开发和充分利用矿产资源(铝土矿、石灰石、煤炭、石油等)创造条件。我国的六大氧化铝厂都靠近铝土矿矿区,有的已组成采、选、冶联合企业。

(3) 有方便的交通运输条件。厂址尽可能靠近铁路接轨站、公路干线或航运港口(码头),并保证接轨的方便和避免复杂的线路建设工程。氧化铝生产是连续性的,物料吞吐量很大,全厂每昼夜要处理数千吨物料,产出数百吨至上千吨产品。例如,年产量为40万t的氧化铝厂,昼夜货运量可达0.8万~1.0万t以上。如此可观的货运量,如不及时"吞吐",势必影响生产,因此,必须充分考虑交通运输问题。为了减少费用,在保证良好的运输条件下,应使厂址尽可能接近原料基地和销售市场。

(4) 有良好的供、排水条件。氧化铝厂是以湿法冶金为主的大型冶金工厂,是用水大户。例如,山东铝厂每吨氧化铝耗新水25 t,耗循环水95 t。因此,氧化铝厂厂址要求有水量充足、水质良好、供水线路短、扬程小的水源地。用水量特大的工厂,厂址选择应尽可能靠近水源。选择厂址时还应考虑有良好的排水条件,以满足企业的生产要求。

(5) 靠近热电供应地。氧化铝厂需要充足的热电供应,凡有条件用热电站的则应尽量利用。如自行建设燃煤火电站,必须同时建设湿式冷却塔及烟气脱硫和颗粒灰尘净化设施,则发电每千瓦需投资达千元以上,不仅大大增加投资和经营费用,而且影响建设进度。

(6) 具备良好的工程地质和水文地质条件。厂址应避开下列地区:

1) 易发生洪水、泥石流、滑坡、土崩、滚石等危险的山区;

2) 有断层、卡斯特、流沙层、溶洞、泥沼、淤泥层、腐蚀土、软土、地下河道、塌陷等不良地质地段;

3) 古井、古墓、砂井、坑穴、老窿等人为地表破坏区域;

4) 地震多发和基本烈度为9级(相当于6.7级毁坏性震级)以上的地震区域。湿陷量大的湿陷性黄土地区、膨胀土地区,地下水位高而且对钢筋和混凝土具有腐蚀性的地区。地震烈度和地震等级的关系见表2-1。

表2-1 地震烈度和地震等级的关系

烈 度	Ⅰ	Ⅱ	Ⅲ	Ⅳ	Ⅴ	Ⅵ	Ⅶ	Ⅷ	Ⅸ	Ⅹ	Ⅺ	Ⅻ
震 级	1.9	2.5	3.1	3.7	4.3	4.9	5.5	6.1	6.7	7.3	7.9	8.5
名 称	无感震	微震	轻震	弱震	次强震	强震	损害震	破坏震	毁坏震	大毁坏震	灾震	大灾震

所选厂址的地耐力应不低于150 kPa,地下水位最高也应低于基础底面0.5 m。厂址最低洼处要高于历年最高洪水水位0.5 m以上。

(7) 厂址用地既要满足生产工艺和物料运输要求并留有适当的发展余地,又要节约用地。氧化铝厂厂址必须有建厂所必需的足够面积及较适宜的平面形状和地形,这是能否建厂的基本条件,也是对厂址的最基本要求。

场地面积一般包括厂区用地、渣场用地、厂外工程设施用地和居民区用地几部分。厂区包括各生产车间、辅助车间、生产管理部门、生活福利部门等厂内所有建(构)筑物、堆场、运输及动力设施等,应有必需的足够面积,以满足生产工艺和物料运输的要求。厂外工程设施是指独立于厂区以外的工程,如铁路专用线、公路专线、港口码头等,其用地要根据实际需要匡算,不应放大也不应减小,以免造成浪费或不能满足工程设施的建设要求。居民区用地应根据企业规模及定员,按照国家及各省市的定额规定匡算,其位置布置在工业区常年主导风向的上风侧并保持相应的卫生防护距离,以有利于生产、方便职工长期定居的需求。因为我国是农业大国,人口多,土地相对少,耕地也较少,为世界人均量的30%,因此要注意节约用地。不论一次设计分期建设,还是一次设计一次建设的工厂,都要考虑将来的扩建、改造和发展,既要近期合理又要预留有长远发展的可能。在具体处理远近关系时,应坚持"远近结合、以近期为主、近期集中、远期外围、由近及远、由内向外"的布置原则,做到统筹兼顾、全面规划。选择厂址时,同时还要防止在厂内大圈空地,多征少用和早征迟用的错误做法。

工业场地应尽可能利用荒地、坡地、空地、劣地;赤泥堆场、尾矿库应尽可能占用低洼地、深谷和不宜耕种的瘠地;运输线路、管线工程尽可能避开林地和良田,注意减少工程量,少占农田和不占良田。

厂区的平面形状应使其有效利用的区域面积尽可能大,所以选址时除有足够数量的面积外,还应考虑其平面形状的优劣。一般选址中,应尽可能避免选择三角地带、边角地带和不规则的多边形地带以及窄长地带为拟建厂的厂址。因为这些场地的平面利用率差且较难布置。借鉴国外资料表明,厂址以边长为1:1.5的矩形场地比较经济合理。

厂区的地形对工厂的建设和生产都会产生很大影响,它既影响到各种设施的合理布局、场地的处理和改造、管道布置、交通运输系统的布局和场地安排等,也影响到场地的有效利用,从而影响到工厂的建设周期、投资和长期运营费用。复杂的地形、低洼的地形会增加场地处理工程量;不良的地形和周围的环境会影响到新建工厂的生产和生活环境。所以,对工厂的地形地貌应有所选择。

一般厂址宜选择于地形较简单、平坦而又开阔的且便于地面水能够自然排出的地带,而不宜选择于地形复杂和易受洪水或内涝威胁的低洼地带。厂址应避开易形成窝风的窝风地带和大挖大填地带(会使厂区基地不均匀,处理难度较大)。

厂址应不拆或少拆房屋以及其他建(构)筑物,尽量避免砍伐果园,不与农、牧、渔业争水,不妨碍和破坏农田水利基本建设,还要考虑到复地还田。

(8) 重视环境生态保护和卫生防护。选择厂址应注意当地自然环境,并对工厂投产后对环境可能造成的影响做出评价。厂址应位于全年主导风向的下风方向和主要水流的下游位置,并且不宜在窝风地段,要有良好的自然通风条件,最大限度地减少粉尘、烟气、噪声等对环境的污染。在选择厂址时应注意安全防护距离,考虑厂址附近居民点、城市发展规划、农牧渔业及旅游胜地和自然资源保护区等问题。

(9) 方便企业进行协作。厂址应在企业生产、综合利用、产品深加工、外部运输、公用设施、生活福利设施以及水、供电、燃料等多方面,有广泛进行社会协作或地区协作条件的地区。协作的目的在于节约投资和提高企业的经济效益和社会效益。过去那种片面强调"小而全",企业一家独办,不重视专业协作的错误做法已被纠正。

(10) 赤泥堆场、尾矿库的容积应与氧化铝厂服务年限相适应。赤泥堆场和尾矿库应选择呈低凹形状的山谷或洼地,使土石方工程量小而堆场、尾矿库容量大。赤泥堆场、尾矿库的位置尽可能靠近氧化铝厂,以节约赤泥、尾矿运输费用。还应防止赤泥和尾矿对环境、河流、农牧渔业生产及居民区的危害和污染。

(11) 不宜建厂的地区(或地点):

1) 具有开采价值的矿床上;

2）大型水库、油田、发电站、重要的桥梁、隧道、交通枢纽、机场、电台、电视台、军事基地、战略目标以及生活饮用水源地等的防护区域和水土保护禁垦区；

3）国家规定的历史文物（如古墓、古寺、古建筑物等）、革命历史纪念地、名胜旅游地区、园林风景区、疗养区、森林自然保护区；

4）有严重放射性物质影响的地区；

5）传染病发源地和地方病流行地区；

6）有害气体及烟尘污染严重地区。

在具体选定厂址时，不可能全部满足以上原则或条件，因此，必须根据具体情况，因地制宜，主要考虑对建厂最有影响的原则要求，即对于物料“吞吐”量大的氧化铝厂，首先要考虑建在靠近铝土矿资源丰富和交通运输条件较好的地区。

参与厂址选择工作的设计单位要组建一个由若干个主要专业（工艺、土建、供排水、总图运输、电气和技术经济等）组成工作组，并由项目负责人主持工作。由于厂址选择工作涉及面很广，设计单位承担这项工作时，必须主动争取业务主管部门、地方政府和建设单位的密切配合与支持，充分听取他们的意见并吸收其中合理部分，才能将厂址选择工作做好。

2.2.2 厂址选择的指标

厂址选择的指标，主要包括以下内容：

(1) 拟建厂的产品方案和规模；

(2) 工艺流程和生产特点；

(3) 工厂的项目构成；

(4) 所需原材料、燃料的品种、数量、供应及运输情况；

(5) 全厂年运输量；

(6) 全厂职工人员；

(7) 水、电、汽等公用工程的耗量；

(8) “三废”排放量和可能造成的污染程度；

(9) 辅助生活设施等特殊要求；

(10) 工厂建设所需的场地面积及其要求。

2.3 厂址选择的程序和注意事项

2.3.1 厂址选择的程序

氧化铝厂厂址选择一般可分为以下几个阶段：

(1) 准备阶段。准备阶段是从接受设计任务书开始至现场踏勘为止。在设计任务书下达以后，根据任务书规定的内容，并参考《可行性研究报告》，采用扩大指标或参照同类型工厂及类似企业的有关资料，确定出各主要车间的平面尺寸及有关的工业和民用场地，由工艺专业人员编制工艺布置方案，做出总平面布置方案草图，初步确定厂区外形和占地估算面积。然后各专业在已有区域地形图、工程地质、水文、气象、矿产资源、交通运输、水电供应及协作条件等厂址基础资料的基础上，根据氧化铝厂特点及厂址选择的要求进行综合分析，拟定几个可能成立的厂址方案，编写收集资料提纲。

(2) 现场踏勘阶段。现场踏勘是在图上选址的基础上，有的放矢地对可能建厂的厂址进行实地察看，这是厂址选择的关键环节。其目的是通过实地察看，核实建厂条件，确定几个可供比较的厂址方案。现场踏勘中要注意以下情况：

1）拟选厂址可供利用的场地面积、形状及占地的农田、产量和土质等情况；

2）拟用场地内的村庄、树木、果园和农田水利设施；

3）场地的地形、地质，地下有无矿藏；

4）场地附近的铁路、公路及接轨、接线条件；

5）附近的运输设施；

6）就近提供的建筑材料的品种、数量和质量；

7）风向、雨量、洪水位等自然条件；

8）可供利用的生活居住用地及废渣场；

9）拟建厂地区的水源、电源及可能的线路走向。

（3）方案比较和分析论证阶段。根据现场踏勘结果，从各专业的角度对所收集的资料进行整理和研究。对具备建厂条件的几个厂址方案进行政治、经济和技术等方面的综合分析论证，提出推荐方案，说明推荐理由，并绘出厂址位置规划示意图（1∶10000～1∶50000），内容包括厂区位置、工业备用地、生活区位置、水源地和污水排放口位置、厂外交通运输线路和输电线位置、铁路专用线走向方案及接轨站位置等，工厂总平面布置方案示意图（1∶500～1∶2000）和各项协议文件。

（4）提出厂址选择报告，确定厂址和报批阶段。厂址选择报告是厂址选择的最终成果，其应包括下列内容：

1）前言。叙述工厂性质、规模、厂址选择工作的依据及人员情况，有关部门对厂址的要求，工厂的工艺技术路线，供水、供电、交通运输及协作条件，用地、环境卫生要求，厂址选择工作经过及推荐厂址意见等。

2）产品方案及主要技术经济指标。

3）建厂地区的基本概况及条件分析，包括厂址的自然地理、交通位置、场地的地形地貌、工程地质、水文地质和气象条件，地区社会经济发展概况，原材料和燃料的供应条件、水源和电源情况、交通运输条件、施工条件、生产、生活及协作条件等。

4）厂址方案比较。主要是提出厂址技术条件比较表（见表2-2）和厂址建设投资及经营费用比较表（见表2-3）。

5）各厂址方案的综合分析论证，推荐方案及推荐理由。

6）当地领导部门对厂址的意见。

7）存在问题及解决办法。

表2-2 厂址技术条件比较表

序号	内容	厂址方案		
		Ⅰ	Ⅱ	Ⅲ
1	厂址地段位置及地势、地貌特征			
2	主要气候条件（气温、雨量、海拔等）			
3	土石方工程量及性质、拆迁工程量、施工条件等			
4	占地面积及外形（耕地、荒地）			
5	工程地质条件（土壤、地下水、地耐力、地震强度等）			

续表 2-2

序 号	内 容	厂址方案		
		Ⅰ	Ⅱ	Ⅲ
6	交通运输条件： （1）铁路接轨是否便利，专用铁路线长度； （2）是否要建设桥梁、涵洞、隧道，能否与其他部门协作； （3）与城市的距离及交通条件、需新建公路的长度、与城市规划的关系； （4）航运情况（船舶、码头等）			
7	给排水条件（管道长度、设备、给水、排水工程量等）			
8	动力、热力供应条件及项目工程量			
9	原料、燃料供应条件			
10	环境保护情况（“三废”治理条件，赤泥堆场等）			
11	生活条件			
12	经营条件			

表 2-3 厂址建设投资和经营费用比较表

序 号	内 容	单 位	厂址方案		
			Ⅰ	Ⅱ	Ⅲ
	建设投资：				
1	土石方工程 （1）挖方 （2）填方				
2	铁路专用线 （1）线路 （2）构筑物				
3	厂外公路 （1）线路 （2）构筑物				
4	供水、排水工程 （1）管道 （2）构筑物				
5	供电、供气工程 （1）线路 （2）构筑物				
6	通讯工程				
7	区域开拓费和赔偿费（土地购置、拆迁及安置费等）				
8	住宅及文化福利建设费				
9	建筑材料运输费				
10	其他费用				
	合 计				
	经营费（每年支出）：				
1	运输费（原料、燃料、成品等）				
2	水 费				
3	电 费				
4	动力供应				
5	其 他				
	合 计				

2.3.2　厂址选择的注意事项

注意事项有：

(1) 注意选择现场踏勘的季节；

(2) 要有当地有关人员参加；

(3) 注意原始数据的积累，随时做好详细记录；

(4) 注意了解现有氧化铝厂的情况。

2.4　厂址的技术经济分析

厂址选择的总目标是投资省、经营费用少、建设时间短和管理方便等。但是，在厂址选择的实践中，很难选出一个外部条件都理想的厂址，常常只能满足建厂条件的一些主要要求。由于影响厂址选择的因素很多，关系错综复杂，要选出较理想的厂址方案，必须进行技术经济分析与比较。

厂址的技术经济分析方法有综合比较法、数学分析法、迭代法和多因素综合评分法等。下面介绍一下综合比较法和多因素综合评分法。

2.4.1　综合比较法

综合比较法是厂址选择较为常用的技术经济分析方法。操作时，首先根据拟建厂厂址的调查和踏勘结果，编制厂址技术条件比较表（见表2-2），并加以概略说明和估算，通过分析对比，筛选出2～3个有价值的厂址方案；其次是对筛选出的厂址方案进行工程建设投资和日后经营费用的估算，估算项目参见表2-3。费用的计算可以按全部费用，也可以只算出投资不同部分的费用和影响成本较大项目的费用。建设投资可按扩大指标或类似工程的有关资料计算。如果某一方案的建设投资和经营费用都最小，该方案就是最佳方案；如果某一方案建设投资大、经营费用小，而另一方案的建设投资小而经营费用大，则可用追加投资回收期等方法确定方案的优势。

应当指出，经营指标并不是断定方案优劣的唯一指标，最终方案的抉择尚需考虑一些非经济因素，如生活条件、自然条件及一些社会因素等。

2.4.2　多因素综合评分法

多因素综合评分法又称为目标决策法，其特点是适宜对影响厂址选择的很多因素进行定量综合比较。由于影响厂址选择的因素很多，因此多因素综合评分法比只能对少数几个定量因素进行计算，而许多因素往往只能进行定性分析的数学分析法确定最优厂址方案，更有实用价值。其操作步骤如下：

(1) 列出影响厂址选择的所有重要因素目录，其中包括不发生费用但对决策有影响的因素；

(2) 根据每个因素的重要程度分成若干等级，并对每一等级定出相应的分数；

(3) 根据拟建工厂的地区或厂址情况，对每一因素定级评分，然后计算总分；

(4) 根据几个厂址方案综合评分结果，其中总分最多者，即为最优方案。

例如，表2-4为假定的厂区选择影响因素及其等级划分和评分标准，今有A、B、C三个厂区备选方案，按表2-4规定的标准进行定级评分，可得三个方案的综合评分结果（见表2-5）。显然，A厂区得分最高，应为被选厂区。

又假定确定了厂址选择的影响因素及其等级划分和评分标准（见表2-6），同样对Ⅰ、Ⅱ、Ⅲ三个备选厂址方案进行定级评分（见表2-7），总分最高者，即为所选厂址。

表 2-4 地区分级评分标准

序号	因素	分级评分			
		最优(1)	良好(2)	可用(3)	恶劣(4)
1	接近原料	40	30	20	10
2	接近市场	40	30	20	10
3	能源供应	20	15	10	5
4	劳动力来源	20	15	10	5
5	用水供应	20	15	10	5
6	企业协作	20	15	10	5
7	文化情况	16	12	8	4
8	气候条件	8	6	4	2
9	居住条件	8	6	4	2
10	企业配置现状	8	6	4	2
	最大总分	200	150	100	50

表 2-5 三个厂区方案分级评分比较表

因素	A区		B区		C区	
	等级	分数	等级	分数	等级	分数
1	(1)	40	(2)	30	(3)	20
2	(2)	30	(2)	30	(2)	30
3	(1)	20	(1)	20	(3)	10
4	(3)	10	(3)	10	(2)	15
5	(1)	20	(3)	10	(1)	20
6	(3)	10	(1)	20	(2)	15
7	(2)	12	(4)	4	(1)	16
8	(1)	8	(1)	8	(3)	4
9	(2)	6	(1)	8	(2)	6
10	(4)	2	(1)	8	(3)	4
合计		158		148		140

表 2-6 厂址分级评分标准表

序号	因素	分级评分			
		最优(1)	良好(2)	可用(3)	恶劣(4)
1	位置	80	60	40	20
2	地址条件	60	40	30	15
3	占地	40	30	20	10
4	运输及装卸	20	15	10	5
5	环境保护	15	10	8	4
	最大总分	215	155	108	54

表 2-7 三个厂址方案分级评分比较表

因素	厂址Ⅰ		厂址Ⅱ		厂址Ⅲ	
	等级	评分	等级	评分	等级	评分
1	(1)	80	(2)	60	(3)	40
2	(1)	60	(1)	60	(2)	40
3	(4)	10	(3)	20	(1)	40
4	(1)	20	(3)	10	(2)	15
5	(2)	10	(2)	10	(3)	8
合计		180		160		143

确定最优厂址可采用以下两种方法：

1）首先选出建厂最优厂区，再从已选定的最优厂区中选几种可建厂的地址进行选优；

2）厂区和厂址结合起来考虑，把两者的总分合并后选优。见表2-8，显然A厂区的厂址Ⅰ为最优方案。

表2-8 厂区和厂址综合选择评分表

厂区	厂址Ⅰ	厂址Ⅱ	厂区Ⅲ
A区	338	318	301
B区	326	306	289
C区	320	300	283

多因素综合评分法的关键在于：(1) 正确选择评价厂址的因素；(2) 科学地划分各种因素的评价等级和评分标准。通常需要由专家们凭经验和已掌握的资料做出评价，其常用的方法是专家调查法。

2.5 厂址选择实例简析

2.5.1 山西铝厂的厂址选择

山西铝厂厂址选定在山西省河津市清涧镇的放马滩，主要考虑到以下有利条件：

(1) 接近山西孝义铝土矿区，有丰富的原料供应；河津市龙门山的石灰石矿储量可满足氧化铝生产的需要。此外，地处放马滩，有大量的砂石可作为建筑材料。

(2) 河津地区煤炭储量丰富，煤矿较多，可以满足自备热电站和生产氧化铝过程用煤的需要。另外，正在建设中的河津电厂将会提供更多的电能和蒸汽。

(3) 本地区水源丰富，有黄河地表水、清涧湾及汾河湾两个地下水水源。黄河中游禹门口以下东侧间漫滩（距厂2～3 km）南约10 km即达汾河口，在这间漫滩上地下水量丰富，可达4.74 m^3/s，清涧湾地区储水量丰富，可达18.7万 m^3/a，完全可以满足60万t/a氧化铝生产的用水需要。

(4) 本地区地形平坦，有较好的工程地质和水文地质条件，便于废渣和污水排放，且不需动用大规模土方工程，有利于地下管网的铺设。此外，这里原是荒滩，不必占用农田，大大节省征地费用。

(5) 厂址靠近国家的运输干线，公路有108国道，铁路有附近的清涧火车站，便于接轨，交通十分方便。

厂址选择地存在的缺点是：距孝义铝土矿矿区较远，原料运输费较高；河津地区的工业较落后，给设备的制造和维修带来不利。

综合以上各方面因素，最后选定在河津市清涧镇放马滩还是较为合理的。

2.5.2 平果铝厂的厂址选择

平果铝厂厂址在广西壮族自治区百色市平果县城西郊，建厂初期距平果县城7 km（如今已与平果县不断发展扩大的城区相连接），主要考虑到以下优点：

(1) 当地具有丰富的铝土矿和石灰石资源。平果县有那豆、太平等五个矿区，铝土矿中氧化铝含量63.5%，$A/S>15$；工业储量可供年产100万t氧化铝厂生产50年以上；平果雷感地区石灰石储量2.7亿t,含CaO大于55%,为优质石灰石矿;生产需要的碱粉可由四川省自贡市碱厂供应。

(2) 当地水、电资源丰富。即使在枯水季节,也可满足工厂用水;电力可由广西电网(装机容量100万kW)供应。

(3) 本地是贫瘠田和荒地,因此,厂区不占用良田,且面积能满足生产发展的需要。

(4) 交通方便。平果东距南宁和西往百色城均约120 km,南百(南宁—百色)二级公路和计划修建的南昆(南宁—昆明)铁路在此经过,厂址地处右江之滨,在铁路未建成之前可利用水运。可从南宁市得到所需材料、设备等的后勤支援。

(5) 工程地质和地质初探表明,该地区工程地质条件比较简单,熔岩发育相当弱,地形局部起伏也较小,为相对适宜建筑地区,不会发生基本裂缝度的地震。

(6) 平果县处于亚热带地区,夏季炎热,雨量充足,年平均气温21.5℃,年平均降雨量1387.2 mm,主导风向东南(频率10%),静风频率4.0%,全年平均风速1.3 m/s,最大风速2.8 m/s。厂区风速较大,达2.8 m/s,静风率6%,因此,煤气输送、扩散能力比一般山区为好。

综上分析可见,在平果县城西郊建厂是具备诸多较好条件的。

3 产品方案及建设规模

3.1 工业氧化铝的种类及质量

全世界生产的氧化铝,其中 90% 以上是供电解炼铝用,这些氧化铝称为冶金用(级)氧化铝。电解炼铝以外使用的氧化铝称为非冶金用(级)氧化铝或多品种氧化铝。世界上非冶金用氧化铝的开发十分迅速,并在电子、石油、化工、耐火材料、精密陶瓷、军工、环境保护及医药等许多高新技术领域取得广泛的应用。

自 19 世纪末开始的冰晶石－氧化铝熔体电解法,仍然是工业生产金属铝的唯一方法,每生产 1 t 金属铝消耗近 2 t 氧化铝,电解铝对冶金级氧化铝质量的要求有两个方面:一是氧化铝具有较高的纯度,二是氧化铝具有一定的物理性质,它们对电解铝产品(即原铝)的质量、生产能耗和环境保护都有重大影响。

3.1.1 氧化铝的纯度

氧化铝的纯度较高是指其杂质 SiO_2、Fe_2O_3、Na_2O 和灼减等,特别是 SiO_2 的含量尽可能少,因为它们是影响原铝质量(品位)和电解过程技术经济指标(电流效率、氟化盐消耗等)的主要因素。近年来各国都在努力提高氧化铝质量,降低杂质含量。但氧化铝质量与生产方法有关,拜耳法比较容易得到优质氧化铝,而烧结法产品质量一般较低。

我国氧化铝的现行质量标准有国家标准(由国务院标准化行政部门制定的,代号为 GB)和行业标准(由国务院有关的行政部门制定的,代号为 YS/T)两种。我国氧化铝质量标准除硅、铁、钠和灼减以外,对其他微量杂质暂未作规定(见表 3-1 和表 3-2)。

表 3-1 我国氧化铝质量国家标准(GB8178—1987)

等级	化学成分/%				
	Al_2O_3,≥	杂质,≤			
		SiO_2	Fe_2O_3	Na_2O	灼减
一级	98.6	0.02	0.03	0.55	0.8
二级	98.5	0.04	0.04	0.60	0.8
三级	98.4	0.06	0.04	0.65	0.8
四级	98.3	0.08	0.05	0.70	0.8
五级	98.2	0.10	0.05	0.70	1.0
六级	97.8	0.15	0.06	0.70	1.2

表 3-2 我国有色金属行业氧化铝质量标准(YS/T274—1998)

牌号	化学成分/%				
	Al_2O_3,≥	杂质含量,≤			
		SiO_2	Fe_2O_3	Na_2O	灼减
AO—1	98.6	0.02	0.02	0.50	1.0
AO—2	98.5	0.04	0.03	0.60	1.0
AO—3	98.3	0.06	0.04	0.65	1.0
AO—4	98.2	0.08	0.05	0.70	2.0

注:1. Al_2O_3 含量为 100.0% 减去表 3-2 所列杂质总和的含量;

2. 表中化学成分按在 300℃ ±5℃温度下烘干 2 h 的干量计算;

3. 表中杂质成分按 GB 8170 处理。

世界各国都是根据本国的具体情况来规定氧化铝的质量标准。很多国家除了硅、铁、钠和灼减外,还对钒、磷、锌、钛、钙等微量杂质的允许含量做了规定,这些杂质的含量(以氧化物计)一般多在十万分之几至万分之几的范围内。表3-3列举了国外几个拜耳法厂所产氧化铝的主要杂质含量。

表3-3 国外某些拜耳法厂所产氧化铝的主要杂质含量 (%)

氧化铝 主要杂质	法国 拉勃拉斯厂	美国 摩比尔厂	德国 施塔德厂	希腊 圣-尼古拉厂	澳大利亚 平加拉厂	日本 苫小牧厂
SiO_2	0.015	0.018	0.006	0.009	0.020	0.015
Fe_2O_3	0.036	0.019	0.016	0.014	0.010	0.005
Na_2O	0.468	0.543	0.31	0.291	0.463	0.39
灼减	0.79	1.22	0.5	0.85	0.85	0.32

目前,我国氧化铝的质量与国外先进水平相比,SiO_2 和 Fe_2O_3 含量偏高,除了主要因生产方法不同造成的原因外,还有生产工艺和管理方面的因素,都有待进一步改进。

3.1.2 氧化铝的物理性质

20世纪70年代以前,世界各国对冶金级氧化铝的物理性质没有严格的要求,而自1962年国际铝冶金工程年会上提出了砂状和面粉状氧化铝的差别及影响它的因素以后,使各国对氧化铝的物理性质有所认识,尤其是70年代中期以后,由于电解铝厂节能和环保(生产1 t铝的氟散发量不得超过1 kg)的需要,使大型中间自动点式下料和干法净化烟气的预焙槽得到广泛应用,氧化铝的物理性质才受到广泛的重视。因为这种电解槽的电流效率高、电耗低、环境污染轻、劳动条件好、生产率高,但对氧化铝的物理性质要求严格,包括氧化铝在电解质中的溶解速度快,槽底沉淀少;流动性好,便于风动输送和向电解槽自动添加;在加料和输送过程中飞扬损失少,以降低氧化铝单耗,改善劳动环境;对HF吸附能力强,能提高氧化铝用作吸附剂的干法净化烟气的效果,成为解决电解铝厂烟气污染的经济有效的措施;保温性能好,能在电解质上形成良好的结壳,屏蔽电解质熔体,减少热损失;能很好地覆盖在阳极上,有效地防护阳极氧化,减少阳极消耗。

铝工业通常按其物理性质将氧化铝分为砂状与面粉状两种类型(有时还将介于其间的划分为"中间状氧化铝")。二者的物理性质相差很大,但没有一个将其严格区分的统一标准。总的来说,砂状氧化铝的特点是:呈球形,平均粒度较粗,粒度组成比较均匀,细粒子和过粗颗粒都少,比表面积大,强度高,流动性好;而面粉状氧化铝的特点则是:呈片状和羽毛状,细粒子含量多,平均粒径小,比表面积小,强度低,流动性不好,焙烧程度高于砂状氧化铝,α-Al_2O_3 含量多达80%~90%。

巴利隆(E. Barrillon)对三种类型氧化铝的物理性质作了划分,见表3-4。

表3-4 不同类型氧化铝的物理性质

物理性质	氧化铝类型		
	面粉状	砂状	中间状
不大于44μm的粒级含量/%	20~50	10	10~20
平均粒径/μm	50	80~100	50~80
安息角/(°)	>45	30~35	30~40
比表面积/$m^2 \cdot g^{-1}$	<5	>35	>35
真密度/$g \cdot cm^{-3}$	3.90	≤3.70	≤3.76
堆积密度/$g \cdot cm^{-3}$	0.95	>0.85	>0.85

氧化铝物理性质的差异,是由于铝酸钠溶液分解和氢氧化铝焙烧过程的工艺特点不同所致。70年代初期以前,美洲国家用三水铝石矿为原料以低浓度碱溶液溶出,生产砂状氧化铝。欧洲国家则用一水硬铝石和高浓度碱溶液溶出,生产面粉状氧化铝,两种产品同时存在。到70年代中期,一些欧洲和日本的氧化铝厂都将其产品从面粉状改为砂状。目前,西方国家砂状氧化铝的生产已占压倒性优势,这是因为砂状氧化铝的物理性质能较好地满足大型中间自动下料和干法净化烟气的预焙槽要求。其氧化铝物理性质的常用指标如下:

首先是氧化铝的粒度要均匀,小于44 μm、特别是小于20 μm的细粒级含量少,否则会使电解作业中粉尘量增加,并且影响定时定点的准确下料。磨损系数是表征氧化铝强度和控制氧化铝粒度的一个重要指标。它是指氧化铝在磨损系数测定仪中被一定风压和风量的气流吹动循环15 min后,小于47 μm粒级含量增加的百分数。磨损系数$I=(x-y)/x\times100\%$,式中x和y分别代表磨损试验前、后氧化铝中大于47 μm粒级的百分数,i值越小表明氧化铝强度越大,在运输、装卸以及在电解槽烟气净化系统中,由于撞击、磨损而增加的细粒级含量较少。美国铝业公司规定的磨损系数标准为不大于10%。氧化铝的比表面积是一个表示焙烧程度的重要指标。焙烧程度越高,氧化铝的结晶度越趋于提高,比表面积越小,对HF的吸附能力越差,也使氧化铝在电解质中的溶解速度降低,产生槽底沉淀,这对中间下料电解槽尤其不利。目前,国外砂状氧化铝要求的比表面积多数为50~60 m^2/g。砂状氧化铝的堆积密度一般为0.95~1.05 g/cm^3。铝电解槽的定时定容积加料或用料斗向槽中加料,都要求氧化铝的堆积密度基本稳定,不然下料量无法控制。灼减属于氧化铝的化学成分,但它与氧化铝的物理性质关系密切,砂状氧化铝的灼减一般要求为1%左右。安息角(取决于它的一部分颗粒在另一部分颗粒上滑动或滚动的阻力)、α-Al_2O_3含量、密度等都能符合对砂状氧化铝的一般要求。世界某些国家部分企业生产的砂状氧化铝指标见表3-5。

表3-5　世界某些国家部分企业生产的砂状氧化铝指标

企业名称	比表面积/$m^2 \cdot g^{-1}$	安息角/(°)	堆积密度/$kg \cdot m^{-3}$	真密度/$kg \cdot m^{-3}$	小于45 μm粒度含量/%
VAW(德国)	49	35	957		21
ALCOA(美国)	45	31	900	3400	8
MTTUI(日本)	40~50	34~36			14
ALCAN(牙买加)	60	32			7.7

面粉状氧化铝在电解槽结壳上可以堆得厚,而且它的堆积密度较小,导热系数低,保温能力强,可以防止阳极氧化,同时灼减低,不具吸湿性。有的专家主张上插槽以采用面粉状氧化铝为宜。采用湿法净化烟气的自焙槽,对于氧化铝的物理性质未提出要求。

我国铝土矿资源主要是一水硬铝石型,由于采用生产工艺技术的原因,长期以来生产的氧化铝大多粒度介于面粉状和砂状之间,属于中间状,小于45 μm粒度的氧化铝含量较高且其强度差。20世纪80年代以来,我国对砂状氧化铝生产工艺进行了大量的研究工作,已经有了很大进展,初步解决了以一水硬铝石矿为原料生产砂状氧化铝的技术难题,"砂状氧化铝生产技术"已于2003年11月通过技术鉴定和国家验收,这就为氧化铝厂选择生产砂状氧化铝方案提供了可能性。

3.2　多品种氧化铝简介

多品种氧化铝是由工业生产的氢氧化铝或氧化铝经过特殊的生产工艺处理,包括在某一精确控制条件下进行的焙烧或烧结，经过水力分选等使大颗粒和小颗粒分离，研磨以及联合使用以上几种工艺过程，使其具有不同的特殊性质(因其化学成分、粒度、晶型、比表面积和烧结度等不同所致)的氧化铝，以适应其他工业的需求。多品种氧化铝用途十分广泛，已在电子、石油、化工、耐火材料、精密陶瓷、军工、医药和环保等许多高新科技领域得到广泛应用。当今世界，使用和生产多品种氧化铝的数量和种类的多少，已成为衡量一个国家科学技术及工业发展水平的标志之一。多品种氧化铝的品种多、用途广、产值高、利润大，因此，在扩大传统氧化铝生产规模、降低成本的基础上，世界各国都在致力于发展多品种氧化铝，进行产品结构调整，也成为世界氧化铝工业发展的一个趋势。1999 年世界多品种氧化铝产量为 314.8 万 t，2000 年 432.42 万 t，2005 年达到 600 万 t。目前多品种氧化铝达 300 多种，其主要有以下种类：

(1) 氢氧化铝。由湿 $Al(OH)_3$经干燥后，通过粉碎或筛分或风力分选而得到 1 μm 以下的白色粉末，其硬度大、耐热耐磨、化学稳定性好、不挥发、在加热至 260℃以上时脱水吸热，具有良好的消烟阻燃性能，为酸碱两性化合物。主要用作塑料和聚合物的无烟阻燃填料，合成橡胶制品的催化剂和防燃填料，人造地毯的填料，造纸的增白剂和增光剂，生产硫酸铝、明矾、氟化铝、水合氯化铝、铝酸钠等化工产品，合成分子筛，生产牙膏的填充料，抗胃酸药片，玻璃的配料，合成莫莱石的原料等。

(2) 低钠氧化铝。一般用工业 $Al(OH)_3$ 经热水充分洗涤，或添加氟化铝、硼酸、萤石等焙烧，使 Na_2O 洗出或挥发出去，或将拜耳法生产的 Al_2O_3 用无机酸(盐酸、硼酸)浸润，压制成块，在 1000℃下烧结后，再粉碎而制得 Na_2O 含量低于 0.2% 的 α-Al_2O_3。其机械强度和抗震性好；绝缘强度高，在高频下能承受高电压；烧成收率小，用于高级电绝缘体、汽车和飞机上内燃机用的火花塞、制造耐热或耐磨性陶瓷器件(护心管、泵等)的材料。

(3) β-氧化铝。β-氧化铝是氧化铝的一种变体，是由 5% Na_2O 和 95% Al_2O_3 组成的化合物($Na_2O \cdot 11Al_2O_3$)，实际应称其为铝酸钠。最早是用 Al_2O_3 或 $Al(OH)_3$ 与 Na_2CO_3、$NaNO_3$ 或 NaOH，经磨细并按比例混合后，在 800 ~ 1400℃下焙烧制得 β-Al_2O_3 的。如在含醇溶液(如乙醇、甲醇或醇的水溶液)中混合固体氧化铝水合物和 0.1 ~ 1mol/L 的 NaOH，得到碱性铝胶或 $Al(OH)_3$ 后，在 100 ~ 600℃下脱水、600 ~ 1000℃下焙烧，则较容易制得 β-Al_2O_3。由于其具有密度大、气孔率低(烧结度大于 97%)、机械强度高、耐热冲击性能好、离子导电率高、粒度分布均匀且细、晶界阻力小，主要用作钠硫蓄电池中的固体电解质薄膜陶瓷板，既作为离子导电体，又具有隔离钠阴极和多硫钠阳极的双重作用。Na/S 蓄电池是一种在高温(300 ~ 400℃)下输出电能的高浓度的蓄电池，其能量密度为铅蓄电池的 5 倍。实际上它是一种典型的碱金属能量转换装置，可以进行大电流放电，用于电瓶车。此外，β-Al_2O_3 还用来制造钠 - 热元件、玻璃、耐火材料和陶瓷等。

(4) 焙烧氧化铝。工业 $Al(OH)_3$ 经高温 1200 ~ 1700℃下焙烧 1 h，制得粒度小于 200 μm 的 α-Al_2O_3。这种焙烧氧化铝的化学纯度高、硬度大(莫氏硬度为 9.0)、熔点高(约为 2050℃)、耐高温和耐腐蚀、化学稳定性高、导热性和抗急冷急热性能好、电阻高、吸水率低(不大于 2.5% H_2O)，广泛用作耐火材料、精细陶瓷、磨料、电绝缘体和焊条涂料等。

(5) 片状氧化铝。它是一种经过充分洗涤的工业 $Al(OH)_3$ 在 1800℃以上焙烧，通过再结晶制得的大粒板状的 α-Al_2O_3。片状氧化铝比焙烧氧化铝的晶粒大，可达几百微米。其主要特性是热容量大、导热率高、密度大(3.65 ~ 3.90 g/cm^3)、抗热震性和抗腐蚀性好、化学热稳定性好、纯度高，可作催化剂基体或载体、环氧树脂和聚酯树脂的填料、耐火涂料、燃烧器嘴、密封炉内衬、电绝缘体和陶瓷制品等。

(6) 熔融氧化铝。熔融氧化铝又称为电刚玉，通常用成分合格的工业氧化铝在电炉内焙烧而制得。其具有高硬度、较大韧性及耐高温的特性，被广泛用作研磨砂轮、抛光剂、擦光和磨光材料、砂纸和砂布表面的涂层磨料、建筑行业用的喷砂等。

(7) 活性氧化铝。由拜耳法生产的 $Al(OH)_3$ 或磨碎的分解槽结垢，经过活化处理，或用氧化铝生产中的铝酸钠溶液，经过特殊工艺可以生产各种形状和粒度的活性氧化铝（γ-Al_2O_3，白色或微红色棒状物，相对密度为3.5～3.9）。因为它是一种多孔性、高分散度的固体物料，具有比表面积（200～400 m^2/g）大、吸附性能好、表面酸性、热稳定性优良等特性，所以对于许多化学反应，特别是要求有一定硬度和极高纯度的反应，活性氧化铝都是很好的催化剂或催化剂载体。例如，用于香料、石油炼制和石油化工的碳氢化合物裂化、合成、脱水、氧化、脱氢、加氢、重整、脱硫等部分催化反应。活性 Al_2O_3 还用作液体和气体的干燥机、吸湿剂，用于制冷、储存器、空调系统、工业流程中微量污染物的选择吸附及热处理、控制炉中气体流量等。

(8) 无定形铝胶。由氯化铝（$AlCl_3 \cdot 6H_2O$）或硫酸铝（$Al_2(SO_4)_3 \cdot 18H_2O$）溶解后的溶液与 NaOH 反应，在15～20℃下搅拌混匀，经过滤得到铝胶，再经洗涤、低温下干燥即可制得无定形铝胶。但在工业生产上很难控制得到纯的无定形铝胶，而往往是 $Al_2O_3 \cdot nH_2O$ 和 $Al(OH)_3$ 共存的产品，即所谓的“轻质”铝胶。

无定形铝胶是一种白色透明的无定形氧化铝水合物胶体（$Al_2O_3 \cdot nH_2O$）。其具有很好的胶结性、成形性、耐高温性、热容量大、导热系数小、抗腐蚀性和抗氧化性好、强度高、硬度大、表面光洁等特性。可用作玻璃、石棉、陶瓷纤维和地毯纤维，表面处理剂和黏合剂，使纤维有良好的防带电、防尘污染性能，并大大改善表面质量；制造高级陶瓷器具、电子陶瓷、耐火材料的黏结剂和涂料；医疗工业制作抗胃酸药物；做催化剂和黏结剂、耐高温纤维（炉衬材料）等。

(9) 高纯超细氧化铝。国外已成功开发碳酸铝铵（$NH_4AlO(OH)HCO_3$）分解法、铵明矾（$NH_4Al(SO_4)_2 \cdot 12H_2O$）热分解法、有机铝化物（烷基铝或烷氧基铝）水解法、改进的拜耳法等6种方法生产高纯超细 Al_2O_3，其纯度达99.9%～99.99%，粒度为0.1～1 μm。由于高纯 Al_2O_3 具有精细的结构、均匀的组织、特定的晶界结构或可控制的相变、高温的稳定性和良好的加工性能等特性，国外已大量用于电子、结构陶瓷、功能陶瓷、生物陶瓷和机械领域；例如，电子工业用来制造绝缘体、开关、电容器、垫板、集成电路等；结构陶瓷制作切削工具、轴密封材料和滚动轴承材料；功能陶瓷制作热敏元件、生物传感器、温度传感器、红外传感器等材料，生物陶瓷（包括单晶和多晶 Al_2O_3）用作人造牙齿和人造骨骼；制造人造宝石、透光性 Al_2O_3 烧结体、高密度切剥工具用陶瓷；还用作催化剂载体、阻燃剂（防火涂料的填充料）、制作高压钠灯发光管等。

(10) 纳米氧化铝。纳米氧化铝是一种尺寸为1～100 nm的超微氧化铝粉。自20世纪80年代中期格莱特（Gleter）等制得纳米氧化铝粉末以来，其在结构、光电和化学等方面的诱人特征引起科学家们的浓厚兴趣，使工业发达国家的一些科学工作者都以极大的热情投入到纳米氧化铝的制备和生产研究工作中，并取得了进展。人们对纳米氧化铝的特性和特殊用途的认识不断向深度扩展。我国对纳米氧化铝的研究是从90年代开始的，也取得了一定的进展。

纳米氧化铝具有常规材料不具备的表面效应、量子尺寸效应、体积效应和宏观量子隧道效应等特性，具有良好的热学、光学、电学、磁学以及化学性能，被广泛应用于传统产业（轻工、化工、建材等）以及新材料、微电子、宇航工业等高科技领域，应用前景十分广阔。比如，纳米氧化铝比常规氧化铝的扩散速度高，可使烧结温度降低几百度，而致密度可达99.0%；加入纳米氧化铝粒子，可提高橡胶的介电性和耐磨性，使金属或合金晶粒细化，大大改善力学性质；纳米氧化铝弥散到透明的玻璃中，既不影响透明度又可提高耐高温冲击韧性；纳米氧化铝对250 nm以下的紫外光有很强的吸收能力，可用来提高日光灯的使用寿命；纳米氧化铝因其表面积大，表面活性中心多，具有高活性和催化作用，能加快反应速度，提高化学反应的选择性；纳米氧化铝粉末具有超塑性,可解决陶瓷由于低温脆性使应用范围受限制的缺点;陶瓷基体中加入少量纳米氧化铝,可使其抗弯强度、断裂韧性等力学性质得到成倍提高;由纳米氧化铝粒子陶瓷组成的新材料是一种极薄的透明涂料,喷涂在玻璃、塑料、金属、漆器甚至磨光的大理石上,具有防污、防尘、耐磨、防火等功能,涂有这种陶瓷的塑料镜片既轻又耐磨还不易破碎;纳米氧化铝粉末具有超细、成分均匀、单一分散的特点,能满足微电子陶瓷元件的要求。

目前,纳米氧化铝的制备还处在试验研究阶段,也进行了一些探索性的工业化水平的生产,但大多数制备方法得到的纳米氧化铝粒径分布较宽,并且制备过程重复性差,还有很多基础性的工作需要完成。

国内外有关纳米氧化铝的制备方法较多,大致可分为以下几种类型。

1) 固相法。固相法流程简单,但是成本较高,粒度难以控制。固相法主要有:

① 硫酸铝铵热解法:使硫酸铝铵 $Al_2(NH_4)_2(SO_4)_4 \cdot 24H_2O$ 在空气中进行热分解,即获得纳米氧化铝;

② 氯乙醇法:使铝酸钠溶液与氯乙醇溶液反应,得到薄水铝石沉淀,再进行热分解得纳米氧化铝;

③ 改良拜耳法:铝酸钠溶液中和、老化形成氢氧化铝,再进行脱钠热分解得到纳米氧化铝。

2) 液相法。液相法是目前实验室和工业上广泛采用的合成纳米粉体的方法。其具有诸多优点,如可以精确控制化学组成、容易添加微量有效成分,可制成多种成分的均一微粉,粉体的表面活性较好、容易控制颗粒的形状和粒径、工业生产成本较低等。液相法主要有:

① 液相沉淀法:通过化学反应使溶液中的有效成分产生沉淀,再经过滤、洗涤、冷冻或共沸及超临界干燥、喷雾热分解制备纳米氧化铝;

② 溶胶—凝胶法:先用有机溶液将醇盐溶解,再加入蒸馏水使醇盐水解生成溶胶,经胶凝化处理后得到凝胶,最后经干燥和焙烧,即得到纳米氧化铝;

③ 相转移分离法:利用阴离子表面活性剂将铝盐(如 $AlCl_3 \cdot 6H_2O$)与 NaOH 作用生成的氢氧化铝胶体转移到油相中,然后脱水,再将溶剂减压除去,溶质经煅烧得纳米氧化铝。

3) 气相法:气相法是直接利用气体或通过等离子体、激光蒸发、电子束加热、电弧加热等方式将氯化铝和铝等变成气体,并在气态下发生物理或化学反应,生成氧化铝晶核,最后在冷却过程中凝聚长大形成超细粉。气相法的反应条件容易控制,颗粒分散性好、粒径小、分布窄,但是产出率低、粉体的收集较难。气相法主要有:

① 化学气相沉积法:使 $AlCl_3$ 溶液在远离热力学计算的临界反应温度条件下,形成很高的过饱和蒸汽压,与氧气反应形成 Al_2O_3,并使其自动凝聚形成大量的晶核;这些晶核在加热区不断长大,聚集成颗粒;随着气流进入低温区,颗粒长大、聚集、晶化停止,最终在收集室内收集到纳米氧化铝。

② 激光诱导气相沉积法:利用充满氖气、氙气和 HCl 的激光激发器提供能量,产生一定频率的激光,聚集到旋转的铝靶上,快速熔化铝靶并冷却,可制备粒度 5 ~ 12 nm 的球形氧化铝粉。

③ 等离子气相合成法:利用等离子体产生的高温,使反应气体等离子化的同时,电极熔化或蒸发,其产物即为纳米氧化铝粉体,平均粒径一般为 20 ~ 40 nm。

4) 微波加热低温燃烧合成法:此法是利用微波(频率 300 MHz ~ 300 GHz)加热介质,改变化学键,改变化学反应的活化能,以加快化学反应速度或使一些新的化学反应得以发生,而获得独特性质的产物。微波加热是体加热,它能深入样品内部,而使整个样品几乎均匀地被加热。根据合成所用原料不同,微波加热低温燃烧合成法分为两类:一类是以有机物(如尿素)为燃料,金属硝酸盐(如硝酸铝)为氧化剂的氧化还原混合物;另一类是以金属羧酸肼盐为前驱体(氧化还原化合物),微波加热引发燃烧合成反应,以灰烬的形式获得纳米氧化铝。前者的点火温度为

150～500℃，后者为120～300℃。微波加热低温燃烧合成法具有工艺简单、流程短、反应速度快、生产效率高、能耗低、产品纯度高等优点。

3.3　我国多品种氧化铝生产概况

我国的氧化铝工业生产是从1954年山东铝厂投产开始的，至1966年之后，又有郑州铝厂、贵州铝厂、山西铝厂、广西铝厂、中州铝厂相继投产，使氧化铝产量不断增加。但其中多数铝厂只生产单一的冶金用氧化铝。

随着我国石油、化工、陶瓷、冶金、国防、制药等工业的发展，为了满足这些部门对特种氧化铝的需要，于20世纪90年代初，山东铝厂就开始研制和生产了低钠氧化铝，满足了电子管厂的急需。此后不断开发氧化铝新品种，已经能生产几十种产品。其中低钠氧化铝、活性氧化铝、高纯氢氧化铝、铝胶、喷涂氧化铝、制药氧化铝等都已建成综合生产线，产能每年达几千至几万吨。这使山东铝厂已成为我国的多品种氧化铝基地。

山东铝厂多品种氧化铝采用的综合生产线如图3-1所示，几种主要产品的物理化学性质列于表3-6。

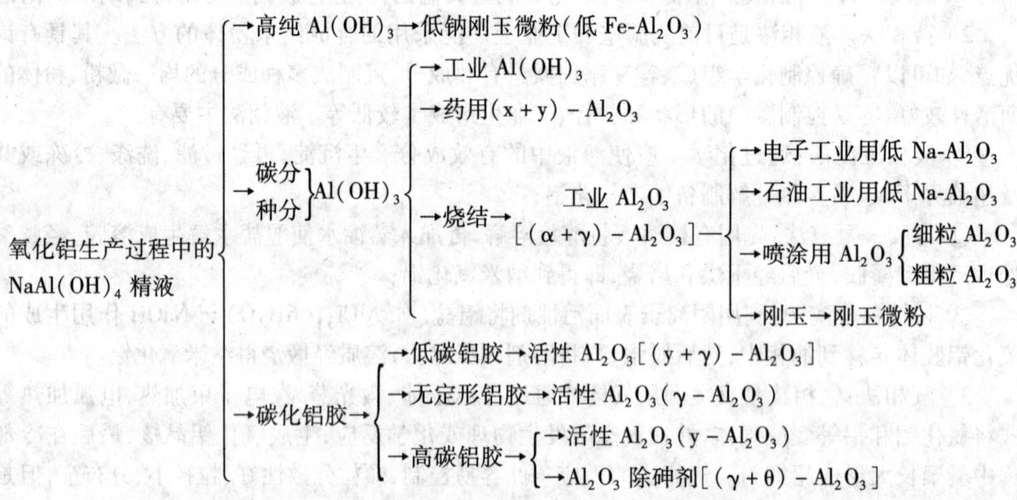

图3-1　山东铝厂多品种氧化铝综合生产线示意图

表3-6　山东铝厂部分多品种氧化铝的物理化学性质

序号	产品名称	外形和粒度	主要化学成分/%						堆积密度 /t·m^{-3}	真密度 /t·m^{-3}	比表面积 /m^2·g^{-1}	晶　型
			SiO_2	Fe_2O_3	Na_2O	Al_2O_3						
1	低 Na-Al_2O_3	砂粒状 >74 μm 的为30%；<45 μm 的为50%	1.06	<0.04	<0.2	>98.4			0.95	>3.3	30.223	α-Al_2O_3、K-Al_2O_3 均各为50%
2	喷涂-Al_2O_3	粉末状 >74 μm 的<5%；<45 μm 的<15%	<0.06	<0.05	<0.2	>98.4			0.754	>3.3	24.047	α-Al_2O_3 >50%

续表 3-6

序号	产品名称	外形和粒度	主要化学成分/%						堆积密度 /t·m^{-3}	真密度 /t·m^{-3}	比表面积 /m^2·g^{-1}	晶型
			SiO_2	Fe_2O_3	Na_2O	Al_2O_3						
3	高纯 $Al(OH)_3$	粉末状 >74μm 的为 2%~5%；<45 μm 的为 30%~45%	0.0034	0.0032	0.107	>65			0.847		19.58	α-$Al_2O_3 \cdot 3H_2O$
4	中和铝胶	粉末状 3~15 μm	0.443	0.034	0.108				0.485	2.1~2.4	224.94	$Al_2O_3 \cdot nH_2O$
5	高碳化铝胶	粉末状 <5 μm 为 9.2%；5~35 μm 为 90.8%	0.282	0.0125			CO_2 <0.5		0.707	2.2~2.5	8.495	β-$Al_2O_3 \cdot 3H_2O$ α-$Al_2O_3 \cdot H_2O$
6	低碳化铝胶	<5 μm 的为 0.86%；5~15 μm 的为 91.14%					CO_2 <0.5		0.672	2.2~2.5	143.73	β-$Al_2O_3 \cdot 3H_2O$ $Al_2O_3 \cdot nH_2O$
7	$Al(OH)_3$ 凝胶	细面粉状 3~20 μm				>48			>0.5	>2.2	>1.0	β-$Al_2O_3 \cdot 3H_2O$ α-$Al_2O_3 \cdot H_2O$
8	α-Al_2O_3	微粉 >0.12 μm 1~3μm	0.05	<0.05	<0.10	>99.5	CO_2 <0.5		0.51	>3.0	10~20	α-Al_2O_3 >95%
9	活性-Al_2O_3	球状 ϕ3~7 mm <5%条状	0.25	0.04	0.002	>94			0.3~0.4	2.2~2.6	200~350	γ-η-Al_2O_3 或 γ-η-χ-Al_2O_3 混合物
10	Al_2O_3 除砷剂	条状 ϕ5~8 mm 长 8~12 球状 ϕ4~8 mm	<0.5	≤0.05	≤0.3		Al_2O_3 0.20	SO_4^{2-} 0.50	0.7~0.9	<2.5	100~150	η-χ-γ-Al_2O_3

随着我国氧化铝工业的发展，各氧化铝厂以及有关科研院所积极进行了多品种氧化铝的开发，目前，我国多品种氧化铝产品达 110 多个品种，主要分为氢氧化铝类和氧化铝类，以及 4A、5A 沸石、铝酸钠晶体等，但其产量仅占氧化铝总产量的 5%，而国外已开发 300 多种，其产量占氧化铝总产量的 10%。例如，多品种氧化铝是美国目前使用量最大的无机阻燃剂，既作为填料，又有阻燃剂作用，广泛应用于塑料工业，年增长率在 10% 以上。

目前，中国铝业股份有限公司主要生产的化学品氧化铝产品名称、品种、用途及生产企业见表 3-7，普通氢氧化铝技术指标见表 3-8，超白氢氧化铝技术指标见表 3-9，4A 沸石技术指标见表 3-10。

表 3-7　中国铝业股份有限公司主要生产的化学品氧化铝概况

产品名称	主要品种	主要用途	生产企业
普通氢氧化铝	联合法氢氧化铝	氟化盐、净水剂	河南、山西、贵州分公司
	拜耳法氢氧化铝	氟化盐、净水剂、活性氧化铝	山东、广西分公司，郑州研究院
特种氢氧化铝	白色氢氧化铝	阻燃剂、填料	山东、中州分公司
	超白氢氧化铝	人造玛瑙、人造石	山东、中州分公司
	超细氢氧化铝	电缆、化妆品、纸张填料	山东、中州、贵州分公司
	低铁氢氧化铝	特种玻璃、人造玛瑙	山东分公司
	低钠氢氧化铝	催化剂载体	山东分公司
活性氧化铝	活性氧化铝微粉	耐火材料结合剂	山东分公司、郑州研究院
	柱状活性氧化铝	催化剂、干燥剂、净化剂	山东分公司
	球状活性氧化铝	催化剂、干燥剂、吸附剂	山东分公司
高纯氧化铝	高纯氧化铝	钠灯管、荧光粉	郑州研究院
高温氧化铝	低钠高温氧化铝	电子陶瓷、精细陶瓷	山东分公司、郑州研究院
	中钠高温氧化铝	结构陶瓷	山东分公司
	低钠高温氧化铝超细微粉	电子陶瓷、精细陶瓷、耐火材料	山东分公司、郑州研究院
	中钠高温氧化铝超细微粉	结构陶瓷、耐火材料	山东分公司
	抛光研磨氧化铝	不锈钢抛光研磨	山东分公司、郑州研究院
	电工氧化铝	高压开关环氧树脂绝缘件填料	山东分公司、郑州研究院
拟薄水铝石	普通拟薄水铝石	催化剂、黏结剂	山东、山西分公司
	特种拟薄水铝石	催化剂、黏结剂	山东分公司
沸　石	4A 沸石	洗涤助剂	山东分公司
	10X 沸石	催化剂	
铝酸钠	铝酸钠溶液	氟化盐	郑州研究院
	固体铝酸钠	催化剂、凝聚剂	山东分公司
纯铝酸钙水泥	纯铝酸钙水泥	耐火材料结合剂	山东分公司
氧化铝陶瓷	结构陶瓷	研磨介质	郑州研究院
	精细陶瓷	机械零件	

表 3-8　中国铝业股份有限公司普通氢氧化铝技术指标

牌号	Al_2O_3/% ≥	灼减/% ≤	杂质含量/%，≤		
			SiO_2	Fe_2O_3	Na_2O
AH-1	64.5	35	0.02	0.02	0.40
AH-2	64.0	35	0.04	0.03	0.50

表 3-9　中国铝业股份有限公司超白氢氧化铝技术指标

牌号	SiO_2/%	Fe_2O_3/%	Na_2O/%	附着水/%	比白度/%	灼减/%	pH 值	平均粒度/μm
H-WF-1	0.05	0.03	0.4	0.50	96	34.5	8～9.5	0.5～1.0
H-WF-10	0.05	0.03	0.4	0.50	96	34.5	8～9.5	6～12
H-WF-15	0.05	0.03	0.4	0.50	96	34.5	8～9.5	10～20
H-WF-25	0.05	0.03	0.4	0.50	95	34.5	8～9.5	20～30
H-WF-50	0.05	0.03	0.4	0.50	95	34.5	8～9.5	50～60
H-WF-75	0.05	0.03	0.4	0.50	93	34.5	8～9.5	70～80

表 3-10　中国铝业股份有限公司 4A 沸石技术指标

牌号	钙交换能力 $CaCO_3/mg \cdot g^{-1}$	粒度分布/%		比白度/%	pH 值	附着水/%
		≤10μm	≤4μm			
Z-4A-1	≥310	≥99	≥90	≥95	≤11	≤6
Z-4A-2	≥295	≥98	≥85	≥95	≤11	≤6
Z-4A-3	≥285	≥97	≥80	≥93	≤11.3	≤6

我国还有一些生产多品种氧化铝的中小型企业,如温州精晶氧化铝有限公司(原温州氧化铝厂)是国内具有一定规模的专业生产氧化铝系列精细化工产品的企业,已有20多年研究和生产的历史,开发了一批性能优良的产品。该公司有快脱、拟薄水铝胶等生产线5条,产能为6000 t/a。主要产品有干燥剂、除氟剂、吸附剂、双氧水专用吸附剂、吸附脱色专用氧化铝、硫黄回收催化剂、催化剂载体、拟薄水铝胶粉、纳米氧化铝粉、高纯氧化铝粉、氧化锌脱硫剂、惰性瓷球、电工级氢氧化铝、分子筛等。其中纳米氧化铝的产品技术指标见表3-11。WHA－402型纳米活性氧化铝,粒子分布在10～20 nm之间,广泛应用在冶金、陶瓷、机械、化工、电子、医学、航空和航天等各个领域。目前售价为180元/kg。

表3-11　温州精晶氧化铝有限公司纳米氧化铝产品技术指标

型　号	WHA-402-3	WHA-402-5	WHA-402-4	WHA-402-6
外　观	白色粉末(球形)	白色粉末(球形)	白色粉末(短纤维形)	白色粉末(短纤维形)
物　相	γ- Al_2O_3	α- Al_2O_3	γ- Al_2O_3	α- Al_2O_3
粒径/nm	10～20	20～40	10	20
堆积密度/$g \cdot cm^{-3}$	≤0.14	≤0.14	≤0.08	≤0.08
比表面积/$m^2 \cdot g^{-1}$	300～450	200±20	450～700	210±20
孔容/$cm^3 \cdot g^{-1}$	1.20	0.8±0.1	2.00	1.1±0.1
Na_2O/%	≤0.01	≤0.01	≤0.01	≤0.01
Fe_2O_3/%	≤0.07	≤0.07	≤0.07	≤0.07

应该看到,我国多品种氧化铝和氢氧化铝需求长期得不到满足,原因是氧化铝供应紧张,氧化铝厂生产的氧化铝优先供应电解铝厂,限制了对非炼铝行业的供应。由于市场上买不到特殊要求的氧化铝和氢氧化铝,许多用户只好根据各自的需要,自找门路,分散加工,小规模生产,从而造成不必要的浪费。

3.4　氧化铝厂生产多品种氧化铝的重要作用

根据市场的需要,在不影响冶金用氧化铝生产的前提下,氧化铝厂附设综合生产线生产多品种氧化铝,具有以下重要作用:

(1) 原料、水、汽等供应方便,有利于降低投资和生产成本。由于各氧化铝品种均由氧化铝水合物转变而制得,其原料可就地直接取自本厂工业品级的氧化铝、氢氧化铝或工业生产的中间产物(如铝酸钠精液)、废物(如分解槽结疤)等,因此,完全无需像其他催化剂厂、石油厂、化工厂那样先用酸或碱液溶解外购的氢氧化铝或铝,制成铝盐或铝酸钠溶液,然后再用碱或酸中和沉淀,制取氧化铝水合物的复杂工艺过程,而只需要附设部分生产线,就可将工业氧化铝加工制得低钠氧化铝、喷涂氧化铝等;或将铝酸钠精液深度净化,然后用碳酸化分解方法制得铝胶或氢氧化铝,再进行选粒、成形、焙烧,即可制得活性氧化铝。另外,可以充分利用氧化铝厂必备的生产用水、蒸汽等特有的条件,有利于降低投资和生产成本。

(2) 可以大大提高企业的经济效益和生存竞争能力。一般情况下,生产1 t多品种氧化铝获利是等量冶金级氧化铝的4～5倍,甚至有的品种超过几百倍至几千倍以上。因此,开发新品种氧化铝也是增加企业经济效益的有效途径。国外有些氧化铝厂的多品种氧化铝为其总产量的10%以上,其目的就是为了获取较好的经济效益。如美国铝业公司所属的氧化铝厂总产量约826万t/a,其中有18%为化工用氧化铝。美国雷诺公司的哈里肯克里氧化铝厂,生产的多品种氧化铝达 34 种之多。德国联合铝业公司的纳勃氧化铝厂,除生产冶金用氧化铝外,还生产特种氧化铝约有 50 多个品种。国外还有氧化铝厂如瑞士铝业公司所属的马丁厂(位于德国科隆市郊),由于铝土矿靠进口,矿石运输距离远、费用高,生产规模小(35 万 t/a),产能低而能耗高,致使氧化铝成本高,为了确保获得较好的经济效益、得以生存和发展,从 1980 年以来由生产冶金级氧化铝转向生产特种氧化铝,甚至 20 世纪 90 年代已不再生产冶金级氧化铝。其生产的特种氧化铝有三大类,共有 150 多种,销售市场分布为欧洲 88. 10%(其中德国 44. 3%、荷兰 11. 9%)、美国 6. 9%、日本 2%、其他 3. 0%。

3. 5　氧化铝市场情况调查与分析

氧化铝主要用作电解铝生产的原料,因此,冶金用氧化铝对氧化铝的产量有着决定性影响,氧化铝市场取决于电解铝市场情况。

19 世纪末开始的铝工业发展非常迅速,从 1890 年至 1900 年的十年间,全世界金属铝的总产量约为 2. 8 万 t,而到 20 世纪 50 年代中叶,铝的产量已居有色金属之首,仅次于钢铁。1990 年世界铝产量已达 1600 多万吨,约占世界有色金属的 40%。2000 年世界铝产量 2441 万 t,2005 年世界铝产量达到 3190 万 t。

世界原铝生产与消费基本平衡,1995 年全球原铝消费 2046. 9 万 t,2000 年增长到 2505. 9 万 t,消费量增长率为 3. 96%,同期世界铝产量的年平均增长率为 4. 48%,2005 年原铝消费量 3165 万 t,消费量增长率为 4. 76%,同期世界铝产量的年平均增长率为 5. 49%。20 世纪发达国家对铝的需求增长率为 2%,而发展中国家为 4. 9%。我国铝市场同国际市场保持相同的变化规律。我国原铝产量和消费量在 1992 年和 1997 年出现两次大飞跃,先后突破 100 万 t 和 200 万 t,2005 年原铝产量和消费量又达到 700 万 t 以上。

国际市场铝价格受世界经济形势和政局动荡的影响较大,价格变化幅度也较大。世界铝组织在分析近三十年铝价变化情况得出的铝价变化规律:铝价波动幅度为 25%,周期为 5 ~ 7 年,铝价波动与铝的库存量也有很大关系。我国铝市场的价格同国际市场价格保持一致的变化规律。1995 ~ 2006 年世界和我国氧化铝产量、原铝产量、消费量及价格统计情况见表 3-12。

表 3-12　1995 ~ 2006 年世界和我国的氧化铝产量、原铝产量、消费量及价格统计

项　目	1995 年	1996 年	1997 年	1998 年	1999 年	2000 年	2001 年	2002 年	2003 年	2004 年	2005 年	2006 年
世界氧化铝产量/万 t	3845. 7	4084. 1	4239. 7	4504. 3	4578. 4	4811. 9	4848. 8	4978. 5	5259. 1	5487. 2	5615. 7	6600
我国氧化铝产量/万 t	219. 9	254. 6	293. 6	334. 0	383. 7	432. 8	474. 7	545. 0	611. 2	698. 0	853. 6	1300
世界原铝产量/万 t	1967. 1	2084. 0	2180. 0	2255. 6	2368. 6	2441. 8	2443. 6	2607. 6	2800. 5	2992. 3	3189. 5	3335
我国原铝产量/万 t	167. 6	177. 1	203. 5	233. 6	259. 9	279. 4	337. 1	432. 1	554. 7	667. 1	780. 6	880
世界原铝消费量/万 t	2046. 9	2070. 4	2175. 3	2179. 1	2330. 7	2505. 9	2372. 2	2537. 1	2760. 5	2988. 8	3165. 0	3363
我国原铝消费量/万 t	191. 7	204. 3	232. 3	244. 3	313. 6	332. 8	330. 3	397. 1	505. 4	505. 3	709. 7	820
世界原铝价格/美元 · t^{-1}	1805. 4	1504. 5	1589. 3	1356. 2	1362. 1	1594. 5	1443. 8	1349. 3	1431. 9	1716. 5	1898. 0	2550
我国原铝价格/万元 · t^{-1}	1. 74	1. 74	1. 48	1. 36	1. 45	1. 62	1. 44	1. 36	1. 46	1. 62	1. 67	2. 0

与金属铝不同,国际上 60% 以上的氧化铝交易是在跨国公司内部或与电解铝生产企业签订长期合同,合同价格与金属铝价挂钩,一般为金属铝的 13% ~ 15%,下限满足氧化铝厂的利益,上限保障电解铝生产的收益。另外一部分氧化铝则通过现货或短期合同市场交易,价格波动剧烈。1987 ~ 2000 年间,国际市场氧化铝的现货平均价为 238 美元/ t,最高曾达 633 美元/t,最低为 155 美元/t,而同期氧化铝期货价格平均为 197 美元/t,最高为 321 美元/ t,最低为 136 美元/t。我国和俄罗斯是世界上最大的现货买家。我国加入 WTO 后也采用国际上的通用方式,从购买现

货转向签订长期合同。

多年来,世界范围内的氧化铝产量和消费量一直处于基本平衡状态,既没有严重供不应求,也没有大量的富余生产能力。因此,世界范围内氧化铝产品的市场竞争并不十分激烈,市场价格则会因供求关系的变化产生较大波动。例如1999年7月5日美国凯撒公司格雷默西(GRAMERCY)氧化铝厂发生大爆炸,被迫中断生产(产能100万t/a),7月12日因俄罗斯某铝厂拖欠货款致使乌克兰唯一的一家氧化铝厂终止了向俄罗斯和塔吉克斯坦两家铝厂交货合同,印度两大氧化铝厂进行检修减少15万t/a的产量,以及澳洲工潮等,引起了世界范围内的恐慌,使国际市场的氧化铝价格飙升到400美元/t以上。而2000年下半年开始由于能源价格上涨致使美国和巴西的电解铝减产近200万t,此外,随着美国凯撒公司格雷默西氧化铝厂于2000年12月恢复生产,氧化铝供应增多,造成氧化铝市场的过剩,市场价格一度跌至130美元/t以下。2001年至2005年,世界氧化铝总产量的增长率低于原铝总产量的增长率,反映了近几年氧化铝供应短缺的现实情况。进入21世纪以来,因我国电解铝的产量激增,氧化铝进口量迅速扩大,2004年我国氧化铝产量704万t,我国净进口氧化铝587.5万t,2005年净进口氧化铝701.6万t,大量进口氧化铝是造成我国铝矿产品贸易逆差的主要原因。

我国铝工业建立以来,氧化铝和铝的发展基本是平衡的,即氧化铝和铝的产量比为2.2~2.3,直到1983年氧化铝产量与电解铝产量出现严重的不平衡,氧化铝和铝的产量比低于1.4,出现氧化铝供不应求的局面。其原因主要是地方及乡镇企业重复兴办低水平的小型电解铝厂。据统计,截至2002年6月,我国已建成的电解铝厂多达122家,年产能已达400万t。我国氧化铝产量已不能满足铝生产的需求,因此,不得不依靠大量进口来补充缺口。我国从1983年开始用大量外汇进口氧化铝(见表3-13),到1999年累计进口氧化铝1397.04万t,占同期生产氧化铝产量的45.75%,即接近一半。

表3-13 1999~2006年我国氧化铝供求情况 (万t)

供求量	1999年	2000年	2001年	2002年	2003年	2004年	2005年	2006年
产　量	384	432	474	548	615	704	854	1374
进口量	163	188	334.6	457.1	560.5	587.5	701.6	689
供应量计	547	620	800.6	1005.1	1175.5	1291.5	1552.6	2063
实际需求总量	564	607	717	901	1133	1367	1599	1953
其中:炼铝	524	565	661	854	1078	1307	1522	1833
非冶金	40	42	50	50	55	60	77	120
平衡差量	-17	13	91.6	104.1	42.5	-75.5	-46.4	110

由表3-13可见,我国氧化铝产量严重不足,每年需进口大量的氧化铝,且在数年内我国仍将是氧化铝进口国。因此,国家“九五”计划和“2010年远景目标纲要”中明确指出:重点发展氧化铝。

据资料,1980年至1996年,我国电解铝产量年递增率为9.74%,而同时氧化铝产量的递增率仅为7.87%,供需缺口使氧化铝进口量逐年增加。但是,1994年氧化铝进口量高达191万t,竟远远大于我国供需缺口,也首次超过国内产量,致使国内氧化铝市场供过于求。由于我国铝矿资源类型和特点及采用的生产工艺、生产管理等原因,导致氧化铝成本比国外氧化铝厂高。例如,我国氧化铝企业的经营成本比澳大利亚氧化铝厂的平均经营成本高约60~70美元/t,这就是中国铝业在制定国内氧化铝价格时参照当时进口氧化铝的价格(基于氧化铝的国际价格)的原因。当时,我国的四大氧化铝厂被迫限产压库,营销困难,出现严重亏损。例如,郑州铝厂利税比1993年下降50%,山东铝厂由利税大户变成了亏损户,亏损额达3000万元。可以说,1994年是我国氧化铝厂灾难的一年。

进入21世纪以来,我国铝生产增长过猛,2000年生产铝279.4万t,2003年为554.7万t,2005年达到780.6万t,成为世界上最大的铝生产国。目前,我国可开发利用的铝土矿储量虽然有5亿多吨,但大矿区少,小矿区多,品质优良的矿少,特别是矿石铝硅比高的优质铝土矿少,已经不能满足氧化铝生产发展的需要。尤其是河南、山东两省经过多年开发,优质铝土矿资源已经或正在消失,目前却分别形成了440万t/a,和180万t/a氧化铝产能,占国内氧化铝产能的64%,且规模还在进一步盲目扩大。区域性资源危机已经开始显现,预计未来几年,国内铝土矿短缺问题将对氧化铝生产的稳定发展构成严重威胁。我国铝土矿资源不能满足电解铝的需求,历年都要从国际市场大量进口氧化铝。由于盲目的电解铝快速增长,造成电力供应紧张,国际氧化铝价格上涨。因此,我国于2004年初采取了宏观调控措施,严格限制电解铝项目,利用市场规律调整结构,以保证我国铝工业企业的连续生产和员工就业。虽然国内电解铝产能的扩张已经得到有效遏制,但是,由于前几年投资过热,盲目发展造成的恶果,在2005年开始显现。2005年一季度电解铝市场供过于求比较严重,出现价格下跌、库存和应收账款大幅度增加的现象,实际亏损面高达80%,全行业已达到亏损的边缘。2005年我国电解铝产量780万t,继续居世界第一位。为了抑制电解铝出口,国家继续加大对电解铝的宏观调控力度,如取消进口氧化铝加工和出口铝锭优惠政策等,从而达到国家调控高能耗、高污染、过度扩张及限制短缺性资源商品大量出口的目的,缓解国内电力紧张及降低环境污染。同时可使国内氧化铝短缺情况有所好转。

据国家发改委价格监测中心的报告预测,随着国际市场氧化铝供应的增加和国内外氧化铝新建项目的投产,全球氧化铝供需关系将得到改善,原料成本及海运费可能有所下降。国际方面,由于2002年以来氧化铝价格上涨较快,澳大利亚、牙买加、巴西等主要的氧化铝生产国新增和扩建项目不断增加,2004年美国铝业公司和必拓公司新增和扩建的氧化铝项目年产能总共1400万t,2005年又增加740万t,全球氧化铝供应紧张的局面得到改善。国内方面,据不完全统计近几年除中铝公司扩建外,国内已公布晋北铝业、开曼铝业、中美铝业和阳泉铝业等新建氧化铝项目达29个,其中已开工项目25个,测算总规模达2814万t,即使不考虑利用国外铝土矿资源和到国外投资办厂的项目,总规模也达到1604万t。预计到2006年底国内具备条件的氧化铝在建项目规格可达822万t。此外,全国还有拟建氧化铝项目总规模约1992万t,接近国外所有拟建(扩建)氧化铝项目的总和。据摩根斯坦利银行估计,2005年全球氧化铝需求将达到6650万t,比2004年增加5.5%;而产量将达到6900万t,比2004年增加6%,全球氧化铝产量将略微超过需求。同时,国际市场能源、原材料等价格也出现回落迹象,国际海运费率也在下降,这将在一定程度上抑制氧化铝价格。

3.6　产品方案的论证确定

3.6.1　产品方案和产品组合

3.6.1.1　*产品方案*

产品方案是指拟建项目的主要产品、辅助产品及生产能力的组合方案,包括产品的品种、产量、规模、质量标准、工艺技术、性能、用途、以及内外销售比例等。产品方案需要在产品组合研究的基础上选择确定。有的项目只生产一种产品,如单一的冶金用氧化铝;而有的要生产多种产品,如冶金用氧化铝和多品种氧化铝,其中有一种或多种产品为主要产品。首先确定项目的主要产品、辅助产品、副产品的种类及生产能力的合理组合,使其与矿产资源特点及生产技术、设备以及原材料、燃料供应等方案协调一致。

3.6.1.2 产品组合

产品组合是指项目的各种不同产品的划分及比例,包含产品种类、品种的结构和相互间的数量关系。扩大产品组合的广度(产品线种类的数量)和深度(产品种类的数量)及关系等,可以分散项目投资风险,提高用户的满意程度,扩大经营范围和提高企业的知名度,从而提高企业的竞争地位。

3.6.1.3 产品方案的论证确定

A 产品方案论证确定的含义

产品方案论证是指对项目拟生产的产品品种及其组合方案,以及产品规格、质量标准、工艺技术、性能、用途、价格、数量、内外销售比例等进行分析论证。如果项目是多种产品、多品种时,应研究其主、辅、副产品的种类及生产能力的合理组合,并列表说明(见表3-14)。

表3-14 企业产品的种类及生产能力的合理组合

产品名称	规格	质量标准	工艺技术	性质用途	销售价格		年产量	
					内销	外销	内销	外销

B 产品方案论证确定的要求

论证确定的要求有:

(1) 必须以满足市场需求为出发点。在市场经济条件下,企业必须提供适销对路的产品,否则其生产经营活动难以进行。项目产品方案应以市场需求来确定产品的品种、数量、质量、并能有效地适应市场的应变能力。

(2) 要符合国家有关产业政策的要求,促进产业结构整体优化和产品的更新换代。项目产品方案应符合政府发布的鼓励发展的产业和产品方向,以及技术政策和技术标准要求,使产品具有更高的技术含量和市场竞争能力。

(3) 要符合技术经济要求,即生产拟采用的工艺技术应当是先进、适用和可靠的,而且经济上是合理的。项目产品方案应与可能获得的技术装备水平相适应。

(4) 要符合节约资源、资源综合利用和环境保护的要求,即节能、节约矿产资源、节水、节地、矿产资源的综合开发和合理利用及对生产过程中产生的"三废"回收利用,减轻和防止环境污染,保护生态环境和人们的身心健康。

(5) 要符合原材料供应和生产储运条件。

3.6.2 产品方案的评估

对项目产品方案的评估,主要是根据市场情况综合分析的评估,对项目产品方案从产品性能、品种、规格构成和价格、资源与环境条件、原材料供应和生产储运条件等是否符合要求进行分析论证和评估。

产品方案论证与评估,均需要提出两个或两个以上方案进行比较选择,也称"比选",说明方案的优缺点,并从中推荐一个最佳(或次优)方案。

产品方案比较选择主要有以下内容:

(1) 单位产品生产能力投资;

(2) 投资效益(即投入产出比、劳动生产率等);

(3) 多产品项目资源综合利用方案与效益等。

3.6.3　氧化铝产品方案的选择

氧化铝厂的产品,就是该企业生产的氧化铝(包括氢氧化铝)。氧化铝产品方案选择的主要依据:

(1) 适应市场的需要及其发展趋势。

(2) 矿产资源特点及生产技术上的可行性和经济上的合理性。如前所述,我国在较长的一段时间内,冶金级氧化铝,尤其是多品种氧化铝供不应求,都有很好的市场。但是,也应当看到我国加入世贸组织后,国外氧化铝有可能过量的进入我国市场,会使我国氧化铝厂的生产经营受到打击,甚至带来不同程度的灾难,其关键在于我国氧化铝厂的竞争能力较弱,原因是其产品氧化铝与国外氧化铝相比,成本高而且质量上存在如下问题:

1) 化学纯度不高,且为中间状氧化铝,已不适应现代铝电解生产的要求。

现代铝电解生产对氧化铝的化学组成提出一些严格要求(例如影响电流效率的磷、钒含量,影响铸造性能的硅、铁、锌、钛含量等),其杂质含量应符合下列条件:

杂　质	Na_2O	SiO_2	Fe_2O_3	TiO_2	V_2O_5	P_2O_5	ZnO
含量/%	<0.04	<0.04	<0.04	<0.005	<0.003	<0.003	<0.005

国外要求日益严格,而我国仍未修改规范。

此外,国外还要求冶金级氧化铝具有下列特性:

① 在冰晶石溶液中有较大的溶解度和溶解速度;

② 很好地覆盖在阳极上和槽面上,并有较好的保温能力,以减少热量损失;

③ 较低的氧化钙含量,以便往电解质内添加更多的 AlF_3、MgF_2 或 LiF 等;

④ 有良好的吸附 HF 气体的能力;

⑤ 有良好的耐磨性,在采用浓相输送氧化铝技术过程中,不至于改变其容积密度;

⑥ 有良好的流动性;

⑦ 杂质含量低,允许接受在气体净化过程中带进来的金属杂质(如 Fe、V、Ca、Na、P 等),不至于由于这些金属杂质的带入而降低铝的品位或影响电流效率。

砂状氧化铝具有以上的优越特性,能较好地满足电解铝生产的要求。现在国外大多数电解铝厂都采用砂状氧化铝,这也将是我国电解铝厂发展的大势所趋。显然,目前我国氧化铝厂生产的中间状氧化铝已不能较好地适应电解铝厂的要求。

2) 氧化铝质量不稳定。国际铝电解技术要求氧化铝质量必须长年保持质量稳定一致。我国电解技术和指标落后,还未对氧化铝提出严格的要求。如果采用先进电解槽型,这个问题必然逐渐突出,现在应着手解决。因为从实际情况看,现在国内氧化铝质量波动极大,即使质量较好的郑州铝厂,在最好生产时间(20 世纪 70 年代末至 80 年代初)氧化铝中小于 45 μm 的细粉含量也会随季节不同而大幅度变化:夏季约为 18%,冬季约为 48%。氧化铝细粉对粉尘、干法净化装置和点下料电解槽都会产生不利影响。但是还没有采取任何防止细粉含量波动的措施。至于小于 20 μm 的细粉更未引起重视。

综上所述,我国新建和扩建的氧化铝项目产品方案,应根据市场需求和资源条件,以及拟建规模等来考虑:(1) 大中型项目应以冶金级的纯度高的砂状氧化铝为主,多品种氧化铝为辅;(2) 小型项目可以数种多品种氧化铝,尤其是技术含量较高的品种为主要产品,冶金级氧化铝为辅助产品。具体是哪几种产品、产量比例、规模、质量标准等,还需进行深入的调查研究,进行多方案的技术经济比较后再选定。

3.7 建设规模

3.7.1 建设规模的含义及标志

建设规模是指项目可行性研究报告中规定的全部计划生产能力、效益或投资规模,一般称为生产规模,是项目认定的正常生产运营年份可能达到的生产能力或使用效益。氧化铝厂项目通常用生产能力表示,即是该企业在一年之内充分利用固定设备和生产组织能够产出的氧化铝(包括换算为氧化铝的氢氧化铝)量(万 t/a)。新建的氧化铝厂的生产能力就是设计能力,对于已经达到设计能力的氧化铝厂,其生产能力是用计算方法来确定的实际生产能力。

建设规模的大小受一定的经济技术条件制约。一般情况下,现实中一个建设规模大的企业,其经济效益往往要比一个规模小的同类企业经济效益好。但是企业建设规模也不是越大越好,达到一定程度后,经济效益反而会下降。因此,对建设规模必须进行分析,其目的就是要寻找最佳或最合适经济规模的主要因素,即研究合理经济规模问题。

3.7.2 影响建设规模的主要因素

影响建设规模的主要因素有:

(1) 国家的经济计划和发展规划。对于一些基础工业(如有色金属工业,包括氧化铝工业)和基础设施建设,必须根据国家、地区和行业经济计划与发展规划决定项目规模。属于国家重点项目的建设规模,要根据国家的中长期计划来考虑,对于一般项目的建设规模则往往根据地区行业部门的规划需要来考虑。

(2) 市场缺口。市场需求量是决定项目建设规模的前提条件。如果市场的需求量大大超过市场的供应量,供需缺口大,则项目规模可以大一些。但是,项目的规模不能大于预测的市场供需缺口量。因此,应当在市场调查研究的基础上,弄清产品的未来市场状况,如市场容量或需求量(有效需求量和可能消耗量),时间和特征以及价格变化情况,需求的发展趋势和竞争程度,可能的供应量等,并以此为根据,结合项目所用的技术和外部条件,研究确定企业的合理建设规模。

(3) 资源条件。企业建设规模大小还受自然资源,主要是能源、矿产资源、水资源等条件的制约。氧化铝厂建设项目的规模主要受已探明的铝矿资源工业储量的限制。因为氧化铝厂是大量开采利用铝土矿资源的生产企业,其生产原料主要由当地或附近地区的铝土矿矿区供应,而建设规模与铝矿石供应的年限(即服务年限)有密切的关系。一般来说,已经探明的铝矿石工业储量,对于大型氧化铝厂应保证可供生产 30 ~ 35 年以上,小型氧化铝厂可供生产 20 ~ 25 年以上为宜。

(4) 项目的资金来源。氧化铝厂建设项目是技术密集型和资金密集型企业,建设一个氧化铝厂需要投资数亿元至几十亿元人民币以上。因此,项目建设规模的大小也取决于投资者的融资能力。融资能力的大小,既取决于投资者自身的信用能力,也取决于一个国家金融市场的发育水平。如果投资者的信用水平高,金融市场也发达,则投资者容易筹集到资金,项目建设规模就可以搞大一些。如果金融市场发达,投资者的信用水平不高,则自有资金在某种意义上就成为项目的投资规模。如果金融市场不发达,投资者信用水平也低,则项目难以筹到资金,其建设也就成为不可能。当然,有了资金来源渠道,也还必须深入分析和研究资金的使用条件。不同资金使用条件,将会有不同的投资效果。因此,建设规模的研究,必须与资金可筹集量和资金使用条件相适应。

1）项目资金来源构成。按照我国现行财税制度的规定,在项目资金筹措阶段,建设项目所需要的资金总额主要由自有资金、赠款(受赠予资金)和借入资金三部分构成,如图3-2所示。自有资金和接受赠款属于权益性资金,而借入资金即为债务资金。

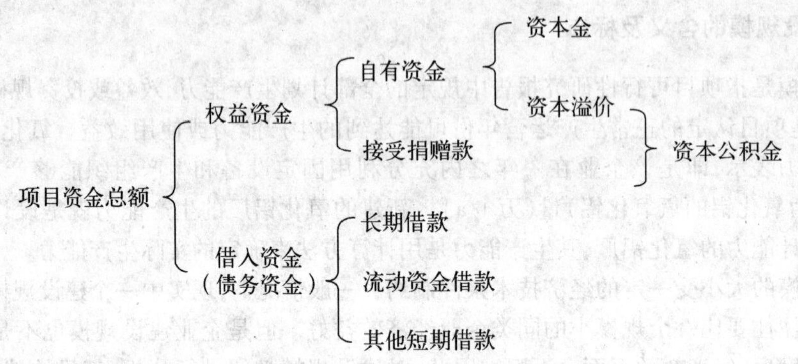

图3-2　项目资金来源构成

资本金也称实收资本,是指项目投资中由投资者提供的资金,对项目来说是非债务资金,但它是获得债务资金的基础。资本金就是新建项目设立时在工商行政管理部门登记的注册资金,根据投资主体的不同,资本金可分为国家资金、法人资金及外商资金。

资本(股东)溢价是指企业在筹集资金的过程中,投资人的投入资金超过其注册资金的数额,即投资者(缴付的出资额)超出资本金的差额。资本溢价是股份有限公司按溢价发行股票时,公司所取得的股票发行收入超过股票面值的数额。资本溢价归股份有限公司全体股东所有。资本(股东)溢价与接受捐赠资金一起构成资本公积金。

接受捐赠资金包括接受现金和非现金资产捐赠。

2）资本金来源与筹措。资本金出资形态可以是货币资金,也可以是实物、工业产权、非专利技术、土地使用权、资源开采权作价出资。用作资本金的实物、工业产权、非专利技术、土地使用权、资源开采权作价的资金,必须经过有资格的资产评估机构按照法律、法规进行评估作价,并只能在资本金中占有一定的比例,如无形资产作价出资不得超过20%,高新技术成果不得超过35%。

项目资本金的来源一般有以下几种方式:

① 政府财政性资金,即各级政府财政预算内资金、各种专项建设资金、土地批租收入、国有企业产权转让收入等;

② 国家授权的投资机构及企业法人的所有者权益、企业折旧资金,以及投资者按照国家规定从资本市场上筹措的权益性资金(如发行股票和可转换债券);

③ 外国资本直接投资的资金;

④ 社会个人合法所得资金;

⑤ 国家规定的其他可用作项目资本金的资金。

资本金是项目的非债务性资金,项目法人不承担这部分资金的任何利息和债务,而投资者可按其认缴的出资额比例依法享有所有者权益,也可能出让其出资,但不得以任何方式抽回。

资本金的最低需要量是根据拟建项目的固定资产总额与铺底流动资金(为全部流动资金的30%)之和乘以国家规定的各行业最低资本金比例计算的。即按式3-1和式3-2计算:

$$\begin{matrix}\text{项目资本金}\\\text{最低需要量}\end{matrix}=\left(\begin{matrix}\text{项目固定资产}\\\text{投资总额}\end{matrix}+\begin{matrix}\text{铺　底}\\\text{流动资金}\end{matrix}\right)\times\begin{matrix}\text{国家规定的项目}\\\text{最低资本金比例}\end{matrix} \tag{3-1}$$

$$\text{项目资本金比例}=\frac{\text{项目资本金}}{\text{项目总投资(只含铺底流动资金)}}\times 100\% \tag{3-2}$$

国家规定不同行业项目的资本金最低比例,电力、机电、建材、化工、有色金属等资本金比例为20%以上。

3)债务资金来源渠道。债务资金是指投资项目法人除了资本金等权益资金以外还需要从金融市场借入的资金,包括向国内外银行和非银行金融机构申请的借贷资金,经批准向国内外发行的企业债券和通过融资租赁等方式筹集的用于项目投资的资金。这些借入资金是需要还本付息的资金,又称为负债资金。债务资金的来源渠道很多,大致可分为信贷融资、债券融资和融资租赁三类,如图3-3所示。

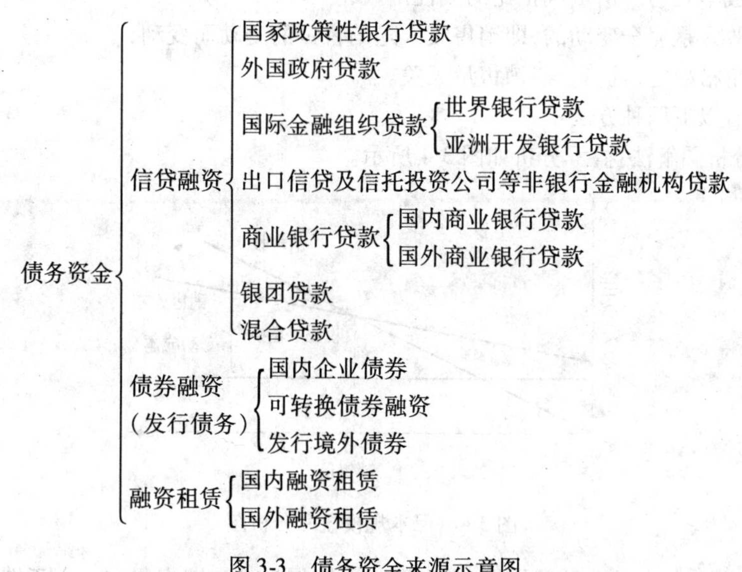

图3-3 债务资金来源示意图

综上所述,在外部一切条件都具备的前提下,又有充足的资金来源时,以建设大型氧化铝厂为佳,因为生产规模越大,越有利于采取大型高效的先进设备和先进技术,提高劳动生产率,降低产品成本,越能使企业获得较好的经济效益。在投资方资金不充足时,生产规模宜小一些。

小型氧化铝厂可一次建成,大型氧化铝厂应考虑分期建设、分系列建成投资的可能性,以便在短期内形成生产能力,尽快发挥投资效果。

(5)企业生产的起始规模。企业建设规模与产品成本有密切的关系。在一般情况下,当企业规模逐步扩大时,产品成本逐渐下降,呈现经济效益递增趋势,而当企业规模达到一定程度时,由于生产费用上升,运输费、仓储费等不断增大,则使成本开始上升,呈现经济效益递减趋势。使企业的生产成本与效益相等的规模,就是企业的起始规模,也称保本规模。项目的经济规模要在起始规模以上选择。

(6)项目的产品特点。生产单一的市场需求量大的冶金用氧化铝的工厂,应以大中型为主,生产多种市场需求量相对小的多品种氧化铝的工厂,应以小型为宜。

3.7.3　建设规模的确定方法

按照获得经济效益的程度,建设项目规模可以分为四种:亏损规模(销售收入小于成本消耗的规模)、保本规模(销售收入等于成本消耗的规模)、合理规模(销售收入大于成本消耗的规模)和经济规模(在生产技术、管理水平、劳动力素质都不变的条件下,取得最佳经济效益的规模)。

3.7.3.1　保本规模的确定方法

保本规模的确定一般采用盈亏分析法。盈亏分析法是对产品生产经营情况进行经济分析的一种方法,是寻找项目的收支平衡点,即建设项目建成投产后的每一年内能够不亏损的最低销售量或最低销售收入,也就是销售收入等于成本消耗的那个点。这是确定企业经济规模的基础。进行盈亏分析一般需做以下5点假设:

(1) 年产量等于年销售量,即产品不积压。当收支平衡时,年生产成本等于销售收入;
(2) 在所分析的销售量(产量)范围内,固定成本不发生变动;
(3) 变动成本是与产销量成正比的线性函数;
(4) 销售收入是完全变动的,即销售收入随销售量的变动而变动;
(5) 产品价格稳定,且单价与销售量无关。

盈亏分析有以下两种方法:

(1)盈亏分析图解法:盈亏分析如图3-4所示。

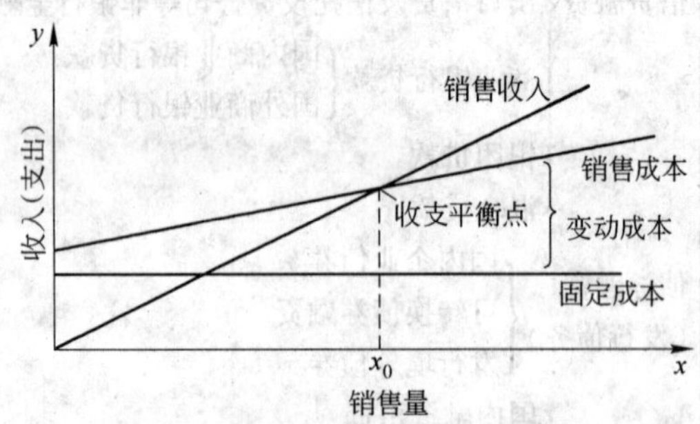

图3-4　保本规模盈亏分析图

图3-4中,横坐标表示产品销售量,纵坐标表示销售收入和销售成本。由于图中销售收入和销售成本的两条直线的斜率不同,就产生了一个交叉点 x_0,x_0 点表示产品销售达到一定数量时,其销售收入和销量成本正好相等,此点,即称为盈亏平衡点,或称收支平衡点。

(2) 盈亏分析代数法:其采用如下计算公式:

$$PQ = VQ + F \tag{3-3}$$

则

$$Q = \frac{F}{P - V} \tag{3-4}$$

式中 P——产品单位售价;
Q——产品产销量;
F——固定生产总成本;
V——产品单位变动成本。

3.7.3.2　经济规模的确定方法

确定项目经济规模的方法很多,常用的有以下几种:

（1）年计算费用法。年计算费用法，又称最小费用法，是根据制约项目规模的全部费用来确定项目的经济规模。它是将不同规模下发生的各项费用，包括单位产品投资、生产费用、储运费用和销售费用进行综合的经济性比较，选择其中年计算单位产品费用最小的规模，即为项目的经济规模。

年计算费用公式为：

$$A_{(Q)} = C_{(Q)} + Y_{(Q)} + T_{(Q)} + K_{(Q)}E_{(S)} \tag{3-5}$$

式中 $A_{(Q)}$——年产量为 Q 时的单位产品年均计算费用；

$C_{(Q)}$——年产量为 Q 时的单位产品年均生产费用；

$Y_{(Q)}$——年产量为 Q 时的单位产品年均储运费用；

$T_{(Q)}$——年产量为 Q 时的单位产品年均销售费用；

$K_{(Q)}$——年产量为 Q 时的单位产品平均投资额；

$E_{(S)}$——标准投资效果系数。

投资效果系数，又称为投资收益率或投资报酬率，是指项目方案投产后取得的年净收益与项目投资额的比率。它是考查项目投资赢利水平的重要指标。

在不考虑资金时间价值的条件下，得出的投资效果系数，称为静态投资效果系数，其计算公式：

$$E = \frac{Y}{I} \tag{3-6}$$

式中 Y——项目年平均净收益（年平均利润总额或年平均利税总额）；

I——项目总投资额。

（2）方案比较法。项目建设规模大小，受产品市场供需、原料供应、资金等情况和其他生产条件及项目成本、效益等因素的影响和制约。因此，实际工作中可以在分析比较影响项目规模各项因素后，拟出多个可能实施的方案规模进行比较后，从中选出一个经济效益最佳的方案规模，即为项目的经济规模。其步骤如下：

1）确定项目规模的选择范围，也就是界定最小建设规模和最大项目规模。最小建设规模即保本规模或起始规模，最大项目规模即市场对产品的供需缺口量。凡是小于保本规模或大于市场供需缺口量的规模方案，均应被剔除。

2）在第一步的基础上，综合考虑原料供应、资金筹措情况和其他生产条件等的保证程度，将规模方案中不能保证以上条件的方案再作剔除，只保留几个可能实施的方案。

3）通过比较几个可能实施的方案，确定项目的经济规模。

（3）规模效益曲线法。规模效益曲线法也称赢利区间法，即通过作图，在最高、最低两个盈亏平衡点之间提出一个使项目获得最大效益的建设规模的方法。在实际生产中，总收入、总成本与产量的关系往往呈非线性关系，如图 3-5 所示。

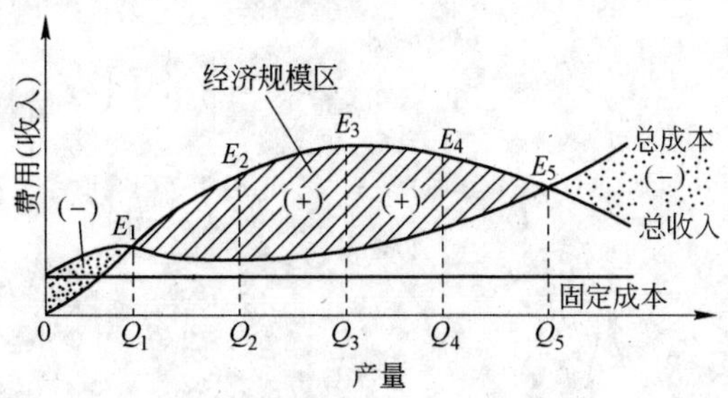

图 3-5 经济规模盈亏分析图

从图3-5可以看出，产量Q_1、Q_5与两条曲线的交叉点E_1、E_5，称为盈亏平衡点。当产量在E_1、E_5时，收入与成本相等，企业不盈不亏；当产量小于E_1或大于E_5时，成本大于收入，企业将发生亏损；当产量大于E_1、小于E_5时，企业将获赢利。E_1和E_5便是企业的最低和最高盈亏平衡点，介于E_1和E_5之间的曲线区（画斜线部分）便是企业的赢利区间。在此区间内，Q_3对应点E_3处于最佳点上。此点项目投入相对最大、成本费用最低，而利润最高。因此，此点对应的规模即是项目的经济规模。但是实际上由于一些具体条件的限制或影响，项目的经济规模往往不是一点。因此，Q_2 ~ Q_4区间也就成了项目经济规模的优选区域，也称为合理经济规模区间，即在Q_2 ~ Q_4区间内的项目规模，其经济效益相对最大。

4 生产方法和工艺流程选择

4.1 生产方法的选择

4.1.1 生产方法选择的意义

氧化铝的生产是将铝矿石原料加工成为氧化铝产品的全部过程,称为技术工艺路线,包括生产方法、基本工艺流程、工艺设备和技术方案等。生产方法的选择就是要在各种可能的工艺技术路线中,经过比较和分析后,确定一条效果较好的技术工艺路线为拟建厂采用。

生产方法影响到氧化铝厂建设项目的投资、产品成本、劳动条件、安全、环保等各个方面,因而决定了项目投资后的经济效益和社会效益。项目投资后的效益如何,其实是生产方法选择的必然结果。能否达到技术先进、经济合理和环境保护要求,即有较好的技术经济指标和环境效益,是项目能否成功的关键。所以,工程技术路线的选择是项目可行性研究工作的核心。为此,设计人员必须全力以赴,认真做好这项选择工作。

4.1.2 生产方法选择的步骤

设计人员在接受设计任务后,首先要解决的就是生产方法选择的问题。它要求设计人员通过研究设计任务书,全面体会设计任务书提出的要求和所提供的条件,需要查阅、摘录与生产方法、工艺流程和主要设备有关的文献资料,深入生产和试验现场进行调查研究,广泛收集资料,整理可靠的原始资料。当然,仅靠设计人员自己搜集资料还是不够的,还需取得信息部门的配合,有时还要向咨询部门提出咨询,然后根据掌握的各种资料和有关的理论知识,结合要处理的原料特点(铝土矿质量,包括 Al_2O_3 含量和 A/S、铝矿物和硅矿物类型等),对不同生产方法和工艺流程进行技术经济比较后,确定最优方案。

生产方法选择的步骤可分为:

(1) 收集设计基础资料及调查研究。这是确定生产方法和工艺流程的准备工作,需要设计人员有目的、有计划、全面地收集国内外氧化铝生产的各种方法、工艺流程及技术经济方面的资料,具体内容包括:

1) 各种生产方法及工艺流程设计资料。

2) 各种生产方法的技术经济资料:包括原料来源及产品用途的情况,试验研究报告,原料、中间产品、副产品规格和性质,安全技术和自动化水平,设备的大型化与制造、运输情况,工程建设投资、产品成本、占地面积、水、电、汽(气)耗量方面的资料,车间(或工序)现场周围环境情况,其他相关资料等。

3) 物料衡算资料:包括生产流程、主要技术条件和主、副反应方程,中间产物、副产品的规格和物理数据,产品规格和物理数据,各生产过程的技术经济指标,物料衡算的原理和方法。

4) 热量衡算资料:包括热量衡算的物化参数,如比热容、潜热、生成热和燃烧热等;计算加热和冷却时需要的热力学数据;各种温度、压力、流量、密度、传热系数、导热率、给热系数;热量计算方法和有关公式。

5) 设备计算资料:包括生产工艺流程图;物料计算和热量计算资料;流体力学参数,如黏度、管路阻力、阻力系数等；国家有关产品手册资料；有关设备选择和计算方法的资料。

6）车间布置资料：包括生产工艺流程图，各种厂房形式资料，工艺设备平面、剖面图，厂房防热、防寒、防爆等资料，当地水文、气候、风向等资料，动力消耗和公用工程资料，车间人员资料。

7）管道设计资料：包括生产工艺流程图，设备有关的平面、立面图，设备施工图，管口方位图，物料衡算和热量衡算资料，管路配置、管径计算、流体常用流速表，管路支架、保温资料，厂区地质资料，如地下水水位、冰冻层深度等，地区气候资料等。

8）非工艺设计资料：包括自动控制、仪器仪表资料，供电资料，土建、通风、采暖、供水、供热资料，“三废”治理资料等。

9）其他有关资料：概算等经济资料，原料供应、产品销售、总图运输资料等。

（2）落实设备。设备是完成生产过程的重要条件，是确定生产方法和工艺流程时必然要涉及到的因素。在搜集资料过程中，必须对设备予以足够重视。对各种生产方法中所采用的设备，要分清国内已有定型产品的、需要进口的及国内需要重新设计制造的三种设备，并对设计制造单位的技术力量、加工条件、材料供应、制造的进度加以了解。

（3）生产方法的比较与确定。在设计任务书提出的各项原则要求基础上，对收集到的资料进行加工整理，提炼出能够反映本质、突出主要优缺点的数据资料，做出方案比较。从各种生产方法的技术、经济、安全、环保等方面进行全面比较和分析，从中选出符合国情又切实可行的生产方法。邀请有关专家对选定的生产方法进行论证，以求进一步完善。最后，将确定下来的生产方法作为工艺流程选择或设计的依据。

生产方法方案比较的内容很多，应主要考虑以下几项：

1）几种方法在国内外的应用情况及发展趋势。

2）产品的质量情况。

3）生产能力和产品规格。

4）原材料、能源消耗定额和劳动生产率。

5）建设费用及生产成本。

6）“三废”的排放及治理情况。

4.2　工艺流程的选择

当生产方法选定后，就可以进行工艺流程的选择或设计。工艺流程的选择是氧化铝厂设计中非常重要的环节，也是工艺设计的核心，在整个设计中，设备选型、工艺计算、设备布置等工作都与工艺流程有直接关系。工艺流程和车间设计是决定整个车间基本面貌的关键步骤，对设备选择或设计及管道设计等单项设计，也起着决定性的作用。只有工艺流程确定后，其他各项工作才能展开。工艺流程选择涉及各个专业，根据各方面的反馈信息修改原来的工艺流程，不断完善，甚至使工艺流程发生较大的变化，尽可能使过程在优化条件下进行。所以，工艺流程选择或设计动手最早，而往往结束最晚。

4.2.1　工艺流程选择的内容

工艺流程选择或设计的主要内容包括两个方面：一是确定生产过程中各个生产过程的具体组成、顺序和组合方式，达到加工原料以制取所需要的氧化铝产品的目的；二是绘制工艺流程图，以图解的形式表示出生产过程中物料经过各个单元操作过程制得产品时，物料和能量发生的变化及其流向，以及采取了哪些冶金过程和设备，再进一步通过图解形式表示出工艺管路流程和仪表控制流程。为了使所选择或设计出的工艺流程能够达到优质、高产、低耗、安全生产及环保的

要求,应解决好以下问题:

(1) 确定整个工艺流程的组成。工艺流程反映了由原料到产品的全部过程,应确定采用多少生产过程或工序来构成全过程,并确定每个单元过程的具体任务(即物料通过时要发生什么物理变化、化学变化及能量变化),以及每个生产过程或工序之间如何连接。

(2) 确定每个过程或工序的组成。应采用多少及由哪些设备来完成这一生产过程,各设备之间应如何连接,并明确每台设备的作用和它的主要工艺参数。

(3) 确定操作技术条件。为了使每个过程、每台设备都能起到预定的作用,应当确定整个生产工序或每台设备的各个不同部位要达到和保持的操作技术条件。

(4) 确定控制方案。为了保证实现并保持各生产工序和每台设备操作技术条件,以及实现各生产过程之间、各设备之间的正确关系,需要确定正确的控制方案,选用合适的控制仪表。

(5) 合理利用原料及能量,计算出整个车间(装置)的技术经济指标。应当合理地确定各个生产过程的效率,得出全车间的最佳总效率,同时要合理地做好热量回收与利用,以便降低能耗。据此确定水、电、蒸汽和燃料的消耗。

(6) 确定"三废"的治理方法。对全流程所排放的"三废"尽可能综合利用,变废为宝;对于那些暂时无法利用的,则需进行妥善处理。

(7) 确定安全生产措施。遵照国家的有关规定,结合过去经验教训,对所设计的氧化铝厂车间在开车、停车、长期运转以及检修过程中,可能存在的不安全因素进行认真分析,制定出切实可行的安全措施,例如设备防火、防爆措施。

4.2.2 影响工艺流程选择的主要因素

氧化铝生产工艺流程,是由铝土矿原料经过加工获得氧化铝产品的整个过程。对不同类型、品位和性质特点的铝土矿,一般需要采用不同的生产方法和工艺流程,即使对同一种原料而言,其可采用的生产方法和工艺流程往往也有多种方案。所以氧化铝生产工艺流程的选择,实际上是生产方法和生产工艺路线的选择。

工艺流程的选择,受很多因素影响,是一项综合性的技术经济工作。

影响氧化铝生产工艺流程选择的主要因素有:

(1) 铝土矿类型、矿物和化学组成、品位、物理特性和特征。工艺流程的选择首先要考虑的就是矿物的类型和特点。

(2) 产品方案及产品质量指标。首先要做好国内外市场的预测和产品销售的调查研究工作,然后根据市场的需求、技术可能和经济合理原则,确定产品方案及产品质量指标。但是,市场需求是变化的,所以选择的工艺流程和产出的产品品种,以及对产品质量的升级,在可能的情况下最好能较灵活的调整和改变,即要有较强的市场应变能力。

产品方案是选择工艺流程和技术装备的依据。但是,有时却有相反的情况,即根据可供选择的先进生产工艺和技术装备来确定产品方案。

(3) 基建投资费用和经营管理费用。工艺流程选择应以投资省、经营管理费用低为目标。但是,却不易做到两者兼顾,故应进行全面比较分析,衡算利弊做出决定。当建厂方案有两种以上的工艺流程供选择时,有的方案投资费用高,但经营管理费用低,或者投资费用虽低,但经营管理费用却太高。此时,必须进行多方案的技术经济比较,做出确定最佳方案的决策。

(4) 环境效应和资源综合利用。一个氧化铝厂的建立,会对环境产生正负两方面的影响,正面的影响包括开拓市场,促进新区开发,改善交通条件,扩大就业机会,提高当地居民的文化水平和生活水平,增加地方财政税收等;但排放的"三废"会带来负面作用,包括对空气和水土的污染,噪声的干扰,以及对人畜健康的危害等。这些影响绝大多数是不能商业化的,无市场价格可循,有些甚至是无形的和不可定量的。不管怎样,其中较大的影响在选择生产工艺流程时必须慎重考虑。

保护环境与综合利用是相互关联的。搞好综合利用,提高综合效益,即多层次利用,深度开发和资源的合理利用,使有价元素得到回收,变废为宝,同时也减轻了这些元素对环境的污染,还人类一个清洁美丽的大自然。

总之,影响氧化铝厂工艺流程选择的因素很多,在设计过程中应进行深入细致的调查研究,掌握确切的数据和资料,抓住对工艺流程选择起主导作用的因素,进行技术经济比较,确定最佳工艺流程。

4.2.3 工艺流程选择的基本原则

工艺流程选择的基本原则为:

(1) 力求技术先进,生产稳定可靠。应尽可能采用高效、低能耗和可靠的技术,同时考虑机械化和自动化水平,前提是必须经过科学试验与大生产的检验证实是可靠的技术,不能把没有通过严格的科学鉴定的试验性工艺技术应用到工程设计中。过去,我国曾有过根据通过鉴定的小型实验装置放大数百倍设计成工业装置而造成工程报废的失败教训,这是在选择技术路线时没有高度重视所选技术路线可靠性的结果。因此,可靠性是技术路线选择的重要原则,无论方案多么先进,凡是可靠性不高的方案,在大规模工业生产中不能选用。在保证同等效果的前提下,选用简化的流程,减少运输是节能的有效方法。

工艺流程可靠与否,可以通过流程是否通畅,生产是否安全,工艺是否稳定,消耗定额、生产能力、产品质量和"三废"处理能否可靠地达到预定指标等方面来判断。

在可行性研究中对工艺技术路线(包括工艺流程)可靠性的评价,可以通过对已投产的氧化铝厂进行现场考察,并收集较长时间的实际生产数据来进行判断,不可只凭文献报道的资料、数据和口说无凭的介绍来决定。

在技术方案选择时,要注意工艺过程所处的发展阶段。任何一种技术,包括氧化铝生产工艺过程,像一个产品一样,都有一个寿命周期,有新生期、成长期、成熟期和衰退期各个阶段。处于新生期的工艺过程往往刚刚工业化,技术指标比较先进,但不成熟,有一定的风险。处于成长期的技术,成功的把握大,并在相当长的一段时间内能获得较稳定的经济利益,选择这种工艺过程是比较理想的。处于成熟期的技术,本身虽然完善、很可靠,但是已不算先进,新出现的技术可能成为它的竞争对手,甚至会被新的技术超过,所以,采用处于成熟期的工艺过程,要尽快建成投产,尽快回收投资。至于处于衰退期的工艺过程,当然不宜采用。

(2) 投资省、建设快、占地少、见效快、经济效益和社会效益大,这是工艺流程方案选择的关键,也是最终的标准。

(3) 适用性强。这是指对原料应有较强的适应性,能处理成分和性能变动的原料,也能适应产品品种的变化,使工厂具有较强的竞争能力和生存发展能力。

(4) 符合环境保护要求。能有效地进行"三废"治理,综合回收利用原料中的有价成分,环境保护符合国家和地方要求。

(5) 应选择自身的经济承受能力能够达到的技术方案。

4.2.4 工艺流程方案比较的方法

4.2.4.1 技术经济指标的计算

在氧化铝生产工艺流程进行比较时,需要对每个方案逐步进行计算。对分期建设的项目,要按期分别计算设计方案中的投资和生产费用。而对比较复杂或方案取舍影响较大的重要指标，则应进行详细的计算。其计算内容包括：

(1) 根据工业试验结果或类似工厂正常生产期间的有关年度平均先进指标，并参考有关文献资料，确定所选工艺流程方案的主要技术经济指标和原材料、水、电、燃料、劳动力等的单位消耗定额。

(2) 由单位消耗定额算出设计的氧化铝厂每年所需供给的主要原材料、水、电、燃料、劳动力的数量，由此再算出产品的生产费用或生产成本。

(3) 概略算出各方案的建筑和安装工程量，并用概略指标算出每个方案的投资总额。

(4) 根据市场价格，计算出企业正常生产期的总产值，由总产值和生产成本算出企业年利润，再由投资总额和年利润总额算出投资回收期。

(5) 列出各方案的主要技术经济指标及经济参数(见表4-1)，以便对照比较。

表4-1　工艺流程方案主要技术经济指标及经济参数

序　号	项　　目	单　位	方　案		
			1	2	3
1	处理量或氧化铝年产量	t/a			
2	主要生产设备及辅助设备(规格，尺寸，数量，来源等)				
3	厂房建筑				
	(1) 全厂占地面积	m^2			
	(2) 厂房建筑面积	m^2			
	(3) 厂房建筑系数	%			
4	氧化铝的总回收率	%			
5	主要原材料(铝土矿、石灰或石灰石、碱粉或碱液等)消耗	t/a 或 m^3/a			
6	能源(燃料、电、蒸汽、压缩空气)消耗	t/a 或 m^3/a			
7	环境保护				
8	劳动定员(生产工人、非生产工人、管理人员等)	人			
9	基建投资费用	万元			
	(1) 建筑部分投资	万元			
	(2) 设备部分投资	万元			
	(3) 辅助设施投资	万元			
	(4) 其他相关投资	万元			
10	技术经济核算				
	(1) 主要技术经济指标				
	(2) 年生产成本(经营费用)	万元/a			
	(3) 企业总产值	万元/a			
	(4) 企业年利润总额	万元/a			
	(5) 投资回收期	a			
	(6) 投资效果系数	%			
11	其　　他				

4.2.4.2　方案比较的方法

工艺流程方案比较应遵循可比性原则。在方案比较过程中,可按各方案所含的全部因素,计算各方案的全部经济效益指标进行全面比较;也可以仅就不同因素(不计算相同因素)计算相对经济效益指标进行局部的对比。但是,必须注意在某些情况下,采用不同指标进行方案比较会导致不同的结论。

不同方案比较的方法很多,下面简要介绍几种供参考。

A　经营费用比较法

经营费用包括原材料、辅助材料、燃料动力、工资及附加车间经费和企业管理费等。在比较各方案的经营费用时,不一定要计算各个方案中的全部经营费用,而只就比较方案中的不同因素进行计算和比较,即进行局部的对比。设 ΔC 为比较方案的经营费用总差额;ΔC_i 为经营费用中某项费用的差额,n 为比较方案的经营费用中因素不同的费用项目数,便可用下式计算出比较的每个方案经营费用差额:

$$\Delta C = \sum_{i=1}^{n} \Delta C_i \tag{4-1}$$

B　投资额比较法

投资额包括本方案的直接投资额以及与本方案投资项目直接有关的其他相关投资额,即固定资产投资、建设期利息、流动资金等。做方案比较时,同样可以只计算其中因素不同的项目,而无需计算每个方案的全部投资额。设 ΔK 为比较方案的投资总差额;ΔK_i 为投资额中某项费用的差额;n 为比较方案的投资额中因素不同的费用项目数,则不同方案投资额的差值为:

$$\Delta K = \sum_{i=1}^{n} \Delta K_i \tag{4-2}$$

C　投资回收期比较法

投资回收期法是在不考虑货币资金时间价值的条件下,决定一个工程项目投资过了多少年可以收回所投资金。其计算式为:

$$\sum_{i=1}^{m} L_i \geqslant K_0 \tag{4-3}$$

式中　K_0——初期的一次投资;

　　　L_i——第 i 年税后现金额。

其最小的 m 值便是回收期。方案进行比较时,回收期最小的方案最优。

回收期法忽略了资金的时间价值,又完全没有考虑还本以后的情况,所以不是一种科学的方法。当投资收益率较高,活动有效期较长时,用回收期法容易出现错误。但这种方法在方案粗选和方案比较中是可以使用的,它简单易懂易用,可提供一个偿还投资的大致情况。

D　多方案比较法

对有两个以上的方案比较,按可行方案的经营费用或投资额的大小,由小到大顺次排列,然后用计算追加投资回收期或投资效果系数的方法进行逐个筛选,最终得出最佳方案。

例如,有三个可行方案,投资额分别为 $K_1=1000$ 万元,$K_2=1100$ 万元,$K_3=1400$ 万元,经营费用分别为 $C_1=1200$ 万元,$C_2=1150$ 万元,$C_3=1050$ 万元,标准投资回收期 $\tau_n=5$ 年,筛选时,可将方案两两比较。如将方案 3 与方案 2 比较得:

$$\tau_a = \frac{K_3 - K_2}{C_2 - C_3} = \frac{1400 - 1100}{1150 - 1050} = 3(\text{年})$$

由于 τ_a(3 年)小于 τ_n(5 年),故方案 3 优于方案 2。

再将方案3与方案1比较得：

$$\tau_a = \frac{K_3 - K_1}{C_1 - C_3} = \frac{1400 - 1000}{1200 - 1050} = 2.67(\text{年})$$

由于2.67年小于5年，所以也是方案3最优。

最终是在三个方案比较中，方案3为最佳方案。

两两方案比较太麻烦，方案多时也容易出错。更简便的方法可采用年计算费用法（即最小费用总额法）。该法是指当方案 i 的总投资额为 K_i，年经营成本费用为 C_i，标准投资回收期为 τ_n，则在标准偿还年限内方案 i 的总费用 Z_i 为：

$$Z_i = K_i + \tau_n C_i \tag{4-4}$$

总费用 Z_i 最小的方案为最佳方案。

若将上式除以标准投资回收期 τ_n，并令 $\tau_n = \frac{1}{E_n}$，则得：

$$Y_i = C_i + E_n K_i \tag{4-5}$$

式中 Y_i——方案 i 的年计算费用；

C_i——方案 i 的年经营成本费用；

$E_n K_i$——方案 i 由于占用资金 K_i 而未能发挥相应的生产效益所引起的每年损失费。

年计算费用 Y_i 最小的方案为最佳方案。

4.3 氧化铝生产方法

氧化铝生产方法分为碱法、酸法、酸碱联合法和热法四类，但目前用于工业生产的只有碱法。

碱法生产氧化铝，是用碱来处理矿石，使矿石中的氧化铝转变成铝酸钠溶液。矿石中的铁、钛等杂质和绝大部分硅则成为不溶解的化合物，将不溶解的残渣（赤泥）与溶液分离，经洗涤后弃去或综合利用，以回收其中的有用部分。纯净的铝酸钠溶液分解析出氢氧化铝，经与母液分离、洗涤后进行焙烧，得到氧化铝产品。分解母液可循环利用，处理另一批矿石。

碱法生产氧化铝又分为拜耳法、烧结法和拜耳－烧结联合法等。

4.3.1 拜耳法

拜耳法是由奥地利化学家拜耳（K. J. Bayer）于1889～1892年提出的，故称为拜耳法，它适用于处理低硅铝土矿，尤其是在处理三水铝石型铝土矿时，具有其他方法无可比拟的优点。目前，全世界生产的氧化铝和氢氧化铝，有90%以上是采用拜耳法生产的。拜耳法生产氧化铝的工艺流程如图4-1所示。

拜耳法主要包括两大过程，即分解和溶出。其基本原理在于拜耳的两大技术发明专利：

（1）铝酸钠溶液的晶种分解过程。较低摩尔比（约1.6左右）的铝酸钠溶液在常温下，添加 $Al(OH)_3$ 作为晶种，不断搅拌，溶液中的氧化铝便以 $Al(OH)_3$ 形态逐渐析出，同时溶液的摩尔比不断增高。

（2）铝土矿的溶出。析出大部分氢氧化铝后的铝酸钠溶液（分解母液），在加热时，又可以溶出铝土矿中的氧化铝水合物，这就是利用种分母液溶出铝土矿的过程。

交替使用以上两个过程就可以一批批地处理铝土矿，得到纯的氢氧化铝产品，构成所谓拜耳法循环。其实质是如下反应在不同条件下的交替进行：

$$Al_2O_3 \cdot (1\text{或}3)H_2O + 2NaOH + aq \underset{\text{种分}}{\overset{\text{溶出}}{\rightleftharpoons}} 2NaAl(OH)_4 + aq \tag{4-6}$$

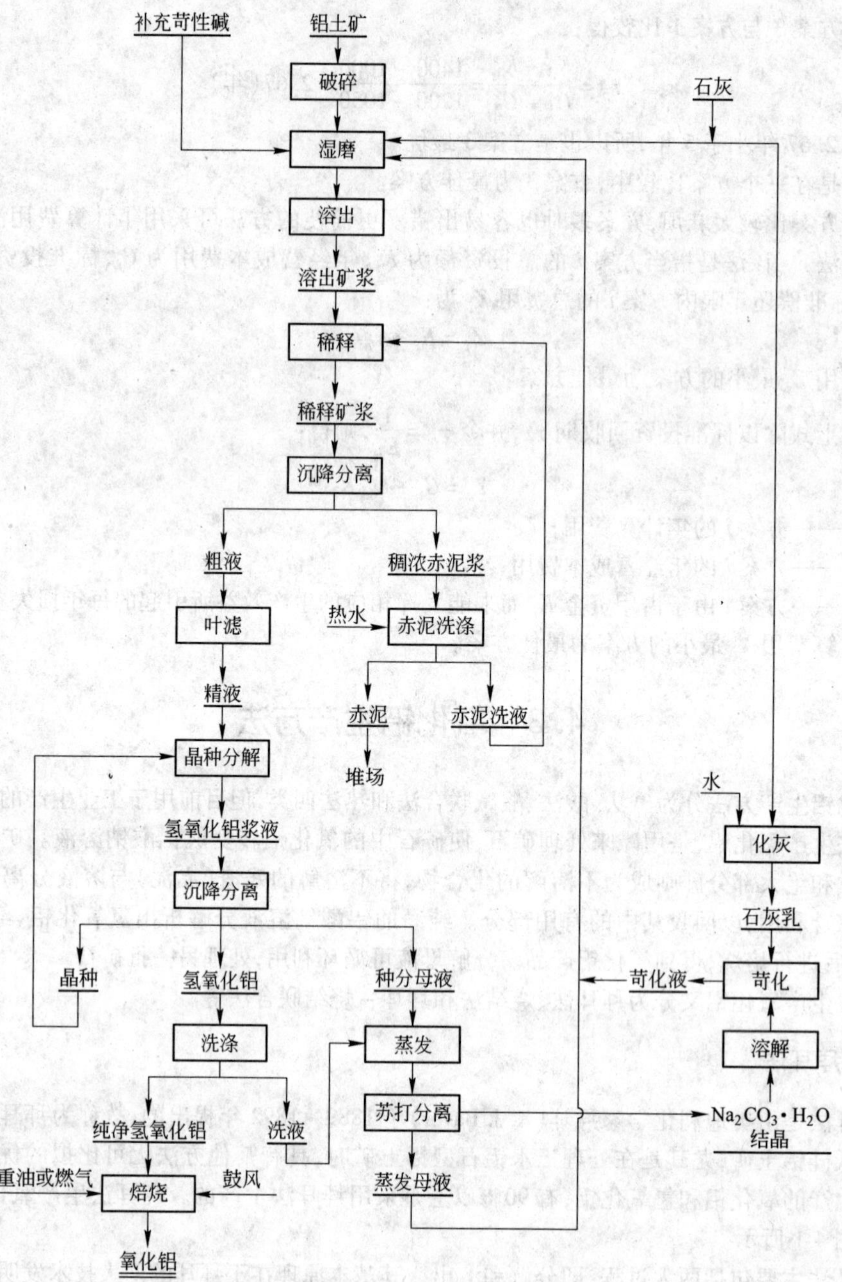

图 4-1　拜耳法生产氧化铝的基本流程

拜耳法生产氧化铝包括四个主要过程：

(1) 用高摩尔比（即铝酸钠溶液中的 Na_2O 与 Al_2O_3 摩尔比为 3.4 左右）的分解母液溶出铝土矿中的氧化铝，使溶出液的摩尔比达到 1.5～1.6；

(2) 稀释溶出矿浆，分离出精制铝酸钠溶液（精液）；

(3) 精液加晶种分解（种分）；

(4) 分解母液蒸发至苛性碱的浓度达到溶出要求（Na_2O 为 230～280 g/L）。

在这四个过程中，铝土矿的溶出是拜耳法的关键工序。铝土矿中不同的含铝矿物在苛性碱液中要求不同的溶出温度:三水铝石为140℃,一水软铝石为180℃,而一水硬铝石需在240℃以上,刚玉则不溶于碱液。为了使苛性碱液温度达到溶出所需温度,都采用高压釜(溶出器)将苛性碱液加热。这使溶出后的矿浆温度和压力都很高,需要采用自蒸发法使其降至常压和较低温度,并且利用溶出矿浆自蒸发产生的二次蒸汽,在双程预热器中预热原矿浆,以回收利用热量。现代化生产都是将一系列预热器、高压釜和自蒸发器串联为溶出器组进行连续作业。矿浆靠高压泵打入高压釜。

拜耳法溶出时,为了减少设备结疤,通常要将原矿浆脱硅,使溶液的硅量指数(铝酸钠溶液中的 Al_2O_3 与 SiO_2 含量的比)增高。在每一次拜耳法循环作业中,铝酸钠溶液中 Al_2O_3 与 SiO_2 的浓度变化如图4-2所示。

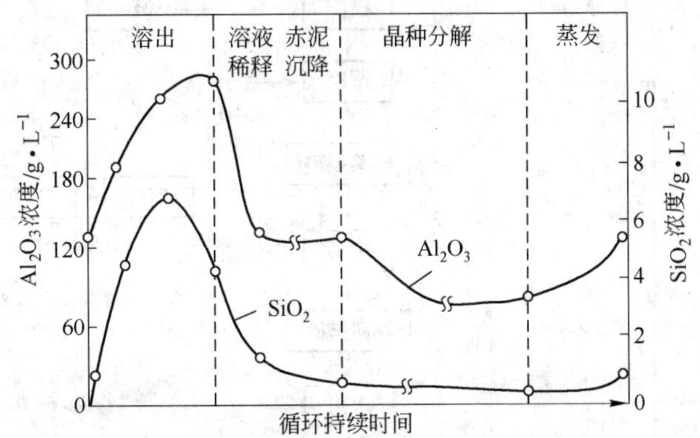

图4-2 拜耳法生产氧化铝时溶液中 Al_2O_3 与 SiO_2 的浓度变化

拜耳法的特点:

(1) 适合处理高铝硅比矿石,一般要求 *A/S* 大于9,且需消耗价格昂贵的苛性碱;

(2) 流程简单,能耗低,产品成本低;

(3) 产品质量好,纯度高。

由于处理的铝土矿类型不同,目前在世界上已经形成了两种不同的拜耳法方案:

(1) 美国拜耳法。美国拜耳法以三水铝石型铝土矿为原料。由于三水铝石型铝土矿中的 Al_2O_3 溶出性能较好,因而采用低温、低碱浓度溶液溶出,一般溶出温度为140~145℃,苛性碱液浓度110 g/L,停留时间在1h之内,分解初温高(60~70℃),种子添加量较小(50~120 g/L),分解时间30~40 h,产品为粗粒 $Al(OH)_3$,但产出率低,仅为40~45 g/L。这种 $Al(OH)_3$ 焙烧后得到砂状氧化铝。

(2) 欧洲拜耳法。欧洲拜耳法以一水软铝石型铝土矿为原料。由于原料中的 Al_2O_3 较难溶出,故采用高温、高碱浓度溶出,一般溶出温度达170℃,苛性碱浓度在200 g/L以上,停留时间约2~4 h,分解初温低(55~60℃),种子添加量较大(200~250 g/L),分解时间50~70 h,产出率高达80 g/L,但得到的 $Al(OH)_3$ 颗粒细,焙烧时飞扬损失大,得到面粉状氧化铝。目前采用低温、高固含、高产出率的分解条件可以生产出砂状氧化铝。

4.3.2 烧结法

法国人勒·萨特里早在1858年就提出了碳酸钠烧结法,经后人改进,形成了碱石灰烧结法。碱石灰烧结法的基本原理是,将铝土矿与一定量的苏打、石灰(或石灰石)配成炉料进行高温烧结,使其中的氧化铝和氧化铁与苏打反应转变为铝酸钠($Na_2O \cdot Al_2O_3$)和铁酸钠($Na_2O \cdot$

Fe_2O_3)，而氧化硅和氧化钛与石灰反应生成原硅酸钙($2CaO \cdot SiO_2$)和钛酸钙($CaO \cdot TiO_2$)，用水或稀碱溶液溶出时，铝酸钠溶解进入溶液，铁酸钠水解成为 NaOH 和 $Fe_2O_3 \cdot H_2O$ 沉淀，而原硅酸钙和钛酸钙不溶成为泥渣，分离出去泥渣后，得到铝酸钠溶液，再通入 CO_2 进行碳酸化分解，便析出 $Al(OH)_3$，而碳分母液经蒸发浓缩后返回配料烧结，循环使用。$Al(OH)_3$ 经过焙烧即为产品氧化铝。

碱石灰烧结法生产氧化铝基本工艺流程如图 4-3 所示。其主要工序有：生料配制和烧结、熟料溶出、粗液脱硅、碳酸化分解、氢氧化铝焙烧和碳分母液蒸发。

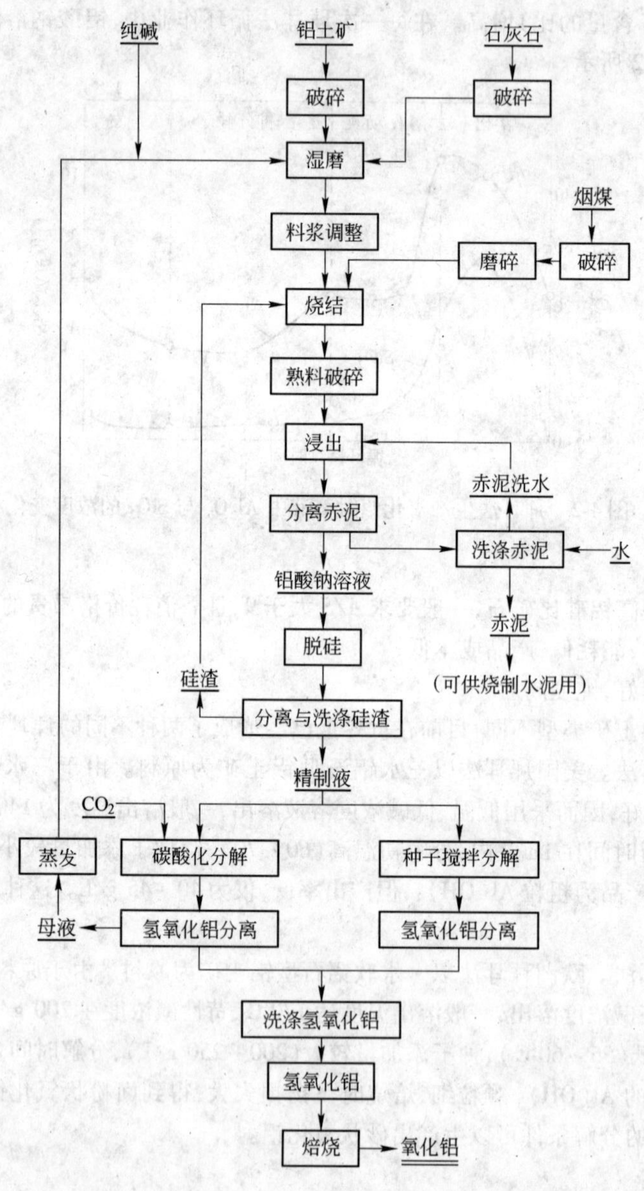

图 4-3　碱石灰烧结法生产氧化铝基本工艺流程

碱石灰烧结法的特点：

(1) 适合于低铝硅比矿(*A/S* 3 ~ 6)，并可同时生产氧化铝和水泥等，有利于原料的综合利用，且利用较便宜的碳酸钠；

(2) 流程复杂,能耗高,成本高;

(3) 产品质量较拜耳法低。

4.3.3 拜耳—烧结联合法

拜耳法和碱石灰烧结法是目前工业上生产氧化铝的主要方法,它们各有其优缺点和适用范围。在某些情况下,如处理中等品位或同时处理高、低两种品位的铝土矿,特别是生产规模较大时,采用拜耳法和烧结法的联合流程,可以兼有两种方法的优点,而消除其缺点,获得比单一方法更好的经济效果,同时使铝矿资源得到更充分的利用。联合法又分为并联、串联和混联三种基本流程,其主要适用于 A/S 大于4.5的中低品位铝土矿。但其存在工艺流程复杂、能耗高、设备投资大的缺点。

4.3.3.1 串联法

串联法是先以较简单的拜耳法处理铝矿石,提取其中大部分氧化铝,然后再用烧结法处理拜耳法赤泥,进一步提取其中的氧化铝和碱,所得的铝酸钠溶液并入拜耳法。对于中等品位的铝土矿(A/S 4~7)或品位较低但易溶的三水铝石型铝土矿,采用串联法往往比烧结法有利。串联法工艺流程如图4-4所示。

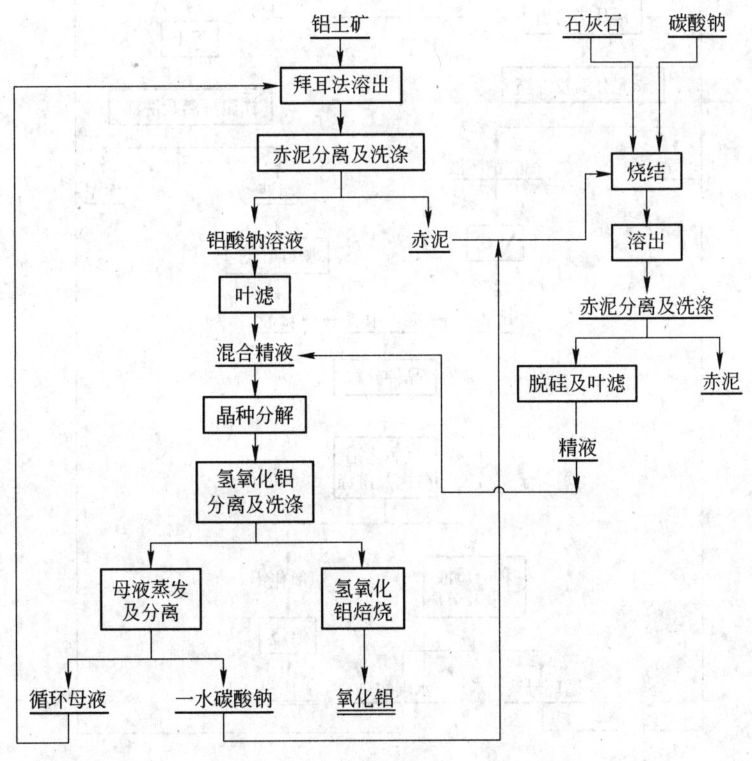

图4-4 串联法生产氧化铝工艺流程

串联法的主要优点:

(1) 可以克服矿石中碳酸盐及有机物含量高带来的困难;

(2) 由于矿石经过拜耳法和烧结法两次处理,因而氧化铝总回收率高;

(3) 矿石中大部分氧化铝由加工费和投资费都较低的拜耳法提取出来,故使消耗于熟料窑的投资及单位产品的加工费减少,产品成本降低。

串联法的主要缺点：

(1) 拜耳法赤泥炉料的烧结比较困难，而烧结过程能否顺利进行及熟料质量的好坏又是串联法的关键。此外，当矿石中 Fe_2O_3 含量低时，还存在烧结法系统供碱不足的问题。

(2) 较难维持拜耳法和烧结法的平衡和整个生产的均衡稳定。与并联法相比，串联法中拜耳法系统的生产在更大程度上受烧结法系统的影响和制约，而在拜耳法系统中，如果矿石品位和溶出条件等发生波动时，会使 Al_2O_3 溶出率和所产赤泥的成分与数量随之波动，又直接影响烧结法的生产。所以，两个系统互相影响，给生产调控带来一定的困难。

4.3.3.2 并联法

并联法包括拜耳法和烧结法两个平行的生产系统，以拜耳法处理低硅铝土矿，以烧结法处理高硅铝土矿或霞石等低品位铝矿。但也有的工厂烧结法系统采用低硅铝土矿，此时烧结法炉料中不配石灰石，即采用所谓两组分炉料(铝土矿与碳酸钠)。烧结法系统的溶液并入拜耳法系统，以补偿拜耳法系统的苛性碱损失。并联法工艺流程如图 4-5 所示。

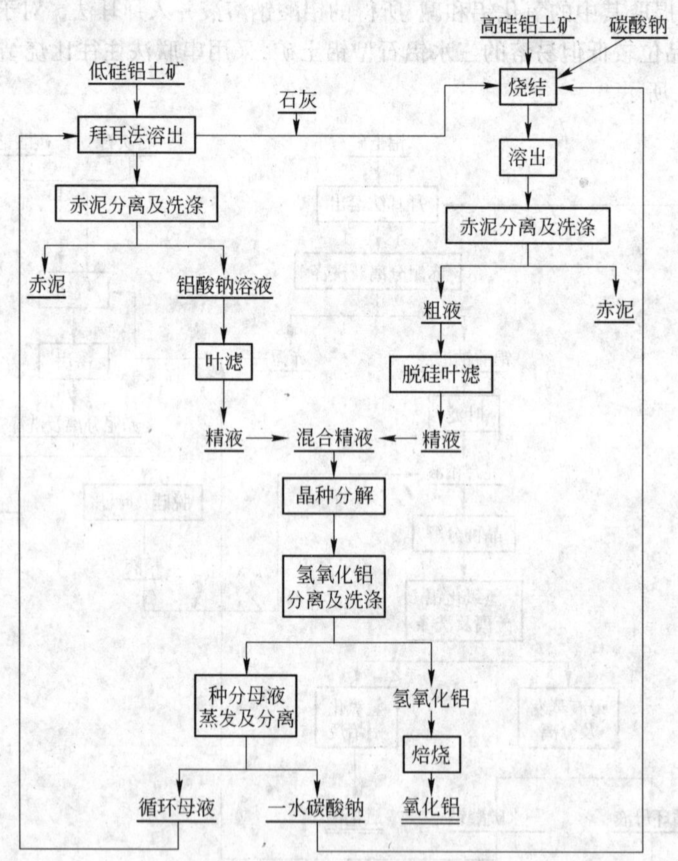

图 4-5 并联法生产氧化铝工艺流程

并联法的主要优点：

(1) 可以在处理优质铝土矿的同时，处理一些低品位铝土矿。

(2) 种分母液蒸发时析出的一水碳酸钠直接送往烧结法系统配料，因而取消了拜耳法的碳酸钠苛化工序，从而也就免除了苛化所得稀碱液的蒸发过程。同时，一水碳酸钠吸附的大量有机物可在烧结过程中烧掉，避免有机物对拜耳法某些工序的不良影响。

(3) 生产过程中的全部碱损失都用价格较低的碳酸钠补充,这比用苛性碱要经济,产品成本低。

并联法的主要缺点:

(1) 用铝酸钠溶液代替纯苛性碱补偿拜耳法系统的苛性碱损失,使得拜耳法各工序的循环量增加,从而对各工序的技术经济指标有影响。

(2) 工艺流程比较复杂。拜耳法系统的生产受烧结法系统的影响和制约,必须有足够的循环母液储量,以免因不能供应拜耳法系统足够的铝酸钠溶液时使拜耳法系统减产。

4.3.3.3　混联法

当铝土矿中铁含量低,使串联法中的烧结法系统供碱不足时,解决补碱的方法之一就是在拜耳法赤泥中添加一部分低品位矿石进行烧结。添加矿石使熟料铝硅比提高,也使炉料熔点提高,烧成温度范围变宽,从而改善了烧结过程。这种将拜耳法和同时处理拜耳法赤泥与低品位铝土矿的烧结法结合在一起的联合法,叫混联法。目前只有我国郑州铝厂采用混联法。混联法工艺流程如图4-6所示。

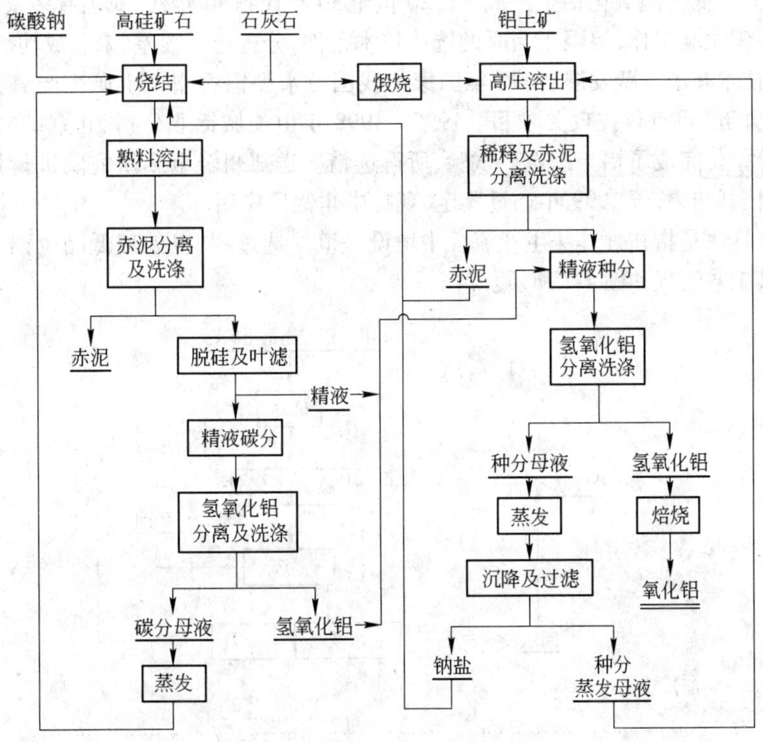

图4-6　混联法生产氧化铝工艺流程

混联法的主要优缺点:混联法除了具有串联法和并联法的一些优点外,它还解决了用纯串联法处理低铁铝土矿时补碱不足的问题,提高了熟料 A/S,既改善了烧结过程,又合理地利用了低品位矿石,由于增加了碳酸化分解过程,作为调节过剩苛性碱溶液的平衡措施,而有利于整个生产流程的协调配合。但是混联法存在流程长、设备繁多、投资大,能耗高的严重缺点。所以,有人提出"实现混联法向串联法转变可以说是我国氧化铝工业发展的一个方向"。因为串联法与混联法相比,流程简单,烧结法比例减少,能耗和碱耗低,是处理低品位矿石最经济的方法,而且对矿石条件的适应性较强。

4.3.4 选矿—拜耳法新工艺

自19世纪末拜耳发明生产氧化铝的拜耳法工艺以来，世界上一直用铝土矿原矿或洗矿脱泥后的原矿来生产氧化铝。随着氧化铝工业的发展及矿石资源的贫乏，铝土矿选矿逐渐引起人们的关注。为了充分利用低质铝土矿资源，国内外近几十年做了许多研究工作，在洗矿、筛选、浮选、磁选、选择性絮凝、化学选矿等技术方面都取得了进展。其中洗、筛分选已广泛用于工业生产，对处理风化型矿床含泥三水铝石、一水软铝石型铝土矿的脱硅很有效。

国外铝土矿资源以适宜直接用拜耳法的三水铝石型铝土矿为主，而我国虽然有丰富的铝土矿资源，但绝大多数为高铝、高硅、A/S 较低（4～8）的中、低品位铝土矿，占总储量的80%。为此，我国开发了碱石灰烧结法，特别是我国还自主开发了拜耳—烧结联合法。但是烧结法、联合法的生产能耗、成本比拜耳法的高得多，这严重制约我国氧化铝工业的进一步发展，使我国氧化铝工业在国际上缺乏竞争力，氧化铝工业急需创新。

显然，如能采用成本低廉的选矿方法预脱除铝土矿中的硅，以代替高能耗的碱石灰烧结法预脱硅，将会大大降低我国氧化铝生产成本。20世纪50年代到80年代，我国有多家单位曾做了铝土矿选矿的探索试验工作，但限于当时的选矿技术条件，分选指标很差，未获成功。自90年代以来，我国选矿技术有了飞跃发展，1996年国家将我国一水硬铝石型铝土矿生产氧化铝新工艺流程研究列入“九五”重点科技攻关项目。1996～1998年由长城铝业公司、北京矿冶研究总院、中南工业大学等单位完成了铝土矿选矿试验，所得选精矿送郑州轻金属研究院进行拜耳法溶出小试，也取得了较好结果，于1999年通过鉴定，现在中州铝厂应用。

选矿—拜耳法是指在拜耳法生产流程中增设一道浮选过程，以处理低品位铝土矿生产氧化铝的方法。其工艺流程如图4-7所示。

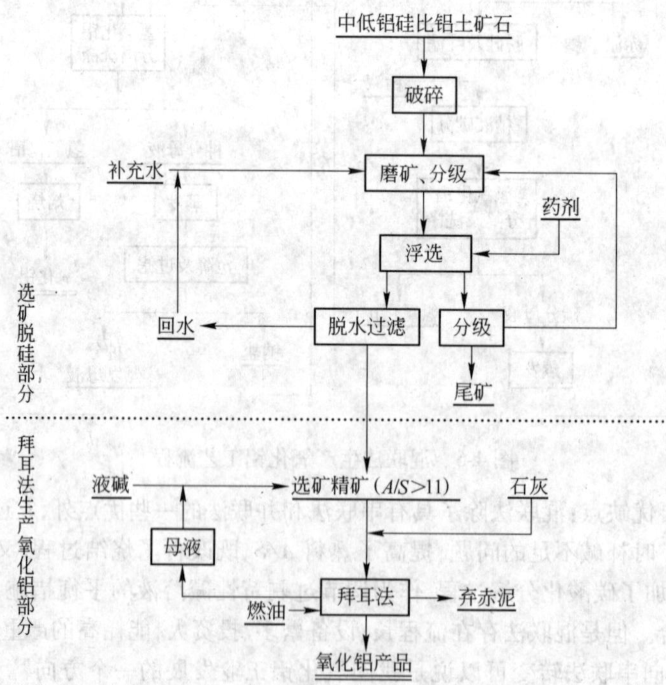

图4-7 选矿—拜耳法生产氧化铝新工艺流程

选矿—拜耳法的主要技术特点：

(1)利用选矿和冶炼两专业各自的工艺优势，即采用较经济的浮选（物理选矿）手段，可将我国铝土矿资源的平均铝硅比（A/S）由5～6提高到8以上，以满足拜耳法生产的要求，从而提高氧化铝生产的经济效益。选矿—拜耳法生产氧化铝新工艺使低品位铝土矿资源起死回生，对全世界低品位铝土矿资源的开发利用具有重要意义。

根据我国山东、山西、河南等地高岭石－一水硬铝石型铝土矿浮选试验研究表明，应用阶段磨矿、阶段选别的合理制度和药剂（以碳酸钠和硫酸钠为调整剂，六偏磷酸为抑制剂，用氧化石蜡皂和塔尔油或癸二酸下脚料的脂肪酸为一水硬铝石的有效捕集剂），浮选脱硅效果较好，其浮选半工业化试验结果见表4-2。

表4-2 我国各矿区铝土矿半工业化浮选结果

矿 山	Al_2O_3 含量/%			SiO_2 含量/%			铝硅比	
	原矿	精矿	尾矿	原矿	精矿	尾矿	原矿	精矿
山西孝义铝矿	66.04	76.25	55.96	13.07	7.85	23.17	5.1	8.41
河南小关铝矿	64.27	71.34	50.23	13.97	7.73	26.35	4.6	9.23
广西平果铝矿	52.33	56.13	34.40	9.06	6.13	22.81	5.78	9.13
黔中铝矿	66.80	70.49	55.80	12.23	8.71	23.10	5.74	8.09

(2)通过选矿流程的合理选择，使铝土矿入选粒度由小于0.074 mm的95%下降到75%，形成了完整的处理选精矿的拜耳法生产新工艺。

(3)除增设浮选和精矿过滤过程外，工艺流程与拜耳法相同。

(4)与混联法流程比较，取消了能耗高的烧结法系统，流程较简单，能耗大幅度下降，总成本费用降低8.75%。

(5)由于选矿后产生部分尾矿，使生产1t氧化铝的原矿耗量相对增大，但尾矿可以综合利用。

矿山开采出来的铝土矿矿石经过选矿，从中选出有用的精矿矿石后，剩下的一部分矿渣为尾矿，其成分及产量随原矿成分及选矿方法不同而异。通常，当原矿含 Al_2O_3 在50%～60%时，尾矿产量约在35%～38%左右；尾矿中主要成分为 Al_2O_3 和 SiO_2，少量的有钙、镁、铁、钛的氧化物。我国几个重点铝矿矿山的矿石经选矿后的尾矿成分见表4-3。

表4-3 各铝矿矿山选矿后尾矿的化学成分 (%)

矿 山	Al_2O_3	SiO_2	Fe_2O_3	CaO	MgO	TiO_2	K_2O	Na_2O	灼减
孝义铝矿	57.48	23.79	1.61	0.13	2.87	2.87	0.14	0.10	13.99
阳泉铝矿	58.87	21.59	1.17	0.14	3.09	3.09	0.18	0.08	14.05
小关铝矿	50.50	25.25	3.50	0.65	3.05	3.05	1.35	0.56	13.05

从表4-3中可见，尾矿成分均达到了原冶金部颁发的YB2212—73标准的二级品铝矾土原料的要求。

根据国内资料以及尾矿性能的测定，尾矿可作耐火黏土、建筑水泥配料、瓷砖等。如山西孝义矿的选矿尾矿含 Al_2O_3 57.48%，Fe_2O_3 1.61%，CaO 0.13%，耐火度大于1799℃，符合高硅铝矾土耐火材料标准；广西平果铝土矿尾矿所含铁量高，也可作建筑用砖，成形后可达15 MPa，强度超过普通砖的一倍。

通常，尾矿以矿浆状态排出，需要有尾矿输送和堆存系统设施。一般是利用山谷、山坡地围筑拦坝，形成一定容积的尾矿库，将尾矿排入其中，以便暂时储存和利用，或长久妥善储存，防止流失和污染环境。

4.3.5 石灰—拜耳法

石灰—拜耳法生产氧化铝新工艺，就是在拜耳法溶出过程中添加较常规拜耳法适当过量的石灰，选择适当的工艺条件，使赤泥中的水合铝硅酸钠（$Na_2O \cdot Al_2O_3 \cdot 1.7\ SiO_2 \cdot nH_2O$）部分地转变为水合铝硅酸钙（$3CaO \cdot Al_2O_3 \cdot 0.9\ SiO_2 \cdot 4.2H_2O$），以降低赤泥中 Na_2O 含量和生产碱耗，使较低品位的铝土矿可用拜耳法处理。

（1）基本原理。石灰—拜耳法的基本原理，在拜耳法铝土矿溶出过程中加入过量的石灰，即配入的石灰量除满足与 TiO_2 反应所需的常规石灰添加量外，还要部分或全部满足与 SiO_2 反应所需要的石灰量，使溶出过程中的脱硅产物部分或全部由含水铝硅酸钠变为水合铝硅酸钙，其反应式见式 4-7：

$$xNa_2SiO_3 + 3Ca(OH)_2 + 2\ NaAl(OH)_4 + aq \rightarrow$$
$$3CaO \cdot Al_2O_3 \cdot xSiO_2 \cdot nH_2O \downarrow + 2(1+x)NaOH + aq \tag{4-7}$$

试验研究表明，反应中 x 值为 0.9 ~ 1.0。从反应式可见，石灰—拜耳法溶出脱硅产物不含碱，当配入足够量的石灰时，理论上赤泥中 Na_2O 的化学损失趋于零，即氧化铝生产的碱耗与铝土矿中的 SiO_2 含量无直接关系，这就打破了常规拜耳法铝土矿中 SiO_2 含量（或 A/S）与碱耗的依赖关系，大大放宽了拜耳法对铝土矿 A/S 的限制，使我国低品位的一水硬铝石型铝土矿适用于拜耳法处理。

但是，由研究结果可知，事实上赤泥中的水合铝硅酸钠和水合铝硅酸钙之间保持一定的平衡关系，常规拜耳法赤泥中的硅矿物以钠硅渣为主，而石灰—拜耳法赤泥的硅矿物则以水化石榴石为主。

（2）工艺条件。采用石灰—拜耳法新工艺的目的在于有效降低化学损失的碱耗，从而取得最佳的技术经济效果。因此，所选取的工艺条件应保证溶出后赤泥中的 N/S 和 A/S 值允许赤泥直接外排，而不必再通过烧结法等工序回收赤泥中的 Na_2O 和 Al_2O_3，从而简化工艺流程，以取得显著的技术经济效果。

1）溶出条件的确定。根据目前我国氧化铝工业的生产条件，为保证赤泥中 N/S 和 A/S 值尽可能的低，石灰—拜耳法溶出条件可确定为：溶出温度 260 ~ 265℃，溶出时间 60 ~ 90 min，母液碱浓度 230 g/L。

2）石灰添加量的确定。由于不同地区铝土矿的 TiO_2 和 SiO_2 含量不同，石灰—拜耳法的最佳石灰添加量也不相同，需要进行试验研究来确定。

3）需要采用高分子絮凝剂等措施，改善赤泥的沉降性能。采用石灰—拜耳法新工艺，由于石灰量的增加使赤泥量随之增加。在相同溶出条件下，对比石灰—拜耳法和常规拜耳法赤泥性能的试验结果表明，前者赤泥压缩性能优于后者，但石灰—拜耳法赤泥的沉降速度比常规拜耳法的差。絮凝剂、温度、稀释液浓度、固含对赤泥的沉降性能影响较大，因此，通过选择高分子絮凝剂、提高沉降速度、降低稀释液浓度等措施，可以改善石灰—拜耳法赤泥的沉降性能。

（3）石灰—拜耳法的优越性：

1）石灰—拜耳法与国内现行的混联法相比，由于取消了高热耗的熟料烧结过程及相应的湿法系统，具有流程短、投资少、生产热耗低、显著降低碱耗等特点。虽然铝土矿等费用有所增加，但能源、动力及制造方面的费用大幅度下降，其综合经济效益明显。以新建规模为 600 kt/a 的企业计算，石灰—拜耳法与混联法相比，工艺设备投资节省 24.5%，每吨氧化铝的原矿消耗虽有增加，但优质烧成煤及石灰石均明显减少，每吨氧化铝节电 50 kW · h 以上，生产能耗降低 41.5%，氧化铝制造成本可降低约 180 元,经济效益显著。

2) 石灰—拜耳法与选矿—拜耳法相比,也有工艺流程短,碱耗低(生产 1 t 成品氧化铝耗碱 10 kg),1 t 氧化铝生产成本低约 50 元的优点。石灰—拜耳法比较条件和结果见表 4-4。

表 4-4 石灰—拜耳法比较条件和结果

比较项目	石灰—拜耳法	选矿—拜耳法	拜耳法（平果铝厂）	拜耳法（澳大利亚拟建）
铝矿成分:				
Al_2O_3 含量/%	64.6	64.6	63.5	55.0
SiO_2 含量/%	11.29	11.29	4.23	5.6
A/S	5.72	5.72	15	9.82
铝矿类型	一水硬铝石	一水硬铝石	一水硬铝石	三水铝石
主要消耗指标(以 1 t 产品氧化铝计):				
铝矿/t	2.16	2.119	1.894	2.1
石灰石/t	0.780	0.243	0.45	0.054
碱耗/kg (100% NaOH)	80.0	90.0	73.9	95.3
氧化铝实收率/%	73.7	72.5	83.1	86.6
工艺能耗/GJ	16.5	16.1	15.78	11.7
工艺设备费/%	75.3	72.7		
1 t 氧化铝生产成本①/元	1139.0	1194.23		

① 按 600 kt/a 建设规模和 1996 年的价格水平计算。铝土矿选矿厂每吨原矿的选矿加工成本为 57.75 元,折合每吨精矿的选矿加工成本为 72.61 元。

4.4 拜耳法主要生产车间工艺流程

氧化铝生产工艺流程长,全厂主要生产车间和工序多,一般拜耳法氧化铝厂分为 5 个主要生产车间,35 个主要生产工序;烧结法厂也分为 5 个主要生产车间,22 个主要工序;联合法厂分为 6 个主要生产车间,42 个主要生产工序。下面仅就拜耳法氧化铝厂主要生产车间工艺流程进行论述。

4.4.1 原矿浆制备

4.4.1.1 原矿浆制备的地位和特点

原矿浆的制备工艺,就是把拜耳法生产氧化铝所用的原料——铝土矿、石灰、循环母液,按一定的比例配制出化学成分、物理性能都符合要求的原矿浆。因此,其在氧化铝生产中具有以下重要地位和特点:

(1) 原矿浆制备是氧化铝生产第一道工序;

(2) 将氧化铝生产所用的各种原料按规定的数量比例进行配合混匀——严格的配料是氧化铝生产的基础,因为能否制备出满足氧化铝生产要求的原矿浆,将直接影响氧化铝的溶出率、赤泥的沉降性能、种分分解率及氧化铝的产量等技术经济指标;

(3) 原矿浆制备主要包括原料储存、输送、破碎、细磨等过程,是以物理加工为主的工序。

氧化铝厂由于条件不同,采用的原矿浆制备工艺流程不尽相同,但其在原则上没有本质的区别。图 4-8 为拜耳法生产氧化铝的原矿浆制备主要工艺流程。

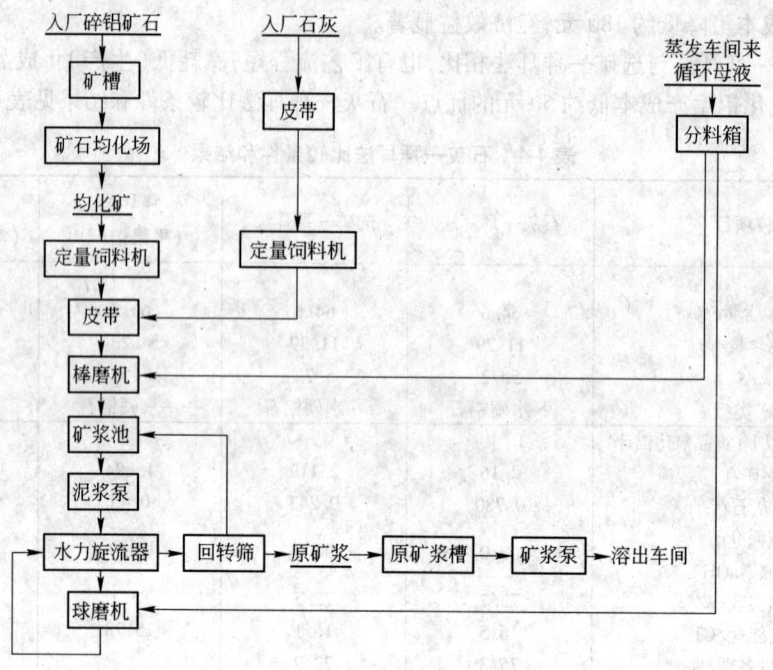

图 4-8　原矿浆制备主要工艺流程

有些氧化铝厂的原矿浆制备车间还包括石灰乳的制备,即用石灰与热水进行苛化反应($CaO + H_2O = Ca(OH)_2$)制备合格的石灰乳,然后用泵送至赤泥沉降的叶滤工序和蒸发车间的苏打苛化工序使用。石灰乳的制备工艺流程如图 4-9 所示。

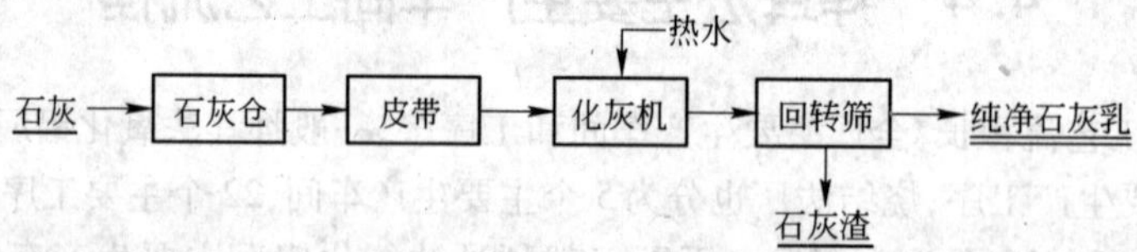

图 4-9　石灰乳制备工艺流程

石灰乳制备的技术条件:

(1) 石灰消化率是由工业石灰中含有未被分解的 $CaCO_3$,以及由于搅拌和消化时间等因素的影响,可以取为 80%;

(2) 消化渣含水率主要取决于消化浆液的分离设备,用回转筛分离时,可取为 20%;

(3) 石灰乳浓度,CaO 为 180 g/L。

4.4.1.2　*原矿浆制备的影响因素*

原矿浆制备的主要影响因素:

(1) 矿石 *A/S* 和 Al_2O_3 含量(%)的稳定和均匀。这是确保氧化铝溶出率和产量的重要因素。一般工厂规定矿石均化技术指标:*A/S* 波动小于 0.5%,Al_2O_3 含量波动小于 1%。

(2) 矿石磨细程度(细度)。溶出过程是多相反应,溶出反应及扩散过程均在相界面进行,溶出速度与相界面面积成正比,矿石磨的越细,溶出速度越快。另外,矿石磨细后,才能使原来被杂质包裹的氧化铝水合物暴露出来,增加矿粒内部的裂缝,缩短毛细管长度,也能促进溶出过程的进行。

矿石磨细程度对溶出过程影响的大小与矿石的矿物化学组成和结构密切相关,如松散、含杂质少的易溶三水铝石型铝土矿,由于本身缝隙很多,便于扩散,矿石不必磨得很细,而结构致密的一水硬铝石型铝土矿,要求磨得细些。但并不是越细越好,过磨已无助于氧化铝溶出率的继续提高,反而会增大动力消耗、降低产能,还不利于溶出后赤泥的沉降分离与洗涤。此外,在溶出过程中物料还会自动细化,故矿石细磨粒度可稍粗些。

原矿浆的合适粒度可根据各粒级对溶出率影响的试验结果和工厂生产实践来确定,并且由磨机的研磨介质配比与填充率、磨矿浓度、球料比、旋流器进料压力与沉砂口尺寸等来保证。通常一水硬铝石型铝土矿溶出要求原矿浆细度:100%小于500 μm,99%小于315 μm,70%~75%小于63 μm。

(3) 石灰添加量。工厂实践表明,对一水硬铝石型铝土矿来说,添加石灰不仅可使 Al_2O_3 溶出速度加快,溶出率直线上升,而且赤泥中的含碱量下降。因此,工业上处理一水硬铝石型铝土矿和处理一水软铝石型铝土矿时普遍添加石灰,石灰添加量高达8%~10%。但是,当石灰添加量超过一定量时,氧化铝的溶出率便从最高点慢慢下降。因此,对氧化铝溶出率来说,石灰添加量有一个最佳值。

添加石灰的作用原理,较多的人认为一水硬铝石表面有致密的钛酸钠阻碍层,由于添加的石灰与其反应生成了不溶性的钛酸钙结晶而使阻碍层被破坏,从而使 Al_2O_3 溶出得以进行。但是,它无法解释石灰为什么能加速晶体粗大的一水软铝石溶出的问题。石灰添加量超过某一限度后,由于生成水和铝酸钙($3CaO \cdot Al_2O_3 \cdot 6H_2O$)及水化石榴石($3CaO \cdot Al_2O_3 \cdot xSiO_2(6-2x)H_2O$)等原因,导致增加了 Al_2O_3 的化学损失。

还应指出,在溶出一水硬铝石型铝土矿时,要求添加活性石灰(又称快消化石灰,是一种性能活泼,反应能力很强的软烧石灰、新鲜的石灰)。其气孔率在50%以上,体积密度小(1.5~1.7 g/cm^3),比表面积大(约为1~1.5 m^2/g),晶粒小。储存时间长的、活性低的石灰,其CaO变成了 $Ca(OH)_2$,对一水硬铝石溶出几乎不起催化作用。

(4) 配料摩尔比,是指在铝土矿溶出时按配料比预期达到的溶出液摩尔比,其数值越高,即对单位质量的矿石配入的碱量也越多,料浆固含量越少。这时,由于在溶出过程中溶液始终保持着很大的未饱和度,致使溶出速度很快。但是,这会使碱的循环效率降低,物料流量增大。例如,配料摩尔比由1.8降低到1.2时,料浆流量则减少为原来的50%。循环碱液量公式为:

$$N = 0.608\,\frac{(MR)_{母液} \times (MR)_{溶}}{(MR)_{母液} - (MR)_{溶}} \tag{4-8}$$

式中 N——每生产1 t氧化铝所需的循环碱液量,t;

0.608——Na_2O 与 Al_2O_3 的相对分子质量比值;

$(MR)_{母液}$——母液中的摩尔比,

$(MR)_{溶}$——溶出液中的摩尔比。

从式4-8可以看出,为了降低循环碱量,降低配料摩尔比要比提高母液摩尔比的效果更大。低摩尔比的溶出液还有利于种分过程的进行。

为了保证矿石中的 Al_2O_3 具有较高的溶出速度和溶出率,配料摩尔比要比相同条件下平衡溶液(Al_2O_3 的饱和溶液)摩尔比高出0.15~0.20。随着溶出温度的提高,这个差别可以适当缩小。由于生产中铝酸钠溶液含有多种杂质,所以它的平衡摩尔比不同于 Na_2O-Al_2O_3-H_2O 系等温线所示的数值,需要通过试验来确定,然后即可确定 $(MR)_{配料} = (MR)_{平衡} + (0.15 \sim 0.20)$。

4.4.1.3 *矿石均化*

矿石均化的原理:矿石均化的目的是保证进原料磨的铝矿石成分稳定,一般采用平铺垂直截取矿石法来达到。品位不均的碎矿石,从原矿堆场送到均化布料皮带上,经其上的布料小车均速来回一层一层地均匀布料,使不同品位铝矿石分层平铺重叠起来,堆成100多米长、10 m高的矿堆。取料机取料时,则采用从横向截面来回切取的取料方式,使每批取出送至原料磨的矿石都是所有参与堆存的不同品位铝土矿的均匀混合矿,从而达到平铺截取均化作业,进一步保证矿石成分稳定的目的。

一般工厂规定,矿石均化技术指标为:A/S 波动小于 0.5, Al_2O_3 含量波动小于 1%。

4.4.1.4 *原矿浆的配料计算*

为了达到预期的溶出效果,必须进行配料计算以确保铝土矿、石灰和循环母液的配比,制取合格的原矿浆。

在实际生产中,一般是通过试验和技术经济比较,确定最适宜的配料摩尔比,然后根据矿石的组成以及循环母液的成分进行原矿浆的配料计算,其计算公式为:

$$V = \frac{0.608 \times A_{矿} \times \eta_A \times MR + (S_{矿} + S_{灰} \times W) \times b + 1.41 \times (C_{矿} + C_{灰} \times W)}{n_{K循} \dfrac{- n_{A循} \times MR}{1.645}} \tag{4-9}$$

式中 V——每吨铝土矿应配入的循环母液量, m^3;

$n_{K循}$、$n_{A循}$——循环母液中的 Na_2O 和 Al_2O_3 的浓度,g/L;

$A_{矿}$、$S_{矿}$、$C_{矿}$——铝土矿中 Al_2O_3、SiO_2、CO_2 的含量,%;

$S_{灰}$、$C_{灰}$——石灰中 SiO_2、CO_2 的含量,%;

MR——配料摩尔比值;

η_A——Al_2O_3 溶出率,%;

W——石灰添加量占矿石量的百分比,%;

b——赤泥中 Na_2O 与 SiO_2 的质量比;

0.608——赤泥($Na_2O \cdot Al_2O_3 \cdot 1.7SiO_2 \cdot nH_2O$)中每千克 SiO_2 造成 0.608 kg 的 Na_2O 损失;

1.645——Al_2O_3 与 Na_2O 的相对分子质量比值;

1.41——Na_2O 与 CO_2 的相对分子质量比值;

$(S_{矿} + S_{灰} \times W) \times b$——赤泥中与 SiO_2 相应的 Na_2O 的比值。

如果矿石、石灰和循环母液的计算很准确,配料操作就可根据下料量来控制循环母液加入量。

生产上常常是用测定原矿浆的液固比(L/S)的方法来检查原矿浆是否合格,进而控制配料操作。液固比是原矿浆中液相质量(L)与固相质量(S)的比值,可用下式计算:

$$\frac{L}{S} = \frac{\rho_L(\rho_S - \rho_P)}{\rho_S(\rho_P - \rho_L)} \tag{4-10}$$

式中 ρ_L——循环母液的密度, t/m^3;

ρ_S——原矿浆中的固相密度, t/m^3;

ρ_P——原矿浆的密度, t/m^3,可用放射性同位素密度计测定。

4.4.2 铝土矿溶出

铝土矿溶出是拜耳法生产氧化铝的两大核心工序之一。其任务在于用苛性碱溶液处理铝土矿,使其中的氧化铝水合物转化成铝酸钠溶液,矿石中的铁、钛等杂质和绝大部分硅成为不溶性化合物,经过矿浆稀释、赤泥分离和叶滤后制得精液送去分解车间。溶出效果好坏直接影响到整个拜耳法生产氧化铝的技术经济指标。

4.4.2.1 *影响铝土矿溶出过程的因素*

在铝土矿溶出过程中,由于整个过程是复杂的多相反应,所以影响溶出过程的因素较多,可分为铝土矿本身的溶出性能和溶出过程作业条件两个方面。

铝土矿的溶出性能是指用碱液溶出其中的 Al_2O_3 的难易程度。其取决于氧化铝水合物矿物的晶型、结构形态(矿石表面的外观形态和结晶度等)、杂质含量和分布情况等。致密的铝土矿几乎没有孔隙和裂缝,它比疏松多孔的铝土矿溶出性能差得多。铝土矿中的 TiO_2、Fe_2O_3 和 SiO_2 等杂质越多,越分散,氧化铝水合物被其包裹的程度越大,与碱液的接触条件越差,溶出就越困难。

溶出过程作业条件的影响因素有:

(1) 溶出温度。提高温度有利于增加溶出速率,溶出设备的产能因此也显著提高。提高温度后,铝土矿在碱溶液中的溶解度显著增加,溶液的平衡摩尔比明显降低,使用浓度较低的母液就可以得到低摩尔比的溶出液。由于溶出液与循环母液的 Na_2O 浓度差缩小,蒸发作业负担减轻,使碱的循环效率提高。此外,提高溶出温度还可使赤泥结构和沉降性能得到改善,低摩尔比的溶出液有利于制取砂状氧化铝。

提高温度使矿石在矿物形态方面的差别所造成的影响趋于消失。例如,在300℃以上的温度下,不论氧化铝水合物的矿物形态如何,大多数铝土矿的溶出过程都可以在几分钟内完成,并得到近于饱和的铝酸钠溶液。

但是,提高溶出温度会使溶液的饱和蒸气压急剧增大,溶出设备和操作上的困难也随之增加,这就使提高溶出温度受到限制。

(2) 搅拌强度。当提高溶出温度时,溶出速度由扩散所决定,因而加强搅拌能够起到强化传质过程,从而强化溶出过程的作用。此外,提高矿浆的湍流程度也是防止加热表面结疤,改善传热的需要。

在管道化溶出器中矿浆流速达1.5~5 m/s,雷诺数 Re 达 10^5 数量级,具有高度湍流性质,成为强化溶出过程的一个重要原因。在间接加热机械搅拌的高压溶出器组中,除矿浆沿流动方向运动外,还在机械搅拌下强烈运动,湍流程度也较强。矿浆湍流程度越高,结疤越轻微,设备的传热系数可保持为8360 kJ/(m^2·h·℃),比有结疤时大约高出10倍。

(3) 循环母液浓度。当其他条件相同时,母液碱浓度越高,Al_2O_3 的未饱和程度越大,铝矿石中 Al_2O_3 的溶出速度越快,而且能得到摩尔比低的溶出液。高浓度溶液的饱和蒸气压低,设备所承受的压力也低些。但是从整个流程来看,种分后的铝酸钠溶液(即蒸发原液)的 Na_2O 浓度不宜超过240 g/L。如果要求母液的碱浓度过高,蒸发过程的负担和困难必然增大,所以从整个流程来衡量,母液的碱浓度只宜保持为适当的数值。

(4) 配料摩尔比。配料摩尔比对铝土矿溶出的影响,见前面所述。

(5) 矿石细磨程度。矿石磨细度对铝土矿溶出的影响,见前面所述。

(6) 溶出时间。在铝土矿溶出过程中,只要 Al_2O_3 溶出率没有达到最大值,增加溶出时间,Al_2O_3 的溶出率就会增加。例如广西平果一水硬铝石型铝土矿,当溶出温度为250℃时,溶出时间对溶出率影响很大。当溶出强度提高后,溶出时间对溶出率的影响相对减弱。

4.4.2.2 溶出工艺流程的选择

溶出工艺主要取决于铝土矿的化学成分及矿物组成的类型。

铝土矿中除 Al_2O_3 还含有多种杂质,其中氧化硅、氧化钛等是拜耳法生产氧化铝过程中最有害的杂质,它们在溶出过程中的行为与溶出工艺方案选择有密切关系。

铝土矿中的氧化硅主要以高岭石、伊利石形态存在。高岭石($Al_2O_3 \cdot 2SiO_2 \cdot 2H_2O$)在溶出时于较低温度(70~95℃)下就可被碱液溶解,以硅酸钠形态进入溶液,然后与铝酸钠溶液反应生成水合铝硅酸钠($Na_2O \cdot Al_2O_3 \cdot xSiO_2 \cdot nH_2O$ 称为钠硅渣),其大部分进入赤泥,少量溶解于铝酸钠溶液中,在溶液成分和温度变化时,再继续成为固体析出(称为脱硅)。伊利石又称水白云母,分子式为 $KAl_2[(Si \cdot Al)_4O_{10}](OH)_2 \cdot nH_2O$,在 Na_2O 浓度为225 g/L 的母液中,于180℃以上才明显地与碱液反应,在温度250℃时,可在20 min 内完全分解并转变为钠硅渣。在我国氧化铝生产工艺条件下,伊利石难于用预脱硅方法脱除,而在预热温度下却又大量反应,生成含有钾的方钠石结疤,因此导致预热时导热系数的降低。总之,生产中铝土矿中含硅矿物所造成的危害,除由于生成钠硅渣引起 Al_2O_3 和 Na_2O 的化学损失,以及钠硅渣进入 $Al(OH)_3$ 后降低成品 Al_2O_3 质量外,硅渣在生产设备和管道,特别是在换热器表面上析出,形成结疤,使传热系数大大降低,增加能耗和清理工作量。

铝土矿中含有2%~4%的 TiO_2,一般情况下 TiO_2 以金红石、锐钛矿和板钛矿形态存在。在拜耳法处理三水铝石型或一水软铝石型铝土矿时,TiO_2 与 NaOH 作用生成 $Na_2O \cdot 3TiO_2 \cdot 2H_2O$,以热水洗涤时可发生水解生成 $Na_2O \cdot 6TiO_2$,造成碱损失,并引起赤泥沉降性能恶化。在处理一水硬铝石型铝土矿时,TiO_2 的存在严重降低 Al_2O_3 的溶出率,而为提高 Al_2O_3 溶出率,必须加入适量的石灰。另外,在生产中发现,预热矿浆的温度大于140℃时,加热管表面上的结疤速度加快,结疤中含有较高数量的 TiO_2 和 CaO,即钛结疤。

工业中,为了防止和减轻矿浆加热时在预热器和溶出器表面上产生结疤,采用原矿浆常压预脱硅、管道化溶出,双流法溶出工艺等是行之有效的办法。

铝土矿的矿物类型对氧化铝的溶出性能影响很大。三水铝石型铝土矿中的氧化铝最容易被苛碱溶液溶出,一水软铝石型的次之,一水硬铝石型矿石则难溶出,通常要求温度240~250℃,苛碱液浓度240~300 g/L。

我国铝土矿资源的特点是,绝大多数(占全国铝土矿总储量的98.46%)为一水硬铝石,三水铝石只占1.54%,而一水硬铝石型铝土矿绝大部分具有高铝、高硅、低铁、铝硅比偏低的特点,铝硅比小于7的矿石量占72.5%。因此,提高温度强化溶出,采用高温260℃以上的压煮溶出或管道化溶出工艺,具有极其重要的意义。

A　原矿浆的常压预脱硅

预脱硅就是在高压溶出之前,将原矿浆在90℃以上搅拌6~10 h,使硅矿物尽可能转变为钠硅渣结晶,这个过程称为预脱硅。矿浆中生成的钠硅渣又可成为其他含硅矿物在更高温度下反应生成钠硅渣的晶种,因而减小了它们在加热表面上析出结疤的速度,从而使高压溶出器的工作周期(清理期)由3个月延长到6个月。

原矿浆预脱硅效果的好坏,不仅取决于硅矿物存在的形态和结晶的完整程度,而且与脱硅的温度、时间、溶液的浓度、是否加晶种和石灰添加量等因素有密切关系。国外三水铝石型铝土矿含活性 SiO_2(即在生产过程中能与碱反应而造成 Al_2O_3 和 Na_2O 损失的 SiO_2)高岭石,一般在95℃、8 h 条件下,预脱硅效率达75%~80%。我国广西平果矿、山西矿、河南矿和贵州矿加热到100℃左右,石灰添加量为7%和10%,循环母液 Na_2O219~331 g/L,搅拌4~8 h,常压预脱硅效果相差很大,主要与硅矿物的组成及结晶状态等因素有关。山西铝矿中高岭石占硅矿物的90%左右,高岭石活性大,在100℃条件下很快与 NaOH 反应生成钠硅渣结晶析出,所以脱硅效率高达80%。河南矿含硅矿物主要是伊利石,而伊利石在160℃下基本不与碱液反应,因此其常压脱硅率仅为24%。贵州矿含高岭石8%和伊利石5%,常压脱硅率为27%~39%。由于含钛矿物形态不同,平果矿和河南矿脱钛率也有差别:平果矿为24.9%,河南矿为8.52%。这主要因为平果矿 TiO_2 除以金红石、锐钛矿存在外,还含有钛铁矿及 TiO_2 凝胶。活性较大的 TiO_2 凝胶,在预脱硅条件下易与碱液发生化学反应。

脱硅率和脱钛率的计算公式如下:

$$\eta_S = \frac{S_H}{S_T} \times 100\% \tag{4-11}$$

$$\eta_T = \frac{T_H}{T_T} \times 100\% \tag{4-12}$$

式中 η_S——脱硅率,%;

S_H——固体中酸溶性 SiO_2 量;

S_T——固体中总 SiO_2 量;

η_T——脱钛率,%;

T_H——固体中酸溶性 TiO_2 量;

T_T——固体中总 TiO_2 量。

B 多罐串联连续溶出

随着溶出技术的进步,西欧国家一些氧化铝厂多半采用多罐串联压煮器连续溶出工艺流程,特点是蒸汽间接加热和机械搅拌,并有多级自蒸发和多级预热系统,溶出过程的技术经济指标得到显著的提高和改善。

间接加热压煮器连续溶出工艺流程如图 4-10 所示。

前苏联从 20 世纪 30 年代开始进行蒸汽直接加热的连续溶出工艺试验,至 50 年代初期,所有拜耳法厂均已采用这种铝土矿连续溶出工艺,其特点是将蒸汽直接通入压煮器加热矿浆,同时起到了搅拌矿浆的作用。这样就避免了间接加热时压煮器加热管表面结疤生成和清除的麻烦,同时取消了机械搅拌机构及大量附件,因而使压煮器结构变得简单,容易加工制造和清洗。

蒸汽直接加热连续高压溶出工艺流程如图 4-11 所示。其压煮器组包括:管壳式矿浆预热器、由 8 ~ 10 台(高径比大于 8,每台容积 25 ~ 50 m^3)的压煮器组成的压煮器组、两级自蒸发器。在头两个压煮器里新蒸汽直接加热矿浆,将矿浆从预热温度加热到最高反应温度。

郑州铝厂和贵州铝厂采用的拜耳法溶出是沿用前苏联的直接加热连续高压溶出工艺,其工艺流程比较简单,但存在很多缺点:

(1) 由于溶出流程采用两级自蒸发(一级自蒸发的蒸汽用来加热矿浆,而二级自蒸发的蒸发用来加热水),矿浆的预热温度低,一般为 130 ~ 160℃,主要靠前两个压煮器通入的新蒸汽与矿浆直接接触加热矿浆,使之达到 240 ~ 250℃的溶出温度。一般加热需要的新蒸汽量为 240 ~ 250 kg/m^3,这些蒸汽的冷凝水进入矿浆,使原矿浆碱液 Na_2O 浓度冲淡 50 g/L 左右,因而使矿浆 Na_2O 浓度从进入第一个压煮器的 270 g/L 左右下降到第三个压煮器的 220 g/L 左右,导致氧化铝的溶出速度减慢。

(2) 蒸发负荷加大,能耗增高。由于该流程的溶出温度较低,一般为 245℃,对溶出一水硬铝石型铝土矿来说,必须要求较高的碱浓度,一般在 220 g/L 以上。再考虑到蒸汽直接加热时使矿浆碱浓度冲淡 50 g/L 左右,这就要求蒸发母液 Na_2O 浓度需在 270 g/L 以上。将蒸发原液 Na_2O 135 g/L 蒸发到 220 g/L,1 t 拜耳法氧化铝蒸发汽耗为 3.25 t,进一步蒸发到 270 g/L 时,1 t 氧化铝多耗汽 0.95 t,使氧化铝汽耗从 3.25 t 增加到 4.2 t,再加上高压溶出汽耗 1.83 t,故蒸发总汽耗达到 6.03 t。

(3) 铝土矿中的粗颗粒溶出不完全。该流程中矿浆是在压煮器的上部进料而在底部出料。由于重力作用,粗颗粒下沉速度较快,导致细颗粒停留时间长而粗颗粒停留时间短。这样就使得本来需要较长溶出时间的粗颗粒溶出不完全。另外,在压煮器内细颗粒反应快,在反应前期溶解较多,使溶液摩尔比和游离 Na_2O 下降较快,这样使本来难溶粗颗粒的反应反而在较低的 *MR* 和游离 Na_2O 的条件下进行,反应速度进一步下降,加剧了粗颗粒溶出的不完全。

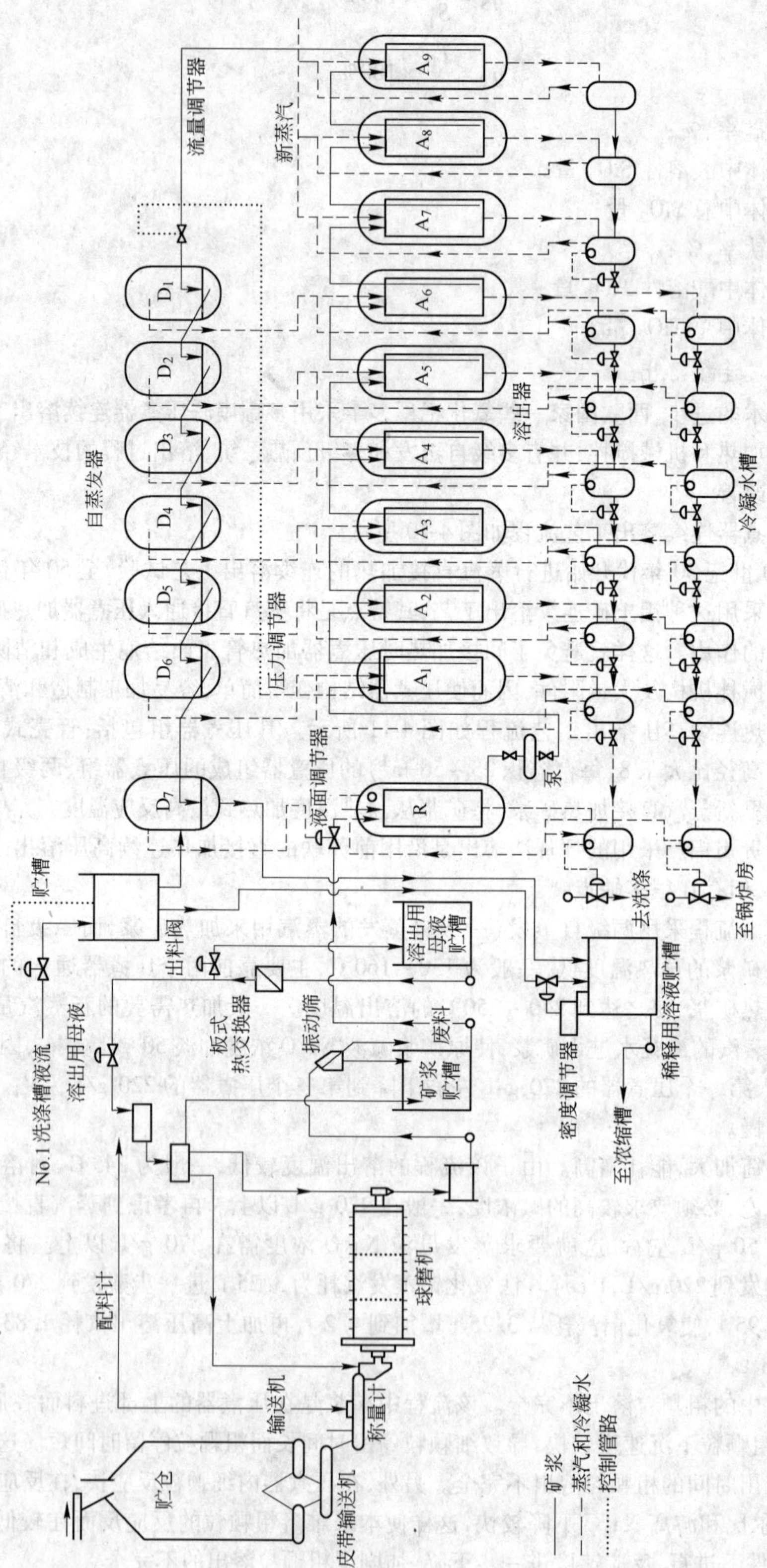

图 4-10　法国加尔当厂间接加热压煮器连续溶出工艺流程

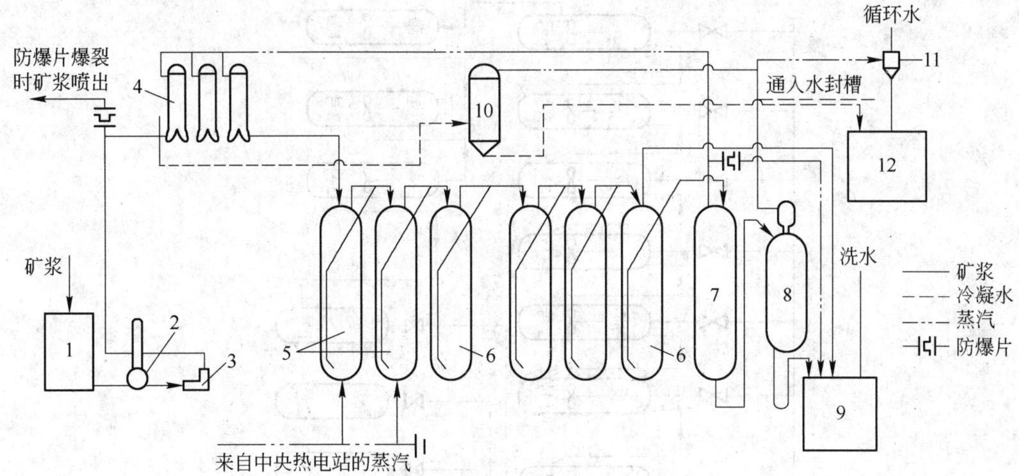

图 4-11 蒸汽直接加热连续高压溶出工艺流程

1—原矿浆搅拌槽;2—空气补偿器;3—活塞泵;4—管壳式预热器;5—加热压煮器;
6—反应压煮器;7—第一级料浆自蒸发器;8—第二级料浆自蒸发器;9—稀释搅拌槽;
10—冷凝水自蒸发器;11—冷凝预热器;12—热水槽

(4) 串联压煮器属于全混流反应器,不利于溶出。原矿浆一进入压煮器,立即与已经反应的矿浆均匀混合,降低了原矿浆开始反应时的 *MR* 和游离 Na_2O,同时还容易发生短路,均不利于溶出。

C 单管预热—压煮器间接加热溶出工艺

我国从法国引进的单管预热—压煮器间接加热溶出工艺流程,如图 4-12 所示。山西铝厂最早于 1992 年底建成投产第一系列,1994 年建成投产了第二系列,2003 年又建成生产能力为 80 万 t/a 两个系列。1995 年广西平果铝厂也引进法国这一溶出技术,建成四个系列。此工艺已成为我国拜耳法生产氧化铝溶出工艺的首选方案,目前已占我国氧化铝产能的一半以上。

固含为 300 ~ 400 g/L 的矿浆在 ϕ8 m × 8 m 加热槽中从 70℃ 加热到 100℃,再在 ϕ8 m × 14 m 的预脱硅槽中常压脱硅 4 ~ 8 h。预脱硅后的矿浆配入适量碱,使固含达 200 g/L,温度 90 ~ 100℃,用高压隔膜泵送入 5 级 2400 m 长的单管加热器(外管 ϕ335.6 mm,内管 ϕ253 mm),用 10 级矿浆自蒸发器的前 5 级产生的二次蒸汽加热,矿浆温度提高到 155℃。然后进入 5 台 ϕ2.8 m × 16 m 的加热压煮器,用后 5 级矿浆自蒸发器产生的二次蒸汽加热到 220℃,再在 6 台 ϕ2.8 m × 16 m 的反应压煮器中用 6 MPa 高压新蒸汽加热到溶出温度 260℃,然后在 3 台 ϕ2.8 m × 16 m 保温反应压煮器保温反应 45 ~ 60 min。高压溶出矿浆经 10 级自蒸发,温度降到 130℃,送入稀释槽。

加热压煮器和反应压煮器都带有机械搅拌装置及蛇形加热管加热器。保温反应压煮器只有机械搅拌装置。

主要技术条件:流量 450 m^3/h,溶出温度 260℃,碱液浓度 225 ~ 235 g/L Na_2O,溶出温度下的停留时间 45 ~ 60 min,溶出液 *MR*1.46,Al_2O_3 相对溶出率 93%,溶出 1 m^3 矿浆热耗为 0.32GJ。

单管预热—压煮器间接加热溶出流程在处理一水硬铝石型铝土矿时具有以下特点:

(1) 溶出温度高达 260 ~ 270℃,强化了溶出过程。山西铝厂、平果铝厂矿浆在单管预热器中预热到 150℃,再在间接加热机械搅拌的压煮器中加热,溶出温度均在 260℃ 以上,停留时间短(45 ~ 60 min),Al_2O_3 的相对溶出率达 93%。

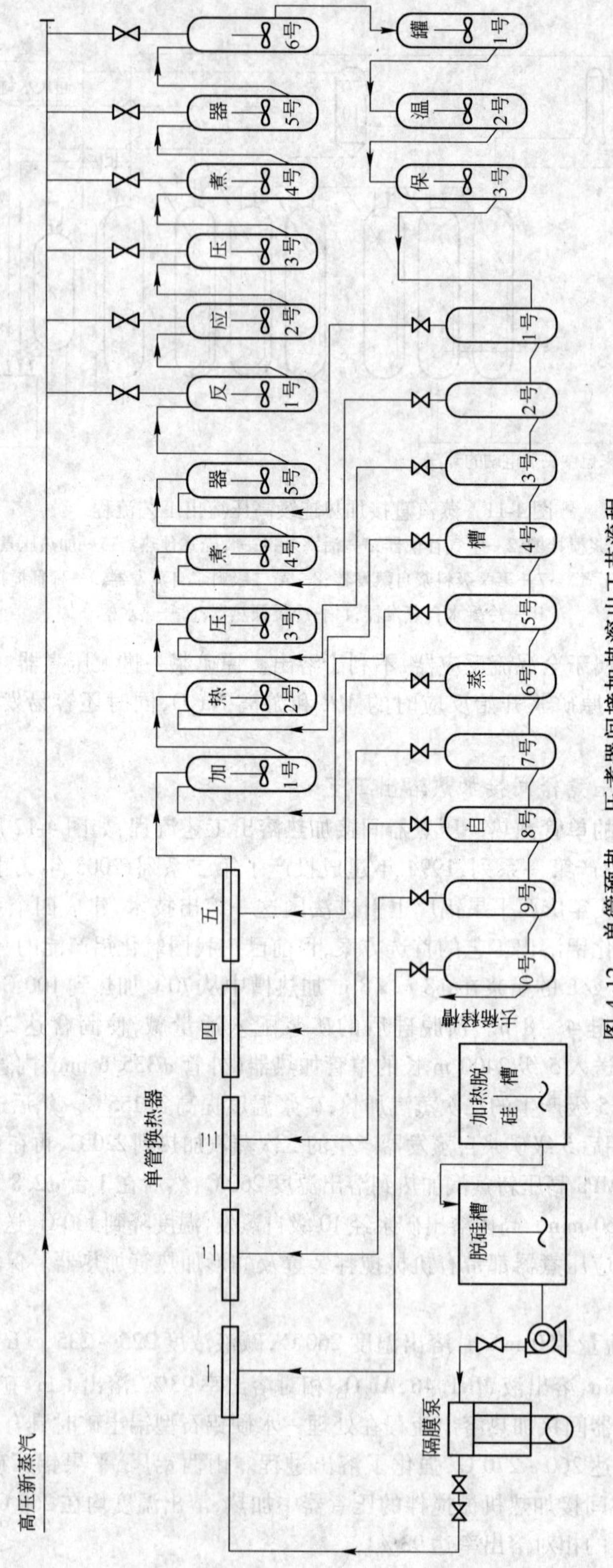

图 4-12 单管预热—压煮器间接加热溶出工艺流程

(2) 矿浆进行多级自蒸发和蒸汽间接加热,溶出热耗低。从原矿浆进料温度90℃加热到170℃,是由6级自蒸发的二次蒸汽间接加热,170℃加热到220℃是由4级预热压煮器的二级蒸汽间接加热,220℃加热至260℃是由压煮器用6.0 MPa新蒸汽加热。由于热能回收利用率高,故溶出热耗低。

(3) 由于溶出温度高,可用苛碱浓度较低的母液,使原液的蒸发水量减少,蒸发热耗降低。

(4) 单管预热器的直径大,减少了结疤对矿浆流动和流速的影响,其传热系数高。单管结构简单,容易加工制造,较容易清理结疤。单管排列紧凑,放在两端可以开启的保温箱内,不需要保温,维修方便。

(5) 与压煮器溶出相比,投资少,经营费用低。

(6) 缺点是每运行15天,需停留18 h清理结疤,而且清理溶出器中的结疤要比管式反应器的结疤困难。

D 管道化溶出

一水硬铝石的管道化溶出工艺(见图4-13),是中国铝业河南分公司所独有的生产流程和技术。这种工艺方法和普通高压溶出不同的是不再将高压新蒸汽直接通入料浆,而是让料浆和蒸汽分别在不同的管道中进行热交换,来完成溶出效果。管道化溶出又包括溶出、赤泥洗涤外排、熔盐炉三个工段。该公司一水硬铝石管道化溶出系统运转率创93%的国际先进水平。这标志着我国成为世界上唯一消化并掌握此项关键技术的国家。该技术具有工艺能耗低、自动化程度高、无泄漏生产、投资成本小、工艺流程短、设备配置简单和占地面积小等显著特点,非常适合我国铝矿石特点,极具推广价值,已经成为能够迅速提升我国氧化铝生产及装备水平的关键技术之一。目前,氧化铝产量占国内市场份额50%左右的中国铝业股份有限公司已经在下属的氧化铝厂全面推广应用这项新技术。

图4-13 中铝河南分公司管道化溶出装置

E　管道—停留罐溶出流程

针对我国铝矿资源主要为难溶一水硬铝石型铝土矿的特点，不仅要求较高的溶出温度，而且还要求较长的溶出时间。因此，郑州轻金属研究院进行了管道—停留罐强化溶出试验研究，1987年6月建成4 m^3/h管道—停留罐强化溶出试验工厂，1988年完成我国广西平果矿的溶出试验，1989年投入工业生产，取得了较好的技术经济效果。管道—停留罐溶出设备流程如图4-14所示。

管道—停留罐溶出是将原矿浆经预脱硅后，用橡胶隔膜泵送入9级单套管管式反应器，前8级用8级矿浆自蒸发器产生的二次蒸汽将矿浆预热到200～210℃，第9级用熔盐加热至反应温度，最高达300℃，达到溶出温度的矿浆，进入无搅拌的停留罐中充分反应后，进入8级矿浆自蒸发器，降温后入稀释罐。

管式反应器（预热器）：第1～5级外管ϕ102 mm×5 mm，内管ϕ48 mm×8 mm，第6～9级外管ϕ87 mm×7 mm，内管ϕ42 mm×8 mm，每50 m长为一节。在第5～6级之间有2节ϕ102 mm×12 mm脱硅管，在第6～7级之间有2节ϕ102 mm×12 mm脱钛管，管道全长1250 m。

停留罐为一空罐，ϕ269 mm，高10.5 m，10台串联。设置多台停留罐是为了测定矿石的最佳溶出时间。

自蒸发器：第1～4级ϕ426 mm×22 mm×3500 mm，第5～6级ϕ500 mm×12 mm×3500 mm，第7～8级ϕ820 mm×10 mm×3500 mm。

主要技术条件：

流量4～6 m^3/h；

溶出温度300℃；

碱液浓度Na_2O160 g/L；

溶出液$MR<1.50$；

Al_2O_3相对溶出率大于94%。

主要技术特点：

（1）矿浆在单管反应器中快速加热到溶出温度，再在无搅拌和无加热装置的停留罐中保温反应。它在加热段利用了管道反应器易实现高温溶出的优点，而在保温反应段又以压煮器取代管道，既能实现较长的溶出时间，又能克服管道反应器太长，泵头压力高，电耗大且结疤清洗困难，以及压煮器机械搅拌密封困难等缺点。

（2）由于提高了溶出温度（260～300℃），强化了溶出过程，可使用浓度较低（240 g/L Na_2O）的循环母液，大幅度降低蒸发负荷，可使溶出液达到较低的摩尔比，提高生产能力，降低能耗。

（3）单套管及停留罐的结构简单，加工制造容易，投资较压煮器溶出低。设备维修方便，结疤清理容易，而且结疤主要在停留罐中生成，这就保证了设备有较高的运转率。

F　双流法溶出

目前，国外许多氧化铝厂都采用美国的双流法处理以三水铝石为主的铝土矿，其产量占世界氧化铝产量的60%以上。

所谓双流法溶出，就是将配矿用的碱溶液分为两部分：一部分为总液量的20%（按体积计），与铝矿磨制成矿浆流，其余的大部分碱液为碱液流，两股料流分别用溶出矿浆多级自蒸发产生的二次蒸汽不同程度地预热后，碱液流再单独用新蒸汽加热，在第一个溶出器（或溶出管）中，两股料流汇合；汇合矿浆在溶出器中用新蒸汽直接加热至溶出温度并在其后的溶出器中完成碱液对氧化铝的溶出过程。

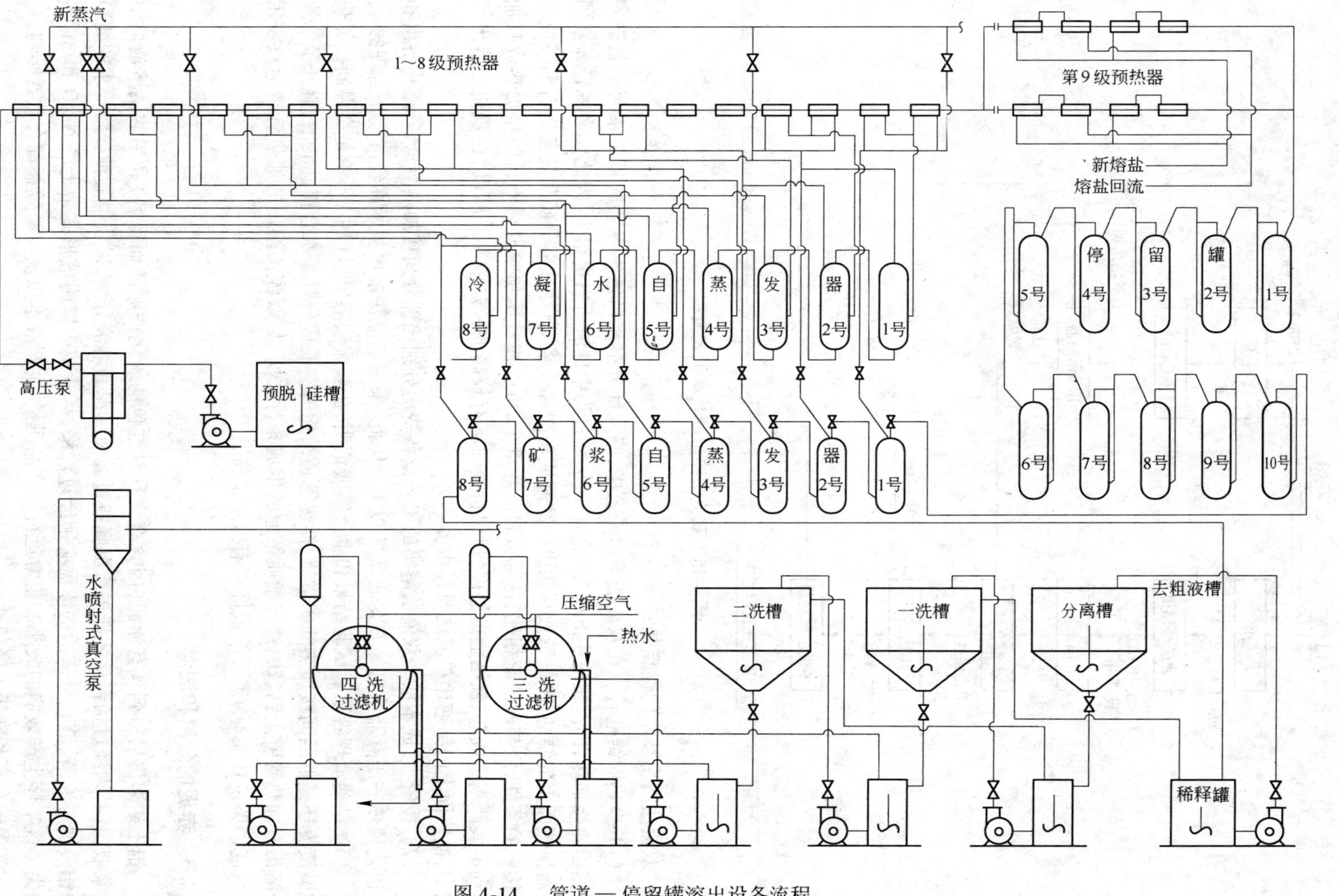

图 4-14 管道—停留罐溶出设备流程

双流法溶出的基本工艺流程如图 4-15 所示。

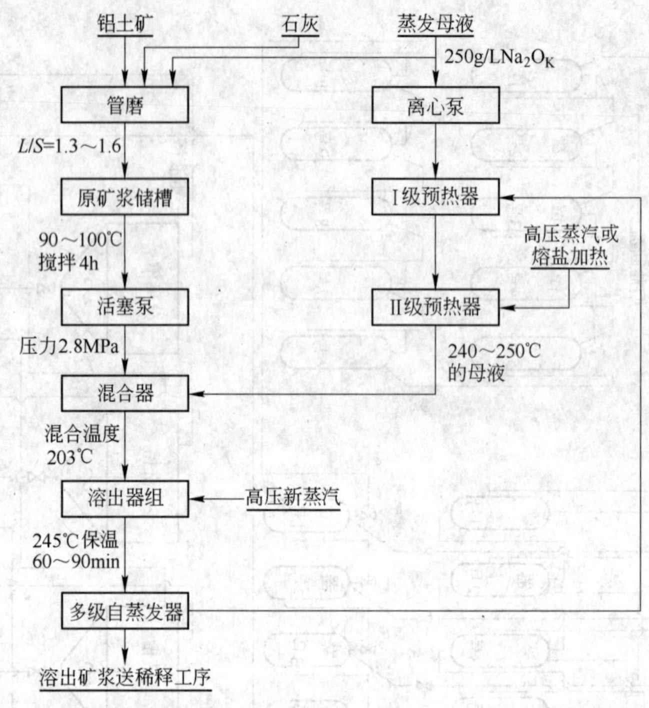

图 4-15 双流法溶出的基本工艺流程

双流法溶出技术的优点是：

(1) 换热面结疤轻。在双流法溶出工艺中，绝大部分溶出碱液不参与制备矿浆而单独进入换热器间接加热，因溶出液中 SiO_2 含量很低，加热过程中硅渣析出量很少，因此大大减轻碱液预热器换热面上的结疤；少量碱液与铝土矿磨制成高固含矿浆，虽然这部分矿浆具备矿石和碱液充分接触的条件，但与碱液流相比，这部分料流数量少，可以在常压预脱硅后不再间接加热或只加热到不太严重生成硅、钛结疤的温度，以保持换热器有较高的换热效率。所以，在双流法溶出工艺中，换热面上的结疤比单流法要轻得多。

(2) 投资少，成本低。双流法溶出的工艺设备费用分别比部分间接加热溶出、管道化溶出和管道化预热—压煮器溶出等方案低 20% 以上。因此，采用双流法溶出技术在经济上是合理的。

(3) 结疤清理容易。试验结果和生产实践证明，在双流法溶出过程中，不论是高温间接加热的碱液流还是低温间接加热的矿浆流，换热管道结疤的主要成分都是水合铝硅酸钠，避开了单流法溶出时加热管壁上钙、钛、铁等杂质结疤的生成条件。所以，双流法溶出的加热管结疤只需用低浓度(5% ~10%)的硫酸溶液即可有效地清洗。

4.4.3 赤泥的分离和洗涤

铝土矿溶出后得到含有赤泥(因含有大量呈红色的氧化铁泥渣而得名)和铝酸钠溶液的混合浆液，其必须经过稀释后才能进行沉降或过滤使赤泥和溶液分离，以获得晶种分解要求的纯净的铝酸钠溶液(精液)，分离后的赤泥必须经过洗涤，尽量减少以附液形式带走的 Na_2O 和 Al_2O_3 损失。该工序生产效能的大小和正常运行对产品质量、生产成本以及经济效益都有重要影响。

赤泥的分离和洗涤工序包括：

(1)高压溶出矿浆的稀释；

(2)赤泥浆液的沉降分离;

(3)赤泥的洗涤;

(4)粗液的叶滤。

4.4.3.1 高压溶出矿浆的稀释

高压溶出矿浆在稀释槽中用赤泥洗液稀释,其目的为:

(1) 降低铝酸钠溶液的浓度,促使其分解。高压溶出一水硬铝石型铝土矿时溶出液的浓度高(约 230 ~ 270 g/L Al_2O_3,*MR* 为 1.4 ~ 1.6);稳定性(通常是指从过饱和铝酸钠溶液开始分解析出氢氧化铝所需时间的长短)较高,而用赤泥洗液(约 30 ~ 40 g/L Al_2O_3)稀释到中等浓度(130 ~ 140 g/L Al_2O_3)以后,稳定性降低,不但分解速度加快,分解槽产能提高,而且可能达到较高的分解率,使拜耳法循环效率提高。同时可以回收赤泥洗液中的 Na_2O 和 Al_2O_3。但过度稀释溶液,会使其稳定性急剧下降,造成铝酸钠溶液水解,而使赤泥中的 Al_2O_3 损失增大。

(2) 促使铝酸钠溶液进一步脱硅。拜耳法生产氧化铝要求精液(纯净的铝酸钠溶液)有较高的硅指数 μ_{Si}(溶液的铝硅比),在 200 以上。当 μ_{Si} 低时不但分解产品 $Al(OH)_3$ 含杂质 SiO_2 多,而且蒸发器的加热管结疤。SiO_2 在精液中的溶解度(平衡浓度)随着 Al_2O_3 浓度的下降而显著减小。溶出液的 μ_{Si} 只有 100 左右,在稀释过程中,随着 Al_2O_3 浓度的降低,溶液发生进一步脱硅反应。为了保证精液 μ_{Si} 在 200 以上,溶出矿浆必须在稀释槽中停留搅拌一定时间(大于 1 h)。几个稀释槽串联使用,可以延长矿浆的停留时间。

(3) 降低铝酸钠溶液的黏度,加速赤泥沉降分离。高浓度的铝酸钠溶液黏度大,不能用沉降槽分离赤泥。溶液稀释后的黏度下降 2 ~ 3 倍,赤泥的沉降性能就大大增加。

4.4.3.2 赤泥的分离和洗涤

赤泥分离的目的就是将稀释矿浆中的铝酸钠溶液与赤泥分离,并获得工业上纯净的铝酸钠溶液。

通常,稀释后的矿浆采用沉降槽分离赤泥。沉降槽溢流送去叶滤,底流经 3 ~ 5 次反向洗涤,洗至赤泥中 Na_2O 的附液损失为 0.3% ~ 1.8%(对于赤泥而言)。末次洗涤后的赤泥再经过 1 次过滤,使赤泥含水量降至 45% 以下。一次真空过滤可以代替二次沉降洗涤,在赤泥沉降分离中,可以根据经济和设备的实际情况将沉降槽和过滤机联合使用。如果赤泥沉降分离不良,将会减产 30% ~ 40%;赤泥洗涤不好,则会显著地增加 Al_2O_3 和 Na_2O 的损失,同时也会影响赤泥的用途。

赤泥的分离和洗涤流程如图 4-16 所示。

稀释矿浆经分料箱均匀分配入各分离沉降槽,分离槽溢流(即粗液)自流入粗液槽。底流经水力混合槽与二次洗液混合均匀,用泵送入一次洗涤槽。

赤泥反向 4 次洗涤流程:赤泥从一次顺流到末次,末次沉降底流用泵送去过滤机,热水与赤泥的流向相反,即从末次逐级逆流到一次沉降洗涤,一次溢流即赤泥洗液,送去稀释。反向洗涤的优点是能降低新水用量,又能得到浓度较高的洗液。

赤泥过滤所得到的滤液,经加热提温后仍返回末次洗涤槽,可以提高末次洗涤槽的进料液固比(*L/S*),有利于沉降。

$Al(OH)_3$ 洗液和赤泥洗液不是一道用去稀释溶出矿浆,而是跟热水一道加入洗涤槽,以便提高末次洗涤沉降槽的进料 *L/S*,加快赤泥沉降速度。同时,由于 $Al(OH)_3$ 洗液量波动较大,用于稀释会使稀释矿浆浓度波动,不利于分离沉降槽的操作。

在拜耳法生产氧化铝中,有的溶出后赤泥中含有大于 150 μm 的粗颗粒(称为砂)。为了避免大颗粒赤泥在沉降槽、过滤机和管道中沉淀造成堵塞,破坏赤泥分离洗涤系统的正常操作,影响设备的作业率和产能,同时也可减轻沉降槽的负荷,需要采用除砂工序。国外大多数拜耳法厂都设置了除砂工序。1992 年我国山西铝厂二期工程建造的拜耳法赤泥分离洗涤系统稀释矿浆,首次采用了除砂单元工艺(见图4-17):稀释矿浆用泵送到水力旋流器,小于150μm的细赤泥由

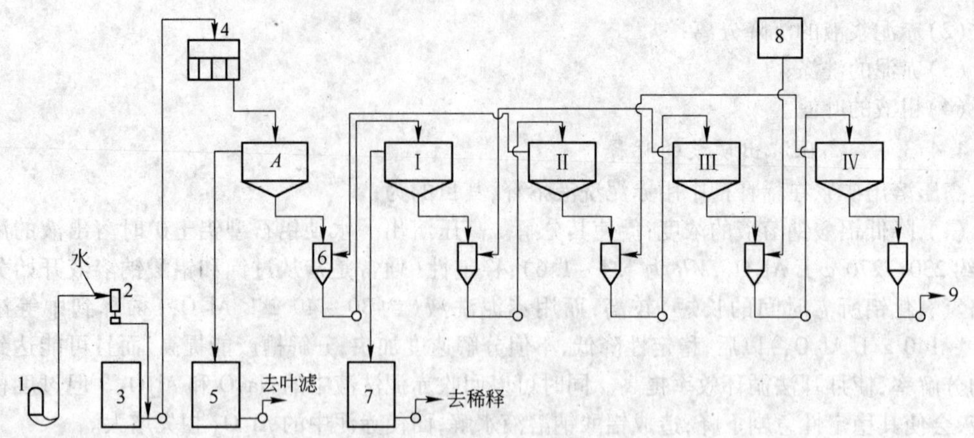

图 4-16　赤泥分离和洗涤流程

1—凝聚剂吹灰器；2—旋流器；3—稀释槽；4—总分料箱；5—粗液槽；6— 水力混合槽；7—赤泥洗液槽；8—热水槽（包括过滤回液及氢氧化铝洗液）；9—赤泥洗液去稀释；A—分离沉降槽；Ⅰ～Ⅳ—洗涤沉降槽

旋流器溢流经分料箱进入两台并联的分离沉降槽，分离后赤泥经两次沉降槽逆流洗涤加一次过滤机喷水洗涤，洗涤后赤泥送烧结法系统；大于 150 μm 的砂则由旋流器底流进入两级螺旋分级机进行两次反向洗涤，回收可溶性碱和氧化铝。洗水由第二级分级机加入，第二级分级机溢流进洗液槽，用泵送到第一级分级机作为洗水用，第一级分级机溢流利用位差流入一次洗涤沉降槽。洗后粗砂排入砂池。

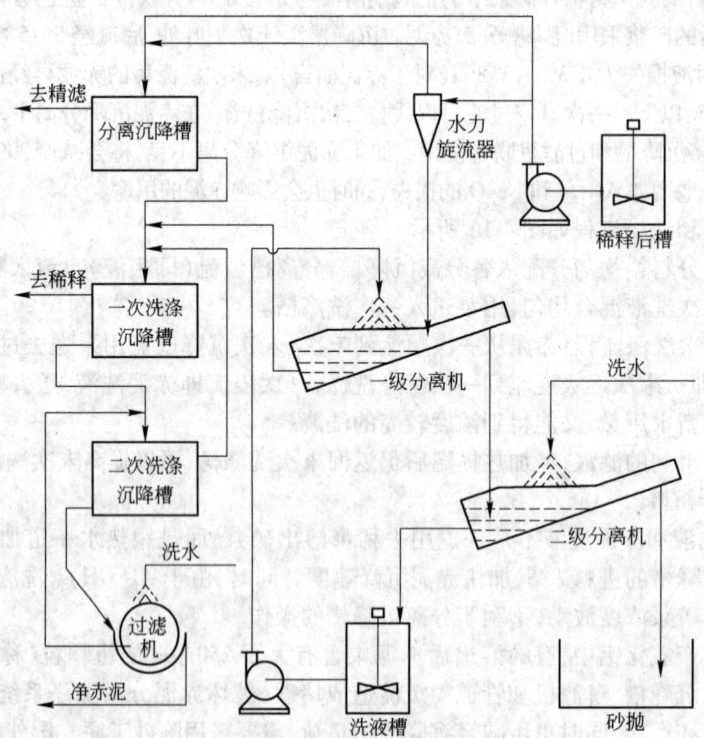

图 4-17　除砂单元工艺流程

拜耳法赤泥浆液属于细粒子悬浮液，它的很多性质与胶体相似。赤泥颗粒为分散质，铝酸钠溶液为分散介质，赤泥颗粒本身的重力使其沉降，而铝酸钠溶液的黏度和布朗运动引起的扩散作用则阻止粒子下沉，当两种作用相当时，就达到沉降平衡状态，并形成自由沉降区、过渡区和压缩区。赤泥粒子具有极其扩展的表面，选择吸附某种离子及水分子，生成一层溶剂化膜，从而形成双电层，产生电动势（ξ 电位）。赤泥颗粒带正电还是负电，由它的矿物成分和溶液成分决定，而整个矿浆是电中性的。赤泥颗粒由于相同电性相斥，和包裹在其周围的溶剂化膜都阻碍赤泥颗粒结成较大的颗粒，称之为具有聚结稳定性，使赤泥难以沉降和压缩。赤泥的沉降和压缩性能与赤泥吸附 $Al(OH)_4^-$、OH^-、Na^+ 及水分子的数量之间有一定的关系，即吸附得越多，沉降越慢，压缩性能越差。因此，生产中需要使用絮凝剂来加速赤泥的沉降。

赤泥的沉降速度和压缩性能对沉降槽分离和洗涤赤泥效果十分重要。在生产中，一般是取经过一定时间（如 10 min）沉降后出现的清液层高度来比较赤泥浆液的沉降性能，用其压缩 *L/S* 和压缩速度来衡量赤泥浆液的压缩性能。降低沉降槽特别是分离槽底流 *L/S*，是提高赤泥洗涤效率，减少赤泥附液损失的重要途径。

影响赤泥沉降分离的因素主要有：

（1）铝土矿的矿物组成和化学成分。铝土矿中常见的一些夹杂矿物黄铁矿、针铁矿、高岭石、金红石、蛋白石等矿物生成的赤泥，因溶剂化现象较强，能降低赤泥沉降速度，而赤铁矿、菱铁矿、磁铁矿等所生成的赤泥中吸附的 $Al(OH)_4^-$、OH^-、Na^+ 及水分子少，所以有利于沉降。矿石中的锐钛矿可以提高赤泥沉降和压缩性能，而金红石则使赤泥难以沉降。高岭石在溶出过程中生成亲水性很强的水合铝硅酸钠沉淀，当原矿中 SiO_2 含量高于 10% 时，赤泥的沉降和压缩性能就很差。石英对赤泥沉降速度的影响比高岭石小。矿石中的有机物越多，赤泥浆液黏度越大，赤泥沉降速度减慢。

（2）溶出浆液的稀释浓度。对同一种赤泥而言，当其他条件一定时，溶出矿浆的稀释浓度低时，矿浆液固比大而黏度下降，赤泥颗粒间的干扰阻力减少，沉降速度和压缩程度增大。通常进料 *L/S* 控制在 8～12。

（3）稀释浆液的温度。铝酸钠溶液黏度的对数与绝对温度的倒数成直线关系。稀释浆液温度升高，其黏度和密度下降，因而赤泥沉降速度加快。另外，矿浆稀释的温度在很大程度上影响铝酸钠溶液的稳定性，温度越高，溶液稳定性越好。为使较低浓度及低苛性比的溶液在稀释后保持其稳定性，稀释浆液温度一般不低于 95℃，正常保持在 103～105℃。

（4）赤泥细度。赤泥沉降速度与赤泥粒子直径的平方成正比，因此，赤泥过细，会使赤泥沉降速度降低。但过粗粒子多，会使除砂分级机负荷过重，还会影响沉降槽和过滤机的正常生产。

（5）石灰添加量。适当添加石灰能加快溶出速度，提高氧化铝溶出率，还可降低赤泥中含碱量。针铁矿型铝土矿中加入石灰，还会形成赤铁矿泥渣，促使方钠石转变为钙霞石，减小赤泥比表面积，CaO 还能吸附一些有机物，因而使赤泥沉降性能得到明显改善。一般 CaO 加入量为 7%～10%。但加入过多则会增加赤泥量，影响沉降速度。

（6）底流液固比。稀释矿浆的分离沉降槽底流 *L/S* 约为 1.0～3.5。如沉降时间不够，使沉降槽底流 *L/S* 大于 5 时，则后面的洗涤过程的技术条件无法得到保证，特别是 1 号洗涤槽沉降速度大大降低。这是因为赤泥带入 1 号槽较多的碱液，使 1 号槽溶液的黏度增大。但沉降槽底流 *L/S* 过小，则赤泥的流动性差，不利于洗涤过程中泵的输送。

赤泥浓缩与赤泥在压缩区的停留时间有关，它随沉降槽高度增大而增大，所以，为了提高赤泥压缩性能，沉降槽要有一定的高度。目前，推出高度大直径小的新型沉降槽，既可节省占地空间，又能使各次洗涤槽压缩 *L/S* 都在 1.9～2.4 之间，底流 *L/S* 都在压缩 *L/S* 的 1.5 倍以上，保证

沉降槽不会因底流 L/S 控制过小而出现积泥和跑浑现象。

(7) 添加絮凝剂。添加絮凝剂是工业上普遍采用的加速赤泥沉降的有效方法,尤其是对沉锥沉降槽更加重要。在絮凝剂的作用下,处于分散状态的细小赤泥颗粒互相联合成团,粒度增大,因而大大提高了沉降速度。一般认为絮凝剂作用可划分为吸附(即絮凝剂吸附于悬浮液中固体粒子表面)和絮凝(单个粒子互相结合成絮团)两个阶段。吸附是絮凝成团的必要条件,只有在固体粒子表面吸附了某种适宜的絮凝剂时,才能有效的絮凝。氧化铝工业中应用的絮凝剂都是表面活性剂,絮凝的作用机理主要表现为搭桥效应,脱水效应以及电中和效应。

目前,氧化铝工业中应用的絮凝剂分为天然的和合成的高分子絮凝剂。天然的包括面粉、土豆淀粉、麦麸等。国外许多工厂采用面粉,我国多采用麦麸(添加量约为每吨干赤泥 1.5 kg)。其与合成絮凝剂相比,虽然赤泥底流流变性较差,赤泥沉降速度较慢,但是却具有溢流清亮度高、价格低廉、无毒、易于生物降解等优点。因此,我国目前仍有许多厂家使用一定比例的淀粉为絮凝剂,例如,广西平果铝厂拜耳法赤泥沉降中使用粗木薯粉作为絮凝剂,沉降分离赤泥效果优于几种合成絮凝剂,溢流浮游物少。合成的高分子絮凝剂主要有聚丙烯酸钠(SPA)、聚丙烯酰胺(PAM)以及含氧肟酸类等。用它们来分离赤泥浆液,所得溢流的澄清度不高,仍需采用叶滤机进行控制过滤,所得的精液才能满足工业生产的要求。氧化铝赤泥絮凝剂 A-1000 是胶状含聚丙烯酸钠高分子复方絮凝剂,直接使用效果并不理想,需将其用 NaOH 改性处理,即使聚丙烯酸钠离子从线棒状结构变成线网状结构,用于拜耳赤泥分离,效果比麦麸和未处理的 A-1000 絮凝剂都好。

迄今为止,絮凝剂的选择和添加量,仍需由实验确定。合成絮凝剂工业使用量一般为干赤泥质量的万分之几到十万分之几。如果絮凝剂加入量偏低,将影响絮凝效果,使溢流浮游物超标,底流固含偏低;反之,如果用量过大,则使悬浮物形成稳定的结构网,甚至使浮游物不下沉。高效的絮凝剂添加方式影响其沉降效果,分次并多点加入可使絮凝剂有效分散,与浆液充分接触,这样不仅降低了絮凝剂的用量,而且可以提高沉降速度和溢流澄清度。试验表明,聚丙烯酰胺添加到沉降槽的总分料箱比加到稀释槽泵的出口处效果显著提高。有的工厂采用分离沉降槽加入液体絮凝剂,一洗槽加入液体或固体,二洗槽和三洗槽加入固体絮凝剂。

赤泥沉降分离和洗涤的技术条件为:进料 Na_2O_K165 ~ 175 g/L,固含 65 ~ 75 g/L;沉降槽底流固含 600 ~ 650 g/L,槽温 103 ~ 105℃。

技术指标:

粗液浮游物不多于 250 g/L;

分离底流固含 40%;

末次洗涤底流固含 50%;

水解损失 1.5%。

4.4.3.3　赤泥过滤

末次洗涤沉降底流,需要用真空过滤机再进行一次液固分离和洗涤,降低滤饼含水率,以尽可能减少以附液形式夹带于赤泥中的 Na_2O 和 Al_2O_3。过滤后的赤泥送赤泥堆场。赤泥过滤工艺流程如图 4-18 所示。

影响过滤机产能的因素:

(1) 真空度。真空度是过滤的推动力,提高真空度可以提高过滤速度,即提高过滤机产能(干赤泥 t/(h · 台))。但真空度太高,产能并不一定高,且使滤布寿命缩短,动力消耗增多,故真空度控制在 0.055 ~ 0.065 MPa。

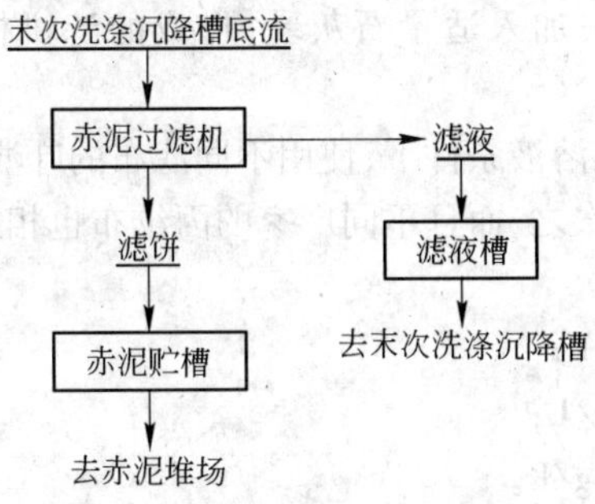

图 4-18　赤泥过滤工艺流程

(2) 过滤布。过滤布是固体和液体分离的介质,因为赤泥浆液含有较高的苛性碱而且温度高于 85℃,为使液体能够容易通过,要求滤布具有耐碱、耐热、透气性好等特点,还要求滤布不能结硬,也不容易损坏。

(3) 赤泥浆液的固含。固含高,滤饼厚,产能高。但固含太高会影响滤饼含水率。

(4) 赤泥浆液的温度。温度高,黏度小,溶液通过过滤机的速度快,过滤机产能高。一般控制进料温度大于 85℃。

技术指标为:滤饼含水率小于 35%;滤液浮游物不大于 0.25 g/L。

4.4.3.4　控制过滤

从分离沉降槽溢流来的粗液中含有较多的赤泥微粒(浮游物),不能满足铝酸钠溶液分解的要求,必须利用叶滤机进行控制过滤(精制),把粗液中的赤泥颗粒除去,得到浮游物小于 0.015 g/L 的合格精液。

粗液控制过滤工艺流程如图 4-19 所示。

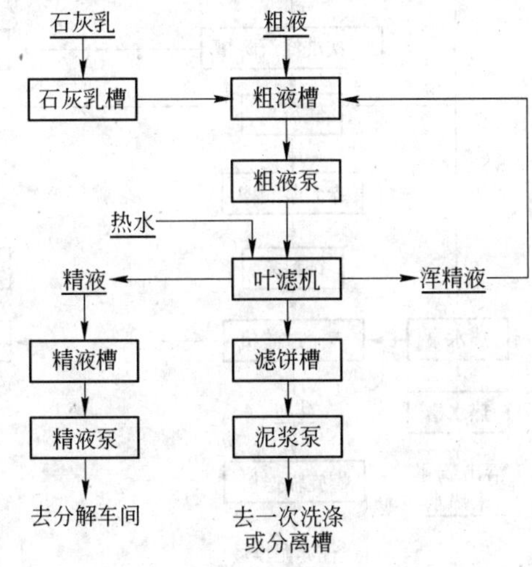

图 4-19　粗液控制过滤工艺流程

影响叶滤机产能的因素:

(1) 粗液浮游物:粗液浮游物含量越高,产能越低。因为粗液浮游物在滤布上积累的滤饼越厚,过滤速度越慢,产能越低。另外,粗液浮游物粒度越细,形成的滤饼阻力越大,产能也会下降。

(2) 粗液浓度:铝酸钠溶液随着浓度提高而黏度增大,叶滤机产能降低。

(3) 粗液温度:要求 95 ~ 105℃,以防滤布结硬,产能降低。

(4) 石灰乳添加量:粗液中加入适量石灰乳,形成的滤饼松散,过料阻力小,叶滤机产能提高。

(5) 滤布:在相同的铝酸钠溶液条件下,使用不同滤布的叶滤机产能相差较大。卡布龙布过料最好,但使用寿命短;丙纶布次之,而且不同厂家的丙纶布也相差很大。

技术指标:

粗液浮游物不大于 0.25 g/L;

精液浮游物不大于 0.015 g/L;

精液 Al_2O_3 浓度 165 ~ 177 g/L。

溶出矿浆稀释—赤泥分离洗涤—粗液叶滤过程的工艺流程如图 4-20 所示。

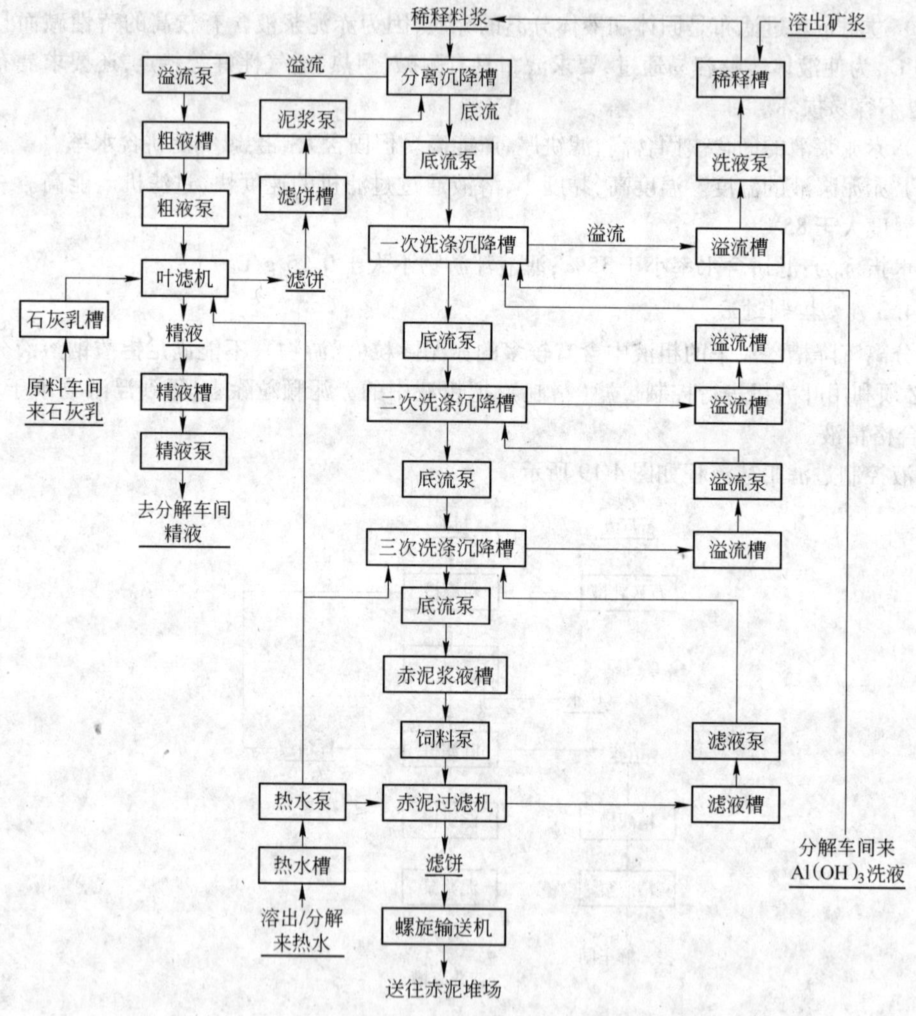

图 4-20　溶出矿浆稀释—赤泥分离洗涤—粗液叶滤工艺流程

4.4.4　铝酸钠溶液的晶种分解

4.4.4.1　晶种分解的原理和工艺流程

晶种分解就是将铝酸钠精液(也称为分解原液)降温,增大其过饱和度,再加入 $Al(OH)_3$ 作晶种,并且搅拌,使其分解析出合格的氢氧化铝,同时得到摩尔比较高的种分母液的过程。晶种分解是拜耳法生产氧化铝的另一个关键工序,也是耗时最长(30~75 h),且需加入很多晶种而分解率最高也只达到55%左右的一个工序。它对产品的产量、质量以及全厂技术经济指标有着重大影响。

经分离赤泥和叶滤的精液,Al_2O_3 浓度约为 120 g/L,*MR* 为 1.7~1.8,在温度100℃时是不稳定的,且随温度的降低,过饱和度增大。在加入晶种和搅拌时,过饱和的铝酸钠溶液按下式分解:

$$x\mathrm{Al(OH)_3} + \mathrm{Al(OH)_4^-} = (x+1)\mathrm{Al(OH)_3} + \mathrm{OH^-} \tag{4-13}$$

铝酸钠溶液的晶种分解与一般无机盐溶液的分解析出结晶的过程不同,而是极其复杂的。其中包括:(1) 次生晶核的生成(又称二次成核,为晶种表面生长的树枝状结晶受到撞击破裂而形成的很多碎屑);(2) $Al(OH)_3$ 晶体的破裂与磨蚀为机械成核;(3) $Al(OH)_3$ 晶体的长大;(4) $Al(OH)_3$ 晶核的附聚。(1)和(2)过程导致$Al(OH)_3$结晶变细,(3)和(4)过程导致$Al(OH)_3$结晶变粗。有效地控制上述这些过程的进程,才能得到所要求的粒度和强度的$Al(OH)_3$。

经晶种分解后得到的氢氧化铝浆液,需要进行液固分离才能得到所需要的 $Al(OH)_3$ 和种分母液。$Al(OH)_3$ 大部分不经洗涤返回流程作晶种,其余部分经洗涤后成为 $Al(OH)_3$ 成品,送去焙烧车间,种分母液经蒸发浓缩后返回湿磨流程,从而形成拜耳法生产的闭路循环。

工厂采用的铝酸钠溶液晶种分解的工艺流程如图 4-21 所示。

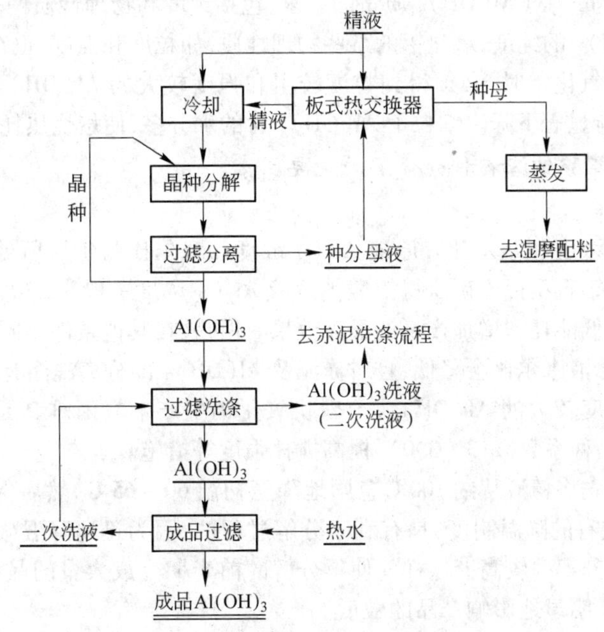

图 4-21 铝酸钠溶液晶种分解工艺流程

4.4.4.2 晶种分解的技术经济指标

衡量种分过程的技术经济指标有以下各项:

(1) 种分分解率。它是以精液中氧化铝分解析出的百分数来表示的。由于晶种附聚和析出 $Al(OH)_3$ 引起溶液浓度与体积的变化,故直接按照溶液中 Al_2O_3 浓度的变化来计算分解率是不准确的。因为分解前后苛性碱的绝对数量变化很小,故分解率可以根据溶液分解前后的摩尔比来计算。

$$\eta = \frac{(MR)_{种母} - (MR)_{精液}}{(MR)_{种母}} \times 100\% = 1 - \frac{(MR)_{精液}}{(MR)_{种母}} \times 100\% \tag{4-14}$$

式中　η——种分分解率，%；

$(MR)_{种母}$——种分母液的摩尔比；

$(MR)_{精液}$——分解原液（精液）的摩尔比。

从式 4-14 可见，当原液摩尔比一定时，溶液的分解速度越大，则在一定时间内的分解率越高，氧化铝产量也越大，循环母液的摩尔比也高，故可提高循环效率。

(2) 分解槽单位产能。分解槽的单位产能是指在单位时间（每小时或每昼夜）内从分解槽单位体积中分解出来的 Al_2O_3 数量。

$$P = \frac{n_{A精液}\eta}{\tau} \tag{4-15}$$

式中　P——分解槽单位产能，kg/(m^3·h)；

$n_{A精液}$——分解原液（精液）的 Al_2O_3 浓度，kg/m^3；

η——分解率，%；

τ——分解时间，h。

当其他条件相同时，分解速度越快，则分解槽单位产能越高。延长分解时间可提高分解率。但过分延长分解时间将会降低分解槽的单位产能，因此要予以兼顾。

(3) $Al(OH)_3$ 质量。对 $Al(OH)_3$ 质量的要求，包括纯度和物理性质两个方面。Al_2O_3 的纯度主要取决于 $Al(OH)_3$ 的纯度，氧化铝的某些物理性质，如粒度和强度，也在很大程度上取决于种分过程。生产砂状氧化铝时，必须得到粒度较粗和强度较大的 $Al(OH)_3$。$Al(OH)_3$ 粒度过细，将使过滤机的产能显著下降。细粒子 $Al(OH)_3$ 含的水分多，使焙烧热耗增加。

4.4.4.3　*影响铝酸钠溶液种分分解的主要因素*

主要因素有：

(1) 分解原液的浓度和摩尔比。原液 Al_2O_3 浓度和摩尔比与工厂所处理的铝土矿类型有关。目前处理一水硬铝石型铝土矿所得铝酸钠溶液 Al_2O_3 浓度一般为 130 ~ 160 g/L，而适当提高溶液浓度可收到降低能耗和增加产量的显著效果。但是，在其他条件相同时，随着溶液浓度的提高，分解率和循环母液摩尔比会降低，且对赤泥及 $Al(OH)_3$ 的分离洗涤有不利的影响，更不利于得到粒度较粗和强度较大的 $Al(OH)_3$，给砂状氧化铝生产带来困难。因此需要采用洗涤的 $Al(OH)_3$ 作晶种、高晶种系数（2.3 ~ 3.0）、提高搅拌强度等措施。

(2) 温度制度。先将精液从约 100℃ 急剧地降至初温 60 ~ 65℃，然后保持一定的速率缓慢降至分解终温 40℃ 左右的降温制度，是有利于分解过程的，因为迅速降温破坏了铝酸钠溶液的稳定性，分解速度快，分解率较高。这样就使得分解的前半期生成大量的晶核，在后半期有足够的时间来长大，不至于明显地影响产品的粒度。

提高分解温度（特别是初温）能使晶体成长大大加快，又可避免或减少新晶核的生成，同时使 $Al(OH)_3$ 结晶完整，强度较大。因此生产砂状氧化铝的工厂，分解初期一般控制在 70 ~ 85℃ 之间，分解终温也较高。显然，这对分解率和分解槽单位产能是不利的。生产面粉状氧化铝的工厂，对产品粒度无严格要求，故采用较低的分解温度。

(3) 晶种数量和质量。铝酸钠溶液分解很突出的一个特点就是需要添加大量的晶种。通常用晶种系数（也称种子比）——添加晶种中 Al_2O_3 含量与溶液中 Al_2O_3 含量的比值，也有用晶种的绝对数量（g/L）来表示的。晶种的质量是指它的活性大小，它取决于晶种的制备方法和条件、保存时间以及结构和粒度等。工厂多采用分级的方法,将分离出来的较细的 $Al(OH)_3$ 返回作晶种。

晶种的数量和质量对 $Al(OH)_3$ 粒度的影响比较复杂。有的试验表明,晶种量过多或过少都会使 $Al(OH)_3$ 粒度变小,而适量时得到的 $Al(OH)_3$ 粒度最大。目前,多数工厂采用晶种系数在 1.0~3.0 范围。

国外生产砂状氧化铝时,晶种添加量较少,就能得到粒度较粗的 $Al(OH)_3$,是由于作业条件有利于晶种的长大和附聚,以及分解温度高,时间短,在很大程度上减少了新晶核的生成。

(4) 搅拌。它可使 $Al(OH)_3$ 种子能在铝酸钠溶液中保持悬浮状态,以保证种子与溶液有良好的接触,另一方面是使溶液的扩散速度加快,保持溶液浓度均匀,破坏溶液的稳定性,加速分解,并能使 $Al(OH)_3$ 晶体均匀地长大。

搅拌速度过慢,既起不到搅拌作用,甚至还会造成 $Al(OH)_3$ 沉淀;搅拌速度过快,会打碎生成的 $Al(OH)_3$ 晶体,产生很多的细粒子。因此,一般是根据具体情况确定最适宜的搅拌强度和搅拌方式。例如,分解槽多采用空气搅拌和机械搅拌。

(5) 分解时间和母液摩尔比。在分解前期析出的 $Al(OH)_3$ 最多,随着分解时间延长,在相同时间内分解出来的 $Al(OH)_3$ 越来越少,母液摩尔比的增长也相应地越来越少,分解槽的单位产能也越来越低,产品细粒子也越来越多。因此,过分延长分解时间是不适宜的。分解时间太短,过早地停止分解,分解率低,氧化铝返回量多,母液摩尔比过低,不利于溶出,并增加了整个流程的物流量。所以要根据具体情况确定分解时间,以保证有较高的分解槽产能和产品质量,并达到一定的分解率。

由上可见,生产的产品氧化铝类型主要是由分解工艺决定的。欧洲一些拜耳法厂以一水软铝矿为原料生产面粉状氧化铝,分解作业的特点是分解温度低、晶种系数高、分解时间长,主要是为了取得较高的分解速度和分解率。美国等工厂处理三水铝石矿生产砂状氧化铝,分解作业的特点是温度高、分解时间短、晶种系数小,以保证分解过程中有良好的结晶长大和附聚的条件,获得粒度较粗和强度较大的氢氧化铝。

4.4.4.4 砂状氧化铝的生产技术

我国与俄罗斯等处理难溶的一水硬铝石矿,在目前的溶出条件下,分解原液具有浓度高和摩尔比高的特点。过去对产品氧化铝的物理性质没有严格的要求,分解条件主要是从提高分解率和分解槽产能考虑。近些年为适应铝电解生产的要求,我国、俄罗斯及德国、匈牙利等都在研究从高浓度和高摩尔比的溶液中生产砂状氧化铝的工艺。如前所述,这种溶液的过饱和度低,对分解速度、晶体长大和晶粒附聚都是不利的。为达到要求的分解率需要时间较长,因而产品的粒度和强度都难以得到保证。这也是以一水硬铝石矿为原料生产砂状氧化铝的困难所在,即在产量和质量之间存在着较大的矛盾。显然,照搬国外处理三水铝石矿的生产条件是不适当的,也是无法实现的。因此需要研究在保持溶液浓度和分解率的条件下,生产砂状氧化铝的合理工艺,目前国内外的研究都已取得进展。瑞士铝业公司提出了"新瑞铝法",其特点是将分解过程分为两段进行:第一段为细晶种附聚段,第二段为晶体长大段,两个阶段的作业条件分别满足附聚和长大的需要。附聚初始温度是 66~77℃,铝酸钠溶液的过饱和度(以每升溶液中 Al_2O_3 质量表示,单位 g)与晶种的表面积(以 m^2 表示)之比控制在 7~25 g/m^2 范围之内,最好在 7~16 g/m^2,精液在附聚槽停留 6 h,附聚作用基本完成后,物料经过适当的冷却进入晶体长大阶段,并加粗粒晶种、细粒晶种合计为 $Al(OH)_3$400 g/L,全部分解时间为 40~80 h。分解后的 $Al(OH)_3$ 分级为成品、粗晶种和细晶种。成品 $Al(OH)_3$ 用去焙烧生产砂状 Al_2O_3,小于 44 μm 的细粒含量为 5%~8%。精液 Al_2O_3 产出率 70%~80%,并且能够保持整个过程中晶体颗粒的平衡。其工艺流程如图 4-22 所示。

我国"砂状氧化铝生产技术研究"已于 2003 年 11 月通过技术鉴定和国家验收。它初步解决了以一水硬铝石矿为原料生产砂状氧化铝的技术问题,研究工作还在继续。

氢氧化铝分离洗涤的主要技术经济指标为:$Al(OH)_3$ 洗水温度不小于95℃,每吨氧化铝用水量为1~1.2 t;料浆液固比为1~4;过滤机真空度保持在26.3~52.6 kPa;成品 $Al(OH)_3$ 含水率不大于12%,附碱含量不大于0.12%。

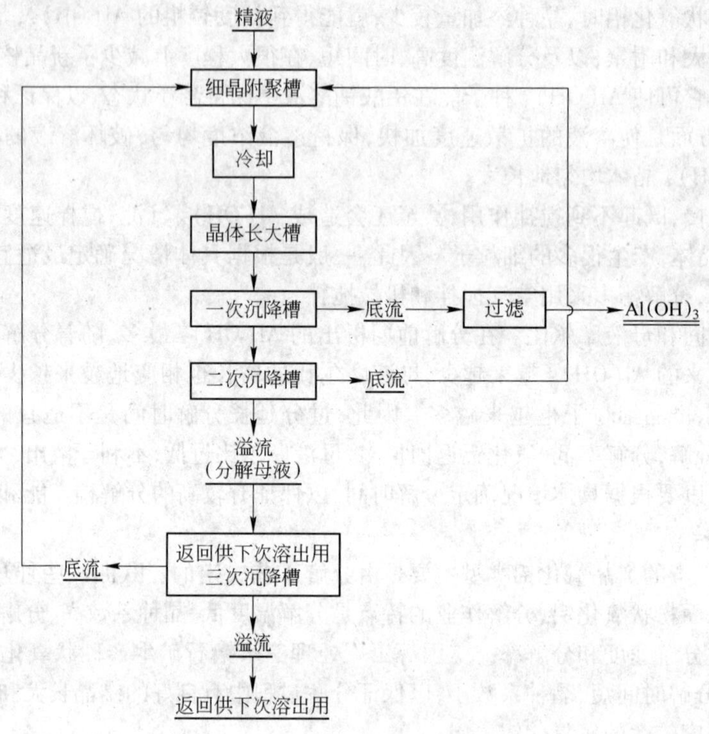

图 4-22　“新瑞铝法”晶种分解工艺流程

4.4.5　氢氧化铝焙烧

氢氧化铝焙烧是在高温下脱去附着水和结晶水,并使其晶型转变,制得符合电解要求的氧化铝的工艺过程。它是决定氧化铝的产量、质量和能耗的重要环节。

氢氧化铝焙烧的工艺流程和技术经济指标选择,详见本书第9章有关内容。

4.4.6　种分母液蒸发及一水苏打苛化

4.4.6.1　种分母液蒸发

A　种分母液蒸发的任务

种分母液的蒸发是拜耳法生产氧化铝工艺中一个十分重要的工序,其任务是:

(1) 排除流程中多余的水分,保持循环系统中液量的平衡;

(2) 排除杂质盐类,苛化回收碱。

拜耳法生产氧化铝是一个闭路循环流程,溶出铝土矿的苛性碱液是在生产中反复使用的,每次作业循环只需补加在上次循环中损失的部分(碱耗)。但是,每次循环中有:赤泥洗水、氢氧化铝洗水、原料带入的水分、蒸汽直接加热的冷凝水的加入,除随赤泥带走以及在氢氧化铝焙烧过程排除部分水外,多余的水会降低溶液的浓度,而在生产各阶段对于溶液浓度又有不同的要求,所以必须由蒸发工序来平衡水量。分离氢氧化铝后的分解母液 Na_2O 浓度一般在170 g/L,经蒸发浓缩到 280 g/L，符合拜耳法溶出铝土矿配制原矿浆的要求，送回前段流程使用。

铝土矿中含有少量的碳酸盐（如石灰石、菱铁矿等）和铝土矿溶出时加入的石灰中含有的少量石灰石（因煅烧不完全）与苛性碱溶液作用生成碳酸钠，以及铝酸钠溶液中的 NaOH 吸收空气中的 CO_2 也生成碳酸钠，它们在种分母液蒸发过程中以一水碳酸钠结晶析出。为减少苛性碱的消耗，需要将这些碳酸钠用石灰乳进行苛化处理以回收苛性碱：

$$Na_2CO_3 \cdot H_2O + Ca(OH)_2 = 2NaOH + CaCO_3 + H_2O \tag{4-16}$$

这就是一水苏打的苛化。

B　种分母液蒸发的工艺流程

在氧化铝生产中，母液蒸发都是采用蒸汽加热，其能耗占湿法作业过程全部能耗的一半以上。蒸发设备和作业流程须根据原液中杂质含量和对母液的浓度要求加以选择，使之有利于减轻结垢和提高设备产能。

单效蒸发汽耗大，从溶液蒸发 1 kg 水就需消耗不少于 1 kg 的加热蒸汽。为了减少蒸汽消耗，在工业生产中一般均采用多效蒸发。蒸发作业的效数越多，蒸汽单耗越少，生产成本越低，但蒸汽的节约程度越来越小，同时带来设备费用的增加。因此，蒸发效数不能增加太多，实际上最常用的是 3 ~ 4 效作业。近些年来氧化铝生产中采用新型高效的降膜式蒸发器，已实现更多效的蒸发作业。

a　多效真空蒸发的作业流程

多效蒸发作业流程较多，若蒸汽为顺流时，按溶液的进、出料方式不同，可分为顺流、逆流和错流三种：

（1）顺流：溶液的流向与蒸汽的流向相同，即由第一效顺序流向末效。如图 4-23 所示。

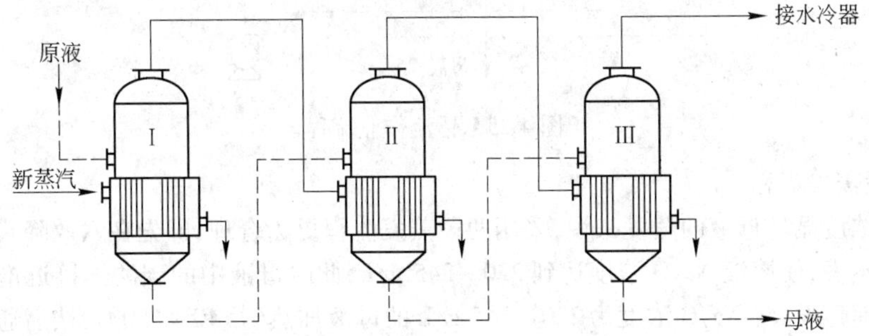

图 4-23　顺流作业流程

顺流作业的优缺点：

1）由于后一效蒸发室内的压力较前一效的低，故可借助于压力差来完成各效溶液的输送，不需要用泵，可节省动力费用；

2）由于前一效的溶液沸点较后一效的高，所以自蒸发量较大；

3）最后一效出料，温度低，热损小。但由于后一效的浓度较前一效大，温度低，黏度大，因而传热系数较低。另一方面，有可能给操作上带来一定的困难，如出料不畅等。

（2）逆流：溶液的流向与蒸汽的流向完全相反，即溶液从末效加入由 Ⅰ 效出，蒸汽由 Ⅰ 效加入顺序流至末效。如图 4-24 所示。

逆流作业的优缺点：随着溶液的浓度愈来愈高，温度也愈来愈高，因此黏度的影响不明显。虽然传热系数有所下降，但不至于降得太低，而出料却很畅快。但是，由于各效溶液的加入均用泵输送，因此动力消耗大。另外，出料温度高，热损失大。

（3）错流：在蒸发过程中，既有顺流又有逆流。如图 4-25 所示。

其优缺点介于顺流与逆流之间。在生产过程中往往采用Ⅲ—Ⅰ—Ⅱ、Ⅱ—Ⅲ—Ⅰ等多种流程交替作业,其目的在于清洗蒸发器管内的结疤,以提高蒸发效率,减少汽耗,降低生产成本。

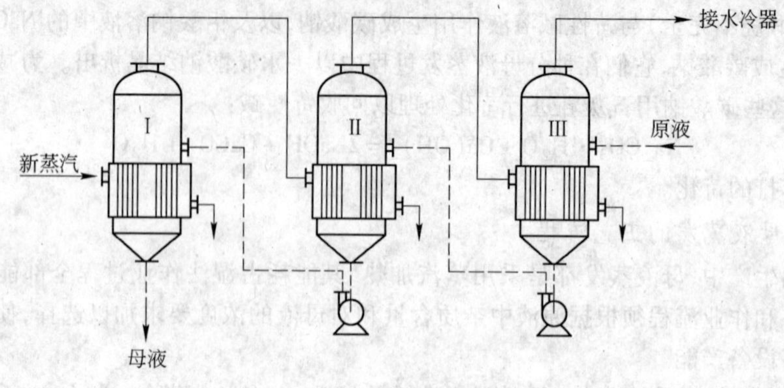

图 4-24　逆流作业流程

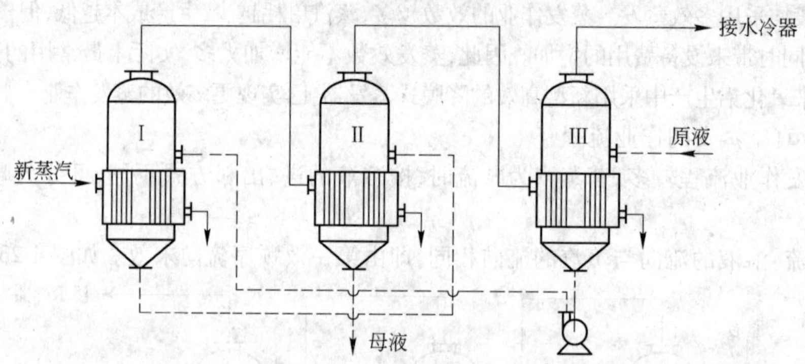

图 4-25　错流作业流程

b　二段蒸发流程

对于高浓度循环母液的蒸发来说,采用两段蒸发流程更为合理,即先在六效降膜式蒸发器中进行第一段蒸发,使溶液 Na_2O 浓度达到 220 ~ 245 g/L,此时母液中的碳酸钠接近饱和。第二段蒸发采用闪速蒸发,将 Na_2O 浓度为 220 ~ 245 g/L 的母液加热到 140 ~ 150℃,然后通过五级闪速蒸发至最终浓度(Na_2O 280 ~ 300 g/L),碳酸钠在闪蒸罐中析出。法国和俄罗斯采用上述两段蒸发的流程和设备后,蒸发 1 t 水的汽耗分别为 0. 33 t 和 0. 37 t。图 4-26 为六效逆流三级闪蒸的板式降膜蒸发工艺。

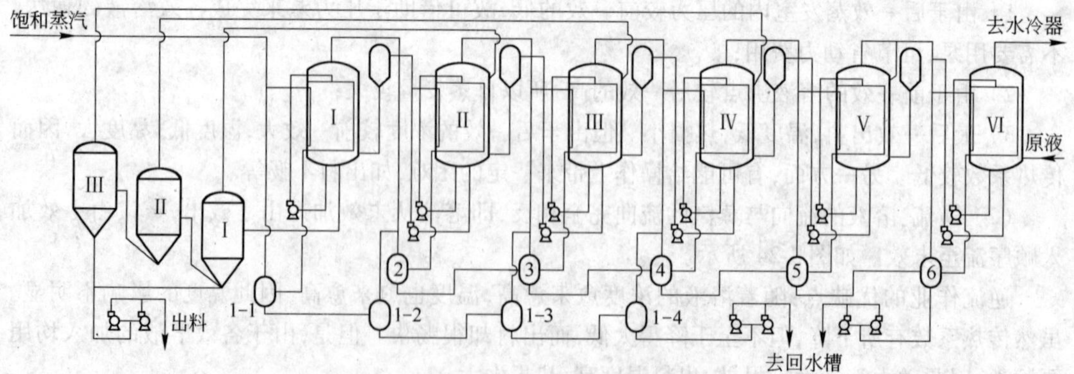

图 4-26　六效逆流三级闪蒸的板式降膜蒸发工艺流程

二段蒸发工艺流程为：首先进行一段蒸发，即将蒸发原液（Na_2O 160 g/L）由泵送至第Ⅵ效蒸发器，经Ⅵ—Ⅴ—Ⅳ—Ⅲ—Ⅱ—Ⅰ效蒸发器逆流逐级加热蒸发至溶液含 Na_2O 220 g/L，再经Ⅲ级闪蒸浓缩至 Na_2O 245 g/L。然后由泵送至Ⅳ效蒸发原液槽，四组 1100 m^2 强制循环蒸发器进一步蒸发排盐为第二段蒸发流程。Ⅰ效蒸发器用表压为 0.5 MPa 的饱和蒸汽加热，Ⅰ效至Ⅴ效二次蒸汽分别用作下一效蒸发器和该效直接预热器的热源，第Ⅵ效（末效）蒸发器的二次蒸汽经水冷器降温冷凝，其不凝气直接进入真空泵，Ⅰ、Ⅱ、Ⅲ级溶液自蒸发器的二次蒸汽依次用于加热Ⅱ、Ⅲ、Ⅳ效直接预热器的溶液。新蒸汽冷凝水经三级冷凝水槽闪蒸降温至100℃以下用泵送至合格热水槽，其二次蒸汽分别与Ⅰ、Ⅱ效蒸发器的二次蒸汽合并；Ⅱ、Ⅲ、Ⅳ、Ⅴ效蒸发器的冷凝水分别经该效的冷凝水水封罐进入下一级冷凝水水封罐；每效冷凝水水封罐产生的二次蒸汽分别汇入该效的加热蒸汽管；Ⅱ、Ⅲ、Ⅳ、Ⅴ效蒸发器的冷凝水逐级闪蒸后与Ⅴ效的冷凝水汇合，进入Ⅵ效的冷凝水罐，用泵送到冷凝水槽；全部冷凝水经检测后，合格的送锅炉房，不合格的送 100 m^2 赤泥过滤热水槽。主要运行参数见表 4-5。

表 4-5 六效逆流三级闪蒸的板式降膜蒸发系统主要运行参数

效 数	板式降膜蒸发器						水冷器	闪蒸器		
	Ⅰ	Ⅱ	Ⅲ	Ⅳ	Ⅴ	Ⅵ		Ⅰ	Ⅱ	Ⅲ
加热面积/m^2	1728	1700	1610	1610	1610	1756				
汽室温度/℃	153	124	108.5	94	78.6	63.7		118.7	102	86.5
液室温度/℃	136	119	102	87	69	56.6				95
汽室压力/MPa	0.417	0.13	0.044	0.00	-0.046	-0.0738	-0.089			
液室压力/MPa	0.13	0.044	0.00	-0.046	-0.070	-0.0834				

六效逆流三级闪蒸的板式降膜蒸发系统工艺具有如下特点：

(1) 板式降膜蒸发器具有传热系数高，没有因液柱静压引起的温度损失，有利于小温差传热，实现六效作业，汽耗比传统的四效蒸发器每吨水低 0.12 t；

(2) Ⅰ效至Ⅴ效蒸发器进料，采用直接预热器余热，分别用三级闪蒸器及本效的二次蒸汽作热源，使溶液预热到沸点后进料，提高了传热系数，改善了蒸发的技术经济指标；

(3) 采用水封罐兼做闪蒸罐的办法，对新蒸器及各效二次蒸汽冷凝水的热量进行回收利用，不仅流程简单，并可有效的阻汽排水，降低了系统的汽耗；

(4) 采用三级闪蒸对溶液的热量进行回收，Ⅰ效出料温度约为149℃，经三级闪蒸，温度降至98℃，然后送第四蒸发器进行排盐蒸发；

(5) 板式蒸发器板片结疤时，可自行脱落，因此减少了清洗设备次数。Ⅰ效每两个月用 60 MPa高压水清洗一次；Ⅱ效每半年用高压水清洗一次；Ⅲ ~ Ⅵ效基本无结垢，不需清洗；

(6) 整个蒸发器组采用 I/A 型控制系统，在控制室内监视所有热工参数及电气设备运行情况，实现所有控制和打印报表，检测控制达到了国内先进水平。

该工艺不足之处在于不适合排盐蒸发，溶液浓度的提高受到限制。如果Ⅰ效有盐析出，会使布膜器堵塞，造成布膜器不能正常布膜。

目前国外新建氧化铝厂的蒸发工艺多采用降膜蒸发器与闪速自蒸发的二段流程。国内扩建及新建氧化铝厂也趋向选用此种高效低能耗的蒸发工艺，但因经济和技术的原因，传统的蒸发工艺仍然在国内一些氧化铝厂还在使用。几种蒸发工艺性能比较见表 4-6。

从表中数据可见，法国 Agrochen 和美国 Zaremba 强制循环蒸发装置与法国 Kesther 降膜蒸发装置相比，成本低。从国内的氧化铝厂蒸发装置对比来看，广西平果铝厂和山西铝厂的降膜蒸发装置,在蒸发强度、汽耗、运转率都优于其他氧化铝厂的自然循环和强制循环装置,达到了世界先进水平。

表 4-6 国内外一些氧化铝厂蒸发工艺性能比较

项 目	法国 Kesther	美国 Zaremba	法国 Agrochen	中国长城铝业公司郑州铝厂	中国山东铝业公司氧化铝厂	中国贵州铝业公司氧化铝厂	中国山西铝业公司氧化铝厂	中国广西平果铝业公司氧化铝厂
效 数	Ⅴ	Ⅳ	Ⅴ	Ⅳ	Ⅲ	Ⅳ	Ⅵ	Ⅴ
蒸发流程	Ⅴ效逆流降膜蒸发加三级闪蒸。二级闪蒸出料的部分需排盐时,送至强制循环蒸发器	Ⅳ效逆流强制循环蒸发器加二级闪蒸	Ⅴ效逆流强制循环蒸发器加二级闪蒸	外热式混流自然循环加二级闪蒸	Ⅲ效逆流强制循环蒸发器加二级闪蒸	外热式逆流自然循环加 200 m^2 强制循环	Ⅵ效逆流板式降膜蒸发加三级闪蒸	Ⅴ效逆流管式降膜蒸发加三级闪蒸
加热面/m^2	7073	7846	5600	1100	450	850	10014	7653
供气条件/MPa	0.6~0.65	0.9	0.6				0.4~0.45	0.5
吨水汽耗/t	0.38	0.318	0.333	0.45~0.55	0.45~0.5	0.45~0.55	0.27~0.3	0.33~0.4
蒸水能力/t·(h·组)$^{-1}$	150	180	132	50~60	40~45	45~50	100~130	150~170
吨水电耗/kW·h	7.3	8.4	8.0					
运转率/%				80~85	80	80~85	80~88	93~95
一组蒸发设备费用	4750 万法郎		3990 万法郎					3750 万法郎

4.4.6.2 苏打结晶分离和苛化

A 苏打结晶和苛化工艺流程

分解母液在蒸发过程中结晶析出的苏打(有时还有硫酸钠结晶及附在结晶表面上的有机物),需要用沉降槽和过滤机串联作业,即从蒸发器出料至沉降槽进行初步分离,沉降底流送真空过滤机再次分离。要求结晶分离越彻底越好。因此,在操作时必须防止沉降槽溢流跑浑和过滤机滤液浮游物过高。

过滤机的滤饼,即分离出来的苏打结晶在热水槽中用热水溶解后,用石灰乳在苛化槽中进行苛化(用新蒸汽加热)。由于得到的苛化碱液浓度低,需经闪蒸浓缩,再经过过滤分离除去苛化泥渣后,碱液送去配制原矿浆。其工艺流程如图 4-27 所示。

B 一水苏打苛化的技术条件

种分母液蒸发析出的一水苏打及补充的纯碱都是通过将碳酸钠溶解,然后添加石灰(石灰苛化法),转化为苛性碱的,其原理是:

$$Na_2CO_3 + Ca(OH)_2 = 2NaOH + CaCO_3 \tag{4-17}$$

在上述苛化反应中,由于碳酸钙溶解度较小,形成固体沉淀,过滤除去沉淀后的滤液,补充到循环母液中返回配料流程。

通常用苛化率,即碳酸钠转变为氢氧化钠的转化率来评价碳酸钠苛化的程度。苛化率的表达式为

$$\eta_{苛} = \frac{n_{C苛前} - n_{C苛后}}{n_{C苛前}} \times 100\% \tag{4-18}$$

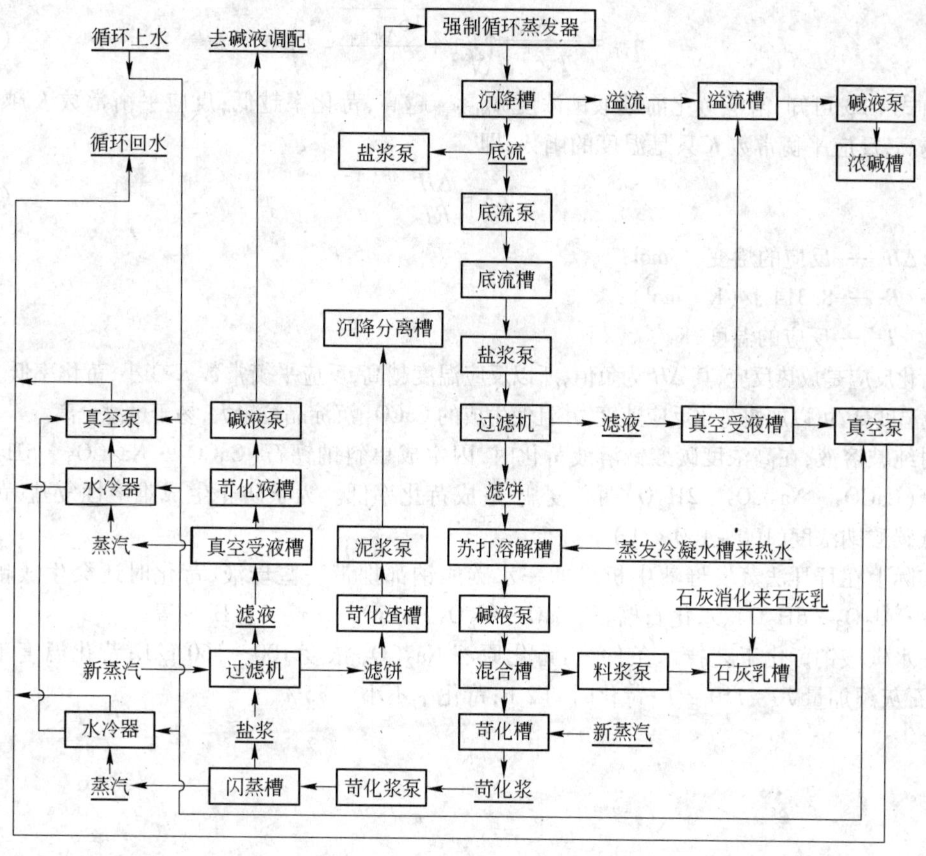

图 4-27 苏打结晶分离和苛化工艺流程

式中 $\eta_{苛}$——溶液苛化率，%；

$n_{C苛前}$——溶液苛化前 Na_2O_C 的浓度，g/L；

$n_{C苛后}$——溶液苛化后 Na_2O_C 的浓度，g/L。

随着苛化过程的进行，NaOH 浓度的增加，由于同离子效应的影响，$Ca(OH)_2$ 溶解度逐渐降低，所以，$Ca(OH)_2$ 在苛化后溶液中很少，若忽略不计时，苛化率可表达为：

$$\eta_{苛} = \frac{n_{N苛后}}{2n_{NC苛前}} \times 100\% \tag{4-19}$$

式中 $n_{N苛后}$——溶液苛化后 NaOH 的浓度，mol/L；

$n_{NC苛前}$——溶液苛化前 Na_2CO_3 的浓度，mol/L。

式 4-17 反应是可逆反应，其反应平衡常数：

$$K = \frac{[OH^-]^2}{[CO_3^{2-}]} \tag{4-20}$$

即

$$K = \frac{(n_{N苛后})^2}{n_{NC苛前} - \frac{n_{N苛后}}{2}} \tag{4-21}$$

则

$$n_{N苛后} = \frac{K}{4}\left(\sqrt{1 + \frac{16n_{NC苛前}}{K}} - 1\right) \tag{4-22}$$

将式 4-22 代入式 4-19，得：

$$\eta_{苛} = \frac{K}{8n_{NC苛前}}\left(\sqrt{1+\frac{16n_{NC苛前}}{K}}-1\right) \tag{4-23}$$

由式4-23可知，溶液苛化前碳酸钠浓度$n_{NC苛前}$越高，苛化率越低；反应平衡常数K越大，苛化率越高，反应平衡常数K只是温度的函数，即

$$\ln K = \frac{\Delta H}{RT} \tag{4-24}$$

式中　ΔH——反应的焓变，J/mol；

R——8.314 J/(K · mol)；

T——反应的温度，K。

苛化反应是放热反应，其ΔH为负值，所以反应温度越高，反应平衡常数K变小，苛化率低。但苛化反应温度高，可以加快苛化反应速度，并且使生成的$CaCO_3$沉淀晶粒粗大，易于过滤分离。

对纯碱溶液，在高浓度碳酸钠溶液苛化时，因生成单斜钠钙石（$CaCO_3 \cdot Na_2CO_3 \cdot 5H_2O$）和钙水碱（$CaCO_3 \cdot Na_2CO_3 \cdot 2H_2O$）两种复盐，造成苛化率低。为了防止生成难溶性复盐，苛化通常在低碳酸钠浓度（100～160 g/L）下进行。

实际上在拜耳法蒸发母液中析出的一水碳酸钠都携带一些母液，苛化时还会生成铝酸钙（$3CaO \cdot Al_2O_3 \cdot 6H_2O$）、水化石榴石$3CaO \cdot Al_2O_3 \cdot xSiO_2 \cdot (x-2y)H_2O$等。

一水碳酸钠苛化工艺技术条件为：苛化原液Na_2CO_3浓度100～160 g/L；苛化温度不小于95℃；石灰添加量70～110 g/L；苛化时间2 h；苛化率不小于85%。

5 工艺过程衡算

5.1 物料衡算

5.1.1 物料衡算概述

运用质量守恒定律，对生产过程或设备进行研究，计算输入或输出的物料流量及组分等，称之为物料平衡计算，简称为物料衡算。

物料衡算是工艺设计的基础，根据所需设计项目的年产量，通过对全过程或单元(个)过程的物料衡算，可以计算出所需原料的消耗量，副产品量及输出过程物料的损耗量及"三废"排放量；并在此基础上作热量衡算，计算出蒸汽、水、电、煤或其他燃料的消耗定额；最终根据这些计算可以确定所生产产品的技术经济指标。同时根据衡算所得的各单元设备的物料量及其组成、热量负荷及等级，对生产设备、辅助设备进行选型或设计并计算其数量，从而对过程所需设备的投资及其项目可行性进行估价，对不同的产品生产技术方案或工艺路线进行评比和确定最适宜的操作条件。

物料衡算是氧化铝生产设计的核心，物料衡算是在制定的生产方法、工艺流程和技术经济指标的条件下进行的，但是反过来，物料衡算又是选择生产方法和工艺流程的基础。建设一个新的氧化铝厂可能有多种生产方法和工艺流程供选择，只有通过物料衡算与热量衡算，得出各工序的物料处理量、热量负荷，才能选定或设计所需设备及计算其数量，核定有关的消耗指标(例如生产用水、蒸汽量等)，以及结合生产或实验数据，核算某些辅助材料的消耗指标，并进而估算投资和产品成本，作出多方案比较，最终选出最佳方案。

在氧化铝生产上，当原燃料及技术条件改变或进行某项技术改造而影响到技术经济指标(如单耗，成本及产能等)时，就必须对局部工艺过程，甚至全部工艺过程进行物料衡算，否则就不可能很好地完成日常生产物料平衡调度工作，如核实各工序的处理量、设备处理能力及有关指标等，以保证连续、均衡、稳定的生产。

对于从事氧化铝厂设计或生产的技术人员，学习和掌握氧化铝生产的物料衡算是基本功。通过物料衡算，可以深入了解和全面掌握氧化铝生产的全过程，只有这样才能挖掘生产潜力，控制生产过程，使之处于最佳平衡状态，并在此基础上不断改进、创新、推动生产技术及装备水平的提高。

5.1.2 物料衡算的作用

物料衡算具有以下主要作用：

(1) 通过物料衡算，可以确定原材料消耗定额，判断是否达到设计要求；

(2) 可以确定各生产过程或设备输入及输出的物料的流量，并列出物料平衡表，在此基础上进行设备的选型、设计及数量计算，并确定"三废"排放数量及组成，以利于提出"三废"处理的方案；

(3) 作为热量衡算的基础;

(4) 根据计算结果绘出物流图,进行管路设计、材质选择、仪表及自控设计等。

5.1.3　物料衡算计算公式

根据质量守恒定律,物系中不会有物质的生成和消失,即对某一个体系,输入体系的物料量应该等于体系输出物料量与体系内积累量之和,基本关系式为:

[输入的物料量] = [输出的物料量] + [积累的物料量]　　(5-1)

如果体系内发生化学反应,则对任一个组分或任一种元素作物料衡算时,必须把有反应消耗或生成的量考虑在内,所以式 5-1 成为:

[输入的物料量] ± [反应生成或消耗的物料量] = [输出的物料量] + [积累的物料量]　　(5-2)

式 5-1 对反应物作衡算时,由反应而消耗的量,应取减号;对生成物做衡算时,由反应而生成的量,应取加号。

式 5-1 为物料衡算的普遍式,可以对体系的总物料进行衡算,也可以对体系内的任何一组分或任何一元素作衡算。

式 5-1、式 5-2 中,"积累的物料量"一项,表示体系内物料量随时间而变化增加或减少的量。例如,一储槽进料量为 50 kg/h,出料量为 45 kg/h ,则此储槽中的物料量以 5 kg/h 的速度增加。所以储槽处于不稳定状态。应用式 5-2 做物料衡算时,"体系内积累的物料量"不等于零。

如果体系内不积累物料,即达到稳定状态(积累的物料量为零),则式 5-1 成为:

[输入的物料量] = [输出的物料量]　　(5-3)

如果体系为稳定状态,又有化学反应,则对反应物或生成物做衡算时,式 5-2 应为:

[输入的物料量] ± [反应生成或消耗的物料量] = [输出的物料量]　　(5-4)

式 5-4 为连续稳定过程物料衡算式,式中各项均以单位时间物料量表示,常以 kg/h 或 mol/h 表示。

但是,列物料衡算式时应注意,物料平衡是质量平衡,不是体积或物质的量平衡。若体系内有化学反应,则衡算式中各项用 mol/h 为单位时,必须考虑反应式中的化学计量系数。因为化学反应前后物料中的分子数不守恒。但以原子的物质的量衡算时,式 5-4 仍恒等。

5.1.4　物料衡算的依据

物料衡算的依据如下:

(1) 设计任务书中确定的技术方案(包括生产方法、工艺流程等)、生产规模和生产时间(指全年的生产天数,应根据全厂检修、车间检修、生产过程和设备的特殊性、生产管理水平等因素考虑);

(2) 设计用原料(铝土矿、石灰石或石灰)、循环碱液、补充碱液(烧碱或纯碱)的成分;

(3) 各生产过程的主要工艺条件和技术经济指标(包括水、电、煤单耗,物料含水率,液固比,Al_2O_3 和 Na_2O 机械损失,产品 Al_2O_3 质量等级,铝酸钠溶液分解率等);

(4) 建设单位或研究单位所提供的要求、设计参数及工业试验数据,主要包括各过程的主要化学反应式,反应物配比,转化率,催化剂、添加剂、絮凝剂状态及加入量等。

5.1.5　物料衡算的基准

在物料衡算过程中,恰当选择计算基准可使计算简化,同时也可缩小计算误差。在氧化铝生

产物料衡算中,通常采用以下几种基准:

(1) 质量基准。氧化铝生产所用原料和所生产的产品氧化铝都是固态物质,选择一定质量的原料或产品作为计算基准是合适的,一般都是选用生产1 t氧化铝做基准。

(2) 时间基准。对于氧化铝的连续生产过程,以一段时间,常取1 h或1 d生产的氧化铝作为计算基准。

(3) 干湿基准。生产中的物料,不论固态、液态和气态,均含有一定量的水分,因而在选用基准时就有是否将水分计算在内的问题。不计水分时称为干基,否则为湿基。在氧化铝生产物料衡算中,如果选用一定质量的原料铝土矿作为计算基准时,随之就有以干基还是湿基计算的区分,通常情况下均以湿基计算;当以1 t产品氧化铝为基准时,因为氧化铝是高温焙烧的产物,已不含有水分,只有以干基计算了。

5.1.6 物料衡算的顺序

在进行物料衡算时,特别是一些复杂物料衡算时,为避免发生错误,采用简洁明了又便于检查核实的衡算顺序,可做到计算迅速、结果准确,让有关人员易于理解和审阅。

物料衡算可选用的顺序是多种多样的,既可以按工艺流程从头到尾的顺序计算,也可以自生产过程中某一工序开始计算。在氧化铝生产中由于过程复杂,又是闭路循环,基本上采用从头到尾的计算方法,而在某些工序则采用自后一工序到前一工序的计算顺序。

5.1.7 物料衡算的方法

要做好物料衡算必须有正确、合理、可靠的计算方法,而且特别应注意工艺过程的主要工艺参数及技术参数的选择,做到选用的基础数据恰当,来源可靠。

(1) 有反应的物料衡算。常用直接计算方法,就是根据化学反应方程式,应用化学计量系数进行计算的方法。例如,苏打的苛化过程物料衡算(见本章拜耳法生产氧化铝物料衡算示例中的有关内容)。

(2) 带循环(返回)物流过程的物料衡算。由于循环返回处的物流尚未计算,因此循环量并不知道。此时在不知道循环量时,逐次计算并不能计算出循环量。例如,烧结法生产氧化铝中生料浆配制过程返回的硅渣及其附液量、碳分母液量等。对于这类物料衡算,通常可以采用以下几种解法:

1) 代数法。在循环物流存在时,列出物料平衡方程式并求解。一般方程式中的循环流量作为未知数,应用联立方程式的方法进行求解。

在只有一个或两个循环物流的情况下,只要计算基准及系统边界选择适当,计算常可简化。一般在衡算时,先进行总的过程计算,再对循环系统列出方程式求解。

2) 试差法。又称尝试法或试算法,即估算循环流量,并继续计算至循环回流的那一点或过程。将估算值与计算值进行比较,并重新假定一个估计值,一直计算到估计值与计算值之差在一定误差范围内达到满意为止。用此法计算时,有时需要反复进行计算多次,工作量较大,其所得的数据是近似的。试算法还常用于:方程较为复杂,难于直接求解或较快求解的情况;求解对象所涉及的因素多、关联面广,难于直接求解的情况。

以上两种方法也可结合进行,例如,在试差法中可以在某些部分采用代数法。在氧化铝生产物料衡算中,对于在生产过程中起决定作用的组分,例如,Al_2O_3,Na_2O等,应作严格的计算;对于其他组分,在某一工序可作严格计算,而在另一工序则可粗略计算,例如,在烧结法生产氧化铝物料衡算中,在熟料烧成以前对Fe_2O_3、SiO_2、CaO、TiO_2的计算应当是严格的,而在脱硅以后的工序中,则可以粗略计算,甚至忽略不计。

3）电算程序法。随着电子计算机应用的不断开拓和发展,近年来人们已经使用电算程序法,即使用计算机进行氧化铝生产的物料衡算。此法是利用计算机语言编制电算程序,将原料成分、技术条件等原始数据事先赋值输入计算机(运算时也可随时修改,只要生产工艺流程无太大的变化,在所编制的程序内都适用),然后操作计算机进行运算和输出结果。

由于计算机技术的应用,使原来复杂、烦琐、费时的氧化铝生产物料衡算变得简便快捷,许多原来无法直接进行和只能简化近似的计算变得可能、精确,因此可使技术人员从烦琐的计算工作中解脱出来。

这里需要指出的是,物料衡算还与严格的生产技术管理有着密切的关系。因此,不能把物料衡算中的技术条件与指标看作是一成不变的。对于氧化铝厂来说,物料衡算要根据该厂当时的具体条件、工艺流程和原材料及技术规程进行计算。物料衡算中要选取恰当的有效数字,应根据已知物料数据的准确度和要求的计算精确度来确定。

总之,氧化铝生产物料衡算过程复杂,即使是对氧化铝生产工艺很熟悉的技术人员,不管用哪种方法与计算工具,也是一项费力耗时的工作,往往令人望而生畏,困扰着技术人员。因此,本书提供的计算原理与计算示例,可供读者在学习和实际工作中参考使用。

5.1.8　拜耳法生产氧化铝的物料衡算示例

以拜耳法处理贵州清镇铝土矿,年产 30 万 t 氧化铝厂物料平衡计算为例。

5.1.8.1　全厂主要生产工艺流程

全厂主要生产工艺流程,如图 5-1 所示。

5.1.8.2　原料成分及主要工艺技术条件

A　原料成分

主要原料成分为:

(1) 铝土矿: Al_2O_3 70.90%, SiO_2 7.59%, Fe_2O_3 2.25%, TiO_2 3.76%,其他 1.00%,灼减 14.00% (CO_2 0.50%,其余为结晶水)。

(2) 石灰: CaO 89.0%, SiO_2 2.0%, Fe_2O_3 1.0%, Al_2O_3 2.5%,其他 0.5%,灼减(全部为 CO_2)4.0%。

(3) 循环母液: Na_2O_K($n_{K循}$)240 g/L, Na_2O_C($n_{C循}$) 32g/L, $(MR)_{循}$ 3.45, $\rho_{循}$ 1.32 g/cm^3 (95℃时的密度)。

(4) 补充碱液: Na_2O_K($n_{K补碱}$) 440 g/L, $\rho_{补碱}$1.43 g/cm^3。

B　主要工艺技术条件

(1) 铝土矿溶出过程的石灰添加量:为铝矿石质量的 8%。

(2) 溶出赤泥: Al_2O_3 与 SiO_2 的质量比(A/S)1.15, Na_2O 与 SiO_2 的质量比(N/S)0.50,灼减(结晶水)10%。

(3) 溶出液水解损失的 Al_2O_3:为矿石中 Al_2O_3 质量的 1%。

(4) 稀释液: Al_2O_3 140 g/L, $(MR)_{稀}$ 1.60, $\rho_{稀}$ 1.26 g/cm^3。

(5) 赤泥分离沉降槽底流液固比(L/S):5.5。

(6) 赤泥末次洗涤沉降槽底流 L/S:2.5。

(7) 每吨干赤泥的赤泥附液损失: Na_2O_T 8 kg。

(8) 种分分解率 53.62%,种分浓缩率 5%,每吨 Al_2O_3 种分吸收 CO_2 1.5 kg。

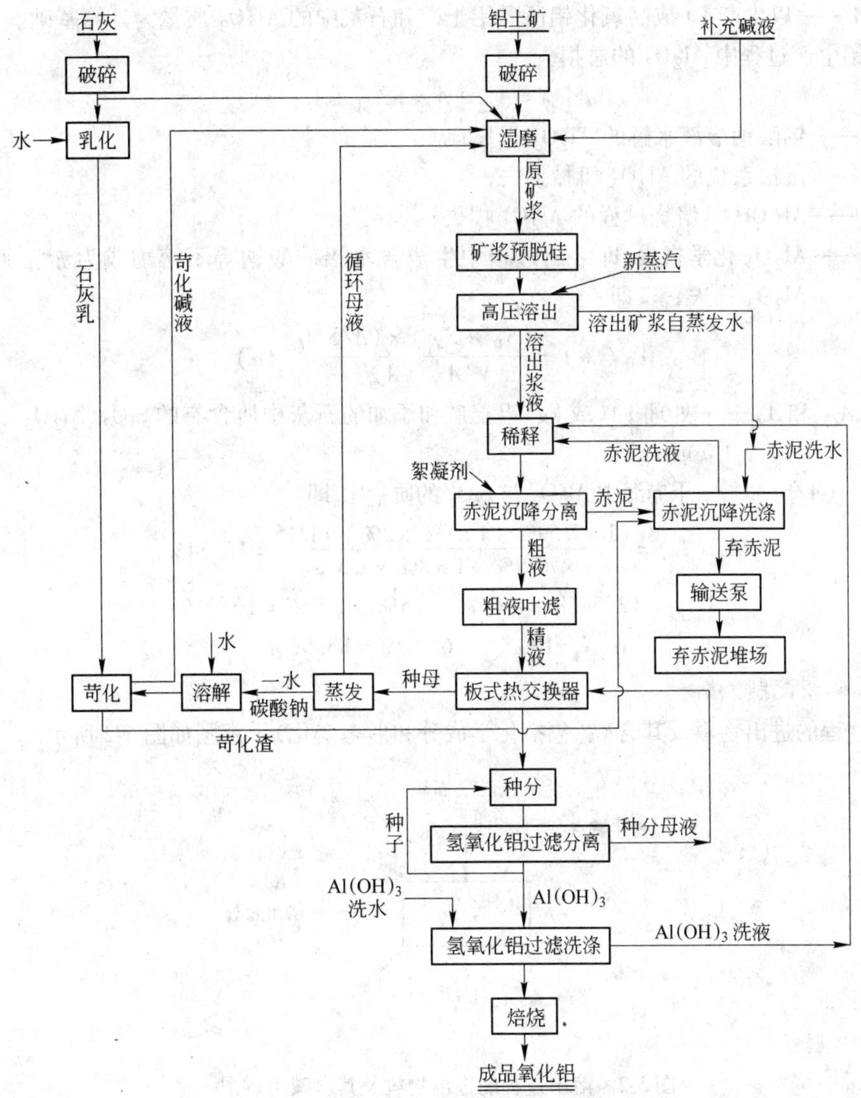

图 5-1 全厂主要生产工艺流程

(9) $Al(OH)_3$ 滤饼含水率 12%，按每吨 Al_2O_3 计算的 $Al(OH)_3$ 洗水量为 1.35 t。

(10) 成品 Al_2O_3 等级：一级品（Al_2O_3 98.6%，SiO_2 0.02%，Fe_2O_3 0.03%，Na_2O_T 0.5%，其他 0.05%，灼减 0.8%）。

(11) 苛化碱液：Na_2O_K（$n_{K苛}$）100 g/L，$\rho_{苛}$ 1.13 g/cm^3。

(12) 机械损失：Al_2O_3 湿法系统损失 1.5%，焙烧损失 1.0%；按每吨 Al_2O_3 计算的 Na_2O_T 损失 20.0 kg（$N_{T机损总}$包括赤泥附液碱损失）。

5.1.8.3 生产过程物料衡算

以生产 1 t 成品氧化铝为计算基础。

A 氧化铝总回收率

$$\eta_{A总} = 100\% - A_{总损}(\%) \tag{5-5}$$

式中 $\eta_{A总}$——氧化铝总回收率，%；

100%——以生产 1 t 成品氧化铝所需铝土矿和石灰中的 Al_2O_3 质量为计算基础。

氧化铝生产过程中 Al_2O_3 的总损失：

$$A_{总损} = A_{化} + A_{水} + A_{机} + A_{焙} \tag{5-6}$$

式中 $A_{水}$——铝酸钠溶液水解的 Al_2O_3 损失；

$A_{机}$——湿法系统的 Al_2O_3 机械损失；

$A_{焙}$——$Al(OH)_3$ 焙烧过程的 Al_2O_3 损失；

$A_{化}$——Al_2O_3 化学损失，即溶出过程中生成含水铝硅酸钠等不溶物成为赤泥所造成的 Al_2O_3 损失，%，即：

$$A_{化}(\%) = \frac{(S_{矿} + S_{石}) \times (A/S)_{赤}}{A_{矿} + A_{石}}(\%) \tag{5-7}$$

$S_{矿}$ 和 $S_{石}$、$A_{矿}$ 和 $A_{石}$——处理 1 t(或 kg)铝土矿和添加的石灰中所含有的 SiO_2、Al_2O_3 的质量(t 或 kg)；

$(A/S)_{赤}$——干赤泥中 Al_2O_3 与 SiO_2 的质量比，即

$$A_{化}(\%) = \frac{(1 \times 7.59\% + 1 \times 8\% \times 2\%) \times 1.15}{1 \times 70.9\% + 1 \times 8\% \times 2.5\%} = 12.54\%；$$

则：
$$A_{总损} = 12.54\% + 1.0\% + 1.5\% + 1.0\% = 16.04\%$$

所以
$$\eta_{A总} = 100\% - 16.04\% = 83.96\%$$

B　原矿浆配制

溶出过程的进出物料及其含碱(包括化学成分和形态变化)示意图如图 5-2 所示。

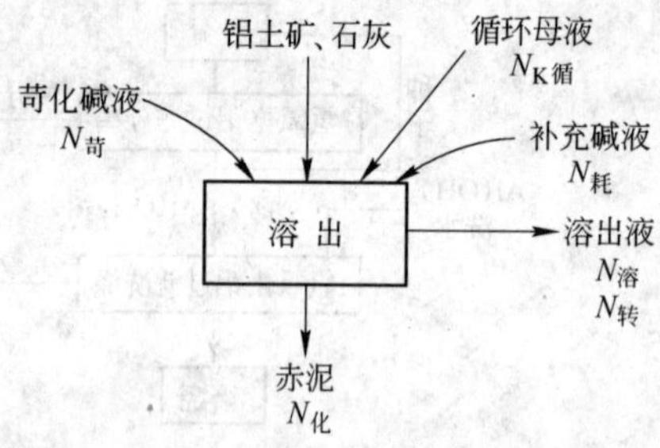

图 5-2　溶出过程的进出物料及其含碱示意图

(1) 1 t 成品氧化铝所需铝土矿：

$$Q_{矿} = \frac{A_{成}}{(A_{矿} + A_{石})\eta_{A总}} \tag{5-8}$$

式中 $Q_{矿}$——生产 1 t 成品氧化铝所需铝土矿质量，kg；

$A_{成}$——生产 1 t 成品氧化铝中的纯 Al_2O_3 质量，kg；

即

$$Q_{矿} = \frac{1000 \times 98.6\%}{(1 \times 70.9\% + 1 \times 8\% \times 2.5\%) \times 83.96\%} = 1651.714(\text{kg})$$

其中各成分量如下：

Al_2O_3：　$Q_{矿} \times A_{矿}(\%) = 1651.714 \times 70.9\% = 1171.065(\text{kg})$

SiO_2：　$Q_{矿} \times S_{矿}(\%) = 1651.714 \times 7.59\% = 125.365(\text{kg})$

Fe_2O_3：　$Q_{矿} \times F_{矿}(\%) = 1651.714 \times 2.25\% = 37.163(\text{kg})$

TiO_2：　$Q_{矿} \times T_{矿}(\%) = 1651.714 \times 3.76\% = 62.104(\text{kg})$

CaO：　$Q_{矿} \times Ca_{矿}(\%) = 1651.714 \times 0.5\% = 8.259(kg)$

灼减 CO_2：　$Q_{矿} \times 0.5\% = 1651.714 \times 0.5\% = 8.259(kg)$

H_2O：　$Q_{矿} \times 13.5\% = 1651.714 \times 13.5\% = 222.981(kg)$

（2）生产1 t产品氧化铝需配入的石灰量：

$$Q_{石} = Q_{矿} \times 8\% = 1651.714 \times 8\% = 132.137(kg) \tag{5-9}$$

其中各成分量：

Al_2O_3：　$132.137 \times 2.5\% = 3.303(kg)$

SiO_2：　$132.137 \times 2.0\% = 2.643(kg)$

Fe_2O_3：　$132.137 \times 1.0\% = 1.321(kg)$

CaO：　$132.137 \times 89\% = 117.602(kg)$

CO_2：　$132.137 \times 4\% = 5.285(kg)$

（3）生产1 t成品氧化铝所需循环母液量：

设每吨成品氧化铝需要循环母液量为 $V_{循}(m^3)$，根据溶出过程进出物料中的 Na_2O_K 量平衡关系，得式5-10～式5-15：

$$n_{K循}V_{循} - n_{K循}V_{循}\frac{(MR)_{溶}}{(MR)_{循}} + N_{耗} + N_{苛} = 0.608(MR)_{溶}(A_{矿} + A_{石} - A_{化}) + N_{化} + N_{转} \tag{5-10}$$

其中 $$N_{耗} = N_{化} + N_{机} + N_{成} \tag{5-11}$$

$$N_{化} = (S_{矿} + S_{石}) \times (N/S)_{赤} \tag{5-12}$$

$$N_{转} = (C_{矿} + C_{石}) \times \frac{62}{44} \tag{5-13}$$

$$N_{苛} = N_{转} + N_{吸} - N_{C损} \tag{5-14}$$

$$N_{吸} = m_C \times \frac{62}{44} = 1.5 \times \frac{62}{44} = 2.114(kg) \tag{5-15}$$

式中 $n_{K循}$——循环母液的 Na_2O_K 浓度，g/L；

$(MR)_{溶}$——溶出液的 Na_2O_K 与 Al_2O_3 摩尔比，1.58；

$(MR)_{循}$——循环母液的 Na_2O_K 与 Al_2O_3 摩尔比；

$n_{K循}V_{循}$——每吨成品氧化铝所需循环母液中的 Na_2O_K 量，kg；

$n_{K循}V_{循}\frac{(MR)_{溶}}{(MR)_{循}}$——每吨成品氧化铝需要的循环母液中所含的惰性碱（循环碱液中含有的 Al_2O_3 在溶出后与碱相配达到 $(MR)_{溶}$ 所占有的碱）量，kg；

$n_{K循}V_{循} - n_{K循}V_{循}\frac{(MR)_{溶}}{(MR)_{循}}$——每吨成品氧化铝所需循环母液中的有效苛性碱（参与溶出反应的碱）量，kg；

$N_{耗}$——每吨成品氧化铝的碱耗，kg，其由补充碱液来补偿；

$N_{化}$——每吨氧化铝的 Na_2O 化学损失量，$N_{化} = (125.365 + 2.643) \times 0.50 = 64.004(kg)$；

$N_{机}$——在每吨氧化铝生产过程中，由于物料跑冒滴漏及赤泥附液带走所造成的 Na_2O 机械损失量，kg，由已定的工艺技术条件知 $N_{机} = 20$ kg；

$N_{成}$——每吨成品氧化铝中带走的 Na_2O 量，5 kg，则 $N_{耗} = 64.004 + 20 + 5 = 89.004(kg)$

$A_{矿}$ 和 $A_{石}$、$A_{化}$ 和 $N_{化}$——生产1 t氧化铝所需铝矿石和石灰石中的 Al_2O_3 量、产出的赤泥中 Al_2O_3 和 Na_2O 的化学损失量，kg；

$0.608(MR)_{溶} \times (A_{矿} + A_{石} - A_{化})$——生产1 t氧化铝的溶出液中具有的 Na_2O_K 量，kg；

$N_{转}$——生产 1 t 氧化铝,在溶出过程中由于铝矿石和石灰中的 CO_2 使苛性碱(Na_2O_K)转变为碳酸碱(Na_2O_C)量,kg;

$C_{矿}$——生产 1 t 氧化铝所需铝矿石中的 CO_2 量,kg;

$C_{石}$——生产 1 t 氧化铝所需石灰中的 CO_2 量,kg,则 $N_{转}=\frac{62}{44}\times(8.259+5.285)=19.085(\text{kg})$;

$N_{苛}$——生产 1 t 氧化铝返回溶出流程的苛化碱液中具有的 Na_2O_K 量;

$N_{吸}$——生产 1 t 氧化铝在种分过程吸收空气中的 CO_2 而使 Na_2O_K 转变为 Na_2O_C 的量,kg;

m_C——生产 1 t 氧化铝在种分过程吸收 CO_2 的量为 1.5 kg;

$N_{C损}$—— 生产 1 t 氧化铝在一水碳酸钠苛化过程中的 Na_2O_C 损失量,取 $N_{C损}=3$ kg;

所以　　$N_{苛}=19.085+2.114-3=18.199(\text{kg})$

由上述溶出过程的 Na_2O_K 数量平衡等式得:

$$V_{循}=\frac{0.608(MR)_{溶}(A_{矿}+A_{石}-A_{化})+N_{化}+N_{转}-N_{耗}-N_{苛}}{n_{K循}\left(1-\frac{(MR)_{溶}}{(MR)_{循}}\right)}$$

$$=\frac{0.608\times1.58\times(1171.065+3.303-147.266)+64.004+19.085-89.004-18.199}{240\times\left(1-\frac{1.58}{3.45}\right)}$$

$$=7.399\ (\text{m}^3) \tag{5-16}$$

其中各成分量如下:

Na_2O_K:　　$N_{K循}=n_{K循}V_{循}=240\times7.399=1775.760(\text{kg})$

Na_2O_C:　　$N_{C循}=n_{C循}V_{循}=32\times7.399=236.768(\text{kg})$

CO_2:　　$\frac{44}{62}n_{C循}V_{循}=\frac{44}{62}\times236.768=168.029(\text{kg})$

Al_2O_3:　　$1.645\times\frac{n_{K循}V_{循}}{(MR)_{循}}=1.645\times\frac{1775.760}{3.45}=846.703(\text{kg})$

H_2O:　　循环母液质量($V_{循}\rho_{循}$) - 循环母液中所有溶质的质量

$=7.399\times1320-(1775.706+236.768+168.029+846.703)$

$=6739.420(\text{kg})$

(4) 补充碱液和苛化碱液:

补充碱液:按 $N_{K补碱}=N_{耗}=89.004$ kg,补充碱液浓度 $n_{K补碱}=440$ g/L 计,则补充碱液的体积:

$$V_{补碱}=N_{K补碱}/n_{K补碱}=89.004/440=0.20228\ \text{m}^3$$

其中成分 Na_2O_K:89.004 kg

H_2O:　　$V_{补碱}\rho_{补碱}-N_{K补碱}=0.20228\times1430-89.004=200.259(\text{kg})$

苛化碱液:苛化碱液的体积

$$V_{苛}=N_{苛}/n_{K苛}=18.199/100=0.18199\ (\text{m}^3)$$

考虑到苛化率 $\eta_{苛}=90\%$,则进入苛化工序的 $Na_2CO_3\cdot H_2O$ 中应有的 Na_2O_C 量为:

$$N_{C苛}=N_{苛}/\eta_{苛}=18.199/90\%=20.221(\text{kg})$$

而 $N_{C未苛}=N_{苛}/\eta_{苛}\times(1-90\%)=20.221\times(1-90\%)=2.0221(\text{kg})$

所以苛化碱液的 Na_2O_C 浓度 $n_{C苛}$:2.0221/0.18199 = 11.111(g/L)

苛化碱液中的 CO_2 量:$2.0221\times\frac{44}{62}=1.435(\text{kg})$

CO_2 浓度 $n_{CO_2苛}$:1.435/0.18199 = 7.885(g/L)

苛化碱液中的 H_2O 量：

$$V_{苛}\rho_{苛}-溶质总量=0.18199\times1130-(2.0221+18.199+1.435)=183.993(kg)$$

(5) 原矿浆中的溶液量：

原矿浆中的溶液总体积：

$$V_{原}=V_{循}+V_{补碱}+V_{苛}=7.399+0.20228+0.18199=7.783(m^3)$$

溶液中 Na_2O_K 量：

$$\begin{aligned}N_{K溶}&=N_{K循}+N_{K补碱}+N_{苛}-N_{转}\\&=1775.760+89.004+18.199-19.085\\&=1863.878(kg)\end{aligned}$$

溶液中 Na_2O_C 量：

$$N_{C溶}=N_{C循}+N_{C未苛}+N_{转}=236.768+2.022+19.085=257.875(kg)$$

(6) 原矿浆配制的物料平衡见表5-1。

表5-1 原矿浆配制的物料平衡 (kg)

项目		Al_2O_3	SiO_2	Fe_2O_3	TiO_2	CaO	Na_2O_K	Na_2O_C	CO_2	H_2O	其他	合计
进入	铝土矿	1171.065	125.365	37.163	62.104	8.259			8.259	222.981	16.518	1651.714
	石灰	3.303	2.643	1.321		117.602			5.285		1.983	132.137
	循环母液	846.703					1775.760	236.768	168.029	6739.420		9766.680
	补充碱液						89.004			200.259		289.263
	苛化碱液						18.199	2.022	1.435	183.993		205.649
							$N_K\rightarrow N_C$ −19.085	 +19.085				
	总计	2021.071	128.008	38.484	62.104	125.861	1863.878	257.875	183.008	7346.653	18.501	12045.443
支出	原矿浆	2021.071	128.008	38.484	62.104	125.861	1863.878	257.875	183.008	7346.653	18.501	12045.443

C 高压溶出

(1) 赤泥量：

溶出赤泥量应为原矿浆中的不溶性成分(包括赤泥灼减)总量，即

$$Q_{赤泥}=(S_{矿}+F_{矿}+Ca_{矿}+T_{矿}+A_{化}+N_{化}+其他)/(1-\eta_{赤泥}) \tag{5-17}$$

式中 $Q_{赤泥}$——生产每吨氧化铝所产出的干赤泥量，kg；

$S_{矿}$、$F_{矿}$、$Ca_{矿}$、$T_{矿}$——每吨氧化铝所需矿石(包括铝土矿和石灰)中的 SiO_2、Fe_2O_3、CaO、TiO_2 的质量，kg；

$\eta_{赤泥}$——赤泥的灼减率，%。

现取赤泥的灼减全部为结晶水，其占赤泥总质量的10%，即 $\eta_{赤泥}=10\%$

$$\begin{aligned}Q_{赤泥}&=(128.008+38.484+125.861+62.104+147.266+64.004+18.501)/(1-10\%)\\&=649.142(kg)\end{aligned}$$

其中含结晶水： $H_{赤晶}=Q_{赤泥}\times\eta_{赤泥}=649.142\times10\%=64.914(kg)$

(2) 铝酸钠溶液水解损失的 Al_2O_3 量：

$$A_{水解}=(A_{矿}+A_{石})\times1\%=(1171.065+3.303)\times1\%=11.744(kg)$$

水解产物 $Al(OH)_3$ 中的结晶水量： $11.744\times\dfrac{54}{102}=6.217(kg)$

$$Q_{水解损}=11.744+6.217=17.961(\text{kg})$$

（3）溶出液和弃赤泥的各成分量：

溶出液的成分量 = 原矿浆的成分量 - 赤泥的成分量

弃赤泥的成分量 = 赤泥的成分量 + 水解生成的 $Al(OH)_3$ 成分量

（4）高压溶出的物料平衡见表 5-2。

表 5-2　高压溶出的物料平衡　　(kg)

项	目	Al_2O_3	SiO_2	Fe_2O_3	TiO_2	CaO	Na_2O_K	Na_2O_C	CO_2	H_2O	其他	合计
进入	原矿浆	2021.071	128.008	38.484	62.104	125.861	1863.878	257.875	182.008	7346.653	18.501	12045.443
出去	赤泥	147.266	128.008	38.484	62.104	125.861	64.004			64.914	18.501	649.142
	溶出液	1873.805					1799.874	257.875	182.008	5393.579		9508.141
	溶出矿浆自然蒸发水①									1888.160		1888.160

① 为蒸汽间接加热高压溶出矿浆自蒸发水，由第 8 章溶出车间工艺设计中的溶出矿浆 8 级自蒸发与 9 级预热系统热量衡算求得。

D　矿浆稀释、赤泥分离及洗涤

（1）赤泥沉降分离底流的溶液量：

生产 1 t 氧化铝所产出的弃赤泥量：

$$Q_{弃泥}=Q_{赤泥}+Q_{水解损}=649.142+17.961=667.103(\text{kg}) \tag{5-18}$$

取赤泥沉降分离底流 $(L/S)_{赤分底}=5.5$，则赤泥分离底流的附液量：

$$Q_{赤分底附}=Q_{弃泥}\times(L/S)_{赤分底}=667.103\times5.5=3669.067(\text{kg}) \tag{5-19}$$

其中各成分量：

Al_2O_3：

$$A_{赤分底附}=\frac{Q_{赤分底附}}{\rho_{稀}}\times n_{A稀}=\frac{3669.067}{1260}\times140=407.674(\text{kg}) \tag{5-20}$$

式中　$\rho_{稀}$、$n_{A稀}$——分别为稀释液的密度（$\rho_{稀}=1260\ \text{kg/m}^3$）、$Al_2O_3$ 浓度（$n_{A稀}=140\ \text{g/L}$）。

Na_2O_K：　$N_{K赤分底附}=0.608A_{赤分底附}\times(MR)_{稀}=0.608\times407.674\times1.60=396.585(\text{kg})$

Na_2O_C：可按溶出液各成分比例粗略计算，

即

$$\frac{N_{K溶}}{N_{K赤分底附}}=\frac{N_{C溶}}{N_{C赤分底附}} \tag{5-21}$$

所以　$N_{C赤分底附}=\dfrac{N_{C溶}}{N_{K溶}}\times N_{K赤分底附}=\dfrac{257.875}{1799.874}\times369.585=56.820(\text{kg})$

CO_2：　$CO_{2赤分底附}=N_{C赤分底附}\dfrac{44}{62}=\dfrac{44}{62}\times56.820=40.324(\text{kg})$

H_2O：

$$\begin{aligned}H_{赤分底附}&=Q_{赤分底附}-(A_{赤分底附}+N_{K赤分底附}+N_{C赤分底附}+CO_{2赤分底附})\\&=3669.067-(407.674+396.585+56.820+40.324)\\&=2767.664(\text{kg})\end{aligned}$$

（2）弃赤泥附液量：

弃赤泥的成分量 = 赤泥的成分量 + 水解生成的 $Al(OH)_3$ 成分量，苛化渣量的估算：进入苛化工序的 $N_{C苛}$ 量：

$$N_{C苛}=N_{转}+N_{吸}+N_{C未苛}-N_{C损}=19.085+2.114+2.0221-3=20.221(\text{kg}) \tag{5-22}$$

折合成 $Na_2CO_3\cdot H_2O$ 为：$20.221\times\dfrac{124}{62}=40.442(\text{kg})$

其中含
$$Na_2CO_3:40.442\times\frac{106}{124}=34.571(kg)$$
$$H_2O:40.442-34.571=5.871(kg)$$

苛化应加入的石灰乳量:根据苛化反应
$$Na_2CO_3+Ca(OH)_2=CaCO_3\downarrow+2NaOH \tag{5-23}$$

按加入 $Ca(OH)_2$ 量为化学计量的105%计算,则应加入的 $Ca(OH)_2$ 量为:
$$34.571\times\frac{74}{106}\times105\%=25.341(kg)$$

已知 $\eta_{苛}=90\%$,所以实际参加苛化反应的 $Ca(OH)_2$ 量为:
$$\frac{25.341}{1.05}\times0.9=21.721(kg)$$

多余的 $Ca(OH)_2$ 量:
$$25.341-21.721=3.62(kg)$$

又因工业石灰纯度(CaO 含量)为89%,所以,应加入的 $Ca(OH)_2$ 折算成石灰量为:
$$\frac{25.341\times\frac{56}{74}}{89\%}=21.547(kg)$$

随石灰带入的杂质(进入苛化渣)量:
$$21.547\times(1-89\%)=2.37(kg)$$

苛化反应生成的石灰渣($CaCO_3$)量:
$$21.721\times\frac{100}{74}=29.353(kg)$$

所以,苛化渣总量:
$$Q_{苛渣}=CaCO_3+多余的Ca(OH)_2+杂质=29.353+3.62+2.37=35.343(kg) \tag{5-24}$$

弃赤泥量:
$$Q_{弃泥总}=Q_{弃泥}+Q_{苛渣}=667.103+35.343=702.446(kg) \tag{5-25}$$

弃赤泥附液量:
$$Q_{弃赤附}=Q_{弃泥总}\times(L/S)_{弃泥}=702.446\times2.5=1756.115(kg) \tag{5-26}$$

其中
$$N_{T弃赤附}=Q_{弃泥总}\times N_{T弃附损}=\frac{702.446}{1000}\times8=5.620(kg) \tag{5-27}$$

式中 $N_{T弃附损}$——每吨干赤泥的弃赤泥附液全碱损失,为8 kg;

$N_{K弃赤附}$量可按赤泥沉降分离底流附液和弃赤泥(末级赤泥洗涤槽底流)附液成分的比例求得,即
$$N_{K弃赤附}=N_{K赤分底附}\times\frac{N_{T弃赤附}}{N_{T赤分底附}+N_{C赤分底附}}$$
$$=396.585\times\frac{5.620}{396.585+56.820}=4.916(kg) \tag{5-28}$$
$$N_{C弃赤附}=N_{T弃赤附}-N_{K弃赤附}=5.620-4.916=0.704(kg) \tag{5-29}$$
$$CO_{2弃赤附}=0.704\times\frac{44}{62}=0.500(kg)$$

Al_2O_3:
$$A_{弃赤附}=1.645\times\frac{N_{K弃赤附}}{(MR)_{弃赤附}}=1.645\times\frac{4.916}{1.60}=5.054(kg) \tag{5-30}$$

H_2O:
$$H_{弃赤附}=Q_{弃赤附}-(N_{T弃赤附}+CO_{2弃赤附}+A_{弃赤附})$$
$$=1756.115-(5.620+0.500+5.054)=1744.941(kg) \tag{5-31}$$

弃赤泥附液的各成分:弃赤泥附液的各成分质量列于表 5-3。

表 5-3　弃赤泥附液的各成分质量

成　分	Al_2O_3	Na_2O_K	Na_2O_C	CO_2	H_2O	合　计
质量/kg	5.054	4.916	0.704	0.500	1744.941	1756.115

(3) 赤泥洗液量:

$$赤泥洗液成分量 = 赤泥分离底流附液成分量 - 弃赤泥附液成分量 \quad (5\text{-}32)$$

$$A_{赤洗} = 407.674 - 5.054 = 402.620(kg)$$

$$N_{K赤洗} = 396.585 - 4.916 = 391.669(kg)$$

$$N_{C赤洗} = 56.820 - 0.704 = 56.116(kg)$$

$$CO_{2赤洗} = 40.324 - 0.500 = 39.824(kg)$$

$$H_{赤洗} = H_{赤分底附} + 赤泥洗水 - H_{弃赤附} = 2774.277 + 赤泥洗水 - 1744.941$$

$$= 1029.336 + 赤泥洗水(kg) \quad (5\text{-}33)$$

由于赤泥洗水量为未知数,所以赤泥洗液量只能暂时空缺,待后面由赤泥洗涤过程物料衡算得出赤泥洗水量后,再补算出结果。

(4) 氢氧化铝洗液量:

氢氧化铝过滤洗涤过程进出物料示意图如图 5-3 所示。

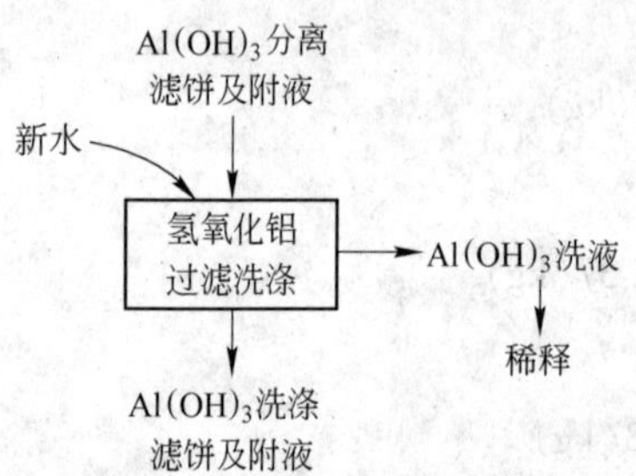

图 5-3　氢氧化铝过滤洗涤过程进出物料示意图

$Al(OH)_3$ 洗液为后面的分解工序返回的物料,可用试算法求其数量,但必须与分解工序算出的数据相符才可。下面我们用代数法计算 $Al(OH)_3$ 洗液量。

过滤分离的 $Al(OH)_3$ 滤饼附液量 $Q_{AH分饼附}$:

设 $Al(OH)_3$ 分离滤饼附液量为 x,取 $Al(OH)_3$ 滤饼附液含水率为 79.44%(一般为 78%),已定 $Al(OH)_3$ 滤饼含水率为 12%,则得

$$\frac{79.44\% x}{1530 + x} = 12\% \quad (5\text{-}34)$$

$$x = \frac{1530 \times 12\%}{79.44\% - 12\%} = 272.24(kg)$$

式中　1530——生产 1 t Al_2O_3 需要 1530 kg $Al(OH)_3$。

其中各成分量:

$$N_{KAH分饼附}: \frac{x}{\rho_{种母}} \times n_{K种母}(1 + \delta_{浓缩}) = \frac{272.24}{1255} \times 142.73 \times (1 + 5\%) = 32.51(kg) \quad (5\text{-}35)$$

式中　$\rho_{种母}$——种分母液的密度,为 1255 g/L;

$n_{K种母}$——种分母液的 Na_2O_K 浓度,取试算值 $n_{K种母} = 142.73$ g/L;

$\delta_{浓缩}$——种分原液的浓缩率,为 5%。

$$N_{CAH分饼附}: \frac{x}{\rho_{种母}} \times n_{C种母}(1 + \delta_{浓缩}) = \frac{272.24}{1255} \times 20.483 \times (1 + 5\%) = 4.67(kg)$$

式中　$n_{C种母}$——种分母液的 Na_2O_C 浓度,取试算值 $n_{C种母} = 20.483$ g/L。

$$Al_2O_3: \frac{N_{KAH分饼附}}{(MR)_{种母}} \times 1.645 = \frac{32.51}{3.45} \times 1.645 = 15.501(kg)$$

CO_2：
$$N_{CAH分饼附} \times \frac{44}{62} = 4.67 \times \frac{44}{62} = 3.314(kg)$$

H_2O：
$$Q_{AH附水} = Q_{AH分饼附} - Q_{AH附质} = 272.24 - (32.51 + 4.67 + 15.501 + 3.314) = 272.24 - 55.995 = 216.245(kg)$$

式中 $Q_{AH附质}$——氢氧化铝分离滤饼附液中溶质的质量。

过滤洗涤的 $Al(OH)_3$ 滤饼附液量：

$Al(OH)_3$ 洗液的含水率：已知 $Al(OH)_3$ 洗涤用水量 $Q_{AH洗水} = 1350$ kg，又已算出洗涤 $Al(OH)_3$ 滤饼附液中的水量 $Q_{AH附水} = 216.41$ kg，则进入 $Al(OH)_3$ 洗涤流程的总水量：

$$Q_{水} = Q_{AH洗水} + Q_{AH附水} = 1350 + 216.245 = 1566.245(kg) \tag{5-36}$$

所以 $Al(OH)_3$ 洗液的含水率：

$$\frac{Q_{水}}{Q_{AH洗水} + Q_{AH分饼附}} = \frac{1566.245}{1350 + 272.24} = 0.9655 = 96.55\%$$

洗涤 $Al(OH)_3$ 滤饼的附液量 $Q_{AH洗饼附}$：

设洗涤 $Al(OH)_3$ 滤饼的附液量为 y，已定洗涤 $Al(OH)_3$ 滤饼的含水率为 12%，则得

$$\frac{96.55\% y}{1530 + y} = 12\% \tag{5-37}$$

所以
$$y = \frac{1530 \times 12\%}{96.55\% - 12\%} = 217.15(kg)$$

其中各成分量：

N_K：
$$按 \frac{Q_{AH洗附}}{Q_{AH分饼附} + Q_{AH洗水}} = \frac{N_{K洗饼附}}{N_{KAH分饼附}} \tag{5-38}$$

所以
$$N_{K洗饼附} = \frac{N_{KAH分饼附}}{Q_{AH分饼附} + Q_{AH洗水}} \times Q_{AH洗附} = \frac{32.51}{272.24 + 1350} \times 217.15 = 4.352(kg)$$

N_C：
$$N_{C洗饼附} = \frac{N_{CAH分饼附}}{Q_{AH分饼附} + Q_{AH洗水}} \times Q_{AH洗附} = \frac{4.67}{272.24 + 1350} \times 217.15 = 0.625(kg)$$

Al_2O_3：
$$\frac{15.501}{272.24 + 1350} \times 217.15 = 2.075(kg)$$

CO_2：
$$0.625 \times \frac{44}{62} = 0.444(kg)$$

H_2O：
$$217.15 - (4.352 + 0.625 + 2.075 + 0.444) = 209.654(kg)$$

$Al(OH)_3$ 洗液量 = $Al(OH)_3$ 分离滤饼附液量 + $Al(OH)_3$ 洗水量 - $Al(OH)_3$ 洗涤滤饼附液量

氢氧化铝洗涤的物料平衡见表 5-4。

表 5-4 氢氧化铝洗涤的物料平衡 (kg)

项目		Al_2O_3	Na_2O_K	Na_2O_C	CO_2	H_2O	合计
进入	$Al(OH)_3$ 分离滤饼附液	15.501	32.510	4.670	3.314	216.245	272.240
	$Al(OH)_3$ 洗水					1350	1350
	合计	15.501	32.510	4.670	3.314	1566.245	1622.240
出去	$Al(OH)_3$ 洗涤滤饼附液	2.075	4.352	0.625	0.444	209.654	217.150
	$Al(OH)_3$ 洗液(AH 洗)	13.426	28.158	4.045	2.870	1356.591	1405.090
	合计	15.501	32.510	4.670	3.314	1566.245	1622.240

$$Al(OH)_3\text{ 洗液}(MR)=1.645\times\frac{28.158}{13.426}=3.45$$

（5）矿浆稀释：矿浆稀释过程中的进出溶液及其 Al_2O_3、H_2O 的含量如图5-4所示。

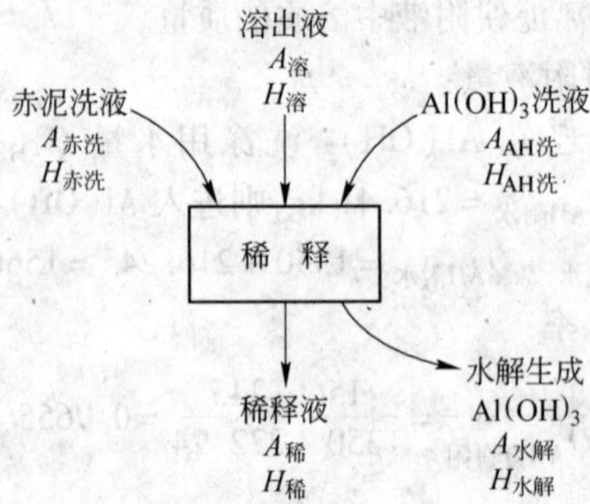

图5-4　矿浆稀释过程中的进出溶液及其 Al_2O_3、H_2O 的含量示意图

赤泥洗液的含水量：

溶出矿浆稀释后的稀释液中的各成分量：

$$A_{稀}=A_{溶}+A_{赤洗}+A_{AH洗}-A_{水解}=1873.805+402.620+13.426-11.744=2278.107(\text{kg}) \tag{5-39}$$

$$N_{K稀}=N_{K溶}+N_{K赤洗}+N_{KAH洗}=1799.874+391.669+28.158=2219.701(\text{kg}) \tag{5-40}$$

$$N_{C稀}=N_{C溶}+N_{C赤洗}+N_{CAH洗}=257.875+56.116+4.045=318.036(\text{kg}) \tag{5-41}$$

$$CO_{2稀}=CO_{2溶}+CO_{2赤洗}+CO_{2AH洗}=183.008+39.824+2.870=225.702(\text{kg}) \tag{5-42}$$

稀释液量：

$$Q_{稀}=\frac{A_{稀}}{n_{A稀}}\rho_{稀}=\frac{2278.107}{140}\times1260=20502.963(\text{kg}) \tag{5-43}$$

式中　$n_{A稀}$——稀释液的 Al_2O_3 浓度，140 g/L；

$\rho_{稀}$——稀释液的密度，1260 g/L。

稀释液中的水量 $=Q_{稀}-(A_{稀}+N_{K稀}+N_{C稀}+CO_{2稀})$

$=20502.963-(2278.107+2219.701+318.036+225.702)$

$=15461.417(\text{kg})$

根据矿浆稀释过程的水量平衡得到：

$$H_{溶}+H_{赤洗}+H_{AH洗}=H_{稀}+H_{水解} \tag{5-44}$$

所以赤泥洗液的含水量：

$$H_{赤洗}=H_{稀}+H_{水解}-H_{溶}-H_{AH洗}=15461.417+6.217-5393.579-1356.591=8717.464(\text{kg})$$

赤泥分离的溢流（粗液）量：

$$Q_{粗}=Q_{稀}-Q_{赤分底附}=20502.963-3669.067=16833.896(\text{kg}) \tag{5-45}$$

粗液体积：

$$V_{粗}=Q_{粗}/\rho_{粗}=16833.896/1260=13.360(\text{m}^3) \tag{5-46}$$

式中　$\rho_{粗}=\rho_{稀}=1.26\ \text{g/cm}^3$

其中　Al_2O_3：　　2278.107 − 407.674 = 1870.433(kg)

Na_2O_K：　　2219.701 − 396.585 = 1823.116(kg)

Na_2O_C: 318.036 − 56.820 = 261.216(kg)

CO_2: 225.702 − 40.324 = 185.378(kg)

H_2O: 16833.896 − (1870.433 + 1823.116 + 261.216 + 185.378) = 12693.753(kg)

溶出矿浆稀释的物料平衡见表5-5。

表5-5 溶出矿浆稀释的物料平衡 (kg)

项目		Al_2O_3	Na_2O_K	Na_2O_C	CO_2	H_2O	合计
进入	溶出液	1873.805	1799.874	257.875	183.008	5393.579	9508.141
	赤泥洗液	402.620	391.669	56.116	39.824	8717.464	9607.693
	$Al(OH)_3$洗液	13.426	28.158	4.045	2.870	1356.591	1405.090
	合计	2289.851	2219.659	318.036	225.702	15468.634	20520.924
出去	Al_2O_3	11.744				6.217	17.961
	稀释液	2278.107	2219.701	318.036	225.702	15461.417	20502.963
	合计	2289.851	2219.701	318.036	225.702	15467.634	20520.924

(6) 赤泥洗水量:

赤泥洗涤过程中的进出液体物料及其含水量如图5-5所示。

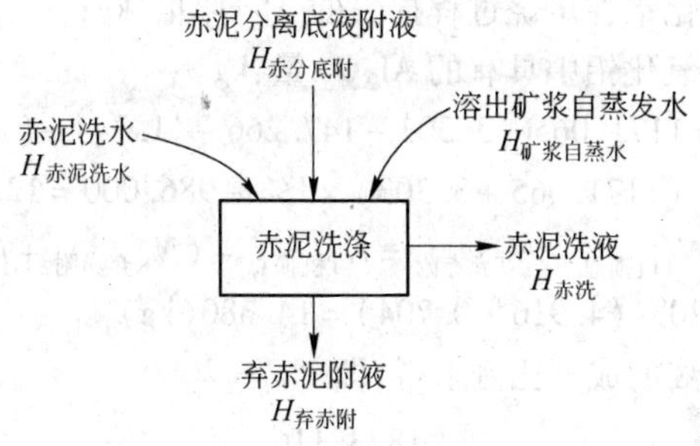

图5-5 赤泥洗涤过程中的进出液体物料及其含水量示意图

根据赤泥洗涤过程的水平衡得:

$$H_{赤分底附} + H_{赤泥洗水} + H_{矿浆自蒸} = H_{弃赤附} + H_{赤泥洗液} \tag{5-47}$$

所以 $H_{赤泥洗水} = H_{弃赤附} + H_{赤泥洗液} - H_{赤分底附} - H_{矿浆自蒸}$

$= 1744.941 + 8718.464 - 2767.664 - 1888.160 = 5807.581(kg)$

(7) 赤泥分离的物料平衡见表5-6。

表5-6 赤泥分离的物料平衡 (kg)

项目		Al_2O_3	Na_2O_K	Na_2O_C	CO_2	H_2O	合计
进入	稀释液	2278.107	2219.701	318.036	225.702	15461.417	20502.963
出去	赤泥分离底流附液	407.674	396.585	56.820	40.324	2767.664	3669.067
	精液	1870.433	1823.116	261.216	185.378	12693.753	16833.896
	合计	2278.107	2219.701	318.036	225.702	15461.417	20502.963

(8) 赤泥洗涤的物料平衡见表5-7。

表 5-7 赤泥洗涤的物料平衡 (kg)

	项 目	Al_2O_3	Na_2O_K	Na_2O_C	CO_2	H_2O	合 计
进入	赤泥分离底流附液	407.674	396.585	56.820	40.324	2767.664	3669.067
	赤泥洗水					5807.581	5807.581
	溶出矿浆自蒸发水					1888.160	1888.160
	总 计	407.674	396.585	56.820	40.324	10463.405	11364.808
出去	弃赤泥附液	5.054	4.916	0.704	0.500	1744.941	1756.115
	赤泥洗液	402.620	391.669	56.116	39.824	8718.464	9608.693
	总 计	407.674	396.585	56.820	40.324	10463.405	11364.808

E 精液分解和种分母液蒸发

(1) Al_2O_3 和 Na_2O 的机械损失:

根据氧化铝生产工艺全过程的 Al_2O_3 量平衡得

$$A_{矿}+A_{石}=A_{化}+A_{水解}+A_{弃赤附}+A_{机损}+A_{焙}+A_{成} \tag{5-48}$$

所以 $$A_{机损}=A_{矿}+A_{石}-A_{化}-A_{水解}-A_{弃赤附}-A_{焙}-A_{成}$$

式中 $A_{机损}$——生产 1 t 氧化铝在湿法工艺系统因物料跑冒滴漏而损失的 Al_2O_3 量,kg;

$A_{焙}$——生产 1 t 氧化铝在焙烧过程损失的 Al_2O_3 量,kg;

$A_{成}$——每 1 t 成品氧化铝中具有的 Al_2O_3 量,kg。

$$A_{机损}=1171.065+3.303-147.266-11.744-5.054-(1171.065+3.303)\times1\%-986.000=12.560(\text{kg})$$

而 $$N_{T机损}=N_{T机损总}-N_{T弃赤附}=N_{T机损总}-(N_{K弃赤附}+N_{C弃赤附})=20-(4.916+0.704)=14.380(\text{kg}) \tag{5-49}$$

$N_{K机损}$ 和 $N_{C机损}$ 可按精液的成分比例求得,即

$$N_{K机损}=\frac{N_{K精}}{N_{T精}}\times N_{T机损}=\frac{1823.116}{1823.116+261.216}\times14.380=12.578(\text{kg}) \tag{5-50}$$

$$N_{C机损}=N_{T机损}-N_{K机损}=14.380-12.578=1.802(\text{kg}) \tag{5-51}$$

$$N_{C总损}=N_{C机损}+N_{C弃赤附}+N_{C成}\quad(N_{C成}=N_{C洗饼附})=1.802+0.704+0.625=3.131\ \text{kg} \tag{5-52}$$

按已定技术条件规定的 $N_{C总损}$ 为 3 kg,多 0.131 kg。相差 0.131/3 = 4% > 1%,故需要调整 $N_{C机损}$ 数据,使其与已定的数据相符。为此应使

$$N_{C机损}=1.802-0.131=1.671(\text{kg})$$
$$N_{K机损}=12.578+0.131=12.709(\text{kg})$$
$$N_{C总损}=1.671+0.704+0.625=3.0(\text{kg})$$

根据 $$\frac{A_{机损}}{A_{精}}=\frac{H_{机损}}{H_{精}} \tag{5-53}$$

所以 $$H_{机损}=\frac{A_{机损}}{A_{精}}\times H_{精}=\frac{12.560}{1870.433}\times12694.753=85.246(\text{kg})$$

(2) 分解析出的 $Al(OH)_3$ 量:

精液种分析出的 $Al(OH)_3$ 中应含有的 Al_2O_3 量:

$$A_{析}=(A_{精}-A_{机损})\eta_{分}=(1870.433-12.560)\times53.62\%=996.192(\text{kg}) \tag{5-54}$$

析出的 $Al(OH)_3$ 中所含结晶水量:

$$H_{AH结晶}=A_{析}\times\frac{54}{102}=996.192\times\frac{54}{102}=527.396(kg) \tag{5-55}$$

所以析出的 $Al(OH)_3$ 质量：

$$Q_{AH}=A_{析}+H_{AH结晶}=996.192+527.396=1523.588(kg) \tag{5-56}$$

已知种分过程吸收 CO_2 为 1.5 kg，由此使精液中的 N_K 转变为 N_C 量为：

$$N_{C转}=1.5\times\frac{62}{44}=2.114(kg)$$

种分过程溶液的自蒸发水量：

$$H_{种分自蒸}=H_{精}\ \delta_{种缩}=12694.753\times3\%=380.843(kg)$$

种分母液中的水量：

$$\begin{aligned}H_{种母}&=H_{精}-(H_{种分自蒸}+H_{AH结晶}+H_{AH分饼附}+H_{机损})\\&=12694.753-(380.843+527.396+216.245+85.246)\\&=11485.023(kg)\end{aligned} \tag{5-57}$$

(3) 种分母液的蒸发水量：

根据种分母液蒸发过程的水量平衡，则种分母液的蒸发水量应为：

$$H_{蒸}=H_{种母}-H_{循母}-H_{NC结晶}=11485.023-6739.420-5.871=4739.732(kg) \tag{5-58}$$

式中 $H_{NC结晶}$——种分母液蒸发过程中析出 $Na_2CO_3\cdot H_2O$ 所含结晶水量，kg。

(4) 精液分解的物料平衡见表 5-8。

表 5-8 精液分解的物料平衡 (kg)

项目		Al_2O_3	Na_2O_K	Na_2O_C	CO_2	H_2O	合计
进入	精液	1870.433	1823.116	261.216	185.378	12693.753	16833.896
出去	机械损失	12.560	12.709	1.671	1.186	85.246	113.372
	种分自蒸发、吸收 CO_2		-2.114	+2.114	+1.5	380.843	382.343
	析出 $Al(OH)_3$	996.192				527.396	1523.588
	$Al(OH)_3$ 分离滤饼附液	15.501	32.510	4.670	3.314	216.245	272.240
	种分母液	846.180	1777.897	254.875	180.878	11484.023	14543.853
	总计	1870.433	1821.002	263.330	186.878	12693.753	16835.396

(5) 种分母液蒸发的物料平衡见表 5-9。

表 5-9 种分母液蒸发的物料平衡 (kg)

项目		Al_2O_3	Na_2O_K	Na_2O_C	CO_2	H_2O	合计
进入	种分母液	846.180	1777.897	254.875	180.878	11484.023	14543.853
出去	蒸发水					4739.732	4739.732
	析出 $Na_2CO_3\cdot H_2O$			20.221	14.350	5.871	40.442
	循环母液	846.180	1777.897	234.654	166.528	6738.420	9763.679
	总计	846.180	1777.897	254.875	180.878	11484.991	14543.853

F 氢氧化铝焙烧

(1) 已计算出 $A_{焙损}=(A_{矿}+A_{石})\times1\%=11.744(kg)$

(2) 成品氧化铝质量应为 $1000 = A_{成} +$ 所有杂质质量 $= A_{成} + N_{K成} + N_{C成} +$ 其他

1 t 成品氧化铝中的其他杂质量为:

$$Q_{其他} = 1000 - (A_{成} + N_{K成} + N_{C成}) \tag{5-59}$$

$$A_{成} = A_{AH} + A_{AH洗饼附} - A_{焙损} = 996.192 + 2.075 - 11.744 = 986.523(kg)$$

$$N_{K成} = N_{KAH洗饼附} = 4.352(kg)$$

$$N_{C成} = N_{CAH洗饼附} = 0.625(kg)$$

$CO_{2成}$忽略不计。

其他杂质量: $Q_{其他} = 1000 - (986.523 + 4.352 + 0.625) = 1000 - 991.500 = 8.500(kg)$

取 $Q_{其他} = 8.5$ kg

(3) $Al(OH)_3$ 焙烧的物料平衡见表 5-10。

表 5-10 $Al(OH)_3$ 焙烧的物料平衡 (kg)

项目		Al_2O_3	Na_2O_K	Na_2O_C	CO_2	H_2O	其他	合计
进入	$Al(OH)_3$	996.192				527.396	8.5	1532.088
	$Al(OH)_3$ 洗涤滤饼附液	2.075	4.352	0.625	0.444	209.654		217.150
	总计	998.267	4.352	0.625	0.444	737.050	8.5	1749.238
出去	焙烧损失	11.744			0.444	737.050		749.238
	成品 Al_2O_3	986.523	4.352	0.625			8.5	1000.000
	总计	998.267	4.352	0.625	0.444	737.050	8.5	1749.238

氧化铝的碱耗:

$$N_{耗} = N_{化} + N_{机损} + N_{弃赤附} + N_{成品} = 64.004 + 14.380 + 5.620 + 4.977 = 88.981(kg) \approx 89\ kg \tag{5-60}$$

G 主要技术经济指标

以生产 1 t 成品氧化铝为基础:

(1) 氧化铝总回收率:83.96%

(2) 碱耗:Na_2O 89 kg,折算成 NaOH 115 kg 或 Na_2CO_3 152.12 kg

(3) 蒸发水:4.739 t

(4) 新水耗量:

$$Q_{新水} = Q_{赤泥洗水} + Q_{AH洗水} = H_{赤洗水} + Q_{AH洗水} = 5807.581 + 1350 = 7157.581(kg) \approx 7.158\ t \tag{5-61}$$

(5) 弃赤泥:702.446 kg

(6) 铝矿石:1651.7 kg≈1.652 t

(7) 石灰:132.14 kg≈0.132 t

5.1.8.4 全厂物料流量表

全厂物料流量见表 5-11。

表 5-11 全厂物料流量(年产 30 万 t Al_2O_3)

编号	流量	单位消耗量/$t \cdot t^{-1}$	日消耗量[3]/$t \cdot d^{-1}$	小时消耗量[4]/$t \cdot h^{-1}$
1	铝矿石	1.652	1357.809	56.576
2	石 灰[1]	0.1321	108.608	4.525
3	补充碱液	0.289	237.534	9.897
4	苛化碱液	0.206	169.315	7.055

续表 5-11

编号	流　量	单位消耗量/t·t^{-1}	日消耗量[3]/t·d^{-1}	小时消耗量[4]/t·d^{-1}
5	循环母液	9.763	8024.385	334.349
6	原矿浆	12.045	9900.002	412.505
7	溶出液	9.508	7814.796	325.617
8	溶出矿浆自蒸发水	1.888	1551.781	64.658
9	弃赤泥	0.702	576.986	24.041
10	分离赤泥附液	3.669	3015.617	125.651
11	精液	16.834	13836.168	576.507
12	赤泥洗水	5.806	4772.056	198.836
13	赤泥洗液	9.607	7896.166	329.007
14	$Al(OH)_3$	1.524	1252.603	52.192
15	种分母液	14.544	11953.975	498.082
16	分离 $Al(OH)_3$ 附液	0.272	223.562	9.315
17	洗涤 $Al(OH)_3$ 附液	0.217	178.356	7.432
18	$Al(OH)_3$ 洗液	1.405	1154.795	48.116
19	$Al(OH)_3$ 洗水	1.350	1109.589	46.233
20	蒸发水	4.739	3895.069	162.295
21	$Na_2CO_3 \cdot H_2O$	0.0404	33.205	1.384
22	$Al(OH)_3$ 晶种[2]	5.683	4670.960	194.623

注:1. 流量以生产 1 t 成品氧化铝为基础。

① 此石灰仅为配制溶出矿浆部分量,如考虑深度脱硅和苛化一水苏打的用量,则石灰消耗总量为 0.203 t;

② 取晶种系数 $R=2$ 时,则种分槽所加 $Al(OH)_3$ 晶种质量:

$$G_{晶种}=(A_{精}-A_{机损})\times R\times\frac{156}{102}=(1870.433-12.560)\times 2\times\frac{156}{102}=5682.906(\text{kg})=5.6829\ \text{t}$$

③ 日消耗量 = 单位消耗量 × 日产氧化铝量;

$$日产氧化铝量=\frac{300000}{365}=821.918\ \text{t/d}$$

④ 小时消耗量 = 单位消耗量 × 小时氧化铝量;

$$小时氧化铝量=\frac{300000}{365\times 24}=34.247\ \text{t/h}$$

5.1.9 烧结法生产氧化铝的物料衡算示例

5.1.9.1 计算基础

以生产 1000 kg Al_2O_3 为计算的基础。

5.1.9.2 工艺流程

碱石灰烧结法可有许多不同的工艺流程,我们按图 5-6 所示的工艺流程进行物料衡算。

5.1.9.3 原料成分

铝矿石成分:

组成	Al_2O_3	SiO_2	Fe_2O_3	其他	灼减	附着水
质量分数/%	56.0	16.0	12.0	13.5	12.5	2.0

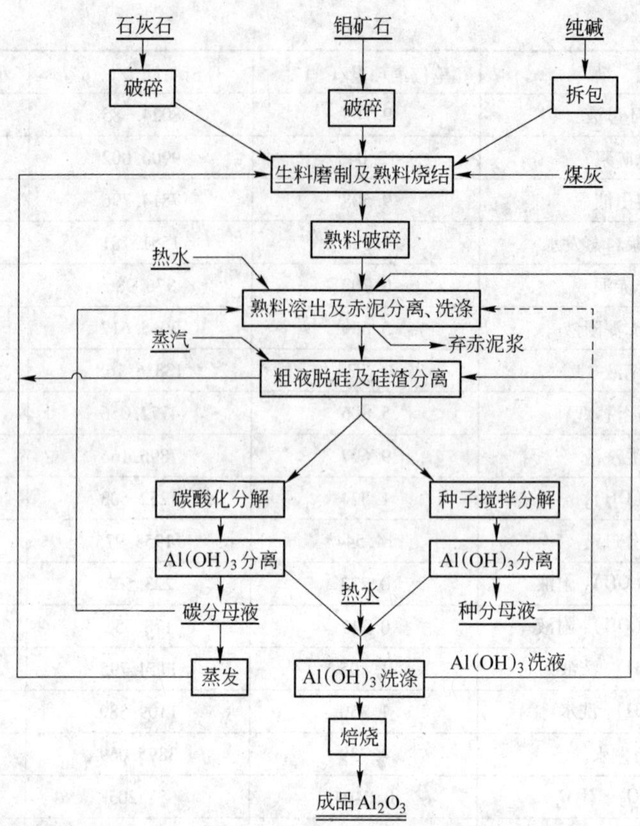

图 5-6　烧结法工艺流程

石灰石成分：

组成	CaO	Al_2O_3	SiO_2	Fe_2O_3	其他	灼减	附着水
质量分数/%	53.0	0.3	15.0	0.2	1.5	43.5	2.0

纯碱成分：

组成	Na_2O	其他	灼减
质量分数/%	57.6	1.1	41.3

烧成用煤灰含量为13%，煤灰成分：

组成	SiO_2	Fe_2O_3	Al_2O_3	CaO	其他
质量分数/%	50.0	6.0	32.0	4.0	8.0

5.1.9.4　各生产过程的主要技术条件

主要技术条件有：

(1) 生料浆配制及熟料烧结：

生料浆含水率：38%

熟料配方：

$$\frac{[N]}{[A]+[F]}=0.96(\text{摩尔比})$$

$$\frac{[C]}{[S]}=1.95(\text{摩尔比})$$

熟料煤耗：220 kg/t。

(2) 熟料溶出、赤泥分离及洗涤:熟料中 Al_2O_3 净溶出率:

$$\eta_{A净} = 1 - \frac{弃赤泥中\ Al_2O_3}{熟料中\ Al_2O_3} \times 100\% = 92.5\% \tag{5-62}$$

熟料中 Na_2O 净溶出率:

$$\eta_{N净} = 1 - \frac{弃赤泥中\ Na_2O}{熟料中\ Na_2O} \times 100\% = 94.5\% \tag{5-63}$$

溶液中 Na_2O_C 在溶出过程中的苛性化为 10 g/L。

溶出后溶液(粗液)成分:

Al_2O_3:120 g/L,Na_2O_C:27 g/L,SiO_2:5.5 g/L,$(MR)_{粗}$:1.25,$\rho_{粗}$:1240 g/L。

用沉降槽洗涤赤泥,弃赤泥液固比(L/S)为 3.0。

(3) 粗液脱硅及精制液叶滤:

脱硅前溶液$(MR)_{脱硅前}$:1.50;

脱硅过程蒸汽冲淡率:9%;

精制液硅量指数:400;

干硅渣成分:$Na_2O : Al_2O_3 : SiO_2 : H_2O = 0.7 : 1 : 1 : 0.3$;

硅渣(滤饼)含水率:35%。

(4) 碳酸化分解:

溶液的碳分 Al_2O_3 分解率:90%;

SiO_2 沉淀率:60%;

分解母液$(MR)_{碳分母}$:1.4;

用真空过滤机分离 $Al(OH)_3$ 滤饼含水率:15%。

(5) 种子搅拌分解:

分解过程溶液浓缩率:7%;

分解母液$(MR)_{种分母}$:3.6;

$Al(OH)_3$ 滤饼含水率:15%。

(6) $Al(OH)_3$ 洗涤:

每吨干 $Al(OH)_3$ 洗涤用水量:1 m^3;

洗涤后 $Al(OH)_3$ 滤饼含水率:13%。

(7) 成品 Al_2O_3 相当于一级品标准。

5.1.9.5 各生产过程有用成分的机械损失

各生产过程中 Al_2O_3 和 Na_2O 的机械损失分配见表 5-12。

表 5-12 各生产过程中 Al_2O_3 和 Na_2O 的机械损失分配

生产过程	生产 1 t 氧化铝的 Al_2O_3 损失/kg	生产过程	生产 1 t 氧化铝的 Na_2O 损失/kg
矿石破碎及储运	11.3	纯碱拆包	1.1
熟料烧成	12.4	熟料烧成	8.4
熟料中碎	6.3	熟料中碎	4.3
熟料溶出及赤泥洗涤	6.0	熟料溶出及赤泥分离	6.0
弃赤泥附液带走	14.0	弃赤泥附液带走	14.0
粗液脱硅	6.0	粗液脱硅	8.0

续表 5-12

生产过程	生产 1 t 氧化铝的 Al_2O_3 损失/kg	生产过程	生产 1 t 氧化铝的 Na_2O 损失/kg
精液分解	5.3	精液分解	8.0
母液蒸发		母液蒸发	11.3
$Al(OH)_3$ 焙烧	10.0	$Al(OH)_3$ 焙烧	5.0
合　计	71.3	合　计	66.1

5.1.9.6　全厂生产过程物料衡算

A　1 m^3 粗液的脱硅

选取从 1 m^3 粗液（指熟料溶出后的溶液）开始计算的顺序方法，是因为：(1) 粗液成分是由设计规定的，根据粗液成分可以如流程图所示，计算出自熟料溶出以后直到成品为止所有中间过程的物料量，虽然在脱硅过程中所添加的种分母液量不是已知数，但它的成分是在原始条件中已规定的，加入量可以根据粗液的 $(MR)_{粗}$ 和种分母液成分计算出来；(2) 在计算脱硅、分解等过程以后，硅渣和附液、蒸发母液（溶质部分）等循环物料的成分都已知道，以后计算配料和烧结时，也都可以用解方程式的办法一次算出，不必再用尝试误差法反复核校；(3) 碳酸化母液、$Al(OH)_3$ 洗液成分也都算出，以后计算溶出熟料用的调整液配制时，也可用适当的方程式解出来；(4) 算到成品以后即可得出每 1000 kg 成品 Al_2O_3 需要的粗液量、产出的硅渣及附液量、总精制液量、去碳酸化分解和种子搅拌分解的精制液量、两种分解的母液量以及这些溶液的成分。

但是当原矿石含氧化铁（Fe_2O_3）量较低时，在熟料溶出过程中必须加入一部分种分母液，才能保证溶出液达到规定的 (MR)（如流程图中虚线所示）。由于事先不知道熟料中有多少 Al_2O_3 和 Na_2O 溶解出来，就不知道要在溶出用的调整液中加入多少种分母液，因而只能根据原始条件得出硅渣及其附液的成分，这两种分解母液的成分和蒸发母液的成分，求不出每生产 1000 kg 成品 Al_2O_3 的粗液量和上述这些物料的绝对数量，计算要比前一种情况复杂。

具体计算如下：

(1) 粗液中 $N_{K粗}$ 浓度。已知粗液 Al_2O_3 浓度 $n_{A粗}=120$ g/L，$(MR)_{粗}=1.25$，故

$$N_{K粗}=(MR)_{粗}A_{粗}\frac{62}{102}=1.25\times120\times\frac{62}{102}=91.1(\text{kg}) \tag{5-64}$$

(2) 粗液中的水：

$$\begin{aligned}H_{粗}&=\rho_{粗}-(A_{粗}+N_{K粗}+N_{C粗}+CO_2+S_{粗})=1240-(120+91.1+27.0+19.2+5.5)\\&=977.2(\text{kg})\end{aligned} \tag{5-65}$$

(3) 需要加入的种母中 Al_2O_3 量和 Na_2O_K 量。需要加入的种母中 Al_2O_3 量 $A_{种}$ 可按式5-66、式 5-67 求得：

$$\frac{N_{K粗}+A_{种}\dfrac{(MR)_{种}}{1.645}}{A_{粗}+A_{种}}=\frac{(MR)_{脱硅前}}{1.645} \tag{5-66}$$

即

$$\frac{91.1+\dfrac{3.6A_{种}}{1.645}}{120+A_{种}}=\frac{1.50}{1.645} \tag{5-67}$$

解得

$$A_{种}=14.2(\text{kg})$$

需要加入的种母中 Na_2O_K 量：$N_{K种}=A_{种}\times\dfrac{(MR)_{种}}{1.645}=31.1(\text{kg})$

（4）硅渣量。已知硅渣中各成分的比值$\gamma_{渣(A/S)}$，$\gamma_{渣(N/S)}$、$\gamma_{渣(H/S)}$和要求精制液的硅量指数μ_{Si}，生成的硅渣中的$S_{渣}$，就可以通过解下面的方程式算出：

$$\frac{A_{粗}+A_{种}-\gamma_{渣(A/S)}\times S_{渣}}{S_{粗}+S_{种}-S_{渣}}=\mu_{Si} \tag{5-68}$$

式中 $S_{种}$——种分母液中的SiO_2，这个数不好计算，但在一般种分分解率为50%～60%的条件下，SiO_2沉淀很少，可以假定种母中硅量指数为$\mu_{Si}/2$，根据前一步求得的$A_{种}$，即可算出

$$S_{种}=2\times\frac{A_{种}}{\mu_{Si}}=2\times\frac{14.2}{400}=0.071\approx0.1(\mathrm{kg})$$

由于种母中总SiO_2量并不大，这样假定存在的少量误差，并不影响整个计算，以后无需重算。

由$\dfrac{120+14.2-1\times S_{渣}}{5.5+0.1-S_{渣}}=400$，解得$S_{渣}=5.3(\mathrm{kg})$。

硅渣中其余各成分量：

$$A_{渣}=S_{渣}\times\gamma_{渣(A/S)}=5.3\times1=5.3(\mathrm{kg})$$

$$N_{渣}=S_{渣}\times\gamma_{渣(N/S)}=5.3\times0.7=3.7(\mathrm{kg})$$

$$H_{渣}=S_{渣}\times\gamma_{渣(H/S)}=5.3\times0.3=1.6(\mathrm{kg})$$

硅渣总量：$A_{渣}+N_{渣}+S_{渣}+H_{渣}=5.3+3.7+5.3+1.6=15.9(\mathrm{kg})$

（5）加入的种母中Na_2O_C（$N_{C种}$）和水（$H_{种}$）。$N_{C种}$可从下列方程式求得：

$$\frac{N_{C种}}{N_{K种}}=\frac{N_{C种}+N_{C粗}}{N_{K粗}+N_{K种}-N_{渣}} \tag{5-69}$$

即$\dfrac{N_{C种}}{31.3}=\dfrac{N_{C种}+27}{91.1+31.1-3.7}$，解得$N_{C种}=9.6(\mathrm{kg})$。

相应的CO_2量： $C_{种}=\dfrac{44}{62}\times N_{C种}=\dfrac{44}{62}\times9.6=6.8(\mathrm{kg})$

由下列方程式求得$H_{种}$：

$$\frac{H_{粗}+H_{种}}{N_{C粗}+N_{C种}}\times N_{C种}\times\frac{1+\eta_1}{1+\eta_2}=H_{种} \tag{5-70}$$

式中 $H_{粗}$——1 m^3粗液中的水量，kg；

η_1——脱硅过程蒸汽冲淡率为9%；

η_2——种分过程浓缩率为7%。

即$\left(\dfrac{977.2+H_{种}}{27+9.6}\right)\times9.6\times\left(\dfrac{1+0.09}{1+0.07}\right)=H_{种}$，解得$H_{种}=357.0(\mathrm{kg})$。

（6）脱硅过程蒸汽冲淡（进入溶液中的蒸汽冷凝水）量：

$$H_{冲淡}=(H_{粗}+H_{种})\times\eta_1=(977.2+357.0)\times9\%=120.0(\mathrm{kg}) \tag{5-71}$$

（7）硅渣滤饼的附液量$Q_{渣附}$。已定硅渣滤饼含水率为35%，则精制液中水量占

$$\frac{H_{精}}{Q_{精}}=\frac{H_{粗}+H_{种}+H_{冲淡}-H_{渣}}{1\times\rho_{粗}+A_{种}+N_{K种}+N_{C种}+C_{种}+H_{种}+H_{冲淡}-硅渣总量}=\frac{1452.6}{1762.8}=0.82$$

故得

$$\frac{0.82Q_{渣附}}{Q_{渣}+Q_{渣附}}=35\%$$

式中 $Q_{渣}$——硅渣总质量，kg；

$Q_{渣附}$——硅渣滤饼附液量,kg;

故$\frac{0.82Q_{渣附}}{15.9+Q_{渣附}}=0.35$,解得 $Q_{渣附}=11.8(kg)$。

硅渣滤饼附液各成分,可按精制液各成分比例关系求得。

(8) 1 m^3 粗液脱硅的物料平衡。整理上述计算结果,编制 1 m^3 粗液脱硅过程的物料平衡见表5-13。

$$精液量\ Q_{精}=Q_{粗}+Q_{种}+H_{冲淡}-Q_{渣}-Q_{渣附} \tag{5-72}$$

表5-13 1 m^3 粗液脱硅过程的物料平衡 (kg)

物 料	Al_2O_3	Na_2O_K	Na_2O_C	CO_2	SiO_2	H_2O	合 计
粗 液	120.0	91.1	27.0	19.2	5.5	977.2	1240.0
加入种分母液	14.2	31.1	9.6	6.8	0.1	357.0	418.8
去脱硅液	134.2	122.2	36.6	26.0	5.6	1334.2	1658.8
脱硅过程蒸汽冲淡						120.0	120.0
出自蒸发器浆液	134.2	122.2	36.6	26.0	5.6	1454.2	1778.8
其中:硅 渣	5.3	3.7			5.3	1.6	15.9
精制液	128.9	118.5	36.6	26.0	0.3	1452.6	1762.9
硅渣附液	0.9	0.8	0.3	0.2		9.6	11.8
去分解精制液	128.0	117.7	36.3	25.8	0.3	1443.0	1751.1

B 1 m^3 粗液所得精制液的碳酸化分解

具体计算如下:

(1) 碳分过程的蒸发水量。已定碳分过程的蒸发水为10%,故蒸发水量为:

$$H_{蒸}=H_{分精}\times 10\%=1443.0\times 10\%=144.3(kg) \tag{5-73}$$

式中 $H_{分精}$——去分解精制液中的含水量,kg。

(2) 碳分过程通入的 CO_2 量。已知碳分分解率 $\eta_{碳}$ 为90%,碳分母液的$(MR)_{碳}$为1.4,故

$$N_{K碳母}=A_{分精}\times(1-\eta_{碳})\times\frac{(MR)_{碳}}{1.645}=128.0\times(1-0.9)\times\frac{1.4}{1.645}=10.9(kg) \tag{5-74}$$

式中 $A_{分精}$——去分解精制液中 Al_2O_3 量,kg。

碳分过程通入的 CO_2 量:

$$C_{碳}=(N_{K分精}-N_{K碳母})\times\frac{44}{62}=75.8(kg) \tag{5-75}$$

式中 $N_{K分精}$——去分解精制液中 Na_2O_K 量,kg。

(3) 碳分析出的 $Al(OH)_3$ 中 Al_2O_3 量:

$$A_1=A_{分精}\eta_{碳}=128.0\times 90\%=115.2(kg) \tag{5-76}$$

(4) 碳分过程析出的 SiO_2。碳分过程 SiO_2 的沉淀率 η_S 为60%,故析出的 SiO_2 量:

$$S_1=S_{分精}\times\eta_S=0.3\times 60\%=0.18\approx 0.2(kg) \tag{5-77}$$

式中 $S_{分精}$——去分解精制液中 SiO_2 量,kg。

(5) 碳分 $Al(OH)_3$ 的附液量。根据 $Al(OH)_3$ 滤饼含水率为15%,碳母中水量占

$$\frac{H_{碳}}{Q_{碳}}=\frac{H_{分精}-H_{蒸}-A_1\times 3\times\frac{18}{102}}{Q_{分精}-H_{蒸}+C_{碳}-A_1\times\frac{156}{102}-S_1}=\frac{1237.8}{1506.3}=0.82$$

$Al(OH)_3$ 附液量的计算方法与硅渣附液的相同，此处从略。

(6) 1 m^3 粗液所得精制液的碳分物料平衡见表 5-14。

表 5-14　1 m^3 粗液所得精制液的碳酸化分解物料平衡 (kg)

物　料	Al_2O_3	Na_2O_K	Na_2O_C	CO_2	SiO_2	H_2O	合 计
精制液	128.0	117.7	36.3	25.8	0.3	1443.0	1751.1
蒸发水						144.3	144.3
通入 CO_2		-106.8	+106.8	75.8			75.8
出分解槽浆液计	128.0	10.9	143.1	101.6	0.3	1298.7	1682.6
其中：$Al(OH)_3$	115.2				0.2	60.9	176.3
母液	12.8	10.9	143.1	101.6	0.1	1237.8	1506.3
$Al(OH)_3$ 附液	0.3	0.3	3.8	2.7		32.5	39.6
碳酸化分解母液计	12.5	10.6	139.3	98.9	6.1	1205.3	1466.7

C　1 m^3 粗液所得精制液的晶种搅拌分解

具体计算如下：

(1) 种分析出的 $Al(OH)_3$ 中 Al_2O_3 量：

$$A_2 = A_{精} - A_{种} = A_{精} - N_{K精} \times \frac{1.645}{(MR)_{种分母}} = 128 - 117.7 \times \frac{1.645}{3.6}$$
$$= 128 - 53.7 = 74.3(kg) \tag{5-78}$$

析出的 $Al(OH)_3$ 中结晶水量：

$$H_2 = A_2 \times \frac{3 \times 18}{102} = 74.3 \times \frac{54}{102} = 39.4(kg)$$

(2) 种分过程蒸发水。已知种分精液浓缩率为 7%，从前一步粗液脱硅计算加入的种母中 Na_2O_C 量为 9.6 时，水量为 357.0，故种分精液蒸发水量：

$$H_{种蒸} = H_{精} - H_{种} \times \frac{N_{C精}}{N_{C种}} - H_2 = 144.3 - 357 \times \frac{36.3}{9.6} - 39.4 = 50.6(kg) \tag{5-79}$$

(3) 种分 $Al(OH)_3$ 附液量。$Al(OH)_3$ 浆液过滤后滤饼含水率为 15%，种母中水量占 1353/1586.8 = 0.85。

$Al(OH)_3$ 附液量与前面硅渣附液量的计算方法一样。

(4) 1 m^3 粗液所得精制液的种分物料平衡见表 5-15。

表 5-15　1 m^3 粗液所得精制液的种分物料平衡 (kg)

物　料	Al_2O_3	Na_2O_K	Na_2O_C	CO_2	SiO_2	H_2O	合 计
精制液	128.0	117.7	36.3	25.8	0.3	1443.0	1751.1
蒸发水						50.6	50.6
出分解槽浆液计	128.0	117.7	36.3	25.8	0.3	1392.4	1700.5
其中：$Al(OH)_3$	74.3					39.4	113.7
种分母液	53.7	117.7	36.3	25.8	0.3	1353.0	1586.8
$Al(OH)_3$ 附液	0.8	0.8	0.6	0.4		20.8	24.4
种分母液计	52.9	115.9	35.7	25.4	0.3	1382.2	1562.4

晶种及附液均系循环物料，平衡表中未列入。

种分分解率 $\eta_{种}=74.3/128.0=58\%$。

D 1 m^3 粗液所得的精制液去碳分和种分的数量分配比例

具体计算如下：

(1) 从 1 m^3 粗液所得的精制液去种分部分中含的 Al_2O_3：

$$A_{精\cdot种}=A_{种}\times\frac{A_{精}}{A_{精}-A_2-A_{2附}}\times\frac{1}{1-5\%} \tag{5-80}$$

式中 $A_{2附}$——$Al(OH)_3$ 附液中含的 Al_2O_3，kg；

5%——种分过程中的 Al_2O_3 机械损失。

由前面式(5-67)计算可知，1 m^3 粗液需要加入的种分母液中 Al_2O_3 量为 14.2 kg。

所以 $$A_{精\cdot种}=14.2\times\frac{128}{128-74.3-0.8}\times\frac{1}{1-5\%}=34.5(\mathrm{kg})$$

(2) 从 1 m^3 粗液所得的精制液去碳分部分中含的 Al_2O_3：

$$A_{精\cdot碳}=A_{精}(1-0.5\%)-A_{精\cdot种}=128\times0.995-34.5=92.8(\mathrm{kg})$$

式中 0.5%——脱硅过程的 Al_2O_3 损失。

(3) 碳分和种分处理的精制液量比(碳种比)：

$$\gamma_{(碳/种)}=A_{精碳}/A_{精种}=92.8/34.5=2.69$$

(4) 生产 1000 kg 成品 Al_2O_3 所需要的粗制液：

生产 1000 kg 成品 Al_2O_3 所需精制液中的 Al_2O_3($A'_{精}$)，可通过解下列方程式求得：

$$\frac{A'_{精}}{\gamma_{(碳/种)}+1}\times\eta_{种}+A'_{精}\times\frac{\gamma_{(碳/种)}}{\gamma_{(碳/种)}+1}\eta_{碳}=1010 \tag{5-81}$$

式中 1010——考虑焙烧过程 Al_2O_3 机械损失为1%，

即 $$\frac{A'_{精}}{2.69+1}\times58\%+A'_{精}\times\frac{2.69}{2.69+1}90\%=1010$$

解得 $A'_{精}=1242.0(\mathrm{kg})$

据此，可求得种分后 $Al(OH)_3$ 中 Al_2O_3 量为 195.0 kg，碳分 $Al(OH)_3$ 中 Al_2O_3 量为 815.0 kg。生产 1000 kg 成品 Al_2O_3 所需粗液量：

$$Q'_{粗}=\frac{A'_{精}}{A_{精}(1-1\%)}=\frac{1242}{128\times0.9}=9.8(\mathrm{m}^3) \tag{5-82}$$

式中 1%——脱硅及分解过程的 Al_2O_3 机械损失。

根据 $Q'_{粗}$ 可以算出返回配制生料浆的硅渣及其附液量。

由 $\gamma_{(碳/种)}$ 及前面对 1 m^3 粗液所得精制液的碳酸化分解和 1 m^3 粗液所得精制液的晶种搅拌分解的计算，可按比例求出碳分和种分 $Al(OH)_3$ 的附液，并因而求得 $Al(OH)_3$ 洗液中的溶质量见表 5-16。

表 5-16 碳分、种分 $Al(OH)_3$ 的附液和洗液中的溶质量 (kg)

物 料	Al_2O_3	Na_2O_K	Na_2O_C	CO_2
碳分 $Al(OH)_3$ 附液	2.1	2.1	27.0	19.2
种分 $Al(OH)_3$ 附液	2.0	4.6	1.6	1.0
合 计	4.1	6.7	28.6	20.2
成品 $Al(OH)_3$ 附液		1.0	4.0	2.8
$Al(OH)_3$ 洗液	4.1	5.7	24.6	17.4

E 生料配制、湿磨及熟料烧结

配入生料浆的物料有碎铝矿石、碎石灰石、纯碱、硅渣及其附液和蒸发母液,进入熟料的还有煤灰。以上6种物料量都是未知数。

在粗液的 Al_2O_3 浓度不变的情况下,每吨成品 Al_2O_3 所需要的粗液量基本上是一定的,调整液中循环 Al_2O_3 对粗液量影响甚小。由前面的计算可知,可以采用按 10 m^3 粗液脱硅所产生的硅渣及其附液的数字。这样,未知数只剩下生料中其余的4种物料和进入熟料的煤灰量了。这些物料量可以根据下列五个关系式求解出来:

(1) 熟料量×单位熟料煤耗×煤中灰分含量(%)=煤灰量;

(2) 熟料的碱比 $\dfrac{[N]}{[A]+[F]}=a$(摩尔比);

(3) 熟料的钙比 $\dfrac{[C]}{[S]}=b$(摩尔比);

(4) 配入生料浆的纯碱中 Na_2O = 熟料溶出过程化学损失 $N_{化}$ + 各生产过程机械损失 N(不包括拆包储运损失);

(5) 配入生料的碎铝矿石及碎石灰石中 Al_2O_3 + 煤炭中 Al_2O_3 - 成品中 Al_2O_3 = 熟料溶出过程化学损失 Al_2O_3 + 各过程机械损失 Al_2O_3(不包括破碎储运损失)。

注意(4)、(5)两式中各生产过程 Al_2O_3 和 Na_2O 的机械损失,一般给定的机械损失指标都是按进入各过程物料的百分数,必须变成生产1000 kg成品 Al_2O_3 时各过程损失的 Al_2O_3 和 Na_2O 的kg数。在一定条件下可直接采用生产实际中统计出来的各过程损失数据。如果生产工艺流程和技术条件改变时,应根据具体情况分析以确定各过程的机械损失。

假设干铝矿石为 x,干碎石灰为 y,干纯碱为 z,蒸发母液中的溶质量为 m,煤灰为 v,根据上述的5个关系式和5.1.9.3及5.1.9.4的条件,可得下列5个方程式:

$$[(0.865x+0.565y+0.587z+0.622m+163.0)\times0.99+v]\times0.22\times0.13=v \tag{5-83}$$

式中 0.865——干碎铝矿石中不包括灼减部分占86.5%;

0.565——干碎石灰石中不包括灼减部分占56.5%;

0.587——干纯碱中不包括灼减部分占58.7%;

0.622——蒸发母液溶质部分中除挥发物外占62.2%,此数值可由碳分母液计算,因其各组分与蒸发母液完全相同;

163.0——扣除附着水及灼减后硅渣及附液量,kg;

0.99——熟料烧结过程的机械损失约为1%,则由生料变成熟料应乘以0.99系数;

0.22——熟料耗煤量为220 kg/t;

0.13——煤中灰分含量为13%。

$$\frac{\dfrac{(0.576z+0.545m+11.9)\times0.99}{62}}{\dfrac{(0.56x+0.003y)\times0.99+0.32v}{102}+\dfrac{(0.12x+0.002y)\times0.99+0.06v}{160}}=0.96 \tag{5-84}$$

式中 0.576——纯碱中 Na_2O 含量为57.6%;

0.545——蒸发母液溶质部分中有效 Na_2O 占54.5%,即其中:$Na_2O_{总}-\dfrac{0.96}{1.645}\times Al_2O_3$;

11.9——硅渣及其附液中有效 Na_2O 量,kg;

62——Na_2O 相对分子质量;

0.56——铝矿石中 Al_2O_3 含量为 56%；
0.003——石灰石中 Al_2O_3 含量为 0.3%；
0.32——煤灰中 Al_2O_3 含量为 32%；
102——Al_2O_3 相对分子质量；
0.12——铝矿石中 Fe_2O_3 含量为 12%；
0.002——石灰石中 Fe_2O_3 含量为 0.2%；
0.06——煤灰中 Fe_2O_3 含量为 6%；
160——Fe_2O_3 相对分子质量；
0.96——熟料配方规定的碱比。

$$\frac{\dfrac{0.503y \times 0.99}{56}}{\dfrac{(0.16x + 53.0) \times 0.99 + 0.478v}{60}} = 1.95 \tag{5-85}$$

式中　0.503——石灰石中有效氧化钙（CaO_f）占 50.3%，即其中：$CaO_{总} - \frac{1.95 \times 56}{60} \times SiO_2$；
$CaO_{总}$——石灰石中 CaO 质量分数；
56——CaO 相对分子质量；
0.16——铝矿石中 SiO_2 含量为 16%；
53.0——硅渣中 SiO_2 质量，kg；
0.478——煤灰中有效氧化硅占 47.8%，即其中：$SiO_{2总} - \frac{60}{56 \times 1.95} \times CaO$；
$SiO_{2总}$——煤灰中的 SiO_2 质量分数；
60——SiO_2 相对分子质量；
1.95——熟料配比规定的钙比。

$$(0.576z + 0.573m + 48.0) \times 0.99 \times 0.995 \times 0.055 + 6.5 = 0.576z \tag{5-86}$$

式中　0.573——蒸发母液溶质部分中 $Na_2O_{总}$ 占 57.3%；
48.0——硅渣及其附液中 Na_2O 总量，kg；
0.995——熟料破碎过程的机械损失约为 0.5%，则熟料经破碎到溶出应乘以 0.995 的系数；
0.055——熟料中 Na_2O 净溶出率为 94.5%，则溶不出的 Na_2O 为 5.5% 随弃赤泥排出生产系统；
6.5——各生产过程中 $Na_2O_{总}$ 的机械损失（除纯碱拆包过程的损失外）量，kg。

$$[(0.56x + 0.003y + 0.048m + 62.0) \times 0.99 + 0.32v] \times 0.995 \times 0.075 + 60$$
$$= 0.56x + 0.003y + 0.32v - 1000 \tag{5-87}$$

式中　0.048——蒸发母液溶质部分中 Al_2O_3 含量为 4.8%；
62.0——硅渣及其附液中的 Al_2O_3 量；
0.075——熟料中 Al_2O_3 净溶出率为 92.5%，则溶不出的 Al_2O_3 为 7.5%，随弃赤泥排出生产系统；
60——各生产过程中 Al_2O_3 总的机械损失（除破碎及储运过程的机械损失以外）量，kg。

解上面 5 个方程式得：

$$x = 1993.0\ (kg)$$
$$y = 1528.4\ (kg)$$
$$z = 191.1\ (kg)$$

$$m = 1180.9(\text{kg})$$

$$v = 105.3(\text{kg})$$

将解出的各数值列入生料配制、湿磨及熟料烧结的物料平衡表，见表5-17。

表5-17 生料配制、湿磨及熟料烧结的物料平衡 (kg)

物料	Al_2O_3	Fe_2O_3	Na_2O	SiO_2	CaO	其他	灼减	H_2O	合计
碎铝矿石	1116.0	239.2		319.0		49.8	269.0	40.8	2033.8
碎石灰石	4.6	3.1		22.9	810.0	22.9	664.9	31.2	1559.6
纯碱			110.0			2.1	99.0		191.1
硅渣及附液	62.0		48.0	53.0			18.0	96.0	277.0
蒸发母液	56.5		677.0	0.5			446.9	2942.0	4122.9
出磨生料浆计	1239.1	242.3	835.0	395.4	810.0	74.8	1477.8	3110.0	8184.4
烧失	12.4	2.4	8.4	4.0	8.1	0.8	1477.8	3110.0	4623.9
煤灰	33.7	6.3		52.7	4.2	8.4			105.3
出窑熟料计	1260.4	246.2	826.6	444.1	806.1	82.4			3665.8

熟料配方复核：

$$\text{碱比}\frac{[N]}{[A]+[F]} = \frac{82.6}{62}\Big/\left(\frac{1260.4}{102}+\frac{246.2}{160}\right) = 0.96$$

$$\text{钙比}\frac{[C]}{[S]} = \frac{806.1}{56}\Big/\frac{444.1}{60} = 1.95$$

蒸发母液中水量按规定的生料浆含水率为38%，即为：

$$H_2O = (1239.1+242.3+835.0+395.4+810.0+74.8+1477.8)\times \frac{38\%}{1-38\%} - (40.8+31.2+96.0) = 2942.0(\text{kg})$$

F 熟料破碎

已给定熟料破碎机械损失：Al_2O_3 为6.3 kg，Na_2O 为4.3 kg，其余成分可按有关比例关系求得，见表5-18。

表5-18 熟料破碎的物料平衡 (kg)

物料	Al_2O_3	Na_2O	SiO_2	不溶物	合计
熟料	1260.4	826.6	444.1	1134.7	3665.8
机械损失	6.3	4.3	2.2	5.7	18.5
去溶出熟料	1254.1	822.3	441.9	1129.0	3647.3

G 熟料溶出

进入溶出液的 Al_2O_3 量：按净溶出率92.5%计算，即

$$1254.1\times 92.5\% = 1159.8(\text{kg})$$

进入溶出液的 Na_2O 量：按净溶出率94.5%计算，即

$$822.3\times 94.5\% = 777.1(\text{kg})$$

进入溶出液的 SiO_2（SiO_2 溶出）量：

成品 Al_2O_3 带走 SiO_2 + 蒸发母液中 SiO_2 + 硅渣中 SiO_2 = 1.2 + 0.5 + 53.0 = 54.7(kg)

(一级 Al_2O_3 含 SiO_2 不大于 0.15%，此处要求焙烧前折算 Al_2O_3 含 SiO_2 为 0.12%)

赤泥的灼减为 8%(包括结晶水及苛化沉淀的 CO_2)，即

$$1655.5 \times \frac{8\%}{1-8\%} = 144.0(\text{kg})$$

总赤泥量：

$$1655.5 + 144.0 = 1799.5(\text{kg})$$

熟料溶出的物料平衡列入表 5-19 和表 5-20。

表 5-19　溶出液和赤泥的物料平衡　(kg)

物　料	Al_2O_3	Na_2O	SiO_2	不溶物	合　计
溶出熟料	1254.1	822.3	441.9	1129.0	3647.3
进入溶出液	1159.8	777.3	54.7		1991.8
随弃赤泥带走	94.3	45.0	387.2	1129.0	1655.5

表 5-20　溶出过程的物料平衡　(kg)

物　料	Al_2O_3	Na_2O_K	Na_2O_C	CO_2	SiO_2	H_2O	合　计
从熟料溶出	1159.8	777.3			54.7		1991.8
加入 $Al(OH)_3$ 洗液①	4.1	5.7	24.6	17.4		1605.7	1657.5
加入碳分母液②	30.8	26.2	344.0	244.0	0.3	2974.7	3620.0
合　计	1194.7	809.2	368.6	261.4	55.0	4580.4	7269.3
苛性化③		+100.0	−100.0	−70.9			70.9
机械损失	6.0	4.5	1.5	1.1			
弃赤泥附液带走④	14.0	11.0	3.0	2.1			
去脱硅粗液计	1174.7	893.7	264.1	187.3	55.0	9537.2⑤	12150.0

① 此数值可先不填入，待以后算完 $Al(OH)_3$ 洗涤过程再补并不影响整个计算。

② 粗液中 Na_2O_C 浓度为 27 g/L，溶出过程苛化 10 g/L，若加入的碳分母液中 Al_2O_3 量为 x，则

$$\frac{1159.8 + 4.1 + x}{120} \times (27 + 10) = 11.15x + 24.6$$

解得 $x = 30.8$，上式中 11.15 是碳分母液中 Na_2O_C/Al_2O_3(质量比)，由前面算得，其余各成分按比例算出。

③ 溶出过程中 Na_2O_C 苛化 10 g/L，故

$$Na_2O_C = 1194.7 \times \frac{10}{120} = 100(\text{kg})$$

④ 用沉降槽洗涤赤泥，每吨干赤泥带走 Na_2O 6 ~ 8 kg，总赤泥约 1.8 t，带走 Na_2O 14 kg，苛性 Na_2O_K、Na_2O_C 以及随同损失的 Al_2O_3 按粗液中相应的浓度分配。

⑤ 粗液中 Al_2O_3 浓度为 120 g/L，密度为 1240 kg/m^3，总粗液量为：

$$\frac{1174.7}{120} \times 1240 = 12150.0(\text{kg})$$

$$H_2O = 12150 - (1174.7 + 893.7 + 264.1 + 187.3 + 55.0) = 9575.2(\text{kg})$$

表 5-20 中未列入赤泥洗液，因为这部分物料在溶出和赤泥洗涤两过程之间循环，不影响粗液量，在选择洗涤赤泥的沉降槽时，需要知道加入洗涤系统的赤泥洗水用量，这可以按下式计算：

$$9575.2 + 9575.2 \times 0.5\% + (144.0 - 70.9) + (1799.5 \times 3 - 6.0 - 4.5 - 1.5 - 1.1) - 4580.4$$
$$= 10500.7(\text{kg})$$

式中 0.5%——溶出过程机械损失0.5%；

144.0——赤泥中总灼减量；

70.9——苛化沉淀的 CO_2 量；

3——弃赤泥 $L/S=3$；

4580.4——$Al(OH)_3$ 洗液和碳分母液带来的水。

如果采用二段溶出流程，计算时仍然可以像上面一样将溶出与赤泥洗涤过程作为一个封闭系统，先算出去脱硅的粗液量和弃赤泥的附液量等。一、二段调整液的分配、赤泥洗涤的分配等以后再做。

H 粗液脱硅及精液分配的物料平衡表

粗液脱硅及精液分配的物料平衡见表5-21。

表5-21 粗液脱硅及精液分配的物料平衡 (kg)

物料	Al_2O_3	Na_2O_K	Na_2O_C	CO_2	SiO_2	H_2O	合计
粗液	1174.7	893.7	264.1	187.3	55.0	9575.2	12150.0
加入的搅拌分解母液	139.0	304.5	94.0	66.6	1.0	3495.0	4100.1
去脱硅液计	1313.7	1198.2	358.1	253.9	56.0	13070.2	16250.1
脱硅过程蒸汽冲淡						1177.0	1177.0
出自蒸发器浆液计	1313.7	1198.2	358.1	253.9	56.0	14247.2	17427.1
其中:硅渣及附液	62.0	45.0	3.0	2.0	53.0	112.0	277.0
机械损失	6.0	6.0	2.0	1.5		70.0	85.5
去分解精制液计	1245.7	1147.2	353.1	250.4	3.0	14065.2	17064.6
机械损失	5.3	6.0	2.0	0.5		70.0	83.8
去碳酸化分解	904.4	832.0	255.5	181.3	2.0	10205.2	12380.4
去搅拌分解	336.0	309.2	95.6	68.6	1.0	3790.0	4600.4

I 碳酸化分解及搅拌分解的物料平衡表

碳酸化分解及搅拌分解的物料平衡见表5-22。

表5-22 碳酸化分解及搅拌分解的物料平衡 (kg)

物料	Al_2O_3	Na_2O_K	Na_2O_C	CO_2	SiO_2	H_2O	合计
分解原液	904.4	832.0	255.5	181.3	2.0	10205.2	12380.4
蒸发水						1020.0	1020.0
通入 CO_2		-755.6	+755.6	536.0			536.0
去分解槽浆液	904.4	76.4	1011.1	717.3	2.0	9185.2	11896.4
其中:$Al(OH)_3$	815.0				1.2	431.0	1247.2
附液	2.1	2.0	27.0	19.2		230.0	280.3
母液	87.3	74.4	984.1	698.1	0.8	8524.2	10368.9
去溶出熟料	30.8	26.2	344.0	244.0	0.3	2974.7	3620.0
去蒸发	56.5	48.2	640.1	454.1	0.5	5549.5	6748.9
分解原液	336.0	309.2	95.6	68.6	1.0	3790.0	4600.4
蒸发水						135.9	135.9
出分解槽浆液	336.0	309.2	95.6	67.6	1.0	3654.1	4464.5
其中:$Al(OH)_3$	195.0					103.4	298.4
附液	2.0	4.7	1.6	1.0		55.7	65.0
母液去脱硅	139.0	304.5	94.0	67.6	1.0	3495.0	4101.1

J $Al(OH)_3$ 洗涤的物料平衡表

$Al(OH)_3$ 洗涤的物料平衡见表5-23。

表5-23 $Al(OH)_3$ 洗涤的物料平衡 (kg)

物料	Al_2O_3	Na_2O_K	Na_2O_C	CO_2	SiO_2	H_2O	合计
碳分 $Al(OH)_3$ 附液	2.1	2.0	27.0	19.2		230.0	280.3
种分 $Al(OH)_3$ 附液	2.0	4.7	1.6	1.0		55.7	65.0
洗涤水						1550.0	1550.0
合计	4.1	6.7	28.6	20.2		1835.7	1895.3
洗后 $Al(OH)_3$ 附液		1.0	4.0	2.8		230.0	237.8
$Al(OH)_3$ 洗液去溶出	4.1	5.7	24.6	17.4		1605.7	1657.5

K $Al(OH)_3$ 焙烧的物料平衡表

$Al(OH)_3$ 焙烧的物料平衡见表5-24。

表5-24 $Al(OH)_3$ 焙烧的物料平衡 (kg)

物料	Al_2O_3	Na_2O	SiO_2	灼减	H_2O	合计
碳分 $Al(OH)_3$	815.0		1.2	431.0		1247.2
种分 $Al(OH)_3$	195.0			103.4		298.4
附液		5.0		2.8	230.0	237.8
合计	1010.0	5.0	1.2	537.2	230.0	1783.4
烧失	10.0			537.2	230.0	777.2
成品 Al_2O_3	1000.0	5.0	1.2			1006.2

L 碳分母液蒸发的物料平衡表

碳分母液蒸发的物料平衡见表5-25。

表5-25 碳分母液蒸发的物料平衡 (kg)

物料	Al_2O_3	Na_2O_K	Na_2O_C	CO_2	SiO_2	H_2O	合计
碳分母液	56.5	48.2	640.1	454.1	0.5	5549.5	6748.9
机械损失		1.0	10.3	7.3			18.6
蒸发水						2607.5	2607.5
蒸发母液去配料	56.5	47.2	629.8	446.8	0.5	2942.0	4122.8

M 铝矿石、石灰石破碎及纯碱拆包的物料平衡表

铝矿石、石灰石破碎及纯碱拆包的物料平衡见表5-26。

表5-26 铝矿石、石灰石破碎及纯碱拆包的物料平衡 (kg)

物料	Al_2O_3	Fe_2O_3	Na_2O	SiO_2	CaO	其他	灼减	附着水	合计
原铝矿石①	1127.3	241.6		322.2		50.3	217.7	41.2	2054.3
机械损失	11.3	2.4		3.2		0.5	2.7	0.4	20.5
碎铝矿石去配料	1116.0	239.2		314.0		49.8	269.0	40.8	2033.8

续表 5-26

物料	Al_2O_3	Fe_2O_3	Na_2O	SiO_2	CaO	其他	灼减	附着水	合计
原石灰石[①]	4.6	3.1		23.1	818.2	23.1	671.6	31.5	1575.2
机械损失				0.2	8.2	8.2	6.7	0.3	15.6
碎石灰石去配料	4.6	3.1		22.9	810.0	22.9	664.9	31.2	1559.6
袋装纯碱[①]			111.1			2.1	79.8		193.0
机械损失			1.1				0.8		1.9
纯碱去配料			110.0			2.1	79.0		191.1

① 均按机械损失 1% 算出。

5.1.9.7 主要有用成分衡算结果与技术经济指标

(1) 氧化铝的平衡:

进入		排出	
铝矿石	1127.3 kg	成品	1000.0 kg
石灰石	4.6 kg	机械损失	71.3 kg
煤灰	33.7 kg	化学损失	94.3 kg
合计	1165.7 kg	合计	1165.6 kg

(2) 氧化钠的平衡:

进入		排出	
纯碱	111.1 kg	机械损失	66.1 kg
		化学损失	45.0 kg
合计	111.1 kg	合计	111.1 kg

(3) 某些主要技术经济指标:

1) 氧化铝总回收率:

$$\frac{1000.0}{1127.3}\times 100\% = 88.8\%\text{(仅计铝矿石中氧化铝);}$$

$$\frac{1000.0}{1127.3+4.6+33.7}\times 100\% = 85.7\%\text{(包括石灰石及煤灰中氧化铝);}$$

2) 生产 1 t Al_2O_3 碱耗:193 kg

3) 生产 1 t Al_2O_3 蒸发水:2.607 t

5.1.10 拜耳—烧结串联法生产氧化铝的物料衡算示例

5.1.10.1 串联法生产氧化铝的工艺流程

串联法生产氧化铝的工艺流程,如图 5-7 所示。

5.1.10.2 原始数据

原始数据具体有:

(1) 干铝土矿的组成(%):Al_2O_3 45.6;Fe_2O_3 15.8;SiO_2 11.8;CaO 1.1;CO_2 0.5;其他 1.4;灼减 23.8。铝土矿含水 6.0%(矿山的干铝土矿)。

(2) 干石灰石的化学组成(%):CaO 54.0;CO_2 42.4;SiO_2 1.5;其他 2.1;石灰石含水 6.0%。

(3) 焙烧过的苏打组成(%):Na_2CO_3 98.5;含水 0.5;其他 1.0。

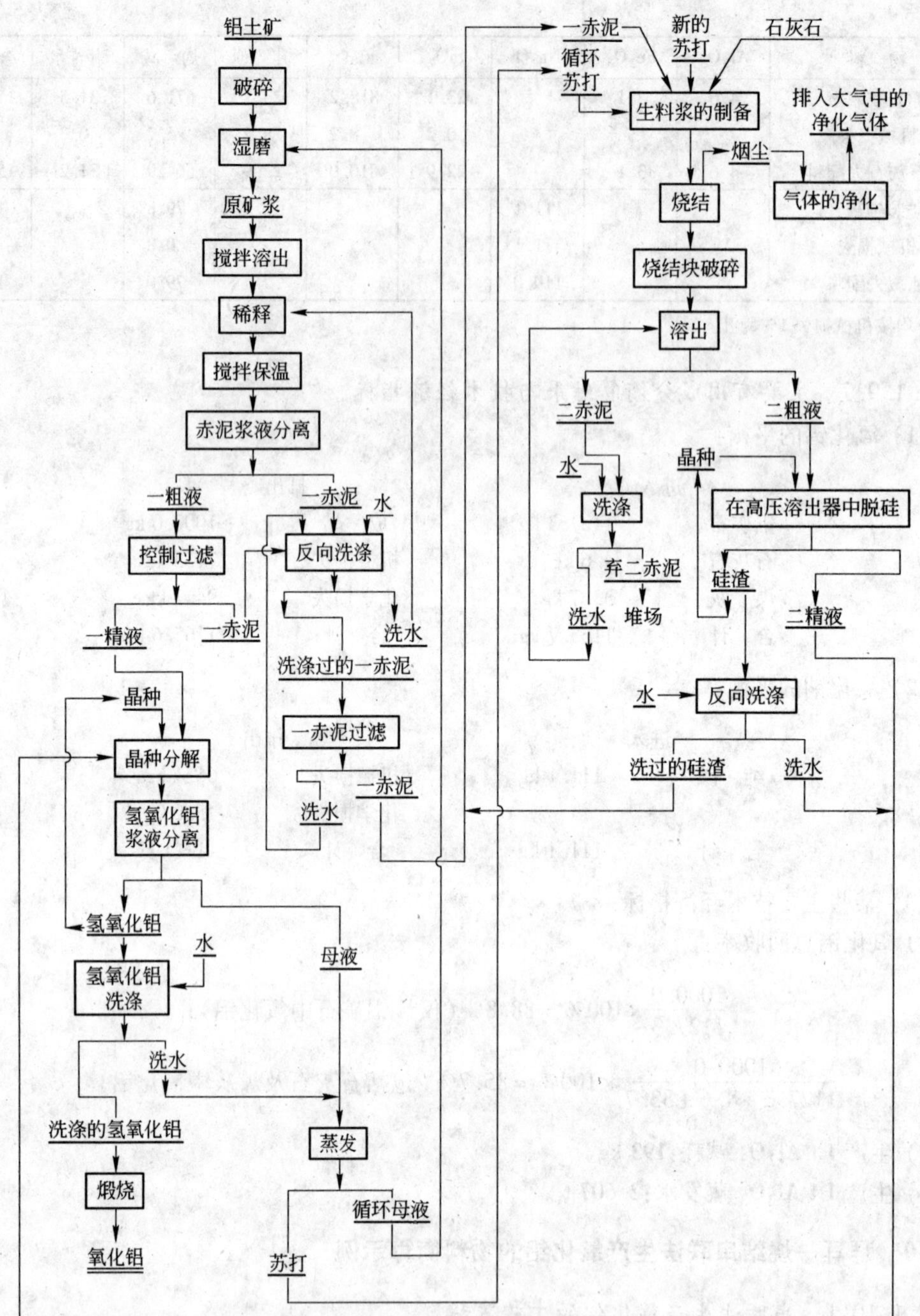

图 5-7　串联法生产氧化铝的工艺流程

(4) 每产出 1 t 氧化铝，消耗焙烧过的纯度为 98.5% 苏打 107.6 kg(含 62.0 kg Na_2O)，此值相当于 106.0 kg 焙烧苏打。

(5) 拜耳法部分的一粗液组成(g/L)：Al_2O_3 122.5；Na_2O_T 140.0；Na_2O_K126.6；CO_2 9.5；H_2O 978.0。密度为 1250 kg/m^3，$(MR)_{一粗}=1.7$。

(6) 烧结法部分的二粗液(未脱硅)组成(g/L):Al_2O_3 135.0;Na_2O_K123.15;SiO_2 0.43;H_2O 991.42。密度为1250 kg/m^3,$(MR)_{二粗}=1.50$。

(7) 循环母液组成(g/L):Al_2O_3 127.0;Na_2O_T310.0;Na_2O_K285.65;Na_2O_C24.3;CO_2 17.25;H_2O 975.8。密度为1430 kg/m^3,$(MR)_{循}=3.7$。

(8) 溶出时矿浆稀释约为5%。

(9) 脱硅时粗液稀释约为1.5%。

(10) 液固比:

分离沉降槽底流	3.0
末次洗涤槽底流	2.5
沉降分离的氢氧化铝	1.0

(11) 晶种比2.0。

(12) 氢氧化铝滤饼含水12.0%,精种滤饼含水25.0%。

(13) 一水苏打带走的循环母液量为湿苏打沉淀量的25.0%。

(14) 烧结窑和煅烧窑都用天然气作燃料。

(15) 加入的生料浆含水35.0%。

(16) 硅渣含水35.0%,其成分符合分子式:$Na_2O \cdot Al_2O_3 \cdot 2SiO_2 \cdot H_2O$。

(17) 烧结各组分的配料比为:

$$[Na_2O]/([Al_2O_3]+[Fe_2O_3])\approx 0.80$$
$$[CaO]/[SiO_2]=2.0$$

(18) 拜耳法部分 Al_2O_3 的总回收率为72.4%

(19) Al_2O_3 损失(占铝土矿中 Al_2O_3 质量分数):化学损失和由于未充分溶出造成的损失22.8%;洗涤系统的水解损失0.9%;一赤泥洗涤不完全损失0.7%;其他的损失3.2%。

(20) 在烧结法部分二精液中,Al_2O_3 的回收率为82.9%(相对拜耳法部分一赤泥中的 Al_2O_3 含量而言)。

(21) 成品氧化铝中含有:Al_2O_3 98.5%;Na_2O 0.32%;灼减+其他1.2%。

(22) 弃二赤泥的含水率为35.0%。

(23) 二粗液脱硅时加硅渣作精种(加入的数量由技术条件和工厂的实际数据决定)。

5.1.10.3 拜耳法生产氧化铝部分

在拜耳法部分,进入一赤泥的 Al_2O_3 损失为24.4%(考虑了水解作用和洗涤不完全的损失),这些一赤泥送去烧结,以提取其中的氧化铝和碱。

在烧结法部分,当二精液中 Al_2O_3 的回收率为82.9%时,从一赤泥中回收 Al_2O_3 为:

$$24.4\%\times 82.9\%=20.23\%$$

因而 Al_2O_3 的总回收率为:

$$72.4\%+20.23\%=92.63\%$$

此时,为提取1 t氧化铝应供给生产过程铝土矿量为:

985.0/(0.456×0.9263)=2332.04 kg,其中有 $Al_2O_3$1063.40 kg。

式中 985.0——1 t成品氧化铝中 Al_2O_3 的含量,kg。

Al_2O_3 的损失量为:

$$1063.40-985.0=78.40\ kg$$

根据得到的计算结果,将 Al_2O_3 和 Na_2O 的损失值列于表5-27和表5-28中。

表 5-27 拜耳法部分 Al_2O_3 和 Na_2O 的损失

损失项目	Al_2O_3		Na_2O/kg
	占铝土矿的比例/%	kg	
破　碎	0.3	3.19	
湿　磨	0.6	6.38	5.00
赤泥带走			
化学损失和由于提取不完全	22.80	242.46	141.00
水解作用	0.90	9.57	
洗涤不完全	0.70	7.45	7.70
溶出、分离和洗涤时的机械损失	0.40	4.25	4.30
分　解	0.60	6.38	4.80
蒸　发	0.40	4.25	5.00
煅　烧	0.90	9.57	4.00
总　计	27.60	293.50	171.80

表 5-28 烧结法部分 Al_2O_3 和 Na_2O 的损失

损失项目	Al_2O_3		Na_2O/kg
	占泥渣的比例/%	kg	
湿　磨	0.40	1.04	1.10
烧　结	0.80	2.07	2.10
烧结块破碎	0.50	1.30	1.30
溶　出:			
化学损失(溶出不完全、水解和二次反应)	14.50	37.63	32.10
机械损失	0.40	1.04	1.00
洗涤不完全损失	0.30	0.78	0.80
脱　硅	0.20	0.52	0.50
总　计	17.10	44.38	38.90

因为在破碎时 Al_2O_3 的损失是 3.19 kg,所以在湿磨时加入 Al_2O_3 为:

$$1063.40 - 3.19 = 1060.21\ \text{kg}$$

此量相当于 2325.02 kg 干铝土矿。湿磨时加入的循环母液组成(按原始数据)为(g/L):Al_2O_3 127.0;Na_2O_K285.65;Na_2O_C24.30;CO_2 17.5;H_2O 975.8。密度为 1430 kg/m³,$(MR)_{循} = 3.7$。

循环母液的数量(V,m³)按下式计算:

$$V = \frac{0.608(MR)_{一粗} \times (MR)_{循}(A - 0.85S) + 0.517S \times (MR)_{循}}{n_{K循}((MR)_{循} - (MR)_{一粗})} \tag{5-88}$$

式中 $(MR)_{一粗}$和$(MR)_{循}$——一粗液和循环母液的摩尔比;

A 和 S——加入湿磨的铝土矿中 Al_2O_3 和 SiO_2 的量,kg;

$n_{K循}$——循环母液中 Na_2O_K 的质量浓度,kg/m³。

$$V = \frac{0.608 \times 1.7 \times 3.7(1060.21 - 0.85 \times 274.35) + 0.517 \times 274.35 \times 3.7}{285.65 \times (3.7 - 1.7)}$$

$$= \frac{3.824(1060.21 - 233) + 524.8}{571} = 6.46(\text{m}^3)$$

该循环母液中各组分的质量(kg)为:

Al_2O_3	$6.46\times127.00=820.42$
Na_2O_K	$6.46\times285.65=1845.30$
Na_2O_C	$6.46\times24.30=156.98$
CO_2	$6.46\times17.25=111.40$
H_2O	$6.46\times975.80=6304.96$
合计	9239.06

计算所得数据列于表5-29。

表5-29 湿磨平衡

组分	收入/kg			支出/kg		
	湿铝土矿	循环母液	总计	原矿浆（按差值计）	损失	总计
Al_2O_3	1060.21	820.42	1880.63	1874.25	6.38	1880.63
Fe_2O_3	367.35		367.35	365.15	2.20	367.35
SiO_2	274.35		274.35	272.85	1.50	274.35
CaO	25.58		25.58	25.48	0.10	25.58
CO_2	11.63	111.40	123.03	123.03		123.03
其他	32.55		32.55	32.55		32.55
Na_2O_K		1845.30	1845.30	1840.30	5.00	1845.30
Na_2O_C		156.98	156.98	156.98		156.98
灼减	553.35		7006.16			7006.71
H_2O	148.40	6304.96		7001.16	5.55	
合计	2473.42	9239.06	11712.48	11691.75	20.73	11712.48

铝土矿溶出后，从铝土矿中含有的氧化铝中减去同 SiO_2 以含水硅铝酸钠形式结合的 Al_2O_3 和部分溶出不完全的 Al_2O_3，其余的 Al_2O_3 均溶入溶液中，而所有的杂质都留在赤泥中。一赤泥含有(kg)：

Al_2O_3	242.46
Na_2O_K	141.00
Fe_2O_3	365.15
SiO_2	272.85
CaO	25.48
其他	32.55
灼减	94.18
合计	1173.67

灼减计算：总的灼减量基本上有两部分组成，即生成硅铝酸钠 $Na_2O\cdot Al_2O_3\cdot 2SiO_2\cdot 2H_2O$ 和由于部分 Fe_2O_3 以 $Fe(OH)_3$ 形式存在。如设全部 SiO_2 都结合成硅铝酸钠，则其灼减量为：

$$272.85\times\frac{2\times18}{2\times60}=81.86(\text{kg})$$

设一赤泥中含有10%的氧化铁以 $Fe(OH)_3$ 形式存在，则其灼减量为：

$$365.15 \times 10\% \times \frac{54}{160} = 12.32(\text{kg})$$

由此可知,灼减的总量为:

$$81.86 + 12.32 = 94.18(\text{kg})$$

在沉降分离底流液固比等于3.0的条件下,1173.67 kg一赤泥带走3521.01 kg一粗液,其组分的质量(kg)为:

Al_2O_3	$3521.01 \times 122.5/1250 = 2.8168 \times 122.5 = 345.08$
Na_2O_K	$2.8168 \times 126.61 = 356.66$
Na_2O_C	$2.8168 \times 13.39 = 37.72$
CO_2	$2.8168 \times 9.50 = 26.76$
H_2O	$2.8168 \times 978.00 = 2754.79$

上述的 Al_2O_3 和 Na_2O 数量减去由于水解和一赤泥洗涤不完全造成的损失后,全部随一赤泥每次反向洗涤的一次洗水一起返回稀释溶出后的赤泥浆液。一次洗水的组分(kg)为:

Al_2O_3	$345.08 - 9.57 - 7.45 = 328.06$
Na_2O_K	$356.66 - 7.70 = 348.96$
Na_2O_C	37.72
CO_2	26.76

一次洗水中 H_2O 的数量计算方法如下。

在一粗液中含有 Al_2O_3 为:

$$1063.40 + 820.42 - 3.19 - 6.38 - 242.46 - 9.57 - 7.45 - 4.25 = 1610.52(\text{kg})$$

与这些 Al_2O_3 量相对应的 H_2O 量为:

$$1610.52 \times 978/122.5 = 12857.86(\text{kg})$$

因此,一次洗水带入的水量为:

$$12857.86 - 7070.16 + 2754.79 = 8542.49(\text{kg})$$

该数值等于一粗液中水量与赤泥附液中水量之和减去高压溶出后的赤泥浆液的液相中的水量。

溶出平衡见表5-30。

表5-30 溶出平衡

组 分	收入/kg			支出/kg		
	原矿浆	冷凝水	总 计	一赤泥	赤泥浆液的液相(按差值计)	损 失
Al_2O_3	1874.25		1874.25	242.46	1627.54	4.25
Na_2O_K	1840.30		1840.30	141.00	1678.62	4.30
Na_2O_C	156.98		156.98		173.36	
Fe_2O_3	365.15		365.15	365.15		
SiO_2	272.85		272.85	272.85		
CaO	25.48		25.48	25.48		
CO_2	123.08		123.08		123.08	
其 他	32.55		32.55	32.55		
灼 减				94.18		
H_2O	7001.16	175.38	7176.54		7070.16	12.20
合 计	11691.75	175.38	11867.13	1173.67	10672.71	20.75

赤泥沉降分离平衡见表5-31。

表5-31 一赤泥沉降分离平衡

组分	收入/kg				支出/kg			
	一赤泥	赤泥浆液的液相	一次洗水	总计	一赤泥	一赤泥附液	一精液	总计
Al_2O_3	242.46	1627.54	328.06	2198.06	242.46	345.08	1610.52	2198.06
Na_2O_K	141.00	1678.62	348.96	2168.58	141.00	356.66	1670.92	2168.58
Na_2O_C		173.36	37.72	211.08		37.72	173.36	211.08
Fe_2O_3	365.15			365.15	365.15			365.15
SiO_2	272.85			272.85	272.85			272.85
CaO	25.48			25.48	25.48			25.48
CO_2		123.03	26.76	149.79		26.76	123.03	149.79
其他	32.55			32.55	32.55			32.55
灼减	94.18			94.18	94.18			94.18
H_2O		7070.16	8542.49	15612.65		2754.79	12857.86	15612.65
合计	1173.67	10672.71	9283.99	21130.37	1173.67	3521.01	16435.69	21130.37

5.1.10.4 烧结法生产氧化铝部分

拜耳法部分产出的一赤泥被送去烧结,其组分及附带的洗水组分均列于表5-32中。母液蒸发时析出的一水苏打中含有 CO_2 的量为:

$$11.63 + 1.00 = 12.63(kg)$$

式中 11.63——铝土矿带入的 CO_2 量,kg;

1.00——从空气中吸入的 CO_2 量,kg。

这些 CO_2 同17.80 kg Na_2O_K 结合成一水苏打,数量为35.60 kg,其中含有5.17 kg H_2O。这些一水苏打带走的循环母液量为11.87 kg,即0.0083 m^3(占湿一水苏打的25%)。其中含有(kg):Na_2O_K2.37;Na_2O_C0.20;$Al_2O_3$1.05;$CO_2$0.14;H_2O 8.11。

表5-32 一赤泥洗涤平衡

组分	收入/kg				支出/kg			
	一赤泥	一赤泥附液	洗涤用水	总计	送烧结的一赤泥	一赤泥附带的洗水	去稀释的一次洗水	总计
Al_2O_3	242.46	345.08		587.54	252.03	7.45	328.06	587.54
Na_2O_K	141.00	356.66		497.66	141.00	7.70	348.96	497.66
Na_2O_C		37.72		37.72			37.72	37.72
CO_2		26.76		26.76			26.76	26.76
Fe_2O_3	365.15			365.15	365.15			365.15
SiO_2	272.85			272.85	272.85			272.85
CaO	25.48			25.48	25.48			25.48
其他	32.5			32.55	32.55			32.55
灼减	94.18			94.18	99.25			99.25
H_2O		2754.79	8748.39	11503.18		2955.62	8542.49	11498.11
合计	1173.67	3521.01	8748.39	13443.07	1188.31	2970.77	9283.99	13443.07

烧结法部分的二粗液脱硅产生的硅渣亦加入到烧结工序中，其数量计算如下。

烧结块溶出时，进入溶液中的 Al_2O_3 量为：

$$252.03 + 7.45 + 7.00 - 1.04 - 2.07 - 1.30 - 37.63 - 1.04 - 0.78 = 222.62(kg)$$

式中　7.00——一水苏打和硅渣返回的 Al_2O_3；

252.03 + 7.45——送去烧结的一赤泥里的 Al_2O_3 量；

其他项为烧结过程中 Al_2O_3 的损失，见表 5-28。

当二粗液的硅量指数为 31.8 时，溶液中 SiO_2 的含量为：

$$222.62/31.8 = 7.00(kg)$$

为了简化计算过程，设溶液脱硅时，全部二氧化硅以硅铝酸钠 $Na_2O \cdot Al_2O_3 \cdot 2SiO_2 \cdot 2H_2O$ 形式析出进入沉淀中（实际上，在压煮脱硅后溶液的硅量指数达 350 ~ 400）。这时，加入烧结工序的硅渣组分(kg)为：

Al_2O_3	$\frac{7 \times 102}{120} = 5.95$
Na_2O	$\frac{7 \times 62}{120} = 3.62$
SiO_2	7.00
H_2O	$\frac{7 \times 362}{120} = 2.10$
合计	18.67

硅渣过滤和洗涤后，当其含水率为 35% 时，它附带的洗水量为：

$$18.67 \times 35/65 = 10.05(kg)$$

其中含有：0.13 kg Al_2O_3；0.13 kg Na_2O；9.79 kg H_2O。

烧结时，加入新焙烧过的苏打，其 Na_2O 量为 62.0 kg，同时亦加入了石灰石，其数量按如下的方法计算。

加入烧结的生料浆中 SiO_2 的数量为：

$$\underset{(一赤泥中)}{272.85} + \underset{(硅渣中)}{7.00} = 279.85(kg)$$

在生料浆中，当 CaO 与 SiO_2 的摩尔比等于 2.0 时，则与 279.85 kg SiO_2 结合成 $2CaO \cdot SiO_2$ 的 CaO 量为：

$$2.0 \times 279.85/60 = 9.328(mol)$$

此量相当于 522.39 kg，其中 25.48 kg CaO 由一赤泥带入生料浆中，而其余

$$522.39 - 25.48 = 496.91(kg)$$

CaO 则由石灰石供给。因此应供给的干石灰石量为：

$$496.91/(0.540 - 0.028) = 970.53(kg)$$

式中　0.540——1 kg 石灰石中 CaO 的含量，kg；

0.028——在 1 kg 石灰石中，同石灰石中含有的 SiO_2 结合成 $2CaO \cdot SiO_2$ 的 CaO 量，kg（石灰石组成见原始数据）。

该石灰石中含有：

CO_2	$970.53 \times 0.424 = 411.50(kg)$
SiO_2	$970.53 \times 0.015 = 14.56(kg)$
CaO	524.09(kg)
H_2O	61.95(kg)
其他组分	$970.53 \times 0.021 = 20.38(kg)$

生料浆中的固体量为：

$$1089.06+15.16+30.43+3.76+16.57+0.26+106.0+970.53=2231.76(\text{kg})$$

式中 1089.06—— 一赤泥中的固体量，kg；

15.16——赤泥带入洗水中的固体量，kg；

30.43—— 一水苏打中的固体量，kg；

3.76—— 一水苏打带入的循环母液中的固体量，kg；

16.57——硅渣中固体量，kg；

0.26——硅渣带入的洗水中的固体量，kg；

106.0——焙烧过的苏打中的固体量，kg；

970.53——干石灰石量，kg。

送去烧结的生料浆含水：

$$99.25+2955.62+5.17+8.11+2.10+9.79+1.60+61.95=3143.59(\text{kg})$$

当生料浆的含水率为35.0%时，其液体量(x)为：

$$\frac{x}{x+2231.76}\times 100=35.0$$

解得 $x=1201.72\ \text{kg}$

即一赤泥应当过滤，并含水

$$2955.62-(3143.59-1201.72)=1013.75(\text{kg})$$

也即加入拜耳法部分洗涤系统中的水量少于

$$2955.62-1013.75=1941.87(\text{kg})$$

则供给洗涤一赤泥的新水量为：

$$8748.39-1941.87=6806.52(\text{kg})$$

生料浆制备的物料平衡见表5-33。烧结和烧结块破碎的物料平衡见表5-34。

表5-33 生料浆配制平衡

组分	收入/kg									支出/kg		
	一赤泥	赤泥附带的洗水	一水苏打	一水苏打带的循环母液	硅渣	硅渣带的洗水	新苏打（原始数据）	湿石灰石	总计	生料浆（按差值计）	损失	总计
Al_2O_3	252.03	7.45		1.05	5.95	0.13			266.61	265.57	1.04	266.61
Na_2O_K	141.00	7.70		2.37	3.62	0.13			154.82	233.72	1.10	234.82
Na_2O_C			17.80	0.20			62.00		80.00			
CO_2			12.63	0.14			44.00	411.50	468.27	468.27		468.27
Fe_2O_3	365.15								365.15	363.75	1.40	365.15
SiO_2	272.85				7.00			14.56	294.41	293.21	1.20	294.11
CaO	25.48							524.09	549.57	547.47	2.10	549.57
其他	32.55							20.38	52.93	52.72	0.21	52.93
灼减	99.25								99.25			1201.72
H_2O		1013.75	5.17	8.11	2.10	9.79	1.6（与其他的一起）	61.95	1102.47	1191.72	10.00	
合计	1188.31	1028.9	35.60	11.87	18.67	10.05	107.60	1032.48	3433.48	3416.43	17.05	3433.48

表 5-34　烧结和烧结块破碎平衡

组　分	收入/kg		支出/kg			
	生料浆	总　计	烧结损失	破碎损失	破碎的烧结块（按差值计）	总　计
Al_2O_3	265.57	265.57	2.07	1.30	262.20	265.57
Na_2O	233.72	233.72	2.10	1.30	230.32	233.72
Fe_2O_3	363.75	363.75	3.30	2.00	358.45	363.75
CaO	547.47	547.47	4.90	2.60	539.97	547.47
CO_2	468.27	468.27	468.27			468.27
SiO_2	293.21	293.21	2.26	1.40	289.55	293.21
其　他	52.72	52.72	0.35	0.20	52.17	52.72
灼　减						
H_2O	1191.72	1191.72	1191.72			1191.72
合　计	3416.43	3416.43	1674.97	8.80	1732.16	3416.43

在渗滤溶出器中，用热水或稀的苏打－碱溶液（取决于烧结块中 Fe_2O_3 的含量）进行烧结块的溶出，此时二赤泥的分离洗涤与溶出同时进行。二粗液的苛性比值 $(MR)_{二粗}=1.45\sim1.55$。在溶出烧结块时，铝酸钠和少部分的二氧化硅进入二粗液中 $(\mu_{Si}=25\sim35)$，其余全部杂质留在二赤泥中。二赤泥的组成为（kg）：

Al_2O_3	37.63
Na_2O	32.10
Fe_2O_3	358.45
SiO_2	282.55
CaO	539.97
其他	52.17
灼减	142.00
合计	1444.87

进入溶液的 Al_2O_3 量为：

$$262.20-(37.63+1.04+0.78)=222.75(\mathrm{kg})$$

SiO_2 为 7.0 kg。留在二赤泥中的 SiO_2 的量为 282.55 kg。

当弃二赤泥的含水率为 35.0% 时，它带有洗水为：

$$(1444.87/0.65)\times 0.35=778.30(\mathrm{kg})$$

其中含有 0.78 kg 的 Al_2O_3 和 0.80 kg 没有洗净的 Na_2O 与 776.42 kg 的 H_2O。

当二粗液中 Al_2O_3 的浓度为 135.0 g/L，密度为 1250 kg/m^3 时，在二粗液中的 222.75 kg Al_2O_3 的配 H_2O 量为：

$$222.75\times 991.43/135.0=1635.86(\mathrm{kg})$$

此时，必须供给洗涤二赤泥（即溶出烧结块）的水量为：

$$142.00+(778.00-0.78-0.80)+1635.86=2554.28(\mathrm{kg})$$

式中　142.00——弃二赤泥的灼减量，kg；

778.00－0.78－0.80——弃二赤泥带走的洗水中 H_2O 的数量，kg；

1635.86——二粗液中 H_2O 的数量，kg。

烧结块的溶出平衡见表 5-35，脱硅平衡见表 5-36，送去烧结的硅渣过滤和洗涤平衡见表5-37。

表5-35 烧结块的溶出平衡

组分	收入/kg			支出/kg				
	破碎了的烧结块（表5-34）	溶出用水	总计	弃二赤泥	弃二赤泥附液	损失（机械的）	二粗液（按差值计）	总计
Al_2O_3	262.20		262.20	37.36	0.78	1.04	222.75	262.20
Na_2O	230.32		230.32	32.10	0.80	1.00	196.42	230.32
Fe_2O_3	358.45		358.45	358.45				358.45
SiO_2	289.55		289.55	282.55			7.00	289.55
CaO	539.97		539.97	539.97				539.97
其他	52.17		52.17	52.17				52.17
灼减				142.00				142.00
H_2O		2554.28	2554.28		776.42		1635.86	2412.28
合计	1732.66	2554.28	4286.94	1444.87	778.00	2.04	2062.03	4286.94

表5-36 脱硅平衡

组分	收入/kg					支出/kg						
	二粗液	硅渣（晶种）	硅渣附液	冷凝水	总计	硅渣（作晶种）	硅渣（送洗涤和烧结）	作晶种的硅渣附液	去洗涤的硅渣附液	损失	二精液（按差值计）	总计
Al_2O_3	222.75	5.95	2.02		230.72	5.95	5.95	2.02	2.02	0.52	214.26	230.72
Na_2O	196.42	3.62	1.85		201.89	3.62	3.62	1.85	1.85	0.50	190.45	201.89
SiO_2	7.00	7.00			14.00	7.00	7.00					14.00
H_2O	1635.86	2.10	14.80	31.00	1683.76	2.10	2.10	14.80	14.80		1649.96	1683.76
合计	2062.03	18.67	18.67	31.00	2130.37	18.67	18.67	18.67	18.67	1.02	2054.67	2130.37

表5-37 去烧结的硅渣过滤和洗涤平衡

组分	收入/kg				支出/kg			
	硅渣	硅渣附带的铝酸钠溶液	新水	总计	硅渣	硅渣附带的洗水	硅渣洗水	总计
Al_2O_3	5.95	2.02		7.97	5.95	0.13	1.89	7.97
Na_2O	3.62	1.85		5.47	3.62	0.13	1.72	5.47
SiO_2	7.00			7.00	7.00			7.00
H_2O	2.10	14.80	18.67	35.57	2.10	9.79	23.68	35.57
合计	18.67	18.67	18.67	56.01	18.67	10.05	27.29	56.01

将氢氧化铝晶种加入精液中，在搅拌和冷却条件下进行分解，在分解的同时伴随有氢氧化铝沉淀析出。分解后将母液与析出的氢氧化铝沉淀分离，经过洗涤的氢氧化铝在1100～1200℃的条件下进行煅烧，即制得氧化铝。母液送去蒸发并析出苏打。为制取1 t含有98.5% Al_2O_3的成品氧化铝，在煅烧时必须加入氧化铝的量为：

$$985 + 9.57(\text{焙烧损失}) = 994.57(\text{kg})$$

在氢氧化铝中同这些数量 Al_2O_3 结合的结晶水为：

$$994.57 \times 3 \times 18/102 = 526.54(\text{kg})$$

上两项合计为 1521.11 kg。

母液中仍有

Al_2O_3　　$1610.52 + 214.26 + 1.89 - 994.57 - 6.38 = 825.72(\text{kg})$

H_2O　　$12857.86 + 1649.96 + 23.68 - 526.54 = 14004.96(\text{kg})$

其计算方法与 Al_2O_3 相同。

由总的碱收入中减去分解和煅烧（考虑了成品中的 Na_2O）的损失，在母液中仍有：

Na_2O_K　　$1670.92 + 190.45 + 1.72 - 4.8 - 4.00 = 1854.29(\text{kg})$（其计算方法与 Al_2O_3 相同）

Na_2O_C　　173.36 kg

CO_2　　123.03 kg

Al_2O_3　　$1826.67 \times 2.0 = 3653.34(\text{kg})$

结晶水 $H_2O_{晶}$ 为 1934.12kg，总量为 5587.46 kg（分解时，拜耳法和烧结法两部分加入的 Al_2O_3 量见表 5-30 和表 5-35）。

过滤的晶种湿度为 25.0%，故随同晶种加入的母液量为：

$$5587.46 \times 25/75 = 1862.49(\text{kg})$$

其组成（kg）为：

Al_2O_3　　$1862.49 \times 0.0486 = 90.52$

Na_2O_K　　$1862.49 \times 0.1092 = 203.38$

Na_2O_C　　$1862.49 \times 0.0102 = 19.00$

CO_2　　$1862.49 \times 0.0072 = 13.41$

H_2O（按差值计）　　1536.18

此处，0.1092、0.0102、0.0486、0.0072 等数据为母液中各组分的含量。

当成品氢氧化铝的液固比为 1.0 时，与它一同去洗涤工序的 1521.11 kg 母液，其中含有（与前述的计算方法相同）（kg）：

Al_2O_3	Na_2O_K	Na_2O_C	CO_2	H_2O
73.92	166.10	15.52	10.95	1254.62

上述计算得到的结果分别列于表 5-38 ~ 表 5-41 中。

表 5-38　分解平衡

组　分	收入/kg						支出/kg						
	一精液	二精液	氢氧化铝晶种	晶种附液	烧结法部分的硅渣洗水	总　计	成品氢氧化铝	成品氢氧化铝附带母液	晶种氢氧化铝	晶种附带母液	送蒸发的母液（按差值计）	损　失	总　计
Al_2O_3	1610.52	214.26	3653.34	90.52	1.89	5570.53	994.57	73.92	3653.34	90.52	751.80	6.38	5570.53
Na_2O_K	1670.92	190.45		203.38	1.72	2066.47		166.10		203.38	1692.19	4.80	2066.47
Na_2O_C	173.36			19.00		192.36		15.52		19.00	157.84		192.36
CO_2	123.03			13.41		136.44		10.95		13.41	112.08		136.44
H_2O	12857.86	1649.96	1934.12	1536.18	23.68	18001.80	526.54	1254.62	1934.12	1536.18	12750.34		18001.80
合　计	16435.69	2054.67	5587.46	1862.49	27.29	25967.60	1521.11	1521.11	5587.46	1862.49	15464.25	11.18	25967.60

表 5-39 成品氢氧化铝的过滤和洗涤

组 分	收入/kg				支出/kg			
	成品氢氧化铝	成品氢氧化铝附带母液	软 水	总 计	洗净的成品氢氧化铝	氢氧化铝附带洗水	去蒸发的洗水（按差值计）	总 计
Al_2O_3	994.57	73.92		1068.49	922.95	1.62	73.92	1068.49
Na_2O_K		166.10		166.10		4.00	162.10	166.10
Na_2O_C		15.52		15.52			15.52	15.52
CO_2		10.95		10.95			10.95	10.95
H_2O	526.54	1254.62	800.00	2581.16	525.68	201.80	1853.68	2581.16
合 计	1521.11	1521.11	800.00	3842.22	1518.63	207.42	2116.17	3842.22

表 5-40 氢氧化铝煅烧平衡

组 分	收入/kg			支出/kg		
	洗净的成品氢氧化铝	氢氧化铝附带洗水	总 计	氧 化 铝	煅烧损失	总 计
Al_2O_3	992.95	1.62	994.57	985.00	9.57	994.57
Na_2O		4.00	4.00	3.00	1.00	4.00
灼减和其他				12.00		
H_2O	525.68	201.80	727.48		715.48	727.48
合 计	1518.63	207.42	1726.05	1000.00	726.05	1726.05

表 5-41 蒸发和苏打分离平衡

组 分	收入/kg				支出/kg					
	分解母液	氢氧化铝洗水	由空气进入的 CO_2	总 计	一水苏打	一水苏打带走的循环母液	去湿磨的循环母液	被蒸发的水	损 失	总 计
Al_2O_3	751.80	73.92		825.72		1.05	820.42		4.25	825.72
Na_2O_K	1692.19	162.10		1854.29		2.37	1845.50		5.00	1854.29
Na_2O_C	157.84	15.52		173.36	17.80	0.20	156.78			173.36
CO_2	112.08	10.95	1.00	124.03	12.63	0.14	111.26			124.03
H_2O	12750.34	1853.68		14604.02	5.17	8.11	6304.96	8285.78		14604.02
合 计	15464.25	2116.17	1.00	17581.42	35.60	11.87	9238.92	8285.78	9.25	17581.42

设成品氢氧化铝洗涤时，其所带的全部碱，除去煅烧和随成品等损失外，均与洗水一起返回蒸发工序。则与4.00kg的 Na_2O 结合的 Al_2O_3 有1.62kg，故此时随氢氧化铝进入煅烧工序的 Al_2O_3 量为：994.57 - 1.62 = 992.95（kg）。

5.2 热量衡算

5.2.1 热量衡算概述

热量衡算就是能量衡算，是根据能量守恒定律，即在一个封闭系统中所有各种能量的总和保持不变，对生产过程和设备进行研究，计算进入或出去的能量及组分等，称为能量衡算。能量是热能、电能、化学能、动能、辐射能等的总称，由于氧化铝厂等用能主要以热能为主，而且车间能量衡算的主要目的是要确定设备的热负荷，所以，能量衡算可以简化为热量衡算。

物料衡算完成后，对于没有传热要求的设备，可以由物料处理量、物料的性质及工艺要求进行设备的工艺设计，以确定设备的类型、台数、容积及主要尺寸；对于有传热要求的设备，则必须通过热量衡算，才能确定设备的工艺尺寸。

(1) 热量衡算的目的及意义。对于新设计的生产车间，热量衡算的主要目的是为了确定设备的热负荷，根据设备的热负荷的大小、处理物料的性质及工艺要求，再选择传热的形式、计算传热面积，确定设备的主要工艺尺寸。传热所需要的加热剂或冷却剂的用量也是以热负荷的大小为依据而进行计算的。对于有些伴有热效应的过程，其物料衡算也是要通过与热量衡算的联立求解才能得出最后的结果。

我国的能源虽不贫乏，但人均占有量低，而且单位国民生产总值所消耗的能耗很大，所以节能和科学用能已经成为我国一项重要的能源政策。节能是一项基础工作，需要对生产车间所有用能设备进行热量平衡的测定与计算。

(2) 热量衡算的依据及主要条件。热量衡算的主要依据是能量守恒定律。

热量衡算是以车间物料衡算的结果为基础进行的，所以，车间物料衡算表是进行车间热量衡算的首要条件。其次，还必须收集有关物料的热力学数据，例如比热容、相变热、反应热、熔解热等。最好能将所涉及的所有物料的热力学数据绘成一张表格，那在以后的计算中将会十分方便。

(3) 热量守衡基本方程。热量守恒基本方程可用下式表示：

由环境输入到系统的热量 = 由系统输出到环境的热量 + 系统内积累的热量。

5.2.2　热量衡算方程式及计算方法

5.2.2.1　设备的热平衡方程式

对于有传热要求的设备，其热量平衡方程式可写为：

$$\sum Q_{进} = \sum Q_{出} \tag{5-89}$$

具体可写为：

进入体系的热量 + 体系生成热量 = 体系积累热量 + 体系消耗热量 +
离开体系热量 + 体系散失热量

在实际中，对传热设备的热平衡方程式可表示为：

$$Q_1 + Q_2 + Q_3 = Q_4 + Q_5 + Q_6 \tag{5-90}$$

式中　Q_1——所处理的物料带到设备中的热量，kJ。

物料的显热常用恒压热容计算，由于热容是温度的函数，常用幂次方程表示，因此其计算式可表示为：

$$Q_1^{\mathrm{T}} = n\int_{T_1}^{T_2} c_p \mathrm{d}T \tag{5-91}$$

其中　n——物料量，mol；

c_p——物料比热容，kJ/(mol · ℃)，$c_p = a + bT + cT^2 + dT^3 + eT^4$；

T——温度，℃；

T_2——物料温度，℃；

T_1——基准温度，℃。

Q_2——由加热剂（或冷却剂）传给设备的热量或加热与冷却物料所需热量，kJ；符号规定输入（加热）为“+”，输出（冷却）为“-”；

Q_3——过程的热效应，kJ；包括化学反应热和状态变化热，符号规定为：放热为“+”，吸热为“-”；

Q_4——反应物由设备中带出的热量，kJ；

Q_5——消耗在加热设备各个部位上的热量，kJ；在稳定操作过程中不出现，在间歇操作的升温降温阶段也有设备的升温降温热产生，可用下式计算：

$$Q_5 = \sum Gc_p(t_2 - t_1) \tag{5-92}$$

其中 G——设备各部件质量，kg；

c_p——各部件比热容，kJ/(mol·℃)；

t_2——设备各部件加热后的温度，可取加热剂一侧（高温 t_h）与被处理物料一侧（低温 t_e）温度的算术平均值：$t_2 = (t_h + t_e)/2$；

t_1——设备各部件加热前的温度，可取为室温。

Q_6——设备向四周散失的热量，kJ，可由下式求得：

$$Q_6 = \sum F\alpha_T(t_W - t)\tau \times 10^{-3} \tag{5-93}$$

其中 F——设备散热表面积，m^2；

α_T——散热表面向四周介质的联合给热系数，W/(m^2·℃)；

t_W——散热表面（有隔热层时应为绝热层外表）的温度，℃；

t——周围介质温度，℃；

τ——散热持续时间，s。

联合给热系数 α_T 是对流和辐射两种给热系数的综合，可由经验公式求取。一般绝热层外表温度取50℃。

绝热层外空气自然对流：

当 $t_W < 150$℃时：平壁隔热层外 $\alpha_T = 3.4 + 0.06(t_W - t)$

管或圆管壁隔热层外 $\alpha_T = 8.1 - 0.045(t_W - t)$

空气沿表面强制对流：

$$v \leqslant 5\ \text{m/s 时} \quad \alpha_T = 5.3 + 3.6v$$

$$v > 5\ \text{m/s 时} \quad \alpha_T = 6.7v^{0.78}$$

5.2.2.2 过程热效应

过程热效应包括化学反应热和状态变化热。纯物质过程只产生状态变化热；而对于化学过程，在产生化学反应热的同时，往往还伴有状态变化热。

(1) 化学反应热。化学反应热是指在一定温度下，化学反应放出或吸收的热量。反应热不仅取决于化学反应本身的特征，还与反应的温度有关。为计算在各种温度下的反应热，规定当反应温度为298 K及0.1 MPa时反应热的数值称为标准反应热，习惯上用 $\Delta H^\ominus$ 表示，“-”表示放热，“+”表示吸热，必须注意这与热量恒算中所规定的符号正好相反。为避免出错，现用符号 $q_r^\ominus$ 表示标准反应热，放热为正，吸热为负，所以，$q_r^\ominus = -\Delta H^\ominus$。

标准反应热的数据可以在有关手册中查到，当缺乏数据时，可以用标准生成热或标准燃烧热求得。

利用标准生成热求标准反应热的公式为：

$$q_r^\ominus = \sum \sigma q_f^\ominus \tag{5-94}$$

式中 σ——反应方程式中各物质的化学计量系数，反应物为负号，生成物为正号；

$q_f^\ominus$——标准生成热，kJ/mol。

一般手册中标准生成热的数据用焓差，即 $\Delta H_f^\ominus$ 表示，数值前的符号规定为负号表示放热，正号表示吸热。为了与热量衡算方程式的符号相一致，在查手册时应该使 $q_f^\ominus = -\Delta H_f^\ominus$。

利用标准燃烧热求标准反应热的公式为:

$$q_r^\ominus = \sum \sigma q_c^\ominus \tag{5-95}$$

式中　$q_c^\ominus$——标准燃烧热,kJ/mol;

σ——反应方程式中各物质的化学计量系数,反应物为负号,生成物为正号。

同样,应使 $q_c^\ominus = -\Delta H_c^\ominus$。

在求 $q_r^\ominus$ 的过程中可能会遇到这种情况,其中大多数物质 $q_f^\ominus$ 数据可以从手册中查到,但个别物质的 $q_f^\ominus$ 数据没有,却能查到它们的 $q_c^\ominus$ 数据。这时首先应该换算成同一类型的热力学数据,才能应用式5-94或式5-95求得 $q_r^\ominus$。根据盖斯定律,同一化合物的标准生成热与标准燃烧热可以用下式进行换算

$$q_f^\ominus + q_c^\ominus = \sum n q_{ce}^\ominus \tag{5-96}$$

式中　$q_f^\ominus$——标准生成热,kJ/mol;

$q_c^\ominus$——标准燃烧热,kJ/mol;

n——化合物中同类元素的原子数;

$q_{ce}^\ominus$——元素标准燃烧热,kJ/mol。

若反应恒定在 t℃下进行,而且反应产物及生成物在25~t℃范围内均无相变化,则反应热 q_r^t 可按下式计算

$$q_r^t = q_r^\ominus - (t-25)\left(\sum \sigma c_p\right) \tag{5-97}$$

式中　$q_r^\ominus$——标准反应热,kJ/mol;

σ——反应方程式中化学计量系数,反应物为负,生成物为正;

c_p——反应物或生成物在(25~t)℃范围内有相变的平均比热容,kJ/(mol·℃)。

如果反应物或生成物在(25~t)℃范围内有相变,则公式等号右边的加和项要做修正,即其加和项部分应分为两段计算:先以25℃计算到相变温度 t'($25<t'<t$),然后计入 t'时的相变热,再自 t'计算到 t。计算时还应该注意两段的相态不一样,其平均比热容的数据也不一样。

(2)状态变化热。状态变化热是指只发生物质聚集状态或浓度变化过程中所产生的热效应,放热为正,吸热为负。因为在过程中物质无温度变化,故习惯上也称为潜热。

1)相变热:物质从一相转变为另一相的过程,称为相变过程,例如蒸发、冷凝、熔融、升华等,它们大多在恒温下进行。相变化过程中产生的热效应称为相变热。蒸发、熔融、升华过程要克服液体或固体分子间的相互吸引力,必须供给能量,因此蒸发热、升华热为负值;反之,冷凝热、结晶热为正值。各种纯化合物的相变热可以从手册中查取,查阅时要注意数值的单位和正负号。一般热力学数据中相变热以状态变化前后的焓差表示,负值为放热,正值为吸热。

2)浓度变化热:浓度变化热是指在恒压、恒温下溶液的浓度变化时产生的热效应,可以用溶解热或稀释热求取。

氧化铝水合物的某些反应的热效应,列入表5-42。

表5-42　氧化铝水合物的某些反应的热效应

反　应	热效应/kJ·mol^{-1}	备　注
$Al(OH)_3 + OH^- = AlO_2^- + 2H_2O$(三水铝石)	30.6812	在60~170℃之间
$AlOOH + OH^- = AlO_2^- + H_2O$(一水软铝石)	19.8968	在80~170℃之间
$AlOOH + OH^- = AlO_2 + H_2O$(一水硬铝石)	32.604	在200~300℃之间

资料来源:(前苏联)A. A. 阿格拉诺夫斯基等著,《氧化铝生产手册》。

5.2.2.3 计算基准

取任何温度,有反应的过程一般取25℃作为计算基准。

5.2.2.4 计算方法

列出热量平衡方程式,求解方程组。

5.2.3 常用热力学数据的计算

在进行热量衡算时,常会遇到手册数据不全的情况。下面介绍常用热力学数据的计算方法。

5.2.3.1 比热容

在显热计算中,比热容是很重要的数据。

A 气体的比热容

对于压强低于 5×10^5 Pa 的气体或蒸汽均可视为理想气体处理,其定容比热容 kJ/(kg·℃)为:

$$c_V = 4.187\frac{2n+1}{M} \tag{5-98}$$

定压比热容 kJ/(kg·℃)为:

$$c_p = 4.187\frac{2n+3}{M} \tag{5-99}$$

式中 n——化合物分子中原子个数;

M——化合物相对分子质量。

式5-99只适用于低压及常温,对于压强大于 5×10^5 Pa 及任意温度下的比热容,需按"压强对气体定压摩尔热容的影响图"进行修正。

B 液体的比热容

大多数液体的比热容在1.7~2.5 kJ/(kg·℃)之间,少数液体例外,如水与液氨的比热容比较大,在4左右,而液体金属的比热容很小。

液体比热容一般与压强无关,而随温度上升而稍有增大。

作为水溶液比热容的近似计算,可先求出固体的比热容,再按下式计算:

$$c = c_S a + (1-a) \tag{5-100}$$

式中 c——水溶液的比热容,kJ/(kg·℃);

c_S——固体的比热容,kJ/(kg·℃);

a——水溶液中固体的质量分数。

在氧化铝生产中,铝酸钠溶液的比热容,在25~90℃范围内受温度的影响较大,温度升高影响较弱。75~90℃之间,比热容变化极小,直到300℃溶液的平均比热容随温度的变化也不大。铝酸钠溶液的平均比热容数据列于表5-43。

表5-43 铝酸钠溶液的平均比热容

Na_2O/%	MR	在下列温度(℃)的$\overline{c_p}$/kJ·(kg·℃)$^{-1}$				
		125	150	200	250	300
22.0	1.55	3.01	3.05	3.01	3.01	2.97
20.7	1.99	3.18	3.26	3.22	3.22	3.22
20.7	2.49	3.81	3.35	3.31	3.31	3.31
22.4		3.26	3.26	3.26	3.22	2.85
19.5	3.50	3.43	3.43	3.47	3.43	3.43
21.2	3.50	3.50	3.50	3.39	3.39	3.39

C　固体的比热容

化合物的比热容 kJ/(kg · ℃)：

$$c = \frac{1}{M}\sum nc_{\mathrm{a}} \tag{5-101}$$

式中　M——化合物的相对分子质量；

n——分子中同种元素的原子数；

c_{a}——元素原子的比热容，kJ/(kg · ℃)。

5.2.3.2　汽化热

液体在沸点下的汽化热(kJ/kg)可按下式计算：

$$q_{\mathrm{vb}} = \frac{T_{\mathrm{b}}}{M}(39.81 \times \lg T_{\mathrm{b}} - 0.029T_{\mathrm{b}}) \tag{5-102}$$

式中　T_{b}——液体的沸点；

M——液体的相对分子质量。

5.2.3.3　溶解热

对于溶质在溶解过程中不发生解离作用，溶剂与溶剂之间无化学作用及络合物的形成，则气态溶质的溶解热可取蒸发潜热之负值，固态溶质可取熔融热的负值。

氧化铝水合物在碱液中的溶解热，可用下式计算：

$$\lg K = \frac{0.915\Delta H}{T} + C \tag{5-103}$$

式中　K——反应平衡常数；

ΔH——溶解热，kJ/mol；

C——常数；

T——温度，K。

利用上式计算出的氧化铝水合物的平均溶解热：

三水铝石：30.7 kJ/mol($Al(OH)_3$)或 602.1 kJ/kg(Al_2O_3)；

拜耳石：21.92 kJ/mol($Al(OH)_3$)或 429.7 kJ/kg(Al_2O_3)；

一水软铝石：19.92 kJ/mol(AlOOH)或 390.37 kJ/kg(Al_2O_3)；

一水硬铝石：32.64kJ/mol(AlOOH)或 640.15 kJ/kg(Al_2O_3)。

5.2.3.4　熔融热

无机化合物的熔融热计算公式：

$$q_{\mathrm{F}} = (20.9 \sim 29.3)T_{\mathrm{F}} \tag{5-104}$$

式中　q_{F}——熔融热，kJ/mol；

T_{F}——熔点，K。

5.2.3.5　标准燃烧热

根据理查德理论，有机化合物的标准燃烧热与该化合物完全燃烧时所需的氧原子数成直线关系，可用下式计算有机化合物的标准燃烧热：

$$q_{\mathrm{c}} = \sum a + X\sum b \tag{5-105}$$

式中　a、b——常数，与化合物结构有关，见表 5-44；

X——化合物完全燃烧(产物为 CO_2、H_2O、N_2、SO_2 等)时所需的氧原子数。

表 5-44 有机化合物标准燃烧值公式中的常数数值

相 态	a	b
液 态	22.86	218.05
气 态	23.02	219.72

5.2.4 有效平均温差和壁温的确定

5.2.4.1 有效平均温差

有效平均温差是传热的平均推动力。它是换热器计算中的一个重要参数。应注意有效平均温差不一定等于对数平均温差,只是在一个特定的条件下才等于对数平均温差。

(1) 列管式换热器两换热介质纯逆流流向时,有效平均温差等于对数平均温差。如图 5-8a 所示。

$$\Delta t_{m,有效}=\Delta t_m=\frac{(T_1-t_2)-(T_2-t_1)}{\ln\frac{(T_1-t_2)}{(T_2-t_1)}} \tag{5-106}$$

式中 T_1——热流体进入换热器时的温度;

T_2——热流体流出换热器时的温度;

t_1——冷流体进入换热器时的温度;

t_2——冷流体流出换热器时的温度。

(2) 列管式换热器两换热介质纯并流流向时,有效平均温差等于对数平均温差。如图 5-8b 所示。

$$\Delta t_{m,有效}=\Delta t_m=\frac{(T_1-t_1)-(T_2-t_2)}{\ln\frac{(T_1-t_1)}{(T_2-t_2)}} \tag{5-107}$$

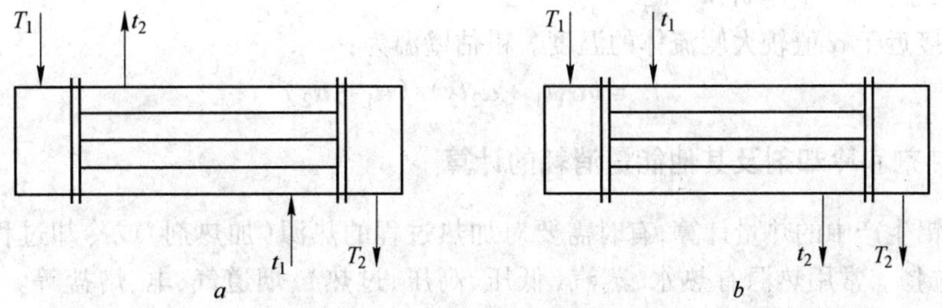

图 5-8 单壳程换热器流体流向

a—纯逆流流向;b—纯并流流向

(3) 其他流向,如图 5-9 所示的二管程流程换热器,有效平均温差为:

$$\Delta t_{m,有效}=\phi\Delta t_m=\phi\times\frac{(T_1-t_1)-(T_2-t_2)}{\ln\frac{(T_1-t_1)}{(T_2-t_2)}} \tag{5-108}$$

式中 ϕ——校正系数,校正系数小于 1,应尽量控制在 0.8 以上。

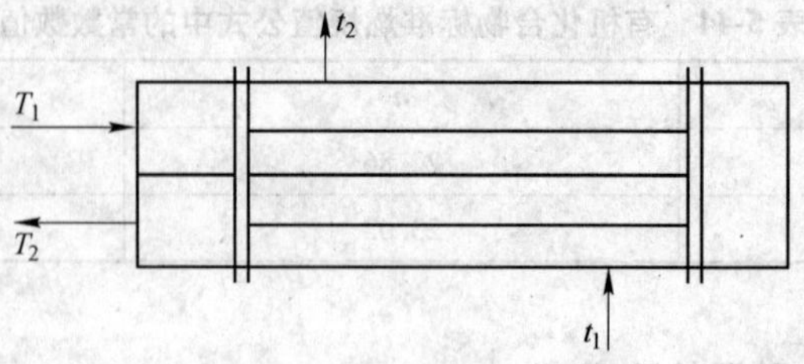

图 5-9　二管程流程换热器

5.2.4.2　壁温的确定

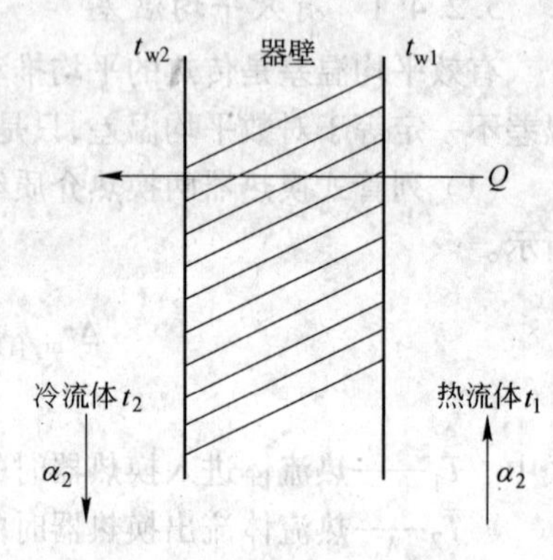

图 5-10　壁温示意图

在换热设备的设计时，在计算总的传热系数和计算散热时需要确定壁温。在高温设备中计算壁温有助于选用较适宜的材料。壁温示意图如图 5-10 所示。

热流体侧壁温：

$$t_{w1} = t_1 - k(t_1 - t_2)/\alpha_1 \tag{5-109}$$

冷流体侧壁温：

$$t_{w2} = t_2 - k(t_1 - t_2)/\alpha_2 \tag{5-110}$$

式中　k——总传热系数，W/(m^2 · ℃)；

α_1——热流体到器壁的给热系数，W/(m^2 · ℃)；

α_2——冷流体到器壁的给热系数，W/(m^2 · ℃)；

t_1——热流体温度，℃；

t_2——冷流体温度，℃。

器壁平均温度：　$t_w = (t_{w1} - t_{w2})/2$　　(5-111)

一般金属薄壁：　$t_w = t_{w1} = t_{w2}$

当 $\alpha_1 = \alpha_2$ 时，　$t_w = (t_1 - t_2)/2$

$\alpha_1 \gg \alpha_2$ 时，　$t_w = t_1, k \approx \alpha_2$

$\alpha_1 \ll \alpha_2$ 时，　$t_w = t_2, k \approx \alpha_1$

故壁温接近于 α 值较大侧流体的温度。粗估壁温为：

$$t_w = (\alpha_1 t_1 + \alpha_2 t_2)/(\alpha_1 + \alpha_2) \tag{5-112}$$

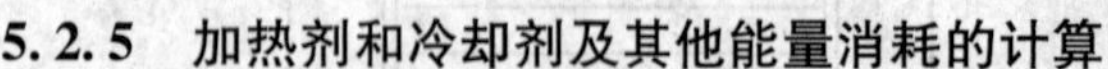

5.2.5　加热剂和冷却剂及其他能量消耗的计算

在氧化铝生产中的热量计算，有时需要对加热过程的热源（加热剂）或冷却过程的冷源（冷却剂）进行选择。常用热源有热水、蒸汽（低压、高压、过热）、烟道气、电、熔盐等。冷源有冷却水、冷冻盐水等。由于氧化铝生产过程要求不同的温度等级，而加热剂和冷却剂又有不同的适用温度，所以要根据不同的工艺要求，选择不同的加热剂或冷却剂，同时在选用中还要考虑加热剂和冷却剂的安全性、可靠性及价格费用等因素。

5.2.5.1　加热剂的选择要求

加热剂的选择要求有：

(1) 在较低压力下可达到较高的温度；

(2) 化学稳定性高；

(3) 无腐蚀作用，无毒性；

(4) 热容量大，冷凝热大；

(5) 无火灾或爆炸危险性；

(6) 价廉；

(7) 温度易于调整。

对于一种加热剂同时要满足以上这些要求是不可能的，往往会有互相矛盾的情况，这时应根据具体情况进行分析，选取合适的加热剂。

5.2.5.2 常用加热剂和冷却剂

氧化铝生产过程常用的几种加热剂和冷却剂及其性能见表5-45，可作为选择工艺过程所需的加热剂和冷却剂时参考。

表5-45 常用加热剂和冷却剂及其性能

序号	加热剂 冷却剂	使用温度 范围/℃	给热系数 /W·(m²·℃)$^{-1}$	优缺点及使用场合
1	热 水	40~100	50~1400	对于热敏性的物料用热水加热较为保险，但传热情况不及蒸汽好，且本身易冷却，不易调节
2	饱和蒸汽	100~180	300~3200	冷凝潜热大，热利用率高，温度易于控制调节，如用中压或高压蒸汽，使用温度还可提高
3	烟道气	500~1000	12~50	可用煤、煤气或燃油燃烧得到，可得到较高温度，特别使用于直接加热空气的场合
4	熔 盐	400~540		$NaNO_2$ 40%；KNO_3 53%；$NaNO_3$ 7%的混合物。可用于需高温的管道化溶出。但本身熔点高，管道和换热器都需蒸汽保温。传热系数高，蒸汽压低、稳定
5	冷却水	20~30		是最普通的冷却剂，使用设备简单，控制方便，价廉

5.2.5.3 加热剂和冷却剂及其他能量消耗计算

A 水蒸气的消耗量

蒸汽间接加热时蒸汽的消耗量：

$$D = \frac{Q_2}{[H - C_H(T - 273)]\eta} \tag{5-113}$$

式中 D——加热蒸汽消耗量，kg；

Q_2——热负荷，kJ；

H——水蒸气的热焓，kJ/kg；

C_H——冷凝水的比热容，可取4.18 kJ(kg·K)；

T——冷凝水温度，K；

η——热利用率，保温设备取0.97~0.98，非保温设备取0.93~0.95。

蒸汽直接加热时蒸汽的消耗量：

$$D = \frac{Q_2}{[H - C_H(T_K - 273)]\eta} \tag{5-114}$$

式中 T_K——被加热液体的最终温度，K；

其余符号含义同上式。

B 燃料的消耗量

$$B = \frac{Q_2}{\eta Q_p} \tag{5-115}$$

式中 B——燃料的消耗量，kg；

η——燃烧炉的热效率，一般在0.3~0.5，工业锅炉的热效率为0.6~0.92；

Q_p——燃料的发热值，褐煤为 8400 ~ 14600 kJ/kg，烟煤为 14600 ~ 33500 kJ/kg，无烟煤为 14600 ~29300 kJ/kg，燃料油为 40600 ~43100 kJ/kg，天然气为 33500 ~37700 kJ/kg。

C　电能的消耗量

$$E = \frac{Q_2}{3600 \times \eta} \tag{5-116}$$

式中　E——电能消耗量，kW · h；

η——电能装置的热效率，一般为 0.85 ~0.95。

D　作为冷却剂的水和空气的消耗量

$$W = \frac{Q_2}{C(T_K - T_H)} \tag{5-117}$$

式中　W——冷却剂(水和空气)的消耗量，kg；

C——冷却剂(水和空气)的比热容，kJ/(kg · K)；

T_K——冷却剂(水和空气)的最终温度，K；

T_H——冷却剂(水和空气)的最初温度，K。

5.2.6　㶲分析及其应用

5.2.6.1　㶲的概念

热力学第一定律指出，物质系统所具有的各种形式的能量可以相互转换，在转换的过程中能量的总和保持不变。热力学第二定律则进一步指出，各种能量之间的转换具有方向性和限度。对于不同形式的能量而言，它们的转换能力是不相同的。因此，它们在技术上的有用程度也可能是不相同的。

由实践和理论分析可知，功的转换能力较大。理论上它不仅能全部转化为热量，而且还能全部转化为其他形式的能量。由此，可将能量的转化能力或使用程度，统一理解为能量转变为功的能力或做功的能力，称之为有效能(exergy)，也称为㶲。因此，㶲的定义为：在给定的环境条件下，任一形式的能量在理论上所具有的做出最大有用功的能力($W_{A,max}$)，或理论上能够转变为最大有用功的那部分能量，称为该能量的㶲，用符号 E_x 表示。而能量中的其余部分，即不能转变为有用功的那部分能量，称为无效能(anergy)，或炕，用符号 A_n 表示。由以上的定义，可以分别用下面两个公式表示能量的数量和质量。

能量的数量：
$$E = E_x + A_n \tag{5-118}$$

能量的质量：
$$R = \frac{E_x}{E} = \frac{E_x}{E_x + A_n} \tag{5-119}$$

式中　R——能级或能量品质系数。

5.2.6.2　热量㶲或功㶲的计算

设高温热源的温度为 T，环境温度为 T^0；热机从高温热源吸收热量 ΔQ，向低温热源(环境)放出微量热量 $-\Delta Q$；高温热源从状态 1 变化到状态 2 的过程中发出的热量为 Q，熵变为 ΔS。由热力学第一定律和热力学第二定律可写出热量㶲(E_{xQ})的计算公式，即

$$E_{xQ} = W_{A,max} = \int_1^2 \left(1 - \frac{T^0}{T}\right) dQ \tag{5-120}$$

或
$$E_{xQ} = \int_1^2 dQ - T^0 \int_1^2 \frac{dQ}{T} = Q - T^0 \Delta S \tag{5-121}$$

炕量为：
$$A_{nQ} = Q - E_{xQ} = T^0 \Delta S = T^0 \int_1^2 \frac{dQ}{T} \tag{5-122}$$

上面已经叙述过功的转变能力大，但并非任何情况下的功量都是有用功。由炯的定义可知，只有在一定环境下的有用功才是炯。例如，当系统在环境中做功的同时发生容积变化时，系统要反抗环境做环境功。由于这部分功直接传递给了环境而无法利用，所以在计算功炯时，要把这部分功量扣除。设一个封闭系统从状态 1 变化到状态 2 的过程中，所做功 W_{12} 的功炯为 E_{xW}，则其计算式为：

$$E_{xW} = W_{A,max} = W_{12} - p^0(V_2 - V_1) \tag{5-123}$$

而功炕应为：
$$A_{nW} = P^0(V_2 - V_1) \tag{5-124}$$

所以，当一个系统对外做有用功时，若容积没有变化，则所做的功全是炯。

5.2.6.3　炯平衡方程式

任何不可逆过程必引起炯的损失，只有可逆过程没有炯的损失。因此，对于实际过程，炯并不守恒，要附加一项炯损失，才能建立炯平衡方程式。对于定常流动系统的炯平衡方程式为：

$$E_{xH1} + E_{xQ1} + E_{xW1} = E_{xH2} + E_{xQ2} + E_{xW2} + D_K \tag{5-125}$$

式中　E_{xH1}、E_{xH2}——输入、输出系统的物流炯；

E_{xQ1}、E_{xQ2}——输入、输出系统的热炯；

E_{xW1}、E_{xW2}——输入、输出系统的功炯；

D_K——炯损失。

炯平衡方程式虽然形式上与热量平衡方程式相似，但是二者却有本质的区别。热平衡是不同品位能量平衡，各平衡项虽有相同的量纲，但实际上并非同类项，而炯平衡则是同品位能量的平衡。

设温度为 T_1 的高温热源向稳定为 T_2 的低温热源供热，传递的热量为 Q_0，由式 5-120 可知，对于相同的热量 Q，在高温 T_1 时其热炯为：

$$E_{xQ1} = \left(1 - \frac{T^0}{T_1}\right)Q \tag{5-126}$$

在低温 T_2 时其热炯为：

$$E_{xQ2} = \left(1 - \frac{T^0}{T_2}\right)Q \tag{5-127}$$

因为 $T_1 > T_2$，所以 $E_{xQ1} > E_{xQ2}$，二者的差就是在传热过程中所产生的炯损失，即

$$D_K = E_{xQ1} - E_{xQ2} \tag{5-128}$$

则炯损失的熵参考计算式为 5-121，式中 ΔS 指总熵差，可见炯损失是与环境温度及总熵差的乘积成正比。要减少炯损失必须降低环境温度。在传热过程中，传热推动力 ΔT 越大，炯损失越大。当 ΔT 趋于零时，炯损失最小。炯损失的计算式虽然是从传热过程中推导得出的，但对于任何过程都适用。与传热过程相似，其他过程也是越偏离可逆过程，其炯损失越大。

5.2.6.4　炯效率

为了统一评定各类设备的用能完善程度，需要引入一个统一的尺度——炯效率。热力系统的炯效率可按下式计算：

$$\eta = \frac{\text{收益的炯}}{\text{耗费的炯}} = \frac{\text{冷物料流的炯增量总和}}{\text{热物料流的炯减量总和}} = \frac{\sum \Delta E}{\sum \Delta E} \tag{5-129}$$

热力系统中某个单元的炯效率 η_m 与系统的炯效率 η_T 之间的关系为：

$$\eta_T = \sum_N \eta_m r_m \tag{5-130}$$

$$r_m = \frac{(\sum \Delta E')_m}{\sum_N (\sum \Delta E')_m} \tag{5-131}$$

式中　r_m——第 m 单元输出的收益㶲占系统总输出的收益㶲的比例,即输出收益㶲的分率。

热力系统的总㶲效率为:

$$\eta_T = \frac{\sum_N (\sum \Delta E)_m}{\sum_N (\sum \Delta E')_m + \sum \Delta E'' + \Delta E_j} \tag{5-132}$$

式中　$\Delta E''$和 ΔE_j——物料流向周围环境散失能量的㶲损失和物料流无相变节流时的㶲损失。

为了评价各组成部分对系统总效率的影响,取物料流的能量利用系数 φ_u,通过设备表面的能量损失系数 φ_Q 和物料流无相变节流引起的㶲损失系数 φ_j 分别为:

$$\varphi_u = \frac{\sum_N (\sum \Delta E')_m}{\sum_N (\sum \Delta E')_m + \sum \Delta E''} \tag{5-133}$$

$$\varphi_Q = \frac{冷物料流吸收的热量总和}{热物料流放出的热量总和} = \frac{\sum Q}{\sum Q'} \tag{5-134}$$

$$\varphi_j = \frac{\sum_m (\sum \Delta E')_m + \sum \Delta E''}{\sum_m (\sum \Delta E')_m + \sum \Delta E'' + \sum \Delta E_j} \tag{5-135}$$

而热交换设备系统的㶲效率为:

$$\eta_T = \frac{\sum \Delta E}{\sum \Delta E'} = \frac{1 - \dfrac{T_0}{T_T}}{1 - \dfrac{T_0}{T'_T}} \tag{5-136}$$

式中　T_T 和 T'_T——冷物料流和热物料流的平均热力学温度,K。

所以,

$$\eta = \eta_T \varphi_u \varphi_Q \varphi_j \tag{5-137}$$

5.2.6.5　㶲分析的应用

传统概念上的能量衡算有其固有的局限性,即在进行能量衡算时,对不同形式和不同状态下的能量不加区分,因而能量利用的效率一般不能确切的评价一个过程或一个装置的实际用能水平。

事实上,能量本身有双重含义,即能量的数量和质量。数量是指能量的多少,质量是指能量的可用性。从用能的角度看,能量的质量是主要的。只有能量的质量达到使用要求时,能量的使用价值才能体现出来,此时能量的数量才有实际意义。因此,能量的使用在本质上是指能量的质量的使用,能量在使用过程中的降质变废才是造成能耗的根本原因。所以能量衡算和有效能(㶲)衡算是合理用能的两个不同侧面,它们对氧化铝生产过程中的能量变化,降低生产中的能量消耗,改善工艺过程中的技术经济指标,都有重要作用,不可偏废。

应用㶲分析法,即㶲效率和㶲损系数(或㶲损率)的计算与分析的方法,对现有氧化铝生产工艺设备流程进行能量分析,可以正确的判断出节能的潜力,准确地诊断出能量利用的薄弱环节,科学地指出节能的方向,对改进现有或设计新的工艺设备流程,合理用能和节能降耗具有重要的指导作用。

下面介绍氧化铝厂㶲分析应用的实例。

我国某氧化铝厂拜耳法高压溶出铝土矿的原矿浆预热系统设备流程图如图5-11所示。它是由三个串联的间接加热的热交换器所组成,用同一参数的自蒸发蒸汽,经过节流进入热交换器,而预热矿浆后的蒸汽冷凝水,经冷凝水自蒸发器外排。

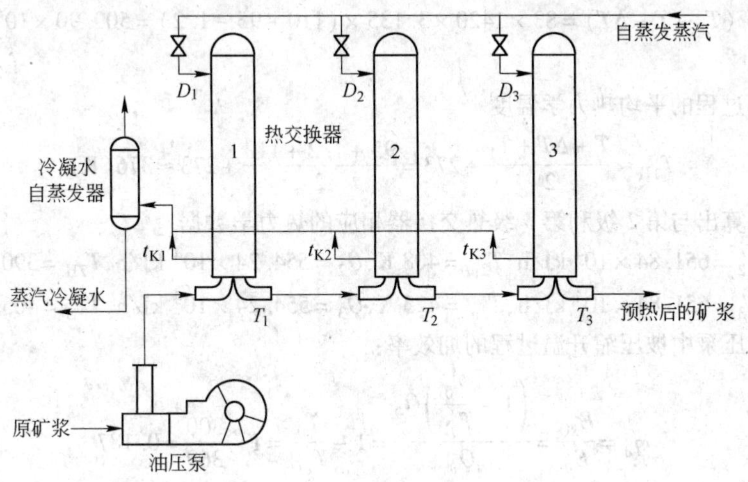

图5-11 原矿浆预热系统设备流程

已知每一热交换器组处理的原矿浆量 $G = 83\ m^3/h$,原矿浆的密度 $\rho = 1420\ kg/m^3$,原矿浆的比热容 $c = 3.135\ kJ/(kg \cdot ℃)$;原矿浆入油压泥浆泵前的压力 $p = 0.3\ MPa$,温度 $T = 95℃$,出泵时矿浆压力 $p' = 3.3\ MPa$;进入各级热交换器的蒸汽量分别为 $D_1 = 2812.6\ kg/h$,$D_2 = 2944.6\ kg/h$,$D_3 = 3030.4\ kg/h$,压力均为 $p_n = 1.145\ MPa$,温度均为 $T_n = 185℃$;由各级热交换器出来的矿浆温度分别为 $T_1 = 110℃$,$T_2 = 125℃$,$T_3 = 140℃$;由各级热交换器出来的蒸汽温度分别为 $t_{K1} = 120℃$,$t_{K2} = 135℃$,$t_{K3} = 150℃$;冷凝水自蒸发器周围环境的温度 $T_0 = 27℃$;油压泥浆泵的效率 $\eta_n = 0.6$。

传给输送原矿浆的油压泵的电能:

$$Q_\partial = A\frac{P'G\rho}{\eta_n \rho} = \frac{1}{101.98} \times \frac{3.3\times10^6\times83\times1420}{9.8\times0.6\times1420} = 45.68\times10^4 \quad (kJ/h) \tag{5-138}$$

式中 A——热功当量,即 $A = \dfrac{1}{101.98}\ kJ/(kg \cdot m)$。

设在此电能的作用下,原矿浆在泵中压缩而温度升高 ΔT,由于 $Q_\partial = G\rho c\Delta T$,则得:

$$\Delta T = \frac{Q_\partial}{G\rho c} = \frac{45.68\times10^4}{83\times1420\times3.135} \approx 1.2 \quad (℃) \tag{5-139}$$

原矿浆在此压缩升温过程中的平均热力学温度:

$$T_{\partial H} = \frac{\Delta T}{\ln\dfrac{T+\Delta T+273}{T+273}} = \frac{1.2}{\ln\left(1+\dfrac{1.2}{95+273}\right)} \approx 369 \quad (K) \tag{5-140}$$

进入第一级热交换器的蒸汽放出的热量:

$$Q_1' = D_1(h - c_H t_{K1}) = 2812.6\times(2778-4.18\times120) = 640.26\times10^4 (kJ/h) \tag{5-141}$$

式中 c_H——水的比热容,4.18 kJ/(kg · K);

h——$p_n = 1.145\ MPa$ 下的干饱和水蒸气的热焓,由A. A. 阿格拉诺夫斯基等著《氧化铝生产手册》查得 $h = 2778\ kJ/kg$。

蒸汽冷凝过程中的平均热力学温度:

$$T_{1m} = t_{K1} + 273 = 120 + 273 = 393(K)$$

忽略不计预热过程中原矿浆所含高岭石($Al_2O_3 \cdot 2SiO_2 \cdot 2H_2O$)、金红石、锐钛石($TiO_2$)与碱溶液相互反应的热效应时,矿浆在第1级热交换器中吸收的热量:

$$Q_1 = G\rho c(T_1 - T - \Delta T) = 83 \times 1420 \times 3.135 \times (110 - 95 - 1.2) = 509.90 \times 10^4 (kJ/h) \tag{5-142}$$

矿浆加热过程的平均热力学温度:

$$T_{1H} \approx \frac{T + \Delta T + T_1}{2} + 273 = \frac{95 + 1.2 + 110}{2} + 273 \approx 376(K) \tag{5-143}$$

同样可计算出与第2级和第3级热交换器相应的热力学数据:

$$Q_2' = 651.84 \times 10^4 \text{ kJ/h}, T_{2m} = 408 \text{ K}, Q_2 = 554.24 \times 10^4 \text{ kJ/h}, T_{2H} = 390 \text{ K}$$

$$Q_3' = 651.84 \times 10^4 \text{ kJ/h}, T_{3m} = 423 \text{ K}, Q_3 = 554.24 \times 10^4 \text{ kJ/h}, T_{3H} = 405 \text{ K}$$

矿浆在油压泵中被压缩升温过程的㶲效率:

$$\eta_\partial = \frac{E_{xQ}}{E_\partial} = \frac{\left(1 - \frac{T_0}{T_{\partial H}}\right) Q_\partial}{Q_\partial} = 1 - \frac{T_0}{T_{\partial H}} = 1 - \frac{300}{369} = 0.187 \tag{5-144}$$

由于电能为定向运动的能,可取其输入的平均热力学温度 $T_{\partial m} = \infty$,则输出的收益㶲(或传递㶲)的分率为:

$$\gamma_\partial' = \delta_\partial' \frac{1 - \frac{T_0}{T_{\partial m}}}{1 - \frac{T_0}{\check{T}'}} = \delta_\partial' \frac{1}{1 - \frac{T_0}{\check{T}'}} = \frac{\delta_\partial' \check{T}'}{\check{T}' - T_0} \tag{5-145}$$

式中 δ_∂'——传给输送原矿浆的油压泵的热量占总热量的分率;

$\check{T}'$——系统内热物料流的总平均热力学温度,K。

而
$$\delta_\partial' = \frac{Q_\partial}{Q_\partial + Q_1' + Q_2' + Q_3'}$$

$$= \frac{45.68 \times 10^4}{45.68 \times 10^4 + 640.26 \times 10^4 + 651.84 \times 10^4 + 651.84 \times 10^4} = 0.0230 \tag{5-146}$$

$$\delta_1' = \frac{Q_1'}{Q_\partial + Q_1' + Q_2' + Q_3'} = \frac{640.26 \times 10^4}{1989.62 \times 10^4} = 0.3218 \tag{5-147}$$

$$\delta_2' = \frac{Q_2'}{Q_\partial + Q_1' + Q_2' + Q_3'} = \frac{651.84 \times 10^4}{1989.62 \times 10^4} = 0.3276 \tag{5-148}$$

$$\delta_3' = \frac{Q_3'}{Q_\partial + Q_1' + Q_2' + Q_3'} = \frac{651.84 \times 10^4}{1989.62 \times 10^4} = 0.3276 \tag{5-149}$$

$$\frac{1}{\check{T}'} = \frac{\delta_\partial'}{T_{\partial m}} + \frac{\delta_1'}{T_{1m}} + \frac{\delta_2'}{T_{2m}} + \frac{\delta_3'}{T_{3m}} = \frac{0.0230}{\infty} + \frac{0.3218}{393} + \frac{0.3276}{408} + \frac{0.3276}{423} \approx 0.00239 \tag{5-150}$$

$$\check{T}' \approx 418 \text{ K}$$

所以
$$\gamma_\partial' = \frac{\delta_\partial' \check{T}'}{\check{T}' - T_0} = \frac{0.0230 \times 418}{418 - 300} \approx 0.081$$

第1级热交换器中传热的㶲效率:

$$\eta_1 = \frac{(T_{1H} - T_0) T_{1m}}{T_{1H}(T_{1m} - T_0)} = \frac{(376 - 300) \times 393}{376 \times (393 - 300)} = 0.854 \tag{5-151}$$

传递㶲的分率：

$$r'_1 = \delta'_1 \frac{(T_{1m}-T_0)\check{T}'}{T_{1m}(\check{T}'-T_0)} = 0.3218 \times \frac{(393-300)\times 418}{393\times(418-300)} = 0.270 \tag{5-152}$$

同样可计算出与第二级和第三级热交换器中相应的㶲效率和传递㶲的分率：

$$\eta_2 = 0.872, \gamma'_2 = 0.307$$
$$\eta_3 = 0.892, \gamma'_3 = 0.337$$

热交换器组系统传热的㶲效率：

$$\begin{aligned}\eta_{1\sim2\sim3} &= \sum\gamma'_i\eta_i = \gamma'_1\eta_1 + \gamma'_2\eta_2 + \gamma'_3\eta_3 \\ &= 0.270\times0.854 + 0.307\times0.872 + 0.337\times0.892 \\ &= 0.799\end{aligned} \tag{5-153}$$

通过设备表面的热量散热系数：

$$\begin{aligned}\varphi_Q &= \frac{Q_\partial + Q_1 + Q_2 + Q_3}{Q_\partial + Q'_1 + Q'_2 + Q'_3} = \frac{45.68\times10^4 + 509.90\times10^4 + 554.24\times10^4 + 554.24\times10^4}{1989.62\times10^4} \\ &= 0.836\end{aligned} \tag{5-154}$$

蒸汽的能量利用系数：

$$\varphi_u = \delta'_0 \frac{(\check{T}'-T_0)\check{T}'_0}{\check{T}'(\check{T}'_0-T_0)} \tag{5-155}$$

式中

$$\delta'_0 = \frac{\sum Q'_i}{\sum Q'_i + \sum Q''_i} \tag{5-156}$$

供给矿浆预热系统的能量总和：

$$\sum Q'_i = Q_\partial + Q'_1 + Q'_2 + Q'_3 = 1989.62 \text{ kJ/h} \tag{5-157}$$

从矿浆预热系统排出的蒸汽向周围环境散失的热量：

$$\begin{aligned}\sum Q''_i &= Q''_1 + Q''_2 + Q''_3 = D_1C_H(t_{K1}-T_0) + D_2C_H(t_{K2}-T_0) + D_3C_H(t_{K3}-T_0) \\ &= 2812.6\times4.18\times(120-27) + 2944.6\times4.18\times \\ &\quad (135-27) + 3030.4\times4.18\times(150-27) \\ &= 398.07\times10^4(\text{kJ/h})\end{aligned} \tag{5-158}$$

$$\delta'_0 = \frac{1989.62\times10^4}{1989.62\times10^4 + 398.07\times10^4} \approx 0.83$$

而

$$\frac{1}{\check{T}'_0} = \frac{\delta'_0}{\check{T}'} + \frac{1-\delta'_0}{\check{T}''} \tag{5-159}$$

式中 $\check{T}'_0$——热交换器系统的平均热力学温度，K；

$\check{T}''$——从矿浆预热系统排出的蒸汽向周围环境散热的平均热力学温度，K。

$$\frac{1}{\check{T}''} = \frac{\delta'_{01}}{T_{01}} + \frac{\delta'_{02}}{T_{02}} + \frac{\delta'_{03}}{T_{03}} \tag{5-160}$$

式 5-160 中各级热交换器中冷凝水向周围环境散热损失的分率为：

$$\delta'_{01} = \frac{Q''_1}{Q''_1 + Q''_2 + Q''_3} = \frac{109.34\times10^4}{398.07\times10^4} \approx 0.27$$

$$\delta'_{02} = \frac{Q''_2}{Q''_1 + Q''_2 + Q''_3} = \frac{132.93\times10^4}{398.07\times10^4} \approx 0.33$$

$$\delta'_{03} = \frac{Q''_3}{Q''_1 + Q''_2 + Q''_3} = \frac{155.80\times10^4}{398.07\times10^4} \approx 0.39$$

各级热交换器中冷凝水向周围环境散热的平均热力学温度：

$$T_{01}=\frac{120+27}{2}+273\approx 347(\mathrm{K})$$

$$T_{02}=\frac{135+27}{2}+273\approx 356(\mathrm{K})$$

$$T_{03}=\frac{150+27}{2}+273\approx 362(\mathrm{K})$$

则

$$\frac{1}{\check{T}''}=\frac{0.27}{347}+\frac{0.33}{356}+\frac{0.39}{362}=0.00279$$

所以

$$\check{T}''=358\ \mathrm{K}$$

因而

$$\frac{1}{\check{T}'_0}=\frac{0.83}{418}+\frac{1-0.83}{358}=0.00246$$

$$\check{T}'_0=406\ \mathrm{K}$$

所以

$$\varphi_u=0.83\times\frac{(418-300)\times 406}{418\times(406-300)}=0.897$$

蒸汽由汽源输送到热交换器过程中，由于绝热节流引起的㶲损系数：

$$\varphi_j=\frac{(\check{T}'_0-T_0)\check{T}'_{0g}}{\check{T}'_0(\check{T}'_{0g}-T_0)} \tag{5-161}$$

而

$$\frac{1}{\check{T}'_{0g}}=\frac{1}{\check{T}'_0}-\frac{Q'''_1\times\dfrac{T_0^{(0)}-T_{K1}}{T_0^{(0)}T_{K1}}+Q'''_2\times\dfrac{T_0^{(0)}-T_{K2}}{T_0^{(0)}T_{K2}}+Q'''_3\times\dfrac{T_0^{(0)}-T_{K3}}{T_0^{(0)}T_{K3}}}{\sum Q'_i+\sum Q'''_i} \tag{5-162}$$

式中　$T_0^{(0)}$——蒸汽的初温，K；

T_{K1}、T_{K2}、T_{K3}——蒸汽由初始状态（p_n，T_n）经可逆过程冷却到最终状态（t_{K1}、t_{K2}、t_{K3}）时的终温，即 $T_0^{(0)}=185+273=458\ \mathrm{K}$；$T_{K1}=393\ \mathrm{K}$；$T_{K2}=408\ \mathrm{K}$；$T_{K3}=423\ \mathrm{K}$。

蒸汽在初温和终温作可逆冷却时向周围环境放散的热量：

$$Q'''_1=D_1(h-C_HT_0)=2812.6\times(2778-4.18\times 27)\approx 749.60\times 10^4(\mathrm{kJ/h})$$

$$Q'''_2=D_2(h-C_HT_0)=2944.6\times(2778-4.18\times 27)\approx 784.78\times 10^4(\mathrm{kJ/h})$$

$$Q'''_3=D_3(h-C_HT_0)=3030.4\times(2778-4.18\times 27)\approx 807.64\times 10^4(\mathrm{kJ/h})$$

$$\frac{1}{\check{T}'_{0g}}=\frac{1}{406}-\frac{749.60\times 10^4\times\dfrac{458-393}{458\times 393}+784.78\times 10^4\times\dfrac{458-408}{458\times 408}+807.64\times 10^4\times\dfrac{458-423}{458\times 423}}{1989.62\times 10^4+398.07\times 10^4}=0.00220$$

因而系统过程总的平均热力学温度：

$$\check{T}'_{0g}=\frac{1}{0.00220}\approx 455(\mathrm{K})$$

所以

$$\varphi_j=\frac{(406-300)\times 455}{406\times(455-300)}\approx 0.766$$

系统的总㶲效率：

$$\eta=\eta_{1\sim 2\sim 3}\varphi_Q\varphi_u\varphi_j=0.799\times 0.836\times 0.897\times 0.766\approx 0.459$$

系统的㶲损失：

$$\Pi=(1-\eta)\sum\Delta E'=(1-\eta)\left[\left(\sum Q'_i+\sum Q''_i\right)\left(1-\frac{T_0}{\check{T}'_{0g}}\right)\right]$$

$$=(1-0.459)\left[(1989.62\times 10^4+398.07\times 10^4)\left(1-\frac{300}{455}\right)\right]\approx 4.40\times 10^6(\mathrm{kJ/h}) \tag{5-163}$$

折算为标准煤（$\Delta H_{u1}=29260$ kJ/kg）

$$\Pi=\frac{4.40\times10^{6}}{29260}\approx150.4(\text{kg/h})$$

由㶲效率计算的结果表明：

（1）系统的总㶲效率很低，仅为45.9%；

（2）由于矿浆在油压泥浆泵中被压缩过程的不可逆性，造成供泵电能传递㶲的分率为8%，而㶲效率为18.7%；

（3）大量的热量被蒸汽冷凝水带给环境（$\varphi_u=89.7\%$），以及通过设备表面散失于周围环境（$\varphi_Q=83.6\%$）；

（4）由于蒸汽自蒸发器输送到热交换器过程中的节流造成大量的㶲损失（$\varphi_j=76.6\%$）；系统的㶲损失为4.40×10^6 kJ/h，即相当于150.4 kg标准煤。

图5-12为前苏联某氧化铝厂处理一水硬铝石型铝土矿的高压溶出工艺设备流程。进入原矿浆槽1中的原矿浆，在约95℃下停留4～6 h进行预脱硅后，用活塞泵2以流量为100 m^3/h压入三台串联的预热器3，使矿浆加热到140～150℃，再连续进入两台加热溶出器4。用热电站的蒸汽加热到230～240℃的矿浆，流经8台串联的反应溶出器，停留约2 h。溶出料浆经过两台自蒸发器6和7进行两级节流。第一级自蒸发器6的蒸汽（$p_1=0.6$ MPa）送入预热器3，进行预热原矿浆；第二级自蒸发器7的蒸汽，去预热洗涤水。对该高压溶出工艺设备流程所作的㶲分析结果见表5-46。

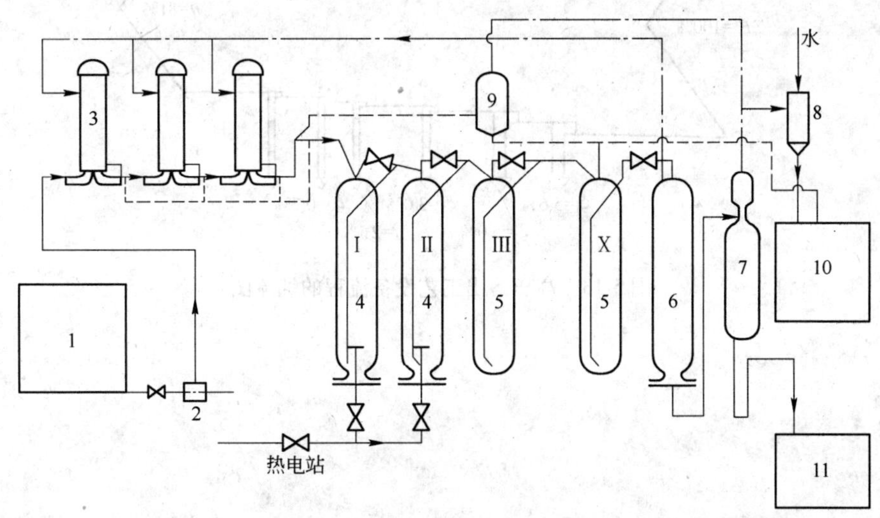

图5-12 高压溶出工艺设备流程

1—原矿浆槽；2—活塞泵；3—蒸汽-矿浆预热器；4—加热溶出器；5—反应溶出器；6—第一级料浆自蒸发器；7—第二级料浆自蒸发器；8—格板预热器；9—冷凝水自蒸发器；10—热水槽；11—矿浆槽

表5-46 高压溶出工艺设备流程的㶲分析结果

序号	项 目	效率μ_i/%	耗费㶲的分率γ_i/%	传递㶲的分率δ_i/%	㶲损系数ξ_i/%
1	矿浆预热器	72.8	20.8	15.2	5.6
2	高压溶出器	87.5	40.6	35.6	5.0
3	第一级自蒸发器	87.2	23.5	20.5	3.0
4	第二级自蒸发器	79.3	10.2	8.1	2.1

续表 5-46

序号	项　目	效率 μ_i/%	耗费㶲的分率 γ_i/%	传递㶲的分率 δ_i/%	㶲损系数 ξ_i/%
5	冷凝水自蒸发器	68.5	2.3	1.6	0.7
6	热流通过设备表面散失到环境中的㶲		2.6		2.6
	整个高压溶出系统	81.0	100.0	81.0	19.0

为了形象的表示产生㶲损失的部位、大小和原因,还可以采用图 5-13 所示的㶲流图。该图的线段大小表示高压溶出工艺流程中有关设备内㶲损失、表面散热㶲损失以及所得收益㶲的情况。

可以看出:(1)供给整个高压溶出过程的㶲,主要消耗于矿浆的预热单元传热引起的㶲损失、高压溶出器中矿浆的加热,以及两级自蒸发器中料浆绝热节流时的内部㶲损失,约为总耗费㶲的 95%;(2)矿浆预热器($\gamma_i = 20.8\%$)和第二级自蒸发器($\gamma_i = 10.2\%$)所消耗的㶲为总耗费㶲的 31%,而且这两个设备的㶲效率均不高($\eta_i < 80\%$),为能量利用的"薄弱环节"。因此,提高矿浆预热器和第二级自蒸发器的㶲效率,是实现节能,改善整个溶出工艺设备流程的关键。

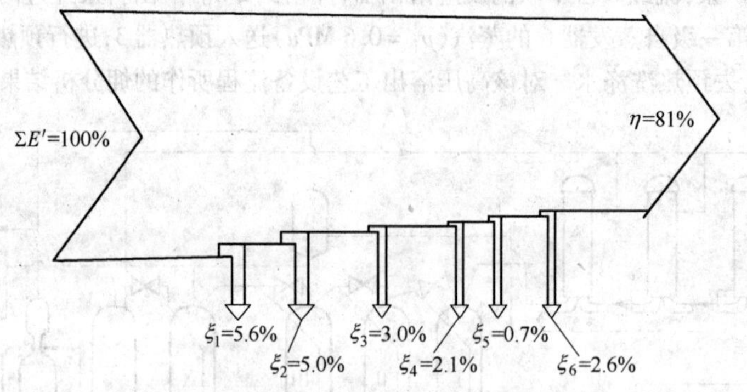

图 5-13　高压溶出工艺设备流程的㶲流图

6 工艺设备的选择与计算

氧化铝厂工艺设备是氧化铝厂生产的重要物质基础,对工程项目投产的生产能力、操作稳定性、可靠性及产品质量等都将起着重要作用。对于工艺设备的设计要全面贯彻先进、适用、高效、节能、省材、环保、安全、可靠、节省投资等原则,具体要求应从技术经济指标与设备结构上的要求加以考虑。

6.1 工艺设备选择与计算的任务及依据

氧化铝厂工艺设备,从设计角度来说,可分为两类:一类称标准设备(或定型设备),另一类称非标准设备(或非定型设备)。

标准设备是成批成系列生产的设备,可从设备生产厂家买到,并可从产品目录或样本手册中查阅其规格及型号。工艺设计的任务,就是根据氧化铝生产工艺要求,选择设备的规格及型号,并经过计算确定其数量,以便订货。

非标准设备是氧化铝厂建设过程中需要专门设计的特殊设备。非标准设备工艺设计的任务是,根据生产工艺要求,通过工艺计算,提出设备型式、材料、尺寸和其他一些要求,再由设备专业进行设计,并由有关工厂制造。在设计非标准设备时,应尽量采用已经标准化的图纸。

工艺设备选择与计算的依据:

(1) 设计确定的工艺流程及建设规模;

(2) 所处理物料的物理化学性质和对产品质量、数量的要求;

(3) 设备计算参数的试验资料及氧化铝厂的生产指标;

(4) 所建厂的机械装备水平和自控水平;

(5) 国产定型设备产品样本、新设备鉴定资料。

6.2 工艺设备选型与计算的原则

氧化铝厂主要工艺设备选型与计算的原则如下。

(1) 合理性:

1) 选定的设备类型、规格、数量必须满足工艺的要求,并与工艺流程、生产规模、工艺控制水平相适应,又能充分发挥设备的能力;

2) 上下工序所选用的设备负荷率应当均衡,同一作业设备类型、规格应当相同,设备的台数应当与设备的系列相适应;

3) 主要工艺设备的数量计算,均在生产过程物料衡算或热量衡算的基础上,并考虑到设备利用率、物料量波动系数等因素而确定。

(2) 先进性。选定的设备必须运转可靠、高效率、低能耗、机械化和自动化水平高;

(3) 安全性。选定的设备安全可靠、操作方便、稳定、无事故隐患;对工艺和建筑、地基、厂房等无苛刻要求;工人操作时劳动强度小;

(4) 经济性。节省设备投资,易于制造、维修、更新,运行费用低,使用寿命长。

引进先进设备应反复对比报价,考察设备性能,考虑是否易于被国内消化吸收和改进创新,避免盲目性。

(5) 无环境污染或污染轻。选定的设备必须是无环境污染或污染轻的设备。

当有两种或两种以上的设备可供选择时,应通过技术经济比较分析后,择优选用。

6.3　主要工艺设备的选择与计算

由于生产方法和工艺流程不同,氧化铝厂采用的主要工艺设备也不同。下面仅对拜耳法生产氧化铝的主要工艺设备的选择与计算进行论述。

6.3.1　矿石粉碎设备

氧化铝厂矿石原料的粉碎设备是为了使原料能达到要求的粒度,但又不过细以达到节约能耗的目的。所用矿石粉碎设备种类繁多,按照粉碎设备使用的粒度范围,可将其分为碎矿机和磨矿机两大类。碎矿机又分为粗碎机、中碎机及细碎机。按照破碎方法及机械特征,碎矿机又分为颚式破碎机、锤式破碎机、圆锥破碎机、辊式破碎机和冲击式破碎机。磨矿机包括球磨机、棒磨机和格子磨。

目前,氧化铝厂所需铝土矿都是在矿山破碎的,多用锤式破碎机,某些工厂则用颚式破碎机及圆锥破碎机,后者常用于二段破碎。

简单摆式颚式破碎机:其构造如图 6-1 所示。它主要由破碎物料的工作机构、使动颚运动的动作机构、过负荷的保险机构、排料口的调整装置和机器的支撑装置等构成。用来破碎硬的物料较好。因活动的颚板上部的破碎力比下部的大,同时颚板上的破碎力随动颚板与定颚板的接近而增加,肘板形成的夹角愈大,此力愈大。故在动颚上部破碎较大块的物料,而下部破碎较小块的物料。多制成大型和中型。具有结构简单、便于看管和修理、保护装置可靠等优点。缺点是生产能力低、工作时发生振动、动力消耗大、易堵塞、产品粒度不均匀等。

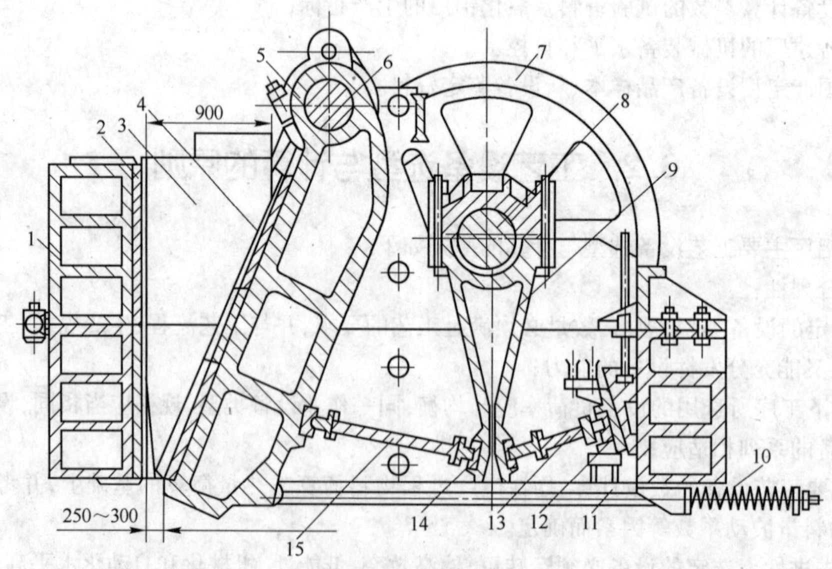

图 6-1　简单摆动式颚式破碎机

1—机架;2—破碎齿板;3—侧面衬板;4—破碎齿板;5—可动颚板;6—心轴;7—飞轮;8—偏心轴;9—连杆;10—弹簧;11—拉杆;12—楔块;13—后推力板;14—肘板支座;15—前推力板

锤式破碎机结构如图 6-2 所示。

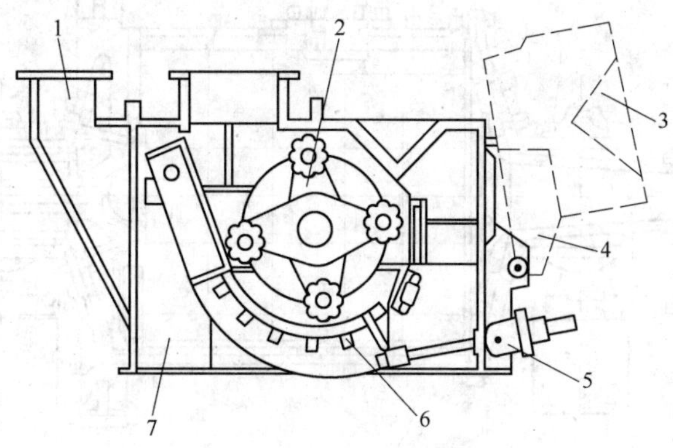

图 6-2 锤式破碎机

1—旁路槽;2—转子部;3—上盖;4—非破碎物收集仓;5—同步调节部;6—箅板部;7—架体部

破碎机的产能,通常以单位小时能破碎的干物料吨数来表示:

$$P_{碎} = \frac{Q_{碎}}{\sum t} \tag{6-1}$$

式中 $P_{碎}$——破碎机的平均产能,t/h;

$Q_{碎}$——破碎物料量,t;

$\sum t$——破碎机的运转时间,计算公式为:

$$\sum t = t_1 + t_2 + \cdots + t_n \tag{6-2}$$

式中 $t_1, t_2, \cdots, t_n$——每台破碎机的运行时间,h;

n——同一种类型破碎机的数量,台。

破碎机的数量计算:

$$n = \frac{Q_{矿} \times \delta}{P_{碎}} \tag{6-3}$$

式中 $Q_{矿}$——每小时需要破碎的干矿石量,t/h;

δ——物料量波动系数,一般可取为 1.1;

$P_{碎}$——破碎机平均产能,t/h。

铝土矿、石灰加循环母液制备原矿浆的湿磨作业,都用球磨机(介质为钢球或铸铁球)和棒磨机(介质为钢棒),并且广泛采用配有螺旋分级机或水力旋流器的短筒球磨机二段磨矿流程。一般来说,短筒球磨机产品粒度较粗,长筒球磨机产品粒度较细。在闭路循环中,如果球磨机的长度或直径不足而不能获得某一要求粒度的均匀产品时,可以控制分级机的返砂量来调整,但是其分级效率低,已被水力旋流器和旋流细筛所代替。有的工厂采用格子型球磨机磨制生料浆。格子型球磨机(简称格子磨)的结构如图 6-3 所示。

棒磨机的结构与球磨机基本相同,主要区别在于,棒磨机不用格子板进行排矿,而采用开口型、溢流型或周边型的排矿装置。棒磨机采用的介质为较筒体长度短 10% ~15% 的圆形钢棒,为了防止钢棒在磨机内产生倾斜,其筒体两端的端盖衬板通常制成与磨机轴线垂直的平直端面,且磨机筒体的长径比应保持 1.5 ~2.0。棒磨机多采用波形或梯形等非平滑衬板,排矿端中空轴颈的直径较同规格溢流型球磨机大得多,目的是为了加快矿浆通过磨机的速度。棒磨机运转时筒体内钢棒之间是线接触,首先粉碎粒度较大的物料。当钢棒被带动上升时,粗大颗粒常被夹持

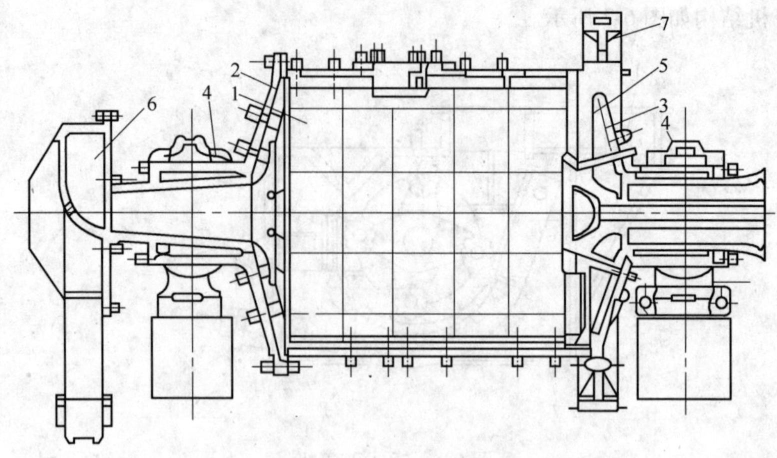

图6-3　格子型球磨机

1—筒体;2—给矿端盖;3—排矿端盖;4—轴承;5—排矿格栅;6—给矿器;7—大齿轮

在棒与棒之间,而细小颗粒易随矿浆从棒的缝隙中漏下,故棒与棒之间还有一种“筛分分级”作用,使棒磨机具有较强的“选择性磨碎”特性。

烧结法厂的铝土矿、纯碱粉、石灰及碳分母液一起在管磨机里磨制生料浆。管磨机又称“多仓磨”,是一种长筒形的磨机(长径比在3以上)。管磨机用隔仓板将筒体分成若干仓室,一般为2~4仓。每个仓室根据研磨物料的性质,装入不同规格的研磨介质。现代大型管磨机直径可达4~5 m,可用电子计算机控制。

球磨机的产能是以单位时间内所能磨出的平均物料量来表示的。每一种类型球磨机的产能都应单独确定,所采用计算公式与破碎机的相同。然而,采用二段磨矿流程时,第一段磨矿可采用一种类型的球磨机,而第二段可采用另一种类型球磨机,这时应按两种类型球磨机的平均产能来确定。

目前,工业生产的螺旋分级机有两种类型:非浸没式螺旋分级机(螺旋的下部分高于浆液的溢流面)和浸没式螺旋分级机(螺旋的下部分靠近溢流堰完全浸没于浆液之中)。此两种类型的分级机均可能是单螺旋或双螺旋。通常,浸没式螺旋分级机用于较细粒级浆液(不大于0.1 mm)的分级。其倾斜角为12°~18.5°。螺旋分级机的效率和产能取决于壳体的倾斜角度、螺旋转速、返砂的粒度组成和浆液的液固比。螺旋分级机与耙式分级机相比,其优点是结构简单,不卸砂就可停车或启动,分级区比较稳定,有助于获得均匀的溢流。螺旋分级机的构造如图6-4所示。螺旋分级机的技术性能见表6-1。

表6-1　螺旋分级机的技术性能

外形尺寸/mm		螺旋转速 $/r\cdot min^{-1}$	螺旋传动电机功率/kW	产能/$t\cdot d^{-1}$		备　注
螺旋直径	壳体长度			溢　流	返　砂	
1500	8200	2.0~5.8	4.5~10	240①	1300~2600	非浸没式单螺旋
2400	9200	2.6~5.2	7~14	580①	4600~9300	非浸没式单螺旋
3000	12500	1.5~3.0	20~28	895②	5460~10920	非浸没式单螺旋
1500	10100	3.5~7.0	4.5~7.0	183.5②	1600~3200	浸没式单螺旋
2400	14000	2.0~4.0	9.0~14	390②	3500~7000	浸没式单螺旋

续表 6-1

外形尺寸/mm		螺旋转速/r·min^{-1}	螺旋传动电机功率/kW	产能/t·d^{-1}		备 注
螺旋直径	壳体长度			溢 流	返 砂	
3000	15500	1.0～3.0	12～25	670①	3350～10000	浸没式单螺旋
2000	8400	3.1～6.1	14～28	800①	6000～12000	非浸没式双螺旋
2400	9200	2.5～5.2	14～28	1100①	9000～18600	非浸没式双螺旋
3000	12500	1.5～3.0	28～40	1560①	7500～15000	浸没式双螺旋
1500	10100	3.4～6.85	6.5～10	367②	3000～6000	浸没式双螺旋
2000	13000	2.5～5.0	12.5～20	640②	5000～10000	浸没式双螺旋
2400	14000	2.0～4.0	18～28	892②	7000～14000	浸没式双螺旋

① 溢流产能系指密度为 2.65 t/m^3 的物料，溢流粒度为 0.15 mm 时的产能；

② 密度为 2.7 t/m^3 和溢流粒度为 0.075 mm 时的产能。

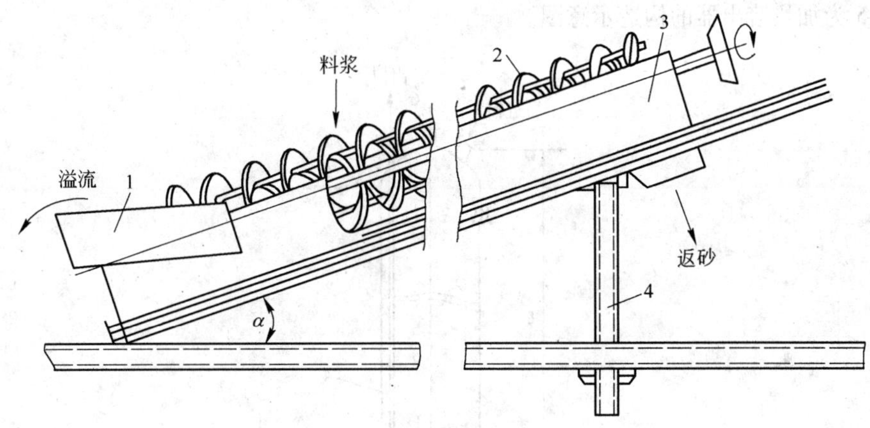

图 6-4 螺旋分级机

1—溢流堰；2—螺旋；3—槽形壳体；4—提升机构

螺旋分级机按返砂计算的产能（$Q_{返砂}$，t/d）可用下式计算：

$$Q_{返砂} = 135mD^3nk \tag{6-4}$$

式中 m——分级机中的螺旋数；

D——螺旋直径，m；

n——螺旋转速，r/min；

k——根据物料密度确定的系数。

系数 k 的值根据物料密度按下述比值计算：

ρ/t·m^{-3}	2.7	3.0	3.3	3.5	4.0	4.5
k	1.00	1.17	1.23	1.43	1.67	1.96

非浸没式螺旋分级机按溢流计算的产能（$Q_{溢}$，t/d）用下式计算：

$$Q_{溢} = mkk_{溢}(94D^2 + 16D) \tag{6-5}$$

浸没式螺旋分级机则按下式计算：

$$Q_{溢} = mkk_{溢}(75D^2 + 10D) \tag{6-6}$$

式中　$k_{溢}$——考虑溢流中固相粒度的系数，其值列于表 6-2。

表 6-2　系数值 $k_{溢}$

分级机类型	边界颗粒尺寸（mm）的 $k_{溢}$							
	0.4	0.3	0.2	0.15	0.1	0.074	0.053	0.044
非浸没式螺旋	1.95	1.70	1.46	1.00	0.66	0.046		
浸没式螺旋				2.20	1.60	1.00	0.57	0.35

6.3.2　铝土矿溶出设备

溶出设备的选型是由所采用的溶出工艺所决定的。蒸汽直接加热连续溶出工艺所采用的溶出器，通常为内径 1.6 m，高 13.5 m，容积 25.9 m^3，筒体厚 28 mm，是用锅炉钢板卷焊成的，上下椭圆形封盖厚 34 mm（冲压成形的）。筒内设有出料管，上盖有进料孔，加热溶出器还设有蒸汽喷头。图 6-5 为加热溶出器的构造示意图。

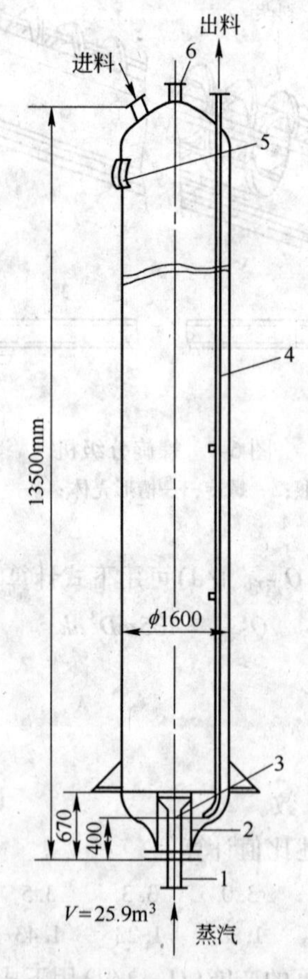

图 6-5　蒸汽直接加热的高压溶出器简图

1—蒸汽管；2—套筒；3—蒸汽喷头 ϕ350 mm；4—出料管 ϕ194 mm × 12 mm；5—人孔；6—不凝性气体排出管 ϕ57 mm × 3.5 mm

蒸汽间接加热机械搅拌连续溶出工艺，是选用安装有机械搅拌装置的管壳式加热器，其结构如图6-6所示。

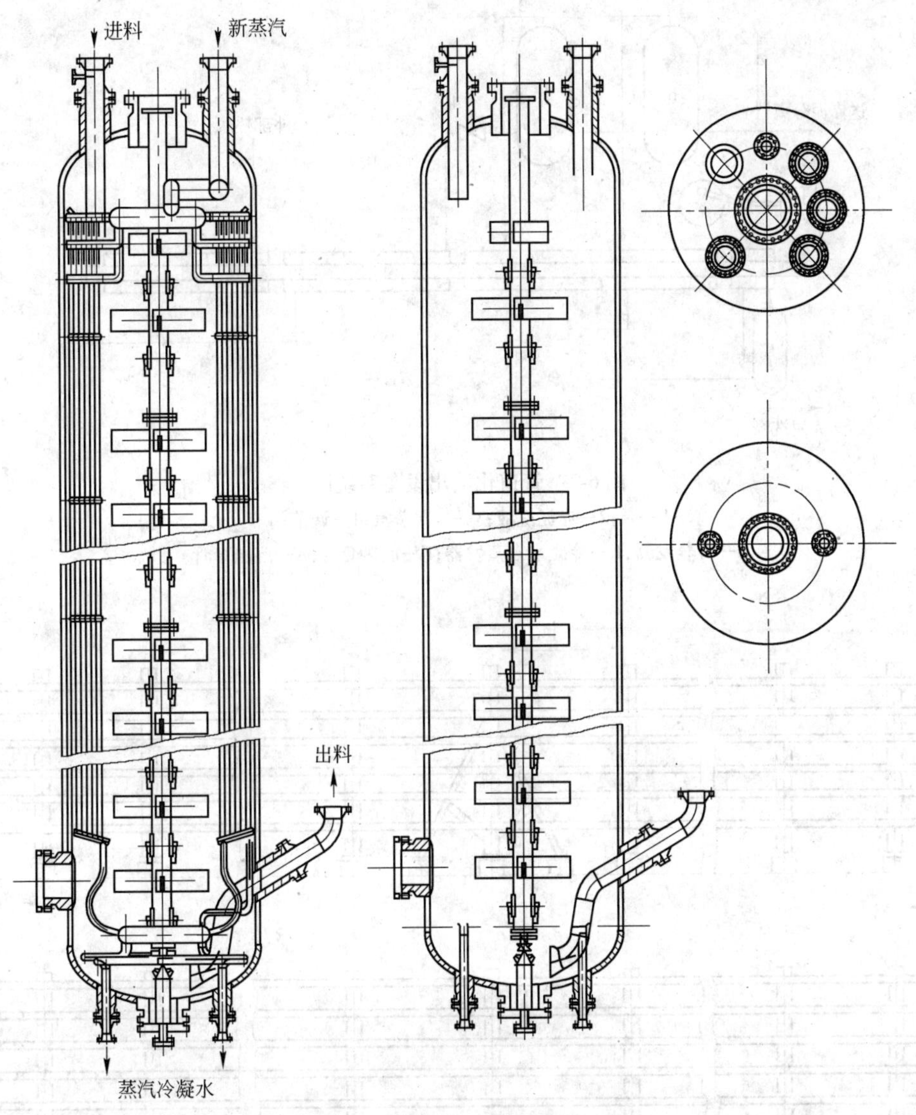

图6-6　蒸汽间接加热机械搅拌压煮器

管道化溶出工艺则用具有夹套预热器的溶出管道。其设备系统如图6-7所示。原矿浆经泵送入中心管，通过若干段二次蒸汽加热的夹套换热器，然后进入用溶出矿浆加热的夹套换热器，最后进入用外部热源（例如高温载热体）加热的高温段。经过高温溶出的矿浆沿着相反的方向进入夹套换热器和多级自蒸发器降温。末级自蒸发器卸出的溶出矿浆用赤泥洗水稀释送去赤泥分离。单管预热器布置如图6-8所示。

蒸汽间接加热连续溶出器的设计与计算，详见第8章。

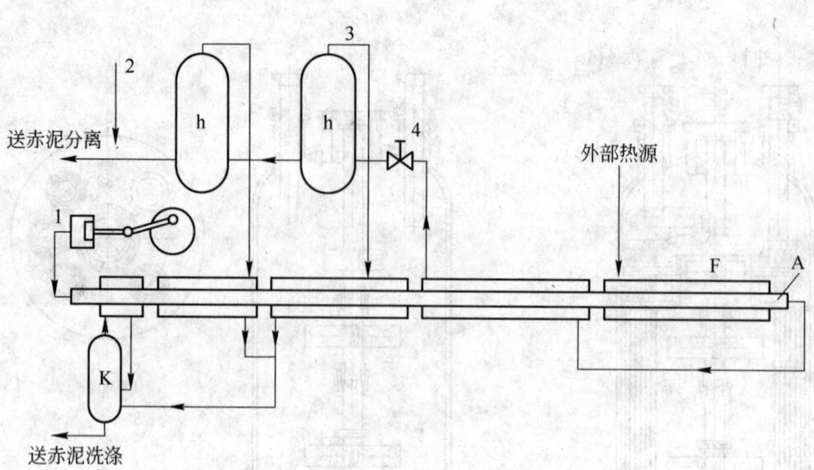

图 6-7　管道化溶出设备系统图
1—泵;2—赤泥洗液;3—二次蒸汽;4—调节阀
h—自蒸发器;K—冷凝水自蒸发器;F—加热套管;A—溶出套管

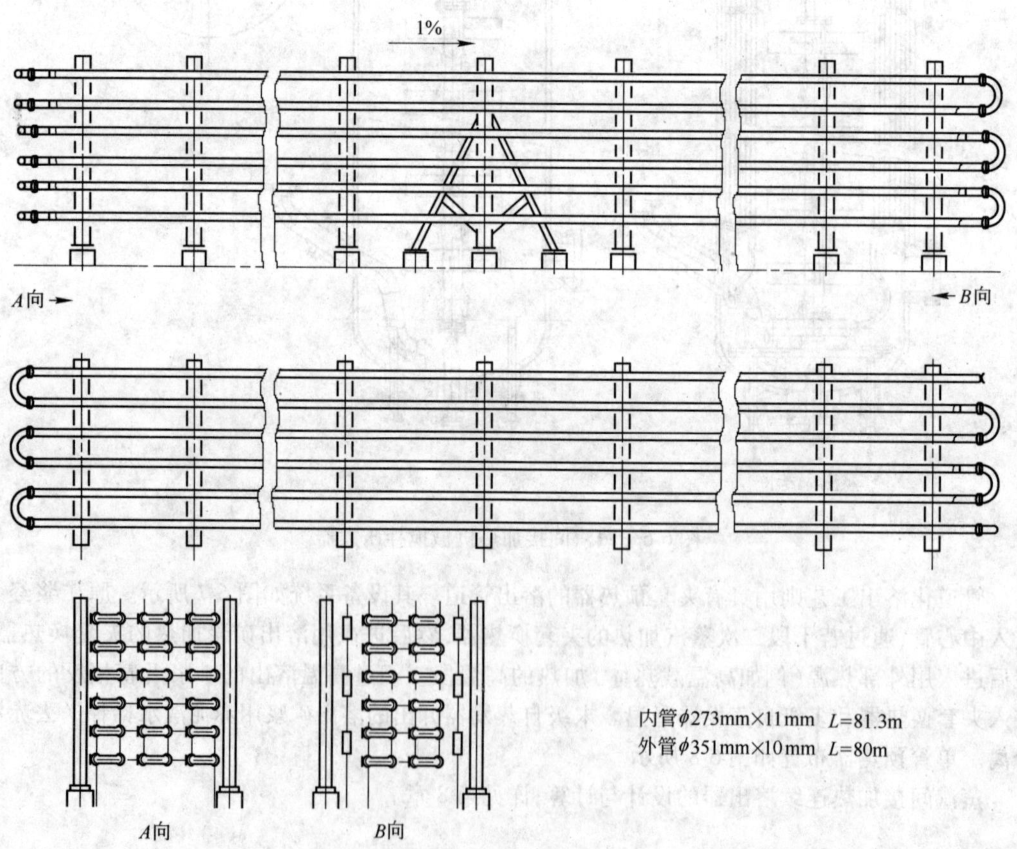

图 6-8　单管预热器装置图

6.3.3 赤泥的分离与洗涤设备

6.3.3.1 赤泥分离设备的选择

一个大型氧化铝厂粗液量很大,每小时流量达 300 ~ 600 m^3。为保证产品氧化铝的质量,精液含浮游物必须低于 0.02 g/L,则要求分离设备出来的粗液浮游物必须低于 0.2 g/L。

根据产品的产量、质量指标的要求和赤泥浆液的性质,尤其是考虑赤泥浆液的液固比(L/S)较大(一般稀释矿浆为 8 ~ 12),通常都选用带刮板(耙子)的连续作业的平衡式沉降槽作为分离设备。

沉降槽按其传动来分,有中心传动和周边传动沉降槽;按结构分又有单层、双层和多层沉降槽。中心传动单层沉降槽的结构如图 6-9 所示,四层沉降槽的结构如图 6-10 所示。多层和单层

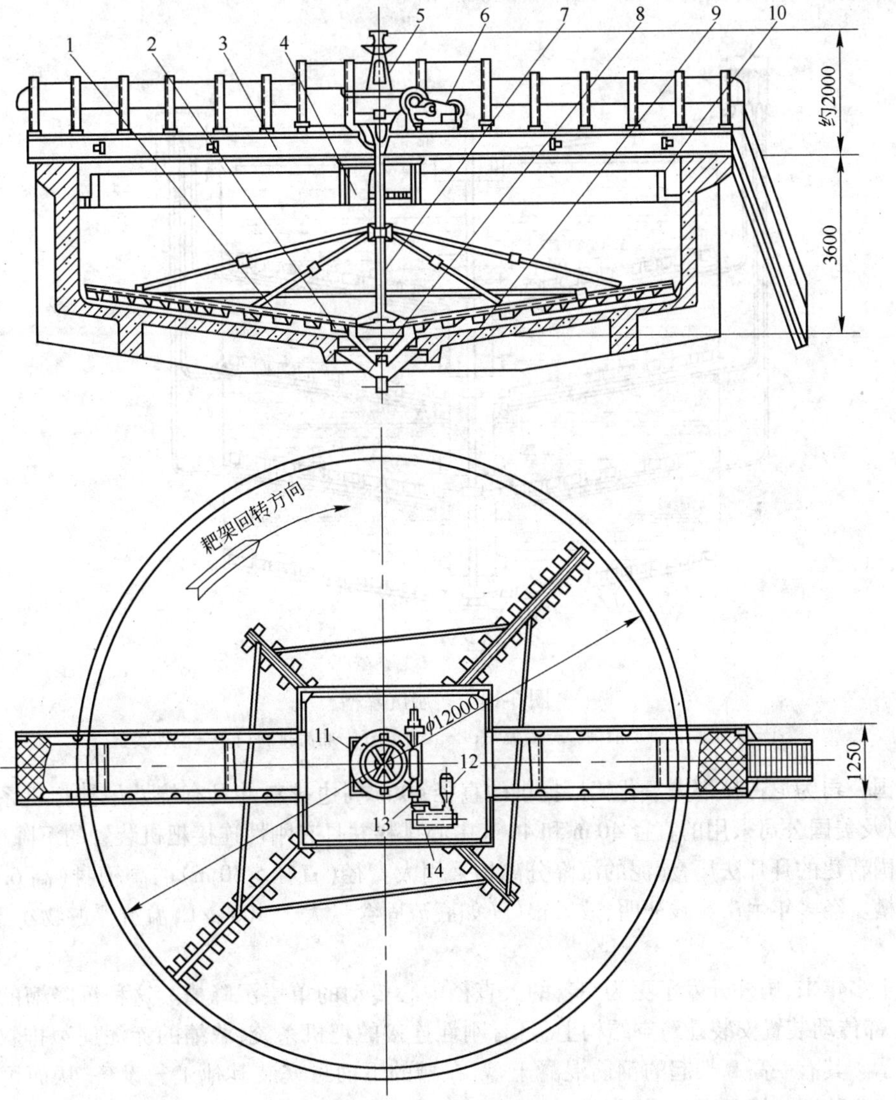

图 6-9 中心传动单层沉降槽

1—耙架;2—刮板;3—桁架;4—受料筒;5—提升装置;6—传动装置;7—回转轴;8—卸料筒;9—浓缩池;10—溢流槽;11—涡轮减速机;12—电动机;13—中介传动;14—圆柱齿轮减速机

沉降槽相比的优点是：占地面积小，生产能力大，制造钢材消耗少，散热面积小，生产费用低。但是，单层沉降槽的操作控制较简单；当其他条件相同时，可以获得较低的底流 *L/S* 和较高的单位面积溢流量。德国科技人员通过电视摄影机观察溢流沉降过程，认为沉降槽容积和停留时间对赤泥沉降有重要意义，即沉降槽产能不只取决于面积，而且与槽的高度有一定关系。德国将多层改为单层腰高 8 m，产能提高 10% ~20%。国外氧化铝厂有用大直径单层代替多层沉降槽的趋势。例如，法国氧化铝厂安装了直径 30. 5 m 和 30 m 周边排料的沉降槽；意大利一氧化铝厂安装了直径 30 m 中心排料的沉降槽；几内亚氧化铝厂安装了直径 30. 5 m 周边排料的沉降槽；匈牙利氧化铝厂安装了直径 35 m 周边排料的沉降槽；澳大利亚一氧化铝厂正在安装直径 38. 2 m 周边排料的沉降槽；美国一些氧化铝厂安装了直径 30. 5 m 和 38. 2 m 的沉降槽；前联邦德国一氧化铝厂安装了直径 40 m 中心排料和周边排料的沉降槽等。

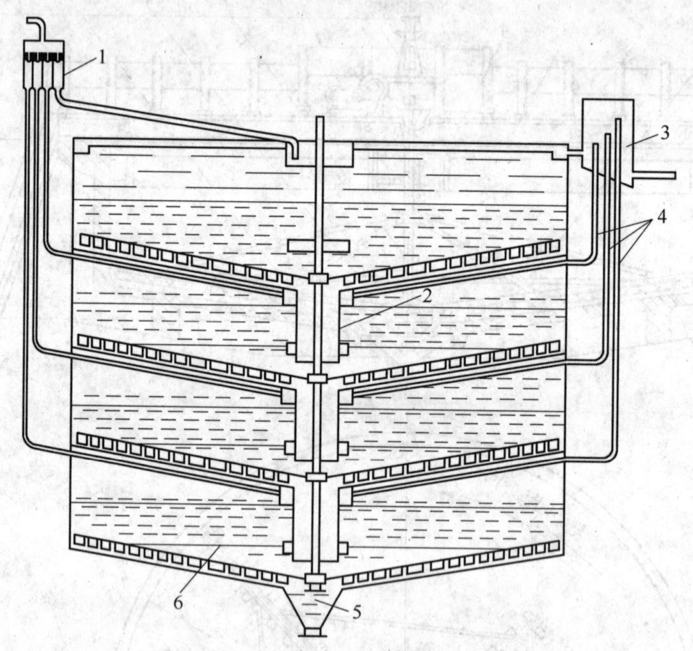

图 6-10　多层沉降槽

1—分料箱；2—下渣筒；3—溢流箱；4—溢流管；5—底流排料口；6—搅拌装置

法国公司为尼古拉耶夫氧化铝厂提供的直径 40 m 周边排料并具有挠性吊挂耙机系统的沉降槽，以及美国公司采用的直径 40 m 和 46 m 中心排料并具有刚性连接耙机装置的沉降槽。

我国新建的拜耳法厂，赤泥的沉降分离均采用大直径（直径 >30 m）的高槽身（高 6. 0 m）单层沉降槽。经多年生产实践证明，效果很好（如底流固含量大于 400 g/L，溢流浮游物小于 0. 015 g/L）。

近十多年来，国外开发了更为完善的大直径中心传动的单层沉降槽。这种沉降槽的直径为 40 m，上部传动装置安装在跨空结构上，具有刚性连接的耙机系统，浓缩的赤泥周边排料。如图 6-11 所示。其有一高高架起的钢筋混凝土盘，在槽的下面可安装其他工艺设备，从而可降低厂房投资。这种沉降槽不适用于严寒的北方。

近年国外还出现了周边排料的“侧索扭矩”型高效沉降槽，其最大规格已达 ϕ50. 4 m，处理能力比普通沉降槽高出 10 倍以上，而投资降低近 40%。我国已引进了这种沉降槽（国外已有 120 台投入运行），解决了在赤泥沉降洗涤槽上刮臂结疤问题，连续运转时间提高了 2 ~3 倍，并且设

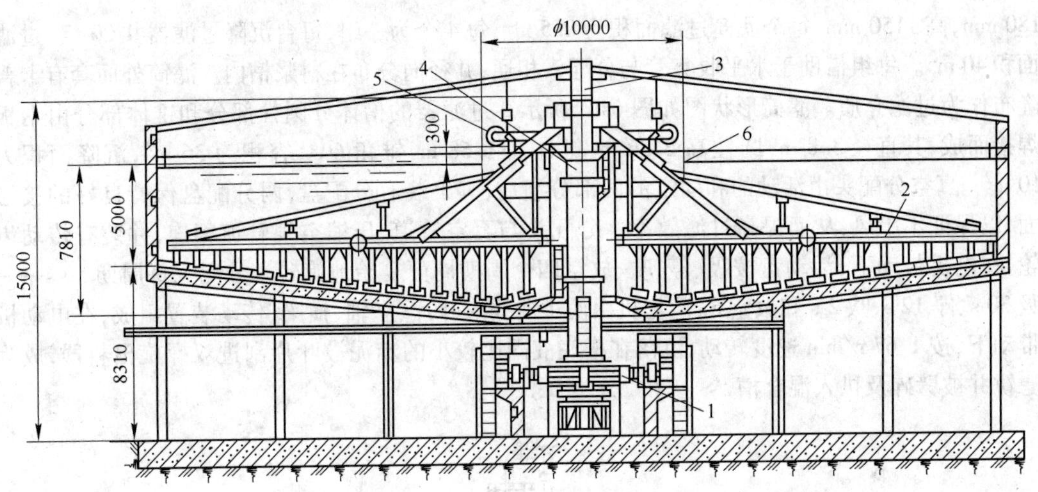

图 6-11 ϕ40 m 中心传动的单层沉降槽

1—旋转机构;2—耙机;3—立柱;4—轴;5—进料管;6—进料筒

备已实现了国产化。

有一些工厂还采用沉降过滤器分离赤泥,其工作流程如图 6-12 所示。沉降过滤器的底流流入底流槽,然后用底流泵送往赤泥洗涤工序。

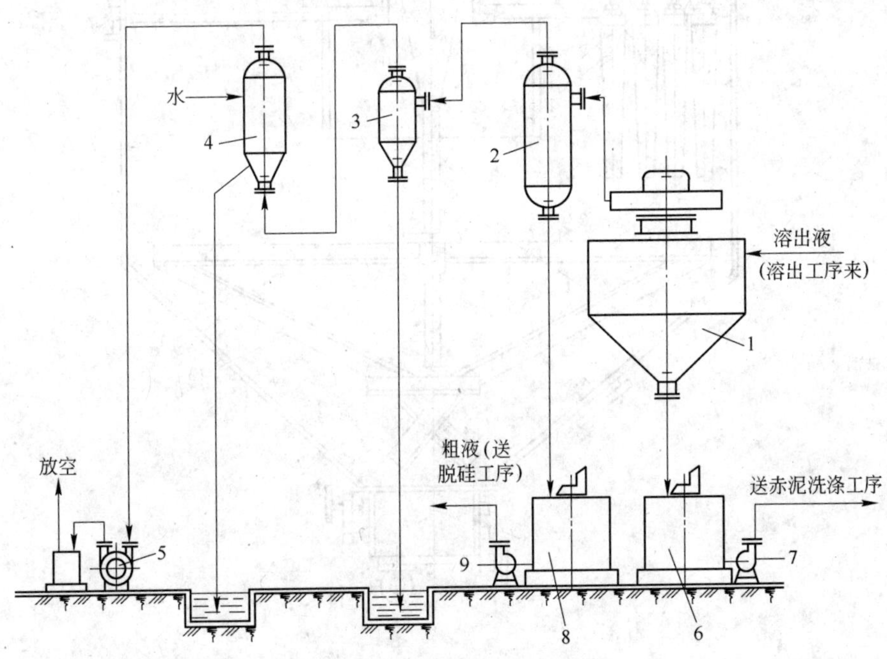

图 6-12 沉降过滤器工作流程图

1—沉降过滤器;2—真空受液槽;3—分液器;4—水冷器;5—真空泵;
6—底流槽;7—底流泵;8—粗液槽;9—粗液泵

沉降过滤器主要是由多孔滤筒、槽体、耙机、真空分配头、双螺旋出料器五部分组成,其结构如图 6-13 所示。沉降过滤器的滤筒为上粗下细的多孔圆筒,下部直径为 100 mm,上部直径为

180 mm，高 1150 mm，每个滤筒过滤面积为 0.5 m^2，每 4 个为一组，每台沉降过滤器共 20 组，过滤面积 40 m^2。每组借助于水平收集管与分配头相通，并径向分布在料浆槽内。滤筒外面套有卡普隆布作为过滤介质。滤筒形状图如图 6-14 所示。过滤器的槽体分圆柱部分和锥体部分由钢板焊接而成，其直径 3.8 m，圆柱高 2.36 m，锥体高 1.58 m，锥角 60°，容积为 36 m^3，沉降面积为 10 m^2。真空分配头由活动的和固定的两部分组成，其上装有分配盘，两分配盘保持良好的接触面，以保证不串风，从而提高过滤效率。分配头与真空管道、压缩空气管道相连，并装有传动齿轮，在电机带动下，活动盘按吸、停、吹、放空四个周期周而复始地旋转。分配头每周期 50 s——吸 30 s、停 12 s、吹 2 s 和放空 6 s。耙机由两个曲线形叶片、立轴、横梁、传动装置组成，在电动机带动下，按 1.67 r/min 速度转动，沉落在槽底液固比较小的赤泥被叶片刮进双螺旋出料器，成为滤饼并被劈碎及扒入混合槽。

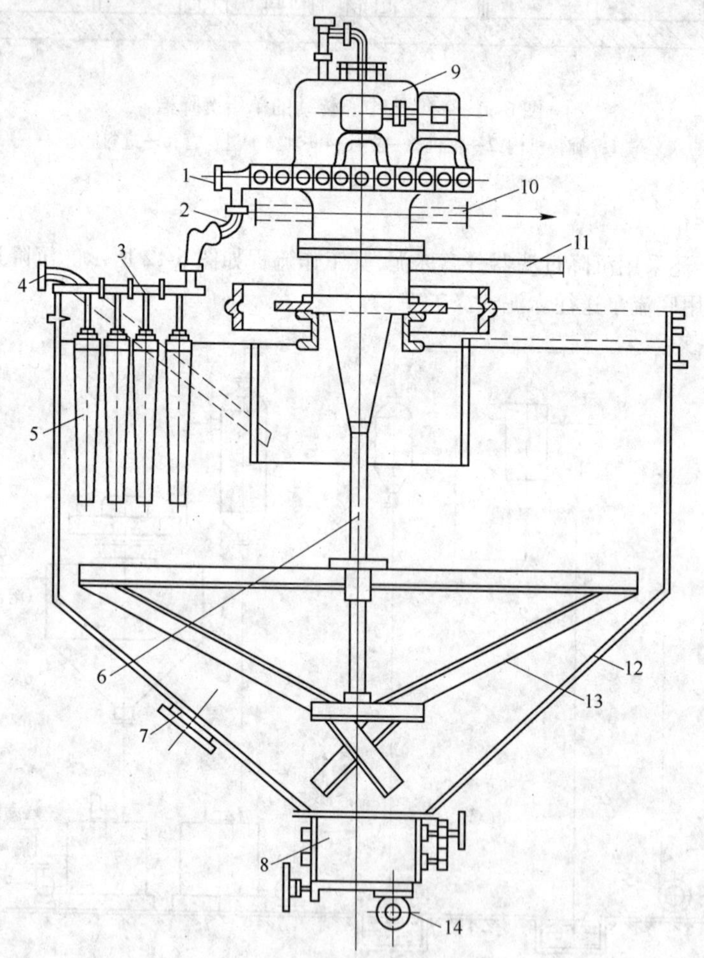

图 6-13　沉降过滤器构造示意图

1—盲板；2—目镜；3—水平收集管；4—进料管；5—过滤袋；6—耙机主轴；7—人孔；8—双螺旋出料器；9—分配头；10—滤液管；11—耙机传动轴；12—槽体；13—耙机；14—出料口

沉降过滤器的工作原理：溶液在真空的作用下，进入滤筒的内腔，由此沿水平收集管进入受液槽后流入粗液槽中。当某组滤筒停止使用真空而转吹压缩空气时，其滤布上的浓缩赤泥即脱落而沉降于槽底排出。停产时每组滤筒可拆下检修，在生产中也可吊出滤布而不影响整个设备的继续运转。

每台直径3.8 m、过滤面积40 m^2 的沉降过滤器，每小时处理赤泥浆液约60 m^3。

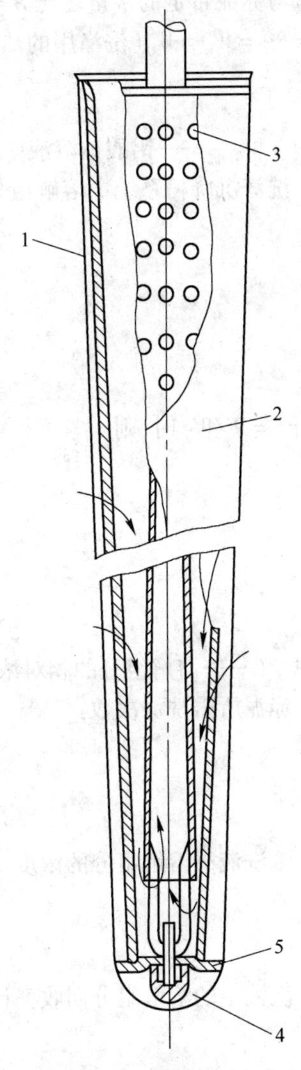

图6-14 滤筒形状图
1—滤筒；2—滤袋；3—滤筒眼；4—螺帽；5—滤筒底盖

6.3.3.2 赤泥洗涤设备的选择

沉降分离后的赤泥，通常洗涤4～5次，以回收赤泥附液带走的 Na_2O 和 Al_2O_3。赤泥浆液的性质与分离过程相比所不同的主要是随着洗涤次数的增多，溶液的浓度和黏度愈来愈低，故和分离一样，赤泥洗涤都采用沉降槽。有的工厂在后面1～2次洗涤采用真空过滤机。

国外开发和应用了直径大（75～90 m）、深度高（总高度约10 m，侧壁深度3 m）、底面坡度1/6，周边传动的超级沉降槽，获得泥层高度约3.0 m，底流固含量45%～50%。其适合矿石铝硅比较低的大型氧化铝厂，作为末次洗涤，设置在赤泥堆场附近。

沉降分离槽及洗涤槽的产能均按溢流速度（即单位时间内通过每平方米沉降面积所获得的澄清液量，$m^3/(m^2 \cdot h)$ 或 m/h）来确定。不同构造的沉降槽有不同的溢流速度，因此每种类型沉降槽的溢流速度必须单独计算：

$$v_{溢} = \frac{Q_{澄}}{\sum Ft} \qquad (6\text{-}7)$$

式中 $v_{溢}$——该种沉降槽的平均溢流速度，m/h；

$Q_{澄}$——自然澄清溶液量，m^3；

$\sum Ft$——每台沉降槽的沉降面积与其运转时间乘积的总和，具体计算为：

$$\sum Ft = F_1 t_1 + F_2 t_2 + \cdots + F_n t_n \qquad (6\text{-}8)$$

式中 $F_1, F_2, \cdots, F_n$——各台沉降槽的沉降面积，m^2；

$t_1, t_2, \cdots, t_n$——沉降槽的运转时间，h；

n——同类型沉降槽的台数，台。

设计中所需沉降槽的数量计算：

$$n = \frac{Q_{粗}}{\rho_{粗}} \frac{\delta}{P_{沉}} \qquad (6\text{-}9)$$

式中 $Q_{粗}$——赤泥沉降槽溢流量，m^3；

$\rho_{粗}$——粗液密度，t/m^3；

δ——液量波动系数；

$P_{沉}$——沉降槽的平均产能，$m^3/(h \cdot 台)$。

赤泥洗涤效率的计算：

赤泥洗涤效率是指经过洗涤后，回收的碱量占进入洗涤相通总碱量的百分数。

假设赤泥附液中的有用组分全部溶解且均匀混合，忽略不计洗涤过程中液相带走的固体量及机械损失量；各次洗涤中赤泥的液固比固定不变，以1 t干赤泥为基础的物料平衡计算时，进入洗涤沉降槽系统的有原始赤泥浆液和洗涤用热水；从该系统出去的有铝酸钠溶液，溶出浆液稀释用的稀液和弃赤泥。

各次洗涤中赤泥的含水量 W_0 相同，洗涤液带走的水量 W 等于原始浆液带入的水量，溢流中水量与赤泥带走的水量之比 $S = W/W_0$，每台洗涤沉降槽的水量平衡表明：每次洗涤的水量 $W_1 = W_2 = \cdots = W_n = W_0$（洗涤用的热水量）。所以，分离沉降槽中的水量可由下式求得：

$$W = W_{溶液} + W_0 \tag{6-10}$$

式中 $W_{溶液}$——铝酸钠溶液中的水量，t。

洗涤沉降槽系统中溶解组分的平衡计算式：

$$C_0 W_0 = C_n W_0 + C_1 W \tag{6-11}$$

$$C_1 W_0 = C_n W_0 + C_2 W \tag{6-12}$$

$$C_2 W_0 = C_n W_0 + C_3 W \tag{6-13}$$

$$\vdots$$

$$C_{n-1} W_0 = C_n W_0 + C_n W \tag{6-14}$$

或当 $S = W/W_0$ 时，则

$$C_0 = C_n + C_1 S \tag{6-15}$$

$$C_1 = C_n + C_2 S \tag{6-16}$$

$$C_3 = C_n + C_3 S \tag{6-17}$$

$$\vdots$$

$$C_{n-1} = C_n + C_n S \tag{6-18}$$

式中 C——溶解组分的相对浓度，g/L。

赤泥所需洗涤次数：

$$n = \frac{\ln\left[\frac{C_0}{C_n}(S-1)+1\right]}{\ln S} \tag{6-19}$$

浓洗液中溶解组分的浓度计算式：

$$C_{1,n} = \frac{C_0(S^n - 1)}{S^{n+1} - 1} \tag{6-20}$$

洗液中的溶解组分回收率计算式：

$$C'_{1,n} = \frac{S^{n+1} - S}{S^{n+1} - 1} \tag{6-21}$$

不可能将赤泥绝对洗净，从最后一台洗涤槽中排出的赤泥总要带走一定量的溶解组分。洗涤程度是依据经济合理性来确定的，一般要求弃赤泥附液中的 Na_2O 碱浓度为 1 ~ 3 g/L。

6.3.3.3 赤泥洗涤过滤机的选择

在氧化铝厂较为广泛应用的是转鼓真空过滤机、圆盘过滤机、水平盘过滤机等。

A 外滤面式转鼓真空过滤机

外滤面式转鼓真空过滤机的结构如图 6-15 所示。其有一回转的真空多孔圆鼓（滤鼓）横卧在滤浆槽内，其面覆有滤布。滤浆槽为一半圆筒形槽，两端有两对轴瓦支撑着滤鼓，滤鼓的两头均有空心轴，一端安装传动齿轮，另一端是通过滤液用的。其末端装有分配头，是真空与压缩空气的进出口，下面有一段胶管与通真空受液槽的管道相通。在滤鼓前面有刮刀装置用来卸泥，泥饼掉入漏斗用热水冲入混合槽。在滤鼓与滤浆槽之间装有往复摆动的搅拌机。滤鼓顶上靠近刮刀处装有喷洒洗液管，用以淋洗滤饼。转鼓真空过滤机的技术性能见表 6-3。

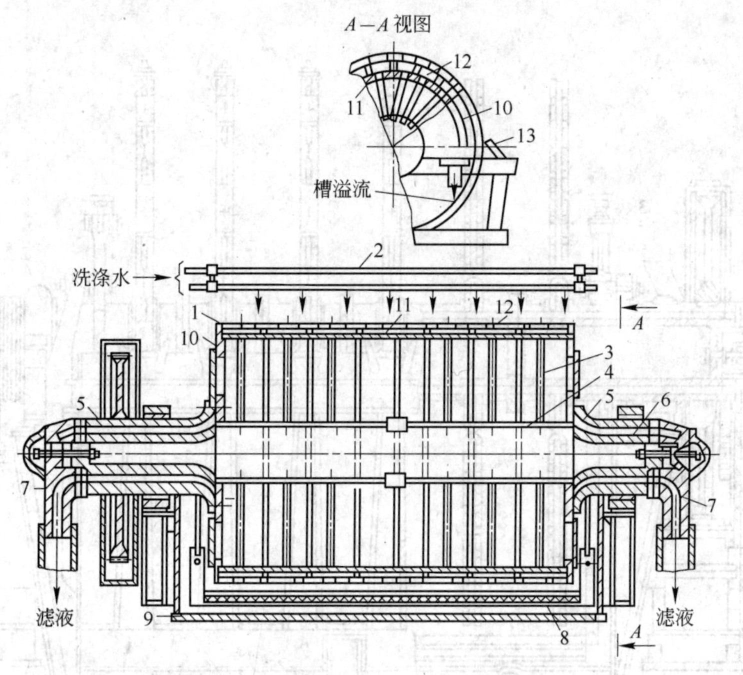

图 6-15 外滤面式转鼓真空过滤机

1—多孔转鼓;2—浇水喷洒装置;3—排液管;4—集液管;5—轴颈;6—滑动分配圆盘;7—分配头;8—摆动搅拌器;9—浆液槽;10—转鼓端壁;11—内圆筒;12—格子;13—卸渣刮刀

表 6-3 较为广泛采用的转鼓真空过滤机的技术性能

过滤机型号	过滤面积/m^2	转鼓直径/mm	转鼓长度/mm	转速/$r \cdot min^{-1}$	过滤机质量/kg
БОУ-10-2.6	10	2612	1350	0.13 ~ 2.0	8865
БОУ-20-2.6	20	2612	2700	0.13 ~ 2.0	13632
БОУ-40-3.0	40	3000	4400	0.09 ~ 1.3	18057

B 圆盘真空过滤机

圆盘真空过滤机(图 6-16)适用于高浓度浆液的过滤,即要求有大的过滤面积但又不要求仔细洗涤滤渣时采用。圆盘过滤机的动作原理与转鼓过滤机类似。圆盘过滤机的过滤面积为 1 ~ 260 m^2,圆盘数为 1 ~ 14。通过圆盘的侧表面进行过滤。圆盘由数块带孔(或网纹)的扇形板制成,外面覆以滤布。扇形滤室靠空心轴的一端有一空心套,上接排液管。排液管与空心轴的纵向沟槽相连。在空心轴的端面固定有分配头。6 个圆盘以下的过滤机有一个分配头,6 个圆盘以上的过滤机有两个分配头。圆盘过滤机分配头的结构和动作原理与转鼓过滤机相同。圆盘是用工程塑料制成,可用来过滤各种介质。氧化铝厂中常用的圆盘过滤机的技术性能列于表 6-4。

表 6-4 圆盘过滤机的技术性能

过滤机型号	过滤面积 /m^2	圆盘直径 /m	圆盘数量	圆盘转速 /$r \cdot min^{-1}$	传动装置功率/kW		过滤机质量 /kg
					圆盘	搅拌器	
Ду 27-1.8	27	1.8	6	0.15 ~ 0.90	1.7	1.7	5590
Ду 34-2.5	34	2.5	4	0.15 ~ 0.90	2.8	2.8	6930
Ду 51-2.5	51	2.5	6	0.15 ~ 0.90	2.8	2.8	8490
Ду 68-2.5	68	2.5	8	0.15 ~ 0.90	2.8	2.8	9750
Ду 102-2.5	102	2.5	12	0.10 ~ 0.25	7.0	7.0	13515
Ду 250-3.7	250	3.75	14	0.10 ~ 0.60	4.0	7.5	32470

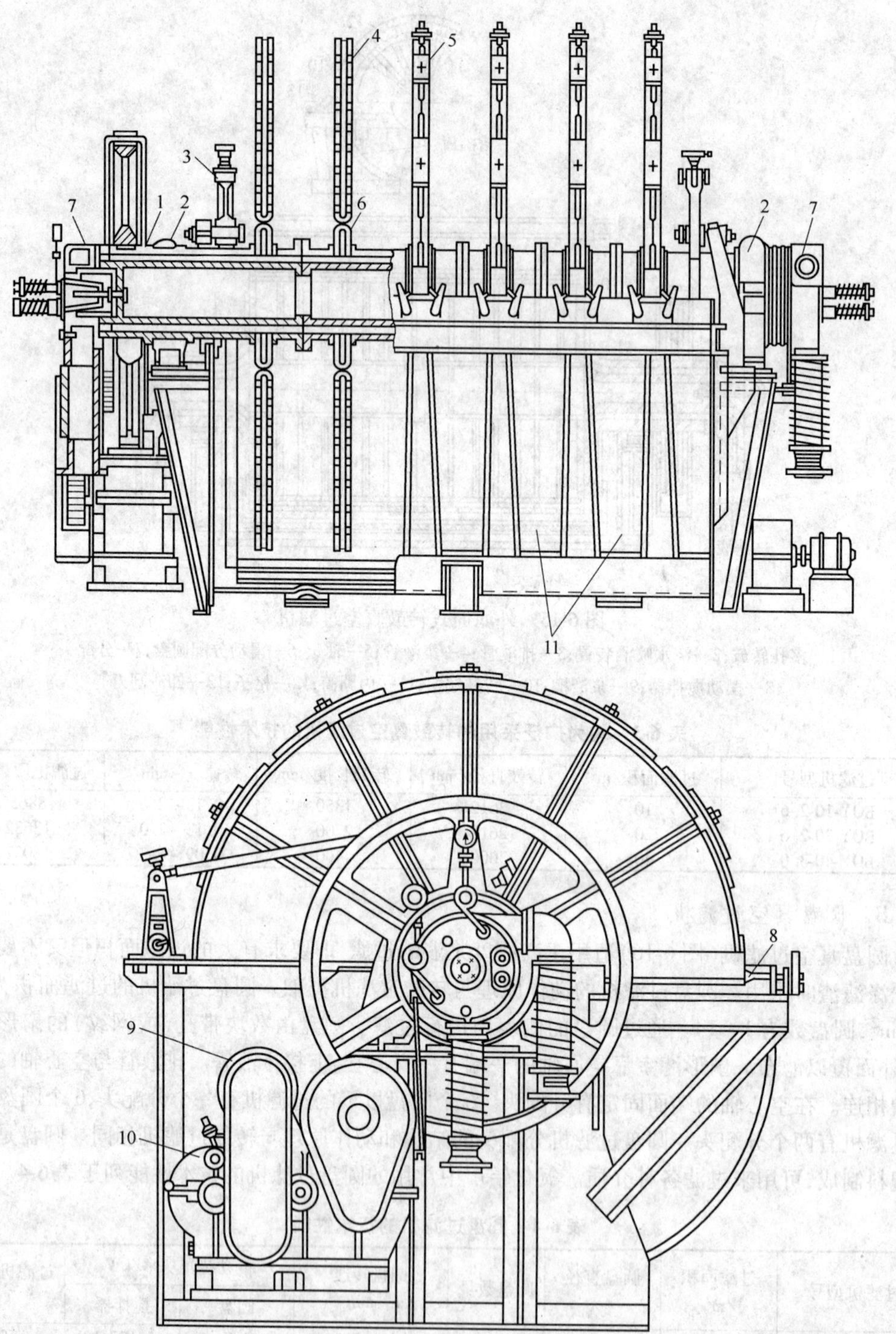

图 6-16　圆盘真空过滤机

1—轴；2—轴承；3—摆动搅拌器；4—圆盘；5—双头螺栓拉紧板；6—管接头；
7—分配头；8—卸渣装置；9、10—电动机和减速器；11—带龛的浆液槽

C 水平圆盘过滤机

前苏联在氧化铝生产中采用 K-50-11y 型水平圆盘过滤机(图 6-17),其主要组成部分如下。

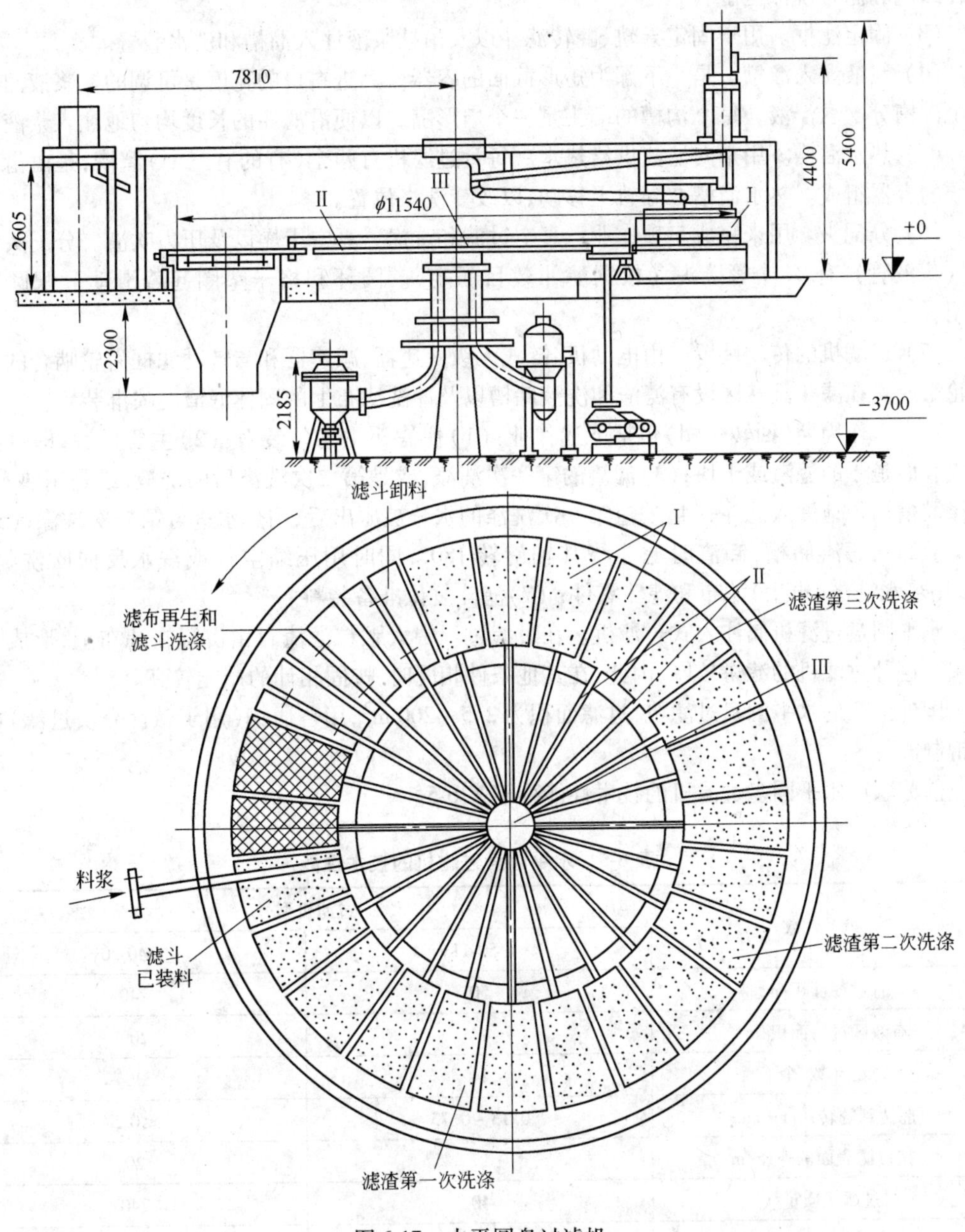

图 6-17 水平圆盘过滤机

Ⅰ—滤斗;Ⅱ—软管;Ⅲ—分配头

(1) 转动滤框。是两个同心圆环,相互之间用 8 根辐条相连。滤框的外圆环支撑在 20 个托辊上,内圆环支撑在 12 个托辊上。转动滤框用 8 个托辊按内径定其中心;滤框上的球面轴承装有 24 个滤斗。在转动滤框的内圆环上固定有传动齿轮。

(2) 滤斗。滤斗为一水平式假底吸滤器,高 20 ~ 30 mm。假底上设有排液基底(毡子)和滤布。滤斗底是平的,中央有一个纵向沟槽,稍有坡度,以利于滤液流动。为从滤斗中排除滤液,在空心轴的内端头上套有软管,与固定分配头相连。在空心轴外端头固定有双臂杠杆,其两端均有托辊。过滤机工作时,托辊沿导轨滚动。导轨固定在滤框上,起靠模作用。导轨的形状能保证滤斗在卸渣和滤布洗涤区翻转。

(3) 固定滤框。用于固定导轨、翻转滤斗以及吊挂浆液注入溜槽和洗水装置。

(4) 浆液注入溜槽。是一下部为矩形截面的容器，其进料口的宽度是可调的。浆液溜槽沿三个沟槽分配悬浮液，每个沟槽的端头是一个扇形嘴，以便沿滤斗的长度均匀地注入浆液。

(5) 热水溜槽。用来向滤渣供给热水。每台过滤机有两个(有的有三个)溜槽,是由齿形溢流堰的容器组成。热水溜槽在导轨上移动,以改变洗涤位置。

(6) 分配头。用来完成三项作业：真空过滤和洗涤，真空干燥以及压力吹渣。分配头的下部（集液管）有24个管接头（根据滤斗数目而定）。圆环和格子垫圈起着滑动分配圆盘的作用。

(7) 过滤机的传动装置。由电动机、链式无级变速器、减速器和与转动滤框齿轮啮合的传动齿轮组成。在滤斗翻转区设有滤渣和洗液储槽以及冲洗滤布上的固体滤渣的喷淋装置。

一个工作周期(回转一圈)包括下述作业:(1)往滤斗中均匀装料;(2)主要过滤,即过滤到形成表面是干的滤渣或干块;(3)滤渣的第一次洗涤,或是第二次洗涤后的洗液,或是用热水,由洗涤溜槽均匀地灌入滤斗;(4)滤渣第一次洗涤的水分被压出后,用热水进行第二次洗涤;(5)洗后滤渣卸入滤渣储槽,卸渣时滤斗绕其轴旋转 180°,同时用压缩空气或洗水反向吹洗物料;(6)用热水洗涤(再生)滤布和滤斗零件; (7)滤斗复位准备装料。

水平圆盘过滤机属注入式过滤机。在过滤过程中大颗粒滤渣自由沉降在滤布上,形成附加滤层。这种过滤机的滤饼较厚,因此,在其他条件相同时,按固相计的产能较高。

国外出产的水平圆盘过滤机,过滤面积为 2.5 ~ 200 m^2,用普通钢(用于碱性介质过滤)或耐酸钢制成。

前苏联产水平圆盘过滤机的技术性能列于表6-5。

表 6-5　水平圆盘过滤机的技术性能

参　数	过滤机型号	
	K-50-11y	K-240-20y
总过滤面积/m^2	50	240
有效区过滤面积/m^2	44	200
滤斗数/个	24	30
可能达到的转速/$r \cdot min^{-1}$	0.13 ~ 0.73	≤0.5
按过滤表面的外径/m	11	20
过滤机质量/t	40	240
电动机功率/kW	4.5	10.6

D　带式过滤机

带式过滤机(图 6-18)和水平圆盘过滤机一样,也属注入式过滤机。这种过滤机的主要部件是支撑管架,沿该架有环形运输胶皮带回转。胶皮带张紧在传动滚筒和张紧滚筒上。胶皮带上有长孔并覆滤布。滤布和胶皮带用胶皮绳或靠张紧小辊相互贴在一起。在管架的同一个水平面上设有真空滤室,通过滤液收集管与真空泵连通。

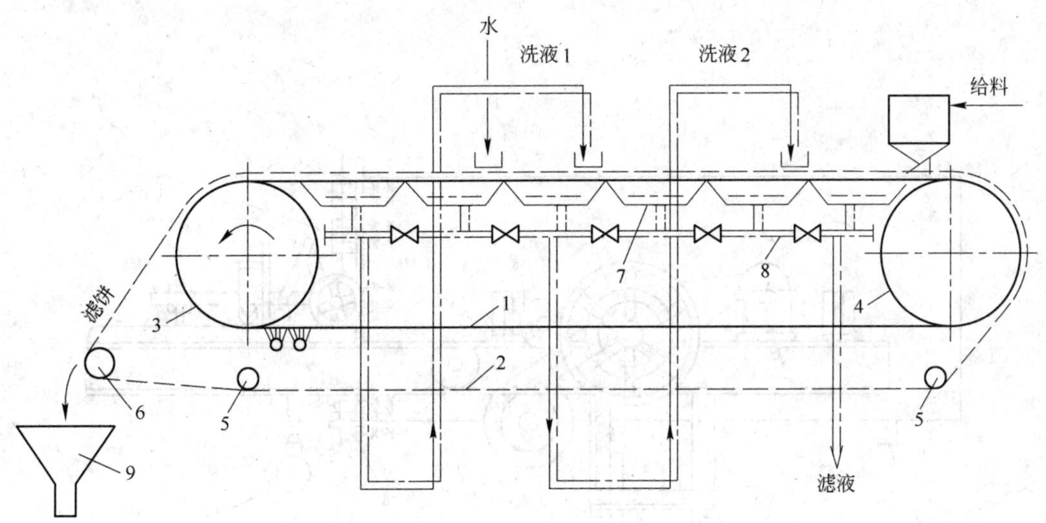

图 6-18 带式过滤机

1—胶皮传送带;2—滤布;3—传动滚筒;4—张紧滚筒;5—张紧小辊;6—导向辊;7—真空滤室;8—滤液收集管;9—滤渣槽

浆液通过给料机送入过滤机。给料机沿胶皮带的宽度均匀地分配浆液。过滤机除进行过滤外,还可进行滤渣洗涤和干燥。利用喷淋装置可进行一次、两次或三次洗涤。胶皮带在传动滚筒上折弯时,洗涤后的滤渣便卸下,同时滤布借助导向辊脱离胶皮带,而滤渣在重力作用下落入滤渣槽内。还可能在过滤机上吹开滤渣,用水冲滤渣或者用专用辊从滚筒上直接卸下滤渣。滤饼厚度为 1 ~ 25 mm。

在过滤机空转时,由管架下面的专用喷淋装置用热水洗涤滤布。

带式过滤机的结构简单,没有分配头,可以充分洗涤滤渣和滤布。但是,这种过滤机的密封相当复杂。

6.3.4 粗液控制过滤设备

在氧化铝生产中,粗液的控制过滤大多采用卧式或立式叶片加压过滤机(叶滤机)。单筒凯莱式叶滤机是由机筒、顶盖、滤片架、滤片构成,如图 6-19 所示。其工作原理是将多孔的过滤介质(铁丝布和纸浆层)的一侧浸没在待滤的悬浮液里,借过滤介质两侧的压差使悬浮液中的液体通过介质的空隙,成为纯洁的滤液,而固体粒子被挡在介质表面上形成一层滤渣。一个叶滤作业周期包括:排除机内空气、挂纸浆、进料过滤、放料卸泥和装车。

立式叶滤机(图 6-20)的机体是一个立式圆筒,其内装有 42 个滤框,各有管接头与滤液排出总管相连。用两个液压缸升降上盖。机体用橡胶软管密封,软管内充入 0.8 ~ 1 MPa 的空气。

我国新建氧化铝厂引进了法国大型高效的 Disaster 加压立式叶滤机,规格为 $\phi 3500$ mm, $F = 318\ m^2$。其由筒体、蓄能罐、安全槽、五个自动阀等组成,靠蓄能罐里储存的精液倒流回来把滤叶上的滤饼冲刷掉,不用人工刷车。其特点是:

(1) 全密闭自动运行,无需经常打开叶滤机,操作安全、清洁;

(2) 高效率的滤液反冲卸饼系统,不用刷车,不消耗水;

(3) 工作周期短,一般为 1 h,卸饼时间短,为 1 min;

(4) 产能高,可以达到 1.5 ~ 2.3 $m^3/(m^2 \cdot h)$,是凯莱式叶滤机的 2 倍;

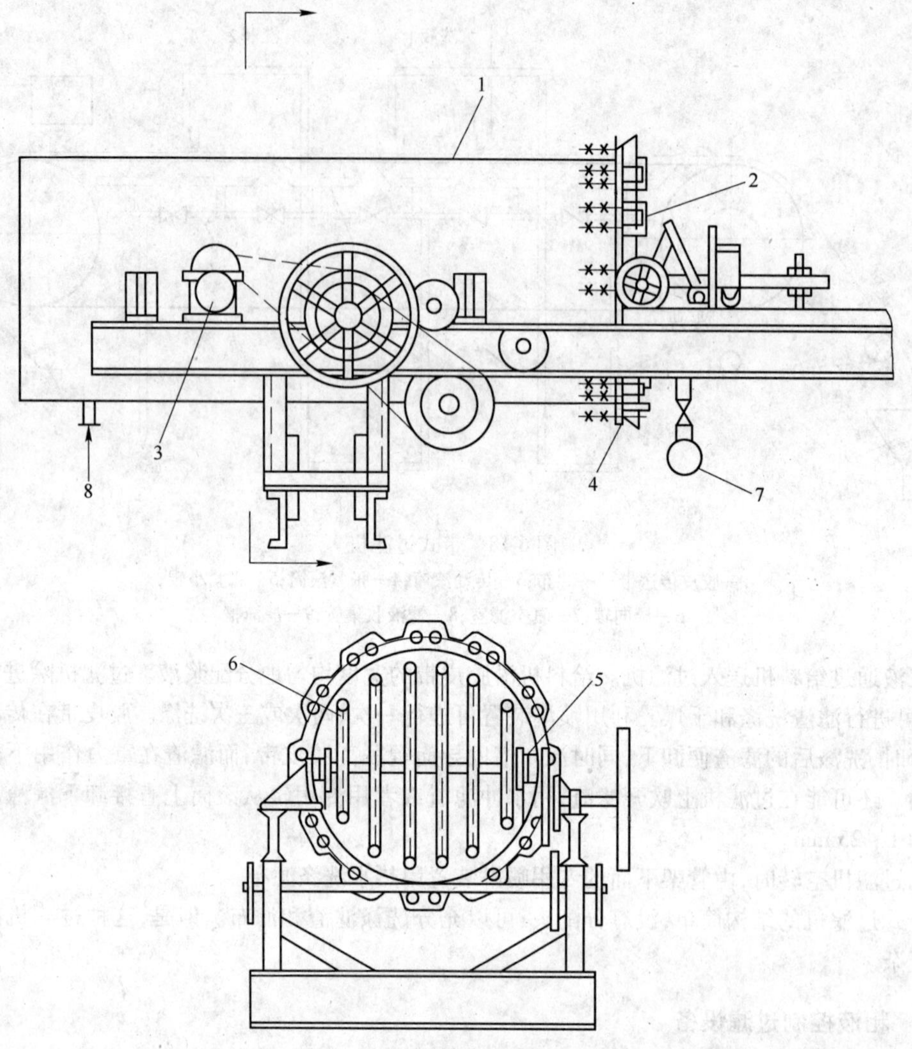

图 6-19　单筒叶滤机

1—机筒;2—机头;3—电机;4—顶盖;5—滤片架;6—滤片;7—集液管;8—进料口

(5) 可以在较高粗液浮游物下运行(要调整运行周期);

(6) 机身体积小,节省空间。

但需注意:

(1) 粗液中必须加入适量石灰乳,使形成的滤饼松散,过滤阻力小,保证冲饼容易,叶滤机产能高;

(2) 必须及时用碱液洗机,碱液(Na_2O)浓度 300 g/L,温度 90℃以上;

(3) 机内压力适当和稳定。

叶滤机的数量计算:

如忽略不计叶滤机产出的滤饼(粗液中的绝大部分浮游物)数量,则生产所需叶滤机数量:

$$n = \frac{Q_{精}\ \delta}{\rho_{精}\ P_{叶}\ S\eta} \tag{6-22}$$

式中　n——叶滤机的台数,台;

$Q_{精}$——精液小时流量,m^3/h;

δ——液量波动系数;

$\rho_{精}$——精液密度,一般可取为 $1.26\ g/cm^3$;

$P_{叶}$——叶滤机的平均产能,$m^3/(m^2 \cdot h)$;

S——每台叶滤机的总过滤面积,m^2;

η——过滤机的利用率,一般可取为 0.9~0.95。

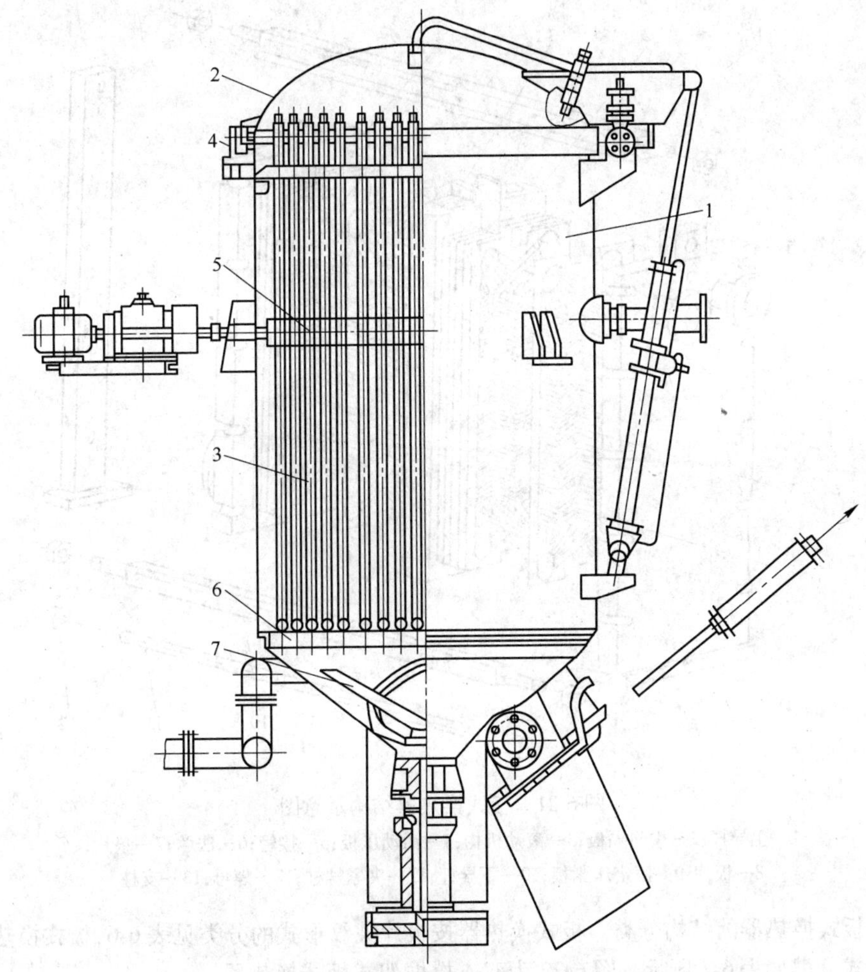

图 6-20 JIB-130 立式叶滤机

1—机体;2—上盖;3—滤框组;4—滑动密封;5—水洗机构;6—滤液排出总管;
7—卸渣机构(由三个旋转刮刀组成)和控制阀门的油压系统

6.3.5 铝酸钠溶液分解设备

6.3.5.1 分解原液冷却设备

为了使溶液达到一定的分解温度,在分解前须将叶滤后的精液(分解原液温度约为90℃)冷却。生产上采用的冷却设备有鼓风冷却塔、板式热交换器及闪速蒸发换热系统(即多级真空降温)等。

冷却塔是一种粗笨的老式设备,精液冷却放出的热量不能回收利用,在现代氧化铝厂中已被淘汰。

板式换热器是一种新型的换热设备。具有结构紧凑、占地面积小、传热效率高、操作方便、换热面积可随意增减等优点，并有处理微小温差的能力。但要保持板面清洁，需及时清理结疤，所以操作较复杂，清理检修工作量大。

板式换热器的设计压力 P_N 不大于 2.5 MPa；设计温度，按垫片材料允许的使用温度；换热面积，按单板计算换热面积为垫片内侧参与传热部分的波纹展开面积，单板公称换热面积为圆整后的单板计算换热面积。板式换热器结构如图 6-21 所示。

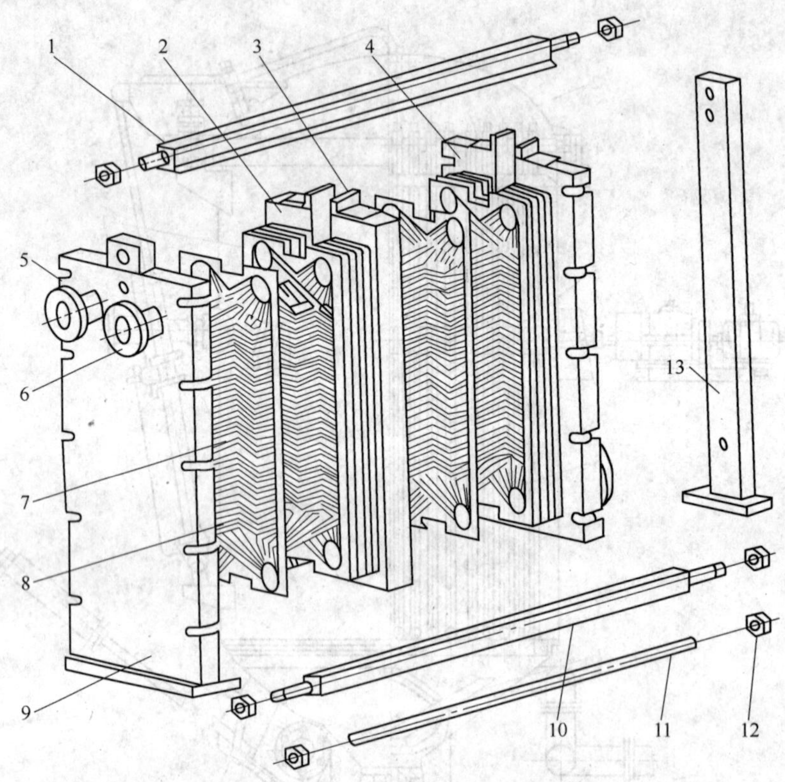

图 6-21 板式换热器结构示意图

1—上导杆；2—中间隔板；3—滚动机构；4—活动压板；5—接管；6—法兰；7—垫片；8—板片；9—固定压紧板；10—下导杆；11—夹紧螺柱；12—螺母；13—支柱

(1) 板式换热器的结构分类。板式换热器按板片波纹形式的分类见表 6-6，板式换热器按支撑框架形式分类如表 6-7 所示。图 6-22 为双支撑框架式板式换热器。

表 6-6 板式换热器按板片波纹形式分类

序号	波纹形式	代号
1	人字形波纹	R
2	水平平直波纹	P
3	竖直波纹	Js
4	球形波纹	Q
5	斜波纹	X

表 6-7 板式换热器按支撑框架形式分类

序号	框架形式	代号
1	带中间隔板双支撑框架式	Ⅰ
2	双支撑框架式	Ⅱ
3	带中间隔板三支撑框架式	Ⅲ
4	悬臂式	Ⅳ
5	顶杆式	Ⅴ
6	带中间隔板顶杆式	Ⅵ
7	活动压紧板落地式	Ⅶ

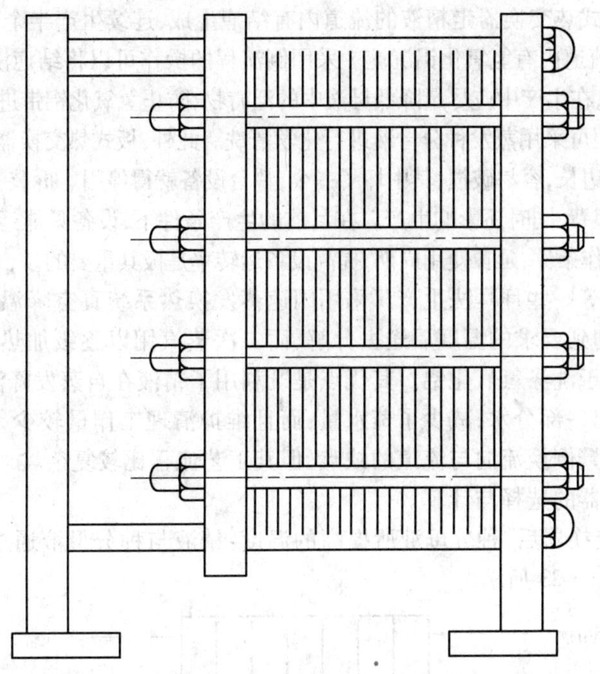

图 6-22 双支撑框架式板式换热器

（2）型号标志说明：

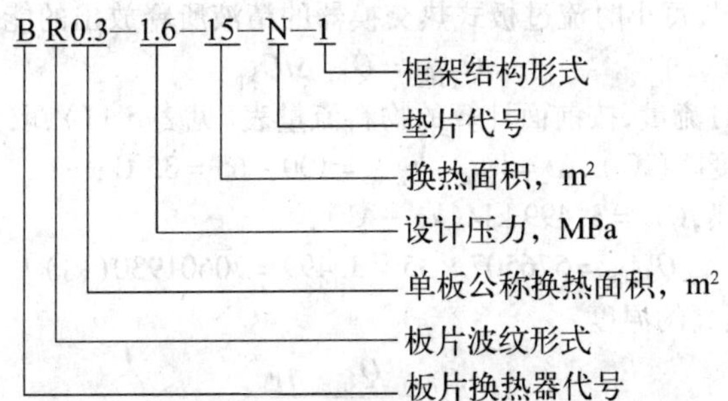

我国氧化铝厂应用板式热交换器进行精液与种分母液的逆流热交换，既起到快速降温的作用，有利于提高分解率，又能回收精液中释放出的热量，可降低氧化铝生产的热耗，达到一举两得的目的。

板式热交换器实测及计算数据列于表 6-8 中。

表 6-8 板式热交换器实测及计算数据

序号	精液					母液					对数平均温差 Δt_m/℃	传热系数 /kJ·(m²·h·℃)$^{-1}$
	流量 /m³·h^{-1}	板间流速 /m·s^{-1}	温度/℃			流量 /m³·h^{-1}	板间流速 /m·s^{-1}	温度/℃				
			进口	出口	温差			进口	出口	温差		
1	48	0.397	100	58	42	52	0.43	41	78	37	19.4	6729.8
2	58	0.48	99	65	34	42	0.347	42	87	45	16.7	7628.5

生产实践表明,板式热交换器走精液的流道内有结疤生成,连续生产半个月左右结疤厚度大约0.1～0.5 mm。走母液流道内有氢氧化铝沉淀。采用倒流程的操作可以将结疤洗掉一部分,但操作复杂,除疤不彻底。因此,在生产中应尽量降低母液中的浮游物,防止氢氧化铝带进流道中。另一方面待设备运行一定时间后便可采用蒸发种分母液进行化学清洗。此外,板式热交换器存在最大的缺点就是密封问题,由于密封周边长,容易破损,其中坏了一个,整台设备就得停用。拆装一次就得更换垫子,这样不仅造成经济上的浪费,同时还影响生产。在目前的生产条件下,设备只能运行3～4个月的时间。因此,对进一步摸索操作条件,延长使用周期,提高设备运转率是极其重要的。

美国、德国、日本等一些拜耳法生产厂采用闪速蒸发换热系统真空降温冷却精液,即将精液经3～5级自蒸发冷却到要求的温度后送去分解,而二次蒸汽用以逐级加热蒸发前的种分母液。二次蒸汽冷凝水可用于洗涤氢氧化铝。其优点是既利用了精液在自蒸发降温过程中释放出来的热量,又自溶液中排出一部分水,减少了蒸水量,而且维护清理工作量较少,适应性强,没有板式热交换器那种需要频繁倒换流向与流道的缺点,但其工艺流程比较复杂。

(3) 板式热交换器的选择与计算。

1) 通过板式热交换器后,种分母液所提高的温度:精液与种分母液通过板式热交换器进行逆流热交换过程,如图6-23所示。

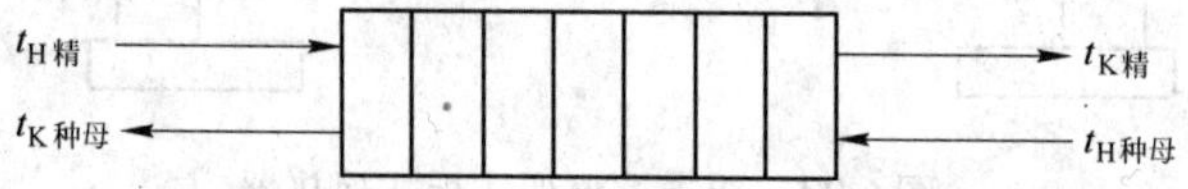

图6-23　精液与种分母液逆流热交换示意图

取精液初温和终温分别为:$t_{H精}=100℃$,$t_{K精}=65℃$;种分母液初温和终温分别为:$t_{H种母}=40℃$,$t_{K种母}=t_{H种母}+\Delta t'$,每小时流过板式热交换器的精液所释放出的能量$Q_{精能}$:

$$Q_{精能}=Q_{精}\ \Delta t C_{精} \tag{6-23}$$

式中　$Q_{精}$——精液小时流量,按前面计算的物料流量表(见表5-11),取为576507 kg/h;

Δt——精液温度降(℃),$\Delta t=t_{H精}-t_{K精}=100-65=35℃$;

$C_{精}$——精液比热,$C_{精}=3.499$ kJ/(kg·℃);

所以

$$Q_{精能}=576507\times35\times3.499=70601930(\text{kJ})$$

故使种分母液所提高的温度:

$$\Delta t'=\frac{Q_{精能}\eta_{热}}{Q_{种母}C_{种母}} \tag{6-24}$$

式中　$\eta_{热}$——板式热交换器的热效率,取为95%;

$Q_{种母}$——种分母液的小时流量,取为498082 kg/h(见表5-11);

$C_{种母}$——种分母液的比热容,取为3.536 kJ/(kg·℃)。

所以

$$\Delta t'=\frac{70601930\times0.95}{498082\times3.536}=38.08(℃) \tag{6-25}$$

2) 生产所需板式热交换器的热交换面积:

$$F=\frac{Q_{精能}\eta_{热}}{K\Delta t_m} \tag{6-26}$$

式中　K——板式热交换器的传热系数,参考工厂生产实测数据取为5016 kJ/(m²·℃);

Δt_m——种分母液预热的对数平均温差:

$$\Delta t_m=\frac{\Delta t_H-\Delta t_K}{\ln\dfrac{\Delta t_H}{\Delta t_K}}=\frac{25-22}{\ln\dfrac{25}{22}}=23.5(℃) \tag{6-27}$$

式中 $\Delta t_H = t_{精液出口} - t_{种母入口} = 65 - 40 = 25(℃)$;

$\Delta t_K = t_{精液入口} - t_{种母出口} = 100 - (40 + 38.08) = 22(℃)$。

所以
$$F = \frac{70601930 \times 0.95}{5016 \times 23.5} = 569.00(m^2) \tag{6-28}$$

3）板式热交换器的选型与数量计算：选用郑州铝厂使用的 BP-4/V50-66-2 型板式热交换器，传热面积为 66 m^2（每台板片 129，每片传热面积为 0.5116 m^2），产能 50 m^3/h，所需板式热交换器的数量：

按加热面积需要：$F/66 = 569.00/66 = 8.62$（台）；

按流过的精液量需要：$\dfrac{\dfrac{Q_{精}}{\rho_{精}}}{50} = \dfrac{\dfrac{576507}{1260}}{50} = 9.15$（台）；

考虑生产过程物料量的波动系数（1.1）及设备的利用率（95%），则应取用：

$$\frac{9.15}{0.95} \times 1.1 = 11(台)$$

6.3.5.2 种分槽的结构和计算

A 种分槽的结构

目前，氧化铝厂采用的分解槽有空气搅拌和机械搅拌两种。20 世纪 70 年代初期以来，新型机械搅拌分解槽得到了发展，有取代空气搅拌槽之势。机械搅拌的优点是：(1) 动力消耗少，搅拌时固体颗粒在整个槽内分布均匀；(2) 循环量多，结疤少；(3) 避免了空气搅拌分解槽中料浆短路和吸收空气中的 CO_2 使浆液中部分苛性碱转变为碳酸碱的缺点；(4) 可靠性高，长期停车后再启动时平缓，沉淀的颗粒能重新被搅起循环。

我国发展的机械搅拌分解槽，有两种搅拌方式：一种是轴流式或机械搅拌，是在空气搅拌分解槽升流管内的上部装上轴流泵或螺旋桨，当其转动时，将浆液泵回到升液管口流出，而在其底部形成负压区，使浆液不断由底部吸入升液管，造成强烈的循环搅拌。另一种是平底的使用螺旋桨叶的搅拌分解槽，螺旋桨叶具有特殊的形状，槽壁上装设有挡板，可以造成很强烈的搅拌而动力消耗并不增加。目前最大的机械搅拌分解槽的容积达到 4500 m^3。分解槽的大型化是通过增大槽的直径而不是槽的高度来实现增大容积的，因此，并不增加输送液体的动力消耗，而使同样产量的工厂分解槽数量减少，从而减少钢材用量、连接管件和占地面积。机械搅拌分解槽结构如图 6-24 所示。

空气搅拌的分解槽结构如图 6-25 所示。这种分解槽是由 6 ~ 12 mm 厚的钢板制成，其底部为圆锥形，筒体为圆筒形，其下部的支撑环上的 6 个支座将其支撑在地基上。为了输送和搅拌矿浆，在种分槽的中心安装有供输送和搅拌用的空气升液器。用空气从外部冷却溶液；同时向套在输送和搅拌空气升液器上的导管通水，而从内部冷却溶液。冷却水加入输送空气升液器的套管内，并由搅拌空气升液器的套管中排出。通常一组种分槽由 20 台槽子串联组成。

B 种分槽数量的计算

采用 ϕ12.2 m × 30 m，有效容积 $V = 3000\ m^3$，机械搅拌、自然冷却和槽外壁喷水冷却相结合的分解槽，连续分解周期 $\tau = 65$ h，需要分解槽台数：

$$n = \frac{\tau Q_{AH浆液}}{V} = \frac{65 Q_{AH浆液}}{3000} \tag{6-29}$$

式中 $Q_{AH浆液}$——氢氧化铝浆液的小时流量，m^3/h；

$$Q_{AH浆液} = Q_{精液} + Q_{晶种} + Q_{晶种附液} = \frac{G_{精液}}{\rho_{精液}} + \frac{G_{晶种}}{\rho_{晶种}} + \frac{G_{晶种}\dfrac{G_{AH附液}}{G_{AH}}}{\rho_{AH附液}} \tag{6-30}$$

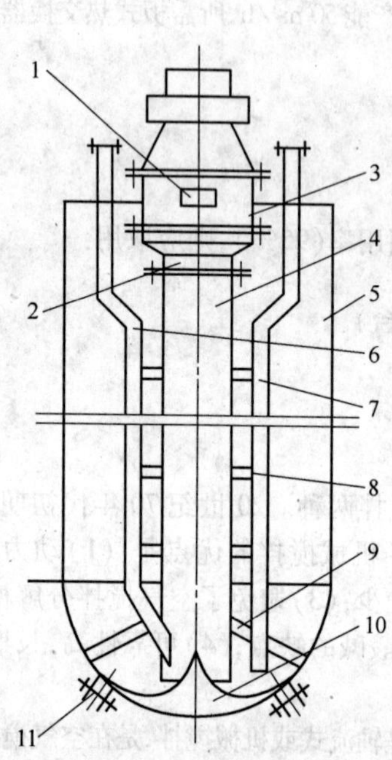

图 6-24 机械搅拌分解槽

1—泵出口(4 个);2—泵进口;3—混流泵体;4—中心套管;5—槽体;6—主风管;7—副风管;8—风管支腿;9—套管支腿;10—导风阀;11—放料口

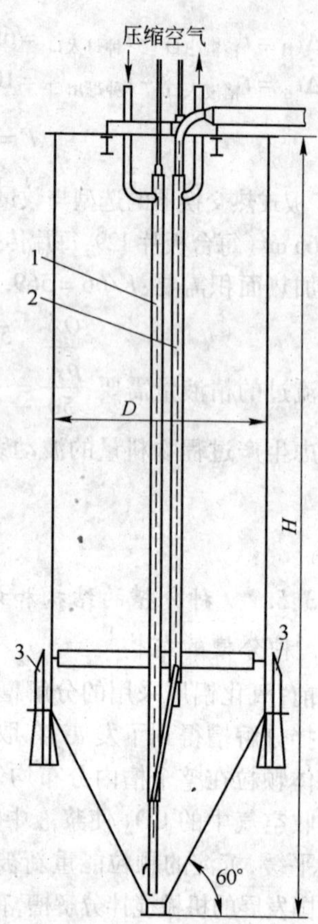

图 6-25 空气搅拌分解槽

1—搅拌空气升液器;2—输送空气升液器;3—支座

式中 $Q_{精液}$、$Q_{晶种}$、$Q_{晶种附液}$——分别为精液、晶种、晶种附液的小时体积流量,m^3/h;

$G_{精液}$、$G_{晶种}$、G_{AH}、$G_{AH附液}$——分别为精液、晶种、氢氧化铝、氢氧化铝附液的质量流量(见表 5-11),t/h;

$\rho_{精液}$、$\rho_{晶种}$、$\rho_{AH附液}$——分别为精液、晶种、氢氧化铝附液的密度,t/m^3。

所以
$$Q_{AH浆液} = \frac{576.507}{1.26} + \frac{194.623}{2.44} + \frac{194.623 \times \frac{9.315}{52.192}}{1.255} = 564.986(m^3/h)$$

$$n = \frac{65 \times 564.986}{3000} = 12.24(台)$$

考虑生产过程物料量的波动系数(1.1),为确保稳产所需要的分解槽台数:

$$n = 12.24 \times 1.1 = 13.46(台),取 14 台$$

按每组分解槽为 7 台,需要安装 2 组分解槽。

6.3.5.3 氢氧化铝分离和洗涤设备

从分解槽出来的浆液须用分离设备得到成品 $Al(OH)_3$ 或返回槽中的晶种 $Al(OH)_3$(含有附液)和母液。过去,我国氧化铝厂多用转鼓真空过滤机分离并二次反向洗涤 $Al(OH)_3$。在采用两段分解时,还须制得粗、细晶种浆液。原来的分级设备有水利旋流器、弧形筛等。近些年我国已开发出旋流细筛，一次就可以将成品 $Al(OH)_3$、粗晶种和细晶种分级。晶种 $Al(OH)_3$ 在返回分解槽前必须滤去其所附带的母液，以避免过分提高分解原液的 *MR*。

过滤机数量的计算：如选用郑州铝厂应用的 Б40-ϕ3.0 真空过滤机，过滤面积 $F=40\ m^2$。根据过滤机的产能计算公式：

$$P_{过}=60F\delta n\rho(1-i)\varphi \tag{6-31}$$

式中 $P_{过}$——过滤机的产能，t/h；

F——过滤面积，m^2；

δ——滤饼厚度，m，取为 0.01 m；

n——滤鼓转速，r/min，取为 1.2 r/min；

ρ——滤饼假密度，t/m^3，取为 2 t/m^3；

i——滤饼附液量，%，取为 12%；

φ——滤饼吹脱率，%，一般为 85%。

所以 $P_{过}=60\times40\times0.01\times1.2\times2\times(1-0.12)=43.08$(t/(h · 台))

每小时需要过滤 $Al(OH)_3$ 晶种量为 194.623 t/h（见表 5-11），生产物料波动系数为 1.1，故需要的种子过滤机数量：

$$194.623\times1.1/43.08=4.97(台)，取 5 台$$

每小时需要过滤分离 $Al(OH)_3$ 成品量为 52.192 t/h（见表 5-11），考虑生产物料波动系数为 1.1，则需要的成品过滤机数量：

$$52.192\times1.1/43.08=1.3，取 2 台$$

二次反向洗涤成品 $Al(OH)_3$ 需要过滤机 $2\times2=4$(台)

氢氧化铝分离与洗涤总共需要过滤机：

$$5+2+4=11(台)$$

6.3.5.4 氢氧化铝分级设备

A 水力分选器

水力分选器如图 6-26 所示，它是一个由圆柱体部分和锥体部分组成的容器。锥体与水平面相对应的倾斜角可改变至 70°。原始浆液加到进料筒内；携带细粒级物料的溢流进入溜槽，而粗粒级物料由锥体排出。

在氧化铝厂较多应用的水力分选器是圆柱体直径 6 ~ 10 m 和高 2 ~ 5 m 的水力分选器，设备的总高达 19 m。

B 水力旋流器

在氧化铝生产中广泛应用水力旋流器作为氢氧化铝的粒度分级设备。水力旋流器（图 6-27）的产能很高，因为物料在水力旋流器中的分级是在离心力作用下进行的。水力旋流器的配置紧凑，结构简单。

水力旋流器的壳体由圆柱体和锥体两部分组成。浆液在压力下以切线进入壳体的圆柱体部分，因而浆液旋转。较粗颗粒被离心力甩向壳体内壁，并随外旋料流通过锥体下端排出。细颗粒随内旋料流上升，并经壳体圆柱体部分的溢流管排出。

水力旋流器可单独运行，也可成组运行。氧化铝生产中常用的是直径 150 ~ 700 mm 的水力旋流器（表 6-9）。水力旋流器的尺寸越小，溢流带出的固体颗粒越细。

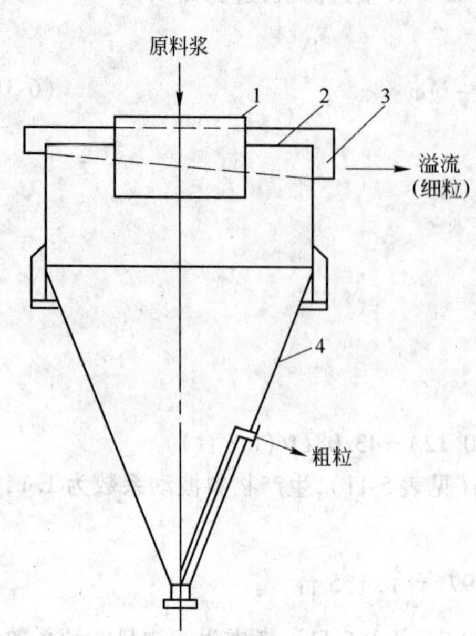

图 6-26　水力分选器

1—进料筒;2—壳体圆柱体部分;3—溢流溜槽;4—壳体锥体部分

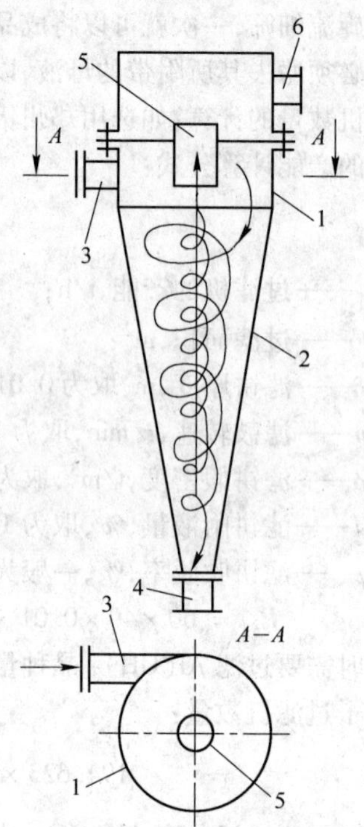

图 6-27　水力旋流器

1—壳体圆柱体部分;2—壳体锥体部分;3—进料管;4—排砂管;5—溢流筒;6—溢流引出管

表 6-9　铸铁水力旋流器的技术性能

水力旋流器直径 /mm	进料口当量直径 /mm	泥浆口直径 /mm	排砂口直径 /mm	压力为 0.1 MPa 时的产能/$m^3 \cdot h^{-1}$
150	24 ~ 40	40 ~ 70	12 ~ 50	9 ~ 25
250	40 ~ 60	50 ~ 100	17 ~ 75	18 ~ 55
360	50 ~ 70	70 ~ 150	24 ~ 100	32 ~ 100
500	60 ~ 100	100 ~ 215	34 ~ 150	55 ~ 200
710	155 ~ 175	150 ~ 300	48 ~ 150	215 ~ 2500

为了提高耐磨性能,水力旋流器内均衬有橡胶或铸石。近来,开始采用碳化硅或碳化硼和塑料作为内衬,耐磨性可提高 8 ~ 9 倍。

近年来,双筒水力旋流器(图 6-28)获得广泛应用。这种水力旋流器是成对的水力旋流器,共用一个进料管和一个溢流排出管,每一个水力旋流器均具有单独的溢流衬套和底流衬套。浆液在上部分为两个平行的料流,粗粒料通过底流衬套排出,而溢流上升,并进入溢流室。

水力旋流器按原始浆液计算的产能($P_{旋}$, L/min)可按前苏联选矿设计院(Меанобр)的公式计算:

$$P_{旋} = 5d_{进}\, d_{溢}\, \sqrt{98gP} \tag{6-32}$$

式中　$d_{进}$——进料口当量直径, cm;

$d_{溢}$——溢流口直径, cm;

g——自由沉降加速度, 9.8 m/s^2;

P——给料压力, kPa。

C 旋流细筛

旋流细筛(图6-29)是一种高效细粒筛分–分级设备。其兼具水力旋流器离心分级和弧形筛分级的特点,有两次分级作用,可一次得到粗、中、细三种粒级的产品。主要应用于氢氧化铝的分级过滤作业,种分氢氧化铝分级过滤流程见图6-30。旋流细筛已在我国的贵州铝厂、山西铝厂及巴西ALUMAR(美铝所属)铝业公司得到应用,技术经济效益显著。旋流细筛典型的分级指标见表6-10,其设备技术参数见表6-11。

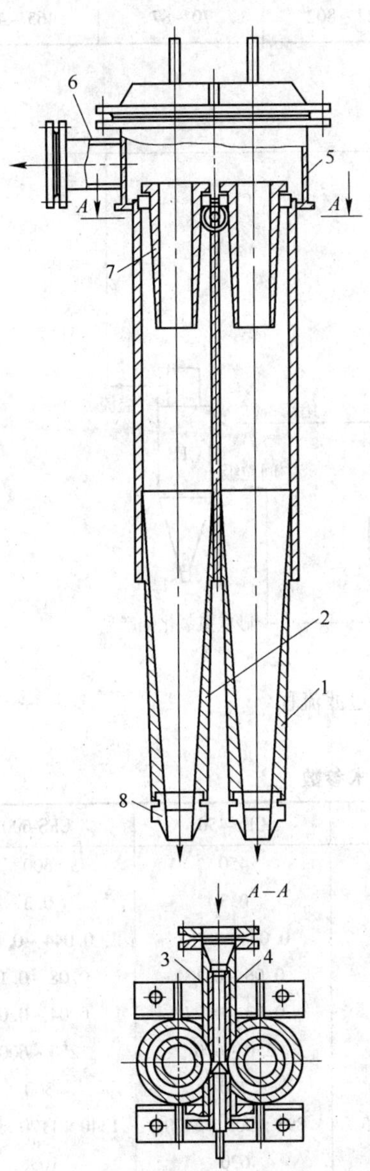

图6-28 双筒式水力旋流器

1、2—成对的水力旋流器组;3—进料衬套;4—进料管;5—水力旋流器的壳体;6—溢流管;7—溢流衬套;8—底流衬套

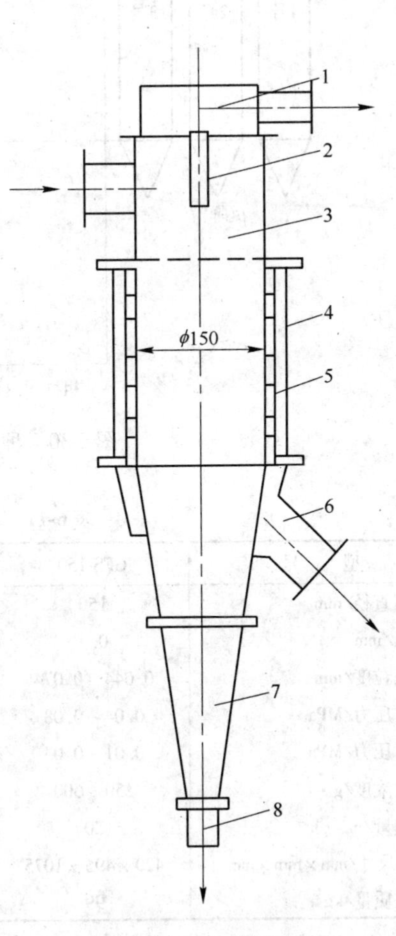

图6-29 旋流细筛结构图

1—溢流帽;2—溢流管;3—给矿体;4—筒体;5—筛笼;6—筛下体;7—锥体;8—沉砂口

表 6-10　旋流细筛的典型分级指标

项　目	典型事例	给　料	底　流	溢　流	侧　流
粒度 -44 μm/%	例 1	17 ~ 18	9. 1 ~ 14. 3	54 ~ 59. 1	18 ~ 28. 4
	例 2	6. 2 ~ 8. 7	1. 2 ~ 4. 9	17 ~ 26. 8	6. 2 ~ 7. 2
固含①/g · L^{-1}	例 1	246 ~ 375	518 ~ 685	148 ~ 265	251 ~ 375
	例 2	467 ~ 476	622 ~ 802	70 ~ 87	465 ~ 474

① 为矿浆中固体物质的含量。

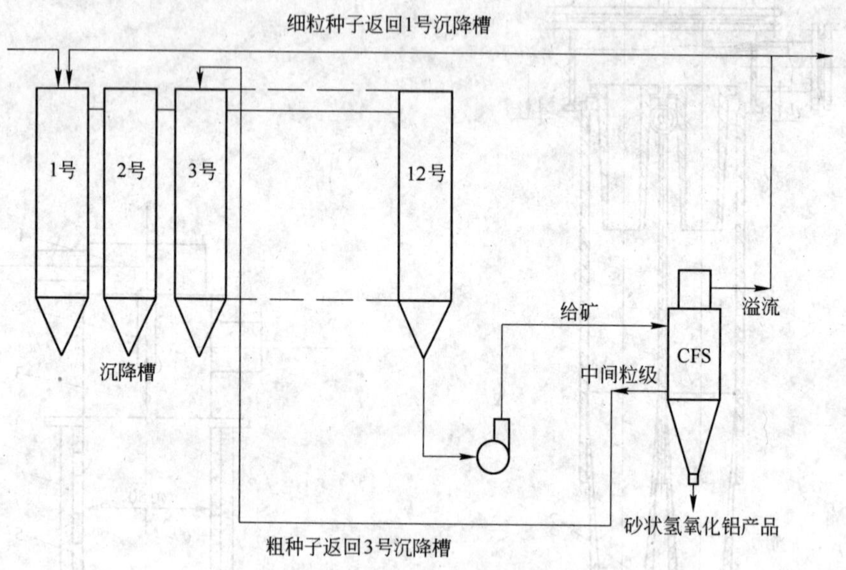

图 6-30　种分氢氧化铝分级过滤流程

表 6-11　旋流细筛设备技术参数

型　号	CFS-150	CFS-300	CFS-450	CFS-600
筛网直径/mm	150	300	450	600
筛孔/mm	0. 3	0. 3	0. 3	0. 3
分级粒度/mm	0. 044 ~ 0. 074	0. 044 ~ 0. 074	0. 044 ~ 0. 15	0. 044 ~ 0. 15
给矿压力/MPa	0. 04 ~ 0. 08	0. 05 ~ 0. 09	0. 06 ~ 0. 13	0. 08 ~ 0. 14
筛下压力/MPa	0. 01 ~ 0. 03	0. 02 ~ 0. 04	0. 03 ~ 0. 07	0. 04 ~ 0. 08
给矿浓度/g · L^{-1}	250 ~ 600	250 ~ 600	250 ~ 600	250 ~ 600
处理量/m^3 · h^{-1}	20	80	200	300
外形尺寸/mm × mm × mm	420 × 495 × 1075	625 × 647 × 1875	898 × 905 × 2400	1340 × 1120 × 3270
设备质量/kg	99	246	630	1088

6. 3. 6　氢氧化铝焙烧设备

19 世纪早期，世界上的氧化铝厂基本上都是采用回转窑焙烧氢氧化铝，其特点是设备结构简单，维护方便，设备标准化，焙烧产品的破碎率低，但是由于在窑内只是密实的料层表面物料与热窑气接触,而紧贴窑壁的物料难以加热,即空气与物料的传热条件不良,换热效率低(不大于45%),低温烘干段尤其突出,致使每吨氧化铝的热耗高达5.0 GJ以上。此外,回转窑是转动的,投资大,窑衬的磨损使产品中的SiO_2含量增加;物料在窑中焙烧也不够均匀,直接影响产品质量。因此,人们一直在进行消除这些缺点的改进工作和寻找替代的工业设备,如带旋风器预热的回转窑、悬浮焙烧炉等。

对于传统的回转窑设备,降低热耗和提高产能的主要途径是改善窑尾的传热能力,如窑尾安装三级旋风预热器,用窑气预热待焙烧的氢氧化铝到600℃,灼减降低到10%后,进入回转窑。其与传统的带单筒冷却机的回转窑相比,具有产能高、热耗低、基建投资少等优点。

自1964年美国、加拿大、丹麦和德国相继开发成功流态化焙烧氢氧化铝,由于其与回转窑相比,具有:(1)热效率高达75%~80%;热耗低至1 t Al_2O_3 4.18 GJ;(2)设备简单,除了风机、油泵及给料设备外,没有大型的转动设备;焙烧炉内衬使用寿命达10年以上,维修费用低;(3)单位面积产能高,设备紧凑,占地少,投资可减少20%~60%;(4)燃料燃烧完全,过剩空气系数低,产品中SiO_2和NO_x的含量低,对环境污染轻,所以自1980年以来,国外新建的氧化铝厂已全部采用流态化焙烧炉,一些原来采用回转窑的氧化铝厂,也纷纷改用流态化焙烧炉。我国自1984年开始相继从德国、丹麦引进8台流态化焙烧炉,都取得很好的技术经济指标。

焙烧炉及其附属设备的选择与计算,详见第9章。

6.3.7 种分母液蒸发设备

分离$Al(OH)_3$后的分解母液需经蒸发作业,使Na_2O浓度从170 g/L浓缩至280 g/L,分离出去碳酸钠、硫酸钠等固体杂质后,返回到前段工艺溶出铝土矿。

蒸发器是溶液蒸发浓缩的主要设备。蒸发器有多种结构形式,一般均采用管式加热器。它是由加热室、流动(或循环)通道、汽液分离室三部分组成。按溶液在蒸发器中的运动情况,大致可分为循环型和单程型两大类。循环型蒸发器有强制循环式、中央循环式(标准型)、水平式、外加热式等;单程型蒸发器有升膜式、降膜式、刮板式等。

6.3.7.1 *蒸发器选型考虑的因素*

蒸发器的选型是蒸发车间设计中的主要问题。为了使车间更紧凑些,选型时首先要考虑选用传热系数大的形式,但物料的物理化学性质常常限制它们的使用。在选型时,要结合技术要求、现场条件、投资状况等统一考虑。

(1) 料液性质:包括成分组成、黏度变化范围、热稳定性、发泡性、腐蚀性,是否有固体悬浮物等;

(2) 工艺技术要求:包括处理量、蒸发量、料液进出口的浓度和温度、安装现场的面积和高度、设备投资限额、连续或间歇生产等;

(3) 利用的热源、蒸发供应量及压力,能利用的冷却水量、水质和温度等;

(4) 在蒸发过程中有结晶析出的物料,在蒸发结晶时一般采用管外沸腾型蒸发器,如强制循环式、外加热式等。这些蒸发器的加热管始终充满料液,管内不蒸发而阻止了结晶的析出。同时由于加大循环流速使结晶无法附着管壁。另外,刮板式、旋液式以及标准式等也适用于有结晶析出的物料。膜式蒸发器则不适用。

长期使用蒸发器后的传热面总有不同程度的结疤。结疤层的导热性差,传热系数低,明显影响蒸发效果,严重的甚至堵管以致无法运行。应首先考虑选取标准式或内蒸式、刮板式等便于清洗和清除结疤的蒸发设备。另外,可选用循环速度快、加热管沸腾的蒸发器,如强制循环、外加热式等。蒸发设备的选型基准表见表6-12。

目前国内外新建氧化铝厂多数采用降膜蒸发器与闪速蒸发器的工艺流程。

表 6-12　蒸发设备选型的基准表

蒸发器形式	适用黏度范围/Pa · s	总传热系数		蒸发量	造价	停留时间	浓缩液循环否	浓缩比	料液性质是否适合			
		低黏溶液	高黏溶液						盐析与结疤	热敏性	发泡性	高黏液
水平管式	≤0.05	较高	较低	大	低	长	否	高	较差	不适	尚适	可
标准式	≤0.05	较高	较低	大	低	长	是	高	尚适	较差	适	可
外加热式	≤0.05	高	低	大	低	较长	是	良好	尚适	不适	尚适	差
列文式	≤0.05	高	低	大	高	较长	是	高	尚适	不适	尚适	差
强制循环式	0.01 ~ 1.00	高	高	大	高	较短	是	良好	好	尚适	适	可
升膜式	≤0.05	高	低	大	低	短	否	良好	较差	适	好	差
降膜式	0.01 ~ 0.1	高	较高	大	低	短	否	良好	较差	适	适	可
刮板式	1.0 ~ 10.0	高	高	不大	高	短	否	良好	适	适	适	好
浸没燃烧式	≤0.05			较大	低	较长	否	良好	适	不适	尚适	可
闪蒸式	0.01			大	高	较长	是	不高	适	适	尚适	差

注:1. 对热敏性物料,一般应选用储液量少、停留时间短的膜式蒸发器,还要在真空下操作,以降低其受热程度。

2. 黏度大、表面张力低、含有高分散度固体颗粒的溶液以及胶状溶液容易起泡、发泡严重时会使泡沫充满汽液分离空间,形成二次蒸汽的大量夹带。对于起泡的物料,应采用升膜式和强制循环式以及外加热式。此外,标准式、水平管式具有较大的分离空间,也可使用。由于真空条件下会加速溶液起泡,因此易发泡的物料以不采用真空蒸发为宜。

目前,国内外新建氧化铝厂多采用降膜蒸发器与闪速自蒸发器。降膜蒸发器(图 6-31)的特点是:溶液由上面落下,而蒸汽从下面排出。溶液进入上溶液室Ⅸ。降膜蒸发器的关键技术是布膜器可使料液均匀地分配到管板上的每一个加热元件中,并在加热元件壁形成均匀的液膜。氧化铝厂使用的布膜器有两种:一种是一层筛孔板加一层多个喷嘴组成的布膜器,其要求加热管伸出上管板的长度40 mm 左右;另一种是有多层筛板组成的布膜器,其通过每个筛孔板上孔的特殊设计,使到达管板的料浆均匀地分布于加热元件的管桥间,然后溢流进加热元件。由于下层筛孔板上的开孔较小,要求进入布膜器的料液中不能含有颗粒状杂质,因此对不清洁的料液必须过滤才能保证布膜器的正常运行。图 6-32 为管式降膜蒸发器结构简图:料浆从加热室上部进入,经安装于上管板的布膜器均匀地分布于加热管内表面,以 2 m/s 的速度从上向下流动的过程中换热而蒸发;二次蒸汽和料浆一并向下流动,由于料浆的不断蒸发,二次蒸汽的速度逐渐加快(在加热管底部,蒸汽速度可达 20 m/s),使液膜处在高度湍流状态,强化了管内壁的传热,二次蒸汽在分离室与料液分离;蒸汽在管外冷凝,由底部排出。板式降膜蒸发器结构简图如图 6-33 所示。稀溶液从上部进入蒸发器,经料液分配器将料液喷淋到加热元件(由 0.8 ~ 2 mm 厚、100 mm × 7300 mm 的不锈钢板经双面焊接、鼓压成形制作)上,蒸汽从 1 口进入加热板片中间,料液向下流动的过程中加热蒸发,二次蒸汽和料液通过加热元件与筒体之间的空间自然分离后由上部排出,蒸汽冷凝液由底部汇总管排出。料液是向下流动的,而蒸汽从筒体顶部排出,液膜流速慢,因而易形成结疤。由于板片状结疤刚性差,在有温度变化或震动时破碎并自行脱落,在循环泵的进口必须有可靠的除疤装置,以清除或破碎脱落的结疤片,避免堵死布膜器而停车。经平果铝厂二期对板式和管式降膜蒸发器的技术经济比较可见,二者的蒸发能力基本相同(蒸水量为 150 ~ 170 t/h, 五效汽水比为 0.33),管式降膜蒸发器运转率较高(93% ~96%,板式则为 85%),技术上比板式降膜蒸发器成熟,而板式降膜蒸发器投资费用比管式降膜蒸发器明显降低。

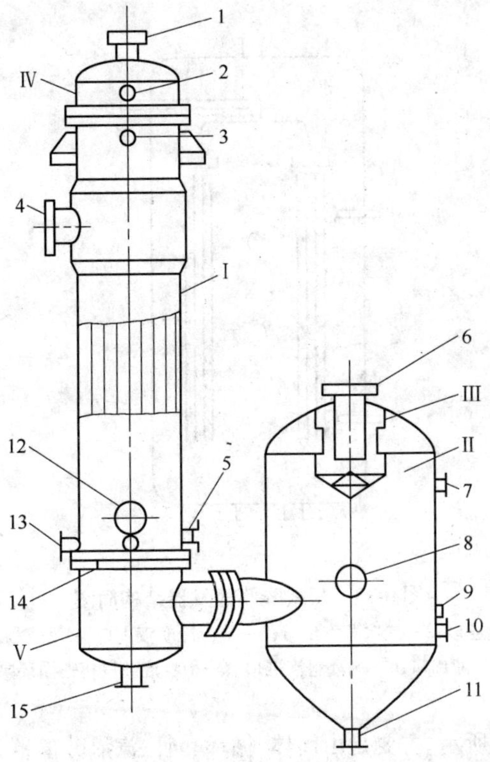

图 6-31 降膜蒸发器

Ⅰ—加热室；Ⅱ—分离室；Ⅲ—液沫捕捉器；Ⅳ—上溶液室；Ⅴ—下溶液室

1—溶液进料管；2—用来冲洗管道的接管；3—不凝性气体排出管；4—加热蒸汽进气管；5—凝结水液面指示器；6—二次蒸汽排出管；7—压力表接管；8—分离室检修入孔；9—观测孔；10—热电偶装接管；11—浓溶液出料管；12—加热室入孔；13—凝结水排出管；14—管际空间冲洗管；15—溶液溢流接管

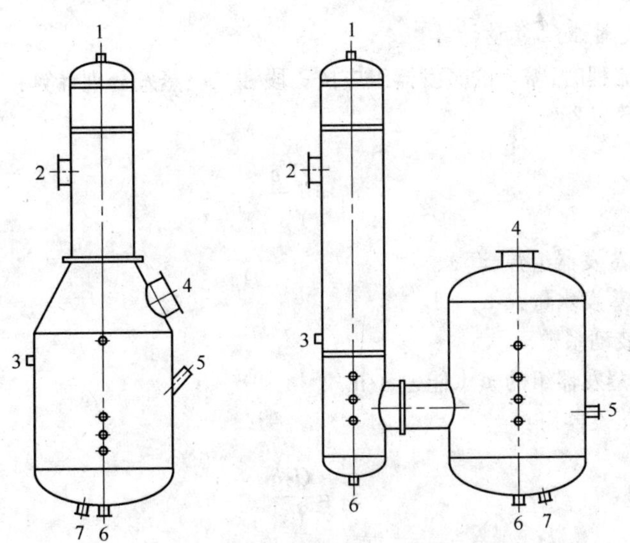

图 6-32 管式降膜蒸发器结构简图

1—循环料液进口；2—加热蒸汽进口；3—蒸汽冷凝液出口；4—二次蒸汽出口；5—稀料液进口；6—浓料液出口；7—循环料液出口

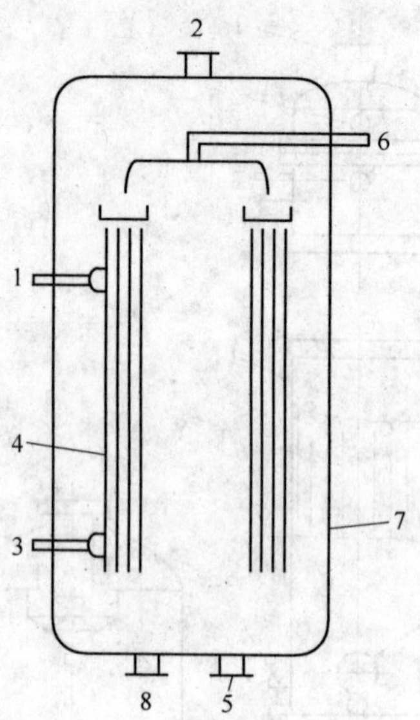

图 6-33　板式降膜蒸发器结构简图

1—加热蒸汽进口;2—二次蒸汽出口;3—蒸汽冷凝液出口;4—不凝性气体出口;5—浓料液出口;6—循环料液进口;7—稀料液进口;8—循环泵入口

闪速蒸发器如图 6-34 所示,主要是由筒体、循环套管、汽液分离器三部分组成。I 效过来的物料从闪蒸器的下部进入循环套管内,利用物料本身所带有的压力(约 0.10 MPa)与罐内的真空所形成的压差,带动套管内外物料循环起来,物料循环到上部时进行闪速蒸发,乏气被抽走,降压浓缩后的物料从出料口送走。其优点是:物料在闪蒸器内是循环流动的,在套管内外形成小循环,不但可以减少物料在管壁上的结疤和容器内的沉积,同时也使物料闪蒸速度加快,提高了蒸发器组的蒸水能力。

6.3.7.2　*蒸发器组的数量计算*

采用两段蒸发流程时,需要的蒸发器组应按一段和二段蒸发分别计算:

一段蒸发需要蒸发器组:

$$n_1 = \frac{Q_1\delta}{P_1} \tag{6-33}$$

式中　n_1——一段蒸发器组数,套;

Q_1——一段蒸发水量,t/h;

δ——液量波动系数;

P_1——一段蒸发器组的蒸水能力,t/h。

二段蒸发需要蒸发器组:

$$n_2 = \frac{Q_2\delta}{P_2} \tag{6-34}$$

式中　n_2——二段蒸发器组数,套;

Q_2——二段蒸发水量,t/h;

P_2——二段蒸发器组的蒸水能力,t/h。

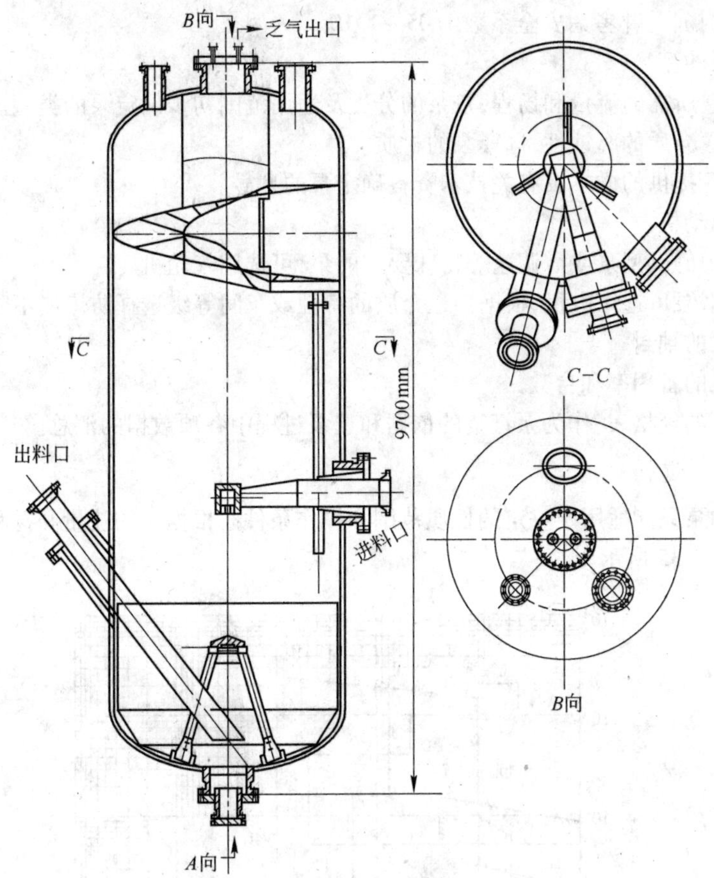

图 6-34 闪速蒸发器

6.3.8 输送设备

输送设备一般都属于定型设备，在工艺设计中按物料性质和操作要求选用。

6.3.8.1 泵

A 选择泵的方法和步骤

选择泵的方法和步骤如下。

(1) 列出基础数据：

1) 介质的物性：介质名称、输送条件下的密度、黏度、蒸气压、腐蚀性、毒性及易燃易爆性等；介质所含的固体颗粒直径和含量；介质中气体的含量。

2) 操作条件：温度、压力、饱和蒸气压、环境温度、间歇或连续操作等。

3) 泵所在的位置：装置平、立面要求；泵的送液高度、送液路程、进口和排出侧设备液面至泵中心距离及管线当量长度等。

(2) 确定流量和扬程：

1) 装置设计中，流量由物料衡算得到。如果给出正常、最大、最小流量，选泵时应按最大流量考虑；如果只给出正常流量，则应按装置及工艺过程的具体情况采用适当的安全系数。

2) 扬程或管路压降：根据泵的布置位置，所需输送液体的距离及高度，计算出管路的压降，由此确定所需的扬程，并考虑安全系数 1.05 ~ 1.10。

(3) 选择泵的型号：

1) 根据装置所需的流量和扬程，按泵的分类及适用范围初步确定泵的类型。

2) 根据输送介质的腐蚀性，选择泵的材质。

3) 根据泵厂提供的样本及有关技术资料确定泵的型号。

(4) 选择驱动机：

1) 对装置中的大型泵或需调速等特殊要求的泵，可选用气轮机。

2) 对中小型泵可选用电机，根据输送介质的特性或车间等级选择防爆或不防爆电机。

(5) 选择泵的轴封；

(6) 确定泵的备用率和台数；

(7) 填写泵的规格表，作为泵订货的依据和选泵过程中各项数据的汇总。

B　泵的类型选择

每一类型的泵只能适用于一定的性质范围和操作条件。根据泵的流量和扬程可粗略地确定泵的类型。如图 6-35 所示。

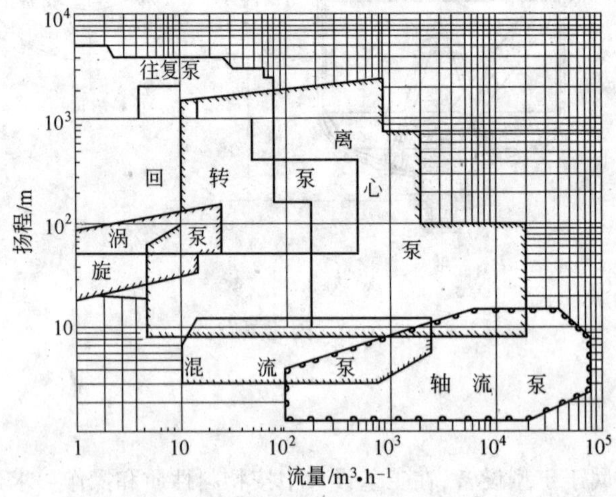

图 6-35　泵的性能范围

C　泵型号的确定

初步确定泵的类型后，再根据这一类的产品系列，确定泵的型号，其主要考虑下列因素进行选择。

(1) 液体介质的性质：水泵、油泵、耐腐蚀泵等。

(2) 流量：单吸泵或双吸泵。

(3) 扬程：单吸泵或双吸泵。

(4) 操作温度：一般泵、低温泵、高温泵。

(5) 化学性质：耐腐蚀泵、液下耐腐蚀泵、屏蔽泵。

D　泵的台数及备用率的确定

泵的台数及备用率主要根据工艺要求，例如大型氧化铝厂、化工、石油化工装置，为确保装置的运转，泵的备用率应提高。

6.3.8.2　压缩机

一般来说,压缩机是装置中功率比较大、电耗比较高、投资比较多的设备。工艺设计者可根据操作工况所需的压力、流量和运转状态(间歇或连续)选择所需的压缩机类型。

A　压缩机的选用原则

压缩机的选用原则如下。

(1) 选择压缩机时,通常根据要求的排气量、进排气温度、压力以及流体的性质等重要参数来确定。

(2) 各种压缩机常用气量、压力范围:

活塞式空气压缩机单机容量通常不大于100 m^3/min,排压0.1～32 MPa;

螺杆式空气压缩机单机容量通常50～250 m^3/min,排压0.1～2.0 MPa;

离心式空气压缩机单机容量通常大于100 m^3/min,排压0.1～0.6 MPa。

(3) 确定空压机时,重要因素之一是考虑空气的含湿量。确定空压机的吸气温度时,应考虑四季中最高、最低和正常温度条件,以便计算标准状态下的干空气量。

(4) 选用离心式压缩机时须考虑如下因素(其他类型压缩机也可参考)。

吸气量(或排气量)和吸气状态,这取决于用户要求和现场的气象条件。排气状态、压力、温度,由用户要求决定。冷却水水温、水压、水质要求,压缩机的详细结构,轴封及填料由厂家提供详细资料。驱动机,由制造厂提供规格明细表。控制系统,制造厂提供超压、超速,压力过低,轴承温度过高和润滑系统等停车和报警系统图。压缩机和驱动机轴承的压力润滑系统,包括油泵、油槽,油冷却器等规格。附件主要有随机仪表、备品、备件、专用工具等。

B　离心式压缩机的型号选择

离心式压缩机的型号选择如下。

(1) 利用图表选型:国内外生产厂家为便于用户选型,把标准系列产品绘制出选型用曲线图,由图进行型号的选择和功率计算;

(2) 估算法选型:估算法应计算的数据有:气体常数、绝热指数、压缩系数、进口气体的实际流量,总压缩比,压缩总温升,总能量头,级数,转速,轴功率,段数。

选择离心式压缩机应以进口流量和能量头的关系为依据,以上估算的性能参数在生产厂家定型产品的范围内,即可直接订购。

C　活塞式压缩机的型号选择

活塞式压缩机的型号选择如下。

(1) 一般原则:压缩机的选型可分为压缩机的技术参数选择和结构参数选择。前者包括技术参数对氧化铝生产工艺流程的适用性和技术参数本身的先进性,从而决定压缩机在流程中的适用性。后者包括压缩机的结构形式、使用性能以及变工况适应性等方面的比较选择,从而将影响压缩机所在流程的经济性。因此,压缩机选择应为适用、经济、安全可靠、利于维修。

1) 工艺方面的要求。介质要求,可否泄漏,能否被润滑油污染,排气温度有无限制,排气量,压缩机进出口压力。

2) 气体物性要求。安全,压缩的气体是否易燃易爆或有无腐蚀性。压缩过程的液化,如有液化,应注意凝液的分离和排除,同时在结构上要有一些修改。排气温度限制,对压缩的介质在较高的温度下会分解,此时应对排气温度加以限制。泄漏量限制,对有毒气体应限制其泄漏量。防腐和选材。

(2) 选型基本数据如下:

1）气体性质和吸气状态，如吸气温度、吸气压力、相对湿度。

2）生产规模或流程需要的总供气量。

3）流程需要的排气压力。

4）排气温度。

（3）对特殊介质，包括对氧气、氢气、氯气、氨气、石油气、二氧化碳、一氧化碳、乙炔等气体的压缩，压缩机选择的要求可参阅有关文献。

7 工厂布置

7.1 氧化铝厂的结构和组成

氧化铝厂不论其产品的种类、规模、生产方法或生产技术的先进程度是否相同,但是,企业的结构基本上是相同的。

7.1.1 氧化铝厂的结构

氧化铝厂的结构主要有:

(1) 人:氧化铝厂的人员配置,有机关人员(如经理,厂长,行政办公室人员等)、工程技术人员(如总工程师、工程师、技术员等)、操作人员及后勤行政人员(如销售人员等)。

(2) 财:氧化铝厂的资金,分为固定资产及流动资金两大类。

(3) 物:氧化铝厂的物资,包括各种机器设备、厂房建筑物、材料及各种仪表等。

(4) 产:上述的人、财、物都是为生产服务的,而生产需要依靠科学技术的进步,才能不断提高企业的经营效益。

(5) 供:为了使生产能顺利地进行,应当及时向生产部门提供所有的原料及必要的机器设备,提供检修所需的一切物资,以利检修工作的顺利进行,完成维修任务。

(6) 销:氧化铝厂生产出来的合格产品,在满足用户的前提下,应尽快地销售出去,避免积压在库,使流动资金受阻,妨碍生产(如有时需要减产,甚至暂时停产)。因此,产品销售渠道畅通与否,直接影响产量,也影响企业的经济效益。

7.1.2 专业技术人员

氧化铝厂中的技术人员主要包括以下五个专业:

(1) 工艺:其任务是管理从原料到成品的生产工艺过程。

(2) 设备:设备专业人员应对冶金设备的应用、结构、材料、性能、制造工艺、操作条件、安装、检修等有深刻的了解,在生产正常时保证设备的完好率,在提高生产能力时充分挖掘设备的潜力,保证设备运转可靠、安全、高效。

(3) 自动控制:其任务是通过各种仪表显示生产操作参数,通过微机来控制生产,使工艺过程沿着给定的技术路线顺利进行。

(4) 供排水:负责全厂的供水与排水。

(5) 电气:负责全厂的电缆、电网、各车间的动力电负荷、电表、控制及维修等。

此外,还有土建、热工等专业人员。

7.1.3 氧化铝厂的组成

按照设计程序,厂区的总平面布置一般根据生产工艺流程、生产性质、生产管理、工序划分等情况,将全厂分为若干生产区,使工厂功能区分明确,运输管理方便,互不干扰,然后在生产区内根据生产使用要求布置建筑物等设施。由于氧化铝厂生产规模大,建筑物较多,则要根据生产工艺划分不同的生产区,每个生产区都有一定的生产和生活设施。各生产区根据生产要求,设若干车间。因此,搞好总平面布置,首先要了解工厂的生产工艺流程,生产区划分和车间组成。

氧化铝厂组成包括:

(1) 生产车间。包括由原料加工至成品包装等各主要生产车间,而每个车间又按工艺流程设置若干个工段。

(2) 辅助车间。如机修车间、仪表修理车间、化验室等。

(3) 服务于生产的设施,包括:

1) 仓库:原料、成品、燃料以及各种材料仓库与露天堆场(包括废物堆场);

2) 动力设施:锅炉房、变电所、空压站、氧气站、煤气站、循环水站等;

3) 全厂性行政、生活建筑:厂部办公楼、居住区、食堂、医务室、门卫、浴池、学校、托儿所、娱乐场所等;

4) 运输设施:铁路、厂内道路、汽车库以及机械运输设施(如皮带运输机、螺旋运输机)、吊车等;

5) 工程技术管网:上下水道、供电、压缩空气、煤气、蒸汽以及收尘用管道等各种管线;

6) 绿化设施及建筑小区:林木花草绿地、围墙、大门、传达室、宣传布告栏等。

7.2 氧化铝厂布置的基本任务

氧化铝厂布置涉及的对象是生产过程中的机器设备、各种物料(如原料、半成品、成品及废料)、从事生产的操作人员、铁路和道路以及各种物料管线等。工厂布置设计的基本任务是结合厂区的各种自然条件和外部条件,确定生产过程中各种对象在厂区中的位置,以获得最合理的物料和人员的流动路线,创造协调又合理的生产和生活环境,组织全厂构成一个能高度发挥效能的生产整体。因此,氧化铝厂布置的实质是为了寻找物料和人员的最佳流动方案。

按我国习惯做法,工厂布置又划分为总平面布置(习惯称为总图运输或总图布置)和车间布置两部分。总平面布置又称为厂区布置,是将生产、运输、安全、卫生、管理部门及车间进行统筹安排,寻求物料和人员的最佳流动布局,因此是全局性的或整体性的。车间布置,化工领域又称为装置(由各种单体设备以系统的、合理的方式组合起来的整体)布置,主要是车间厂房和设备进行合理的安排和布置,故是局部的。就设计工作的分工而言,这样的划分可以使总图专业和工艺专业有各自明确的工作范围,但就工作的性质而言,二者又是不可分割的整体,因为它们具有相同的工作任务,只是工作范围大小不同而已。

7.3 氧化铝厂总平面布置

7.3.1 氧化铝厂总平面布置的依据和内容

氧化铝厂总平面布置,一般是由设计单位会同建设、勘探、施工等单位的人员,依据设计任务书和工艺专业提出的工艺布置方案及总平面布置草图进行的。其设计内容包括:

(1) 生产线路的平面布置:根据主要生产线路和厂区自然地形的特点,确定生产线路平面布置方式。

(2) 厂区道路布置:即厂内主、次干道的布置方案设计。

(3) 建(构)筑物布置:即厂区建(构)筑物的整体布置,涉及到厂区的划分,所有建(构)筑物相对位置和间距的确定等问题。

(4) 厂区竖向布置:即进行工厂竖向布置和土方调配规划,涉及到场地平整、厂区防洪、排水等问题。

(5) 厂区工程管线布置:即合理地综合布置厂内地上、地下各种工程管线设计。

(6) 厂区绿化及环境卫生安排设计,或提出设计要求委托设计。

为使总平面布置不至于漏项,必须分项详细列出各建(构)筑物的名称。

7.3.2　氧化铝厂总平面布置的原则

为使氧化铝厂运转正常,综合利用厂区的各种有利因素,总平面布置设计的基本原则如下:

(1) 符合工艺生产的要求。应力求生产作业线通顺、连续、短捷,避免主要作业线交叉往返。为此要根据工艺流程的顺序布置各生产车间,主要辅助车间(供水、供热、供电、供汽等车间)及其他公用设施应尽可能靠近生产车间,尽量将工作性质、用电要求、货运量及防火标准、卫生条件等类同的车间布置在同一地段,配电站、变电站和空压机房等应布置在空气清洁的地方;存储量大、货运量大、车辆往返频繁的设施(如原料、燃料仓库和堆放场、成品栈台、车库、运输站等)应尽量布置在厂区边缘地带,以利于其与外部铁路、公路的衔接和车辆的频繁往返;应充分利用地形布置厂内运输方式,尽可能做到物料运输自流。

(2) 满足厂内外交通运输及工程技术管线敷设的要求。交通运输是沟通工厂内外联系的桥梁和纽带,必须正确地选择厂内外各种运输方式,因地制宜地布置运输系统。铁路专用线、公路、外部铁路、公路间的连接应方便合理,并尽可能地缩短线路长度。

氧化铝厂的人流和货流线路分散而繁杂,在进行总平面布置时,应分清线路系统的主次关系,将主要运输线路从厂后引入,人流线路从厂前进入。厂区主干道常设在厂区的主轴线上,通过厂前区和城市道路相连,次干道主要是作为车间、仓库、堆场、码头等相联系的道路,辅助道是通往行人车辆较少的道路(如通往水泵站、总变电所等的道路)及消防道路等。车间引道是车间、仓库等出入口与主、次干道或辅助道相连接的道路。厂区主要干道应径直而短捷,做到人货分流,尽量减少人流和货流线路的交叉,不得不交叉时,需设有缓冲地带或设置安全措施。表7-1为厂内道路的主要技术指标。厂内道路边缘与相邻建(构)筑物的最小距离采用表7-2的规定。

表7-1　厂内道路的主要技术指标

指标名称	工　厂	矿　山
计算行车速度/$km \cdot h^{-1}$	15	15
路面宽度/m:		
大型厂主干道	7~9	6~7
大型厂次干道　中型厂主干道	6~7	6
中型厂次干道　小型厂主、次干道	4.5~6	3.5~6
辅助道	3.0~4.5	3.0~4.5
车部引道	可与车间大门宽长相适应	
路肩宽度/m	0.5~1.5	
最小转弯半径/m:		
行驶单辆汽车时	9	
汽车带一辆拖车时	12	
行驶15~20 t平板车时	15	
行驶40~60 t平板车时	18	

表 7-2　道路边缘与相邻建(构)筑物的最小距离

相邻建、构筑物名称	与车行道的最小距离/m	与人行道边缘最小距离/m
建筑物外墙面:		
(1) 当建筑物面向道路一侧无出入口时	1.5	
(2) 当建筑物面向道路一侧有出入口,但不能行汽车时	3.0	
各类管线支架	1.0~1.5	
围墙	1.5	
标准轨铁路中心线	3.75	3.5
窄轨铁路中心线	3.0	3.0

注:1. 表列距离,城市型道路自路面边缘算起,公路型道路自路肩边缘算起;
2. 生产工艺有特殊要求的建、构筑物及各种管线至道路边缘的最小距离,应符合有关单位现行规定的要求。

氧化铝厂的工程技术管线相当复杂,种类繁多。在进行管道布置时,要因地制宜地选择管线敷设方式,合理决定管线走向、间距、敷设宽度及竖向标高,正确处理管线与建(构)筑物、道路、铁路等各种工程设施的相互关系,减少管线之间、管线与铁路、公路、人行道之间交叉。

总之,符合生产工艺和运输要求,实质上要求总平面布置实现生产过程中的各种物料和人员输送距离最小,最终实现生产的能耗为最小。

(3) 符合安全和卫生的要求。遵循防火、卫生、防爆、防震、防腐蚀等技术规范是总平面布置的基本原则和要求,其重点是防止火灾、爆炸的发生,以利于保护国家和个人财产,保护工厂职工的人身安全和改善劳动条件。

总平面布置不仅要满足车间的通风、朝阳日照、采光等卫生要求,而且要考虑厂区的雨水排除、绿化布置,"三废"治理等要求。

总平面图上要有风玫瑰图,包括风向玫瑰图和风速玫瑰图。风向是风流动时的方向,其最基本的一个特征指标是风向频率。风向频率是指一段时间内不同风向出现的次数与观测总次数之比。一般采用 8 个方向来表示风向和风频。将各方向风的频率以相应比例长度点在方位坐标线上,用直线连接端点,并把静风频率绘在中心,这就是风向玫瑰图(见图 7-1*a*)。空气流动的速度用风速来表示,单位为 m/s。按照风向玫瑰图的绘制方法表现各个风向的风速,即可制成风速玫瑰图(见图 7-1*b*),中心的数字表示平均风速。

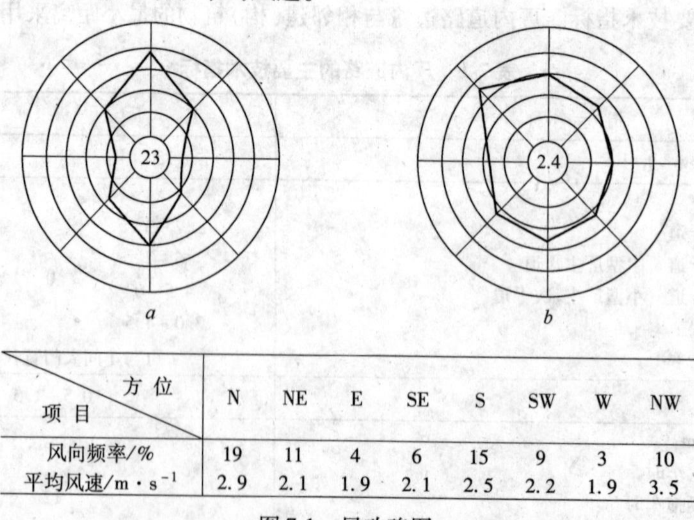

项目＼方位	N	NE	E	SE	S	SW	W	NW
风向频率/%	19	11	4	6	15	9	3	10
平均风速/m · s^{-1}	2.9	2.1	1.9	2.1	2.5	2.2	1.9	3.5

图 7-1　风玫瑰图

a—风向玫瑰图(间距 5%);*b*—风速玫瑰图(间距 1.0 m/s)

有关手册中列有我国各主要城市的风玫瑰图。风向频率与风速直接影响着污染程度,下列公式给出了污染系数、污染风频与它们的关系。

$$\lambda=\left[\frac{1}{2}\left(1+\frac{v}{V}\right)\right]^{-1}=\frac{2V}{V+v} \tag{7-1}$$

$$f_p=f\lambda \tag{7-2}$$

式中　λ——某方向的污染系数;

V——全年各风向平均风速,m/s;

v——某风向全年平均风速,m/s;

f_p——某风向的污染风频,%;

f——某风向的风向频率,%。

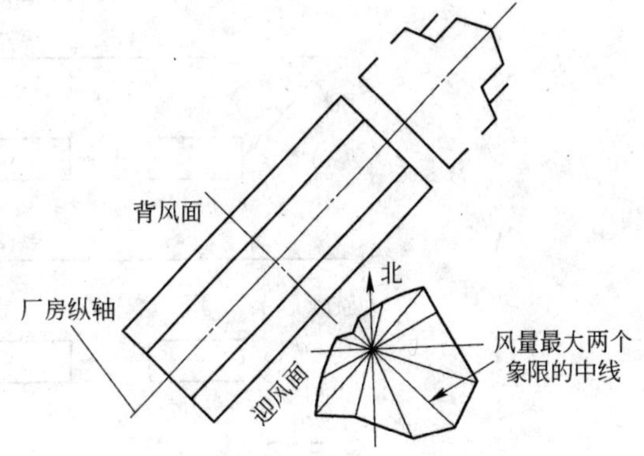

图 7-2　建筑方位与风向关系图

λ 值的界限为 $0<\lambda<2$,当 $v=V$ 时,$\lambda=1$;$v\to0$ 时,$\lambda\to2$。可以看出,污染程度与风向频率成正比,与风速成反比。因此,在进行总平面布置时,要注意当地的盛行风向(风频较大的风向)、风速及其影响。要将易燃物料堆场或仓库及易燃、易爆车间布置在容易散发火花及有明火源车间的上风侧,将产生有害气体和烟尘的车间及存放有毒物质的仓库,布置在厂区的边缘和生活区的下风侧;厂前区一般是工厂的行政管理、生产技术管理及生活福利的中心,应布置在主导风向的上风侧。建(构)筑物之间的距离,要按日照、通风、防火、防震、防噪要求及节约用地的原则综合考虑,应符合有关设计规范的要求。合理考虑高温车间的建筑方位,在可能条件下,应使高温车间的纵轴与夏季主导风向相垂直,如图 7-2 所示。除综合治理"三废"以外,还应注意将有污水、毒水排出的车间或设备布置在居住区和附近工厂的下游地区等。

(4) 因地制宜,合理利用土地。结合厂址的地形、地质、水文、气象等条件进行总平面布置,在切实重视节约用地的同时,应留有发展余地。

当厂区较平坦方整时,一般采用矩形区布置方式,以使布置紧凑,用地节约,实现运输及管网的短捷,厂容整齐。山区建厂应考虑山谷风影响和山前山后气流的影响,要避免将厂房建在窝风地段。

应考虑工厂将来发展的可能性,生产强化及增产的可能性,适当留出车间发展所需要的用地、交通线和服务设施,需要妥善处理工厂分期建设的问题。具体注意分期建设时,总平面布置应使前后工程项目尽量分别集中,使前期工程尽早投产,后期有适当合理的布局;应使后期施工与前期工程地段之间的相互干扰尽可能小;坚持"远近结合,近期集中,远期外围,由近及远,自内向外"的布置原则,以达到近期紧凑,远期合理的目的。在预留发展用地时,总平面布置至少有一个方向可供发展的可能,但也要防止在厂内大圈空地,多征少用,早征迟用和征而不用的错误做法。

应尽量不占或少占良田耕地,采用多层厂房向空中发展。

7.3.3　厂区平面布置

氧化铝厂总平面布置(或称总图运输)设计主要是按照工艺路线考虑生产车间或界区的布置,然后考虑公用工程(锅炉房、水泵房、变电所等)及辅助车间和行政管理建筑物等的布置。在总图设计中,也可以根据交通运输(公路、铁路)、供电、供排水系统等现场条件来考虑生产车间(或工艺装置)的位置。厂内服务设施(锅炉房、机修车间、办公室等)可以在生产车间布置确定后,再确定它们的位置。最后考虑总图是否符合安全生产等原则,并与规定条文及标准要求进行对照检查,以验证总平面设计的合理性。

7.3.3.1　生产线路的平面布置

生产线路的平面布置方式有以下几种:

(1) 纵向生产线路布置:按各车间厂房的纵轴与生产线平行或顺着地形等高线布置,主要有单列式和多列式,多适应于长方形地带或狭长地带,如图 7-3 所示。

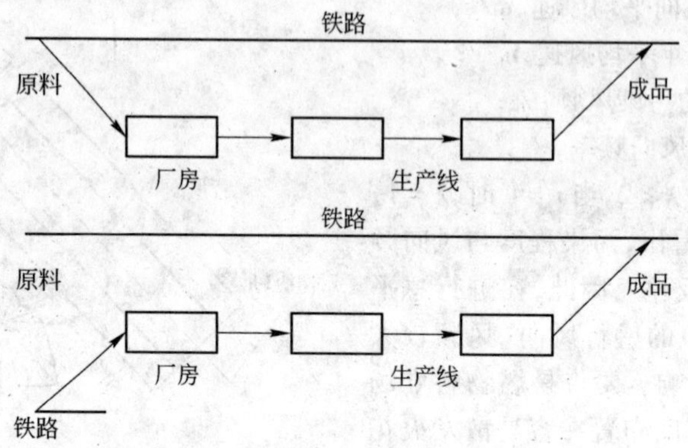

图 7-3　纵向生产线路布置示意图

(2) 横向生产线路布置:工厂主要生产线路垂直于厂区或车间纵轴,并垂直于地形等高线。这种布置多适于山地或丘陵地区,尤其适宜于物料自流布置。

横向生产线路布置可缩短运输线路,但由于氧化铝厂厂房内生产线路沿厂房纵轴进行,而且互相之间又要求紧密联系,这将使厂房内部生产线路与总平面生产线路方向不一致,产生迂回间断,所以一般很少采用横向生产线路布置方式。

(3) 混合生产线路布置:工厂主要生产线路呈环状,即一部分为纵向,一部分为横向,如图 7-4所示。

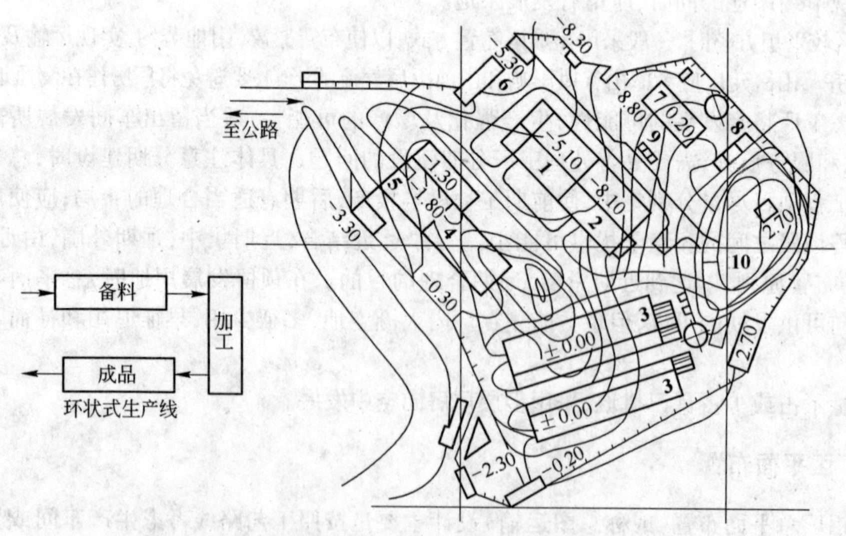

图 7-4　混合式生产线路布置

1—原材料库;2—备料库;3—加工车间;4—热处理车间;5—成品库;
6—汽车库;7—锅炉房;8—煤斗;9—灰渣斗;10—地下油库

氧化铝厂的生产线路较为复杂,生产过程连续性强,物料运输量大,且主要采用管道运输,管道多至数十种。管道架设占一定的面积和空间,使厂房的间距加大,并直接影响车间之间的运输联系,因此往往采用混合式生产线路布置方式。

7.3.3.2 道路布置

根据工厂占地面积,一般沿厂区周围及中心地域设置主要干道,由主干道将工厂划分几片布置区域,安排布置车间和辅助设施。布置时“先主干后分区”。

道路分车行道和人行道,其宽度及转弯半径一般都有设计规范,应遵照执行。主干道之间设有次干道沟通主干道和装置。主干道宽在15 m以上,次干道宽6 m以上,便于消防车通过。主干道和次干道一般不允许出现死角和死胡同,而且不影响地下隐蔽工程和消防工程的维修。车间与原料区由道路隔开。排水沟一般沿主干道、次干道安排。

7.3.3.3 建(构)筑物的布置

生产工艺流程是氧化铝厂总平面布置的重要根据,在布置厂区建(构)筑物时,主要考虑以下因素:

(1) 总体布置紧凑,节约建设用地,少占或不占良田。必须合理紧凑地布置厂区建(构)筑物,减少堆场、管道及道路的占地面积。在总平面布置设计中常用的方法是:在满足卫生、防火、安全等条件下,合理缩小建(构)筑物的间距;厂房集中布置或车间合并(如将几个生产性质相近的车间并成联合车间),由单层改为多层及单层多层合并相结合;充分利用场地,减少用地面积。

(2) 合理划分厂区,满足使用要求,留有发展余地。根据氧化铝生产特点划分厂区,使各生产区自成一个系统,便于生产和管理。各区除了满足近期的使用要求外,还应根据建设任务的要求合理保留备用地,作为将来发展用地。

(3) 确保安全、卫生和不影响环境。氧化铝厂建(构)筑物在平面相对位置初步确定后,就需要进一步确定建筑物的间距。决定建筑物间距,除了防火、防爆、防震、防毒、防噪声、防尘等防护要求,以及通风、采光等卫生要求的因素外,还有地形、地质条件、交通运输、管线布置等因素。如一般建(构)筑物的防火间距应符合防火的有关规定;对易燃材料的堆场、仓库及易发生火灾危险的车间,应布置在散发火花和明火火源的上风区,并保证有一定的防火距离。消防车库应设于主干道旁,一旦有事故发生时便于出动,很快赶往出事现场进行灭火。

(4) 结合地形地质,因地制宜,节约建设投资。总平面布置既要同时考虑厂区的地形、地貌、工程地质、水文地质等条件,以满足生产、运输的安全、可靠,又要力求土石工程量最小,以达到工程技术上的经济合理。如地形高差较大时,应设计成不同宽度的台阶地,充分利用地形条件,工艺流程可从高处到低处,也可以利用地形高差,布置爬山烟囱、锅炉房等。如图7-5所示。

(5) 妥善布置行政和生活设施,以方便生活和管理。行政和生活建筑,一般包括行政办公楼、实验室、单身宿舍、食堂、保健站、出入口、门卫室及自行车棚等。由于氧化铝厂规模大,工人较多,全厂设有单独生活区,其中包括办公室、食堂、化验室、值班人员宿舍等。

厂区办公室是全厂的行政中心,其布置在厂区里还是与生产区分开布置于厂区前面,可根据具体情况而定。当行政和生活建筑数量不多、面积不大,使用上又无明显矛盾时,应考虑合并建造,避免建筑分散、零乱,占地多,不经济。

全厂实验室,根据使用要求,如防震、防尘,最好位于厂区较安静、清洁的地方,但又需要与有联系的主要生产车间靠近。当实验室面积不大时,其可与行政办公楼合并,但应有单独的出入口。

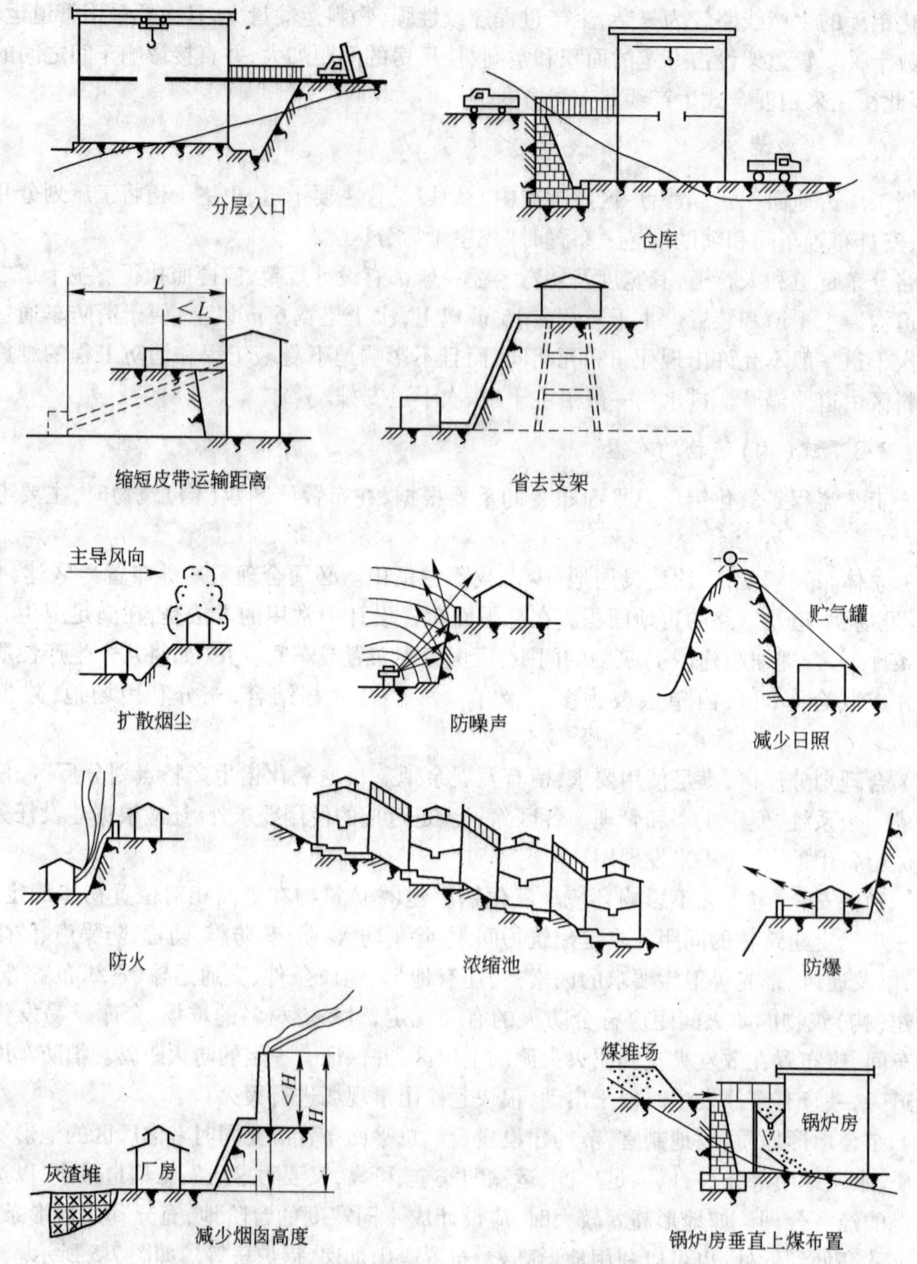

图 7-5　充分利用地形进行竖向布置示例

厂内食堂的位置，应考虑工人用餐方便，离各车间要近，又要顺路，使工人下班用餐后回宿舍，上班时先上食堂，后进车间，不走或少走回头路。食堂与车间的距离，应根据工厂的性质、生产规模及膳休时间等综合考虑。当膳休时间不超过半小时，其距离以不超过 200 m 为宜；若膳休时间为 1 h，其距离不超过 600 m 为宜，实际距离需根据具体情况而定。规模大的工厂，工人较多，可按车间分若干个食堂。布置厨房时要注意防止煤、灰、垃圾影响厂区整洁。

工人出入口，一般包括大门、传达室或值勤宿舍等（见图 7-6），是全厂人流出入的重要通道，当工厂规模大时，同时也是货运出入口。出入口位置和数量，应根据生产工艺流程、周围人流和货流的组织情况，以及工厂对外联系情况而定。大型工厂可设总出入口及辅助出入口，人流和货流分开。常见的几种布置方法可参考图 7-7。

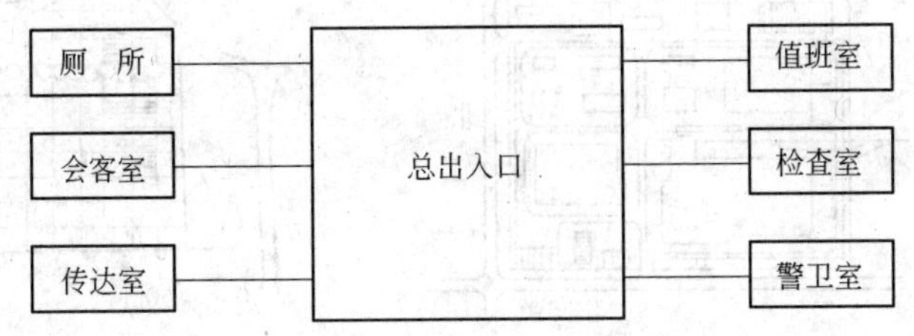

图 7-6 总出入口的组成

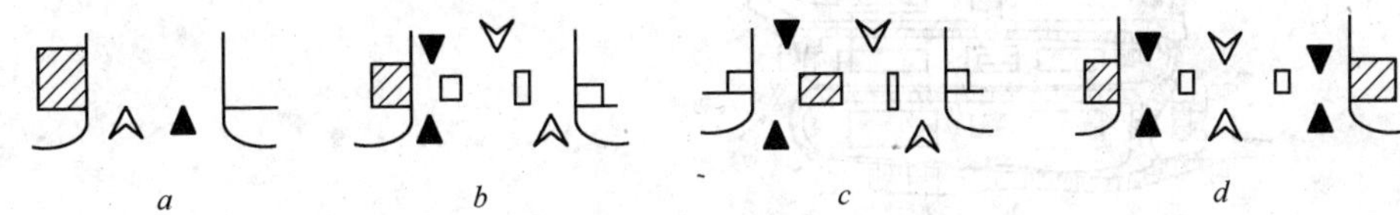

图 7-7 总出入口人流和货流的几种布置

a—人流货运在同一出入口；*b*—人流货运在传达室的同一侧；*c*—人流货运在传达室的两侧；*d*—人行在两侧，货运在中间；

▲—人流；Å—货运

哺乳室和托儿所的设置，应根据女工多少而定。如工厂女工较多，可单独设置。如女工不多，附近有代托条件时，可不必单独设置。设置时可在厂内选择适当位置。注意周围的环境卫生和安全，一般设在工厂总出入口附近，以方便工人上班和哺乳。

自行车棚的布置要考虑工人居住分布情况，便于职工存放，即不妨碍交通，又不影响美观。当使用自行车上下班的人数不多时，车棚可布置在厂区出入口附近；当厂区较大，应考虑分散分布在工人较多的生产车间附近。一般 1000 辆以上自行车，要设置 2 ~ 3 个自行车车棚。

(6) 考虑形体组合的美观和绿化。厂区建筑群在满足生产工艺要求的情况下，合理划分厂区，布置管路运输情况，进行综合竖向布置、环境保护设计，应当使其空间及造型设计具有美观、明朗，显示出工厂生机勃勃的形象。

工厂大门、办公楼设置明显和美观，它们与生活区、建筑雕塑、绿化景点的安排，使工厂可有清洁文明花园之感。

厂区建(构)筑物布置的方式，主要有以下几种。

(1) 街区式：在四周道路环绕的街区内，根据工艺流程特点和地形条件，合理布置相应建(构)筑物及装置，如图 7-8*a* 所示。这种布置方式适合于厂区建(构)筑物较多，地形平坦且为矩形的场地。如果布置得当，它可使总平面布置紧凑、用地节约、运输及管网短捷，建(构)筑物布置井然有序。

(2) 台阶 - 区带式：在具有一定坡度的场地上，对厂区进行纵轴平行等高线布置，并顺着地形等高线划分为若干区带，区带间形成台阶，在每条区带上按工艺要求布置相应的建(构)筑物及装置，如图 7-8*b* 所示。

(3) 成片式：以成片厂房(联合厂房)为主体建筑，在其附近的适当位置，根据生产要求布置相应的辅助厂房，如图 7-8*c* 所示。这种布置方式是适应现代化工业生产的连续性和自动控制要求，大量采用联合厂房而逐渐兴起的，具有节约用地、便于生产管理、建筑群体主次分明等优点。

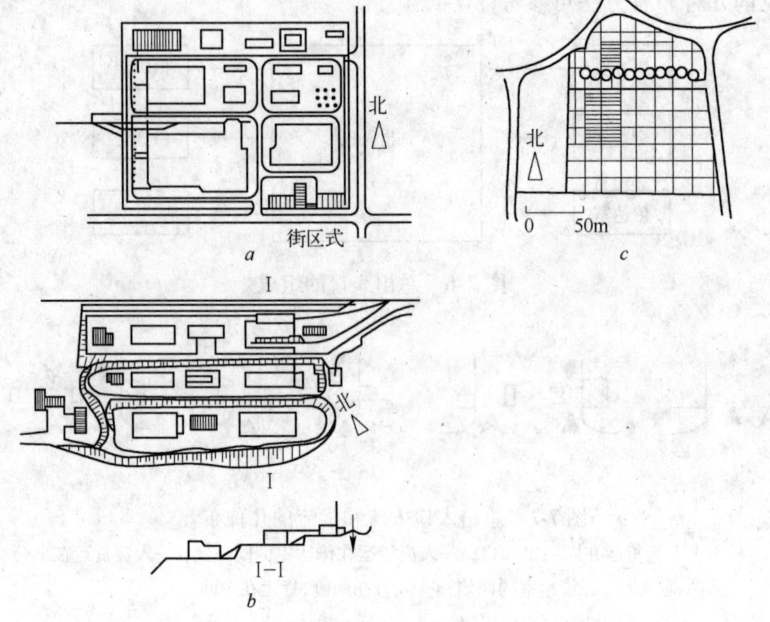

图 7-8　厂区建(构)筑物平面布置方式示意图

a—街区式;*b*—台阶 - 区带式;*c*—成片式

7.3.4　厂区竖向布置

竖向布置的任务主要是合理地利用和改造厂区的自然地形,协调厂内外建(构)筑物、设施、交通路线的高程关系,确定建(构)筑物的标高,使工程建设中土方量减少,并满足场地排水要求。

7.3.4.1　竖向布置的基本要求

竖向布置的基本要求有:

(1) 根据工厂场地设计的整平面之间连接或过度方法,确定竖向布置方式,选择设计地面的形式。

(2) 为保证生产、运输的连续性,尽量实现物料自流,确定全厂建(构)筑物的设计标高,及与厂外运输线路相互衔接。

(3) 应使场地排水通畅,注意防洪防涝,确定工程场地的平整方案及排水方案。

(4) 避免高填深埋,减少土石方工程量,创造稳定的场地和建筑基地,进行厂区的土石方工程规划,计算土石方工程量,拟订土石方调配方案。

(5) 确定设置各种工程建(构)筑物和排水建(构)筑物。

7.3.4.2　竖向布置应考虑的问题

竖向布置应考虑的问题有:

(1) 布置方式。根据工厂场地设计的整平面之间连接或过度方法的不同,厂区竖向布置的方式有:

1) 平坡式。整个厂区没有明显的标高或台阶,即设计整平面之间的连接处的坡度和标高没有急剧变化或标高变化不大的竖向布置方式称为平坡式布置。这种布置对生产运输和管网敷设的条件较阶梯式好。在建筑密度较大,铁路、道路和管线较多,自然地形坡度小于3‰的平坦地区或缓坡地带,适宜采用这种布置方式。

2) 阶梯式(或台阶式)。整个工程场地划分为几个台阶,台阶间连接处标高变化大或急剧变化,以陡坡或挡土墙相连接的布置方式,称为阶梯式布置。这种布置方式的排水条件较好,但运输和管网敷设条件较差,需设护坡或挡土墙,适宜于在自然坡度大于3‰,或自然坡度虽小于3‰,但场地宽度较大的山区、丘陵地带的布置。

3)混合式。平坡式和阶梯式混合使用称为混合式布置。此种布置方式多用于厂区面积较大或厂区局部地形变化较大(如自然地形坡度有缓有陡时)的工程场地设计。

一般来说,平坡式布置较阶梯式布置易于处理。但如果处理得当,对以流体输送为主的湿法冶金来说,由于阶梯式布置能充分利用地形高差,把不利地形变为有利条件,在许多场合还是可取的。

充分利用地形进行竖向布置的示例如图7-5所示,可供厂区布置设计时参考。

(2)标高的确定。确定车间、道路标高是为了适应交通运输和排水的要求。如机动区的道路,考虑到电瓶车的通行,道路坡度不超过4‰(局部最大不超过6‰)。

(3)场地排水。可分为两方面的问题,一是防洪、排洪问题,即防止厂外洪水冲淹厂区,二是厂排水问题,即将厂内地面水顺利排出厂外:

1)防洪、排洪问题。在山区建厂时,对山洪应特别予以重视。为避免厂外洪水冲袭厂区的危险,一般在洪水袭击来的方向设置排洪沟,以引导洪水排向厂区之外。

在平原地带沿河建厂,应根据河流历年最高水位来确定场地标高,一般重要建筑物的地面高出最高水位0.5 m以上。因此需要填高或筑堤防洪。

沿河边的厂区场地,由于积水含有盐碱,不能流入老堤内污染水,故应采取抽排堤外的方法。

2)排水问题。可根据地形、地质、竖向布置方式等因素,选择厂区场地的明沟排水还是暗管排水方式。

(4)土石方工程量。土石方工程量的计算是进行工厂土石方规划和组织土石工程施工的依据,同时校核工厂竖向设计的合理性(力求使场地土石方工程量最小)。因此,它也是各种竖向设计的主要内容。

土石方的计算方法有以下四种:

1)方格网计算法;

2)局部分块计算法,其精度高工作量大;

3)断面计算法;

4)整体计算法(又称方格网综合近似计算法),其误差大,但计算简便,能较快得出结果。因此在土石方量计算中常采用前两种,而在方案比较中,主要采用后两种。

7.3.5 管廊布置

大型车间的管道往返较多,为了便于安装及装置的整洁美观,通常都设集中管廊。其布置的要求如下:

(1)首先要考虑工艺流程,来去管道要做到最短、最省,尽量减少交叉重复。管廊在车间中的位置以能联系尽量多的设备为宜。一般管廊布置在长方形装置并且平行装置的长边,其两侧均布置设备,以节约占地面积,节省投资。图7-9为管廊布置的几种方案。

(2)管廊宽度根据管道数量、管径大小、弱电仪表配管配线的数量而定。管廊断面要精心布置,尽可能避免交叉换位。管廊上一般可预留20%的余量。

(3)管廊上的管道可布置为一层、二层或多层。多层管廊要考虑管道安装和维修人员通道。

(4)多层管廊最好按管道类别安排,一般输送有腐蚀性介质的管道布置在下层,小口径气液管布置在中层,大口径气液管布置在上层。

(5)管廊上必须考虑热膨胀,凝液排出和放空等设施。如果有阀门需要操作,还要设置操作平台。

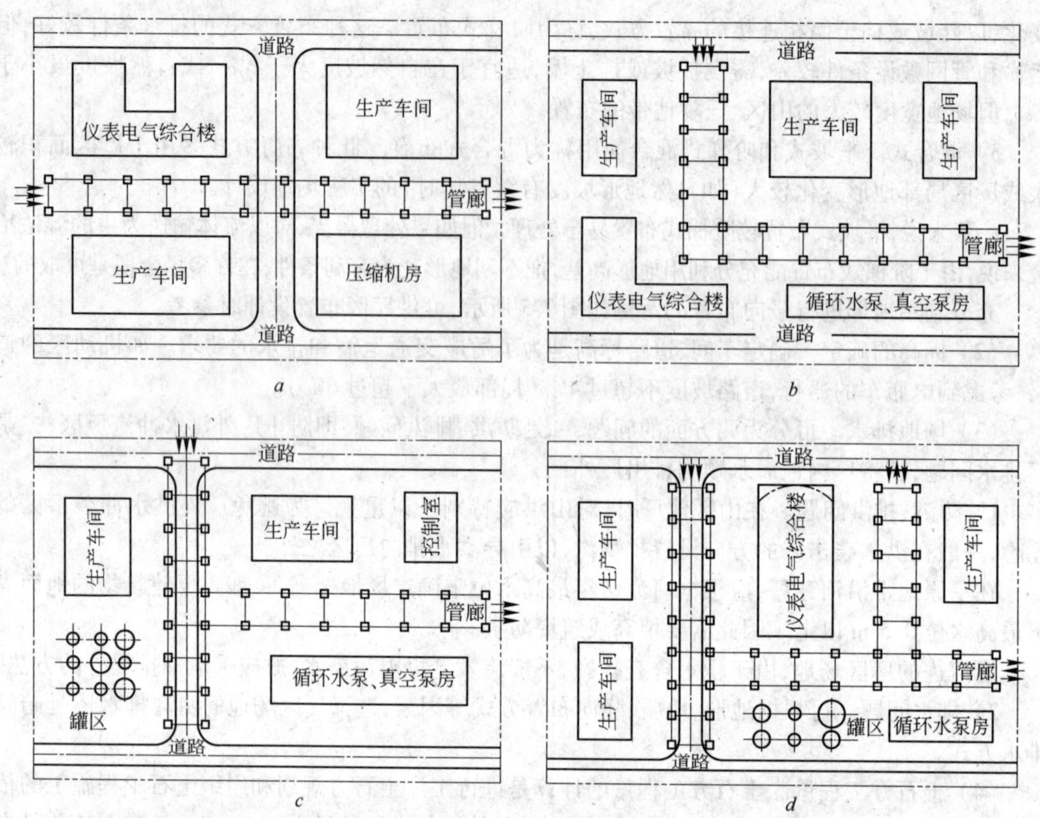

图 7-9　管廊布置的几种方案

a—直通式 I 形管廊；*b*—L 形管廊；*c*—T 形管廊；*d*—U 形管廊

(6) 管廊一般均架空敷设，其最低高度（离地面净高度）一般要求为：横穿铁路时要求轨面以上 6.0 m；横穿厂内主要干道路时 5.5 m；横穿厂内次要道路时 4.5 m；装置内管廊 3.5 m；厂房内的主管廊 3.0 m。

(7) 管廊柱距视具体情况而定，一般在 4 ~ 15 m 之间。

(8) 一般小型管廊结构形式为单根钢或钢筋混凝土结构。大型管廊为节约投资，一般采用钢筋混凝土框架结构，也有采用钢筋混凝土立柱上加钢梁，这样既便于施工和安装管道，又便于今后增加或修改管道。

7.3.6　绿化布置

在不影响人流、车流、管道布置、交通运输、设备维修、排污、采光的前提下，规划和安排好工厂绿化、生产区道路绿化、车间前区绿化，有些地方要设计绿化隔离带，如生产区和生活区之间、厂区和办公区、厂前区之间、工厂大门出入口都是绿化重点。凡是可以绿化之处，均应绿化。

绿化的同时应考虑美化，并在厂前区规划一定的绿化重点，为职工提供优雅的休息场所。在粉尘、有害气体排放可能性较大的车间周围，设计绿化带也是十分重要的，应选择一些抗污染、净化过滤气体和粉尘的树种和植物。

7.3.7　总平面布置的技术经济指标

评价总平面布置的优劣，常通过其技术经济指标的比较来进行。一方面利用这些指标对所设计的每个方案作出造价概算,以决定方案的经济合理性;另一方面可把设计中的技术经济指标与类似现有工厂的指标进行比较,以评定各方案的优缺点,从中筛选出最佳方案。表7-3列出了总平面布置的主要技术经济指标及其计算方法。表7-4为总平面布置主要技术经济指标,可供氧化铝厂设计参考。

表7-3 总平面布置的主要技术经济指标

序 号	指 标 名 称	计算方法及说明
1	地理位置	
2	工厂规模/t·a^{-1}	
3	厂区占地面积/m^2	围墙以内占地,若无围墙时,按设置围墙的要求确定范围
4	单位产品占地面积/m^2·(t·a)$^{-1}$	厂区占地面积/企业设计规模
5	建、构筑物占地面积/m^2	其中构筑物是指有屋盖的构筑物
6	建筑系数/%	$\frac{\text{建、构筑物占地面积}}{\text{厂区占地面积}} \times 100\%$
7	露天场地占地面积/m^2	没有固定建筑基础的露天堆场和露天作业场
8	露天场地系数/%	$\frac{\text{露天场地占地面积}}{\text{厂区占地面积}} \times 100\%$
9	单位铁路长度/m·m^{-2}	$\frac{\text{厂区内铁路长度}}{\text{厂区占地面积}}$
10	单位道路长度/m·m^{-2}	$\frac{\text{厂区内道路长度}}{\text{厂区占地面积}}$
11	单位道路铺砌面积/m·m^{-2}	$\frac{\text{道路铺砌总面积}}{\text{厂区占地面积}}$
12	场地利用系数/%	$\frac{\text{建、构筑物占地面积}+\text{无盖构筑物占地面积}}{\text{厂区占地面积}} \times 100\%$
13	厂区平整土石方工程总量/m^2 其中:挖方 填方	
14	单位土石方工程量/m^3·m^{-2}	$\frac{\text{厂区平整土石方工程总量}}{\text{厂区占地面积}}$
15	绿化系数/%	$\frac{\text{绿化总面积}}{\text{厂区占地面积}} \times 100\%$
16	厂区围墙长度/m	

表7-4 氧化铝厂总平面布置主要技术经济指标

氧化铝厂规模	单位产品占地面积/m^2·t^{-1}	建筑系数/%	露天场地系数/%	单位铁路长度/m·m^{-2}	单位道路铺砌面积/m^2·m^{-2}
大 型	1.1~2.5	18~25	3~8	(80~140)×10^{-4}	(800~2000)×10^{-4}
中 型	2.5~6				
小 型	6~15				

7.3.8 某地区拟建60万t/a氧化铝厂的总平面布置设计方案

对于拟在某地区新建的60万t/a氧化铝厂,总平面配置考虑以下几方面:

(1) 根据该地区的全年主导风向,在全厂总平面图中,居民区布置在生产区的上风侧,生产区与居民区之间应有约宽800~1000 m的保护带,种植树木以及农作物,以防止生产区排放出的有害物质、粉尘、有毒气体和噪声对居民区的污染。

(2) 根据氧化铝生产过程的特点，总平面布置为纵向生产线较为有利，即厂房顺着生产线布置，厂房纵轴与生产线平行，这样可以使原料和成品各自在厂的一头，便于大型工厂的扩建。如图 7-3 所示。

(3) 厂区分为厂前区和厂后区。厂前区内布置有厂部办公大楼、厂研究所、厂内职工食堂、商店、饭店等福利设施，以及一些与生产流程无直接关系的车间和单位。厂后区是生产流程包括的各车间，车间沿铁道线布置，以利于原料、半成品、成品、废渣的运送。原料、蒸汽车间和焙烧车间分别布置在厂区的两端，间距约 1.8 km，这样可以控制污染成品的问题，并且粉尘量较大的原料车间、碎矿堆场和焙烧车间布置在厂区边缘和下风区。

(4) 在所做的两种平面布置中，铁路采用了不同的布置方式，如图 7-10 所示。

贯通式运输量大，适合于延伸很长的厂区，货物沿工厂运输线由一个方向进来，车皮由另一个方向出去，便于组织货运的流水作业，缩短空车运行距离，周转灵活。但是占地较多，线路长，道岔增加，投资较大，与国家铁路有两个接轨点。

尽端式布置的特点是线路较短，用地少，只有一个接轨点与国家铁路连接。其缺点是车辆调度不灵活，增加了车辆的行走距离。考虑到工厂的扩建规模，贯通式较为有利。在建厂一期工程中；考虑到投资效果，尽端式也是可行的。

(5) 考虑工厂的扩建问题，一般不能超过 120 万 t(原设计能力为 60 万 t)，种分、溶出留有横向预留地，其余的为纵向扩建预留地，如图 7-11 所示。

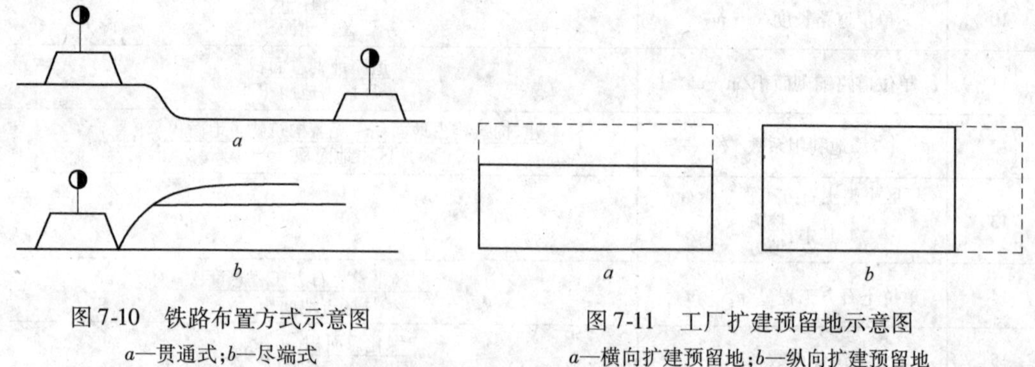

图 7-10　铁路布置方式示意图
a—贯通式；b—尽端式

图 7-11　工厂扩建预留地示意图
a—横向扩建预留地；b—纵向扩建预留地

(6) 原料、磨细车间布置在碎矿堆场的旁边。原矿槽、碎矿堆场、煤堆场、焙烧车间等粉尘污染较大的车间，布置在厂区边缘及下风区。由于原矿浆、种分浆液、溶出浆液及粗液、精液等易于沉淀和结垢，所以在湿法生产流程中原矿浆的磨制、溶出、赤泥沉降分离及洗涤、粗液叶滤、种分浆液过滤等车间应串联紧凑布置，以使输送管道尽可能的短直。

(7) 蒸发、溶出车间的蒸汽用量最大，是蒸汽车间的主要负荷所在，故应靠近锅炉房布置，以减少蒸汽管道的长度，避免热量的大量损失。

(8) 由于氧化铝厂大部分车间是热车间，为了较好地组织自然通风，利用“穿堂风”，所以流程中主要热车间的方位确定为车间的纵轴大致垂直于主导风向布置，即纵轴与东西方向成 30°夹角。

(9) 循环水冷却塔应设在通风良好的开阔地带，为防止冬季结冰，应布置在主车间下风区。

(10) 厂内的主要通道确定为 40 m 宽(根据《有色冶金企业总图运输设计》，冶金工业出版社，1981 年)。因为在氧化铝厂中，各车间之间的物料运输设施多为管道，密集地段可达 20 ~ 30 多种，所以应留有足够敷设管线的通道。

(11) 大型氧化铝厂的一些技术经济指标见表 7-5。

表 7-5 大型氧化铝厂几个基本建设项目的技术经济指标

项目名称	技术经济指标
单位产品占地面积/$m^2 \cdot t^{-1}$	1.1~2.5
单位铁路长度/$m \cdot (hm^2)^{-1}$	80~140
单位道路铺砌面积/$m^2 \cdot (hm^2)^{-1}$	800~2000

就现有的三项主要技术经济指标而论,可计算比较如下:

1) 60 万 t 氧化铝厂的占地面积:

$S = 600000 \times (1.1 \sim 2.5) = 0.66 \sim 1.5(km^2) \approx 66 \sim 150\ hm^2$

2) 铁路敷设长度:

$L = (66 \sim 150) \times (80 \sim 140) = 5280 \sim 21000(m)$

3) 道路敷设面积:

$n = (66 \sim 150) \times (800 \sim 2000) = 52800 \sim 300000(m^2)$

比较方案 1:

$S_1 = 1.425\ km^2$

$L_1' = 7000m, L_1 = L_1' + L_1''$($L_1''$与国家铁路距厂距离有关)

$n_1 = 210000\ m^2$

比较方案 2:

$S_2 = 0.9\ km^2$

$L_2' = 4400\ m, L_2 = L_2' + L_2''$($L_2''$与国家铁路距厂距离有关)

$n_2 = 136800\ m^2$

可以看出,方案 1 的各项指标均大于方案 2,所以方案 2 的投资在相同条件小于方案 1,故方案 2 较为合理。当然,影响因素还有很多,但是由于资料不完全,所以仅做上述粗略的比较。

4) 居民区占地面积的估算:

① 在册职工人数 10000 人;

② 根据在册职工总和 a 与居住区服务人员比例 α,求得居住区职工总人数 A:

$$A = a(1 + \alpha)$$

式中 $\alpha = 2.3\% \sim 3.5\%$,取为 3.5%,则

$$A = 10000 \times (1 + 3.5\%) = 10350(人)$$

③ 按照带眷比例和双职工带眷的比例,求得单身职工人数及带眷家庭户数:

$$单身职工人数\ N_1 = A(1 - J)$$

式中 J——带眷比,新建厂为 30%~40%,取 $J = 35\%$,则

$$N_1 = 10350 \times (1 - 35\%) = 6727.5(人)$$

$$带眷家属户数\ n = AJ(1 - R/2)$$

式中 R——双职工占带眷职工比,为 30%~50%,取 $R = 40\%$,则

$$n = 10350 \times 35\% \times (1 - 40\%/2) = 2896(人)$$

④ 按照家庭每户平均人口数求得家属人中数:

$$N_2 = nm$$

式中 m——家属每户平均人口数为 4.5 人,则

$$N_2 = 2896 \times 4.5 = 13032(人)$$

⑤ 居民区的总人口数:

$$N_1 + N_2 = 6727.5 + 13032 = 19759.5(\text{人})$$

⑥ 近期平均每户居民用地数为 24 ~ 35 m^2，故居民区占地面积：

$$S = 19759.5 \times 30 = 592785\ m^2 \approx 0.6\ km^2$$

根据以上论述，确定的拟建 60 万 t/a 氧化铝厂总平面布置的设计方案如图 7-12 所示。

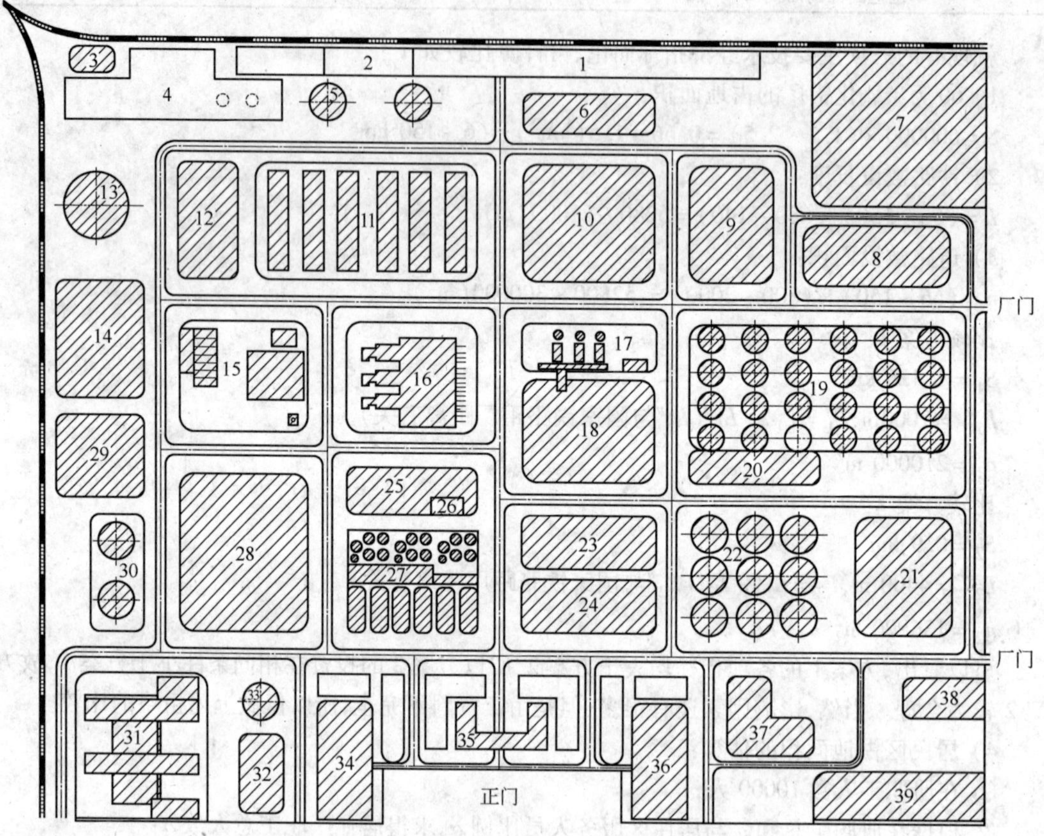

图 7-12　拟建氧化铝厂总平面布置设计方案

1—铝土矿原矿槽；2—石灰原矿槽；3—铁路值班室；4—石灰煅烧工序；5—石灰贮仓；6—铝土矿破碎工序；7—回水池；8—新水池；9—车队；10—碎矿贮仓；11—蒸发工序；12—苛化工序；13—冷却水池；14—煤仓；15—油发电站；16—热电站；17—湿磨工序；18—高压溶出工序；19—赤泥洗涤工序；20—稀释槽罐；21—预留池；22—沉降分离工序；23—叶滤工序；24—槽罐场；25—氢氧化铝过滤工序；26—中心控制室；27—分解换热和分级；28—焙烧工序；29—油库；30—氧化铝仓；31—辅助车间及仓库；32—新水池；33—冷却水池；34—中心化验室；35—厂办公大楼；36—图书及资料楼；37—食堂及食品供应处；38—消防队；39—娱乐场

7.3.9　氧化铝厂总平面布置实例

两个氧化铝厂总平面布置实例如下：

（1）德国施塔德氧化铝厂总平面布置。德国施塔德氧化铝厂，位于德国汉堡附近，是 1973 年底建成投产的拜耳法氧化铝厂，系由前联邦德国联合铝业公司与美国雷诺金属公司联合投资。初建规模为 60 万 t/a，第二期工程扩建至 100 万 t/a，配置是以最终规模为 210 万 t/a 氧化铝考虑的。施塔德氧化铝厂总平面图如图 7-13 所示。

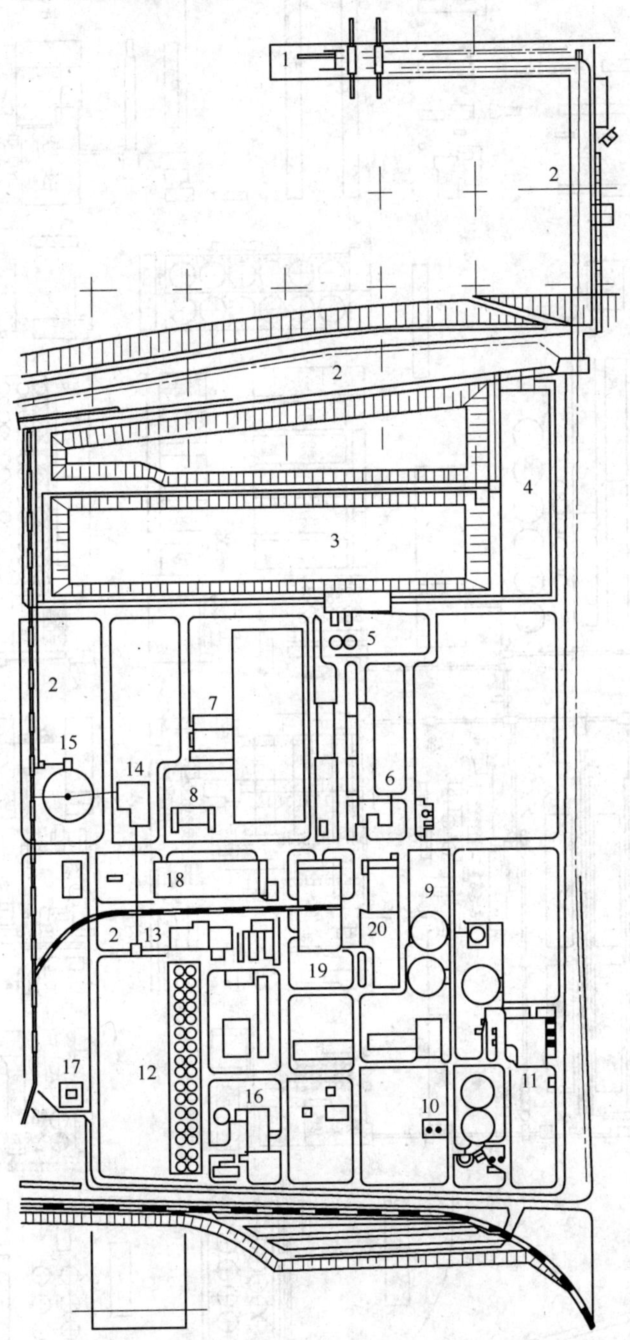

图 7-13　德国施塔德氧化铝厂总平面图

1—装卸料场;2—运输栈桥;3—露天铝矿堆场;4—有盖铝矿堆场;5—磨矿场;6—泵房与维修站;7—管道化溶出装置;8—总配电站;9—赤泥分离沉降槽;10—赤泥洗涤沉降槽;11—赤泥过滤机;12—分解槽;13—氢氧化铝过滤机;14—沸腾焙烧炉;15—氧化铝储仓;16—锅炉房;17—浴室;18—仓库;19—检修车间;20—电修车间

(2) 我国某氧化铝厂总平面布置。我国某氧化铝厂总平面布置图,如图 7-14 所示。

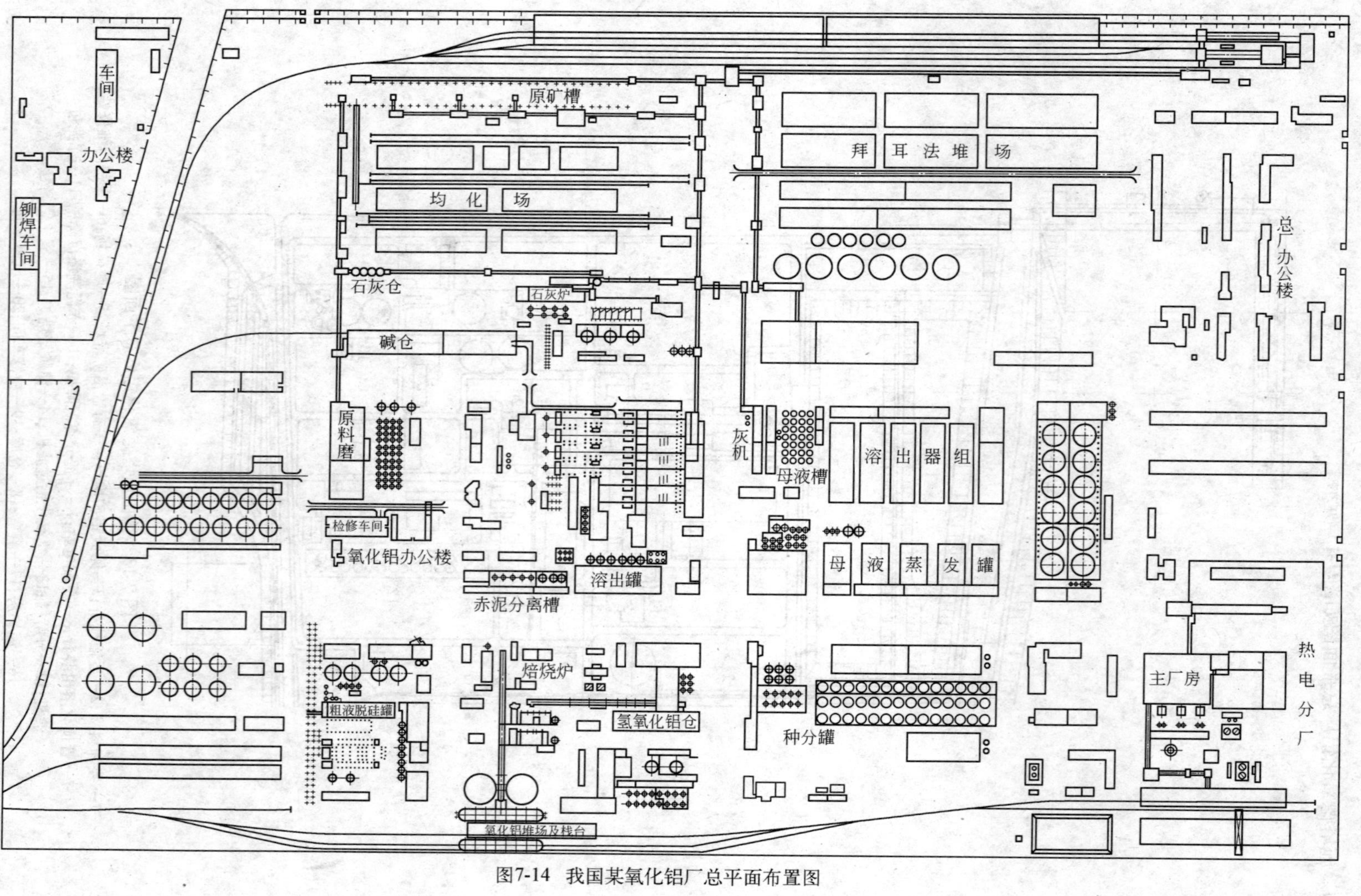

图7-14 我国某氧化铝厂总平面布置图

7.4 车间布置

7.4.1 车间布置概述

车间布置是氧化铝厂设计中的重要环节,是车间工艺设计的重要项目之一,它是在工艺流程设计和设备选型完成后进行的。车间布置即要符合工艺要求,又要经济实用,合理布局。其直接影响到项目建设的投资,建设后的生产正常运行,设备维修和安全,以及车间管理,能量利用和经济效益等问题。所以在进行车间布置时要充分掌握有关资料,深思熟虑,仔细推敲,全面权衡,以取得一个最佳方案。

车间布置设计是以工艺专业为主导,并在其他专业的密切配合下完成的。因此,在进行车间布置设计时,工艺专业人员除集中主要精力考虑工艺设计本身的问题外,还要了解和考虑总图、土建、设备、电气、仪表、供排水专业及机修、安装、操作、管理等各方面的要求,上述非工艺专业也同时提出各自对车间布置的要求,然后集中各方面的意见,最后汇总完成。车间布置主要是设备的布置,要求工艺人员首先确定设备布置的初步方案,对厂房建筑的大小、平立面结构、跨度、层数、门窗、楼梯等,以及与生产操作有关的平台、预留孔等向土建专业提出设计要求、待厂房设计完成后,工艺人员再根据厂房建筑图,对设备布置进行修改和补充,最终的设备布置图(施工图)就作为设备安装和管道安装的依据。

7.4.2 车间布置设计内容和程序

7.4.2.1 车间布置设计内容

车间布置设计内容可分为车间厂房布置和车间设备布置两大部分。车间厂房布置是对整个车间各工段、各设施在车间场地范围内,按照它们在生产中和生活中所起的作用进行合理的平面和立面布置,也就是厂房的布置和轮廓设计。设备配置是根据生产工艺流程情况及各种有关因素,把各种工艺设备在一定的区域内进行排列和配置。在设备布置中又分为初步设计和施工图设计两个阶段,每个设计阶段均要求平面和剖面布置。

车间布置设计中的两项内容是相互联系的,在进行车间平面布置时,必须以设备结构草图为依据,并以此为条件对车间内生产厂房、辅助厂房及其所需的面积进行估算,而详细的设备结构图又必须在已确定的车间厂房总布置图的基础上进一步具体化。

车间布置设计的具体内容有:

(1) 确定车间厂房面积,一般包括以下各项。

1) 工艺设备、管道及生产操作所需要的面积。

2) 其他各专业对厂房面积的要求:

① 供电系统的变电所、配电室;

② 通风供风系统:排风机房、鼓风机室、空气压缩机站、除尘室、采暖用室;

③ 控制仪表室、真空设备用室、泵站等。

3) 辅助面积,如原料、材料、燃料等堆存场及仓库、渣场、机修点。

4) 设备的检修与安装所需面积,人流、物流、交通运输所需面积等。

5) 生产管理及工人生活用室:

① 车间办公室、化验室、卫生站、妇幼卫生室;

② 工人休息室、浴室、盥洗室、厕所等。

(2) 厂房的整体配置和厂房平面、立面的轮廓设计。根据工艺流程的特点，决定厂房的形式、层次与结构，选择厂房的主要构件并提出对建筑上的要求。厂房的高度、跨度、柱距、门窗应符合建筑统一模数的要求。

(3) 各种设备、管道、运输设施及各种用房的配置：

1) 各项设备的水平与竖向配置(标高)；

2) 各项生产设备间运输设施的配置。

7.4.2.2　设计的基本依据

车间布置时，在总图的基础上明确车间的位置，熟悉生产工艺流程及有关物性数据，与车间等级相关的规范标准，了解土建、设备、电气等方面的要求，并考虑运输、消防及它们之间的关系，对所设计的车间进行综合分析，才有可能有一个完善的方案。

A　有关的标准和规范

工程技术人员在设计时应熟悉并执行有关防火、防雷、防爆、防毒和卫生等方面最新的标准和规范：

(1) GB50016—2006 建筑设计防火规范；

(2) GBZ1—2002 工业企业设计卫生标准；

(3) GB12348—1990 工业企业厂界噪声标准；

(4) GB50058—1992 爆炸和火灾危险环境电力装置设计规范。

目前常用设计规范(规定、标准)见附录2。

B　基础资料

基础资料有：

(1) 工艺流程图和仪表流程图(初步设计阶段)及管道和仪表流程图(施工图设计阶段)；

(2) 物料衡算数据及物料性质(包括原料、成品的数量及性质，“三废”的数量及处理方法)；

(3) 设备一览表(包括设备外形尺寸、质量、支撑形式及保温情况)；

(4) 公用系统耗用量，供排水、供电、供热、外管资料；

(5) 车间定员表(除技术人员，管理人员、岗位操作人员外，还要掌握最大班人数和男女比例的资料)；

(6) 厂区总平面布置草图(包括车间之间、辅助部门、生活部门的相互联系，厂内人流、物流的情况和数量)；

(7) 建厂地形和气象资料等。

C　车间组成

一个较大的氧化铝生产车间通常有：

(1) 生产设施，包括生产工段、原料和产品仓库、控制室、露天堆场或贮罐区等；

(2) 生产辅助设施，包括除尘通风室、机修间、化验室等；

(3) 生活行政设施，包括车间办公室、更衣室、浴室、厕所等；

(4) 其他特殊用室，如劳动保护室、保健室等。

7.4.2.3　设计的原则

设计的原则有：

(1) 必须满足生产工艺的要求，保证生产过程正常进行，同时还要考虑为设备安装、维护、检修等创造条件，应符合建筑规范，节省基建投资，留有发展余地。

按工艺流程顺序，把每个工艺过程所需要的设备布置在一起，保证工艺流程在水平和垂直方向的连续性;操作中有联系的设备或工艺上要求靠近的设备应尽可能配置在一起,以便集中管理,统一操作;相同或相似的设备也应集中配置,以便相互调换使用。

(2) 为设备的安装、操作、检修等创造方便条件,主体设备应有足够的操作空间,设备与墙、设备与设备之间应有一定的距离,要符合建筑规范,具体数据可参考表7-6。

表7-6 常用设备的安全距离

序号	项目	净安全距离/m
1	泵与泵间的距离	不小于0.7
2	泵离墙的距离	不小于1.2
3	泵列与泵列间的距离(双排泵间)	不小于2.0
4	贮槽与贮槽、计量槽与计量槽间的距离	0.4~0.6
5	换热器与换热器间的距离	至少1.0
6	塔与塔的间距	1.0~2.0
7	离心机周围通道	不小于1.5
8	过滤机周围通道	1.0~1.8
9	反应罐盖上传动装置离天花板距离	不小于0.8
10	反应罐底部与人行道距离	不小于1.8~2.0
11	起吊物品以备最高点距离	不小于0.4
12	往复运动机械的运动部件离墙距离	不小于1.5
13	回转机械离墙及回转机械相互间的距离	不小于0.8~1.2
14	通廊、操作台通道部分的最小净空高度	不小于2.0~2.5
15	操作台梯子的斜度	一般不大于45°,最高不超过60°
16	控制室、开关室与工业炉间的距离	15
17	产生可燃性气体的设备和炉子间的距离	不小于8.0
18	工艺设备和道路间的距离	不小于1.0

(3) 根据地形,主导风向等自然条件,有效地利用车间建筑面积(包括空间)和工地(尽量采用露天布置及构筑物合并),合理处理车间的通风和采光问题。应充分利用位能,尽量做到物料自流,一般将计量槽、高位槽配置在高层,主体工艺设备在中层,贮槽、重型设备和产生振动的设备在底层。

(4) 应特别重视劳动安全和工业卫生条件。工业炉(窑)、明火设备及产生粉尘的设备,应配置在下风处;对易燃、易爆、噪声严重的设备、尽可能单独设置工作间,或集中在厂房的某区域,并采取防护措施;控制室和配电室布置在生活区域的中心部位,并在危险区之外;凡高出0.5~0.8 m以上的操作台、通道等必须设保护栏杆。

(5) 力求车间内部运输路线合理。车间管线尽可能短,矿浆及气体等的输送尽可能利用空间,并沿墙敷设;固体物流运输线要与人行道分开。

(6) 充分考虑车间与其他部门在总平面图上的位置,力求紧凑,联系方便,缩短输送管线,达到节省管材费用及运行费用。

7.4.2.4 设计程序

设计程序主要包括:

(1) 调查研究,包括收集有关基础资料及去氧化铝厂和车间进行调查研究。

(2) 具体进行车间布置,又可分为以下两个阶段。

1) 初步设计阶段。主要内容有:

① 根据生产工艺流程图、设备一览表、各专业的要求及车间在全厂总平面图上的位置,确定厂房的整体布置(分散式或集中式)及生产、辅助和生活行政设施区的空间布置(分隔及位置);

② 根据设备的形状、大小及数量,确定车间厂房的结构形式、轮廓、跨度、层数、柱距、门窗开设方式及尺寸、楼梯的位置及坡度,在坐标纸上绘制厂房建筑平面、立面轮廓草图(比例1:100);

③ 绘制设备的空间(水平和垂直方向)布置草图,即把设备按比例(1:100)用塑料片或硬纸制成图案(或模型),在画有厂房建筑平立面轮廓草图的坐标纸上配置设备,找出最佳方案,绘出车间平立面配置草图;

④ 通道系统、物料运输设计;

⑤ 安装、操作、维修所需的空间设计。

2) 施工图设计。由工艺专业与其他专业人员协商进行车间布置的研究,主要根据车间布置初步设计和管道仪表流程图。其主要工作内容包括:

① 落实车间布置(初)的内容;

② 绘制设备管口及仪表位置详图;

③ 确定与设备安装有关的建筑与结构尺寸;

④ 确定设备安装方案;

⑤ 安排管道、仪表、电气管路的走向,确定管廊位置。

(3) 绘制车间配置图。工艺专业取得建筑设计图后,根据车间配置草图绘制正式的车间平立面配置图。这是车间布置的最后成果,也是工艺专业提供给其他专业(土建、设备、电气仪表等)设计的基本技术条件。

7.4.3　厂房布置

7.4.3.1　工业厂房建筑设计基本知识

车间布置和管道布置与土建设计有密切的关系,氧化铝生产工艺专业设计人员经常与土建专业设计人员打交道,为了与土建专业设计人员有共同语言、密切配合与通力协作很好地完成完整的工程设计,现将工业厂房建筑设计的基本知识介绍如下。

A　建筑物的构件和结构

a　建筑物的构件

组成建筑物的构件有:地基、基础、墙、柱、梁、楼板、屋顶、楼梯、门和窗户等。

(1) 地基:是建筑物的地下土壤部分,它的作用是支撑建筑物的质量。为保证建筑物正常、持久使用,地基必须具有足够的强度和稳定性。为此在地基强度不够时,采用换土法、桩基法、水泥灌浆法等进行人工加固。此外,还要考虑土壤的冻胀和地下水位的影响。

(2) 基础:是建筑物或设备支架的下部结构,埋在地面以下。它的作用是支撑建筑物和设备,并将它们的载荷传到地基上去。基础的材料有砖、毛石、混凝土、钢筋混凝土等。设备的基础材料常用混凝土或钢筋混凝土。基础的形式、材料和构造取决于建筑物的结构形式、载荷大小、地质条件、材料供应和施工条件等因素,它的几何尺寸由计算而得。

(3) 墙:一般分为承重墙、填充墙和防火防爆墙等。承重墙是承受屋顶楼板等上部载荷,并传递给基础的墙,常用砖砌体作材料,墙的厚度取决于强度和保温的要求,一般有一砖厚(240 mm)、一砖半厚(370 mm)、二砖厚(490 mm)三种;填充墙不承重,仅起围护、保温、隔音等作用,常用空心砖或轻质混凝土等轻质材料制成;防火防爆墙是把危险区同一般生产部分隔开的墙,它应有独立的基础,常采用370 mm砖墙或200 mm的钢筋混凝土墙,这类墙上不准随意开设门窗等孔洞。

(4) 门、窗和楼梯:门在正常时的作用是人员流通,物质和设备输送,在特殊情况时的作用是安全疏散。因此,厂房的门一般不少于2个,门宽不宜小于0.9 m,并且门要向外开。窗户供采光、通风和泄压用,为便于泄压,窗户应向外开。楼梯是多层厂房垂直方向的通道,为保证内部交通方便和安全疏散,多层厂房应设置2个楼梯,宽度不宜小于1.1 m,坡度一般为30°。

其他建筑物构件如梁、柱、楼板、地面、屋顶以及建筑物的变形缝都有一定规定和要求。

b 建筑物的结构

建筑物的结构有:

(1) 钢筋混凝土结构。最常用于需要有较大的跨度和高度的厂房,一般跨度为12~24 m。其优点:强度高,耐火性强,不必经常进行维护和修理,与钢结构相比较可以节约钢材。而缺点:自重大,施工比较复杂。

(2) 钢结构。钢结构房屋的主要房屋结构件,如屋架、梁柱等都是钢材制成的。其优点:制作简单,施工较快。缺点:金属用量大,造价高,并须经常维修。

(3) 混合结构。是指用砖砌的承重墙,而屋架和楼盖则用钢筋混凝土制成的建筑物。其造价较经济,节约钢材、水泥和木材,适用于没有很大荷重的车间。

(4) 砖木结构。即主要用砖和木材制成房屋结构件。

按其功能,建筑物的结构一般又可分为:

(1) 承重结构:单层厂房承重结构包括墙承重及骨架承重两大结构类型。有时因条件关系,也可能同一厂房既有墙承重又有骨架结构承重。从对结构有利、施工方便和具有一定的灵活性而论,以用骨架结构承重为宜,因而它是单层房最主要使用的结构类型。

骨架结构承重的单层厂房,我国用得较多的是横向排架结构。如图7-15所示,即为一般常用类型的装配式钢筋混凝土横向排架结构,基础用钢筋混凝土墩式杯形基础,柱常用带牛腿的钢筋混凝土柱,由柱与钢筋混凝土屋面大梁或屋架形成横向排架;纵向有吊车梁、基础梁(也称地梁或地基梁)、连系梁或圈梁、支撑、装配式大型屋面板等,并利用这些构件联系横向排架形成骨架结构系统。横向排架结构还可以有以下做法:中、小型可用砖木结构,即砖柱、木梁或木桁架形成骨架,或用砖柱、钢筋混凝土梁或桁架形成骨架;较大型的可用钢筋混凝土柱与钢梁或钢桁架形成骨架;大型的可全部用钢骨架,即用钢柱、钢梁或钢桁架形成骨架。

双向承重骨架结构则多系在柱上支撑网架、双向空间桁架、双曲遍壳、穹窿等屋盖。

(2) 围护结构:单层厂房主要围护结构包括屋面,外墙与地面。以图7-15为例,屋面用装配式大型屋面板作基层;为解决中跨采光、通风,设置天窗,利用装配式钢筋混凝土天窗架形成空间安置天窗扇;当外墙是砖墙时,由基础梁支撑,基础梁将墙荷重传给基础,联系梁将墙荷重传给柱,在外墙上开设门洞、窗洞及其他洞口;地面保证了厂房与土层之间的围护要求;靠厂房外墙边的地面作散水或沟,防止雨水浸蚀厂房下的地基;门洞口附近地面作坡道或踏步。

B 厂房结构尺寸

工业建筑模数制:模数制是按大多数工业建筑的情况,把工业建筑的平立面布置的有关尺寸统一规定成一套相应的基数,而设计各种工业建筑时,有关尺寸必须是相应基数的倍数。这样有利于设计标准化、构件工厂预制化和机械化施工。

模数制的主要内容有:基本数为100 mm;门、窗、洞口和墙板的尺寸,在墙的水平和垂直方向均为300 mm的倍数;厂房的柱距采用6 m或6 m的倍数;多层厂房的层高为0.3 m的倍数。

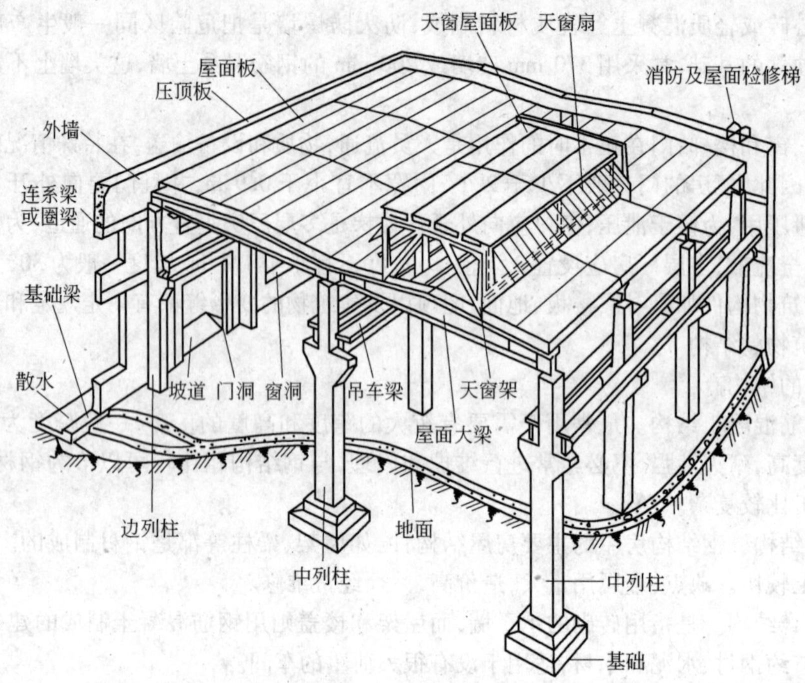

图 7-15　典型的装配式钢筋混凝土结构单层厂房构件组成

厂房的经济结构尺寸：单层厂房跨度不大于 18 m 时，采用 3 m 的倍数；跨度大于 18 m 时，采用 6 m 的倍数。常用的跨度为 6 m 和 18 m，柱间距离为 6 m 和 12 m。

多层框架式厂房常用方格式柱网(6 m×6 m)。内廊式厂房的结构尺寸参见图 7-16。层高最低不小于 3.2 m，净高不小于 2.5 m，常用 3.9 m、4.2 m、4.8 m 和 6.0 m。

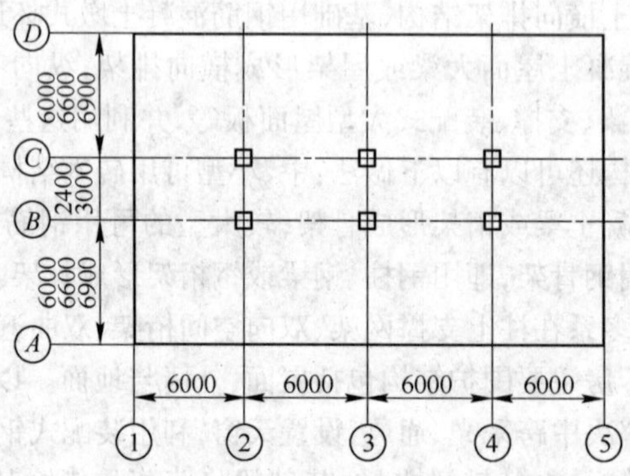

图 7-16　内廊式厂房的结构尺寸

C　建筑物的视图

表达建筑物正面外形的主视图称为正立面图，侧视图称为右或左侧立面图。将正立面图或侧立面图画成剖视图时，一般将垂直的剖切面通过建筑物的门、窗，这种立面图上的剖视图称为剖面图。建筑物的俯视图一般都画成剖视图，这时的剖切平面也是通过建筑物的门、窗，这种俯视图上的剖视图称为平面图。

D　工业厂房建筑设计

工业厂房建筑设计，包括恰当选择厂房的面积、平面形式、跨度、柱距、高度、剖面形式、细部尺寸、结构与构造、建筑材料等,其目的和任务就是使设计的厂房能很好地满足生产工艺的条件和设备的安装、操作、运输、检修等的要求;符合卫生及安全标准,保证采光和通风条件,并与总平面设计及周围环境相协调,为施工创造良好的条件;还应尽可能选用标准、通用或定型构件,便于预制装配化和施工机械化,节约设计和施工力量,加快基建速度。总之厂房建筑设计工作必须符合"坚固适用,经济合理、技术先进"的设计原则。

a 平面设计

(1) 平面设计的原则:

1) 根据总图布置的要求确定厂房的平面形式。通常考虑厂房的主要出入口应面向厂区干道,以便为原料、成品和半成品创造方便短捷的运输条件;为了节约投资,减少土石方工程量,厂房平面形式应与地形相适应;应重视厂址所在地的气象条件,主要是日照和风向对厂房朝向的影响,因此,在温带和亚热带地区,厂房宽度不宜过大,最好平面采用长条形,接近南北向,厂房长轴与夏季主风向垂直或不大于45°,以使厂房朝向保证夏季室内不受阳光照射,又易于进风,有良好的通风条件,而在寒冷地区,厂房的长边应平行于冬季主导风向,并在迎风面的墙上少开门窗,避免寒风对室内气温的影响。

2) 必须符合生产工艺的要求。厂房平面设计,一般先由工艺设计人员提出初步方案(即工艺平面配置图),再由建筑设计人员以此为依据进行建筑设计。工艺平面图的主要内容包括:生产工艺流程的组织;生产及辅助设备的选择和布置;工段的划分;厂房面积、跨度、跨间数量及生产工艺对建筑和其他专业的要求。

3) 必须考虑起重运输设备的影响和要求。为了运送原材料、半成品、成品及安装、检修和改装,厂房内需要设置起重运输设备。由于工艺要求不同,需要的起重运输设备类型也不同。厂房的起重运输设备主要包括各种吊车;厂房内外因生产的不同需要,还可能用火车、汽车、电瓶车、手推车、各种运输带、管道、进料机、提升机等运输设备。厂房内外的这些起重运输设备都会影响平面配置和平面尺寸。

4) 应充分考虑多种影响因素来确定平面轮廓形式。确定单层厂房平面轮廓形式(即外形)需要考虑的因素很多,主要有:生产规模大小、生产性质和特点、工艺流程布置、交通运输方式等。厂房平面外形可分为一般和特殊两种类型。一般的平面外形以矩形为主,特殊平面外形有L形、T形、Π形、Ⅲ形。

矩形平面:矩形平面包括长方形和正方形平面,其中最简单的是由单跨组成的,它是构成其他平面形式的基本单位。当生产规模较大时,常采用平行多跨度组合平面,组合方式应随生产工艺流程而异。

平行多跨组合的平面,适于直线式的生产工艺流程,即原料由厂房一端进入,产品由另一端运出,也适于往复式生产工艺流程。这种平面形式的优点是:运输路线简捷,工艺联系紧密,工程管线较短,外形规整,占地面积少。

跨度相互垂直布置的平面,适用于垂直式的生产工艺流程,即原料由厂房一端进入,经过加工后由与进入跨相垂直跨运出。其主要优点是:工艺流程紧凑、运输路线短捷。缺点是跨度垂直相交处结构处理较为复杂。

长方形便于总平面的布置,有利于设备排列,缩短管线,易于安排交通入口,有较多可供自然采光和通风的墙面,但有时由于厂房总长度较长,使总图布置出现困难。

正方形或趋于正方形平面是由矩形平面演变而来的。当矩形平面纵横边长相等或接近时,就形成了正方形或近似正方形的平面。从经济方面分析,正方形较为优越。

L、T、Π、Ⅲ形平面:有些热加工(如炼钢、轧钢、铸工等)车间的平面设计,为使厂房有良好的自然通风条件,迅速排除生产过程中散发出的大量烟尘和余热,厂房不宜太宽,当跨数超过三跨时,可将一跨或两跨与其他跨作垂直布置,就形成 L、T、Π 形平面。有时为了适应地形的要求而采用特殊平面外形的,此时就充分考虑采光、通风、通道和立面等方面的影响。

L、T、Π、Ⅲ 形平面的特点是:厂房各跨度不大,外墙上可多设门窗,使厂房内有较好的自然通风和采光条件,从而改善了劳动环境。这些平面由于各跨相互垂直,在垂直相交处的结构和改造处理较为复杂。又因外墙较长,厂房内各种管线也相应增长,故造价较其他平面外形要高些。

5)柱网选择应具有灵活性和通用性。厂房承重结构柱在平面排列时所形成的网格称为柱网。柱网是由跨度和柱距组成(见图 7-17)。跨度和柱距的尺寸应根据《厂房建筑统一化基本规则》中的有关规定标定。

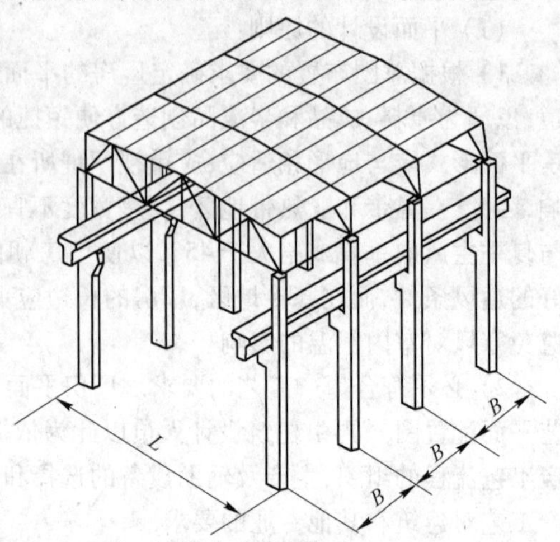

图 7-17　柱网尺寸示意图

L—跨度;*B*—柱距

柱网尺寸的确定。仅从生产工艺出发,厂房中以不设柱为最好,结合国情及从施工和经济技术条件考虑,一般都必须设柱。

设计人员在选择柱网尺寸时,首先要满足生产工艺要求,尤其是工艺设备布置问题;其次是根据建筑材料、结构形式、施工技术水平、经济效果以及提高建筑工业化程度和建筑处理上的要求等多方面因素来确定。

跨度尺寸主要是根据生产工艺要求来确定的。工艺设计中应考虑如下因素:设备的大小和布置方式、交通运输所需空间、生产操作及检修所需空间等(见图 7-18)。

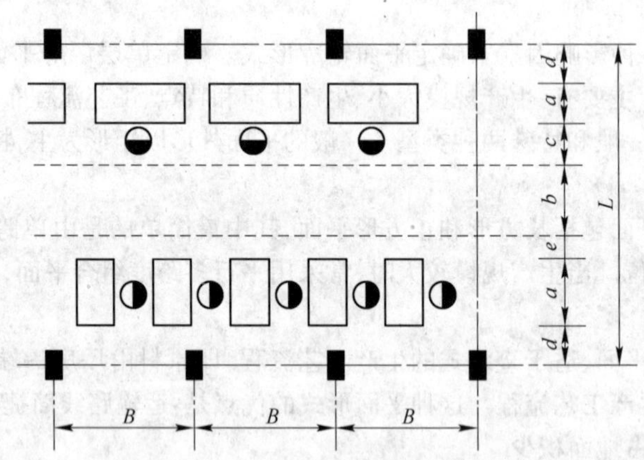

图 7-18　跨度尺寸与工艺布置关系示意图

a—设备宽度;*b*—车道宽度;*c*—操作宽度;*d*—设备与轴线间距;

e—安全间距;*L*—跨度;*B*—柱距

柱网尺寸不仅在平面上规定着厂房的跨度、柱距大小,同时在剖面上还决定了屋架、屋面板、吊车梁、墙梁、基础梁等的尺寸。为了减少厂房构件类型,提高建设速度,必须对柱网尺寸作相应的规定。根据《厂房建筑统一化基本规则》规定,凡跨度等于或小于 18 m 时应采用 3 m 倍数,即 9 m、12 m、15 m。大于 18 m 时应按 6 m 的倍数,即 18 m、24 m、30 m 和 36 m 等。除工艺布置上有特殊要求外,一般均不采用 21 m、27 m、33 m 等跨度尺寸。

我国装配式钢筋混凝土单层厂房，使用的6 m柱距，是目前常用的基本柱距。因为6 m柱距厂房的单位造价是最便宜的。6 m柱距厂房采用的屋面板、吊车梁、墙板等构、配件已经配套，并积累了比较成熟的设计、施工经验。

9 m柱距，由于工艺布置的需要曾经得到应用。在工艺布置上它比6 m柱距有更大的灵活性，并增加厂房的有效使用面积。若要自成系统，则需有相应的屋面板、墙板、吊车梁等构配件配套。

12 m柱距，近几年来已在机械、电力、冶金等工业厂房中逐渐推广使用，也有将6 m与12 m柱距同时在一幢厂房中混合使用的。12 m柱距比6 m及9 m柱距更有利于工艺布置，有利于生产发展和工艺更新。在制作12 m屋面板有困难时，还可采用托架（托梁）的结构处理，以便利用6 m柱距的构配件。

柱距尺寸除受工艺布置和构配件制约外，还与选用的结构、材料有关，如中、小型厂房，就地取材，采用砖木结构，或砖与钢筋混凝土混合结构时，因受材料限制，一般只能采用4 m或4 m以下的柱距。

扩大柱网。工业生产实践证明，厂房内部的生产工艺流程和生产设备不会是一成不变的，随着生产的发展，新技术的采用，可能每隔一个时期就需要更新设备和重新组织生产线。设计时应该考虑到生产工艺未来的变化，使厂房具有灵活性和通用性。为了达到这一点，就应该在常用6 m柱距基础上扩大，采用扩大柱网。采用扩大柱网有以下一些特点：能提高厂房面积利用率；有利于设备布置和工艺的变革；有利于减少构件数量，提高施工速度；有利于高、大、重设备的布置和运输。

（2）生活及辅助用房的布置。除了各种生产车间或工段之外，设计中还必须设置一些生活及辅助用房。这些用房主要包括以下几个方面：

1）存衣室，浴室、盥洗室、厕所等；

2）休息室，妇女卫生室、卫生站等；

3）各种办公室和会议室；

4）工具室，材料库、分析室等。

布置生活及辅助用房时，应根据总平面人流、货运、厂房工艺特点和大小、生活间面积大小和使用要求等综合因素全面考虑。应力求使工人进厂后经过生活间到达工作地点的路线最短，避免与主要货运交叉，不妨碍厂房采光、通风，节约占地面积等。生活及辅助用房的布置有三种方式：

1）车间内生活间；

2）毗连式生活间；

3）独立式生活间。

b　剖面设计

厂房的剖面设计是在平面设计的基础上进行的。厂房剖面设计的具体任务是：确定厂房高度，选择厂房承重结构和围护结构方案，确定车间的采光、通风及屋面排水等方案。从工艺设计角度出发，这里只讨论厂房高度的确定。

厂房高度是指室内地面至柱顶的距离。在剖面设计中，通常把室内的相对标高定为±0.000，柱顶标高、吊车轨顶标高等均是相对于室内地面标高而言的。确定厂房的高度必须根据生产使用要求以及建筑统一化的要求，同时还应考虑到空间的合理利用。

（1）柱顶（或倾斜屋盖最低、或下沉式屋架下弦底面）标高的确定：

1）无吊车厂房：在无吊车厂房中，柱顶标高通常是按最大生产设备及其使用、安装、检修时所需的净空高度来确定的，同时，必须考虑采光和通风的要求。一般框架或混合结构的多层厂房，层高不低于4.5 m，多采用5 m、6 m。根据《厂房建筑统一化基本规则》的要求，柱顶标高应符合300 mm的倍数，每层高度尽量相同，不宜变化过多。

2）有吊车厂房：在有吊车的厂房中，不同的吊车对厂房高度的影响各不相同。对于采用梁式或桥式吊车的厂房来说，柱顶标高按下式确定（见图 7-19）。

柱顶标高 $H = H_1 + H_2$

轨顶标高 $H_1 = h_1 + h_2 + h_3 + h_4 + h_5$

轨顶至柱顶高度 $H_2 = h_6 + h_7$

式中　h_1——需跨越的最大设备高度，mm；

h_2——起吊物与跨越物间的安全距离，一般为 400 ~ 500 mm；

h_3——起吊的最大物件高度，mm；

h_4——吊索最小高度，根据起吊物件的大小和起吊方式决定，一般不小于 1000 mm；

h_5——吊钩至轨顶面的距离，mm，可从吊车规格资料中查得；

h_6——轨顶至吊车小车顶面的距离，mm，可从吊车规格资料中查得；

h_7——小车顶面至屋架下弦底面之间的安全距离，应考虑到屋架的挠度、厂房可能不均匀沉陷等因素，最小尺寸为 220 mm，湿陷黄土地区一般不小于 300 mm。如果屋架下限悬挂有管线等其他设施时，还需另加必要的尺寸。

根据《厂房建筑统一化基本规则》的规定，轨顶高 H_1 应符合 600 mm 的倍数，柱顶标高 H 应符合 300 mm 的倍数。

在多跨厂房中，由于有厂房高低不齐（见图 7-20），高低错处需增设墙梁、女儿墙、泛水墙等，使构件种类增多，剖面形式、结构和构造复杂化，造成施工不便，并增加造价。所以，当生产上要求的厂房高度相差不大时，将低跨抬高与高跨平齐较设高低跨更经济合理，并有利于统一厂房结构，加快施工进度。

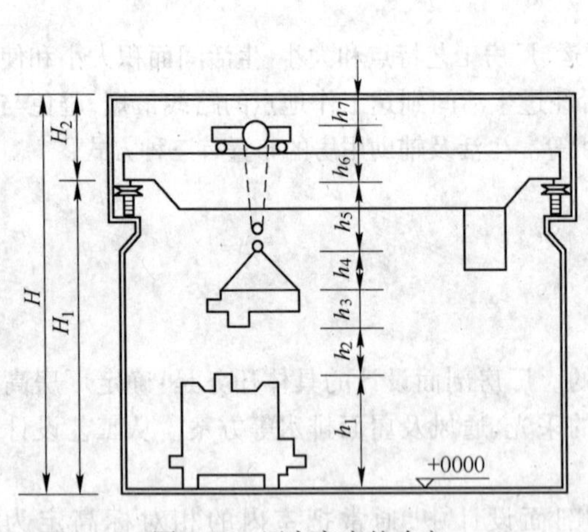

图 7-19　厂房高度的确定

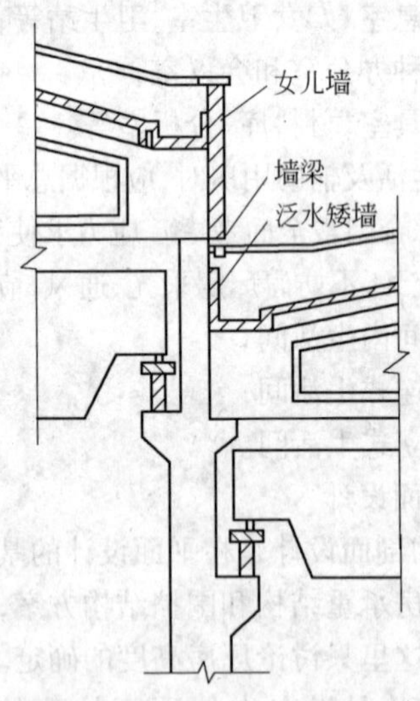

图 7-20　高低跨处构造处理

（2）剖面空间的利用：厂房的高度直接影响厂房的造价。在确定厂房高度时，应在不影响生产使用的前提下，充分发掘空间的潜力，节约建筑空间，降低建筑造价。当厂房内有个别高大设备或需要高空间操作工艺环节时，为了避免提高整个厂房高度，可采用降低局部地面标高的方法。

（3）室内地坪标高的确定：厂房室内地坪的绝对标高是在总平面设计时确定的。室内地坪的相对标高定为 ±0.000。单层厂房室内外通常需设置一定的高差，以防雨水浸入室内。另一方面，为了运输的方便，室内外相差不宜太大，一般取 150 ~ 200 mm。

在地形较为平坦的地段上建厂时，一般室内取一个标高。当在山区建厂时，则可结合地形，因地制宜，将车间跨度顺着等高线布置，以减少土石方工程量和降低工程造价。在工艺允许的条件下，可将车间各跨分别布置在不同标高的台地上，工艺流程则可由高跨处流向低跨处，利用物料自重进行运输，这可大量减少运输费用和动力消耗。当厂房内地坪有两个以上不同高度的地平面时，可把主地平面的标高定为±0.000。

c 定位轴线的划分

厂房定位轴线是确定厂房主要承重构件标志尺寸及其相互位置的基准线，同时也是设备定位、安装及厂房施工放线的依据。定位轴线的划分是在柱网布置的基础上进行的，并与柱网布置是一致的。合理地进行定位轴线的划分，有利于减少厂房构件类型和规格，并使不同厂房结构形式所采用的构件能最大限度地互换和通用，有利于提高厂房建筑工业化水平，加快基本建设的速度。

定位轴线一般有横向与纵向之分。通常与厂房横向排架平面相平行（与厂房跨度纵向相垂直）的轴线称为横向定位轴线；与纵向排架平面相平行（与厂房跨度纵向相平行）的轴线，称为纵向定位轴线。在厂房建筑平面图中，由左向右顺次序用①、②、③…进行编号。由下至上顺次用*A*、*B*、*C*…进行编号（见图7-21）。

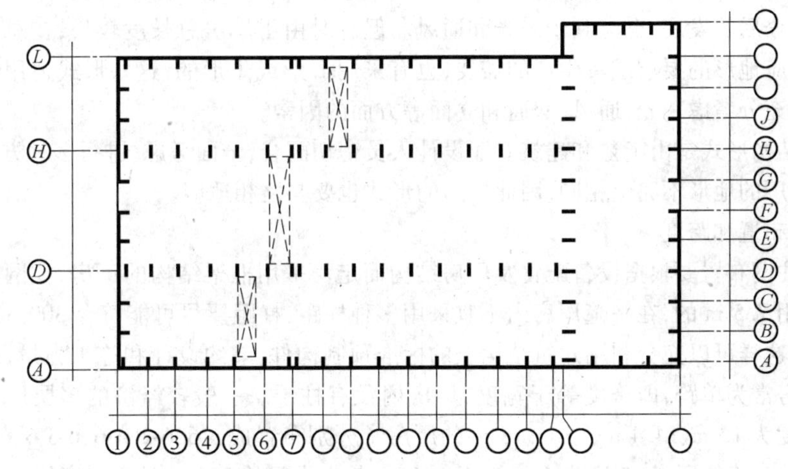

图7-21 单层厂房平面柱网布置及定位轴线的划分

d 单层厂房与多层厂房

单层厂房有很多优点，如面积大，柱网大，顶部采光均匀，地面容许大装载并可单独做设备基础，只需水平运输等。因此，单层厂房适应性较强，工业建筑中所占比例较大。然而，在下列一些工艺中采用多层厂房是合理和必要的。

(1) 生产上需要采用垂直运输的工艺；

(2) 生产上要求在不同层高上操作的工艺；

(3) 生产上需要恒温、恒湿和防尘等特殊工艺。

设计多层厂房的原则与单层厂房的设计一样，应密切结合工艺流程和生产特点的要求，多层厂房设计中有关平面设计、剖面设计和特殊问题，请参考有关文献资料。

7.4.3.2 氧化铝厂厂房布置

A 厂房安排

氧化铝厂的厂房安排主要根据生产规模、生产特点、厂区面积、厂区地形及地质条件来全盘考虑厂房、露天场地及各建筑物间的相对位置和布局。当生产规模较小、车间中各工序联系频繁、生产特点无显著差异时，在符合建筑设计防火规范及企业卫生标准的前提下，结合建厂地点的具体情况，可将车间的生产、辅助、生活部门集中布置在一幢厂房内，辅助室和生活室安排在车间的一个区域。当生产规模较大，车间内各工序的生产特点有显著差异，如有易燃易爆、有毒气体、粉尘或有明火设备工业炉等情况下，应主要采用分散的单体式厂房，即把原料处理、生产、成品包装、回收工段、控制室以及特殊设备分别独立设置，分散成为许多单体。

B　厂房平面布置

氧化铝厂车间平面布置是根据生产工艺条件（包括工艺流程、生产特点、生产规模等）以及建筑本身的可能性与合理性（包括建筑形式、结构方案、施工条件、经济条件等）来考虑的。厂房的平面设计力求简单，这会给设备布置带来更多的可变性和灵活性，同时给建筑的定型创造有利条件。

a　平面形式（或平面轮廓）

氧化铝厂车间厂房的平面形式多采用长方形，一般适用于中小型车间。其长度和宽度视生产及工艺要求而定。厂房常用的宽度有 9 m、12 m、15 m、18 m、21 m、24 m、30 m 等数种。一般单层厂房不超过 30 m，多层厂房不超过 24 m。长方形厂房优点是施工方便，设备布置有较大的灵活性，有利于今后的发展，也有利于采光和通风。但有时由于厂房总长度较长，在总图布置有困难时，为了适应地形的要求或者生产的需要，也有采用 L 形或 T 形的，这些形式适用于较复杂的车间，此时应充分考虑采光、通风、交通和立面等方面的因素。

厂房的结构形式是由工艺和建筑专业设计人员密切配合，全面考虑，进行多种方案的比较确定的，由于各厂的地形不完全相同，因此厂房的形式也要与之相适应。

b　柱网布置和跨度

厂房的柱网布置要根据设备配置及厂房结构而定。采用框架结构的厂房，柱网间距一般为 6 m，也有采用 7.5 m 的，在一幢厂房内不宜采用多种柱距，柱距要尽可能符合 300 mm 建筑模数的倍数要求，这样可以充分利用建筑结构上的标准预制构件，节约设计和施工力量，加速基建速度。单层厂房常为单跨，即跨度等于宽度，厂房内没有柱子。一般较经济的多层厂房跨度也是 6 m，例如宽度为 12 m、14.4 m、15 m、18 m 的厂房常分别布置成 6-6、6-2.4-6、6-3-6、6-6-6 的形式（6-2.4-6 表示三跨的厂房，跨度为 6 m、2.4 m、6 m，其中中间的 2.4 m 是内走廊的宽度）。

近些年来，国外有扩大柱网的趋势，如把柱距从 6 m 加大至 12 m、18 m，把跨度加大至 24 m、30 m、36 m。

一般车间的宽度（即短边）常为 2 ~ 3 跨，在进行车间布置时，要考虑厂房安全出入口，一般不少于两个，如果车间面积小，生产人数少，可设一个，但应慎重考虑防火安全等问题。

C　厂房层数和垂直布置

氧化铝厂的厂房层数设计，即采用单层、多层或单层与多层相结合的形式，是根据工艺流程的要求，用地条件及投资等因素进行综合比较而加以确定。一般说来，单层厂房利用率高，建设费用低，多被采用。而在工艺流程要求或因受建设场地限制，则设计多层厂房。

厂房的高度，主要由工艺设备布置的要求所决定。厂房的垂直布置要充分利用空间，每层高度取决于设备的高低、安装的位置、检修要求及安全卫生等条件。一般框架或混合结构的多层厂房，层高多采用 5 m、6 m，最低不得低于 4.5 m，每层高度不尽相同，也不宜变化过多。

在设计厂房的高度时，除设备本身的高度外，既要考虑设备顶部凸出部分，如仪表、阀门和管路以及设备安装和检修的高度，还要考虑设备内取出物（如搅拌器等）的高度。在有高温、有害气体及粉尘的厂房里，应适当加高建筑物的层高，或采取相应的通风散热措施。

7.4.4 设备布置

车间设备布置就是确定各个设备在车间平面上的位置,确定场地与构筑物的大小;确定管路、电气仪表管线、采暖通风管道的走向和位置,车间设备配置在本质上就是车间空间分配设计。

7.4.4.1 设备布置的内容和原则

A 氧化铝厂车间设备布置的内容

氧化铝厂车间设备布置的主要内容如下:

(1) 确定各个设备在车间内的位置;

(2) 确定场地和建筑物的尺寸;

(3) 确定管路、生产仪表管线、采暖通风管线的走向和位置。

最佳的设备布置应做到:经济合理,节约投资,操作维修方便,安全,设备排列紧凑,整齐美观。

B 车间设备布置的原则

车间设备布置的原则有:

(1) 采用流程式布置,即按工艺流程顺序把每个工艺过程所需要的设备布置在一起,保证工艺流程在水平方向和垂直方向的连续性。将操作中有联系的设备或工艺上要求靠近的设备,也要尽可能配置在一起,以便集中管理、操作和维修。在不影响工艺流程顺序的原则下,将相同或相似的设备集中配置,可以有效地利用建筑面积,同时又便于相互调换使用。在垂直布置设备时,应避免操作人员在生产过程中过多地往返于楼层之间。

(2) 充分利用位能,尽可能使物料自动流入。一般可将计量槽、高位槽布置在最高层,主要工艺设备(如反应器等)布置在中层,贮槽及重型设备或产生振动的设备(如压缩机、真空泵、粉碎机等)放在底层。这样既可利用位差进出物料,又可减少楼面的荷重,降低造价。

(3) 符合设备安装、操作和检修的要求。主体设备应有足够的操作空间,设备之间或设备与墙之间要有一定的净间距。如设备间距过大会增大建筑面积,拉长管路,从而增加建筑和管道的投资;设备间距过小,就会导致安装、操作与维修困难,甚至发生安全事故。常用设备的安全距离见表7-6,可供一般设备布置时参考。

必须考虑设备安装和更换时能顺利进出车间的方法及经过的通道,如设置大门的宽度应比最大设备宽0.5 m,不经常检修的设备,可在墙上设置安装孔。

同类设备集中布置可统一留出检修场地,如换热器、蒸发器等。立式设备的人孔应该对着空场地或检修通道的方向,列管换热器应在可拆的一端留出一定空间,以备抽出管子来检修。

通过楼层的设备,楼面上要设置吊装孔,厂房比较短时,吊装孔应设在靠山墙的一端;厂房长度超过36 m时,吊装孔应设在厂房中央。

应考虑安装临时起重运输设备的场所,如在厂房内设置永久性起重运输设备,则需考虑起重运输设备本身的高度,并使设备起吊运输高度大于运输途中最高设备的高度。

(4) 符合安全技术和劳动卫生条件的要求。工业炉、明火设备及产生有毒气体和粉尘的设备,应配置在下风区;对易燃易爆或有毒害、噪声严重的设备,尽可能单独设置工作间或集中在厂房某一区域,并要采取措施防止产生静电、放电及着火的可能性,使车间有害气体及粉尘的最高浓度不超过允许极限。有高温熔体的设备,应设置安全坑。处理酸碱腐蚀性介质的设备,其基础、墙、柱等都要采取防护措施。

设备布置应尽量做到使工人背光操作,高大设备避免靠近窗户布置,以免影响开窗、通风和采光,如必须布置在窗前时,设备与墙间的净距离应大于600 mm。

对于生产中不需要经常操作的设备、自动化程度较高的设备或受气候影响不大的设备(如冷凝器、液体原料贮槽等)、需要大气调节温度和湿度的设备(如凉水塔、空气冷却器等)、有爆炸危险的设备等,可考虑布置露天化,尽量布置在室外。

(5) 考虑通道和管廊的布置,力求车间内部运输线路合理。车间的设备布置本质上是车间的空间分配设计,在布置设备时要同时考虑通道的布置。车间内成排布置的设备至少一侧留有通道,较大的室内设备在底层要留有移出通道,并接近大门布置。在操作通道上要能看到各操作点和观测点,并能方便地到达这些地方。设备零件、接管、仪表均不应凸出到通道上来。通道除供安装、操作和维修外,还有紧急疏散的作用,故不允许有一端封闭的长通道。

管廊一般沿通道布置(在通道上空或通道两侧),供工艺、公用工程、仪表管路、电缆共同使用。因此,要求通道应直而简单地形成方格,通道的宽度与净空高度要求见表7-7。

表7-7 通道的宽度与净空高度

项 目	宽度(净空高度)/m
人行道、狭通道、楼梯、人孔周围的操作台宽度	0.75
走道、楼梯、操作台下的工作场所、管架的净空高度	2.2~2.5
主要检修道路、车间厂房之间的道路	6~7(4.2~4.8)
次要道路	4.8(3.3)
室内主要通道	2.4(2.7)
平台到水平人孔	0.6~1.2
管束抽出距离(室外)	0.8~0.9,再加上管束长度

7.4.4.2 设备布置的方法和步骤

设备布置的方法和步骤:

(1) 在进行设备布置前,通过有关资料(工艺流程图、设备条件图等),熟悉工艺过程的特点、设备的种类和数量、设备的工艺特性和主要尺寸、设备安装位置的要求、厂房建筑的基本结构等情况。

(2) 确定厂房的整体布置(分散式或集中式)。根据设备的形式、大小、数量,确定厂房的轮廓、跨度、层数、柱间距等,按1:100(或1:50)的比例在坐标纸上绘制厂房建筑平面轮廓图。

(3) 把所有设备按1:100(或1:50)的比例用塑料板制成图案(或模型),并标明设备名称,在画有建筑平面、立面轮廓草图的坐标纸上布置设备。一般布置2~3个方案,以便从多方面加以比较,选择一个最佳方案,绘制成设备平、立面布置图。

(4) 将辅助室和生活室集中在规定区域内,不应在车间内任意隔置。

(5) 设备平、立面布置草图完成后,广泛征求相关专业专家的意见,集思广益,作必要的调整,修改后提交建筑专业人员设计建筑图。

(6) 工艺设计人员在取得建筑设计后,根据布置草图绘制正式的设备平、立面布置图。

7.4.4.3 单元设备布置方法

A 泵的布置

小型车间生产用泵尽量靠近供料设备以保证良好的吸入条件。大中型车间用泵数量较多,应尽量集中布置。集中布置的泵应排列成直线,可以单排或双排布置,但要注意操作和检修方便。大型泵通常编组布置在室内,便于生产检修,如图7-22所示。小功率的泵(7 kW以下)布置在楼面或框架上。

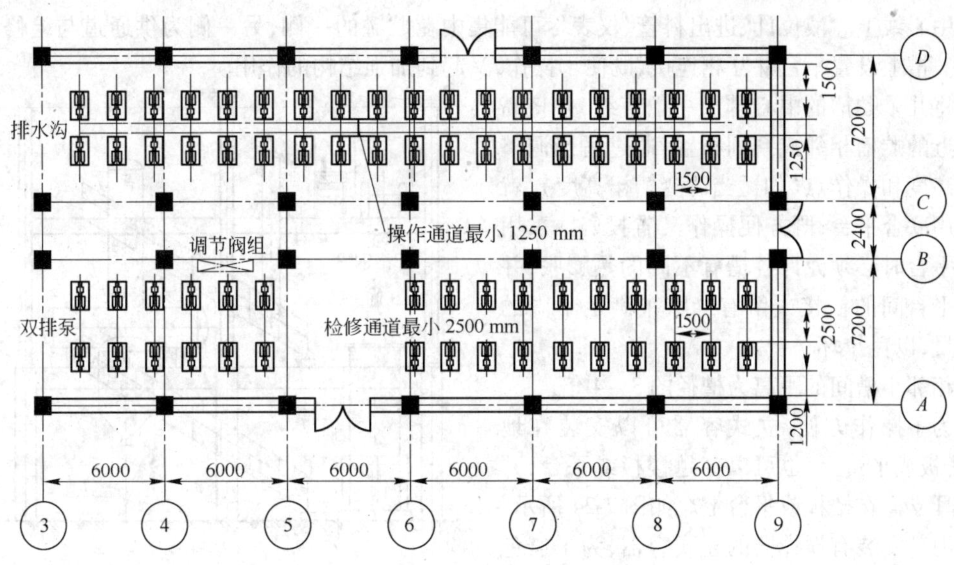

图 7-22 泵在管廊下或泵房中的典型布置

泵与泵的间距视泵的大小而定，一般不宜小于 0.7 m，双排泵电机端与电机端之间的间距不宜小于 2 m，泵与墙之间的净间距至少为 0.7 m，以利于通行。成排布置的泵，其配管与阀门应排成一条直线，管道避免跨越泵和电动机。

应把泵布置在高出地面 150 mm 的基础上，多台泵置于同一基础上时，基础必须有坡度，以便泄漏物流出，基础四周要考虑排液沟及冲洗用的排水沟。不经常操作的泵可露天布置，但电动机要设防雨罩。所有配电及供电设施均应采用户外式，天冷地区要考虑防冻措施。

当面积受到限制或泵较小时可成对布置，使两泵共用一个基础，在一根支柱上装两个开关，如图 7-23 所示。

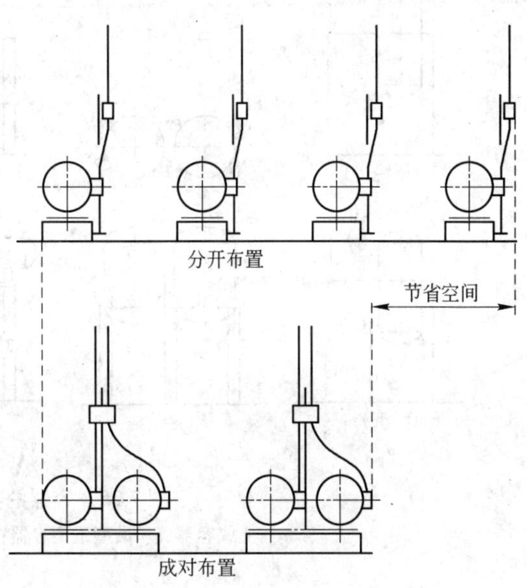

图 7-23 泵的成对布置

质量较大的泵和电机，应设检修用的起吊设备，建筑物的高度要留出必要的净空。

B 容器（罐、槽）的布置

容器按用途可分为原料贮槽、中间贮槽和成品贮槽，按安装形式可分为立式和卧式。氧化铝厂大多采用立式容器。

从车间布置设计的角度出发，容器尽可能在厂房外露天布置，这样可以减小车间厂房占地面积，对于安全生产和车间布置有利。一般将原料贮槽和成品贮槽集中布置在贮罐区，而中间贮罐要按流程顺序布置在有关设备附近或厂房附近。

在室外布置易挥发液体的贮罐时应设置喷淋冷却设施；易燃易爆液体的贮罐周围应按规定设置防火堤坝。

大型容器用裙式支座直接安装于基础上。多个容器可按流程排成一排布置，并尽可能处于一条中心线上。液位计、进出料管、仪表尽可能集中在贮罐的一侧，另一侧为供通道与检修用的空间。槽上设置平台并互相连接，既便于操作，又起到加强结构的作用。

将几个贮槽的中心排成一条直线，并将高度相近的贮槽相邻成系列布置，通过适当调整安装高度和操作点（如适当改变槽裙高度），就可采用联合平台，既方便操作又省投资。采用联合平台时必须允许各槽有不同的热膨胀，并通过平台间的铰接或留有缝隙来满足不同的伸长量，以免拉坏平台。

相邻小槽间的距离为槽径的 3 ~ 4 倍。

为了操作方便，立式容器可以安装在地面、楼板或平台上，也可以穿越楼板或平台，并用支耳支撑在楼板或平台上。如图 7-24 所示。

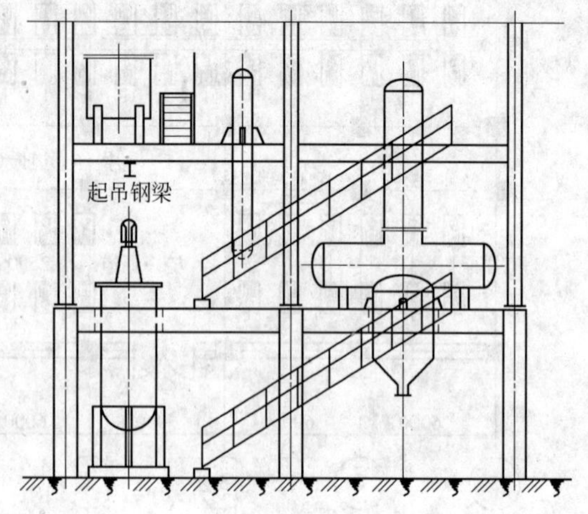

图 7-24　穿越楼板的容器立面布置

内部安装有搅拌器的立式容器，为了避免其振动的影响，应尽可能从地面设置支撑结构。有关容器的支撑与安装方式如图 7-25 所示。

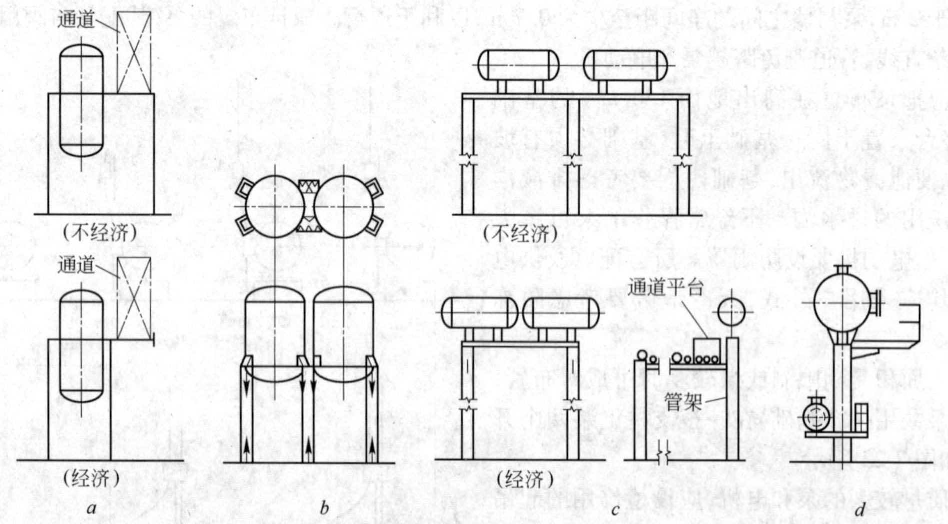

图 7-25　容器的支撑与安装方式

a—立式容器；*b*—大型重型容器；*c*—卧式容器；*d*—容器与换热器

C　换热器的布置

氧化铝厂使用最多的是列管式换热器，其有定型的系列图可供选用，设备布置就是将它们配置在适当的位置，决定支座安装结构，管口方位等。必要时在不影响工艺要求的条件下，可以调整原换热器的尺寸和安装方式（立式或卧式）。

换热器的布置原则是顺应流程和缩短管道长度，因此其位置取决于与它密切联系的设备的位置。例如，在拜耳法生产氧化铝过程中，矿浆预热器要靠近矿浆槽布置，还要靠近需要继续加热提温的高温溶出器。

布置空间受限制时，如原来设计的换热器太长，可以换成一个短而粗的换热器，以适应布置空间的要求。一般从传热的角度考虑,细而长的换热器较为有利。卧式换热器换成立式的可以节约占地面积;而立式换热器也可以换成卧式的,以降低其高度,可根据具体情况各取其长。

换热器常采用成组布置。卧式换热器可以重叠布置,串联的、非串联的相同的或大小不同的换热器都可重叠。换热器重叠布置除节约面积外,尚可合用上下水管。为便于抽取管束,上层换热器不能太高,一般管壳的顶部高度不能大于3.6 m,将进出口管改成弯管可降低安装高度。

换热器外壳和配管净空高,对于不保温外壳最小为50 mm;对于保温外壳最小为250 mm。

两台换热器外壳之间有配管、但无操作要求时,最小间距为750 mm;两台换热器之间无配管时,最小距离为600 mm。

换热器间的间距、换热器与其他设备的间距至少要留出1 m的水平距离,位置受限制时,最少也不得小于0.6 m。

D 反应器的布置

反应器形式很多,可以根据结构形式按类似的设备布置。火焰加热炉的反应器则近似于工业炉;搅拌釜式反应器实际上是设有搅拌器和传热夹套(或列管)的立式容器。

釜式反应器布置时应注意以下事项:一般用挂耳支撑在建筑物或操作台的梁上,对于体积大、质量大或振动大的设备,要用支脚直接支撑在地面或楼板上,两台以上相同的反应器应尽可能排成一直线。反应器之间的距离,应根据设备的大小、附属设备和管路具体情况而定。管路、阀门应尽可能集中布置在反应器一侧,以便于操作。

连续操作釜式反应器多台串联时,必须特别注意物料进出口间的压差和流体流动的阻力损失。

E 加热炉的布置

一般加热炉被视为明火设备,因此通常将其布置在车间的边缘地区,最好在工艺装置常年最小频率风向的下风侧,以免泄漏的可燃物触及明火发生事故。

加热炉应布置在含油工艺设备15 m以外(只有反应器是例外)。从加热炉出来的物料温度较高,往往需用合金钢管道,为了尽量缩短昂贵的合金钢管道,以减少压降和温降、减少投资,常把加热炉靠近反应器布置。

几座加热炉可按炉中心线对齐成排布置在一起。在经济合理的条件下,几座加热炉可以合用一个烟囱。

当加热炉有辅助设备(如空气预热器、鼓风机、引风机等)时,辅助设备的布置不应妨碍加热炉本身的检修。

两座加热炉净距不宜小于3 m。

加热炉外壁与检修道路边缘的间距不应小于3 m。

加热炉与其附属的燃料气分液罐、燃料气加热器的间距,不应小于6 m。

7.4.4.4 设备布置图的绘制

A 设备布置图的内容

在设备布置设计中,一般要提供设备布置图、设备安装图和管口方位图。其中设备布置图最主要,它是表示一个车间(一个工段或一套装置)的厂房建筑基本结构和设备在厂房内、外安装基本情况的图样;设备安装图(图7-26)是表示固定设备支架、吊架、挂架、操作平台、栈桥、钢梯的图样;管口方位图(图7-27)是表示设备上各管口以及支架等周向安装的图样,有时该图由管路布置设计提供。

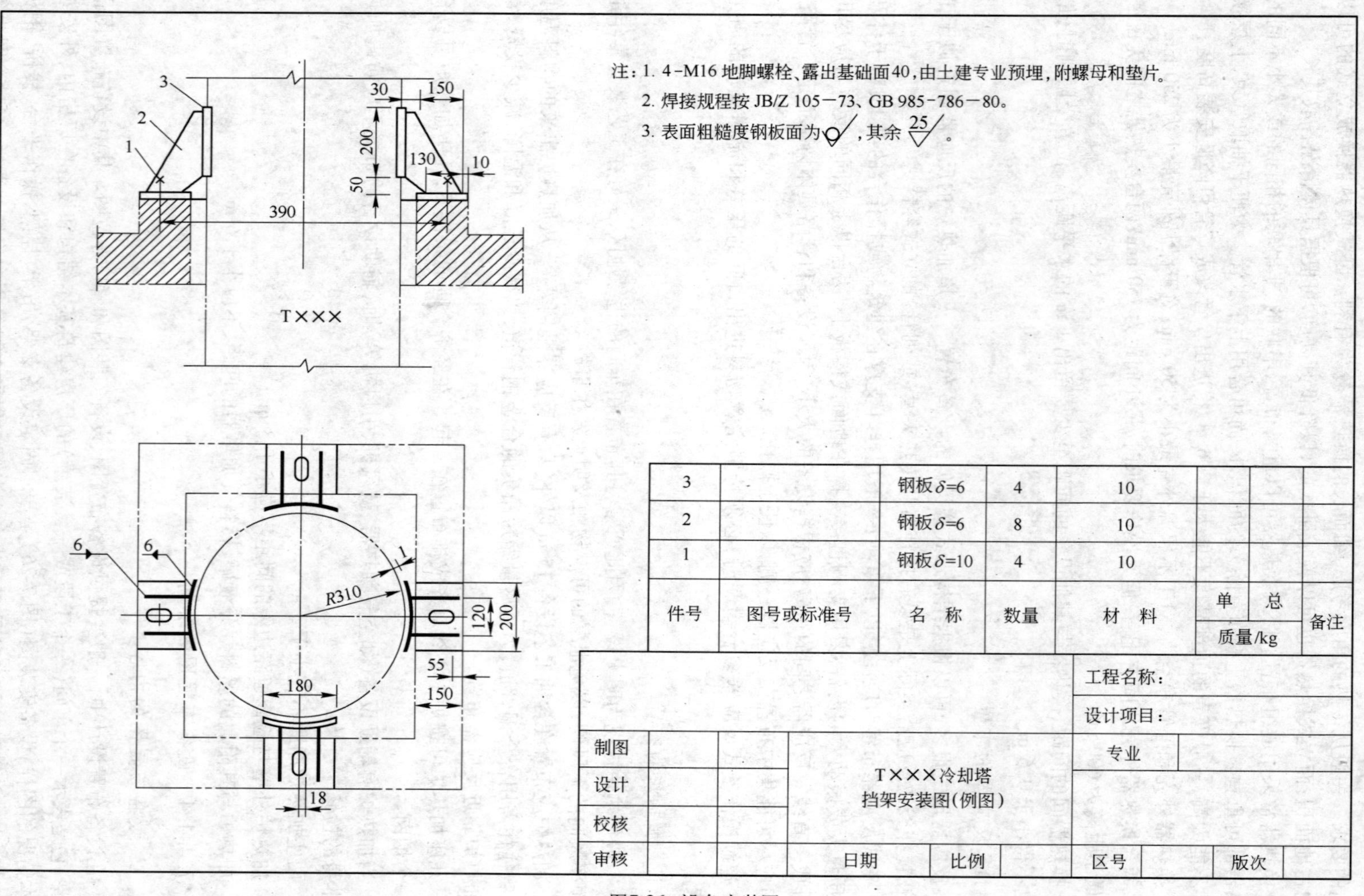

件号	图号或标准号	名称	数量	材料	单 质量/kg	总 质量/kg	备注
3		钢板δ=6	4	10			
2		钢板δ=6	8	10			
1		钢板δ=10	4	10			

图7-26 设备安装图

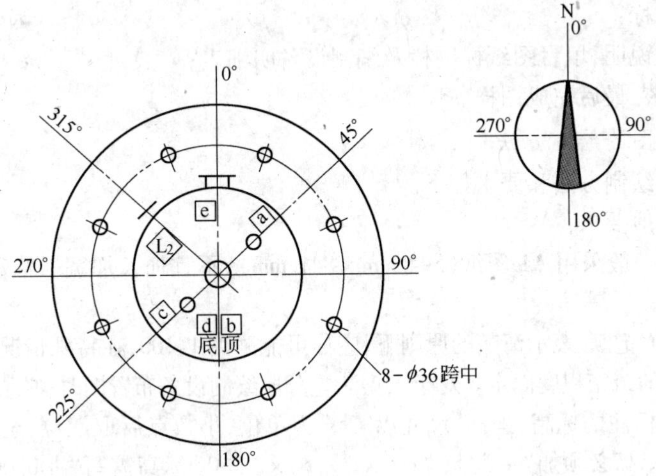

设备装配图图点××××

c	25	GB9115.10—88 RF PN2.5	压力计口	L_2	32	GB9115.10—88 RF PN2.5	进料口
b	80	GB9115.10—88 RF PN2.5	气体出口	e	500	GB9115.10—88 RF PN2.5	人孔
a	25	GB9115.10—88 RF PN2.5	温度计口	d	32	GB9115.10—88 RF PN2.5	液体出口
管口符号	公称通径	连接形式及标准	用途或名称	管口符号	公称通径	连接形式或名称	用途或名称

			工程名称:	日期	区号	
			设计项目:	专业		
编制			T×××× ××××塔 管口方位图(例图)			
校核						
审核				第 页	共 页	版

图 7-27 管口方位图

设备布置图是按正投影原理绘制的。按 GB4457.1—1984 的规定,设备图一般包括一组视图(平面图、剖面图和部分放大图)、尺寸标注、安装方法、附注说明、编制明细表与标题栏等。具体内容有:

(1) 厂房、建(构)筑物外形、轴线号、尺寸,标注建(构)筑物标高及厂房方位;

(2) 全部设备的平面安装位置尺寸及方位、设备名称及设备的特征标高;

(3) 操作平台的位置及标高;

(4) 当设备布置平面图表示不够清楚时,绘制必要的剖视图及部分放大图。

B 设备布置图的绘制步骤

设备布置图的绘制步骤有:

(1) 确定视图配置;

(2) 选定绘图比例;

(3) 确定图纸幅面;

(4) 绘制平面图:画出建筑定位轴线;画出与设备安装定位有关的厂房基本结构;画出设备中心线;画出设备支架基础、操作平台等轮廓形状;标注尺寸;标注建筑定位轴线编号及设备位号和名称;画出分区界线,并作相应标注;

(5) 绘制剖视图;

(6) 绘制方向标;

(7) 注写有关说明,填写图纸标题栏及编制设备明细表;

(8) 检查、校核,最后完成图样。

C　设备布置图的绘制方法

设备布置图的绘制方法和要求如下。

(1) 视图的一般要求:

1) 图纸幅面:一般采用 A1 图纸(594 mm×841 mm),不宜加长加宽。特殊情况可采取其他号图纸;

2) 比例:在图面饱满、表示清楚的原则下,应尽可能采用 1:100,在特殊情况下可采用 1:50,具体视车间设备布置的疏密程度而定。对于大型装置分段绘制设备布置图时,必须采用同一比例;

3) 尺寸标注:标注的标高、坐标、尺寸以"米"为单位,小数点后取三位,至毫米为止;正标高前不写"+"号,负标高必须加"-"号(如-×.×××),"0"标高需写"±0.000"。在图中用如下形式表示:

$\underline{\nabla\ 3.500}$　　$\underline{\nabla\ \pm 0.000}$　　$\underline{\nabla\ -3.500}$

设备布置图中标注的其余尺寸,一律以毫米为单位,只注数字,不注单位。若采用其他单位标注尺寸时应注明单位。

设备定位以建筑轴线或柱中心为基础,标注的尺寸为设备中心与基准的间距。当总体尺寸数值较大、精度要求不高时,允许将尺寸标注为封闭链状,当尺寸界线距离较窄没有位置注写数字时,尺寸线的起止点可不用箭头而采用 45°的细斜短线表示,此时最外边的尺寸数字可标注在尺寸界线的外侧,中间部分尺寸数字可分别在尺寸线上下两边错开标注,必要时也可以引出后再进行标注。如图 7-28 所示。

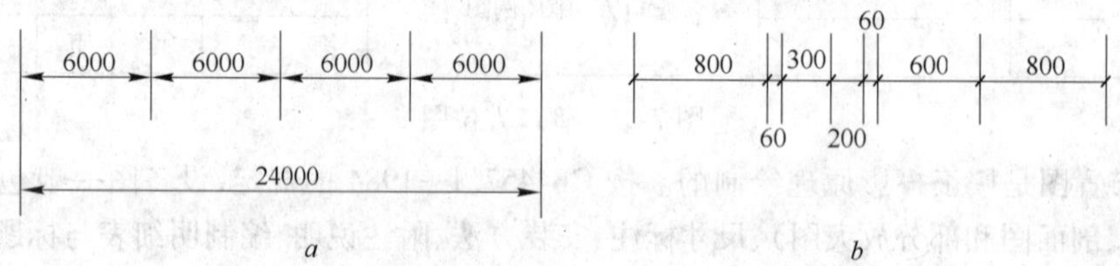

图 7-28　尺寸标注
a—封闭链状;b—细斜短线

4) 图纸名称(图名):一张图纸只绘一层平面时,则写:"设备布置图,标高×.×××平面"。

一张图只绘一个视图的则写:"设备布置图×—×剖视"。剖视图编号用大写英文字母,例如"*A—A* 剖视"。

一张图纸有两个以上平面或剖视图时,应写出所有平面及剖视的名称,如设备布置图标高×.×××;×.×××平面,设备布置图×—×剖视;设备布置图标高×.×××平面,×—×剖视。每个图面下方也标注×.×××平面或×—×剖视,如各图面比例不同,还应在粗实线下方写出比例,如:

$\dfrac{\text{5,000 平面}}{\text{M1:500}}$　　$\dfrac{A\text{—}A\text{ 剖面}}{\text{M1:500}}$

当一张图上只画一层平面中的某一部分时,应在图名后面写明轴线编号,例如设备布置标高×.×××平面轴线②-⑧。

5) 编号:每张设备布置图均应单独编号,同一主项的设备布置图不得采用一个号,并加上第几张、共几张的编号方法。

6）线条：设备、设备附件、传动装置等外形轮廓用粗实线（0.9 mm）绘制，支架、耳架用中实线（0.6 mm）绘制。若设备或附件太小，用粗实线不能表示清楚时，可用中粗线（0.6 mm）绘制。

安装专业设计的安装平台、操作台用中粗实线绘制。

剖视符号的剖切用中粗实线，剖视符号的箭头方向线用细实线（0.3 mm）绘制，符号用大写英文字母表示，字母书写方向与主题栏方向一致。

穿孔的阴影部分、被剖切的墙柱均涂红色。

建（构）筑物、设备基础、土建专业设计的大型平台及尺寸线用细实线绘制。

卧式设备和立式设备的法兰连接形式均画两条粗实线。

表示厂房方位的方向标尺在低层平面图上表示，方向标用细实线绘制直径为 20 mm 的圆，黑圆弧为 1/8 直径，箭头方向指北。

有关制图的线条规定见表 7-8。

表 7-8 有关制图的线条规定

图线名称	图线形式及代号	图线宽度	一般应用
粗实线	———— A	b	A_1 可见轮廓线 A_2 可见过渡线
细实线	———— B	约 $b/3$	B_1 尺寸线及尺寸界线 B_2 剖面线 B_3 重合剖面的轮廓线 B_4 螺纹的牙底线及齿轮的齿根线 B_5 引出线 B_6 分界线及范围线 B_7 弯折线 B_8 辅助线 B_9 不连续的同一表面的连线 B_{10} 成规律分布的相同要素的连线
波浪线	～～～ C	约 $b/3$	C_1 断裂处的边界线 C_2 视图和剖视的分界线
双折线	—∧—∧— D	约 $b/3$	D_1 断裂处的边界线
虚　线	------F	约 $b/3$	F_1 不可见轮廓线 F_2 不可见过渡线
细点划线	—·— G	约 $b/3$	G_1 轴线 G_2 对称中心线 G_3 轨迹线 G_4 节圆及节线
粗点划线	—·— J	b	J_1 有特殊要求的线或表面的表示线
双点划线	—··— K	$b/3$	K_1 相邻辅助零件的轮廓线 K_2 极限位置的轮廓线 K_3 坯料的轮廓线或毛坯图中制成品的轮廓线 K_4 假想投影轮廓线 K_5 试验或工艺用结构（成品上不存在）的轮廓线 K_6 中断线

注：图线宽度 b 视图样大小和复杂程度，在 0.5～2 mm 之间选择，新标准推荐了以下系列：0.18 mm，0.25 mm，0.35 mm，0.5 mm，0.7 mm，1 mm，1.4 mm，2 mm。

（2）视图的布置：

1）平面图：多层厂房应分层绘制平面图。一般情况下，每一层只画一个平面，当有操作台的部分表示不清楚时，在该平面图上可以只画操作台下的设备，局部操作台以及以上的设备另画操作台平面图。如不影响图面清晰，也可重叠绘制，操作台下的设备画虚线。

平面图上的设备均须按比例绘出俯视的简单外形轮廓，且需清楚表示设备主体、设备盖、传动装置的方位，为此在设备的主要特征管口旁须注管口符号（用英文字母表示）。当设备管口比较简单，方位显示明确时，可不标注管口符号。有法兰的设备只绘法兰与筒体外径。有支架或支座的设备应绘出支架或支座，有基础的设备应画出基础外形，保温设备不必绘保温层。

同一位号的两个以上设备，如果管口方位和支承方式完全相同且外形比较复杂时，可以只绘其中一台的实际外形，其余几台可以简化表示，如泵类设备只画一个矩形方框，塔类设备只画一个圆。

多层建筑物或构筑物，应依次分层绘制各层的设备布置平面图。如在同一张图纸上绘制几层平面时，应从最底层平面开始，在图纸上由下而上或由左至右按层次顺序排列，并在图形下方注明"EL ×××. ×××平面"等。

一个设备穿越多层建（构）筑物时，在每层平面图上均需画出设备的平面位置，并标注设备位号。各层平面图是上一层的楼板底面水平剖切的俯视图。

工艺设备布置图中的生活室及其他专业用的房间，如变电所和仪表控制室等，均应绘出，但只以文字标注房间名称。非工艺专业的设备布置图，如附属于工艺厂房的仪表、空压站等，则只需绘出与本专业设备布置有关的局部建筑。

预留位置或第二期工程安装的设备用双点划线绘制，埋地设备和被遮盖的设备用虚线绘制。

与建筑物无联系的室外设备及其支架等，只绘在底层平面上。

2）剖视图：对于较复杂的车间或有多层建（构）筑物的车间，当平面图表示不够清楚时，应当绘制必要的剖视图或局部剖视图。绘制的剖视图应选择能够清楚地表示设备特征的视图，剖视方向如有几排设备，为使主要设备表示清楚，可按需要不绘出后排设备。剖视图符号用 *A—A*、*B—B*、*X—X* 大写英文字母表示。

图上绘有两个以上剖视图时，设备在各剖视图上一般只应出现一次，无特殊要求不用重复画出。

剖视图上应画出轴线号，但不需要注轴线分总尺寸，被剖切的墙、柱、梁、楼板等部位涂红色。

剖视图上的设备外形要求线条简单，表示清楚。如夹套设备需画出夹套外形，还应画出设备的支架、底座和传动装置等附件，保温设备不画保温层。

在剖视图中，设备的钢筋混凝土基础与设备外形轮廓组合在一起时，通常将其与设备一起用粗实线画出，如图 7-29 的主视图所示。

穿过楼板的设备，在相应平面上可按图 7-30 所示的剖视形式表示，图中楼板孔洞可不必画出阴影部分。

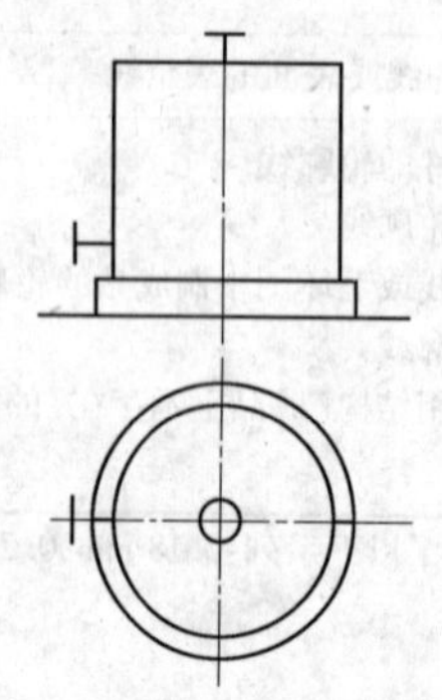

图 7-29　设备 - 基础组合画法

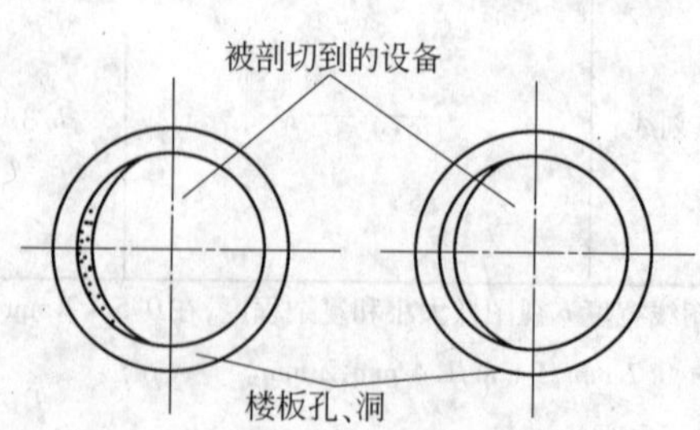

图 7-30　楼板孔洞剖视图

剖视图还不能表示清楚的设备,可加绘局部剖视图。

3）建筑构件的表示方法:设备布置图中建筑物及其构件均用实线画出。常用的建筑结构构件的图例见表7-9。

表7-9 设备布置图中建筑图例

序号	图 例	名 称	序号	图 例	名 称
1		双扇门	15		金属栏杆
2		单扇门	16		楼板及钢梁
3		空门洞	17		素土地面
4		窗	18		混凝土地面
5		栏杆	19	或	钢筋混凝土
6		网纹板	20	或	网纹板
7		箅子板	21		钢梯及平台
8		孔洞			
9		地坑及地墙			
10		地沟混凝土盖板	22	C B A A A A C B	剖视图的剖切位置
11	上	单跑梯			
12	下 上	双跑梯			
13	① ②	轴线编号			
14		楼板及梁	23	北	方向标

绘图时的一些具体要求:

厂房建筑的空间大小,内部分隔及设备安装定位的有关结构,如墙、柱、地面、楼板、平台、栏杆、楼梯、安装孔洞、地沟、地坑、吊车及设备基础等在平面图和剖视图方向等,在剖视图上则一概不予表示。

与设备安装定位关系不大的门窗等构件,一般只在平面图画出它们的位置,门的开启均按比例采用规定的图例画出。

在设备布置图中,对于承重墙、柱子等结构,要按建筑图要求用细点划线画出其建筑定位轴线。

车间内如有控制室、配电室、生活间及辅助间,应写出各自的名称。

4）设备布置图的标注:

厂房建筑物及构件的标注:厂房建筑图包括平面图、立面图、剖面图等,其标注的形式如图7-31所示,包括如下内容:厂房建筑的长度、宽度总尺寸;柱、墙定位轴线的间距尺寸;为设备安装预留的孔、洞、沟、坑等定位尺寸；地面、楼板、平台、屋面的主要高度尺寸及设备安装定位的建筑物构件的高度尺寸。

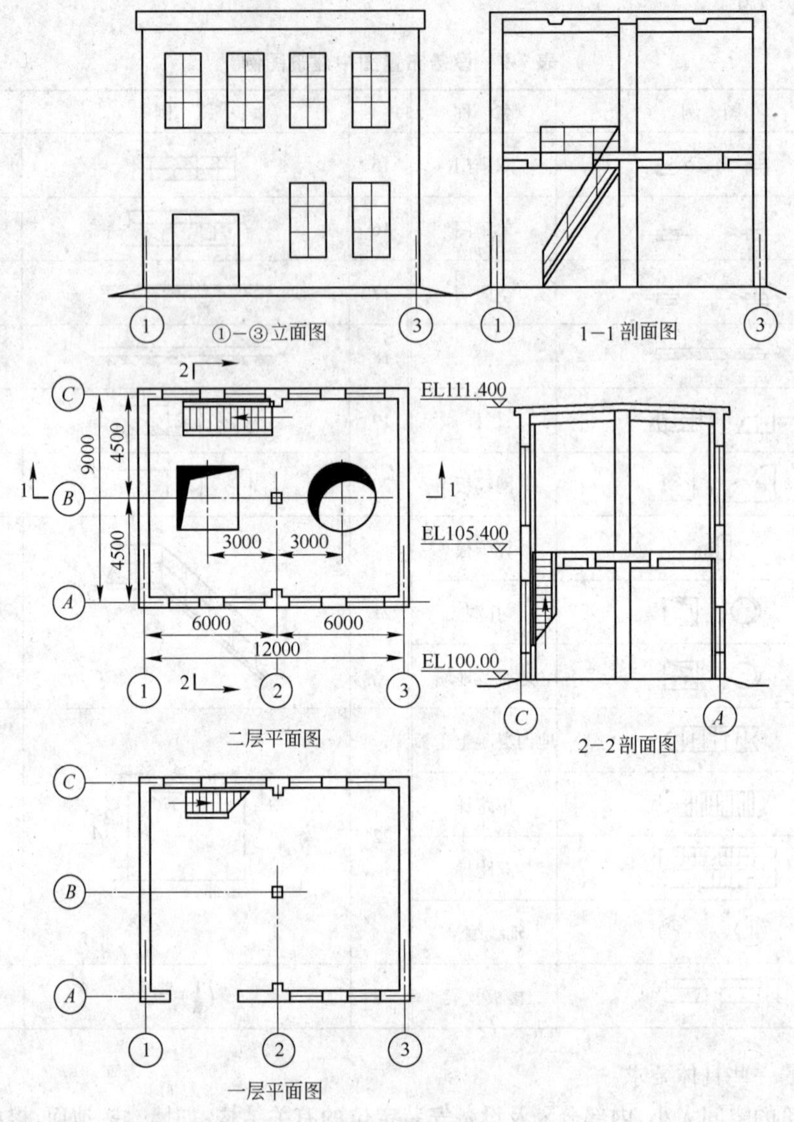

图 7-31　厂房建筑标注图

设备标注：在平面上，一般以建筑物和构筑物的定位轴线为基准标注设备（中心线）与建筑物及构件、设备与设备之间的定位尺寸，也可以采用坐标系进行标注。

立式反应器、塔、槽、罐和换热器以设备中心线为基准。卧式容器和换热器以设备中心线和管口中心线为基准。离心式泵、压缩机、鼓风机、蒸汽透平以中心线和出口管中心线为基准。往复式泵、活塞式压缩机以缸中心线和曲轴（或电动机轴）中心线为基准。板式换热器以中心线和某一出口法兰端面为基准。直接与主要设备有密切关系的附属设备，应以主要设备的中心线为基准进行标注。

设备的标高：地面设计标高为 EL100. 000。立式、板式换热器以支撑点标高表示（POS EL ×××. ×××）。卧式换热器、槽、罐以中心线标高表示（EL ×××. ×××）；反应器、塔和立式槽、罐以支撑点标高表示（POS EL ×××. ×××）；泵、压缩机以主轴中心线标高（EL ×××. ×××）或以底盘面标高（即基础面标高）表示（POS EL ×××. ×××）；对管廊、管架，注出架顶的标高（TOS EL ×××. ×××）。

名称与位号的标注：设备布置图中的所有设备均需标出名称及位号，名称与位号要与工艺流程图相一致，一般标注在上方或下方，具体是位号在上，名称在下，中间画一粗实线。

定位轴线的标注：建筑物、构筑物的轴线和柱网要按整个车间（或装置）统一编号，一般横向用阿拉伯数字自左向右顺序编号，纵向用大写英文字母自下而上顺序编号（其中 I、O、Z 三个字母不用）。轴线端部的细线圈直径为 8 ~ 10 mm。

安装方位标：是表示设备安装方位基准的符号，方向与总图的设计标向一致。一般画在布置图的右上方，两细实线圆直径分别为 14 mm 和 8 mm。

设备一览表：可以将设备位号、名称、规格及设备图号（或标准号）等，在图纸上列表注明，也可不必在图上列表，而在设计文件中附设备一览表。

7.4.4.5 车间布置图的绘制

车间布置图是车间配置设计的最终产品，应根据各设计阶段的要求，表示出设备的整体布置，包括设备与有关工艺设备的位置和相互关系、设备与建（构）筑物的关系、操作与检修位置、厂房内的通道、物料堆放场地以及必要的生活和辅助设施等。

车间布置图的具体绘制步骤和要求如下：

(1) 确定视图位置。车间布置图一般按组成分为车间、工段或系统绘制。当车间范围较大，图样不能表达清楚时，则可将车间划若干区域，分图绘制；当几个工段或车间设在同一厂房内时，也可以合并绘制。

一般是每层厂房绘制一张平面布置图，在其上应画出该平面之上至上一层平面之下的全部设备和工艺设施，各视图应尽量绘于同一张图纸上。当图幅有限时，可将平面图和剖面图分张绘制，但图表和附注专栏应列于第一张图纸上，剖视图的数量应尽量少，以表达清楚为原则。根据施工图设计阶段配置图的需要，可增加必要的局部放大图、局部视图和剖面图。

(2) 选定绘制比例和图纸幅面。可以选用 1∶20，1∶50，1∶100，1∶200。一张图纸采用几种比例时，主要视图的比例标写在图纸标题栏中，其他视图的比例写在视图名称下方，如$\frac{A—A}{1:100}$。

图纸幅面一般采用 A_0 图纸（841 mm × 1189 mm），必要时允许加长 A_1 ~ A_3 图纸的长边和宽边，加长量要符合机械制图国标 GB4457. 1—1984 的规定（对 A_1、A_3 两种幅面的加长量，按 A_0 幅面短边的 1/4 的倍数增加）。如需要绘制几张图，幅面规格力求统一。

(3) 绘制平面图：

1）明确图线：图面线条要符合 GB4457. 4—1984 的规定，设备、有关工艺设施、部件和零件等可用中实线（约 *b*/2）；改建和扩建工程原有设备、建（构）筑物以及与本图相连而不在本图编号的设备用细实线；与工艺关系密切的外专业设备，如变压器、仪表盘等用细实线画出其简单轮廓；

2）画出建筑定位轴线：对于承重墙、柱等结构，按建筑图要求用细点划线画出建筑定位轴线，在每一建筑轴线的一端画出直径 8 ~ 10 mm 的细线圈，在水平方向从左向右依次用阿拉伯数字编号，在垂直方向从下向上用大写字母 *A*、*B*、*C* 等标注。如图 7-32 所示。

3）画出与设备安装有关的厂房建筑基本结构：布置图中应按比例采用规定图例绘出墙、柱、地面、楼面、操作台、栏杆、楼梯、安装孔洞、地沟、地坑、吊车梁和设备基础等的轮廓形象，与设备安装关系不大的门窗等，一般只在平面图上画出它们的位置、门的开启方向即可；

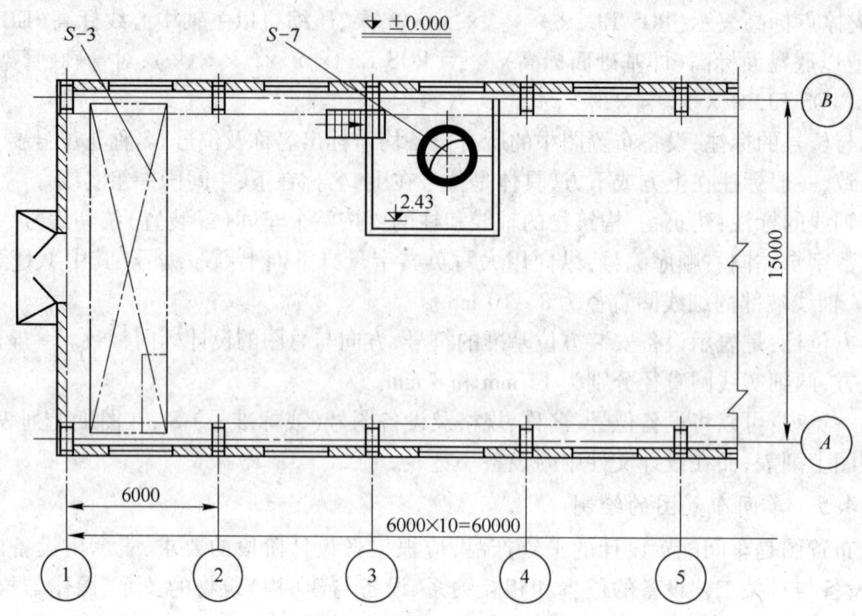

图 7-32 建筑定位轴线表示法

4）画出设备中心线和设备、支架、基础、操作台等的轮廓形状和安装方位。

对于非安装设备，如车辆等，应按比例将其外形轮廓绘制在经常停放的位置或通道上，图形数量可不与设备明细表上的数量相同。

必要的辅助设备与构件的轮廓图形也应绘出，如变压器、仪表等，如这些设备占据专门的房间时，则只在相应的房间处写明“变压器室”、“仪表室”等字样即可。

（4）车间辅助室和生活室的布置：

1）生产规模较小的车间，多数是将辅助室、生活室集中在车间内的一个区域里；

2）有时辅助房间也有布置在厂房中间的，如配电室及空调室，但这些房间一般都布置在厂房北面房间；

3）生活室中的办公室、化验室、休息室等宜布置在南面房间，更衣室、厕所、浴室等则可布置在厂房北面房间；

4）生产规模较大时，辅助室和生活室可根据需要布置在有关的单体建筑物内；

5）有毒或者对卫生方面有特殊要求的工段必须设置专用的浴室。

8 高压溶出车间工艺设计

铝土矿溶出是拜耳法生产氧化铝的两个主要工序(溶出和分解)之一。溶出的目的在于将铝土矿中的水合氧化铝转变成为铝酸钠进入溶液,而与其他杂质氧化物(Fe_2O_3、SiO_2、TiO_2 等为不溶性泥渣)分离,并获得尽可能高的氧化铝溶出率和尽可能低的溶出液苛性比(*MR*)。溶出效果的好坏直接影响到拜耳法生产技术经济指标。

铝土矿溶出是在超过溶液沸点下进行的,温度越高溶液的饱和蒸气压越大,因此铝土矿是在超过大气压下溶出的,故称为高压溶出。随着技术进步,难溶的一水硬铝石型铝土矿的溶出温度最高达到了280℃。高温溶出技术不仅要解决设备的强度和密封问题,而且要解决料浆的输送、加热、搅拌和冷却问题以及由此引起的结疤、腐蚀、安全生产等问题。降低热耗是完善高压溶出过程的主要内容,主要是充分利用高压溶出矿浆的显热。

高压溶出车间工艺设计,即溶出方法、工艺流程、技术条件、设备的选择是否正确,直接关系到溶出工序的热耗、基建投资、生产操作和维修、安全生产、溶出效果和经济效益的好坏。

高压溶出方法、工艺流程、技术条件和设备的选择,主要取决于所处理的铝土矿化学成分和矿物组成的类型,其次是节能降耗的要求。

高压溶出过程的主要技术条件和经济指标有:溶出温度、溶出时间、氧化铝溶出率和热耗等。

本章内容是以拜耳法处理贵州清镇铝土矿,建设规模30万 t/a 氧化铝厂的高压溶出车间工艺设计为例,使读者了解和掌握该生产车间工艺设计的主要内容和基本方法,以提高分析和解决实际工程的能力。

8.1 高压溶出方法及技术条件的选择

8.1.1 铝土矿溶出技术的发展

拜耳法生产氧化铝的溶出方法,最初由单罐压煮器间断溶出作业发展为多罐串联连续溶出,进而发展为管道化溶出。随之溶出温度也得到了提高,即最初溶出三水铝石的温度为105℃,溶出一水软铝石的温度为200℃,溶出一水硬铝石的温度为240℃,而目前的管道化溶出的温度高达280~300℃。溶出的加热方式则由蒸汽直接加热发展为蒸汽间接加热,及管道化溶出高温段的熔盐加热。随着溶出技术的进步,溶出过程的技术经济指标得到显著的提高和改善,如能耗、碱耗下降,碱的循环效率(1t Na_2O 在一次作业循环中所生产出的 Al_2O_3 量)提高,最终表现为产品生产成本大大下降。

8.1.2 几种溶出方法的优缺点

几种溶出方法的优缺点介绍如下。

8.1.2.1 单罐压煮溶出器间断溶出

最初在法国、匈牙利处理一水软铝石型铝土矿,采用在每一个溶出罐里进行进料、加热(至溶出温度)、保温(时间为溶出时间)和卸料作业,每一周期操作麻烦,产量低,满足不了生产发展的需要，早已被淘汰。

8.1.2.2　蒸汽直接加热并搅拌矿浆的连续溶出

这是前苏联和我国郑州铝厂、贵州铝厂所采用的溶出工艺，其特点是将蒸汽直接通入到压煮器加热矿浆，同时起到了搅拌矿浆的作用。这样，就避免了间接加热压煮器加热表面的结疤生成和清除的麻烦，同时取消了机械搅拌机构及大量的附件，因而使压煮器结构变得很简单，流程也较简单。但是这种溶出工艺也存在以下缺点：(1) 预热温度低（一般为 130 ~ 160℃），主要是靠前两个压煮器通入的新蒸汽与矿浆接触而达到 240 ~ 250℃。蒸汽直接加热导致蒸汽冷凝水进入矿浆，因此冲淡了矿浆的碱浓度，使 Na_2O_K 下降约 50 g/L，故恶化了溶出反应的动力学条件，使氧化铝的溶出速度减慢；(2) 蒸发水量增加，导致能耗高：由于溶出温度较低（245℃），溶出一水硬铝石型铝土矿时，必须用碱浓度较高（220 g/L Na_2O_K 以上）的循环母液，再加上蒸汽直接加热使矿浆碱浓度下降 50 g/L，而导致蒸发过程的蒸发水量增加，每吨 Al_2O_3 的蒸发汽耗增加 0.95 t，又加上高压溶出汽耗 1.83 t，总计汽耗高达 6.03 t；(3) 铝土矿中粗颗粒溶出不完全：该流程是在压煮器的上部进料和在底部出料，粗颗粒下沉速度快，导致细颗粒停留时间长而粗颗粒停留时间短，使得需要较长时间的粗颗粒溶出不完全。

8.1.2.3　间接加热机械搅拌矿浆的多罐连续溶出

在法国、罗马尼亚、匈牙利、希腊等国处理三水铝石型铝土矿或一水软铝石型铝土矿、一水软铝石－一水硬铝石型铝土矿采用此种溶出工艺。其特点是克服了蒸汽稀释矿浆，减少了蒸发汽耗，但由于该溶出器直径较大（ϕ2.5 m），蒸汽在各加热管壁之间流动，而矿浆则在加热管内流动，会造成加热管内壁结垢严重，因此需要带有机械搅拌并强化溶出，从而导致压力不能太高，否则会造成罐壁厚度增加，存在制造技术上的困难，更严重的是密封问题。目前，间接加热机械搅拌溶出作业温度在 235 ~ 245℃。如再提高温度至 260℃，则溶出器壁的厚度需在 60 ~ 70 mm，卷、焊制造困难，设备价格昂贵，投资很大，而且需要定期用铁锤敲击，或专用喷灯加热清除加热管表面上的结疤。

8.1.2.4　管道化溶出

这是利用管道化溶出器进行矿浆溶出的工艺，自 20 世纪 70 年代以来被匈牙利、联邦德国和法国氧化铝厂相继采用，处理三水铝石及一水软铝石型铝土矿，都获得较好的溶出效果。其具有的主要优点：(1) 溶出及蒸发过程的热耗低：矿浆在管道化溶出器中流速快（2 ~ 7 m/min），流动强烈，呈高度湍流状态，雷诺数 Re 达 10^5，传热系数 K 高，使氧化铝的溶出速度大大提高，因而在相同换热面积的情况下，能快速加热到溶出温度及提高溶出温度，从而强化了溶出过程，可使用碱浓度较低的循环母液，且使高温溶出矿浆的自蒸发水量增加，从而可以大幅度降低蒸发水量，甚至可以取消蒸发；可使溶出液达到较低的摩尔比，从而提高了生产能力，降低了溶出和蒸发的能耗，比压煮器组溶出的能耗至少节能 25%；(2) 投资少：管道化溶出系统结构简单，无搅拌等传动部件，制造容易，比传统压煮器溶出装置所需投资减少 20% ~ 40%；(3) 生产操作简单容易，检修工作量少，经营费用低。

我国早在 1968 年就在贵州铝厂进行过管道化溶出试验，但试验时间很短就停止了。1975 年沈阳铝镁设计研究院为郑州铝厂设计了 22 m^3/h 的管道化溶出装置。此后，原中国长城铝业公司引进了 Lippe 厂拆除的 RA6 管道化溶出装置，山西铝厂引进了法国单管预热—高压釜溶出系统。国外管道化溶出处理三水铝石及一水软铝石型铝土矿，达到溶出温度后或保温溶出极短时间，或不需保温溶出就可以获得较好溶出效果。而我国的一水硬铝石型铝土矿，不仅要求较高的溶出温度，而且还要求较长的溶出时间。1975 ~ 1982 年郑州轻金属研究院针对我国铝土矿特点，进行了拜耳法强化溶出的研究工作,先后采用的试验装置有等径管反应器、异径管反应器和管道-停留罐反应器系统。试验表明,对于难溶出的一水硬铝石型铝土矿,保持一定的溶出时间非常重要。因此管道-停留罐反应器是很合适的高温强化溶出装置。为了把这一研究成果尽快用于工业生产,1983 年 9 月动工建设 4 m^3/h 管道-停留罐强化溶出试验工厂,1987 年 6 月建成。1988 年完成我国广西平果矿的溶出试验,1989 年投入工业生产,取得了较好的技术经济效果。

目前我国已有三种强化溶出技术:

(1) 山西铝厂和平果铝厂从法国引进的单管预热-高压釜溶出;

(2) 长城铝业公司郑州铝厂从德国引进的管道化溶出(RA6);

(3) 我国自己研究成功的管道-停留罐溶出。

这三种技术的采用,必将大大提高我国拜耳法生产水平。

针对单流法间接加热技术所面临的结疤严重问题,吸取国外双流法技术中的优点,结合我国铝矿资源和生产条件的特点,我国许多研究者从应用基础理论到工艺,围绕双流法做了大量工作。双流法溶出工艺研究成果于 1996 年通过鉴定,并在中国铝业公司中州分公司工业应用。目前,世界上许多氧化铝厂采用所谓的美国双流法处理以三水铝石为主的铝土矿,其氧化铝产量占世界氧化铝产量的 60% 以上。双流法溶出技术的优点是:换热面上结疤轻,投资省、成本低,结疤易清理。

下面以采用提高矿浆流速和不带机械搅拌的蒸汽间接加热的多罐串联溶出工艺为例来阐述车间工艺设计。

8.1.3 溶出流程的选择

8.1.3.1 *矿浆预热过程增加预脱硅技术*

目前,在我国氧化铝厂,由格子磨制出的原矿浆,进入原矿槽的温度约为 85℃,而后进入预热器。由于矿浆温度降低,而 SiO_2 含量较高,发生脱硅反应生成钠硅渣,会形成严重的硅结疤。如果在矿浆进入溶出器前,增加预脱硅过程,即可减轻预热器的结疤。

原矿浆预脱硅的基本条件是:保温和搅拌一定时间。

经过试验研究表明,我国铝土矿的预脱硅性能较差。现参考河南新安优质铝土矿的预脱硅试验数据,对拟定处理的贵州清镇铝土矿选用的原矿浆预脱硅技术条件如下:

(1) 循环碱液浓度:Na_2O_K 280~290 g/L;Al_2O_3 125~130 g/L;

(2) 在 105℃下保温搅拌 4 h。

预脱硅可使溶液中的 SiO_2 含量由 1.56~1.78 g/L 下降到 0.801~0.788 g/L,硅指数(A/S)由 71~83.5 提高到 160~170,预脱硅率可达 25%~30%。

设计可确定原矿浆预脱硅流程为:

原矿浆经 1 号预热器由 85℃预热到 101.5℃后,在原矿浆槽进行预脱硅(保温搅拌 4~4.5 h,预脱硅率可达 25% 以上)。

8.1.3.2 *在原矿浆预热中间进行三级脱硅*

根据河南新安铝土矿的原矿浆在不同温度下脱硅率的试验结果表明,原矿浆的脱硅速度是随着温度的升高而增大的,而贵州清镇铝土矿基本上与河南新安铝土矿相似,因此,在原矿浆预脱硅过程中,温度越高脱硅速度越快,这就必然会造成预热器的加热管壁结疤严重。因此,本设计在 4 号预热器(t_4 = 150.30℃)后,设置第一个中间保温脱硅罐;在 6 号预热器(t_6 = 180.20℃)后,设置第二个中间保温脱硅罐;在 8 号预热器(t_8 = 209.67℃)后,设置第三个中间保温脱硅罐。这三个中间保温脱硅罐,均采用 ϕ1.6 m×13.5 m 的蒸汽直接加热溶出器,矿浆在其中可停留 15

~20 min,这样就可使多级预热器的结疤大大减轻,从而增长了设备的检修期,有利于降低溶出过程的热耗和设备的检修费。

8.1.3.3　*矿浆 8 级自蒸发和 9 级预热*

拜耳法氧化铝厂的蒸汽消耗,约占产品成本的 20%,而高压溶出的蒸汽消耗占总蒸汽消耗的 30% 以上,即约为总成本的 6% 以上,因此,降低溶出过程的蒸汽消耗,对降低产品成本和提高企业经济效益具有重要意义。

在不考虑其他损失(如温度损失、低压蒸汽等)的条件下,将原矿浆加热到溶出温度所需要的热量,与高温溶出矿浆冷却到原矿浆温度所放出的热量之差,应该等于铝土矿矿物溶解的反应热,即理论上溶出过程的新蒸汽消耗,只决定于矿浆溶解反应热。但是,由于高压溶出矿浆在自蒸发冷却过程中产生的温度降、温度损失,并由此而产生一定数量的低压蒸汽,使高温溶出矿浆的热量不能完全用于加热原矿浆,因此仍需要用新蒸汽将矿浆加热到溶出温度。

不考虑其他损失时,在热交换器中加热矿浆所需新蒸汽量的计算公式:

$$D = \frac{Q}{i'' - i'} = \frac{GC\Delta t}{i'' - i'} = \frac{GC(t_{溶出} - t_{预热矿浆})}{i'' - i'} \tag{8-1}$$

式中　D——新蒸汽消耗量,kg/h;

Q——将原矿浆由预热温度加热到溶出温度所需要的热量,kJ/h;

i''——新蒸汽的热焓,kJ/kg;

i'——冷凝水的热焓,kJ/kg;

G——矿浆每小时流量,kg/h;

C——矿浆的比热容,kJ/(kg · ℃);

$t_{溶出}$——铝土矿的溶出温度,℃;

$t_{预热矿浆}$——原矿浆被高温溶出矿浆的自蒸发蒸汽加热所达到的预热温度,℃。

由上式可见,在 G 和 $t_{溶出}$ 一定时,D 随 $t_{预热矿浆}$ 的升高而减少。而要想提高 $t_{预热矿浆}$,则必须提高溶出矿浆的自蒸发温度。因此,只有溶出过程采用多级自蒸发和多级预热流程,才能尽量回收利用矿浆的热量,达到提高 $t_{预热矿浆}$ 的目的。

理论上,矿浆的自蒸发及预热的级数越多,热的回收率越高,新蒸汽的消耗 D 越少,但是级数越多,设备的投资越大。因此,对任何特定的设计都有一个最经济的级数,这时设备费用的增加刚好由加热面积的节约和新蒸汽的节约来补偿。国外处理一水软铝石型铝土矿在 240℃ 下溶出时,溶出矿浆的自蒸发约为 7 ~ 10 级,每级温度降约为 13 ~ 18℃,则原矿浆的预热级数为 6 ~ 9 级。

经过计算,可知设计溶出过程采用 8 级自蒸发及 9 级预热流程,可使原矿浆温度预热到 216℃。

8.1.4　高压溶出技术条件的选择

在缺少贵州清镇铝土矿溶出条件试验资料的条件下,可根据以下几种铝土矿的振动高频红外线光谱(cm^{-1})测定数据:

广西平果铝矿　1070 ~ 1075

河南新安铝矿　1062 ~ 1065

贵州清镇铝矿　1062

山西孝义铝矿　1060

其数值小,表示溶出性能好,即清镇铝矿比新安铝矿易溶。

参考新安铝矿的溶出试验数据:

循环碱液 N_K250 g/L,$(MR)_{溶出液}$3.4,溶出温度 236℃,保温 2 h,氧化铝的溶出率 $\eta_{A溶出}$ = 88.7% ~89.1%;石灰添加量 $C/T = 4$,$N_{耗} = 62.8$ kg。

设计选定的高压溶出技术条件如下:

溶出温度 250℃,苛性碱液浓度 N_K240 g/L,溶出时间 2 h,溶出母液$(MR)_{母}$ 3.45,赤泥铝硅比 1.15,赤泥钠硅比 0.50,石灰添加量(为铝土矿质量的)8%,溶出液$(MR)_{溶}$ 1.58。

8.2 高压溶出过程的热平衡计算

8.2.1 高压溶出车间工艺流程

高压溶出车间工艺流程如图 8-1 所示。溶出器组中前面 1 ~9 号溶出器(称为预热溶出器或预热器)都用各级自蒸发蒸汽和新蒸汽冷凝水蒸汽依次加热到 236℃,最后经 10 号和 11 号溶出器用新蒸汽加热至溶出温度 250℃;高压溶出后的矿浆依次通过 8 级自蒸发器降压冷却后自流入稀释槽。蒸汽冷凝水罐供 18 个,其中 10 个用来收集蒸汽冷凝水,送去作锅炉用水;8 个用来收集自蒸发蒸汽冷凝水,送去作赤泥洗水。每个冷凝水罐,既是同级高压溶出器的冷凝水贮槽,又是更高温度冷凝水的自蒸发器。为保证冷凝水自蒸发蒸汽可以加入到其前一级溶出器中,冷凝水罐的压力控制必须保持与该级自蒸发器的压力相同,本级高压溶出器的压力与冷凝水罐的压力保持平衡。

8.2.2 溶出矿浆的自蒸发水量

8.2.2.1 溶出矿浆自蒸发级数的确定

已知 1 号自蒸发器进料温度(等于溶出温度)为 250℃;8 号自蒸发器绝对压力为 196 kPa(表压为 98 kPa),经查饱和蒸汽表得知其蒸汽温度为 119.6℃,取为 120℃。取该溶出液的沸点升高为 14℃,则 8 号自蒸发器矿浆的温度(达到沸点时的温度):

$$t_8 = 120 + 14 = 134℃$$

1 号→8 号自蒸发器矿浆的温度差:250 - 134 = 116℃

则相邻两级自蒸发器的平均温度差:$\Delta t = 116/8 = 14.5$℃

因为 Δt 在 13 ~15℃之间,所以选取 8 级自蒸发为合理的级数。

现取温度较高的 1 ~4 号自蒸发器每相邻两级的 Δt 为 14℃,而温度降低的 5 ~8 号自蒸发器每相邻两级的 Δt 为 15℃。

8.2.2.2 各级自蒸发器的参数

1 ~8 级自蒸发器的参数列于表 8-1。

表 8-1 各级自蒸发器的参数

级 数	1	2	3	4	5	6	7	8
矿浆温度/℃	236	222	208	194	179	164	149	134
自蒸发蒸汽温度/℃	222	208	194	180	165	150	135	120
蒸发热/kJ·kg^{-1}	1845.9	1905.2	1960.8	2011.8	2062.8	2110.8	2406.4	2198.3
溶液沸点升高/℃	14	14	14	14	14	14	14	14
自蒸发蒸汽压力/MPa	2.462	1.873	1.396	1.022	0.714	0.465	0.319	0.202

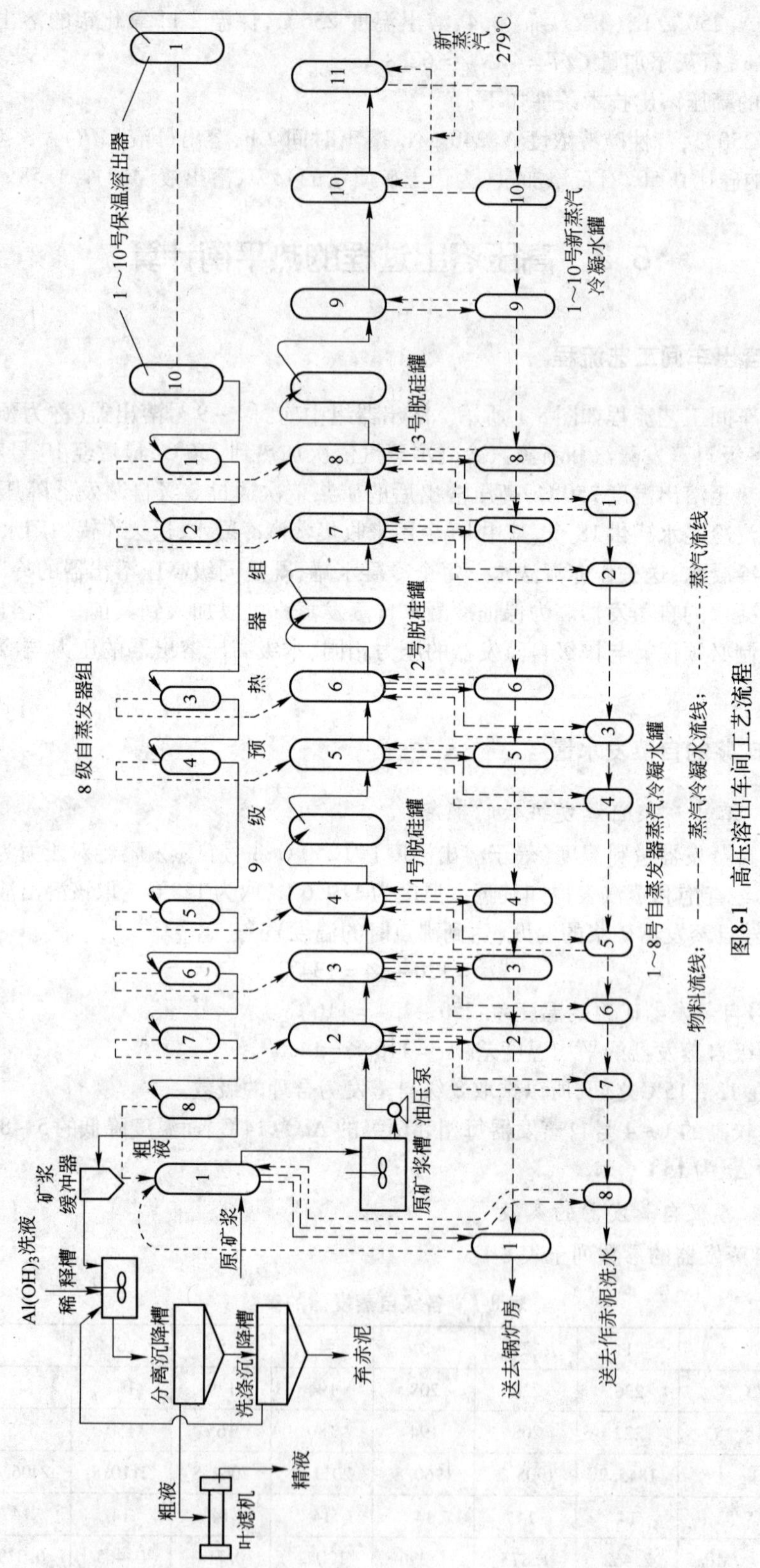

图8-1　高压溶出车间工艺流程

8.2.2.3　*矿浆的自蒸发水量*

矿浆的自蒸发水量按下式计算：

$$W = \frac{mc\Delta t\eta}{i} \tag{8-2}$$

式中　W——生产1 t氧化铝所需的矿浆的自蒸发水量，kg；

m——生产1 t氧化铝所需的进入该级自蒸发器的矿浆量，kg；

c——矿浆的比热容，计算值为3.1446 kJ/(kg·℃)；

η——热效率，取为95%；

Δt——相邻两级自蒸发器的温度差，即该级自蒸发器进出矿浆的温度差，℃；

i——该级自蒸发蒸汽的蒸发热，kJ/kg。

所以

$$W_1 = \frac{12045.443 \times 3.1446 \times (250 - 236) \times 0.95}{1845.9} = 272.92(\text{kg})$$

$$W_2 = \frac{(12045.443 - 272.92) \times 3.1446 \times 14 \times 0.95}{1905.2} = 258.43(\text{kg})$$

$$W_3 = \frac{(12045.443 - 272.92 - 258.43) \times 3.1446 \times 14 \times 0.95}{1960.8} = 245.59(\text{kg})$$

$$W_4 = \frac{(11514.093 - 245.49) \times 3.1446 \times 14 \times 0.95}{2011.8} = 234.26(\text{kg})$$

$$W_5 = \frac{(11268.503 - 234.26) \times 3.1446 \times 15 \times 0.95}{2062.8} = 239.70(\text{kg})$$

$$W_6 = \frac{(11034.243 - 223.72) \times 3.1446 \times 15 \times 0.95}{2110.8} = 229.16(\text{kg})$$

$$W_7 = \frac{(10810.523 - 229.50) \times 3.1446 \times 15 \times 0.95}{2406.4} = 196.74(\text{kg})$$

$$W_8 = \frac{(10581.023 - 197.03) \times 3.1446 \times 15 \times 0.95}{2198.3} = 211.36(\text{kg})$$

矿浆的自蒸发水总量：

$$\begin{aligned} W &= W_1 + W_2 + \cdots + W_8 \\ &= 272.92 + 258.43 + 245.59 + 234.26 + 239.70 + \\ &\quad 229.16 + 196.74 + 211.36 = 1888.16(\text{kg}) \end{aligned} \tag{8-3}$$

在高压溶出的矿浆多级自蒸发及多级预热系统中，原矿浆是由溶出矿浆的自蒸发蒸汽（二次蒸汽）和新蒸汽冷凝水共同加热而提温的。

8.2.3　原矿浆由溶出矿浆的自蒸发蒸汽预热的温度

根据在某级预热器中原矿浆由溶出矿浆自蒸发蒸汽预热升温所吸收的热量和过程的热损失，与进入该级预热器中的自蒸发蒸汽冷凝降温所放出的热量平衡关系，即可求得矿浆由自蒸发蒸汽在该级预热所提高的温度：

$$\Delta t' = \frac{[(W - W')(t - t')c_{水} + W'i']\eta}{Q_{矿浆}c_{矿浆}} \tag{8-4}$$

式中　$\Delta t'$——在该级预热器中矿浆由自蒸发蒸汽加热所提高的温度，℃；

$Q_{矿浆}$——生产1 t氧化铝的矿浆流量，kg；

$c_{水}$——水的比热容，4.18 kJ/(kg·℃)；

$c_{矿浆}$——原矿浆的比热容为3.1446 kJ/(kg·℃);

W、W'——生产1 t氧化铝所需的溶出矿浆的自蒸发水总量、进入该级预热器中相关级的自蒸发蒸汽量,kg;

t、t'——与进入该级预热器中的自蒸发蒸汽相关级的自蒸发器中进出矿浆的温度,℃;

$t-t'$——相邻两级自蒸发器的温度差,℃;

i'——与进入该级预热器中的相关级自蒸发器中的矿浆蒸发热,kJ/kg。

所以

$$1级预热\ \Delta t'_1=\frac{[(W-W_8)(t_7-t_8)c_{水}+W_8i_8]\eta}{Q_{矿浆}c_{矿浆}}$$
$$=\frac{[(1888.16-211.36)(135-120)\times4.18+2111.36\times2198.3]\times0.95}{12045.443\times3.1446}$$
$$=14.29(℃)$$

$$2级预热\ \Delta t'_2=\frac{[(W-W_8-W_7)(t_6-t_7)c_{水}+W_7i_7]\eta}{Q_{矿浆}c_{矿浆}}$$
$$=\frac{[(1676.80-196.74)(150-135)\times4.18+196.74\times2406.4]\times0.95}{12045.443\times3.1446}$$
$$=14.20(℃)$$

$$3级预热\ \Delta t'_3=\frac{[(W-W_8-W_7-W_6)(t_5-t_6)c_{水}+W_6i_6]\eta}{Q_{矿浆}c_{矿浆}}$$
$$=\frac{[(1480.06-229.16)\times14\times4.18+229.16\times2110.8]\times0.95}{12045.443\times3.1446}$$
$$=14.10(℃)$$

$$4级预热\ \Delta t'_4=\frac{[(W-W_8-W_7-W_6-W_5)(t_4-t_5)c_{水}+W_5i_5]\eta}{Q_{矿浆}c_{矿浆}}$$
$$=\frac{[(1250.90-239.70)\times15\times4.18+239.70\times2062.8]\times0.95}{12045.443\times3.1446}$$
$$=13.99(℃)$$

$$5级预热\ \Delta t'_5=\frac{[(W-W_8-W_7-W_6-W_5-W_4)(t_3-t_4)c_{水}+W_4i_4]\eta}{Q_{矿浆}c_{矿浆}}$$
$$=\frac{[(1011.20-234.26)\times14\times4.18+234.26\times2011.8]\times0.95}{12045.443\times3.1446}$$
$$=12.96(℃)$$

$$6级预热\ \Delta t'_6=\frac{[(W-W_8-W_7-W_6-W_5-W_4-W_3)(t_2-t_3)c_{水}+W_3i_3]\eta}{Q_{矿浆}c_{矿浆}}$$
$$=\frac{[(776.94-245.59)\times14\times4.18+245.59\times1960.8]\times0.95}{12045.443\times3.1446}$$
$$=12.86(℃)$$

$$7级预热\ \Delta t'_7=\frac{[(W-W_8-W_7-W_6-W_5-W_4-W_3-W_2)(t_1-t_2)c_{水}+W_2i_2]\eta}{Q_{矿浆}c_{矿浆}}$$
$$=\frac{[(531.35-258.43)\times14\times4.18+258.43\times1905.2]\times0.95}{12045.443\times3.1446}$$
$$=12.75(℃)$$

8 级预热 $\Delta t'_8=\dfrac{W_1 i_1 \eta}{Q_{矿浆}c_{矿浆}}=\dfrac{272.92\times 1845.9\times 0.95}{12045.443\times 3.1446}$
$=12.64(℃)$

自蒸发蒸汽预热的总温度为:

$$\Delta t'_{总}=\Delta t'_1+\Delta t'_2+\Delta t'_3+\Delta t'_4+\Delta t'_5+\Delta t'_6+\Delta t'_7+\Delta t'_8 \tag{8-5}$$
$$=14.29+14.20+14.10+13.99+12.96+12.86+12.75+12.64$$
$$=107.79(℃)$$

8.2.4 原矿浆由新蒸汽冷凝水预热的温度

设每吨 Al_2O_3 的新蒸汽消耗量为 V(kg),根据新蒸汽冷凝水预热矿浆的热平衡关系,即可求得原矿浆由新蒸汽冷凝水在各级预热所提高的温度:

1 级预热 $\Delta t''_1=\dfrac{V(t_7-t_8)c_{水}\eta}{Q_{矿浆}c_{矿浆}}=\dfrac{V\times 15\times 4.18\times 0.95}{12045.443\times 3.1446}=0.0015725\ V(℃)$

2 级预热 $\Delta t''_2=\dfrac{V(t_6-t_7)c_{水}\eta}{Q_{矿浆}c_{矿浆}}=\dfrac{V\times 15\times 4.18\times 0.95}{12045.443\times 3.1446}=0.0015725\ V(℃)$

3 级预热 $\Delta t''_3=\dfrac{V(t_5-t_6)c_{水}\eta}{Q_{矿浆}c_{矿浆}}=\dfrac{V\times 15\times 4.18\times 0.95}{12045.443\times 3.1446}=0.0015725\ V(℃)$

4 级预热 $\Delta t''_4=\dfrac{V\times 15\times 4.18\times 0.95}{12045.443\times 3.1446}=0.0015725\ V(℃)$

5 级预热 $\Delta t''_5=\dfrac{V(t_3-t_4)c_{水}\eta}{Q_{矿浆}c_{矿浆}}=\dfrac{V\times 14\times 4.18\times 0.95}{12045.443\times 3.1446}=0.0014677\ V(℃)$

6 级预热 $\Delta t''_6=\dfrac{V\times 14\times 4.18\times 0.95}{12045.443\times 3.1446}=0.0014677\ V(℃)$

7 级预热 $\Delta t''_7=\dfrac{V\times 14\times 4.18\times 0.95}{12045.443\times 3.1446}=0.0014677\ V(℃)$

8 级预热 $\Delta t''_8=\dfrac{V\times 14\times 4.18\times 0.95}{12045.443\times 3.1446}=0.0014677\ V(℃)$

9 级预热 $\Delta t''_9=\dfrac{V(t_{新蒸汽}-t_1)c_{水}\eta}{Q_{矿浆}c_{矿浆}}=\dfrac{V\times(279-236)\times 4.18\times 0.95}{12045.443\times 3.1446}=0.0045080\ V(℃)$

新蒸发蒸汽预热的总温度为:

$$\Delta t''_{总}=\Delta t''_1+\Delta t''_2+\Delta t''_3+\Delta t''_4+\Delta t''_5+\Delta t''_6+\Delta t''_7+\Delta t''_8+\Delta t''_9 \tag{8-6}$$
$$=0.0015725\ V+0.0015725\ V+0.0015725\ V+0.0015725\ V+0.0014677\ V+$$
$$0.0014677\ V+0.0014677\ V+0.0014677\ V+0.0045080\ V$$
$$=0.0166688\ V(℃)$$

8.2.5 原矿浆预热后的温度

已知原矿浆的初始温度为85℃,经过溶出矿浆的自蒸发蒸汽和新蒸汽冷凝水预热后所达到的温度:

$$t=85+\Delta t'_{总}+\Delta t''_{总}=85+107.79+0.0166688\ V \tag{8-7}$$

而
$$V=\frac{G_{矿浆}c_{矿浆}\Delta t_{加}+Q_{溶解热}}{i_{新}\eta} \tag{8-8}$$

式中 $G_{矿浆}$——生产 1 t 氧化铝的矿浆流量,kg;

$c_{矿浆}$——矿浆的比热容,3.1446 kJ/(kg·℃);

$\Delta t_{加}$——矿浆由新蒸汽预热所提高的温度,$(250-t)$℃;

$Q_{溶解热}$——铝土矿中的 Al_2O_3 溶解热,为 639.54 kJ/kg;

$i_{新}$——新蒸汽(6.38 MPa,饱和蒸汽温度为 279℃)的蒸发热,1546.6kJ/kg;

η——热效率,95%。

为简化计算,可按铝土矿中的 Al_2O_3 全部为一水硬铝石计,并忽略不计石灰中的 Al_2O_3 量。根据全厂物料平衡表可知,生产每吨产品需溶解 1171 kg 的 Al_2O_3,则需要吸收溶解热:

$$Q_{溶解热}=639.54\times1171=748901.34(\text{kJ}) \tag{8-9}$$

所以

$$V=\frac{12045.443\times3.1446\times(250-t)+748901.34}{1546.6\times0.95}$$

$$=\frac{37878.10\times(250-t)+748901.34}{1469.27} \tag{8-10}$$

联立式 8-7、式 8-10,首先将式 8-7 代入式 8-10:

$$V=\frac{37878.10\times(250-0.166688\ V-192.79)+748901.34}{1469.27} \tag{8-11}$$

所以 $V=1388.10$ (kg)

矿浆预热所达到的温度:

$$t_{预热}=t_{矿浆原始}+\Delta t'_{总}+\Delta t''_{总} \tag{8-12}$$
$$=85+107.79+0.0166688\ V=215.93(℃)$$

其中:

1 级预热 $\Delta t_1=\Delta t'_1+\Delta t''_1=14.29+0.0015725\times1388.10=16.47(℃)$

2 级预热 $\Delta t_2=\Delta t'_2+\Delta t''_2=14.20+0.0015725\times1388.10=16.38(℃)$

3 级预热 $\Delta t_3=\Delta t'_3+\Delta t''_3=14.10+0.0015725\times1388.10=16.28(℃)$

4 级预热 $\Delta t_4=\Delta t'_4+\Delta t''_4=13.99+0.0015725\times1388.10=16.17(℃)$

5 级预热 $\Delta t_5=\Delta t'_5+\Delta t''_5=12.96+0.0014677\times1388.10=15.00(℃)$

6 级预热 $\Delta t_6=\Delta t'_6+\Delta t''_6=12.86+0.0014677\times1388.10=14.90(℃)$

7 级预热 $\Delta t_7=\Delta t'_7+\Delta t''_7=12.75+0.0014677\times1388.10=14.79(℃)$

8 级预热 $\Delta t_8=\Delta t'_8+\Delta t''_8=12.64+0.0014677\times1388.10=14.68(℃)$

9 级预热 $\Delta t_9=0.0045080\ V=0.0045\times1388.58=6.26(℃)$

各级预热后矿浆所达到的温度:

$t_1=t_{矿浆原始}+\Delta t_1=85+16.47=101.47(℃)$

$t_2=t_1+\Delta t_2=101.47+16.38=117.85(℃)$

$t_3=t_2+\Delta t_3=117.85+16.28=134.13(℃)$

$t_4=t_3+\Delta t_4=134.13+16.17=150.30(℃)$

$t_5=t_4+\Delta t_5=150.30+15.00=165.30(℃)$

$t_6=t_5+\Delta t_6=165.30+14.90=180.20(℃)$

$t_7=t_6+\Delta t_7=180.20+14.79=194.99(℃)$

$t_8=t_7+\Delta t_8=194.99+14.68=209.67(℃)$

$t_9=209.67+6.26=215.93(℃)$

8.2.6　进出各级预热器的蒸汽与矿浆的平均温度差

进出各级预热器的蒸汽与矿浆的平均温度差,以对数平均温度差 Δt_{mi}表示如下:

$$\Delta t_{mi}=\frac{\Delta t_{入i}-\Delta t_{出i}}{\ln\dfrac{\Delta t_{入i}}{\Delta t_{出i}}} \tag{8-13}$$

$$\Delta t_{m1}=\frac{(120-85)-(120-101.47)}{\ln\dfrac{120-85}{120-101.47}}=25.90(℃)$$

$$\Delta t_{m2}=\frac{117.85-101.47}{\ln\dfrac{135-101.47}{135-117.85}}=24.43(℃)$$

$$\Delta t_{m3}=\frac{134.13-117.85}{\ln\dfrac{150-117.85}{150-134.13}}=23.06(℃)$$

$$\Delta t_{m4}=\frac{150.30-134.13}{\ln\dfrac{165-134.13}{165-150.30}}=21.79(℃)$$

$$\Delta t_{m5}=\frac{165.30-150.30}{\ln\dfrac{180-150.30}{180-165.30}}=21.33(℃)$$

$$\Delta t_{m6}=\frac{180.20-165.30}{\ln\dfrac{194-165.30}{194-180.20}}=20.35(℃)$$

$$\Delta t_{m7}=\frac{194.99-180.20}{\ln\dfrac{208-180.20}{208-194.99}}=19.48(℃)$$

$$\Delta t_{m8}=\frac{209.67-194.99}{\ln\dfrac{222-194.99}{222-209.67}}=18.72(℃)$$

$$\Delta t_{m9}=\frac{215.93-209.67}{\ln\dfrac{236-209.67}{236-215.93}}=23.06(℃)$$

新蒸汽加热的10号、11号预热器中蒸汽与矿浆的平均温度差：

$$\Delta t_{m10\sim11}=\frac{250-215.93}{\ln\dfrac{279-215.93}{279-250}}=43.85(℃)$$

8.3　高压溶出车间主要工艺设备的选择与计算

8.3.1　溶出器的选择与计算

8.3.1.1　溶出器生产能力的确定

每组溶出器的生产能力按下式计算：

$$A=\frac{V_{矿浆}Mb}{8760n\eta} \tag{8-14}$$

式中　A——溶出器组的产能，m^3/h；

$V_{矿浆}$——生产1 t氧化铝进入溶出器的原矿浆量，m^3；

M——工厂生产规模为300000 t/a；

b——原矿浆流量波动系数1.03～1.30,取1.1;

8760——24×360=8760 h,日历小时;

n——溶出器组数,取$n=3$组;

η——溶出器运转率为85%～90%,取90%。

取铝土矿的密度$\rho_{铝矿}=3.5\ t/m^3$,石灰的密度$\rho_{石灰}=3\ t/m^3$,则生产1 t Al_2O_3所需原矿浆的体积:

$$V_{矿浆}=V_{铝矿}+V_{石灰}+V_{苛化液}+V_{新碱液}+V_{循环母液} \tag{8-15}$$

$$=\frac{1.6517}{3.5}+\frac{0.13214}{3}+0.18199+0.202282+7.399=8.29923(m^3)$$

原矿浆的密度:

$$\rho_{矿浆}=\frac{Q}{V_{矿浆}}=\frac{12.4544}{8.29923}=1.4514(t/m^3) \tag{8-16}$$

所以

$$A=\frac{V_{矿浆}Mb}{8760n\eta}=\frac{8.29923\times300000\times1.1}{8760\times3\times90\%}=115.7934(m^3/h) \tag{8-17}$$

8.3.1.2 预热溶出器(预热器)的选择与计算

A 预热器的类型

预热器有以下三种类型。

(1)套管式预热器:是结构最简单的一种“管套管”型热交换器,原矿浆在套管的内管中流动,溶出矿浆在其外的环形管道中逆向流动。两种物料通过内管管壁进行热交换,可以将原矿浆预热到接近于溶出料浆的温度,但溶出料浆由于没有发生自蒸发,未能浓缩。此设备容易制造和安装,缺点是由于外管消耗金属量大,投资较大,且外管并不起热交换作用,环形管道清洗困难;如果内管是脱开的形式,则设备的拆卸和组装费时间。

(2)浮头式壳管预热器:是铝土矿溶出过程设备选型中大量应用的一种热交换器(见图8-2)。由于采用了浮头,设备费用的增加被使用可靠、装卸简易及可以在高温差和高压差下操作所抵消。这种设备可用于高温高压条件下的料浆－料浆的热交换。其结构的特点在于加热管之间的空间设有附加的边板和挡板,以增加料浆的流速,使管内和管际空间的热交换平衡。

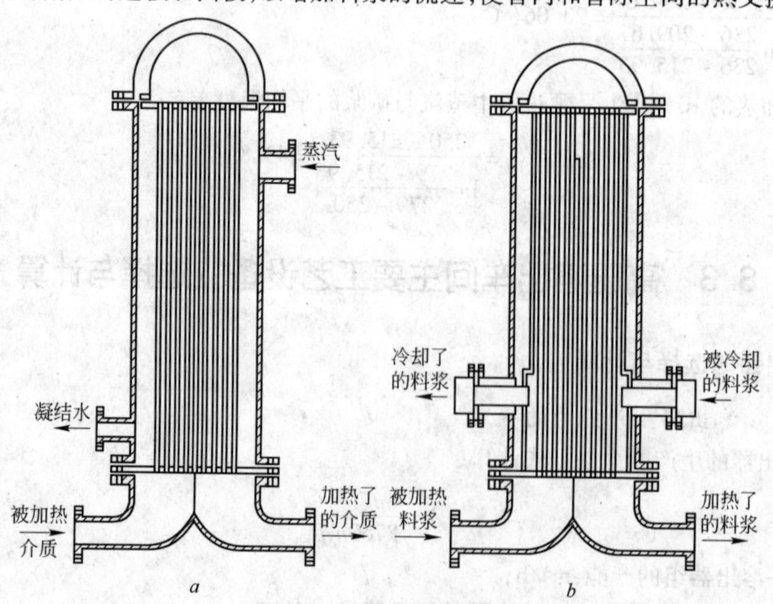

图8-2 浮头式热交换器

a—浮头式汽液热交换器;b—浮头式液液热交换器

(3) 带搅拌的间接加热的预热溶出器:在此类设备中矿浆不会被蒸汽冷凝水稀释。预热温度越高,溶出过程消耗的新蒸汽越少。但是加热矿浆在设备和管道壁上有结疤生成,并随预热温度的提高愈益严重。

高压溶出车间原矿浆预热过程,通常都选用浮头式壳管预热器。

B 预热器的传热面积计算公式

$$F_i = \frac{mc\Delta t_i}{K_i \Delta t_{mi}} \tag{8-18}$$

式中 F_i——第 i 级预热器的传热面积,m^2;

m——通过预热器的矿浆流量,kg/h,

$$m = V_{矿浆}\rho_{矿浆} = 115.7934 \times 1451.4 = 168062.54(kg/h)$$

c——原矿浆的比热容,3.1446 kJ/(kg·℃);

Δt_i——原矿浆出、入 i 级预热器的温度差,℃;

Δt_{mi}——i 级预热器中蒸汽与矿浆的对数平均温度差,℃;

K_i——i 级预热器的传热系数,kJ/(m^2·h·℃),其数值与该级预热器内矿浆的流速(由矿浆中的固体颗粒的沉降速度所决定,此速度必须保证其不发生沉淀)有关,即矿浆流速快,则 K_i 值大。

a 1~3 号预热器的传热面积与加热管数

取 1~3 号预热器内的矿浆流速为 1.2 m/s,K = 4180 kJ/(m^2·h·℃),则 1~3 号预热器所需的传热面积分别为:

$$F_1 = \frac{mc\Delta t_1}{K_1 \Delta t_{m1}} = \frac{168062.54 \times 3.1446 \times 16.47}{4180 \times 25.90} = 80.40(m^2)$$

$$F_2 = \frac{mc\Delta t_2}{K_2 \Delta t_{m2}} = \frac{168062.54 \times 3.1446 \times 16.38}{4180 \times 24.43} = 84.77(m^2)$$

$$F_3 = \frac{mc\Delta t_3}{K_3 \Delta t_{m3}} = \frac{168062.54 \times 3.1446 \times 16.28}{4180 \times 23.06} = 89.26(m^2)$$

选用 $\phi_{外}$ 38 mm、壁厚 3 mm、高 7000 mm 钢管的管式预热器,假设长期使用时有 1 mm 厚的结疤,则加热管内的自由截面直径 $d_{自由} = 38 - 2 \times 3 - 1 \times 2 = 30$ mm = 0.03 m,故与 1~3 号预热器所需的传热面积相适应的加热管数:

$$n = \frac{F}{\pi d_{自由} h} \tag{8-19}$$

式中 n——加热管的根数;

F——预热器的加热面积,1~3 号预热器均取为 90 m^2;

h——每根加热管的长度,取为 7 m。

则 $$n_{1\sim3} = \frac{90}{3.14 \times 0.03 \times 7} = 136.5 \approx 136 \text{ 根}$$

此 1~3 号预热器各取总管数 140 根,分为 4 程,则每个单程的管数为 140/4 = 35 根。

b 4~8 号预热器的传热面积与加热管数

取矿浆流速为 1.4 m/s,K = 4598 kJ/(m^2·h·℃),则 4~8 号预热器所需的传热面积分别为:

$$F_4 = \frac{mc\Delta t_4}{K_4 \Delta t_{m4}} = \frac{168062.54 \times 3.1446 \times 16.17}{4598 \times 21.79} = 85.29(m^2)$$

$$F_5 = \frac{mc\Delta t_5}{K_5 \Delta t_{m5}} = \frac{168062.54 \times 3.1446 \times 15.00}{4598 \times 21.33} = 80.83(\mathrm{m}^2)$$

$$F_6 = \frac{mc\Delta t_6}{K_6 \Delta t_{m6}} = \frac{168062.54 \times 3.1446 \times 14.90}{4598 \times 20.35} = 84.16(\mathrm{m}^2)$$

$$F_7 = \frac{mc\Delta t_7}{K_7 \Delta t_{m7}} = \frac{168062.54 \times 3.1446 \times 14.79}{4598 \times 19.48} = 87.27(\mathrm{m}^2)$$

$$F_8 = \frac{mc\Delta t_8}{K_8 \Delta t_{m8}} = \frac{168062.54 \times 3.1446 \times 14.68}{4598 \times 18.72} = 90.13(\mathrm{m}^2)$$

按传热面积均为 90 m^2 计算，与 4～8 号预热器所需的传热面积相适应的加热管数：

$$n_{4\sim8} = \frac{92}{3.14 \times 0.03 \times 7} = 140(\text{根})$$

每个单程预热器的加热管数为 140/4 = 35 根

1～8 号预热器每组取用 3 台，3 组共需 3×8 = 24 台。

c　9～11 号预热器的传热面积与加热管数

取矿浆流速为 2 m/s，$K = 5016$ kJ/(m^2·h·℃)，则 9 号预热器所需的传热面积为：

$$F_9 = \frac{mc\Delta t_9}{K_9 \Delta t_{m9}} = \frac{168062.54 \times 3.1446 \times 6.26}{5016 \times 23.06} = 28.60(\mathrm{m}^2)$$

10 号和 11 号预热器，是由新蒸汽加热使矿浆提温 $\Delta t = 250 - 215.93 = 34.07$℃ 的溶出器，其每个溶出器所需的传热面积：

$$F_{10} = F_{11} = \frac{\dfrac{168062.54 \times 3.1446 \times 34.07}{5016 \times 43.85}}{2} = 40.89(\mathrm{m}^2)$$

按其传热面积均为 41 m^2 计算，与 10 号、11 号溶出器所需传热面积相适应的加热管数：

$$n_{10\sim11} = \frac{41}{3.14 \times 0.03 \times 7} = 62.15(\text{根})$$

每个单程溶出器的加热管数为 62.15/4≈16 根

为保证新蒸汽加热矿浆有足够的传热面积，现取每个单程溶出器的热管数为 19 根，共计 19×4 = 76根，其加热面积

$$F = \pi d_{\text{自由}} hn = 3.14 \times 0.03 \times 7 \times 76 \approx 50(\mathrm{m}^2) \qquad (8\text{-}20)$$

9～11 号预热器每组取用 3 台，3 组共需 3×3 = 9 台。

各级预热器明细见表 8-2。

表 8-2　各级预热器明细

级数	矿浆流速 /m·s^{-1}	加热面积 /m^2	计算面积 /m^2	加热管规格 /mm×mm×mm	单程排管数 /根	总管数 /根	单程预热器外壁厚/mm	外型尺寸 /mm×mm×mm
1	1.299	80.40	90	ϕ38×3×7000	35	140	10	1675×675×15125
2	1.299	84.77	90	ϕ38×3×7000	35	140	10	1675×675×15125
3	1.299	89.26	90	ϕ38×3×7000	35	140	10	1675×675×15125
4	1.34	85.29	92	ϕ38×3×7000	35	140	10	1675×675×15125
5	1.34	80.83	92	ϕ38×3×7000	35	140	10	1675×675×15125

续表 8-2

级数	矿浆流速 /m·s^{-1}	加热面积 /m^2	计算面积 /m^2	加热管规格 /mm×mm×mm	单程排管数 /根	总管数 /根	单程预热器外壁厚/mm	外型尺寸 /mm×mm×mm
6	1.34	84.16	92	ϕ38×3×7000	35	140	10	1675×675×15125
7	1.34	87.27	92	ϕ38×3×7000	35	140	10	1675×675×15125
8	1.34	90.13	92	ϕ38×3×7000	35	140	10	1675×675×15125
9	2.393	28.60	50	ϕ38×3×7000	19	76	15	1675×675×15125
10	2.393	40.89	50	ϕ38×3×7000	19	76	15	1675×675×15125
11	2.393	40.89	50	ϕ38×3×7000	19	76	15	1675×675×15125

d 预热器的规格及数量

选取 1675 mm×675 mm×15125 mm 预热器，1～11 级预热，每级 1 台，3 组总计 1×11×3 = 33 台。双程预热器的结构如图 8-3 所示。

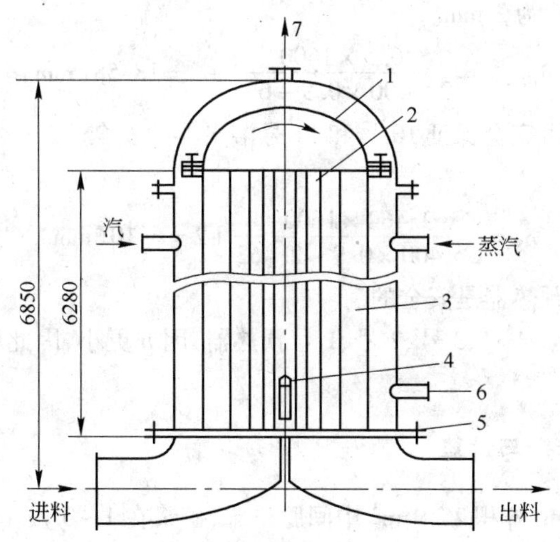

图 8-3 双程预热器

1—内封盖；2—上管板；3—列管；4—排冷凝水管；5—下管板；6、7—排不凝性气体管

8.3.1.3 保温溶出器的选择与计算

选取 ϕ1.6 m×13.5 m，容积 $V_{台}=25.9\ m^3$/台保温溶出器，矿浆在每组保温溶出器中保温时间 τ 为 2 h，则需要溶出器的数量按下式计算：

$$n=\frac{Q_{进料}\tau}{V_{台}\ \eta} \tag{8-21}$$

式中 n——每组溶出器的数量，台；

$Q_{进料}$——每台溶出器的进料量，m^3/h；

τ——保温时间，h；

η——满罐率，取为 95%。

$$n=\frac{115.7934\times 2}{25.9\times 0.95}=9.4\ 台，取 10 台。$$

3 组溶出器共计 10×3 = 30 台。

8.3.1.4 高压溶出器器壁厚度的计算

高压溶出器(压煮器)器壁厚度的计算,就是高压溶出器的机械强度计算,目的是为了求得在操作压力下,保证生产安全(不被蒸汽压力作用所破坏)的溶出器器壁厚度。

根据强度方程式,高压溶出器器壁的理论厚度应按下式计算:

$$\delta = \frac{pD_{内}}{2[\sigma]\varphi - p} + C \tag{8-22}$$

式中 δ——高压溶出器的器壁厚度,mm;

$[\sigma]$——高压溶出器所选用材料的极限抗拉强度,20 号钢材的$[\sigma]=400\sim500$ MPa,现取为400 MPa;

p——高压溶出器内的压力,MPa;

$D_{内}$——高压溶出器的内径,取为 1600 mm;

φ——高压溶出器器壁的接缝强度系数,焊接时在 0.85 ~ 0.90 之间,取为 0.90;

C——加到计算厚度上的磨损及磨蚀余度,在 0 ~ 3 mm 之间。当 $\delta \geqslant 40$ mm 时,不应加这一项强度。取为 2 mm。

$$\delta_{10\sim11} = \frac{6.5\times1600}{2\times400\times0.9-6.5} + 2 = 18.58(\text{mm})$$

现取 δ 为 2.0 cm,则可完全保证 10 号和 11 号溶出器的安全。

8 号预热器器壁厚度:

$$\delta_{8} = \frac{2.462\times1600}{2\times400\times0.9-2.462} + 2 = 6.10(\text{mm})$$

现取 $\delta_8 = 1.0$ cm,则预热器是安全的。

而对于 7 号、6 号、5 号、4 号、3 号、2 号、1 号预热器,因 p 更小,因此取其壁厚为 1.0 cm 更是操作安全可靠。

8.3.2 中间脱硅罐的选择与计算

选用 $\phi1.6$ m × 13.5 m,容积 25.9 m^3 中间脱硅罐,矿浆在 1 ~ 3 段中间脱硅过程中的每一段都保温 20 min,则需要脱硅罐数量:

$$n = \frac{Q_{矿浆}\tau}{V_{台}\ \eta} = \frac{115.7934\times\frac{20}{60}}{25.9\times0.95} = 2(\text{台/组})$$

3 组共计 2 × 3 = 6 台。

8.3.3 预脱硅槽的选择与计算

选用 $\phi6.0$ m × 10 m,容积 240 m^3,有搅拌器的原矿浆预脱硅槽。原矿浆流量

$$Q_{矿浆} = \frac{G_{矿浆}}{\rho_{矿浆}} = \frac{412.505}{1.4514} = 284.212(\text{m}^3/\text{h})$$

保温搅拌 4.5 h,设备容积利用率 $\eta = 95\%$,则所需预脱硅槽的数量:

$$n = \frac{Q_{进料}\tau}{V_{槽}\ \eta} = \frac{284.212\times4.5}{240\times0.95} = 5.6(\text{个}),取 6 个。$$

8.3.4 自蒸发器的选择与计算

自蒸发器的工作原理:溶出矿浆通过减压阀卸入自蒸发器,由于压力降低,矿浆沸腾,放出大

量蒸汽(称为乏气或自蒸发蒸汽),而使矿浆冷却。矿浆冷却温度随规定的乏气压力而定。被冷却的矿浆温度越低,回收的热量便越多。但因乏气压力太低不便利用,故一般不低于0.05 MPa。

为了提高热的利用效率和减轻装置的磨损,高压溶出矿浆一般都采用多级自蒸发实现降温降压。过去的高压溶出组是采用两级自蒸发器。

第一自蒸发器的构造如图8-4所示。

第一自蒸发器制造所用的钢材和尺寸与溶出器一样。内设有进料套管,套管内衬有白口铸铁管,进料套管下端插入到栅板下面,料浆沿套管进入栅板下部。自蒸发器蒸汽通过栅孔(50 mm×50 mm)及捕液器分离碱液后排出。栅板是用宽100 mm的扁钢焊成的,共两层,层间距离100 mm,用螺钉固定于焊接在筒体内壁的槽钢上。高压溶出矿浆经过减压阀(生产上采用针形阀),减压后进入自蒸发器。针形阀由阀体、阀头、阀套、阀座、控制机构及密封装置等部件组成。阀体是铸钢的。阀头呈锥形,阀套呈圆筒状,都是用YG-8型硬质合金制成的。第一自蒸发器规格为ϕ1.6 m×13.5 m,允许最大工作压力为2 MPa,装配后以2.5 MPa压力进行水压试验。

第二自蒸发器的构造如图8-5所示。

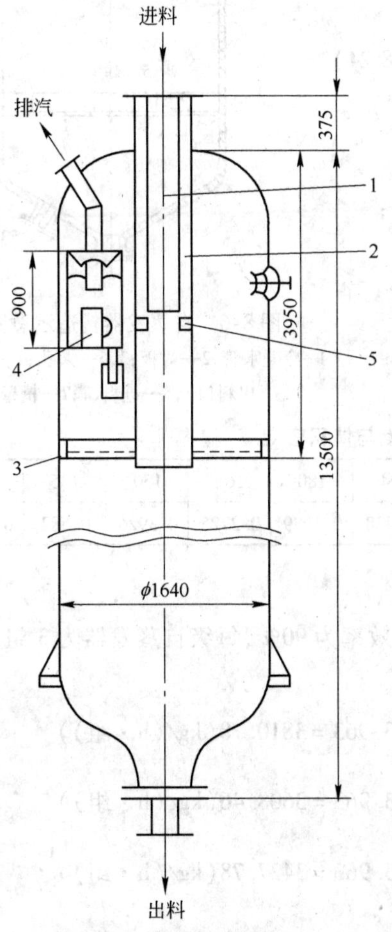

图8-4　第一自蒸发器

1—耐磨铸铁套管;2—进料套管ϕ377 mm×12 mm×4000 mm;3—栅板;4—捕液器;5—耐磨铸铁套管的支撑(共四块)

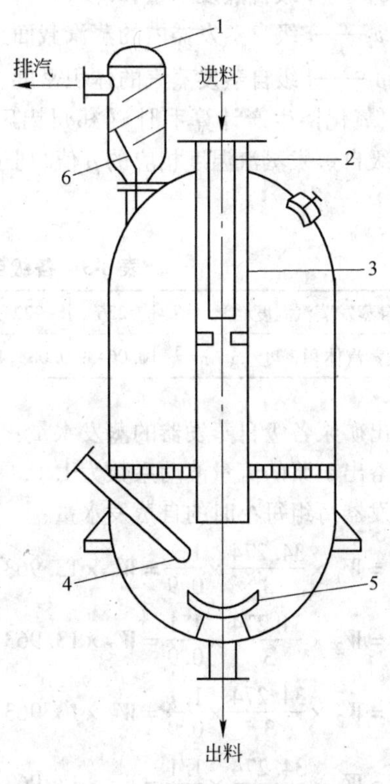

图8-5　第二自蒸发器

1—捕液器;2—耐磨铸铁套管;3—进料套管ϕ377 mm×12 mm×4000 mm;4—从蒸汽缓冲器来的冷凝水管;5—衬板;6—回液管

第二自蒸发器是用厚 10 mm 的普通三号钢板卷焊成的。上下端盖是用厚 12 mm 钢板冲压而成的。内设有进料套管。套管内衬有白口铸铁管。为了避免矿浆直接冲刷筒体,在进料套管下端设有衬板。蒸汽排出口设有隔板式捕液器,其规格为 ϕ820 mm × 1800 mm。

第二自蒸发器规格为 ϕ3 m × 6 m,允许最大工作压力 0.4 MPa,焊接后以 0.6 MPa 压力进行水压试验。

自蒸发器减压装置有些零件磨损较快,磨损速度不甚规律,需要定期检修。

目前工厂采用的自蒸发器的结构如图 8-6 所示。

溶出矿浆的 i 级自蒸发器内径,可根据以下等式求出:

$$Q_i\rho_i = 3600 \times \frac{\pi}{4} D_i^2 v_i \tag{8-23}$$

所以

$$D_i = \sqrt{\frac{4Q_i\rho_i}{3600 \times \pi v_i}} \tag{8-24}$$

式中 D_i——i 级自蒸发器的内径,m;

Q_i——i 级自蒸发水量,kg/h;

v_i——i 级自蒸发器内的蒸汽截面速度,0.2 m/s;

ρ_i——i 级自蒸发蒸汽的体积密度,t/m^3。

从《氧化铝生产计算手册》(郑州铝厂编,1979 年)可查到与各级自蒸发蒸汽温度相应的 ρ 值,列于表 8-3。

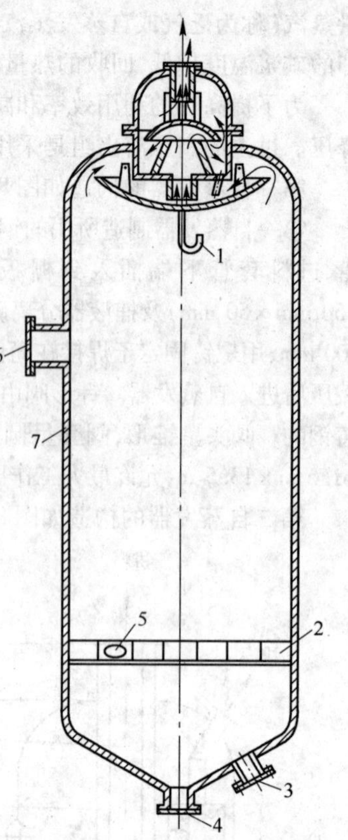

图 8-6 自蒸发器构造示意图

1—冷凝水管;2—衬板;3,6—人孔;4—底流口(出料口);5—进料口;7—槽壁

表 8-3 各级自蒸发蒸汽温度与体积密度

自蒸发蒸汽温度/℃	236	222	208	194	180	165	150	135	120
自蒸发蒸汽体积密度/kg · m^{-3}	0.06439	0.083142	0.10888	0.1438	0.1939	0.2725	0.3926	0.582	0.8917

溶出矿浆各级自蒸发器的蒸发水量:

取溶出矿浆的流量波动系数为 1.1,自蒸发器的热效率为 90%,每级自蒸发器为 3 组,则各级自蒸发器每组每小时的自蒸发水量:

$$Q_1 = W_1 \times \frac{34.274}{3} \times \frac{1.1}{0.9} = W_1 \times 13.963 = 272.92 \times 13.963 = 3810.78(\text{kg/(h · 组)})$$

$$Q_2 = W_2 \times \frac{34.274}{3} \times \frac{1.1}{0.9} = W_2 \times 13.963 = 258.43 \times 13.963 = 3608.46(\text{kg/(h · 组)})$$

$$Q_3 = W_3 \times \frac{34.274}{3} \times \frac{1.1}{0.9} = W_3 \times 13.963 = 245.59 \times 13.963 = 3427.78(\text{kg/(h · 组)})$$

$$Q_4 = W_4 \times \frac{34.274}{3} \times \frac{1.1}{0.9} = W_4 \times 13.963 = 234.26 \times 13.963 = 3270.97(\text{kg/(h · 组)})$$

$$Q_5 = W_5 \times \frac{34.274}{3} \times \frac{1.1}{0.9} = W_5 \times 13.963 = 239.70 \times 13.963 = 3346.93(\text{kg/(h · 组)})$$

$$Q_6 = W_6 \times \frac{34.274}{3} \times \frac{1.1}{0.9} = W_6 \times 13.963 = 229.16 \times 13.963 = 3199.76(\text{kg/(h · 组)})$$

$$Q_7 = W_7 \times \frac{34.274}{3} \times \frac{1.1}{0.9} = W_7 \times 13.963 = 196.74 \times 13.963 = 2747.08(\text{kg/(h·组)})$$

$$Q_8 = W_8 \times \frac{34.274}{3} \times \frac{1.1}{0.9} = W_8 \times 13.963 = 211.36 \times 13.963 = 2951.22(\text{kg/(h·组)})$$

故,各级自蒸发器的内径为:

$$D_1 = \sqrt{\frac{4 \times 3810.78 \times 0.083142}{3600 \times 3.1416 \times 0.2}} = 0.749(\text{m})$$

$$D_2 = \sqrt{\frac{4 \times 3608.46 \times 0.10888}{3600 \times 3.1416 \times 0.2}} = 0.834(\text{m})$$

$$D_3 = \sqrt{\frac{4 \times 3427.78 \times 0.1438}{3600 \times 3.1416 \times 0.2}} = 0.834(\text{m})$$

$$D_4 = \sqrt{\frac{4 \times 3270.97 \times 0.1939}{3600 \times 3.1416 \times 0.2}} = 1.059(\text{m})$$

$$D_5 = \sqrt{\frac{4 \times 3346.93 \times 0.2725}{3600 \times 3.1416 \times 0.2}} = 1.270(\text{m})$$

$$D_6 = \sqrt{\frac{4 \times 3199.76 \times 0.3926}{3600 \times 3.1416 \times 0.2}} = 1.490(\text{m})$$

$$D_7 = \sqrt{\frac{4 \times 2747.08 \times 0.582}{3600 \times 3.1416 \times 0.2}} = 1.681(\text{m})$$

$$D_8 = \sqrt{\frac{4 \times 2951.22 \times 0.8917}{3600 \times 3.1416 \times 0.2}} = 2.157(\text{m})$$

自蒸发器的高度 H,可按 $H/D = 3 \sim 4$ 来确定。现取 1 ~ 3 级自蒸发器的 $D_{1\sim3} = 1.0$ m,高度 $H = 4.0$ m,共需 3 × 3 = 9 台;4 ~ 6 级自蒸发器的 $D_{4\sim6} = 1.5$ m,高度 $H = 6.0$ m,共需 3 × 3 = 9 台;7 ~ 8 级自蒸发器的 $D_{7\sim8} = 2.2$ m,$H = 8.0$ m,共需 3 × 2 = 6 台。因此,1 ~ 8 号自蒸发器共计 9 + 9 + 6 = 24 台。

自蒸发器的壁厚按压力容器壁厚计算公式:

$$\delta_{自} = \frac{pD_{内}}{2[\sigma]\varphi - p} + C \tag{8-25}$$

对于 1 ~ 3 号自蒸发器,取其中压力最大的 1 号自蒸发器的压力 $p_1 = 2.462$ MPa(见表 8-1),20 号钢材的极限抗拉强度 $[\sigma] = 400$ MPa,器壁的焊接接缝强度系数 $\varphi = 0.90$,加到计算厚度上的磨损及磨蚀余度 $C = 2$ mm,

$$\delta_{1\sim3自} = \frac{2.462 \times 1 \times 1000}{2 \times 400 \times 0.9 - 2.462} + 2 = 5.43(\text{mm})$$

对于 4 ~ 6 号自蒸发器,取其中压力最大的 4 号自蒸发器的压力 $p_4 = 1.022$ MPa,

$$\delta_{4\sim6自} = \frac{1.022 \times 1.5 \times 1000}{2 \times 400 \times 0.9 - 1.022} + 2 = 4.13(\text{mm})$$

对于 7 号和 8 号自蒸发器,取其中压力最大的 7 号自蒸发器的压力 $p_7 = 0.319$ MPa,

$$\delta_{7、8自} = \frac{0.319 \times 2.2 \times 1000}{2 \times 400 \times 0.9 - 0.319} + 2 = 2.96(\text{mm})$$

因此,取自蒸发器壁厚为 6.0 mm。

8.3.5　油压泵的计算与选择

8.3.5.1　常用料浆泵的类型

目前,高压溶出铝土矿过程输送矿浆所用料浆泵,主要有隔膜泵、油隔离泵和矿浆液力提升泵。这些泵的共同特点是避免了料浆与泵体运转部分(活塞、气缸和阀门)与腐蚀性碱液的直接接触,使活塞和钢套等部件不受矿浆磨损。

国外管道化溶出主要用隔膜活塞泵（2～10 个缸），压力达 10～20 MPa，流量达 450～1000 m^3/h，输送含固体介质的悬浮液，固体含量高达 81%，输送赤泥浆液固体含量最高达 65%，最远输送距离为 28 km。其工作平稳、可靠；维修简单，检修时间短及费用低。但是设备质量、占地面积和一次投资都较大。如德国埃灵利希厂生产的 300 m^3/h、10 MPa 的高压隔膜泵，质量为 114 t，单价 2500 万马克，占地 360 m^2。而且对于输送溶出一水硬铝石型铝土矿矿浆时，其橡胶隔膜受高浓度的碱液腐蚀变硬，使用寿命很短。隔膜活塞泵的结构与工作原理如图 8-7 所示。

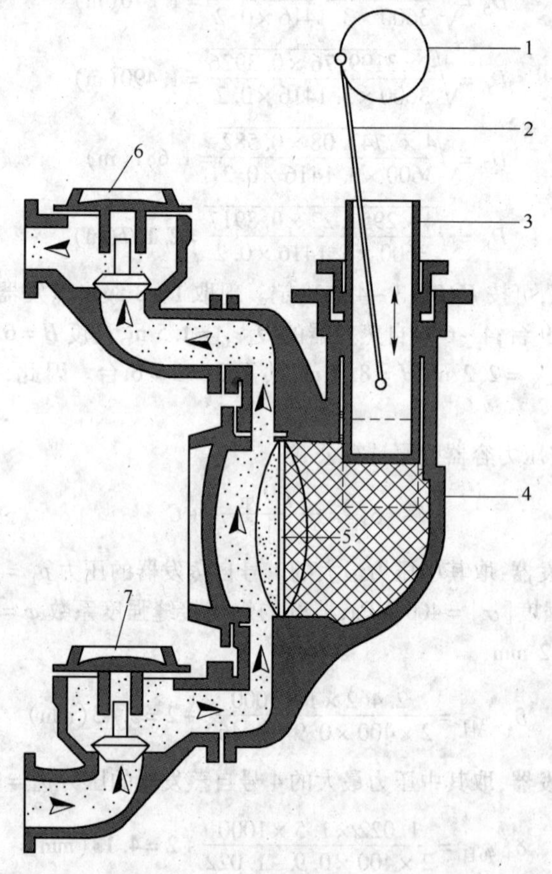

图 8-7　隔膜活塞泵的结构与工作原理

1—驱动电机;2—连杆;3—活塞;4—缸套;5—橡胶隔膜;6—出料阀;7—进料阀

矿浆液力提升泵的工作原理如图 8-8 所示。它是用高压碱液泵(用循环母液作驱动液)作升压装置,由于逆止阀的操作频率只有活塞泵的 1/10,所以使用期限大,能在高压下输送大量矿浆,但它要求各种仪器和阀门的启闭有准确的程序控制。

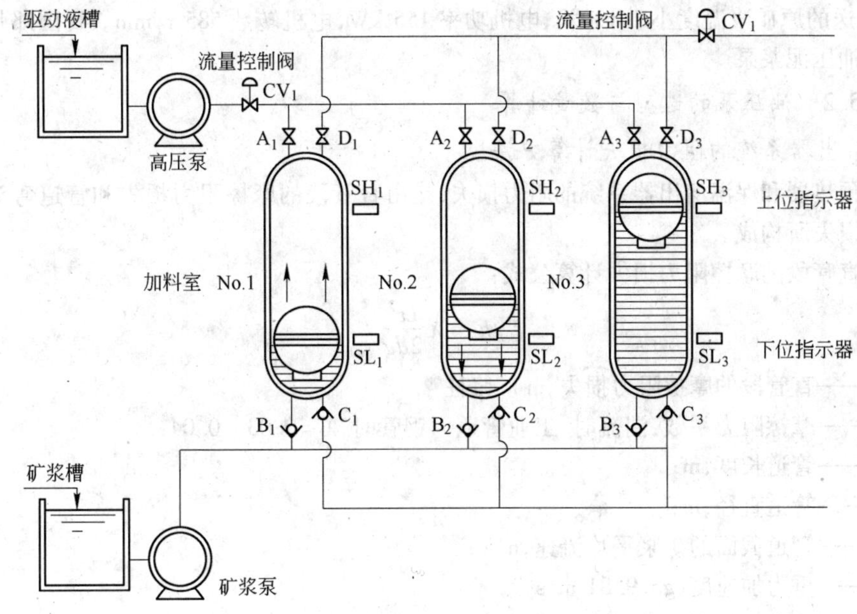

图 8-8　矿浆液力提升泵工作原理

高压油隔膜泵,又称为油压泥浆泵或油压泵,其结构和工作原理如图 8-9 所示。油压泥浆泵的机械传动部分和普通活塞泵相同,液压部分的工作介质为不与矿浆相混的 22 号透平机油。活塞推动机油,机油再压送矿浆,机油与矿浆在隔离罐中直接接触,靠二者比重之差不相混。由于油缸等液压运动部件处于油润滑状态,故基本上避免了磨损,运转周期很长。

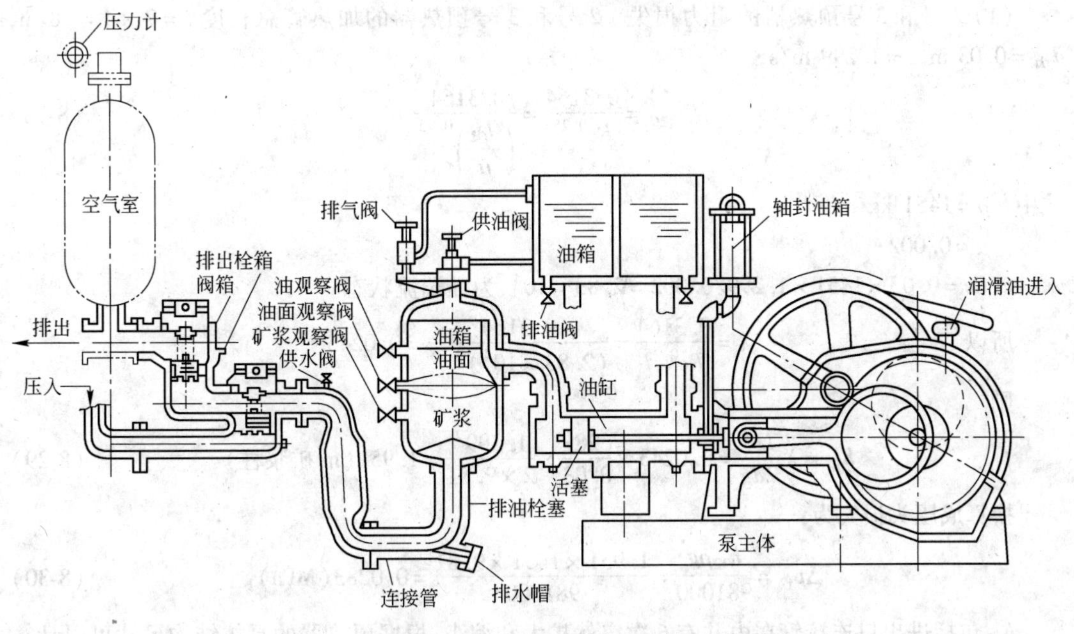

图 8-9　油压泥浆泵工作原理

油压泵油耗不高,每 1000 m^3 矿浆耗油 0.5～1.0 kg。

油压泥浆泵的技术性能:缸套直径 185 mm,最大工作压力 4 MPa,冲程 450 mm,缸数 2,调速级数 7，输送的原矿浆温度小于 100℃，电机功率 155 kW，电机转数 585 r/min。我国郑州铝厂等都采用了油压泥浆泵。

8.3.5.2 油压泵的选型与数量计算

A 溶出器系统的阻力损失计算方法

矿浆预热器和保温溶出器系统的阻力损失，是由直管段的摩擦阻力损失和管道弯头部位的局部阻力损失所构成。

（1）直管段的摩擦阻力损失计算公式：

$$h_f = \lambda \frac{Lv^2}{2dg} \tag{8-26}$$

式中 h_f——直管段的摩擦阻力损失，m 矿浆柱[1]；

λ——摩擦阻力系数，湍流时，工业管道为钢管时，$\lambda = 0.03 \sim 0.04$；

L——管道长度，m；

d——管道直径，m；

v——管道截面的矿浆平均流速，m/s；

g——重力加速度，$g = 9.81\ \text{m/s}^2$。

（2）管道弯头部位的局部阻力损失计算公式：

$$h_e = \sum \varepsilon \frac{v^2}{2g} \tag{8-27}$$

式中 h_e——管道弯头部位的局部阻力损失，m 矿浆柱；

$\sum\varepsilon$——局部阻力损失系数，包括 $\varepsilon_{扩}$ 和 $\varepsilon_{缩}$。

B 溶出器系统阻力损失的计算

（1）2 号和 3 号预热器的阻力损失。2 号和 3 号预热器的加热管总长度 $l = 7 \times 4 = 28$ m，$d_{内} = 0.03$ m，$v = 1.299$ m/s，

$$\lambda = \frac{0.3164}{Re^{0.25}} = \frac{0.3164}{\left(\frac{d\rho v}{\mu}\right)^{0.25}} \tag{8-28}$$

式中 $\rho = 1451\ \text{kg/m}^3$；

$\mu = 0.002$；

$Re = 0.03 \times 1451 \times 1.299/0.002 = 2.83 \times 10^4$，为强湍流状态。

所以

$$\lambda = \frac{0.3164}{Re^{0.25}} = \frac{0.3164}{(2.83 \times 10^4)^{0.25}} = 0.0243$$

则

$$h_{f2} = \lambda \frac{Lv^2}{2dg} = 0.0243 \times \frac{28}{0.03} \times \frac{1.299^2}{2 \times 9.81} = 1.951\text{（m 矿浆柱）} \tag{8-29}$$

换算成压头损失为：

$$\Delta p_{f2} = \frac{h_{f2}\rho g}{981000} = \frac{1.951 \times 1451 \times 9.81}{981000} = 0.0283\text{（MPa）} \tag{8-30}$$

h_{e2}包括进出口连接管在内共有 6 次突然扩大和缩小，根据预热器的具体结构尺寸可以计算得到：$A_1 = 0.09402\ \text{m}^2$，$A_2 = 0.02474\ \text{m}^2$，查阅管件和阀件的局部阻力系数值，可得到 $\varepsilon_{扩} = 0.58$，

[1] m 矿浆柱为工业实践中常用的压力单位，视矿浆的密度，利用经验公式能换算成 Pa。

$\varepsilon_{缩}=0.415$

所以 $h_{e2}=6(\varepsilon_{扩}+\varepsilon_{缩})\dfrac{v^2}{2g}=6\times(0.58+0.415)\times\dfrac{1.299^2}{2\times9.81}=0.513$(m 矿浆柱) (8-31)

$$\Delta p_{e2}=\frac{h_{e2}\rho g}{981000}=\frac{0.513\times1451\times9.81}{981000}=0.00745(\text{MPa}) \quad (8\text{-}32)$$

则 2 号预热器的总阻力损失:

$$\Delta p_2=\Delta p_{f2}+\Delta p_{e2}=0.0283+0.00745=0.03575(\text{MPa})$$

所以 2 号和 3 号预热器的总阻力损失为:

$$\Delta p_{2\sim3}=2\Delta p_2=2\times0.03575=0.0715(\text{MPa})$$

(2) 4~8 号预热器的阻力损失:

取 $v_{4\sim8}=1.34$ m/s,则 $Re=2.92\times10^4$ 也为湍流状态。

$$\lambda=\frac{0.3164}{Re^{0.25}}=\frac{0.3164}{(2.92\times10^4)^{0.25}}=0.0244$$

所以 $$h_{f4}=\lambda\frac{Lv^2}{2dg}=0.0244\times\frac{28}{0.03}\times\frac{1.34^2}{2\times9.81}=2.084(\text{m 矿浆柱})$$

$$\Delta p_{f4}=\frac{h_{f4}\rho g}{981000}=\frac{2.084\times1451\times9.81}{981000}=0.0302(\text{MPa})$$

由于 $\Delta p_{e1\sim11}$的变化不大,参照 2 号和 3 号预热器的数值 $\Delta p_{e1\sim2}$,故取 $\Delta p_{e4}=0.008$ MPa

所以 $\Delta p_4=\Delta p_{f4}+\Delta p_{e4}=0.0302+0.008=0.0382$(MPa)

4~8 号预热器的总阻力损失为:

$$p_{4\sim8总}=5\Delta p_4=5\times0.0382=0.191(\text{MPa})$$

(3) 9~11 号预热器的总阻力损失:

取 $v_{9\sim11}=2.393$ m/s,则 $Re=5.21\times10^4$

$$\lambda=\frac{0.3164}{Re^{0.25}}=\frac{0.3164}{(5.21\times10^4)^{0.25}}=0.0209$$

所以 $$h_{f9}=\lambda\frac{Lv^2}{2dg}=0.0209\times\frac{28}{0.03}\times\frac{2.393^2}{2\times9.81}=5.693(\text{m 矿浆柱})$$

$$\Delta\rho_{f9}=\frac{h_{f9}\rho g}{981000}=\frac{5.693\times1451\times9.81}{981000}=0.0826(\text{MPa})$$

经计算的 $A_2/A_1=0.01343/0.06835=0.196$,$\varepsilon_{扩}=0.64$,$\varepsilon_{缩}=32$

所以 $h_{e9}=6(\varepsilon_{扩}+\varepsilon_{缩})\dfrac{v_9^2}{2g}=6\times(0.64+0.32)\times\dfrac{2.393^2}{2\times9.81}=1.681$(m 矿浆柱)

$$\Delta p_{e9}=\frac{h_{e9}\rho g}{981000}=\frac{1.681\times1451\times9.81}{981000}=0.0244(\text{MPa})$$

则 9 号预热器的总阻力损失:

$$\Delta p_9=\Delta p_{f9}+\Delta p_{e9}=0.0826+0.0244=0.107(\text{MPa})$$

所以 9~11 号预热器的总阻力损失为:

$$\Delta p_{9\sim11}=3\Delta p_9=3\times0.107=0.321(\text{MPa})$$

(4) 2~11 号预热器的总阻力损失:

$$\Delta p_{2\sim11}=\Delta p_{2\sim3}+\Delta p_{4\sim8}+\Delta p_{9\sim11}=0.0715+0.191+0.321=0.5835(\text{MPa})$$

(5) 中间脱硅罐和保温溶出器的阻力损失:

1~3 号中间脱硅罐和 1~10 号保温溶出器共有 13 个保温罐(器),取每个罐的阻力损失

$\Delta p_{罐}=0.02\text{MPa}$,则其总阻力损失:

$$\Delta p_{罐}=0.02\times 13=0.26(\text{MPa})$$

所以溶出器系统的总阻力损失为:

$$\Delta p_{总阻损}=0.5835+0.26=0.8435(\text{MPa})$$

C　1 号自蒸发器的矿浆饱和蒸气压

根据 1 号自蒸发器的矿浆温度为 236℃,查饱和蒸汽表得到:其饱和蒸汽绝对压力 $p_{1自}$3.189 MPa。

D　油压泵的总工作压力

油压泵的总工作压力:

$$p_{工作}=p_{1自}+\Delta p_{总阻损}=3.189+0.8435=4.0324(\text{MPa})$$

油压泵的安全工作压力 $=1.2\times p_{工作}=1.2\times 4.0324=4.839(\text{MPa})$

E　油压泵的选型与数量

选用 Y-8-3 型油压泵,$p=5$ MPa,$Q=75\ \text{m}^3/\text{h}$,每组溶出器系统需用台数:

$A/Q=115.7934/75=1.5$ 台,取 2 台。

3 组溶出器选用油压泵 $n=2\times 3=6$ 台,备用 2 台,总计需要 $6+2=8$ 台。

8.4 高压溶出车间主要工艺设备明细

高压溶出车间主要设备明细见表 8-4。

表 8-4　高压溶出车间主要工艺设备明细

编号	设备名称	规格(直径×高或长×宽×高)/mm	生产能力或容积	数量	
				每组数量	总数
1	预脱硅槽	ϕ6000×10000	240 m^3		6
2	油压泵	Y-8-3	5 MPa, 75 m^3/h	2	8
3	4 程串联预热器	1675×675×15125	$F_{传}=90\ \text{m}^2$	8	9
		1675×675×15125	$F_{传}=92\ \text{m}^2$	8	15
		1675×675×15125	$F_{传}=50\ \text{m}^2$	3	9
4	中间脱硅罐	ϕ1600×13500	25.9 m^3	2	6
5	保温溶出器	ϕ1600×6000		10	30
6	自蒸发器	ϕ1000×4000		3	9
		ϕ1500×6000		3	9
		ϕ2200×8000		3	6

8.5 高压溶出车间工艺设备布置

设计中的高压溶出系统为三组溶出器,每组有 11 个 4 程串联预热器、10 个高压保温溶出器和 3 个中间脱硅罐、8 个自蒸发器、10 个新蒸汽冷凝水罐和 8 个自蒸发蒸汽冷凝水罐,因为工艺设备流程长,且要求第 1 级自蒸发所得的蒸汽,通往第 8 级预热器中进行原矿浆的预热;第 2 级自蒸发器所得的蒸汽,通往第 7 级预热器;依次往下,故采用了折返式配置,可大大缩短管道间的距离，节约安装费，又便于视察。如果采用直线式配置，则将大大增加管道长度，不但车间布置和检修管道困难，而且在经济上也不合理。

溶出设备系统的直线式和折返式配置如图 8-10 所示。

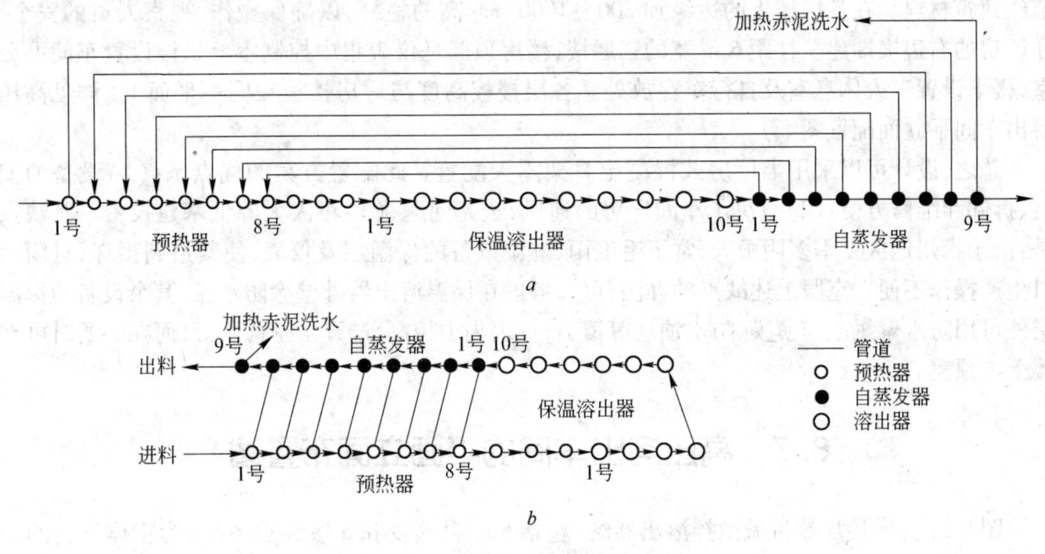

图 8-10 溶出设备系统的配置

a—直线式；*b*—折返式

溶出设备系统的平面布置是每组为一系列，两组距离 16 m，8 m 设一跨度，将来扩建一组则可与第 3 组组成另一系列。每一系列间距也为 16 m，系列的两边布设吊车的行道。为了集中配置，将前置的 1 号预热器排列在系列之首。

随着氧化铝生产设备的大型化、自动化的发展，露天配置、集中控制已成为一种新的趋势。如地处南半球的澳大利亚戈弗氧化铝厂（20 世纪 70 年代设计的年产 100 万 t 氧化铝厂）采用了露天配置高压溶出器及其他设备；位于欧洲的匈牙利奥伊柯氧化铝厂（年产 24 万 t 氧化铝），也采用了露天配置几乎所有的设备，成为该厂的一大特点。因此，对新建厂来说，在气候等自然条件可能的情况下，应尽可能采用露天或半露天配置。

设计中考虑到厂址选择在地处亚热带和北温带交界地区的贵阳附近，这里气候较温暖，夏季平均气温在 24℃左右，冬季一月平均气温为 8℃左右，四季不甚分明，又地处内陆，无沿海台风的干扰，冬季气温不太低，无须保温、采暖，这给采用露天布置设备带来了可能性。而不利的只是贵阳一带夏季多毛毛雨，年降雨量为 1000 ~ 2000 mm。但是考虑到溶出车间的工人很少，实地生产操作多可实行集中控制，故对设备和少数仪表采取保护措施即可。

设计选用的 4 程串联预热器，设备的总体尺寸在 15m 以上，如果采用通常的厂房布置，在用天车起吊时，厂房高度至少需在 27 m 以上，高达八、九层楼房。如此高大的厂房建设投资很大。为节省投资及安装维修的方便，因此采用了露天配置。安装、拆卸设备时可用汽车式吊车起吊，在空间上就可大有余地。

8.6 高压溶出车间厂房的建筑结构

车间厂房的建筑结构，应在满足生产要求的前提下，尽可能地采用简单的结构，以便节约基建投资。

设计采用钢筋混凝土浇铸车间梁柱框架,两层楼式。第一层大部分为浇铸楼板,仅在车间右端的保温溶出器处,因为无甚操作作为不浇铸楼板,仅需浇铸一过道连接车间端部走廊和左边楼板之上;第二层楼板高度为 14 m,仅在预热器和保温溶出器配置处浇铸楼板,呈平面阶梯形,可节约建筑材料。在各层楼板的边缘加 800 ~ 1000 mm 高的栏杆,以确保操作、视察人员的安全。在厂房的右边横端建一柱距 6 m 宽的三层楼,楼房顶部是仪表集中控制室。二楼设置车间办公室,楼下设置工人休息室及自行车存放处。各层楼板高度与厂房楼板在同一平面上(详见高压溶出车间平立面配置图纸)。

总之,设计可以采用半厂房式混凝土骨架露天配置。此配置方案的优点是:(1)设备的安装、拆卸和维修方便;(2)解决了车间厂房的通风、透光问题;(3)可大大降低基建投资。其缺点是:由于贵州地区夏季多阴雨天,常下毛毛雨,淋湿设备的保温层及仪表,使其遭到损坏;且阴雨时生产操作不便。克服上述缺点的办法,可以考虑在保温溶出器外壁涂防水漆,其余设备的保温层外可用防水聚氯乙烯薄膜、防水油毡等覆盖;仪表集中控制,避开雨季检修等,而在必要时可在楼上加顶盖。

8.7　高压溶出车间的平面立面布置图

图 8-11 为间接加热机械搅拌溶出器组(包括 5 级自蒸发和 6 级预热系统)为主体设备的高压溶出车间平面立面布置。

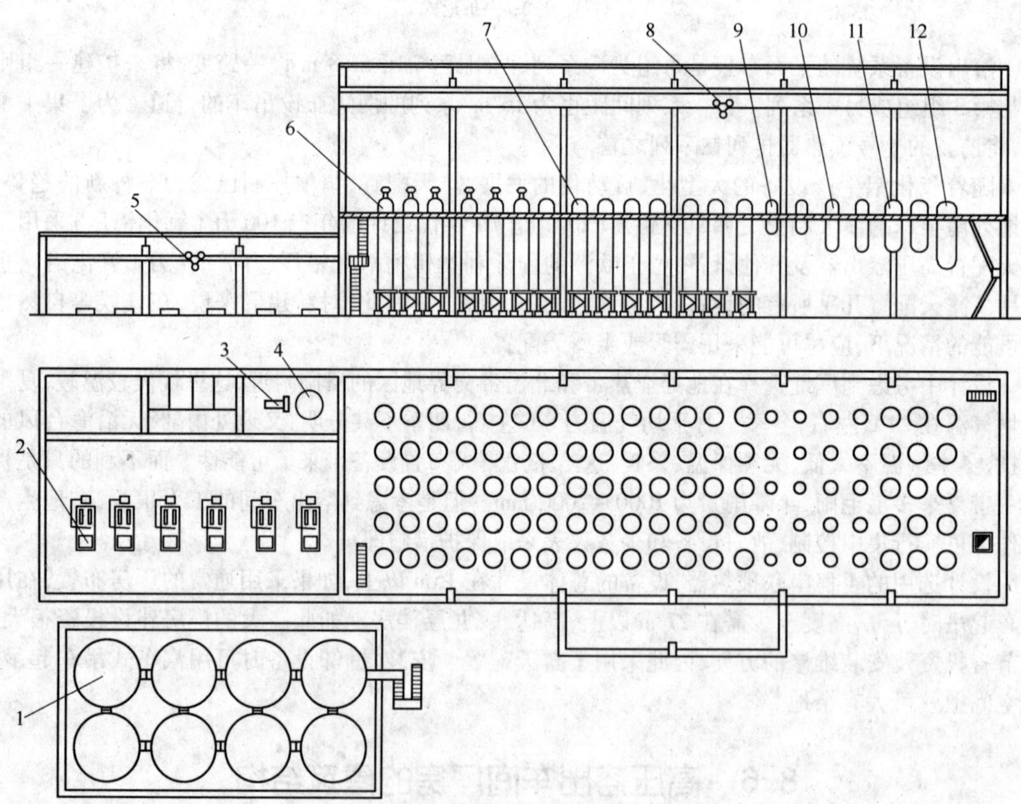

图 8-11　高压溶出车间的设备平面立面布置

1—原矿浆槽;2—活塞泵;3—污水泵;4—污水槽;5、8—电动葫芦;6—预热器;7—溶出器;9 ~ 12—蒸发器

8.8 高压溶出车间的安全技术与防爆措施

氧化铝厂,包括各生产车间或工段,必须贯彻以人为本,即“人的生命是最为宝贵的”原则。首先和最重要的就是保障每个职工的生产安全,要全面落实“安全第一,预防为主,综合治理”的方针。

8.8.1 安全技术

安全技术要求有:

(1) 熟悉并能严格执行溶出工序安全技术规程的人员才能允许操作设备。工人在培训期间,只有和有经验的工人在一起并在其指导下才允许操作。新进厂的工人,应在安全技术科进行厂级安全教育和经考核安全技术知识后,才能允许独立操作。

(2) 操作人员上岗必须穿工作服、戴安全帽和配备个人专用安全用品。在工段要有急救医疗箱。

(3) 溶出车间的温湿条件应符合大量散热、排湿厂房的卫生标准。

(4) 无检测仪表和安全装置的压力容器禁止运行,并且在国家规定的时间内进行技术检查。

(5) 安装溶出器的厂房至少有四个出口(在同标高上两个在楼下,两个在楼上)。

(6) 操作台上应设有洗眼睛用的自来水瓶(距设备的最大距离不应超过50 m),还设转向气窗。

(7) 所有位于地平面1.5 m以上的操纵台及过桥、地坑和梯子应装设高1.0 m的护栏,从护栏根起覆有至少0.14 m高的护板。常用操作台的梯子斜度应为45°;不常用操作台的梯子斜度可为60°。设备间的过道宽度不小于1.0 m,强烈散热设备间的过道宽度应不小于1.5 m。

(8) 为预防发生机械设备事故,在操作机械设备过程中必须严格禁止:

1) 在运行中进行清理和检修作业;

2) 手工(不用专用工具)给部件或零件加油;

3) 无护栏运行和在运行中安装与加固护栏;

4) 运行期间越过护栏;

5) 无护栏和不停止通风的情况下作业;

6) 在需要设备停车的作业中,必须关闭电动机、切断电源,并在启动装置按钮、开关等上挂上“禁止合闸,有人工作!”的标志牌;

7) 出现紧急情况时,操作人员应按企业根据自己的特点制定的工艺规程细则处理。当发生威胁人身安全或妨碍人们排除正常工作的设备故障时,每个工作人员都有责任采取措施,尽快排除故障。

(9) 压力设备在规程规定的下列情况下必须停车:

1) 尽管严守规程中的一切要求,但是容器内的压力仍然超过了允许值;

2) 安全阀发生故障;

3) 在容器的主要元件上发生裂缝、凸出、容器壁明显变薄、焊缝开焊或渗漏、螺栓连接和铆接处漏料和打垫子;

4) 发生直接威胁压力设备的火灾;

5) 压力表发生故障和不能用仪器测定压力;

6) 顶盖和人孔上的紧固件损坏或不全;

7）安全连锁装置发生故障；

8）设计中规定的检测仪表和自动装置发生故障(或缺少)。

8.8.2　防爆措施

物质从一种状态迅速转化为另一种状态，由于巨大的能量在瞬间释放造成的一种冲击波的现象称为爆炸。爆炸通常可分为物理性爆炸和化学性爆炸两种类型。物理性爆炸是指受压设备，如蒸汽锅炉、压缩机汽缸、高压容器及管道，因内部受力过大而突然破裂所形成的爆炸，它一般不伴随温度升高和燃烧，其主要原因常是操作失误和设备缺陷或失效。化学性爆炸是指几种物质在瞬间内经过化学变化，转变成另外一种或几种物质，在极短时间内产生大量的热和气体产物，随之产生破坏性极大的冲击波。

高压溶出车间是使用高压容器设备的生产车间，因此必须重视防爆事故的发生，特别是自美国凯撒公司格拉默西(Gramercy)氧化铝厂发生大爆炸事故的案例后，引起世界各国氧化铝工业生产、设计、管理等方面人员的震惊和对防爆工作的普遍重视。

位于美国路易斯安那州的美国凯撒公司格雷默西氧化铝厂(生产各种冶金用氧化铝和非冶金用氧化铝产品，产能超过100万t/a)，曾是凯撒公司安全生产工作做得最好的工厂，该厂获得美国国家生产安全与健康局(MSHA)认定。但是，具有讽刺意味的是，该厂竟于1999年7月5日发生了大爆炸事故，炸毁了高压溶出生产区，使厂房夷为平地，正常生产完全停止，有24名工人受伤，其中18人需住院治疗。但爆炸幸好未对周边环境、当地居民构成威胁和危害，只是爆炸震波和尘埃对当地居民造成了较小的财产损失。爆炸事故发生后，经过调查分析，其原因是由于电力供应中断且故障不能及时排除，引起泵停止工作，导致高压溶出的最后一级密闭容器——排气罐的压力超过极限而发生爆炸。凯撒公司重建格雷默西氧化铝厂计划需要一年半多的时间，耗资2.75亿美元。

防爆的安全措施原则是杜绝事故和灾害产生的根源，减少灾害造成的损失。因此，在设计阶段就要考虑发生爆炸的可能性，还要采取必要的预防措施。

高压溶出车间预防爆炸事故发生的主要措施：

(1) 设备和管道的设计、制造、安装与试压等均应符合国家现行的有关标准和规范，如《高压容器设备施工及验收规范(HGJ208—1985)》、《爆炸危险现场安全规定(劳部发,1995)》等。

(2) 所有压力容器均应安装压力表和防爆装置(如安全阀和放空管等)。

(3) 平时应注意维护设备防爆装置，如压力表损坏及安全阀生锈失灵等应及时修复。

(4) 避免设备或管道的操作压力超过设计允许值的措施：

1）设置压力调节阀：自动调节高压溶出设备或管道系统的压力；

2）设置安全阀：当系统压力超过某一指定值时，安全阀自动起跳；当压力恢复后，安全阀自动复位。安全阀的设定压力取为设备的设计压力；

3）设置紧急动作阀门：当压力超过极限值后，由紧急动作阀门的作用，使全程打开阀门进行泄压；

4）设置爆破膜：当压力超过一定值时，爆破膜破裂，系统内压力迅速降低。

由于爆破膜在爆破后系统必须停车，因此除非系统内介质有腐蚀性或者系统可能爆炸必须用爆破膜时，在一般情况下，为预防由于操作控制失误引起压力偏离设计值，应采用前三种措施。

(5) 为使爆炸万一发生时能减轻其危害程度，设计应采取的措施：

1）溶出设备系统厂房建筑设计应采取防爆结构：非燃烧体的钢筋混凝土结构，采用轻质房顶等围护结构；

2）需要设置有两个或两个以上的安全出口：可使操作人员有可能在爆炸发生前从安全出口跑出厂房，还可以为闻讯赶到事故现场的职工及时进入抢救创造条件；

3）设置泄压面积：爆炸时可以降低室内压力，避免建筑结构遭受严重破坏。泄压面积的布置要合理，应靠近可能发生爆炸的部位，不要面对人员集中的地方和主要道路。我国对有爆炸危险的化工厂，泄压面积与厂房体积的比值采用 0.05 ~ 0.10 m^2/m^3；

4）当仪表动力源（仪表空气和电源）失效时，要使调节阀处于安全所需要的状态；

（6）爆炸事故发生时，为了便于人员疏散，应采取以下措施：

1）将控制室布置于上风向；

2）溶出厂房门，一般不应少于两个，疏散楼梯的宽度不小于 1.1 m，可以同时挤过两个人；疏散专用道为迅速地通过两股人流，其宽度不小于 1.4 m；

3）对占地面积 3000 m^2 以上的设备区，应设置宽度不小于 5 m 的直通式或环形通道，以保证紧急车辆，如救护车和消防车的通道畅通。

9 氢氧化铝焙烧车间工艺设计

9.1 氢氧化铝焙烧的目的及物理化学变化

氢氧化铝焙烧是氧化铝生产工艺过程中的最后一道工序，其目的是使氢氧化铝滤饼在高温下脱去附着水和结晶水，转变晶型，制取符合要求的氧化铝产品。过程的物理化学变化及反应热如下：

水分烘干： $H_2O(l) \longrightarrow H_2O(g)$　　$\Delta H = 2447.6\ kJ/kg$(以 H_2O 计)　　(9-1)

结晶水脱除： $2Al(OH)_3 \longrightarrow \gamma - Al_2O_3 + 3H_2O(g)$

$\Delta H = 2083.2\ kJ/kg$(以 Al_2O_3 计)　　(9-2)

晶型转化： $\gamma\text{-}Al_2O_3 \longrightarrow \alpha - Al_2O_3$　　$\Delta H = -321.3\ kJ/kg$(以 Al_2O_3 计)

氢氧化铝焙烧的理论热耗，包括反应热与附着水蒸发热之和，加上废气不可避免带走的热量，其值为每千克 Al_2O_3 2428~2637 kJ。

氢氧化铝焙烧前后颗粒变化情况见表 9-1。

表 9-1　氢氧化铝焙烧前后颗粒变化

筛分析/mm	国外粉状产品		国外砂状产品		国内砂状产品		国内中间状产品	
	$Al(OH)_3$/%	Al_2O_3/%	$Al(OH)_3$/%	Al_2O_3/%	$Al(OH)_3$/%	Al_2O_3/%	$Al(OH)_3$/%	Al_2O_3/%
大于 0.15			1		3.2		7.1	6.5
0.15~0.125			9			0.2		
0.125~0.1			19	3	23.8		42.6	37.4
0.1~0.045	56	50	67	88	64.1	87.8	35.3	35.8
0.045~0	44	50	4	9	8.9	12	15	20.3
平均粒径①	0.036	0.034	0.071	0.058	0.064	0.059	0.064	0.057
平均粒径②	0.051	0.048	0.085	0.073	0.084	0.077	0.093	0.087

① 按公式 $d_{均} = \dfrac{1}{\sum \chi_i \sqrt{d_1 d_2}}$ 计算的结果；

② 按加权平均 $d_{均} = \sum \chi_i \dfrac{d_1 + d_2}{2}$ 计算的结果。

式中　χ_i—不同粒级的质量分数。

9.2 氢氧化铝焙烧技术的发展

氢氧化铝焙烧工艺经历了回转窑工艺和流态化焙烧工艺两个发展阶段。

9.2.1 回转窑焙烧工艺

20 世纪中叶以前，世界上都是采用传统的带圆筒冷却机的回转窑作为氢氧化铝焙烧设备，我国除新建厂外,老厂几十年来一直采用这种老式回转窑焙烧氢氧化铝。其设备流程如图9-1所示。

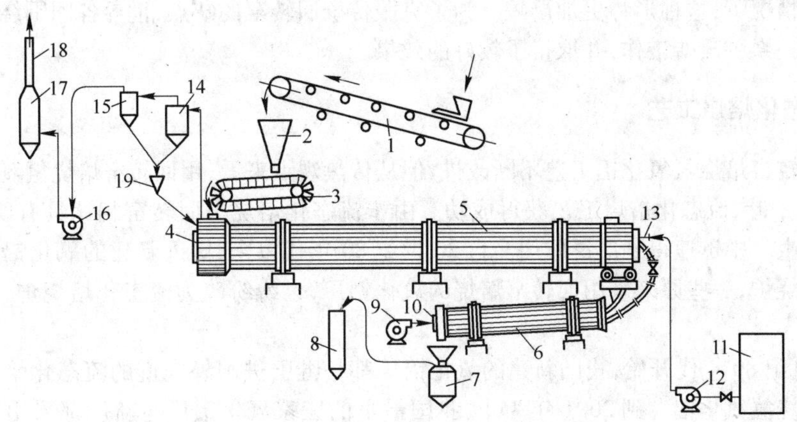

图9-1 氢氧化铝回转窑焙烧设备流程

1—皮带输送机;2—氢氧化铝贮仓;3—板式饲料机;4—窑尾螺旋;5—焙烧窑;6—冷却机;7—吹灰机;8—氧化铝贮仓;9—鼓风机;10—管式空气预热器;11—贮油罐;12—油泵;13—油枪;14—一次旋风收尘器;15—二次旋风收尘器;16—排风机;17—电收尘器;18—烟囱;19—集灰斗

工业生产中得到的氢氧化铝,一般带有10%左右的附着水,因此在焙烧过程中每生产1 t氧化铝需蒸发掉约0.1 t附着水和脱除0.53 t结晶水,即总共除去0.63 t左右的水。氢氧化铝焙烧是一个强烈的吸热过程,要保证焙烧过程的持续进行,必须源源不断地供给燃料。为避免杂质污染氧化铝,须使用灰分很低的优质燃料。工业生产中多使用液体燃料,其次是气体燃料或二者混合使用。

当采用回转窑焙烧时,焙烧工序是由氢氧化铝输送、氧化铝冷却及输送、窑后排风收尘、燃料供给等系统所组成。

分解工序产出的氢氧化铝,用固体输送设备送至焙烧工序,一般是先用构造简单的凹型皮带输送机1,将氢氧化铝送到窑尾的氢氧化铝贮仓2中,贮仓下设有带调速电机的轻型板式饲料机3,贮仓中的氢氧化铝用板式机送入窑尾螺旋4,再由螺旋送入窑尾,入窑的氢氧化铝在焙烧窑5内随窑体转动由窑尾送至窑前。

氢氧化铝在窑内经过烘干、脱水、晶型转变和再结晶等物理化学变化过程而变成氧化铝产品。

焙烧好的氧化铝经窑头下料口落入冷却机6内冷却,冷却后的氧化铝进入双缸吹灰机7(以压缩空气作为动力进行风力输送的一种设备),机内的氧化铝用压缩空气吹送至氧化铝贮仓8。外销的氧化铝可用槽车散装,也可包装成袋。如果距电解厂房很近,则可直接用吹灰机吹送至电解厂附近的氧化铝贮仓。

贮油罐11内的燃料经预热后用泵12送至窑头油枪13内,采用机械喷油或蒸汽雾化喷油喷入窑内燃烧。

燃烧所需的氧气来自空气,用鼓风机9将冷却空气送入冷却机内的管式空气预热器10中,预热后的热风送窑头助燃。

为使燃烧过程连续进行,燃烧生成的废气必须及时排出。但废气中带有部分粉尘(俗称窑灰),为了减少氧化铝的损失,提高其回收率,须将废气送入收尘设备以回收这部分氢氧化铝尘粒。窑气首先经过两级串联的旋风收尘器组14和15,然后用排风机16送电收尘器17进一步除尘,净化后的气体从烟囱 18 中排入大气。收回的窑灰集于灰斗 19 中,再返回窑内。

由于回转窑生产率低、能耗高、污染重、劳动条件差、技术落后,制约了生产的发展,尤其是在能源紧张的情况下,这种形势更加严峻。为了克服传统回转窑的缺点,世界各国围绕回转窑节能降耗进行了一系列改造工作,并取得了较好的效果。

9.2.2 流态化焙烧工艺

虽然回转窑焙烧氢氧化铝工艺不断改进,但从传热观点来看,用回转窑焙烧氢氧化铝仍不理想。20 世纪中叶,流态化焙烧工艺获得成功。由于流态化焙烧与回转窑相比具有明显优势,因此在氧化铝生产中迅速得到广泛应用。自 20 世纪 80 年代以来,国外新建的氧化铝厂已全部采用流态化焙烧炉,一些原来采用回转窑焙烧的氧化铝厂,也纷纷改为流态化焙烧炉,以替代原有的回转窑。

从 20 世纪 80 年代开始,我国新建的氧化铝厂都相继引进国外先进的流态化焙烧炉代替回转窑用来焙烧氢氧化铝。到 2001 年为止,我国最早的三家氧化铝厂与新厂都采用了流态化技术,先后引进了美国铝业公司的流态化闪速焙烧炉(FFC)、德国鲁奇公司的循环流态化焙烧炉(CFC)和丹麦史密斯公司的气态悬浮焙烧炉(GSC)共三种炉型的流态化焙烧炉 8 台,设计能力占国内氧化铝焙烧规模的 90% 以上,形成了全面取代回转窑的局面。

氢氧化铝流态化焙烧具有如下优点:

(1) 热耗低:其热耗比回转窑降低约 1/3,主要原因为燃烧空气的预热温度高,燃料燃烧的过剩空气系数较低,燃烧温度提高,废气量减少;系统散热损失仅为回转窑的 30%,系统的热效率达到 85% 以上;

(2) 产品质量好:因炉衬与物料的磨损较小,产品中 SiO_2 含量比回转窑产品低约 0.006%。不同粒级氧化铝焙烧程度均匀;

(3) 投资少:流态化焙烧炉效率高,占地少,其机电设备质量不到回转窑的一半,建筑面积仅为回转窑的 1/3,因此,投资比回转窑系统少 40% ~ 60%;

(4) 设备简单,寿命长,维修费用低:流态化焙烧系统除了风机、油泵与给料设备之外,没有大型转动设备,内衬使用寿命长达 10 年以上。山东铝厂经验表明,维修费仅为回转窑的 40%;

(5) 有利于环境保护:由于燃烧的过剩空气系数低,燃烧充分,废气量减少,废气中 SO_3 和 NO_x 的生成量都远低于回转窑系统,而且收尘率高,排出的气体中含尘量一般为 50 ~ 90 mg/m^3。

由于流态化焙烧炉明显的优点和技术先进性,目前已在氧化铝生产中得到广泛的应用,采用这种技术和装置焙烧氢氧化铝,已成为我国氧化铝工业发展的趋势。

9.2.3 几种氢氧化铝焙烧装置的性能比较

几种氢氧化铝焙烧装置的性能比较,见表 9-2。

表 9-2 几种类型焙烧装置性能比较

炉　型	LURGI 循环焙烧炉	KHD 闪速焙烧炉	SMIDTH 悬浮焙烧炉	回转窑
流程及设备	一级文丘里干燥脱水,一级载流预热,循环流化床焙烧,一级载流冷却加流化床冷却	文丘里和流化床干燥脱水,载流预热闪速焙烧,流化停留槽保温,三级载流冷却加流化床冷却	文丘里和一级载流干燥脱水,悬浮焙烧,四级载流冷却加流化床冷却	窑内集干燥、脱水、焙烧、冷却、加冷却机冷却

续表 9-2

炉　型	LURGI 循环焙烧炉	KHD 闪速焙烧炉	SMIDTH 悬浮焙烧炉	回转窑
工艺特点	循环焙烧(循环量 3～4 倍)	闪速焙烧加停留槽	稀相悬浮焙烧	
焙烧温度/℃	950～1000	980～1050	1150～1200	1200
焙烧时间/min	20～30	15～30	1～2s	45
系统压力/MPa	约 0.3	0.18～0.21	-0.055～0.065	
控制水平	高	高	高	低
每吨 Al_2O_3 热耗(附水 10%)/GJ	3.075	3.096	3.075	4.50
每吨 Al_2O_3 电耗/$kW \cdot h^{-1}$	20	20	<18	
废气排放/$mg \cdot m^{-3}$	<50	<50	<50	
产能调节范围/%	46～100	30～100	60～100	
厂房高度/m	32.5	46	49	

9.3 焙烧过程的热平衡计算

凡在燃烧时能够放出大量的热,并且此热量能够有效地被利用在工业或其他方面的物质称为燃料。所谓有效地利用是指利用这些热能在技术上可行且在经济上合理。

9.3.1 燃料的分类

根据来源,燃料可分为天然燃料和人造燃料两种。根据物态的不同又可分为固体燃料、液体燃料和气体燃料三种。燃料的分类见表 9-3。

表 9-3 燃料的分类

燃料物态	燃料来源	
	天然燃料	人造燃料
固体燃料	木柴、煤、可燃页岩等	木炭、焦炭、团煤、粉煤等
液体燃料	石　油	汽油、煤油、柴油、重油及其他石油加工产品,酒精、煤焦油、合成燃料、胶体燃料等
气体燃料	天然气	焦炉煤气、高炉煤气、水煤气、发生炉煤气、地下煤气等

9.3.2 燃料的成分

以液体燃料为例,自然界中的液体燃料都是来源于埋藏在地下的有机物质,它们都是由古代的植物和动物在地下经受长期的地质和化学变化而生成的。因而它们的基本成分是呈各种化合物形式的有机物质,就元素组成而论,主要是碳(C)、氢(H)、氧(O)、氮(N)和一部分硫(S),另外在开采和运输时混入一些杂质(A)、吸收一些水分(W)。混入的杂质在燃烧时成为灰分。因此一般使用的液体燃料由下列七种成分组成:

$$C + H + O + N + S + A_{(灰分)} + W_{(水分)} = 100\% \tag{9-3}$$

9.3.3　燃料中各成分的作用

燃料中各成分的作用如下。

（1）碳:碳在燃料中不是以自由状态存在的,而是与氢、氧、氮和硫组成各种有机化合物。在燃烧之前,当燃料受热时这些有机化合物首先分解,然后燃烧放出大量热能。碳是液体燃料的主要热能来源,在重油中碳的含量在85%左右。

（2）氢:氢在燃料内呈两种存在状态:一种是可燃氢,一种是化合氢。可燃氢指的是和碳、硫组成化合物的氢,化合氢指的是和氧结合的氢。可燃氢是燃料的重要组成部分。化合氢因为和氧结合故不再参与燃烧,它的存在不但没有任何价值,而且是燃料中的有害部分,一方面它降低了燃料中可燃物的含量,另一方面它的升温和蒸发还要消耗一部分热量。重油中氢含量在10%左右。

（3）氮:氮不参与燃烧反应,为燃料中的惰性物质,它的存在是不利的,会降低燃料的可燃成分含量。

（4）氧:氧在燃料中是和可燃物质碳、氢等化合,使可燃物质失去了再进行燃烧的可能。实际上,氧是夺取了燃料中的部分可燃成分而降低了燃料的发热能力。

（5）硫:硫是燃料中的有害物质,含硫高不好。含硫量的高低是衡量燃料质量的重要指标。

（6）灰分:燃料中不能燃烧的矿物杂质统称为灰分,灰分是燃料的有害部分。在焙烧过程中,它将影响产品氧化铝的质量,故灰分在燃料中含量愈低愈好。

（7）水分:水分的存在降低了可燃成分的含量,而且它在蒸发和升温时还要吸收一部分热量,故水分是有害物质。

液体燃料的成分以各组成物的质量分数来表示。

9.3.4　燃料的选择

重油作燃料可使焙烧炉窑火焰温度提高,焙烧温度易于控制,焙烧炉窑废气带走的氧化铝窑灰量少,减少了氧化铝损失,如像工厂采用的煤气重油混合燃烧时,废气带走的窑灰多,因此,窑产能也降低了。由于用煤气就要有一套煤气发生炉设备,因而较用重油燃料的基建投资增高了,经营管理费用也高,需要人员多,而使劳动生产率也有降低,因此采用重油燃料有较显著的经济效果。

9.3.5　燃料燃烧计算

燃烧计算分为:

（1）重油组成:C:85.6%,H_2:11.4%,其重油燃烧热 Q_H^P 为40546 kJ/kg。为简便起见,以100 kg重油的燃烧来计算。

首先,需将各成分换算成物质的量,其换算公式为:

$$\text{物质的量} = \frac{\text{质量分数}}{\text{相对分子质量}} \times 1000 \qquad (9\text{-}4)$$

则:

$$C = 1000 \times 85.6/12 = 7133.33\ (\text{mol})$$

$$H = 1000 \times 11.4/2 = 5700\ (\text{mol})$$

（2）计算理论空气需要量:由碳的燃烧反应式 $C + O_2 \longrightarrow CO_2$ 可知,1 mol 的碳在燃烧时需要1 mol 的氧,并生成1 mol 的二氧化碳。又根据氢的燃烧反应式 $H_2 + 1/2O_2 \longrightarrow H_2O$ 可知,

1 mol 的氢燃烧时需要 1/2 mol 的氧，生成 1 mol 的水。

燃料燃烧计算时，一般假定空气中只含有氮气和氧气，且氮与氧之体积比为 79:21，据此可求得与氧气相应的氮气的物质的量。

（3）计算实际空气需要量：上面计算出来的是 100 kg 重油燃烧时理论上所需要的空气量，实际生产中为了保证燃料的完全燃烧，需要过剩一定量的空气。如果取空气过剩系数 $n=1.2$，即过剩 20% 的空气。则此部分空气中的氧气为：(7133.33 + 2850) × 20% = 1996.67 mol，相应的氮气为：7511.28 mol，故实际空气需要量为：

$$7133.33 + 2850 + 1996.67 + 26834.91 + 10721.43 + 7511.28 = 57047.62\ (\text{mol})$$

在标准状况下（101.325 kPa，0℃），1mol 任何气体的体积均为 22.4 L，由此可得 1 kg 重油燃烧所需要的空气量为：

$$57047.62 \times 22.4/(100 \times 1000) = 12.78\ (\text{m}^3)$$

（4）计算燃烧产物量：燃烧产物中包括二氧化碳、水蒸气、氧气、氮气等，其数量为：

$$7133.33 + 5700 + 1996.67 + 45067.62 = 59897.62\ (\text{mol})$$

1 kg 重油燃烧产物在标准状况下的体积为：

$$V = 59897.62 \times 22.4/(100 \times 1000) = 13.42\ (\text{m}^3)$$

燃料燃烧计算结果见表 9-4。

表 9-4 燃料燃烧的计算结果

元素名称	燃料组成		燃烧反应	空气物质的量/mol		燃烧产物物质的量/mol			
	质量分数/%	物质的量/mol		O_2	N_2	CO_2	H_2O	O_2	N_2
C	85.6	7133.33	$C + O_2 \longrightarrow CO_2$	7133.33	26834.91	7133.33			26834.91
H	11.4	5700	$H_2 + 1/2O_2 \longrightarrow H_2O$	2850	10721.43		5700		10721.43
过剩空气				1996.67	7511.28			1996.67	7511.28
累计				11980	45067.62	7133.33	5700	1996.67	45067.62
体积分数/%				21	79	11.9	9.5	3.3	75.3

9.3.6 热平衡计算

此计算是以焙烧 1 kg 氧化铝为基准。

（1）计算入炉热量。入炉热量包括了燃料带入的热量、燃料燃烧放出的热量、空气带入的热量、炉灰带入的热量、氢氧化铝带入的热量、雾化蒸汽带入的热量等项。现分项计算如下。

1）重油带入热量：假定焙烧 1 kg 氧化铝所消耗的重油为 x kg，重油的预热温度为 100℃，根据热量计算公式可得：

$$Q_1 = 100 \times x \times 1.96 = 196x\ (\text{kJ}) \tag{9-5}$$

式中 1.96——重油在 100℃时的比热容，kJ/(kg·℃)。

2）重油燃烧放出热量：根据重油的发热量为 40546 kJ/kg，可得：

$$Q_2 = 40546x\ (\text{kJ}) \tag{9-6}$$

3）空气带入热量：根据上面的燃烧计算，1 kg 重油燃烧时所需要的空气体积为 12.77 m³（标态），则带入的热量为：

$$Q_3 = 12.78 \times 300 \times 1.34x = 5137.56x\ (\text{kJ}) \tag{9-7}$$

式中　1.34——空气在300℃时的比热容(标态),kJ/(m^3·℃)。

4）炉灰带入热量:如果炉灰循环量为150%,入炉温度为150℃,则带入的热量为:

$$Q_4 = 150 \times 1.5 \times 0.88 = 198\ (\text{kJ}) \tag{9-8}$$

式中　0.88——150℃时炉灰的比热容,kJ/(kg·℃)。

5）氢氧化铝带入热量:氢氧化铝包括干氢氧化铝和附着水两部分。焙烧1 kg氧化铝需要干氢氧化铝1.53 kg。如果附着水为12%,即为0.21 kg,入窑温度为25℃,则

$$Q_5 = (1.53 \times 1.17 + 0.21 \times 4.18) \times 25 = 66.70\ (\text{kJ}) \tag{9-9}$$

式中　1.17——25℃时干氢氧化铝的比热容,kJ/(kg·℃);

4.18——25℃时附着水的比热容,kJ/(kg·℃)。

6）雾化蒸汽带入热量:如果使用表压为700 kPa、温度为250℃的过热蒸汽,查得热焓为2943.6 kJ/kg。假定雾化剂消耗为每千克重油0.5 kJ,则得:

$$Q_6 = 2943.6 \times 0.5 \times x = 1471.8x\ (\text{kJ}) \tag{9-10}$$

以上六项为入炉热量$Q_入$,将其相加便得:

$$\begin{aligned} Q_入 &= Q_1 + Q_2 + Q_3 + Q_4 + Q_5 + Q_6 \\ &= 196x + 40546x + 5137.56x + 198 + 66.70 + 1471.8x \\ &= 47351.36x + 264.70\ (\text{kJ}) \end{aligned} \tag{9-11}$$

(2) 计算出炉热量。

1）氧化铝带走的热量:如果氧化铝出炉温度为1000℃,则1 kg氧化铝带走的热量为:

$$Q_1 = 1000 \times 1.1238 \times 1 = 1123.8\ (\text{kJ}) \tag{9-12}$$

式中　1.1238——1000℃时氧化铝的比热容,kJ/(kg·℃)。

2）结晶水、附着水和雾化剂过热至300℃时所带走的热量为:

$$Q_2 = (0.53 + 0.21 + 0.5x) \times 3069.37 = 2271.33 + 1534.69x\ (\text{kJ}) \tag{9-13}$$

式中　3069.37——0.1 MPa下,300℃时过热蒸汽的热焓,kJ/kg;

0.53,0.21——生产1 kg氧化铝所要排除的结晶水和附着水量,kg;

0.5——燃烧1kg重油所需要的雾化剂,kg/kg。

3）反应热:根据反应式$2Al(OH)_3 = Al_2O_3 + 3H_2O - 47234$ kJ/kmol,如果全部变成α-Al_2O_3,则得:

$$Q_3 = \frac{1.53}{2 \times 78} \times 47234 = 463.25\ (\text{kJ}) \tag{9-14}$$

式中　78——$Al(OH)_3$的相对分子质量;

1.53——焙烧1 kg氧化铝所需要的干氢氧化铝量,kg。

4）炉灰带走热量:如果炉灰与出炉废气温度均为300℃,炉灰循环量为150%,则炉灰带走的热量为:

$$Q_4 = 0.95 \times 300 \times 1.5 = 427.5\ (\text{kJ}) \tag{9-15}$$

式中　0.95——炉灰在300℃时的比热容,kJ/(kg·℃)。

5）燃烧生成的废气带走的热量:由燃烧计算可知,1 kg重油燃烧产物的体积为13.41 m^3(标态),由此则得:

$$Q_5 = 1.43 \times 300 \times 13.42 \times x = 5757.18x\ (\text{kJ}) \tag{9-16}$$

式中　1.43——300℃时废气的比热容,kJ/(m^3·℃)。

6）热损失:热损失包括燃料的不完全燃烧所造成的损失以及散热损失。假定热损失为所耗热量热值的20%,则得:

$$Q_6 = 40546 \times 0.2 \times x = 8109.2x\ (\text{kJ}) \tag{9-17}$$

将上述六项相加为出炉热量 $Q_{出}$：

$$\begin{aligned} Q_{出} &= Q_1 + Q_2 + Q_3 + Q_4 + Q_5 + Q_6 \\ &= 1123.8 + 2271.33 + 1534.69x + 463.25 + 427.5 + 5757.18x + 8109.2x \\ &= 4285.88 + 15401.07x\ (\text{kJ}) \end{aligned} \tag{9-18}$$

由于 $Q_{入} = Q_{出}$，所以

$$47351.36x + 264.70 = 15401.07x + 4285.88 \tag{9-19}$$

即 $$x = \frac{4021.18}{31950.29} = 0.1259\ (\text{kg})$$

将 x 值带入上列各式中，便可求得各项热量值，计算结果列于表 9-5 中。

表 9-5 焙烧 1 kg 氧化铝热平衡

热量收入			热量支出		
项 目	热量/kJ	%	项 目	热量/kJ	%
重油带入	24.7	0.4	反应热	463.3	7.5
重油燃烧	5104.7	82.0	炉灰带走	427.5	6.9
空气带入	646.8	10.4	废气带走	724.9	11.6
炉灰带入	198	3.2	氧化铝带走	1123.8	18.1
氢氧化铝带入	66.7	1.0	水蒸气带走	2464.7	39.5
雾化蒸汽带入	185.3	3.0	热损失	1021.8	16.4
合 计	6226	100	合 计	6226	100

热耗为 $0.1259 \times 40546 = 5104.7\ (\text{kJ})$

换算成 1 t 氧化铝的单耗，则为：油耗：$0.1259 \times 1000 = 125.9\ (\text{kg})$；热耗：$5104.7 \times 1000 = 5104700\ (\text{kJ})$。

9.3.7 空气消耗量

生产 1 kg 氧化铝的空气消耗量（标态）为：$12.78 \times 0.1259 = 1.61\ (\text{m}^3)$，即生产 1 t 氧化铝的空气消耗量为：$1.61 \times 1000 = 1610\ (\text{m}^3)$。

9.3.8 废气的数量和组成

废气数量和组成的计算如下：

(1) 废气的数量。由燃料消耗和燃烧计算可知：

生产 1 kg 氧化铝产生的 CO_2 量（标态）为：

$$7133.33 \times 0.1259 \times 22.4/(100 \times 1000) = 0.201\ (\text{m}^3)$$

生产 1 kg 氧化铝燃烧生成的 H_2O 水蒸气量（标态）为：

$$5700 \times 0.1259 \times 22.4/(100 \times 1000) = 0.161\ (\text{m}^3)$$

生产 1 kg 氧化铝附着水和结晶水所生成的水蒸气量（标态）为：

$$(0.53 + 0.21) \times 22.4/18 = 0.921\ (\text{m}^3)$$

生产 1 kg 氧化铝雾化剂所生成的水蒸气量（标态）为：

$$0.5 \times 0.1259 \times 22.4/18 = 0.078\ (\text{m}^3)$$

以上两式中 18 为 H_2O 的相对分子质量。

将上列三式相加便得 H_2O 的总量(标态)为：

$$0.161 + 0.921 + 0.078 = 1.16\ (m^3)$$

生产 1 kg 氧化铝产生的 N_2 量(标态)为：

$$45067.62 \times 0.1259 \times 22.4/(100 \times 1000) = 1.271\ (m^3)$$

生产 1 kg 氧化铝产生的 O_2 量(标态)为：

$$1996.67 \times 0.1259 \times 22.4/(100 \times 1000) = 0.056\ (m^3)$$

合计：$0.201 + 1.16 + 1.271 + 0.056 = 2.688\ (m^3)$。换算 1 t 氧化铝为：2688 m^3(标态)。

由气态方程可得 300℃时生产 1 t 氧化铝产生的废气体积为：

$$\frac{300 + 273}{273} \times 2688 = 5641.8\ (m^3)$$

(2) 废气的组成：由废气总量和各成分之数量可算出废气中各成分的体积分数为：

$$CO_2: \frac{0.201}{2.688} \times 100\% = 7.5\%$$

$$H_2O: \frac{1.16}{2.688} \times 100\% = 43.1\%$$

$$N_2: \frac{1.271}{2.688} \times 100\% = 47.3\%$$

$$O_2: \frac{0.056}{2.688} \times 100\% = 2.1\%$$

9.4　氢氧化铝流态化焙烧炉设计

9.4.1　氢氧化铝流态化焙烧炉炉型

9.4.1.1　概述

氢氧化铝流态化焙烧炉是一种以稀相为主、稀浓相结合的焙烧装置，是一种组合式的冶金炉，一般由物料干燥－脱水－预热、主反应炉、产品冷却三大系统组成。干燥脱水预热系统都是稀相载流换热；主反应炉各有特色；冷却系统大多以稀相载流换热为主，辅以浓相床间壁换热。

其节能原理在于：充分回收焙烧成品和废气的余热。先利用焙烧废气的热量预热已被干燥了的物料，脱除大部分结晶水后，气体再去干燥喂入系统物料的附着水，从而可以使废气温度下降到最适合于电除尘的水平；焙烧成品采用供入系统的助燃空气和水冷却到接近常温，与此同时充分预热了助燃空气，从而有利于燃料充分燃烧。

焙烧炉的气、固体走向及温度变化如图 9-2 所示。

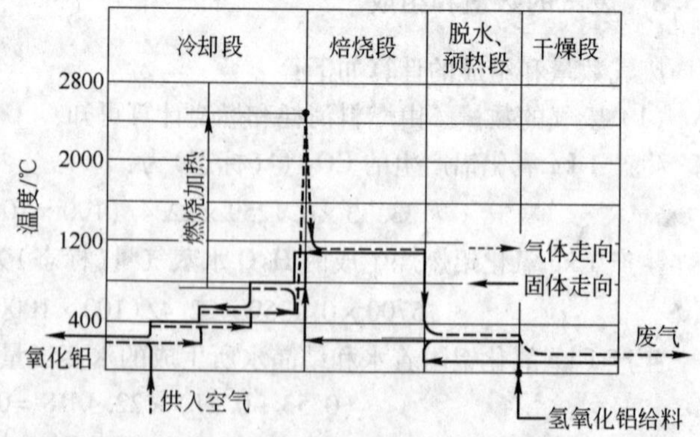

图 9-2　流态化焙烧炉气、固体走向及温度变化

燃料充分燃烧、较少的废气发生量和高效的电除尘设备都大大减少了

氢氧化铝流态化焙烧对环境的污染。

9.4.1.2 炉型种类及特点

目前世界上的氢氧化铝流态化焙烧炉主要有以下三种。

(1) 流态化闪速焙烧炉(FFC)。美国铝业公司于1963年之后,相继开发260 t/d,760 t/d,1300 t/d,1650 t/d和2200 t/d的五个系列产品。至今建造了约50套,部分小炉子被淘汰后,现存的超过40套。焙烧炉展开图如图9-3所示。

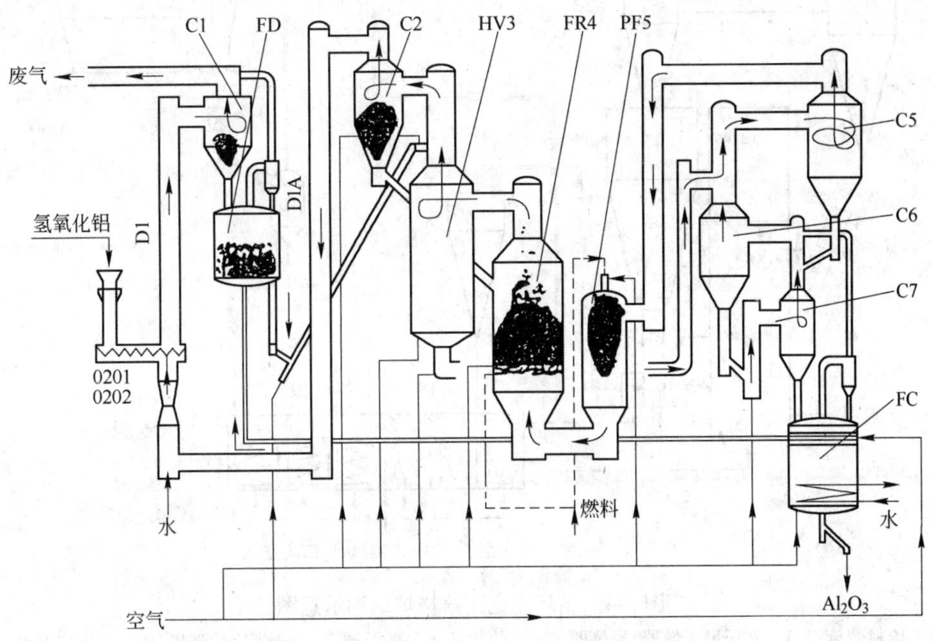

图9-3 流态化闪速焙烧炉展开图

0201—给料螺旋;D1、D1A—烟道;0202—文丘里干燥器;C1、C2—干燥、预热旋风筒;FD、FC—干燥、冷却流化床;HV3、FR4—闪速焙烧主反应炉;PF5—预热炉;C5、C6、C7—冷却旋风筒

流态化闪速焙烧炉的特点:

1) 焙烧炉是一个无分布板的空筒子,与停留槽直接相连,物料在炉内闪速加热到焙烧温度之后,根据产品质量要求,在停留槽内保温10~30 min。一般焙烧温度约为950~1050℃。

2) 焙烧炉的干燥段由流态化干燥器(FD)来平衡供料流量波动,确保物料的彻底干燥。

3) 焙烧炉的焙烧段由预热炉(PF5)来稳定空气预热温度,确保焙烧炉热工制度的平衡。

4) 全系统正压操作。

(2) 循环流化床焙烧炉(CFBC)。德国鲁奇公司1970年以来相继建造了800 t/d,1050 t/d,1400 t/d,1850 t/d,2700 t/d和3100 t/d的氢氧化铝焙烧炉近40套,除在本国大量推广外,还有日本、委内瑞拉、圭亚那、法国、俄罗斯等国引进,至今运行的约30套。焙烧炉结构示意图如图9-4所示。

循环流化床焙烧炉的特点:

1) 流化床焙烧炉是一种带有风帽分布板的炉体,与旋风收尘器及密封装置组成循环系统,通过出料阀开合度调节物料的循环时间,以控制产品质量。大量物料的循环导致整个主反应炉内温度非常均匀、稳定,可以维持较低的焙烧温度,通常为900~950℃,停留时间20~30 min。

2) 电除尘器为干燥段的组成部分,它能处理高固含的气体,进口含尘高达900 g/m^3,出口排

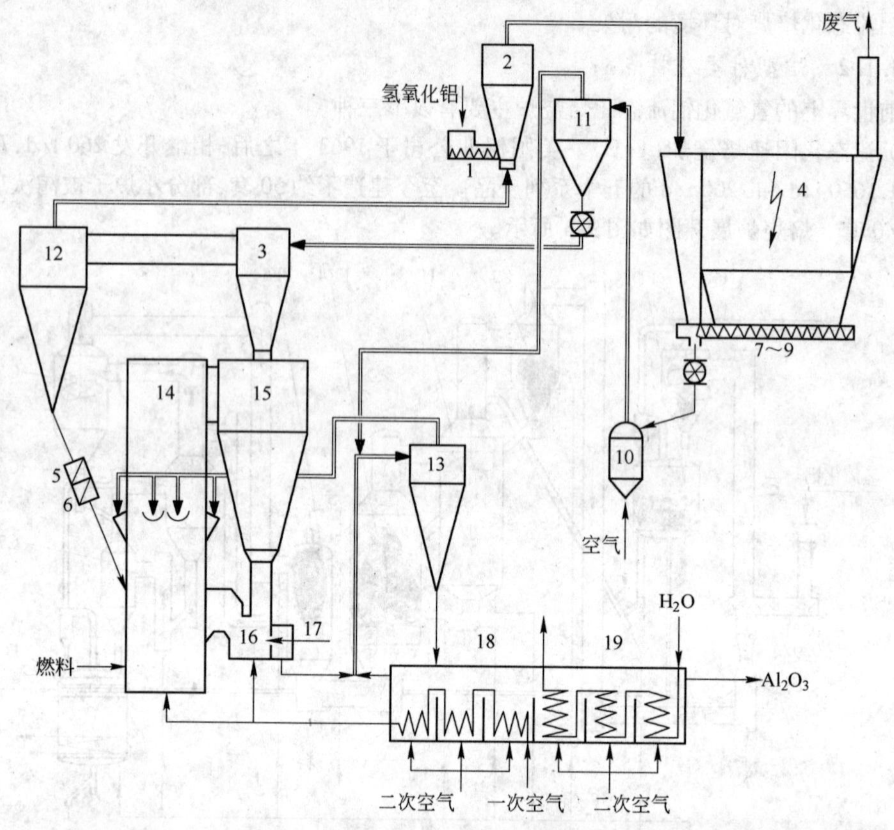

图 9-4　循环流化床焙烧炉结构示意图

1—给料螺旋；2、3—文丘里干燥器、预热器；4—电收尘；5、6—翻板阀；7～9—螺旋输送机；10—气力提升泵；11、12、13—旋风分离器（旋风冷却筒）；14、15、16—循环流化床焙烧主反应炉；17—锥形出料阀；18、19—流态化冷却机

放浓度能达到 50 mg/m^3 的要求。

3）系统利用罗茨式风机供风，供风量几乎不受系统压力波动的影响，便于严格控制燃料燃烧的空气过剩量。

4）全系统正压操作。

（3）气态悬浮焙烧炉（GSC）。丹麦史密斯公司 1984 年至今建造了 850 t/d，1050 t/d，1300 t/d 和 1850 t/d 的焙烧炉 12 套。炉体结构示意图及总图如图 9-5 所示。

气态悬浮焙烧炉的特点：

1）主反应炉结构简单。焙烧炉与旋风收尘器直接相连，炉内无气体分布板，物料在悬浮状态于数秒内完成焙烧，旋风筒内收下成品立即进入冷却系统。系统阻力降较小，焙烧温度略高，通常为 1150～1200℃。

2）除流态化冷却机外，干燥、脱水预热、焙烧和四级旋风冷却各段全为稀相载流换热。开停简单、清理工作量少。

3）焙烧炉干燥段的热发生器（T11），可及时补充因水分波动引起的干燥热量不足，维持整个系统的热量平衡。

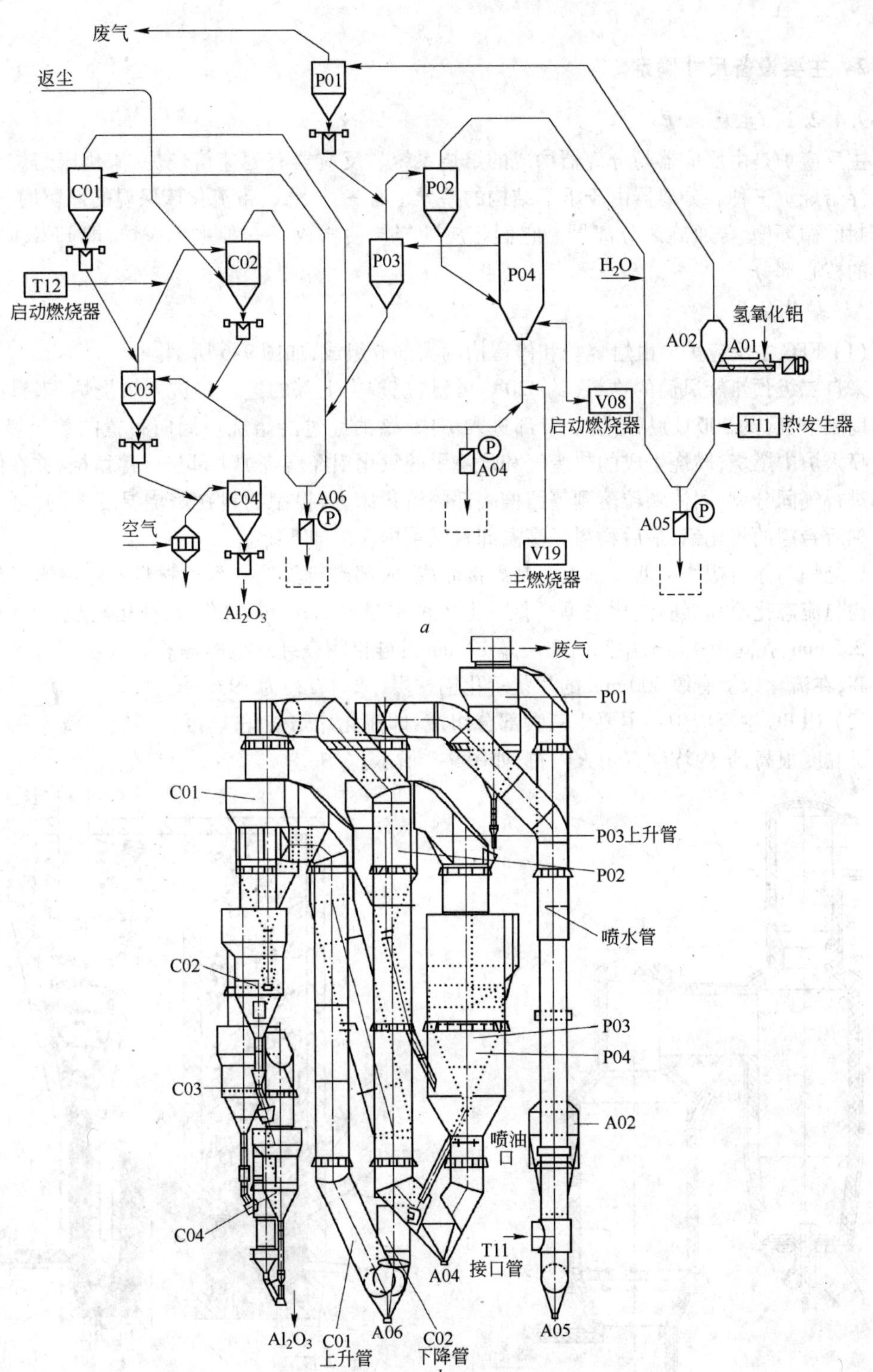

图 9-5 气态悬浮焙烧炉结构示意图与炉体总图

a—结构示意图；*b*—炉体总图

A01—给料螺旋；A02—文丘里干燥器；P01、P02—干燥、预热旋风筒；P03、P04—气态悬浮焙烧主反应炉；C01、C02、C03、C04—冷却旋风筒；A04、A05、A06—放料阀

9.4.2　主要设备尺寸确定

9.4.2.1　主反应炉

主反应炉是由反应器与分离器构成的焙烧系统。反应器有闪速焙烧炉、流化床焙烧炉和气体悬浮焙烧炉三种。分离器由于下部结构的差异也有三种型式:带流化床保温的停留槽、带流化床密封的循环槽、普通旋风分离器。它们相应的连接便构成了三种主反应炉,即 FFC、CFBC 和 GSC 的核心部分。

A　炉体结构

(1) FFC 主反应炉。由焙烧炉和停留槽两大部分组成,如图 9-6 所示。

来自二级预热旋风筒的物料(约 320℃)经焙烧炉中上部的进料口进入焙烧炉,来自冷却系统的助燃空气(约 900℃)从焙烧炉下部进入炉中,燃油经过沿焙烧炉周向布置的数个燃烧器 5 直接喷入炉中燃烧,燃烧生成的热废气和焙烧了的氧化铝经焙烧炉上部进入停留槽,并在停留槽上部进行气固分离,固体颗粒落到停留槽底部的流化床上,控制物料在焙烧温度下的停留时间,可得到所希望的氧化铝,最后物料经高温卸料阀 4 排入冷却系统。

焙烧炉与停留槽均由低碳钢板卷制焊接而成,内部砌筑隔热和耐火材料。停留槽流化格栅的结构与流态化冷却器的流化格栅类似。上下两层是厚 1.5 mm 的孔板,孔板材质为 1Gr17,孔直径 2.5 mm,孔间距 4 mm,中间有 9 层厚 12 mm 的硅铝陶瓷纤维板的隔热透气层。由于此处温度很高,在流化床上有厚 300 mm 的片状氧化铝球层,球的直径为 19 mm。

(2) CFBC 主反应炉。主要由三大部分组成,即流化床焙烧炉 1、再循环旋风筒 3 和密封槽 5,由于温度很高,炉内均砌有耐火内衬,如图 9-7 所示。

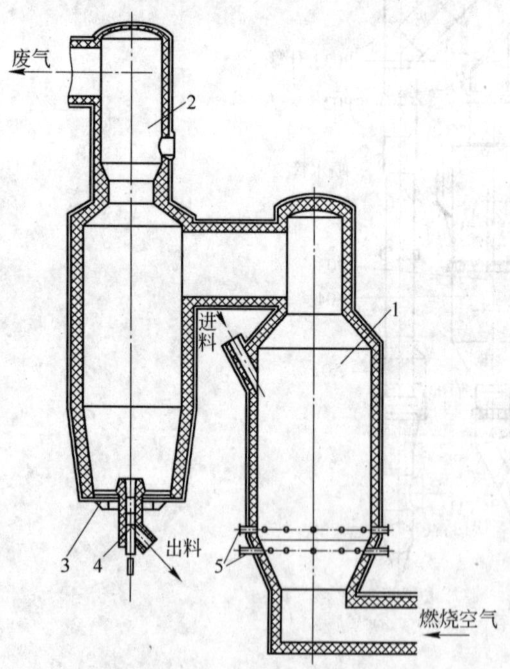

图 9-6　FFC 主反应炉结构图

1—焙烧炉;2—停留槽;3—流化格栅;4—高温卸料阀;5—燃烧器

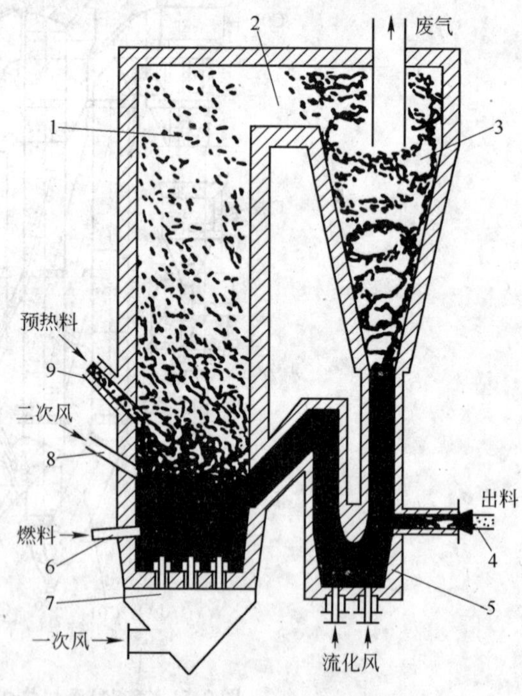

图 9-7　CFBC 主反应炉示意图

1—流化床焙烧炉;2—连接管道;3—再循环旋风筒;4—卸料阀;5—密封槽;6—主燃烧器;7—风管与流化格栅;8—二次空气进口;9—物料进口

经预热和部分脱水的氢氧化铝，在循环流化床焙烧炉中进行最后阶段的焙烧，以获得合格的氧化铝。

燃油经过4个主燃烧器喷在流化床内，燃烧器安装在流化床喷嘴格栅上方。来自流态化冷却器经盘管预热了的空气（约500℃）通过喷嘴格栅作为一次空气；而来自旋风冷却筒13的二次空气（600～700℃）由格栅上部四个进口进入炉内，预热的物料也加入炉内。

物料通过循环可增加在炉内的停留时间。在二次空气进口上方，物料颗粒浓度降低并向上扩散到达焙烧炉顶部，此时热气携带物料颗粒由连接管道2沿切线方向进入循环旋风筒，分离出来的热氧化铝通过密封槽重新进入流化床焙烧炉，热废气再从循环旋风筒顶部排出后进入预热系统。在整个焙烧段物料颗粒的循环，使物料与气体的温度基本相同。密封槽下部区域有流化格栅，流化风经数个喷嘴均匀进入密封槽。焙烧产品氧化铝从卸料阀4排出后，进入氧化铝冷却系统。由于出料温度很高，氧化铝硬度又高，卸料阀的阀头与阀座必须由耐高温耐磨损的特殊材料制造，阀杆要通水冷却，阀头与阀杆的驱动机构可以设计成气动或液压传动。

（3）GSC主反应炉。气态悬浮焙烧炉主要由焙烧炉P04和分离旋风筒P03两大部分组成，如图9-8所示。

焙烧炉是一个内部砌有耐火材料的带有锥形底部的圆柱形容器，由低碳钢板卷制焊接而成。来自二级预热旋风筒的物料由P04进料管8进入焙烧炉，燃料（油或煤气）由主燃烧器6喷入位于锥体下方的P04上升管5中，来自冷却系统经预热的助燃空气由P04上升管进入焙烧炉。这样，在焙烧炉的锥形底部，燃料、物料与助燃空气进行充分混合。焙烧炉各部分尺寸的合理选择，保证了在正常产量和部分产量时整个焙烧炉断面上物料颗粒都能良好悬浮，因此不需要任何型式的气体分布板或高压喷嘴。

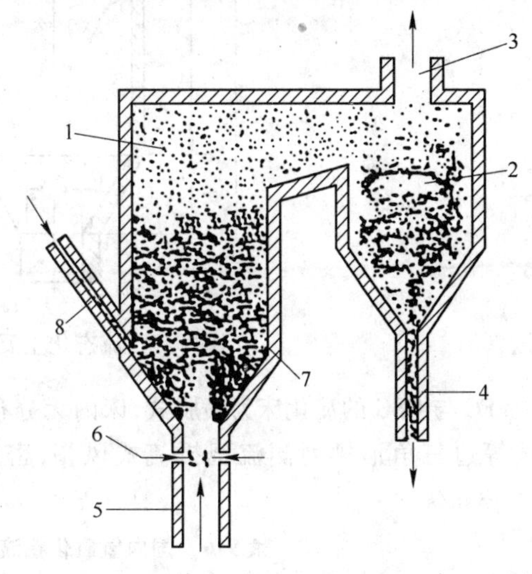

图9-8 GSC主反应炉示意图

1—焙烧炉（P04）；2—分离旋风筒（P03）；3—P03上升管；4—出料管；5—P04上升管；6—主燃烧器；7—点火燃烧器；8—P04进料管

在P04顶部，气体携带物料沿切线方向进入P03。在P03中不仅是焙烧过程的继续，而且还完成气体与物料的分离，分离出的物料经P03出料管4进入一级冷却旋风筒的上升管，而热气体则经P03上升管3进入二级预热旋风筒。

值得指出的是由于P03温度很高（可达1100℃以上），无法设置中心筒，而是在P04与P03的连接部分设计了一种特殊结构，迫使进入P03的气流沿筒壁向下运动，从而保证了P03所需要的分离效率。

B 主要尺寸的确定

确定尺寸的依据是物料平衡和热平衡计算结果。该结果是在无漏风的条件下获得的。当设计负压系统的设备尺寸时（见图9-9），气体流量应乘以1.05的漏风系数。

三种反应炉均为圆形结构，其直径一般是根据单位面积生产率计算。

（1）流化床直径$D_{床}$：

$$D_{床}=\sqrt{\frac{4F_{床}}{\pi}} \tag{9-20}$$

$$F_{床}=\frac{P_{焙}}{\alpha} \tag{9-21}$$

式中　$D_{床}$——流化床直径,m;

$F_{床}$——流化床有效面积,m^2;

$P_{焙}$——焙烧炉日生产能力,t/d;

α——单位面积生产率,也叫床能率,因炉型不同而异(见表9-6),t/(m^2·d)。

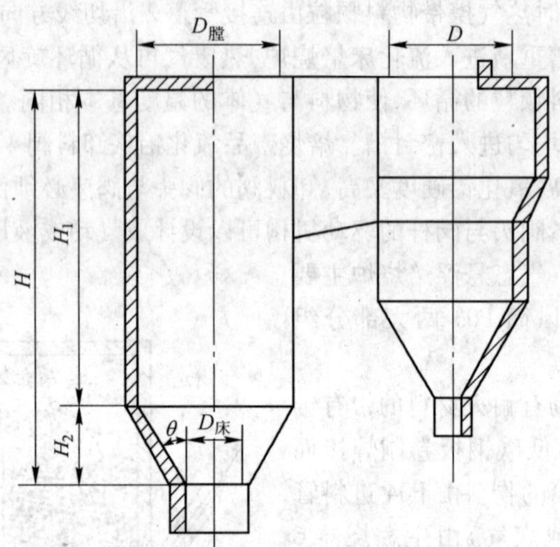

图9-9　流态化主反应炉结构尺寸示意图

FFC与GSC的流化床为喷腾式,床内无分布板;CFBC的流化床分布板为耐火材料制作,上面按等边三角形排列侧流型折流式风帽,密度约9~10个/m^2,分布板面上气体上升速度约0.13 m/s。

表9-6　国内氢氧化铝流态化焙烧炉主要技术参数

项　目	FFC炉			GSC炉			CFBC炉	
	山西1号	山西2号	山西3号	中州	平果	郑州	贵州	山东
设计产量/$t\cdot d^{-1}$	1320	1300	1300	850	1200	1850	1400	1600
实际产量/$t\cdot d^{-1}$	1000	1300	1350	1000	1200	2100	1400	1600
流化床有效面积 $F_{床}/m^2$	4.37	3.37	2.25	1.27	1.99	3.87	6.12	6.12
流化床能率 $\alpha/t\cdot(m^{-2}\cdot d^{-1})$	302	356	577.8	787.4	603	542.6	228.8	261.4
炉膛有效直径 D/m	4.19	5.28	5.19	4.24	4.92	5.74	4.4	4.4
炉膛有效高度 H/m	15.67	18.37	18.65	17.35	17.0	19.19	17.8	16.26
炉膛长径比	3.74	3.48	3.59	4.09	3.46	3.34	4.05	3.85
炉膛有效截面积 $F_{膛}/m^2$	13.78	21.88	21.44	14.11	19.01	25.86	15.2	15.2
炉膛截面风速 $v/m\cdot s^{-1}$	4.9	4.71	4.87	4.78	5.00	4.86	4.73	5.4
炉膛有效容积 $V_{膛}/m^3$	129.27	335.60	321.24	202.24	260.02	410.6	260.6	237.2
单位容积生产能力 $p_v/t\cdot(m^{-3}\cdot d^{-1})$	7.73	3.87	4.20	4.94	4.62	5.11	5.37	6.75
单位容积热负荷 $q_V/kJ\cdot(m^{-3}\cdot h^{-1})$	13.96×10^5	6.16×10^5	6.60×10^5	6.21×10^5	5.96×10^5	6.51×10^5	7.27×10^5	9.01×10^5
截面积热负荷 $q_s/GJ\cdot(m^{-2}\cdot h^{-1})$	13.1	9.45	10.02	8.90	8.15	10.34	12.47	14.06

注:山西1号炉由于引进的风机能力没有达到设计要求的风量,未能达产。

表中 GSC 炉的流化床能率 α 值波动较大,设计时推荐采用 $\alpha = 500 \sim 700\ t/(m^2 \cdot d)$。

(2) 炉膛直径 $D_{膛}$:炉膛直径通常采用以下两种方法计算:一是热负荷计算法,然后用截面风速核算;二是截面风速计算法,然后用容积热负荷核算。

按热负荷计算:

$$V_{膛} = \frac{Q_{膛}}{q_V} = \frac{Gq \times 10^3}{q_V} \tag{9-22}$$

式中 $V_{膛}$——流态化焙烧炉的有效容积,m^3;

$Q_{膛}$——流态化焙烧炉的热负荷,kJ/h;

q_V——流态化焙烧炉的单位容积热负荷,又称容积热强度,见表 9-6,$GJ/(m^3 \cdot h)$;

G——流态化焙烧炉的产量,t/h;

q——氧化铝的热耗,kJ/kg。

焙烧炉炉膛直径 $D_{膛}$,可按下式计算:

$$D_{膛} = \sqrt{\frac{4F_{膛}}{\pi}} \tag{9-23}$$

$$F_{膛} = \frac{Q_{膛}}{q_s} = \frac{Gq \times 10^3}{q_s} \tag{9-24}$$

式中 $F_{膛}$——焙烧炉炉膛面积,m^2;

q_s——焙烧炉截面热负荷,因炉型不同而异,见表 9-6,$kJ/(m^3 \cdot h)$;

$D_{膛}$——焙烧炉直筒部分有效内径,m。

按截面风速计算:

$$F_{膛} = \frac{M_{膛}}{v_{膛}} \tag{9-25}$$

$$D_{膛} = \sqrt{\frac{4F_{膛}}{\pi}} \tag{9-26}$$

式中 $M_{膛}$——焙烧炉膛内的气体发生量,m^3/s;

$v_{膛}$——焙烧炉膛内的工况气流速度,m/s,见表 9-6,一般为 4.5 ~ 5 m/s。

C 炉膛高度

焙烧有效高度按下式计算:

$$H_{炉} = H_1 + H_2 \tag{9-27}$$

式中 $H_{炉}$——焙烧炉的有效高度,m;

H_1——焙烧炉直筒部分有效高度(FFC 炉为直筒、倒锥体及出口立管三部分),m;

H_2——焙烧炉锥体部分有效高度,m,$H_2 = (0.5 \sim 1)D_{膛}$。

H_1 可按下式求得:

$$V_{膛} = \frac{\pi}{4}D_{膛}^2 H_1 + \frac{\pi}{4}(D_{膛}^2 + D_{膛} D_{床} + D_{床}^2)H_2 \tag{9-28}$$

确定炉膛高度时,应使床体有足够的容量,以保证颗粒的受热时间为 2 ~ 3 s。

D 腹角 θ

氧化铝物料黏性不大,其流态化焙烧炉扩大部分炉腹角一般为 20° ~ 30°,再大容易在折角处积灰。喷腾床 FFC 与 GSC 焙烧炉的腹角多为 30°,带分布板的 CFBC 焙烧炉的腹角取值要偏低些,多为 20°。

9.4.2.2　文丘里干燥器

文丘里干燥器旨在利用热废气气流的速度和热量冲散氢氧化铝料块，使物料中的水分迅速蒸发，物料得以干燥。不同炉型气流速度不尽相同。

图9-10为山西铝厂3号焙烧炉文丘里干燥器简图。它是由低碳钢板卷制焊接而成。

(1) 入口直径 $D_{入}$(m)：

$$D_{入}=\sqrt{\frac{4M_{入}}{\pi v_{入}}} \tag{9-29}$$

式中　$M_{入}$——文丘里干燥器入口处的气体发生量，m^3/s；

$v_{入}$——文丘里干燥器入口处的气流速度，m/s。

气态悬浮焙烧炉文丘里干燥器入口处工况气流速度 $v_{入}=28\sim30$ m/s；

循环流化床焙烧炉文丘里干燥器入口处工况气流速度 $v_{入}=40$ m/s；

流态化闪速焙烧炉文丘里干燥器入口处工况气流速度 $v_{入}=60$ m/s。

(2) 干燥器直径 $D_{干}$(m)：

$$D_{干}=\sqrt{\frac{4M_{干}}{\pi v_{干}}} \tag{9-30}$$

式中　$M_{干}$——文丘里干燥器内的气体发生量，m^3/s；

$v_{干}$——文丘里干燥器内的工况气流速度，m/s；

气态悬浮焙烧炉 $v_{干}=4.6\sim6$ m/s；

循环流化床焙烧炉 $v_{干}=6\sim8$ m/s；

流态化闪速焙烧炉 $v_{干}=25\sim30$ m/s。

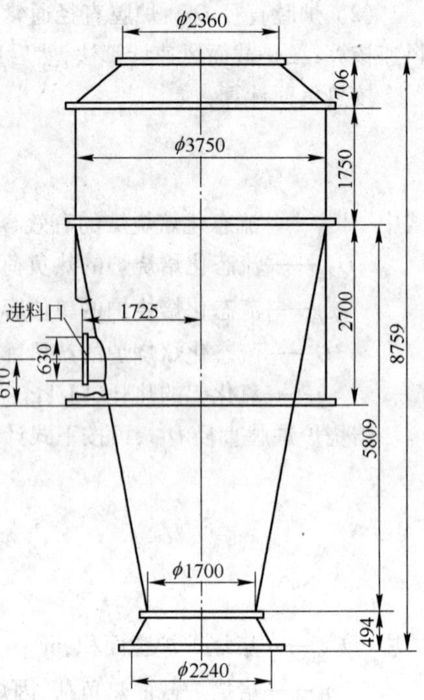

图9-10　文丘里干燥器

9.4.2.3　旋风分离器

预热及冷却旋风筒是稀相流态化焙烧炉的重要组成部分，其功能主要是分离气流与物料，其次是热交换。因而旋风筒的结构是否合理应以是否获得较高的分离效率和较低的压力损失为原则。旋风筒的尺寸以及圆柱体和圆锥体之间比例的不同而构成不同类型的旋风筒，如图9-11所示。旋风筒的主要尺寸确定如下：

(1) 旋风筒直径 $D_{旋}$：

$$D_{旋}=\sqrt{\frac{4M_{旋}}{\pi v_{旋}}} \tag{9-31}$$

式中　$M_{旋}$——通过旋风分离器的气体流量，m^3/s；

$v_{旋}$——旋风筒假想截面的风速，m/s，一般为3～5 m/s，近来各国有普遍提高的趋势，氢氧化铝流态化焙烧炉一般为4.5～6 m/s。

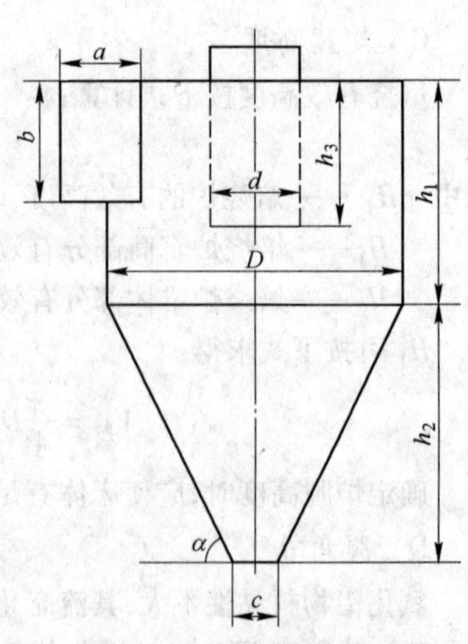

图9-11　旋风筒尺寸示意图

(2) 进风口的型式、尺寸和进风型式：进风口的结构一般为矩形，宽高比（a/b）一般为 0.4 ~ 0.7，第一级预热和最后一级冷却旋风筒可取 $a/b=0.4\sim0.5$，其余各级可取 $a/b=0.55\sim0.65$。因为缩小进风口宽度（a）可提高分离效率。

旋风筒气流进风形式，一般有直接切入式和涡卷式，如图 9-12 所示。宜选用涡卷式，它能使进入旋风筒气流通道逐渐变窄，有利于减少颗粒向筒壁移动距离，增加气流通向排气管的行程，避免短路，从而提高分离效率。一般采用 180°和 270°的涡卷角。此外，涡卷式还具有处理风量大和压力损失小的优点，故常被使用。

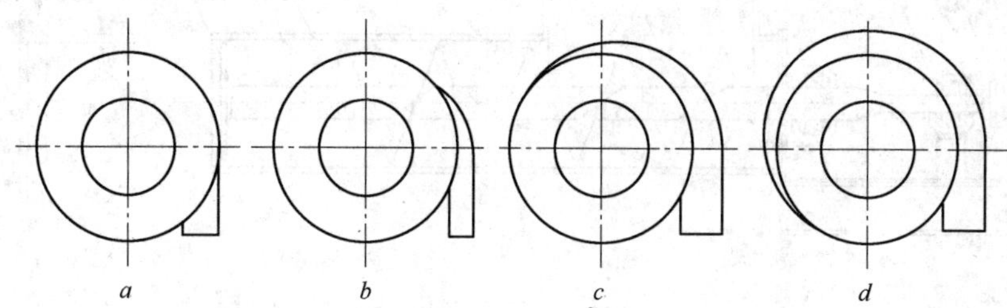

图 9-12 旋风筒的进风形式

a—直接切入式；b—涡卷式（90°）；c—涡卷式（180°）；d—涡卷式（270°）

（3）排气管尺寸和内筒插入深度：排气管一般为圆形。管径减少有利于提高分离效率，但阻力增大。一般排气管内径（D）平均为筒体内径的 50% ~55%。排气管插入旋风筒内深度（h_3）对分离效率和阻力损失也有很大影响：插入深，分离效率高，但阻力损失大。因此，第一级预热应深插些，可大于 b；其余各级可取 $d/2$；第一级冷却旋风筒温度较高，在材质允许的情况下，深度可缩短到（$1/3\sim1/4$）d。

（4）旋风筒的高度：加大高度，可以提高分离效率，减少压力损失。第一级预热筒的 $H/D>2.4$ 为好。各级旋风筒（两级预热、一级焙烧和四级冷却共七级）的分离效率匹配，应以 $\eta_1>\eta_7>\eta_6>\eta_5>\eta_4>\eta_3>\eta_2$ 为好。

（5）旋风筒之间连接管道的尺寸：在旋风筒之间，物料与气体之间热交换约 90% 在连接管道内进行。因此，管道尺寸确定也十分重要。如果管道内气流速度太低，将会延长热交换时间，降低传热效率，使得物料难以悬浮而沉降聚积；气流速度过高，则增加系统阻力，增加电耗，也增加颗粒的破损。连接管道的风速，一般以 16 ~20 m/s 为宜。正压系统偏于上限，甚至更高。

$$D_p=\sqrt{\frac{M_{旋}}{0.785v_p}} \tag{9-32}$$

式中 D_p——连接管的内径，m；

v_p——需要的管道风速，m/s。

FFC 炉焙烧旋风筒下部为主反应炉的停留槽（HV_3）（见图 9-3），是一个浓相流化床，气体截面流速约 0.15 ~0.26 m/s。CFBC 炉焙烧旋风筒下部为主反应炉的循环密封槽（16）（见图 9-4），也是一个浓相流化床结构，气体截面流速约 0.18 m/s。

9.4.3 主要部件

9.4.3.1 螺旋给料机

来自料仓的氢氧化铝经电子皮带秤，由螺旋给料机喂入文丘里干燥器，使氢氧化铝所含水分迅速蒸发。

螺旋给料机主要由电动机、联轴器、轴承座、螺旋轴、螺旋叶和外壳等几部分组成。按结构型式可分为两种，一种为悬臂式，即两个轴承座在螺旋轴同一侧，螺旋的前端伸入文丘里干燥器；另一种为简支式，即两个轴承座分别位于螺旋轴的两侧，螺旋轴穿过文丘里干燥器。悬臂式的优点是结构紧凑、长度短，缺点是对螺旋轴的刚度要求较高，否则容易产生振动。简支式的优点是不易产生振动，缺点是增加了螺旋长度。按电动机调速方式可分为调速与不调速两种，在调速电机中又分为变频调速与变极调速两种。图 9-13 为螺旋给料机简图。

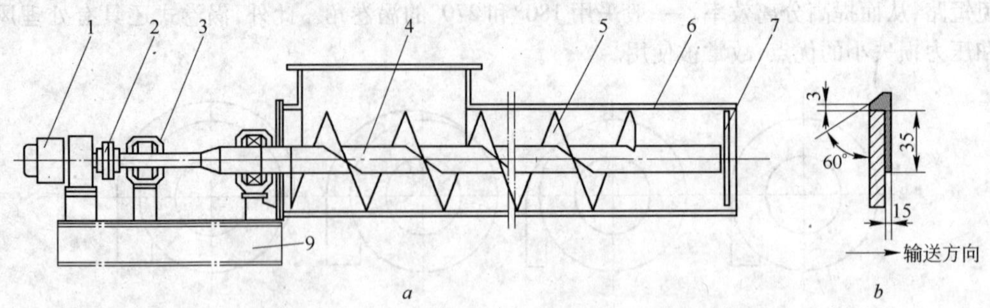

图 9-13　螺旋给料机（*a*）及硬质合金覆盖层（*b*）

1—电动机；2—联轴器；3—轴承座；4—螺旋轴；5—螺旋叶；6—外壳；7—刮刀；8—底座

由于输送的氢氧化铝含有 10% 左右的水分，螺旋外壳和螺旋轴应该用不锈钢材质制造。螺旋轴最好用整根无缝钢管制造，螺旋叶采用模锻和冲压成形。螺旋叶焊到螺旋轴后应上车床加工，使外径尺寸较符合图纸要求，以避免转动时与壳体发生干涉。

由于氢氧化铝硬度较大，为了避免螺旋叶很快磨损，需要在螺旋叶上焊接一层硬质合金覆盖层，如图 9-13*b* 所示。具体位置为按物料输送方向与物料直接接触一侧。在半径方向上应在靠近壳体的一定范围内，因为此处线速度大，磨损严重。硬质合金覆盖层的硬度为 HRC58 ~ 62，对焊层的表面外观质量不做要求。

标号 7 为刮刀。螺旋叶与刮刀之间的那段距离在螺旋工作时会充满物料，起密封作用。刮刀随螺旋轴一起旋转，可将物料打散，以利于物料与热空气之间的热交换。

9.4.3.2　鲁奇型两段流态化冷却器

该设备是循环流态化焙烧炉的配套冷却设备。从焙烧炉中卸出热氢氧化铝粉经过一级旋风筒冷却至 600 ~ 700℃，进入流态化冷却器，冷却器的出料温度可降至约 80℃。

图 9-14 为鲁奇型两段流态化冷却器简图。

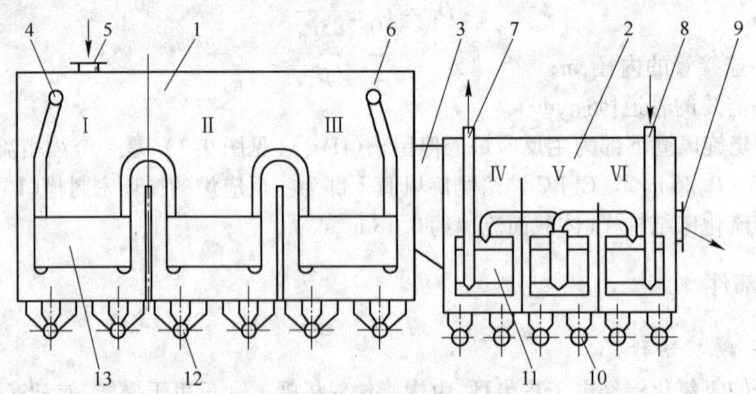

图 9-14　鲁奇型两段流态化冷却器

1—第一段冷却器；2—第二段冷却器；3—连接斜槽；4—空气出口；5—物料进口；6—空气进口；7—冷却水出口；8—冷却水进口；9—物料出口；10、12—分配管；11、13—冷却部件

第一段冷却器1与第二段冷却器2之间用连接斜槽3连接。每段冷却器各分为3个室，共有6个冷却室，室与室之间设有隔墙。物料由进口5进入，依次经过6个冷却室后从出口9排出。

第一段冷却器以空气为冷却介质，冷空气从进口6进入，依次经过冷却室Ⅲ、Ⅱ和Ⅰ的三个冷却部件13，与热物料进行逆流换热后从出口4排出，进入焙烧炉作为一次风。冷却部件由数根冷却蛇管和主风管组成。由于各室的温度不同，冷却蛇管的材质也不同，依次为0Cr18Ni9、16Mo和Q235-A。对冷却部件必须进行打压试验，试验压力为0.4 MPa。

第二段冷却器以水为冷却介质，冷却水从进口8进入，依次经过冷却室Ⅵ、Ⅴ和Ⅳ的三个冷却部件11，与物料进行逆流换热。对冷却部件必须进行打压试验，试验压力为1.0 MPa。

流化空气分别经过分配管12和分配管10，由图9-15所示的喷嘴进入冷却器内形成流化床。冷却器外壳的材质为16Mo和0Cr18Ni9。

9.4.3.3　旋风筒的排料阀

在旋风筒排料管上设置排料阀的目的是形成一定的料柱高度，起密封作用，防止风走短路，保证旋风筒有较高的分离效率。所以排料阀是旋风筒密不可分的部件。

目前应用的排料阀可分为三种型式，即流化床卸料密封箱、不带配重翻板阀和翻板阀。

(1) 流化床卸料密封箱。在美国铝业公司流态化闪速焙烧炉中有三个旋风筒C2、C5和C6的底部排料管上，装有流态化卸料密封箱，如图9-16所示。

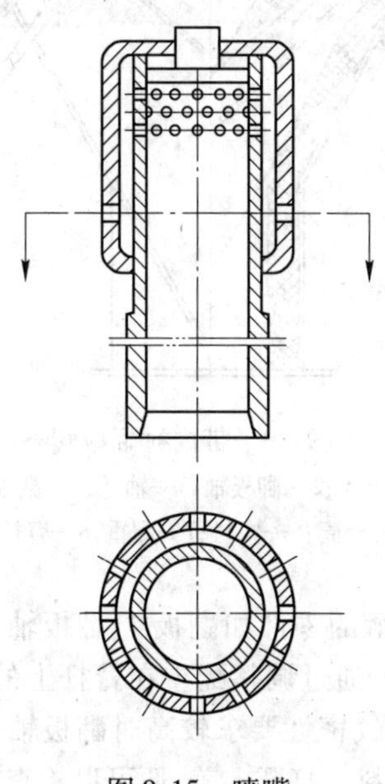

图9-15　喷嘴

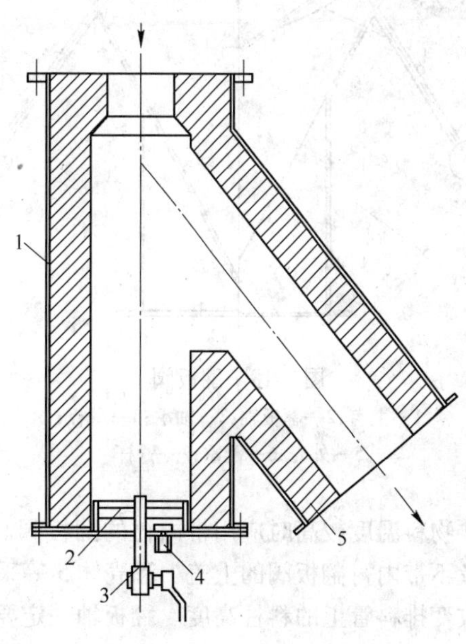

图9-16　流态化卸料密封箱

1—箱体；2—流化格栅；3—球阀；4—进气管；5—内衬

物料由上部进入，从斜下部排出。压力为0.4 MPa的流化空气从进气管4吹入，透过流化格栅2后形成流化床，确保物料均匀顺畅的卸出。如果发生堵塞，首先打开球阀3，插入空气枪进行清理，如果失败则拆下连接法兰，卸下流化格栅来清理堵塞。

箱体1由于有耐火材料5保护，可用普通低碳钢钢板制作。流化格栅的上下两层是厚1.5 mm的不锈钢孔板，孔直径2.5 mm，孔间距4 mm，中间有四层铝硅陶瓷纤维板。

（2）不带配重翻板阀。图 9-17 为不带配重翻板阀的示意图。用于从旋风筒至焙烧炉的倾斜卸料管道中。

该阀主要由外壳、内筒、检查门、翻板、轴和内衬组成，安装在斜管上。翻板 4 悬挂在轴 5 上可以灵活转动，管道中没有物料时翻板靠在内筒 2 上，当料柱达到一定高度时，翻板受到倾斜料柱的作用绕轴转动开始卸料，从而起到了卸料与密封的双重作用。打开检查门 3 便可检查或更换翻板和轴。外壳 1 由于受到耐火砖内衬 6 的保护可以用低碳钢钢板制作。内筒、翻板和轴与高温物料直接接触，必须用耐高温耐磨损的材料制造。

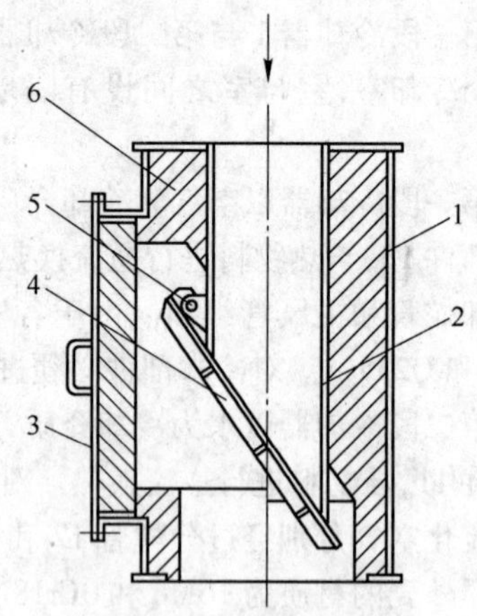

图 9-17　不带配重翻板阀
1—外壳；2—内筒；3—检查门；4—翻板；5—轴；6—内衬

（3）翻板阀。翻板阀是应用最广泛的一种排料阀。图 9-18 和图 9-19 是典型的翻板阀结构。

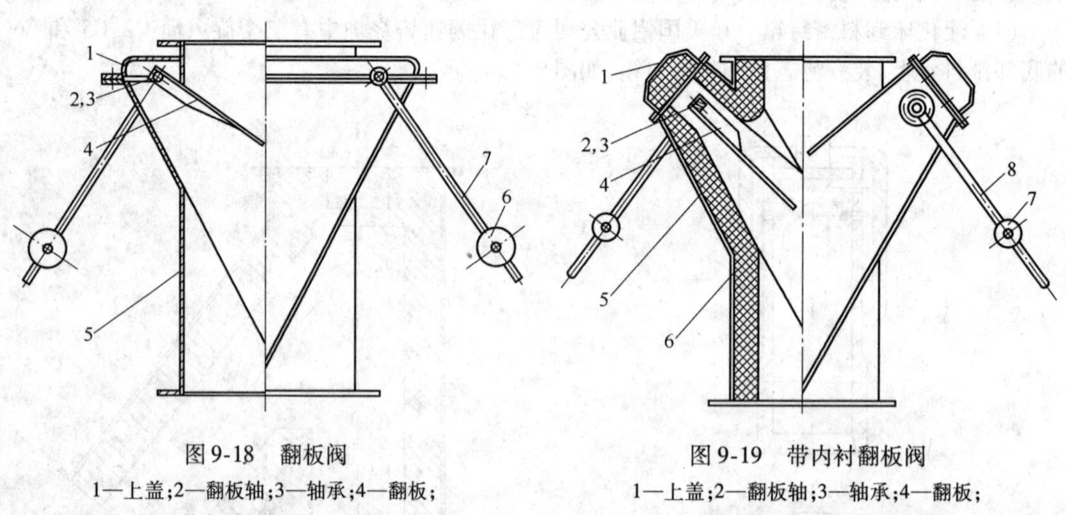

图 9-18　翻板阀
1—上盖；2—翻板轴；3—轴承；4—翻板；5—外壳；6—配重；7—臂杆

图 9-19　带内衬翻板阀
1—上盖；2—翻板轴；3—轴承；4—翻板；5—外壳；6—内衬；7—配重；8—臂杆

物料温度较高时应用带内衬的翻板阀。与物料直接接触的零件如翻板 4、翻板轴 2、轴承 3 以及不带内衬翻板阀的上盖 1 和壳体 5 等采用耐热钢制造。通过调整配重在臂杆上的位置，可以改变排料管上的料柱高度。翻板轴一定要转动灵活，在对气密性要求较高时翻板轴与外壳之间的密封十分重要，应采用耐磨损耐高温的材料作为密封填料。打开上盖，便可以检查或更换翻板或翻板轴。

9.4.4　耐火材料

9.4.4.1　概况

三种氢氧化铝流态化焙烧炉使用的耐火材料见表 9-7。

表 9-7 氢氧化铝流态化焙烧炉耐火材料一览表

项　目	山西铝厂 1 号炉	山西铝厂 2 号炉	山西铝厂 3 号炉	中州铝厂	平果铝厂	郑州铝厂	山东铝厂
产能/$t \cdot d^{-1}$	1320	1300	1300	850	1200	1850	1600
投产日期	1987 年 11 月	1992 年 8 月	1994 年 8 月	1993 年 3 月	1995 年 12 月	1996 年 8 月	
不定形耐火材料牌号	SUPERG LO-AG KS-4 RG135Fe90 MIZZOU SK-7 KOL25	FHY-8 DCL-50	DCL-50 QC-145 DCL-45	DCL-45 DCL-50 DCL-55	DCL-40 DCL-50	DCL-50 DCL-40 DCL-45	DCL-50
其他耐火材料牌号或种类	SAIRSET K80/140 RG150 AST6 +7 SiC, Si_3N_4	CH-3 W-3 IA-5 IW-1 IF-1	CH-3 W-3 IA-1 IA-5 IF-1	CH-3 W-3 IA-1 IA-5 IF-1	CH-3 W-3 IA-1 IA-5 IF-1	CH-3 W-3 IA-1 IA-5 IF-1	耐火黏土砖 硅酸钙板 隔热耐火砖 耐火纤维毡 耐火泥
不定形材料用量/t	580	370	420	340	443	620	260
其他耐火材料用量/t	35	324	202	200	200	280	250

9.4.4.2 炉衬用耐火材料和锚固件

A 耐火材料

目前国内流态化闪速焙烧炉所用耐火材料，绝大部分为不定形耐火材料，全部从德国引进，总计约 615 t。这些材料中重质耐火材料的主要特点是：精选原料、级配合理、超细粉较多、重烧料较多、低水泥含量、低水分；低温、中温、高温强度高。

此炉所用主要耐火材料共 12 个牌号，其主要理化性能指标见表 9-8。

表 9-8 流态化闪速炉用 12 种耐火材料的主要理化性能指标

牌　号	最高使用温度/℃	耐火度/℃	化学成分/%			密度/$g \cdot cm^{-3}$	抗压(折)强度/$N \cdot mm^{-2}$			导热系数/$W \cdot (m \cdot K)^{-1}$			线变化率/%	荷重软化温度/℃		备　注
			Al_2O_3	SiO_2	Fe_2O_3		110℃	600℃	1000℃	400℃	600℃	1000℃		0.6%	4%	
KS-4G	1400	1470	44	45	1.3	2.2		26	24	0.54	0.57	0.63				喷涂料、浇注料
LO-AG	1320	1760	54	38	0.5	2.2		32	26		0.68	0.74				浇注料
RG135Fe90	900		39	37		2.1		75	85	0.59	0.61					喷涂料、浇注料
SK-7G	980	1220	16	36	3.5	0.7		0.8		0.23	0.24					轻质喷涂料
K-O-L25G	1370	1440	36	35		1.7		6	4	0.47	0.5					轻质喷涂料
SUPERG	1650	1800	55	41	1.5	2.4		16	18		0.65	0.75				捣打料

续表 9-8

牌　号	最高使用温度/℃	耐火度/℃	化学成分/%			密度/g·cm^{-3}	抗压(折)强度/N·mm^{-2}			导热系数/W·(m·K)$^{-1}$			线变化率/%	荷重软化温度/℃		备　注
			Al_2O_3	SiO_2	Fe_2O_3		110℃	600℃	1000℃	400℃	600℃	1000℃		0.6%	4%	
SAIRSETG	1650	1700	44	50	1.1	2.1										耐火泥
RG150G	1480	1720	41	52	0.4	2.1		90	100		0.81	0.88				成型砖、人孔门砖
AST		1690 ~ 1790	50 ~ 80			2.3										锚固砖
MIZZOU																浇注料
K80/140																黏结剂
SiC, Si_3N_4																成型砖

表中有 7 种牌号浇注料、喷涂料、捣打料用在工作面上，轻质料用在非工作面上，耐火泥浆与黏结剂为贴耐火纤维板用料，有三个牌号为成型砖，RG150(G)均为人孔门砖，规格较多，AST6 + 7 为锚固砖，共 5 个规格，SiC，Si_3N_4 共两种异型砖，用于高温阀下料管处。炉体内衬的组成除不定形耐火材料外，还有耐火纤维和合金钢锚固件。耐火纤维材料分为绒类、毡类、板类三种，分别用在膨胀缝、绝热层、伸缩节处密封与保温、人孔盖密封和气体分布板等处。

循环流化床焙烧炉的耐火材料全部为国内生产，其 8 个牌号的主要理化指标见表 9-9。

表 9-9　循环流化床焙烧炉用主要耐火材料理化性能指标

牌　号	最高使用温度/℃	耐火度/℃	化学成分/%			密度/g·cm^{-3}	抗压(折)强度/N·mm^{-2}			导热系数/W·(m·K)$^{-1}$			线变化率/%	荷重软化温度/℃	显气孔率/%	备注
			Al_2O_3	SiO_2	Fe_2O_3		110℃	500℃	1000℃	400℃	600℃	1000℃				
低气孔耐火黏土砖		1750					50						1400×2 0.1 ~ 0.3	1450	15	成型砖
DCL-50	约 1500	1750	50	45	1.5	2.35	90 (10)	90 (10)	80 (10)		800℃ 1.25	1200℃ 1.4	1000℃ -0.1			浇注料
轻质浇注料		1250				0.9	3.6	400℃ 3.8	2.8	300℃ 0.18	800℃ 0.21	0.24	1000℃ -1.3			轻质浇注料
无石棉硅酸钙板	1050					0.23	(0.5)			0.056 + 0.00011 t			1000℃×3 1.5			
隔热耐火砖	1250						(1.5)			350℃ 0.14	750℃ 0.16		1250℃ 2.0			
硅酸铝耐火纤维毡	1200					0.09 ~ 0.16						0.264	1300℃ -1.52			
耐火泥		1760	50			2.25	(1)	1100℃ (2)	1300℃ (5.5)					1430		
岩　棉	700		16.3	45.2	8.9	约 0.14				0.031						

气态悬浮焙烧炉用的主要耐火材料全部为国内生产，其9个牌号的理化指标见表9-10。

表9-10 气态悬浮焙烧炉用主要耐火材料理化性能指标

牌号	最高使用温度/℃	耐火度/℃	化学成分/%			密度/$g \cdot cm^{-3}$	抗压(折)强度/$N \cdot mm^{-2}$			导热系数/$W \cdot (m \cdot K)^{-1}$			线变化率/%	荷重软化温度/℃	显气孔率/%	备注
			Al_2O_3	SiO_2	Fe_2O_3		110℃	500℃	1000℃	400℃	600℃	1000℃				
DCL-45	约1450	1690~1790	45	40	1.0	2.3	55	55	55		800℃ 0.9	1200℃ 1.0	1000℃ -0.5			浇注料
DCL-50	约1500	1750	50	45	1.5	2.35	90 (10)	90 (10)	80 (10)		800℃ 1.25	1200℃ 1.4	1000℃ -0.1			浇注料
DCL-55	约1500	1750	55	40	1.5	2.4	75 (10)	75 (10)	75 (10)		800℃ 1.4	1200℃ 1.45	1000℃ -0.1			浇注料
黏土质耐火砖		1750	40	50	3	约2.2	30				800℃ 1.3	1200℃ 1.4	1400℃ + 0.1-0.4	1400	22	成型砖
黏土质隔热耐火砖	1250		38~42	40~45		0.5	1.5			0.16	0.17	0.21	1250×2 1.0			
无石棉硅酸钙板	1050					0.25	1.2			0.09	0.10	800℃ 0.11	1000℃×3 1.5			
硅酸铝耐火纤维毡	1250					0.128				0.09	0.13	0.28	1200℃ 2			
硅酸铝耐火纤维绳	1150					0.4										
矿渣棉						0.2				0.09						

三种氢氧化铝流态化焙烧炉使用的耐火材料各不相同，但有一个共同点，即大量使用了不定形耐火材料——耐火可塑料、耐火浇注料，其中耐火浇注料使用非常多。耐火浇注料能按照施工部位的形状施工，由于整体施工提高了炉体的气密性，炉衬还有一定的强度。

施工时在炉墙内侧设置了支承炉墙用的金属锚固件或锚固砖等，这种结构使构筑好的炉墙能承受振动之类的荷重。由于支承件分散承受了炉墙的自重，所以由浇注料构筑的炉衬可以局部修补。

B 锚固件

锚固件是内衬的主要部件，它的作用是使内衬材料能牢固地与炉壁结合，在各种不同材质耐火材料、不同炉体部位、不同内衬厚度和不同温度条件下应使用不同规格、不同材质、不同类别的锚固件连接固定，使内衬在长期高温作用下不产生开裂与脱落，确保内衬的整体性。

锚固件从材质上可分为两大类，一种为合金耐热钢，另一种是陶瓷锚固件（耐火砖类）。合金钢锚固件采用焊接方法安装时必须注意焊接牢固，最好采用自动枪焊接。自动焊机焊接锚固件具有焊接质量高、焊接速度快、焊点应力小、劳动条件好等优点。

流态化闪速焙烧所用锚固件全部从德国进口，锚固件从形状上可分为15种类型，从规格尺寸上又可分为41种规格。锚固件的牌号及化学成分见表9-11。

表 9-11　锚固件的牌号及化学成分

材料号 W-N_t	钢　号	化学成分/%						
		C	Si	Mn	S	P	Cr	Ni
1.4301	X5CrNi189	≤0.07	≤1.0	≤2.0	≤0.030	≤0.045	17～20	8.5～11
1.4823	G-X40GrNiSi274	0.3～0.5	2.0	≤1.5	≤0.030	≤0.045	26～28	3.5～5.5
1.4837	G-X35CrNiSi2512	0.3～0.5	1.0～2.5	≤1.5	≤0.030	≤0.045	24～26	11～14
1.484	X15CrNiSi2520	≤0.20	1.5～2.5	≤2.0	≤0.030	≤0.045	24～26	19～21
1.4845	X12CrNi2521	≤0.15	≤0.75	≤2.0	≤0.030	≤0.045	24～26	19～22

循环流化床焙烧炉、气态悬浮焙烧炉所用金属锚固件全部为国内生产，这些金属锚固件所用合金钢的牌号及化学成分，见表 9-12。

表 9-12　金属锚固件用合金钢牌号及化学成分

牌　号	化学成分/%						
	C，≤	Si，≤	Mn，≤	S，≤	P，≤	Cr	Ni
0Cr19Ni9	0.08	1.0	2.0	0.03	0.035	18～20	8.0～10.5
0Cr25Ni20	0.08	1.0	2.0	0.03	0.035	24～26	19～22
1Cr25Ni20Si2	0.25	1.5～3.0	2.0	0.03	0.035	24～26	19～22
0Cr23Ni13	0.08	1.0	2.0	0.03	0.035	22～24	12～15
1Cr20Ni14Si2	0.15	1.5～2.5	2.0	0.03	0.035	19～21	13～15

锚固件间的尺寸大小，经验认为与炉温、耐火材料的材质、内衬厚度、使用部位和所选用锚固件的形状及材质有关。山西铝厂闪速焙烧炉检修手册中的锚固件间距见表 9-13。锚固件长度为炉衬厚度的 0.75～0.8 倍。

表 9-13　山西铝厂焙烧炉锚固件间距

项　目	炉壁、圆柱、斜坡			炉　顶			炉　底		
炉衬厚度/mm	50～70	100～125	150～340	50～70	100～150	170～230	50～100	125～230	230 以上
中心距/mm	150	230	300	120	200	250	230	300	600

9.4.4.3　砌体

氢氧化铝流态化焙烧炉内衬砌体必须满足以下要求：具有耐高温、耐磨损、高强度、热稳定性好、绝热性好、施工性能好等特点。据国外氢氧化铝流态化焙烧炉使用的经验介绍：内衬使用寿命一般为 10 年，每年检修一次，两年中修一次，主要是气体管道弯头处与变向冲刷的地方，10 年大修一次。

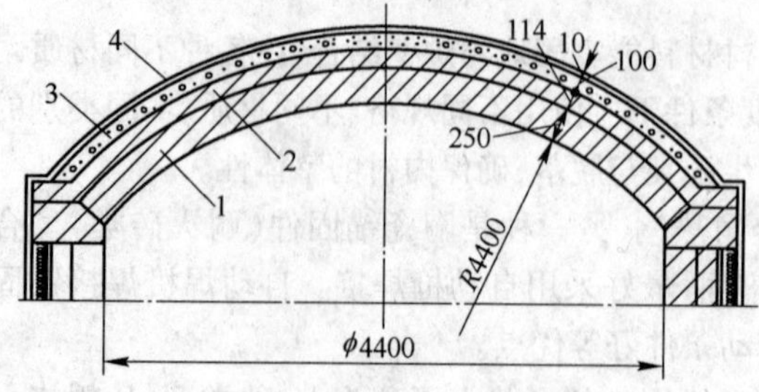

图 9-20　焙烧炉球形拱顶

1—黏土耐火砖；2—轻质保温砖；3—轻质浇注料；4—钢板

（1）炉顶。氢氧化铝流态化焙烧炉的炉顶结构形式可分为耐火砖球形拱顶、耐火砖吊挂炉顶和浇注料捣制炉顶三种。图 9-20 是山东铝厂焙烧炉球形拱顶结构图。炉顶耐火砖为异型结构，在满足施工要求的条件下，力求减少砖型的种类，一般常设计成3～5种。

耐火砖吊挂炉顶和浇注料捣制炉顶结构如图9-21和图9-22所示。

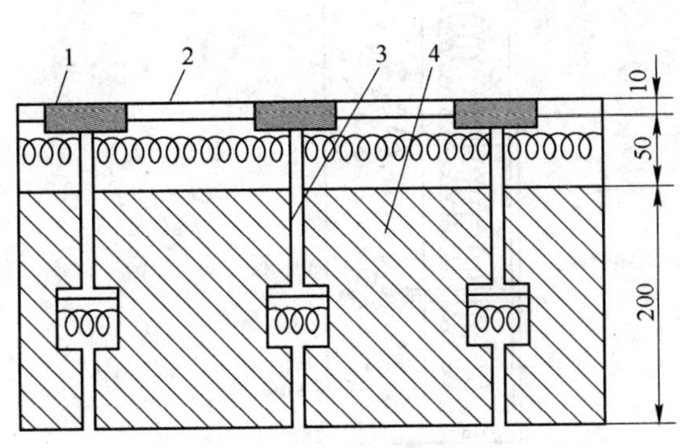

图9-21　耐火砖吊挂炉顶

1—硅酸钙板；2—钢板；3—工字钢；4—吊挂砖

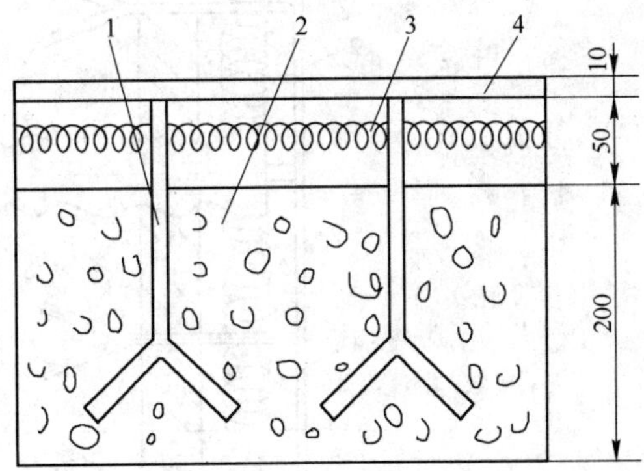

图9-22　浇注料捣制炉顶

1—锚固件；2—浇注料；3—硅酸钙板；4—钢板

比较大的窑炉炉顶或结构复杂的炉顶采用吊挂炉顶是适宜的，吊挂结构有如下特点：筑炉费用比拱顶要高，但从可以局部修补这点来看，也可以说是经济的结构体，一般的情况下，吊挂结构比其他结构所用的耐火材料轻，高温稳定性较好，高温稳定性是炉窑设计所优先考虑的要点。

(2) 炉墙。氢氧化铝流态化焙烧炉炉墙结构形式，可分为耐火砖砌筑的、耐火可塑料或耐火浇注料捣制的炉墙。焙烧炉结构复杂，操作条件苛刻，又要求修理迅速，这些都以使用不定形耐火材料为优。为了保证炉墙的稳定性，炉墙与外壳钢结构之间都有锚固件连接，炉墙的厚度尺寸要根据炉内温度、工艺要求、炉墙结构、耐火材料种类等多种条件来综合考虑（见图9-23）。

图9-24所示是用耐火砖砌筑的复合型炉墙。耐火黏土砖砌体多数使用在形体较规整、施工较容易的部位。

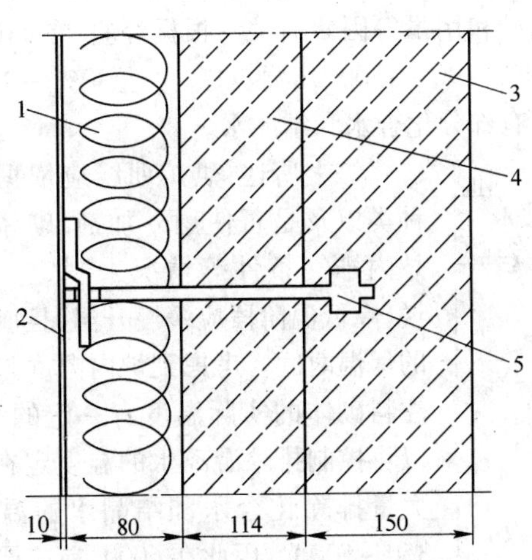

图9-23　有锚固件的耐火砖砌筑炉墙

1—硅酸钙板；2—钢板；3—黏土砖；4—轻质保温砖；5—锚固件

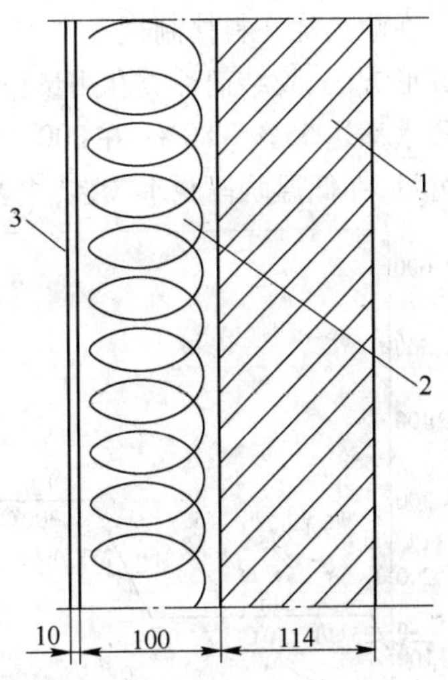

图9-24　耐火砖砌筑复合型炉墙

1—黏土砖；2—硅酸钙板；3—钢板

图9-25所示的是两种浇注料捣制炉墙。

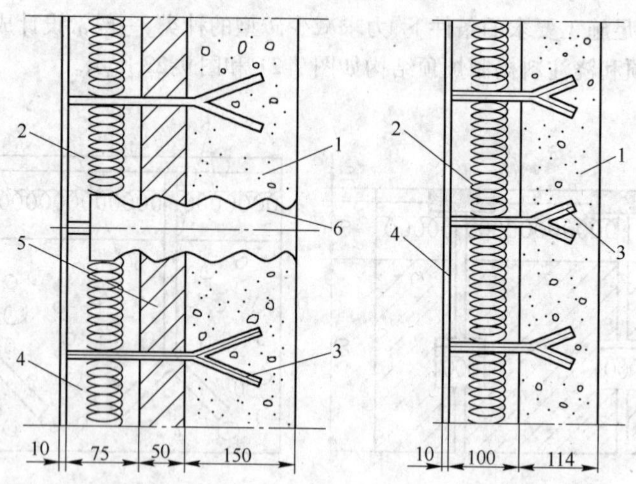

图 9-25　两种浇注料捣制炉墙

1—耐火浇注料;2—硅酸钙板;3—金属锚固件;4—钢板;5—轻质保温砖;6—陶瓷锚固件

三种氢氧化铝流态化焙烧炉的炉衬,都大量地使用了耐火浇注料,每台炉的耐火浇注料使用量均超过该炉所用耐火材料总量的一半以上,有的焙烧炉浇注料使用量已占该炉所用耐火材料总量的七成。流态化闪速焙烧炉除大量使用浇注料外,还大量使用了可塑耐火材料。浇注料和可塑料统称不定形耐火材料,多年来国内生产实践已证明,所有使用不定形耐火材料的砌体,已适应于在氢氧化铝流态化焙烧炉上应用。

9.4.4.4　烘炉曲线

烘炉是耐火材料砌体使用效果的关键环节。其主要作用是排除耐火材料砌体中的游离水及化学结合水。烘炉得当,可以提高窑炉的使用寿命,否则,水分排除不畅可使耐火材料砌体产生裂纹、剥落甚至引起爆裂事故。

在耐火浇注料拌制过程中加入必要的水或其他液体胶结剂,耐火浇注料中含水量的多少与其成形方法、胶结剂种类和用量以及添加剂的品种和用量等因素有关。根据经验:在110℃烘干后脱水率达55% ~80%;在200℃时脱水率达70% ~90%;300℃时脱水率可达80% ~95%。由此可见,在低温阶段脱水较多,主要是游离水,还有部分化合水和结晶水。

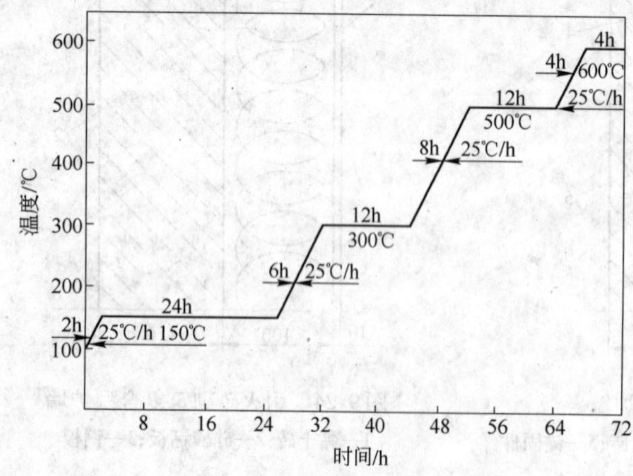

图 9-26　气态悬浮焙烧炉烘炉曲线

综上所述,烘炉曲线应依据胶结剂种类以及是否使用外加剂、砌体厚度和炉内排气条件等情况来制定。一般来说,在低温阶段应缓慢升温,且应有较长的保温时间。考虑到炉内温度与耐火浇注料砌体的实际温度有一定的温差,可以将控制排除游离水的温度定在150℃,大量排除化合水和结晶水的温度定为350 ~500℃,因此在600℃前应严格控制升温速度,600℃以上可较快升温,直至使用温度。图 9-26 是中州铝厂气态悬浮焙烧炉用烘炉曲线。

9.4.5 流态化焙烧炉理论计算

计算目的：确定焙烧炉组合体中各处的气体和固体的流量、温度、压力等热工参数，为组合体中各设备计算提供基础数据。

三种氢氧化铝流态化焙烧炉流程大同小异，计算程序相近。今以气态悬浮焙烧炉为例计算如下。

9.4.5.1 物料平衡计算

A 计算条件

（1）流程及计算界区如图 9-27 所示。

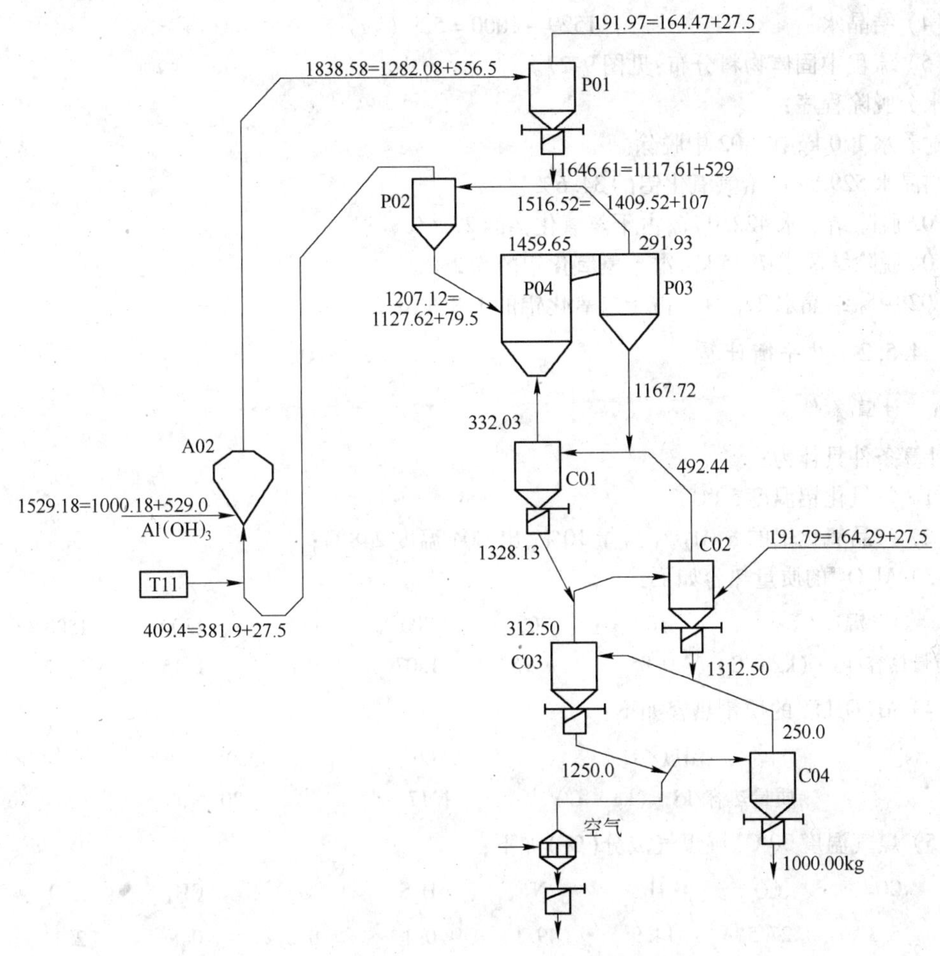

图 9-27 气态悬浮焙烧炉固体物料分布图

（固体质量 = 氧化铝质量 + 结晶水质量）

（2）入炉物料氢氧化铝含附着水 10%（湿基）。干氢氧化铝灼减 34.6%，P02 中脱除灼减约 27.6%。

（3）产品中杂质和灼减忽略不计，以 100% 氧化铝计算。

（4）各级旋风收尘器的效率：

P01	P02	P03	C01	C02	C03	C04
90%	80%	80%	80%	80%	80%	80%

（5）出 P01 之前按无漏风计。

（6）电除尘器效率 99.9%，窑灰的灼减约 14%。

B　计算结果

计算基准：1000 kg 氧化铝。

（1）干氢氧化铝加入量：　$\frac{100}{100-34.6}\times1000=1529$（kg）

（2）湿氢氧化铝加入量：　$\frac{100}{100-10}\times1529=1699$（kg）

（3）附着水：　$1699-1529=170$（kg）

（4）结晶水：　$1529-1000=529$（kg）

（5）流程中固体物料分布：见图 9-27。

水分脱除程序：

附着水 170 kg 在 A02 中脱除。

结晶水 529 kg 占干氢氧化铝的 34.6%。

P02 脱除结晶水 422.0 kg，占干氢氧化铝的 27.6%。

P04 脱除结晶水 79.5 kg，占干氢氧化铝的 5.2%。

C02 脱除结晶水 27.5 kg，占干氢氧化铝的 1.8%。

9.4.5.2　热平衡计算

A　计算条件

计算条件具体为：

（1）氢氧化铝温度 50℃；

（2）产品氧化铝的 α-Al_2O_3 含量 10%，出 C04 温度 248℃；

（3）Al_2O_3 的质量热容如下：

温度/℃	100	300	700	1100	1300	1500
质量热容/kJ·(kg·℃)$^{-1}$	0.85	0.96	1.07	1.13	1.15	1.17

（4）$Al(OH)_3$ 的质量热容如下：

温度/℃	100	200
质量热容/kJ·(kg·℃)$^{-1}$	1.17	1.30

（5）煤气温度 30℃，湿煤气成分（%）如下：

CO_2	CO	H_2	N_2	H_2S	O_2	CH_4	H_2O
5.3	27.5	14.9	49.1	0.1	0.2	0.8	2.1

（6）空气温度 13℃，含水 0.9%（体积）。

（7）燃烧空气过剩系数 $\alpha=1.2$。

（8）设定旋风筒中固体与气体温度相同。

（9）系统散热损失占总热收入的 5%。

（10）焙烧温度 1150℃，废气温度 135℃。

B　燃烧计算

燃烧计算具体为：

（1）1 m^3 煤气发热值按公式：

$$Q_{低}^{用}=126.2CO^{湿}+107.8H_2^{湿}+359.1CH_4^{湿}+\cdots+231.2H_2S^{湿}(kJ) \tag{9-33}$$

式中 $CO_2^{湿}$、$H_2^{湿}\cdots$——100 m^3 湿(实用)煤气中各成分体积数,m^3。

$$Q_{低}^{用}=5400\ (kJ)$$

(2) 1 m^3 煤气理论空气需要量及实际空气需要量:

1) 理论干空气需要量按式9-34计算:

$$L_0=\frac{0.5CO^{湿}+0.5H_2^{湿}+2CH_4^{湿}+1.5H_2S^{湿}-O_2^{湿}}{21}\ (m^3) \tag{9-34}$$

$$L_0=1.083\ (m^3)$$

2) 实际干空气需要量:$L_n^{干}=1.300\ (m^3)$

考虑空气中的水分时,实际湿空气量:$L_n^{湿}=1.312\ (m^3)$

(3) 1 m^3 煤的实际燃烧产物体积按以下公式:

$$\left.\begin{aligned}
&V_{CO_2}=0.01(CO^{湿}+CO_2^{湿}+CH_4^{湿}+2C_2H_4^{湿})\\
或\quad &V_{CO_2}=0.01(CO^{湿}+CO_2^{湿}+nC_nH_m)\\
&V_{H_2O}=0.01(2CH_4^{湿}+H_2^{湿}+H_2S^{湿}+H_2O^{湿}+0.124g_{水}^{干}L_n)\\
&V_{SO_2}=0.01H_2S^{湿}\\
&V_{O_2}=0.21(\alpha-1)L_0\\
&V_{N_2}=0.01(N_2^{湿}+79L_n)
\end{aligned}\right\}$$

V_{CO_2}	V_{H_2O}	V_{SO_2}	V_{O_2}	V_{N_2}	V_n	(m^3)
0.336	0.199	0.001	0.046	1.518	2.100	

(4) 实际燃烧产物组成(体积%)

按以下公式:

$$\left.\begin{aligned}
CO_2\%&=\frac{V_{CO_2}}{V_n}\times100\%\\
H_2O\%&=\frac{V_{H_2O}}{V_n}\times100\%\\
SO_2\%&=\frac{V_{SO_2}}{V_n}\times100\%\\
O_2\%&=\frac{V_{O_2}}{V_n}\times100\%\\
N_2\%&=\frac{V_{N_2}}{V_n}\times100\%
\end{aligned}\right\}$$

CO_2	H_2O	SO_2	O_2	N_2 (%)
16.0	9.5	0.05	2.2	72.25

(5) 燃烧产物密度(ρ_0)

按以下公式:

$$\rho_0=\frac{44CO_2+18H_2O+28N_2+32O_2+64SO_2}{22.4\times100} \tag{9-35}$$

$$=1.3267\ (kg/m^3)$$

式中　CO_2、H_2O、N_2、O_2、SO_2——100 m^3 的燃烧产物中各成分的体积，m^3。

C　总体热平衡计算

计算基准：1 kg 氧化铝

设生产 1 kg 氧化铝所需煤气量为 G。

由热平衡计算求得：

$$G = 0.578(m^3)$$

单位热耗：

$$q = 0.578 \times 5400 = 3121\ (kJ)$$

焙烧系统的总体热平衡见表 9-14。

表 9-14　焙烧系统总体热平衡表

热收入	kJ/kg	%	热支出	kJ/kg	%
煤气燃烧发热	3121	95.1	焙烧反应热	2051	62.5
煤气显热	23	0.7	水蒸发热及过热	610	18.6
氢氧化铝显热	125	3.8	燃烧废气带热	227	6.9
空气显热	13	0.4	成品带热	230	7.0
			系统带热	164	5.0
合　计	3282	100	合　计	3282	100

焙烧炉热效率：62.5% + 18.6% = 81.1%

D　单体分段热平衡

设定：冷却空气的 95%（即 $1.312 \times 0.578 \times 0.95 = 0.72\ (m^3)$）从 C04 进入冷却系统，电收尘返尘的灼减全部在 C02 脱除，根据系统设备（含管道）表面积以及其保温情况，164 kJ/kg 散热量分配如下（kJ/kg）：

A02-P01	P02	P03-P04	C01	C02	C03	C04
48.3	24.8	49.0	16.4	9.0	7.2	9.3

（1）C04 热平衡：

C04 热平衡见表 9-15。

表 9-15　C04 热平衡表

热收入/$kJ \cdot kg^{-1}$		热支出/$kJ \cdot kg^{-1}$	
冷却空气显热	12.2	氧化铝带出热	230.5
来自 C03 氧化铝显热	519.2	去 C03 的气体和粉尘带热	291.6
		设备散热	9.3
小　计	531.4	小　计	531.4

从热平衡求得 C03 物料温度 $t_{C03} = 419℃$

（2）C03 热平衡：

C03 热平衡见表 9-16。

表 9-16 C03 热平衡表

热收入/kJ·kg^{-1}		热支出/kJ·kg^{-1}	
来自 C04 气体和粉尘的热	291.6	去 C04 氧化铝带出热	519.6
来自 C02 氧化铝显热	768.1	去 C02 的气体和粉尘带热	532.9
		设备散热	7.2
小 计	1059.7	小 计	1059.7

从热平衡求得 C02 物料温度 $t_{C02}=566℃$

(3) C02 热平衡:

C02 热平衡见表 9-17。

表 9-17 C02 热平衡表

热收入/kJ·kg^{-1}		热支出/kJ·kg^{-1}	
来自 C03 气体和粉尘的热	533.0	去 C03 氧化铝带出热	768.1
来自 C01 氧化铝带热	1197.8	去 C01 的气体和粉尘带热	872.9
电收尘的返尘带来热量	27.6	脱除返尘灼减需要热	108.4
		设备散热	9.0
小 计	1758.4	小 计	1758.4

从热平衡求得 C01 物料温度 t_{C01} 为 826℃

(4) P02 热平衡:

P02 热平衡见表 9-18。

表 9-18 P02 热平衡表

热收入/kJ·kg^{-1}		热支出/kJ·kg^{-1}	
来自 P01 物料带热	270.4	去 A02 的气体和粉尘带出热	974.0
来自 P03 的气体和粉尘带热	2797.0	去 A04 物料带出热	406.9
		脱除结晶水反应热	1661.7
		设备散热	24.8
小 计	3067.4	小 计	3067.4

从热平衡求得 P02 物料温度 $t_{P02}=320℃$

(5) P03-P04 热平衡:

P03-P04 热平衡见表 9-19。

表 9-19 P03-P04 热平衡表

热收入/kJ·kg^{-1}		热支出/kJ·kg^{-1}	
煤气燃烧发热	3043.6	去 C01 物料带出热	1523.7
煤气显热	22.4	去 P02 的气体和粉尘带出热	2797.0
来自 C01 的气体和粉尘带热	1178.6	反应热	280.7
来自 P02 物料带热	405.8	设备散热	49.0
小 计	4650.4	小 计	4650.4

从热平衡求得 P04 中 1 kg 氧化铝需要煤气量 G'：

$$G' = 0.564\ (m^3/kg)$$

这样，热发生器 T11 的煤气量为：

$$G - G' = 0.578 - 0.564 = 0.014\ (m^3/kg)$$

（6）P01-A02 热平衡：

P01-A02 热平衡见表 9-20。

表 9-20 P01-A02 热平衡表

热收入/kJ · kg^{-1}		热支出/kJ · kg^{-1}	
氢氧化铝带热	125.3	去电收尘的气体和粉尘带出热	441
来自 P02 的气体和粉尘带热	973.6	去 P02 物料带出热	227.8
来自 T11 煤气燃烧发热	70.2	附水干燥反应热	452.0
		设备散热	48.3
小 计	1169.1	小 计	1169.1

从热平衡求得 A01 内物料温度为 132℃，与原设定的 135℃ 相差 3℃，误差很小，不需再调整总体及各级热平衡表。

同时求得，进入 A02 的气体温度为 335℃。

（7）进料水分为 15% 的 P01-A02 热平衡。氢氧化铝的水分对焙烧的煤气消耗及干燥段气体流量影响明显，生产中常有波动。最好再做一组高水分条件下的计算，以确保选择的设备具有更好的适应范围。以下列出进料氢氧化铝水分为 15% 的 P01-A02 系统热平衡，见表 9-21。

表 9-21 进料水分为 15% 的 P01-A02 热平衡表

热收入/kJ · kg^{-1}		热支出/kJ · kg^{-1}	
氢氧化铝显热	146.1	去电收尘的气体和粉尘带出热	481.4
来自 P02 的气体和粉尘带热	972.8	去 P02 物料带出热	270.4
来自 T11 煤气燃烧发热	342.0	附水干燥反应热	660.8
		设备散热	48.3
小 计	1460.9	小 计	1460.9

从热平衡求得 T11 需用煤气量为 0.063 m^3/kg，入 A02 的气体温度为 412℃。这样，进料水分为 15% 的氢氧化铝焙烧煤气消耗为 0.631 m^3/kg，热耗 3407 kJ/kg，热效率 81.7%。

（8）进料水分为 15% 时的总体热平衡：进料水分为 15% 时的总体热平衡见表 9-22。

表 9-22 进料水分为 15% 的总体热平衡表

热 收 入	kJ/kg	%	热 支 出	kJ/kg	%
煤气燃烧发热	3407	94.8	焙烧反应热	2051	57.1
煤气显热	25	0.7	水蒸发热及过热	883	24.6
氢氧化铝显热	146	4.1	燃烧废气带热	248	6.9
空气显热	14	0.4	成品带热	230	6.4
			系统带热	180	5.0
合 计	3592	100.0	合 计	3592	100.0

(9) 计算结果汇总:计算结果见表9-23。表中焙烧炉系统各点压力根据经验确定,并应再以所选设备的压力降、管道及弯头的阻力核算后确定。

表 9-23 1300 t/d 气体悬浮焙烧炉物料和热量平衡计算结果汇总表

项 目	给料螺旋(湿料)	C02出料	P02出料	去 T11煤气	去 V19煤气	去 C04冷空气	出 C04气体	出 C03气体	出 C02气体	出 C01气体	出 P03气体	出 P02气体	进 A02气体	出 P01气体	水分15%时	
															进 A02气体	出 P01气体
固体流量/$t \cdot h^{-1}$	92	54.2					13.5	16.9	26.7	18.0	15.8	16.8	16.8	10.4	16.8	10.4
标准气体流量/$m^3 \cdot s^{-1}$				0.2	8.5	10.8	10.8	10.8	11.3	11.3	19.5	27.4	28.2	31.3	29.8	34.9
灼减/%	34.6	0	5													
标准密度/$kg \cdot m^{-3}$				1.10	1.10	1.28	1.28	1.28	1.26	1.26	1.27	1.14	1.14	1.11	1.15	1.10
温度/℃	50	248				13	248	419	566	826	1150	320	335	135	412	135
静压/kPa						0.0	-1.1	-1.7	-2.2	-2.5	-3.4	-3.9	-4.2	-6.2	-4.2	-6.2
工况气体流量/$m^3 \cdot s^{-1}$						11.35	20.90	27.93	35.65	46.84	105.36	61.97	65.44	49.90	78.11	55.54
工况密度/$kg \cdot m^{-3}$						1.22	0.67	0.50	0.40	0.31	0.24	0.50	0.49	0.70	0.44	0.69
工况含尘/$g \cdot m^{-3}$							180.0	168.4	207.8	106.7	41.7	75.1	71.1	57.9	59.6	52.0
H_2O(体积分数)/%						0.9	0.9	0.9	5.4	5.4	18.9	42.2	41.3	47.2	39.5	48.3
O_2(体积分数)/%						20.8	20.8	20.8	19.9	19.9	1.7	1.2	1.4	1.3	1.5	1.3
CO_2(体积分数)/%						0.0	0.0	0.0	0.0	0.0	14.6	10.4	10.4	9.3	10.7	9.1
SO_2(体积分数)/%						0.0	0.0	0.0	0.0	0.0	0.0	0.0	0.0	0.0	0.0	0.0

9.4.6 焙烧炉的检测与控制

焙烧炉主要检测点有各级干燥、预热、焙烧、冷却的温度、压力、物料流量、气体成分等,主要控制项目是焙烧炉的温度控制系统,通过调节氢氧化铝下料量或燃料流量保证焙烧温度的恒定。对于循环流化床焙烧炉,焙烧炉上下部压差反映了炉内料层的浓度,通过调节卸料装置出料量,调整物料在炉内循环次数。而流态化闪速焙烧炉则通过控制停留槽的卸料阀开度,调节物料在停留槽内停留时间。

焙烧炉的过程检测控制原理如图9-28所示。

9.4.7 国内氢氧化铝流态化焙烧炉主要结构参数及技术经济指标

国内氢氧化铝流态化焙烧炉主要结构参数及技术经济指标见表9-24。

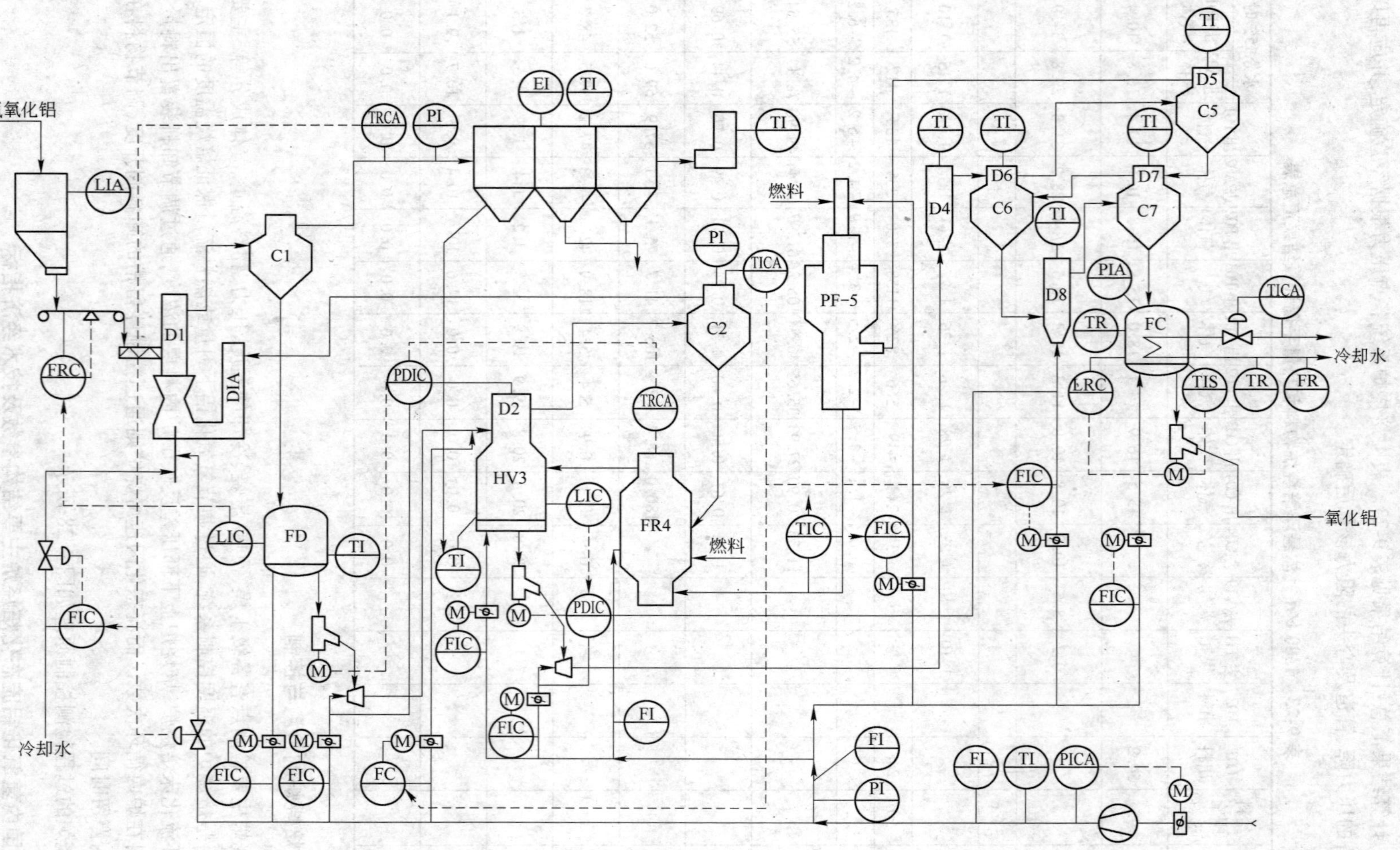

图 9-28　流态化闪速焙烧炉过程检测控制原理

表 9-24 国内氢氧化铝流态化焙烧炉主要结构参数及技术经济指标

项　目	山西铝厂			中州铝厂	平果铝厂	郑州铝厂	贵州铝厂	山东铝厂
	1 号炉	2 号炉	3 号炉					
炉　型	流态化闪速炉	气态悬浮炉	气态悬浮炉	气态悬浮炉	气态悬浮炉	气态悬浮炉	循环流化床炉	循环流化床炉
投产时间	1987.12	1992.8	1994.7	1993.4	1993.12	1996.9	1997	1997.7
焙烧炉公称能力/$t \cdot d^{-1}$	1320	1300	1300	850	1200	1850	1400	1600
一、结构参数								
给料螺旋尺寸/m×m	$\phi0.63 \times 3.5$	$\phi0.63 \times 4$	$\phi0.63 \times 4$	$\phi0.56 \times 3.15$	$\phi0.56 \times 3.15$	$\phi0.76 \times 4$	$\phi0.6 \times 1.819$	$\phi0.6 \times 1.819$
文丘里干燥器有效内径/m	$\phi1.37/\phi1.07$	$\phi3.75/\phi1.75$	$\phi3.75/\phi1.7$	$\phi3/\phi1.4$	$\phi3.75/\phi1.7$	$\phi4.2/\phi2$	$\phi2.8/\phi1.05$	$\phi2.8/\phi1.32$
预热旋风筒 1 有效内径/m	$\phi3.35$	$\phi4.11$	$\phi3.95$	$\phi3.25$	$\phi3.95$	$\phi4.35$		
干燥流化床有效内径/m	$\phi3.63$						$\phi3/\phi1.9$①	$\phi3/\phi1.9$①
预热旋风筒 2 有效内径/m	$\phi3.73$	$\phi5.01$	$\phi4.484$	$\phi3.734$	$\phi4.56$	$\phi4.784$	$\phi2.75$	$\phi2.75$
主　炉								
有效内径×有效高度/m×m	$\phi4.19 \times 15.67$	$\phi5.28 \times 18.37$	$\phi5.19 \times 18.65$	$\phi4.24 \times 17.35$	$\phi4.92 \times 17.00$	$\phi5.74 \times 19.19$	$\phi4.4 \times 17.8$	$\phi4.4 \times 16.26$
锥底有效内径/m	$\phi2.36$	$\phi2.072$	$\phi1.692$	$\phi1.272$	$\phi1.592$	$\phi2.222$	$\phi2.792$	$\phi2.792$
风帽数/个							55	55
热旋风收尘器								
有效内径/m	$\phi3.66$	$\phi5.228$	$\phi5.138$	$\phi4.238$	$\phi5.42$	$\phi5.288$	$\phi5.1$	$\phi5.1$
流化床有效内径/m	$\phi2.77$						$3\ m^2$，风帽 22 个	$3\ m^2$，风帽 22 个
空气预热器有效内径/m	$\phi2.24$							
冷却旋风筒 1 有效内径/m	$\phi3.35$	$\phi3.76$	$\phi3.76$	$\phi3.01$	$\phi3.84$	$\phi4.66$	$\phi3.8$	$\phi3.8$
冷却旋风筒 2 有效内径/m	$\phi2.74$	$\phi3.01$	$\phi3.01$	$\phi2.56$	$\phi3.09$	$\phi3.76$		
冷却旋风筒 3 有效内径/m	$\phi2.540$	$\phi2.610$	$\phi2.648$	$\phi2.234$	$\phi2.76$	$\phi3.284$		
冷却旋风筒 4 有效内径/m		$\phi2.310$	$\phi2.25$	$\phi1.834$	$\phi2.25$	$\phi3$		
流化床冷却器台数/台	1	2	2	1	2	2	空冷 1，水冷 1	空冷 1，水冷 1

续表 9-24

项　目	山西铝厂					中州铝厂		平果铝厂		郑州铝厂		贵州铝厂	山东铝厂
	1 号炉	2 号炉		3 号炉									
外形尺寸/m	ϕ3.96	9.3×1.55×1.9		9.5×1.9×1.9		9.3×2.2×1.9		9.3×1.9×1.69		9.3×2.2×1.9		9.0×3.7×4.9	8.83×3.58×4.83
风冷面积/m^2												348,风帽 240 个	348,风帽 240 个
水冷面积/m^2		2×243.8		2×243.8		333.7		2×243.8		2×333.7		279,风帽 198 个	279,风帽 198 个
鼓(排)风机台数/台	双级离心风机 1	罗茨鼓风机 3	离心式排风机 1	罗茨鼓风机 3	离心式排风机 1	罗茨鼓风机 2	离心式排风机 1	罗茨鼓风机 3	离心式排风机 1	罗茨鼓风机 3	离心式排风机 1	罗茨鼓风机 8	罗茨鼓风机 8
风量调节方式	风门	阀门	串级改耦合器	阀门	耦合器	阀门	串级	阀门	串级	阀门	变频	250 kW 变频	250 kW 变频
风量/$m^3 \cdot min^{-1}$	945(1303)	3×26.5	4000	3×26.5	3960	2×44	2450	3×27.2	3460	3×44	4150 最大 4916	1141	1340
风压/kPa	(48.2)	39.2	8.36	39.2	8.6	40.0	8.8	40.0	8.5	39.2	7.42 最大 10.02	40~70	40~70
功率/kW	1250	3×30	850	3×30	1000	2×45	560	3×37	750	3×45	1600	1542	1992
二、原燃料条件													
燃　料	重油	煤气		煤气		煤气		煤气		重油		重油	重油
燃料热值/$kJ \cdot kg^{-1}$或/$kJ \cdot m^{-3}$	41020	5232		5232		5300		>5200		40980		40613	40269
氢氧化铝水分/%	(10~15)	(10~15)		(10~15)		12~15(10~15)		<8(10)		10.53(10~12)		10	15.9(12)②
$Na_2O_全$/%		(<0.4)		(<0.4)		(<0.4)		0.3(0.4)		0.12(0.5)		<0.4	
$Na_2O_{可洗}$/%		(0.05)		(0.05)		(0.05)		0.06(0.05)		(0.04)			
草酸钠/%		(<0.015)		(<0.015)		(0.015)		0.0006(0.015)		0.035(0.015)			
三、产品质量													
灼减/%	0.4~1.0	<1.0		<1.0				<1.0		0.65(0.8)		(0.8)	0.34(0.8)
α-Al_2O_3/%	5~40	<20		<20				<20		11(<20)		<1	0.8(8~20)
比表面积/$m^2 \cdot g^{-1}$	40~70	50~70		50~70				44~89		52.11(50~70)		>75	76.78(>50)

续表 9-24

项　　目	山西铝厂			中州铝厂	平果铝厂	郑州铝厂	贵州铝厂	山东铝厂
	1 号炉	2 号炉	3 号炉					
颗粒破损/%		3.5		7～10	<5	(4)	6～8	6～10
四、主要技经指标								
产量/$t \cdot d^{-1}$	1000	1300	1350	1000～1050	1200	1850～2300	1400～1500	1534(1605)②
热耗/$kJ \cdot kg^{-1}$	3282	3819	3767	3014	3140～3098	3055(2964)	3249	3420(3205)②
燃料消耗/$kg(m^3) \cdot kg^{-1}$	80	730	720	568.7	600.12～592	74.6	80	85(79.6)
电耗/$(kW \cdot h) \cdot t^{-1}$	22(三炉平均,含过滤)			19	19	19.81(17)	(20)	20.21(20)
电收尘出口含尘/$mg \cdot m^{-3}$	100	80	100	<50	<50	124(40)	(80)	56.05(60)
五、公用设施								
水/$m^3 \cdot h^{-1}$	160(90～105)	100(50)	100(50)	105(100)	(73)	(80)	(220)	(280)
水温(进水/出水)/℃	20～35/35～52 (35/85)	20～35/35～52 (35～55)	20～35/35～52 (35/55)	20/40 (35/55)	(35/55)	(35/55)	(35/58)	(35/57)
仪表用压缩空气/$m^3 \cdot h^{-1}$	500～600(三炉共用)			(30)	(37.6)	(312)	(100)	(100)
工艺用压缩空气/$m^3 \cdot h^{-1}$	生产无计量	生产无计量	生产无计量	(360)	(396)	(360)	(300)	(300)
蒸汽(170℃,800 kPa)/$t \cdot h^{-1}$	0.175 (0.07～0.11)					(3.6)	(2.6)	(4.5)

注：1.（　）内数据为合同指标。

① 尺寸为循环流化床焙烧炉的二级文丘里内径；

② 内数据为山东铝厂按 12% 合同水分计算的数据。

9.5 辅助设备的选择

9.5.1 除尘装置

氧化铝厂烟气除尘装置,通常选用重力除尘装置或离心力除尘器和电收尘器串联使用。

9.5.1.1 重力除尘装置

重力除尘装置是使含尘气体中的颗粒借助重力作用使之沉降,并将其分离捕集的装置。重力除尘装置有单层沉降室或多层沉降室。重力沉降原理在于:气流中的悬浮尘粒,一方面由于气体动能的推动力而作惯性运动,另一方面又受地心引力所产生的重力作用向下沉降。如果在适当条件下,使重力作用大于气体的推动力,则尘粒能够沉降下来与气流分离。为了使烟尘沉降,显然,应使气流速度越小越好。

假设含尘气流为理想流动状态,即在气流流动方向上,尘粒和气流具有相同的速度;气流的流速在沉降室横截面上是均匀的;气流在沉降室内为层流流动,而且尘粒在沉降时不受涡流干扰,在此情况下,当粒径 d 为 100 ~ 300 μm 时,其自由沉降速度 v_K 可由斯托克斯式计算:

$$v_K = \frac{d^2(\rho_s - \rho)g}{18\mu} \tag{9-36}$$

式中 v_K——尘粒的自由沉降速度,m/s;

d——尘粒的粒径,m;

ρ_s——尘粒的密度,kg/m^3;

ρ——气体的密度,kg/m^3;

g——重力加速度,9.8 m/s^2;

μ——气体的黏度,Pa · s。

由上式可看出,尘粒的自由沉降速度 v_K 与粒径 d 的平方成正比,即粒径愈小,则自由沉降速度 v_K 就愈小,因而,使尘粒下落同样高度时所需时间就越长,水平移动距离就要增大。某一尘粒 A 的重力沉降轨迹如图 9-29 所示。从图中可以看出,若移动距离超过 L 时,则颗粒将要降落到室外。因此,处理细颗粒烟尘时,为提高除尘效率就要降低进入沉降室的空气流速 v_o、沉降高度 h。欲使 h 减小,可在沉降室内沿高度上加隔板,即把单层沉降室改为多层沉降室。总之,可通过减低 v_o 和 h 或增加沉降室长度 L 来提高细小尘粒的分级效率。图 9-30 为单层沉降室和多层沉降室简图。

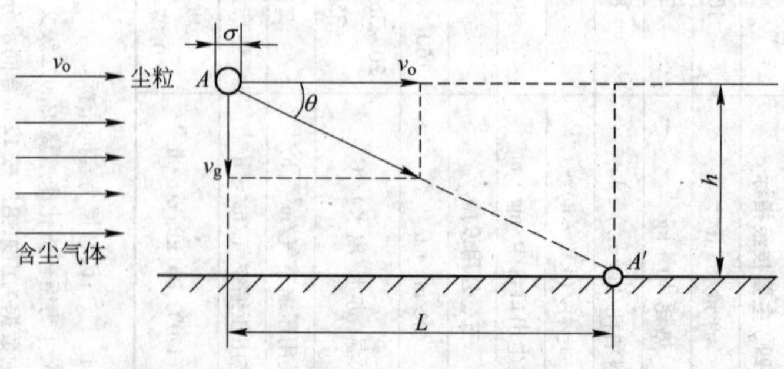

图 9-29 在水平气流中尘粒的重力沉降

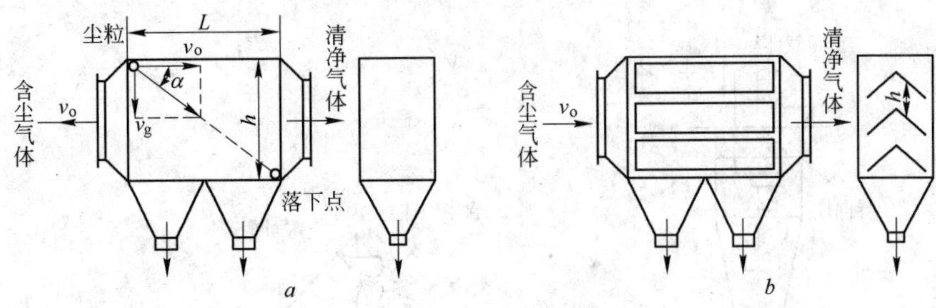

图 9-30 重力除尘装置

a—单层沉降室；*b*—多层沉降室

v_o—基本流速；*L*—长度；*h*—高度；v_g—垂直流速

一般重力除尘装置可捕集 50 μm 以上的粒子，沉降室阻力损失约为 49 ~ 98 Pa，柱气流水平流速 v_0 通常取 1 ~ 2 m/s，除尘效率约为 40% ~ 60%。

重力除尘装置构造简单，施工方便，投资少，收效快，但体积庞大，占地多，效率低，不适于除去细小尘粒。

9.5.1.2 离心力除尘装置

离心力除尘装置是含尘气体进入装置后，由于离心力作用将尘粒分离出来。其除尘原理为：使气流以较大的旋转速度急剧地改变流动方向，然后借助粒子的惯性力将尘粒从气流中分离出来。对于小直径、高阻力的旋风收尘器，离心力比重力大 2500 倍；对于大直径、低阻力旋风除尘器，离心力比重力约大 5 倍。所以用旋风式离心收尘装置从含尘气体中除去的粒子比用沉降室或惯性力除尘装置除去的粒子要小得多，而且在处理相同的含尘气体时，除尘装置所占空间比较小。但其压力损失较大。

离心力除尘装置的结构类型主要有切线进入式旋风收尘器和轴间进入式旋风除尘器两种，如图 9-31 和图 9-32 所示。切线进入式旋风收尘器进口烟气的速度一般取 7 ~ 15 m/s。这种形式的除尘器多用于小烟气量的排尘。当处理量大而且又要求除尘效率高时，可采用并联多个小口径的旋风收尘器，切线进入式旋风收尘器的压力损失较大，约为 980 Pa 左右。

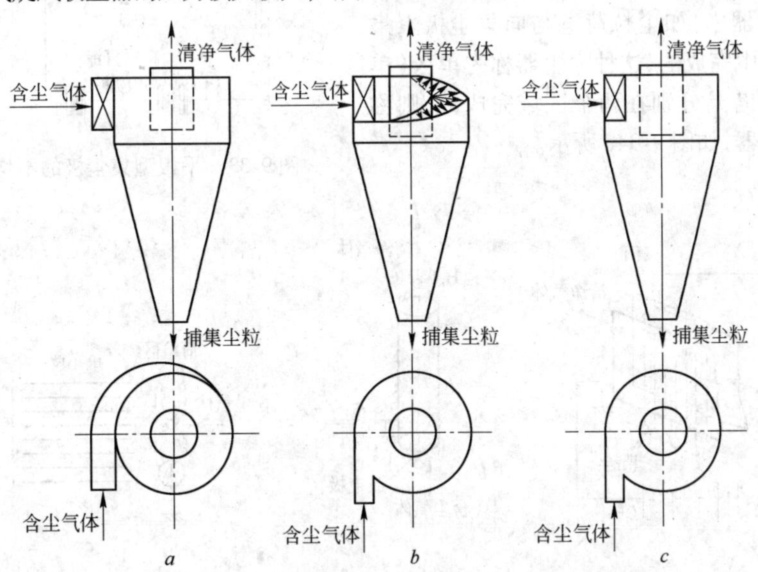

图 9-31 切线进入式旋风收尘器

a—蜗壳进口 270°；*b*—蜗壳进口 180°；*c*—蜗壳进口 90°

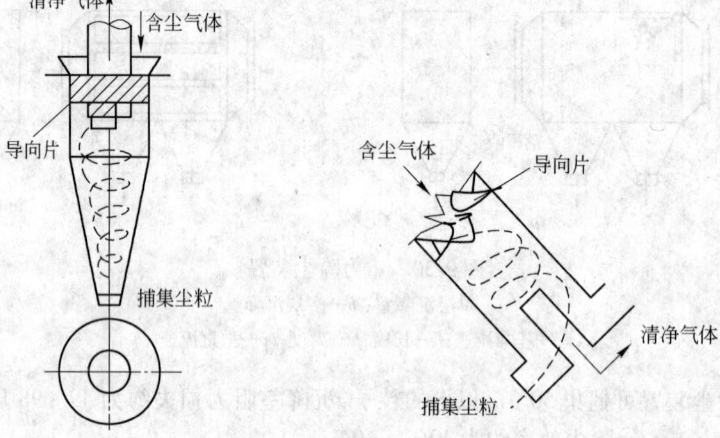

图 9-32　轴间进入式旋风除尘器

轴间进入式除尘器进口烟气的速度一般为 10 m/s 左右。它可组成多管式旋风除尘器,用于处理大烟气量的除尘。轴间进入式除尘器压力损失约为 784 ~ 980 Pa,除尘效率与切线进入式的基本相似。

9.5.1.3　电除尘装置

A　电收尘装置的原理、类型和特点

电除尘装置是用高压直流电源产生的不均匀电场(图 9-33),利用电场中的电晕放电使尘粒荷电,然后在电场库仑力的作用下把荷电的尘粒集向集尘极,当形成一定厚度集尘层时,振打电极,使凝聚成较大的粉尘集合体从电极上沉落于集尘器中,从而达到除尘的目的。

在电除尘器中,如尘粒荷电与向集尘极聚集是在同一区域中完成的,这种除尘器称为单区(单极)电除尘器;若是分别在两个区域完成的,则称为双区电除尘器,如图 9-34*c* 所示。

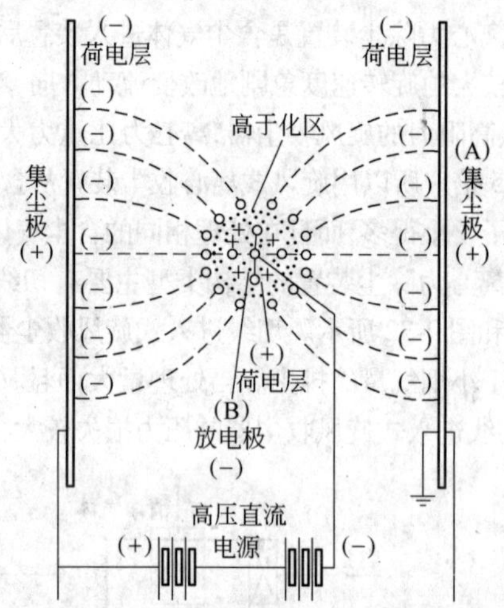

图 9-33　平板型集尘极的不均匀电场

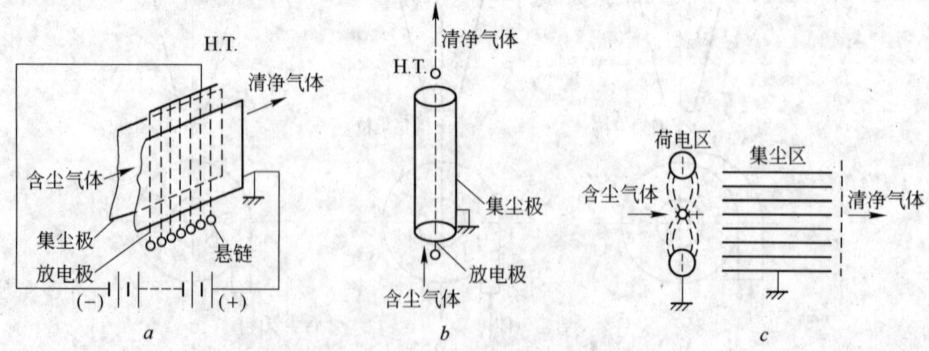

图 9-34　电除尘器的类型

a—平板型；*b*—圆筒型；*c*—双区电除尘器

根据电极形状的不同,电除尘器分为单板型电除尘器和圆筒型电除尘器。

此外,根据除尘过程中是否采用液体或蒸汽介质,又分为湿式和干式电除尘器。影响干式电除尘器性能的主要因素之一是粉尘的比电阻。比电阻对除尘效率影响很大。电阻率大于 2×10^{10} Ω·cm 的烟尘称为高电阻率烟尘,电阻率小于 10^4 Ω·cm 的烟尘称为低电阻率烟尘。电除尘器最宜于净化电阻率为 $10^4\sim2\times10^{10}$ Ω·cm 的烟尘。净化电阻率小于 10^4 Ω·cm 的烟尘时,由于被集尘极吸附的荷电尘粒中和过早,因而会发生尘粒二次飞扬现象。为了防止产生这种现象,可用湿式或半湿式电除尘器。

烟尘的电阻率在 $10^4\sim10^{10}$ Ω·cm 时,由于它在电除尘器内中和速度适当,所以能获得较好的除尘效果,并且除尘效率变化不大。如烟尘的电阻率在 10^{11} Ω·cm 时,则随着集尘极上尘粒的增多,两面间的电位差也在逐渐升高。当集尘层绝缘被破坏,随即在集尘极上发生反电晕现象,频频发生火花放电,极电压降低,电场减弱,则除尘器的效率随之降低。当电阻率大于 $10^{12}\sim10^{13}$ Ω·cm 时,火花放电消失,但出现荧光现象,此时有很大的正电晕电流发生,除尘效率更加降低。

在工业上降低电阻率的方法,可以采用向含尘气体中喷入水、水蒸气或其他调阻剂进行调阻,从而使高电阻率烟尘适于除尘器的要求,以提高其收尘效率。

湿式除尘器是通过连续不断地向集尘极喷水而形成液膜,而半湿式除尘器是通过间歇向集尘极表面增湿来防止粉尘的再飞扬。

电除尘具有以下特点:

(1) 除尘效率高,可达 99.9% 以上,可以捕集粒径 0.1 μm 或更小的雾;

(2) 阻力损失小,干式电收尘器大约为 98 Pa,湿式约为 196 Pa;

(3) 维护简单,处理烟气量大。其操作费用较少,一般多适于处理量大、尘粒小的含尘气体;

(4) 可以处理各种不同性质的烟雾,温度可达 500℃,湿度可达 100%,而且也能处理易暴气体。

B 国产电收尘器产品简介

a LEK 型电除尘器

LEK 型电除尘器以德国 LURGI、美国 EE 电除尘技术为基础,吸收国内外其他电除尘技术的优点,针对高浓度、高负压、高比电阻、低排放等粉尘、工况特点,除尘效率高、运行安全可靠、免维护、投资少,特别适合于火电机组配套使用。LEK 型电除尘器性价比高、应用范围广,可以满足如下情况的粉尘治理:

电力、垃圾焚烧等行业脱硫、脱硝系统后高浓度粉尘的治理(入口粉尘浓度(标态):800 ~ 1300 g/m^3);

冶金行业烧结机机头高负压场合(负压:-14000 ~ -20000 Pa);

水泥行业窑磨联合操作系统(入口粉尘浓度(标态)500 ~ 870 g/m^3;负压:-10000 ~ -11000 Pa);

常规电力、冶金、建材、化工等行业低排放场合(GB13223—2003 排放标准)。

LEK 型电除尘器与同类产品相比,具有以下优点:

壳体空间利用率高,结构紧凑,占地面积小;

极配灵活,电场强度高,电流分布均匀;

阳极板强度高,刚性好,振打力分布均匀;

阴极线为整体刚性线,安装方便,永不断线;

出口槽型电极设计,有效捕集超细粉尘;

CEMS 连续排放检测系统可准确测出除尘器出口烟道或烟囱的粉尘泄漏。

b　鲁奇型电收尘器

该产品是引进德国鲁奇公司(LURGI)当代国际先进技术设计制造,在保持 BS780 特点的基础上,具有适应性更广,收尘效率更高,工作更稳定,尤其在高负压下,其质量更轻,排放标准完全能满足各行业的最高要求。广泛用于建材、电力、冶金、化工等行业的烟气净化,是 BS780 的升级产品。

c　SZD 型组合电收尘器

SZD 型组合电收尘器将电旋风、电抑制、电凝聚等三种复式收尘机理合为一体。适用于建材、冶金、化工、电力等行业治理污染回收物料,可灵活多元组合以匹配不同的风量,采用变径管路和调风阀等气流均布系统,简单易调。

d　HKZD 高压静电除尘器

HKZD 系列高压静电除尘器,是针对水泥厂研制出的新一代静电除尘器。特点是处理风量大(单台处理风量可达 35000 ~ 45000 m^3/h)、初始浓度高(可达 150 ~ 250 g/m^3)、抗结露性能强、保证电场的稳定运行、阴阳极均有振打装置清灰效果好、结构新颖、检修全部在本体外操作、免维护。

e　HKWG 型电除尘器

HKWG 系列卧式电除尘器是引进和吸收国外先进技术,并结合国内各个行业工业窑炉特点研制的新一代高温电除尘器。该产品广泛应用于建材、冶金、化工、电力、轻工、机械等行业的高温烟气除尘。

9.5.2　氧化铝贮存和输送设备

焙烧出来的氧化铝,除本厂电解用的一部分外,一般均输送至贮仓暂时贮存。

氧化铝贮仓可大小形式各异,贮量从几千吨至几万吨。例如,我国中州铝厂氧化铝贮仓贮量为 2000 t;德国施塔德厂一个最大的贮仓贮量则为 6 万 ~7 万 t,混凝土结构,贮仓直径为 60 m,其最初设计时氧化铝从仓顶中心进入,从底部排料,生产中发现,这种做法的物料粒级分配不均,下料分级现象严重,后来改为由仓顶周边一圈多点进料解决了此问题,其仓底有 6 圈空气流化板(沿径向排列)帮助卸料用。

氧化铝输送设备有空气流槽、气力提升泵和皮带三种。扬高时,一般采用气力提升泵,使用罗茨鼓风机送风,风压较低。水平运输时则用空气流槽和皮带,其中短距离输送适于空气流槽,而长距离运送以皮带为宜。空气流槽斜度采用 5% ~7%,无料下滑,效率高,运转情况良好。流化板为人工纤维,排气用布袋收尘。

施塔德厂运输氧化铝的皮带,将氧化铝从贮仓送至码头装船,输送能力为 350 ~400 t/h,皮带宽 1200 mm,皮带速度为 4 m/s,采用槽型皮带,仅在下料点将皮带罩住,并设有收尘设施(排风机及旋风收尘器),其他部分均无罩,只将皮带设在一条有盖有墙的长廊内,室内地面和室中均很干净,氧化铝没有从皮带上外溢现象。

9.5.3　氧化铝包装设备

氧化铝厂所产的氧化铝产品除本厂电解厂所用的一部分外,其余部分均用袋装或罐车散装运出厂外。德国施塔德厂则将氧化铝用罐车散装或皮带装船外运。

图 9-35 和图 9-36 为我国郑州铝厂袋装氢氧化铝、氧化铝和停车场待发的氧化铝罐车图片。

近年来,我国水泥工业的包装和运输设备发展较快,有关厂家研制生产的新型水泥包装机和水泥罐式集装箱等,可供氧化铝厂设计时参考,并经过设备方案的技术经济比较后选用。

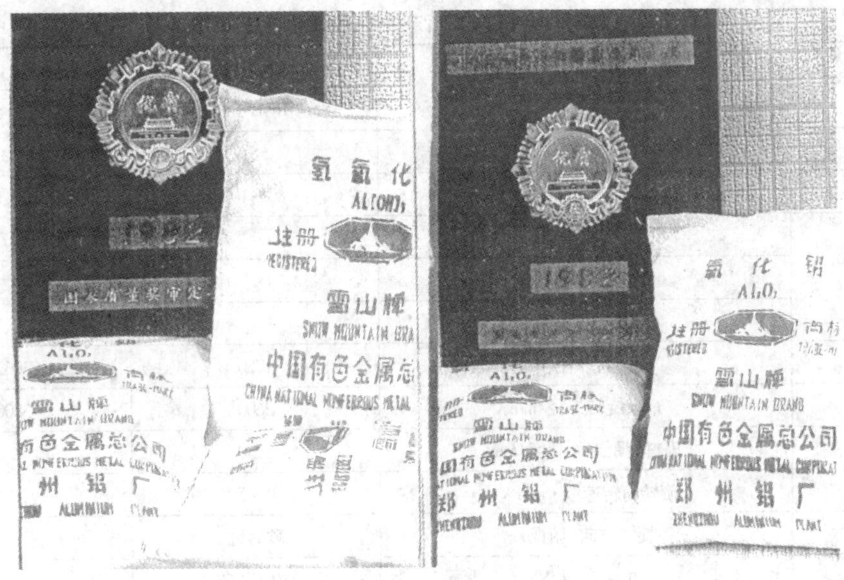

图 9-35 袋装氢氧化铝、氧化铝

图 9-36 停车场待发的氧化铝罐车

(1) DGH-50 系列旋转式水泥包装机:DGH 系列旋转式水泥包装机是在引进德国包装技术的基础上,同时参照国内包装机使用的实际情况开发的,具有以下特点:

1) 适应面广,凡流动性能较好的粉状、颗粒物质都可使用;

2) 基本实现自动化,灌装、计量、掉袋等动作均自动连续完成;

3) 工作环境洁净环保,不插袋不灌装,袋重不到标定值不掉袋,袋子意外脱落闸板立刻关闭,停止灌装;

4) 维修简单,易损件少,无液压、气动元件。

包装机有八嘴和十四嘴等多种机型(见表 9-25),也可根据需要设计订做。

表 9-25　DGH-50 系列旋转式水泥包装机主要技术参数

序　号	参考名称		型　号	
			BGH-508	BGH-512
1	出料嘴数/个		8	12
2	装袋能力/t·h⁻¹		80～100	100～140
3	单袋质量/kg		50	
	袋重合格率/%		≥95	
	20 袋总重/kg		≥1000	
4	旋转筒外径/mm		1750	3062
5	最大旋转外径/mm		2600	3800
6	出料嘴距地面高度/mm		1350	
7	旋转筒转速/r·min⁻¹		0～5	0～4
8	旋转方向(俯视)		顺时针	
9	电源电压/V		380±10%	
10	出料机构动力头	型号	Y112M-4	
		功率/kW	4×8＝32	4×12＝48
		转速/r·min⁻¹	1440	
11	变频调整电动机	型号	YVPE90L-4	
		功率/kW	3	3
		转速/r·min⁻¹	125～1250	
12	整机质量/t		7	11

(2) DGY-50 系列固定式自控水泥包装机(单嘴、双嘴、三嘴、四嘴):DGY-50 系列固定式自控水泥包装机,密封良好、结构合理、经久耐用、体积小、质量轻、调整和维修方便、机电一体节约电能,该机不用空气压缩机和电磁阀等气动原件就能实现包装袋的压紧、松开、闸板的关门和掉袋等自动功能。该机主要用于水泥包装、也可用于其他流动性好的粉状、颗粒状物料的包装。DGY-50 系列包装机主要有单嘴(DGY-50)、双嘴(DGY-502)、三嘴(DGY-503)、四嘴(BGY-504)几种型号。

技术参数:

1) 袋重:单袋质量 50 kg;

2) 袋重合格率:100%;

3) 每嘴产量 15 t/h(单嘴机不带给料机产量 10 t/h);

4) 每嘴动力头电动机功率 4 kW;

5) 单嘴给料机功率 1.5 kW,双嘴给料机 2.2 kW,四嘴给料机 4 kW。

结构与功能:

DGY-50 系列固定式包装机主要有机身、给料机构、出灰机构、控制机构、称量机构、装袋机构等组成,有自动掉袋、手动掉袋等功能。

1) 机身:采用型钢焊接结构、强度高、刚度大、小巧轻便。

2) 给料机构:由行星摆线针轮减速机,带动小链轮,经链条,大链轮带动给料机转动完成下料。该机构正反转均可。

3) 出灰机构:由电动机带动主轴叶轮旋转,由旋转的叶轮将水泥排出,经出灰管装入包装袋。

4）控制机构：插上水泥包装袋、扳下手把即打开闸板灌装开始，当水泥灌装到指定质量时，称量机构发出信号，电磁铁吸合，控制机构动作使闸板关闭，灌装停止，同时自动掉袋。

5）称量机构：是设计独特的机电结合式杠杆秤。当水泥袋重达到标定质量的瞬间，接通开关导通电磁铁、关闭闸板、停止灌装并自动掉袋，保证袋重合格。

6）装袋机构：具有独特新颖的自动掉袋装置。当水泥装到标定质量时，闸板关闭，自动掉袋装置工作，水泥袋脱落，并向外倾斜，离开包装机。

7）手动功能：万一电器发生故障，手动操作仍能继续生产。

（3）DGL-50 系列螺旋固定式水泥包装机：DGL-50 系列螺旋式水泥包装机主要用于水泥包装，也可用于其他流动性能较好的粉状颗粒物料的包装。其特点是：改变传统的叶轮输灰为螺旋翅输灰，从而解决了叶轮输灰射速高、使用新国标塑编水泥袋因气阻而装灰不满的弊病。螺旋翅输灰持续平衡快捷无气阻现象，而且生产率高。通过质检部门测试和用户使用后反馈意见一致认为，该机型称量精确、性能稳定、操作简单、密封性好、体积小、质量轻、调整检修方便、机电一体、节约电能。

该机不用空压机配套，也没有电磁阀等气动元件，通过机、电、杠杆联动就能实现包装袋压紧、松开、闸门关闭、袋满掉袋等自动化功能。

主要技术参数：

1）单袋质量误差：50 ± 0.5 kg；

2）袋重合格率：95%；

3）每嘴产量：15 t/h；

4）每嘴动力头电动机功率：5.5 kW；

5）机型为单元组合式，分单、双、三、四嘴等机型，成一系列。

（4）专用火车集装箱：散装水泥及熟料火车专用集装箱的使用在国外已经非常普遍，我国研制生产的水泥罐式集装箱和水泥熟料方箱产品自 1995 年投产之初几乎全部销往国外，2001 年开始在国内推广使用。

散装水泥集装箱每台装载水泥约 25 t，每节铁路平板车装 2 台集装箱，可储运散装水泥 50 t。在垂直高度 30 ~ 40 m，水平距离 35 ~ 40 m 甚至达到 50 m 的中转库实测平均卸料速度为 1.8 t/min，残余量不大于 0.3%。集装箱比老式铁路专用槽车操作方便、出料干净的特点也已得到现场操作人员的普遍肯定。

散装水泥集装箱外形如图 9-37 所示，散装水泥熟料方箱外形如图 9-38 所示。

图 9-37　罐式集装箱外形

图 9-38　熟料方箱外形

10 非工艺专业设计

10.1 工艺专业与非工艺专业的相互关系

一个完整的氧化铝厂设计，是一项复杂而细致的工作，除了生产工艺专业外，还需要依靠非工艺专业的密切配合与通力合作才能完成。氧化铝厂设计中非工艺专业的设计，一般有土建设计、设备设计、电气设计、自控设计、供排水设计、采暖通风设计、管道设计等。这些非工艺专业的设计需由相应专业人员根据工艺专业提供的条件来完成。

在氧化铝厂设计中，工艺专业是主体，起主导作用，非工艺专业为附属，但关系非常密切，工艺条件与非工艺条件往返频繁，尤其是在施工图设计阶段，工艺专业与非工艺专业的密切配合，对提高设计质量和保证设计进度起着重要的作用。为此，要求工艺设计人员在设计过程中完成的工作有：(1)工艺设计任务；(2)组织和协调设计工作的进程，解决好工艺专业与非工艺专业及其他专业之间的关系，汇总设计资料；(3)为其他专业的设计提供比较完整和准确的设计依据及工艺设计的条件。

在氧化铝厂设计中非工艺专业一般有：总图运输、建筑、设备、电力、仪表自控、供排水、采暖通风、热工和技术经济等。

在工艺人员进行氧化铝厂设计时，一般需要分几次向其他专业提供设计条件。在初步设计阶段，工艺专业向其他专业提供第一次设计条件，是使其他各专业对工程项目有总体的了解，明确各自在工程设计中所承担的设计任务，并开始进行本专业的设计，按时完成任务。在施工图设计阶段，工艺专业向非工艺专业提供第二次条件，是对设计的内容提出进一步深化的详细条件以及一些修改补充，为完善各专业设计提供必要的条件。一般对多数其他专业来说，工艺专业分两次提供条件即能满足要求，只有个别专业在设计较复杂的工程时才需要提供第三次条件，作为第二次提供条件的补充和完善。而对于简单的成熟项目，工艺人员设计经验丰富，也可以提供一次条件就能满足其他专业设计的要求。

非工艺专业接到设计条件后，需要从本专业的角度构思设计方案，如发现条件不全或不符合本专业的技术规范和设计原则，或无法满足工艺要求时，需要及时返回信息，以便工艺专业及时修改、完善，直至妥善解决为止。同时，各非工艺专业之间也需要相互提出要求和提供设计条件，然后才能开始做初步设计。在设计过程中还会遇到一些具体问题，要不断磋商解决，最后完成最终设计，使各专业的设计既符合各自的设计规范和设计原则，又符合工程项目的总体要求，从而保证氧化铝厂设计项目的质量。图 10-1 可以简要说明工艺专业与非工艺专业的关系。

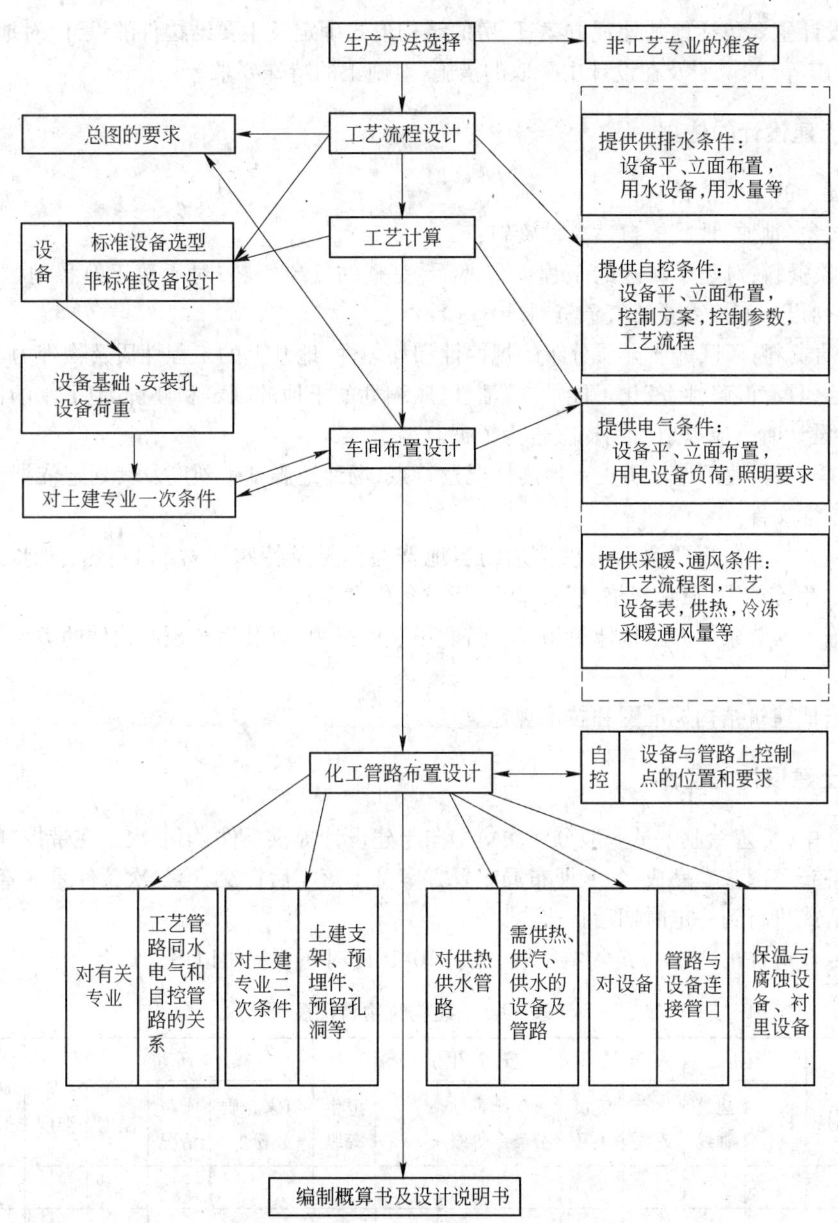

图 10-1　工艺专业与非工艺专业的关系

10.2 土建设计

土建设计包括全厂所有建筑物、构筑物（框架、平台、设备基础、楼梯等）的设计。土建设计在设计院通常分为建筑设计和结构设计，分别由建筑专业和结构专业完成。

建筑设计主要是根据建筑标准对氧化铝厂的各类建筑物进行设计。建筑设计应将新建的建筑物的立面处理和内外装修的标准与建设单位原有的环境进行协调；对墙体、门、窗、地坪、楼面和屋面等主要工程做法加以说明；对有防腐、防爆、防尘、高温、恒温、有毒物和粉尘污染等特殊要求的，在车间建筑结构上要有相应的处理措施。

结构设计主要包括地基处理方案、厂房的结构形式确定及主要结构件的设计、对地区性特殊问题(如地震等)的说明及在设计中采取的措施、对施工的特殊要求等。

10.2.1　土建设计的依据

土建设计的主要依据有:

(1) 气象、地质、地震等自然条件资料:

1) 气象资料:对建于新区的工程项目,需要完整的气象资料;对于建于熟悉地区的工程项目,可只选列设计直接需要的气象资料。

2) 地质资料:厂区地质土层分布的规律性和均匀性,地基上的工程性质及物理力学指标,软弱土的特性,具有湿陷性、液化可能性、盐渍性、胀缩性的土地的判定和评价,地下水的性质、埋深及变幅,在设计时只应以地质勘探报告为依据。

3) 地震资料:建厂地区历史上地震情况及特点,场地地震基本烈度及其划定依据,以及专门机关的指令性文件。

(2) 地方材料。简要说明可供选用的当地普通建材及特殊建材(如隔热、防水、耐腐蚀材料)的来源、生产能力、质量规格、供应情况、运输条件和单价等。

(3) 施工安装条件。当地建筑施工、运输、吊装的能力,以及生产预制构件的类型、规格和质量情况。

(4) 当地建筑结构标准图和技术规定。

10.2.2　土建设计的条件

在设计中,工艺专业人员一般分两次集中向土建设计提供条件,第一次是在带控制点工艺流程图和设备布置图基本完成、各专业布局布置方案基本落实后提交,第二次条件是在管路布置图基本完成后或进行到一定时期后提交。

工艺专业应提出建(构)筑物特征表,见表10-1,同时还要提供以下设计条件:

表10-1　建构筑物特征表

序号	车间名称	范围		人员情况		安全生产			操作环境					腐蚀特性	防雷等级
		标高	建筑轴线	生产班数	定员人数	火险分类	毒性等级	爆炸	卫生等级	有害介质或粉尘	噪声情况	温度	湿度		

(1) 工艺流程图及简述;

(2) 厂房布置,主要是工艺设备平面、立面布置图,并在图上说明对土建的各项要求且附图;

(3) 设备一览表,包括设备的流程位号、名称、规格、质量(设备质量、操作物料重、保温层重、填料重等)、装卸方法、支承形式等;

(4) 车间或工段的划分,安全生产,劳动保护,防火、防爆、防尘、防腐条件和卫生等级;

(5) 梯面的承重情况;

(6) 楼面、墙面的预留孔和预埋件的条件,地面的地沟、落地设备的基础条件;

(7) 安装和修换条件,应提出安装门、安装孔、安装吊点、各层楼板上各个区域的安装载荷、

安装场地等的要求,同时考虑设备维修或更换时对土建的要求;

(8) 人员一览表,包括车间人员总数,最大班人数、工作特点、生活福利要求、男女比例等,以此配置相应的生活行政设施;

(9) 管道在厂房建筑上穿孔的预埋件及预留孔条件。

10.2.3 土建设计的内容

土建设计内容有:

(1) 绘出各个建筑物、构筑物平面图、剖面图、立面图,写出新建的建筑物一览表、建筑材料估算表。

(2) 说明决定采用天然地基或人工地基的根据,说明结构选型的原则,混合结构、框架结构和排梁结构、预制、现浇和预应力结构等的选用范围及所考虑的因素。

(3) 基础、柱、楼层梁、板面梁、板等主要结构设计及选型的说明。

10.3 设备设计

10.3.1 设备设计的任务

设备设计的主要任务是:

(1) 精心地设计主体设备;

(2) 正确地选用辅助设备;

(3) 全车间乃至全厂的设备能力平衡统计。

氧化铝厂的主体设备大多是非标准设备,其类型繁多、形式多样、规格不一。进行非标准设备的设计,是氧化铝厂设计的重要组成部分。它是在工艺过程衡算的基础上,进一步具体完成工艺过程的设备设计,为整个氧化铝厂的顺利投产和稳产奠定可靠的物质基础。因此,非标准设备的设计是氧化铝厂设备设计的主要内容。

如第6章所述,非标准设备由设备专业进行设计,图纸交付设备制造厂进行制造。

10.3.2 非标准设备设计的内容

氧化铝厂非标准设备设计的主要内容包括:

(1) 设备制造的材质选择、设备的选型和主要结构改进的论述;

(2) 设备主要尺寸的计算和确定、相关设备的配备;

(3) 主要结构材料的选择和消耗量的计算;

(4) 设备强度设计和计算、绘制非标准设备图等。

10.3.2.1 设备制造的材质选择

氧化铝厂设备的材质选择是非常重要的,因为材料的耐腐蚀性和物理性能,不仅影响设备使用年限,而且材质选择不当时,会对高压设备、易燃易爆介质的安全操作带来隐患,材料的价格直接关系到设备的制造成本。因此,在设备选型和计算前,先要选择制造设备的适宜材料,以满足生产需要。

A 氧化铝厂设备常用材料

氧化铝厂使用的设备几乎都是化工设备,故其设备制造的材料可参考化工设备常用材料进行选择。现对化工设备常用材料简介如下:

化工设备使用的钢材品种有钢板、钢管、铸锻件和型钢。钢板是制造化工设备的主要材料，按其轧制方法可分为冷轧薄板与热轧厚板；按材料成分可分为碳素钢板、低合金钢板、高合金钢板、不锈钢与碳钢或低合金钢的复合钢板等。

(1) 碳素钢板。用于制造化工设备的常用碳素钢板牌号有Q235（Q是钢材屈服点中“屈”字汉语拼音首位字母，后面的数字是钢材厚度小于等于16 mm时，最低屈服极限的MPa值）和20R。

Q235系列有四个钢号：

Q235-A·F用于设计压力$p \leqslant 0.6$ MPa，温度小于250℃，钢板厚度小于12 mm的化工容器制造；

Q235-A用于设计压力$p \leqslant 1.0$ MPa，温度小于250℃，钢板厚度小于16 mm的化工容器制造；

Q235-B用于设计压力$p \leqslant 1.6$ MPa，温度小于350℃，钢板厚度小于20 mm的化工容器制造；

Q235-C用于设计压力$p \leqslant 2.5$ MPa，温度小于400℃，钢板厚度小于30 mm的化工容器制造。

20R钢板的一般厚度为6～16 mm，焊接性能良好，但由于其强度低，故用于中低压的中小型容器制造。

(2) 低合金钢钢板。它是在碳钢中加入少量合金元素（如Mn、V、Mo、Nb等）以显著提高钢的强度而成本增加不多的低合金钢制成的钢板。低合金钢板主要有：16MnR、15MnVR、15MnVNR、18MnMoNbR、13MnNiMoNbR、15CrMoR等。其中16MnR是用途广和用量大的化工容器用钢板，主要用于制造中低压及中小型压力容器。15MnVR多用于制造大型高压容器。

(3) 高合金钢钢板。此种钢板主要是抗腐蚀、抗高温氧化（或耐特别高的温度）性能好。高合金钢板的牌号主要有：304（0Cr18Ni9）、321（0Cr18Ni10Ti）、316（0Cr17Ni12Mo2）、317（0Cr18Ni12Mo2Ti, 0Cr19Ni13Mo3）、304L（00Cr19Ni10）、316L（00Cr17Ni14Mo2）、317L（00Cr19Ni13Mo3）等。其中304、316、304L、316L等牌号的高合金钢板是化工设备制造常用的耐腐蚀材料。

B 选择材料的主要因素

选择材料的主要因素有：

(1) 材料的耐腐蚀性。腐蚀是材料在环境的作用下引起的败坏或变质。金属和合金的腐蚀主要是由于化学或电化学作用引起的破坏，有时还同时伴有机械、物理或生物作用。例如应力腐蚀破裂就是应力和化学物质共同作用的结果。非金属的破坏一般是由于化学或物理作用引起的，如氧化、溶解和溶胀等。金属腐蚀主要是表面现象，内部腐蚀较少见，而非金属内部腐蚀则是常见的现象。金属腐蚀是金属逐渐溶解（或成膜）的过程，所以失重是主要的。腐蚀的危害非常大，会使宝贵的材料变为废物，如铁变成铁锈，使生产和生活设施过早地报废，并因此造成停产，产品或生产流体物料的流失，环境污染，甚至着火爆炸。

金属腐蚀的形态可分为均匀腐蚀和局部腐蚀两大类，前者较均匀地发生在全部表面，后者只发生在局部，例如孔蚀、缝隙腐蚀、晶间腐蚀、应力腐蚀破裂、磨损腐蚀等。一般局部腐蚀性比均匀腐蚀的危害严重得多，有一些局部腐蚀往往是突发性和灾难性的。例如设备和管道穿孔破裂，造成可燃可爆或有毒流体泄漏而引起火灾、爆炸、污染环境等事故。根据一些统计资料，化工设备的腐蚀，局部腐蚀约占70%。均匀腐蚀虽然危险性小，但大量金属都暴露在产生均匀腐蚀的气体和液体中，所以也会造成经济损失。

对金属均匀腐蚀的耐腐蚀性可用均匀腐蚀率来评价。金属材料按腐蚀率大小可分为四个等级，见表10-2。

表 10-2 金属材料的腐蚀等级评价表

等 级	腐蚀率/mm·a^{-1}	符号表示	评 价
1	<0.05	√	优 良
2	0.05~0.5	√	良 好
3	0.5~1.5	○	可用,但腐蚀较重
4	>1.5	×	不适用,腐蚀严重

但是,腐蚀率不一定是常数,可能随时间增大或减少,一般采用较长时间的稳定值,而且多取自实际经验。

设备材料的腐蚀往往使设备使用寿命缩短,检修费用增加,有时还会影响产品的质量,给经济上带来很大的损失,所以氧化铝厂设备材料的耐腐蚀性比其他性能更为重要。

各种材料有不同的耐腐蚀性,而且随着温度、介质的成分和浓度等影响因素的改变,耐腐蚀性能变化很大。例如,碳钢在盐酸中的腐蚀速度随盐酸浓度的增大而增大;在硫酸中的腐蚀性各阶段不同,当硫酸浓度较小时腐蚀速度随硫酸浓度的增加而增大,在硫酸浓度在47%~50%时腐蚀速度达到最大,浓度再增加,由于铁发生钝化,腐蚀速度逐渐降低;碳钢在碱溶液中腐蚀性相对稳定,因为铁与碱溶液生成的腐蚀产物(固体膜)在金属表面起到保护层的作用,使钢材不再继续腐蚀。因此,在考虑材料的耐腐蚀性能时,一定要注意介质的温度和浓度范围。一些常用的介质在各种温度、浓度下的材料选择,可参阅《腐蚀数据与选材手册》。

(2) 材料的物理性能。它包括材料的耐温、耐压和导热性能等。如一般碳钢设备中Q235-A钢的最高使用温度为350℃,锅炉钢可使用至450℃,而不锈钢的最高使用温度可达600℃。再如各种不同材料的导热系数不同,选择热交换器的材料时则必须考虑导热系数大的材料;机械强度差的材料不能用作受压设备。

(3) 材料的加工性能。主要为材料的焊接性能、车削性能等是否便于加工。

(4) 材料的价格和来源。材料价格直接影响设计工程技术经济指标的先进性,因此这也是材料选择中非常重要的问题,一般原则是能用普通的材料就不用价贵的材料,且尽量来源于当地或附近地区。

(5) 材料的力学性能。在设计压力容器时,需要对容器所用钢材的化学成分、抗拉强度σ_b、屈服点σ_s、断后深长率δ_s、180°冷弯、冲击功A_{KV}进行分析和严格的选择。

10.3.2.2 设备选型和主要结构的改进

在进行氧化铝厂主体设备设计时,首先需要对氧化铝生产过程的主要目的、发生的主要化学反应及其特点有深入的了解,并进行广泛的调查研究,了解完成有关某一生产过程曾经采用过什么设备?发展过程如何?目前国内氧化铝厂通用哪种设备?国外还有哪些更为先进的设备与技术等?有了以上一些情况的概括了解和认识后,便可以选定某几个氧化铝厂进行现场生产实践考察,做出内容较为详细的考察报告;根据需要还可考虑出国考察,以便能深入、全面地掌握设备的现状和发展方向,最后确定所用设备的类型。

当设备类型选定之后,就应对此种设备的具体结构进行详细的研究,主要是对设备使用过程中的运转情况、生产指标及产生问题的调查,经过充分的研究之后做出改进设计方案,必要时需委托科研院所与有关厂矿做一些模拟试验后,才能在正式设计中采用。

10.3.2.3 设备尺寸和台数的确定

当设备选型已经确定,在进行施工图设计之前,应该确定设备的主要尺寸,这需要经过准确的计算。氧化铝厂设备的主要尺寸计算方法,一般以工厂实践资料为依据,但是由于设备的类型差别较大,故计算方法也不同,基本可分为两类。

A 按设备的单位有效容积生产率计算

氧化铝厂的湿法冶金设备,如铝土矿矿浆溶出器和铝酸钠溶液种分槽等的设计,一般都是按设备的有效容积生产率计算的。下面分常压和高压两种作业条件下的设备进行计算方法的说明。

(1) 常压设备设计的计算。铝土矿矿浆常压预脱硅槽、铝酸钠溶液种分槽等,都采用常压和机械搅拌作业。这些设备的设计首先是计算确定设备的容积,其计算公式:

$$V_{总}=\frac{V_{液}t}{24\eta} \tag{10-1}$$

式中 $V_{总}$——设备的总容积,m^3;

$V_{液}$——每天需处理的矿浆或溶液的总体积,m^3;

t——矿浆在槽内停留的总时间,h;

η——设备容积的利用系数。

每天需处理的矿浆或溶液的体积,是根据物料衡算来确定的,对于固体物料的溶出,在物料衡算时,往往只知道物料的处理量,需要根据此溶出过程的液固比及矿浆的密度来计算$V_{液}$(m^3),其计算公式为:

$$V_{液}=\frac{\left(Q+\frac{L}{S}Q\right)}{\rho} \tag{10-2}$$

式中 Q——每天处理的固体物料量,t/d;

L/S——液体与固体物料的质量比(简称液固比);

ρ——液体与固体混合料浆的密度,t/m^3。

当 $V_{总}$ 求出之后,计算所需槽数的公式为:

$$N=\frac{V_{总}}{V_0}+n=\frac{V_{液}t}{24V_0\eta}+n \tag{10-3}$$

式中 N——所需槽数,台;

V_0——选定的单个槽的几何容积,m^3;

η——槽体容积的利用系数;

n——备用槽数,台。

当槽的容积与数量确定之后,便可进一步设计确定槽的结构和主要尺寸(高度与直径尺寸)。

(2) 高压溶出设备设计的计算。现以蒸汽直接加热压煮溶出铝土矿矿浆过程用的压煮器(高压釜或溶出器)为例进行计算。矿浆在压煮器中用过热的新蒸汽(280~300℃)最终加热至232℃,已知从压煮器流出的矿浆总量(原矿浆量和新蒸汽冷凝水量之和)为144.037 t/h,计算求得矿浆的密度为1.47 t/m^3,则从压煮器排出的被稀释的溶出矿浆量为:

$$Q_h=144.037/1.47=97.98(m^3/h)=0.0268\ m^3/s$$

取溶出所需时间为2 h,则反应压煮器的总容积为:

$$97.98\times2\approx200\ (m^3)$$

若选用的每台压煮器的容积为25 m^3,则需此种压煮器的台数为:

$$200/25=8\ (台)$$

在设计内径$D=1.6$ m、高$h=14$ m和壁厚$\sigma=34$ mm的这种压煮器时,为保证给定的产能,压煮器内矿浆流动的线速度v应为:

$$v=\frac{Q_h}{\left(\frac{\pi D}{2}\right)^2}=\frac{0.0268}{\left(\frac{3.142\times 1.6}{2}\right)^2}=0.0134\ (\mathrm{m/s}) \tag{10-4}$$

当矿浆在压煮器里的总停留时间为2 h,全部压煮器的总高度为:

$$H=v\tau=0.0134\times 7200=96\ (\mathrm{m}) \tag{10-5}$$

式中 τ—矿浆在压煮器中的停留时间,h。

选用的单个压煮器高度为14 m,所需压煮器台数为:

$$n=H/14=96/14\approx 7\ (台) \tag{10-6}$$

由以上计算,应选用9台压煮器,其中7台作为反应压煮器,两台作为加热压煮器。

为满足高压溶出设备机械强度的要求,可采用下述压煮器几何尺寸:

$$R_B=R_I=R_d \tag{10-7}$$

式中 R_B——压煮器下封头胴部到凸部之过渡线的内曲率半径;

R_I——胴部内半径;

R_d——压煮器下封头内曲率半径。

单台反应压煮器的工作容积为:

$$V=Q_s\tau/n=0.0268\times 7200/7=27.6\ (\mathrm{m^3}) \tag{10-8}$$

式中 Q_s——进料量,m^3/s;

τ——矿浆在压煮器中的停留时间,s;

n——运转压煮器的台数。

以上计算实例可参阅本书第8章。

B 按设备主要反应带的单位面积生产率计算

氢氧化铝流态化焙烧炉、烧结法生产氧化铝的熟料烧结窑(回转窑)等火法冶金设备,确定其主要尺寸时都可按这种方法计算,所用的公式为:

$$F=\frac{Q}{\alpha} \tag{10-9}$$

式中 F——所需设备的有效面积,m^2;

Q——每天所需处理的物料量(是由物料衡算决定的),t;

α——单位面积生产率,$t/(m^2\cdot d)$。

应用此公式求出所需设备有效面积,以及利用单位面积生产率这些数据时,必须明确这个面积是指主体设备的哪一部分,切不可将这个面积算作炉子的扩大部分,这也是在进行单位面积生产率调查时应注意的问题。同时,在设计中还必须正确选择单位生产率数据,如过大或过小,则造成投产后达不到产能或大大增加建设费用。

当设备的有效面积 F 确定之后,就可以进一步确定各种尺寸,然后可以对其主要部件及附件的结构和尺寸进行设计与计算。具体设备设计的计算实例可参阅本章第9章。

10.3.2.4 设备的构筑材料选择与计算

在氧化铝厂的火法冶金(如熟料烧结)过程中,有各种高温熔体对设备的侵蚀,有时还会有各种腐蚀气体(如 SO_2)及酸雾等。所以在进行主体设备设计以及辅助设备选用时,必须很好地选用各种耐高温、耐腐蚀的构筑材料,并计算消耗量和估计库存量。

火法冶金炉所用的构筑材料主要是各种耐火材料及加固用的钢材。在熟料烧结过程中产生的高温化合物熔体具有较强的渗透能力,有时会与筑炉材料发生化合反应;高温冶金过程有时是在氧化气氛或还原气氛下进行,有时气相中含有某种腐蚀性气体,因此,需要正确地选用耐火材料。常用耐火制品的主要特性见表10-3,不同种类的耐火制品间的反应见表10-4。

表 10-3 常用耐火制品的主要特性

名称	耐火度/℃	荷重软化开始点(196 kPa)/℃	使用温度/℃	显气孔率/%	常温耐压强度/MPa	体积密度/g·cm^{-3}	真密度/g·cm^{-3}	耐急冷急热性(水冷次数)	导热系数/W·(m·℃)$^{-1}$	比热容/kJ·(kg·℃)$^{-1}$	重烧线收缩/%	线膨胀系数/m·(m·℃)$^{-1}$
硅砖	1690~1710	(1620~1650)	1600~1650	16~25	17.2~49.0	1.9	2.36~2.4	1~4	$1.05+0.93\frac{t}{1000}$	$0.79+2.93\frac{t}{10000}$	胀0.8	(11.5~13)×10^{-6} (200~1000℃)
半硅砖	1670	1250~1320	1200~1300	22~25	14.7~19.6	2	2.5~2.6	4~15	$0.7+0.64\frac{t}{1000}$	$0.84+2.64\frac{t}{10000}$	0.5 (1400℃)	(7~9)×10^{-6} (200~1000℃)
高密度硅砖	1720~1740	1660	1600	<13~14	54.9~117.6	2.1	2.34~2.37				1.66~1.68 (700℃以下)	
黏土砖	1610~1730	1250~1400	<1400	18~26	12.3~53.9	1.8~2.2	2.6	5~25	$0.7+0.58\frac{t}{1000}$	$0.84+2.64\frac{t}{10000}$	0.5 (1350℃)	(4.5~6)×10^{-6} (200~1000℃)
高铝砖	1750~1790	1400~1530	1650~1670	18~23	24.5~58.8	2.3~2.75	3.8~3.9	5~6	$2.09+1.86\frac{t}{1000}$	$0.84+2.35\frac{t}{10000}$	0.5 (1550℃)	6×10^{-6} (20~1200℃)
刚玉砖	2000	1840~1850	1600~1670	18.6~22.8	137.2	2.96~3.1	4		2.68(300℃) 2.09(1000℃)	$0.8+4.19\frac{t}{10000}$	0	(8~8.5)×10^{-6} (200~1000℃)
镁砖	2000	1470~1520	1650~1670	20	39.2	2.5~2.9	3.5~3.6	2~3	$4.3-0.48\frac{t}{1000}$	$1.09+2.51\frac{t}{10000}$	稍胀	(14~15)×10^{-6} (200~1000℃)
镁铬砖	1850~2000	1420~1520	1750	23~25	14.7~19.6	2.7~2.85	3.65~3.75	25	1.98	$0.71+3.89\frac{t}{10000}$		

续表 10-3

名　称	耐火度/℃	荷重软化开始点(196 kPa)/℃	使用温度/℃	显气孔率/%	常温耐压强度/MPa	体积密度/g·cm^{-3}	真密度/g·cm^{-3}	耐急冷急热性(水冷次数)	导热系数/W·(m·℃)$^{-1}$	比热容/kJ·(kg·℃)$^{-1}$	重烧线收缩/%	线膨胀系数/m·(m·℃)$^{-1}$
镁铝砖	2100	1520~1580	1650~1750	19~21	24.5~34.3	2.8~3		17~35				10.6×10^{-6} (20~1000℃)
镁硅砖	1800~2100	>1550	1600~1700	20~22	39.2	2.6		1~3				11×10^{-6} (20~700℃)
白云石砖	>1950	1710		7.8~10	188.2	2.85~2.96	3~3.45	3~7	3.26(1000℃)		1.0 (1650℃)	12.5×10^{-6} (25~1400℃)
炭素砖	3000	2000	2000	20~35	24.5~49.0	1.55~1.65		好	$23.26+3.49\frac{t}{1000}$		<0.3	3.7×10^{-6} (0~700℃)
石墨砖	3000	1800~1900	2000	20~35	24.5	1.42		好	$162.82-40.7\frac{t}{1000}$	0.84	<0.3	$(5.2\sim5.8)\times10^{-6}$ (0~900℃)
碳化硅砖	SiC>85% SiC>75% 2000~2100	1700 1500	1600 1400	<15 <20		2.1~2.8	3.65~3.75	50~60	16.5(400℃), 14.2(600℃) 11.98(800℃), 10.9(1000℃) 9.3(1200℃)	$0.96+1.47\frac{t}{10000}$		4.76×10^{-6} (800~900℃)

表 10-4　不同种类的耐火制品间的反应

耐火制品名称	耐火制品反应温度/℃	黏土砖	高铝砖（Al_2O_3 70%）	高铝砖（Al_2O_3 90%）	硅　砖	烧成镁砖
黏土砖	1500		不①	不	中①	严①
	1600		不	不	严	整①
	1650		不	不	严	整
高铝砖（Al_2O_3 70%）	1500	不		不	不	中
	1600	不		不	中	中
	1650	不		不	中	中
	1710				中	严
高铝砖（Al_2O_3 90%）	1500	不	不		不	不
	1600	不	不		不	中
	1650	不	不		中	严
	1710					严
硅　砖	1500	中	不	不		中
	1650	严	中	不		中
	1650	严	中	中		严
	1710		中			
烧成镁砖	1500	严	中	不	中	
	1600	整	中	中	严	
	1650	整	中	严	整	
	1710		严	严		

① 不—不起反应；中—中等反应；严—严重反应；整—整个破坏性反应。

有关隔热材料、耐火泥浆及填料等筑炉用的材料，可参阅有关手册等文献资料。

选用的构筑材料确定后，应该计算出材料的消耗量，并估算出一般设备维修或大修所需材料的库存。对于钢铁材料消耗量的计算，可以根据五金手册资料的钢材型号，查到有关吨位的换算。耐火材料则可以从筑炉的有关资料，从体积换算为吨位，一般工业炉砌 1 m^3 黏土质耐火砖所需材料和工日见表 10-5。其他材料的消耗量计算，若无手册资料可查，则应从生产实践中调查获得。从材料的定购及数量统计的角度出发，设计工作者应尽量选用标准型号的材料。

表 10-5　一般工业炉砌 1 m^3 黏土质耐火砖所需材料和工日

砌体部位名称	砖缝厚度/mm	每 1 m^3 砌体材料消耗			每 1 m^3 砌体需工日数
		黏　土　砖		其 他 材 料	
		消耗量/t	损失率/%	kg	
直墙及底	1	2.112	3	150	3.31
	2	2.060	3	150	3.31
	3	1.997	3	190	2.79
圆弧状砌体	1	2.075	3.5	150	3.54
	2	2.047	3.5	150	3.54
球形顶底	1	2.147	6.5	150	7.02
	2	2.136	6.5	150	7.02

为了便于在施工过程中统一认识,设备结构材料在施工图上的表示,必须有统一的方法。最常见的冶金炉用材料的图例见表10-6。如果所列出的图例中没有某种材料的表示法,需要用特殊的表示法时,应在施工图上做出图例加以说明。

对于设备维修或大修所需材料,都是根据工厂生产实践和分析后进行估算的。

表10-6 冶金炉常用材料图例

材料	图例	材料	图例
金属材料（已有规定剖面符号者除外）		木质胶合板（不分层数）	
线圈绕组元件		基础周围的泥土	
转子、电枢、变压器和电抗器等的迭钢片		混凝土	
非金属材料（已有规定剖面符号者除外）		钢筋混凝土	
型砂、填砂、粉末冶金、砂轮、陶瓷刀片、硬质合金刀片等		砖	
玻璃及供观察用的其他透明材料		格网（筛网、过滤网）	
木材 纵剖面		液体	
木材 横剖面			

注：1. 剖面符号仅表示材料的类别,材料的名称和代号必须另行注明；

2. 迭钢片的剖面线方向,应与安装中迭钢片的方向一致；

3. 液面用细实线绘制。

10.3.2.5 设备强度设计的计算

对氧化铝生产中常用的薄壁容器厚度的计算公式为：

$$\delta=\frac{pD_i}{200[\sigma]\varphi-p}+C_1 \tag{10-10}$$

$$[p]=\frac{200[\sigma]\varphi\delta}{D_i+\delta}+C_2 \tag{10-11}$$

式中 δ——强度计算壁厚,mm；

p——设计压力,MPa；

D_i——筒体内直径,mm；

$[\sigma]$——材料的许用应力,MPa；

φ——焊缝系数；

C_1——考虑防腐蚀等因素的壁厚附加量,mm；

C_2——工作压力附加量,MPa；

$[p]$——最高工作压力,MPa。

计算壁厚的主要设计参数说明如下：

(1) 设计压力。设计压力是在规定的设计温度下,用于确定壳壁计算壁厚的压力,通常取略高于或等于最高工作压力，见表10-7。

表10-7　设计压力的取值

情　况	设计压力(p)取值
容器上装有安全泄放装置	取安全泄放装置的初始起跳压力($p \leqslant 1.05 \sim 1.10[p]$)
单个性介质容器不装安全泄放装置	取略高于最高工作压力
容器内装有爆炸性介质	按介质特性、气相容积、爆炸前的瞬时压力、防爆膜的破坏压力及排放面积等因素考虑($p \leqslant 1.15 \sim 1.30[p]$)
装液化气体的容器	按容器填充系数和可能达到的最高温度确定
外压容器	取略大于可能产生的最大内外压差
真空容器	取0.1 MPa，当有安全控制时，取内外最大压差的1.25倍，或0.1 MPa两个数值中的较小值

(2) 设计温度。设计温度是指容器在操作中规定的设计压力下，可能达到的最高或最低(-20℃)的壁温，这个温度是选择材料和计算许用应力时的一个基本设计参数。容器的壁温可由实验测定或计算得到。表10-8为设计温度的推荐值。

表10-8　设计温度的推荐值

情　况	设计温度
不被加热或冷却的器壁，壁外有保温	容器内介质温度
用水蒸气、热水或其他液体加热或冷却的器壁	加热介质温度
用可燃气体或电加热的器壁，有衬砌层或一侧露在大气中	容器内介质温度+20℃
直接用可燃气体或电加热的器壁	容器内介质温度+50℃
容器中加热载体温度不低于600℃	容器内介质温度+100℃

(3) 许用应力。许用应力可表示为：

$$[\sigma] = \frac{极限应力}{安全系数} \tag{10-12}$$

当碳素钢或低合金钢设计温度超过420℃，合金钢(如铬钼钢)超过450℃，奥氏体不锈钢超过550℃时，还要考虑高温持久确定和蠕变确定的许用应力。

(4) 焊缝系数。焊缝区是容器确定的薄弱环节，其确定主要与熔焊金属、焊缝结构及焊接施工质量有关。为此，设计中推荐的焊缝系数：双面焊对接焊缝 $\varphi = 0.7 \sim 0.9$；单面焊有垫板对接焊缝 $\varphi = 0.65 \sim 0.8$；单面焊无垫板对接焊缝 $\varphi = 0.6 \sim 0.7$。

上述的低值不作无损探伤时的取值，局部无损探伤可取高值，如进行100%无损探伤时，φ 可相应提高0.1。

(5) 壁厚的附加量。容器的壁厚附加量为介质的腐蚀裕度 C_1、钢板的负偏差 C_2 及制造减薄量 C_3 之和，即

$$C = C_1 + C_2 + C_3 \tag{10-13}$$

1) 腐蚀裕度计算公式为：

$$C_1 = K_a B \tag{10-14}$$

式中　K_a——腐蚀速度，mm/a；

B——容器的设计寿命，一般可参考化工设备取10年，高压溶出器取20～25年。

2）钢板负偏差。设计时一般取 $C_2 = 0.5 \sim 1$ mm；钢板厚度为 6 mm 以下，C_2 取为 0.5 mm；钢板厚度为 25 mm，则 C_2 取为 1 mm。

3）制造减薄量。一般室温卷制的薄壁筒体，厚度不会减薄，所以 C_3 为 0；热卷筒体根据加工工艺则予以适量附加。

10.3.3 非标准设备设计的条件

工艺专业提供给设备设计的条件有：

（1）设备一览表。

（2）非标准设备条件表及附图，内容包括：

1）设备内的物料及其物性，如设备的生产能力或处理量（m^3/h）、物料的密度、黏度、腐蚀性等；

2）工艺操作条件，如温度、压力、溶液组成、搅拌强度等；

3）设备的尺寸，即直径、高度、主要部件尺寸等；

4）管口方位图，并说明管口密封要求，以便选用法兰。

（3）管口方位图，是表示设备上各管口以及支座等周向安装位置的图样。该图由工艺专业在管道布置设计时提出，也可由设备专业提出。

10.3.4 非标准设备设计的程序

非标准设备设计的程序为：

（1）调查了解并掌握设计依据及数据。

1）该设备在生产中的作用，在车间布置中的位置；

2）物料性质及工艺操作条件；

3）工艺专业提供的建设工程数据；

4）设备草图及管口方位图；

5）建筑单位的气象资料，如风速、风向、年最高气温、最低气温；地质资料，如地耐力、冻土层厚度；设备周边环境等。

（2）设备的材质选择。

（3）根据工艺专业提供的设计条件进行计算和设备内部结构的设计，绘制设备草图，并说明设备的加工要求。

（4）对设备强度设计进行计算。

（5）绘制非标设备图，即装配图、部件图、零件图、管口图：

氧化铝厂设备装配图是表示主体设备以及附属装置的全貌、组成和特征的图样，即表达设备各主要部分的结构特征、装配连接关系、主要特征尺寸，并写明技术要求和技术特性等资料。

一份完成的工艺设备图的内容包括：

1）设备本身的各种视图：这是设备图的核心部分；

2）标题栏：说明图纸的主题；

3）明细表：说明设备各部件的详细情况；

4）管口表：是将本设备的各管口用英文小写字母自上而下按顺序填入表中，以明确各管口的位置和规格等；

5）技术特性表：它是将设备的设计、制造、使用的主要参数（设计压力、工作压力、设计温度、工作温度、各部件的材质、焊缝系数、腐蚀裕度、物料名称、容器类别）等技术特性以列表方式供施工、检验、生产中执行；

6）技术要求：对工艺设备的技术条件、应该遵守和达到的技术指标等，以文字逐条严格地注写清楚，通常应注写的内容包括：

① 通用技术条件：是指同类化工冶金设备在加工、制造、焊接、装配、检验、包装、防腐、运输等方面的技术规范，已形成标准，在技术要求中直接引用，在书写时只需注写“本设备按 ×××××”（具体写上某标准的名称及代号）制造和验收即可。

② 焊接要求：是指对焊接接头形式、焊接方法、焊条（焊丝）、焊剂等提出的要求，并遵守焊接的有关标准。

③ 设备的检验：一般包括对主体设备的水压和气密性进行试验，对焊缝的射线探伤、超声波探伤等，都应有相应的试验规范和技术指标。

④ 其他要求：包括机械加工和装配方面的规定和要求，设备的油漆、防腐、保温、运输和安装、填料等要求。

10.4 电气设计

10.4.1 概述

氧化铝生产中应用的电气部分包括动力用电、照明、避雷、弱电、变电、配电等。一般大、中型氧化铝厂都有自建的火力发电厂（站），小型厂多由外部电厂（站）供电。氧化铝生产用电电压等级一般最高为6000 V，中小型电机通常为380 V，而输电网中都是高压电（有10～330 kV），所以从输电网引入电源必须经变压后才能使用。由工厂变电所供电时，小型或用电量小的车间，可直接引入低压线；用电量较大的车间，为减少输电损耗和节约电线，通常利用较高的电压将电流送到车间变电室，经降压后再使用。一般车间高压为6000 V或3000 V，低压为380 V。高压为6000 V时，150 kW以上电机选用6000 V，150 kW以下电机选用380 V。高压为3000 V时，100 kW以上电机选用3000 V，100 kW以下电机选用380 V。

对于氧化铝生产中使用的易燃、易爆物料（如煤粉），连续生产过程中不允许突然停电。根据生产工艺特点及物料危险程度的不同，对供电的可靠性有不同的要求。按照电力设计规范，依据用电要求从高到低的顺序将电力负荷分为一级、二级和三级，其中一级负荷要求最高，即用电设备要求连续运转，突然停电将会发生着火、爆炸事故，造成机械设备、厂房设施等巨大的经济损失，甚至人员的伤亡。

按照GB50058—92《爆炸和火灾危险环境电力装置设计规范》关于爆炸性气体环境危险区域划分的规定，根据爆炸性气体混合物出现的频繁程度与持续时间，需要确定工厂内区域爆炸危险等级（分为0区、1区和2区）。并根据不同情况选择相应的防爆电器。

应当指出，氧化铝厂生产车间绝大多数可作为无爆炸及火灾危险区，但是对于防爆和防火也绝不能掉以轻心。1999年7月5日，美国格雷默西氧化铝厂发生爆炸停产，令世人震惊，应引以为戒。

10.4.2 电气设计内容

氧化铝厂电气设计的主要内容：

（1）要了解全厂的电源状况，与工厂有关的电力系统的发电厂及区域变电站的位置、距离、装机设备容量、系统主结线构成的电源数量，增加用户的条件及远近期短路容量等情况。如对老厂改造项目,还需说明厂内供电系统现状。如有自备电厂(站)也要说明。

(2) 明确车间(装置)中最大用电容量,其中一、二、三级负荷各多少,高压用电设备台数及单台设备用电容量;对全厂高压供电系统及各级电压的选择,阐述选定的总变电所或自备发电厂(站)的容量及主结线的特点,工厂的输入电压及各级配电电压等级的选定。

(3) 计算全厂车间变电所负荷及选择变压器,设计全厂供电外线和说明全厂供电线路采用的敷设方式及原则。

(4) 设计全厂道路照明。

(5) 设计全厂电器接地、接零和防静电。

10.4.3 电气设计条件

电气设计条件分为:

(1) 动力设计条件:

1) 生产特点,用电要求,车间的防爆等级,特殊大功率电机等;

2) 按工艺设备平面布置图标明用电设备的名称、位置及线路方向,控制按钮位置;

3) 用电设备一览表,见表10-9 和表10-10;

4) 用电设备条件表,见表10-11;

5) 用电设备的自控要求;

6) 其他单位(如机修车间、化验室等)用电量。

表 10-9 用电设备

序号	流程位号	设备名称	介质名称	环境介质	负荷等级	数 量		正反转要求	控制连线要求	防护要求	计算轴功率/kW
						常用	备用				

表 10-10 电动设备

序号	型号	防爆标志	容量/kW	相 数	电压/V	成套或单机供应	立式或卧式	操 作 情 况		备 注
								年工作小时数	连续或间歇	

表 10-11 用电设备条件表

用电设备名称	负荷等级	用电设备台数	控制连锁要求	计算轴功率/kW	控制方法	开关控制点	电 力 设 备				工作制	年运转时间/h
							型号	容量/kW	电压	相数		

(2) 照明、避雷条件:

1) 在工艺设备布置图上标明照明位置及照明度;

2) 照明地区的面积、体积和照度;

3) 防爆等级、避雷等级;

4) 特殊要求,如事故照明、接地等。

(3) 弱电条件:

1) 在工艺设备布置图上标明弱电设备位置;

2) 设备火警信号、警卫信号;

3) 行政电话、调度电话、扬声器、电视监视器等。

10.5 自控设计

10.5.1 自控设计的任务和原则

10.5.1.1 氧化铝生产过程自控设计的任务

氧化铝生产过程自控(即自动控制或自动化)设计的任务是要求设计人员精心设计和安装一个完整的监控系统,使生产过程保持适宜的作业条件,稳定生产过程,力求生产过程最佳化,取得最好的技术经济指标和改善劳动条件,提高氧化铝厂生产技术现代化水平。

氧化铝生产过程自动控制,一般包括以下内容:

(1) 过程变量的检测:用检测元件和显示仪表或其他自动化装置,对过程或设备运行的工艺变量(包括物理量等),进行连续的测量和显示,以供值班员监视生产状况,为企业经济核算提供数据,为自动调节和保护提供检测信号;

(2) 自动控制:当过程工况改变时,通过自动控制设备,使某些被控变量能自动地保持在工艺所要求的范围,保证生产过程的稳定;

(3) 操作控制:对某一过程的局部或部分设备,按一定规律进行单独操作或程序控制;

(4) 被测变量信号(或自控信号)保护及联锁:当被测变量超过规定值时,就会发出声、光信号,使值班员采取有效措施以保证正常生产或自动停机;或事故发生前自动报警,自动采取紧急措施,必要时紧急停车以防止事故的发生和扩大。

由上述可知,氧化铝生产过程自控设计及生产过程自动化的实现,应当在工艺设计的基础上,合理确定检测和控制方案,正确选择和使用自动化仪表。此项工作由自控专业人员承担,但是需要工艺专业人员的密切配合,共同协作完成。

10.5.1.2 氧化铝厂自控设计的原则

自控设计原则如下:

(1) 考虑我国自动化仪表的性能和特点,立足于本国,结合我国的实际情况,同时学习和吸收国外的先进技术;

(2) 在确定过程自控技术方案时,应以确保生产安全、经济运行为原则,并从实际出发,力求技术先进、经济合理,在讲究实效的前提下,努力提高自动化水平;

(3) 对自动化仪表选型时,应根据生产要求,选用有一定精度、性能稳定可靠的定型仪器设备,或通过技术鉴定而确实证明性能可靠,能满足生产要求的仪器设备;

(4) 必须认真执行国家有关标准规范和规定。

10.5.2 常用自控仪表的种类

自控仪表是自控技术不可缺少的技术工具，是实现生产过程自动化的物质基础和重要手段。对于自动化仪表的选用是自控设计的重要环节，仪表选用正确与否，关系着自控设计及实现生产过程自动化的成败。

根据信息的获得、传递、反映和处理过程的不同，自动化仪器可分为以下五大类：

（1）自动检测仪表：它是用来测量生产过程中的工艺变量，如温度、压力、流量、物位、质量、成分量等，并按被测变量的大小转换成相应比例的电压或气压信号，例如测温热电偶及各类传感器等。

（2）显示仪表：它与检测仪表配套用以显示被测变量的小大，如各种数字量的指示仪、自动平衡记录仪、工业电视和图像显示等。

（3）控制仪表（又称调节器）：用以自动控制被控变量的仪表，如各种基地式调节仪表、单元组合式调节仪表和数字调节器等。

（4）集中控制装置：可对生产过程实现局部和集中控制的装置，如各种巡回检测仪、巡回控制仪、程序控制仪和计算机等。

（5）执行器：按受控制指令信号、按调节器的控制作用规律改变操作变量，使被控变量回复到规定值，如各类电动和气动执行器、调节阀、接触器等。

以上五类自动化仪表之间的关系，可用图10-2表示。

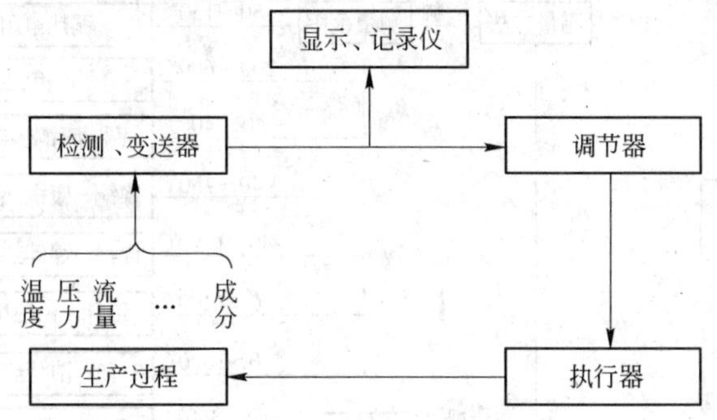

图10-2 自动控制系统组成框图

10.5.3 常用自控仪表的选用

10.5.3.1 常用自控仪表的选用原则

为保证仪表的实用性，充分发挥其在氧化铝生产自动化方面的重要作用，在设计和选用自动化系统和仪表时，必须遵守以下原则：

（1）测量和控制系统的设计要满足工艺要求：在确定测量变量和控制系统时，应当充分了解各种工艺变量对生产工艺影响的重要程度，以便确定哪些变量需要自动检测、自动控制及上下限报警，哪些设备需要联锁保护，由此才能正确选定检测和控制系统。

（2）仪表选型应在保证安全可靠、技术先进的条件下，选择经济实用的仪表；品种规格不宜过多，且尽量选用标准化、系列化、通用化的仪表，便于安装、使用和维修；当周围环境存在振动、腐蚀、易燃易爆、强电磁场、高温多尘、潮湿等情况时，应采取相应的防御措施，或选用防震、防爆、防腐等类型的仪表。

(3) 选用的仪表能连续测量、自动显示或记录,且显示值要清晰;要能正确地传递信号,及时显示出被测参数的瞬时变化;成套安装的仪表,外形和颜色要协调,零部件的通用性、互换性要好。

10.5.3.2　常用自控仪表的选用

A　检测仪表的选用

检测元件和变送器在控制系统中起着获取和传递信息的作用,要求它能正确地、及时地获取被控变量变化的信息,为操作人员提供判断生产工况和控制系统进行控制作用的依据。

(1) 温度测量仪表的选用。温度测量仪表有双金属温度计、玻璃液体温度计、压力式温度计、热电偶等接触式仪表,也有光学、光电和辐射高温计之类的非接触式仪表。

根据生产工艺对温度测量的要求,即工艺温度的范围、允许误差大小、安装地点(现场、近距离传输或远距离传输)、被测物体的特点(运动体、高温腐蚀、振动、冲击等)及现场环境条件等,正确选择仪表类型、量程、显示方式和准确度,正确使用的测温范围应在仪表温度标尺刻度范围的 30% ~90% 为宜。

温度测量仪表的选择如图 10-3 所示。

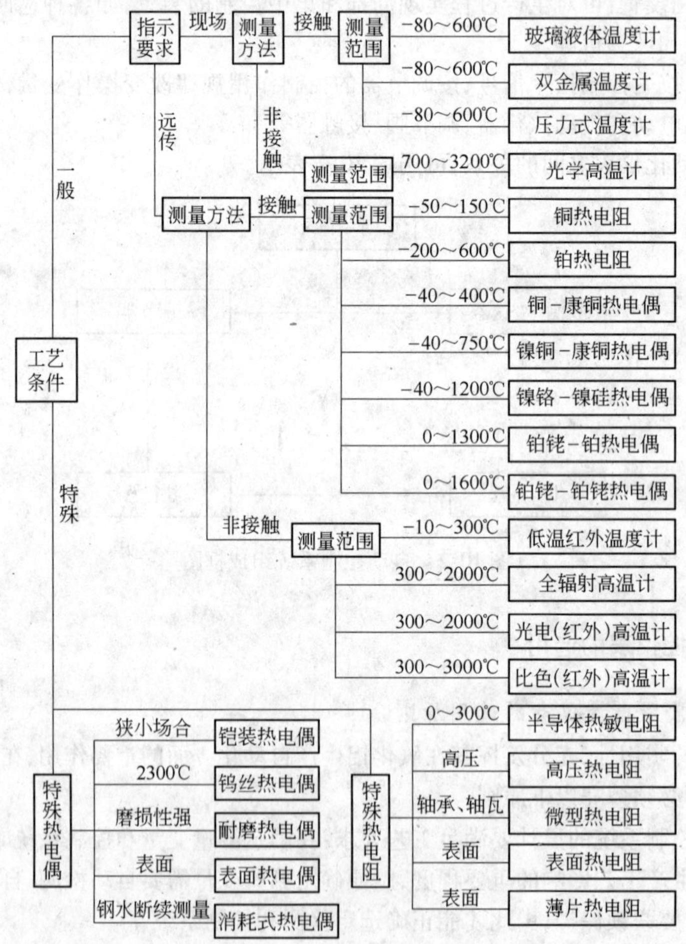

图 10-3　温度测量仪表的选择

(2) 压力、压差和真空度测量仪表的选用。压力测量仪表有液柱式压力表、普通弹簧管式压力表、专用弹簧管式压力表(氨、氧气、氦气、乙炔等气体用)、膜片式压力表、特种压力表(耐酸、耐高温等)。

根据压力测量的要求,压力测量仪表的选择必须考虑:

1)量程的选择:在测量稳定压力时,最大量程为正常测量值的1.5倍;测量变化压力时,最大量程则为正常测量值的2倍。

2)测量的准确度:根据工艺允许的误差要求,以经济实用为原则,一般工业测量为1.0、1.5、2.5级;精密测量时,可选0.25、0.4、0.5级的精密压力表。

3)环境条件和介质性能情况:因为各类仪表都有一定的使用环境条件,如易燃易爆场合应选用防爆型,腐蚀环境应选用抗腐蚀型等。

4)工艺要求:根据是否用于现场指示、远距离传送指示、信号报警、联锁或位式调节,是否与流量测量配合及是否需要数据累计等而选择相应的压力测量仪表。

压力测量仪表的选用如图10-4所示。

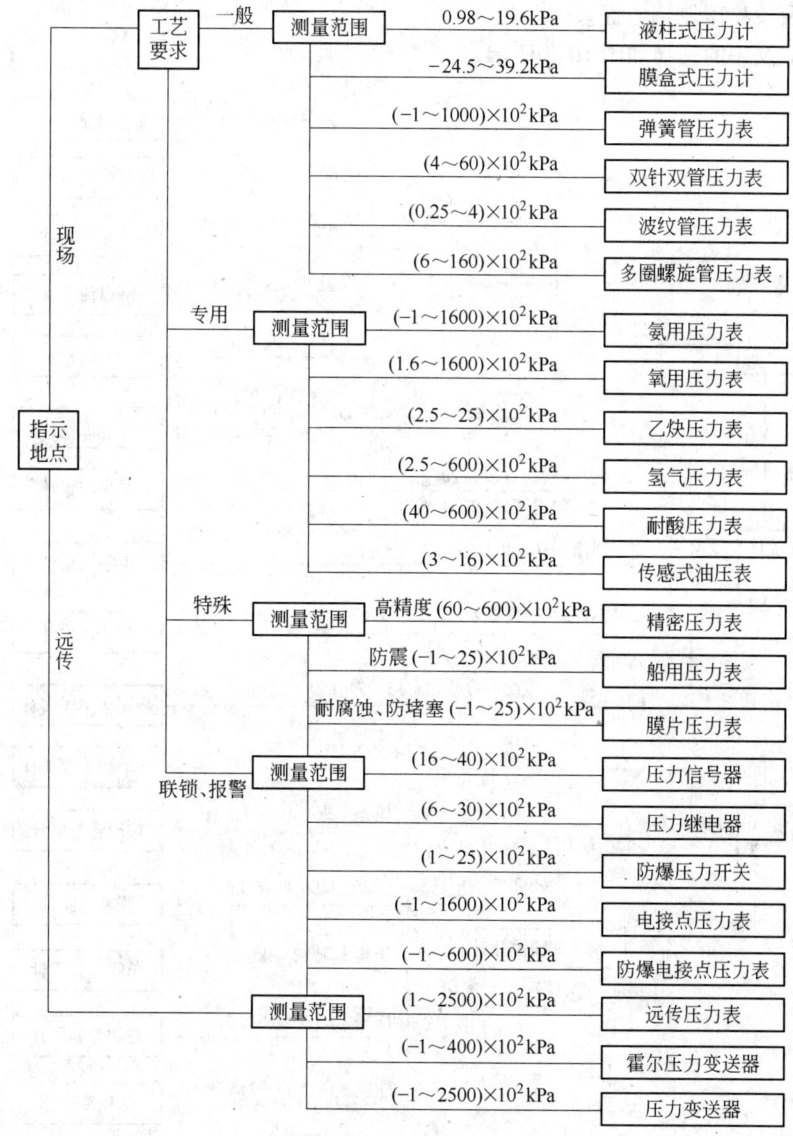

图10-4 压力测量仪表的选择

（3）流量测量仪表的选用。流量测量仪表类型很多，按测量方法不同，一般可分为差压流量计（包括节流装置、毕托管、均速管、阿牛巴管等）、靶式流量计、转子流量计、容积式计量表、速度式计量表、电磁流量计、涡轮流量计、超声波流量计、量热式流量计、质量流量计等；按测量要求分类，一般分为微流量（小于60 L/h）测量、小流量（60 L/h ~ 20 m^3/h）测量、一般流量（20 ~ 100 m^3/h）测量、大流量（大于100 m^3/h）测量、脉动流测量、多相流测量、双向流测量、高温变压介质流量测量、强腐蚀性介质流量测量、高黏度介质流量测量、低温及超低温介质流量测量仪表等。

流量仪表的选择应兼顾技术和经济两个方面，由于流量测量仪表的种类繁多，各种不同的流量表，只有在特定的条件下，才能发挥其自身的特点，为此，应当考虑：被测流体的种类（液体、气体、蒸汽、浆液、粉料等），工作状态（温度、压力等），流动状态（层流、紊流、脉动流等），物性参数（密度、黏度、导电性、腐蚀性等），相数（单相、两相、多相）以及流向（一向流、多向流），最大流量及最小流量，容许压力损失，准确度要求，现场安装及使用条件，具体用途（指示、记录、积算、计量、控制等）及价格限制诸方面。

流量测量仪表的选择如图10-5所示。

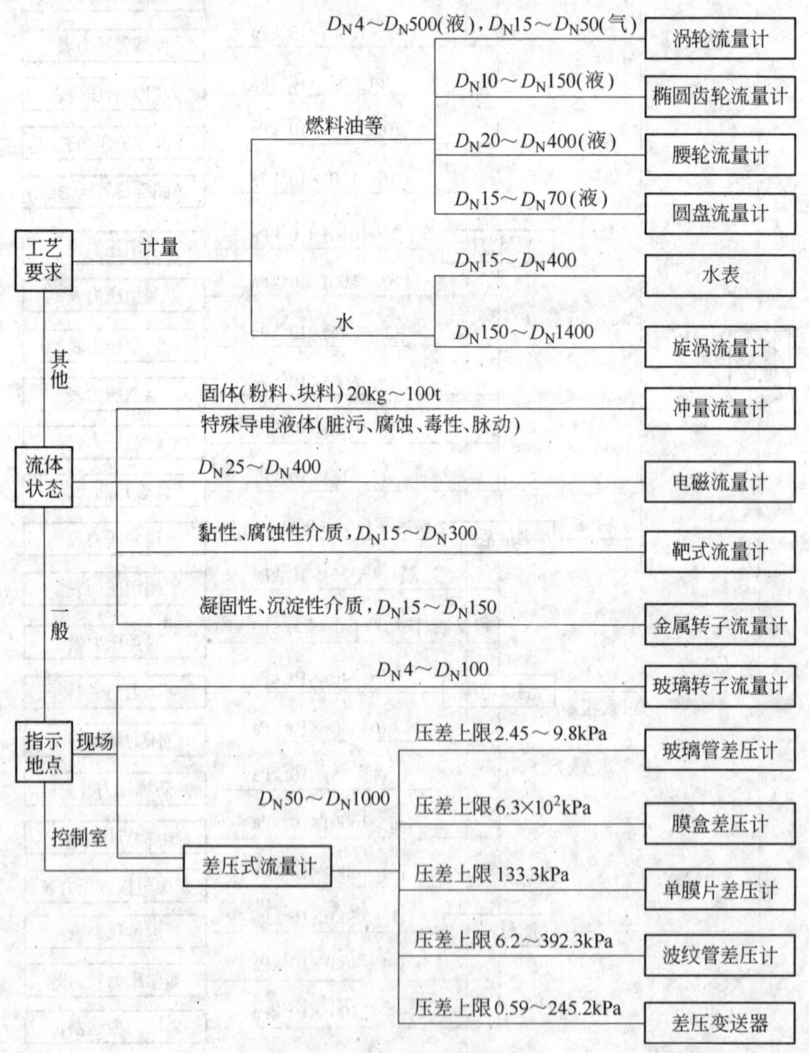

图10-5　流量测量仪表的选择

选用节流装置或其他差压感测元件时，要考虑差压仪表的配套。用于计量及经济核算的流量仪表，应选用高精度容积式流量计、椭圆齿轮流量计、腰轮流量计、圆盘流量计、水表涡轮、旋涡流量计等；用于酸、碱，二相（矿浆、泥沙）流量测量，可选用电磁流量计；用于固体粉料和块料流量测量，可选用冲量式流量计。

（4）电子秤的选用。冶金生产过程中电子秤主要用于快速称量，动态或自动称量以及配料等。按用途不同，一般可分为：电子容器秤、电子料斗秤、电子吊车秤、电子平台秤、电子皮带秤及电子轨道衡等。电子秤是由传感器和显示仪表两部分组成，选用时主要根据工艺对物料称量的要求、使用场合、计量准确度等进行合理选型。表10-12为部分国内电子秤的性能。

表10-12 国内电子秤性能简表

名称	型号	秤量范围	精度	选用传感器	生产厂
电子皮带秤	GGP-02	20~200 t/h	±1.5%	BHC-1型	营口仪器三厂
	BCB	10~3000 t/h	±2%	BHR-7型	华东电子仪器厂
	CCP-10	10~3000 t/h	±1.0%	BLR-1型	
	DBC-1	10~3000 t/h	±1.5%		上海衡器三厂
数字电子秤	GGD-41	200 kg~400 t	±0.5%	BHC-2型	营口仪器三厂
				BHC-1型	
				BLR-1型	
	DCS-1	200 kg~400 t	±0.5%	BHR-4.7型	
模拟电子秤					
1. 定值控制电子秤	GGD-1	50 kg~400 t	±0.5%	BHC-1，2型	营口仪器三厂
				BLR-1型	
2. 转盘电子秤	DCZ-1	50 kg~400 t	±1.0%	BHR-4.7型	华东电子仪器厂
3. 条形电子秤	DC	50 kg~400 t	±0.5%	BHR-1，4型	成都科学仪器厂

（5）物位测量仪表的选用。物位测量是液位、料位及分界面测量的总称。选用物位测量仪表时，要从工艺及测量对象出发，一般应考虑：容器条件（形状大小），被测介质的性质及状态（固态、液态以及温度、压力、密度和黏度变化、腐蚀性、防火、防爆等），测量范围，安装条件（安装场所的大小、安装位置、周围气氛、有无振动和冲击等），输出信号方式（现场或远距离显示、报警、变送或控制）等。

在选择仪表量程时，最高物位或上限报警点为仪表最大刻度点的90%左右，正常物位为仪表最大刻度的50%左右，最低物位或下限报警点为最大刻度的10%。

用于计量和经济核算的物位表，应选用准确度较高（0.02~0.1级）的物位测量仪表。

物位测量仪表的选择如图10-6所示。

B 显示仪表的选用

氧化铝生产过程中使用的显示仪表有三大类：模拟显示仪表（以指针或记录笔的偏转角或线位移来模拟显示被测变量的连续变化）、数字显示仪表（直接以数字形式显示被测变量）和图像显示装置（直接用图形、字符、曲线及数字等方式进行显示）。其中模拟显示仪表有动圈式显示仪表和自动平衡显示记录仪表两种，早已在冶金厂、化工厂等广泛使用；数字显示仪表测量速度快、精度高、读数直观，便于和计算机配套，近些年发展很快；图相显示是兼有前两者的功能，是计算机控制的终端设备。

显示仪表的选择原则，主要是根据生产工艺过程对变量显示的要求来决定。一般对生产中的关键变量、确保安全生产的重要变量、监视控制指令的变量、用于经济核算及试验研究所需的

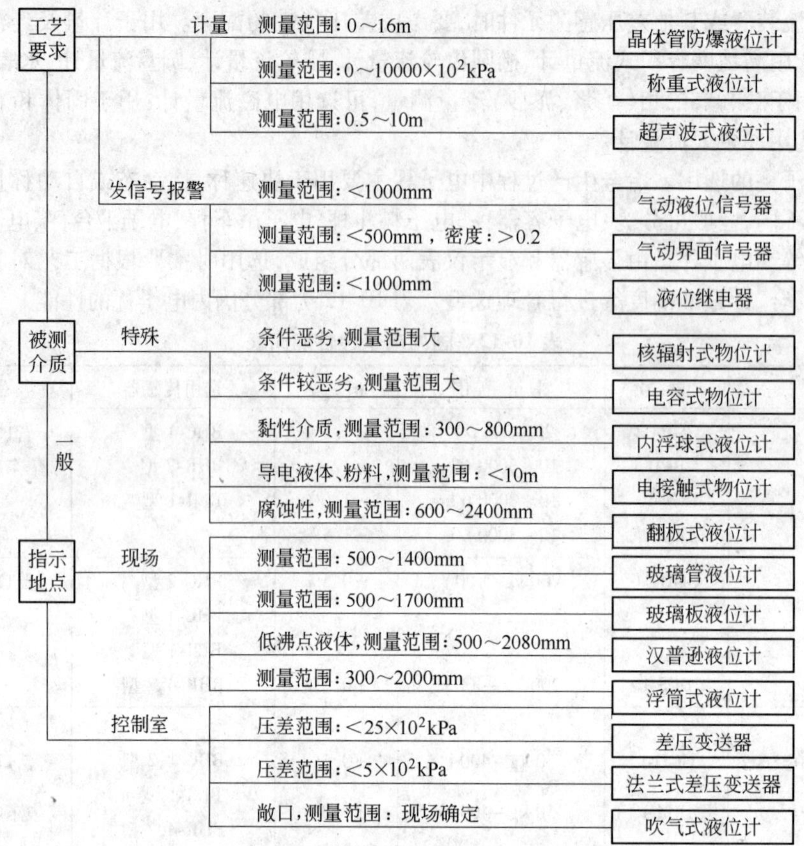

图 10-6　物位测量仪表的选择

变量，应选择记录仪表；要求指示准确度高，测量速度快，读数直观清晰，多点巡回检测或远距离观察的变量，应选择数字显示仪表。

显示仪表的选择如图 10-7 所示，动圈式显示仪表型号命名规则见表 10-13。

表 10-13　动圈式显示仪表型号命名规则

第一节						第二节					
第一位		第二位		第三位		第一位		第二位		第三位	
代号	意义	代号	意义	代号	意义	代号	意义	代号	意义	代号	意义
X	显示仪表	C	动圈式	Z	指示仪	1	单标尺	0		1 2 3 4 ⋮	配接热电偶 配接热电阻 配接霍尔变换器 配接压力变送器 ⋮
			磁电系	T	指示调节仪		表示设计序列或种类		表示调节方式		
型号示例： XCZ-101 型，动圈式指示仪配接热电偶。 XCT-102 型						1 2 3	高频振荡固定参数 高频振荡可变参数 时间程序式高频振荡固定参数	0 1 2 3 4 5	二位调节 三位调节（狭中间带） 三位调节（宽中间带） 时间比例调节（脉冲式） 时间比例加二位调节 时间比例加时间		

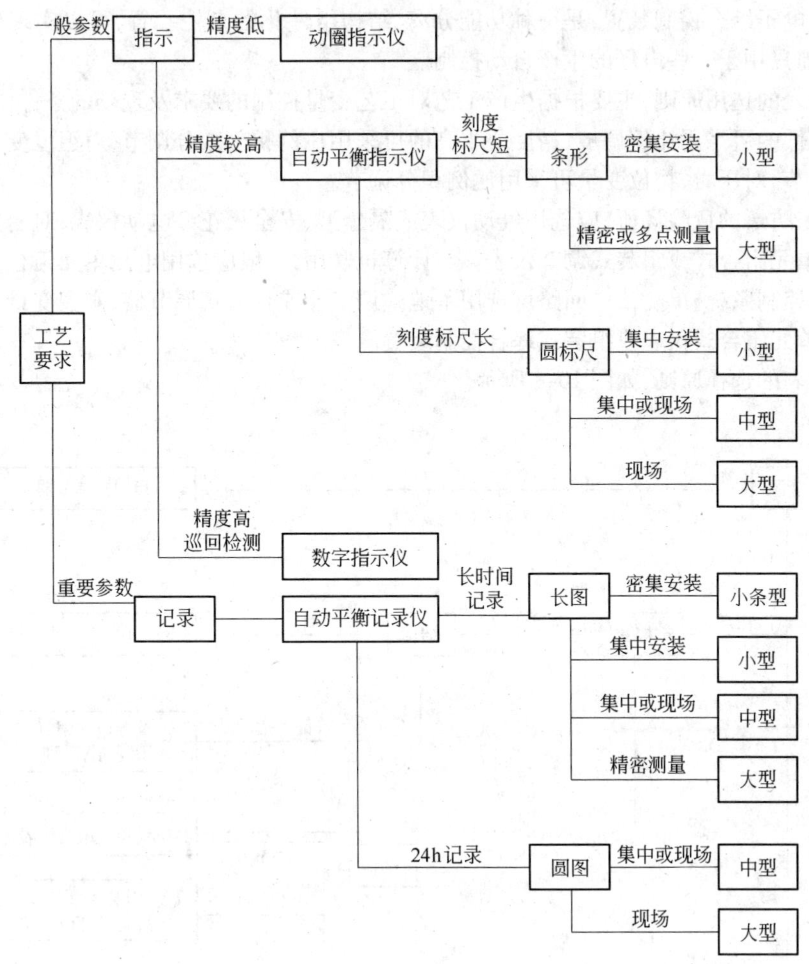

图 10-7 显示仪表的选择

C 调节仪表的选用

调节仪表又称调节器,在自动控制系统中,能将工艺变量按一定的精度维持在给定的范围内或随预定的规律变化,从而代替人工操作,以实现生产过程自动控制。

调节器按其组合形式不同可分为:基地式、单元组合式、组装式等;按调节规律不同可分为:位式、比例、比例积分、比例微分及比例微积分等作用的调节器。

基地式调节器:是以检测仪表为基础,附加各种控制装置而构成。其结构紧凑,价格便宜,使用和维修方便,一般使用一台仪器就能解决一个工艺变量的检测显示和控制问题,多用于中小厂的单变量单回路控制系统。常用的基地式调节器有 XCT 系列动圈指示调节器、自动平衡显示记录调节仪、TA 系列仪表、自动式调节器等。

单元组合式仪表:是将测量、变换、显示和调节各环节分别制成独立的单元,彼此间采用统一标准信号相互联系。按功能不同整套单元组合仪表可分为变送单元、调节单元、给定单元、显示单元、计算单元、转换单元、执行单元和辅助单元八大类;按其采用能源的不同又分为电动单元组合仪表和气动单元组合仪表两大类,其中以电动类型使用最多,最常用的有 DDZ-Ⅱ型和DDZ-Ⅲ型。

组装式电子综合控制装置:是一种功能分离、结构组件化的自控装置,可以实现生产过程综合控制,目前只用于一些电厂的生产自动控制。

调节仪表的选用原则,主要根据生产工艺对工艺变量控制的要求及现场的条件作综合考虑。对精度要求低的可采用比例调节,精度要求高的可采用比例积分微分调节,对温度变量采用比例积分微分调节,对压力、物位变量可采用比例积分调节。

对防火、防爆的危险场所,应选用气动仪表或隔爆型、安全火花型电动仪表;对密集安装的场合,应选用单元组合式或组装式调节仪表。与计算机联用,一般应选用电动单元组合式仪表。

对简单控制系统、单变量单回路可选用基地式调节器或自力式调节器;对多变量复杂控制系统,可选用单元组合式仪表或组装式综合控制装置。

调节仪表的选择原则,如图 10-8 所示。

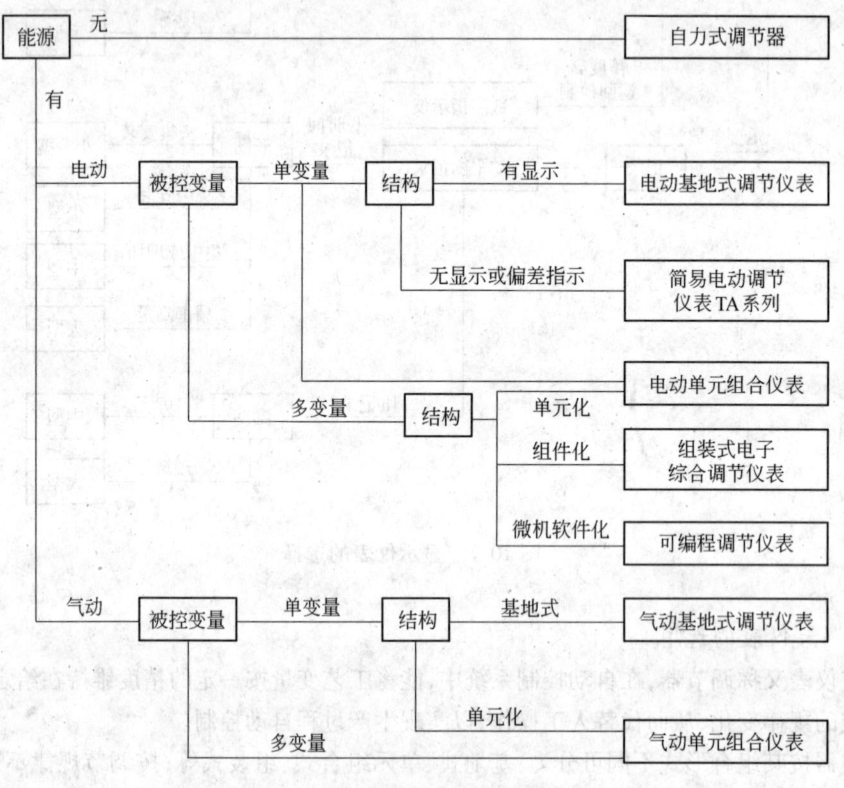

图 10-8 调节仪表的选择

D 执行器的选用

执行器由执行机构和调节阀所组成,它接受调节器发出的控制信号去改变输入对象的能量或物料量(即操纵变量),使被控变量回复到设定值。在自动控制系统中,执行器是关系到系统控制质量的重要环节之一。按所用能源不同,执行器可分为电动执行器和气动执行器两类。

执行器的选用,必须注意如下几点:

(1) 根据工艺状况(如温度、压力、压差、流量等)及流体的性质(如黏度、腐蚀性、含悬浮物或含纤维介质等)选择合理的调节阀结构形式及调节阀的材料、阀门的尺寸(口径)。

(2) 根据工艺对象的特性,选择合适的调节阀流量特性。利用调节阀放大系数的变化来补偿对象的放大系数的变化,使调节系统的总放大系数保持不变,从而可以取得较好的调节质量。

(3) 根据阀杆受力大小,选择足够推力的执行机构。

(4) 从生产安全考虑,来选择气开(或电开)、气关(或电关)的方式。

(5) 根据工艺过程的要求,选择合适的辅助装置如阀门定位器,阀门传感器、自锁装置、手轮机构、阻尼机构等。

为了保证所选调节阀的口径能够满足工艺上最大、最小流量的需要,首先必须合理确定调节阀通过的流量和前后压差,计算调节阀的流通能力;同时还要对阀门开度及可调比进行验算。

执行机构结构形式的选择如图 10-9 所示。调节机构结构形式的选择如图 10-10 所示。

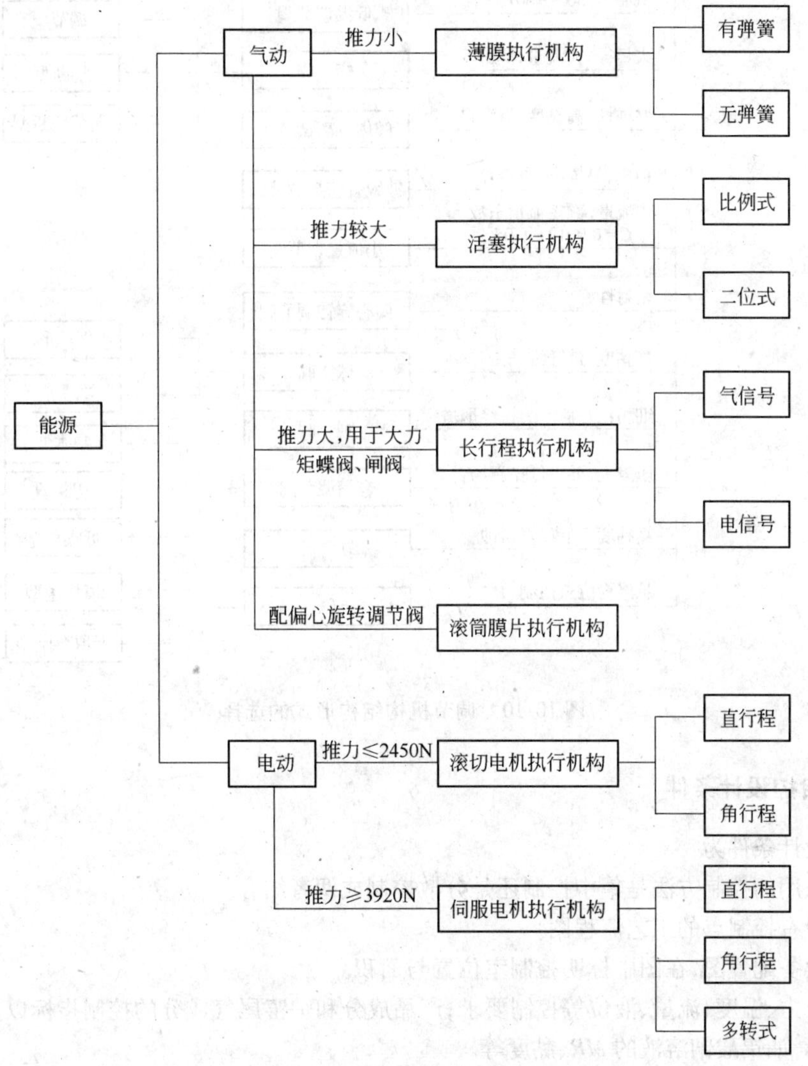

图 10-9 执行机构结构形式的选择

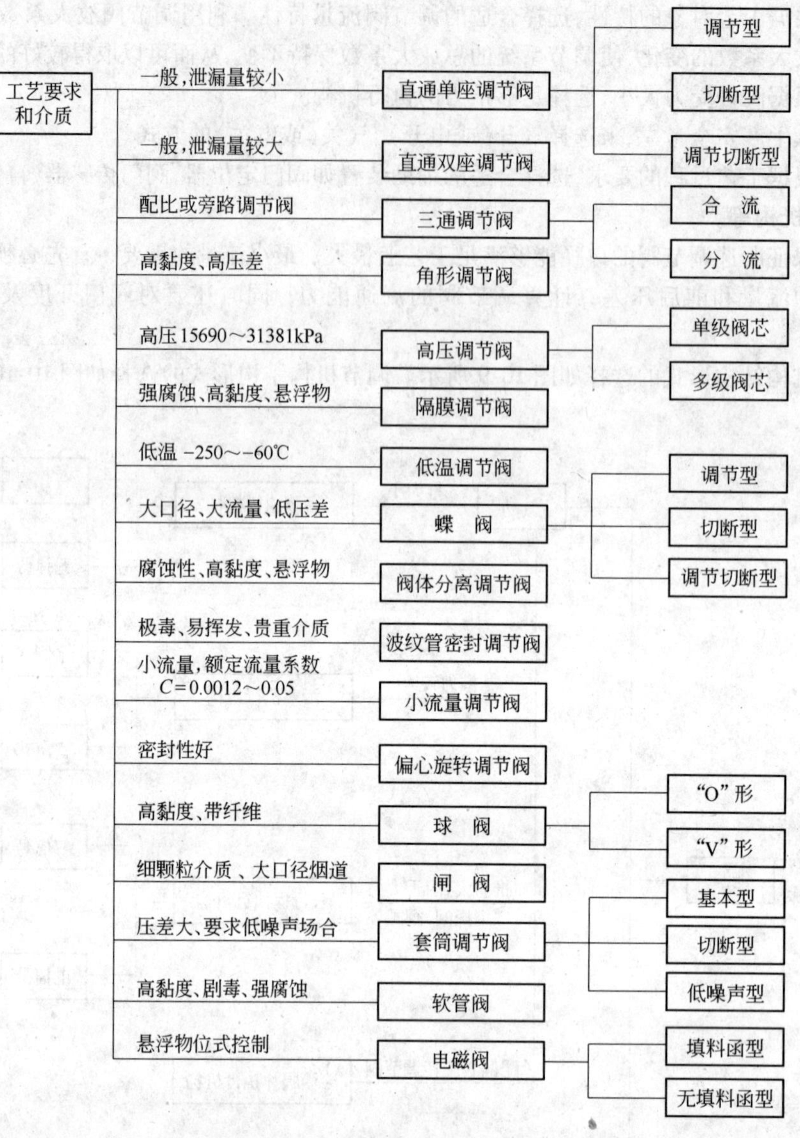

图 10-10　调节机构结构形式的选择

10.5.4　自控设计条件

自控设计条件为:

(1) 采用的控制方法是集中控制还是分散控制或两者结合。

(2) 带有控制点的工艺流程图。

(3) 设备配置图,在图中标明控制室位置与面积。

(4) 压力、温度、流量、液位等控制要求;产品成分和炉窑尾气成分的控制指标以及特殊要求的控制指标,如铝酸钠溶液的 *MR*、黏度等。

(5) 提出控制信号、要求及安装位置等。

(6) 提出仪表、自控条件表,见表 10-14;调节阀条件表,见表 10-15。

表 10-14 仪表、自控条件表

仪表位号	数量	仪表用途	工艺参数			流量/$m^3 \cdot h^{-1}$最大、正常、最小	液位/m最大、正常、最小	I—指标 R—记录 Q—累计 C—调节 K—遥控 A—报警 S—联锁	P—集中 L—就地 PL—集中、就地	所在管道设备的规格及材质	仪表插入深度/mm
			密度/$kg \cdot m^{-3}$	温度/℃	表压/MPa						

表 10-15 调节阀条件表

仪表位号	控制点用途	数量	介质及成分	流量/$m^3 \cdot h^{-1}$最大、正常、最小	三个流量的调节阀前后绝压/MPa	调节阀承受的最大压差/MPa	密度/$kg \cdot m^{-3}$	工作温度	介质黏度	管道材质与规格

10.5.5 自控设计的主要内容和要求

氧化铝生产过程的自控设计是氧化铝厂整体工程设计的一个重要组成部分，是用图纸和文字资料形式表达出来的为实现氧化铝生产过程自动化依据的全部文件及工作。

根据氧化铝厂项目的大小和要求，在自控设计内容上有很大的差异。下面介绍通常情况下氧化铝生产过程的自动化设计主要内容。

10.5.5.1 自控设计的主要内容

自控设计的主要内容包括：

(1) 从实际出发，确定工厂自动化水平；

(2) 根据工艺生产的操作条件，选择检测变量、被控变量及操纵变量；

(3) 制定控制流程图和控制系统的设计；

(4) 各类仪表的选型；

(5) 控制室及仪表盘的设计；

(6) 信号及联锁保护系统的设计；

(7) 能源系统（供气和供电系统）的设计。

10.5.5.2 自控设计的要求

自控设计的要求有：

(1) 氧化铝厂自动化水平的确定。根据控制方式，工厂自动化水平的发展大致可分为以下三个阶段：

1) 分散控制：对生产工艺的主要设备或过程，各自独立进行控制，在控制系统上没有任何联系，如单变量单回路调节系统（又称定值调节系统）。

2）集中控制：将整个生产过程的控制系统集中在一处（控制室），以利于启动、运行、监督、管理，使过程自动化水平大大提高，因此，也称为监督控制。

3）综合自动化：将生产过程作为一个整体，采用计算机或分散综合控制系统、集散控制系统（以微处理机为核心，综合了控制、计算机、通信三大技术）等先进的自动化技术，实现生产的最佳控制及事故自动处理。

在进行自控设计时，应在分析生产过程的基础上，结合我国自动化仪表生产供应水平和所设计的氧化铝厂的具体条件与要求，加以确定工厂的自动化水平，具体应考虑以下主要因素：

① 根据氧化铝生产过程使用的原材料（如矿石性质、成分等）波动情况及工艺的复杂程度来考虑，如波动大、复杂，且对生产干扰大者，自动化水平应当高一些。

② 工艺过程的特点：高温、高压、有毒、腐蚀、密封、连续、劳动条件差及人工难以操作控制时，应采用较高的自动化水平；对大型或关键工艺设备（损坏时对生产有很大的影响），应采用自动检测和自动调整，以确保生产安全和设备的生产能力。

③ 考虑我国自动化仪表的性能和特点，立足于国内。

④ 确保自动化系统的可靠性，投产后能正常运行，以免造成浪费和损失，甚至影响生产。

（2）被控变量和操纵变量的选择。

1）被控变量的选择：被控变量是指生产过程中调节对象输出的并受控制系统所控制的变量。氧化铝生产过程是复杂的物理化学反应过程，影响生产正常操作的因素很多，在生产实践中不可能把所有影响因素都加以自动控制，因此，必须深入分析冶金工艺过程，找出其中对产品产量、质量、安全生产、节约能源及改善劳动条件起决定作用的，而且可直接测量的工艺变量作为被控变量。如果被控变量选择的不当，尽管控制系统设计最佳，采用的仪表和技术最先进，也不能达到预期的控制效果。

通常，被控变量的选择原则如下：

① 尽可能选择对生产工艺影响最直接、最有效的质量指标作为被控变量，如果没有合适的质量指标时，则可选择一个与质量指标有间接线性对应关系的工艺变量，作为被控变量。

② 被控变量必须是独立的和有足够灵敏度的变量，并且滞后要小，这样，当生产过程发生变化时，所选择的被控变量能够迅速灵敏地反映出来，有利于提高检测和控制的精度。

③ 应从生产要求出发，根据工艺过程的合理性和国内仪表生产供应的现状，立足于国内仪表的配套。

2）操纵变量的选择：当被控变量确定之后，应研究对象的特性，正确选择操纵变量。操纵变量又称控制量，它受调节机构所控制，给对象施加控制作用，以克服干扰使系统重新稳定运行。为了正确选择操纵变量，首先必须掌握对象控制通道和扰动通道的特性。根据对象的静态和动态特性，操纵变量的选择原则可归纳如下：

① 选择操纵变量时应以克服主要扰动最有效为原则，即应选择控制通道放大系数大，时间常数小（但不要过小），纯滞后时间小的操纵变量。

② 扰动通道对象的放大系数应小，时间常数应尽可能大，则控制系统的品质指标越好。

③ 扰动工作点应尽量靠近调节阀或远离检测元件。增大扰动通道的容量滞后，可减少对被控变量的影响。

④ 操纵变量的选择不能单纯从自动控制角度出发，还必须做到工艺上合理和方便。

一般情况下，这两种参数可由已有的工艺操作制度来确定，只要结合实际的工艺操作状况，便可以作出正确的选择。

综上所述，合理的选择被控变量和操纵变量是控制系统设计的第一步，也是关键的一步。只要被控变量和操纵变量选择恰当,便可根据生产工艺的要求,对象的特性,工艺变量允许偏差范围及有关技术数据,设计控制系统,选择控制规律,然后再进行控制仪表及执行器的选择,从而便可组成实际的控制系统。

(3) 绘制控制流程图。控制流程图是生产过程自动化在图纸上的反映,是用规定的文字符号和图形符号描述生产过程自动化方案并使之实现自动化的一种思想方法,因此是自动化设计的主要内容。

控制流程图大致包括以下内容:

1) 选择被控变量和操纵变量组成控制系统。

2) 确定所有测量点及安装位置。

3) 建立声、光信号系统。

4) 建立联锁保护系统。

生产中的工艺操作变量很多,要合理的确定哪些工艺变量需要进行调节、显示或报警。一般只对生产过程起重要作用的变量才配控制系统,非主要变量则进行显示或报警,为操作人员监视和管理生产提供数据或信号。

控制点位置的选择,要考虑对工艺有代表性的点,尽量远离扰动工作点,并要能正确迅速反映被控变量和便于一次元件的安装。

控制流程图的绘制必须采用国家标准 GB2625—1981 过程检测和控制流程图形符号和文字代号的统一表示方法进行。

控制流程图常用图形符号、画法及文字代号,可参阅《有色冶金工厂设计基础》。

(4) 自动化仪表的选择。自动化方案确定后,为使方案具体化,需要进行各种仪表的选择,以确定仪表的种类、型号、规格及数量。

仪表型式的选择取决于工艺变量在生产过程和操作上的重要性,即对一些重要的变量采用记录式仪表,以便随时记录变量的变化情况,用以检查控制系统的工作及生产操作情况;对一些关系到车间物料平衡、动力消耗、水量消耗、燃料及蒸汽消耗、原材料消耗等的变量要选用累计式仪表;其他变量可采用指示式仪表。

仪表就地安装还是集中安装取决于自动化水平及车间特点,一般可分为就地检测、生产过程设备集中控制和中央集中控制室集中控制三种情况。至于采用哪种仪表安装方式,需要根据生产过程的连续性、车间规模大小、操作水平、典型性等进行综合考虑。一般对于易燃、易爆、有毒、高温、粉尘等工艺过程,为了改善工人的劳动条件,最好采用远距离传送仪表。就地安装仪表不能过多,以防给操作带来不便,而所有仪表都集中安装,将增大敷设管道和电缆的投资费用,且对信号的传递放大会带来一系列问题。

自控设计中各类常用仪表的选用,如本章 10.5.3 节所述。

(5) 控制室及仪表盘的设计。

1) 控制室的设计:控制室分为两种类型:全厂中央集中控制室和全厂各车间工段集中控制室,前者主要表现在计算机或高自动化水平的全厂集中控制和管理,后者属于多级分散控制。

控制室的建立是氧化铝厂仪表自动化水平提高的标志之一,利用控制室的集中控制便于对生产进行全面监督和管理,也便于仪表的安装和维修,可以减轻体力劳动和改善劳动条件。

控制室设计应考虑的主要问题:

① 控制室的位置应选择在工艺设备的中心地带,这不仅易与操作岗位取得联系,而且可以减少管线材料,有利于降低仪表的施工费用。

② 尽量远离危险、振动及大功率的电气设备,以避免它们对仪表的干扰。在设有计算机的

控制室更应采取相应的措施,避免危险因素引入计算中心。

③ 控制室内应有良好的通风、照明、采暖设施,还要正确选择方向,防止污染。

④ 控制室内墙壁、地板、门窗的设计,要考虑到仪表对温度、湿度和防尘的要求,以保证仪表测量的准确度要求。

2) 仪表盘的设计:仪表盘主要用于集中安装检测和控制仪表、操纵装置及配套附件(如安全联锁装置、开关等),并用于敷设管线和电缆。

仪表盘既可集中安装在控制室内,便于实行统一监控,也可用于现场就地安装,使之距测量点近,可减少测量滞后,便于观察和管理设备。

仪表盘按其结构可分为柜式、框架式、屏式和通道式四种仪表盘。柜式仪表盘为封闭式结构,用于空气中含有粉尘、湿气及腐蚀性气体;框架式和屏式仪表盘为非封闭式结构,前者多用于控制室对仪表的密集安装,后者则多用于就地安装;通道式仪表盘为封闭式结构,由前盘和后盘两部分组成,盘内有宽畅的通道,适于仪表的高密度安装。

仪表盘的设计,其结构型式和基本尺寸等已有部颁标准,可作设计、制造的依据。盘面的布置,对常用的仪表和操作装置既要相应集中,又要彼此有机结合,使之易于观察和便于操作,并且要美观大方。

(6) 信号联锁系统的设计和选择。信号联锁系统的设计包括的内容有两个方面,即根据生产的操作规律,设计信号报警系统和联锁保护系统的线路以及根据生产的要求,选择合适的电气设备,以组成一个切实可行的自动保护装置,以便在生产设备的某些工艺变量或运行状态出现异常时,以灯光、声响形式进行报警,或将设备自动地切换到安全位置。

信号报警系统可分为不闪光报警系统和闪光报警系统两类。

设计和选择信号报警系统要根据具体情况而定,对于生产过程复杂,工艺变量对生产影响较大、控制质量要求较高以及事故发生可能造成重大危害的极限,可设计闪光报警系统,否则设计不闪光报警系统。

联锁保护系统能接受报警信号和联锁信号,按规定的指令完成对生产设备的自动控制,实现自动保护作用。联锁保护系统经常与信号报警系统连用,其作用一是可防止事故发生,二是在事故刚出现时,为了防止事故进一步扩大,可使有关设备停车,某些阀门开放或关闭。

与调节系统相比,信号联锁系统主要用在不需要经常调节,但一旦出现某种情况就会带来严重后果的场合。其优点是投资少,在万一发生危险情况时,能有效地处理或提醒操作人员注意。

报警联锁系统电路的设计和绘制要点:

1) 电路并列排列,元件以动作先后顺序排出;

2) 线路的继电器、触头状态,按照继电器不激励时的情况下绘制;

3) 全部电器元件、继电器、触头等应按统一规定的图形符号绘制。

自控常用电器图形符号见表10-16。

表10-16 自控常用电器图形符号

序号	名 称	文字符号	图形符号	
			原理图上	布置图上
1	电 阻	R		
2	可变电阻	R		
3	电 容	C		

续表 10-16

序号	名 称		文字符号	图形符号	
				原理图上	布置图上
4	电 感		L		
5	电池(或电池组)		DCE		
6	电 铃		DL		
7	电笛(或电喇叭)		DD	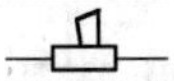	
8	电 钟		DZ		
9	晶体二极管		D		
10	变压器		B		
11	半导体整流器		ZL		
12	钮子开关		K		
13	组合开关		HZ	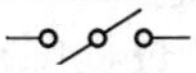	
14	行程开关		CK		
15	万能转换开关		WH	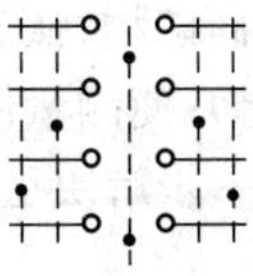	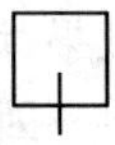
16	微动开关		WK		
17	按钮开关		AN		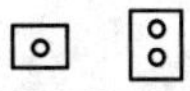
18	带指示灯按钮		AN	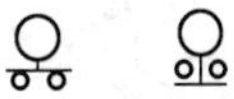	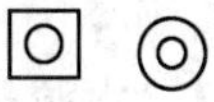
19	熔断器	螺旋式	RD	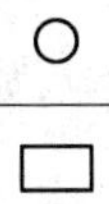	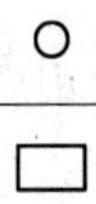
		管 式			
		瓷插式			
20	继电器线圈	电压继电器	YJ	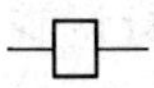	
		电流继电器	JJ		
		中间继电器	ZJ		
21	继电器触头	常 开			
		常 闭		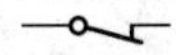	
		切 换		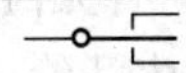	
		常开延时闭合			
		常开延时打开			
		常闭延时闭合			
		常闭延时打开			
22	非继电器触头	常 开		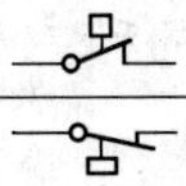	
		常 闭			

续表 10-16

序号	名称		文字符号	图形符号	
				原理图上	布置图上
23	接触器		C		
24	接触器触头	常开			
		常闭			
25	信号灯	红色	HD		
		绿色	LD		
		黄色	VD		
		白色	BD		
		蓝色	AD		

应当指出，在氧化铝生产过程中，铝酸钠溶液中常含有多种过饱和的溶解物质，它们的结晶析出过程相当缓慢，特别是采用拜耳法处理一水硬铝石型铝土矿时，在铝土矿矿浆预热和高温溶出条件下，铝酸钠溶液中的硅矿物、钛矿物等大量析出，并在设备、管道、阀门等处结疤，这不仅影响传热效果，增加热耗，而且常使测量仪表和控制仪表等失灵或结死，给工厂实现自动化带来较大的困难。因此，可以说进一步解决更有效的防止结疤技术，是加速提高氧化铝厂自动化水平的关键问题之一。

10.6 给排水设计

10.6.1 水源条件选择

氧化铝厂是大量用水的企业，如烧结法氧化铝厂，每吨氧化铝耗新水 5 t，一般都建在靠近水源的地方。

10.6.1.1 水源

对建厂地区水源情况进行调查，包括水文地质资料，年平均降雨量（mm），年平均蒸发量（mm），地下水埋藏条件、地下水位及其升降幅度，地下水的侵蚀性鉴定，可提供的地下水（井水、深井水等），地表水（河水、江水、溪水、湖水、塘水、水库水以及城市市政供水管网等）以及它们的水质、水温和可提供的水量等。

这些水源的上游或上风向有无污染源，下游或下风向对排污的要求。根据建设工程项目对给排水的要求，提出的生产及生活给排水量，在经过调查实地勘察测量工作基础上，取得可靠材料以后，进行取水方案的确定工作。

这是一个综合比较和选择的过程，按照可供采用的水源具体情况，从工程生产、生活对水质、水温、水量的要求出发，比较各种水源从取水到提供本工程用水处，其所需取水、水处理、水输送等基建投资总费用（包括设备、建构筑物、管道、占地、仪表阀门等）和运行操作维修费用的关系，进行综合考虑各种取水方案的利弊，最终选择确定一种取水方案。

10.6.1.2 工业用水

对氧化铝厂来说，水是重要的建厂条件之一。氧化铝厂工业用水可分为：生产用水、循环冷却水、锅炉给水、生活用水和消防用水等。

(1) 生产用水。氧化铝厂生产工艺过程需要水作为溶剂、稀释剂以及作为冷却过程的介质。因此生产用水一般都有一定的水质要求,需经过一定的处理,分别按不同水质用管道送至装置,如软化水、蒸汽凝结水等,对水质要求不高时,也可以直接接自新鲜水系统。

(2) 循环冷却水。氧化铝厂生产时需要大量的工业用水,为了降低工业用水量,一般应尽量将水循环使用,因此设置循环冷却塔,(又称凉水塔)。工业用水经过一次使用后水温上升至40℃左右,将此热水送至凉水塔与空气换热或部分蒸发后可降温到28℃左右,此冷却水即可循环使用,为防止在循环水系统中产生腐蚀、结垢,而降低传热系数和损坏设备,在循环水中需要投入水质稳定剂。

一般来说,凉水塔的蒸发损失约为2%。凉水塔内水与空气直接接触,大气中的污染物质、尘埃等会进入循环水。另外由于循环水在凉水塔中的蒸发,使盐类等物质不断浓缩。因此,为了维持循环水水质,可采用不断排污和补加新鲜水的方法。

循环水的供水压力一般为0.34~0.5 MPa,根据系统压力和装置间的地坪高差而定。装置内的循环热水一般分压力回水、自流回水两种方式送回循环水场。

另外,循环冷却水在周而复始的循环使用过程中,会对管道产生腐蚀并在管壁上结垢。碳酸钙是循环水结垢中的主要成分,水中的钙离子和重碳酸根在一定的温度、压力等条件下发生可逆反应,其结果是导致传热系数下降,水流动阻力上升和流量降低。须进行水质稳定处理。

1) 排污,由于循环水的浓缩,故须排出部分含盐高的循环水,同时补充适当量的新鲜水;使其含盐浓度维持在极限值以下。

2) 防垢处理,防止或减少水垢的形成,可对补充新鲜水进行软化处理,以减少带入的盐量;或对循环水进行酸处理,以增加盐的溶解度;也可添加阻垢剂,以阻止水垢的生成。通常酸处理是采用硫酸;阻垢剂是添加聚磷酸盐等。

3) 防腐蚀处理,循环冷却水的腐蚀主要以电化学腐蚀形式存在,所以防腐的主要措施是在水中添加一些能生成难溶性阳极产物保护膜的盐(如磷酸盐),或能生成难溶性阴极产物保护膜的盐(如锌盐等)。

4) 防止微生物生长,定期向循环水投加氯以抑制微生物生长。

5) 除机械杂质,使少部分循环水经过旁滤器以滤去砂及微生物。

(3) 锅炉给水。锅炉给水有一定的水质要求。一般用新鲜水经沉淀软化、离子交换、除氧等处理过程,使处理过的水符合锅炉给水的水质要求。不含油的蒸汽凝结水水质良好,应作为锅炉给水循环使用。生产装置上的取热器、蒸汽发生器等设备应按锅炉给水标准供水。

(4) 生活用水。氧化铝厂内除了生产用水外,还需要饮用水、淋浴和洗眼器用水,这些统称为生活用水。生活用水必须符合国家规定的卫生标准,要与生产用水分设系统供应,生活用水可以在厂内自设净化设备供给,也可用市政部门供应的自来水。

(5) 海水。对于建设在海边的氧化铝厂,可用海水作为冷却器等的冷却用水。海水资源可取之不尽。但海水的缺点是对设备和管道有腐蚀,所以要适当地考虑防腐措施,同时也增加维修时的工程量,这将增加投资和运行费用。

(6) 消防用水。灭火用消防用水,在短时间内用水量很大,一般设置独立系统,包括消防水池、消防水泵和消防水管道系统。对于临海的工厂可用海水。当工厂附近有大的水库、河流和湖泊时,可不设消防水池。消防水系统的压力一般为0.5~1.0 MPa。

10.6.2　给排水设计条件

10.6.2.1　供水条件

供水条件见表 10-17。

表 10-17　供水条件

车间名称	用水设备名称	水的用途	热交换器性能					用水量/$m^3 \cdot h^{-1}$ 平均 最大	水温/℃ 进口 出口	水压/MPa 进口 出口	水质要求	需水情况	进水口位置
			设备材质	冷却方式	用水压力/MPa	用水阻力降/MPa	热负荷/kJ·$(m^2 \cdot h^1)^{-1}$						

(1) 生产用水：

1) 提出工艺设备布置图,并标明用水设备名称;

2) 用水条件,如:最大和平均用水量、需要水温、水压和水质等;

3) 用水情况(连续或间断);

4) 用水处的进口标高及位置。

(2) 生活、消防用水：

1) 提出的工艺设备布置图,标明厕所、淋浴室、洗涤间、消防用水点等位置;

2) 工作室温;

3) 总人数和最大班人数;

4) 根据生产特性提供消防要求,如采用何种灭火剂等。

(3) 化验室用水：

1) 按平面布置图标明化验室位置;

2) 用水种类及用水要求。

10.6.2.2　排水条件

排水条件见表 10-18。

表 10-18　排水条件

车间名称	设备名称	排水量/$m^3 \cdot h^{-1}$ 平均 最大	是否有污染	污染情况					pH值	排水情况			备注
				水温/℃	化学成分		物理成分			排水余压/MPa	连续或间断	排水口位置	
					名称	含量	悬浮物/$mg \cdot L^{-1}$	色度					

(1) 生产排水。提出工艺设备布置图,并标明排水设备名称;排水条件如:水量、水管直径、水温、排水成分、排水压力、排水方法是间断还是连续、出口标高及位置。

(2) 生活排水。提出工艺设备布置图,标明厕所、淋浴室、洗涤间位置;总人数、使用淋浴总人数、最大班人数、最大班使用淋浴人数;排水情况等。

10.7 采暖通风设计

10.7.1 条件选择

10.7.1.1 采暖

采暖是指在冬季调节生产车间及生活场所的室内温度,从而达到生产工艺及人体生理的要求,实现生产的正常进行。工业上采暖系统按蒸汽压力分为低压和高压两种,界限是0.07 MPa,通常采用0.05~0.07 MPa的低压蒸汽采暖系统。还有的采用热风采暖系统,是将空气加热至一定的温度(70℃)送入车间,它除采暖外还兼有通风作用。

10.7.1.2 通风

车间为排除余热、余湿、有害气体及粉尘,需要通风。通风方式有以下两种:

(1) 自然通风。设计中指的是有组织的自然通风,是可以调节和管理的自然通风,可利用室内外空气温差引起的相对密度差和风压进行自然换气。

(2) 机械通风。机械通风又可分为以下三种:

1) 局部通风,如车间内局部区域产生有害气体或粉尘时,为防止气体及粉尘的散发,可用局部通风办法(比如局部吸风罩),在不妨碍操作与检修情况下,最好采用密封式吸(排)风罩。对需局部采暖(或降温),或需要考虑必要的事故排风的场所,均应采用局部通风方式。

2) 全面通风,只有当整个车间都充满有害气体(或粉尘)时,才用全面通风。

3) 有毒气体的净化和高空排放,为保护周围大气环境,对浓度较高的有害废气,应先经过净化,然后通过排毒筒排入高空并利用风力使其分散稀释。对浓度较低的有害废气,可不经净化直接排放,但必须由一定高度的排毒筒排放,以免未经大气稀释沉降到地面危害人体和生物。

10.7.2 采暖通风设计条件

采暖通风设计条件如下:

(1) 工艺流程图,标明设置采暖通风的设备及其位置;

(2) 提出采暖方式是集中还是分散采暖;

(3) 采暖通风设计条件表(见表10-19);

(4) 采暖通风方式、设备的散热量、产生有害气体或粉尘的情况。

表10-19 采暖、通风、空调条件表

房间名称	防爆等级	生产类别	工作班数	每班操作人数	要求室温/℃	要求湿度/%	蒸发设备情况			有害气体粉尘		散湿量/kg·h^{-1}	事故排风位置	事故排风量	洁净级别
							表面积/m^2	表面温度/℃	运转电机功率/kW	名称	数量/kg·h^{-1}				

11 管道设计

管道(又称管路)是氧化铝生产过程中不可缺少的部分,像人体中的血管一样,起着输送各种流体物料(如蒸汽、水、溶液、矿浆以及气体和粉状物料等)的作用,同时也是车间与车间,设备与设备之间联系或沟通的纽带,氧化铝厂实际上就是一个大型化工冶金厂。据有关资料介绍,在化工厂中,管道的总长度有几千米至几十千米,甚至几百千米,质量有几百吨至上千吨,管道设计的工作量占总设计工作量的40%,管道安装工作量占工程安装总工作量的35%,管道费用约占工程总投资的20%,所以管道设计(又称配管设计)是化工厂,也是氧化铝厂一个十分重要的组成部分,正确合理地进行管道设计对减少工程投资,节约钢材,便于安装、操作和维修,确保安全生产及车间布置整齐美观都起着十分重要的作用。

氧化铝厂管道设计可分为两大部分:管道计算与管道布置设计。管道计算包括管径计算,管道压降计算,管道保温工程,管道应力分析,热补偿计算,管件选择,管道支吊架计算等内容;而管道布置设计不仅要满足工艺流程的要求,还必须满足施工安装的要求。

11.1 管道设计基础

11.1.1 设计原则和内容

11.1.1.1 设计的依据

在进行管道设计时,应具有下列资料:

(1) 施工图设计阶段深度的工艺及仪表流程图;

(2) 公用工程系统流程图;

(3) 设备平面布置图和立面布置图;

(4) 非标准设备施工图,定型设备的样本或详细安装图;

(5) 建构筑物立面布置图;

(6) 工程设计规范,管道等级表;

(7) 设备一览表;

(8) 其他技术参数(如水源、锅炉房蒸汽压力和压缩空气站空气压力等)。

11.1.1.2 设计的原则

管道设计应遵循下列原则:

(1) 依据管道设计规定,收集设计资料及有关的标准规范;

(2) 依据工艺管道流程图进行设计;

(3) 根据装置的特点,考虑操作、安装、生产及维修的需要,合理布置管道,做到整齐美观;

(4) 根据介质性质及工艺操作条件,经济合理的选择管件;

(5) 配置的管道要有一定的挠性,以降低管道的应力,对直径大于 D_N150,温度大于177℃的管道应进行柔性核算；

(6) 管道布置中考虑安全通道及检修通道；

(7) 输送易燃易爆介质的管道不能通过生活区；

(8) 废气放空管应设置在操作区的下风向,并符合国家规定的排放标准。

11.1.1.3 设计的内容和步骤

工艺专业管道设计的内容和步骤如下：

(1) 根据介质性质、温度、压力及工艺特点,合理选择管道的材料(管材)；

(2) 根据流体黏度、浓度、压降确定流速,进而计算确定管径和管道厚度；

(3) 由管子的数量、规格和排列方式决定地沟断面和坡度,或由流体的流量和深度计算确定流槽断面和坡度；

(4) 确定管架形式及间距；

(5) 合理选用阀门和管道附件(管件)；

(6) 对需要保温的管道,合理选用保温材料,确定保温层的厚度；

(7) 进行管道布置,绘制管道布置图:根据施工图阶段工艺流程,结合设备布置图及设备施工图进行管道配置,并绘制管道布置图(工艺配管图),应包括平面图和立面图,表示车间内管道空间位置的连接、阀件、管件及控制仪表安装情况的图样。其要求如下：

1) 以代号或符号表示介质名称、管子材料和规格、介质流向以及管件、阀件、汽水分离器、补偿器等；

2) 注明管道的标高和坡度,标高以地平面为基准面,或以楼板为基准面；

3) 在同一水平面或同一垂直面上有数种管道安装时,应予以注明；

4) 绘出地沟的轮廓线；

5) 绘出蒸汽伴管系统图:表示车间内蒸汽分配管与冷凝液收集管系统平、立面布置的图样；

6) 绘制管段图(表示一个设备至另一个设备或另一管路间的一段管路及其管件、阀门、控制点具体配置情况的图样)、管架图(表示管架零部件的图样)、管件图(表示管件零部件的图样)；

(8) 给非工艺专业提供下列资料：

1) 将各种断面的地沟长度提供给土建专业；

2) 将车间上水、下水、压缩空气及蒸汽管道管径及要求(如温度,压力等条件)提供给公用工程专业；

3) 提供各种管道(包括管子、管件及阀件等)的材质、规格和数量；

(9) 编制材料表,包括管道安装材料表、管架材料表及综合表、设备支架材料表、保温防腐材料表；

(10) 作管道投资预算,编写施工说明书,包括施工中应注意的问题,各种介质的管子及附件的材料、各种管道的坡度、保温油漆等要求,安装时采用的不同种类的管件、管架的标准等以及施工中必须遵循的规范。

11.1.2 管道的分类与等级

11.1.2.1 管道的分类

管道的分类如下：

(1) 按设计压力可将工业管道分为四级,见表11-1。

表 11-1　管道分级

级别名称	设计压力/MPa
真空管道	$p<0$
低压管道	$0\leqslant p\leqslant 1.6$
中压管道	$1.6\leqslant p\leqslant 10$
高压管道	$p>10$

注:工作压力不小于 9.0 MPa,且工作温度不小于 500℃的蒸汽管道可升级为高压管道。

这种管道分级方法仅以管道设计压力为依据,虽然对蒸汽管道工作温度不小于 500℃时考虑了温度影响,但对其他介质则未考虑温度影响,更未考虑不同介质的性质差别,所以这种方法是粗略的,而且按此种办法分级的管道也无对应的设计施工规范。

(2) 按形状分类:可分为光滑管、套管、翅片管、各种衬里管等。

(3) 按用途分类,可分为:

1) 输送和传热用途,在我国可分为流体输送用、长输(输油气)管道用、石油裂化用、化肥用、锅炉用、换热器用。在日本可分为普通配管用、压力配管用、高压用、高温用、高温耐热用、低温用、耐腐蚀用等;

2) 结构用途,通常分为普通结构用、高强度结构用、机械结构用等;

3) 特殊用途,例如钻井用、试锥用、高压气体容器用等。

(4) 按材质分类,详见下节内容。

11.1.2.2　管道及管件的公称压力及公称直径

为了简化管道直径标准和压力等级,统一管道、管件、阀门等连接尺寸的标准化,因而提出了管道的公称直径与公称压力的概念。

(1) 公称直径。又称公称通径,是表示管子的名义内直径,以 D_N 表示,单位为 mm。一般情况下,管道公称直径不一定等于实际内径。但是同一公称直径的管子,外径必定相同,而内径则因壁厚不同而异。

对于法兰和阀门,其公称直径是指与它们相配的管子的公称直径。

(2) 公称压力。是指管道、管件和阀门与其机械强度有关的设计给定压力,它一般表示管道及管件在规定温度范围内的最大允许工作压力,用 P_N 表示,单位为 MPa。一般分为低、中、高十二个等级,具体见表 11-2。

表 11-2　公称压力等级

公称压力/MPa		
低	中	高
0.245,0.59,0.98,1.57	2.45,3.92,6.27	9.81,15.69,19.61,24.53,31.39

11.1.2.3　管道等级

为了简化管道及管件规格、有利于管道组成件的标准化,在管道设计中将各种管道组成件按管道的材质、压力和直径三个参数进行适当分级。管道等级的编制一般由项目负责人担任,这是管道设计中的一项技术统一的工作。它规定项目中各种工艺介质所用管道及管件的材料、规格、型号、管道等级用管道等级号和管道材料等级号来表示。

(1) 管道等级号由两个英文字母及一个或两个数字组成。如管道等级 B2A,其首位英文字母表示材质,中间数字表示压力等级,末尾字母表示顺序号,即

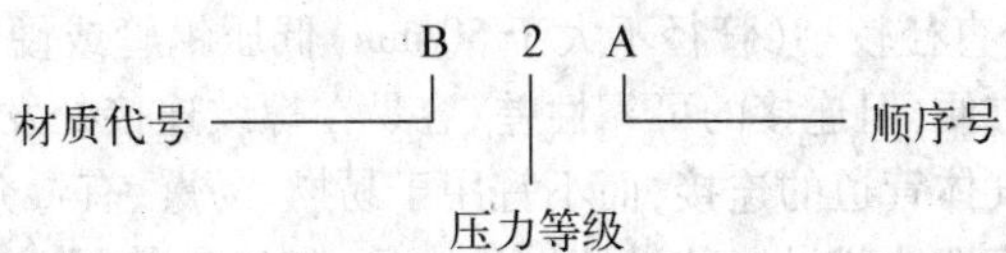

1）管道材料代号：A——铸铁及硅铸铁，B——碳素钢，C——普通低合金钢，E——不锈耐酸钢，F——有色金属，G——非金属，H——衬里管。

2）管道压力等级代号：0——0.6 MPa，1——1.0 MPa，2——1.6 MPa，3——2.5 MPa，4——4.0 MPa，6——6.4 MPa，7——10.0 MPa。

3）顺序号（用英文字母编排）：随同一材质的同一压力等级按序编排，先用大写 A，B，…，后小写 a，b，…。

（2）管道等级材料表：

1）管道材质选用原则：管道材质的选择，主要是根据被输送介质的温度、压力、腐蚀性及溶液中所含固体颗粒对管道的磨损及施工、检修、造价等因素进行综合考虑而予以确定；

2）示例：管道等级号为 E2A，是采用 HG20537.3 焊接不锈钢管、HG20599、P_N1.6 MPa 突面对焊环松套板式法兰、聚四氟乙烯包覆垫；

3）将不同管道等级号所选用的管道、阀门、垫片等材料规格列成管道等级表。

11.1.2.4 管道系统试验

管道安装完毕后，按设计规定应对管道系统进行强度及严格性试验，检查管道安装的工作质量。一般采用液压试验，如液压强度试验确有困难，也可用气压试验代替，试验中应采取有效的安全措施。

A 液压试验

液压试验采用洁净水。承受内压的地上钢管道及有色金属管道试验压力应为设计压力的 1.5 倍，且不得低于 0.4 MPa，对承受外压的管道，其试验压力应为设计内、外压力之差的 1.5 倍，且不低于 0.2 MPa。

液压试验应缓慢升压，待达到实验压力后，稳定 10 min，再将试验压力降至设计压力，停压 30 min，以压力不降、无渗漏为合格。

B 气压试验

气压试验又称严密性试验，为确保安全，应在液压试验合格之后进行，一般使用空气或惰性气体。对承受内压、设计压力不大于 0.6 MPa 的钢管及有色金属管道，其气压试验压力为设计压力的 1.15 倍；真空管道的试验压力应为 0.2 MPa。

在进行气压试验时，应采用压力逐级升高的方法。首先升压至试验压力的 50%，进行泄漏及有无变形等情况的检查，如无异常现象，再继续按试验压力的 10% 逐级升压，直至强度试验压力。每一级应稳定 3 min，达到试验压力后稳压 10 min，以无泄漏，目测无变形等为合格。

强度试验合格后，降压至设计压力，用涂刷肥皂水的方法进行检查，如无泄漏，稳压半小时，压力也不降，则设备严密性试验为合格。

11.1.2.5 管道连接方法

管道连接方法有以下几种：

（1）焊接：所有压力管道，如煤气、蒸汽、空气、真空等管道最广泛采用的连接方式。其特点是成本低、方便、可靠，特别适用于直径大的长管道连接，但拆装不便。

（2）承插焊：密封性要求高的管子连接，应尽量采用承插焊连接。

（3）法兰连接：是氧化铝厂中应用极广的连接方式。其特点是强度高、拆装方便、密封可靠，适用于大管径，密封性要求高的管子连接，如真空管道等，但费用较高。

(4) 螺纹连接:适用于直径较小(管径不大于 50 mm)低压钢管或硬聚氯乙烯塑料管的连接。其特点是结构简单、拆装方便,但连接的可靠性差,容易在螺纹连接处发生渗漏。在氧化铝厂中,通常用于上、下水及压缩气体管道的连接,而不宜用于易燃、易爆、有毒介质的管道连接。

(5) 承插连接:适用于埋地或沿墙敷设的供排水管,如铸铁管、陶瓷管、石棉水泥管,工作压力不大于 0.3 MPa,介质温度不大于 60℃。

(6) 承插粘接:适用于各种塑料管的连接。

(7) 卡套连接:适用于管径不大于 40 mm 的金属管与金属管件或与非金属管件、阀门的连接,一般用于仪表、控制系统等处。

(8) 卡箍连接:适用于洁净物料管道的连接,具有装拆方便、安全可靠、经济耐用等优点。

11.2 管道及其组件的材料与规格

11.2.1 管道的材料与规格

11.2.1.1 管道按材料分类

管道按材质可分为金属管和非金属管两大类,包括铸铁管、合金钢管、橡胶管等十几种。

11.2.1.2 各类材质管道的基本用途

各类材质管道的基本用途有:

(1) 铸铁管。铸铁管常用作埋在地下的供水总管及污水管等,也可用于输送油品和碱液及浓硫酸等腐蚀性介质。铸铁管的工作压力使用范围为:低压直管 $P_N \leqslant 0.45$ MPa,高压直管 $P_N \leqslant 0.75$ MPa。铸铁管多数采用承插式连接。

(2) 水煤气管。焊接的钢管分镀锌的白铁管和不镀锌的黑铁管两种。水煤气管常用作给水、煤气、暖气、压缩空气、真空、低压蒸汽和凝液以及无腐蚀性物料的管道。

(3) 无缝钢管。在氧化铝厂中通常采用无缝钢管(如高碳钢 A3 管等)输送碱性料浆、溶液、蒸汽、高压水等,极限工作温度为 435℃。输送强腐蚀性或高温介质(可达 900 ~ 950℃)则用合金钢或耐热钢制成的无缝钢管。无缝钢管又可用作各种设备的换热管。

(4) 有色金属管:

1) 铜管和黄铜管多用来制造换热设备,也用作低温管道、仪表的测压管线或传送有压力的流体。当温度大于 250℃时不宜在压力下使用。铜管与黄铜管的连接可用法兰连接,钎焊连接;

2) 铝管系拉制而成的无缝管,常用于输送浓硝酸,二氧化碳等物料,或用作换热管,但铝管不能抗碱。在温度大于 160℃时不宜在压力下操作,极限工作温度为 200℃;

3) 铅管可用对焊或套焊连接。

(5) 有衬里的钢管。应当尽可能找代用材料,或用作衬里,以减少较稀贵的有色金属的消耗。做衬里的金属材料有铝、铅等,也可用非金属材料如玻璃钢、搪瓷、橡胶或塑料管。

(6) 非金属管:

1) 陶瓷管:陶瓷管的内径为 25 ~ 400 mm,其特点是耐腐蚀性能很好,缺点是陶瓷性脆、机械强度低和不能耐温度巨变。陶瓷管的连接有活塞法兰连接和插套法兰连接两种;

2) 玻璃管:玻璃管的特点是耐腐蚀性、清洁、透明、易于清洗、流体阻力小和价格较低;缺点是耐压低、脆性易碎。玻璃管可用于温度为 -20 ~ 120℃的场合,温度骤变不得超过 70℃;

3) 塑料管:有硬聚氯乙烯管、聚丙烯管和聚乙烯管,其中硬聚氯乙烯管对于任何浓度的各种酸类、碱类和盐类溶液都是稳定的,但对强氧化剂、芳香族碳氢化合物、氯化物及碳氧化合物是不稳定的。可以输送 60℃以下的介质,也可以输送 0℃以下的液体。聚丙烯管具有良好的耐腐蚀性能,因无毒,可用于化工、食品及制药工业,使用温度是100℃以下。聚乙烯管有高密度聚乙烯管和低密度聚乙烯管,使用温度最高为60～70℃以下;

4）玻璃钢管:其材料主要有环氧玻璃钢、酚醛玻璃钢、呋喃玻璃钢、不饱和树脂玻璃钢和乙烯基树脂玻璃钢。玻璃钢管耐腐蚀性良好,使用温度小于80℃,使用压力小于0.6 MPa;

5）橡胶管:其耐酸碱,抗腐蚀性好,具有弹性,可任意弯曲。橡胶管一般用作临时管道,及某些管道的挠性件,不用作永久管道。输送气体用橡胶夹布耐压胶管,工作压力为0.5～0.7 MPa,其管径越大,耐压越低。

11.2.1.3　常用管子材料选用

常用管子的材料要根据输送介质的温度、压力、腐蚀性、价格及供应等情况选用。常用管子材料选用可参考表11-3。

表11-3　常用管子材料选用

管子名称	标准号	管子规格/mm	常用材料	温度范围/℃	主要用途
铸铁管	GB 9439—1988	D_N50～250	HT150,HT200,HT250	≤250	低压输送酸碱液体
中、低压用无缝钢管	GB 8163—1987	D_N10～500	20、10	-20～475	输送各种流体
			16Mn	-40～475	
			09MnV	-70～200	
裂化用钢管	GB 9948—1988	D_N10～500	12CrMo	≤540	用于炉管、热交换器管、管路
			15CrMo	≤560	
			1Cr2Mo	≤580	
			1Cr5Mo	≤600	
中、低压锅炉用无缝钢管	GB 3087—1982	外径22～108	20、10	≤450	锅炉用过热蒸汽管、沸水管
高压无缝钢管	GB 6479—1986	外径15～273	20G	-20～200	化肥生产用,输送合成氨原料气、氨、甲醇、尿素等
			16Mn	-40～200	
			10MoWVNb	-20～400	
			15CrMo	≤560	
			12Cr2Mo	≤580	
			1Cr5Mo	≤600	
不锈钢无缝钢管	GB 2270—1980	外径6～159	0Cr13,1Cr13	0～400	输送强腐蚀性介质
			1Cr18Ni9Ti	-196～700	
			0Cr18Ni12Mo2Ti	-196～700	
低压流体输送用焊接钢管	GB 3091—1993（镀锌）GB 3092—1993	D_N10～65	Q215A	0～140	输送水、压缩空气、煤气、蒸汽、冷凝水、采暖
			Q215AF,Q235AF		
			Q235A		
螺旋电焊钢管	SY5036—1983 SY5037—1983	D_N200	Q235AF,Q235A	0～300	蒸汽、水、空气、油、油气
			16Mn	-20～450	
钢板卷管	自制加工	D_N200～1800	Q235A	0～300	
			10,20	-40～450	
			20G	-40～470	

续表 11-3

管子名称	标准号	管子规格/mm	常用材料	温度范围/℃	主要用途
黄铜管	GB 1529—1987 GB 1530—1987	外径 5 ~ 100	H62, H63(黄铜) HPb59 - 1	≤250 (受压时, ≤200)	用于机器和真空设备管路
铝和铝合金管	GB 6893—1986 GB 4437—1984	外径 18 ~ 120	L2, L3, L4 LF2, LF3, LF21	≤200 (受压时, ≤150)	输送脂肪酸、硫化氢等
铅和铅合金管	GB 1472—1988	外径 20 ~ 118	Pb3, PbSb4, PbSb6	≤200 (受压时, ≤140)	耐酸管路
玻璃钢管	HGJ534—1991	D_N50 ~ 600			输送腐蚀性介质
增强聚丙烯管		D_N17 ~ 500	PP	120(压力 < 1.0 MPa)	
硬聚氯乙烯管	GB 4219—1984	D_N10 ~ 280	PVC		
耐酸陶瓷管	HGB 94001—1986				
聚四氟乙烯直管	SB186—1980	D_N0.5 ~ 25	聚四氟乙烯		
高压排水胶管		D_N76 ~ 203	橡 胶		

11.2.2 管道组件的材料与规格

11.2.2.1 阀门

阀门是氧化铝厂管道系统的重要组成部件,在氧化铝生产过程中起着重要作用。其主要功能是:接通和截断介质;防止介质倒流;调节介质压力、流量;分离、混合或分配介质;防止介质压力超过规定数值,以保证管道或设备安全运行等。阀门投资约占装置配管费用的30% ~50%。选用阀门主要从装置无故障操作和经济两方面考虑。

A 阀门的分类

通常使用的阀门种类很多,即使同一结构的阀门,由于使用场所不同,可有高温阀,低温阀,高压阀和低压阀之分;也可按材料的不同而称铸钢阀,铸铁阀等。阀门的分类见表 11-4。

表 11-4 阀门的分类

按材质分类	按用途分类	按结构分类	按特殊要求分类
1. 青铜阀 2. 铸铁阀 3. 铸钢阀 4. 锻钢阀 5. 不锈钢阀 6. 特殊钢阀 7. 非金属阀 8. 其他	1. 一般配管用 2. 水通用 3. 石油炼制、化工专用 4. 一般化学用 5. 发电厂用 6. 蒸汽用 7. 船舶用 8. 其他	1. 闸阀{楔式{单闸板、双闸板、弹性闸板}、平行滑动阀、塞阀} 2. 截止阀{基本形阀、角形阀、针形阀、棒状旋阀、节流阀} 3. 止回阀{升降式、旋启式、压紧式、底阀} 4. 旋塞阀{填料式、润滑式、塞阀} 5. 球阀 6. 蝶阀 7. 隔膜阀	1. 电动阀 2. 电磁阀 3. 液压阀 4. 气缸阀 5. 遥控阀 6. 紧急切断阀 7. 温度调节阀 8. 压力调节阀 9. 液面调节阀 10. 减压阀 11. 安全阀 12. 夹套阀 13. 波纹管阀 14. 呼吸阀

B　常用阀门的结构及其应用

以下介绍常用阀门的结构及其应用。

(1) 闸阀。闸阀适用于蒸汽、高温油品及油气等介质及开关频繁的部位,不宜用于易结焦的介质。楔式单闸板闸阀适用于易结焦的高温介质。楔式中双闸板闸阀密封性好,适用于蒸汽、油品和对密封面磨损较大的介质,或开关频繁部位,不宜用于易结焦的介质。

(2) 截止阀。截止阀适用于蒸汽等介质,不宜用于黏度大、含有颗粒、易结焦、易沉淀的介质、也不宜作放空阀及低真空系统的阀门。

(3) 节流阀。节流阀适用于温度较低、压力较高的介质以及需要调节流量和压力的部位,不适用于黏度大和含有固体颗粒的介质,不宜作隔断阀。

(4) 止回阀。止回阀适用于清净介质,不宜用于含固体颗粒和黏度较大的介质。

(5) 球阀。球阀适用于低温、高压及黏度大的介质,不能作调节流量用。

(6) 柱塞阀。柱塞阀是国际上近代发展的新颖结构阀门,具有结构紧凑启闭灵活、寿命长、维修方便等特点。

(7) 旋塞阀。旋塞阀适用于温度较低、黏度较大的介质和要求开关迅速的部位,一般不适用于蒸汽和温度较高的介质。

(8) 蝶阀。蝶阀适合制成较大口径阀门,用于温度小于80℃、压力小于1.0 MPa的原油、油品、水等介质。

(9) 隔膜阀。适用于温度小于200℃、压力小于1.0 MPa的油品、水、酸性介质和含悬浮物的介质,不适用于有机溶剂和强氧化剂的介质。

(10) 减压阀。减压阀是通过启闭件的节流,将进口的高压介质降低至某个需要的出口压力,在进口压力及流量变动时,能自动保持出口压力基本不变的自动阀门。活塞式减压阀的减压范围分三种:0.1~0.3 MPa,0.2~0.8 MPa,0.7~1.0 MPa,公称直径D_N20~200 mm。适用于温度小于70℃的空气、水和温度小于400℃的蒸汽管道。

(11) 疏水阀。疏水阀(也称阻汽排水阀,疏水器)的作用是自动排泄蒸汽管道和设备中不断产生的凝结水、空气及其他不可凝性气体,又同时阻止蒸汽的逸出。它是保证各种加热工艺设备所需温度和热量并能正常工作的一种节能产品。疏水阀有热动力型、热静力型和机械型等。

(12) 安全阀。安全阀用在受压设备、容器或管路上,作为超压保护装置。当设备压力升高超过允许值时,阀门开启全量排放,以防止设备压力继续升高,当压力降低到规定值时,阀门及时关闭,保护设备或管路的安全运行。

C　常用阀门示例

图11-1为氧化铝厂常用阀门的结构示意图。

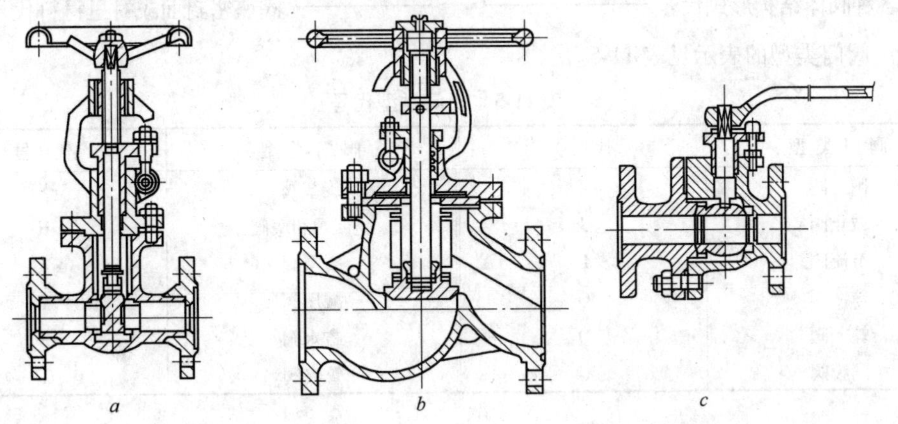

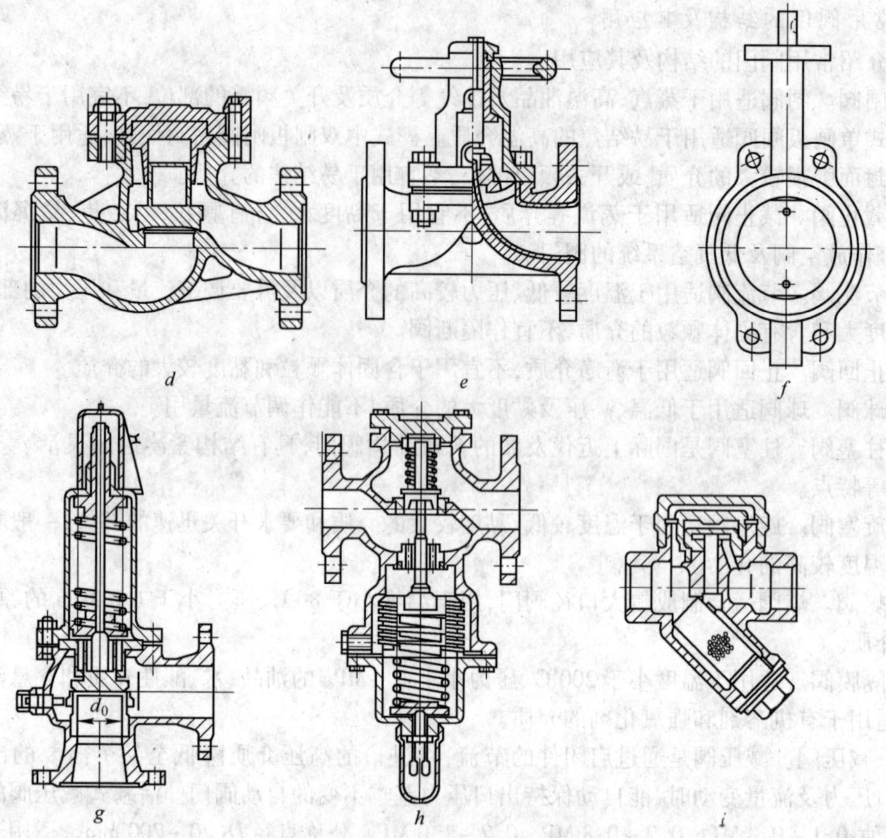

图 11-1　常用阀门结构示意图

a—法兰连接楔式闸阀；*b*—法兰连接截止阀；*c*—法兰连接球阀；*d*—升降式止回阀；*e*—衬胶隔膜阀；*f*—对夹式蝶阀；*g*—弹簧封闭式安全阀；*h*—波纹管式减压阀；*i*—圆管式疏水阀

D　阀门的表示方法

以 Z41T-10P 闸门为例，说明阀门型号的表示方法。

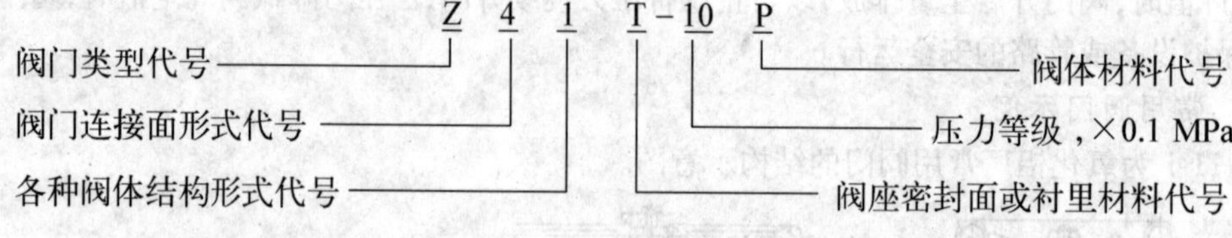

(1) 阀门类型的表示见表 11-5。

表 11-5　阀门类型代号

阀门类型	代　号	阀门类型	代　号
闸　阀	Z	旋塞阀	X
截止阀	J	止回阀和底阀	H
节流阀	L	安全阀	A
球　阀	Q	减压阀	Y
蝶　阀	D	疏水阀	S
隔膜阀	G	管夹阀	GJ

（2）阀座密封面或衬里材料表示见表11-6。

表11-6 阀座密封面或衬里材料代号

阀座密封面或衬里材料	代 号	阀座密封面或衬里材料	代 号
铜合金	T	渗氮钢	X
软橡胶	X	硬质合金	H
尼龙塑料	N	衬 胶	A
氟塑料	F	衬 铅	Y
巴氏合金	B	搪 瓷	S
合金钢	H	渗硼钢	GJ

（3）阀体材料代号用汉语拼音表示，见表11-7。

表11-7 阀体材料代号

阀体材料	代 号	阀体材料	代 号
HT25-47，HT250	Z	1Cr5Mo	I
KT30-6，KTH300-0.6	K	1Cr18Ni9Ti	P
QT40-15，QT400-15	Q	Cr18Ni12Mo2Ti	R
H62	T	12Cr1MoV	V
ZG230-450	G		

（4）阀门与管道连接形式代号用阿拉伯数字表示，见表11-8。

表11-8 连接形式代号

连接形式	代 号	连接形式	代 号
内螺纹	1	对 夹	7
外螺纹	2	卡 箍	8
法 兰	4	卡 套	9
焊 接	6	两端不同	3

11.2.2.2 法兰、法兰盖、紧固件及垫片

A 法兰

法兰是管道与管道之间的连接元件。管道法兰按与管子的连接方式可分成以下五种基本类型：平焊、对焊、螺纹、承插焊和松套法兰等五种基本类型。法兰密封面有突面、光面、凹凸面、榫槽面和梯形槽面等。

管道法兰均按公称压力选用，法兰的压力－温度等级表示公称压力与在某温度下最大工作压力的关系。如果将工作压力等于公称压力时的温度定义为基准温度，不同的材料所选定的基准温度也往往不同。

管道法兰是管道系统中最广泛使用的一种可拆连接件，常用的管法兰除螺纹法兰外，其余均为焊接法兰。

B 法兰盖

法兰盖又称盲法兰，设备、机泵上不需接出管道的管嘴，一般用法兰盖封住，在管道上则用在管道端部与管道上的法兰相配合作封盖用。法兰盖的公称压力和密封面形式应与该管道所选用

的法兰完全一致。

C 法兰紧固件——螺栓、螺母。

法兰用螺栓螺母的直径、长度和数量应符合法兰的要求，螺栓螺母的种类和材质由管道等级表确定。

D 垫片

常用法兰垫片有非金属垫片、半金属垫片和金属垫片。

11.2.2.3 管件

在管系中改变走向、标高或改变管径以及由主管上引出支管等均需用管件。由于管系形状各异、繁简不等，因此管件的种类较多，有弯头、同心异径管、偏心异径管、三通、四通、管箍、活接头、管嘴、螺纹短接、管帽（封头）、堵头（丝堵）、内外丝等。

化工装置中多用无缝钢制管件和锻钢管件。一般有对焊连接管件、螺纹连接管件、承插焊连接管件和法兰连接管件四种连接形式。

管件的选择，主要是根据操作介质的性质、操作条件以及用途来确定管件的种类。一般以公称压力表示其等级。并按照其所在的管道的设计压力、温度来确定其压力－温度等级。

11.3 管道计算

11.3.1 管径和管壁厚度的确定

11.3.1.1 管径确定的一般要求

管径确定的一般要求为：

(1) 管道直径的设计应满足工艺对管道的要求，其流通能力应按正常生产条件下介质的最大流量考虑，其最大压力降应不超过工艺允许值，其流速应在根据介质的特性所确定的安全流速的范围内。

(2) 在确定管径时，应综合权衡投资和操作费用两种因素，取其最佳值。

(3) 不同流体按其性质、状态和操作要求的不同，应选用不同的流速。黏度较高的液体，摩擦阻力较大，应选取较低流速、允许压力降较小的管道。

为了防止因介质流速过高而引起管道冲蚀、磨损、振动和噪声等现象，流体流速一般不宜超过3 m/s；气体流速一般不超过100 m/s，含有固体颗粒的流体，其流速不应过低，以免固体沉积在管内而堵塞管道，但也不宜过高，以免加速管道的磨损或冲蚀。

(4) 同一介质在不同管径的情况下，虽然流速和管长相同，但管道的压力降却可能相差较大。因此，在设计管道时，如允许压力降相同，小流量介质应选用较小流速，大流量介质可选用较高流速。

11.3.1.2 不可压缩流体的管径计算

A 流速的选取

在一般压力下，压力对液体的密度影响很小，即使在高达35 MPa的压力下，密度的变化仍然很小。因此，液体可视为不可压缩流体。

在流体输送中，流速的选择直接影响到管径的确定和流体输送设备的选择。管径小，在相同流量的条件下，则流速大、压力降大、动力消耗增大、运转费用增加；反之，管径大、壁厚和质量增加、阀门和管件尺寸也增大，使管道基建费增加。因此，必须合理选择流速，使管道设计优化。

对于长距离管道、高压管道、高温管道、大口径管道等一类对经费影响较大的管道，需进行投资费用和经营费用的经济比较，一般管道则采取输送介质流速的经验值进行估算。各种流体常用速度见表11-9，可供选择时参考。

表11-9 各种流体常用速度

流体名称	流速/$m \cdot s^{-1}$	流体名称	流速/$m \cdot s^{-1}$
自来水 主管(压力小于294 kPa)	1.5~3.5	压力<4.9 kPa	3~5
支管	1~1.5	压力<1.47 kPa	1~3
工业供水(压力小于784.5 kPa)	1.5~3.5	高压净煤气 不预热	8~12
锅炉供水(压力大于784.5 kPa)	大于3.0	预热	6~8
蛇管冷却水及蛇管内低黏度液体	小于1	低压净煤气 不预热	5~8
黏度接近于水的溶液	1~1.5	预热	3~5
黏度较大的盐类溶液	0.5~1	未清洗的发生炉煤气	1~3
碱液(压力小于588.4 kPa)	1.5~2.5	粉煤与空气混合物 水平管	25~30
硫酸管	0.8~1.2	循环管	35~45
矿浆(浓度10%~15%)	1.5~2	直吹管	大于18
易燃易爆液体	大于1	烟道气;砖砌、混凝土烟道	3~8
给油管	0.8~1.2	金属烟道	5~15
回油管	0.2~0.3	工业烟筒出口:强制排烟	8~12
结晶母液 泵前	2.5~3.5	自然排烟	3~8
泵后	3~4	往复泵 吸入口	0.7~1
过热水	2	排出口	1~2
饱和蒸汽 主管	30~40	离心泵 吸入口	1~2
支管	20~30	排出口	1.5~2
过热蒸汽 主管	40~60	化工设备排气管	20~25
支管	35~40	空压机 吸入口	小于10
高压乏气	80~100	排出口	15~20
蒸汽冷凝水	0.5~1.5	通风机 吸入口	10~15
凝结水(自流)	0.2~0.5	排出口	15~20
蛇管入口蒸汽	30~40	车间通风换气 主管	4~15
冷空气 压力>4.9 kPa	9~12	支管	2~8
压力<4.9 kPa	6~8	真空管	小于10
热空气 压力>4.9 kPa	5~7		

注：压力高的、大流量的可取偏高值；反之，取偏低值。为控制阻力一定，温度较高时，宜取偏低的标态流速。

B 管径确定的依据

管径的确定主要根据输送流体的种类和工艺要求，选定流体后，通过公式计算法或图表法来确定。

(1) 公式法。对于一般距离较短，直径较小的管道，选定流体流速后，可用下式计算管径：

$$d=\sqrt{\frac{Q_V}{\frac{\pi}{4}\times 3600v}}=\frac{1}{30}\sqrt{\frac{Q_V}{\pi v}} \tag{11-1}$$

式中 d——管子内径，m；

Q_V——流体的体积流量，m^3/h；

v——流体选用的平均流速，m/s。

（2）图表法。为了简便，在工程上经常采用图表法求管径，即根据选定的流速查有关图表确定管子直径，常用的有：液体流速、流量与管径的关系图（图 11-2），蒸汽管道管径求取图（图 11-3），低压蒸汽流量、流速与管径表（表 11-10），低真空管道计算表（表 11-11），压缩空气的流速与管径图算法等。

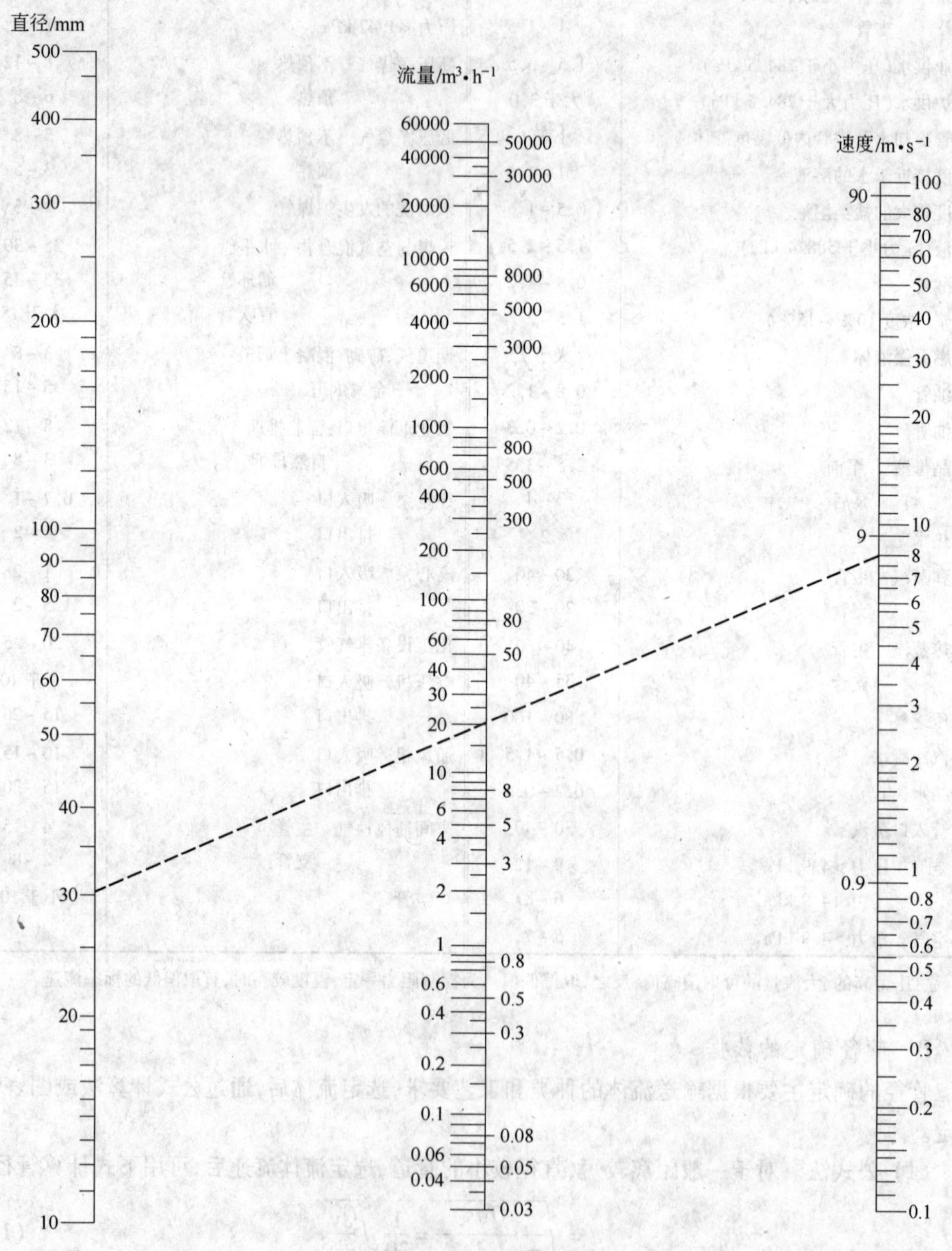

图 11-2　液体流速、流量与管径的关系图

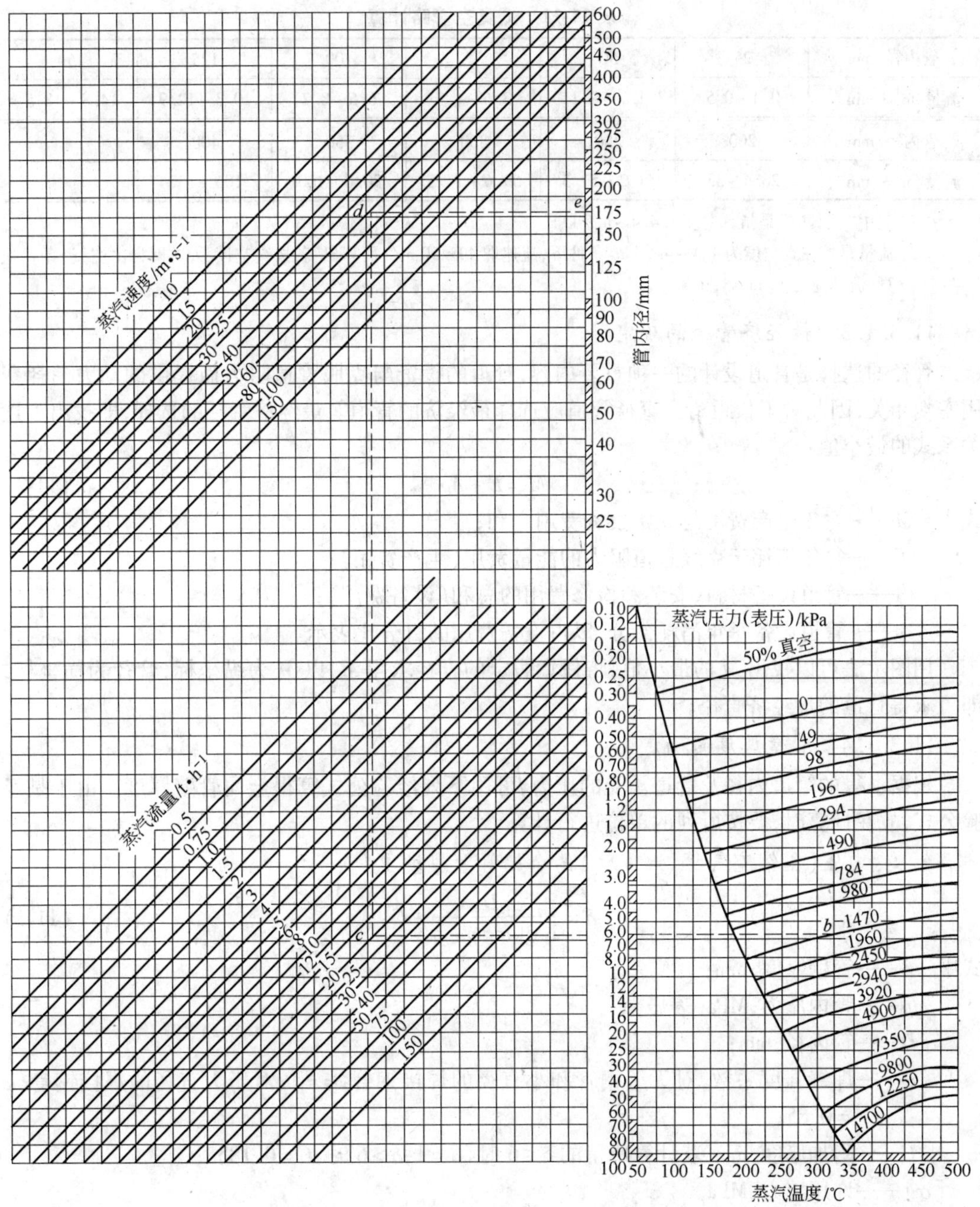

图 11-3 蒸汽管径求取图

表 11-10 低压蒸汽流量、流速与管径

流速/m · s^{-1}	蒸汽量/t · h^{-1}									
	0.1	0.15	0.2	0.5	0.75	1.0	1.5	2.0	3.0	4.0
30	30	40	50	70	80	100	125	125	150	175
40	25	30	40	60	70	80	100	125	125	150

注：此表适用于 $p = 1.96 \times 10$ Pa（2 kg/cm^2）（表压），$t = 120$℃，热焓 $H = 2704.7$ kJ/kg 的蒸汽。

表 11-11　低真空管路计算

管内径/mm	25	50	75	100	125	150
流量/$m^3 \cdot min^{-1}$	0.4～0.5	1.7～2.1	3.6～4.5	6.6～8.2	10.3～12.9	14.8～18.5
管内径/mm	200	250	300	350	400	
流量/$m^3 \cdot min^{-1}$	26.4～33	41.2～51.5	59.6～74.5	80.6～100	106～132	

注：1. 表中"低真空"是指真空度为 4.4～4.9 kPa；

2. 流量是按在真空度为 4.4～4.9 kPa 条件下，流速取 40～50 m/s 而算出，若按真空度为 0（即自由空气）条件换算，流速应为 15 m/s 左右。

11.3.1.3　最经济管径的确定

管径的选择是管道设计的一项重要内容，管道的投资与克服管道阻力而提供的动力消耗费用密切相关，因此对于长距离大直径管道应选择最经济的管道。最经济管径的选择，即找出下述关系式的最小值：

$$M = E + Ap \tag{11-2}$$

式中　M——每年生产费用与原始投资费用之和；

E——每年消耗于克服管道阻力的能量费用（生产费用）；

A——管道设备材料、安装和检修费用的总和（设备费用）；

p——管道设备每年消耗部分，以占设备费用的百分比表示。

用图示法可以找出 M 的最小值，将任意假定的直径求得 M，以 M 为纵坐标，管径为横坐标，即可求得管道的最经济直径。

11.3.1.4　管壁厚度的确定

根据求得的管道内径及管道承受的压力，可用下列经验公式算得金属管壁厚度。由于是经验公式，故在计算时，要按所列的单位进行计算。

A　受内压（压缩空气管、溶液管）的金属管壁厚度

$$\delta = \frac{pD}{200[\sigma]\varphi - p} + C \tag{11-3}$$

式中　δ——管壁厚度，mm；

p——管内压力，MPa（表压）；

D——管内径，mm；

φ——焊缝强度系数，对无缝钢管和小直径的焊接钢管，$\varphi = 1$；对于大直径的焊接钢管，$\varphi = 0.85$；

C——附加厚度，mm，若计算所得的 $\delta \leqslant 6$ 时，$C = 1$；$\delta > 6$ 时，$C = 0.185\delta$；

$[\sigma]$——许用应力，MPa。

$$对钢管[\sigma] = \frac{\sigma_s}{n_0}$$

式中　σ_s——屈服强度，MPa；

n_0——安全系数，一般取 1.8～2.0。

对于一些有色金属管的管壁厚度，还可用下列简化式估算：

温度 120℃ 以下的紫铜管：$\delta = \dfrac{0.098pD}{600} + 1.5$；

温度 30℃ 以下的铅管：$\delta = \dfrac{0.098pD}{100}$；

温度30℃以下的铝管：$\delta=\frac{0.098pD}{200}$；

B 受外压（真空度）的金属管壁厚度：

$$\delta=\frac{pD}{4K}\left[1+\sqrt{1+\frac{\alpha L}{0.1p(L+D)}}\right]+0.2 \tag{11-4}$$

式中 δ——管壁厚度，cm；

D——管外径，cm；

p——管外压力，MPa（表压）；

L——计算长度，即两法兰间的距离，cm；

K——允许抗压强度，MPa，碳钢管 $K=60$，铜管 $K=30$；

α——系数，与管的位置和焊缝性质有关，一般为：

水平焊制管 $\alpha=80$；

竖立焊制管 $\alpha=50$；

无缝管 $\alpha=45$。

为了简便，工程上根据计算所得的管径，选定相近（通常稍大）的公称直径 D_N，再由承受的公称压力选择管壁厚度。表11-12为常用公称压力下的管壁厚度；表11-13为常用公称压力下无缝碳钢管管壁厚度选用表。

表11-12 常用公称压力下的管壁厚度

公称直径/mm	管子外径/mm	管壁厚度/mm						
		$P_N=1.6$	$P_N=2.5$	$P_N=4$	$P_N=6.4$	$P_N=10$	$P_N=16$	$P_N=20$
15	18	2.5	2.5	2.5	2.5	3	3	3
20	25	2.5	2.5	2.5	2.5	3	3	4
25	32	2.5	2.5	2.5	3	3.5	3.5	5
32	38	2.5	2.5	3	3	3.5	3.5	6
40	45	2.5	3	3	3.5	3.5	4.5	6
50	57	2.5	3	3.5	3.5	4.5	5	7
70	76	3	3.5	3.5	4.5	6	6	9
80	89	3.5	4	4	5	6	7	11
100	108	4	4	4	6	7	12	13
125	133	4	4	4.5	6	9	13	17
150	159	4.5	4.5	5	7	10	17	
200	219	6	6	7	10	13	21	
250	273	8	8	8	11	16		
300	325	8	8	9	12			
350	377	9	9	10	13			
400	426	9	10	12	15			

注：表中 P_N 为公称压力，单位为MPa。

表 11-13　常用公称压力下无缝碳钢管管壁厚度选用表

材料	P_N /kPa	D_N/mm																
		10	15	20	25	32	40	50	65	80	100	125	150	200	250	300	350	400
10Cr5Mo	≤1568	2.5	3	3	3	3	3.5	3.5	4	4.5	4	4	4.5	5.5	7	7	8	8
	2450	2.5	3	3	3	3	3.5	3.5	4	4.5	4	4	4.5	5.5	7	7	8	9
	3920	2.5	3	3	3	3	3.5	3.5	4	4.5	5	5.5	6	8	9	10	11	12
	6272	3	3	3	3.5	4	4	4.5	5	6	7	8	9	11	13	14	16	18
	9800	3	3.5	4	4	4.5	5	5.5	7	8	9	10	12	15	18	22	24	26
	15680	4	4.5	5	5	6	7	8	9	10	12	15	18	22	28	32	36	40
	19600	4	4.5	5	6	7	8	9	11	12	15	18	22	26	34	38		
16Mn 15MnV	≤1568	2.5	2.5	2.5	3	3	3	3	3.5	3.5	3.5	3.5	4	4.5	5	5.5	6	6
	2450	2.5	2.5	2.5	3	3	3	3	3.5	3.5	3.5	3.5	4	4.5	5	5.5	6	7
	3920	2.5	2.5	2.5	3	3	3	3	3.5	3.5	4	4.5	5	6	7	8	8	9
	6272	2.5	3	3	3	3.5	3.5	3.5	4	4.5	5	6	7	8	9	11	12	13
	9800	3	3	3.5	3.5	4	4	4.5	5	6	7	8	9	11	13	15	17	19
	15680	3.5	3.5	4	4.5	5	5	6	7	8	9	11	12	16	19	22	25	28
	19600	3.5	4	4.5	5	5.5	6	7	8	9	11	13	15	19	24	26	30	
20 12CrMo 15CrMo 12CrMoV	≤1568	2.5	3	3	3	3	3.5	3.5	4	4	4	4	4.5	5	6	7	7	8
	2450	2.5	3	3	3	3	3.5	3.5	4	4	4	4	4.5	5	6	7	7	8
	3920	2.5	3	3	3	3	3.5	3.5	4	4	4.5	5	5.5	7	8	9	10	11
	6272	3	3	3	3.5	3.5	3.5	4	4.5	5	6	7	8	9	11	12	14	16
	9800	3	3.5	3.5	4	4.5	4.5	5	6	7	8	9	10	13	15	18	20	22
	15680	4	4.5	5	5	6	6	7	8	9	11	13	15	19	24	26	30	34
	19600	4	4.5	5	6	6	7	8	9	11	13	15	18	22	28	32	36	

注：1. $D_N \geqslant 25$ mm 的"大腐蚀余量"的碳钢管壁厚应按表中数值再增加 3 mm；

2. 本表数值按承受内压计算。

11.3.2　流槽的计算

矿浆或溶液自流输送时，一般采用管道和流槽两种方式，自流流槽断面尺寸可按下式计算：

$$h = \left(\frac{Q}{K\sqrt{i}}\right)^{\frac{3}{8}} \tag{11-5}$$

式中 h——矿浆深度，m，流槽深度为 $2h$；

Q——矿浆流量，m^3/s；

i——流槽坡度，%，根据生产经验选取；

K——矿浆深度系数，当流槽宽度 B 与矿浆深度 h 比为 2 时，K 可取 90 ~ 100；流槽粗糙度小的取上限，反之取下限。

11.3.3　管道压力降的计算

在工程设计中，根据氧化铝生产工艺要求，为了选择合适的泵、压缩机、鼓风机、自流管等输送设备，将系统的总压力降控制在合理及经济的范围内，必须计算或校核管道的流体阻力。

如前所述，液体可视为不可压缩的流体。气体密度随压力的变化而变化，流体在管道中的压力降与下列因素有关：

(1) 管道形式:即简单管道还是复杂管道;

(2) 管壁的粗糙度:管壁粗糙度有绝对粗糙度 ε 和相对粗糙度。粗糙度数据可由有关手册查阅,如参考《化工工艺设计手册》等,例如纯水流过无缝钢管时,取 $\varepsilon=0.2$ mm;酸性或碱性介质流过时,$\varepsilon=1$ mm 或更大。

(3) 流体流动形态:流体在管内流动可分为滞流或湍流,可由 Re 数决定,然后选择不同的压力降公式进行计算。

A 管道压力降

管道压力降的计算为:

(1) 压力降计算式。总压力降可由下式表示:

$$\Delta p=\Delta p_S+\Delta p_N+\Delta p_\zeta \tag{11-6}$$

式中 Δp——管道系统总压力降,kPa;

Δp_S——静压力降,kPa;

Δp_N——速度压力降,kPa;

Δp_ζ——摩擦压力降,kPa。

(2) 静压力降。由管道出口端与进口端标高差而产生的压力降称为静压力降 Δp_S,由下式计算:

$$\Delta P_S=(Z_2-Z_1)\rho g\times10^{-3} \tag{11-7}$$

式中 Z_1,Z_2——管道进口端、出口端的标高,m;

ρ——液体密度,kg/m^3;

g——重力加速度,9.81 m/s^2。

(3) 速度压力降。由于管道截面积变化而使流速变化,由此产生的压力差称为速度压力降 ΔP_N,其计算公式为:

$$\Delta P_N=\frac{v_2^2-v_1^2}{2}\times\rho\times10^{-3} \tag{11-8}$$

式中 v_1,v_2——管道进出口端的流体流速,m/s;

ρ——液体密度,kg/m^3。

(4) 摩擦压力降。由液体与管子及管件内壁摩擦产生的压力降,称为摩擦压力降,可应用范宁方程计算:

$$\Delta P_\zeta=\left(\lambda\frac{L}{d}+\Sigma\zeta\right)\frac{u^2\rho}{2}\times10^{-3} \tag{11-9}$$

式中 λ——摩擦系数,无因次,可由摩擦因子与 Re 及相对粗糙度 ε/d 的关系图查得(见图 11-4);

L——管道长度,m;

d——管道内径,mm;

$\Sigma\zeta$——管件、阀门等阻力系数之和,无因次;

u——流体平均流速,m/s;

ρ——液体密度,kg/m^3。

上式表示摩擦压力降由直管阻力及局部阻力两部分组成,其中直管阻力主要可由手册查出摩擦系数 λ 后再计算,局部阻力可按当量长度法和阻力系数法进行计算。

1) 当量长度法:当量长度法是将管件和阀门等折算成相当的管道直管长度,然后将直管长度与当量长度一并计算摩擦压力降。常见的当量长度如表 11-14 所示。

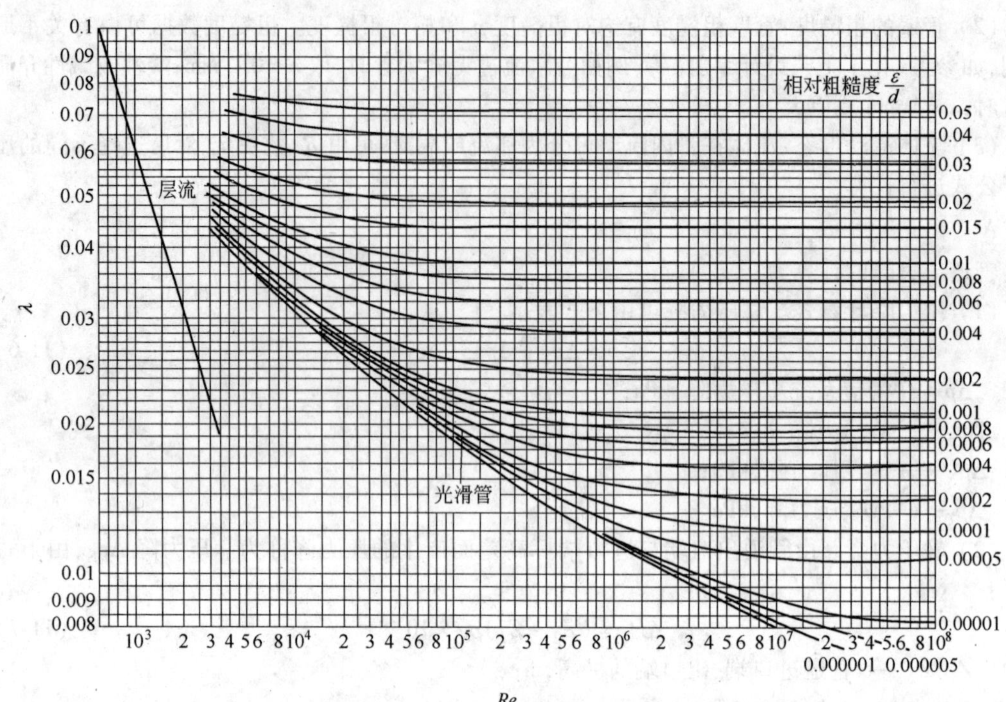

图 11-4　摩擦因子 λ 与 Re 及相对粗糙度 ε/d 的关系

表 11-14　各种管件、阀门等以管径计的当量长度

名　称	L_e/d	名　称	L_e/d	名　称	L_e/d
45°标准弯头	15	90°标准弯头	30 ~ 40	90°方形弯头	60
180°标准弯头	50 ~ 75	截止阀(全开)	300	角阀(全开)	145
闸阀(全开)	7	截止阀(3/4 开)	40	闸阀(1/2 开)	200
闸阀(1/4 开)	800	止回阀(旋启式)全开	135	蝶阀(15.24 cm(6in)以上)全开	20
三通管(标准型)流向:	40	三通管(标准型)流向:	60	三通管(标准型)流向:	90
盘式流量计(水表)	400	文式流量计	12	转子流量计	200 ~ 300

2）阻力系数法:阻力系数法是按下式计算:

$$\Delta P_\zeta = \zeta \frac{u^2}{2}\rho \times 10^{-3} \tag{11-10}$$

式中　ΔP_ζ——流体流经管件或阀门的压力降,kPa;

ζ——阻力系数,无因次,可参见表 11-15 管件和阀件的局部阻力系数值。

表 11-15 管件和阀件的局部阻力系数 ζ 值

管件及阀件名称	ζ 值										
标准弯头	45°, $\zeta=0.35$					90°, $\zeta=0.75$					
90°方形弯头	1.3										
180°回弯头	1.5										
活接头	0.04										
突然增大 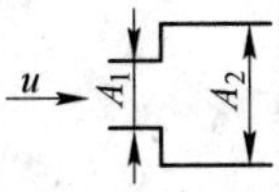	$\frac{A_1}{A_2}$	0	0.1	0.2	0.3	0.4	0.5	0.6	0.7	0.8	0.9	1.0
	ζ	1	0.81	0.64	0.49	0.36	0.25	0.16	0.09	0.04	0.01	0
突然缩小 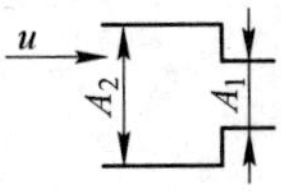	$\frac{A_1}{A_2}$	0	0.1	0.2	0.3	0.4	0.5	0.6	0.7	0.8	0.9	1.0
	ζ	0.5	0.47	0.45	0.38	0.34	0.30	0.25	0.20	0.15	0.09	0
入口管（管→容器） 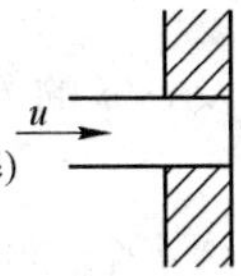	$\zeta=1$										
出口管（容器→管）	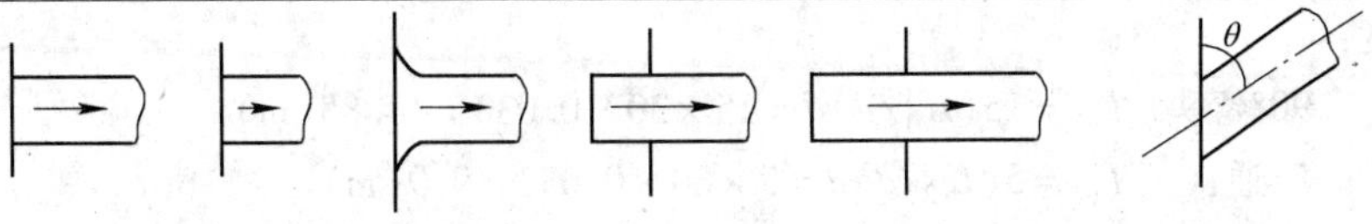 $\zeta=0.5$	$\zeta=0.25$	$\zeta=0.04$	$\zeta=0.56$	$\zeta=3\sim1.3$	$\zeta=0.5+0.5\cos\theta-0.2\cos^2\theta$					
标准三通管	$\zeta=0.4$	$\zeta=1.5$ 当弯头用	$\zeta=1.3$ 当弯头用	$\zeta=1$							
闸 阀	全开	3/4 开	1/2 开	1/4 开							
	$\zeta=0.17$	$\zeta=0.9$	$\zeta=4.5$	$\zeta=24$							
标准截止阀（球心阀）	全开 $\zeta=6.4$					1/2 开 $\zeta=9.5$					
蝶 阀	α	5°	10°	20°	30°	40°	45°	50°	60°	70°	
	ζ	0.24	0.52	1.54	3.91	10.8	18.7	30.6	118	751	
旋塞阀	θ	5°	10°	20°	40°	60°					
	ζ	0.05	0.29	1.560	17.3	206					
角阀（90°）	5										
止回阀	旋启式 $\zeta=2$					球形式 $\zeta=70$					
底阀	1.5										
滤水器（或滤水网）	2										
水表（盘形）	7										

注：1. 管件、阀门的规格结构形式很式，加工精度不一，因此上表中的 ζ 值变化范围也很大，但可供计算用。

2. 为管道截面积，α 或 θ 为蝶阀或旋塞阀的开启角度，全开时为 0°，全关时为 90°。

应用上式计算管道进入容器的压力降时,ζ 改为$(\zeta-1)$;反之,计算容器进入管道的压力降时,ζ 改为$(\zeta+1)$。

B 例题

某液体反应系统,反应后液体由反应器经孔板流量剂和控制阀,排液至贮罐(贮罐为常压)。反应器压力为560 kPa,温度32℃,液体质量流量为4700 kg/h,密度为890 kg/m^3,黏度为0.91 mPa·s。管道材质为碳钢,求控制阀的允许压力降。

解:选取流速为1.8 m/s,则管径为:

$$d=\sqrt{\frac{47000}{890\times3600\times0.785\times1.8}}=0.0322(\text{m}) \tag{11-11}$$

选取内径为33 mm($\phi38\times2.5$),则实际流速为:

$$u=\frac{47000}{890\times3600\times0.785\times0.033^2}=1.72(\text{m/s}) \tag{11-12}$$

$$Re=\frac{du\rho}{\mu}=\frac{0.033\times1.72\times890}{0.91\times10^{-3}}=5.55\times10^4 \tag{11-13}$$

根据管壁绝对粗糙度 $\varepsilon=0.2$ mm,则 $\varepsilon/d=0.2/33=0.0661$。由 λ 与 Re 及 ε/d 的关系图,查得 $\lambda=0.034$。

(1) 管道总长度:已知管道中直管长176 m,90°弯头15个,三通5个,闸阀4个,查出当量长度:

90°弯头:$L_{e1}=15(L_{e1}/d)d=15\times30\times0.033=14.85(\text{m})$

三通: $L_{e2}=5(L_{e2}/d)d=5\times60\times0.033=9.9(\text{m})$

闸阀: $L_{e3}=4(L_{e3}/d)d=4\times7\times0.033=0.92(\text{m})$

总长度: $L=176+14.85+9.9+0.92=201.67(\text{m})$

(2) 摩擦总压力降 ΔP_ζ 为:

$$\Delta P_\zeta=\lambda\frac{L}{d}\times\frac{u^2\rho}{2}\times10^{-3}=0.034\times\frac{201.67}{0.033}\times\frac{1.72^2\times890}{2}\times10^{-3}=273.5(\text{kPa}) \tag{11-14}$$

(3) 局部阻力:计算反应器出口(如管口)局部阻力,由表11-15管件和阀件的局部阻力系数 ζ 值查得 $\zeta=0.5$,则:

$$\Delta P_\zeta=(0.5+1)\times\left(\frac{1.72}{2}\right)^2\times890\times10^{-3}=1.97(\text{kPa}) \tag{11-15}$$

贮槽进口(出管口)局部阻力,由表11-15查得 $\zeta=1$,则:

$$\Delta P_\zeta=(\zeta-1)\frac{u^2}{2}\rho\times10^{-3}=0 \tag{11-16}$$

取孔板流量计允许压力降为35 kPa。

(4) 管道总压力降为:

$$\Delta P=273.5+1.97+35=310.47(\text{kPa}) \tag{11-17}$$

(5) 控制阀允许压力降为:

反应器与贮罐的压力差为:560 − 101.33 = 458.67(kPa),因此,控制阀允许压力降为:

$$\Delta P_\text{V}=458.67-310.47=148.2(\text{kPa}) \tag{11-18}$$

$$\frac{\Delta P_\text{V}}{\Delta P_\text{V}+\Delta P}\times100\%=\frac{148.2}{148.2+310.47}\times100\%=32.31\% \tag{11-19}$$

通常,控制阀占管路总阻力的25%~60%。

C 算图法计算

管道压力降,最常用的方法是利用算图进行计算,如对于常温的水,流经钢管时的压力降可由图 11-5 直接查出;对于非常温的水或其他液体只要将所查得的压力降乘以表 11-16 所列的校正系数,即可得到该液体的压力降。

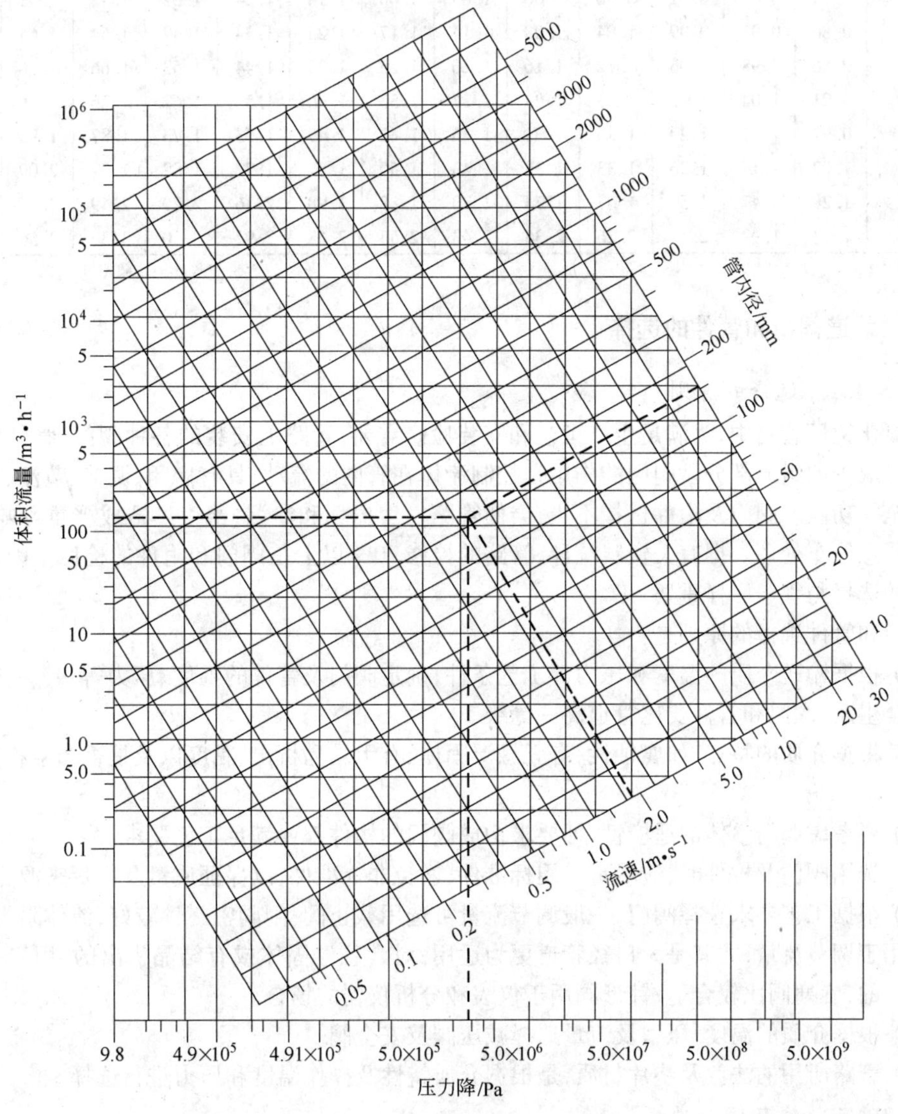

图 11-5 水管路(钢管)压力降计算图

表 11-16 液体管路压力降校正系数

相对密度	黏度/Pa·s												
	0.2×10^3	0.4×10^3	0.6×10^3	0.8×10^3	1.0×10^3	1.2×10^3	1.5×10^3	2.0×10^3	3.0×10^3	4.0×10^3	6.0×10^3	8.0×10^3	10.0×10^3
0.50	0.43	0.49	0.53	0.56	0.58	0.60	0.63	0.66	0.72	0.76	0.83	0.88	0.90
0.60	0.49	0.56	0.60	0.63	0.66	0.68	0.71	0.75	0.82	0.87	0.94	1.00	1.03
0.70	0.55	0.64	0.68	0.72	0.75	0.78	0.81	0.85	0.93	0.99	1.07	1.14	1.17
0.80	0.62	0.71	0.77	0.81	0.84	0.87	0.91	0.96	1.04	1.14	1.20	1.27	1.34

续表 11-16

相对密度	黏度/Pa · s												
	0.2×10^3	0.4×10^3	0.6×10^3	0.8×10^3	1.0×10^3	1.2×10^3	1.5×10^3	2.0×10^3	3.0×10^3	4.0×10^3	6.0×10^3	8.0×10^3	10.0×10^3
0.90	0.68	0.78	0.84	0.88	0.92	0.95	1.00	1.05	1.14	1.22	1.32	1.39	1.43
1.0	0.74	0.85	0.91	0.96	1.00	1.03	1.08	1.14	1.24	1.32	1.43	1.51	1.56
1.1	0.80	0.91	0.99	1.04	1.08	1.14	1.17	1.23	1.34	1.42	1.54	1.64	1.68
1.2	0.86	0.98	1.06	1.12	1.16	1.20	1.25	1.32	1.44	1.53	1.66	1.76	1.81
1.3	0.91	1.04	1.12	1.18	1.23	1.27	1.33	1.40	1.53	1.62	1.76	1.86	1.94
1.4	0.97	1.11	1.20	1.26	1.31	1.36	1.42	1.49	1.63	1.73	1.87	1.98	2.04
1.5	1.02	1.17	1.26	1.33	1.38	1.43	1.50	1.57	1.72	1.82	1.97	2.09	2.15
2.0	1.28	1.47	1.59	1.67	1.74	1.80	1.88	1.98	2.16	2.29	2.49	2.63	2.71
3.0	1.73	1.99	2.15	2.26	2.35	2.43	2.55	2.68	2.92	3.10	3.36	3.56	3.66

11.3.4　管道阀门和管件的选择

11.3.4.1　选择的原则

在氧化铝厂管路中，为满足生产工艺和安装检修需要，管路上安装的各种阀门、管件都是管路中不可缺少的组成部分。阀门的作用是控制流体在管内的流动，具有启闭、调节、节流、自控和保证安全等功能。阀门及附件选择不当，会使管路发生损坏和泄漏，给生产造成严重影响，甚至要进行紧急停车处理。据有关资料统计，管路的检修 70% 以上是阀门和附件的检修。因此阀门和管件的选择与管子一样重要。

阀门和管件选择的原则是：

(1) 根据输送介质的温度和压力等工艺条件，确定阀门及管件的温度、压力等级。一般为了确保安全生产，阀门和管件要比管道高一等级。

(2) 根据介质的特点，如腐蚀性、有无悬浮固体、有无结晶析出、黏度以及是否产生相变等进行选择。

(3) 要考虑阀门整体的适应性，即要求构成阀门的构件都要满足工艺要求。

(4) 选用阀门及构件时，应尽量采用标准件，避免非标准件，以保证质量及供货来源充足。

(5) 根据工艺要求选择阀门，一般调节流量可选用截止阀；闸阀密封性较好，流体阻力较小，也广泛用于调节流量，尤其是大口径管道更为适用；对含悬浮固体或有结晶析出的、用于一次投料和卸料的，旋塞阀比较合适；针形阀用于仪表和分析仪器的场合。

(6) 根据介质的温度、压力及流量选择减压阀及安全阀。

(7) 管路所用的法兰及垫片材质，是根据介质特性及操作温度和压力进行选择。

11.3.4.2　减压阀的选择

蒸汽管路选用减压阀时，减压阀的直径要根据介质的温度、减压前后的压力、流量，由算图求得，如图 11-6 所示。由算图求出减压阀单位截面积的实际流量，然后由下式计算阀孔必需的截面积：

$$F = \frac{Q}{q} \tag{11-20}$$

式中　F——阀孔必需的截面积，cm^2；

Q——已知管路输送的蒸汽量，kg/h；

q——单位截面积的实际流量，$kg/(cm^2 \cdot h)$。

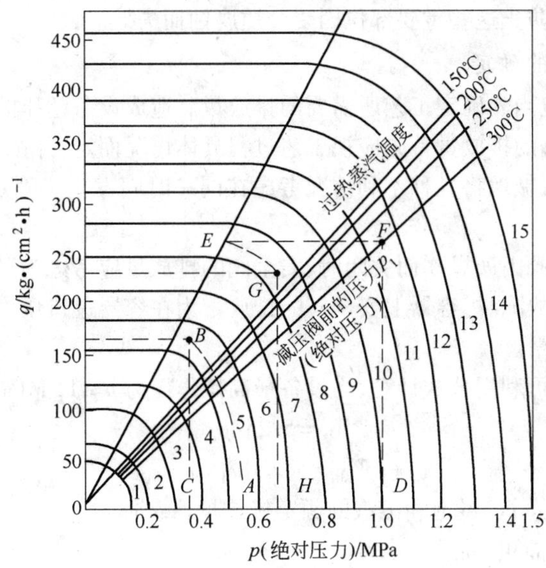

图 11-6　减压阀选择算图

由图 11-6,由阀前压力 A 点画出压力线等距离的虚线,然后由阀后压力 C 点向上引出垂直线交于 B 点,由 B 点向左画一水平线与纵轴相交点即为 q 值,由上式计算出 F 值,再选择阀孔截面积略大的减压阀。

11.3.4.3　安全阀的选择

安全阀是一种安装在设备或管道上,作为超压保护的自动阀门。它不借助任何外力而是利用介质本身的力来排出一定数量的流体,以防止系统内压力超过预定的安全值。而当压力恢复正常后,阀门再自动关闭以阻止介质继续流出。

A　安全阀的分类

安全阀按结构可分为:

(1) 封闭式弹簧安全阀:其阀盖和罩帽等是封闭的。它有两种不同的作用,一是防止灰尘等外界杂物侵入阀内,保护内部零件,此时阀盖和罩帽不要求气密性;二是防止有毒、易燃、易爆等介质溢出,此时阀盖和罩帽要作气密性试验。封闭式安全阀出口侧如要求气密性试验时,应在订货时说明,气密性试验压力一般为 0.6 MPa。

(2) 非封闭式弹簧安全阀:阀盖是敞开的,有利于降低弹簧腔室的温度,主要用于蒸汽等介质的场合。

(3) 带扳手的弹簧式安全阀:对安全阀要作定期试验者应选用带提升扳手的安全阀。当介质压力达到开启压力的 75% 以上时,可以利用提升扳手将阀瓣从阀座上略微提起,以检查阀门开启的灵活性。

(4) 特殊形式弹簧安全阀:

1) 带散热器的安全阀:凡是封闭式弹簧安全阀使用温度超过 300℃,或非封闭式弹簧安全阀使用温度超过 350℃时,应选用带散热器的安全阀。

2) 带波纹管的安全阀:带波纹管安全阀的波纹管有效直径等于阀门密封面平均直径,因而,在阀门开启前背压对阀瓣的作用力处于平衡状况,背压变化不会影响开启压力。当背压变动时,其变动量超过整定压力(开启压力)的10%时,应该选用波纹管安全阀,利用波纹管把弹簧与导向机构等与介质隔离以防止这些重要部位因受介质腐蚀而失效。

B　安全阀排放量的确定

在选用安全阀时,应当先确定工艺所需要的排放量。造成设备超压的原因可能有火灾、操作故障、动力故障。安全阀的排放量首先应视工艺过程具体情况而定,并按可能发生危险情况中的最大一种考虑,但不应机械地将各种不利情况考虑在同一时间发生。确定安全阀排放量时可参考下列情况:

(1) 当设备的出口阀因误操作而关闭时,安全阀的排放量应考虑为进入设备的物料总量。

(2) 容器出口发生故障时,容器上安全阀的排放量为在容器进口压力和安全阀排放压力下,可能进入容器的介质流量。

安全阀的排放量也可利用公式计算,当设备最高操作压力 $p \leqslant 11$ MPa 时:

饱和蒸汽:
$$W_s = 5.25Ap_d \tag{11-21}$$

过热蒸汽:
$$W_{sh} = 5.25Ap_dK_{sh} \tag{11-22}$$

式中　W_s,W_{sh}——饱和蒸汽、过饱和蒸汽的额定排放量,kg/h;

A——流道面积,mm^2;

p_d——排放压力(绝对),MPa;

K_{sh}——过热修正系数。

例: 0.3 MPa 饱和蒸汽以800 kg/h 的流量送入蒸发器。求该蒸发器加热釜应设多大直径的安全阀,才能保证蒸发器的安全生产。

解: 考虑工艺情况,采用全启式安全阀。其排放压力为:

$$p_d = 0.3 \times (1 + 10\%) + 0.1 = 0.43(\text{MPa})$$

$$A = \frac{W_s}{5.25p_d} = \frac{800}{5.25 \times 0.43} = 354(\text{mm}^2) \tag{11-23}$$

$$d_0 = \sqrt{\frac{A}{0.785}} = \sqrt{\frac{354}{0.785}} = 21.2(\text{mm}) \tag{11-24}$$

根据计算结果,选用 $P_N1.6$,D_N40,其阀座喉径 $d_0 = 25$ mm,流道面积 A 为 4.91 cm^2,即符合要求。

C　安全阀操作条件的确定

根据不同工艺操作压力,按设备设计压力的要求确定安全阀的排放压力 p_d:

当 $p \leqslant 1.8$ MPa 时,$p_d = p + 0.18 + 0.1$

当 $1.8 < p < 4$ MPa 时,$p_d = 1.1p + 0.1$

当 $4 < p \leqslant 8$ MPa 时,$p_d = p + 0.4 + 0.1$

当 $p > 8$ MPa 时,$p_d = 1.05p + 0.1$

式中　p——设备最高操作压力,MPa(表压);

p_d——安全阀排放压力,MPa(绝对压力)。

对有特殊要求者,应根据其要求确定 p_d 值。设备的设计压力必须等于或稍大于所选定的安全阀排放压力。

D　安全阀的设置位置

安全阀应设置在适当的位置,泄压口要朝空旷处,不致冲击设备及操作人员。如介质为高温及有害介质时应考虑相应安全设施及设备。

11.3.5 不同流体常用的管道材料和阀门形式

不同流体常用的管道材料和阀门形式见表 11-17,可供管道和阀门选择时参考。

表 11-17 管道材料和阀门形式选择

流体名称	管道材料	操作条件/kPa	垫圈材料	连接方式	阀门形式		阀门材料	保温材料
					支管	主管		
生产污水	焊接钢管 铸铁管	常压	橡胶、橡胶石棉板或由污水性质定	承插、法兰、焊接	旋塞		根据污水性质定	
热水、热回水	焊接钢管	98.1 ~ 294.2	夹布橡胶	法兰、焊接、螺纹	截止阀	闸阀	铁体铜芯或全铜	石棉、硅藻土、泡沫混凝土
自来水	镀锌焊接钢管	98.1 ~ 294.2	橡胶、石棉橡胶板	螺纹	截止阀	闸阀	铁体铜芯或全铜	
冷凝水	焊接钢管	98.1 ~ 784.5	橡胶石棉板	法兰、焊接	截止阀旋塞		铁体铜芯或全铜	
蒸　汽	ϕ7.62 cm 以下,焊接钢管;ϕ7.62 cm 以上,无缝钢管	98.1 ~ 588.4	橡胶石棉板	法兰、焊接	截止阀	闸阀	铁体铜芯或全铜	石棉、硅藻土、泡沫混凝土
压缩空气	焊接钢管 无缝钢管	<981 >981	夹布橡胶	法兰、焊接	球阀	球阀	铁体铜芯或全铜	
惰性气体	焊接钢管	98.1 ~981	夹布橡胶	法兰、焊接	球阀	球阀	铁体铁芯或全铜	
真　空	焊接钢管或硬聚氯乙烯管	真空	橡胶石棉板	法兰、焊接	球阀	球阀	铁体铁芯或全铜或硬聚氯乙烯	
排　气	焊接钢管或硬聚氯乙烯管	常压	橡胶石棉板	法兰、焊接	球阀、旋塞		铁体铁芯或全铜或硬聚氯乙烯	
盐水、回盐水	焊接钢管	294.2 ~ 490.3	石棉橡胶板	法兰、焊接	球阀	球阀	铁体铁芯	软木、矿渣棉、泡沫聚苯乙烯
酸性下水	陶瓷管、衬胶管、硬聚氯乙烯管	常压	石棉橡胶板	承插、法兰	球阀、旋塞		衬胶、塑料陶瓷	
碱性下水	焊接钢管、铸铁管	常压	石棉橡胶板	承插、法兰	球阀、旋塞		铁体铁芯	
液体(暂时通过)	橡胶管	<245.2						
生产物料	按生产性质选择管材							

11.3.6　管道保温设计

11.3.6.1　保温的功能

为了防止生产过程中设备和管道向周围环境散发或吸收热量而进行的绝热(保温与保冷的统称)工程,已成为化工生产和建设过程中不可缺少的一项工程。在氧化铝厂,不在常温下操作的设备和管道(如高温设备及管道、冷设备及管道等)都需要保温。保温具有以下作用:

(1) 用保温减少设备、管道及其附件的热量损失;

(2) 保证操作人员的安全;改善劳动条件,防止烫伤和减少热量散发到操作区;

(3) 在长距离输送流体时,用保温来控制热量损失,以满足生产上所需要的温度;

(4) 冬季,用保温来延缓或防止设备、管道内液体的冻结;

(5) 当设备、管道内的液体温度低于周围空气露点温度时,采用保温可防止设备、管道的表面结露;

(6) 用耐火材料保温可提高设备的防火等级;

(7) 对于工艺设备或炉窑采用保温措施,不但可减少热量损失,而且可以提高生产能力。

11.3.6.2　保温范围

保温范围的规定如下:

(1) 具有下列情况之一的设备、管道及组成件(以下简称管道)应予以保温:

1) 外表温度大于50℃;外表温度小于等于50℃,但工艺需要保温的设备及管道;

2) 介质凝固点或冰点高于环境温度(指年平均温度)的设备和管道。例如凝固点约30℃的原油,在年平均温度低于30℃的地区的设备及管道;在寒冷或严寒地区,介质凝固点虽然不高,但流体内含水的设备和管道;在寒冷地区,可能不经常流动的水管道等。

(2) 具有下列情况之一的设备和管道可不必保温:

1) 要求散热或必须裸露的设备和管道;

2) 要求及时发现泄漏的设备和管道法兰;

3) 须经常监视或测量以防止发生损坏的部位;

4) 工艺生产中的排气、放空等不需要保温的设备及管道。

11.3.6.3　保温结构

为了减少散热损失,在设备或管道表面上覆盖的保温材料,以保温层和保护层为主体及其支承、固定的附件构成的统一体,成为保温结构。

(1) 保温层。保温层是利用保温材料的优良保温性能,增加热阻,从而达到减少散热的目的,是保温结构的主要组成部分。

(2) 防潮层。防潮层的作用是抗蒸汽渗透性好,防潮、防水力强。

(3) 保护层。保护层是利用保护层材料的强度、韧性和致密性等以保护保温层免受外力和雨水的侵袭,从而达到延长保温层的使用年限的目的,并使保温结构外形整洁、美观。

11.3.6.4　保温材料的性能和种类

对保温材料的性能的基本要求是:密度、导热系数小,机械强度大,化学性能稳定,对设备及管道没有腐蚀性,能长期在工作温度下运行及易于施工。表11-18为常用保温材料类别、特性和制品。有关具体保温材料及制品的性能还可查阅有关手册。

表 11-18 常用保温材料类别、特性和制品

类别	名称		容积密度 /kg·m^{-3}	导热系数 λ /W·(m·℃)$^{-1}$	使用温度 /℃	特性	制品
纤维型	玻璃棉		80~120	(4.65~9.3) ×10^{-2}	350	无毒,耐腐蚀,不燃烧,对皮肤有刺痒感,密度小,导热系数小,吸水性大	保温板,保温管壳、棉毡
	超细玻璃棉		10~20	3.26×10^{-2}（常温）	有碱 450 无碱 60~650	纤维细而软,对皮肤无刺激感,密度小,导热系数小,吸水性大	碱超细棉毡,无碱超细棉及棉毡,酚醛超细棉板,管
	矿渣棉		100~200	4.65×10^{-2}（常温）	4.65×10^{-2}（常温）	有较好的抗酸、碱性能、有刺激感,密度小,导热系数小,吸水率大	原棉、沥青棉毡管及毡半硬板,醛保温带,吸音板,绝热板
	岩石棉				600~800	耐腐蚀,不燃,耐高温,密度小,导热系数小,吸水性大	
	石棉类	石棉绒 石棉绳	300~400	8.14×10^{-2}（常温）	400~480	较高的热稳定性,耐碱性强,耐酸性弱	石棉绒,石棉绳,布,石棉纸板等
		石棉碳酸镁 硅藻土石棉	350~400	2.79×10^{-1}（常温）	500 900		
发泡型	硅藻土				1280	耐火度高,机械强度高,密度大,导热系数大,吸水性大	砖、板、管壳
	泡沫混凝土		400~500	1.163×10^{-1}		气孔率大,密度大,强度低,易破碎	
	微孔碳酸钙		180~200	(5.23~9.3) ×10^{-2}		机械强度大,抗压强度大,容重小,导热系数小,吸水率大	板、瓦
	泡沫塑料	聚氨基甲酸酯	40~60	2.33×10^{-2}		结构强度大,能放水,耐腐蚀隔音性能好,化学稳定性好,导热系数小,容重小,适宜冷保温	
		聚苯乙烯	15~50	4.42×10^{-1}			
	泡沫玻璃					耐水、耐酸、耐碱、轻质不燃,导热系数较大,不耐磨,适宜冷保温	
多孔颗粒	膨胀珍珠岩		70~350	(4.1~8.14) ×10^{-2}	800	不腐蚀,不燃烧,不隔音,化学稳定性好,导热系数小,容重范围大	水玻璃、水泥或磷酸珍珠岩制品等(砖、管壳)
	膨胀蛭石		80~200	(4.65~6.98) ×10^{-2}	约 1000	耐火度高、不易变质、耐腐蚀性差,导热系数小,强度大,吸水率大,加胶结剂后的蛭石制品保温性能比膨胀蛭石差	水玻璃或水泥膨胀蛭石制品(砖、管壳等),沥青膨胀蛭石制品(管壳、板)
	碳化软木					抗压强度高,无毒,无刺激,稳定性好,不易腐烂,防潮,易被虫蛀,鼠咬	碳化软木板,砖,管壳等

保温材料有以下几种:

(1) 保温层材料。保温材料在平均温度低于350℃时,导热系数不得大于0.12W/(m·℃)。保温硬质材料密度一般不得大于300 kg/m^3;软质材料及半硬质制品密度不得大于220 kg/m^3;

吸水率要小。

保温层材料及其制品允许使用的最高温度要高于流体温度,化学稳定性能好,价格低廉,施工方便,尽可能选用制成品和半制成品材料(如板、瓦及棉毡等材料)。

(2) 防潮层材料。防潮层材料应具有的主要技术性能是:吸水率不大于1%;具有阻燃性、自熄性;黏度及密封性能好,20℃时黏结强度不低于0.15 MPa;安全使用温度范围大,有一定的耐温性,软化温度不低于65℃,夏季不软化、不流淌,且有一定的抗冻性,冬季不脆化、不开裂、不脱落;化学性能稳定,挥发物不大于30%,干燥时间短,在常温下使用,施工方便;不腐蚀隔热层和保护层,也不与隔热层产生化学反应。一般可选用下述材料:

1) 石油沥青或改质沥青玻璃布;

2) 石油沥青玛缔脂玻璃布;

3) 油毡玻璃布;

4) 聚乙烯薄膜;

5) 复合铝箔;

6) 聚氨酯橡胶体防水防腐敷面材料。

(3) 保护层材料。保护层材料要求具有严密的防水防湿性能,良好的化学稳定性和不燃性、强度高、不易开裂、不易老化等性能,还应考虑其经济性,可选用下述材料:

1) 为保持被保温的设备或管道的外形美观和易于施工,对软质、半硬质保温层材料的保护层宜选用0.5 mm镀锌或不镀锌薄钢板;对硬质隔热层材料宜选用0.5~0.8 mm铝或合金铝板,也可以选用0.5 mm镀锌或不镀锌薄钢板;

2) 用于火灾危险性不属于甲、乙、丙类生产装置或设备及不划为爆炸危险区域的非燃性介质的公用工程管道的隔热层材料,可用0.5~0.8 mm阻燃型带铝箔玻璃钢板等材料。

11.3.6.5　管道保温计算

管道保温的计算方法有多种,根据不同的要求有经济厚度计算法,允许热损失下的保温厚度计算法,防结露、防烫伤保温厚度法,延迟流体冷冻保温厚度计算法,在液体允许的温度降下保温厚度计算法等。其中最常采用经济厚度计算法。

保温层经济厚度是指设备、管道采用保温结构后,年热损失值与保温工程投资费的年分摊率价值之和为最小时的保温厚度。

外径 $D_0 \leqslant 1$ m 的管道、圆筒形设备按管道保温层厚度计算:

$$D_1 \ln \frac{D_1}{D_0} = 3.795 \times 10^{-3} \sqrt{\frac{P_R \lambda t (T_0 - T_a)}{P_T S}} - \frac{2\lambda}{\alpha_s} \tag{11-25}$$

$$\delta = \frac{1}{2}(D_1 - D_0) \tag{11-26}$$

式中 D_0——管道或设备外径,m;

D_1——保温层外径,m;

P_R——能价,元/kJ,保温中,$P_R = P_H$,P_H 称“热价”;

P_T——保温材料造价,元/m³;

λ——保温材料在平均温度下的导热系数,W/(m·℃);

α_s——保温层(最)外表面向周围空气的放热系数,W/(m²·℃);

t——年运行时间,h,常年运行的按8000 h计;

T_0——管道或设备的外表面温度,℃;

δ——管道保温的经济厚度,mm;

T_a——环境温度,运行期间平均气温,℃;

S——保温投资年分摊率,%。

$$S=\frac{i(1+i)^n}{(1+i)^n-1} \tag{11-27}$$

式中 i——年利率(复利率),%;

n——计息年数,年。

例: 设一架空蒸汽管道,外径 $D_0=108$ mm,蒸汽温度 $T_0=200$℃,当地环境温度 $T_a=20$℃,室外风速 $u=3$ m/s,能价 $P_R=3.6$ 元/kJ,投资计息年限数 $n=5$ 年,年利息 $i=10\%$(复利率),保温材料造价 $P_T=640$ 元/m^3,选用岩棉管壳为保温材料。计算管道需要的保温层厚度,热损失以及表面温度。

解: (1) 导热系数 λ:

平均温度 $T_m=(200+20)/2=110(℃)$

岩棉管壳密度小于 200 kg/m^3,故

$$\lambda=0.044+0.00018(T_m-70)=0.0512(\text{W/m}\cdot℃)$$

(2) 总的表面给热系数 α_s:

取 $\alpha_0=7$, $\alpha_s=(\alpha_0+6u^{0.5})\times1.163=20.23(\text{W/(m}\cdot℃))$

(3) 保温工程投资偿还年分摊率:

$$S=\frac{i(1+i)^n}{(1+i)^n-1}=\frac{0.1\times(1+0.1)^5}{(1+0.1)^5-1}=0.264 \tag{11-28}$$

(4) 保温层厚度:

$$D_1\ln\frac{D_1}{D_0}=3.795\times10^{-3}\sqrt{\frac{P_R\lambda t(T_0-T_a)}{P_TS}}-\frac{2\lambda}{\alpha_s}$$

$$=3.795\times10^{-3}\sqrt{\frac{3.6\times0.0512\times8000\times(200-20)}{640\times0.264}}-\frac{2\times0.0512}{20.23}$$

$$=0.1454$$

$$\delta=\frac{1}{2}(D_1-D_0)$$

由此得到 $D_1=214$ mm, $D_0=108$ mm,保温层厚度为 53 mm,取为 60 mm。

管道保温层厚度,由于计算较复杂,一般可按表 11-19 进行选择。计算求得的保温层厚度,不应超过表 11-20 所示的最大值,如果超过时,应该另选导热系数较小的保温材料。

表 11-19 一般保温层厚度选择表

温材料导热系数 λ /W·(m·K)$^{-1}$	流体温度 /℃	管道直径/mm				
		50 以下	60~100	125~200	225~300	325~400
8.72×10^{-2}	100	40	50	60	70	70
9.3×10^{-2}	200	50	60	70	80	86
10.47×10^{-2}	300	60	70	80	90	90
11.63×10^{-2}	400	70	80	90	100	100

表 11-20 保温层厚度最大允许值

管外径/mm	65	110	160	215	265	325	375	425	530
最大允许厚度/mm	60	110	120	125	130	135	140	145	150

11.3.7　管道应力分析与热补偿

在工程设计中,管道应力计算用以解决管道的强度、刚度、振动等问题,为管道布置、安装及配置等提供科学依据。因其影响因素较多,要对一管系做出完整的应力分析是相当困难的,所以,目前已在工程上采用的各种管道应力计算方法,都是不同程度的近似算法。

11.3.7.1　管道承受的荷载及其应力状态

管道承受的荷载及其应力状态如下:

(1) 压力荷载。氧化铝厂管道多承受内压,也有少数管道在负压下运行,例如真空管道。在各种不同压力、温度组合条件下运行的管道,应根据最不利的压力、温度组合确定管道的设计压力。

外压管道的设计压力应取内外最大压差。

内压在管壁上产生环向拉应力和纵向拉应力。其纵向拉应力约为环向拉应力的一半。外压管道则产生环向压应力和纵向压应力。在确定外压管道壁厚时,主要是考虑管壁承受外压的稳定性和加强筋的设计情况。

(2) 持续外荷载。其包括管道基本荷载、支吊架的反作用力,以及其他集中和均布的持续荷载。持续外荷载可使管道产生弯曲应力,扭转应力,纵向应力和剪应力。

压力荷载和持续外荷载在管道上产生的应力属于一次应力,其特征是非自限性的,即应力随着荷载的增强而增加。当管道产生塑性变形时,荷载并不减少。

(3) 热胀和端点位移。管道一般是在常温下安装的,当输送高温或低温流体时,管子会产生热胀或冷缩使之变形。与设备相连接的管道,由于设备的温度变化而出现端点位移,端点位移也使管道变形。这些变形使管道承受弯曲、扭转、拉伸和剪切等应力。这种应力属于二次应力,其特征是自限性的。当局部超过屈服极限而产生少量塑性变形时,可使应力不再成比例地增加,而限定在某个范围内。当温度恢复到原始状态时,则产生反方向的应力。

(4) 偶然性荷载。其包括风雪荷载、地震荷载、水冲击以及安全阀动作而产生的冲击荷载。这些荷载都是偶然发生的临时性荷载,而且不会同时发生。在一般静力分析中,不考虑这些荷载。对于大直径、高温、高压、易燃流体的管道应加以核算。偶然性荷载与压力荷载、持续外荷载组合后,允许达到许用压力的1.33倍。

11.3.7.2　管道的许用应力

管道的许用应力是管材的基本强度特性除以安全系数。不同的标准有不同的安全系数,但其差别不大。目前国内尚无管道设计的国家标准。在《钢制压力容器》标准(GB150—89)中列有钢管及螺栓的安全系数,可以参考。

11.3.7.3　管道的热补偿

A　管道的热变形

一根自由放置的长度为 L 的管子,在温度升高 Δt 时的热胀伸长量 ΔL 为:

$$\Delta L = L\alpha\Delta t \tag{11-29}$$

式中　α——管材的热膨胀系数。

若限制管道的自由伸长,管壁就要产生轴向的压应力 σ,使管子产生压缩变形,其变形量等于受到限制的那部分热胀伸长量。这个因热变形而产生的应力称热应力。热应力产生的轴向推力 P 为:

$$P = \sigma A = E\alpha\Delta t\ A \tag{11-30}$$

式中 E——管材的弹性模量;

A——管子的截面积。

由上式可知热应力和轴向推力与管道长度无关,所以不能因管道短而忽视这个问题。

一般使用温度低于100℃和直径小于D_N50的管道可以不进行热应力计算。直径大、直管段长、管壁厚的管道或大量引出支管的管道,要进行热应力计算,并采取相应的措施将其限定在许可值之内。

B 管道的热补偿

在管道安装固定的情况下,热胀伸长的热应力会作用于管架与设备或建筑物上,而引起管道及管道法兰变形与焊缝破裂等。为了防止管道热膨胀而产生的破坏作用,在管道设计中需要考虑自然补偿或设置各种补偿器以吸收管道的热变形量,其基本原理就是增加管道的弹性,使管道按设计意图产生变形或位移,从而降低热应力,确保管道系统的安全。除了少数管道采用波形补偿器等专业补偿器外,大多数管道的热补偿是靠自然补偿实现的。

(1) 自然补偿。管道的走向是根据具体情况呈各种弯曲形状的。利用管道敷设时自然形成的弯曲形状(如L形拐弯)具有的柔性以补偿其自身的热膨胀或端点位移,称为自然补偿。此弯管道称为自然补偿器,如图11-7所示,其与管道本身合为一体,因此最经济。在管道布置时应充分利用管道的自然补偿能力。有时为了提高补偿能力而增加管道的弯曲,例如,设置U形补偿器等也属于自然补偿的范围。当自然补偿不能满足要求时,可采用其他热补偿器补偿。如:常用的补偿器有Π形和波纹管两种形式。

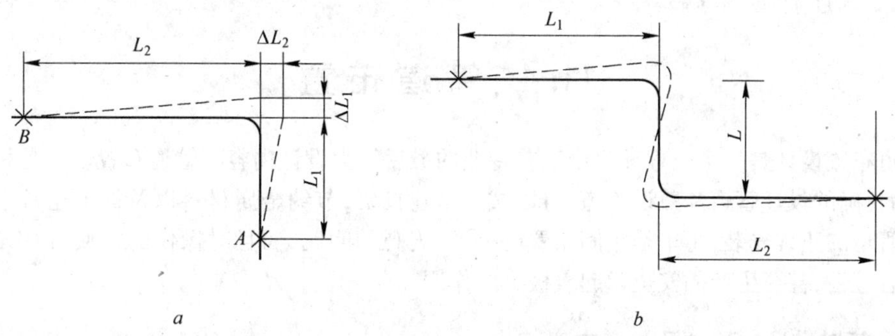

图11-7 自然补偿器

a—L形补偿器;*b*—Z形补偿器

Π形补偿器(或称回折管式补偿器,也称方形补偿器)如图11-8所示。该补偿器耐压可靠,补偿量大,结构简单,易于现场就地制造,是目前应用较广的补偿器。安装时要预拉伸(拉伸到L_2)或预压缩(压缩到L_1),可提高补偿量一倍,固定支架受力可以减少一倍。

自然补偿构造简单,运行可靠,投资少,被广泛应用。自然补偿的计算较为复杂,可以用简化的计算图表,也可以用计算机进行复杂的计算。

(2) 波形补偿器。随着大直径管道的增多和波形补偿器制造技术的提高,近些年来波形补偿器在许多情况下得到应用。波形补偿器如图11-9所示。其特点是体积小,安装方便,适用于低压大直径管道,但其制造较为复杂,价格高。波形补偿器一般用0.5~3 mm不锈钢薄板压制出1~4个波形而成;补偿量小,耐压低,是管道中的薄弱环节,与自然补偿相比其可靠性差。

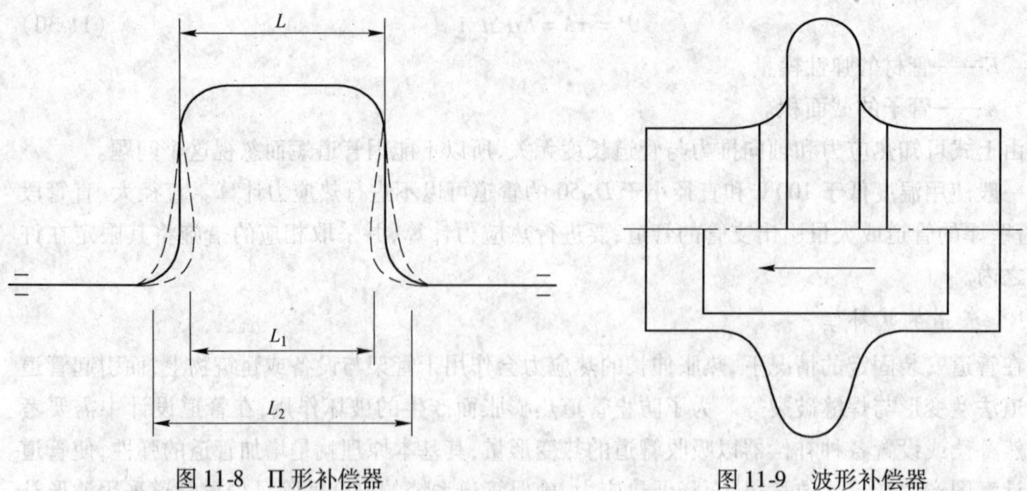

图 11-8 Π 形补偿器　　图 11-9 波形补偿器

(3) 套管式补偿器。其又称填料函补偿器，分为弹性套管式补偿器——利用弹簧维持对填料的压紧力以防止填料松弛泄漏；注填套管式补偿器——补偿器的外壳上要注填密封剂；无推力套管式补偿器——补偿器使用与固定支架上的内压推力由自身平衡等三种。

(4) 球形补偿器。它多用于热力管网，补偿能力是 U 形补偿器的 5 ~10 倍，变形应力是 U 形补偿器的 1/3 ~1/2，流体阻力是 U 形补偿器的 60% ~70%。球形补偿器的关键部件为密封环，一般用聚四氟乙烯制造，并以铜粉为添加剂，可耐温 250℃。球形补偿器可使管段的连接处呈铰接状态，利用两球形补偿器之间的直管变位来吸收管道的变形。有关补偿器的设计，可查阅参考《化工工艺设计手册》等文献。

11.4 管道布置

管道布置设计是一个工程项目中工艺专业的最后一大设计内容。管道布置设计是相当重要的，因为正确的设计管道和敷设管道，可以减少基建投资，节约金属材料以及保证正常生产。氧化铝厂管道的正确安装，不单是车间布置的整齐、美观的问题，而且对操作的方便、检修的难易、经济的合理性，甚至生产的安全都起着极大的作用。

11.4.1 管道敷设的种类及管道支架

11.4.1.1 管道敷设的种类

管道敷设方式可以分为以下两大类：

(1) 架空敷设。架空敷设是氧化铝厂湿法冶金管道敷设的主要方式，其具有便于施工、操作、检查、维修以及较为经济的特点。架空设计大致有下列几种类型。

1) 管道成排地集中敷设在管廊、管架或管墩上。这些管道主要是连接两个或多个距离较远的设备之间的管道、进出装置的工艺管道以及公用工程管道。管廊规模大，联系的设备数量多；管架则较小和较少。因此管廊宽度可以达到 10 m 甚至 10 m 以上，可以在管廊下方布置泵和其他设备，上方布置空气冷却器。管廊可以有各种平面形状及分支。

管墩敷设实际上是一种低的管架敷设，其特点是在管道的下方不考虑通行。这种低管架可以是混凝土构架或混凝土和钢的混合构架，也可以是枕式的混凝土墩，但应用较少。

2) 管道敷设在支架上，这些支吊架通常生根于建筑物、构筑物、设备外壁和设备平台上。所以这些管道总是沿着建筑物和构筑物的墙、柱、梁、基础、楼板、平台,以及设备(如各种容器)外壁敷设。沿地面敷设的管道,其支架则生根于小混凝土墩子上或放置在铺砌面上。

3) 某些特殊管道,如有色金属、塑料等管道,由于其低的强度和高的脆性,因此在支承上要给予特别的考虑。例如,将其敷设在以型钢组合成的槽架上,必要时应加以软质材料衬垫等。

(2) 地下敷设。地下敷设可以分为以下两种:

1) 埋地敷设:其优点是利用了地下的空间,但是也有缺点,如腐蚀、检查和维修困难,在车行道处有时需特别处理以承受大的载荷,低点排液不便以及易凝物料凝固在管内时处理困难等。因此,只有在不可能架空敷设时,才予以采用。直接埋地敷设的管道最好是输送无腐蚀性或腐蚀性轻微的介质,常温或温度不高的、不易凝固的、不含固体的、不易自聚的介质;无隔热层的液体和气体介质管道,例如设备或管道的低点自流排液管或排液汇集管;无法架空的泵吸入管;安装在地面的冷却器的冷却水管,泵的冷却水、封油、冲洗油管等架空敷设困难时,也可埋地敷设。

2) 管沟敷设:管沟可以分为地下式和半地下式两种,前者的整个沟体(包括沟盖)都在地面以下,后者的沟壁和沟盖有一部分露出在地面以上。管沟内通常设有支架和排水地漏,除阀井外,一般管沟不考虑人的通行。与埋地敷设相比,管沟敷设提供了较方便的检查维修条件,同时可以敷设有隔热层的、温度高的、输送易凝介质或有腐蚀性介质的管道,这是比埋地敷设更优越的地方。

11.4.1.2 管道支架

管道支架有支承、固定及约束管道的作用,它承受管道的质量、沿管道的轴向水平推力(热推力)、侧向水平力(支管拉力)、设备传给管道的振动力等。

管子的固定、支承和管架设计是管道布置设计的重要内容之一。在车间平面布置时,必须对管架进行规划,确定其大体位置,估算其宽度。待具体布置时,再最后确定其位置和结构尺寸。

A 管架宽度估算

管架宽度取决于布置在管架上的管道根数和直径。一般按管架上管道最密处的管子根数计算管架宽度。

B 管道支架类型

管道支架(管卡、托架、吊架)已有标准设计,可按《管架通用系列》选用。

按管道支架的作用,一般管道支架可分为以下四大类型:

(1) 固定支架。不允许管道有任何位移的地方,应设固定支架。除支承管道质量外,还要承受管道的水平作用力,保证管道不能移动。固定支架应设在坚固的厂房结构或管架上,并对垂直和水平受力进行验算。

在热管道的各个补偿器(包括自然补偿器)间设置固定支架,就能按设计意图分配补偿器分担的补偿量;在设备管口附近的管道上设置固定支架,可以减少设备管口的受力。

(2) 滑动支架。允许管道在水平面上有一定的位移。

(3) 导向支架。用于允许轴向位移而不允许横向位移的地方,如Π形补偿器的两端(距离4倍管径处)和铸铁阀件两侧。常用的导向支架有导向管卡、导向角钢、导向板和导向管托等。

(4) 弹簧吊架。当管道有垂直位移时,如热膨胀引起的上下位移,则因弹簧有弹性,故仍能提供必要的支吊力。

C 管道支架安装

管架一般分为室外管架与室内管架。室外管架有独立的支架;室内管架可省去管架支柱,尽量采用与土建的墙、柱或钢梁直接连接的方式。一般采用插墙支承或与土建预埋件相焊接的方式，如无预埋件时，可采用梁箍包梁或槽、角钢夹住的方式。

对于悬臂式连接结构的支吊架，其悬臂长度一般不宜大于800 mm。对于悬臂较长的支吊架，尽量在其受力较大的方向加斜撑。

D 支架、管架间距

管道的支架或管架间距越小，需要的支架或管架的数目就越多，投资就越大，其中管架间距对投资的影响更大。管架间距可按大部分管道的支架间距选定，一部分小管子可利用设支架支承。固定支架和活动支架的间距要参考表11-21。

表11-21 固定支架和活动支架的间距

D_N	固定支架最大间距/m			活动支架最大间距/m	
	Π形补偿器	L形补偿器		不保温	保温
		长边	短边		
20				4.0	2.0
25	30	15	2.0	4.5	2.5
32	35	18	2.5	5.5	3.0
40	45	20	3.0	6.0	3.5
50	50	24	3.5	6.5	4.0
80	60	30	5.0	8.5	6.0
100	65	30	5.5	11.0	6.5
125	70	30	6.0	12.0	7.5
150	80	30	6.0	13.0	9.0
200	90			15.0	12.0
250	100			17.0	14.0
300	115			19.0	16.0
350	130			21.0	18.0
400	145			21.0	19.0

E 管道支架（管架）的分类

定型管架包括十大类：

(1)管托、管卡；(2)管吊；(3)型钢吊架；(4)柱架；(5)墙架；(6)平管支架；(7)弯管支架；(8)立管支架；(9)大管支承的管架；(10)弹簧托、弹簧吊和弹簧吊架。

图11-10为部分管道支吊架的结构示意图。

F 管道支吊架的选用原则

一般有以下几点：

(1) 在选用管道支吊架时，应按照支承点所承受的荷载大小和方向、管道的位移情况、工作温度、是否保温或保冷、管道的材质等条件选用合适的支吊架；

(2) 为便于工厂成批生产，加快建设速度，设计时应尽可能选用标准管卡、管托和管吊；

(3) 焊接型的管托、管吊，比卡箍型的管托、管吊省钢材，且制作简单、施工方便。因此，应尽量采用焊接型的管托和管吊；

(4) 为防止管道过大的横向位移和可能承受的冲击荷载，一般设置导向管托，以保证管道只沿着轴向位移；

(5) 当架空敷设的管道热胀量超过100 mm时，应选用加长管托，以免管托滑到管架梁下；

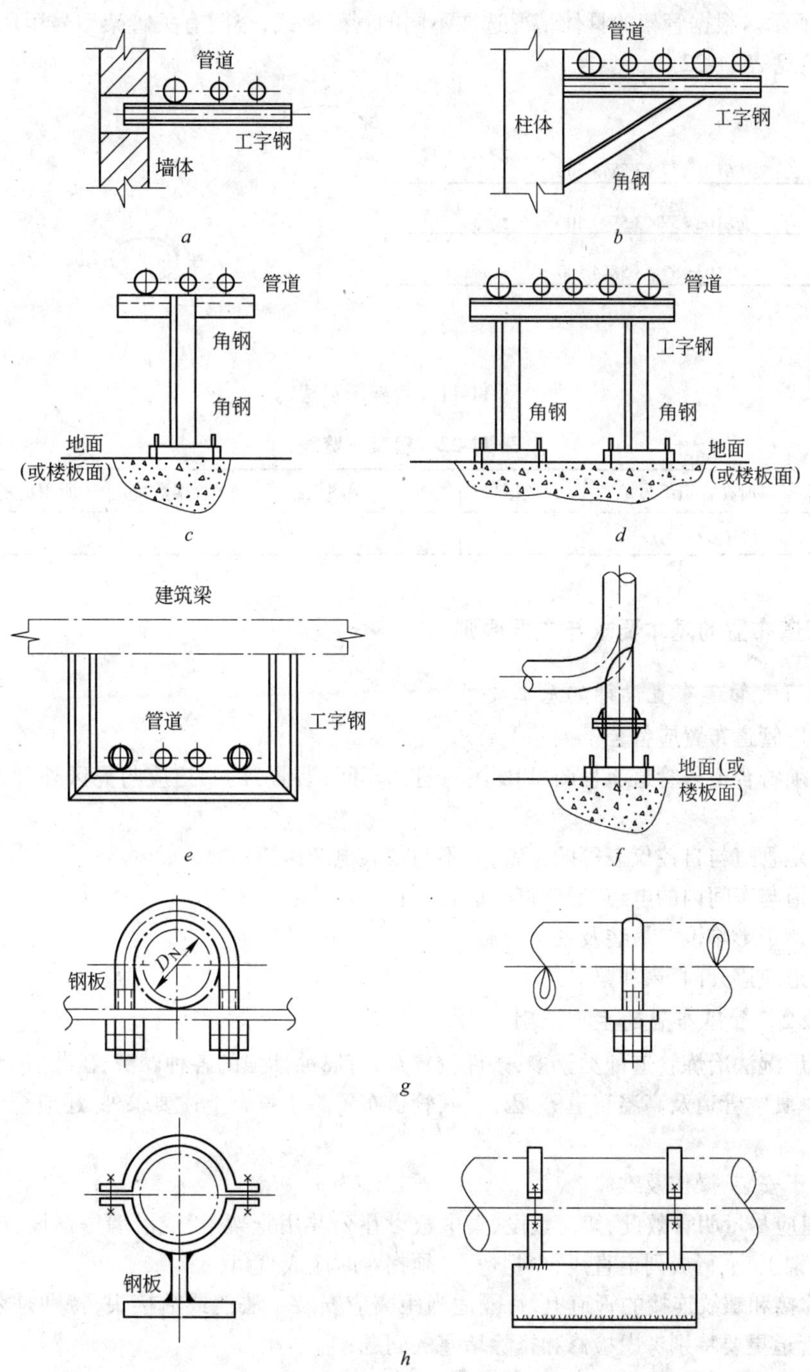

图 11-10　部分管道支吊架的结构示意图

a—ZJ-1-21 型生根在墙上的悬臂支架；*b*—ZJ-2-9 型生根在柱上的三角支架；
c—ZJ-3-51 型单柱支架；*d*—ZJ-4-7 型∏形单柱支架；
e—ZJ-4-12 型梁底双柱支架；*f*—WT-7-100-H 型弯管支托；
g—PK-1 型管卡；*h*—DT-1 型焊接型导向管托

(6) 管架的图示法。在一张管道布置图中有很多管架,故管架在管道布置图上要有编号。如图 11-11 所示。根据管架的具体情况选取不同的管架形式,查阅有关管架型号手册,最终列出管架一览表,见表 11-22。

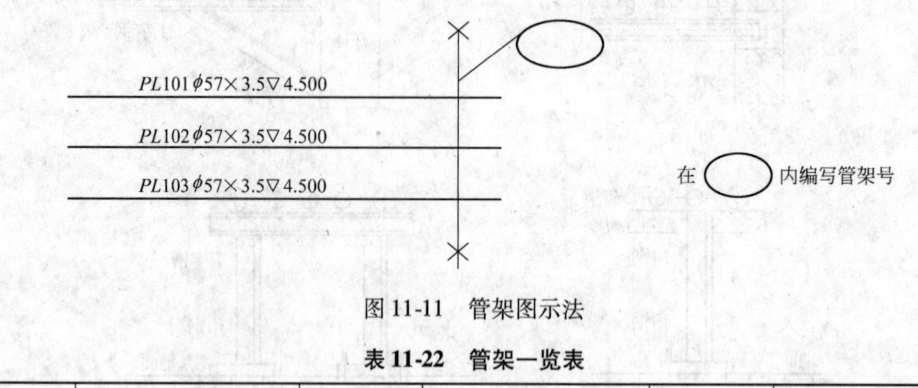

图 11-11　管架图示法

表 11-22　管架一览表

管架编号	所在管道编号	管架型号	非标管架图纸编号	管架数量	所用材料规格数量

11.4.2　管道布置的基本要求与主要原则

11.4.2.1　管道布置设计的基本要求

氧化铝厂管道布置应符合下列基本要求:

(1) 必须符合工艺管道流程图(PID 图)、进出车间(装置)的管道应与界区外管道连接相吻合;

(2) 确定管道与自控仪表等的位置,并不与仪表电缆碰撞;

(3) 管道与车间内的电缆、照明灯分区行走;

(4) 管道不影响设备吊装及安全设施;

(5) 管道应避开门、窗和梁。

11.4.2.2　管道布置的主要原则

氧化铝厂湿法冶炼管道种类繁多,条件较复杂,有腐蚀性强的各种碱液、矿浆、泥浆、结晶液,有压缩空气、真空管道及高温管道等,因此,其管道布置除了符合上述要求外,还应全面考虑以下主要原则:

(1) 便于安装、操作及维修。

1) 管道应尽量明管敷设、架空敷设、集中敷设在公共用管架上,或沿墙壁铺设,或布置在固定墙上的管架上,平行成列走直线,少拐弯,必须拐弯时应成直角;

2) 在焊接和螺纹连接的管道上,每隔适当距离应安装一法兰或活接头,特别是浓度较高的矿浆、浓泥管道更要特别考虑检修和排除堵塞的问题;

3) 室外管道要尽量集中敷设,对检修频繁的矿浆管、浓泥管、结晶液管及其他需要经常操作检修的管道应设计管桥,并在管桥上设人行道;

4) 管道离地面的高度要适当,通过人行道时,最低点一般不少于 2.2 m;通过公路或工厂主要交通干线时不少于 4.5 ~ 5.0 m;通过铁路时不少于 6 m。管道上的阀门和仪表的布置高度(高出地面、楼板、平台表面)也要适当,一般阀门(包括球阀、截至阀、闸阀)为 1.2 ~ 1.6 m,安全阀为 2.2 m,温度计、压力计为 1.4 ~ 1.6 m,取样阀为 1 m 左右为宜;

5）为便于安装、检修和防止变形后挤压，并列管道的管件与阀门应错开排列，以减少间距。管与管之间，管与墙之间应保持一定的距离；

6）支管多的管道应布置在并列管线的外侧，引出支管时，气体管道应从上方引出，液体管道应从下方引出；

7）当管道改变标高或走向时，应避免管道形成积聚气体的“气袋”，，或流体的“口袋”，和“盲肠”，如不可避免时，应在管线最高点设置排气阀，最低点设置排液阀；

8）管道穿过墙壁或楼板处不得有焊缝，且在穿墙或穿楼板的部位预埋一个直径大的套管，让管线穿过套管，套管与管子间应填充填料，以防止管道移动或振动时对墙壁或楼板造成损坏。套管应高出楼板、平台表面 50 mm；

9）流量元件（孔板、喷嘴及文氏管）所在的管路前后要有足够的直管段，以保证准确测量；

10）温度元件在设备与管道上的安装位置，要与流程一致，并保证一定的插入深度和外部安装检修空间。

（2）保证安全生产。

1）输送易燃、易爆物料的管道不得铺设在生活间、楼梯、走廊和门等处，这些管道上还应设置安全阀、防爆膜、阻火器和水封等防火防爆装置，并应将放空管引至指定地点或高过屋面 2 m 以上；

2）输送腐蚀性物料的管道阀门、补偿器、法兰等不得安设在通道上空，并应加保护套，若其管道与其他管道并列时，应铺设在下方或外侧；

3）冷、热流体的管道应相互避开，不能避开时应当热管在上，冷管在下，塑料或衬胶管应避开热管；

4）水管及废水管一般不宜地下敷设，如管道地下埋设应设置在冻土层（冰点线）以下；陶瓷管如埋设在地下时，应在地面 0.5 m 以下；地下管道通过道路或受荷地区应加保护措施；

5）不锈钢管不宜与碳钢管或管件直接接触，应采取胶垫隔离等措施，以防电化学腐蚀；

6）长距离输送蒸汽或其他热物料的管道，应考虑热补偿问题，如在两个固定支架之间设置补偿器和滑动支架；

7）距离较近的两设备间，管路一般不应直接连（设备之一未与建筑物固定或有波纹伸缩器的情况除外），一般采用 45°或 90°弯接；

8）设备间的管道连接应尽可能的短而直（用于自然补偿或方便检修的情况除外），尤其是使用合金钢的管线和工艺要求压降小的管线，如压缩机入口管线以及真空管线等；

9）为防止管道在工作中产生振动、变形及损坏，必须根据管道的具体特点，合理确定其支撑与固定结构；

10）管道安装完毕后，应在一定压力下试压，并尽量在管道外壁涂布不同颜色的防锈油漆，一是用来保护管道外壁不受环境腐蚀，二是用来区别各种管道的类别，是管道的标志。车间管道涂色由各厂统一规定，表 11-23 所列的涂漆颜色可供参考。

表 11-23 管道涂漆颜色

介质名称	水	蒸汽	压缩空气	真空	废气	物料①	碱类	酸类	油类	污水
涂色	绿	白	深蓝	灰	黄	红	粉红	红白圈	棕	黑

① 物料管包括溶液管、矿浆管。

（3）其他：

1）管道应避免通过电动机、仪表盘、配电盘上空；容器的管道不可以从人孔正前方通过。

2）管道焊缝与支架的距离不应小于200 mm，当采用大于200 mm管径时，其距离不应小于管径。

3）管道敷设应有一定坡度，坡度方向一般均沿着介质流动方向，但也有与介质流动方向相反的。常用的坡度为1/1000～5/1000，输送黏度大的流体的管道，坡度要求大一些，可达1/100，输送固体结晶物料的管道，坡度高达5/100～6/100，参阅表11-24。埋地管道及敷设在地沟中的管道，如在停止生产时其积存介质不考虑排尽，则不考虑敷设坡度。

表11-24　各种介质管道的坡度

名　称	矿浆流槽	矿浆管	压缩空气真空管	蒸汽管	蒸汽冷凝水	清水	废水
输送方式	自　流	自流或泵输送	压力输送	压力输送			
坡度/%	不小于3	3～5	0.3～0.4	0.3～0.5	0.3	0.3	0.1

4）管道与阀门一般不宜直接支承在设备上。

5）管道布置时应兼顾电缆、照明、仪表及采暖通风等其他非工艺管道布置。

11.4.3　管道布置图

管道布置图包括车间（或工段）内部管道和室外管道图，由管道布置图、管道系统图、管路轴测图（管段图）、管架图和管件图及管段材料表等组成，其中管道布置图是管道布置设计的主要图样。

11.4.3.1　管道布置图的作用与内容

管道布置图又称管道安装图或配管图，实际上是在车间（或工段）设备布置图上添加管道及配件图形或标记而构成的，其表示出所有管道、管件、阀门、仪表等的安装位置，管道与设备、厂房的关系。它是管道施工安装的重要依据，也是管道布置的主要文件。

管道布置图主要包括一组视图——按正投影原理画的一组表示车间（装置）的设备、建筑物的简单轮廓以及管路、管件、阀门、仪表控制点等安装情况的平、立面剖视图；尺寸标注——注明管路及管件、阀门、控制点等的平面位置尺寸和标高，对建筑物轴线编号、设备位号、管段序号、控制点代号等进行的标注；方位标注——表示管路安装的方位；标题栏——注明图名、图号和设计阶段等。

管道布置图应包括以下具体内容：

(1) 厂房、建构筑物外形，标注建构筑物标高及厂房方位；

(2) 全部设备的布置外形，标注标高及方位；

(3) 操作平台的位置及标高；

(4) 当管道平面布置图表示不清楚时，应绘制必要的剖视图；

(5) 表示所有管道、管件及仪表的位置、尺寸和管道的标高，管架位置及管架编号等；

(6) 标高均以±0.000为基准，单位为m。

11.4.3.2　管道布置图的绘制步骤

管道布置图的绘制步骤如下：

(1) 确定管道布置图的视图配置及各视图的比例；

(2) 确定图纸幅面；

(3) 绘制视图；

(4) 标注尺寸、编号及代号；

(5) 编制方位标;

(6) 编制管口表、标题栏;

(7) 校核与审定。

11.4.3.3 管道布置图的绘制方法

绘制方法为:

(1) 一般规定:

1) 图幅:一般采用 A1 或 A2,有时也用 A0 号图纸,同区宜采用同一种图幅。

2) 比例:在图面饱满、表示清楚的原则下,采用 1:50 或 1:25,有时也用 1:30,但同区或各分层应采用同一比例。

3) 尺寸单位:管道布置图中标注的标高、坐标以 m 为单位,小数点后取三位数,至 mm 为止;其余尺寸一律以 mm 为单位,只注数字,不注单位。管子公称通径一律用 mm 表示。尺寸线始末应绘箭头。

4) 图名:标题栏中的图名一般分成两行书写;上行写"管道布置图",下行写"EL×××,×××"平面或"*A—A*、*B—B*、…"剖视等。

5) 分区原则:对于较大的车间,若管道平面布置图按所规定的比例不能在一张图纸上绘制成时,需将车间分区进行管道设计。为了便于了解与查找分区情况,应绘制分区索引图。该图是利用设备布置图复印后添加粗双点划线表示的分区界线,并注明该线坐标及各区编号而成的。

6) 线条:管道布置图上应绘制出所有工艺物料管道和辅助管道(包括开车、停车及事故处理时备用管道)。公称直径不小于 400 mm 的管道用粗实线双线绘制;不大于 355 mm 的管道用粗实线单线绘制。如果管道布置图中大口径的管道不多时,则公称直径不小于 250 mm 的管道用粗实线双线绘制;不大于 200 mm 的管道用粗实线单线绘制。

有关建构筑物、设备基础、平台、梯子、设备、管件、阀门、仪表盘和电气盘的外形轮廓线、尺寸线以及剖视符号的箭头方向线等,均用细实线绘制,中心线用点划线绘制。

与外管道相连接的管道应画至厂房轴线外 1 m 处,或按项目要求接至界区界线处,分区界线用双点折线或粗点划线绘制。

穿过楼板的设备应在下一层的平面图上用双点划线表示设备投影,与该设备有关的管道用粗实线绘制。

地下管道及平台下的管道用虚线绘制。

常用管道符号,见表 11-25。

表 11-25 常用管道符号

序号	规定符号	表示内容	序号	规定符号	表示内容
1		裸管	7		固定胶管
2		保护管	8		管道由此向下或向里支管
3		保温管	9		管道由此向上或向外支管
4		地沟管	10		管道上有向上或向外支管
5		埋地管	11		管道上有向下或向里支管
6		可移动胶管	12		相接支管段

续表 11-25

序号	规定符号	表示内容	序号	规定符号	表示内容
13		不相接向左或向右	35		减压阀
14		相交不相接管段	36		弹簧式安全阀
15		管道流体流向	37		重锤式安全阀
16	i=0.005	管道坡向及坡度	38		压力表
17		带法兰截止阀	39		温度计
18		不带法兰截止阀	40		差压式流量计
19		带法兰闸阀	41		转子式流量计
20		不带法兰闸阀	42		孔板
21		带法兰旋塞	43		π形弧形伸缩节
22		不带法兰旋塞	44		波形补偿器
23		三通旋塞(不带法兰)	45		填料补偿器
24		四通旋塞(不带法兰)	46		胶管夹
25		电动闸阀(带法兰)	47		油分离器
26		液动闸阀(带法兰)	48		脏物过滤器
27		气动闸阀(带法兰)	49		底阀
28		角形阀(带法兰)	50		疏水器
29		蝶阀(带法兰)	51		丝接变径管
30		球阀(带法兰)	52		带法兰变径管
31		隔膜阀(带法兰)	53		丝堵
32		胶管阀(带法兰)	54		带法兰盲板
33		升降式止回阀(带法兰)	55		焊接盲板
34		旋启式止回阀(带法兰)			

(2) 视图的绘制:

1) 平面布置图:管道布置设计的图样包括车间(或工段)内部管道图和室外管道图,由管道布置图、管道系统图、管道轴测图(管段图)、管架图和管件图以及管段材料表等组成。其中管道布置图是管道布置设计的主要图样。

管道布置图用来表示管道的配置、安装要求以及相关设备、建构筑物之间的关系等，一般只以平面布置图绘制。

管道配置图的绘制是以车间（或工段）配置图为依据，图面方向与车间（或工段）配置图一致。当车间内部管道较少，走向简单时，在不影响配置图清晰的前提下，可将管道配置图直接绘在车间（或工段）配置图上，管段不编号，而管道、管架、管件等编入车间（或工段）配置图明细表中。

对于多层建构筑物的管道平面布置图应分层次绘制。如在同一张图纸上绘制几层平面图时，应从最底层起，由下至上或由左至右依次排列，并于各平面图下注明“EL0.000 平面”或“EL ×××，×××平面”，而对于每一层平面图，如配置图 ±0.000 平面，所绘制管道为上一层楼板以下至地面的所有工艺物料管道和辅助管道。

按设备布置图要求绘制各厂房及有关建构筑物外形，设备可不注定位尺寸，不绘设备支架及设备上的传动装置，但需绘出设备（按产品样本或制造厂提供的图纸标注泵、压缩机及其他机械设备）的管口定位尺寸（或角度），并给定管口符号，即按设备图用 5 mm×5 mm 的方块标注设备管口符号，以及管口定位尺寸由设备中心至管口端面的距离。

当几套设备的管道布置完全相同，或同一位号两套以上的设备接管方式完全相同时，可以只绘其中一套的全部接管，其余几套可简化为方框表示，但在总管应绘出每套支管的接头位置。

各种管件连接形式如图 11-12 所示。焊点位置应按管件长度比例画。标注尺寸时，应考虑管件组合的长度。

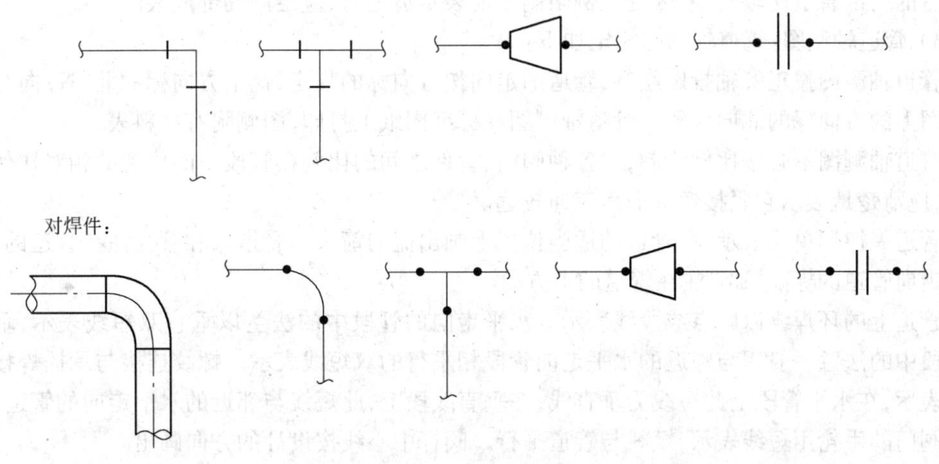

图 11-12　各种管件连接形式

管道间距尺寸均指两管中心尺寸，以 mm 为单位；当管道转弯时如无定位基准，应注明转弯处的定位尺寸。有特殊安装要求的阀门高度及管件尺寸必须注出。

管道的安装高度以管道标高（指管底标高）形式注出。

管道水平方向转弯，对于单线管道，管道公称直径不大于 50 mm 的管头，可用直角表示；双线管道应按比例画出圆弧。

对于立式容器，要画出固定支架或裙座，人孔的位置及标记符号，支座下如为混凝土基础时，应按比例画出基础的大小，但不需标注尺寸。

对于工业炉，凡是与炉子平台有关的柱子及炉子外壳和总管联箱的外形、风道、烟道等均应表示出来。

管道的检测元件在管道平面图上用直径 10 mm 的圆圈和圆圈内填写检测元件的符号与编号来表示。在检测元件的平面位置用细实线和圆圈连接起来。

管道布置图上用双点划线按比例表示重型或超限设备的“吊装区”或“检修区”及换热器抽芯的预留空地，但不标注尺寸，如图 11-13 所示。

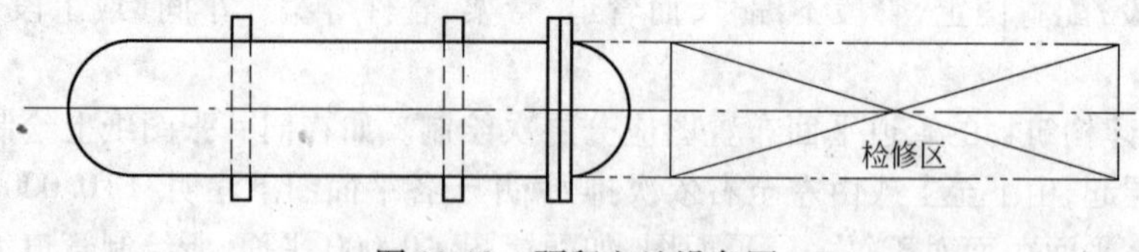

图 11-13　预留空地设备图

2）管道剖视图及局部放大图：当管道平面布置图表示不够清楚时，应绘制必要的剖视图或轴测图。剖视图应选择能清楚表示管道为宜。如有几排设备的管道，为使主要设备管道表示清楚，都可选择剖视图或轴测图表达。该剖视图或轴测图可画在管道平面布置图边界线以外的空白处，但不允许在管道平面布置图内的空白处再画小的剖视图或轴测图。

剖视图应根据剖切的位置和方向（如剖切到建筑轴线时应正确表示建筑轴线），标出轴线编号，但不必标注分总尺寸。

剖切面可以是全厂房剖面，也可以是每层楼面的局部剖面。

剖视图上的剖视符号规定用“*A*—*A*、*B*—*B*、…”大写英文字母表示，在同一小区内符号不得重复。平面图上要表示所剖截面的剖切位置、方向及编号。

有的局部管道比较复杂，因受比例限制不能表示清楚时，应绘制局部放大图。

3）管道轴测图：管道轴测图规定如下：

管道轴测图按正等轴投影绘制，管道的走向按方向标的规定，这个方向标的北（N）向与规定布置图上的方向标的北向一致。管道轴测图在标准图纸上打印，图侧附有材料表。

管道轴测图不必按比例绘制，但各种阀门、管件之间的比例在管段中的位置的相对比例均要协调，应清楚地表示它紧接弯头而离三通较远。

管道一律用单线表示，在管道的适当位置上画出流向箭头。管道号和管径注在管道的上方。水平走向管道的标高“EL”注在管道的下方。

管道上的环焊缝以圆点或段线表示。水平走向的管段中的法兰以垂直双短线表示，垂直走向管段中的法兰一般用与邻近的水平走向管段相平行的双短线表示。螺纹连接与承插焊接均用短线表示，在水平管段上此短线为垂直线，在垂直线段上，此短线与邻近的水平走向的管道平行。

阀门的手轮用短线表示，短线与管道平行。阀杆中心线按设计的方向画出。

管道布置图中管道图例见表 11-26，阀门图例见表 11-27。

表 11-26　管道布置图中管道图例

名称＼连接形式		螺纹与焊接	法兰	
			双线	单线
90°弯头	俯视			
	主视			

续表 11-26

名称	连接形式	螺纹与焊接	法兰 双线	法兰 单线
90°弯头	仰视			
	轴侧图			
45°弯头	俯视			
	主视			
	仰视			
	轴侧图			
三通	俯视			
	主视			
	仰视			
	轴侧图			
45°斜接管	俯视			
	主视			
	仰视			
	轴侧图			

续表 11-26

名称	连接形式	螺纹与焊接	法兰 双线	法兰 单线
四通	俯视 仰视			
	主视			
	轴侧图			
同心异径管	侧视			
	轴侧图			
	俯视 仰视			
偏心异径管	主视			
	轴侧图			
焊制弯头	俯视			
	主视			
	仰视			
	轴侧图			
180°弯头	俯视			
	主视			
	仰视			
	轴侧图			

表 11-27 管道布置图中阀门图例

序号	名称	主视	俯视	仰视	左(右)视	轴侧图
1	闸阀	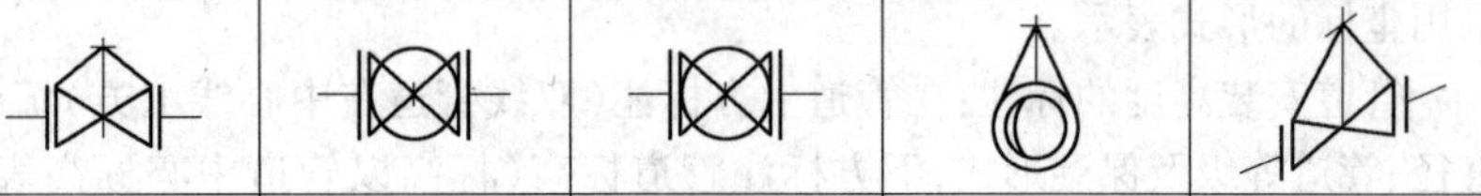				
2	截止阀	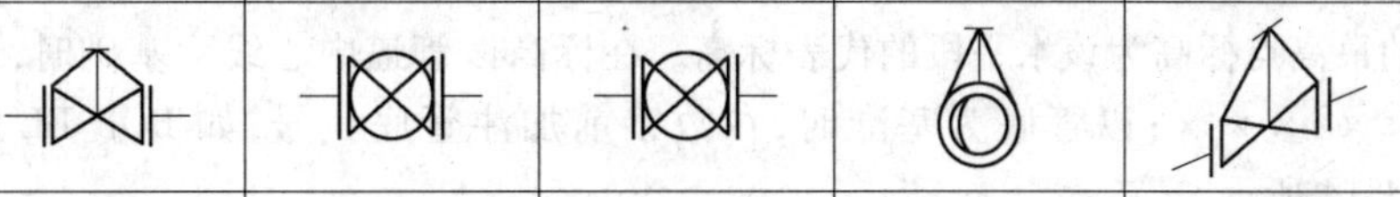				
3	止逆阀					
4	旋塞阀	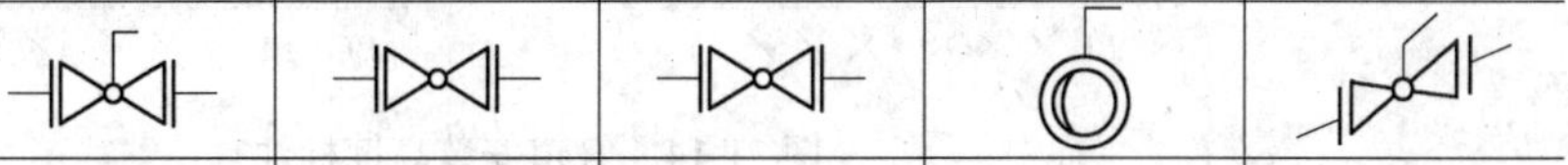				
5	隔膜阀	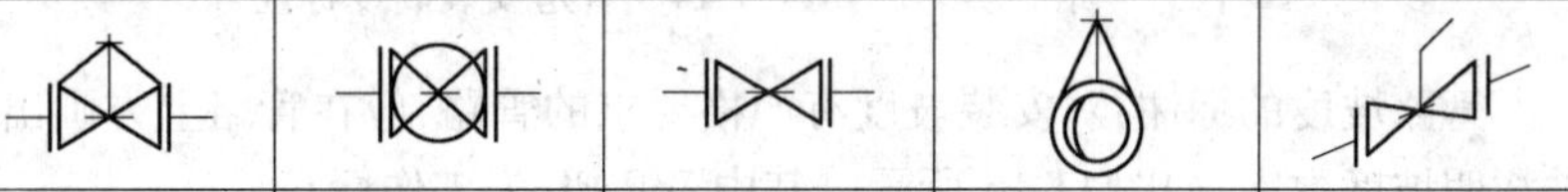				
6	蝶阀	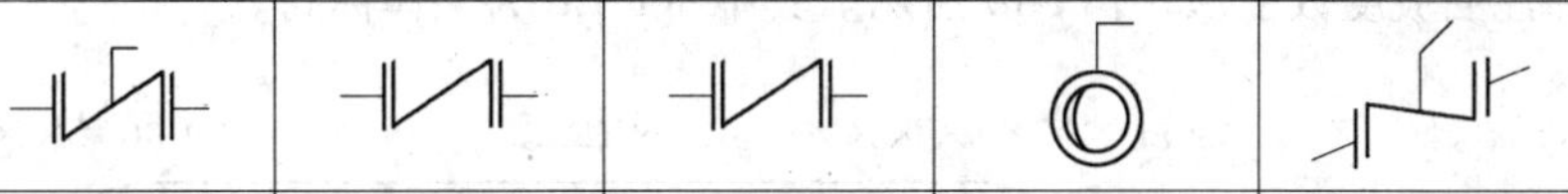				
7	角阀	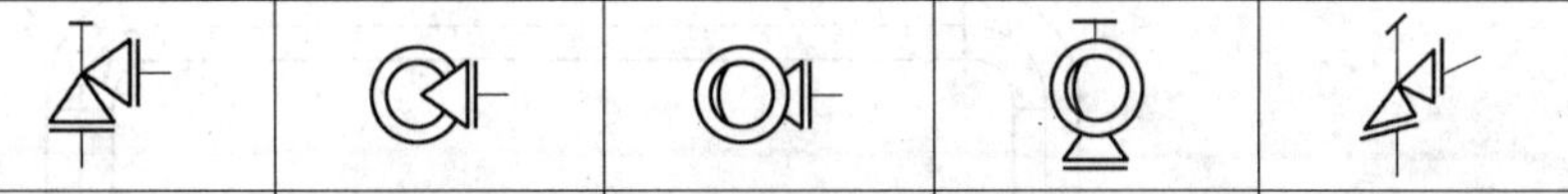				
8	球阀					
9	节流阀	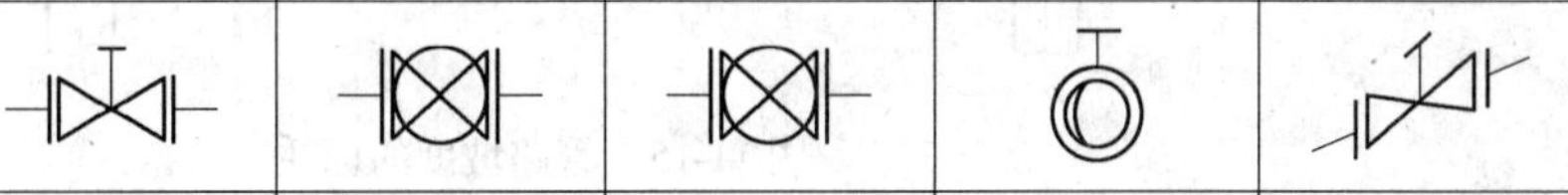				
10	放料阀	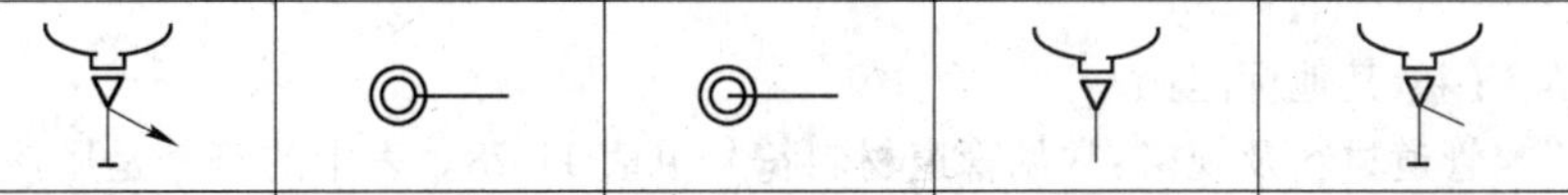				
11	Y形阀	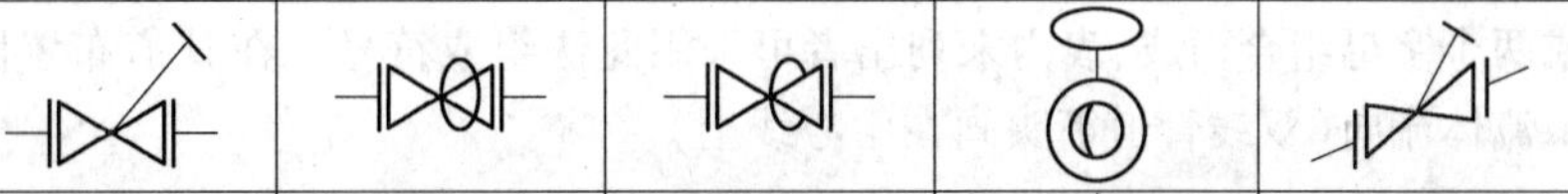				
12	三通旋塞	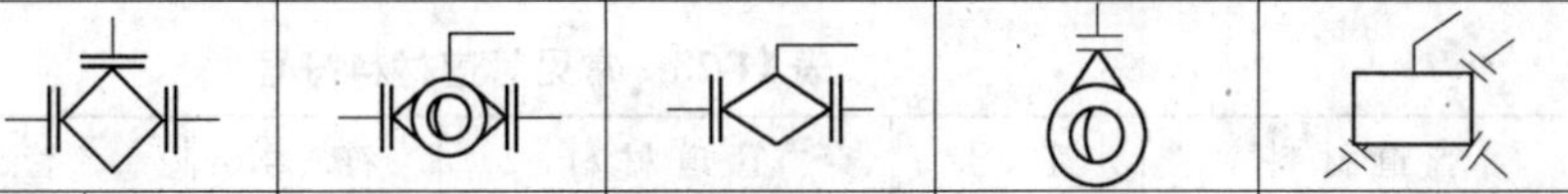				
13	安全阀	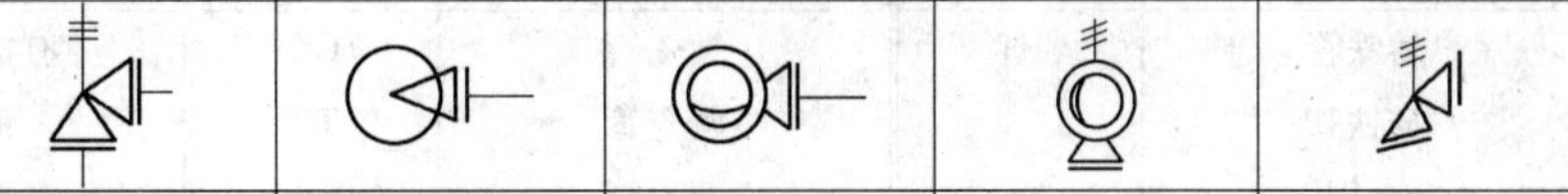				
14	阻火器	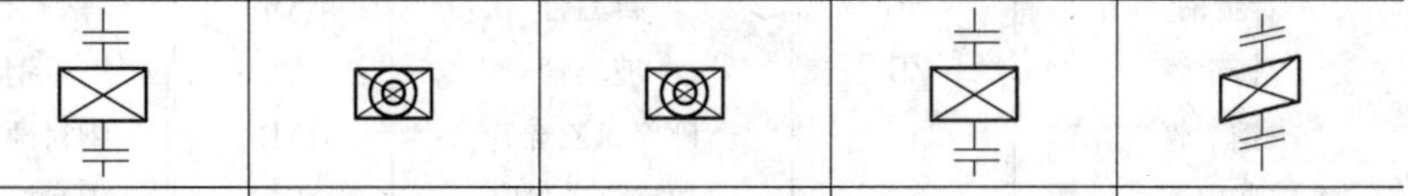				
15	节流装置	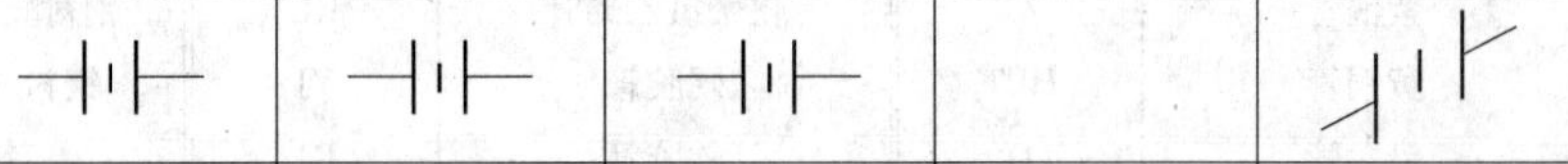				
16	漏斗	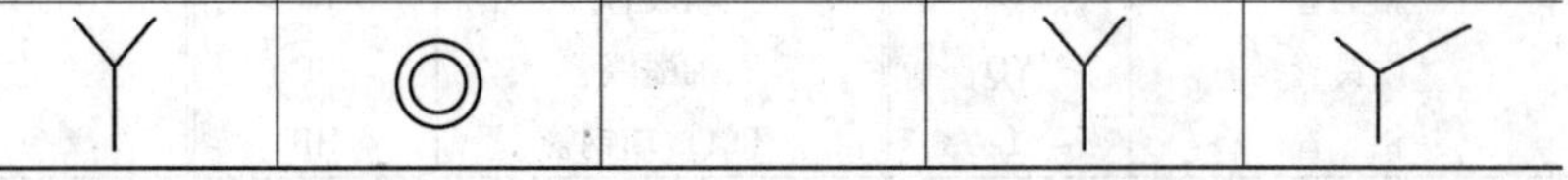				

（3）尺寸标定：定位尺寸的标注：在管道布置图上的管道定位尺寸以建筑物的轴线、设备中心线，设备管口中心线、区域界线（或接续图分界线）等作为基准进行标注。管道定位尺寸也可以用坐标的形式表示。

管道安装高度的标注：在管道上方标注（双线管道在中心线上方）流体代号、管路编号、公称直径、管道等级及保湿形式，下方标注管道标高（标高以管道中心标高表示，管段的每一水平段的最高点标高为该水平段的代表标高。在标高以管道中心线为基础时，只需标注数字，如 EL××××，×××；以管底为基准时，在数字前加注管底代号，如 BOP EL×××，×××），如图 11-14 所示。

SL 1305-100-B1A (H)　　　　SL 1305-100-B1A (H)

EL×××.×××　　　　BOP EL×××.×××

图 11-14　管道安装高度标注

管路坡度的标注：对安装坡度有严格要求的管路，应在管路上方画出细实线箭头，指出坡向，并注明坡度数字，如图 11-15 所示。其中 WP EL 为工作标高。

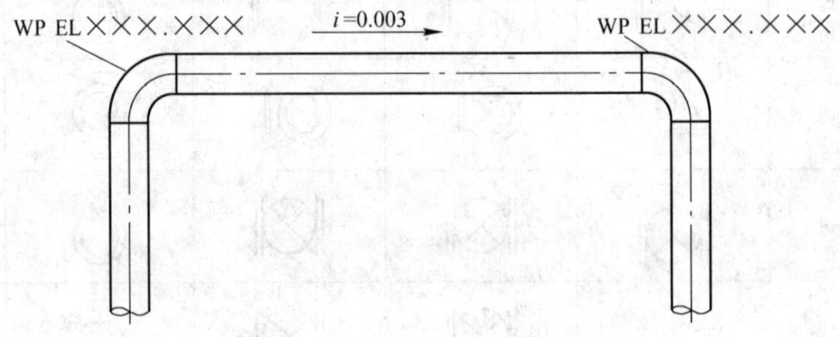

图 11-15　管路坡度的标注

（4）其他标注：

管道材料及规格：常见管道材料符号见表 11-28。表中的符号是用该名称的汉语拼音前一个或两个字母组合而成，表内未列出者可采用此法组成符号。在管道布置图上适当位置画箭头表示流体流向（双线管道箭头画在中心线上）。

表 11-28　常见管道材料符号

管道材料	符号	管道材料	符号	管道材料	符号
铸铁管	HT	搪瓷管	GC	有机玻璃管	YB
硅铁管	CT	陶瓷管	TC	钢衬胶	G-J
合金钢管	HG	石墨管	SM	钢衬石棉酚醛管	G-SF
铸钢管	ZG	玻璃管	BL	钢衬铅管	G-Q
钢　管	G	硬聚氯乙烯管	YL	钢衬硬聚氯乙烯管	G-YL
紫铜管	ZT	软聚氯乙烯管	RL	钢衬软聚氯乙烯管	G-RL
黄铜管	HUT	硬胶管	YJ	钢衬环氧玻璃管	G-HB
铅　管	Q	软胶管	RJ	铸石管	ZS
硬铅管	YQ	石棉酚醛管	SF		
铝　管	L	环氧玻璃钢管	HB		

输送的流体名称及流向，管道输送流体符号见表11-29。其中的符号组成方法同上表。

管段编号及有关设备的名称和编号。

管道、管件和附件的定位尺寸以及管架编号等。

表11-29 管道输送流体符号

流体名称	符号	流体名称	符号	流体名称	符号
溶液管	RY	冷冻回水管	L_2	二氧化碳管	E
矿浆管	K	软化水管	S_3	煤气管	M
洗涤液管	XY	压缩空气管	YS	蒸汽管	Z
硫酸管	LS	鼓风管	GF	风力输送管	FS
盐酸管	YA	真空管	ZK	水力输送管	SS
硝酸管	XS	废气管	FQ	油　管	Y
碱液管	JY	氧气管	YQ	取样管	QY
上水管	S	氢气管	QQ	废液管	FY
污水管	H	氯气管	LQ	有机相管	YJ
热水管	R	氮气管	DQ	萃取液管	CY
循环水管	XH	氨气管	AQ	液氯管	LY
冷凝水管	N	二氧化硫管	EL	液氨管	AY
冷冻水管	L_1	一氧化碳管	ET	氨水(含氨溶液)管	AS

(5) 管道的表示法：

1) 在管道配置图中，管道特征一般用引线标注(图11-16)；当管道较少且管线简单时则可直接标注(图11-17)。但在同一张图中只能用一种标注方法。

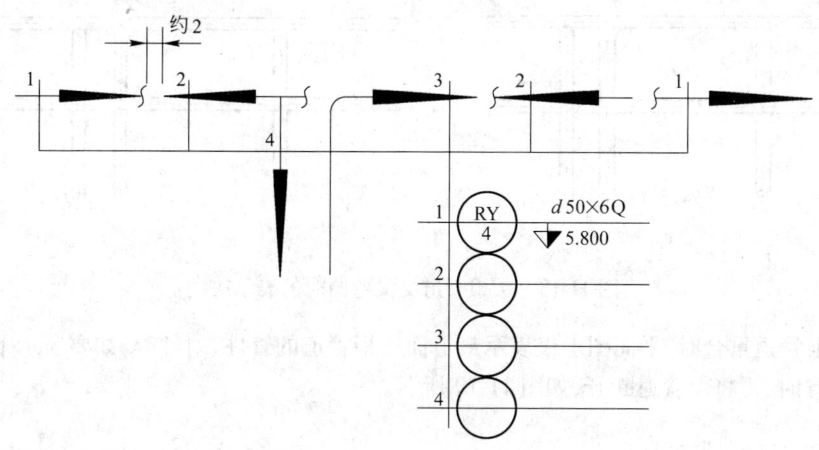

图11-16 管道特征的引线标注法

图11-16和图11-17的说明如下：引线标注时，管道特征按柱间分区标注。管道特征符号与主引线连接、主引线应放在柱间分区明显位置上。主引线未跨越的管道，从主引线上引出支引线，在与管线交叉处标注顺序号，支引线不得超越柱间分区范围。

1、2、3、4、…为管道标注顺序号，编排顺序原则是先远后近，先上后下。

圆圈内下方1、2、3、4、…为管段编号。

RY、K为流体符号，Q、G为管道材料符号，$d50\times6$、$D_N80\times4$为管道规格，↓5.800为管道的代表标高。

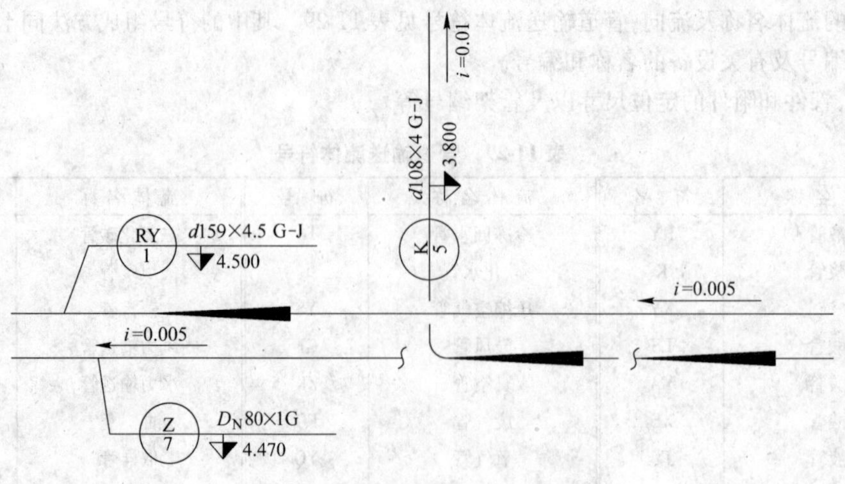

图 11-17　管道特征的直接标注法

2）在平面图上数根管道交叉弯曲时的表示法，如图 11-18 所示。图中 b 是表示将上部管道断开，看下部管道。

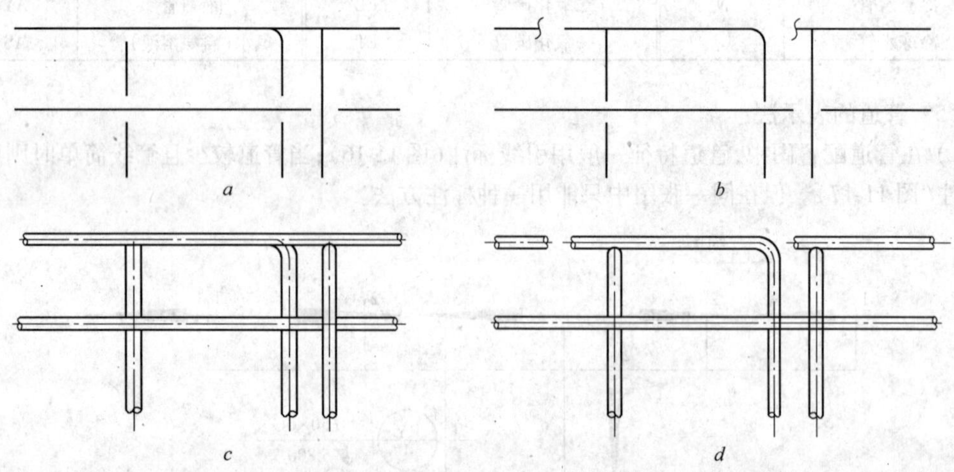

图 11-18　数根管道交叉弯曲时的表示法

3）数根管道重合时，平面图上仅表示最上面一根管道的管件、附件等，如要表示下部管道的管件、附件等时，需将上管道断开，如图 11-19 所示。

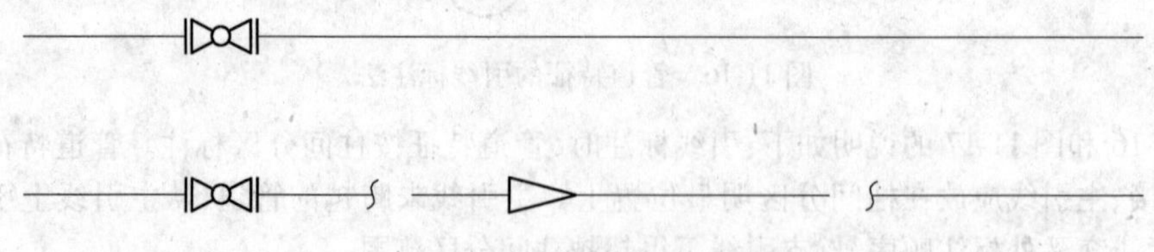

图 11-19　数根管道重合时的表示法

4）系统图中管道特征直接标注在管线上。当管道前后上下交叉时，前面和上部的管道用连接线段表示，后面和下部管道在交叉处断开，如图 11-20 所示。

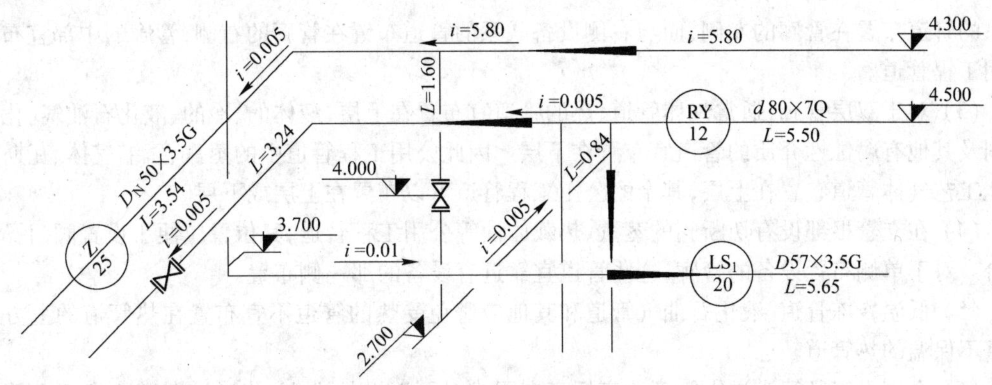

图 11-20 系统图中管道特征表示法

(6) 管道图的各种表格:

1) 管段编号表。为清晰看出管道起止点,需有管段编号表。编号次序依生产流程先后顺序编排,先编工艺管道,后编辅助管道。起止点可由某一设备(或管段)到另一设备(或管段),或由某设备(或管段)到另一管段(或管段)。分出支管时,需单独编号。此表列入管道系统图内或单独出图,表的格式见表 11-30。

表 11-30 管段编号表格式

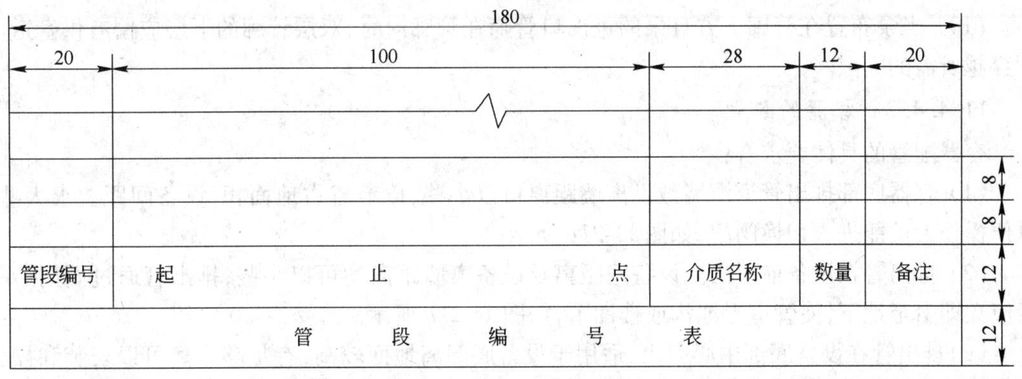

管段编号	起 止 点	介质名称	数量	备注
管 段 编 号 表				

2) 管架表。包括支架名称、规格、数量。相同规格的管架可编一个号,管架号以 GJ-1、GJ-2、…顺序排列。此表列入管道配置图内。

3) 管段材料表。按管段编号顺序,将同一管段中规格和材料相同的管道、管件、阀门、法兰等的标准或图号、名称、规格、材料、数量等一一列出编成表附于管道系统图内,或单独出图。

(7) 室外管道图:是用来表示有关车间(或工段)之间流体输送的关系和对管道的安装要求的图形,通常由平面图、局部放大图和剖面图组成。室外管道不绘系统图。

11.4.4 单元设备的管道布置

11.4.4.1 管廊上的管道布置

敷设在管廊上的管道种类有:公用管道、公用工程管道、仪表管道及电缆。

(1) 大直径输送液体的重管道应布置在靠近管架柱子的位置或布置在管架柱子的上方,以使管架的梁承受较小的弯矩。小直径的轻管道,宜布置在管架的中央部位。

(2) 一般设备的平面布置都是在管廊的两侧按工艺流程顺序布置的,因此与管廊左侧设备联系的管道布置在管廊的左侧,而与右侧设备联系的管道布置在管廊的右侧,管廊的中部宜布置公用工程管道。

(3) 对于双层管廊,通常气体管道、热的管道宜布置在上层,液体的、冷的、液化石油气、化学药剂及其他有腐蚀性介质的管道宜布置在下层。因此公用工程管道中的蒸汽、压缩气体、瓦斯及其他工艺气体管道布置在上层,其余的公用工程管道可以布置在上层或下层。

(4) 在支管根部设有切断阀的蒸汽、热载体油等公用工程管道,其位置应便于设置阀门操作平台。对于单侧布置设备的管廊,这些管道宜靠近有设备的那一侧布置。

(5) 低温冷冻管道、液化石油气管道和其他应避免受热的管道不宜布置在热管道的上方或仅靠不保温的热管道。

(6) 个别大直径管道进入管廊改变标高有困难时可以平拐进入,此时该管道应布置在管廊的边缘。

(7) 管廊在进出装置处通常集中有较多的阀门,应设置操作平台,平台宜位于管道的上方。对于双层的管廊,在装置边界处应尽可能将双层合并成单层以便布置平台。必要时沿管廊走向也应设操作检修通道。

(8) 沿管廊两侧柱子的外侧,通常布置调节阀组、伴热蒸汽分配站、凝结水收集站及取样冷却器、过滤器等小型设备。

(9) 在布置管廊的管道时,要同仪表专业协商为仪表槽架留好位置。当装置内的电缆槽架架空敷设时,也要同电气专业协商并为电缆槽架留好位置。

(10) 当泵布置在管廊下方且泵的进出口管嘴在管廊内时,双层管廊的下层应留有供管道上下穿越所需的间隙。

11.4.4.2　容器的配管

容器配管的具体要求有:

(1) 容器底部排出管道沿墙敷设离墙距离可以小些,以节省占地面积,设备间距要求大些,以便操作人员能进入切换阀门,如图 11-21*a* 所示。

(2) 排出管在设备前引出。设备间距离及设备离墙距离均可以小些,排出管通过阀门后一般应立即引至地下,使管道走地沟或楼面下,如图 11-21*b* 所示。

(3)排出管在设备底部中心引出,适用于设备底部离地面较高,有足够距离可以安装和操作阀门,这样敷设高度短,占地面积小,布置紧凑,但限于设备直径不宜过大,否则开启阀门不方便,如图 11-21*c* 所示。

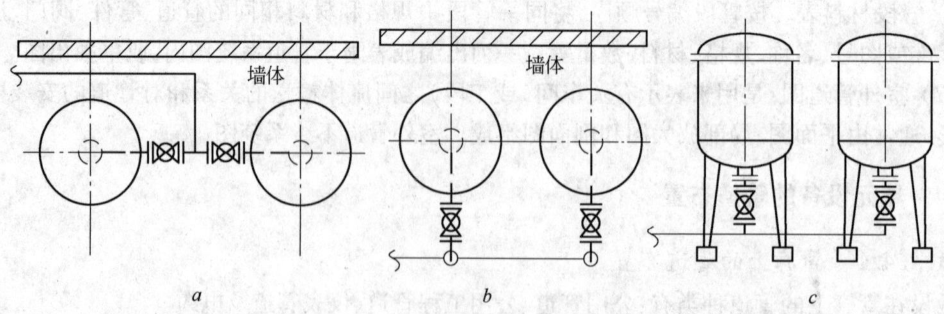

图 11-21　容器底部排出管的布置

a—排出管沿墙敷设;*b*—排出管在设备前引出;*c*—排出管在设备底部中心引出

(4) 进入容器的管道为对称安装,适用于需设置操作平台、开关阀门的设备,如图 11-22*a* 所示。

(5) 进入容器的管道敷设在设备前部,适于能站在地(楼)面上操作阀门的设备,如图 11-22*b* 所示。

(6) 站在地面上操作较高设备进入管的敷设方法如图 11-22*c* 所示。

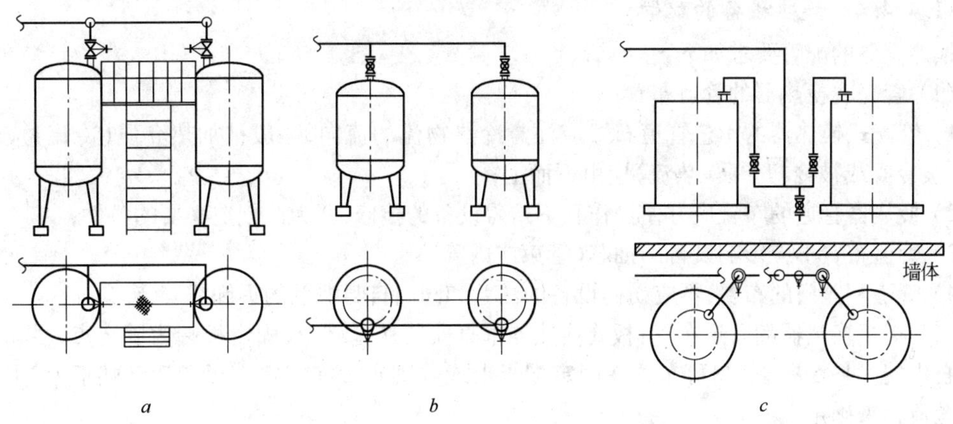

图 11-22　容器顶部进入管道的布置

a—进入管对称安装;*b*—进入管设在设备前部;*c*—站在地面操作的较高设备的进入管

(7) 卧式槽的进出料口位置应分别在两端,一般进料在顶部、出料在底部。

11.4.4.3　泵的配管

泵的配管要求如下:

(1) 泵体不宜承受进出口管道和阀门的质量,故进泵前和出泵后的管道必须设支架,尽可能做到泵移走时不设临时支架。

(2) 吸入管道应尽可能短,少拐弯(要用长曲率半径弯头),并避免突然缩小管径。

(3) 吸入管道的直径不应小于泵的吸入口。当泵的吸入口为水平方向时,吸入管道上应配置偏心异径管,管顶取平,以免形成气袋,如图 11-23 所示。当吸入口为垂直方向时,可配置同心异径管。

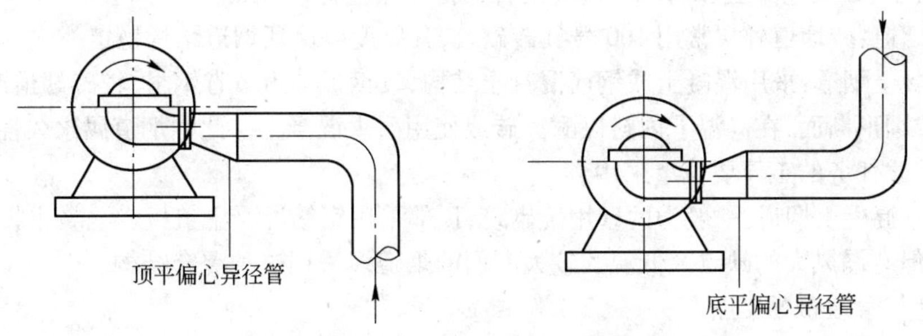

图 11-23　泵入口偏心异径管的设置

(4) 泵的排出管上一般均设止回阀,防止泵停时物料倒冲。止回阀应设在切断阀之前,停车后将切断阀关闭,以免止回阀阀板长期受压损坏。

(5) 悬臂式离心泵的吸入口配管应给予拆修叶轮的方便。

(6) 往复泵、旋涡泵 、齿轮泵一般在排出管上(切断阀前)设安全阀(齿轮泵一般随带安全阀),防止因超压发生事故。安全阀排出管与吸入管连通。

(7) 蒸汽往复泵的排汽管应少拐弯,不设阀门,在可能积聚冷凝水的部位设排放管,放空量大的还要装设消声器,乏汽应排至户外适宜地点,进汽管应在进汽阀前设冷凝水排放管,防止水击气缸。

(8) 蒸汽往复泵,计量泵、非金属泵的吸入口须设过滤器,避免杂物进入泵内。

11.4.4.4　换热设备的配管

换热设备的配管要求如下:

(1) 管壳式换热器的管道布置:

1) 管壳式换热器的工艺管道布置应注意冷热物流的流向,一般被加热介质(冷流)应由上而下,被冷凝或被冷却介质(热流)应由下而上;

2) 换热器管道的布置应方便操作和不妨碍设备的检修,并为此创造必要的条件;

3) 管道布置不应影响设备的抽芯(管束或内管);

4) 管道和阀门的布置,不应妨碍设备的法兰和阀门自身法兰的拆卸或安装。

(2) 板式换热器的管道布置:板式换热器垂直安装在基础上,固定板端为固定点,活动端板侧为自由端。4个进出管口可布置在固定端板上或分别布置在固定端板和活动端板上,主要根据工艺流程来确定。

11.4.5　烟气管道和烟囱设计

氧化铝厂火法冶金(石灰石煅烧,熟料烧结,氢氧化铝焙烧)过程中,会消耗大量燃料并产生大量的烟尘和烟气。由于工艺过程及环境保护、节能的需要,必要进行烟气管道和烟囱的设计。

(1) 烟气管道结构形式及材质的选择。常用的烟气管道断面有圆形、矩形、拱顶矩形等。根据烟气的性质(温度、压力、腐蚀性等),选用不同材质的管道,常用的有钢板烟道、砖烟道、混凝土烟道等。

1) 钢板烟道:钢板烟道的直径一般不应小于300 mm,常采用4~12 mm厚钢板制作。

钢板管道(包括管件)的壁温一般不宜超过400℃,当烟气温度高于500℃时,其内应砌筑硅藻土砖或轻质黏土砖等隔热材料;当烟气温度高于700℃时,除采用管内隔热外,可结合烟气降温的需要,外面施以水套冷却或喷淋汽化冷却等措施;当烟气温度低于350℃时,钢管外壁应敷设泡沫混凝土、石棉硅藻土、矿渣棉、碳酸镁石棉粉等保温材料。

2) 砖烟道:砖烟道外层常用100号红砖砌筑,其厚度应保证烟道结构稳定。

3) 混凝土烟道:采用混凝土或钢筋混凝土结构,较钢板烟道节省钢材,较砖烟道漏风小。可做成矩形或圆形断面,在高温下内衬以耐火砖或使用耐火混凝土。此种烟道属永久性构筑物,在有改建或扩建任务的工厂要慎重采用。

4) 砖-混凝土烟道:一般为两壁用砖砌筑,顶部采用钢筋混凝土盖板。混凝土板可预制,故施工较快,但有漏风大的缺点。低温和较大断面的烟道多采用这种混合结构。

(2) 烟气管道布置要点:

1) 收尘管道的布置,应在保证冶金炉正常排烟、不妨碍其操作和检修的前提下,使管道内不积或少积灰,少磨损,易于检修和操作,且管路最短。

2) 烟气流速尽可能低,以减少阻力损失和磨损。对于水平管道和小于烟尘安息角的倾斜管道、烟气流速一般为15~20 m/s,或开动风机时能吹走因停风而沉积于底部的烟尘的条件来选定;对大于烟尘安息角的倾斜管道,一般为6~10 m/s(见表11-31)。

表 11-31 烟气流速选用表

材料	烟气流速/m·s^{-1}			
	烟道		烟窗上口	
	自然排烟	机械排烟	自然排烟	机械排烟
砖或混凝土	3~5	6~8	2.5~10	8~20
金属	5~8	10~15	2.5~1	8~20

注:本表流速值系按经济流速范围给定的,当烟气中有粗尘时应按尘粒悬浮速度确定。

3）收尘烟道可采用架空、地面、地下敷设等方法。架空烟道维修方便,运转较安全,各种材质的管道均可用;地面烟道直接用普通砖(或耐火砖)砌筑于地面上,一般用于输送距离较长的净化后的废气(如爬山烟道),有时也用于净化前的烟气输送,但漏风大,清灰困难,故应尽量少用;地下烟道用普通砖(或内衬耐火砖)砌筑于地坪之下,一般在穿过车间、铁路、公路、高压电线时采用,通过厂区较长距离的净化后烟气输送也可采用,其缺点是清理维护困难,要有可靠的防水或排水设施。

4）收尘系统支管应由侧面或上面接主管。

5）输送含尘量高的烟气时,管道应布置成人字形,与水平面交角应大于45°。如必须敷设水平管道,其长度应尽量小,且应设有清扫孔和集灰斗,大直径管道的清扫孔一般设于烟道侧面,小直径管道则采用法兰连接的清扫短管;集灰斗设于倾斜管道的最低位置或水平管道下方,并间隔一定距离,其形式如图 11-24 所示。

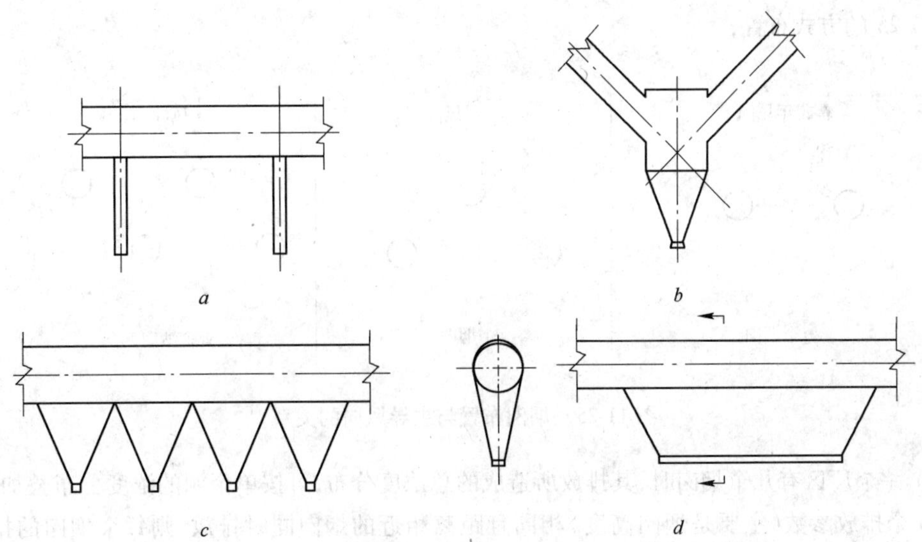

图 11-24 烟道清灰设施

a—水平管的落灰管;b—倾斜管的灰斗;c—水平管的锥形灰斗;d—水平管的船形灰斗

6）当架空烟道跨过铁路时,管底距轨面不得低于 6 m;跨过公路和人行道时,距路面分别不低于 4.5 m 和 2.2 m。

7）高温钢管道每隔一定距离设置套筒形、波形、鼓形等补偿器,内衬隔热层或砖砌烟道要留有膨胀缝。补偿器应设在管道的两个固定支架之间,补偿器两侧还应设置活动支架以支持补偿器的质量。

8）检测装置应装在气流平稳段；调节阀门应设在易操作、积灰少的部位，并装有明显的开关标记；对输送非黏性烟尘的管道，如果水平管段较长，应每隔 3 ~ 7 m 设置一个吹灰点，以使用 294.2 ~ 686.5 kPa 的压缩空气吹扫管道。

(3) 烟气管道的计算原则。烟气管道的计算包括烟气量与烟气重度换算、阻力损失计算、管道直径及烟道当量直径计算等，其计算原则是：

1）烟气量应按冶炼设备正常生产时的最大烟气量计算。对于周期性、有规律变化的多台冶金炉（如转炉），应按交错生产时的平均最大烟气量考虑。总烟气量确定后，应附加 15% ~ 20% 作为选择风机的余量。

2）考虑预计不到的因素，收尘系统的总阻力损失应由计算值附加 15% ~ 20%。收尘系统各支管的阻力应保持平衡，烟气量变化较大而难以维持平衡时，可采用阀门（蝶阀）调节。

3）具体计算方法可参见《有色冶金炉》等资料，在此不予赘述。

(4) 烟囱设计要点。有色冶金炉使用烟囱的主要目的是为了高空排放有害气体和微尘，利用大气稀释，使其沉降到达地面的浓度不超过国家规定的卫生标准。常用的烟囱结构有砌砖、钢筋混凝土及钢板结构等。通常 40 m 以下可使用砖砌，45 m 以上使用钢筋混凝土构筑。钢烟囱（包括绝热层和防腐衬里）常用于低空排放，适于高温（大于 400℃）烟气、强腐蚀性气体和事故排放等，对于小型或临时性工程也常采用。

烟囱布置和计算的要点如下：

1）排放有害气体的烟囱应布置在企业和居民区的下风侧；当一企业有两个以上烟囱时，应按图 11-25 的方式布置；

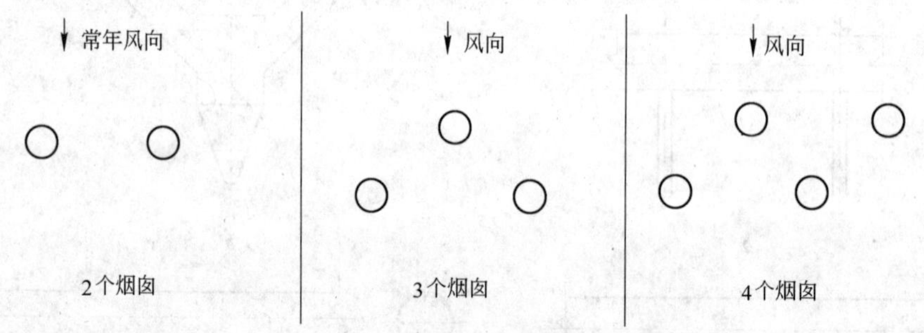

图 11-25　烟囱布置与主导风向的关系

2）一个厂区有几个烟囱时，其排放所造成的总浓度分布，可按单个源的浓度分布叠加计算。如有 N 个排放参数（主要是烟囱高度）相同且距离相近的烟囱同时排放，则每个烟囱的排放量 M_i 应为单个烟囱所允许的排放量 M 的 $1/N$；若烟囱间距为其高度的 10 倍以上，则每个烟囱的排放量可按单个烟囱的允许排放量计算；

3）经烟囱排放的烟气除应符合国家颁布的《工业“三废”排放标准》（GBJ4—1973）和《工业企业设计卫生标准》（TJ36—1979）外，还应按工厂所在地的地区排放标准执行；

4）烟囱计算的主要内容包括烟囱直径、高度、温度和抽力计算等。具体计算方法参见《有色冶金炉》等专著。

(5) 火法冶炼管道图的绘制要点：

1) 烟气管道按机械投影关系绘制,管道在图中用双中实线表示；

2) 初步设计阶段的车间(或工段)配置图应表示主要管道的位置及走向;施工图设计阶段则需详细表示管道的配置和安装要求。当管道复杂时,应单独绘制管道安装图；

3) 火法冶炼车间内的油管、压缩空气管、蒸汽管、水管等管道,原则上按湿法冶炼管道图的绘制方法绘制,当火法冶炼配置图和安装图在一个视图中出现湿法冶炼管道图时,原则上应采用双中实线表示；

4) 管道有衬砖、保温、防腐等要求时,应绘制管道剖面图,标明材料和有关尺寸,并在附注中详细说明施工技术要求；

5) 焊接加工的变径管、变形管、弯头、带弯头的直管、管架和其他管件等均以部件标注,两连接件之间的直管、盲板、法兰、螺栓、螺母等,以零件标注；

6) 管道标高均以管道中心的标高表示。管道标注方法和内容如图 11-26 所示。

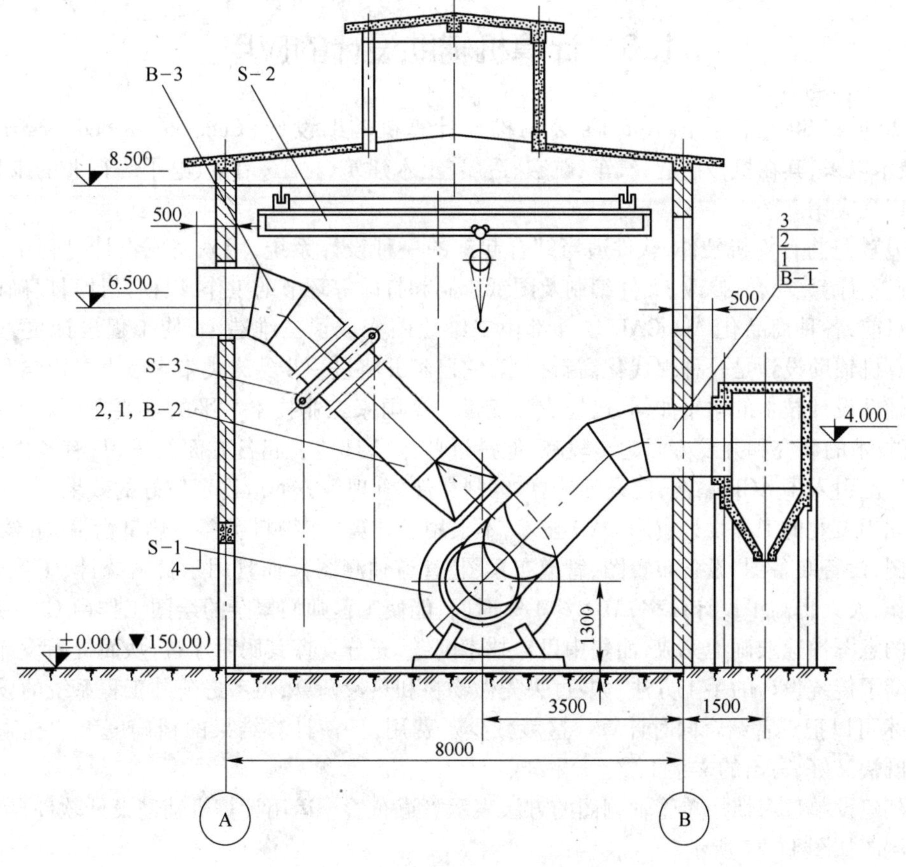

图 11-26　火法冶炼管道图的标注示例

11.5　材料统计

施工图管道布置完成后,需进行材料的统计工作,这是工程设计的最后一项十分重要的工作,因为施工单位就是按照设计单位所作的材料统计表去采购、备料的。材料统计的准确与否直接影响到工程施工时材料能否够用、材料是否过量浪费、建设费用是否超资。

工艺专业的材料统计工作主要有:管段材料一览表、管道支吊架材料一览表、管道及设备油漆、保温材料一览表、设备地脚螺栓一览表、综合材料一览表。

综合材料一览表是工艺专业的各种材料的汇总,包括管道、阀门、法兰、管件、螺栓、螺母、管道支吊架、油漆、保温材料、其他特殊材料等;每一种材料都要写明规格、材质、数量、型号,以方便施工单位采购,避免引起差错。综合材料一览表见表 11-32。

表 11-32　综合材料一览表

序　号	名　称	规　格	型号或图号	材　料	单　位	数　量	标准号	备　注

11.6　计算机辅助设计的应用

自 20 世纪 80 年代美国 Autodes 公司推出计算机辅助设计(Computer Aided Design,简称 CAD)技术以来,其在机械制造、汽车、航空、造船、土木建筑、化工、冶金、电子等行业的工程设计中得到广泛应用。

CAD 就是将计算机硬件、软件适当结合起来的一种设计系统,用来完成设计过程中的信息检查、分析、计算、综合、修改、文件编制及图纸绘制和打印等环节的工作,以使设计得以确认和最佳化。目前,各种商品化 AutoCAD 软件都由二维绘图变成了三维造型,使工程设计更直观、完善。计算机辅助设计是一种现代化高新技术,它已经并将进一步给人类带来巨大的影响和利益。计算机辅助设计技术的水平如何,已经成为衡量一个国家工业技术水平的重要方面。虽然我国在 CAD 技术的研究和开发方面起步较晚,但是近些年已日益引起各方面的重视,有条件的设计部门已广泛引入了 ACD 系统,使设计计算、编制文件、管理等方面取得了较好的效果。

氧化铝工业的工程设计应用 CAD 技术,不仅用于计算(如物料衡算和热量衡算)和绘图(工艺流程图、设备装备图、设备布置图、管道布置图、管道轴测图),而且用于材料统计,干扰碰撞检查等工作,大大提高了设计效率,节省约 1/2 时间;能使工程师们繁杂的绘图工作由 CAD 系统按设计者的意图快速准确地完成,而集中思考技术问题,充分发挥其聪明才智,从而提高设计水平,并且改变了传统设计的手工方法,如:过去先做物料和热量衡算,再考虑公共工程系统的设计,而 CAD 技术可以把三者结合同时计算。这就减少了费用,且使计算结果的精确度大大提高;计算机绘图既快又好,写出的文字工整。

国外建设单位习惯用单管轴测图的方法表示管道布置。运用计算机辅助设计软件自动生成单管轴测图如图 11-27 所示。

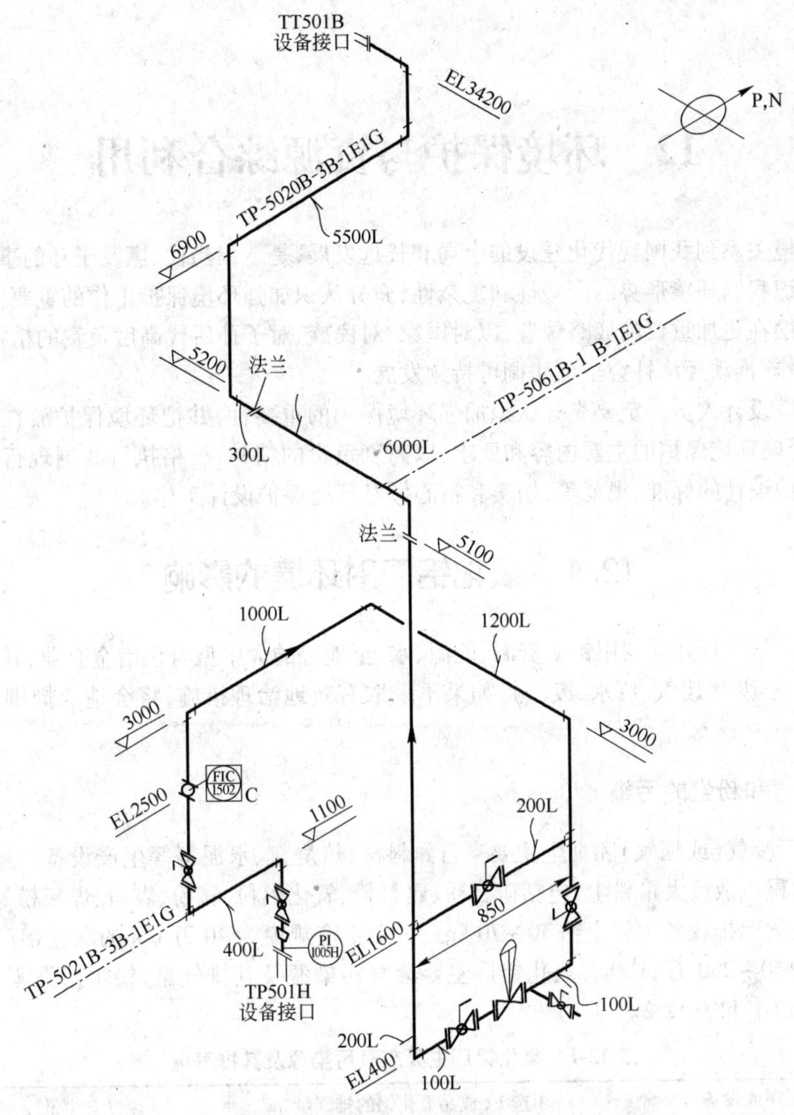
TT501B
设备接口
EL34200
P,N
TP-5020B-3B-1E1G
5500L
6900
5200
法兰
TP-5061B-1 B-1E1G
300L
6000L
法兰
5100
1000L
1200L
3000
3000
FIC
1502
C
EL2500
1100
200L
850
EL1600
TP-5021B-3B-1E1G
400L
PI
1005H
TP501H
设备接口
100L
200L
EL400
100L

图 11-27　单管轴测图

12 环境保护与资源综合利用

保护环境关系到我国现代化建设的全局和长远发展，是造福当代、惠及子孙的事业。我们一定要充分认识我国环境形势的严峻性和复杂性，充分认识加强环境保护工作的重要性和紧迫性，把环境保护摆在更加重要的战略位置，以对国家、对民族、对子孙后代高度负责的精神，切实做好环境保护工作，推动经济社会全面协调可持续发展。

氧化铝厂设计人员一定要充分认识加强环境保护的重要性，并把环境保护放在更加重要的战略位置，明确环境保护的主要内容和要求，以高度负责的精神，严格执行我国现行的有关氧化铝厂环境保护设计的标准、规范等，切实和精心做好环境保护设计工作。

12.1 氧化铝厂对环境的影响

氧化铝厂是大量开采利用铝矿资源、能源、水、土地等的大中型有色冶金企业，其生产过程中排放的大量“三废”（废气、废水、废渣），如果不采取有效地治理措施，将会造成周围环境的污染危害。

12.1.1 废气和粉尘的污染

氧化铝厂废气（或烟气）和烟尘主要来自熟料窑、焙烧窑、水泥窑等生产设备。物料破碎、筛分、运输等过程也散放大量粉尘，包括矿石粉、熟料粉、氧化铝粉、碱粉、煤粉、煤灰粉等。据统计，每生产 1 t 氧化铝排放各类粉尘约 30 ~ 70 kg。一个生产规模为 40 万 t/a 的氧化铝厂，有组织排放含尘废气 150 ~ 250 万 m^3/h。氧化铝厂主要废气污染源及其排气量、粉尘污染源及其排放量分别列于表 12-1 和表 12-2。

表 12-1 氧化铝厂主要废气污染源及其排气量

工序或设备	生产 1 t 成品氧化铝的排气量/m^3	废气含尘量/$g \cdot m^{-3}$
铝矿、石灰石、燃料破碎、运输	1000 ~ 1700	5 ~ 15
碱粉拆包、运输	500	<10
熟料窑、冷却机	13300 ~ 34000	150 ~ 230
氢氧化铝焙烧窑	7000 ~ 8500	1000 ~ 3400
石灰炉	230 ~ 1400	1 ~ 5
熟料破碎、运输	2400 ~ 5300	1 ~ 25
石灰破碎、运输	1250 ~ 1500	1 ~ 5
锅炉房	约 20000	15 ~ 20

表 12-2 氧化铝厂粉尘污染源及其排放量

厂　名	污染源	排尘浓度/$mg \cdot m^{-3}$	排放量/$t \cdot a^{-1}$	除尘效率/%	监测浓度/$mg \cdot m^{-3}$
山东铝厂	熟料窑	约 100	744	99.5	0.313 ~ 0.436
	焙烧窑	约 480	784	99	
	水泥窑	约 1580	8900	96.5	

续表 12-2

厂 名	污染源	排尘浓度/mg · m^{-3}	排放量/t · a^{-1}	除尘效率/%	监测浓度/mg · m^{-3}
郑州铝厂	熟料窑	100～380	930.7	99～99.7	0.31～1.433
	焙烧窑	150～230	819	98～99.6	
	水泥窑	1480～5800	7584	29.7～91.2	

此外,热电厂的烟气中还可能含有 SO_2,但其浓度低,对周围环境影响不大。

根据几年前环境影响评价结果,山东铝厂氧化铝厂粉尘排放量约占所在地区(南定地区)排尘量的90%;郑州铝厂氧化铝厂排尘量 15000 t/a 以上,约占工厂所在地区(上街区)排尘量的2/3。由此可见,氧化铝厂粉尘排放量大,厂址(直径在 2～10 km 范围内)所在地区的人畜、植被和土壤都会受到含尘废气的污染危害。

悬浮在空气中的颗粒物,粒径大于 10 μm 的排放后由于重力作用会很快沉落于地面,故称为"落尘"或"降尘"。如郑州铝厂厂区平均落尘量达 150 g/(m^2 · 月)。它的主要危害是:大量排放的落尘会造成厂房倒塌;降落到附近的可能造成土壤污染,从而影响植物生长,农田减产;落入水中,可能使鱼类死亡;不同程度地进入循环水系统的裸露水部分,可导致循环水产生沉渣或水垢等。粒径小于 10 μm 的悬浮颗粒物,因其能在空中漂浮很长时间,故称为"飘尘"。粒径 10 μm 的粒子沉降地面需要 4～9 h;1 μm 的需要 19～98 d;而 0.1 μm 的超细粒子则需要 5～10 年绕地球运行才能降落地面。飘尘由于易被人体吸收,所以对人体健康的危害大。飘尘污染早已成为我国城市环境保护中最突出的问题,引起国家对大气中颗粒悬浮物污染治理的高度重视。

长期在含烟尘环境中从事生产劳动,粉尘对人体健康带来不同程度的危害。粉尘的分散度、化学组成、溶解度及吸入的数量等是影响人体受害程度的主要因素。人体呼吸器官对吸入不同粒度的粒子有不同的阻留和吸收作用。对一般粉尘而言,直径大于 10 μm 的落尘,由于在空气中停留时间短,不易被人体吸收,即使能进入呼吸道,也往往被阻留或黏附于鼻腔、鼻咽、气管和上呼吸道内。直径小于 10 μm 的飘尘,由于在空气中浮游,停留时间较长,易被人体吸收,其中 5～10 μm 的尘粒虽然可以到达肺泡管,但是大部分仍被阻留或黏附于呼吸道的黏膜纤毛上,随后通过纤毛运动而逐渐移到咽喉部,最终随痰咳出或咽入消化道;0.5～5 μm 的粒子可到达并滞留于肺泡内,极易被肺泡及其周围的毛细血管吸收,对组织造成危害,更小的粒子虽然极易被吸入,但是因其保持浮游状态,也能被呼出。

通常悬浮在生产车间空气中的尘粒直径,大多在 10 μm 以下,其中小于 2 μm 者约占 40%～90%,这样大比例的微小尘粒长时间地悬浮在空气中,被人体吸入的机会较多,给人体带来的危害也较大。对于工业惰性粉尘而言,一般尘粒在水中的溶解度愈大,对机体潜在危害愈大。

目前我国氧化铝厂对熟料窑、焙烧窑采取严格的除尘措施,实现了达标排放,同时回收氧化铝物料又获得较好的经济效益。

12.1.2 废水的污染

在氧化铝生产中,湿法冶金工艺流程较长,液态物流均呈碱性。正常生产时,由于各类设备的冷却水、各类物料泵的轴承封润水、石灰炉排气的洗涤水、设备及管道等难以避免的跑冒滴漏的碱性溶液、设备事故及检修时清洗设备、容器、管道及车间地面的清洗水、赤泥输送水等均会产生碱性废水(液)。这些废水中含有 Na_2CO_3、NaOH、$NaAl(OH)_4$、$Al(OH)_3$ 及含有 Al_2O_3 的粉尘、物料等。氧化铝厂的废水成分随工艺方法的不同而有差异,即使是同一工厂,也会因生产管理的优劣而有所不同,烧结法氧化铝厂的废水含碱量约为 78～156 mg/L(以 Na_2O 计),联合法氧化铝厂的约为 200～290 mg/L(以 Na_2O 计)。表 12-3 为不同方法生产氧化铝厂的废水成分。

表 12-3　不同生产方法的氧化铝厂废水成分

项　目	烧结法	联合法	拜耳法(前苏联)	霞石法(前苏联)
pH 值	8.0～9.0	8.0～11.0	9～10	9.5～11.5
总硬度/$mg \cdot L^{-1}$	90～150	40～50		
暂硬度/$mg \cdot L^{-1}$	116			
总碱度/$mg \cdot L^{-1}$	78～156	400～560	84	340～420
Ca^{2+}/$mg \cdot L^{-1}$	150～240	14～23	40	
Mg^{2+}/$mg \cdot L^{-1}$	40	13	11.5	
Fe^{2+}/$mg \cdot L^{-1}$	0.1		0.07	10～18
Al^{3+}/$mg \cdot L^{-1}$	40～64	100～450	10	10～18
SO_4^{2-}/$mg \cdot L^{-1}$	500～800	50～80	54	40～85
Cl^-/$mg \cdot L^{-1}$	100～200	35～90	35	80～110
CO_3^{2-}/$mg \cdot L^{-1}$	84	102		
HCO_3^-/$mg \cdot L^{-1}$	213	339		
SiO_2/$mg \cdot L^{-1}$	12.6		2.2	
悬浮物/$mg \cdot L^{-1}$	400～500	400～500	62	400～600
总溶解性固体/$mg \cdot L^{-1}$	1000～1100	1100～1400		
油/$mg \cdot L^{-1}$	15～120			

由上表可见，除碱较高外，悬浮物、Al^{3+} 及油含量均偏高。

氧化铝厂的生产废水量较大，如联合法生产 1 t 氧化铝耗水量达 120～180 m^3，产生废水 24～40 m^3。20 世纪 90 年代前期，我国氧化铝厂大部分的碱性废水没有得到很好地回收利用，含碱和盐的废水一直是各氧化铝厂环境污染的主要问题。

氧化铝厂含碱和盐的生产废水，可对人体皮肤、眼睛和黏膜有强烈刺激作用，导致皮肤灼伤和腐蚀。它们进入消化系统，会引起消化道黏膜糜烂、出血；进入呼吸系统，则引起呼吸道和肺部损伤。水体遭到含碱和盐废水不同程度的污染后，水中微生物的生化反应受到抑制，造成危害甚至死亡，致使水体自净化能力产生阻碍，而水体长期受到含碱和盐的废水污染，将使水中生物的种群发生变化，可使鱼类减产以至绝迹，从而对生态系统产生不良的影响。含碱和盐的废水污染，可使河水矿化度增高，导致流经的土壤盐碱化、沼泽化，造成农业减产，并可严重危害人体健康。废水中悬浮的固体粒子会在水中堵塞鱼鳃，使鱼窒息死亡；悬浮物能够截断光线，因而减少水生植物的光合作用；可溶性盐类还影响水的色泽和浊度。

近年来，我国各氧化铝厂都加大了控制废水产生和提高回收率的措施力度，有效地降低了生产废水排放和单位产品碱耗，部分氧化铝厂已实现了生产废水"零排放"。

12.1.3　赤泥的污染

氧化铝厂生产排放的废渣即赤泥，是含有 SiO_2、Fe_2O_3、Al_2O_3、CaO、Na_2O 等成分的不溶性泥沙，其数量随着采用的铝矿石品位和生产方法不同而有所差异，每生产 1 t 氧化铝大约产出 0.5～2 t 赤泥。随着氧化铝工业的发展和铝土矿品位的降低，赤泥量将越来越大。每吨赤泥还夹带 3～4 m^3 的含碱附液(国内外氧化铝厂赤泥附液成分见表 12-4)，使赤泥成为氧化铝厂最大的污染源。赤泥的大量堆放不仅污染环境，而且影响景观。防止赤泥污染的根本出路在于实现赤泥的综合利用，变废为宝。但是迄今为止，全世界每年产出的几千万吨赤泥，很少一部分(15%～

30%)得到利用,其余大部分未被利用,而集中堆存,占用了大片土地并消耗较多的堆场建设和管理费用。随着我国氧化铝工业的发展,赤泥的处理已成为突出问题。

表 12-4 国内外赤泥附液成分

项 目	我国烧结法厂	我国联合法厂	国外拜耳法厂
pH 值	14	14	12
总固含/$mg \cdot L^{-1}$	2600 ~ 7600	12000	
碱度/$mg \cdot L^{-1}$	110	120	360
K^+/$mg \cdot L^{-1}$	1212 ~ 2690	240	
Na^+/$mg \cdot L^{-1}$	1600	1500	
Mg^{2+}/$mg \cdot L^{-1}$	0	0	1
Ca^{2+}/$mg \cdot L^{-1}$	0	0	4
SO_4^{2-}/$mg \cdot L^{-1}$	600	70	135
SiO_2/$mg \cdot L^{-1}$	17	30	4.5
Cl^-/$mg \cdot L^{-1}$	20 ~ 260	18	55

目前国内外氧化铝厂大多将赤泥输送堆场,筑坝湿法堆存,靠自然沉降分离附液,再返回利用。如果堆场土层没有足够的防渗透能力,就必须对堆场进行防渗透处理,以防大量赤泥附液渗透到附近农田,造成土壤碱化,污染地表和地下水源,对工农业、渔业及周围环境造成污染。我国氧化铝厂早期建设的赤泥堆场未采取防渗措施,已发现堆场四周有不同程度的地下水污染和湿陷塌方。如山东铝厂的赤泥堆场污染地下水上游达 200 m,下游约 500 ~ 700 m(民井水含 Na_2O 0.5 g/L),且因赤泥堆场液面的升高而提高了当地的地下水位,甚至使局部地区沼泽化。距离郑州铝厂的赤泥堆场 250 ~ 350 m 的陇海铁路多年来下沉了 70 cm。

此外,我国山西铝厂独家采用的赤泥灰渣坝(赤泥筑坝,排放赤泥同时排放灰渣)的安全稳定运行和防洪措施,对氧化铝生产和环境保护至关重要,因为一旦发生大坝垮塌事故,势必造成周围土地、水源的大面积污染和生产财产损失,影响企业的经济效益和社会效益。如山西铝厂苍头二期赤泥灰渣堆场,曾发生 4 次大坝垮塌事故,因淹没农田而引起的农业赔款消耗资金累计上百万元。同时,农民强烈不满,工厂和地方关系紧张,社会效益受损。当然,经过几年的摸索、研究和改进,1997 年 10 月以来,未再发生坝体泄漏及垮塌事故。

12.2 环境保护设计的原则

氧化铝厂设计必须贯彻执行我国现行《建设项目环境保护设计规定》、《建设项目环境保护管理条例》和《有色金属工业环境保护设计技术规范》以及地方环境保护的有关标准、规范等,目的是提高设计质量,杜绝新建项目再造成环境污染。

新建、扩建、改建和技术改造的氧化铝工业项目环境保护设计应遵守以下基本原则:

(1) 必须坚持清洁生产、以防为主、防治结合、以新带老、综合治理、达标排放、总量控制的基本原则。在"总量控制"的前提下,实行排污权有偿取得,改变目前企业污染物随意排放,不顾及成本的状况。

环境保护设计的主要职责是参与主体工程设计重大方案的决策,使其充分考虑贯彻清洁生产和污染防治,所确定的工艺流程和生产方法及所选择的设备节能降耗、不排放或少排放污染物，从根本上解决氧化铝工业建设项目污染环境的问题。

在大力贯彻以防为主的同时，对一些暂时无法杜绝的污染源和污染物，还要积极、稳妥地采取措施，以治辅防，在治理的过程中不断创造和积累预防的经验，即在污染治理设施设计中，仍要十分重视预防的问题，尽量避免二次污染的产生，把防与治紧密结合起来。

综合治理包括两个方面的工作，一是对资源和能源的综合回收与利用，经验证明这是减少污染的有效方法；二是对污染采取防治措施时，将本企业与邻近的其他企业的污染源及由此产生的各种污染问题，进行统筹规划，以废治废，减少处理成本，达到综合治理的效果。

“以新带老”里的“新”是指新增及改扩建项目，在该项目建设的同时兼顾与项目有关的现有生产设施的未达标的污染治理，实现企业或区域污染物排放总量的控制。

（2）必须执行环境影响报告书（表）的审批制度，执行防治污染及其他公害的设施与主体工程同时设计、同时施工、同时投产使用的“三同时”制度，即环境保护设计必须与主体工程同步进行。初步设计应以环境影响报告书（表）及批文为依据。

环境影响报告书（表）的编制和“三同时”制度是加强环境管理的两项重要制度。

在设计前期准备工作阶段，大、中型氧化铝工业基本建设项目必须编制环境影响报告书（表）。其目的是：在项目的可行性研究阶段，即对项目可能对环境造成的近期和远期影响、拟采取的防治措施进行评价，论证和选择技术上可行、经济上节约、布局上合理、对环境的有害影响较小的最佳方案，为领导部门决策提供科学依据。环境影响报告书（表）的基本内容包括以下几个方面：

1）建设项目的一般情况介绍。建设项目的名称、性质、地点、规模；产品方案和主要工艺方法；主要原料、燃料、公用工程的用量和来源；三废、粉尘、放射性废物等的种类、排放量和排放方式；废弃物回收、综合利用和污染物处理方案、主要工艺原则；职工人数和生活区布置；占地面积和土地利用情况；发展规划等。

2）建设项目周围地区的环境状况。建设项目的地理位置；周围地区的地形、地貌、地质情况；水文气象；周围地区现有工矿企业分布情况；周围地区的生活区分布和人口密度等情况。

建设项目对周围地区的环境影响，对周围地区的地质、水文、气象、自然资源可能产生的影响，防范和减少这种影响的措施，各种污染物最终排放量对周围大气、水、土壤的环境质量的影响范围和程度，绿化措施，专项环境保护措施的投资估算。

初步设计阶段应按环境影响评价及其批复要求进行环境保护工程设计。环境保护工程不但与主体工程规模相配套、同时设计，还要根据主体工程的分期建设或分期使用计划，对环境保护工程进行相应规划，分步配套实施，同步验收。

3）建设项目水土保持设施设计，应与主体工程建设和生产设施相配套，总体规划，分期实施。

根据国务院第253号令发布施行的《建设项目环境保护管理条例》，其中重申了建设项目需要配套的环境保护设施必须执行“三同时”，对于涉及水土保持的项目，其水土保持设施也与环境设施一样，应执行“三同时”的原则，而且水土保持设施应与主体工程一起进行总体规划，并提出分期实施计划，列出实施的时间和资金。

4）氧化铝工业环境保护设计除执行上述法律、规范外，还应符合国家现行的有关法规、标准和规范的规定。

环境保护设计的主要内容是污染防治设施的设计。对于大气污染、水污染、固体废弃物污染以及噪声污染的防治，国家先后颁布了《中华人民共和国大气污染防治法》、《中华人民共和国水污染防治法》和《水污染防治法细则》、《中华人民共和国环境噪声污染防治法》、《中华人民共和国固体废物污染环境防治法》、《中华人民共和国水土保持法》、《中华人民共和国环境影响评价法》等，这些法律和条例必须在工程设计中认真贯彻执行。此外，国家和国务院环境保护部门、中国有色金属工业及其他相关行业以及省、自治区、直辖市及计划单列市颁布的现行的与氧化铝工业建设项目环境保护有关的标准、规范也必须执行。按照环保标准从严执行和互为补充的原则，来正确使用国家、行业、地方环境保护标准。如果专门的环境保护标准没有规定的，可与当地环境保护部门协商，参照其他相关标准执行，如工业企业设计卫生标准等。

国家现行的有关氧化铝工业环境保护设计的质量标准有：

《地面水环境质量标准》(GB3838—1988)；

《大气环境质量标准》(GB3095—1996)；

《城市区域环境噪声标准》(GB3096—1993)；

《工业企业噪声控制设计标准》(GB12348—1990)；

《居民区大气中有害物质的最高允许浓度》(TJ36—1979)；

《车间空气中有害物质的最高允许浓度》(TJ36—1979)；

《污水综合排放标准》(GB8978—1996)；

《锅炉烟尘排放标准》(GB3841—1983)；

《大气污染物综合排放标准》(GB16297—1996)。

12.3 环境保护设计的主要内容和依据

12.3.1 环境保护设计的主要内容和深度

建设项目各设计阶段环境保护设计的主要内容应执行国家现行《建设项目环境保护设计规定》。

独立承接的氧化铝工业环境保护专项工程的设计深度，应达到相关主体工程设计的有关规定的深度要求。

12.3.2 环境保护设计的依据

初步设计阶段的环境保护设计，应具有下列依据：

(1) 经过环境保护行政主管部门审批的环境影响报告书(表)及批文。

(2) 经过鉴定的主题工程新工艺和新型设备试验报告中有关污染源的测定数据与符合环境要求的防治措施的试验资料。

(3) 环境治理工程新工艺和新设备的选用，应有经过鉴定会通过的试验报告或环保主管部门验收资料。

(4) 引进或转让的新工艺、新技术和新设备应有相关技术保证合同或协议，其合同或协议一般由设计方或业主与转让方签署。

12.4 环境保护设计的基本要求

12.4.1 厂址选择与总平面布置

厂址选择与总平面布置的要求：

(1) 进行厂址与总体布置方案比较时,必须把环境保护及水土保持作为主要的内容之一,力求对自然环境、自然资源和生态系统产生的影响小,防治水土流失,避免地质灾害。

在以往的厂址选择和总体布置方案比较工作中,对于"必须把环境保护的要求作为一个重要因素"这一关键问题没有掌握好,导致企业投产后出现了一些难以解决的环境保护和水土流失问题,甚至出现需要整个工厂搬迁的事例也并非罕见,特别是水土流失有时难以补救。

(2) 凡排放有害废气、废水、固体废弃物和受噪声影响的建设项目,严禁在城市规划确定的名胜风景区和自然保护区等界区内或周边选址,也不得在集中的居住区选址。

(3) 厂址的选择应有利于气体扩散,不应设在重复污染区、窝风地段、居住区常年主导风向上风侧、生活饮用水源保护区的上游1000 m和周边100 m以内;总体布置时,应有利于废气的扩散。

(4) 地下开采矿山的抽出式通风机房和出风井,宜位于工业场地和居住区常年主导风向下风侧。

(5) 选矿尾矿库、采矿废石和赤泥堆场,当与工业场地和居住区相距较近时,应当位于工业场地和居住区常年主导风向的下风侧。

(6) 产生有害废水的废石堆场和赤泥堆场(含尾矿库),在选址之前,应根据不同设计阶段,获取相应的水文工程地质资料,避免选在有渗漏的地区。赤泥堆场选在渗透性小的场址,既可防止赤泥含碱废水对地下水的污染,又可为赤泥堆场回水利用创造必要的条件。

(7) 总平面布置应符合下列要求:

1) 除应满足生产、安全、卫生的要求外,还应按环境保护和水土保持的要求,进行合理布置,防止或减轻相互污染,并控制挖填方平衡,减少水土流失;

为了防止在进行总平面布置时忽视环境保护,把各车间对周围环境质量的要求、各车间产生的污染源的性质、类型及其对环境的影响等条件作为总平面布置的主要根据之一;

2) 散发粉尘、酸雾、有毒有害气体的厂房、仓库、贮罐、堆场和主要排气筒,应布置在厂区常年主导风向的下风侧;

3) 产生高噪声的车间,宜布置在厂区夏季主导风向的下风侧,并应合理利用地形、建筑物或绿化林带的屏蔽作用。采用夏季主导风向,是因为夏季天气炎热,建筑物的门窗均开启,易受到噪声的影响;

4) 有爆炸危险的车间和库房布置,应符合国家民用爆破安全有关规定的要求;

5) 应预留环境治理工程的发展场地。为将来环保技术发展或环保标准提高而预留的场地是必要的,一般按50%~100%预留,可先用于绿化。

12.4.2　卫生防护距离

氧化铝厂建设项目的卫生防护距离,应执行国家现行的卫生防护距离标准的有关规定;或根据环境影响报告书,并与环境保护行政主管部门或卫生主管部门共同确定卫生防护距离。宜利用现有的山谷、河流、绿地等荒地作为防护隔离带。在卫生防护距离内不得设置居住区或养殖区。

12.4.3　清洁生产

氧化铝厂设计项目应贯彻执行有关清洁生产的法律和法规。

(1) 氧化铝生产工艺应采用资源和能源利用率高、污染物产生量少和占地面积小的先进技术、工艺和设备,其能耗和物耗指标应达到国家有关标准或限额的要求。严禁选用淘汰的工艺、设备。

(2) 矿山开采应充分利用资源,富矿贫矿合理兼顾;严禁在大矿体内及周边乱采滥挖。

有的地方为了局部利益,在大矿体上乱采滥挖,专采氧化铝品位较高的富矿,破坏了矿产资源的有效开采,造成资源的严重浪费和污染,并破坏了环境。对于矿区出现的这种乱采滥挖的小矿,必须严格禁止。

(3) 结合当地条件和项目实际情况,对生产过程中产生的废料(尘、渣等)、废气、废液及冶炼炉窑中排放的热能等,应优先考虑进行综合利用或循环使用。

(4) 铝土矿采矿、选矿和氧化铝生产用水应清污分流、分质利用、串级供水和循环供水。尾矿库排水宜返回选矿工艺使用。生产用水的重复利用率应符合有关标准要求。

新建氧化铝厂生产用水的重复利用率设计值宜为92%以上。

(5) 氧化铝生产项目宜列出清洁生产的设计指标,并对主要生产工艺过程中的主要有毒、有害物质进行清洁生产审计。

清洁生产的设计指标目前还没有专门规定,一般宜列出主要元素和有害元素的回收率、水重复利用率、废气和废水排放系数、能耗指标、占地系数等。

对生产工艺过程中的主要有毒、有害物料进行清洁生产审计,一般包括物料平衡和水量平衡计算等。清洁生产判断评价指标见表12-5,供使用时参考。

表12-5 清洁生产判断评价指标体系

指标	序号	单项指标名称	计 算	适用项目类别与条件
资源指标	1	物耗系数/$t \cdot t^{-1}$	主要原辅料年用量之和(t)/产品年产量(规模)①	选矿、冶炼
	2	能耗系数/$kJ \cdot t^{-1}$	能源年消耗量(t)/产品年产量(规模)	选矿、冶炼
	3	清洁水(新水)耗用系数/$t \cdot t^{-1}$	清洁(新)水年用量(t)/产品年产量(规模)	采矿、选矿、冶炼
	4	有毒有害物质回收率/%	有毒有害材料回收量(t)/产品年产量(规模)	选矿、冶炼
污染物产生指标	5	废水产生系数/$t \cdot t^{-1}$	废水年产生量(t)/产品年产量(规模)	采矿、选矿、冶炼
	6	废气产生系数/$t \cdot t^{-1}$	废气年产生量(t)/产品年产量(规模)	冶炼
	7	固体废物产生系数/$t \cdot t^{-1}$	固体废物年产生量(t)/产品年产量(规模)	冶炼
	8	产污有毒系数②/$t \cdot t^{-1}$	年产生"三废"中主要有毒害污染物的数量(t)/产品年产量(规模)	选矿、冶炼
环境效益指标	9	环保成本(1)/元·t^{-1}	年环保代价(元)/产品年产量(规模)	采矿、选矿、冶炼
	10	环保成本(2)/元·元$^{-1}$	年环保代价(元)/产值(元)	采矿、选矿、冶炼

① 产品年产量(规模)系指主要产品年产量;

② 该项分为气型污染物、水型污染物和固型污染物,要分别列出。

(资料来源:中华人民共和国行业标准《有色金属工业环境保护设计规范》YS5017—2004)

12.4.4 大气污染防治

大气污染防治主要包括:

(1) 烟(粉)尘和有害气体的污染防治。氧化铝厂建设项目产生烟(粉)尘、二氧化硫和其他有害气体的作业区应设置通风净化装置;向大气环境排放时,应符合相应的排放标准。

(2) 粉状物料输送的污染防治。粉状物料宜采用气力输送,料仓进料处应设泄压与收尘装置。

粉状物料采用机械设备输送时,无法避免飞扬和撒落,既恶化了内外环境,又损失了宝贵资源。而气力输送无此缺点,同时因没有或很少机械运转部件,维护操作均较简单。因此,当物料性质适合气力输送时,应尽量采用这种输送方式。若提升高度不大,采用负压状态的气力输送为宜。当采用正压输送时,设备和管路需要严格密封,矿仓进料处设有泄压与收尘装置,以保证全系统无粉尘外喷。

(3) 工业锅炉的烟气净化处理。氧化铝厂工业锅炉烟气应净化处理,净化后的烟气应达到相应排放标准。

(4) 工业炉窑烟气的排放。氧化铝厂建设项目工业炉窑烟气应达到排放标准。

(5) 烟气的排气筒高度和出口烟速的要求。

氧化铝厂冶炼烟气和锅炉烟气的排气筒高度和烟气出口速度,应统一按现行国家标准《制定地方大气污染物排放标准的技术方法》(GB/T3840)确定,并应达到项目环境影响报告书提出的要求。厂区内有两座以上的排气筒时,其中心线与常年主导风向宜垂直或成45°以上的角度,目的在于避免或减轻排放烟气中的有害物在下风向环境空气中的叠加,引起污染加重。

12.4.5　水污染防治

水污染防治的内容主要有:

(1) 排水及废水处理系统设计的原则。氧化铝工业建设项目的排水及废水处理系统的设计,应贯彻清污分流、分质处理、以废治废、一水多用的原则,并符合下列规定:

1) 含污染物的性质相同或相近的废水,宜合并处理,不仅节省药剂便于管理,而且处理效果也较好;

2) 含第一类污染物,且浓度超过国家排放标准的废水,应在车间处理设施处理或与其他车间同类废水合并处理,达到排放标准后,方可排放,不得稀释处理。本条规定是根据现行国家标准《污水综合排放标准》(GB8978)制定的,旨在严格控制第一类污染物进入环境中的总量,同时可以简化废水处理站的工艺和操作,使运转更可靠,处理效果更稳定。关于稀释控制国家目前只有定性规定,一般以同类污染物浓度5倍以内控制,超过5倍浓度的废水,应对浓度高的先预处理之后再与低浓度的同类废水合并。如国家有规定者,以正式规定为准;

3) 选矿废水、酸雾、碱雾应分别循环使用,既可简化处理工艺,又可节约处理费用,提高水的重复利用率。定期排放的废水,当其所含污染物超过排放标准时,应进行处理,达标后排放;

4) 仅温度升高,而未受其他有害物质污染的废水,如设备、炉体等的间接冷却水,一般应设专门的循环利用系统;当外排可能造成热污染时,应采取冷却降温处理措施。如果热废水中含有其他物质(通常含油类物质等),需要净化处理后循环。

(2) 提高用水设备和设施的计量率。车间及设备用水计量率,应符合现行国际标准《评价企业合理用水技术通则》(GB7119)的规定。废水总排放口、废水量大和污染较严重的车间排放口应设计量装置。

提高用水设备和设施的计量率,可便于生产管理,考核节约用水,减少废水及其污染物排放量;对于湿法冶炼车间还有利于溶液平衡,保证工厂正常生产。根据企业管理的需要,除建设项目及其生产车间应设总计量装置外,各主要用水设备和设施均应设置计量装置。现行国家标准

《评价企业合理用水技术通则》(GB71190)规定:车间用水计量率应达到100%,设备用水计量率不低于90%。对于排放的废水,若能实行定量管理,则可推动技术进步,提高环境管理水平,故在建设项目的废水总排放口和有污染的车间废水排放口应设置计量装置。

(3) 煤气站洗涤污水的处理。煤气站洗涤污水应去除焦油、悬浮物,并经降温处理后循环使用;必要时,应抽出部分处理后的污水进行脱氰、脱酚和脱硫后,返回再用或达标排放。

(4) 事故或设备检修的排放液和冲洗废水等的处理。氧化铝厂的事故或设备检修的排放液和冲洗废水,以及跑冒滴漏的溶液,一般都含有矿浆或烟尘、碱、酸等有害物质,而且浓度较高,应设计收集处理或回用的设施。这些矿液和废水若任其排放,不仅流失资源和造成浪费,而且会对厂区及周围设施和环境产生危害,故首先应予以收集,尽量返回生产过程中利用;无法返回时,需就地处理。为此,设计中一般应采取下列措施:在污染物泄漏处设置备用贮液槽或事故池、集液沟和集液池,配置输液泵;采用密封性能好的设备与附件,优质的密封材料;提高自动停泵和关闸等自动化控制的水平等。

(5) 实验室和化验室的废水处理。大、中型氧化铝厂建设项目的实验室、化验室所排放的废水,绝大多数都含有碱或酸、金属离子以及悬浮物等污染物质,而且浓度较高,数量也可观,故不可让其随意排放。现在大、中型企业多数都设有调节池和中和沉淀处理设施。当条件允许时,也可将此项废水与附近性质相近的其他废水一起送去集中处理。

(6) 生活污水的处理。大、中型氧化铝厂建设项目的生活污水宜根据当地条件进行处理。当企业生活区位于城镇边缘时,生活污水可纳入城镇污水管网,排放污水水质应符合污水排入城市下水道水质有关标准的规定。当与城镇相距较远时,应根据当地环境条件,纳入农田灌溉或经适当的处理。污水的利用和处理应按环境影响报告书(表)和地方环境保护部门的要求确定方案。我国部分氧化铝厂的生活污水建有独立处理系统,污水经沉砂池和曝气沉淀池处理,最后投氯消毒。

(7) 职工医院污水的净化处理。职工医院的废水与普通医院污水水质是基本一致的,主要含有致病菌,对当地人畜会产生不良影响或危害,因此,应设置处理设施。医院污水处理设施的设计,应符合国家现行标准《医院污水排放标准》(GBJ48)和《医院污水处理设计规范》(CECS07)的规定。

12.4.6　固体废物污染防治

固体废物污染防治的措施及要求:

(1) 固体废物应按其性质采取相应的防治措施。有色金属工业固体废物应根据国家的有关规定,对其浸出毒性、腐蚀性、放射性和急性毒性等进行定性鉴别,确定为一般固体废物或危险废物。对这两种不同性质的固体废物,应采取不同治理措施。腐蚀性的鉴别,执行国家标准《危险废物鉴别标准——腐蚀性鉴别》(GB5085);急性毒性的鉴别,执行国家标准《危险废物鉴别标准——急性毒性初筛》(GB5085)。

(2) 固体废物综合利用的工艺,应当技术可靠、经济合理,不产生新的污染源或虽有新污染源产生,但易于治理。

固体废物综合利用的目的是充分利用资源,减轻或消除污染,保护环境。因此,所采用的工艺技术必须是可靠的,设施建成投产后,能够很快地转入正常运转,而且也需要有一定的经济效益。否则,难以持久地维持下去,同时要做到不产生新的污染源,或虽有新的污染源产生,但易于有效治理。例如用锅炉煤灰作混凝土掺和料,用废石作建筑材料,将选矿厂的尾矿用于全尾砂充填等,就不产生新污染源;若对尾矿实行再浮选,以提取某一种或数种有价成分,则仍然要产生含药剂的尾矿浆，此时，就要使这种尾矿浆易于治理。

(3) 有综合利用可能但暂未利用的固体废物的妥善堆置。有些固体废物如选矿厂的尾矿、氧化铝厂的弃赤泥和烟尘、矿山废石、锅炉灰渣等，现在虽做堆置处理，但预见到今后有综合利用的价值时，设计中应为以后的综合利用创造条件。如对其单独妥善地堆置，使其他废物不得混入其中，容易取出运走等；有条件时，还可预留场地。

(4) 锅炉煤渣和煤灰的综合利用及堆放。锅炉煤渣和煤灰通常用于制砖，作混凝土的混合料以及筑路等。建设项目本身及附近不具备利用条件时，可暂时送渣场存放，不能随便乱堆放，以免污染水体、淤塞河道或者随风飞扬，污染大气环境。

12.4.7　生态环境保护与水土保持

生态环境保护与水土保持主要有以下几方面内容：

(1) 严格执行有关生态环境保护与水土保持的法律、法规。氧化铝厂设计应严格执行有关水土保持的法律、法规，设计文件应有专门的生态环境保护和水土保持方案，并编写水土保持章(节)。后者要按照水利部、原国家有色金属工业局联合颁布的水保[1999]470号文和水利行业标准《工业建设项目水土保持方案技术规范》(SL204)的要求执行。

生态环境与水土保持设计可分为三个阶段进行，使之与国家基本建设项目的管理程序相适应，便于操作和实施。

1) 可行性研究阶段：可行性研究阶段进行必要的现场调查，根据现场资料，定性或定量预测水土流失量，初步提出责任范围、生态环境与水土保持初步方案，估算其投资。

可行性研究设计文件中的生态环境保护和水土保持的内容，一般包括以下部分：

① 建设项目责任范围及相关的周边生态环境概况及水土流失与治理情况；

② 建设过程和生产过程中排弃的固体废物(包括余土)数量，填挖方数量，场地扰动面积及其可能造成的生态环境破坏和水土流失与危害；

③ 水土保持初选方案；

④ 生态环境保护与水土保持设施投资估算。

2) 初步设计阶段：初步设计阶段具体落实责任范围，依据水土流失保持方案、水土流失量的预测，设计具体生态环境与水土保持措施，并提出投资概算和落实具体计划。

初步设计文件应该以批准的水土保持方案报告书和环境影响报告书为依据，落实生态环境保护和水土流失防治措施，编写内容为：

① 编制依据；

② 生态环境保护和水土流失防治责任范围及面积；

③ 生态环境影响与水土流失主要因素；

④ 生态环境保护与水土流失防治工程内容，大型项目应附生态环境保护和水土流失防治工程平面布置图；

⑤ 生态环境保护与水土保持投资概算；

⑥ 管理及实施计划。

3) 施工图阶段：施工图阶段根据审批的初步设计、详细地质勘探报告，进行施工图设计并实施。

(2) 生态环境保护与水土保持工程内容。生态环境保护与水土保持工程内容应包括建筑工程、植物工程和临时工程。具体项目如下：

1) 挡渣、挡土工程；

2）护坡工程：削坡升级、砌石或混凝土护坡、喷浆护坡、植物坡和滑坡治理等；

3）土地整治：挖填后土地整治利用、废石场、尾矿库及渣场改造等；

4）防洪工程；

5）泥石流防治工程；

6）防风固沙工程；

7）绿化工程；

8）野生动物过境通道、涵洞；

9）其他相关工程及措施。

（3）开发建设项目的生态环境保护与水土流失防治责任范围内容。开发建设项目的生态环境保护与水土流失防治的具体责任范围，应与当地县级以上水土保持监督机构协商后确定，应包括下列内容：

1）征地范围、租地范围和土地使用管辖范围；

2）因该项目开发建设和生产活动而直接造成生态环境破坏及水土流失或受其直接影响的区域。

在确定建设项目的生态环境保护与水土流失防治责任范围时，应具体划分和确定以下两个区：

1）项目建设区：主要包括建设和生产占地、修路、采挖、排弃、附属设施和工业场地等征用、租用的土地等范围。这是直接造成损坏和扰动的区域，是治理的重点地区，也是项目单位的管辖责任范围。而且为生产建设修建的临时工程和其他相关场地也包括在该区内。对于地下开采建设项目，与地下开采相应的地面均列入项目建设和生产区的范围；

2）直接影响区：指项目建设区以外，虽不属于征、占的土地范围，但因项目建设和生产而造成水土流失危害的区域，也是建设单位应该负责防治的区域。

（4）项目征用、管辖、租用土地范围内的原有生态破坏和水土流失应进行防治。基建期的场地平整、道路开挖、弃土（石）应统一规划，并减少对原土的扰动和植被破坏，且应采取护坡和排水沟等防止水土流失的措施。

（5）矿山建设项目和山区、丘陵区、风沙区建设的氧化铝厂，一般要编制水土保持方案，配备水土保持专职人员。

（6）需要编制水土保持方案的工程投资估（概）算，应列出生态环境保护及水土保持设施工程费、补偿费、生态环境调研费和水土流失监测费，其中水土保持补偿费是根据水土保持法及其实施条例的规定，具体的补偿范围和定额应按当地省、区政府或物价、财政、水利部门的规定及开发建设项目破坏原有地貌、植被、改变地形工程等的实际情况具体计算。

（7）专用道路工程设计：

1）专用道路工程设计中，应对道路中心线两侧工程影响范围内的水土流失防治设施进行设计；

2）应充分调查沿线的工程地质、地形地貌、气候条件、植被种类及覆盖率、水土流失现状等，综合采用生物防护和工程防护措施；

3）道路选线应注意严格控制林木的砍伐数量，少占草地，尽量避开自然保护区、水源保护区和野生动物栖息地等；

4）山区地质灾害地段，应采取可靠的防治措施，并应符合以下要求：

① 泥石流地区的路段，宜采用路堤，并应根据泥石流的类型、路线的位置等，采取水土保持、山坡加固、拦截或导流等措施；

② 滑坡、崩塌和岩堆地区的路段,应采取适当的防治措施;

5）山区道路应尽可能减少开挖和填方,并应保持挖填平衡,必要时可修桥或开拓隧道来减少土石开挖和填方工程量;

6）道路应设计排水沟和护砌边坡,必要处应设置水力消能设施,预防对下游的冲刷;

7）道路取土和弃土场,应不占或少占耕地,防止水土流失和淤塞河道,并宜将取土坑、弃土堆平整为可耕地或绿化用地。

填方边坡的植被覆盖率可参照《公路环境保护设计规范》(JTJ/T006)制定,根据不同地区应达到50%~70%。

12.4.8　噪声污染防治

噪声污染防治包括:

(1) 氧化铝厂建设项目的厂界(边界)噪声标准,应执行现行国家标准《工业企业厂界噪声标准》(GB12348),其区域类别由当地环境保护行政主管部门确定。

(2) 产生高噪声的氧化铝厂项目,不得在居民区、医疗区和文教区等噪声敏感区域选择厂址。

(3) 产生高噪声的氧化铝厂项目进行总平面设计要求:

1）结合功能要求,将生活区、行政办公区与生产区分开布置,可减小生产噪声对行政人员和生活区的影响。

2）在满足生产工艺要求的前提下,高噪声车间和站房应与低噪声车间分开,并远离厂界布置,其周围宜布置无降噪要求的辅助车间、仓库、料场等建筑与场所,将它们作为隔声屏障。

(4) 高噪声设备应集中布置。有高噪声设备的厂房,其门、窗不应朝向居民集中区;厂房内应采取降低噪声的措施,如采用吸声降噪(一般以降低10 dB为限)措施。

(5) 选择设备时,应选用低噪声设备;当达不到噪声标准时,应根据噪声源的特性及噪声传播方式(包括反射、衍射等),采取相应的隔声、吸声、消声、隔振、阻尼或综合控制措施。

12.4.9　光污染防治

氧化铝工业建设项目应防止对附近居民区、学校、医院和公园等环境产生光污染。光污染是现代化社会新的污染控制项目,强光对人的眼睛刺激会造成对工作、生活和健康的影响,因此应当注意对人们经常活动和休息的场所及周边强光的防治。

12.4.10　绿化设计

建设项目的绿化设计,应有利于净化空气、消声隔声、水土保持和美化环境,并应符合国家现行标准《工业企业总平面设计规范》(GB50189)和《有色金属工业总图运输设计规范》(YSJ001)等有关规范的规定。设计应配置绿化养护的设备或设施,如给水管或洒水车、割草机、电锯和运输车等。

12.4.11　投资预算

建设项目投资概算中应列出环境保护设施的投资,且应分别将废气、废水、固体废物和噪声等污染防治及环境监测设备或配套设施的投资,以及生态环境保护和水土保持设施的投资列出。

氧化铝工业建设项目环境保护设施可以划分为:

(1) 废气和粉尘(或烟尘)防治设施,一般包括工艺设备密闭设施、有害气体净化(制酸系统不计)、外排烟气的除尘等设备和装置。

(2) 废水治理,包括治理装置及配套设施、回水装置和污泥处理设施等。

(3) 固体废物治理,包括水土保持、防渗、防水、防扬尘和渗沥水处理等设施。

(4) 噪声防治,包括隔声、隔振和消声等设施。

(5) 环境保护工程设施,工艺管道等配套设施,供电、供水排水、尘或泥处理等设施。

(6) 环境监测,包括监测和化验设备、仪器、平台、化验室等。

(7) 生态环境保护和水土保持设施,包括复垦、绿化、护坡、挡墙或坝、抗滑柱、排水沟等。

12.5 环境污染防治措施

12.5.1 清洁生产措施

清洁生产的思想是由联合国环境计划署工业与环境行为中心(UNEP IE/PAC)提出的,用以表征从产品生产到产品使用全过程的广义污染防治过程,其定义如下:清洁生产是将综合预防的环境保护策略持续应用于生产过程中,以期减少对人类和环境的风险。

清洁生产的方法包括:

(1) 废物减量化:从"末端治理"转向"污染预防"的主要工作是"废物减量化",即减少有害物的体积和毒性,其中包括削减废物产生的活动,废物产生后进行回收利用;减少废物体积和毒性的处置;

(2) 源削减:实现污染物预防的重点是源削减,将注意力从可能排出后废物处理的目标转移开,集中到减少有害物的产生这个新目标上来;

(3) 现场回收利用:即在生产现场对原料、水、能源进行循环回收与重复利用。

"清洁生产"是一种新的创造性的思想,它将整体预防环境污染策略持续应用于生产过程、产品和服务中,以增加生态效率和减少人类及环境的风险;对生产过程,要求节约原材料和能源,淘汰有毒原材料,降低所有废弃物的数量和毒性;对产品,要求从减少原材料提炼到产品最终处置的安全生命周期的不利影响;对服务,要求将环境因素纳入设计和所提供的服务中。

清洁生产过程污染控制应包括:原料、工艺、设备、管理、人员素质、综合利用、污染治理等,将污染最大限度地控制在各个可能产生污染的生产过程中,减轻末端治理的压力,实现环境效益和经济效益的统一。

在我国颁布实施的《中华人民共和国清洁生产促进法》(2003 年 1 月 1 日起实施)中强调:"清洁生产是指不断采取改进设计,使用清洁的能源及原料,采用先进的工艺技术与设备、改进管理、综合利用等措施,从源头削减污染,提高资源利用率,减少或者避免生产、服务和产品使用过程中的污染物的产生和排放,以减轻或清除对人类健康和环境的危害。"

在此项法律的第三章"清洁生产的实施"中明确规定:"新建、改建和扩建项目应当进行环境影响评价,对原料使用、资源消耗、资源综合利用以及污染物产生与处置等进行分析论证,优先采用资源利用率高的或污染物产生量少的清洁生产技术、工艺和设备。"

新建氧化铝厂有关清洁生产应采取的主要措施:

(1) 生产用水应清污分流、分质利用、循环供水。尾矿库和赤泥堆场排水应返回选矿、生产工艺利用,使生产用水的重复利用率设计值达到95%以上。

(2) 选用先进的工艺设备,以节能、节水、减少污染物达到清洁生产的要求:

1) 拜耳法铝土矿溶出。采用间接加热溶出和多级自蒸发与多级预热系统装置;

2）母液蒸发。采用降膜蒸发器，可实现多效蒸发，节省汽耗30% ~50%，而且回水比大、回水质量高，从而达到减少用汽量、用水量和减少排污量的目的；

3）氢氧化铝焙烧。采用节能、少污染的流态化焙烧炉。

4）熟料烧结窑。应采用多风道燃烧器，能加速燃料燃烧，使火焰便于控制、燃烧完全，可使一次风量降低约10%，相应提高二次风温，增加热效率，并应合理采用优质耐火材料和隔热材料。

（3）加强生产管理，减少生产过程中物料的跑、冒、滴、漏数量。

12.5.2 废气的治理措施

氧化铝厂废气的治理措施主要是：

（1）熟料窑的烟气应设置烟气除尘（料粉尘从烟气中分离出来）设施，采用旋风除尘器和卧式电除尘器两级除尘的处理方法。

烧结法或联合法生产氧化铝的熟料烧成窑烟气主要污染物是熟料粉尘和二氧化硫，因此，烟气除尘是熟料窑烟气治理的主要目的。目前我国熟料烧成窑烟气基本采用旋风除尘器加电除尘器两级治理，收尘效果明显，排放浓度均可达到现行国际标准《工业炉窑大气污染物排放标准》（GB9078）的要求。在实现污染物达标排放的同时，还提高了价值较高的熟料回收量。

（2）氢氧化铝焙烧炉烟气必须采用电除尘器处理。氢氧化铝焙烧炉烟气的主要污染物是氧化铝粉尘和二氧化硫，由于烟气中二氧化硫等其他污染物浓度相对较低，已满足《工业炉窑大气污染物排放标准》（GB9078）的要求。因此采用除尘器处理收下的粉尘是氧化铝成品。目前各氧化铝厂对焙烧炉烟气采取的措施都是较为严格的，而且氧化铝厂流态化焙烧炉烟气均是采用电收尘，排放的烟气含尘浓度可控制在排放标准内，实现达标排放，同时回收的氧化铝物料又可获得较好的经济效益。

（3）工业锅炉应根据具体条件选用低硫煤或烟气脱硫措施。工业锅炉燃煤烟气是氧化铝厂一个不可忽视的大气污染源。

对工业锅炉烟气中的烟尘、黑度、二氧化硫和二氧化氮，国家现行标准《锅炉烟尘排放标准》（GB13271）制定了限制值。对于烟尘，采用目前国内已成熟的治理工艺和设备，可以达标排放，但是对于二氧化硫，当燃料为中硫（按煤质主要指标的分级标准，大于1.5% ~2.5%）、富硫（大于2.5% ~4.0%）、高硫（大于4.0%）煤时，对大气环境会造成一定程度的影响。目前降低二氧化硫的方法，一方面可以采取控制燃料的含硫量或改变燃料的办法，一般含硫小于0.5%的煤炭（或燃料油），烟气中的二氧化硫才能达标；另一方面随着脱硫技术的改进，锅炉烟气的二氧化硫可以净化达到相关的排放标准。20 t/h及以上的大中型燃煤锅炉，应根据具体条件选用低硫煤替代、循环流化床燃烧或烟气脱硫。

12.5.3 生产废水的治理措施

氧化铝生产基本采用碱法，其工艺流程有拜耳法、烧结法和联合法，但无论采用哪种工艺都需要用碱（NaOH或Na_2CO_3）处理铝土矿，使矿石中的氧化铝与碱反应生成铝酸钠溶液，再经分解从溶液中析出氢氧化铝，氢氧化铝经过焙烧脱水后，即获得氧化铝。在氧化铝生产过程中，一方面，水作为溶剂几乎贯穿于整个生产过程，伴随着各种浆液或溶液进行各种物理化学反应，另一方面，水作为冷却剂，用于各个生产工序的设备冷却。氧化铝生产工艺过程大部分在碱液条件下进行，废水中的主要污染物是碱。某氧化铝厂每生产1 t氧化铝废水排放量高达21.3 m^3，一座75万t/a的氧化铝厂，年排放废水量1600万m^3，生产废水的pH值在10 ~11.9之间，总碱度高达780 mg/L，废水超标排放，对水环境造成了污染。由于碱是氧化铝生产的主要材料之一，水中含

有 Al_2O_3、Na_2O 等，废水的排放过程也是物料及碱损失的过程，既浪费水资源、增加碱耗及物耗、影响经济效益，又污染环境。为此，氧化铝工业战线的科技人员一直致力于降低碱耗、水耗及减少废水排放的技术研究开发工作，特别是近年来，通过对工艺技术改造，采取各种治理措施，贯彻"清浊分流，分质处理，以废治废，一水多用，循环利用"的原则，节约用水，强化管理，使一些氧化铝企业实现了生产废水零排放，做到了工业用水和排水的封闭循环，彻底解决了水环境污染问题，其治理技术和管理经验值得推广。

(1) 含碱量高的生产废水返回生产或循环水系统。氧化铝生产过程中跑、冒、滴、漏的料浆和溶液，各类设备、贮槽及地坪的清洗水，各类料浆泵的轴承封润水以及赤泥输送水等，都是含碱（Na_2CO_3，NaOH，$NaAl(OH)_4$）量高的生产废水，均由专门设置的污水泵站，经沉淀澄清净化处理后返回生产系统，例如烧结法氧化铝厂，送去生料磨回收利用。

对于氧化铝工艺过程产生的含碱水、母液、硅渣及其附液、赤泥洗液可作为生料磨或熟料溶出的配料综合利用。赤泥堆场返回的附液（回水）复用于赤泥洗涤和输送。

(2) 设置净循环水系统。氧化铝生产系统的母液蒸发器、真空冷凝设备、空压机、空冷机、油冷机等冷却水，均为设备间接冷却水，除温升变化外，基本不含有害物质，设置净循环水系统，使其经冷却塔冷却后，和其他洁净生产水串入系统循环使用。

各种水量较小而且分散的设备（如泵、风机等）冷却水，可排入二次利用水系统作为净循环水系统的补充水。

(3) 热电厂软化水处理工艺。郑州铝厂采用反渗透-离子交换法联合脱盐工艺，使电厂含盐循环水脱盐净化，返回利用。反渗透法是利用膜的选择透过性，在高压作用下截留水中的盐分，而使水分子克服渗透压，透过膜后达到膜的另一侧，实现含盐水的脱盐处理，起到预脱盐作用；离子交换法是利用树脂上的可交换离子与水溶液中其他同性离子进行交换，作进一步提纯得到软水。这是减少废水排放量，减少酸碱性废水污染的有效措施。

(4) 除灰渣水循环系统。热电厂采用水力除灰系统，除灰渣水设循环水系统，使冲灰水在灰场澄清后，由设在灰场的回水泵返回循环利用。冲灰补充水应全部用二次利用水，而不用新水。电厂循环水系统的排污水、水处理系统等所有生产排水，均可综合利用。

(5) 设置生产废水处理站及回收措施。我国各氧化铝厂均设有生产废水（或污水）处理站，将各生产系统排放的生产废水汇集后进入废水处理站，经加药、沉淀处理除去废水中的悬浮物、泥沙和油类后，返回生产系统循环利用。表12-6为我国氧化铝企业生产废水处理站的处理能力及水质排放一览表。

表12-6 我国氧化铝企业生产废水处理站的处理能力及水质排放一览表

企业	处理能力/$m^3 \cdot d^{-1}$	处理站出水水质			
		pH值	SS/$mg \cdot L^{-1}$	COD/$mg \cdot L^{-1}$	油类/$mg \cdot L^{-1}$
山东铝业公司	72000	9.5~11.4	10~50	10~20	3~5
长城铝业公司	330000	9~11	15~60	25~60	1
平果铝厂	10000	11~12	5~47	8~68	0.74
中州铝厂	12000	8~9	10~50	10~20	0.5

某联合法生产氧化铝厂，生产废水处理量为23200 m^3/d，pH值为9.8，总碱度249 mg/L（以 Na_2O 计），悬浮物383 mg/L，可溶物1061 mg/L，氨化物1.24 mg/L，COD(Mn) 11.3 mg/L，油8.37 mg/L。从废水水质角度来看，该厂废水含碱量高，悬浮物、油类杂质含量高，采用沉砂池和电动刷筛去除废水

中的机械杂质；通过平流沉淀池、气浮除油池进一步沉淀和除油。将废水处理后返回生产系统使用，复水率提高到89%以上。生产废水站的工艺处理流程如图 12-1 所示。

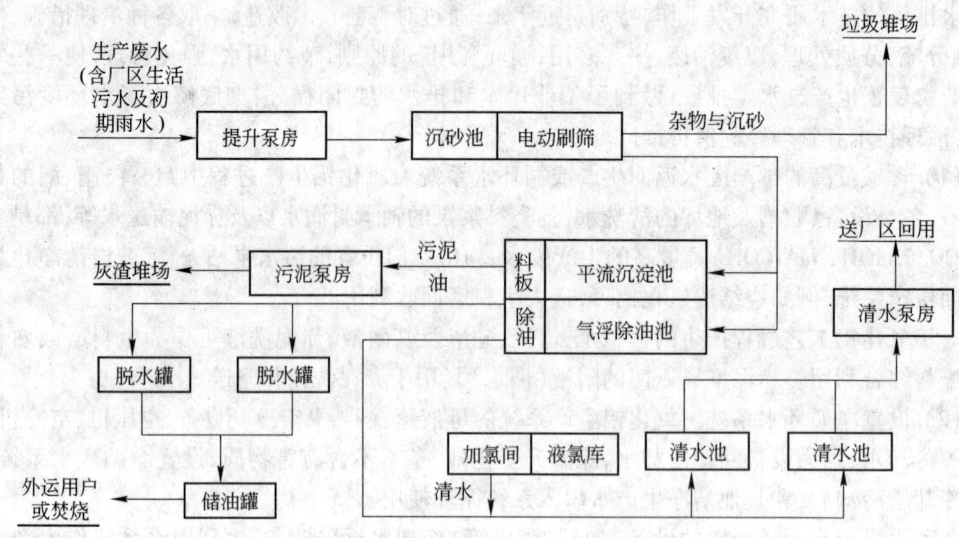

图 12-1　氧化铝厂生产废水处理站工艺流程

生产废水处理站的主要构筑物和设备列于表 12-7。

表 12-7　生产废水处理站的主要构筑物和设备

名　　称	数量	设计参数和设备	尺寸	结构形式
提升泵房/座	1	8PWL 型污水泵 4 台		
沉砂池/座	1	电动刷筛 4 台	分 2 格	钢筋混凝土
平流沉淀池(含斜板除油)/座	1	停留时间 1.5 h,水平流速 7 mm/s,自行式虹吸排泥机 2 台	分 2 格	钢筋混凝土
液氯库/座	1	液氯瓶 20 个	90 m^2	

(6) 利用赤泥附液软化补充水。采取清浊分流、分质处理、一水多用、循环利用，尽量扩大循环水用量是氧化铝厂实现“零排放”的关键措施。我国氧化铝厂在这方面已有不少成功经验，给水循环率已达总用水量的 75% ~ 85%，并实现了蒸发冷却水复用于赤泥洗涤等。但由于循环水质较差，结疤严重，经常堵塞设备和管道，限制其进一步扩大使用范围，与国外相比尚有一定差距（见表 12-8）。

表 12-8　循环水量和水质

项　目	生产工艺		
	烧结法 处理一水硬铝石型铝土矿	联合法 处理一水硬铝石型铝土矿	前苏联烧结法 处理霞石精矿
pH 值	7 ~ 8.5	8.0 ~ 11.0	>10
总碱度/mg · L^{-1}	15 ~ 25	12 ~ 150	6.6 ~ 212mol/m^3
总硬度/mg · L^{-1}	200 ~ 285	0 ~ 35	5 ~ 12.0
悬浮物/mg · L^{-1}	300 ~ 800	50 ~ 500	
总溶解固体/mg · L^{-1}	1000 ~ 2000	400 ~ 4000	
每吨 Al_2O_3 循环水量/m^3	90 ~ 100	150 ~ 160	110 ~ 240
循环水占总用水量比例/%	75	85	80 ~ 90

导致循环水结疤的主要原因有两个：其一，进入循环水系统的工艺物料中含有铝酸钠、硅酸钠、铝酸钙等；其二，补充水中的钙、镁盐类没有预先软化处理。

氧化铝生产过程中各种含碱物料与矿浆难免进入循环水系统（称为“工艺侧漏碱”），如蒸发器、真空过滤机跑碱，分解槽冒槽以及氧化铝和其他物料粉尘，都会随冷却水或经循环水的裸露部分进入循环水系统。以循环回收量最大的蒸发回收（约占总循环回水的50%左右）为例，按标准蒸发器操作规定：水冷器进出水含碱量不大于0.05 g/L计，一座50～60万t/a的氧化铝厂蒸发回水量约为10万m^3/d，仅此一项带入的碱量按计算最多可达5 t。再如郑州铝厂厂区平均落尘（灰尘和碱粉尘）量达150 g/(m^2·月）。它会不同程度地进入循环水系统的裸露部分；冷却塔中水和空气逆向交换过程后将后者的尘埃带入冷却水中。该厂循环水系统共有鼓风冷却塔30格，总换气量900万m^3/h，如按冷却塔附近大气含尘量为3 mg/m^3计算，则每日仅从冷却塔进入循环水中的灰尘可达300 kg。这些粉尘与盐类一起形成沉渣或水垢。

进入循环水系统的工艺物料中的硅酸钠、铁酸钠、铝酸钙以及铝酸钠分解析出的氢氧化铝本身都会导致管道和设备结疤。工艺侧进入循环水系统的碱（$NaAl(OH)_4$、NaOH及Na_2CO_3）与补充水（新水或二次利于水）中铝、镁的碳酸盐和硫酸盐反应生成的$CaCO_3$及$Mg(OH)_2$及$Al(OH)_3$，成为水垢的主要成分。$Mg(OH)_2$和$Al(OH)_3$的胶体凝聚作用，将水中悬浮物和泥沙等一起沉降下来，也成为水垢的组成部分。如郑州铝厂运行8年来循环给水管结垢30 mm，循环回水管结垢80 mm，循环水泵和热水泵半年结垢2～3 mm，冷却塔喷头一个月左右即有堵塞的现象。

无论新水还是二次利于水作为循环水的补充水，都含有钙、镁盐类。天然水，尤其是地下水含有钙、镁的碳酸盐和硫酸盐较高。如山东铝厂新水总硬度为350～400 mg/L，水源的沣水南池SO_4^{2-}含量高达500 mg/L以上。在未经处理，无组织地补充到循环水系统，循环水中的碱促进了补充水在设备和管道上的结疤。

循环水系统一方面有工艺侧漏碱进入，另一方面会失掉一部分碱量，后者包括循环回水供洗涤、输送赤泥进入工艺系统的碱以及处理构筑物风吹、排泥带走的碱分。不同的生产条件下，运转时会形成一个碱量动态平衡值。软化补充水仅靠上述碱量是不能满足要求的。况且进入循环水处理站的循环水量是通过技术经济比较确定的，不可能是全部。

赤泥附液属于高碱浓度废液，将其回收用于循环水处理站软化补充水，以提供仅用循环回水处理不足的碱量。

循环水在处理站仅进行冷却、软化和除去悬浮物等项处理。循环水处理站流程如图12-2所示。

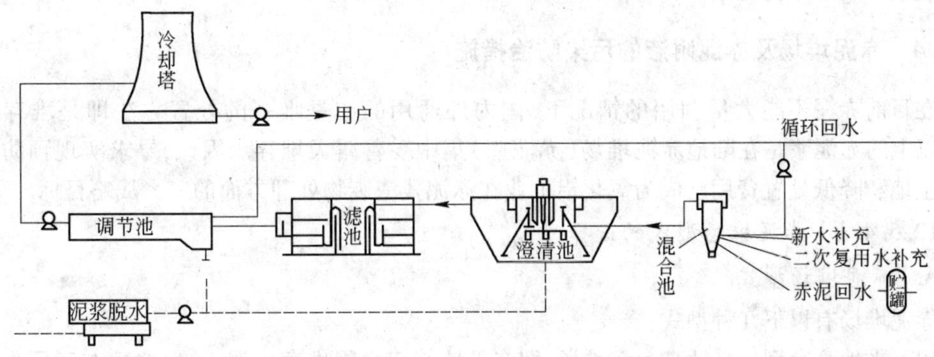

图12-2　循环水处理站流程图

过去冷却构筑物常采用机械通风冷却塔,为节约电耗,目前趋向采用自然通风冷却塔。

由于循环水水量大,不可能全部进行软化和净化,只是其中一部分进行旁流处理。一般企业旁流处理量为10% ~15%,即循环水每循环7~10次便须处理一次。氧化铝厂循环水旁流处理量的选择还要考虑到循环水系统的碱量平衡关系。当循环回水和赤泥回水碱量充分时可减少处理,否则就得酌情加大处理量。该量应通过循环回水、赤泥回水供碱和补充水软化耗碱计算后确定。

部分循环回水、赤泥回水与补水一起进入混合池进行充分混合。然后,进行软化、净化处理。

为了寻求软化、净化最适宜的构筑物,1974年沈阳铝镁设计院与郑州铝厂、冶金部建筑研究院共同作了三种处理构筑物的试验:水旋澄清池,平流沉淀池与加速澄清池。

试验结果表明,由于加速澄清池具有接触凝聚和搅拌作用。所以软化、除浊过程进行得充分。另外,池中的罩板对水流的控制作用形成一个比较定型的水流,工作稳定性高,具有适应循环水水质变化频繁的特点。当碱比(理论计算需 NaOH 与实际加入 NaOH 之比)1∶1.2以上时,上升流速为1.2 mm/s,净化效率达80% ~99%。以碱比1∶1.45为最佳。当碱比1∶1,投加混凝剂10 mg/L,上升流速为1.2 mm/s时,净化率达90%以上。

在澄清池中完成下列反应:

$$Ca(HCO_3)_2 + 2NaOH = CaCO_3 \downarrow + Na_2CO_3 + 2H_2O \tag{12-1}$$

$$Mg(HCO_3)_2 + 4NaOH = Mg(OH)_2 \downarrow + 2Na_2CO_3 + 2H_2O \tag{12-2}$$

$$MgSO_4 + 2NaOH = Mg(OH)_2 \downarrow + Na_2SO_4 \tag{12-3}$$

$$MgCl_2 + 2NaOH = Mg(OH)_2 \downarrow + 2NaCl \tag{12-4}$$

$$CaSO_4 + Na_2CO_3 = CaCO_3 \downarrow + Na_2SO_4 \tag{12-5}$$

$$CaCl_2 + Na_2CO_3 = CaCO_3 \downarrow + 2NaCl \tag{12-6}$$

1)循环回水及赤泥回水作为软化剂,降低了补充水的硬度,一般残余硬度可在5 mg/L以下;

2)消耗了循环水中的碱,不致产生碱分积累。通过计算,可以使循环水系统中的碱量维持在一个预定的范围内;

3)循环水中的铝离子以及软化反应过程中生成的 $Al(OH)_3$ 及 $Mg(OH)_2$ 具有凝聚作用,有效地促进了澄清过程。试验结果表明,不必要再添加任何絮凝剂,悬浮物可处理到30 mg/L以下。

如欲提高循环水水质,可以再进入旁滤池净化。为了减少处理过程失水量,处理构筑物的排泥经脱水后废弃或再利用。

12.5.4　赤泥堆场及赤泥附液的污染防治措施

在目前赤泥不能大量利用的情况下,国内外通用的亦是唯一的处置方法即是堆存,其中90%以上的赤泥浆是在陆地赤泥堆场(赤泥库)集中妥善露天堆存。因此,寻求实现预防污染、少占土地和降低处置费用已成为氧化铝工业在赤泥残渣废物处理方面的三大战略目标。

12.5.4.1　赤泥堆场型式的选择

A　赤泥堆场型式

赤泥堆场有以下几种型式:

(1)平地高台型。平地高台型堆场,即在平地筑起高坝堆存赤泥,一般修建在工厂附近,可缩短输送赤泥的距离。由于周边作坝堆存,堆存高度比较低,坝体工作量大,可能占用耕地较多而且废弃后难以复土还地。但可以预先修筑堆场底部防渗或排水措施,相应排除雨洪面积也较小。山东铝厂、德国利泊厂赤泥堆场为此类型式。

利泊(Lippe)厂煤矸石赤泥混合坝如图12-3所示。此坝最高可堆30 m,开始每层坝高为6 m,18 m高后每层减为4 m。坝身的坡度1:1.5,视筑坝材料的自然堆角而定,坝预宽约3 m。堆场总面积为2500 m^2。为了防止坝体被水冲刷,所以每筑一层坝,下面都有一圈渗水层,将雨水引至排水管。

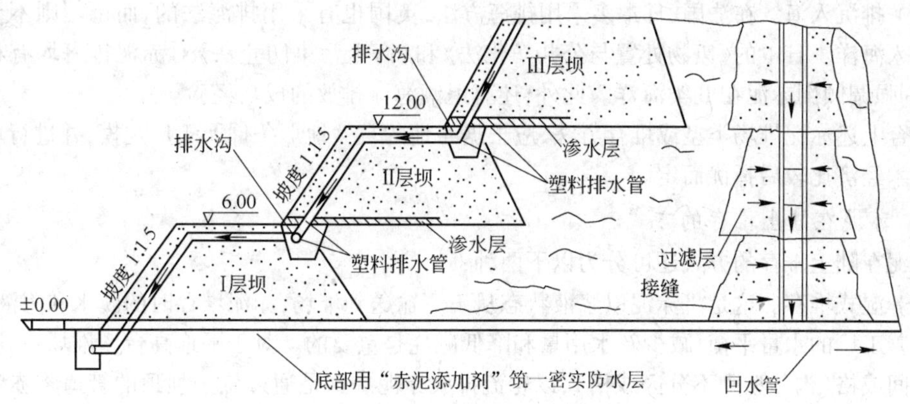

图12-3　德国利泊厂煤矸石赤泥混合坝

将2500 m^2 赤泥堆场一分为二,中间也筑有一坝。这样可轮换使用,当这一半赤泥池在进赤泥时,另一半池中的赤泥就可经8~10个月的自然固化,含水率由40%~45%降至35%~38%,再降低是有困难的,堆久也无用。筑坝即用固化后的赤泥,再加入大量的废煤矸石。

在每池的中部适当位置分散建有2~3个垂直的过滤层回水管。回水管是一节一节上下连接的,两管连接处就可用来渗透排水。在竖管周围堆以粗粒料渗透层,如锅炉房煤渣。底部接通往堆场四周的环形水管,返回氧化铝厂使用。

(2) 沟谷型。此型是尾矿库的传统型,有适宜的沟谷地形作为赤泥堆场是合适的。其具有坝体工作量小、堆存比大的特点。但必须作好雨洪排除或作必要的库内调节。在防渗上较为复杂,尤其是侧部防渗。如郑州铝厂(见图12-4)及加拿大阿尔维达厂即属此类。

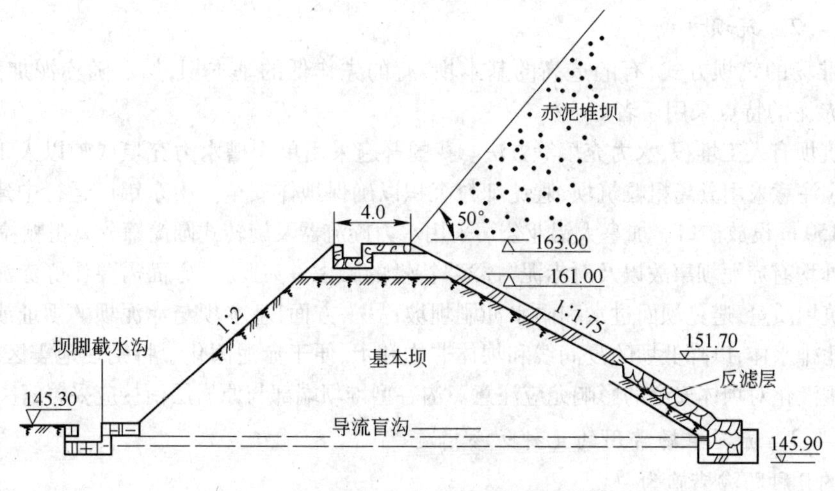

图12-4　郑州铝厂赤泥坝

(3) 人工凹地型。系由人工挖掘一个凹地(亦有天然洼地)作为堆场,美国近年就采用这种型式。一般堆场的场址选在工厂附近,待堆贮至一定高度后复土还地,再开挖另一新区。此型开挖土方量大,占地也较多。但可就近设置,易于采取防渗措施。

德国施塔德(Stade)厂赤泥堆场原为一水洼地,其约70 hm^2,分成五个区,逐次使用。坝池堆赤泥可至10 m。大坝是先用砂子,后用赤泥和添加剂(5% ~10%)一圈一圈堆成。

(4) 排沉入海。在法国、日本多采用排海方法,英国也有采用排海法的,而德国则不允许将赤泥排入海洋。日本的《废物处置与公共净化法》和《海上污染防止法》对赤泥排海均有相应措施,特别强调倾倒赤泥在B类海洋。此外,还有退潮海流排放的成功经验。

综合上述赤泥堆场类型或堆存方法,应根据当地的自然地形条件及工厂规模,并进行可行方案的技术经济比较后择优而定。

B　赤泥在陆上堆存的方式

赤泥在陆上堆存的方式还可分为以下两种:

(1) 湿式堆存。这是将赤泥以浆液状态从工厂输送到堆场,赤泥堆存时的脱水和附液回水,对于改善工厂的水量平衡,减少新水用量和降低碱耗是重要的。对于平地高台型堆场,一般分成多个区间或格(沟谷型则不分区或格),以轮流排放赤泥。这是通过位于坝顶的管道将赤泥排入各个区间,赤泥沉降后的上层清液用泵送回工厂。如果堆场土层没有足够的防渗透能力,就需要对堆场进行放渗处理。

(2) 干式堆放。这是将赤泥经过洗涤和过滤后,用机械快速搅拌并添加一定的增塑剂,使浆液黏度降低到原来的1/10左右,然后用活塞泵或隔膜泵送到堆场,不加水稀释进行堆存。此法的优点是:经过洗涤和过滤后的干赤泥不污染环境;赤泥固化快;不需专门的密封隔离;雨水也不会渗进稳定化了的赤泥;固化后的赤泥覆上表土即可复垦耕种;由于未另加水输送,赤泥的堆存高度可比湿式堆存提高4 ~5倍。其缺点是能耗和其他费用较高。国外一些氧化铝厂已采用干式堆存赤泥。我国平果铝业公司从国外引进了干法输送和干式堆存拜耳法赤泥工艺,其是将含碱量小于5%、含水率约为46%的拜耳法赤泥,经过螺旋卸料机和螺旋输送机,输送到带搅拌的锥底反应器,经强力搅拌后通过高压隔膜泵,把干赤泥送往两公里以外的赤泥堆场堆存。赤泥堆场区域土壤应具有特殊的稳定性和抗剪力,能防止坝体和土壤本身裂开。其赤泥堆存高度可达30 m。

12.5.4.2　筑坝方式

赤泥堆场的筑坝方式,有的造高的基本坝,有的先作低的基本坝,然后随赤泥加高而加高。依据我国赤泥的特点采用后者。

赤泥筑坝有人工堆积、水力充填等方法。我国普遍采用单沟槽水力充填或辅以人工堆积。水力充填中应注意采用分离粗粒筑坝,避免细粒沉积以确保坝体安全。山东铝厂运行中建议放矿沟槽中每隔150 m设放矿口。加拿大铝业公司采用水力旋流器及旋转式圆筒筛分离粗颗粒赤泥。

国内外均有赤泥坝事故以及对赤泥"摇溶"特性的顾虑。为此,一方面需要作好赤泥粗颗粒分离以确保筑坝质量,避免坝面过水和雨水冲刷坝坡;另一方面,基本坝与赤泥坝的坝址或坝体下部需设置反滤排水体,以降低坝的浸润线和坝体非饱和水,便于赤泥固化。特别在地震区,对地震力作用下土壤液化对坝体安全的影响尤应注意。沟谷型堆坝端部与原岩层衔接应妥善解决。

12.5.4.3　赤泥堆场常用的几种防渗措施

常用的几种防渗措施为:

(1) 采用黏土在堆场底部铺砌。如含黏量50%的黏土渗透系数为4×10^{-9} cm/s,显然比赤泥的渗透性大为减弱。一般水库等水工构筑场采用50 ~100 cm以上,国外也有采用30 ~50 cm

的。而且应作好垫层及表面防裂层。黏土夯实层的边坡应不大于1:1.5。

(2) 采用沥青油毛毡防渗。如新疆、山东等地的水工构筑物就曾采用此种防渗方法，其在碱性环境中是有效的。国内还生产了一种用高标号沥青橡胶粉和石棉纤维等材料制成的沥青胶粉油毡，可研究采用。但均应注意防冻及杂草穿透。荷兰 Enka 集团生产一种 Hypofors 的沥青卷材，据称在赤泥堆场中经一年观察使用无变化。

(3) 利用赤泥人工筑坝。德国联合铝业公司(VAW)三个氧化铝厂的赤泥堆场，全是利用赤泥人工筑坝。其赤泥粒度组成和性质类似于黏土，很致密，其渗透率如下：

赤泥渗透率	德国环保渗透率要求
$0.6\times10^{-8}\sim2.0\times10^{-10}$ m/s (过滤机排料)(赤泥经一定固化后)	$\leqslant2.0\times10^{-8}$ m/s

为此，赤泥人工筑坝时，可不用另设防渗层。但新建堆场，赤泥滤饼直接排入还是有可能渗透的，需要加入"赤泥添加剂"固结，以防渗水。

利用我国低铁高钙的烧结法赤泥(含有60%的β-$2CaO\cdot SiO_2$ 和部分$3CaO\cdot Al_2O_3\cdot 6H_2O$)的水硬性特性，即当有适当浓度的$Ca(OH)_2$时，$2CaO\cdot SiO_2$就会水化生成水合硅酸钙，而$3CaO\cdot Al_2O_3\cdot 6H_2O$在$Ca(OH)_2$和$CaSO_4$的适当浓度溶液中存在时，可生成固态的水合铝酸钙，所生成的水合铝酸钙还可吸附可溶性水解产物$Ca(OH)_2$以胶凝状态覆盖在颗粒上形成薄膜，可添加碱性触发剂来改善防渗条件。民间利用赤泥与石膏混合作地坪及砌筑砖墙，均有很好的硬度。但是石灰非工厂副产品，且使用石膏作触发剂有可能使回收附液增加硫酸盐含量，故不宜采用。

(4) 采用防渗膜。目前市场上通用的工程防渗膜有聚乙烯或聚丙烯复合土工膜两种材料，按其厚度不同，其主要指标 K 值也不同，越厚其 K 值越小，价格越高，一般0.4 mm厚度 K 值小于 10^{-10} cm/s，加上赤泥堆场内随着赤泥的堆高，本身固结已具有一定的防渗能力(K 值小于 $10^{-3}\sim10^{-6}$ cm/s)，所以一般厚度的防渗膜是可以满足工程要求的。

12.5.4.4 赤泥堆场渗滤液污染的评价

环境影响评价是我国于20世纪80年代开始实施的重要环境管理制度之一，该制度的全面实施对我国各相关建设项目的环保工作起到了重要的技术、政策和行政性的指导和监督作用。环境报告书本身是技术政策性的，但一经环境保护行政主管部门批复，便是行政性的工程设计和生产执行文件。中州铝厂氧化铝生产排放尾矿——赤泥的堆存场一次性评价库容为1337万m^3，经过了1期工程环境影响评价(1985年)，且在氧化铝生产企业首次采用了工程防渗措施，但受当时经济条件和认识的制约，对堆场的防渗工程不可能从方法和理论上建立一套完整的环境评价和工程措施体系。因此，国家把赤泥堆放及防渗技术的研究列为"八五"国家重点科技攻关项目，其中"中州铝厂赤泥堆放及防渗技术研究"被列为专题之一，并于1994年10月通过了该研究成果的鉴定。

(1) 赤泥的主要污染物。中州铝厂烧结法赤泥的化学成分主要为SiO_2、CaO、Fe_2O_3、Al_2O_3、Na_2O、K_2O等，其主要污染物为碱(附液的pH值一般为10~10.5)。在工厂将赤泥外排输送、堆存时将伴随着大量的污染物——碱的排放，且附在赤泥当中长久堆置，堆存场地的防渗措施和回收措施如何，直接关系到区域地下水的污染和水质状况。

(2) 环境影响评价思路的建立。任何一个建设项目的"评价"都包括"现状监测——工程污染因素分析——污染治理措施分析——环境影响评价"等，主要依据污染因子的允许排放标准或排放量及接纳主体的环境质量标准，评价治理措施的可行性，类比"评价"工作内容，赤泥堆场的评价工作应包括以下几方面：

1）地质勘察：地质勘察是赤泥堆场环境评价的基础工作（属现状调查和现状监测范畴），其主要作用有：①通过地质勘察了解坝体及库区区域的地质状况，根据现场勘察及有关试验给出库区及筑坝区域的地质稳定性、安全性等结论性意见；②通过地质勘察摸清区域地质的有关裂隙、断层、节理等分布、发育情况，就自然地质的渗透性给出评价；③通过地质勘察摸清地下水的赋存状况，包括贮量、活动量、补给关系的上、下游方向、水质等，并通过区域社会经济的发展规划预测区域地下水的补给和开采对贮量、活动量和水质的影响。

2）区域地下水的环境容量（最大允许入渗量）：以区域地下水的水体为接纳污染物的主体，根据其赋存的活动量和水质按《地下水环境质量标准》对渗入的污染物质用离子平衡计算法或混溶试验法确定最大允许入渗量。由于赤泥中的主要污染因子为碱，且该两种介质混合，在渗透和混合过程中变化因素较多，无法直接准确地求得混合液的 pH 值，因此混溶试验是一种简单易操作的工作方法，即通过赤泥附液按不同比例混入地下水的混溶试验，绘制混合液 pH 值与所加碱量（附液）的关系曲线，求得各 pH 值对应的碱容量。

例：中州铝厂赤泥堆场区域地下岩溶水 pH = 7.96，碱含量（Na_2O）为 120 mg/L；赤泥附液 pH = 12.29，碱含量（Na_2O）为 2678 mg/L。两种介质经现场采样实验室试验如下：

取岩溶水 1 L，附液 500 mL 用玻璃电极法，在 1 L 岩溶水中每次加入 0.4 mL 赤泥附液进行混溶测定，测定数据见表 12-9。

表 12-9　地下岩溶水及赤泥附液测定数据

加入附液量/mL	2.8	3.2	3.6	4.0	4.4	4.8	5.2	5.6	6.0	6.4	6.8	7.2	7.6	8.0	8.4
pH 值（混溶后）	8.25	8.28	8.31	8.34	8.37	8.4	8.43	8.45	8.47	8.49	8.51	8.53	8.55	8.57	8.59

要使岩溶水 pH 值不大于 8.5，加入碱浓度为 2678 mg/L 的赤泥附液不得超过 6.5 mL，相当于 1 m^3 岩溶水只能容纳 6.5 L 的赤泥附液，地下水的日活动量为 60000 m^3（地勘数据），则每天允许下渗量不得超过 $60000 \times 6.5 \times 10^{-3} = 396\ m^3$，考虑地质的吸附作用等，在地下水活动量有保障的情况下，该量作为最大允许下渗量评价治理措施是可靠的。

3）防渗措施的确定及可行性分析：

根据公式：

$$Q = KiA86400 \times 10^{-2} \tag{12-7}$$

式中 Q——渗透量（入渗量），m^3/d；

K——防渗层渗透系数，cm/s；

A——渗透层面积 m^2；

i——水力坡降，$i = \Delta h/L$；

Δh——防渗层顶部压力水头，m；

L——防渗层厚度，m。

把排放区域按地形分割计算，在确保渗透量不大于允许值的情况下核定渗透系数最大值，进而论证拟采取措施的技术、经济、工程操作等综合效益及可行性。

4）防渗膜的选择：目前市场上通用的聚乙烯或聚丙烯复合土工膜，一般 0.4 mm 厚度可以满足工程要求。其主要选择性能指标应为抗渗强度（压力）及使用寿命（耐老化程度）和抗酸、碱性等，因此，生产阶段防渗膜的选用根据使用位置（高度），核定强度，确保生产阶段的环保要求，又节省投资（生产阶段的防渗费用一般为生产 1 t Al_2O_3 2 元人民币，国外一般为 2～4 美元）。

5）监测井的设置及定期监测：为了检验防渗措施的实施效果，除了生产管理阶段要严格计算排放量与回收量的关系,强化回水管理外,在库内下游根据地下水的敏感程度应设一定数量、一定深度的固定监测井,定期观测水质和水位的变化,用以指导防渗工作。

(3) 堆场小面积分割使用和附液及时回收的管理监督原则。按上述公式,对于一定的防渗措施(K值一定),一次性使用面积越小,附液蓄水深度越浅($i = \Delta h/L$),下渗量越小,在保证回水水质(澄清)的情况下,确保连续回水,库区内分格排放是很好的生产组织措施。

中州铝厂赤泥堆场环评工作经过沈阳铝镁设计院及西勘的评价和补充勘察,经过1、2期的工作,历时近10年逐渐形成此模式,取得了较好的环保和经济效益,以此作为尾矿库的一种评价模式以供同行业和相关行业借鉴。

根据国内外氧化铝企业的实践证明,选择赤泥堆场场址最好符合如下条件:

1) 靠近氧化铝厂;

2) 堆场区有可供充填的自然洼地;

3) 堆场区基岩渗透率低或靠近可供隔水防渗用的黏土区;

4) 有合适的缓冲带与其他功能区分隔开;

5) 赤泥堆场下游无地下水、水源地或自流井;

6) 赤泥堆场地势应在最高洪水水线以上。

12.5.4.5　堆场的回水及冷却废水净化措施

堆场的回水及冷却废水净化措施如下:

(1) 筑排水塔回收附液。赤泥输送水及赤泥附液的回收利用,对减少用水及碱耗均有重要经济意义。回收得好,还可使堆场容积减少四分之一。

筑排水塔(见图12-5)回收水,在堆场内可筑一个或数个,采用水位上升逐级堵孔。又如,前联邦德国采用水管,靠两管接缝处来排除渗透水。在立管周围堆以粗滤料作滤水层(见图12-6)。显然,这种作法便于附液渗出。美国也有在堆场底部设有砂滤层,且提高了脱水效果。回收水量根据气候条件及堆场地质条件而定,一般达60%以上。

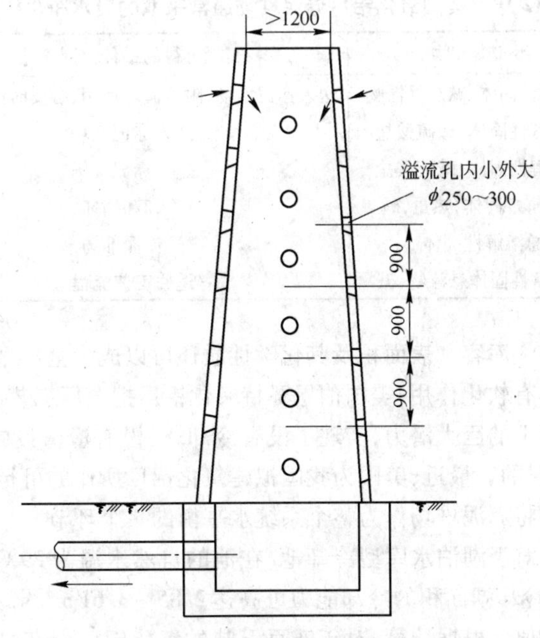

图12-5　筑排水塔构造图

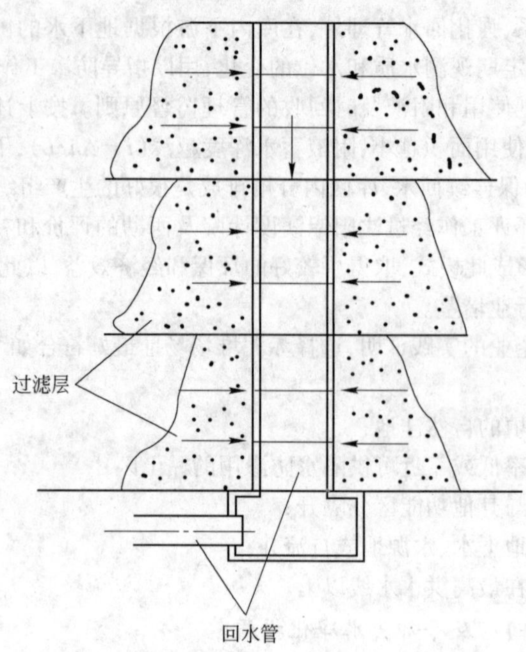

图 12-6　采用水管的排水塔构造图

(2) 堆场的净化、冷却废水回用及措施。在适当条件下，利用赤泥堆场的巨大库容和表面积作为工厂生产废水及雨水的净化(沉淀、软化作用)场所，达到废水回用。这也可能是氧化铝厂实现废水"零排放"的重要条件。也就是说，在采取一些措施后，仍未解决的各类废水和雨水可以排入赤泥堆场内予以调蓄。据报道，美国的氧化铝厂就是在充分利用赤泥堆场的藏污纳垢作用后，实行生产废水"零排放"的。他们通常采取的措施见表 12-10。

表 12-10　美国氧化铝厂赤泥堆场通常采取的废水净化措施

废水种类	污染物	实际可得的最佳控制工艺	效果
赤　泥	总溶解性固体、碱总悬浮物	送入赤泥堆场，附液循环使用，必要时浓缩处理	无排水
酸洗废液	总溶解性固体、碱硫酸盐	送入赤泥堆场	无排水
蒸发器排盐	总溶解性固体、碱硫酸盐	送入赤泥堆场	无排水
水冷器冷却水	总溶解性固体，热量，碱	冷却和循环	无排水
冷却塔排污	总溶解性固体	送赤泥堆场	无排水
地面冲洗水	总溶解性固体悬浮物，碱	返回工艺流程	无排水

还应指出，堆场的巨大库容和表面积及其化学性质还可以成为全厂循环水的冷却湖，并起澄清作用；对循环补充水具有软化作用，美国伯恩赛特氧化铝厂把全厂工艺循环水全部送入赤泥堆场，发挥它在澄清和冷却上的巨大潜力，实现了没有冷却塔，没有澄清设施，没有排污，而水质能得到充分澄清和软化的目的。最近，美国为我国拟建氧化铝厂所作的可行性研究中，也提到把全厂雨水排入赤泥堆场，并将赤泥堆场作为整个系统水平衡的一个环节。

国内有关资料认为，对于湖泊水库型冷却池，在池的自然水温为 29℃，进水温度为 41℃，温差为 8℃时，每平方公里冷却湖面积的冷却能力可高达 2.85 ~ 3.61 m^3/s，赤泥堆场内的自然水温较高，冷却能力应低于该值。根据估算，对年产百万吨的氧化铝厂而言，当赤泥堆场面积在 1 ~ 2 km^2 以上时，这种办法还是有可能的。在这种情况下，只需解决堆场防渗问题就可以了。

目前,送入堆场的附液通过回水系统可回收附液总量的60%,并复用于赤泥洗涤或输送。其余附液量一部分以附着水形态残存于堆场内,一部分由大气蒸发,另一部分则渗漏于地下。

目前我国习用的沟(山)谷型堆场,具有坝体工作量小等优点,但当工程地质条件不良时,需作防渗处理。此类堆场通常离厂较远,无论是赤泥的输送和附液的回收,还是生产废水和循环水的输送,均需更多的动力,厂区雨水也难以自流排入,所以,并非是最经济合理的方案,需根据堆场位置、高度、废水排放能否自流以及输送能耗等技术经济的比较确定。如果用高台式平地筑坝的堆场,虽只需进行底部防渗处理,但坝体工作量过大,而赤泥坝稳定性不良,坝体易于溃决,废弃后又难以复土还地。如用人工挖掘堆场初期土方工程量很大,和高台式平地堆场一样,都要占用大量土地,但它的防渗问题比沟谷型较易解决,且赤泥浆和大部分液流的自流排放可能性较大,能耗小。它的池型也可根据澄清和热力学的要求来确定。废弃后又可覆土造地。当厂址附近有天然洼地或湖泊时,此类堆场将显示其卓越的优点。

如堆场面积较大,防渗效果也较好,则堆场可看作水池型冷却池(或称冷却湖)进行废水冷却,是有效果的。此时,进排水构筑物的布置、放矿方式、池中水位的控制均应与单纯作堆场有所不同。由于堆场内水深,一般在2~3 m左右,可按平面流来估算水池冷却能力。热力回归取水口的行程时数,最好多于10小时(比堆场澄清时间长1倍多)。在堆场中间取水(排水塔型式)而以周边切线进水。此时池型为圆形或椭圆形,这样使水流以螺旋形前进。避免回流区,充分利用池面积,能取得更好的冷却效果。

除上述问题外,如在干旱地区容易引起尘土飞扬的堆场防尘(主要是拜耳法赤泥)和影响景观,以及复土造地等问题也须研究。

12.5.4.6 赤泥灰渣坝安全运行的有效途径

山西铝厂苍头二期赤泥灰渣坝,在国内独家采用赤泥筑坝,同时排放灰渣的新工艺。此堆场位于山西省河津市苍头村东、西辛村以西黄河Ⅰ级阶地上,距厂区约7 km,距黄河1~1.5 km,占地162万 m^2,堆场内为大面积高低不平的沙丘,整个堆放面积为 $700 \times 1600 = 1120000$ m^2。设计为平地高台型堆场,共分8个格。其中Ⅰ、Ⅱ格是赤泥堆场,为赤泥筑坝,排放赤泥;Ⅲ、Ⅳ格是灰渣堆场,用赤泥筑坝,排放灰渣,其余各格正在施工或待建。山西铝厂二期赤泥灰渣坝的特点是:

(1) 堆场为沙丘地,平底型筑坝,确保大坝稳定性的难度较大;

(2) 赤泥边筑坝边排放灰渣,工艺先进,作业复杂,缺少管理经验;

(3) 库区容量大,总库容约为3000万 m^3;

(4) 年排放赤泥100万 m^3 以上,排放灰渣40万 m^3 以上,二者年排放量140万 m^3 以上,使大坝库容压力较大。根据山西铝厂二期I-IV格赤泥灰渣坝运行情况,1994年12月至1997年9月曾发生4次坝塌事故,分析其原因有三:

1) 大坝晾晒期短,坝体固结度不好,稳定性差,在尚未形成足够库容时即勉强堆放灰渣;

2) 库区存水多,保持高水位时间较长;

3) 干滩距离过短,且形成不均匀,坝体长时间浸泡水中。

山西铝厂根据大坝前期生产状况和事故原因分析,经过不断的摸索和实践,从1997年10月以来,未再发生坝体泄漏及垮塌事故。同时,彻底扭转了以往灰渣不能长时间连续排放的被动局面。总结出如下确保大坝安全稳定运行的有效途径:

(1) 提高筑坝的速度和质量,延长坝体晾晒期,增加库容。坝体质量是保证大坝安全的基本因素。在筑坝过程中,根据外坡面1:1.2、内坡面1:1的设计坡比规定:小子坝上宽450 mm,下宽560 mm,高400 mm,且构筑过程中要踩实、拍实;坝上赤泥排放点和溢流口距离不得小于25 m,并及时调整赤泥排放点,保证粗、细砂配比均匀;溢流口高出坝顶标高200 mm,尽可能使赤泥在坝上沉积，避免了赤泥大量流入库区，从而提高了筑坝的速度和质量，即从实质上延长了坝体的晾晒期，增强了大坝的稳定性。同时，筑坝速度的加快，也大幅度提高了大坝的有效容积，为灰渣排放创造了基础条件。

（2）均匀回水，保持库内水量稳定。根据山西铝厂生产现状，外排赤泥的回水泵流量为160 m^3/h，灰渣水灰比是16～20。因此，大量的附液随赤泥、灰渣同时排入库区。及时将澄清的回水输送出去，保持库内水量稳定是保证大坝安全的重要因素之一。库内存水多，造成库区内干滩缩小，甚至形成高水位浸泡坝体，降低大坝的稳定性，威胁大坝安全；库内水量过少，赤泥和灰渣推进速度加快容易引起水浑，使回水塔堵眼频繁。这样，一方面无法保证回水水质，影响工厂生产流程和技术指标的控制；另一方面造成库内水位上升影响干滩距离，同时威胁大坝安全，为做到均衡回水，根据库内水位的高低，及时调整回水泵运行台数。一般条件下，保证4台灰渣回水泵满负荷稳定运行；赤泥回水泵1～2台调整库内水量，既能保证大坝库区有足够的干滩范围，又能保证回水水质。

（3）构筑库区子坝，改善库区结构，形成大坝第二道安全防线。由于安全滩长过短是导致大坝垮塌的重要因素之一，为保证干滩有足够的距离，从1998年8月开始，在库区构筑小子坝，强制形成干滩。具体做法是：在距内坝40 m左右处用编织袋装库内稀赤泥或灰渣（秋季，将芦苇秆等农作物扎绑成捆，首尾相接，构筑子坝）在库内四周构筑一条高约500 mm的小子坝，赤泥筑坝或排放灰渣时，流入库区的赤泥细砂和灰渣通过小子坝的过滤、阻拦和导流作用，流动性降低，沉降速度增加，大部分赤泥细砂和灰渣聚集在库区四周，附水则溢过子坝流向回水塔。当第一次小子坝淤积到一定高度时，再重新构筑小子坝，循环构筑，从而在库区四周强制形成大于40 m的干滩。同时，通过小子坝的阻拦作用，库区结构日益向“锅底”状发展，回水水质也明显好转。另外，当库区水量短期增加时，库内小子坝起到挡水作用，避免水直接浸泡坝体，形成了大坝的第二道安全防线，如图12-7所示。

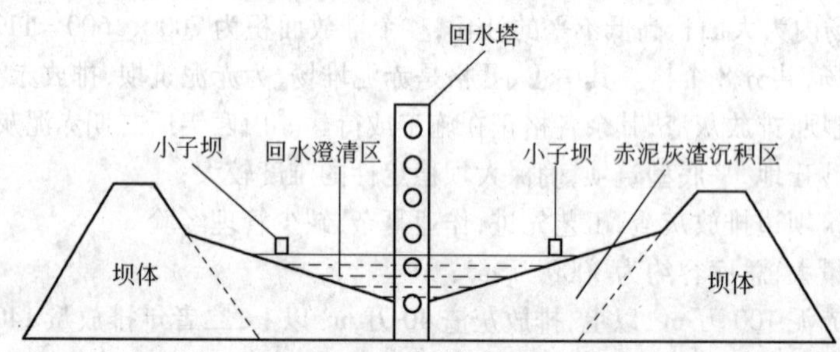

图12-7　赤泥灰渣堆场坝体及库区剖面示意图

（4）灰渣多点排放、保持库区干滩均匀形成。根据Ⅰ、Ⅱ格及Ⅲ、Ⅳ格1998年以前灰渣排放经验教训，在灰渣排放过程中，若单点长时间排放，大量灰渣势必冲毁库区小子坝直接流入库区，不但影响回水水质，而且破坏整个库区的“锅底”状结构；同时，随着排放天数的增加，干滩呈不均匀状态发展，库内存水区域逐渐溢过对面的小子坝而扩散到坝基下，造成内坝浸水，不利于大坝稳定。1998年10月，在Ⅳ格的北坝、南坝和东坝分别增加了两个灰渣排放点，使Ⅲ、Ⅳ格的灰渣排放点由原来的5个增至11个。在实际操作中，当库内水域靠近某一段坝体时，即在该处排放灰渣，用灰渣赶水。这样，根据库区水域的变化，及时切换灰渣排放点，保持库内干滩均匀形成。

12.5.4.7　赤泥灰渣堆场设计

湿法堆存的赤泥灰渣堆场施工图分为以下两部分：

(1) 管网部分施工图:

1) 从工业区赤泥灰渣管网的赤 20 点开始与本管网相接,经 *A*、*B*、*C* 到 *D* 点。赤 20 点到 *A* 点的距离 134.548 m,总长为 1510.162 m,*B*、*C*、*D* 点设有分支管架,其中 *D* 分支管架向Ⅰ、Ⅱ号堆场排料;*C* 分支管架向Ⅲ、Ⅳ号堆场排料;*B* 分支管架向Ⅴ、Ⅵ号堆场排料;

2) 整个管网坡向是从赤 20 点坡向 *D* 点;

3) 在 *D* 点设有放料泵房,待管道停用时排出管内积料用;

4) 主管架是沿堆场的环形路设置,抢修方便;

5) 整条主管架有 163 个支架,1 号到 44 号为工艺赤泥管与热力灰渣管共架、架宽 4.0 m,45 号到 163 号为工艺赤泥管架、架宽 3.0 m。*B*、*C*、*D* 分支管架宽均为 3.0 m;

6) 在直管段固定管架上设有套筒伸缩器,其固定方式见施工图,此处支架设有直抓梯,为抢修提供方便;

7) 在大跨度的管架桥上设有抢修走台;

8) 管道在转弯处采用热焊,弯曲半径 *R* 大于 900 mm,在转弯处的两管架之间不允许设置法兰,必须焊接;

9) 在排料管道上必须有一阀门为常开状态,不允许憋压、防止管路系统压力升高,造成事故;

10) 滑动管架间距不大于 10 m;

11) 管道不保温;

12) 管道做防锈处理,刷红丹二道,灰铅油一道;

13) 主管网五根赤泥排放管,可分批施工,规格为 $\phi219 \times 6$;

14) Ⅰ、Ⅱ号堆场先施工,只上 *D* 分支管架,*B*、*C* 分支管架暂不施工;

15) 管道安装完成后进行试压 *P*6 号 2352 kPa;

16) 管网坡向示意图,如图 12-8 所示;

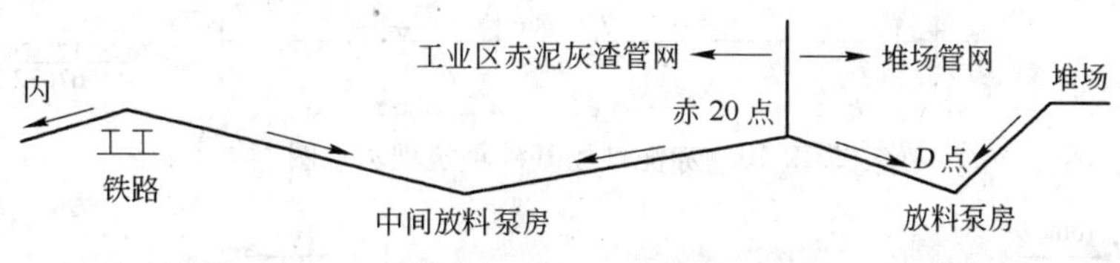

图 12-8 管网坡向示意图

17) *D* 点放料泵房内设一放料槽和一台 100WG-55 泵,将管道内残料放排至赤泥堆场。

(2) 堆场部分施工图:

1) 根据堆场审查会议意见,赤泥的基础坝筑坝示意图如图 12-9 和图 12-10 所示;

2) 赤泥堆场(Ⅰ、Ⅱ格)位置及基础坝积水坡向示意图如图 12-11 和图 12-12 所示;

3) 筑坝和临时回水塔示意图(每角一个);

4) 基础坝必须落在亚黏土基础上,基础坝采用赤泥冲积法水土填充筑成。筑成后按土建设计做出排水沟和滑落平台;

5) 根据筑坝要求采用周边放矿,放矿管道必沿堆场周边敷设,且为临时管道,随堆场的升高,管道不断起升,以满足要求;

6) 二次人工筑坝,在保证坝外坡角 45°的条件下,先由人工筑坝,再用冲积法水力填充筑坝;

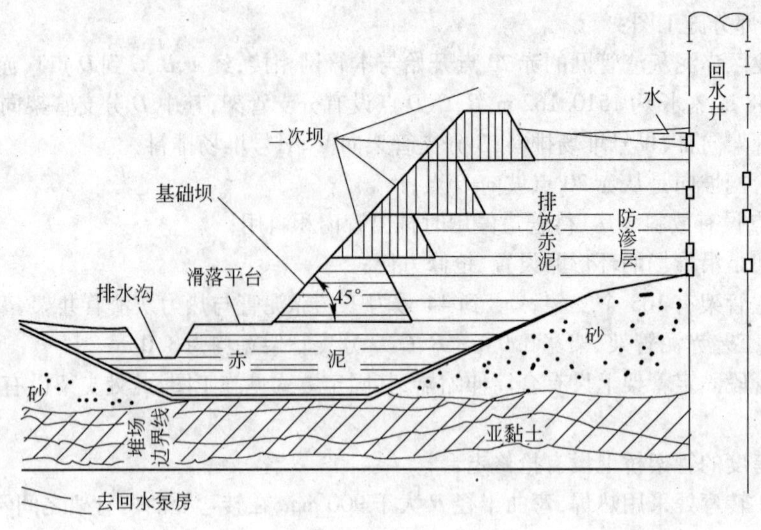

图 12-9　赤泥堆场剖面图

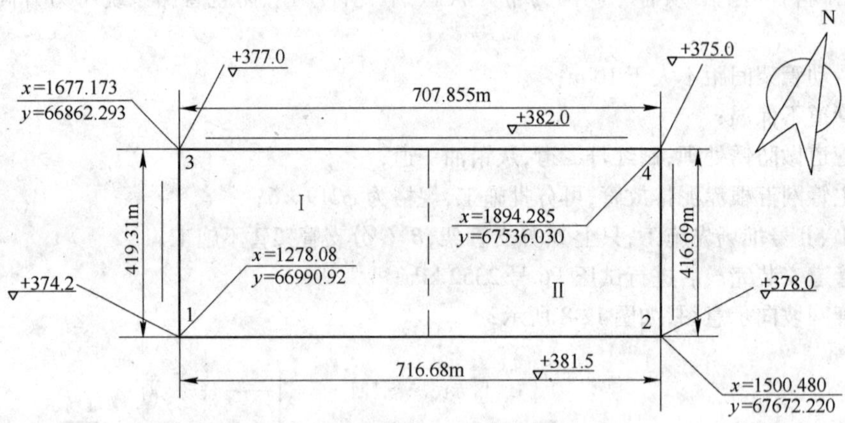

图 12-10　赤泥堆场基础坝筑坝示意图

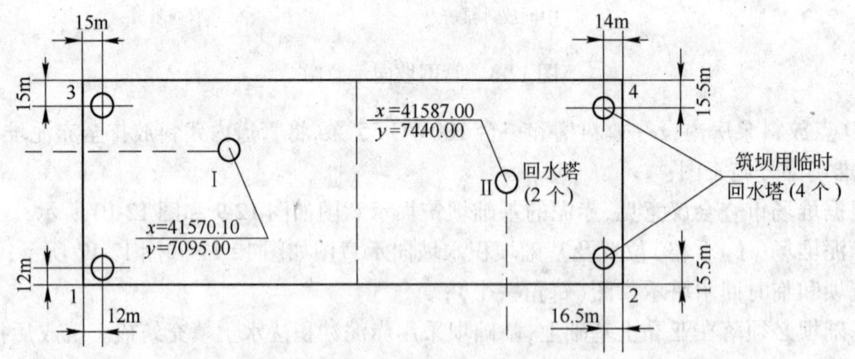

图 12-11　赤泥堆场Ⅰ、Ⅱ格位置示意图

7）筑坝时由于颗粒分级，粗颗粒沉积在上游，细颗粒依次沉积在下游，根据山东铝厂经验，夏季上游坝 1 ~ 2 天脱水干固，而下游坝 7 ~ 20 天才能干固、上游 100 m 内脱水干固较快，为保证全部坝体质量一致，设计建设每隔 100 m 左右设一配泥口和尾液排出口，未沉积颗粒随尾液进入

场积水域继续沉积，澄清水溢沉入回水井；

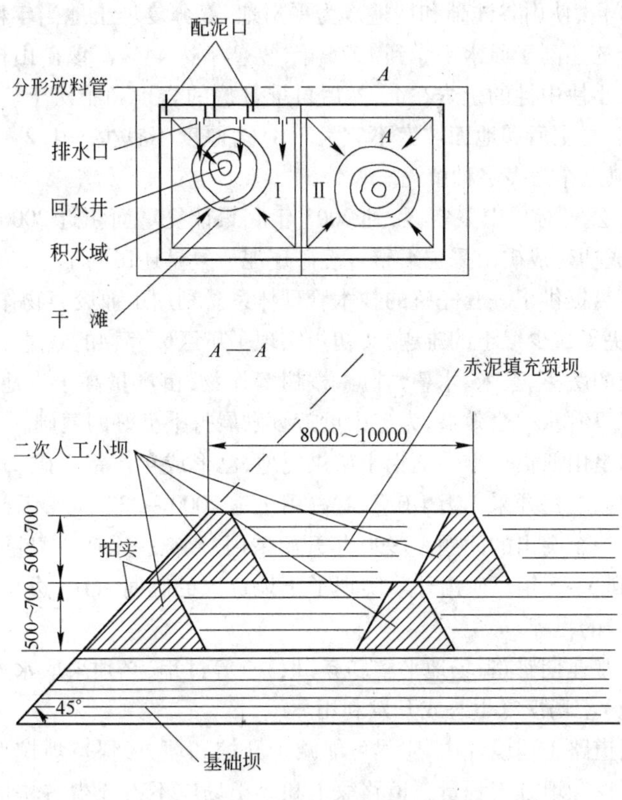

图 12-12　基础坝积水坡向示意图

8）堆场内必须保证周边有较长的干坡段、一般应在 100 m 以上，最短也不能低于 50 m，以保证坝体的安全；

9）根据当地气候条件，一般筑坝时间为 4 ~ 10 月份，冬季不宜筑坝，最好是夏季筑坝，在冬季到来之前所需的坝全部做完，保证筑坝质量，防止溃坝事故的发生；

10）堆场管理：根据郑州铝厂、山东铝厂处理事故经验，堆场应设有技术人员专人指导堆放、筑坝、配泥、回水等，并应建立当地的气象、雨量、蒸发量，防洪、事故处理的综合档案，积累经验，指导生产；

11）地震按 7 级设防。

12.5.5　生态环境保护与水土保持措施

氧化铝工业企业生态环境保护与水土保持的主要措施：

（1）铝土矿矿山的露天开采场和废石场应分期进行土地复垦。废石场（排土场）应根据地形坡度、所排岩石的物理力学性质、排土方式合理规划和设计挡渣坝（排土墙）、排水沟，应保证边坡稳定，服务期满后应进行复土造田（土地复垦），恢复自然生态环境。

土地复垦本身是指把被占用并被破坏了的土地恢复过来，供其他部门单位或个人使用的过程。因此根据每个地区的特点和社会经济合理性，复垦后土地可以分为农业复垦、林业复垦、自然保护区复垦、水力复垦和建筑复垦。复垦土地的价值除在经济上获得应有的效益外，更深远的意义在于改善自然环境，造福人类。

我国郑州铝业公司小关铝土矿矿山，从 1964 年就开始土地复垦，并列入矿山生产计划，到 1977 年复垦土地 720 亩，使山谷洼地和坡地成为平川地，部分复垦土地当年耕种，达到一般农田水平；耕种三年后，有的还高于原水平。到 1975 年，复垦率达 44%。该矿山排土场堆置时，大块酸性、碱性岩石在下，小块中性的土岩在上，然后再堆贫瘠的岩土和肥沃土。复土之前应将岩堆地用推土机整平压实，复土后和地面坡度不宜大于 1%，厚度不宜少于 1.2 ~ 1.5 m，有条件时再铺一层 5 cm 厚的腐植土作为表层种植土。

中国铝业广西分公司对矿山采空区，到 2003 年底累计复垦面积近 2000 亩，复垦率 90% 以上。在矿山复垦中，成功建成矿山采空平整—洗矿还泥—复垦还田的工艺，为堆积型矿山实现矿产开发与生态环境恢复提供了一套完整的技术管理体系。利用工业废弃物作为复垦地的人工再造耕作层材料，既解决了缺少覆土的难题，又初步实现了矿区废弃物的减量化、资源化和无害化。在采空区复垦地种植的蔬菜、玉米、木薯、甘蔗、桉树等作物，亩产量高于当地平均水平。矿山复垦获得了良好的生态、环境、社会效益，为矿山可持续发展打下良好的基础。

山西孝义铝矿山是山西铝厂唯一的铝土矿供应地，已形成年产铝土矿 215 万 t 的生产能力，是我国最大的露天铝矿。每开采 1 万 t 矿石需占用土地 2000 ~ 3333 m^2，因此开采占地，生态环境保护与水土保持是一个突出的问题。1990 年开始采用“剥离—采矿—复垦”一体化新工艺，使复垦期由 10 年缩短到 3 ~ 5 年。矿山开采实现了土地资源的临时占用、边采矿、边复垦、边还地给农民、保护生态环境的目标。

(2) 矿山和工厂基建期修路、场地平整和弃(取)土等过程，必须采取水土保持措施，对裸露地必须绿化，使弃(取)土场恢复生态或开发利用。

(3) 在山区专用道路工程设计中，应尽可能减少开挖和填方，保持填挖平衡，也可修桥或开拓隧道来减少土石开挖和填方工程量。道路取土和弃土场应不占或少占耕地，防止水土流失和淤塞河道，并应将取土坑、弃土堆平整为可耕地或绿化用地。

(4) 厂区和生活区绿化美化设计，必须有利于净化空气、消声隔声、水土保持和美化环境。例如，广西平果铝厂从建厂初期开始就坚持绿化美化，创造优美环境与基本建设同步进行，累计投入绿化美化资金近 1000 万元。经过十多年的努力，累计种植乔木超过 15 万棵、花灌木 47.57 万棵、绿篱 3.74 多万米、草皮 26.34 多万平方米，绿化面积 100 多万平方米。如今无论在厂区还是生活区，无论是春季还是冬季，到处都是绿树成荫，绿草茵茵，繁花似锦的优美风景，使厂区由原来的一片荒地变成了一个大花园，已成为国内外公认的“花园式”现代铝工业企业，成为广西“百色之旅”线路中重要的工业旅游景点，获得了良好的环境效益和社会效益。

12.5.6　噪声污染防治措施

根据卫生标准，强度高于 40 分贝(以 dB 或 A 表示)的，就是对人的健康和安全有危害的噪声。对强度不高的噪声，能使人心烦和疲劳、记忆力衰退、工作效率下降，而长期处于强度(90 dB 以上)噪声的环境，能损伤人的听觉、造成职业性耳聋，甚至年轻人脱发秃顶以及引起心血管系统、神经系统、消化系统等方面的疾病。

12.5.6.1　氧化铝工业企业的噪声来源

氧化铝工业企业的噪声来源主要有：

(1) 机泵产生的中、高频气流噪声；

(2) 加热炉、压缩机和风机产生的低频气流噪声；

(3) 排气放空、管道和阀门、破碎和粉碎机械、冷却塔的噪声。

12.5.6.2 噪声污染防治措施

噪声污染防治措施有：

(1) 设计中应合理选用噪声小、能耗低的新设备，这是控制矿山和工厂噪声的根本途径。

(2) 当没有噪声小、能耗低的新设备可供选择时，对超过我国现行《工业企业噪声卫生标准》规定的设备，应采取隔声或消声措施，包括：

1) 对产生空气动力性噪声的主要设备，应采取消声、隔声及阻尼措施。控制空气动力性噪声的最有效措施是采用消声器。消声器应根据噪声源的频谱分布、几何形状等特性选用和设计。如果采用消声器还不能满足标准要求时，一般需要采取减振、阻尼或隔声等辅助控制措施。例如，某厂锅炉房与居民区相邻，鼓风机噪声达 105 dB，在鼓风机近风口安装消声器，并将风机置于砖砌的隔声罩内，罩子开有冷却风口和洞口(供观察和维修用)，洞口盖板用阻尼材料隔声。采取这些控制措施之后，鼓风机房的噪声降至 78 dB 左右。

2) 对产生机械振动性噪声为主的设备，应采取隔振、隔声及阻尼措施。

机械振动性噪声，一般采用弹性衬垫或对基础隔振来控制。对于料斗和破碎机等设备产生的撞击噪声，一般在振动部件表面涂盖非金属阻尼材料或增加撞击部件曲率半径和局部加筋，以及采用新型的高内阻合金材料制造撞击部件。

3) 电机噪声(噪声级(dB)与电机功率的平方成正比)一般均在 85 dB 以上，是由电机风扇噪声、轴承噪声和电磁噪声等组成。其中电磁噪声主要由机壳柔性及定、转子偏心而产生的径向脉动磁拉力和谐波电磁力引发的，可通过纠正转子偏心等办法来控制；设备内部调整后，其噪声还达不到要求时，还应采取隔声、减振等措施。

4) 高噪声车间、站房和设备，当采取单一的隔声、吸声、消声措施不能达到噪声标准时，应采取含隔声、吸声、消声、隔振等综合控制措施。

某些高噪声车间、站房和设备往往具有多个噪声源，既有机械性噪声，又有空气动力性噪声和电磁噪声，有时还有机组散热问题，所以通常应采取包括吸声、隔声、消声等综合控制措施，把噪声降到标准以下。

(3) 加强鼓风机、空压机和柴油发电机房的噪声防治效果。降低鼓风机噪声(大型鼓风机在 130 dB 以上)，对单台机组宜采用负压式—带进风消声器的隔声罩；对多台机组宜采用负压—带进风消声器或消声道和隔声门窗的隔声间。

降低空压机噪声(高达 120 dB)应在机组进、排气管路上设置消声器或消声坑，并应将空压机房设计成带有隔声门窗和通风消声的隔声间。

降低柴油发电机房噪声，应在机组排烟管道上设计抗性或以抗性为主的阻抗复合消声器，并应将机房设计成带有隔声门斗和进排风消声设施的隔声间，机房内宜布置消声体。

(4) 工厂总图布置应全面考虑声源布局，减少噪声危害。

1) 应将生活区、行政办公区与有工厂噪声(来自生产过程)的生产区分开布置。

2) 在满足生产工艺要求的前提下，应将高噪声车间和站房与低噪声车间分开，并应远离厂界布置。

3) 高噪声设备应集中布置，在有高噪声设备的厂房内应采取降低噪声的吸声、隔声、消声等措施。

12.5.7 氧化铝厂环境监测站的设计

12.5.7.1 建站的一般原则

建站的一般原则为：

（1）监测任务。企业监测站以执行上级主管部门规定的常规监测任务为主，技术研究工作为辅的原则进行工作。

（2）监测范围和制度：

1）监测范围。以监测污染源排放的污染物为重点，当污染源较多时，由于污染物排入大气或水域后的扩散与稀释作用，应进行环境监测，对受到厂矿企业污染影响的居民区、农田灌溉区、渔业水域街道上也应进行环境监测。

2）监测制度。应执行上级主管部门的规定。无明确规定时，以厂矿主要污染源的烟气排放烟囱和废水排放口（包括"三废"治理设备）每月各监测一次（生产稳定，污染物浓度变化不大时可一季度测一次）。环境大气质量及水质的测定，按不同需要进行，原则上一年测一次。根据监测目的和要求，监测一次时间要连续一个月左右。

（3）监测项目。各厂矿企业要在现行排放和环境卫生标准规定的项目选择监测对象。

（4）监测方法。应采用国家规定的监测标准方法或统一方法，其中缺少的项目，可选择国际上常用的方法。当前对污染源监测采用的手段，宜以实验室化学分析法为主，现场专用的连续自动监测仪器为辅。

12.5.7.2　监测站的建设

在考虑上述一般原则基础上，各厂矿企业可根据本企业实际情况结合生产规模、污染物质种类、监测任务以及监测制度等因素，决定监测站应设置的仪器装备、人员配备以及实验室所需面积。

（1）监测站仪器装备。监测站（组）的面积和人员配备应因地制宜，根据站的具体任务、待测污染物质种类、工作范围、监测制度以及仪器装备水平等因素合理确定。为了充分利用企业内部中心化验室的力量和装备，最好由中心化验室兼任监测站的部分工作。监测站仪器装备参见表12-11，企业可根据规定的监测任务和项目选择相应的仪器设备。

（2）监测站（组）面积和人员配备。独立建站时，监测站（组）面积和人员配备参见表12-12，可供设计环境监测站时参考。

表12-11　企业监测站主要仪器设备表

序号	仪器设备名称和型号	主要技术数据	用途简介
1	YC-1及YQ-1烟气测定仪（附烟气流速设备）	YC-1烟尘仪 流量0～40 L/min YQ-1烟气仪 流量0～2 L/min	1）烟气粉尘浓度测定 2）烟气气态污染物浓度测定 3）烟气粉尘成分分析 4）烟气流速、流量测定
2	WZB-220铂热电阻温度计	-200～+500℃	烟囱断面上烟气温度测定
3	WBC-1小容量飘尘采样器	采样流量0～60 m^3/min	1）环境飘尘浓度测定的采样 2）飘尘上有机和无机污染物质分析的采样
4	DN-600大容量飘尘采样器	采样流量1.3～1.5 m^3/min	1）环境飘尘浓度测定的采样 2）飘尘多环芳烃、重金属成分、无机盐分析的采样
5	DZC吸收瓶法大气自动采样器	采集样品数12个，采样时间10～20 min内任选	12个吸收瓶连续自动采集环境大气中SO_2，NO_2等气态污染物样品，供实验室化学分析用
6	SC-A自动水样采集器	采样瓶数12个，采样时间15～120 min四挡，水样提升高度4.5 m	用于环境水体和工厂废水排放口等处水深小于5 m的深层水分层取样，供实验室化学分析用

续表 12-11

序号	仪器设备名称和型号	主要技术数据	用途简介
7	WT2A 微量天平	感量 0.01 mg 最大称量 20 mg	1）烟气粉尘及环境飘尘称重，浓度测定 2）化学分析称量
8	TC128 精密天平	感量 0.02 mg 最大称量 200 g	1）烟气粉尘及环境飘尘称重，浓度测量 2）化学分析称量
9	DZM_2-1 轻便综合观测仪	测环境大气风速、气温、湿度及大气压	环境大气污染物质监测时，气象辅助参数的测定
10	ND_{11} 简易声级计	量程 40 ~ 140 dB 精度 ±2 dB	一般噪声测量
11	N_D 精密声级计和倍频程滤波器	量程 25 ~ 140 dB 精度 ±0.7 dB	精确噪声测量
12	751 分光光度计	波长范围 200 ~ 100 nm	主要测定无机（包括金属阳离子）及部分有机污染物在紫外、可见、近红外区吸收光谱，供实验室进行水、气、渣污染物定性定量分析
13	GFU-201 原子吸收分光光度计	波长范围 19 ~ 860 mm，测量范围 0 ~ 200 nm（吸光度）	主要对几乎所有金属和部分半金属约 72 种元素进行微量分析，供实验室作水、气、渣等污染物成分测定
14	JMJ-1 脉冲极谱仪	包括常规脉冲极谱、导数脉冲极谱、微分脉冲溶出伏安法等六种，微分脉冲溶出伏安法 5×10^{-10} M（Cd^{2+}）	主要用作金属元素（特别是铜、铅、镉、锌、镍、钴、铋、锡）的痕量分析。供实验室对水、气、渣等主要重金属污染成分的分析。在无原子吸收分光光度计条件下，可用该仪器代替分析一部分金属元素
15	WFD-9 荧光分光光度计	波长范围：激发光 220 ~ 750 nm，荧光 220 ~ 750 nm，检测极限：5×10^{11} g/mL	主要用于多环芳烃中致癌污染物质分析，同时还可测定氰、酚、亚硝酸离子、铍、锌、锰、铜等成分
16	2305F 气相色谱仪	热导检测器：S≥1000 mV × mL/mg（氢气作载气，对苯） 氢焰检测器：$M_t \leqslant 1 \times 10^{-10}$ g/s（氮气作载气，对苯） 电子捕获鉴定器：$M_t \leqslant 1 \times 10^{-14}$ g/s（氮气作载气，对四氯化碳） 程序升温：最高 300℃	可分析沸点低于 350℃ 的气体，液体以及能溶于液体的固体样品。适于作水、气、渣、农药、食品中无机和有机污染物，特别是有机污染物如多氯联苯、甲基汞、吡啶、苯、丙烯醛、丙烯腈、乙腈、氯丁二烯等成分测定
17	FF-1 油分分析仪	量程 0 ~ 50 mg/L 0 ~ 500 mg/L	用于水中油分含量测定
18	SJC-702 水质监测仪	pH 值 2 ~ 12 电导率 0 ~ 10 mV/cm， 溶解氧 0 ~ 14 mg/m³， 氧化还原电位 0 ~ ±100 mV， 温度 0 ~ 40℃	用作水质一般污染指标测定。常作为厂矿企业固定水质自动监测站和公共水域监测船的组成仪器
19	PXJ-1B 数字式离子计	量程 ±999.9 mV14Px	与各种离子选择电极或 pH 电极配套，分析溶液离子浓度和 pH 值
20	PHS-3 数字酸度计	量程 0 ~ 14	实验室分析水溶液的 pH 值
21	电冰箱	130L	用于实验样品保存

续表 12-11

序号	仪器设备名称和型号	主要技术数据	用途简介
22	QJC-202 小型大气污染监测车（QJZ-201）大气污染地面监测站	SO_2 约 4.0 mg/m³， NO_x 约 8.0 mg/m³， O_3：0～2.0 mg/m³， CO：0～62.5 mg/m³， 飘尘：0～50 mg/m³， 气象参数：风速、风向、温度、湿度	可供大、中型厂矿作长时期环境大气质量巡回连续自动监测用 车内监测仪器与计算机数据处理系统联用，可作厂矿环境大气污染地面固定监测站网组成设备
23	污染源烟气监测车	根据不同企业组装监测项目仪器	供大、中型工厂企业对污染源烟气进行巡回连续自动监测用，节省人力和时间，保证精度

注：表中列出的仪器设备规格型号作为该类仪器设备的代表性产品。由于国内生产仪器设备的单位很多，选用时需作详细调查研究。

表 12-12　独立的监测站（组）建设方案

企业类别	仪器设备序号（见表 12-11）	实验室面积/m²	配备人员人数	备　注
小型企业（监测组）	1，3，5，7，9，10，12，14，20，21	约 200	4～5	
中型企业（监测站）	1～9，10，11，12，13，16～21（22，23 根据具体情况需要确定）	约 600～1000	20～25	实验室面积，包括工作人员办公室
大型企业（监测站）	1～21 全需要（22，23 应考虑）	约 1500～2000	30～50	

12.6　赤泥的综合利用

赤泥堆存往往要占用大量的土地和农田，并耗费较多的堆场建设和管理维护费用，还使赤泥中的许多可利用成分不能得到合理利用，造成了资源的二次浪费。长期以来国内外对赤泥的综合利用进行了大量研究。由于矿石成分和氧化铝生产方法的不同，赤泥的化学和矿物组成差别很大，赤泥利用的途径也存在差异。多年来，文献报道了很多综合利用赤泥的方案，但由于经济上和技术上的种种原因，大多数未付诸工业实践。从世界范围看，烧结法赤泥得到了不同程度的利用，拜耳法赤泥尚未解决大量利用问题。

12.6.1　烧结法赤泥

烧结法赤泥浆呈红色，其固液比一般为 1：（3～4），所含附液具有较高的碱性，pH 值为 10～12。赤泥颗粒直径为 0.08～0.25 mm，真密度为 2.3～2.7 g/cm³，容积密度为 0.73～1.0 g/cm³（烧后为 0.47～0.58 g/cm³），熔点为 1200～1280℃。

赤泥在堆场堆存时，由于温度变化和雨水浸泡，盐碱会逐渐溶出，在堆面形成 1 cm 左右厚度的白色粉末，表层赤泥则结成具有砂性的硬块，并由原来的红色逐渐转变成蓝黑色。

烧结法赤泥的化学组成较为复杂，主要包括 Al_2O_3、SiO_2、Fe_2O_3、CaO、TiO_2、Na_2O 等，还有少量稀有金属和放射性元素。烧结法赤泥的化学组成列于表 12-13。

表 12-13 烧结法赤泥的化学成分

原料类型	生产方法	赤泥组成/%					
		Al_2O_3	$R_2O(Na_2O+K_2O)$	Fe_2O_3	SiO_2	CaO	灼减
铝土矿	烧结法	5.4	2.9	9.4	21.6	45.6	8.5
	串联法	4.9	2.6	24	19	42.5	3.5
	混联法	7.0	2.9	8.1	20.5	45.1	8.3
霞石精矿	烧结法	2.66	2.03	2.51	30.3	58.05	2.28
磷霞岩	烧结法	3.20	1.90	4.2	28.5	55.3	0.9

烧结法赤泥中最主要的物相是:$2CaO\cdot SiO_2$;此外尚有数量不等的水化石榴石、水合铝硅酸钠、赤铁矿、针铁矿、铁酸钙、碳酸钙及钛酸钙等。例如,山东铝厂所排出赤泥的各主要矿物组分含量:β－硅酸二钙(β-C_2S)50%～60%,水化石榴石($C_3AS_xH_{6-2x}$)5%～10%,赤铁矿($Fe_2O_3\cdot xH_2O$)4%～7%,方解石($CaCO_3$)2%～10%,钠硅渣($NAS_{1.7}H_2$)5%～10%,钙钛矿(CT)2%～5%。

作为赤泥主要矿物组分的硅酸二钙,在有触发剂作用下,具有水硬胶凝性能,且水化热不高。这一点,对赤泥综合利用具有重要意义。

多年来,国内外,特别是我国对烧结法赤泥的综合利用,开展了许多研究工作,探索出了一些技术可行、效益较好的利用途径,在有的氧化铝厂已具有相当的工业生产规模。但从整体上看,由于赤泥排放量大,含水率高,碱性强等特点,综合利用进展不快。下面简要介绍烧结法赤泥的综合利用。

12.6.1.1 用作生产水泥

用作生产水泥主要有:

(1) 赤泥代替黏土生产普通硅酸盐水泥。目前烧结法赤泥主要用于生产普通硅酸盐水泥。我国山东铝厂每年处理35万t赤泥,所生产的水泥超过100万t,赤泥的利用率约为40%。

利用赤泥生产普通硅酸盐水泥,其工艺流程及技术条件与一般普通水厂的基本相同,只是从氧化铝厂排出的赤泥浆(液固比在3～4);含水率太高,需要增添脱水用的真空过滤机,可使赤泥浆过滤后的滤饼含水率降至60%以下,才能应用配料。

以赤泥代替黏土生产普通硅酸盐水泥,按常规配料率值要求,一般采用三元组分配料,即赤泥、石灰石和砂岩。控制配料率值范围是:石灰饱和率0.88～0.92,硅酸率2.0～2.2,铝氧率0.7～1.2。将赤泥、石灰石和砂岩按配料率值要求混合,磨制成生料,经回转窑烧成(温度为1400～1450℃)熟料(要求Na_2O+K_2O含量小于1.2%)。利用烧成熟料,加入15%粉状高炉渣、15%石膏共同磨细,就制成赤泥普通硅酸盐水泥,性能完全达到国家规定的500号普通硅酸盐水泥标准。

利用赤泥生产水泥所用的原料(黏土、石灰石)和燃料消耗低,基建投资少,产品成本低,具有良好的经济效益和环境效益。但是赤泥中含碱量偏高,限制了赤泥利用率的提高。一般硅酸盐水泥熟料在常规的配料率值的范围内,生料中赤泥配比仅占25%～30%,即生产1t水泥只能利用350～400kg,达不到大量利用赤泥的目的。

图12-13为郑州铝厂利用赤泥生产水泥的回转窑照片;图12-14为袋装后待发的水泥;图12-15

为郑州黄河公路大桥(使用郑铝525号硅酸盐水泥建设的)。

图12-13　郑州铝厂利用赤泥生产水泥的回转窑

图12-14　郑州铝厂利用赤泥生产的水泥

图12-15　应用郑州铝厂525号硅酸盐水泥建设的郑州黄河公路大桥

为了提高赤泥的利用率,降低硅酸率和铝氧率,适当地提高石灰饱和率,提出了用赤泥与石灰石二元组分配料的新方案。这种配料方案,水泥熟料矿物组成仍以硅酸盐矿物为主,但硅酸盐矿物总量较一般水泥熟料为低,而溶剂矿物组成,特别是 C_4AF 较一般水泥熟料为高,根据这一特点,故称之为"低硅高铁"水泥新配方。这种水泥与普通水泥的配方比较见表12-14。

表12-14　低硅高铁水泥与普通水泥的配方比较

项　目	普通水泥	低硅高铁水泥
配料率值:		
石灰饱和率	0.82～0.95	0.92～0.96
硅酸率	1.7～3.5	0.3～1.6
铝氧率	1.0～3.0	0.7～0.85
熟料矿物组成/%		
C_1S	47～55	42～51
C_2S	17～31	14～24
C_1S+C_2S	72～75	65～67
C_1A	6～10	3～6
C_4AF	10～18	21～24
C_3A+C_4AF	20～22	25～27

这种"低硅高铁"配方的水泥,在技术性能上也能达到国家规定的普通硅酸盐水泥标准。赤泥配比可提高到50% ~60%。低硅高铁水泥性能见表12-15。

表12-15　低硅高铁水泥的性能

编号	比表面积 $/m^2 \cdot g^{-1}$	初凝(时:分)	终凝(时:分)	抗拉强度/MPa			抗压强度/MPa		
				3天	7天	28天	3天	7天	28天
1号	3085	2:16	3:43	3.6	3.65	3.8	46.1	60.0	68.5
2号	3060	2:08	3:29	3.3	3.41	3.51	41.6	55.2	61.1

由于赤泥配比的提高,"低硅高铁"配方水泥熟料的含碱量也较高,一般 $Na_2O + K_2O$ 为1.4% ~1.6%,超过了一般普通水泥熟料的碱含量。而碱是水泥生产中的一种有害成分,主要在于它能阻碍水泥熟料矿物的形成,因为碱会增加熟料中游离石灰的含量。这是由于发生了下列反应:

$$12C_2S + K_2O \longrightarrow KC_{21}S_{11} + CaO \tag{12-8}$$

$$12C_1S + K_2O \longrightarrow KC_{11}S_{12} + 13CaO \tag{12-9}$$

$$3C_3A + NaO \longrightarrow NaC_3A_3 + CaO \tag{12-10}$$

生产实践表明,以赤泥为原料,在正常配料和烧结条件下,当碱含量在1.2% ~1.4%以下时,碱对游离CaO含量影响不甚明显。当水泥熟料中的碱含量高时,还将使水泥快凝,使其强度特别是抗拉强度相对偏低。令人关注的问题是水泥中碱分与骨料中活性组分(特别是活性硅酸—蛋白石)进行碱—骨反应,造成混凝土工程的崩坏。

采用"低硅高铁"配方,当生料中赤泥配比达50%以上时,如果不采取有效措施,降低赤泥含碱量,则熟料规定的碱量控制指标($K_2O + Na_2O < 1.2\% \sim 1.4\%$)难以达到。而采用"石灰二氧化碳法",经脱碱后,赤泥总碱含量一般可降到1.5%左右。

脱碱的原理在于CaO与赤泥中的钠硅渣($NaS_{1.7}H_n$)和霞石(NaS_2)相互反应,生产含水硅酸钙而析出 Na_2O,钠硅渣在溶液中分解,即

$$Na_2(Al_2Si_2O_3) \cdot n\,H_2O + aq = 2Na^+ + (Al_2Si_2O_3)^{2-} + nH_2O + aq \tag{12-11}$$

氢氧化钙与 $(Al_2Si_2O_3)^{2-}$ 反应生成 $3CaO \cdot Al_2O_3 \cdot 1.7SiO_2 \cdot 2.6H_2O$:

$$3Ca(OH)_2 + (Al_2Si_2O_3)^{2-} + aq \longrightarrow Ca_3[Al_2Si_2O_3(OH)_4] + 2OH^- + aq \tag{12-12}$$

或

$$3Ca(OH)_2 + Na_2O \cdot Al_2O_3 \cdot 1.7SiO_2 \cdot n\,H_2O \longrightarrow 3CaO \cdot Al_2O_3 \cdot 1.7SiO_2 \cdot 2.6H_2O + 2NaOH + aq \tag{12-13}$$

霞石在一定条件下与CaO进行上述类似的反应。从式12-13看出,1 mol的 Na_2O 需要3 mol的CaO,为使它的反应进行较安全,脱碱时的 CaO/Na_2O 之比应大于3。

脱碱赤泥流动性差,贮存过程中会结硬,如果向脱碱赤泥通入 CO_2,可以明显改善赤泥的流动性。其所发生的反应:

$$CaO + CO_2 \longrightarrow CaCO_3 \tag{12-14}$$

$$2NaOH + CO_2 = Na_2CO_3 + H_2O \tag{12-15}$$

$$2CaO \cdot SiO_2 + 2CO_2 = 2CaCO_3 + 2SiO_2 \tag{12-16}$$

由以上反应可知,通 CO_2 的作用是可消耗剩余的CaO,把NaOH转变为 Na_2CO_3,分解水化产物后又将部分 β-C_2S 分解,使 SiO_2 进入溶液导致胶凝状水化物的破坏,同时在溶液中 SiO_2 有助流作用。

上述的赤泥脱碱也存在着工艺流程复杂(要增加赤泥苛化反应、CO_2 稀释设备以及石灰乳、CO_2、蒸汽的供应系统)和脱碱赤泥水分高的缺点。

经研究,在生料中掺入1% ~2%的萤石,赤泥不脱碱,水泥料 R_2O 高达2.1%,烧出了合格的水泥熟料,烧成温度由原来的1400℃降至1280℃,实现了低温烧成。游离石灰合格,稳定性良好,熟料早期强度高,达到600号标准。

(2) 赤泥代黏土烧制油井水泥。此种水泥以石灰石、赤泥、砂岩为原料,依次按78∶15∶7的配比配制生料,入窑煅烧而成。

赤泥油井水泥适用于井壁与套管间的环隙固定工程。对井深大于2000 m,固井工作温度40 ~ 90 ℃的油井,要求水泥凝结缓慢,且流动性好,施工结束后,水泥砂浆应具有较高的强度。赤泥油井水泥完全能满足这些要求。

(3) 赤泥硫酸盐水泥。此种水泥生产,首先需将赤泥在500 ~600℃下烘干,然后按一定配比配合,再经磨细而成。此种产品,强度可达400 ~550号,与钢筋黏结力大,抗渗性好,水化热低,耐蚀性强,特别适用于海水工程和盐化工程方面。此种水泥的缺点是早期强度低,容易起砂。

利用赤泥生产普通硅酸盐水泥,有以下好处:

1) 不需要开掘黏土矿而占用或破坏农田,有利于环境保护。由于赤泥代替了普通水泥生产所需要的全部黏土,故不需要开掘黏土矿而占用或破坏农田。

2) 减少石灰石开采量,有利于矿产资源贮备。由于赤泥中含有44% ~48% CaO,故生料配料中石灰石单耗可降低30% ~50%。

3) 节约能源。由于赤泥是氧化铝生产系统中经过烧结的产物,同时生料中石灰石配入量又较普通水泥为少,故熟料反应的热耗低。

12.6.1.2　生产砖

利用赤泥为主要原料可生产多种砖,如免蒸烧、粉煤灰砖、黑色颗粒料装饰砖、陶瓷釉面砖等。其中以烧结法赤泥制釉面砖为例,采用的原料组分较少,除赤泥作为基本原料外,仅辅以黏土质和硅质材料。其主要工艺过程为:

原料→预加工→配料→料浆制备(加稀释剂)→喷雾干燥→压型→干燥→施釉→煅烧→成品。

以该法生产的陶瓷釉面砖,以工业废渣和劣质原料取代了传统的陶瓷原料,配料组分少,价格低,利于降低原材料费用,可用于生产黄色素面砖以节省化工原料和颜料。

12.6.1.3　生产其他材料

生产钢铁和铸造工业用的保温材料、铸造用的赤泥流态自硬砂、塑料填充剂等。

12.6.2　拜耳法赤泥

拜耳法赤泥的化学组成变化范围很广,取决于原矿成分和加工工艺。其主要组分的含量范围(以干基计)列于表12-16。

表12-16　拜耳法赤泥成分

组　分	Al_2O_3	Fe_2O_3	SiO_2	Na_2O	CaO	TiO_2	灼　减
含量/%	5 ~ 15	10 ~ 60	1 ~ 20	1 ~ 10	2 ~ 12	4 ~ 6	5 ~ 15

拜耳法赤泥的矿物组成复杂,主要有赤铁矿(或针铁矿等)、水合铝硅酸钠(方钠石、钙霞

石)、水化石榴石、钛酸钙、石灰、石灰石以及少量未溶出的氧化铝水合物等。文献报道了大量利用拜耳法赤泥的方法和工艺流程,包括综合处理以利用全部赤泥或只回收其中某些有用成分(如 Fe、Na_2O 和 Al_2O_3 等),但除串联法外,在工业上和经济上具有价值的还不多,绝大多数尚未能用于工业化。目前拜耳法赤泥利用的主要方向有:

(1) 综合处理赤泥生产铁、氧化铝和水泥。国外曾对赤泥中的有价金属作过实验研究,采用的工艺流程如图 12-16 所示。

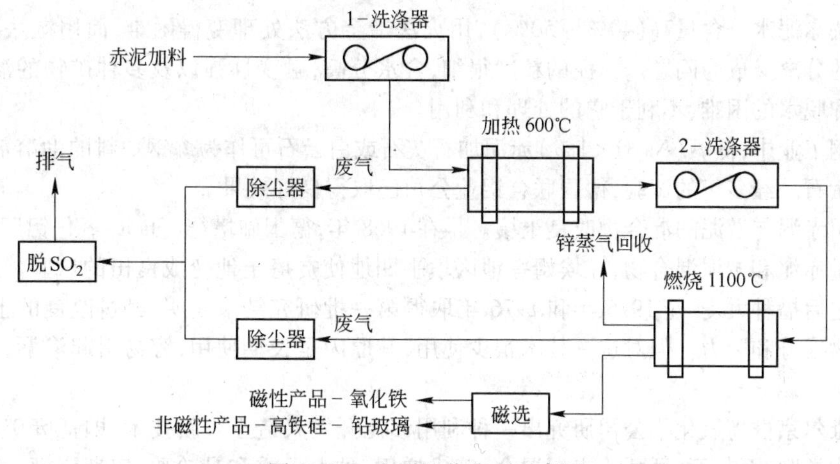

图 12-16 金属回收流程示意图

实验数据表明,该工艺每吨赤泥(含 $Fe_2O_3$51.30%,ZnO13.29 %)能回收 72% 的 Fe_2O_3 567 kg,该氧化铁含有锌不到 0.3%,这是炼钢的优质原料。同时还能得到纯锌 57 kg。但由于赤泥中含大量的硫化物,对后序的热处理过程有极大的影响,因此脱硫技术是该工艺的关键。此外,由于该工艺各工段均在高温下运行,势必将耗用大量的能源。

此外,国内外许多专家还研究了还原过程回收铁同时回收 Al_2O_3 和碱的工艺,虽然各种工艺路线都具优点,但由于化学或冶金方法投资大,能耗高、成本高、适于处理品位很高的原料。而我国赤泥含铁量相对较低,则回收利用生产效率低,这种高投入、低产出的生产方法显然是不经济的。

(2) 生产建筑材料,如道路建筑的红色填料、砖等。在德国、匈牙利等国已有工业实践。

在德国将赤泥用作沥青路面筑路用填充料(红色填料),其属于"坚固填料"类。它含有高活性的微型颗粒,是采用特殊的干燥方法制得的。其特点是具有高的吸附能力,借助沥青的高黏结力使其原始细微颗粒起到较强的加固作用,从而具有良好的硬化性能。此外由于热稳定性较高,而且泥浆体积小,从而使砂子和碎石的装填量较高。自 1968 年以来,在德国共修筑了这种密实的碎石沥青路面已达 6 万 m^2,这种道路由于具有碎石比率高的特别密实材料的沥青层面而被证明是成功的。因为这些试验路面具有高的抗负荷性和低的塑性变形。利伯厂的道路全部采用这种材料,现已有年产 5000 t 的生产装置。

利用赤泥所制成的红色填料的化学成分、物相和粒度分析如下:

化学成分	Al_2O_3	SiO_2	Fe_2O_3	TiO_2	CaO	Na_2O
质量分数/%	26.8	10.1	29.0	10.0	4.3	7.7

物相分析:其组成有方钠石型钠硅渣($Na_2O \cdot Al_2O_3 \cdot 1.7SiO_2 \cdot nH_2O$)、钙硅渣($3CaO \cdot Al_2O_3 \cdot xSiO_2 \cdot y\,H_2O$)、一水软铝石、三水铝石、赤铁矿、锐钛矿、针铁矿。

粒度分析,粒度分布为:

粒度/mm	>0.3	0.2~0.3	0.09~0.2	0.071~0.09	<0.071
含量/%	0.6	0.9	3.9	4.72	89.92

(3) 用作高炉炼铁的球团矿的黏结剂和炼钢的助溶剂。国外某些钢铁厂进行的工业试验表明,将拜耳法赤泥(含 $Fe_2O_3$45% ~50%)加入炼铁的烧结料中,当添加量为2%时,烧结机产能提高5% ~9%,天然气消耗降低8% ~9%,同时烧结块强度提高,粉料(1~5 mm)显著减少。

拜耳法赤泥水分含量高(40% ~50%),用火法冶金方法处理变得困难,而用湿法冶金方法时铁与铝的分离又成为问题。赤泥的粒度很细,含水分高,触变性强以及多种矿物的混杂状态,造成运输和脱水的困难,不利于它的处理和利用。

在炼钢工业中,低碱($Na_2O<1\%$)赤泥加石灰石或白云石可作为炼钢炉料的助溶剂,以代替铝土矿或萤石。经多年的试验,德国联合铝业公司已取得良好效果。

(4) 用赤泥与淤泥的混合物改良土壤。早在1968年,德国施塔德(Stadt)氧化铝厂就开始用排弃的大量赤泥和淤泥混合物,在埃姆登地区填平凹地使贫瘠土地变成良田的试验。土地经过数年调剂之后播种大麦,至1975年和1976年取得第一批研究结果表明,经过改良的土壤,明显提高了矿物成分和肥力。但对这一技术很少使用,其原因是长期使用,容易引起渗漏,从而造成地下水污染。

美国维尔京群岛氧化铝公司研究出一种利用赤泥开发人造土壤新技术,即把废矿渣和价格低廉的动物粪肥、石灰石、拜耳法赤泥混合,筑成梯田,种上大黍和马铃薯,定期浇灌。这两种植物能很好地在梯田上面生长和繁衍。这种方法和传统的覆盖表土相比,节省费用达80%,还能美化当地的环境,减少污染。

12.6.3　明矾石渣

目前,明矾石矿经脱水及还原焙烧后用拜耳法溶出所得的渣在洗涤前经过分级,粗、细粒级的化学组成列于表12-17。

表12-17　明矾石渣的化学成分

类别	化学成分/%			
	SiO_2	Al_2O_3	Fe_2O_3	R_2O
粗粒级渣	81~85	5~7	5~7	0.5~0.7
细粒级渣	54~60	18~22	5~6	4~7

明矾石渣主要用于生产建筑材料,其中粗砂级部分用作生产硅酸盐混凝土的原料,细泥级部分则用作陶瓷的原料。

12.7　镓的回收

20世纪70年代以来,砷化镓、磷化镓及钆镓石榴石($Ga_5Gd_3O_{12}$,简称GGG)获得了广泛应用,特别是氧化镓在电子计算机中用作一种新型的信息储存器,有迅速增长的市场需要,大大促进了镓的生产。例如前联邦德国年产镓3.3 t,部分镓用于生产氧化镓,产量达到3.5 t。

从价格来看,前联邦德国1 kg镓(99.9999% Ga)为900马克,1 kg氧化镓则高达700马克,故从氧化铝生产中除回收金属镓外,还应更多的生产氧化镓,经济效益更大。

镓在自然界除了一种很稀有的矿物——硫镓铜矿以外，均以类质同晶的状态存在于铝、锌、镉的矿物中。铝土矿、明矾石和霞石等铝矿中都含有镓。铝土矿中一般含 0.004% ~0.1% Ga。目前世界上 90% 以上的镓是在生产氧化铝的过程中提取的。

在氧化铝生产中，镓以 $NaGa(OH)_4$ 的形态进入铝酸钠溶液，并通常在溶液的循环过程中积累到一定浓度。铝酸钠溶液中的镓含量与原矿中的镓含量、生产方法及分解过程的作业条件有关。

镓与铝同属周期表第三族元素，其原子半径（分别为 0.067 nm 和 0.057 nm）和电离势等很相近，所以氧化镓与氧化铝的物理化学性质很相似，但是氧化镓的酸性稍强于氧化铝，利用这个差别可以将铝酸钠溶液中的镓和铝分离开来。

从氧化铝生产中回收镓的方法，因氧化铝生产方法及母液中镓含量不同而异。已在工业上获得应用或应用前景良好的有化学法（石灰法、碳酸法）、电化学法（汞齐电解法和置换法）、萃取法和离子交换法。关于镓生产的理论和工艺已有很多文献和专著作了详细论述，下面只简单介绍从铝酸钠溶液中回收镓的主要方法。

12.7.1 石灰法

石灰法是首先将循环母液进行彻底碳酸化分解，使镓、铝初步分离，获得含镓较高的沉淀物，然后用石灰乳处理此沉淀物，实现 Ca 与 Al 的进一步分离，再从镓酸钠—铝酸钠溶液中回收镓。根据工厂具体情况不同，所用的工艺流程有些差别。石灰法的原则工艺流程如图 12-17 所示。

在烧结法生产中，将含镓的脱硅精液进行碳酸化分解时，镓主要是在分解后期才部分地析出。因此碳酸化分解本身就是一次分离铝、富集镓的过程。碳分过程中镓的共沉淀损失取决于碳分作业条件。提高分解温度、添加晶种、降低通气速度可以减少碳分过程中的镓损失，使碳分母液中镓的浓度提高。当碳分条件适宜时，镓的损失约为原液中镓含量的 15% 左右。

碳分母液（含 Ga 一般为 0.03 ~0.05 g/L）送往第二次碳酸化分解（即第一次彻底碳分），目的是使母液中的镓尽可能完全地析出，以获得初步富集了镓的沉淀。因此这次碳分应在温度较低、分解速度快的条件下进行。分解进行到溶液中的 $NaHCO_3$ 含量达 60 g/L 左右为止。镓的沉淀率可达 90% 以上。彻底碳分不能使镓全部沉淀是因为氧化镓在 Na_2CO_3-$NaHCO_3$ 溶液中的溶解度大。将浆液在逐渐降温的条件下搅拌，使镓的溶解度降低，从而有助于提高镓的沉淀率。

一次彻底碳分的沉淀主要是 $Al(OH)_3$ 和丝钠铝石 $Na_2O \cdot Al_2O_3 \cdot 2CO_2 \cdot nH_2O$ 两种化合物（Ga 以类质同晶的形态存在）。二者的比例取决于原液中 Na_2O_T 与 Al_2O_3 的比例以及碳分作业条件。除主要成分 Na_2O、Al_2O_3、CO_2 和 H_2O 之外，沉淀中还含有 SiO_2、Fe_2O_3 等杂质，在以铝土矿为原料的烧结法厂中，一次彻底碳分的沉淀物中的镓含量一般为 0.1% ~0.2%。

石灰分解上述沉淀是石灰与沉淀及其所挟带母液中的碱发生如下反应：

$$Na[Al(Ga)(OOH)HCO_3] + H_2O = NaHCO_3 + Al(Ga)(OH)_3 \quad (12\text{-}17)$$

$$2NaHCO_3 + Ca(OH)_2 = Na_2CO_3 + CaCO_3 + 2H_2O \quad (12\text{-}18)$$

丝钠铝（镓）石分解生成 $Al(OH)_3$、$Ga(OH)_3$ 和 $CaCO_3$，而全部碱均以 Na_2CO_3 形态进入溶液，使氧化镓明显溶解，氧化铝则几乎全部保留在沉淀中。

继续提高石灰用量，导致溶液中的 Na_2CO_3 苛化：

$$Na_2CO_3 + Ca(OH)_2 + aq = 2NaOH + CaCO_3 + aq \quad (12\text{-}19)$$

苛性碱溶解 $Al(OH)_3$ 和 $Ga(OH)_3$ 的能力远大于 Na_2CO_3：

$$Al(Ga)(OH)_3 + NaOH = Na[Al(Ga)(OH)_4] \quad (12\text{-}20)$$

据国外资料报道，为了使镓与铝分离得更完全，并且把镓随同 $3CaO \cdot Al_2O_3 \cdot 6H_2O$ 共沉淀的损失减到最低程度，需要采取分次添加石灰乳的办法，使上述苛化、镓和铝的溶解以及生成水合铝酸钙的脱铝反应依次进行。第一次加入只够发生苛化反应的石灰（$CaO:CO_2=1:1$，摩尔比），在液固比为3，温度90～95℃的条件下处理1 h，此时约30%～40%的铝和85%以上的镓进入溶液。第二次按 $CaO:Al_2O_3=3:1$（摩尔比）补加石灰，继续搅拌1～2 h，则使绝大部分铝生成不溶性水合铝酸钙，而镓留在溶液中，因为溶液中镓的浓度低于镓酸钙的溶解度。这样就大大提高了溶液中的镓铝比。石灰添加量太多会增加镓的损失。

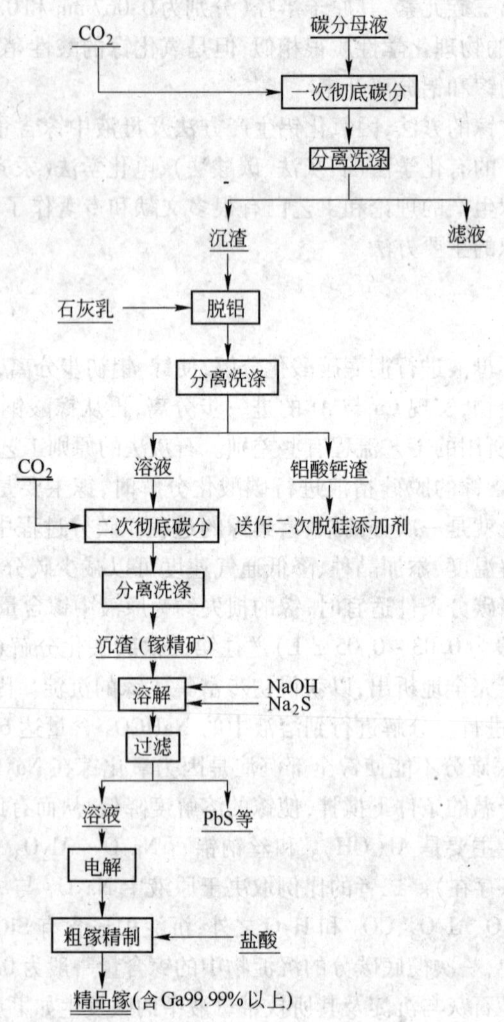

图 12-17　烧结法厂回收镓的工艺流程

为了提高溶液中的镓含量，以利于下一步电解提镓，可将石灰乳处理后所得的溶液再进行第二次彻底碳分，镓的沉淀率达95%以上。所得的二次沉淀（镓精矿）含 Ga 约1%，用苛性碱液溶解，同时加入适量的硫化钠，使溶液中铅、锌等重金属杂质成为沉淀而分离，以保证电解镓的质量。净化后溶液的 Ga 含量为2～10 g/L，其最佳电解条件为：阴极和阳极电流密度为0.04～0.06 A/cm^2，温度60～70℃，溶液中 Na_2O 浓度140～160 g/L。阴极和阳极材料分别为不锈钢和镍。阴极上析出镓，同时放出氢气。由于电解温度高于镓的熔点（29.8℃），镓以液态析出。电解所得粗镓加入盐酸提温处理，其含镓量可达99.99%以上。

石灰法能从 Ga 浓度低的循环碱液中提取镓，产品质量较高，因为用石灰乳脱铝时，硅、钒、铬、砷、磷等很多杂质也得到了清除。所用原料主要是价格低廉的石灰，也不产生公害。但此法工艺流程比较复杂，而且改变了循环碱液的性质（彻底碳分产出含约 60 g/L $NaHCO_3$ 的苏打母液），对氧化铝生产有一定影响。

12.7.2 碳酸法

国外有的氧化铝厂采用此法从种分母液（一般含 Ga 0.1 ~ 0.25 g/L）中回收镓。该法是在有氢氧化铝晶种存在的条件下，将母液进行缓慢碳酸化，使母液中约 90% 的 Al_2O_3 成为氢氧化铝析出，而绝大部分的 Ga 仍保留于溶液中，达到 Ga、Al 初步分离的目的。分离氢氧化铝后的溶液再作彻底碳分。此时可将含有 $NaHCO_3$ 的母液送碳分工序，以替代部分 CO_2。然后加适量的铝酸钠溶液（$MR = 2.5 \sim 3.0$）于彻底碳分沉淀物中，以溶解其中的丝钠铝石，使大部分 Ga 转入溶液。由于碱量不足以溶解沉淀物中的 $Al(OH)_3$，从而提高了溶出液中的镓铝比。溶液经过净化除去有机物和重金属杂质后进行电解（或置换），即可得金属镓。

碳酸法无公害，与石灰法相比，减少了一个彻底碳分工序，不产生铝酸钙废渣，彻底碳分的酸性母液可代替部分 CO_2 返回碳分脱铝工序，从而基本上解决了回收镓与氧化铝生产的矛盾。但碳分除铝操作不易控制。

12.7.3 汞阴极电解法

汞齐法在国外一些拜耳法厂获得工业应用，它是用液体汞阴极电解种分母液回收镓的方法。各厂采用的工艺流程存在某些差别，主要是溶液的净化过程有所不同。汞阴极电解法的原则流程如图 12-18 所示。

从电化次序看，镓的标准电极电位是 −0.521 V，为负电性金属，电解含镓水溶液，镓本不应在阴极析出。但由于氢在汞上析出的超电压很高，而镓析出形成汞齐，析出电位降低。因此，即使母液中的镓浓度很低，电解时镓离子也能在汞阴极上放电析出。析出的镓在搅拌时进入汞中。

氢和镓同时在阴极析出是电解含镓水溶液的基本特点之一。氢的析出消耗大量电流，电解液中镓浓度越低，电流效率也越低。

钠是负电性很强的金属，但由于它能很好地溶入汞中，所以钠在汞上的析出电位较钠的标准电极电位低很多，以致用汞阴极电解时，溶液中的 Na^+ 离子也可以在阴极析出。汞齐中的钠含量取决于电解条件。

电解液中含有钒、铬、铁、硅等杂质时，对电解过程十分有害。钒的含量提高，使氢析出的超电压显著降低。因此，当溶液中含有较多的钒及其他杂质时，需将溶液净化。

用汞阴极电解时，需要将汞搅拌，保证汞面不断更新，但又不能过于强烈，以致使汞分散成颗粒状而溶于溶液中。采用回转汞阴极电解槽，可使单位阴极表面的用汞量大大降低。电解时的阴极电流密度为 4.5×10^{-3} A/cm²，阳极电流密度为 0.09 ~ 0.1A/cm²（阳极面积为阴极的 1/20）。电解温度 45 ~ 50℃。

电解所得镓汞齐（一般含 Ga 0.3% ~ 1%）与苛性碱溶液在不锈钢槽中于 100℃以上温度强烈搅拌，即可分解，得到含 Ga 约 20 g/L 的镓酸钠溶液和汞。如果汞齐中含有足够的钠，则用纯水分解就可获得足够使全部镓溶出所需的碱度。

分解出来的汞返回电解过程，但要定期净化以除去铁和积累的其他杂质。镓酸钠溶液经净化后再进行电解，使镓在不锈钢阴极上析出。电解后的溶液可返回用于分解汞齐，当其中杂质积累到明显地影响电解过程时，则需加以净化，或送回氧化铝生产系统。

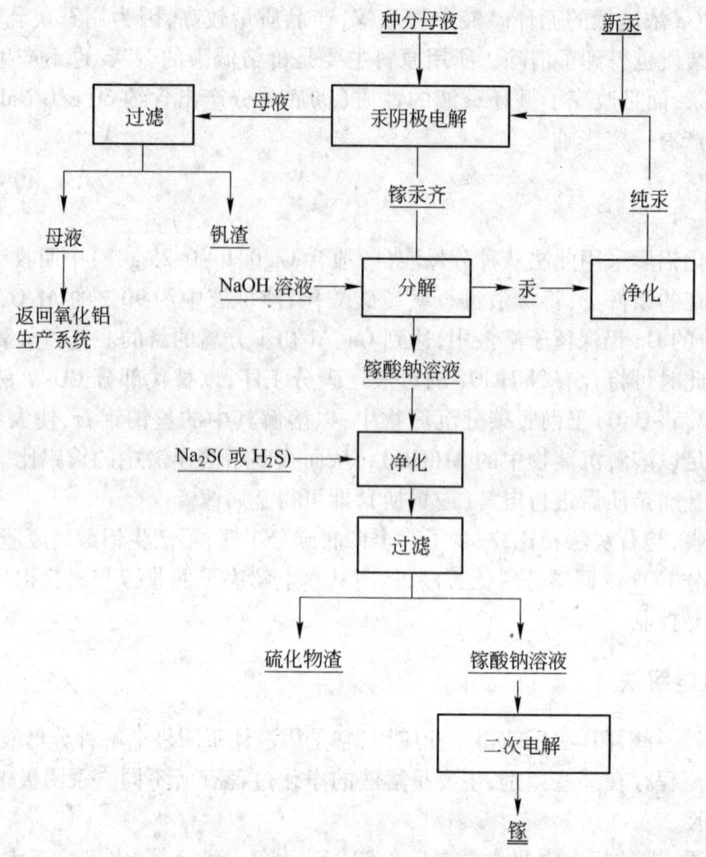

图 12-18　汞齐电解法原则工艺流程

汞齐电解法的主要优点是可直接从镓含量低的母液中回收镓,不需要复杂的化学富集过程,流程比较简单。同时电解后溶液的性质没有变化,故对氧化铝生产系统没有影响。但这一方法的严重缺点是汞害。

12.7.4　置换法

该法已在前苏联的一些氧化铝厂应用,并在不少国家取得了专利。

置换法是基于金属之间的电极电位的差别而实现的电化学过程,它不需用外部电流而实现金属离子的还原。此法可从含 Ga0.2 ~ 1.0 g/L 的溶液中提镓,而不要求更高的镓浓度。当然,溶液中镓含量低会增加置换剂的消耗。一次彻底碳分沉淀物用石灰乳脱铝后的溶液,可不再进行第二次彻底碳分而用置换法从中提取镓。

从铝酸钠溶液中置换镓可以用钠汞齐,此时钠成为离子进入溶液,而溶液中的镓则还原为金属镓并与汞形成汞齐。用钠汞齐的主要缺点为汞有毒以及镓在汞中的溶解度小(40℃ 时约 1.3%),因此要频繁地更换汞齐,而且需要处理大量镓汞齐才能获得少量镓。

用铝粉置换镓避免了上述缺点,但也存在铝消耗量大和置换速度小等缺点。因为氢在铝上的析出电位与镓的析出电位相近,故氢大量析出,这不仅消耗了铝,而且铝的表面为析出的氢气所屏蔽,使镓离子难于被铝置换。由于氢激烈析出而产生很细的镓粒,也会重新溶解于溶液中。工业上采用镓铝合金,此时发生如下置换反应:

$$NaGa(OH)_4 + Al + aq \xlongequal{\quad} NaAl(OH)_4 + Ga + aq \tag{12-21}$$

与用钠汞齐及纯铝比较,采用镓铝合金置换镓有如下优点:

(1) 镓在镓铝合金中可无限溶解;

(2) 过程无毒,因镓的蒸气压很小;

(3) 与用纯铝比较,铝的消耗减少;

(4) 只要在合金中始终有负电性的金属铝存在,已还原出来的镓就不会反溶;

(5) 氢在镓铝合金上析出的超电压比在固体铝上高。

镓铝合金置换的最适宜作业条件为:合金中 Al 含量为 1% 左右(在置换镓含量高的溶液时,合金中的铝含量应提高),置换温度 50℃左右,强烈搅拌。该方法的主要优点是可从镓含量较低的溶液中直接提镓,工艺比较简单,得到的金属镓质量较好,镓的回收率高(50% ~80 %),不污染环境,也不改变铝酸钠溶液的性质。缺点是对溶液的纯度要求很高,特别是钒对铝的消耗量影响很大。钒酸根离子比镓酸根离子的还原速度更大,导致镓铝合金迅速分解,并大大降低镓的置换率。溶液中 V_2O_5 的含量不应超过 0.22 g/L(水合铝酸三钙是 V_2O_5 最有效的吸附剂)。置换效果也与所用铝的纯度有很大关系,如其中铁含量高,将使 Ga 的回收率降低,渣的生成量增加,铝的有效利用率下降。这一方法的另一缺点是在生产中积压着大量价值贵重的金属镓。

12.7.5 有机溶剂萃取和离子交换树脂吸附法

20 世纪七十年代中期以来,国内外对有机溶剂萃取与离子交换树脂吸附法提镓进行了大量的研究。对萃取法的研究取得了重大进展,技术上已趋成熟。树脂吸附法尚处于对树脂的筛选阶段。这两种方法的主要优点是,可以从镓含量低的分解母液中不经富集而直接提镓,流程比较简单,镓的纯度高,不改变铝酸钠溶液的成分,故不影响氧化铝生产,不污染环境,镓的回收率高。

目前从拜耳法种分母液中萃取镓所采用的萃取剂为八羟基喹啉的衍生物 Kelex-100,其分子式为 (CH_2)—$CH(CH_2)_2$ [结构式] OHN。Kelex-100 不同于八羟基喹啉,即使在强碱性介质中也不溶解,但溶解于很多有机溶剂中。有机相的稀释剂为煤油,Kelex-100 的浓度为 8% ~10% ,相比(有机相: 水相) = 1:1,萃取温度提高有利于加速萃取过程,一般为 50 ~60℃。在用 Kelex-100 (HL)萃取时,在萃取镓的同时还从铝酸钠溶液中萃取出少量的铝和钠,但铝和钠与萃取剂生成的配合物在碱性介质中的稳定性低于与镓生成的配合物:

$$Ga(OH)^-_{4(\text{水相})} + 3HL_{(\text{有机相})} \rightleftharpoons GaL_{3(\text{有机相})} + OH^- + 3H_2O \qquad (12\text{-}22)$$

$$Al(OH)^-_{4(\text{水相})} + 3HL_{(\text{有机相})} \rightleftharpoons AlL_{3(\text{有相})} + OH^- + 3H_2O \qquad (12\text{-}23)$$

$$Na^+ + OH^- + HL_{(\text{有机相})} \rightleftharpoons NaL_{(\text{有机相})} + H_2O \qquad (12\text{-}24)$$

从上述反应可见,拜耳法种分母液的高碱度对钠的萃取有利,而对镓和铝的萃取则不利。但 Kelex-100 可保证镓的萃取达到满意的选择性。例如,用 8% 的 Kelex-100 的煤油溶液从拜耳法溶液中萃取镓,相比为 1,溶液的成分(g/ L)为:Na_2O 166,$Al_2O_3$81.5,Ga 0.24。溶液中有 61.5% 的 Ga,0.6% 的 Na 和 3% 的 Al 进入有机相,有机相中的 Al: Ga 为 9:1,而原液中 Al: Ga 为 180:1。

用 Kelex-100 萃取镓时,萃取过程进行的速度很低。20 世纪 80 年代初发现,添加正癸醇作改性剂和羧酸等表面活性物质,可以大大缩短萃镓达到平衡的时间。表面活性物质的作用是增加有机相与水相的接触面积,以提高萃取率和缩短萃取时间。

铝酸钠溶液经多级逆流萃取后返回氧化铝生产流程,负载于有机相中的 Ga 和 Al、Na 的分离在洗涤与反萃过程中实现。例如，用 0.6 mol HCl 溶液洗涤含（g/L）0.197Ga，2 Al_2O_3，1.4 Na_2O，相比 = 1∶1 的有机相时，有机相中留下 0.197 g/L Ga 和 0.02 g/L Al_2O_3，Al∶Ga 的比例降低到 0.05∶1。接着用 2 mol HCl 溶液进行镓的反萃，镓的提取率为 99%。反萃温度宜为 20℃左右，提高温度使镓的反萃降低。

反萃后的有机相经水洗除酸后返回再用。一段反萃液用磷酸三丁酯进行二段萃取，再用水反萃得到富镓水溶液，经过沉淀、过滤、碱溶除杂等后处理，即可进行电解得到金属镓。二段萃取旨在节约酸、碱用量及进一步提纯。

萃取法工艺流程如图 12-19 所示。

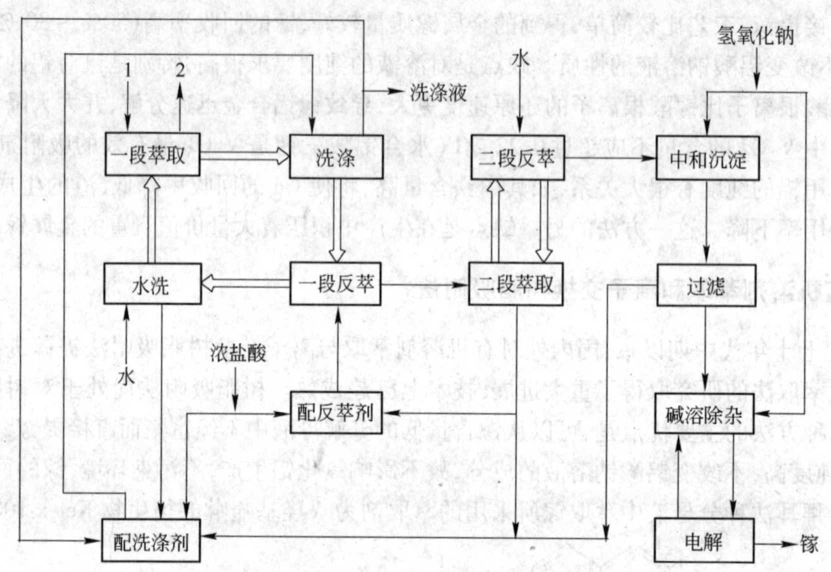

图 12-19　用 Kelex-100 萃取提镓工艺流程

1—铝酸钠溶液；2—萃余液；⇨表示有机相；→表示水相

萃取法的缺点是萃取剂价格高，萃取剂在碱液中不够稳定，易被空气氧化；萃取速率低，因而需要使用一些添加剂；在萃取温度下稀释剂煤油挥发；反萃是用盐酸，而最后电解镓则需用碱液，这就增加了过程的复杂性。此外，残留在铝酸钠溶液中的 Kelex-100 在返回氧化铝生产流程后，在高温下究竟分解成何产物，它对氧化铝生产特别是对种分有无影响，目前尚无这方面的报道。

离子交换树脂法可有效地从 Ga 含量低至 30 mg/L 以下的溶液中回收镓，而萃取法用于这种镓含量过低的溶液则不经济。目前树脂吸附法尚处于对树脂的筛选阶段。日本一些专利报道了多种含有胺肟基或其他金属盐的螯化树脂，它们能有效地从强碱性含镓溶液中回收镓，并具有很高的选择性。据称，采用乙烯胺肟螯合树脂处理铝酸钠溶液，镓的吸附率可达 96%，而铝只有 0.1%。树脂经反复使用，其性能仍很稳定。前苏联资料报道，阴离子交换树脂 AB-16 对镓有很高的吸附能力和满意的吸附速度，并能使镓相当完全地与溶液中的 Al、Mo、W、As、Cr 及 V 等杂质分离。国内也开展了树脂离子交换法回收镓的研究，并筛选出了对镓的吸附性能及镓铝分离效果好的树脂。

12.8　钒和钪的回收

铝土矿和明矾石中均含有少量钒。从氧化铝生产中回收钒，早已在工业上实现。在匈牙利，

从氧化铝厂回收 V_2O_5 成为其钒的主要来源。

在烧结法生产中，由于炉料中配入了大量石灰，使绝大部分钒成为不溶性钒酸钙而进入赤泥。在拜耳法中，石灰也使 V_2O_5 的溶出率降低。钒在种分母液中可循环积累并达到一定浓度。实践证明，钒化合物对氧化铝生产有着不良影响，因此回收钒有一箭双雕的效果。

从氧化铝生产中回收钒的方法和工艺流程很多，按其原理可分为结晶法、萃取法和离子交换法三种，后两种方法的优点是钒的回收率高，成本较低，但投资较高，目前尚未见到在生产上应用的报道。结晶法是当前工业上广泛采用的方法，工艺成熟，设备亦较简单。

结晶法是以钒、磷、氟等的钠盐的溶解度随温度降低和碱浓度升高而降低为依据的。将溶液（种分母液或蒸发母液）冷却到 20～30℃后，便结晶出化学成分复杂的氟磷钒渣，其中既有单体相，又有碱金属的二元复盐和三元复盐。结晶法提取 V_2O_5 的工艺，因工厂各自的特点而有不同，其原则工艺流程如图 12-20 所示。

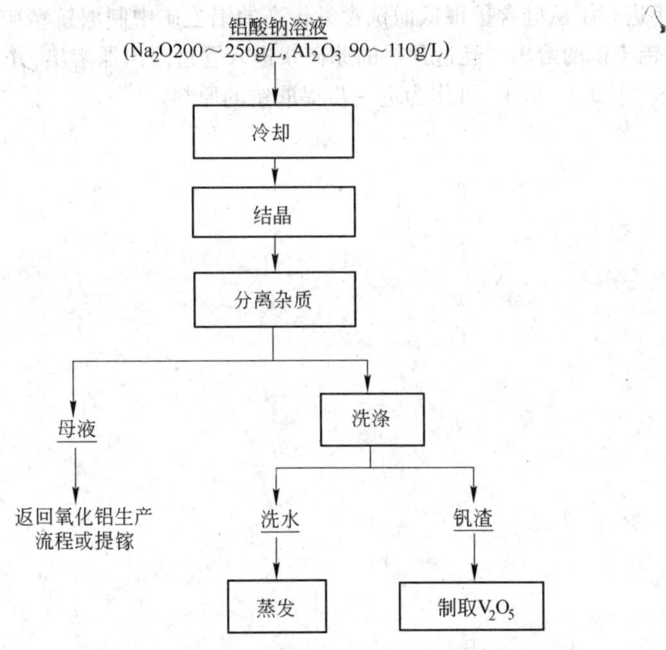

图 12-20　结晶法制取 V_2O_5 的工艺流程

将分离和洗涤过的钒渣溶解，所得溶液除去某些杂质后，添加 NH_4Cl 便可得工业纯 NH_4VO_3。钒酸铵结晶温度 20～22℃，时间 4～6 h，溶液 pH 值为 6～9，原液中 P_2O_5 不应超过 0.5 g/L。

将工业钒酸铵溶于热水中，分离残渣后的溶液进行再结晶，其适宜条件为：原液 V_2O_5 浓度约 50 g/L，pH 值约为 6.5，结晶温度不宜超过 20℃，以提高 V_2O_5 的结晶率。钒酸铵经过滤洗涤后，500～550℃煅烧，即可获得纯 V_2O_5。

以明矾石为原料的氧化铝厂蒸发母液中含有大量 SO_3 和 K_2O，P/V 比也高。因此在回收 V_2O_5 时，首先要通过冷却结晶的方法进一步从母液中排除碱金属磷酸盐。然后将分离磷酸盐以后的溶液与氢氧化铝洗液混合并冷却到 20℃，得到钒精矿，将后者溶于洗涤磷渣的洗液中并加入硫酸：

$$Na_3VO_4 + H_2SO_4 \longrightarrow NaVO_3 + Na_2SO_4 + H_2O \tag{12-25}$$

往 $NaVO_3$ 溶液中加 $CaSO_4$，以除去其中的 P、F 及 As 等杂质，再往净化后的溶液中加入 NH_4^+

（硫酸铵），得到钒酸铵，而后经过煅烧，即可制得 V_2O_5。

钪是铝土矿中的微量杂质，铝土矿中 Sc_2O_3 含量一般为0.001% ~0.01%。广西平果铝土矿中含有 Sc。用碱法生产氧化铝时，95% ~100 % 的 Sc 进入赤泥。因为铝土矿处理量大，因而将赤泥作为回收 Sc 的原料是有意义的。国内外均研究过从赤泥中回收 Sc 的方法，但技术上都不成熟或者存在严重的缺点。例如将拜耳法赤泥进行还原熔炼（综合处理赤泥以回收铁与氧化铝等有用组分），用碳酸钠溶出所得的铝酸钙渣后，Sc 留在硅酸钙渣（$2CaO \cdot SiO_2$）中，再用 H_2SO_4 分解硅酸钙渣，然后采用某些阳离子交换树脂可以从溶液中交换 Sc。此法研究较多，但存在如下的严重缺点：赤泥还原熔炼过程投资大，能耗高；Sc 化合物转变成难溶的形态；熔炼渣中存在许多钙化合物，因而必须消耗大量的反应剂，使后续的酸分解过程复杂化。较有前途的方法是直接用各种矿物酸处理赤泥，此时 Sc 进入溶液，可进一步用离子交换或萃取法从中提取 Sc。对于赤泥中钪的载体、酸处理时的行为、钪化合物的富集和净化等问题，都还需进行大量的研究。

国外近年进行了从硅含量很低而钪含量较高的铝土矿中制取钪精矿的半工业试验。在285 ~300℃进行铝土矿的溶出。经过预热的原矿浆进入管道溶出器溶出，并在高压釜中保温。所得每吨赤泥含 Sc 达200 g 以上，可作为进一步提取钪的原料。

13 工程经济

自20世纪以来,随着科学技术的飞速发展,社会投资活动的增多,工程师们的职责范围也在不断扩大,他们不得不面临许许多多的工程决策问题,如:两种不同的技术方案如何选择、正在使用的机器何时更新最合适、在资金有限的情况下如何选择最佳的投资方案等。这些问题有两个显著的特点:一是每个问题都涉及方案的选择;二是每个问题都需要考虑经济问题。因此,工程师要在日益复杂的环境下做出正确的决策,仅仅依靠工程学(即研究如何将自然资源转变为有益于人类的产品的学科)的知识是远远不够的,还必须具备经济学(即研究如何使有限的资源得到有效的利用,从而获得不断扩大的日益丰富的商品和服务的学科)的知识,并且掌握一些技术经济的评价方法。这就促成了一门建立在工程学和经济学之上,或介于工程学和经济学之间的新兴科学——工程经济学或技术经济学的产生和发展。

在对投资项目进行技术经济评价时,要涉及许多技术经济分析的基本经济要素,如投资、成本等投入要素;销售收入、利润、税金等产出要素,这些基本的经济要素是进行项目评价不可缺少的数据。这些数据预测或评估的准确性如何,将直接影响项目评价的质量及决策的选择。

氧化铝工业工程建设项目,在筹备阶段就要进行费用估算,以便为项目主管部门提供决策的依据。工程的经济工作贯穿于工程的决策立项、建设和生产经营整个过程。工程师在进行费用分析时,必须考虑一切可能存在的因素及各项符合实际的数据,由此计算得到生产成本、项目投资和综合技术经济指标等,并进行工程经济分析,以寻求最佳方案,确保企业提高资源利用效率、生产出高质廉价的产品和降低投资风险的可靠性。

13.1 建设项目投资概算

13.1.1 概述

一般来讲,投资是指人们一种有目的的经济行为,即以一定的资源投入某项计划,以获得期望的回报。投资可分为生产性投资和非生产性投资,所投入的资源可以是资金,也可以是技术、人力或其他形式,如产品品牌,商标等。上述的投资概念是广义的投资。本书所讨论的是狭义的投资,即是指人们在社会经济活动中,为某种预定的生产、经营目的,如氧化铝生产、经营目的而预先支付的资金而言。

氧化铝厂基本建设项目投资,一般又称为建设项目总投资,是指建成一座氧化铝厂,从筹建到竣工验收交付、投入生产并连续运行所需的全部资金(费用),就是投入再生产的资金,不但有固定资金投资,而且包括最低需要的流动资金投资。其中工程建设投资的计算是固定资产计算和分析最核心的内容。作为一项资金,它处于不停的运动之中,经历从资金垫支到回流、增值两个阶段的过程。前一阶段主要是固定资产的投入过程,称为建造过程,投资者按照工程进度和技术要求不断的预付价值。这种预付一直到固定资产交付使用,投资完成为止。它是建设工程工作量的货币表现。第二阶段是投资者利用完成的固定资产配以流动资金开始具体的生产过程,使资金价值在生产产品阶段里继续运动。对这一阶段要进行的估价有:项目投产后的年成本估算；项目投资后的年收入估算；固定资产折旧估算；项目投产后的年税金估算；项目投产后的年利润估算。通常在建设前期（即建设工程项目立项和可行性研究阶段），固定资产投资称为匡算、估算，在设计阶段固定资产投资称为概算、施工预算，在施工、竣工阶段分别称为预算、决算（工程竣工之后，由建设单位进行决算），概算、预算和决算合称为基本建设的“三算”。

氧化铝厂工程建设的概算、预算是氧化铝厂工程设计中一项不可缺少的重要工作。通过基本建设概算、预算，各项工程的投资可用价值表现出来，可用于判断氧化铝厂建设工程的经济合理性，也是投资者或国家对基本建设工程进行财政监督的一项重要措施。同时也是施工单位改善经营，贯彻经济核算，降低工程成本，提高投资效益的依据之一。

批准的概算是投资者或国家控制基本建设项目投资，编制基本建设年度计划的依据，也是银行控制建设单位向银行贷款的依据，控制施工预算的依据，还是建设单位和施工单位签订施工合同的依据。施工单位可以此进行施工准备。

要做好工程投资概算，一方面要在调查研究的基础上，如实正确的、完整的反映经济活动情况，核定费用开支、成本计算、财务成果的会计资料，另一方面，必须以国家政策、法令制度为依据，严守财经纪律，反对偏离制度，各行其是，更不能弄虚作假。

坚持实事求是，坚持科学性、客观性，是做好投资概算的原则。

13.1.2 建设项目投资的组成

世界各国由于其建筑财政政策及制度的具体情况不同，因而对建设项目工程设计的划分也是有所不同。我国现行建设项目总投资是指建成一座工厂或生产装置、投入生产并连续运转所需的全部资金，它主要由固定资产投资、建设期贷款利息以及流动资金三部分组成。对有的项目还包括固定资产投资方向调节税。建设项目总投资组成如图 13-1 所示。

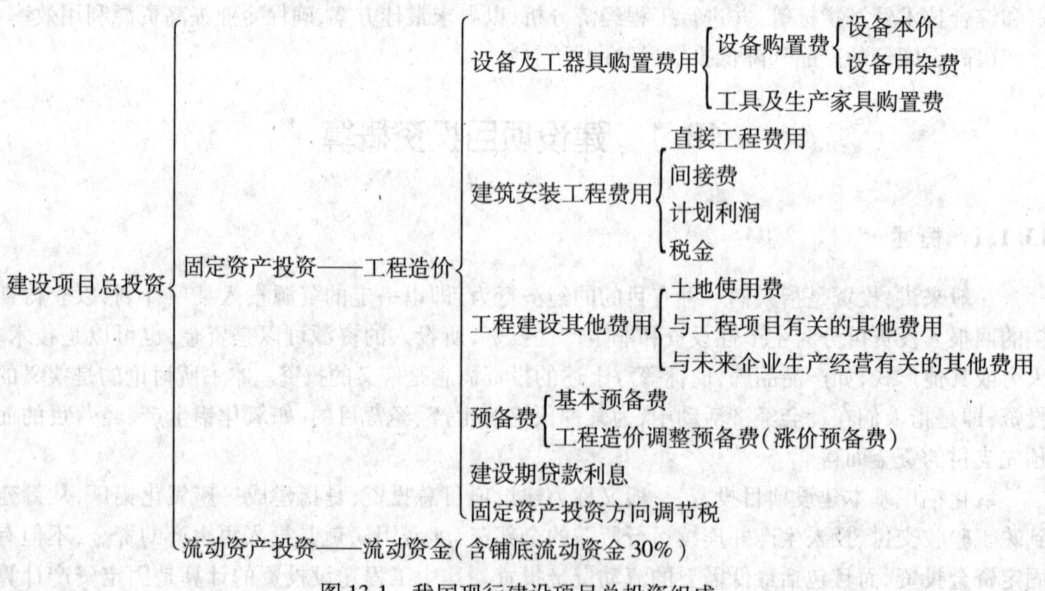

图 13-1 我国现行建设项目总投资组成

13.1.3 固定资产投资

固定资产是指使用期超过一年，单位价值在有关规定标准以上，并且在使用过程中保持原有物质形态的资产，包括房屋及建筑物、机器设备、运输设备、工具、器具等。

固定资产投资——工程造价，就是建设工程（投资工程）建造价格的简称，是指建设项目从筹划到竣工验收使用的整个建设过程所花费的全部费用——建设工程项目费用,就是建设工程计划价格(工程价值的货币表现)。固定资产投资是组成建设工程项目费用的重要部分,也往往是内容最广,计算最烦琐的部分。

建设工程项目费用组成:

从理论上讲,建设项目费用的基本组成如图 13-2 所示。

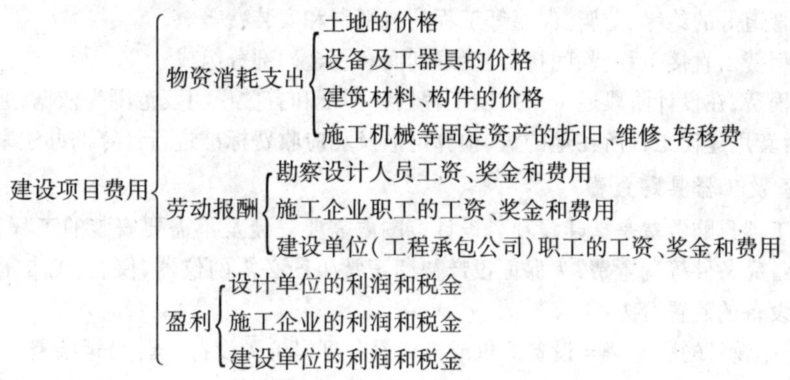

图 13-2　建设项目费用的基本组成

我国现行建设项目费用的组成如图 13-3 所示。

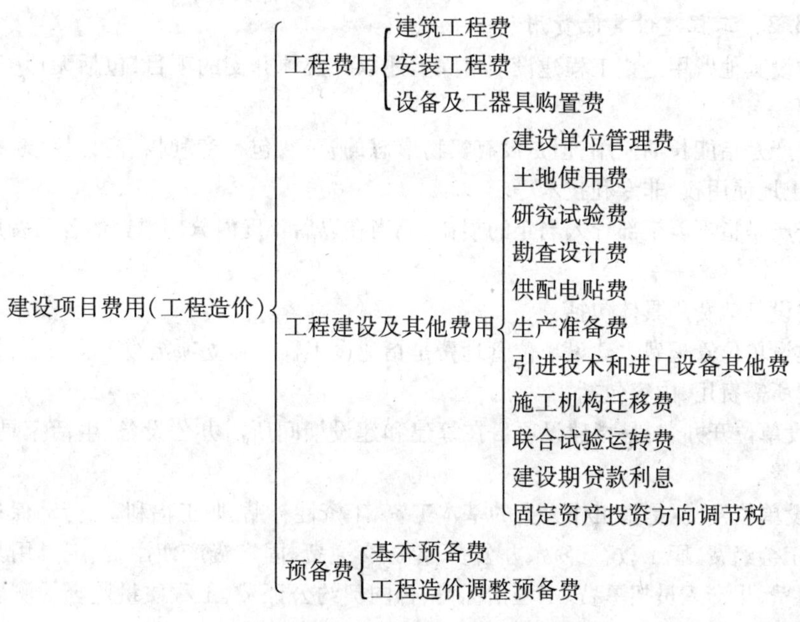

图 13-3　我国现行建设项目费用组成

13.1.3.1　工程费用

A　建筑工程费

建筑工程费是指建筑工程(包括生产、辅助生产、公用工程等的厂房、库房、行政及生活福利设施等)、构筑物工程(包括设备基础、油罐、工业炉窑等基础、操作平台、管架、管廊、烟囱、地沟、铁路、公路、道路、大门、围墙、水塔、水池等)、场地平整、竖向布置大型土石方、厂区绿化、各类房屋建筑及附属的室内供水、供热、供燃气、卫生、采暖和空调等工程费用等。

B　安装工程费

安装工程费是指生产(包括生产车间、原料贮存、产品包装和储存等)、辅助生产(包括机修、电修、仪修、中心试验室、空压站、设备材料库等)、公用(包括水站、泵房、冷却塔、水塔、水池、全厂变电所、配电所、电话站、广播站、输电和通信线路、锅炉房、供热站等)工程需要安装的设备、装置的工程费用;与设备相连的工作台、梯子、栏杆等的装配工程、各种管道和阀门的安装、被安装的设备和管道等的绝缘、防腐、保温等工程的材料费和安装费等。

安装工程费由直接工程费、间接费、计划利润和税金四部分组成。

安装工程费,在设计阶段通常采用以工程设计图纸和有关说明及范围为依据,通过计算工程实物量,然后套用建设工程所在地的概、预算定额及相应收费标准进行计算的办法来确定。

C　设备及工器具购置费

设备及工器具购置费是指建设项目设计范围内需要安装及不需要安装的工程全部设备、仪器及必需的备品备件等购置费;为保证投产初期正常生产必需的仪器、仪表、工卡量具及生产家具购置费。设备的购置费为:

$$设备的购置费=设备原价或进口设备到岸价+设备(国内)运杂费 \tag{13-1}$$

设备原价一般可采用设备制造厂报价或出厂价格(含增值税和附加费)及中国机电产品市场价格。设备(国内)运杂费是指从交货地点到达施工地仓库或堆放场地所发生的一切运费和杂费,包括运输费、包装费、装卸费、搬运费、保险费、采购供销手续费、仓库保管费等。

13.1.3.2　工程建设其他费用

工程建设其他费用是指工程建设项目除上述以外必须开支的项目,包括无形资产费用和递延资产费用。

无形资产是指能长期使用,但是没有实物形态的资产,包括专利权、商标权、勘察设计费、技术转让费、土地使用权、非专利技术等。

递延资产是指不能全部计入当年的损益,应当在以后年度内分期摊销的各项费用,包括开办费等。

工程建设其他费用具体包括:

(1) 建设单位管理费。建设单位管理费是指建设工程项目立项至竣工验收交付使用的建设全过程管理所需费用,内容包括:

1) 建设单位开办费:是指建设项目在筹建和建设期间所需办公设备、生活家具、用具、交通工具等购置费。

2) 建设单位经费:是指工作人员的基本工资、工资性补贴、职工福利费、劳动保护费、职工养老保险费、工会经费、职工教育经费、办公费、差旅交通费、固定资产使用费、工具用具使用费、技术图书资料费、生产人员招募费、工程招标费、合同契约公证费、工程质量监督检测费、工程咨询费、业务招待费、排污费、竣工交付使用清理及竣工验收费等。

3) 临时设施费:是指建设期间建设单位所需临时设施的搭设、维修、摊销费用或租赁费用。临时设施包括:临时宿舍、文化福利及公用事业房屋与构筑物、仓库、办公室、加工厂以及规定范围内道路、水电、管线等临时设施和小型临时设施。

4) 工程监理费:是指委托工程监理单位对工程实施监理工作所需费用。

5) 工程保险费:是指建设项目在建设期间根据需要,实施工程保险部分所需费用。包括各种建筑工程及其在施工过程中的物料、机器设备为保险标的建筑工程一切险,以及安装工程中的各种机器,机械设备为保险标的的安装工程一切险,以及机器损坏保险等。

(2) 土地使用费。土地使用费是指建设项目通过划拨或土地使用权出让方式取得土地使用权,所需土地征用及迁移补偿费或土地使用权出让金。其中土地征用及迁移补偿费是指建设项目通过划拨方式取得无限期的土地使用权所支付的费用;土地使用权支付金是指建设项目通过土地使用权出让方式,取得有限期土地使用权支付的费用。

(3) 研究试验费。研究试验费是指为建设项目提供或验证设计参数、数据、资料等进行必要的研究试验以及设计规定在施工中必须进行试验、验证和支付国内技术专利成果一次性使用费所需费用。其包括:自行或委托其他部门研究试验所需人工费、材料费、试验设备及仪器使用费等。

(4) 勘察设计费。勘察设计费是指建设项目编制项目建议书、可行性研究报告及设计文件等所需费用。

(5) 供电贴费。供电贴费是指电力建设基金或称电源建设集资,即用电费,是按照国家规定,建设项目应交付的供电工程贴费、电力建设基金,是解决电力设备资金不足的临时对策。供电贴费是用户申请用电时,由供电部门统一规划并负责建设的110 kV以下各级电网外部供电工程的建设、扩充、改建等费用的总称。供电贴费只能用于为增加或改善用户用电而必须新建、扩建或改造的电网建设以及有关的业务支出,由建设银行监督使用,不得挪作他用。

(6) 生产性经费。生产性经费是指新建或扩建企业,在保证竣工交付使用进行必要的生产准备所发生的费用。包括:

1) 生产人员培训费:是指自行培训、委托其他单位培训人员的工资、工资性补贴、职工福利费、差旅交通费、学习资料费、学费、劳动保护费等。

2) 生产单位提前进厂参加施工、设备安装、调试等及熟悉工艺流程、设备性能等人员的工资、工资性补贴、职工福利费、差旅交通费、劳动保险费等。

3) 办公及生活家具购置费:是指新建项目为保证初期正常生产、生活和管理必需的或改扩建项目需补充的办公、生活家具和用具等费用。其包括:办公室、会议室、资料档案室、阅览室、文娱室、职工食堂、理发室、浴室、单身宿舍、设计文件规定必须建设的托儿所、幼儿园、医务室、招待所、子弟学校等家具、用具、器具购置费。

(7) 引进技术和进口设备及其他费用:

1) 为引进技术和进口设备派出人员进行设计联络、设备材料监检、培训等的差旅费、置装费、生活费等。

2) 国外工程技术人员来华旅费、生活费、接待费等。

3) 国外设计及技术资料、软件、专利及技术转让费、分期或延期付款利息。

4) 引进设备、材料商检费。

(8) 施工机构迁移费。施工机构迁移费是指施工企业由建设单位制定承担施工任务,由原住地迁移到工程所在地所发生的往返一次性搬迁费用。其包括:被调迁职工(包括随同家属)的差旅费、调迁期间工资,施工机械设备、工具用具、周转使用材料等运杂费。

(9) 联合试运转费。联合试运转费是指企业在竣工验收前按照设计规定的工程质量标准,对整体生产线或车间进行无负荷或有负荷联合试运转所发生的费用支出大于试运转收入的差额部分费用,不包括应由设备安装工程费下开支的调试费及试车费用。其包括:试运转所需材料、燃料、油料及动力消耗、低值易耗品及其他物料消耗、机械使用费、联合运转员工资及施工企业参加试运转人员的工资及管理费。

(10) 预备费。预备费又称为不可预见费,包括基本预备费和工程造价调整预备费。

1) 基本预备费:是指在初步设计及建设过程中难以预料的工程费用,包括以下内容:

① 在批准的初步设计范围内,技术设计、施工图设计及施工过程中所增加的工程和费用;设计变更、局部地基处理等增加的费用。

② 一般自然灾害造成的损失和预防自然灾害所采取的措施费用。实行工程保险的工程项目费用应适当降低。

③ 竣工验收时为鉴定工程质量对隐蔽工程进行必要的挖掘和修复等费用。

2) 工程造价调整预备费:也称涨价预备费,是指建设项目在建设期间由于价格等变化引起工程造价变化的预留费用。费用内容包括:工资、设备、材料、施工机械价差、建筑安装工程费及工程建设其他费用调整,利率、汇率调整等。

此项费用可根据建设项目的分年度投资额,按国家、部门或地区建设行政主管部门定期测定、发布的相应造价预调指数计算。其计算公式为:

$$E = \sum_{n=1}^{N} F_n[(1+p)^n - 1] \tag{13-2}$$

式中 E——工程造价调整预备费;

N——建设工期;

n——施工年度;

F_n——在建设的 n 年的分年投资额;

p——年造价预调指数。

(11) 固定资产投资方向调节税。固定资产投资方向调节税是为了贯彻国家产业政策,控制建设规模、引导投资方向,加强重点建设,保证国民经济持续、稳定、协调发展,而对固定资产投资征收的一种税。固定资产投资方向调节税列入项目总投资,在固定资产购建竣工交付使用后,计入固定资产价值。

固定资产投资方向调节税依照《中华人民共和国固定资产投资方向调节税暂行条例》规定,应缴纳的固定资产投资方向调节税,其参考计算公式为:

$$\text{固定资产投资方向调节税} = \sum \text{建设项目总费用(不包括贷款利息)} \times \text{规定的税率} \tag{13-3}$$

(12) 建设期投资贷款利息。建设期投资贷款利息是指建设项目使用银行或其他金融机构建设债券和外汇等贷款,在建设期内应归还的贷款利息。

建设期投资贷款利息的计算依据是以建设项目固定资产总费用为基础和固定资产投资方向调节税之和扣除资本金后的年度贷款额为基数,按建设项目不同来源相关利率以及投资方向同股同权的原则计算。其计算公式为:

$$S = \sum_{n=1}^{N}\left(\sum_{m=1}^{N} F_m b_m - \frac{1}{2}F_n b_n\right)i \tag{13-4}$$

式中 S——建设期还款利息;

N——建设工期;

n——施工年度;

m——还息年度;

F_n、F_m——在建设的第 n、m 年的分年度资金供应量;

b_n、b_m——各施工年份还息贷款占当年投资比例;

i——建设期贷款利率。

13.1.4 流动资产投资

流动资产投资,又称流动资金,是指建设项目建成投产前预先垫付及在投产后生产经营过程中使用的资金，包括用于购买原材料、燃料动力、备品备件、支付工资和其他费用，以及垫支在制品、半成品和制成品所占用的周转资金，是维持工厂正常运营和产品流通的必不可少的周转用资金。在一个生产周期结束时，流动资金的价值一次全部转移到产品中，并在产品销售后以货币形式返回。从而流动资金在每一生产周期完成一次周转。在项目寿命期内始终被占用，到项目寿命结束时，全部流动资金才能以货币形式回收。流动资金是建设项目总投资的重要组成部分。

流动资金的组成，如图 13-4 所示。

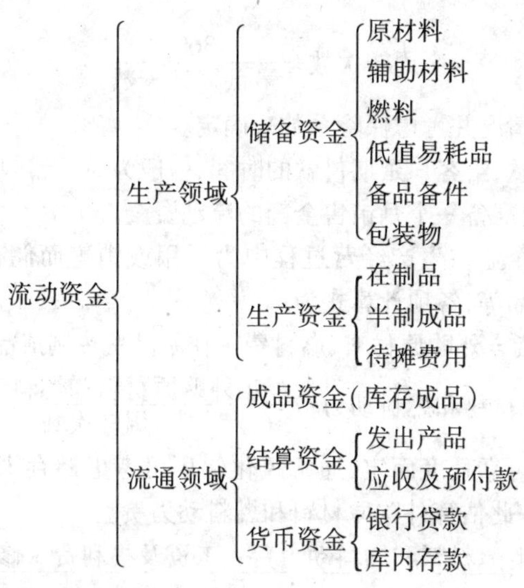

图 13-4 流动资金的组成

流动资金的需要量估算，是指为使项目生产和流通正常运行所必须保证的最低限度的物质储备量和必须维持在制品与成品量的那部分周转用资金，也称为定额流动资金。估算流动资金大致可分为类比估算法和分项详细估算法二类。

类比估算法是指参照同类现有企业的流动资金与销售收入、经营成本、固定资产的比率以及单位产量占用流动资金的数额，来估算拟建项目的流动资金需要量。

分项详细估算法，是指对建设项目的流动资金额需要进行比较详细估算时，可按流动资产和流动负债各细项的周转天数或年周转次数来估算各细项的流动资金需要量。按有关规定，可采用下述方式进行估算：

$$\text{流动资金额} = \text{流动资产} - \text{流动负债} \tag{13-5}$$

其中

$$\text{流动资产} = \text{应收账款} + \text{存货} + \text{现金} \tag{13-6}$$

$$\text{流动负债} = \text{应付账款} \tag{13-7}$$

从而

$$\text{流动资金额} = \text{应收账款} + \text{存货} + \text{现金} - \text{应付账款} \tag{13-8}$$

$$\text{流动资金本年增加额} = \text{本年流动资金} - \text{上年流动资金} \tag{13-9}$$

构成流动资产和流动负债的主要部分可按如下计算：

(1) 应收账款。应收账款是指企业在正常的经营过程中，因销售商品、产品、提供劳务等业务应向购买单位收取而尚未收回的款项，包括应由购买单位或接受劳动单位负担的税金、代购买方垫付的各种运杂费等，它表示企业在销售过程中被购买单位所占用的资金。企业应及时收回应收账款,以弥补企业在生产经营过程中的各种经费,保证企业持续经营;对于被拖欠的应收账款应采取措施,组织催收;对于确定无法收回的应收账款,凡符合坏账条件的,应在取得有关证明并按规定程序报批后,作坏账损失处理。

应收账款的计算公式为:

$$应收账款 = \frac{年经营成本}{周转次数} \tag{13-10}$$

其中:

$$周转次数 = \frac{360}{最低周转天数} \tag{13-11}$$

最低周转天数按实际情况并考虑保险系数来确定。

产品发出到应收回售款,给客户延期付款的时间,一般为30天,因此自产品发出到收回售款需一个月左右时间,企业应准备一个月销售金额的流动资金。

(2) 存货。存货是指企业在生产经营过程中为耗用或销售而储存的外购原材料和燃料动力、备品备件、在制品及成品等,各项计算式为:

$$存货 = 外购原材料、燃料费 + 在制品费 + 制成品费 \tag{13-12}$$

$$外购原材料和燃料动力费 = \frac{年外购原材料和燃料动力费}{周转次数} \tag{13-13}$$

原料库存视原料供应可靠程度而定,通常氧化铝厂可考虑储存15天铝矿石、石灰石(或石灰)、煤等原料和燃料,并按此估算外购原材料和燃料动力费。

$$在制品费 = \frac{年外购原材料和燃料动力费 + 工资及福利费 + 修理费 + 其他费用}{周转次数} \tag{13-14}$$

在制品(或在产品)是指还没有完成全部生产过程,不能作为商品对外销售的产品。其中,狭义的在制品是指正在生产车间进行加工生产的产品;广义的在制品不仅包括狭义的在制品,而且还包括本车间已完工的自制半成品。

$$制成品费 = \frac{年经营成本}{周转次数} \tag{13-15}$$

$$备品备件费 = \frac{年备品备件费}{周转次数} \tag{13-16}$$

待摊费用:是指企业已经支付的,应由各受益期共同负担的费用,如生产车间领用价值较高的低值易耗品,采用分期摊销法摊销时,应先将低值易耗品价值转入待摊费用,然后按低值易耗品的使用期限分期摊销等。

库存成品费:一般大约等于一个月的生产成本。

(3) 现金:

$$现金 = \frac{年工资及福利费 + 年其他费用}{周转次数} \tag{13-17}$$

其中

$$\begin{aligned}年其他费用 = {} & 制造费用 + 管理费用 + 财务费用 + 结算费用 - (工资及福利费 + \\ & 折旧费 + 维简费 + 修理费 + 摊除费 + 利息支出)\end{aligned} \tag{13-18}$$

折旧费的计算:折旧,是指在固定资产的使用寿命内,不可避免地发生有形磨损和无形磨损(破旧或者过时等)原因,造成其使用价值和价值的损耗,这种损耗的价值以某种形式转移到产品中去构成产品的成本,在产品销售后,将分期转移到产品中去的价值,按照确定的方法对应计折旧额进行的系统分摊。

按年限平均法(又称直线法)计算公式:

$$固定资产年折旧额=\frac{固定资产原值-(预计残值-预计清理费用)}{预计使用年限} \tag{13-19}$$

在实际工作中,为了反映固定资产在单位时间内的损耗程度并简化计算,每期的折旧费用是由固定资产原值乘以折旧率计算而得。固定资产折旧率是指一定时期内固定资产折旧额与固定资产原值的百分比,它反映固定资产的磨损程度,其计算公式如下:

$$\begin{aligned}年折旧率&=\frac{年折旧额}{固定资产原值}\times 100\%\\&=\frac{固定资产原值\times(1-预计净残值率)}{预计使用年限}\times\frac{1}{固定资产原值}\times 100\%\\&=\frac{1-预计净残值率}{预计使用年限}\times 100\%\end{aligned} \tag{13-20}$$

一般可参考化工厂的折旧率范围在9%~13%,腐蚀和磨损较严重者可取上限,有代表性的值是10%,厂房的折旧率可按3%计,或化工装置按10年折旧,厂房按30年折旧。

工资计算:企业工资分为计时工资和计件工资两种。

1)计时工资:是指按计时工资标准和工作时间支付给企业人员的劳动报酬。它包括:

① 对已完成的工作任务,按计时工资标准支付给个人的工资;

② 实行结构工资制的企业,支付给个人的基础工资、职务工资、等级工资和岗位工资;

③ 新参加工作人员的见习工资;

④ 支付给学徒的生活津贴;

⑤ 根据法律法规和条例规定,因病、工伤、生育、计划生育假、婚丧假、探亲假、定期休假、停工学习、执行国家或社会义务等原因未能参加企业劳动或工作,按计时工资标准或一定比例支付给个人的工资;

⑥ 合同制人员按规定缴纳的不超过本人标准工资30%的退休养老金;

⑦ 职工受处分期间的工资。

计时工资是根据考勤记录登记的每一职工出勤情况,按照职工标准计算的工资。由于职工当月的出勤情况要到月底才能统计出来,因此,在实际工作计算本月应付工资时,通常是根据上月的考勤记录进行计算。

企业计算计时工资可以采取月薪制和日薪制两种办法。

月薪制是指职工如果当月出全勤,无论该月是大月还是小月,都可以取得固定的月标准工资。如果发生缺勤,则在月标准工资中相应减去缺勤的工资。我国企业一般都采用月薪制。

按月标准工资扣除缺勤工资办法,其计算公式如下:

$$\begin{aligned}应付工资=&月标准工资-事假日数\times日标准工资-\\&病假日数\times日标准工资\times病假扣款率\end{aligned} \tag{13-21}$$

$$日标准工资=月标准工资\div平均每月工作日数 \tag{13-22}$$

2)计件工资:是指对完成的工作任务,按计件单价支付给个人的劳动报酬。它包括以下几部分:

① 实行超额累进计件、直接无限计件、限额计件等工资形式的企业,按规定劳动定额和计件单价支付的计件工资;

② 按工作量包干计件支付给个人的工资;

③ 按营业额提成比例或利润提成办法支付给个人的工资。

计件工资包括计件标准工资和计件超额工资两大部分。

(4) 应付账款。应付账款是指购买原材料、商品或接受劳务而应支付的款项或售金。其计算式为:

$$应付账款 = \frac{年外购材料、燃料及动力费等}{周转次数} \tag{13-23}$$

应付账款可按一个月的原材料、辅助材料、公用工程费用和工资之和计算。

(5) 税金。税金是指国家根据税法对有纳税义务的企业和个人征收的财政资金。税收是国家为实现其职能,凭借政权的力量,按照法定的标准和程序,无偿的、强制的、定额的取得财政收入。无论是赢利或亏损都应按章纳税。税收不仅是国家取得财政收入的主要渠道,也是国家对各项经济活动进行宏观调控的重要杠杆。

税金:根据税金上缴的数额决定。其参考用计算公式:

$$税金 = (直接工程费 + 间接费 + 计划利润) \times 规定的税率 \tag{13-24}$$

$$计划利润 = (直接工程费 + 间接费) \times 计划利润率(或人工费利润率) \tag{13-25}$$

我国工业企业应缴纳的税金有十多种,可分为五大类,即流转税(主要包括增值税、营业税、消费税、关税等)、所得税(主要包括企业所得税、个人所得税等)、财产税(主要包括车船税、房产税、土地增值税、印花税等)、资源税(主要包括资源税、土地使用税等)和特定目的税(包括固定资产投资方向调节税、城乡维护建设税)。

与氧化铝厂有关的税有以下几种:

1) 增值税:增值税是以商品生产流通和劳务各个环节的增值因素为征税对象的一种税。增值税的计算公式为:

$$增值税额 = 销售税额 - 进项税额 \tag{13-26}$$

其中,

$$销售税额 = \frac{含税销售收入}{1 + 税率} \times 税率 \tag{13-27}$$

进项税是指企业购买各种物质而预交的税金,应从出售产品所交纳的增值税额中扣除。进项税额的计算式为:

$$进项税额 = \frac{购入品的外购含税成本}{1 + 税率} \times 税率 \tag{13-28}$$

增值税按国家税制规定分为三个档次:第一档次是基本税率 17%,大多数化工产品、有色金属产品适用于该税率;第二档是低税率 13%,适用于农用化工产品,如饲料、化肥、农药、农用薄膜的生产和销售;第三类是零税率,仅适用出口货物。

2) 城市维护建设税:

$$城市维护建设税额 = 增值税额 \times 城建税率 \tag{13-29}$$

城建税率因地而异,纳税者所在地为城市市区的为 7%;县城、镇为 5%;其他为 1%。

3) 教育费附加:教育费附加目的是为了多渠道筹集教育资金,加快我国教育事业的发展,向缴纳增值税、消耗费、营业税的单位或个人征收的一种费用。它以纳税人实际缴纳的上述三种税的税额为计征依据。教育费附加率为 3%。

4) 资源税:资源税是对从事自然资源开发或生产的单位或个人征收的一种税。资源税共设原油、天然气、煤炭等七个项目和若干子项目,实行定额税率,即以量定额征收。考虑到资源税具有调节资源级差的作用,对资源条件好的,级差收入大的品种,税额相对高些;资源条件差、级差收入小的品种,税率相对低些。这是因为不同的地区资源产品的资源条件的客观因素不一致,资源条件好的,利润高的,税率可定高些;资源条件差的,利润低的,税率可定低一些。

资源税的应纳税额,按照应税产品的课税数量和规定的单位税额计算。其计算公式:

应纳资源税额 = 课税数量 × 单位税额

式中,课税数量是指纳税人开采或者生产应税产品的销售数量或自用数量;单位税额根据开采或生产应税产品的资源情况而定,具体按《资源税税目及税额幅度表》执行,见表13-1。

表13-1　资源税税目及税额幅度表

序　号	项　目	单位税额幅度
1	原　油	8~30元/t①
2	天然气	2~15元/km^3
3	煤　炭	0.3~0.5元/t
4	其他非金属矿	0.5~20元/t
5	黑色金属矿原矿	2~30元/t
6	有色金属矿原矿	0.4~30元/t
7	盐:固体盐 液体盐	10~60元/t 2~10元/t

① 自2005年7月1日起,在全国范围内调高油田企业原油、天然气资源税税额标准。

5) 土地使用税:土地使用税是国家在城市、农村、县城、建制镇和工矿区范围内,对使用土地的单位或个人,以其实际占用的土地面积为计税依据,按照规定税额计算征收的一种税。国家规定:对农、林、牧、渔业的生产用地和国家机关、人民团体、军队及事业单位的自用地免征土地使用税。

土地使用税额是按大、中、小城市和县城、建制镇、工矿区、农村分别规定的。每平方米应税土地的年税额为:大地市1.5~30元;中等城市1.2~24元;小城市0.9~18元;县城、建制镇、工矿区0.6~12元;农村0.3~6元。

各省、自治区、直辖市人民政府应在以上所列税额幅度内,根据城乡建设状况、经济繁荣程度等条件,确定所辖地区的适用税额幅度。

6) 所得税:所得税是对企业就其生产、经营所得和其他所得征收的一种税。纳税人应纳所得税额计算式:

$$所得税额 = 应纳税所得额 \times 所得税率 \tag{13-30}$$

其中:

$$应纳税所得额 = 纳税人每一纳税年度的收入总额 - 准予扣除项目额 \tag{13-31}$$

对国有大、中型企业,所得税率一般为33%。

7) 关税:关税是由海关对进出口我国国境或关境的货物和物品征收的一种税。它既是国家调节进出口贸易和宏观经济的重要手段,也是中央财政收入的重要来源,关税分为进口税和出口税两种。

进口税的计算公式为:

$$进口关税应纳税额 = 定税价格 \times 适用税率 \tag{13-32}$$

式中,定税价格是以海关审定的进口货物的成交价格为基础和运抵我国的到岸价为依据,并按外汇牌价(中间价)折合为人民币计算;适用税率依据我国关税税则中的分类项目录查找确定,进口关税定税价格通常按到岸价格确定。

出口关税的计算公式为：

$$出口关税应纳税额 = 定税价格 \times 适用的出口关税税率 \tag{13-33}$$

式中，定税价格是以海关审定的出口货物的离岸价扣除关税后为依据确定的，并按外汇牌价（中间价）折合为人民币计算。如果离岸价不能确定时，定税价格由海关估算。出口货物的定税价格计算公式为：

$$定税价格 = \frac{出口货物离岸价格}{1 + 出口关税税率} \tag{13-34}$$

（6）生产经营性项目铺底流动资金。生产经营性项目铺底流动资金是指生产性项目按其流动资金的30%作为铺底流动资金计入建设项目总概算，竣工投产后计入生产流动资金，但不构成建设项目总造价。

13.1.5 固定资产的估算法

13.1.5.1 固定资产的组成

固定资产可分为直接费用和间接费用两部分。

A 直接费用

直接费用是指为建设项目所需的设备材料和劳动力费用，具体包括：

（1）设备及安装费；

（2）控制仪表及安装费；

（3）管道工程：包括管道、管件、管架、保温和阀门等费用；

（4）电气工程：包括电动机、开关、电源线、配电盘、照明和接地等费用；

（5）土建工程：包括办公楼、食堂、车库、仓库、消防、通信和维修等费用；

（6）场地建设：包括场地清理和平整、道路、铁路、码头、围墙、停车场和绿化等费用；

（7）公用工程设施费用：包括所有生产、分配和贮存公用工程以及原料和产品的贮存设施所需投资。

直接（工程）费参考用计算公式：

$$直接工程费 = \sum(实物工程量 \times 概预算定额基价 + 其他直接费用) \tag{13-35}$$

B 间接费用

间接费用具体有：

1）工程设计和监督费：包括管理、设计、投资估算以及咨询费等；

2）施工费用：包括临时设施，购置施工机具和设备，施工监理，现场检验和医疗保健费等；

3）承包管理费；

4）未可预见费：这是一项考虑到在建设过程中可能有未估计到的事件产生，例如：自然灾害，超过预期的通货膨胀，设计修改，投资估算错误等因素而必须增加的费用。

间接费参考计算公式：

$$间接费 = (直接工程费 \times 取费定额) 或 (人工费 \times 取费定额) \tag{13-36}$$

C 定资产中各项投资百分比

新建氧化铝厂或老厂大规模扩建时，固定资产投资中各项直接费用和间接费用的典型百分比，列于表13-2，可供设计或研究投资估算时参考。

表 13-2 固定资产投资中各项直接费用和间接费用的典型百分比

直接费用组成	范围/%	间接费用组成	范围/%
设备购置	15 ~ 40	工程设计和监督	5 ~ 10
设备安装	6 ~ 14	施工费用	4 ~ 21
仪表及自控安装	2 ~ 8	承包管理	4 ~ 16
配 管	3 ~ 20	未可预见	5 ~ 15
电 气	2 ~ 10		
建筑物	3 ~ 18		
场地整理	2 ~ 5		
辅助设施	8 ~ 20		
土地购置	1 ~ 2		

13.1.5.2 投资估算方法

A 投资估算的分类

投资估算可分为以下四种：

(1) 数量级估算。数量级估算是在氧化铝厂建设项目酝酿及初步筛选方案的阶段进行的，又称风险估算。这类估算是以类似车间(装置)的投资费用为依据的。

(2) 研究估算。研究估算是一种可行性研究或方案研究估算。

(3) 初步设计概算。初步设计概算是依据初步设计的资料进行的估算，可用于申请贷款。

(4) 预算。预算是在详细设计阶段，以接近完整的数据为依据进行的，一般用于控制投资。

B 估算法

在可行性研究阶段，工艺装置工作已达到一定的深度，具有工艺流程图及主要工艺设备表，引进设备也通过对外技术交流可以编制出引进设备一览表。根据这些设备表和各个设备的单价，即可算得主要工艺设备的总费用。由此可测算出工艺设备总费用。车间中其他专业的设备费、安装材料费也可以采用工程中累积的比例数逐一推算出，最后得到该工艺车间的投资。在此过程中，每个设备的单价，通常是按“估算”方法得出的，即：

(1) 非标准设备按设备表上的设备质量(或按设备规格估算质量)及类型、规格，乘以统一计价标准的规定算得，或按设备制造厂询问得到的牌价乘以设备质量测算。

(2) 定型设备按国家、地方主管部门当年规定的现行产品出厂价格，或直接询价。

(3) 引进设备要求外国设备公司报价，或采用近期项目中同类设备的合同价乘以物价指数测算。

C 指数法

在工程项目早期，通常是项目建议书阶段，常用指数法匡算车间投资。

(1) 规模指数法：

$$C_2 = C_1 (S_2/S_1)^n \tag{13-37}$$

式中 C_1——已建成工艺车间的建设投资；

C_2——拟建工艺车间的建设投资；

S_1——已建成工艺车间的建设规模；

S_2——拟建工艺车间的建设规模；

n——车间的规模指数。

车间的规模指数通常情况下取为 0.6。当采用增加车间设备大小达到扩大生产规模时，n =

0.6~0.7；当采用增加车间设备数量达到扩大生产规模时，$n=0.8\sim1.0$；对于试验性生产车间和高温高压的工业性生产车间，$n=0.3\sim0.5$；对生产规模扩大50倍以上的车间，用指数法计算误差较大，一般不用。

规模指数法可用于估算某一特定的设备费用。如果一台新设备类似于生产能力不同的另一台设备，则后者的费用可利用"0.6次方规律"方法求得，即式13-37中的$n=0.6$。实际上各种设备的能力指数（类似于车间的规模指数）是不同的，表13-3列出的数据可供估算时参考。

表13-3　设备能力指数

设备名称	参考范围	能力指数
离心式送风机	28~280 m^3/min	0.44~0.59
离心式压缩机	100~5000 kW	0.5
泵	15~200 kW	0.65
管壳式换热器	10~1000 m^2	0.6
板式换热器	0.25~200 m^2	0.8
小型贮槽	0.4~40 m^3	0.57
锥顶贮槽	100~500000 m^3	0.7
压力容器（立式）	10~100 m^3	0.65

（2）价格指数法：

$$C_2=C_1\cdot(F_2/F_1) \tag{13-38}$$

式中　C_1——已建成工艺车间的建设投资；

C_2——拟建工艺车间的建设投资；

F_1——已建成工艺车间建设时的价格指数；

F_2——拟建工艺车间建设时的价格指数。

价格指数是根据各种机器设备的价格以及所需的安装材料和人工费加上一部分间接费，按一定百分比根据物价变动情况编制的指数，是应用较广的一种方法。

规模指数法和价格指数法适用于拟建车间的基本工艺技术路线与已建成的车间基本相同，只是生产规模有所不同的工艺车间建设投资的估算。

13.1.6　单元设备价格估算

对于标准设备的价格，国内目前最可靠的来源是直接从设备生产厂家获得报价，作为估算的依据。而非标准设备的估价，主要是以预算定额为依据进行估算的。

13.1.6.1　*以预算定额为依据的估算方法*

此估算方法是在《非标设备制作工程预算定额》的基础上，进行简化计算求得的。在预算定额的基础上，按造价分析的方法，研究成本、利润、税金后求得的。它类似于目前制造厂的计价方法，价格直观，便于与制造厂的计价对比，也适用于目前市场竞争的经济体制。

A　*主材、主材系数、主材单价及主材费的计算方法*

（1）主材：指构成设备实体的全部工程材料。但是在估算中，并不一一计算，主要计算三种对非标设备造价影响较大的材料——金属材料、焊条、油漆，零星材料则忽略不计，主要外购配套件按市场价加采购费及税金计入。

（2）主材系数：指制造每吨净设备所需的金属原材料。主材系数就是主材利用率的倒数，其计算公式为：

$$主材系数=金属原材料/吨设备=材料毛重/材料净重=1/主材利用率 \quad (13\text{-}39)$$

该系数可在有关书籍中查到。

(3) 主材单价:主材单价一律按市场价格计算。

(4) 主材费:由以下几种材料费用之和构成:

$$主材费=金属材料费+焊条费+油漆费 \quad (13\text{-}40)$$

$$金属材料费/吨设备=金属材料单价\times主材系数 \quad (13\text{-}41)$$

$$焊条费/吨设备=焊条单价\times(焊条用量/吨设备) \quad (13\text{-}42)$$

其中,焊条单价在不了解市场价的情况下,可按基本材料(母材)单价的两倍进行估算,焊条用量/吨设备——在估算指标中列出,是根据预算定额综合求得的。

$$油漆费=吨设备油漆单价\times(油漆用量/平方米)\times(刷油面积/吨设备) \quad (13\text{-}43)$$

其中,按规定非标设备出厂刷红丹防锈漆两遍,因此,估算时只计算红丹防锈漆费。

B 辅助材料及费用计算方法

估算指标中的辅助材料是指制造非标设备过程中消耗的所有消耗性材料(如各种气体、砂轮片、焦炭等)、所有手段用料及一般包装材料等。辅助材料在非标设备制造中所占的比重极少,没有必要逐一计算,估计时,以非标设备主材费乘以辅材系数确定。

C 基本工日、工日系数、人机费单价及人机费计算方法

(1) 本估算指标的基本工日就是预算定额的基本工日,不包括其他人工工日,也就是说按劳动定额计算的基本工日。

(2) 工日系数:以某一典型设备制造的基本工日数为基准,其他设备制造的基本工日数与典型设备制造的基本工日数之比例为工日系数。工日系数分为结构变更工日系数和材料变更工日系数及压力变更工日系数。

(3) 人机费单价:人机费单价是随市场价格浮动的,目前大约为80~120元/工日。人机费单价与设备制造过程中使用的机械有关,与材料机械加工难度有关,是一个难以确定的数值。

1) 人机费单价与材料有关:铝材密度小,设备质量轻,不需使用重型吊装机械;铝材屈服强度低、抗拉强度低,机械加工比较容易;铝材由于焊接难度大,使用的人工较多,因而每工日机械含量偏少,因此铝材人机费单价取低值,按80元/工日计。碳钢材料机械加工性能为中等,人机费单价取中值,按100元/工日计。不锈钢抗拉强度高,切削加工难度大,对焊接要求高,因而人机费取高值,不锈钢设备不分压力等级一律按120元/工日计。

2) 人机费单价与设备压力等级有关:常压碳钢容器取中值,按80元/工日计。压力碳钢容器取中值,按100元/工日计。

(4) 人机费:扣除材料费以后,设备的加工费即是人工费与机械费之和,本估算指标将二者结合在一起,统称人机费。

$$人机费=人机费单价\times基本工日\times结构系数\times压力系数 \quad (13\text{-}44)$$

D 非标设备制造成本、利润及税金

(1) 成本:

$$设备成本=主材费+人机费 \quad (13\text{-}45)$$

(2) 利润:利润是以成本为基数乘以利润系数求得的。

(3) 税金:税金是以成本为基数乘以税金系数求得的。

E 非标设备总造价

$$非标设备总造价=成本+利润+税金 \quad (13\text{-}46)$$

13.1.6.2　单元设备及附件价格

A　管道系统

管道费用是氧化铝厂建设项目的主要投资之一，估算管道费用的方法有：

(1) 安装后占投资的百分比：是用于初步费用估算法，即数量级费用估算的方法。借鉴化工厂管道费用约为设备购置费的60%或固定投资的10%。这种方法对重复建设类型的工程项目比较准确，但对大、中型项目不推荐。

(2) 安装后材料人工分别估算法：用这种估算需要有管路图，并知道精确的管道规格、材料费用、制作及安装的人工费以及附件、支架和保温油漆的要求。对管道及其附件的材料工程量分别统计，计算管道系统的费用。

B　贮罐及压力容器

容器费用计算较为简单的方法是以操作温度低于425℃，压力低于0.35 MPa的碳钢设备作为基准，其他材料容器的费用则以碳钢为基准，考虑材料因素，例如碳钢(Q235)费用因素为1.0，合成钢(16Mn)费用因素为1.1即可。

操作压力大于0.35 MPa的碳钢设备费用估算，见表13-4。

表13-4　碳钢设备费用压力因素

压力/MPa	压力因素	压力/MPa	压力因素
<0.35	1.0(基准)	5.51	3.8
0.69	1.3	6.20	4.0
1.38	1.6	6.89	4.2
2.07	2.0	10.33	5.4
2.76	2.4	13.79	6.5
3.45	2.8	20.68	8.8
4.14	3.0	27.57	11.3
4.82	3.3	34.46	13.8

C　热交换器

以一般固定管板式换热器为基准，浮头式换热器费用与之相比增加10%～15%，双浮头换热器比单浮头换热器费用增加约30%。

13.1.7　工程概算书的编制

工程项目设计概算书是编制设计项目全部建设过程所需费用的一项工作，也是氧化铝厂工程设计中一项不可缺少的工作。通过概算书的编制，工厂或车间各项工程的基本建设投资即可用价值表示出来，从而很清晰地看出工厂或车间在经济上是否合理。概算书是在初步设计或扩大设计阶段编制的，一般都是套用定额编制。它是作为国家对基本建设单位拨款的依据，同时作为基本建设单位编制年度基本建设计划的依据。由于编制初步设计或扩大初步设计时没有详细的施工图纸，因此，对于每个车间的费用不可能编制的很详细、很完整，尤其是一些零星的费用，不可能全部编制进去。所以，概算书主要提供车间建筑、设备购置及安装工程的大概费用。

13.1.7.1　概算的编制依据

概算的编制依据有：

(1) 设计说明书和图纸。要求按设备说明书和图纸逐页计算、编制,不能任意漏项。

(2) 设计价格资料。定型设备均有产品目录,可依据产品的型号、规格和质量按最新价格计算,也可直接向生产厂家询价。非定型设备可按机械工业部在产品目录中规定的非定型设备价格计算。设备运杂费可按化工部规定执行:运杂费为设备总价的5.5%,自控、供电等其他专业均按此编制,仅供参考。

(3) 概算指标(概算定额)。安装工程可按化工部规定的概算指标为依据编制;土建工程可按建设项目所在省、市、自治区规定的概算指标进行编制。

(4)查不到指标时可采用下述方法解决:

1) 采用结构或参数相同(或类似)的设备或材料指标;

2) 直接与协作单位商量解决;

3) 参照类似工程的预算和决算进行计算。

13.1.7.2 概算文件的内容

A 概算文件的组成

概算文件由以下几部分组成:

(1) 工程项目总概算:包括封面与签署页、总概算表、编制说明;

(2) 单项工程综合概算:包括封面与签署页、编制说明、综合概算表、土建工程钢材、木材与水泥用量汇总表;

(3) 单位工程概算:包括各设计专业的单位工程概算表、各专业用于土建的钢材、木材及水泥用量表;

(4) 工程建设其他费用概算。

B 总概算说明的编制

工程设计概算的编制包括以下组成部分:

(1) 总概算编制依据:即列出以下有关文件:

1) 工程立项批文;

2) 可行性研究报告的批文;

3) 业主(建设单位)、监理、承包商三方与设计有关的合同书;

4) 主要设备、材料的价格依据;

5) 概算定额(或指标)的依据;

6) 工程建设其他费用的编制依据及建设安装企业的施工取费依据;

7) 其他专项费的计取依据。

(2) 工程概况:简要介绍建设项目的性质及特点,包括属于新建、扩建或改建等,介绍工程的生产产品、规模、品种及生产方法和工艺流程等;说明建设地点及场地等有关情况。

(3) 资金来源:根据工程立项批文及可行性研究阶段工作,说明工程投资资金是来自银行贷款、企业自筹、发行债券、外商投资或者其他融资渠道。

(4) 投资分析:设计中要着重分析各项目投资所占比例、各专业投资的比重、单位产品分摊投资额等经济指标,以及与国外同类工程的比较,并分析投资偏高(或低)的原因。

(5) 其他说明:对有关上述未尽事宜及需特殊注明的问题加以说明。

13.1.7.3 设计项目总概算编制方法

编制出总概算说明以后,即可按总概算编制办法,计算概算项目划分中各项的工程概算费用,并列出工程总概算表(见表13-5)。

表 13-5　工程建设项目总概算表

工程名称：　　　　　　　　　　　　　　　　　　总投资价值　　　　　　　元
项目名称　　　　　　　　　　　　　　　　　　　根据　　　年的预算价格和定额编制

序号	主项号	工程和费用名称	概算价值/万元				价值总值		占总值百分比
			设备购置费	安装工程费	建筑工程费	其他费	人民币/万元	含外汇/万美元	
		第一部分工程费用							
	一	主要生产项目							
1		××装置(车间)							
2		……							
		小计							
	二	辅助生产项目							
3		……							
		小计							
	三	公用工程项目							
4		给排水							
5		供电及电讯							
6		供汽							
7		总图运输							
8		厂区外管							
		小计							
	四	服务性工程项目							
9		……							
		小计							
	五	生活福利工程项目							
10		……							
		小计							
	六	厂外工程项目							
11		……							
		小计							
		合计							
	七	第二部分 其他费用							
12		……							
		合计							
	八	第三部分 总预备费							
13		基本预备费							
14		涨价预备费							
15		……							

续表 13-5

序号	主项号	工程和费用名称	概算价值/万元				价值总值		占总值百分比
			设备购置费	安装工程费	建筑工程费	其他费	人民币/万元	含外汇/万美元	
		合　计							
	九	第四部分 专项费用							
16		投资方向调节税							
17		建设期贷款利息							
18		……							
		合　计							
	十	总概算价值							
	十一	铺底流动资金（不构成概算价值）							

编制单位：　　　工程负责人：　　　　年　月　日编制

13.1.7.4　单项工程综合概算编制方法

单项工程是指建成后可以独立发挥生产能力（或工程效益）并具有独立存在意义的工程。综合概算编制是指计算一个单项工程投资额的文件。它可按一个独立建筑物或生产车间（或工段）进行综合概算编制。单项工程综合概算是编制总概算第一部分工程费用的主要依据。

13.1.7.5　工程建设其他费用概算编制方法

工程建设其他费用概算的编制，包括以下组成部分：

（1）建设单位管理费：以项目“工程费用”为计算基础，按氧化铝厂建设项目不同规模分别制定相应的建设单位管理率计算。其计算公式为：

$$建设单位管理费 = 工程费用 \times 建设单位管理费率 \tag{13-47}$$

（2）临时设施费：以项目“工程费用”为计算基础，按照临时设施费率计算：

$$临时设施费 = 工程费用 \times 临时设施费率 \tag{13-48}$$

对新建项目，费率取 0.5%；对老厂的新建项目取 0.4%；对改建、扩建项目取 0.3%。

（3）研究试验费：按设计提出的研究试验内容要求进行编制。

（4）生产准备费：包括核算人员培训费；生产单位提前进厂费。

（5）土地使用费：按使用土地面积和政府制定的各项补偿费、补贴费、安置补助费、税金、土地使用权出让金标准计算。

（6）勘察设计费：按国家计委颁发的收费标准和规定进行编制。

（7）生产用办公及生活家具购置费。

（8）车间（或工段）联合试运转费：当车间（或工段）为采用的新工艺生产新产品时，联合运转确实可能发生亏损时，可根据情况列入此项费用；一般情况，当联合试运转收入和支出大致可相互抵消时，原则上不列此项费用。不发生试运转费用的工程，不列此项费用。

（9）供电贴费：按国家计委批准的收费标准计算。

（10）工程保险费：按国家及保险机构规定计算。

（11）工程建设监理费：按国家物价局、建设部[1992]价费字 479 号通知中所规定费率计算。此项费用不单独计列，从建设单位管理费及预备费中支付。

（12）施工机构迁移费：在设计概算中可按建筑工程费的 1% 计列；施工单位确定后由施工单位按规定的基础数据、计算方式及费用拨付规定编制施工机构迁移费预算。

(13) 总承包管理费:以总承包项目的工程费用为计算基础,以工程建设总承包费率2.5%计算。与工程建设监理费一样,总承包管理费不在工程概算中单独计列,而是从建设单位管理费及预备费中支付。

(14) 引进技术和进口设备其他费:可参照"化工引进项目工程建设概算编制规定"计算。

(15) 固定资产投资方向调节税:该项税务的税目、税率按《中华人民共和国固定资产投资方向调节税暂行条例》所附"固定资产投资方向调节税税目税率表"执行。

(16) 财务费用:按国家有关规定及金融机构服务收费标准计算。

(17) 预备费:

1) 基本预备费:按如下公式计算:

$$\text{基本预备费} = \text{计算基础} \times \text{基本预备费率} \tag{13-49}$$

其中:

$$\begin{aligned}\text{计算基础} = &\text{工程费用} + \text{建设单位管理费} + \text{临时设施费} + \text{研究试验费} + \\ &\text{生产准备费} + \text{土地使用费} + \text{勘察设计费} + \\ &\text{生产办公及生活家具购置费} + \text{联合试运转费} + \\ &\text{供电贴费} + \text{工程保险费} + \text{施工机构迁移费} + \\ &\text{引进技术和进口设备的费用}\end{aligned} \tag{13-50}$$

基本预备费率按8%计算。

2) 工程造价调整预备费:需根据工程的具体情况,国家物价涨跌等情况科学地预测影响工程造价的诸因素(如人工、设备、材料、利率、汇率等),综合取定此项预备费。

(18) 经营项目铺底流动资金:将流动资金的30%作为铺底流动资金。

13.2 生产成本的作用和估算

13.2.1 成本及其分类

一般来说,成本是为实现特定经济目的而发生的可以货币计算的各种耗费,或者说是为取得资财或劳务所付出的代价。

为了适应成本计算和成本控制的需要,寻求进一步降低成本的途径,成本可根据不同的目的标准加以分类。

13.2.1.1 按成本的经济用途分类

按成本的经济用途分类,主要包括制造成本和非制造成本(又称期间费用)两大类:

(1) 制造成本。(又称为生产成本或工厂成本),一般包括以下内容:

1) 直接材料费;

2) 直接燃料和动力费;

3) 直接人工费(亦称工资及福利费);

4) 制造经费;

5) 副产品收入(减去)。

(2) 期间费用。期间费用的内容包括:

1) 管理费用(固定);

2) 财务费用(固定);

3) 销售费用(部分可变)。

13.2.1.2 按成本的经济内容(费用要素)分类

按成本的经济内容(费用要素)分类,具体分为:

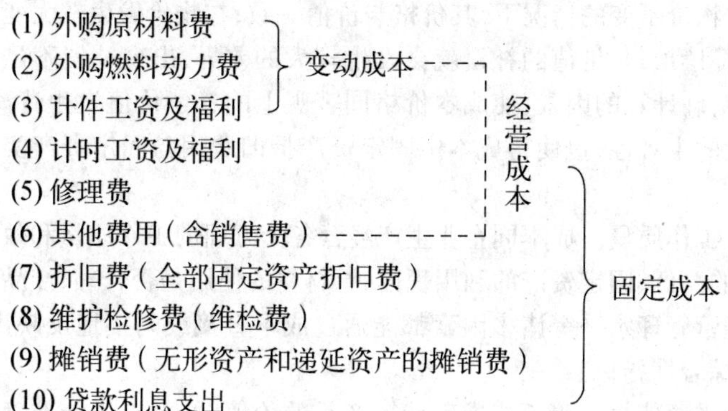

13.2.1.3 按生产费用计入产品成本的方式分类

按生产费用计入产品成本的方式分类,可以分为直接计入成本和间接计入成本。

13.2.1.4 按成本习性或可变性分类

按成本习性或可变性,即按成本总额与业务量(产量或销量)变化之间的依存关系分类,分为变动成本、固定成本和混合成本。

A 变动成本

变动成本是指总额随着业务量变动而成比例变动的成本。若就单位成本而言,则是固定的,无论业务量如何变动,每一单位产品应包含的这类费用不变。如原材料及主要材料费用、生产工人计件工资等。

B 固定成本

固定成本是指在一定期间和一定业务量范围内,其总量不随业务量变动而变动的成本。若就单位产品成本而言,这一类成本则是变动的,随着业务量的增加,每一单位产品应负担的成本额将随之减少。

C 混合成本

混合成本是指其总额虽受业务量变动的影响,但其变动幅度不与业务量的变动保持正比例变动的成本。也就是说,混合成本兼有固定成本和变动成本两种性质。

从理论上说,成本可分为变动、固定和混合三种,但在成本会计实务中,可利用一些技术方法将混合成本分解为变动成本和固定成本两部分。所以按成本属性分类,从本质上说,应该只有变动成本和固定成本两类。

将成本分为变动成本和固定成本两类,对于成本的预测、决策和分析,特别是对于控制成本和寻求降低成本的途径具有重要作用。由于变动成本一般是受消耗定额执行情况的影响,主要应从控制和降低单位产品的消耗量入手。单位产品的固定成本往往同时受产量和费用发生额增减的影响,所以控制和降低固定成本应以控制并降低其支出绝对额和提高业务量入手。

13.2.2 成本的作用

成本的作用包括:

(1) 成本是企业补偿生产消耗的尺度。成本是以货币形式对生产消耗进行计量,并为企业的简单再生产提出资金补偿的标准。企业只有按照这个标准补偿了生产中的资金消耗,企业的简单再生产才能顺利进行,否则,企业就无法保持原有的生产规模。

在市场经济条件下,价格总是围绕着价值上下波动,但两者时常发生背离:材料费用并非所用材料的价值,而是它的价格,在物价不变的情况下,其价格与价值一致;在物价发生较大变化尤其是上涨时,按成本价格确定的补偿量,与价值的补偿就会发生较大的差异,出现补偿不足的现象。同时,会计上还有一些无法精确计算的因素,使成本价格同客观上的补偿价值发生背离:固定资产磨损价值的计算常有很大的主观性,也使得成本中固定资产折旧费用与固定资产实际损耗的价值不一致。

(2) 成本可以综合反映企业工作质量。成本同企业生产经营各个方面的工作质量和效果有着内在的联系。如:劳动生产率的高低、固定资产的利用程度、原材料的使用是否合理、产品产量的波动、产品质量的好坏、企业经营管理水平等诸多因素都能通过成本直接或间接地反映出来。因此,成本又是反映企业质量的综合性指标。

(3) 成本是制定产品价格的重要依据。当不能准确计算产品的价值时,可以比较准确地计算产品成本,即计算出产品价值中的 C(物化劳动) + V(生产者必要活劳动)值(即商品的成本价格),所以成本可以作为制定价格的参考。在市场经济条件下,价格往往由各个部门的平均成本加上平均利润构成。

(4) 成本是企业进行投资和生产经营决策的重要依据。在市场经济条件下,努力提高在市场上的竞争能力和经济效益是对企业的客观要求。企业在市场上的竞争主要是价格和质量的竞争,而价格竞争归根到底是成本的竞争,只有成本低,才能售价低,并有赢利。因此,成本是企业竞争的重要手段,也是影响经济效益的重要因素,也就是说,企业竞争能力的强弱,经济效益的高低,在很大程度上取决于其成本的高低。若一个企业的成本能低于社会的平均成本,该企业在竞争中就占有较大的优势,并且能有较好的经济效益。所以,建设单位或业主,要使建设的氧化铝厂在将来的激烈竞争中生存和发展,进行投资决策、生产技术决策、经营决策,必须把成本作为一个重要依据,并且以经济效益为标准来选择最佳方案。

13.2.3 生产成本估算

生产成本和费用是依货币形式表现的产品生产经营过程中所消耗的物化劳动(即原料等劳动对象和磨损的劳动工具等的价值)和活劳动(即一定生产力水平下劳动力再生产所需平均生活资料的价值,目前是以工资形式向职工支付),是反映产品生产经营所需物质资料和劳动消耗的主要指标。生产成本和费用是形成产品价值的主要组成部分,是项目财务评价的前提,是预测拟建项目未来生产经营情况和赢利能力的重要依据。总的生产成本,一般包括直接生产成本、固定费用、工厂管理费和销售费用。

13.2.3.1 直接生产成本

直接生产成本包括直接与生产操作有关的各项开支,这些费用是产量的函数,几乎随产量呈线性变化,称为可变成本。其中某些费用对产量的变化并不敏感,甚至无关,如维修费和专利使用费,这些费用在直接生产成本中仅占小部分。因此仅把原料、辅助材料、公用工程三项费用作为可变成本,其他项作为固定成本处理。

(1) 原料费。原料是构成直接生产成本的主要单项,在我国的价格体系下,常占直接生产成本的60%~85%。原料的消耗量可根据物料衡算和热量衡算结果决定。原料的价格按市场的实际价格加上运费计算。

(2) 公用工程费用。公用工程的价格随来源、消耗量和工厂地理位置的变化而有很大差异,如果按照当时不稳定情况下的价格进行方案比较,当价格调整到合理的数值时会使原有的结论发生偏差。因此,在这种情况下应进行灵敏度分析,了解价格变化的后果,以便作出正确的选择。表13-6列出了一套最近上海地区的公用工程价格,可作为方案评比时参考。

表13-6 公用工程参考价格

种 类	价格/元	种 类	价格/元
冷却水/m^3	0.40	工业水/t	0.70
电/kW·h	0.60	锅炉给水/t	5.0
饱和蒸汽/t 低压 中压	65.0 90.0	氮气/m^3	1.0

(3) 辅助材料。辅助材料指不构成产品实体,但有助于产品形成所耗用的物料,包括催化剂、溶剂、包装材料等。溶剂、助剂和包装材料都可按每天每小时的消耗量除以产量求得消耗定额,而催化剂则根据装填量,使用寿命和使用期的产量计算。

(4) 操作人工。按设计的定员乘以每月每人的工资、奖金、各种津贴及按规定比例的福利费等,折算到每吨产品的操作人工费。

(5) 实验室费用。这一项是控制原料质量及成品质量的分析试验费,可按操作人工费的10% ~20%计算。

(6) 操作消耗品。为了保证工艺过程顺利地进行,要供应许多消耗品,例如生产报表,化学试剂,润滑油等各种不能作为辅助材料或检修材料看待的各种消耗,可按维护检修费的10% ~15%估算。

(7) 专利使用费。随着我国专利制度的逐步建立和完善,需要支付专利费用的装置必将增加。专利费有两种方法支付,一种是在装置建设时一次付清,另一种是按产品数量支付一定数额的专利费。即使是大企业单位自己的专利,也应在生产成本中加入专利权费,以利于促进采用新工艺新技术。

(8) 维护检修费。不论设备是否已有故障,都必须定期维护检修,以保障其长期稳定运转。其费用占固定资本的3% ~10%,复杂和有严重腐蚀的装置取上限,一般情况可取5% ~6%。

13.2.3.2 固定费用

固定费用是不论工厂是否开工都要支付和固定不变的费用,例如折旧、财产税、保险费和投资的利息等。

(1) 折旧费。构成一个工厂的设备、建筑物和其他物质性财产,由于磨损、破旧或者过时等原因,其价值是逐年递减的,应把这部分损失作为生产支出计入成本,称为折旧。对于化工厂而言,折旧率的范围在9% ~13%,腐蚀或磨损较严重者可取上限,有代表性的值是10%,厂房的折旧率可按3%计,或化工装置按10年折旧,厂房按30年折旧。以上数据可供氧化铝厂参考。

(2) 资金利息。我国基本建设原来实行拨款制,即只要工程项目得到批准,企业无偿地得到国家的投资。随着经济体制改革的深入,部分项目将拨款制改为贷款,有部分项目经过国家批准可直接向国外借贷资本。如果建设过程中有贷款,贷款的利息必须计人成本。

(3) 保险费。按我国现行的保险费率乘以固定投资得到保险费。

13.2.3.3 工厂管理费

工厂管理费包括:

(1) 全厂性费用。工厂管理费为工厂管理和组织生产所需要的全厂性费用。工厂要作为一个整体有效地运行,除了工厂行政管理部门外,还必须建立一些设施,如医疗机构、食堂、浴室、娱乐设施、仓库和灌区、消防、通信、运输装卸、车库、警卫和机、电、仪表修理等,所有这些部门的固定费用和经常费用都应按一定比例分摊至各装置,计入生产成本。

(2) 研究和开发费用。要提高企业的经济效益,必须重视采用新工艺、新技术、新材料和新设备,因此应投入必要的研究和开发费用。研究开发费用包括有关人员的工资,研究设备和仪表的固定费用和操作费用,原材料费用,直接管理费和各杂项费用。对于重视新技术开发的国家或企业,这项费用高达销售收入的2%~5%,而不够重视的国家或企业其费用甚至不到1%。

13.2.3.4 销售费用

销售费用包括销售人员的工资、差旅费、广告费、运输费等。这项费用占总生产成本的1%~5%,较高值适用于新产品或者购买量很少的产品,较低值适用于大宗产品。

13.2.4 每吨氧化铝的成本估算及分析

13.2.4.1 每吨氧化铝的成本估算

氧化铝厂每吨氧化铝产品的生产成本,是由原料、辅助材料、动力费及车间经费等消耗项目所组成的,其中直接生产费用是随着其消耗量和单价的变化而变动的。但是,在工厂生产正常及原材料、能源、水等单价相对稳定的情况下,每吨产品氧化铝的成本也是相对稳定的。现将我国某氧化铝厂的每吨产品氧化铝的成本估算列于表13-7。

表13-7 每吨产品氧化铝的成本估算(1981制表)

项 目	单价/元	消耗量	成本/元	比例/%
1. 原料类:			70.529	33.68
铝矿石	22.02	1.652 t	36.337	17.34
石 灰	16.00	0.203 t	3.248	
纯 碱	203.58	0.152 t	30.944	19.80
2. 辅助材料类:			60.828	14.77
钢 球	794.45	0.062 t	49.256	
过滤绸	4.22	0.29 m^2	1.224	
叶绿绸	1.58	0.22 m^2	0.348	
重 油	100	0.10 t	10.000	4.77
3. 动力费:			33.95	16.20
交流电	0.063	200 kW·h	12.60	6.01
蒸 汽	5.49	2.953 t	16.212	7.74
压缩空气	7.54	0.70 t	5.138	
4. 新 水	0.095	20 t	1.90	
回 水	0.020	200 t	4.00	
5. 工 资			3.30	1.57
6. 车间经费			26.00	12.41
7. 包装物	0.70	8.43 个	5.90	
8. 槽车费			2.50	
9. 企管费			0.60	
产品氧化铝成本①			209.57	

① 按60万t/a拜耳法氧化铝厂,1996年每吨产品氧化铝生产成本为1139元。

13.2.4.2 我国与国外氧化铝成本的比较与分析

表 13-8 列出了我国各氧化铝厂家与国外氧化铝厂家每吨氧化铝成本的比较。

表 13-8 我国氧化铝厂与国外氧化铝厂每吨氧化铝成本的比较 （美元）

成本项目 \ 铝厂	山东铝厂	郑州铝厂	中州铝厂	平果铝厂	贵州铝厂	山西铝厂	澳大利亚（平均）	西方各国（平均）
铝土矿	35.7	32.2	19.7	30.3	33.5	31.3	19.77	38.7
运　输							3.31	8.1
碱和石灰	19.9	18.1	15.9	11.9	18.7	19.8	17.34	14.6
能　源	83.4	78.8	99.7	51.3	70.9	55.6	26.49	25.9
劳动力	5.7	6.7	6.4	2.5	10.0	7.8	21.9	23.3
其　他	33.8	46.1	76.6	52.9	36.1	44.1	16.56	31.7
使用权							1.92	
经营成本	178.5	181.9	216.5	148.9	169.2	158.6	106.58	142.3

注：经营成本是指总成本费用中扣除固定资产折旧费、维检费、摊销费和贷款利息支出以后的全部费用，即

经营成本 = 总成本费用 - 折旧费 - 维检费 - 摊销费 - 贷款利息支出

我国每吨氧化铝成本较高的原因，主要有以下几点：

（1）我国铝土矿床多为盐溶型的沉积矿床，适于坑采，造成铝土矿的开采费用，与国外红土型的地表矿床露天开采相比，每吨氧化铝的矿石费用高约 8 美元。

（2）我国铝土矿绝大多数（占全国总储量的 98% 以上）属于一水硬铝石 - 高岭石型铝土矿，较国外的三水铝石型和一水软铝石型铝土矿较难溶解，而且 60% 铝土矿的铝硅比较低（4 ~ 6），不能直接采用设备和工艺简单的拜耳法处理，而需要采用联合法或烧结法处理，造成了氧化铝工艺流程长、能耗高，又加之工厂装备水平低，因此能耗较高，每吨氧化铝的平均能耗比国外的高 45 美元；烧结法厂的最高约 73 美元。2000 年我国每吨成品氧化铝综合能耗为 25 ~ 42 GJ，为国外拜耳法厂氧化铝能耗 9 ~ 12 GJ 的 3 ~ 4 倍。表 13-9 列出了我国与国外每吨氧化铝的原料及能源消耗比较。

表 13-9 我国与国外每吨氧化铝的原料及能源消耗比较（1998 年数据）

项目 \ 生产厂家		山东铝厂	郑州铝厂	平果铝厂	希腊尼古拉铝厂	联合国铝业研究报告数据
铝矿	类型	一水硬铝石	一水硬铝石	一水硬铝石	一水硬铝石	三水铝石
	A/S	<4	高铝矿 11.21 普铝矿 4.47	15	18.9	18.3
生产方法		烧结法	混联法（拜耳法直接加热）	拜耳法（间接加热）	拜耳法（间接加热）	拜耳法低温溶出（间接加热）
铝矿消耗/t		1.86	1.58	2.08	2.14	2.0
总能耗/GJ		44.7	40.3	16.8	11.8	9.5

（3）我国氧化铝企业人员多、杂，管理层次多，导致管理费用高，每吨氧化铝的其他费用比国外的高约 28 美元。

总之，目前我国氧化铝企业的产品经营成本比澳大利亚氧化铝厂的平均经营成本高约 60 ~ 70 美元，这就是国内氧化铝产品销售价格是由进口氧化铝价格决定的原因。因此，要提高我国氧化铝厂在国内外市场的竞争能力，就必须在降低我国氧化铝企业的能耗费用和管理费用上下

工夫,这也是新建和扩建氧化铝厂必须考虑的重要问题。

从我国铝土矿资源的特点出发,改革混联法生产氧化铝的工艺流程,尽量减少甚至砍掉其中能耗高的烧结法部分,以降低能耗和产品成本,及开发流程短、产品成本低的新工艺,是发展我国氧化铝生产的根本方向和根本出路。

但是应当预计到,我国氧化铝企业既有大力提高科技水平和科学管理水平使成本趋于降低的一方面外,还存在着成本将呈上升趋势的一面,因为我国发展将进入高成本期。由于新一代知识型劳动力服务于现代化企业,劳动力价格将趋于上升;我国进入"资源有限的时代",在原材料和能源上倚赖国际市场,而且国际市场原材料和能源价格在涨价,从经济增长的内在逻辑和国际经验看,适应国内环境法规和国际氧化铝产品标准要求的提高导致氧化铝制造成本升高,因此,必须经常关注和研究国内外氧化铝市场情况的变化和趋势。

13.3 经济评价

建设项目经济评价是项目建议书和可行性研究报告的重要组成部分,其任务是在完成市场预测、厂址选择、工艺技术方案选择等研究的基础上,对拟建项目投入产出的各种经济因素进行调查研究、计算及分析论证、比较推荐最佳方案。由于市场经济的发展,社会各种因素变化节奏加快,建设项目在设计阶段往往原先进行经济评价的依据会发生变化,因此,项目设计阶段的经济工作也在逐步增加,以满足对项目工程设计的必要和适时的调整。

建设项目经济评价包括财务评价和国民经济评价。财务评价是在国家现行财务制度和价格体系的条件下,计算项目范围内的效益和费用,分析项目的赢利能力、清偿能力,以及考察项目在财务上的可行性;国民经济评价是在合理配置国家资源的前提下,从国家整体的角度分析计算项目对国民经济的净贡献,以考察项目的经济合理。一般来说,财务评价和国民经济评价结论都可行的项目才可以通过。通常情况下,绝大多数项目(特别是中小型项目)由于其建设对国民经济的影响很小,又不是利用国际金融组织贷款和某些政府贷款等资金来源进行建设,国民经济评价往往都不需进行。

建设项目经济评价分为动态分析和静态分析,而以动态分析为主,静态分析为辅。

13.3.1 建设项目财务评价的主要指标

13.3.1.1 项目财务赢利能力分析

项目财务赢利能力分析主要考察投资的赢利水平,采用以下指标表示。

(1) 财务内部收益率($FIRR$)。财务内部收益率是指项目在整个计算期(包括建设期和生产经营期)内各年净现金流量现值累计等于零时的折现率,它反映项目所占有资金的赢利率,是考察项目赢利能力的主要动态指标。其表达式为:

$$\sum_{t=1}^{n}(CI-CO)_t(1+FIRR)^{-t}=0 \tag{13-51}$$

式中 CI——现金流入量;

CO——现金流出量;

$(CI-CO)_t$——第 t 年的净现金流量;

n——计算期。

财务内部收益率,可根据财务现金流量表中净现金流量,用试差法计算求得。在财务评价中,将求出的全部投资或自有资金(投资者的实际出资)的财务内部收益率($FIRR$)与行业的基准收益率或设定的折现率(i_0)比较,当 $FIRR \geqslant i$ 时,即认为其赢利能力已满足最低要求,在财务上是可以考虑接受的。

(2) 投资回收期(P_t)。投资回收期是指以项目的净收益抵偿全部投资(固定资产投资和流动资金)所需要的时间。它是考察项目在财务上的投资回收能力的主要静态指标。投资回收期(以年表示)一般从建设开始年算起,如果从投产年算起时,应予以说明。其表达式为:

$$\sum_{t=1}^{n}(CI - CO)_t = 0 \tag{13-52}$$

投资回收期可根据财务现金流量表(全部投资)中累计净现金流量计算求得。其计算公式为:

$$\text{按资回收期}(P_t) = \left[\frac{\text{累计净现金流量}}{\text{开始出现正值年数}}\right] - 1 + \left[\frac{\text{上年累计净现金流量的绝对值}}{\text{当年净现金流量}}\right] \tag{13-53}$$

在财务评价中,用求出的投资回收期(P_t)与行业的基准投资回收期(P_c)进行比较,当 $P_t \leqslant P_c$ 时,表明项目投资能在规定的时间内收回。

(3) 财务净现值($FNPV$)。财务净现值是指按行业的基准收益率或设定的折现率,将项目计算期内各年净现金流量折现到建设期初的现值之和。它是考察项目在计算期内赢利能力的动态评价指标。其表达式为:

$$FNPV = \sum_{t=1}^{n}(CI - CO)_t(1 + i_c)^{-t} \tag{13-54}$$

财务净现值可根据财务现金流量表计算求得。财务净现值不小于零的项目是可以考虑接受的。

(4) 投资利润率。投资利润率是指项目达到设计生产能力后的一个正常生产年份的年利润总和与项目总投资的比率。它是考察项目单位投资赢利能力的静态指标。对生产期内各年的利润总额变化幅度较大的项目,应计算生产期平均利润总额与项目总投资的比率。其计算公式为:

$$\text{投资利润率} = \frac{\text{年利润总额(或平价利润总额)}}{\text{项目总投资}} \times 100\% \tag{13-55}$$

$$\text{年利润总额} = \text{年产品销售(营业)收入} - \text{年产品销售税金及附加} - \text{年总成本费用} \tag{13-56}$$

$$\begin{aligned}\text{年产品销售税金及附加} = &\text{年产品税} + \text{年增值税} + \text{年营业税} + \text{年资源税}\\ &+ \text{年城市维护建设税} + \text{年教育费附加}\end{aligned} \tag{13-57}$$

$$\text{项目总投资} = \text{固定资产投资} + \text{投资方向调节税} + \text{建设期利息} + \text{流动资金} \tag{13-58}$$

投资利润率可根据损益表中的有关数据计算求得。在财务评价中,将投资利润率与行业平均投资利润率对比,以判断项目单位投资赢利是否达到行业的平均水平。

(5) 投资利税率。投资利税率是指达到设计生产能力后的一个正常生产年份的年利税总额或项目生产期内的年平均利税总额与项目总投资的比率。其计算公式为:

$$\text{投资利税率} = \frac{\text{年利税总额(或年平均利税总额)}}{\text{项目总投资}} \times 100\% \tag{13-59}$$

$$\text{年利税总额} = \text{年销售收入} - \text{年总成本费用} \tag{13-60}$$

或

$$\text{年利税总额} = \text{年利润总额} + \text{年销售税金及附加} \tag{13-61}$$

投资利税率可根据损益表中的有关数据计算求得。在财务评价中,将投资利税率与行业平均投资利税率对比,以判断项目单位投资对国家积累的贡献水平是否达到本行业的平均水平。

(6) 资本金利润率。资本金利润率是指项目达到设计生产能力后的一个正常生产年份的年利润总额或项目生产期内的年平均利润总额与资本金的比率。它反映出投入项目的资本金的赢利能力。其计算公式为：

$$资本金利润率 = \frac{年利润总额(或平均利润总额)}{资本金} \times 100\% \tag{13-62}$$

13.3.1.2 项目清偿能力分析

项目清偿能力分析主要是考察计算期内各年的财务状况及偿债能力。其用以下指标表示。

(1) 资产负债率。资产负债率是反映项目各年所面临的财务风险程度及偿债能力的指标。其计算公式为：

$$资产负债率 = \frac{负债总计}{资产合计} \times 100\% \tag{13-63}$$

(2) 借款偿还期。固定资产投资国内借款偿还期是指在国家财政规定及项目具体财务条件下，以项目投产后可用于还款的资金偿还固定资产投资国内借款本金和建设期利息(不包括已用自有资金支付的建设期利息)所需要的时间。其表达式为：

$$I_d = \sum_{t=1}^{P_d} R_t \tag{13-64}$$

式中 I_d——固定资产投资国内借款本金和建设期利息之和；

P_d——固定资产投资国内借款偿还期(从借款开始年计算。当从投产年算起时，应予以说明)；

R_t——第 t 年可用于还款的资金，包括利润、折旧、摊销及其他还款资金。

借款偿还期可由资金来源与运用表及国内借款还本付息计算表直接推算，以年表示。其详细计算公式为：

$$借款偿还期 = \begin{bmatrix} 借款偿还后开始 \\ 出现盈余年份数 \end{bmatrix} - 开始借款年份 + \frac{当年偿还借款额}{当年可以用于还款的资金额} \tag{13-65}$$

涉及外资的项目，其国外借款部分的还本和利息，应按已经明确的或预计可能的借款偿还条件(包括偿还方式及偿还期限)计算。当借款偿还期满足贷款机构的要求期限时，即认为项目是有清偿能力的。

(3) 流动比率。流动比率是反映项目各年偿付流动负债能力的指标。其计算公式为：

$$流动比率 = \frac{流动资产总额}{流动负债总额} \times 100\% \tag{13-66}$$

(4) 速动比率。速动比率是反映项目快速偿付流动负债能力的指标。其计算公式为：

$$速动比率 = \frac{流动资产总额 - 存货}{流动负债总额} \times 100\% \tag{13-67}$$

13.3.2 项目财务评价的基本报表

财务评价的基本报表有现金流量表、损益表、资金来源与运用表、资产负债表及外汇平衡表等(从略)。

13.3.3 综合技术经济指标

评价一个氧化铝工业建设项目的技术是否先进、经济是否合理是通过对该工程的综合技术经济指标的分析来进行的。综合技术经济指标见表13-10。

表 13-10 综合技术经济指标表

序号	指标名称	单位	数量	单价	消耗量	单位成本	备注
1	设计规模	t/a					
2	原材料消耗						
3	动力消耗 水 电 汽						
4	三废排放量						
5	工资及福利						
6	总投资						
7	折旧费						
8	维修费						
9	管理费等						
10	副产品回收费						
11	年操作日						
12	产品成本						
13	投资利税率						
14	投资利润率						
15	贷款偿还期						

13.4 企业组织机构与劳动定员

13.4.1 企业组织机构

现代氧化铝工业企业是一个集中了众多职工分散从事各项生产和经营管理活动的有机整体。为了促进企业生产经营活动实行统一指挥,必须在企业内部建立一个统一的、强有力的、高效率的生产和经营管理系统,设置必要的、合理的组织机构。

13.4.1.1 企业组织机构的概念

企业组织机构是指职工为实现企业目标而进行的分工协作,在职务范围、责任、权力方面进行划分所形成的结构体系,也就是把动态的组织活动中的人、财、物和信息,有效合作配合关系相对固定下来所形成的模式。它一般用一张组织机构系统表并以职责分工说明来表示。企业组织机构系统图表的主要内容包括:各组织单元的职能划分、纵向层次关系、横向协作关系及各层次、各部门在权力和责任方面的分工协作关系。按照科学原理,符合企业实际情况而设置的组织机构,是保证企业实现生产经营目标的一种有效手段。

13.4.1.2 企业组织机构的形式

设置企业组织机构,需要选择适当的形式。不同类型的企业应当采用适合本企业特点的组织机构形式。一般影响企业组织机构形式的因素有:行业特点、生产规模、专业化水平及管理水平等。当今,企业选用的组织机构有直线-职能制、事业部制、矩阵结构等形式。

直线－职能制组织机构，是为适应现代化工业生产的发展而出现的。其一方面实行行政负责人的领导，进行统一指挥；另一方面又使业务职能实行专业化管理，如图 13-5 所示。这种组织机构形式对实行统一领导和专业化管理有利，但由于过多的强调垂直领导，不太注意横向沟通与协调，在一定程度上又影响了管理效率。它一般适合于大中型企业。目前，绝大多数企业，包括氧化铝工业企业都采用这种组织机构形式。

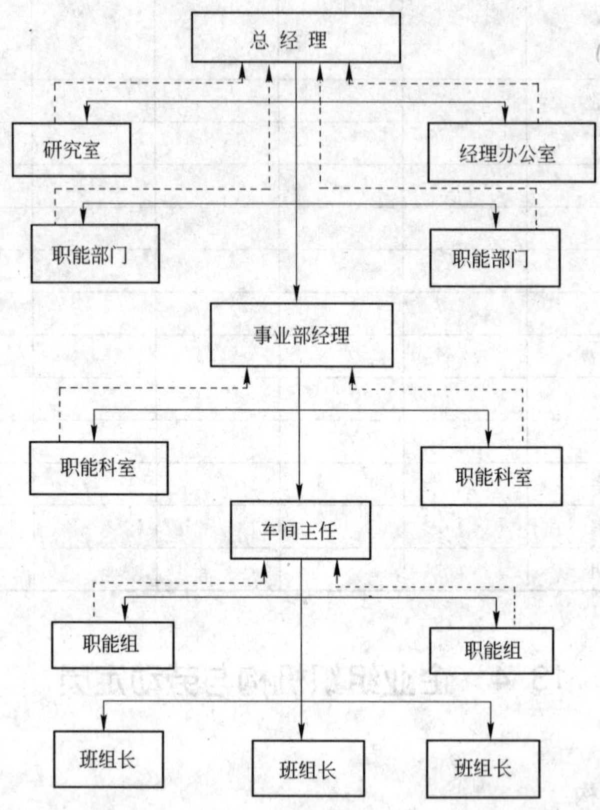

图 13-5　直线－职能制组织机构系统图

13. 4. 1. 3　生产过程的劳动组织

生产过程的劳动组织，是指按照生产经营工作的需要，科学地进行劳动工作与协作，使各劳动集体和劳动者之间成为互相协调的整体。正确处理劳动者之间以及劳动者与劳动工具、劳动对象之间的关系，创造良好的劳动条件，让劳动者在宽松的环境里，有序而又严谨、勤奋地工作着，不断地应用新的科学技术成果和先进经验，提高劳动生产率和工作效率，从而达到用较少的人力创造出最优的经济效果。

企业劳动组织工作的具体内容包括：员工分工与协作、作业组织形式和多机组看管等，宗旨是使人尽其才，保证提高劳动生产率。因此，在配备劳动力、作业组和生产班组时应满足以下要求：

(1) 使每个人所负担的工作，尽可能适合本人的专业和技术特长；

(2) 使每个人有足够的工作量，保证员工有足够的工作负荷；

(3) 使每个人有明确的责任，做到事事有人管，人人有责任。

A　分工与协作

企业员工在劳动活动中的可分割性和独立性,是劳动分工的基本条件。劳动分工使得人们的劳动空间和劳动时间大大扩展。企业员工是根据一定生产技术,按照工艺过程特点,把整个生产过程划分为不同的工艺阶段(即生产车间或工序),再将工艺阶段分为不同的几种工种或操作岗位。同时,还可以按基本生产和辅助生产分工,按技术等级高低分工。如果劳动分工过细过死,一些岗位的工作量不大,就会造成人员和设备负荷不足,而且工人长期从事一种操作简单、重复的劳动,会感到单调乏味,容易疲倦,对工作失去兴趣,不利于工人操作水平的提高和积极性的发挥。因此,分工和配备员工时,应考虑适当扩大员工的工作范围,丰富员工的工作内容。

分工与协作是不可分割的统一整体。分工是协作的基础,协作是分工的前提。建立在科学分工基础上的协作,能创造出一种“1+1>2”的协同效应,促进提高工作效率和劳动生产率。企业内部各职能部门和各车间、生产班组、作业组乃至个人之间的工作相互协调配合,是企业生产经营整体目标得以如期实现的基本保证。

在做好员工分工与协调的同时,还要根据企业经营事业发展的需要,为企业各种不同岗位配备相应的专业人员和相应工种、技术等级的员工,使其人事相宜,满负荷运行。

B　作业组织形式

在企业车间里,除了按行政体制分为工段、生产班组之外,还要根据生产特点将生产班组再细分为作业组。一个生产班组往往包括几个作业组,在有些情况下,作业组也就是生产班组。作业组是企业最基本的劳动组织形式。它是为完成某项工作,把互相协作的有关工人组织在一起的劳动集体。

建立作业组,是根据企业的生产组织形式、生产技术条件和生产的客观需要来决定的。通常在下列几种情况下需要组织作业组:

(1) 生产工作不便直接分配给一个工人单独进行,需要几个人密切配合共同完成的,如修理组;

(2) 看管大型、复杂的机组设备;

(3) 工人的工作彼此有密切关系、需要加强协作配合的,例如连续生产性的工序或工种;

(4) 工人没有固定的工作地点或工作任务不固定时,为了便于调动和分组工作的,如电焊组、电工组等。

C　工作轮班组织

作业组是职工之间分工与协作在空间上的联系,而在一个工作日内组织不同班次之间的工作组织形式,叫做工作轮班。它是员工分工与协作在时间上的联系。在现代工业企业中,不同企业由于生产工艺特点不同,工作轮班组织也不同。有的实行单班制(是指每天只组织一班员工进行生产),有的实行多班制(是指每天组织两班或两班以上的员工轮流进行生产),如电力、钢铁、有色冶金、纺织等行业企业,一般都组织三班轮流生产;机械行业一般都组织二班轮流生产。

D　多机组看管

多机组看管是指一名员工或一组员工同时看管多台机器的一种先进作业组织形式。其基本原理是:员工利用机器机动时间(即自动运转时间)去完成其他设备的手动或机手并动的操作。实现多机组看管的必要条件是:员工看管的任何一台机器的机动时间,必须大于或等于员工看管其他台机器的手动、机手并动、员工来往设备之间时间的总和。设备机动时间越长,需要手工操作的时间越短,员工看管的机器就越多;反之,则越少。

组织多机组看管,可以充分利用工作时间,节约人力,提高工作效率。因此,在可能的情况下,企业应创造条件,组织多机组看管。但是,在工作安排时一定要注意劳动安全,避免职工过于紧张和疲劳。

13.4.2 劳动定员

13.4.2.1 劳动定额

劳动定额是指工人在一定生产技术条件和合理劳动组织的基础上,完成某项工作所消耗劳动量的标准。它是设计工厂或企业在全面达到设计指标时,正常操作管理水平的反映,也是对设计方案或整体设计进行技术经济分析评价的重要指标,还是计算民用建筑、公共福利设施工程量的依据。此外,劳动定额可作为设计工厂或企业进行生产准备时,培训人员和编制生产定额的参考。

劳动定额选择不当,如确定的水平过高,工人无法完成工作任务,会使设计目标落空;确定的水平过低,工人不经努力就可完成工作任务,会造成设备能力和人员浪费,还会增加不合理的资金支出。因此,必须把"先进合理"作为确定劳动定额水平的基本原则。先进合理的劳动定额水平,是在正常生产技术条件和劳动组织条件下,经过努力多数工人能够达到或超过、部分工人能够接近的水平。先进合理的劳动定额要随时间的推移、技术的进步及工人技术熟练程度的提高,根据实际情况需要定期(一般是一年)做适当修订,但不能随意修订,否则,会影响工人的创造积极性。

A *劳动定额的表示方法*

劳动定额有以下几种表示方法:

(1) 工时定额(时间定额或人时定额):是指生产单位产品或完成一定工作所需要的劳动时间(工时/件);

(2) 产量定额(班时定额或台时定额):是指单位时间内生产合格产品的数量。例如,规定一个配料工在一个班内完成若干吨原料的配制(t/(人·班));

(3) 看管定额:是指一个工人或一个班组同时看管机器设备的台数。

不同形式的劳动定额,适用于不同的生产条件。一般来说,产品品种繁多、变化较大的部门,多采用工时定额的形式;产品品种单一、变化较少的部门,通常采用产量定额的形式。

设计中选择的劳动定额是由设计部门根据产品的工艺技术资料和设计规模(年产量),或通过同类产品生产能力、规模、设备需要量、劳动力等进行概略估算。

B *劳动定额的确定*

不同生产类型的企业,制定劳动定额的方法也不同。连续大量生产类型的工业企业,如氧化铝工业企业,通常采用统计分析法或技术测定法;单品种小批量生产类型的企业,一般采用经验估算法。

(1) 统计分析法:根据现有同类工厂的实际工时或产量定额的原始记录和统计资料,经过整理和加工,结合设计厂的具体条件来确定定额的方法。它具有最大的现实性,同时能反映出国内的生产水平。为了反映工厂实际水平,必须根据逐年积累的生产报表进行分析,从而看出工厂几年来的技术进步情况,并从中统计出先进的技术定额作为设计依据。例如,××厂××工序烘干窑逐年的产量见表13-11。

表 13-11　××厂××工序烘干窑的生产统计表

年　份	产量/t·(h·座)$^{-1}$											
	1月	2月	3月	4月	5月	6月	7月	8月	9月	10月	11月	12月
1986年	0.69	0.73	0.75	0.80	0.75	0.85	0.90	0.80	0.82	1.14	1.20	1.21
1987年	0.78	0.83	0.80	0.85	0.85	0.87	0.87	0.90	1.10	1.20	0.95	1.18
1988年	1.10	1.15	1.20	1.25	1.30	1.37	1.35	1.39	1.40	1.25	1.45	1.40

从表中可以看出烘干窑的平均产量逐年增加,平均先进定额的取法应根据1988年的资料进行统计。首先算出年平均额:

$$(1.10+1.15+1.20+1.25+1.30+1.37+1.35+1.39+1.40+1.25+1.45+1.40)\div 12=1.30(\text{t}/(\text{h}\cdot\text{座}))$$

平均先进定额应该取其中较为先进的几个月的产量。为此,应将超过平均额的各数值加起来再平均,即得平均先进产量定额:

$$(1.30+1.37+1.35+1.39+1.40+1.45+1.40)\div 7=1.38(\text{t}/(\text{h}\cdot\text{座}))$$

由平均先进产量定额,再结合看管定额,即可确定出平均先进劳动定额。

有的工厂生产的产品有大批量和小批量之分。经常生产大批量产品的工厂,生产技术成熟,其定额可以较大程度地反映出实际水平。因此,可以作为分析计算的依据。当设计厂的产品为新产品,无资料可查时,可以通过现有工厂生产的相似产品进行比较分析,以确定一个较为合理的定额指标。如果设计厂选用的工艺在目前现有工厂中还没有类似的资料,可以通过科学分析,加一个修正系数来确定。

统计分析法是通过现有工厂的逐年积累资料进行分析研究,最后确定平均先进定额指标的方法,其特点是:简单易行,工作量较小,且有统计资料为依据。但资料统计中可能包括不合理或虚报因素,从而影响定额制定的准确性。这就需要定额管理人员应加强原始记录和统计工作,对经常生产的产品普遍建立实耗工时台账或数据库,积累资料,并加强分析工作,去伪存真。这种方法一般适合于生产条件比较正常,产品比较固定,大量或批量生产,且有原始记录和统计工作比较健全的企业。

(2) 技术测定法(或现场标定法):该法是指定额人员在生产现场(一定的生产技术和组织条件下)进行观察分析或技术计算来确定定额的一种方法。其具体步骤是:1) 首先应对工厂现有生产状况和水平有一定的了解;2) 分析设备、工艺状况及劳动组织状况(分工与协作、车间布局是否合理,操作者的技术水平,设备的性能、劳动条件和工作环境对操作者的影响等);3) 在进行标定时,应对不同技术水平的工人分别标定,而且要在不同的时间多次标定,如早上、下午和晚上;4) 时间的基数应以小时(h)计算,或以工序周期计算,最好能通过几个厂的标定后,找出平均数值;5) 为了正确标定定额,必须了解工时的时间消耗和时间定额的组成。

生产工艺过程不同,工人工时的消耗也不同。一般可分为以下两种:

1) 工作时间。主要包括:

① 准备时间:接班、检查设备、调整校正设备等所消耗的时间;

② 基本工作时间:直接对加工对象进行加工的时间;

③ 辅助时间:为完成基本工作而从事辅助工作的时间,如移动原材料和工具,往设备上装料、卸料等所消耗的时间;

④ 结束时间:交班、清扫工作场地、交换工具和运送产品等所消耗的时间。

2）中间时间。主要包括：

① 工人休息、吃饭和个人生理需要所消耗的时间；

② 由于设备、技术和组织原因造成的中断时间。如设备发生临时性的事故或加油等引起的中断时间。

在进行劳动量标定时，若不考虑工人必需的休息时间和暂时突然的中断时间，将会造成定额偏高。

技术测定法的特点是：有一定的科学依据，定额比较准确。但是工作很复杂，工作量很大。一般适用于生产技术和组织条件比较正常、产品品种少、生产量大的流水作业线，且能较长时间稳定生产的企业。

(3) 经验估算法（或经验估工法）：由定额人员、技术人员和老工人相结合，依照产品图纸和工艺要求，并考虑生产现场使用的设备、工艺装置、原材料及其他生产条件，根据实践经验，对完成合格产品加工所需劳动量进行估算的一种方法。这种方法的特点是：简单易行，工作量小，可以满足快速制定定额的要求。但是容易受估算人员的水平和经验的限制，导致定额准确性较差。补救的方法是估算人员要多听取有关人员（如技术员、老工人等）的意见，或能采用多人制定定额，再求其平均数。这种方法一般适用于单件小批量生产或新产品试制的生产单位。

13.4.2.2 工作制度的确定

工作制度确定了工厂的有效生产时间，因此对机械设备的年利用率、劳动定员、基本建设投资，以及固定资产折旧等重要技术经济指标都有较大影响。合理的工作制度能充分利用车间面积和设备，提高产品质量，缩短生产周期，提高劳动生产率和降低产品成本。

一般在确定工作制度时，应考虑到生产性质、规模、产品方案、生产的机械化程度、设备正常维护与检修、事故停产、企业管理水平及劳动保护等因素，同时，还应注意当地的气候条件、民族习惯等。

A 工作制度的组成

工作制度包括年工作制度和日生产班制两部分：

(1) 年工作制度：有连续作业和不连续（间断）作业之分。我国规定：每年有52个双休日，另外还有法定假日，即元旦1天，春节3天，“五一”劳动节3天及“十一”国庆节3天，全年工作日为251天。但这一规定不能用于连续作业的生产。连续作业的生产岗位工人，节假日不休息，仅考虑每年有一个月的检修期。设计时全年工作日可定为335天。

(2) 日生产班制：可分为一班制、二班制及三班制。在三班工作制中，夜班的工作条件较差，工人劳动容易疲劳，所以除了连续性作业要求采用三班工作制外，一般均采用两班制。

B 年时基数

工作制度确定后，即可计算设备及工人的工作时间总数，又称年时基数。在计算年时基数时，必须以工作日、非工作日以及每个工作日的工作时间为依据。工作时间总数有两种概念：

(1) 公称年时基数（公称年时总数）：公称年时基数是指全年除去法定休息日、节假日外，完整工作时间总数，可由下式计算：

$$H_{公} = (365 - d_1 - d_2)ab \tag{13-68}$$

式中 $H_{公}$——公称年时基数，h；

d_1——国家规定的全年节假日数；

d_2——休息日数；

a——工作班数；

b——每班工作时数，h。

工人的公称年时基数是指全年满勤上班工作时数，设备的公称年时基数根据班次不同，非连续生产时分为一班、二班和三班。

（2）实际年时基数（实际工作时间）：实际年时基数是指工人、设备等全年实际进行生产的工作时间数。可由公称年时基数扣除因设备检修停工、工人疾病、休假及由于可允许的原因缺勤等时间而得到。其他由于计划组织不善，原料供应不及时等损失都不加以考虑。损失的时间通常以占公称时间总数的百分数表示。设备修理时间的长短，决定于设备检修的复杂性和工作量。复杂性愈大，工作量愈大，检修所引起的停工时间愈长。

13.4.2.3　劳动定员的编制

A　职工人员分类

职工人员可分为以下类别：

（1）生产人员：又分为以下两类：

1）生产工人：是指直接参与产品生产过程的操作工人，如原料工、溶出工、过滤工等；

2）辅助生产工人：是指不参与产品直接生产加工而进行辅助性劳动的工人，如机修工、电工、运输工、化验工等。

（2）管理人员：是指从事组织和管理生产的工作人员，其包括：

1）行政管理人员：包括厂长或经理，总厂和各车间会计员、统计员和材料员等；

2）工程技术人员：主要是负责全厂和各车间的生产计划调度、科技管理和技术指导等工作，包括总工程师、车间主任、工段长、计划调度员、技术员和质量检查员等；

3）经营管理人员：包括采购员、经销员等；

4）政工人员：包括党、政、工、团负责人及职工。

（3）服务人员：是指为生产和职工生活福利工作的人员，如食堂、浴室、卫生保健、警卫、消防、托儿所、幼儿园、住宅管理和房屋维修及其他工作人员。

（4）勤杂人员：是指负责全厂和车间的清洁及勤杂事务的工人。

以上管理人员、服务人员和勤杂工人又统称非生产人员。

B　车间工作人员定员

（1）生产工人人数的确定：

车间生产工人人数的计算方法有两种，即按劳动生产定额计算法和按设备搭配计算法。当某种工作的劳动生产定额变化较大，或无恰当的定额作为计算依据时，可用设备搭配法来确定工人的人数。

1）按劳动生产定额计算生产工人人数的方法：

已知工时定额计算生产工人人数：

$$N = \frac{Q}{G_1 H_1} \tag{13-69}$$

式中　N——工人人数；

Q——年加工量；

G_1——工时定额；

H_1——工人实际年时基数。

已知设备台时定额计算工人人数：

$$N = \frac{Qn}{G_2 H_1} \tag{13-70}$$

式中 G_2——设备的台时定额；

n——每台设备同时操作的人数。

已知每台设备的操作指标计算此台设备所需工人人数：

$$N = \frac{nH_{台}\varphi}{H_1} \tag{13-71}$$

式中 $H_{台}$——设备年时基数；

φ——设备负荷率，%。

2）按设备搭配计算生产工人人数的方法：对于氧化铝厂的原料、溶出、烧结、焙烧、分解、蒸发等工种，往往由一组工人共同负责几台或几组设备，劳动定额不易固定，因此采用设备搭配法计算工人人数，搭配的原则与工厂的生产规模、机械化程度和设备的具体情况有关。例如原材料车间需用工人，可参考下列经验指标确定：球磨机3～4台，每班配用2人；4台以上配用3人。用设备搭配方法确定工人人数时，对连续周生产轮休人员的确定，可根据同一工种或相近的几个工种的工人数，以每6人配备轮休工1人来考虑。

（2）辅助生产工人人数的确定：辅助生产工人，常常根据具体生产要求进行搭配。搭配时要考虑车间规模、机械化程度和运输情况等，主要应该满足生产的要求。共有三种搭配方法：

1）按照生产工人进行搭配，如运输工；

2）按照车间规模大小进行搭配，如电工；

3）按生产要求进行搭配。

辅助生产工人人数的确定常采用比例定员计算法，即以服务对象的人数为基础，按定员标准比例来计算编制定员的方法。其出发点是，某种人员的数量随企业员工总数或某一类人员数量增减而增减。它适用于辅助生产工人和服务人员的定额。

（3）技术管理人员和行政管理人员人数的确定：管理人员的定员采用职责定员法，即按照既定组织机构和职责范围，以及机构内部的业务和岗位职责来确定人员人数的方法。但在多数情况下，无法用数学公式表示。

（4）勤杂人员人数的确定：按指标进行，一般占车间工人的2%～3%。

在确定工人人数的同时应注意男女工的搭配。对于能够使用女工的岗位应该考虑女工，这样可以更合理地使用劳动力。

全厂非生产人员的定额应根据生产规模、机械化水平、组织机构的设置和产品种类，按国家和地方有关规定指标来确定。一般来说，生产规模小，机械化水平低的企业，非生产人员比例要大一些。目前，国内氧化铝厂的非生产人员一般约占全厂职工的15%～20%。其他各类人员也可按生产工人人数的百分比来确定。以中、小型厂为例，辅助工人可按生产工人的50%～60%，工程技术人员可按10%～15%；行政管理人员和政工人员可按12%；勤杂、警卫人员可按3.5%～4.0%来计算。

C 劳动定员的编制

劳动定员的编制与工厂的生产规模、技术装备、机械化和自动化水平及所采用的工艺流程等因素有关。劳动定员指标力求先进，要充分考虑到先进技术的采用，操作方法的改进及劳动组织创新后的潜力。氧化铝厂设计中劳动定额的编制，首先是确定车间或部门工作人员的人数，最后汇总。见表13-12和表13-13。

表 13-12 车间(部门)定员明细表

序号	车间(部门)名称	工种或职务	人员类别	定员人数					合 计	备 注
				日班	早班	中班	晚班	轮休		

表 13-13 全厂定员及构成分析表

序 号	部 门	职 务	人 数				合 计
			工人	工程技术人员	管理人员	服务人员	
1	厂部(党、政、工、团和各管政部门)						
2	各生产车间(工段)						
3	各辅助车间						
4	警卫、消防人员						
5	其 他						
6	全厂合计						
7	各类人员占全员的比例/%						

附　录

附录1　我国六大氧化铝厂概况

1　山东铝厂

山东铝厂距山东省淄博张店市5 km,建于1954年7月1日,是我国第一个投产的碱－石灰烧结法处理一水硬铝石型铝土矿生产氧化铝厂。年产量3.5万t,经过1955～1990年先后四期扩建,产能增至50万t/a;1993年利用印尼三水铝石型铝土矿,增建小型氧化铝厂年产6万t,总计56万t/a;1999年生产氧化铝63.82万t,其中特种氧化铝(多品种氧化铝)11.47万t,铝锭产量3.62万t,阳极糊3.12万t,铝型材5128 t,金属镓4.502 t,水泥116.74万t;2001年氧化铝,产量已达80万t;2003年产量为95万t。

山东铝厂前身是1949年成立的华东冶炼总厂,后来先后更名为山东铝厂、五〇一厂、张店铝厂,1993年改为山东铝业公司,现有职工约5000余人,2002年末总资产13.5亿元,年总产值8亿元,是集矿山开采、有色金属、建筑材料、建筑施工、工程监理、房地产开发、物业管理、医疗卫生、娱乐餐饮、教育培训、进出口贸易为一体的大型联合企业。

2　郑州铝厂

郑州铝厂位于河南省郑州市上街区,于1958年8月在距郑州市西37 km的黄河之滨的一片荒野上破土动工,1961年建成,于1962年正式投产,经3年技术改造,创出“混联法”新工艺流程,并于1965年正式投产,年产20万t氧化铝。经过1966～1986年两期扩建,产能由28万t增至62万t;1999年完成四期扩建,产能达到80万t;2001年产能为100万t,2003年产量为137万t。

经过30多年的艰苦创业,郑州铝厂已发展成为中国长城铝业公司,是集生产、工程建设、科研和经营于一体的大型铝冶金企业,现有氧化铝、电解铝、炭素、水泥、水电、热力、机修、工程公司等10个生产单位、4座矿山,拥有设备8千多台、铁路专用线66 km。厂区占地面积542万m^2。公司现有职工3万人,其中专业技术人员3000多人。从1980年起,工厂实现利税总额突破1亿元,成为我国有色金属企业中的盈利大户,列入全国工业500强前180名,是资产规模、经营规模、经济效益、竞争能力均达到国内一流水平的铝企业集团。到2005年,该公司的氧化铝产量将达到280万t,炭素产品产量达到20万t,电解铝产量达到18万t,将采用选矿－拜耳法、管道化溶出、高铝硅比矿石烧结等氧化铝生产新技术。

3　贵州铝厂

贵州铝厂位于贵州省贵阳市白云区,占地面积19 km^2,职工2.1万人,于1978年完成一期建设拜耳法系统投产,氧化铝产能为15万t;1989年完成二期建设,形成完整的混联法工艺体系,产能达40万t;1999年氧化铝产量为46.76万t,电解铝产量22.69万t,保持了全国电解铝厂铝锭产量第一位,炭素制品产量14.95 t,铝型材产量2736 t,自发电量2.22亿kW·h。氧化铝产量从1995年31万t跃升到2000年的48万t,净增17万t,电解铝产量从15.6万t跃升到23.8万t,实现利税7.3亿元和利润3.4亿元。到2005年,将使生产规模达到:氧化铝80万t/a,电解铝

40万t/a,预焙阳极25万t/a,阴极制品2.2万t/a,精铝3000~4000 t/a,石灰石矿135万t/a。2000年企业拥有总资产为60亿元,是全国520户重点企业之一。

4 山西铝厂

山西铝厂坐落在山西省河津市,于1972年开始筹建,1983年动工建设,至1987年一期工程烧结法系统投产,产能20万t氧化铝;1994年二期工程建成完整的联合法工艺体系,在建设和改造中大量采用了国际和国内先进生产工艺,引进9个国家30多个公司的先进技术,使氧化铝产量达到120万t/a;2002年产量为136万t,2003年产量达到140万t,打破了拜耳法生产氧化铝大型设备依靠进口的局面,结束了中国不能生产砂状氧化铝的历史。

山西铝厂是目前我国生产规模最大的氧化铝厂,现有资产总额48.7亿元,职工1.19万人,其中技术人员占25%。该厂正在建设的三期工程80万t/a氧化铝项目,采用石灰拜耳法生产工艺,预计到2015年发展到年产氧化铝300万t,电解铝60万t,并建设铝加工项目,形成具有较高竞争能力的铝工业基地。

5 中州铝厂

中州铝厂位于河南省焦作市和新乡市之间,地跨两市三县(焦作市,新乡市、获嘉县、修武县和辉县),厂区总占地面积58.28 hm,其北依太行山脉,南临黄河,交通方便,周边有丰富的铝土矿、石灰石和地下水资源,邻近的焦作煤炭矿物局可供丰富优质的无烟煤,这些优越的客观条件为中州铝厂的发展奠定了坚实的基础。

中州铝厂于1989年由沈阳铝镁设计研究院设计,采用联合法生产氧化铝工艺,1992年一期工程建成烧结法系统,分为7个车间(原料破碎及储存、料浆配制、熟料烧成、熟料溶出、粗液脱硅、分解及蒸发、焙烧车间)和三个站(空压站、煤气站和检修站),1993年正式投产,年产20万t氧化铝;1998年产量达20.6万t,此后以每年增产十几万吨的产量飞速发展。1999年氧化铝产量为31万t,该年末资产总额达到25.13亿元;2000年氧化铝产量为44万t,2001年为55万t,利润超过4亿元;2003年产量为85万t,利润达7亿元之多;预计2004年产量可达到110万t,其中碱-石灰烧结法产量80万t,选矿-拜耳法(2001年3月投产)产量30万t。

6 平果铝厂

平果铝厂坐落在广西壮族自治区百色市平果县城西郊的右江之滨,是由原中国有色金属工业总公司和广西壮族自治区合资共建的,是集铝矿山、氧化铝、电解铝、炭素等生产于一体的特大型冶炼联合企业,现有矿山部、氧化铝厂、电解铝厂、炭素厂、热电厂、煤气厂、动力厂、检修厂、运输部、特资配运部、中心试验室、现场管理站12个生产单位和厂长办公室、财务部、销售部等13个职能部室,共有员工约6000人,其中大中专以上学历的约为2000人。

平果铝厂具有得天独厚的铝土矿资源。平果县境内有那豆、太平等5个铝土矿矿区,已探明铝土矿(岩溶堆积型)储藏量为2亿t,可开采储量为1.53亿t,平均氧化铝含量为60%,铝硅比(A/S)平均为14,可用拜耳法生产氧化铝,在年产165万t氧化铝厂的规模下可供开采40年以上。铝土矿的矿体分布在岩溶洼地、谷地和坡地上,多在海拔120~600 m之间;矿床具有分布范围广、规模大、埋藏浅、易开采等特点,是我国铝土矿储量最丰富和开采条件最好的地区之一。因此,引进了大功率的挖掘机、推土机和铲运机,全部进行露天开采。

平果铝厂一期工程设计规模为年产铝土矿65万t,氧化铝30万t,电解铝10万t,于1991年5月开工建设,1995年底全面建成投产,总投资44.38亿元(其中环保设施投资3.64亿元,占工程总投资的8.3%)。氧化铝生产采用纯拜耳法工艺,引进了法国、德国、美国、瑞典、丹麦、荷兰等工业发达国家的先进技术和设备,并采用了国内近期开发的新工艺、新技术,设备的大型化和自动化程度高。经过挖潜和技术改造,1999年氧化铝产量增至40万t/a,2000年产量达到45万

t/a。2001 年 5 月,氧化铝二期工程开工,在一期工程的基础上建设的年产 40 万 t 生产线,投资 17 亿元(其中环保设施投资约为 1.5 亿元)。2003 年 6 月二期工程全线竣工投产,至年底产能为:铝土矿 140 万 t、氧化铝 85 万 t、电解铝 13.5 万 t,实际年产氧化铝 63.51 万 t,电解铝 13.89 万 t,实现工业总产值 30.32 亿元,交税 4.32 亿元,净利润 5.57 亿元。截至 2003 年底,平果铝厂一期投产以来累计生产氧化铝 334.12 万 t,铝锭 98.42 万 t,实现工业总产值 180.57 亿元,上交税费约 16 亿元。平果铝厂的建设,有力地辐射和带动了当地社会经济的发展,平果县不仅于 1997 年甩掉了国家级贫困县的帽子,而且县级财政收入排位不断靠前,从 2002 年起已连续两年成为广西财政收入首富县。2010 年前经过二、三期建设,拟发展为达到年产 150 万 t 氧化铝、30 万 t 电解铝、10 万 t 铝型材的综合生产能力。

附录2　常用标准代号及设计规范

1　常用标准代号

中华人民共和国国家标准代号：

GB——强制性国家标准代号；

GB/T——推荐性国家标准代号。

（1）我国行业标准代号

序号	行业标准名称	行业标准代号	序号	行业标准名称	行业标准代号
1	农　业	NY	30	劳动和劳动安全	LD
2	水　产	SC	31	电　子	SJ
3	水　利	SL	32	通　信	YD
4	林　业	LY	33	广播电影电视	GY
5	轻　工	QB	34	电　力	DL
6	纺　织	FZ	35	金　融	JR
7	医　药	YY	36	海　洋	HY
8	民　政	MZ	37	档　案	DA
9	教　育	JY	38	商　检	SN
10	烟　草	YC	39	文　化	WH
11	黑色冶金	YB	40	体　育	TY
12	有色冶金	YS	41	商　业	SB
13	石油天然气	SY	42	物资管理	WB
14	化　工	HG	43	环境保护	HJ
15	石油化工	SH	44	稀　土	XB
16	建　材	JC	45	城镇建设	CJ
17	地质矿产	DZ	46	建筑工业	JG
18	土地管理	TD	47	新闻出版	CY
19	测　绘	CH	48	煤　炭	MT
20	机　械	JB	49	卫　生	WS
21	汽　车	QC	50	公共安全	GA
22	民用航空	MH	51	包　装	BB
23	兵工民品	WJ	52	地　震	DB
24	航　舶	CB	53	旅　游	LB
25	航　空	HB	54	气　象	QX
26	航　天	QJ	55	外经贸	WM
27	核工业	EJ	56	海　关	HS
28	铁路运输	TB	57	邮　政	YZ
29	交　通	JT			

(2) 世界部分国家的国家标准代号

标准名称(中文译名)	标准代号	标准名称(中文译名)	标准代号
前苏联国家标准	ГОСТ	印度国家标准	IS
美国国家标准	ANSI	韩国国家标准	KS
日本工业标准	JIS	新西兰国家标准	NZS
英国国家标准	BS	挪威国家标准	NS
法国国家标准	NF	瑞士机械工业协会标准	VSN
德国国家标准	DIN	瑞士标准协会标准	SNV
加拿大国家标准	CSA	瑞典国家标准	SIS
意大利国家标准	UNI	国际标准化组织	ISO
澳大利亚国家标准	AS		

2 常用设计规范(规定、标准)

(1) 建筑设计防火规范(GB50016—2006)
(2) 工业企业设计卫生标准(GBZ1—2002)
(3) 建筑采光设计标准(GB/T 50033—2001)
(4) 工业企业照明设计标准(GB50031—1992)
(5) 洁净厂房设计规范(GB50073—2001)
(6) 烟囱设计规范(GB50051—2002)
(7) 建筑地基基础设计规范(GB50007—2002)
(8) 工业建筑防腐蚀设计规范(GB50046—1995)
(9) 钢制压力容器(GB150—1998)
(10) 工业企业采暖通风和空气调节设计规范(GBJ19—1987)
(11) 室外给水设计规范(GB50013—2006)
(12) 室外排水设计规范(GB50014—2006)
(13) 建筑给水排水设计规范(GB50015—2003)
(14) 国家地面水环境质量标准(GB3838—2002)
(15) 生活饮用水卫生标准(GB5749—1985)
(16) 农田灌溉用水水质标准(GB5084—1992)
(17) 渔业水质标准(GB11607—1989)
(18) 大气环境质量标准(GB3095—1982)
(19) 工业企业厂界噪声标准(GB123485—1990)
(20) 城市区域环境噪声标准(GB3096—1993)
(21) 压缩空气站设计规范(GB50029—2003)
(22) 氧气站设计规范(GB50030—1991)
(23) 乙炔站设计规范(GB50031—1991)
(24) 设备及管道保温技术通则(GB4272—1992)
(25) 锅炉烟尘排放标准(GB3841—1983)
(26) 轻金属工业污染物排放标准(GB4912—1985)
(27) 重有色金属工业污染物排放标准(GB4913—1985)

(28) 有色金属工业固体废物污染控制标准(GB5058—1985)
(29) 水泥工业污染物排放标准(GB4916—1996)
(30) 沥青工业污染物排放标准(GB4916—1985)
(31) 雷汞工业污染物排放标准(GB4277—1984)
(32) 铬盐工业污染物排放标准(GB4208—1984)
(33) 建筑结构荷载规范(GB50009—2001)
(34) 钢筋混凝土结构设计规范(GB50010—2002)
(35) 工业建筑地面设计规范(GB50037—1996)
(36) 工业锅炉房设计规范(GB50041—1992)
(37) 厂矿道路设计规范(GBJ22—1987)
(38) 工业建筑腐蚀设计规范(GB50046—1995)

3　安装、施工验收规范

(1) 工业金属管道工程施工及验收规范(GB50235—1997)
(2) 现场设备、工业管道焊接工程施工及验收规范(GB50236—1998)
(3) 给排水管道工程施工及验收规范(GB50268—1997)
(4) 化工机器安装工程施工及验收规范(HG20203—2000)
(5) 钢结构工程施工质量验收规范(GB50205—2001)
(6) 化工机器安装工程施工及验收规范(化工用泵)(HGJ207—1983)
(7) 机械设备安装工程施工及验收规范(GB50231—1998)
(8) 烟囱工程施工及验收规范(GBJ78—1985)
(9) 工业炉砌筑工程施工及验收规范(GB50211—2004)
(10) 建筑工程施工质量验收统一标准(GB50300—2001)

附录3　流程图中常用设备符号

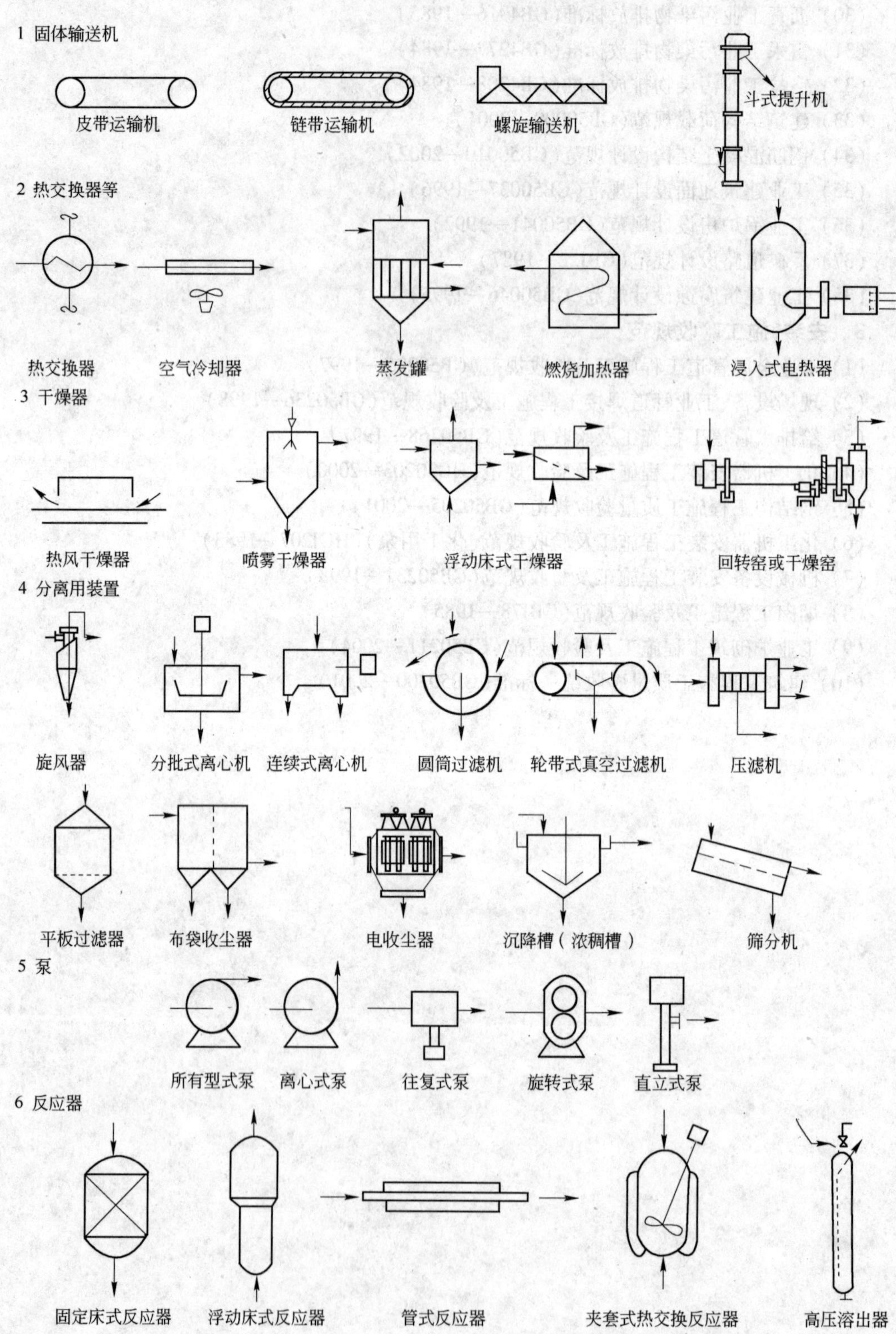

7 各种贮槽

8 气体输送设备

9 搅拌器和给料机

10 程序塔

11 破碎机

12 其他

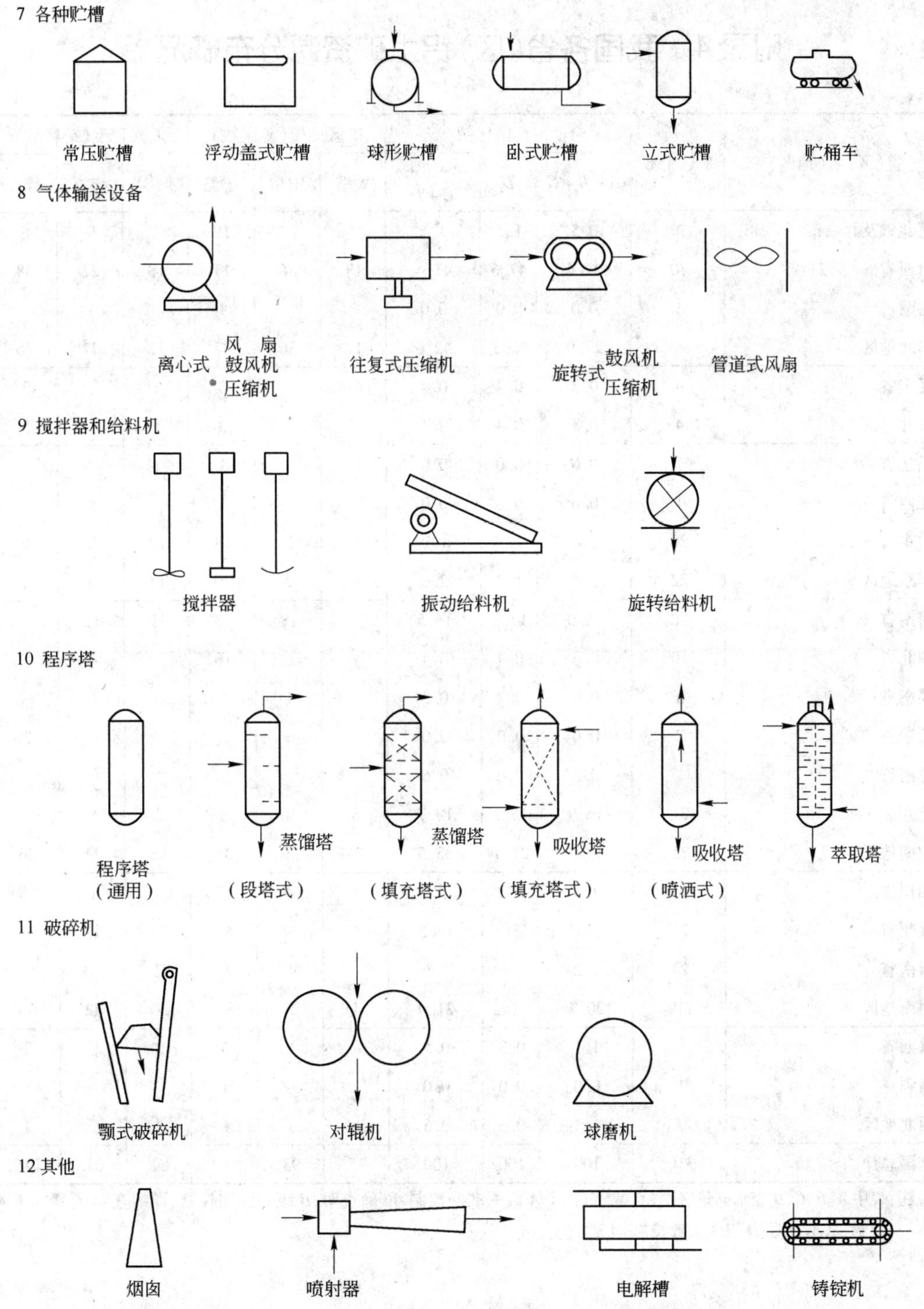

附录4 我国各省(区)铝土矿资源分布概况

省(区)名(地区)	矿区个数	储量占全国比例/%			矿区规模(矿区数)			勘察程度(矿区数)		
		$A+B+C$	D	$A+B+C+D$	大型	中型	小型	勘探	详查	普查
河北省及北京市	19	0.5	1.5	1.2			19	2	9	8
山西省	70	27.4	47.6	41.4	17	36	17	10	22	38
内蒙古	1	0.0	0.0	0.0			1		1	
华北地区	90	27.9	49.1	42.6	17	36	37	12	32	46
辽宁省	4	0.3	0.4	0.4		1	3	1		3
东北地区	4	0.3	0.4	0.4		1	3	1		3
福建省	1	0.0	0.0	0.0			1	1		
江西省	1	0.0	0.0	0.0			1		1	
山东省	20	3.4	1.3	1.9		2	18	12	2	6
华东地区	22	3.4	1.3	2.0		2	20	13	3	6
河南省	38	28.0	11.3	16.5	7	18	13	19	12	7
湖北省	10	0.6	0.4	0.4			10		4	6
湖南省	3	0.6	0.2	0.3		1	2	3		
广东省	2	0.0	0.0	0.0			2			2
海南省	1	0.5	0.6	0.6				1		
广西	21	16.9	15.2	15.7	6	7	8	2	8	11
中南地区	75	46.7	27.7	33.5	14	26	35	25	24	26
四川省	17	1.3	2.2	1.9		4	13	1	1	15
贵州省	72	18.2	17.1	17.5	4	22	46	27	11	34
云南省	23	1.2	1.8	1.6		1	22	2	10	11
西南地区	112	20.7	21.2	21.0	4	27	81	30	22	60
陕西省	6	1.1	0.3	0.5		1	5	3		3
新疆	1	0.0	0.0	0.0			1			1
西北地区	7	1.1	0.3	0.5		1	6	3		4
全国总计	310	100	100	100	35	93	182	84	81	145

注:表中A、B、C、D表示储量级别(可靠程度)。A级—准确控制、准确查明;B级—详细控制、详细查明;C级—基本控制、基本查明;D级—大致控制、大致查明。

附录5　我国铝土矿的矿床类型及化学成分

省　区	矿床类型	矿区个数	品　位			
			Al_2O_3/%	SiO_2/%	Fe_2O_3/%	A/S
山西省	沉积型	70	62.35	11.58	5.78	5.38
贵州省	沉积型	68	65.73	9.06	5.44	7.25
	堆积型	4	66.48	8.20	6.94	8.11
	小　计	72	65.75	9.04	5.48	7.27
河南省	沉积型	38	65.32	11.78	3.44	5.54
广　西	沉积型	14	56.47	8.54	11.27	6.61
	堆积型	7	54.31	5.76	21.35	9.43
	小　计	21	54.83	6.43	18.92	8.53
山东省	沉积型	20	55.53	15.38	8.78	3.61
四川省	沉积型	17	58.99	12.51	4.91	4.72
云南省	沉积型	17	58.35	12.72	4.57	4.59
	堆积型	6	58.23	7.42	15.32	7.85
	小　计	23	58.28	9.55	12.67	6.10
合　计	沉积型	244	63.09	11.08	5.54	5.69
	堆积型	17	54.97	5.96	20.47	9.22
	总　计	261	61.97	10.37	7.70	5.98

附录6 中国主要地区的气象资料

地 名	海拔高度/m	大气压力/kPa			室外相对湿度/%			室外平均风速/m·s^{-1}		温度/℃		
		冬季	夏季	平均	冬季	夏季	平均	冬季	夏季	最高	最低	平均
齐齐哈尔	147.4	100.4	98.7	99.7	63	57	64	3.4	3.4	37.5	-39.5	2.7
安 达	150.5	100.4	98.8		64	58		4.1	3.5	39.5	-44.3	
哈尔滨	141.5	100.7	98.8	99.9	66	63	70	3.7	3.3	39.6	-41.4	3.3
鸡 西	219.2	99.5	98.0		64	59		3.6	2.4	38.0	-35.1	
牡丹江	232.5	99.3	97.9		64	62		2.1	2.0	37.5	-45.2	3.5
富 锦	59.7		99.8		50	48		3.7	3.1	35.2	-36.3	
嫩 江	222.3	99.3	97.9		66	65		1.6	2.4	38.1	-47.3	
海 伦	240.3	99.2	97.7		73	62		2.6	2.7	35.0	-40.8	
绥芬河	512.4	95.6	94.8		57	68		4.5	2.0	35.7	-33.3	
延 吉	172.9		98.7		49	67		2.9	2.2	38.0	-31.1	
长 春	215.7	99.6	97.9	98.9	59	64	67	4.2	3.5	39.5	-36.0	4.7
四 平	162.9	100.4	98.5	99.6	57	65	67	3.7	3.5	38.0	-33.7	5.4
旅 顺				100.8			69			35.4	-19.3	10.2
沈 阳	41.6	101.3	100.0	101.1	53	65	66	3.6	3.7	39.3	-33.1	7.3
锦 州	66.3	102.0	99.9		38	64		3.7	3.6	38.4	-26.0	9.0
营 口	3.5	102.7	100.5	101.7	49	67	65	3.2	3.0	36.9	-31.9	8.6
丹 东	15	102.4	100.4		49	75		3.1	2.3	37.8	-31.9	8.5
大 连	96.5	101.7	99.7	100.6	53	77	67	5.6	4.3	36.1	-19.9	10.3
朝 阳	170.4		98.6		31	54		2.3	2.1	40.6	-31.1	
鞍 山	77.3	101.7	99.7	101.3	61	76	63			33.7	-29.5	8.4
满洲里				93.7						40.0		-1.8
海拉尔	612.9	94.1	93.2		77	55		3.2	3.4	40.1	-49.3	-2.5
博克图	738.7	92.9	92.1		69	61		3.2	2.0	37.5	-39.1	
通 辽	175.9	100.5	98.4		42	57		3.7	3.2	40.3	-32.0	
赤 峰	571.9	95.6	94.1		39	49		2.3	2.0	42.5	-31.4	
锡林浩特	990.8	90.5	89.5		64	48		3.5	3.0	38.3	-42.4	
呼和浩特	1063	90.1	88.9		45	52	56	1.8	1.7	38.0	-36.2	5.4
温都尔汗	1151.6				38	37		5.3	4.2	29.0	-37.2	
汉贝庙	1117.4				48	46		2.1	2.9	39.1	-42.2	
多 伦	1245.4					55		3.4	2.6	35.4	-39.8	
林 西	808.6				44	55		3.3	1.9	29.2	-32.0	
乌鲁木齐	850.5	92.1	90.8	91.5	75	31	62	1.6	2.8	43.4	-41.5	5.7

续表

地　名	海拔高度/m	大气压力/kPa			室外相对湿度/%			室外平均风速/m·s⁻¹		温度/℃		
		冬季	夏季	平均	冬季	夏季	平均	冬季	夏季	最高	最低	平均
哈　密	767	93.3	91.6		58	20	40	2.6	3.9	43.9	-32.0	10.0
和　田	1381.9	86.5	85.3		46	27	46	1.6	1.9	42.5	-22.8	11.6
伊　宁	664	94.8	93.2		70	40	67	1.8	2.3	40.2	-37.2	7.9
吐鲁番	35	102.9	99.9		47	21		1.4	2.4	47.6	-26.0	13.9
富　蕴	1177				71	50		0.4	1.4	33.3	-50.8	
精　河	318.3					39		1.6	2.1	39.7	-36.4	
奇　台	795.3				75	28		2.6	3.1	41.0	-42.6	
库　车	1072.5					29		2.4	3.4	41.5	-27.4	
莎　车	1231.2					31		1.2	2.1	41.5	-20.9	
酒　泉	1469.3	85.2	84.4		42	32	43	2.2	2.3	38.4		8.3
兰　州	1517.2	85.2	84.3	84.8	44	44	58	0.7	1.7	39.1	-23.0	9.5
敦　煌	1138.7	88.9	87.6		42	25		1.9	2.0	43.6	-27.6	9.3
乌鞘岭	3045.1				44	60		4.1	4.1	26.7	-30.0	
天　水	1131.7	89.2	88.3		48	52	60	1.5	1.4	36.0	-19.2	11.3
武　都	1090		88.6			58		1.2	2.0	40.0	-7.2	
银　川	111.5	89.6	88.4		47	47		1.8	1.9	39.3	-30.6	8.5
共　和	2862.5				36	48		2.3	2.3	31.1	-27.8	
玉　树	3702.6				23	50	56	1.6	1.2	26.6	-25.4	3.1
西　宁	2261.2	77.5	77.4		48	65	59	1.7	1.9	33.9	-26.6	5.7
格尔木	2806.1	72.3	72.4		41	36		2.7	3.5	32.1	-33.6	4.2
大柴旦	3173.2					27		1.4	2.2	28.2	-31.7	
西　安	412.7	97.9	95.7	97.0	50	50	68	2.0	2.4	45.2	-20.6	13.8
延　安	957.6	91.5	90.0		35	50		2.1	1.5	39.7	-25.4	9.4
汉　中	508.3	96.4	94.7			66		1.4	1.2	41.6	-10.1	14.3
榆　林	1057.5	90.2	89.0		41	44		1.6	2.2	40.0	-32.7	8.1
北　京	54.3	102.0	99.9	101.2	34	63	57	2.2	1.5	42.6	-22.8	11.8
石家庄	81.8	101.7	99.5		39	57	62	2.0	1.9	42.6	-26.5	12.9
承　德	315.2	98.1	96.3		37	58	57	1.4	1.2	41.5	-23.9	9.0
保　定	17.2	102.4	100.1	101.4	40	58	58	2.1	2.3	43.7	-22.4	12.1
张家口	723.9	93.9	92.4	93.1	43	67	55	3.6	2.4	37.4	-24.1	8.2
天　津	3.3	102.7	100.5	101.7	53	78	63	3.1	2.6	42.9	-20.4	12.2
塘　沽	5.4	102.7	100.5	101.8	62	79	72	4.3	4.4	47.8	-22.8	12.0
太　原	782.4	93.2	91.5	91.9	42	52	61	2.4	2.2	39.4	-25.5	9.8
济　南	54	102.3	100.0	101.4	47	59	57	3.9	3.3	42.7	-19.7	14.8

续表

地名	海拔高度/m	大气压力/kPa			室外相对湿度/%			室外平均风速/m·s^{-1}		温度/℃		
		冬季	夏季	平均	冬季	夏季	平均	冬季	夏季	最高	最低	平均
青 岛	76.8	102.0	99.9	100.9	55	77	73	4.6	4.1	36.2	-16.9	12.3
上 海	4.6	102.5	100.4	101.7	60	65	80	3.5	3.4	40.2	-12.1	15.3
南 京	8.9	102.1	100.0	100.9	61	65	77	3.3	3.1	43.0	-14.0	15.5
徐 州	34.3	102.3	100.0	101.6	61	70	71	3.4	3.2	41.2	-18.9	14.3
蚌 埠	21	102.4	100.1		63	66		3.0	2.8	40.7	-19.3	15.1
安 庆	40.9	102.1	100.0		56	62		3.3	2.8	40.2	-9.3	16.5
芜 湖	14.8	102.4	100.3	100.8	77	80	78	2.4	2.3	41.0	-10.6	16.0
杭 州	7.2	102.5	100.5	101.7	68	63	82	2.2	2.0	42.1	-10.5	16.3
温 州	4.8	102.3	100.5		64	72	85	2.8	2.6	40.5	-3.9	10.4
福 州	88.4	102.2	99.6		64	63	81	2.9	3.3	39.5	-2.5	19.8
厦 门	63.2	101.4	99.9	101.4	73	81	79	3.5	3.0	39.8	2.2	21.6
信 阳	79.1	101.2	99.1		66	72		2.3	2.4	39.6	-20.0	15.1
开 封	72.5	101.8	99.6	97.7	64	79	72	3.6	3.0	43.0	-15.0	14.7
武 汉	23	102.3	100.1		64	62	72	2.8	2.7	41.3	-14.9	16.8
宜 昌	69.7	101.5	99.3		62	65	79	1.5	1.4	39.7	-6.2	16.7
长 沙	81.3	101.9	99.6	100.6	70	58	77	3.0	2.4	41.5	-8.4	17.5
岳 阳	51.6	101.6	99.8	100.6	77	75	83	2.8	3.1	39.0	-8.9	16.7
常 德	36.7	102.2	100.0		52	70		2.3	2.3	40.8	-11.2	16.7
衡 阳	103.2	101.2	99.3	100.8	80	71	80	1.7	2.3	41.3	-4.0	17.8
南 昌	48.9	101.9	100.0		67	58	80	4.4	3.0	39.4	-7.7	17.4
景德镇	46.3	102.0	99.9		56	58		2.1	1.7	39.8	-10.3	17.0
九 江	32.2	102.2	100.1	101.5	75	76	79	3.0	2.4	41.0	-10.0	17.0
赣 州	99	100.8	99.1		66	58		2.3	2.1	41.2	-6.0	19.4
南 宁	74.9	100.8	99.3		64	64	78	2.0	1.9	40.4	-2.1	22.1
桂 林	161	100.3	98.5		62	64	77	3.2	1.5	39.4	-4.9	19.2
梧 州	119.2		99.1	101.4	65	63	76	2.0	1.9	39.2	-3.0	21.5
广 州	11.3	101.9	100.4	101.4	58	69	78	2.1	1.7	38.7	-0.3	21.9
汕 头	4.3	101.9	100.5	100.7	64	74	83	2.9	2.6	38.5	-0.6	21.5
海 口	14.1	101.5	100.1		76	63	85	4.1	3.3	40.5	-2.8	24.3
韶 关	68.7	101.4	99.7		72	60		1.8	1.8	42.0	-4.3	20.3
成 都	488.2	96.3	94.7		60	69	81	1.3	1.4	40.1	-6.0	17.0
重 庆	260.6	99.1	97.2	99.3	71	60	83	0.9	1.2	42.2	-1.8	18.6
峨眉山			70.3	70.5			82			24.0	-20.9	16.6
宜 宾	286	98.5	96.9		69	66		1.3	1.4	42.0	-1.6	

续表

地　名	海拔高度/m	大气压力/kPa			室外相对湿度/%			室外平均风速/m·s^{-1}		温度/℃		
		冬季	夏季	平均	冬季	夏季	平均	冬季	夏季	最高	最低	平均
甘　孜	3325.5	67.1	67.5		31	50		1.7	1.7	31.7	-22.7	
西　昌	1596.8	88.3	83.5			64		1.7	1.0	39.7	-6.0	
会　理	1920.0					64		1.7	1.0	35.1	-4.6	
昆　明	1891	81.1	80.8		44	65		2.4	1.8			
蒙　自	1301	87.1	86.5		49	60		3.7	2.7			
思　茅	1319	87.1	86.5			74		1.0	0.9			
贵　阳	1071.2	89.7	88.8	71	62	78	2.2	2.0	39.5	15.5	-9.5	
遵　义	843.9	92.3	91.1		74	59		1.4	1.3			
拉　萨	3658	64.9	65.1	20	39	41	2.4	2.1	28.0	8.6	-15.4	
昌　都			68.1				54			33.3	-18.0	7.4
台　北				101.4			82			38.6	-0.2	21.7
台　中				101.3			81			39.3	-1.0	22.3

参考文献

1 杨重愚. 氧化铝生产工艺学. 北京:冶金工业出版社,1993

2 毕诗文. 氧化铝生产工艺. 北京:化学工业出版社,2006

3 蔡祺风. 有色冶金工厂设计基础. 北京:冶金工业出版社,2001

4 王德全. 冶金工厂设计基础. 沈阳:东北大学出版社,2003

5 A. A. 阿拉诺夫斯基. 氧化铝生产手册. 北京:冶金工业出版社,1974

6 Н. И. 叶列明等著. 氧化铝生产过程与设备. 北京:冶金工业出版社,1987

7 郑州铝厂编. 氧化铝生产计算手册(内部资料). 1979

8 西德铝工业——出国考察报告. 北京:冶金工业出版社,1975

9 文华里. 轻冶工业实用技术知识手册. 沈阳:东北大学出版社,2002

10 《有色冶金炉设计手册》编委会编. 有色冶金炉设计手册. 北京:冶金工业出版社,2000

11 Л. Б. 萨玛良诺娃等著. 氧化铝生产的工艺计算. 北京:冶金工业出版社,1987

12 黄璐等. 化工设计. 北京:化学工业出版社,2004

13 邝生鲁. 化学工程师技术宝书. 北京:化学工业出版社,2004

14 陈声宗. 化工设计. 北京:化学工业出版社,2001

15 侯文顺. 化工设计概论. 北京:化学工业出版社,2005

16 娄爱娟等. 化工设计. 上海:华东理工大学出版社,2002

17 选矿厂设计手册编委会编. 选矿厂设计手册. 北京:冶金工业出版社,2004

18 武仲河等. 氧化铝生产中赤泥灰渣坝安全运行的有效途径. 江苏冶金,2002,(2):59~63

19 张阳春. 我国多品种氧化铝生产现状及前景. 有色金属,1994,(6):40~43

20 张阳春. 㶲分析在氧化铝生产过程的应用. 轻金属,1989,(11):20~27

21 郎晓珍等. 冶金环境保护及三废治理技术. 沈阳:东北大学出版社,2002

22 汪旭光等. 21世纪中国有色金属工业可持续发展战略. 北京:冶金工业出版社,2001

23 杜小明. 凯撒公司重建格拉默西氧化铝厂. 世界有色金属,2001,(2):40~41

24 钮因键等. 铝土矿选矿——我国氧化铝工业的希望. 轻金属,2002,(12):3~7

25 黄少烈等. 化工原理. 北京:高等教育出版社,2003

26 殷建华等. 国内外赤泥残渣陆地处理贮存技术及其发展. 世界有色金属,2005,(12):23~26

27 王辛平等. 成本会计学. 北京:清华大学出版社,2004

28 简东平等. 成本会计. 武汉:武汉大学出版社,2003

29 时思. 工程经济学. 北京:科学技术出版社,2004

30 吴金水. 拜耳法与混联法氧化铝生产工艺物料平衡计算. 北京:冶金工业出版社,2002

31 谢雁丽等. 铝酸钠溶液晶种分解. 北京:冶金工业出版社,2003

32 董英等. 常用有色金属资源开发与加工. 北京:冶金工业出版社,2005

33 吴晓东. 陶瓷厂工艺设计概论. 武汉:武汉理工大学出版社,2005

34 张毅. 工程项目建设指南. 北京:中国建筑工业出版社,2004

35 唐连珏. 工程造价编制实务. 北京:中国建筑工业出版社,2003

36 王新华等. 冶金研究. 北京:冶金工业出版社,2004

37 刘新梅. 工程经济分析. 西安:西安交通大学出版社,2003

38 孙丽萍. 技术经济分析. 北京:科学出版社,2005

39 周惠珍. 投资项目评估. 大连:东北财经大学出版社,2005

40 杨基和. 化学工程设计概论. 北京:中国石油化工出版社,2005

41 高鹏举. 生产与运作管理. 上海:东华大学出版社,2005

42 张君振等. 投资项目评估. 厦门:厦门大学出版社,2004

43 何业才. 新编现代工业企业管理. 北京:经济管理出版社,2006
44 冯文洁等. 石灰拜耳法新工艺处理低品位铝土矿. 冶金研究. 北京:冶金工业出版社,2004
45 冯文洁等. 矿渣的综合利用. 冶金研究. 北京:冶金工业出版社,2004
46 宋航等. 化学技术经济. 北京:化学工业出版社,2002
47 中国石化集团上海工程有限公司编. 化学工艺设计手册. 北京:化学工业出版社,2005
48 吴建川. 中国铝工业发展的新问题——中国氧化铝盲目建设现状令人担忧. 世界有色金属,2006,(6):14~18
49 王奎. 高浓度混合精液生产砂状氧化铝工艺技术的研究应用. 世界有色金属,2006,(6):26~28
50 曾庆猛. 砂状指标与我国氧化铝企业未来竞争力研究. 世界有色金属,2005,(11):11~14
51 刘瑞平. 氧化铝电解铝工业存在的问题及对策建议. 世界有色金属,2005,(12):12~14
52 南昌有色冶金设计研究院编. 有色金属工业环境保护设计技术规范. 北京:中国计划出版社,2005
53 马荣骏等. 湿法制备纳米氧化铝. 湿法冶金,1994,(2):31~35
54 司文元等. 纳米氧化铝粉体的制备. 金刚石与磨料磨具工程,2005,(2):61
55 张阳春. 我国多品种氧化铝生产的发展. 轻金属,1996,(8):7~12
56 杨辉. 曾为牛市难为继 迷雾漫道疑是云——氧化铝市场近析及2007年展望. 中国金属通报,2007,(18):13~15

冶金工业出版社部分图书推荐